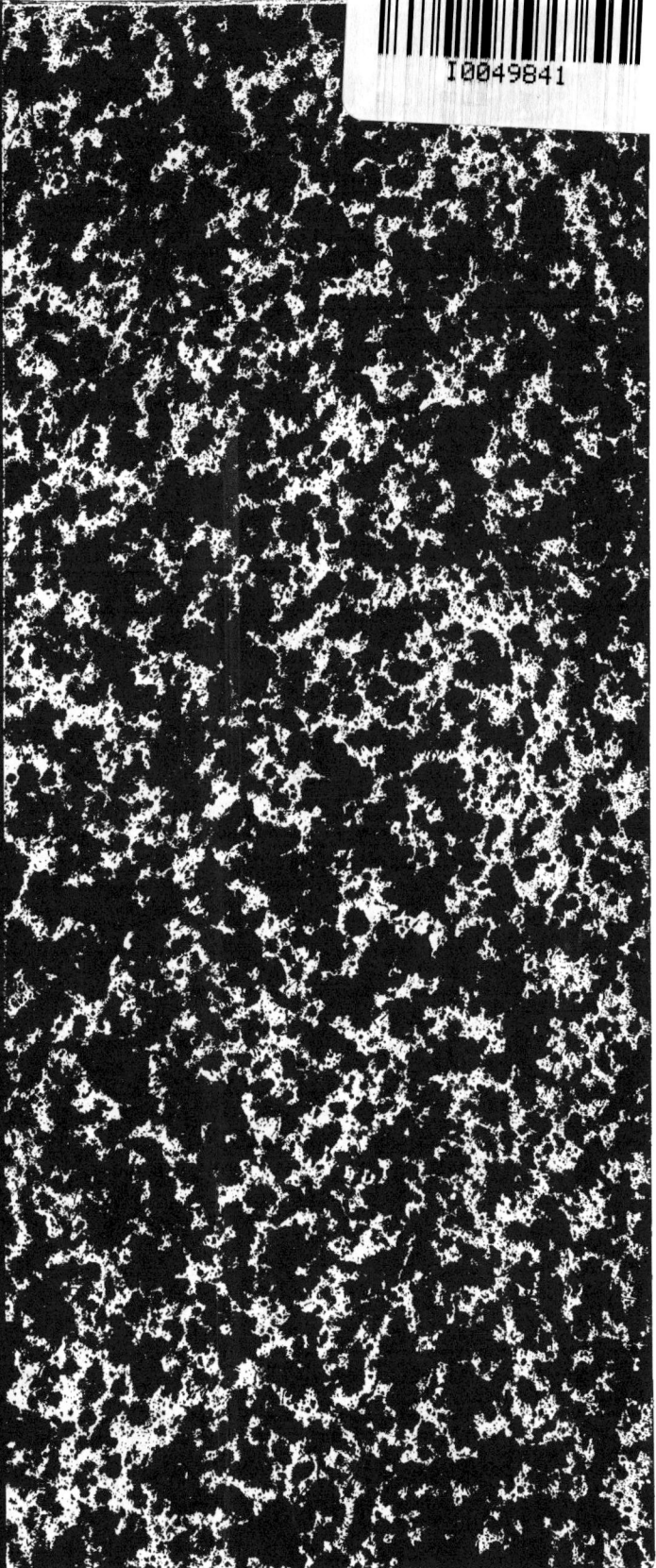

MINISTÈRE DES COLONIES

SYLLOGE

FLORAE CONGOLANAE

[PHANEROGAMAE]

PAR

Théophile DURAND

DE L'ACADÉMIE ROYALE DE BELGIQUE
DIRECTEUR DU JARDIN BOTANIQUE DE L'ÉTAT, A BRUXELLES

ET

Hélène DURAND

MEMBRE DE LA SOCIÉTÉ ROYALE DE BOTANIQUE DE BELGIQUE

Ouvrage couronné par l'Académie Royale de Belgique
[Classe des Sciences]
(Prix Émile Laurent, 1907-1908)

BRUXELLES
MAISON ALBERT DE BOECK
Rue Royale, 265

1909

SYLLOGE

FLORAE CONGOLANAE

[PHANEROGAMAE]

MINISTÈRE DES COLONIES

SYLLOGE

FLORAE CONGOLANAE

[PHANEROGAMAE]

PAR

Théophile DURAND

DE L'ACADÉMIE ROYALE DE BELGIQUE
DIRECTEUR DU JARDIN BOTANIQUE DE L'ÉTAT, à BRUXELLES

ET

Hélène DURAND

MEMBRE DE LA SOCIÉTÉ ROYALE DE BOTANIQUE DE BELGIQUE

Ouvrage couronné par l'Académie royale de Belgique

Classe des Sciences]

(PRIX ÉMILE LAURENT, 1907-1908)

BRUXELLES

MAISON ALBERT DE BOECK

RUE ROYALE, 265

—

1909

BRUXELLES

ALBERT DE BOECK, ÉDITEUR

265, Rue Royale

SYLLOGE

FLORAE CONGOLANAE

———

Le Sylloge Florae Congolanae présente un tableau complet des connaissances, définitivement acquises, sur la flore du Congo, à la fin de l'année 1908.

Le premier travail d'ensemble sur cette vaste contrée date de 1896 (1). La flore du Congo comprenait alors 957 espèces phanérogames.

En 1900, parut un second travail (2), montrant avec quelle ardeur l'étude de cette flore était poussée, notamment au Jardin botanique de Bruxelles, car il mentionnait 1928 espèces phanérogames (3).

Depuis, l'étude de la flore congolaise a été poursuivie, surtout à Bruxelles et à Berlin, avec une fiévreuse activité.

Le résultat de cet ensemble de recherches est extrêmement remarquable, puisque le chiffre des espèces phanérogames, connues à l'heure qu'il est dans notre grande colonie, est de 3546. Qu'il nous soit permis de souligner la part considérable qui revient à M. *Ém. De Wildeman* dans ce crescendo de nos connaissances botaniques.

La multiplicité même des travaux publiés sur la flore congolaise, depuis douze ans, ne permettait plus de se rendre compte des résultats obtenus. Il nous a fallu plusieurs années d'un travail soutenu pour terminer cette *mise au point*, que nous soumettons, aujourd'hui, au jugement du monde savant.

Les botanistes doivent une reconnaissance toute spéciale au Gouvernement de l'État Indépendant, qui a donné une impulsion remarquable aux recherches botaniques.

———

(1) *Th. Durand* et *H. Schinz* : Études sur la flore du Congo. — Bruxelles 1896; 368 pages.

(2) *Ém. De Wildeman* et *Th. Durand* : Census plantarum congolensium. — Paris 1900; 64 pages.

(3) Les chiffres que nous donnons sont un peu moins forts que ceux indiqués dans les ouvrages cités. Cela provient de la radiation d'un certain nombre d'espèces, que nous avons reconnu avoir été trouvées en dehors des limites du Congo belge. Il était nécessaire de ne pas en tenir compte pour bien marquer le progrès accompli.

Comment ne pas citer les noms du Baron *van Eetvelde*, ancien Secrétaire d'État honoraire, de MM. *Hub. Droogmans* et *Ch. Liebrechts*, respectivement anciens Secrétaires généraux des Départements des Finances et de l'Intérieur et de M. *N. Arnold*, placé à la tête du Service, si important, de l'Agriculture congolaise, depuis sa fondation.

Le Baron van Eetvelde rendit possible le voyage botanique, si fructueux, d'Alfred Dewèvre et les deux premières missions d'Émile Laurent et il fut le créateur des superbes *Annales du Musée du Congo*, dont les mémoires sont cités presque à chaque page dans le SYLLOGE, *Annales* que le major Liebrechts protégea, dans la suite, avec un soin jaloux.

Si l'Herbier du Congo, qui comptait 12 paquets en 1896, en comprend, à l'heure qu'il est, plus de douze cents, ce résultat est dû, dans une large mesure, au zèle éclairé de M. Droogmans, aujourd'hui Secrétaire général du Ministère des Colonies, et de M. Arnold, directeur général au même Ministère, qui n'ont reculé devant aucun effort pour stimuler le zèle de tous ceux qui pouvaient enrichir les collections du Jardin botanique (1).

Lorsque Émile Laurent voulut entreprendre un troisième voyage scientifique au Congo, ce sont encore ces hommes éminents qui aplanirent les difficultés et lui donnèrent toutes les facilités désirables pour que ses recherches fussent aussi fructueuses que possible, et quand notre génial ami fut si prématurément enlevé, c'est encore eux, qui assurèrent la publication de la *Mission Émile Laurent* (2) et apportèrent un précieux concours à la fondation du prix Laurent.

On a déjà deviné que c'est aussi à ce puissant appui que le SYLLOGE FLORAE CONGOLANAE, imprimé aux frais de l'État Indépendant, doit le grand honneur d'être le premier ouvrage de science édité sous les auspices du nouveau Ministère des Colonies.

---

(1) Voici, en chiffres ronds, les *principales* augmentations de l'Herbier du Congo, dues à des récoltes faites directement sous l'impulsion du Gouvernement de l'État Indépendant ; ils feront mieux ressortir l'importance des résultats obtenus :

NOMBRE DE FEUILLES D'HERBIER

Just. Gillet	6000	Agost. Flamigni	700
Ém. et Marc. Laurent . .	3500	Edg. Verdick	600
L. Pynaert	3000	Ém. Laurent	500
Alfr. Dewèvre	2000	L. Gentil	500
Fél. Seret	2000	Alph. Cabra et L. Michel .	400
Marc. Laurent.	1500	F. Demeuse	300
A. Sapin.	900	Alb. Bruneel	300
Hyac. Vanderyst . . .	800	Solheid	300

(2) Émile De Wildeman, *Mission Émile Laurent*, vol. I, CCXXV-617 pages, vol. II, 185 planches.

Au lieu de développer longuement les progrès réalisés, nous avons condensé dans trois tableaux les données réunies dans le SYLLOGE FLORAE CONGOLANAE. Nous attirons notamment l'attention sur le tableau montrant la progression des connaissances relatives à la flore congolaise (1); il fait ressortir toute la part qui revient, soit à ceux qui ont succombé au champ d'honneur [*A. Devèvre, Ém. Laurent, Gust. Debeerst, Éd. Lescrauwaet,* etc.] soit à ceux qui, aujourd'hui encore, comme le *Fr. Gillet,* poursuivent leurs recherches, en Afrique, ou sont rentrés dans la Mère-Patrie, après avoir apporté leur pierre à l'œuvre immense, poursuivie sous l'impulsion du Roi.

* *
*

Si les Belges occupent le premier rang pour le nombre d'espèces, découvertes au Congo, il est juste de rappeler que la voie leur a été ouverte, au point de vue botanique, par les collecteurs étrangers. En effet, les premières collections de plantes congolaises furent rapportées par des Anglais (*Chr. Smith* 1816; *R. Burton* 1862; *H. Johnston* 1882-1883) et surtout par des Allemands (*G. Schweinfurth* 1870; *Fr. Naumann* 1874; *P. Pogge* 1875-1883; *Max Buchner* 1878-1880; *Al. von Mechow* et *E. Teusz* 1880-1882).

On connaissait 829 espèces au Congo, lorsque les premières plantes recueillies par un Belge (*C. Callewaert,* 1885) parvinrent en Belgique, puis ce furent les précieuses récoltes de *Fr. Hens* [1887-1888], de *Fern. Demeuse* [1888-1892], du capitaine [actuellement major] *G. Descamps* [1890-1896], de *Jul. Cornet* [1891-1893], de *Paul Briart* [1890-1893] etc. Nous avons montré plus haut combien les recherches botaniques s'étaient développées depuis 1895.

De 1885 à 1908, 2580 plantes nouvelles ont été découvertes au Congo, par des Belges.

Dans le tableau suivant, en laissant de côté 88 espèces, pour lesquelles les renseignements relatifs à la date de récolte ou au nom du collecteur font défaut, on trouvera la liste complète de ceux, grâce auxquels la connaissance de la flore du Congo a marché à pas de géant.

---

(1) Voir pages 13-16.

	Esp.	Var.		Esp.	Var.
Alfr. Dewèvre (1895-96) . . .	426	35	Hyac. Vanderyst (1891 ; 1905-08).	12	3
Just. Gillet (1893-1908)	347	40	Éd. Lescrauwaet (1903-05). . .	12	4
Edg. Verdick (1899-1900) . . .	301	26	Ém. Duchesne (1898-99) . . .	12	
Chr. Smith (1816)	236	6	Paul Briart (1890-93)	11	1
P. Pogge (1875-76. 1880-83) . .	236	14	Ad. Oddou (1901-04).	11	
Fr. Hens (1887-88)	211	21	E. Pechuel-Loesche (1874 ; 1882)	8	
Ém. et Marc. Laurent (1903-04). .	150	24	Max Buchner (1878).	8	
Ém. Laurent (1893 ; 1895). . .	147	11	A. Sapin (1906-08)	7	1
Fern. Demeuse (1888-92) . . .	142	9	Xav. Hendrickx (1903). . . .	7	
G. Schweinfurth (1870-71). . .	128	5	Alb. Bruneel (1905-06)	6	
Georg. Descamps (1890-92 ; 1893-			C. Callewaert (1885).	6	1
96)	127	9	A. Van Houtte (1902)	6	
R. Buettner (1885-86)	102	7	J. Monteiro (1832)	6	
Marc. Laurent (1905-06) . . .	94	10	Jos. Duchesne (1892-93) . . .	6	
Paul Dupuis (1893-95 ; 1896-98) .	67	5	Eug. Wilwerth (1896-98) . . .	4	
L. Gentil (1897-1900 ; 1901-03) .	50	3	S. Ledermann (1906-08) . . .	4	
Rud. Schlechter (1899)	49	1	S. Bieler (1903-04)	4	
Gust. Debeerst (1894-95) . . .	47	2	Knut Jespersen (1907)	4	
A. Cabra et Fr. Michel (1896-1903)	43	5	A. Delpierre (1902-04)	3	
H. Johnston (1882-83)	42		Ch. Gérard (1900-02)	3	
Fél. Seret (1905-07)	41	6	Fr. Ledien (1887).	3	
René Butaye (1895-1902) . . .	35		Aug. Linden (1885-86)	3	
Fr. Naumann (1874).	33		A.-J. Marques (1885)	3	
Éd. Luja (1898-99 ; 1904-06) . .	33	3	Ern. Dewèvre (1895-98). . . .	3	1
Fr. Thonner (1896)	30	4	H. Tilman (1899).	2	1
L. Pynaert (1903-07)	26	6	P. Huyghe (1903).	2	
G. A. von Goetzen et von Pritt			R. Dubreucq (1898-1901) . . .	2	
witz (1894)	22		Gust. de Brouwer (1903-04) . .	2	
Alex. von Mechow et E. Teusz	11	24	J. H. Camp (1898)	2	
(1880-82)	20	1	Cél. Hecq (1899)	2	
L. Gentil et Just. Gillet (1902) .	20	1	Agost. Flamigni (1907) . . .	2	2
Rich. Burton (1862-63)	19	1	Ach. Durieux (1896).	2	
Jul. Cornet (1891-93)	17		Aug. Vermeulen (1903). . . .	2	

Enfin, MM. Bastian, Chaltin, Curror, Jul. Chargeois, G. De Bauw, A. De Clercq, Norb. Diderrich, Vict. Durant, J.-B. Hanquet, R. Kindt, Ch. Lemaire, P. Lemarinel, J.-F. Lopez, L. C. S. Malchair, H. Mardulier, H. Mueller, Guill. Van Kerkhoven, Royaux, Van Rysselberghe, G. Stuhlmann, Taymans, Wtterwulghe, ont chacun trouvé une espèce nouvelle.

Naturellement, dans ce tableau, il n'est question que des espèces *nouvelles* pour le Congo et seulement des *espèces phanérogames*; il est juste de souligner que plusieurs des collecteurs mentionnés, *peu favorisés à ce point de vue spécial*, ont réuni des collections fort importantes et qui ont largement contribué à faire mieux ressortir la dispersion, dans l'ensemble du Congo, d'espèces déjà connues.

.*.

Les divers districts du Congo sont fort inégalement explorés, comme le montre le tableau suivant ainsi que celui des pages 658-661 :

		Nombre d'espèces phanérogames.
I	Banana	124
II	Boma	652
III	Matadi	86
IV	Cataractes	320
V	Stanley-Pool	1463
VI	Kwango	428
VII	Lac Léopold II	298
VIII	Équateur	752
IX	Bangala	459
X	Ubangi	90
XI	Aruwimi	223
XII	Uele.	388
XIII	Province Orientale	357
XIV	Ruzizi-Kivu	53
XV	Kasai	885
XVI	Katanga	763

Quatre de ces districts sont, à leur tour, subdivisés en zones :

II Boma . . . . . { II a : Mayumbe.

IX Bangala . . . . { IX a : Mongala.

XII Uele . . . . . { XII a : Rubi.
XII b : Uere-Bili.
XII c : Bomokandi.
XII d : Gurba-Dungu.
XII e : enclave de Lado.

XIII Province Orientale { XIII a : Stanley-Falls.
XIII b : Haut-Ituri.
XIII c : Ponthierville.
XIII d : Maniema.

Seule, la région de Kisantu, dans le district du Stanley-Pool commence à être connue, grâce aux recherches infatigables du Frère Justin Gillet qui l'explore depuis 1893, secondé par d'autres membres de la Mission, dont nous avons déjà cité les noms.

Cinq points du Congo ont été plus spécialement explorés :

1) *Kisantu* [V], dont nous venons de parler.
2) *Eala* [VIII] (Marc. Laurent, L. Pynaert, etc.)
3) *Munza*, dans le pays des *Mangbettu* [XII c] (G. Schweinfurth).
4) *Mukenge* près *Luluabourg* [XV] (P. Pogge).
5) *Lukafu* [XVI] (Edg. Verdick).

Ces localités sont fort distantes l'une de l'autre ; chacune d'elles possède une série d'espèces non observées dans les autres. On peut en conclure que la flore du Congo présente une grande variété.

Toute la région orientale du Congo, du lac Benguelo à l'enclave du Lado, possède une flore bien différente de celle du Congo proprement dit. La belle collection du C^t *Edg. Verdick*, les récoltes nombreuses de *G. Descamps*, de *P. G. Debeerst* et celles, faites au volcan Kirunga [au N. du lac Kivu] par le botaniste *von Prittwitz*, qui accompagnait le Comte *A. von Goetzen* dans sa traversée de l'Afrique [1894], le prouvent suffisamment.

Nous avions tout d'abord commencé à répartir dans le *Sylloge*, les localités suivant les régions botaniques, adoptées par l'un de nous, dans des travaux précédents [*Études, Census*]. Nous avons cru préférable d'attendre que les matériaux fussent plus nombreux pour tracer les limites définitives de ces régions et nous avons réparti les habitations, suivant des divisions politiques.

Il ne nous a pas toujours été possible de retrouver la situation géographique des endroits où des plantes ont été récoltées : noms estropiés, mal orthographiés ou illisibles, villages disparus, sont surtout des causes d'inexactitude. Nous avons indiqué ces points douteux sous la rubrique : Indications non classées.

* *

Le SYLLOGE présente le relevé complet de toutes les plantes, trouvées au Congo, à la fin de 1908 et de toutes les habitations de plantes indiquées. Pour chaque espèce, nous avons donné les indications permettant de trouver rapidement les renseignements les plus utiles. Si la plante a été figurée, nous l'avons indiqué ; enfin, nous avons relevé tous les noms vernaculaires ou indigènes en les reprenant dans un répertoire alphabétique, placé à la fin de notre ouvrage.

Plus encore que pour les noms de localités, il y a lieu de faire des réserves sur l'orthographe des noms vernaculaires, qui, ainsi que les noms géographiques, ont été écrits souvent de deux et parfois de trois manières. Citons, comme exemples, les postes bien connus de *Pweto* et de *Toa* que l'on écrivit d'abord : *M'Pueto, M'Towa*, puis *Pueto* et *Towa*, enfin *Pweto* et *Toa* et les noms vernaculaires : *N'Gulu*,

Goulou, Gulu. En se servant du Répertoire, il faudra donc souvent chercher à plusieurs endroits, avant de conclure que le renseignement désiré ne s'y trouve pas.

.*.

Nous avons déjà dit tout ce que nous devons à MM. Hub. Droogmans et N. Arnold.

En rédigeant le Sylloge, nous avons rencontré des difficultés de toutes natures : difficultés linguistiques, géographiques, botaniques. Nous aurions été souvent fort embarrassés si nous n'avions pu, sans cesse, recourir aux connaissances variées de M. L. Gentil qui s'est montré d'une complaisance inépuisable.

M. Aug. Leys, actuellement attaché au Ministère des Colonies, a bien voulu revoir et compléter le répertoire que nous avions dressé des localités du Congo. Sans son aimable collaboration, bien plus de localités seraient restées sous la rubrique : Indications non classées.

Les riches séries de fiches, dressées par M. P. Van Aerdschot, bibliothécaire du Jardin botanique, nous ont rendu de grands services.

M. le Conservateur Ém. De Wildeman, dont le nom fait autorité dans toutes les questions relatives à la flore congolaise, nous a souvent aidés à résoudre des questions difficiles. L'Herbier africain du Jardin botanique, qu'il a soigneusement déterminé et classé, nous a aussi été d'un grand secours pour l'éclaircissement de points douteux.

Nous devons enfin une mention toute spéciale à notre ami M. le Dr Alfr. Cogniaux, qui, non seulement a revu les épreuves de notre travail, page par page, mais nous a, maintes fois, fait profiter de ses vastes connaissances en botanique systématique et a amélioré notre ouvrage par ses observations et par ses critiques judicieuses.

Malgré tous ces efforts, nous sentons qu'il y a encore bien des détails à corriger, bien des points douteux à élucider. Nous recevrons avec reconnaissance toutes les observations nous permettant de rendre le Sylloge plus exact, en vue d'une nouvelle édition, que les découvertes ininterrompues, faites au Congo, rendront nécessaire dans quelques années.

TABLEAU MONTRANT, PAR FAMILLE, LA
PROGRESSION DES CONNAISSANCES SUR LA FLORE CONGOLAISE.

Dicotyledoneae.	GENRES.			ESPÈCES.		
	1896	1900	1908	1896	1900	1908
Ranunculaceae	2	3	4	5	9	12
Dilleniaceae		1	1		4	8
Anonaceae	1	6	13	3	19	45
Menispermaceae	3	3	5	3	4	6
Nymphaeaceae	1	1	1	2	2	2
Cruciferaceae			2			3
Capparidaceae	3	6	11	5	11	33
Violaceae	3	3	4	3	3	13
Bixaceae	5	5	7	5	10	15
Polygalaceae	1	1	3	3	4	10
Caryophyllaceae	2	3	4	3	4	6
Portulacaceae	2	2	2	3	4	6
Hypericaceae	1	4	4	1	4	8
Guttiferaceae	2	3	5	3	5	14
Dipterocarpaceae			2			3
Malvaceae	10	12	13	29	47	57
Sterculiaceae	5	8	10	8	18	43
Scytopetalaceae			3			5
Tiliaceae	6	8	10	13	20	41
Linaceae		2	2		2	8
Malpighiaceae	2	3	3	3	5	7
Geraniaceae		1	1		1	1
Oxalidaceae	1	1	2	2	3	4
Balsaminaceae	1	1	1	1	6	14
Rutaceae	1	2	4	1	2	13
Simarubaceae	2	2	6	2	2	7
Ochnaceae	2	2	3	7	11	35
Burseraceae	2	1	2	3	4	2
Meliaceae	2	4	10	2	5	18
Dichapetalaceae	1	1	1	1	5	13
Olacaceae	5	11	17	4	13	32
Celastraceae	1	1	1	1	1	2
Hippocrateaceae	2	3	3	2	8	24
Rhamnaceae	1	2	3	1	2	5
Ampelidaceae	3	4	4	10	16	34

Dicotyledoneae.	GENRES.			ESPÈCES.		
	1896	1900	1908	1896	1900	1908
Sapindaceae	3	7	11	3	11	26
Anacardiaceae	5	6	10	6	7	18
Moringaceae			1			1
Connaraceae	5	5	5	19	35	41
Leguminosaceae	42	76	93	73	199	415
Rosaceae	4	5	6	5	12	23
Crassulaceae	1	2	3	1	4	5
Droseraceae		1	1		2	2
Rhizophoraceae	2	2	3	2	3	5
Combretaceae	2	3	4	5	24	42
Myrtaceae	3	3	5	3	8	10
Melastomataceae	6	11	14	19	30	65
Lythraceae	2	2	3	3	3	6
Onagrariaceae	1	2	2	4	5	5
Samydaceae	2	2	3	2	5	13
Turneraceae	1	1	1	2	2	2
Passifloraceae	3	6	6	6	15	18
Cucurbitaceae	9	14	19	15	26	35
Begoniaceae	1	1	1	1	4	17
Cactaceae	1	1	1	1	1	1
Ficoïdaceae	3	3	3	4	6	6
Umbelliferaceae	2	3	5	3	4	7
Araliaceae		2	2		2	4
Rubiaceae	36	48	56	75	154	299
Dipsaceae			2			2
Compositaceae	35	45	55	64	108	148
Campanulaceae (incl. Lobeliaceae).	3	4	5	3	4	7
Ericaceae			1			1
Plumbaginaceae	1	1	1	1	1	1
Myrsinaceae			2			2
Sapotaceae	1	3	7	1	3	18
Ebenaceae	3	3	3	3	3	7
Oleaceae		1	3		1	6
Apocynaceae	9	20	33	12	46	122
Asclepiadaceae	7	15	26	13	29	70
Loganiaceae	5	7	8	14	15	40
Gentianaceae	2	4	9	2	5	18

Dicotyledoneae.	GENRES.			ESPÈCES.		
	1896	1900	1908	1896	1900	1908
Hydrophylleaceae	1	1	1	1	1	1
Boraginaceae	3	5	5	3	6	13
Convolvulaceae	8	12	14	18	41	51
Solanaceae	4	6	6	10	15	39
Scrophulariaceae.	13	13	17	21	31	46
Lentibulariaceae	1	1	1	3	3	10
Gesneraceae			1			1
Bignoniaceae	2	3	6	2	4	16
Pedaliaceae	1	1	1	2	4	7
Acanthaceae	17	31	34	20	77	119
Verbenaceae	4	8	8	12	36	49
Labiataceae	15	20	21	33	62	70
Nyctaginaceae	2	2	3	2	4	6
Amarantaceae.	8	11	13	14	20	22
Chenopodiaceae		1	2		1	4
Phytolaccaceae		2	2		2	3
Polygonaceae	2	3	3	3	6	9
Podostemaceae	2	2	5	3	3	5
Cytinaceae			1			1
Aristolochiaceae		1	1		3	3
Piperaceae	1	2	2	4	6	6
Myristicaceae			1			1
Lauraceae	1	1	1	1	1	1
Proteaceae		1	2		1	5
Thymelaeaceae	2	2	3	9	9	11
Loranthaceae	1	1	2	5	16	32
Santalaceae			1			1
Balanophoraceae		1	1		1	1
Euphorbiaceae	19	36	40	36	81	144
Urticaceae	6	11	19	13	24	91
Ceratophyllaceae.		1	1		1	1
	384	598	808	709	1490	2826

Monocotyledoneae.	GENRES.			ESPÈCES.		
	1896	1900	1908	1896	1900	1908
Hydrocharitaceae		3	4		3	6
Burmanniaceae			1			2
Orchidaceae	6	18	26	11	59	152
Flagellariaceae			1			1
Zingiberaceae	2	4	7	6	18	28
Marantaceae	5	6	9	9	14	22
Cannaceae	1	1	1	1	1	1
Musaceae		1	1		2	4
Haemodoraceae	1	1	1	3	3	5
Iridaceae	3	4	5	4	8	16
Amaryllidaceae	4	5	8	7	14	24
Taccaceae		1	1		1	1
Dioscoreaceae	1	1	1	4	9	20
Liliaceae	9	12	20	16	28	64
Pontederiaceae			4			4
Xyridaceae	1	1	1	1	2	3
Commelinaceae	5	6	9	12	26	45
Palmaceae	5	9	7	7	10	15
Pandanaceae	1	1	1	1	1	2
Araceae	6	10	12	9	14	25
Lemnaceae			2			2
Alismaceae			2			2
Eriocaulonaceae	1	1	2	1	1	2
Cyperaceae	13	15	15	85	104	139
Graminaceae	26	40	41	65	113	132
	90	140	180	242	431	717
Gymnospermeae						
Gnetaceae		1	1		1	1
Cycadaceae			1			2
		1	2		1	3
Dicotyledoneae	384	598	808	709	1490	2826
Monocotyledoneae	90	140	180	242	431	717
Gymnospermeae		1	2		1	3
	474	739	991	951	1922	3546

PHANEROGAMAE

DICOTYLEDONEAE

POLYPETALAE

RANUNCULACEAE

CLEMATIS L.

Clematis chrysocarpa *Welw.* ex *Oliv.* Fl. trop. Afr. I (1868) 5 et in Trans. Linn. Soc. XXIX (1875) 25, t. 1; *Th. Dur.* et *Schinz* Consp. fl. Afr. I², 2; *Hiern* Cat. Welw. Pl. I, 2; *De Wild.* Étud. fl. Kat. (1902) 34.

> C. villosa *DC.* subsp. — *O. Kuntze* in Verh. bot. Ver. Brandenb. XXVI (1885) 174.

> 1899 (Edg. Verdick). — XVI : Lukafu (Verd. 280).

— — var. **Poggei** [*O. Kuntze*] *Th. Dur.* et *Schinz* Étud. fl. Cgo (1896) 55 et l. c. I² 1895 (1898) 2.

> C. villosa *DC.* subsp. chrysocarpa *O. Kuntze* var. — *O. Kuntze* l. c. XXVI (1885) 174.

> 1882 (P. Pogge). — XVI : Musumba (Pg.); Lofoi (Verd.).

Clematis glaucescens *Fresen.* Mus. Senckenb. II (1837) 268; *Walp.* Repert. bot. I, 4; *Th. Dur.* et *Schinz* Consp. fl. Afr. I², 3.

> C. orientalis *L.* var. — *Engl.* Hochgebirgsfl. trop. Afr. (1892) 217.

> 1891 (G. Descamps). — XVI : le Katanga (Desc.).

Clematis grandiflora *DC.* Syst. nat. I (1818) 151; *Oliv.* Fl. trop.
Afr. I (1868) 7; *Th. Dur.* et *Schinz* Consp. fl. Afr. I², 3; *Th. Dur.*
et *De Wild.* Mat. fl. Cgo, II (1898) 64 [B. S. B. B. XXXVII, 109].

> C. pseudograndiflora *O. Kuntze* in Verh. bot. Ver. Brandenb. XXVI (1885)
> 128; *Hiern* Cat. Welw. Pl. I, 4.

> 1893 (Ém. Laurent). — Il a : le Mayumbe (Ém. Laur. 1903; Ém. et M. Laur.).

Clematis Kirkii *Oliv.* Fl. trop. Afr. I (1868) 5; *Th. Dur.* et *Schinz*
Consp. fl. Afr. I², 4; *Th. Dur.* et *De Wild.* Mat. fl. Cgo, II (1898)
64 [B. S. B. B. XXXVII, 109]; *De Wild.* Étud. fl. Bas- et Moy.-Cgo,
I (1906) 243.

> 1895 (Gust. Debeerst). — XVI : Haut-Marungu (Deb.); Lofoi ; plateau près de
> Lukafu. — Nom vern. : **Kalundi-Kumi** (Verd.).

Clematis orientalis *L.* Sp. pl. ed. I (1753) 543; *DC.* Prodr. I, 3 ;
Hiern Cat. Welw. Pl. I, 3.

> Le type croît dans l'Asie tropicale.

— — subsp. **Wightiana** [*Wall.*] *O. Kuntze* in Verh. bot. Ver.
Brandenb. XXVI (1885) 125; *Engl.* Pfl. Ost-Afr. 180; *De Wild.*
Étud. fl. Bas- et Moy.-Cgo, I (1906) 244 ; II (1907) 35.

> C. Wightiana *Wall.* List (1831) n. 4674.

> 1900 (J. Gillet). — V : Kisantu (Gill. 1355). — XII : l'Uele (Delp.).

Clematis scabiosaefolia *DC.* Syst. nat. I (1818) 154 et Prodr. I, 7 ;
Th. Dur. et *Schinz* Étud. fl. Cgo (1896) 56 et Consp. fl. Afr.
I², 6; *Th. Dur.* et *De Wild.* Mat. fl. Cgo, II (1898) 64 [B. S. B. B.
XXXVII, 109].

> C. villosa *DC.* subsp. — *O. Kuntze* in Verh. bot. Ver. Brandenb. XXVI
> (1885) 174; *Hiern* Cat. Welw. Pl. I, 2.

> 1880 (Max Buchner). — Congo (Buchn.). — XVI : Haut-Marungu (Deb.).

Clematis simensis *Fresen.* Mus. Senckenb. II (1837) 267; *Oliv.* Fl.
trop. Afr. I, 6; *Engl.* Pfl. Ost-Afr. 180; *Th. Dur.* et *Schinz* Consp.
fl. Afr. I², 6; *De Wild.* et *Th. Dur.* Pl. Gilletianae, II (1901) 60
[B. Herb. Boiss. Sér. 2, I, 738] et Reliq. Dewevr. (1901) 1.

> C. orientalis *L.* var. — *O. Kuntze* in Verh. bot. Ver. Brandenb. XXVI (1885)
> 124; *Hiern* Cat. Welw. Pl. I, 3.

> 1895 (P. Pogge). — II a : Shinganga (Dew. 1308). — V : Kisantu (Gill. 1355).

Clematis spathulaefolia [*O. Kuntze*] *Prantl* in Engl. Jahrb. IX (1888) 258; *Th. Dur.* et *Schinz* Consp. fl. Afr. I', 6 et Étud. fl. Cgo (1896) 56.

C. villosa *DC.* subsp. — *O. Kuntze* in Verh. bot. Ver. Brandenb. XXVI (1885) 174.

1882 (P. Pogge). — VI : le Kwango (Pg.).

Clematis Thunbergii *Steud.* Nomencl. bot. ed. 2, I (1841) 380; *Oliv.* Fl. trop. Afr. I, 6; *Th. Dur.* et *Schinz* Consp. fl. Afr. I', 7.

Le type croît dans l'Afrique trop. et austr., mais n'a pas été indiqué au Congo.

— — var. **angustisecta** *Engl.* ex *Th. Dur.* et *De Wild.* Mat. fl. Cgo, II (1898) 64 [B. S. B. B. XXXVII, 109].

1896 (G.Descamps). — XVI : Lac Kisali (Desc.).

THALICTRUM L.

Thalictrum rhynchocarpum *Delile* et *Rich.* in Annal. sci. nat. Sér. 2, XIV (1842) 262; *Oliv.* Fl. trop. Afr. I, 8; *Lecoyer* in B. S. B. B. XXIV (1885) 148; *Engl.* Hochgeb. trop. Afr. 221; *Th. Dur.* et *Schinz* Consp. fl. Afr. I², 9; *Engl.* in *von Goetzen* Durch Afrika (1895) 376.

1894 (G.A.v.Goetzen et v.Prittwitz).—XIV : rég. du Kirunga (Goetz. et Prittw.).

RANUNCULUS L.

Ranunculus sardous *Crantz* Stirp. Austriac. ed. 1, II (1763) 84; *Rouy* et *Fouc.* Fl. de Fr. I, 107; *Th. Dur.* et *Schinz* Consp. fl. Afr. I², 23.

R. philonotis *Ehrh.* Beitr. zur Naturk. II (1788) 145; *DC.* Prodr. I, 41; Fl. Danica, t. 1459; *Dietr.* Fl. Boruss. X, t. 668; *Coss.* Comp. fl. Atlant. II, 33.

1901 (J. Gillet). — V : endr. humid. de la vallée de l'Inkisi (Gill.).

Obs. — Le **R. pinnatus** Poir. a été indiqué, avec doute, dans le Bas-Congo par M. H. Johnston.

DELPHINIUM L.

Delphinium dasycaulon *Fresen.* Mus. Senckenb. II (1837) 272; *Oliv.* Fl. trop. Afr. I, 11; *Th. Dur.* et *Schinz* Consp. fl. Afr. I', 29; *De Wild.* Étud. fl. Kat. (1902) 34.

1892 (G. Descamps). — XVI : Lukafu. — Nom vern. : **Kavungu-Vungu** (Verd. 176); vallée de Buleshi (Desc.).

DILLENIACEAE

TETRACERA L. (1)

Tetracera Demeusei *De Wild*. Étud. fl. Bas- et Moy.-Cgo, I (1906) 290.

> T. alnifolia *Willd*. var. — *De Wild*. et *Th. Dur*. in *Th. Dur*. et *De Wild*. Mat. fl. Cgo, VIII (1900) 1 [B. S. B. B. XXXIX², 53].

> 1891 (F. Demeuse). — IX : pays des Bangala (Dem. 330).

Tetracera Gilletii *De Wild*. Étud. fl. Bas- et Moy.-Cgo, I (1906) 290 et Miss. Laurent (1907) 409.

> 1900 (J. Gillet). — V : env. de Kisantu (Gill. 807).

Tetracera Masuiana *De Wild*. et *Th. Dur*. Ill. fl. Cgo (1899) 61, t. 31, Contr. fl. Cgo, I (1899) 1 et Reliq. Dewevr. (1901) 2; *De Wild*. Étud. fl. Bas- et Moy.-Cgo, II (1907) 54; *Gilg* in Engl. Jarhrb. XXXIII (1902) 196.

> 1896 (A. Dewevre). — V : Lemfu (But. in Gill. 1207, 1210); Kisantu-Makela ; Kisantu (Van Houtte); entre Kisantu et le Kwango (But. in Gill. 3453, 3664). — XIII d : Lubunda (Dew. 1025).

Tetracera podotricha *Gilg* in Engl. Jahrb. XXXIII (1902) 200; *De Wild*. Étud. fl. Bas- et Moy.-Cgo, I (1906) 291 ; II (1907) 54, (1908) 310.

> T. alnifolia *Auct*. [non *Willd*.] *Schlechter* Westafr. Kautsch.-Exped. (1900) 300; *De Wild*. et *Th. Dur*. Pl. Gilletianae, I (1900) 2 et Contr. fl. Cgo, II (1900) 1; *De Wild*. Étud. fl. Bas- et Moy.-Cgo, I (1903) 61.

> 1899 (J. Gillet et R. Schlechter). — V : Lukolela (Schlt. 12646); Kimuenza; Kisantu (Gill. 1122, 2118). — VIII : env. d'Eala (M. Laur. 1507). — XI : Limbutu (Pyn. 81). — XV : Lubi (Lescr. 193).

— — var. **glabrescens** *De Wild*. l. c. I (1906) 291; II (1908) 310.

> 1891 (F. Demeuse). — V : Lukolela (Dem. 456); env. de Sanda (Odd.). — VIII : Eala et env. (M. Laur. 79, 209, 1508; Pyn. 1042).

---

(1) Le **T. alnifolia** *Willd*. existe au Congo, voir Addit. et Correct. p. 651.

Tetracera Poggei *Gilg* in Notizbl. bot. Gart. Berlin, I (1895) 71 et in Engl. Jahrb. XXXIII (1902) 198; *De Wild.* Étud fl. Bas- et Moy.-Cgo, II (1907) 55.

> T. fragrans *De Wild.* et *Th. Dur.* Ill. fl. Cgo (1899) 55, t. 28; Contr. fl. Cgo, I (1899) 1 et Reliq. Dewevr. (1901) 1.
>
> 1881 (P. Pogge). — V : Kimuenza (Gill.); env. de Sanda (Odd.). — IX : Bumba. — Nom vern. : **Makolokosa** (Dew.). — XV : Mukenge (Pg.).

Tetracera roseiflora *Gilg* in Engl. Jahrb XXXIII (1902) 199 ; *De Wild.* Étud. fl. Bas- et Moy.-Cgo, I (1906) 292.

> T. obtusata *De Wild.* et *Th. Dur.* [non *Planch.*] Pl. Gilletianae, I (1900) 2 [B. Herb. Boiss. Sér. 2, I, 2].
>
> 1900 (J. Gillet). — V : Kisantu (Gill. 1669).

Tetracera Stuhlmanniana *Gilg* in *Engl.* Pfl. Ost-Afr. (1895) 272.

> Le type croît dans l'Afrique or. allem.

— — var. occidentalis *De Wild.* Miss. Laurent (1907) 410, t. 123.

> 1904 (Aug. Krekels). — IV : district des Cataractes (Pyn. 85). — IX : rives de l'Itimbiri (Ser.); Umangi (Krek.). — XII a : rives du Rubi (Ser. 41).

ANONACEAE

UVARIA L.

Uvaria brevistipitata *De Wild.* Étud. fl. Bas- et Moy.-Cgo, I (1903) 38; *Diels* in Engl. Jahrb. XXXIX (1907) 473.

> 1900 (J. Gillet). — V : Kimuenza (Gill. 1733).

Uvaria Cabrae *De Wild.* in *Th. Dur.* et *De Wild.* Mat. fl. Cgo, XI (1901) 2; *De Wild.* Étud. fl. Bas- et Moy.-Cgo, I (1903) 37; *Diels* in Engl. Jahrb. XXXIX (1907) 472.

> 1896 (Alph. Cabra). — II a : la Lemba. — Nom vern. : **Mundembo** (Cabra).

Uvaria glabrata *Engl.* et *Diels* in *Engl.* Monog. Afr. Pfl.-Fam. VI [Anon.] (1901) 28.

> 1883 (P. Pogge). – XV : loc. haud ind. [Pg. 683].

1

Uvaria latifolia [*Scott-Elliot*] *Engl.* et *Diels* in *Engl.* Monog. Afr.
Pfl.-Fam. VI [Anon.] (1901) 22.

Anona — *Scott-Elliot* in Journ. Linn. Soc. XXX (1895) 69.

Le type est indiqué dans la Haute-Guinée.

— — var. **luluensis** *Engl.* et *Diels* l. c. (1901) 23, t. 3, fig. A, a-h.

1883 (P. Pogge). — XV : bassin de la Lulua, vers 6° (Pg.).

Uvaria Mocoli *De Wild.* et *Th. Dur.* Contr. fl. Cgo, I (1899) 3; Ill.
fl. Cgo (1900) 115, t. 58 et Reliq. Dewevr. (1901) 2; *Engl.* et *Diels*
in *Engl.* Monog. Afr. Pfl.-Fam. VI [Anon.] (1901) 10.

1896 (A. Dewèvre). —V : env. de Lukolela. — Nom vern. : **Mokoli** (Dew. 823 a, II).

Uvaria Poggei *Engl.* et *Diels* in Notizbl. bot. Gart. Berlin, II (1899)
294 et in *Engl.* Monog. Afr. Pfl.-Fam. VI [Anon.] (1901) 26, t. 7,
fig. A, a-f.; *De Wild.* Étud. fl. Bas- et Moy.-Cgo, I (1906) 241.

1882 (P. Pogge). — V : env. de Lemfu (But.); Kisantu-Makela (Van Houtte). —
XV : Mukenge (Pg. 622, 627, 1635).

Uvaria scabrida *Oliv.* Fl. trop. Afr. I (1868) 21; *Th. Dur.* et *Schinz*
Consp. fl. Afr. I², 35; *Engl.* et *Diels* in *Engl.* Monog. Afr. Pfl.-Fam.
VI [Anon.] (1901) 14; *De Wild.* Étud. fl. Bas- et Moy.-Cgo, I (1906)
241.

1903 (J. Gillet). — IV : entre Tumba et Kimpesse (Gill.).

Uvaria Smithii *Engl.* et *Diels* in *Engl.* Monog. Afr. Pfl.-Fam. VI
[Anon.] (1901) 28.

1816 (Chr. Smith). — Bas-Congo (Sm.).

Uvaria verrucosa *Engl.* et *Diels* in Notizbl. bot. Gart. Berlin, II
(1899) 294 et in *Engl.* Monog. Afr. Pfl.-Fam. VI [Anon.] (1901) 20,
t. 7, fl. B, a-c.

1870 (G. Schweinfurth). — XII d : ruisseau Kambele [entre Kapili et Kibali]
(Schw. 3683).

CLEISTOPHOLIS Pierre.

Cleistopholis grandiflora *De Wild.* Étud. fl. Bas- et Moy.-Cgo, I
(1903) 39; *Diels* in Engl. Jahrb. XXXIX (1907) 475.

1900 (Ch. Gérard). — V : région de Kimuenza (Gér. in Gill. 1739).

ANONIDIUM Engl. et Diels.

Anonidium Laurentii [*Engl.* et *Diels*] *Engl.* et *Diels* in Notizbl.

bot. Gart. Berlin, III (1900) 56 et in *Engl.* Monog Afr. Pfl.-Fam. VI
[Anon.] (1901) 37.

Anona Laurentii *Engl. et Diels* in Notizbl. bot. Gart. Berlin, II (1899) 300.

1893? (Ém. Laurent). — Bas-Congo (Ém. Laur.).

Anonidium Mannii [*Oliv.*] *Engl.* et *Diels* in Notizbl. bot. Gart.
Berlin, III (1900) 56 et in *Engl.* Monog. Afr. Pfl.-Fam. VI [Anon.]
(1901) 37, t. 14; *De Wild.* Miss. Laurent (1905) 82.

Anona — *Oliv.* in *Hook.* Icon. pl. XI (1867) t. 1010 et Fl. trop. Afr. I, 17;
Th. Dur. et Schinz Consp. fl. Afr. I², 40; *De Wild* et *Th. Dur.* Contr. fl.
Cgo, I (1899) 2 et Reliq. Dewevr. (1901) 5.

1893 (Ém. Laurent). — Ravins boisés du Bas-Congo (Ém. Laur., Dew.). —
VIII : Lulanga (Ém. Laur.). — XV : Kamba (Ém. Laur.).

UNONA L. F.

Unona glauca *Engl.* et *Diels* ex *Engl.* in Notizbl. bot. Gart. Berlin,
II (1899) 296 et in *Engl.* Monog. Afr. Pfl.-Fam. VI [Anon.] (1901) 40,
t. 15, fig. D.

1895 (P. Dupuis). — II a : Bingila (Dup.).

POPOWIA Endl.

Popowia congensis [*Engl.* et *Diels*] *Engl.* et *Diels* in *Engl.* Monog.
Afr. Pfl.-Fam. VI [Anon.] (1901) 44, t. 17, fig. A, a-f.

Unona — *Engl.* et *Diels* ex *Engl.* in Notizbl. bot. Gart. Berlin, II (1899) 296.

1895 (Ém. Laurent). — IX : Bangala (Ém. Laur.).

Popowia ferruginea [*Oliv.*] *Engl.* et *Diels* in *Engl.* Monog. Afr.
Pfl.-Fam. VI [Anon.] (1901) 46, t. 17, fig. D; *De Wild.* Étud. fl.
Bas- et Moy.-Cgo, I (1906) 241.

Unona — *Oliv.* Fl. trop. Afr. I (1868) 35; *Th. Dur. et Schinz* Consp. fl. Afr.
I², 36; *Hiern* Cat. Welw. Pl. I, 11.
U. Eminii *Engl.* Pfl. Ost-Afr. (1895) 172.

1903 (J. Gillet). — I : Moanda (Gill. 3188). — VI : vallée de la Djuma (Gent. ;
Gill. 3803).

Popowia Gilletii *De Wild.* Étud. fl. Bas- et Moy.-Cgo, I (1906) 241 ;
Diels in Engl. Jahrb. XXXIX (1907) 477.

1903 (J. Gillet). — V : env. de Kisantu (Gill. 3592).

Popowia Laurentii *De Wild.* Miss. Laurent (1905) 83, t. 19; *Diels*
in Engl. Jahrb. XXXIX (1907) 477.

1903 (Ém. Laurent). — V : Lukolela (Ém. Laur.).

Popowia Schweinfurthii *Engl.* et *Diels* in *Engl.* Monog. Afr. Pfl.-Fam. VI [Anon.] (1901) 51, t. 19, fig. E, a-g.

1870 (G. Schweinfurth). — XII d : le Mbruole (Schw.).

MONANTHOTAXIS Baill.

Monanthotaxis Poggei *Engl.* et *Diels* in *Engl.* Monog. Afr. Pfl.-Fam. VI [Anon.] (1901) 53.

1876 (P. Pogge). — V : Kinshassa (Schlt. 12801). — XVI : Musumba, 8°5 (Pg.).

— — var. **latifolia** *Engl.* et *Diels* l. c (1901) 53.

1882 (P. Pogge). — XIII d : Lufubu (Pg. 638).

HEXALOBUS A. DC.

Hexalobus grandiflorus *Benth.* in Trans. Linn. Soc. XXIII (1862) 486, t. 40; *Oliv.* Fl. trop. Afr. I, 27; *Engl.* et *Diels* in *Engl.* Monog. Afr. Pfl.-Fam. VI [Anon.] (1901) 57; *De Wild.* Miss. Laurent (1905) 84.

H. crispiflorus *Auct.* [an *A. Rich.*] in *Th. Dur.* et *Schinz* Consp. fl. Afr. I², (1898) 36; *De Wild.* et *Th. Dur.* Contr. fl. Cgo. II (1900) 1 et Reliq. Dewevr. (1901) 3.

1870 (G. Schweinfurth). — IX : Bangala. — Nom vern. : Ilumbe (Dew.). — XI : Basomelo (Ém. Laur.). — XV : la Lulua (Pg. 556, 1635).

XYLOPIA L.

Xylopia aethiopica [*Dunal*] *A. Rich.* Fl. de Cuba (1853) 53 in adnot.; *Oliv.* Fl. trop. Afr. I. 39; *Engl.* et *Diels* in *Engl.* Monog. Afr. Pfl.-Fam. VI [Anon.] (1901) 60, t. 21, fig. C, a-m.

Unona — *Dunal* Anonac. (1817) 113.
Xylopicum – *O. Kuntze* Rev. Gener. (1891) 8; *Th. Dur.* et *Schinz* Consp. fl. Afr. I², 42 et Étud. fl. Cgo (1896) 57.
Xylopia undulata *P. Beauv.* Fl. d'Oware, I (1804) t. 16 (fruct. sol.); *Hiern* Cat. Welw. Pl. I, 9.

1816 (Chr. Smith). — Bas-Congo (Sm.). — IX : en aval de Bolombo (Ém. et M. Laur.).

Xylopia Bokoli *De Wild.* et *Th. Dur.* Contr. fl. Cgo, II (1900) 2 et Reliq. Dewevr. (1901) 6; *Diels* in Engl. Jahrb. XXXIX (1907) 481.

1896 (A. Dewèvre). — VIII : Bokakata. — Nom vern. : Bokoli (Dew. 785).

Xylopia Butayei *De Wild.* Étud. fl. Kat. (1902) 33; *Diels* in Engl. Jahrb. XXXIX (1907) 481.

1901 (R. Butaye). — II : Malela (But. in Gill. 2239).

Xylopia congolensis *De Wild.* Étud. fl. Bas- et Moy.-Cgo, I (1903) 41; *Diels* in Engl. Jahrb. XXXIX (1907) 480.

1900 (J. Gillet). — V : Kisantu (Gill. 812).

Xylopia De Keyzeriana *De Wild.* Étud. fl. Bas- et Moy.-Cgo, I (1903) 43; *Diels* in Engl. Jahrb. XXXIX (1907) 481.

1902 (Aug. Van Houtte). -- V : Sanda. — Nom vern. : **Mukwa** (Van Houtte in Gill. 2258).

Xylopia Gilletii *De Wild.* Étud. fl. Bas- et Moy.-Cgo, I (1903) 42; *Diels* in Engl. Jahrb. XXXIX (1907) 480.

1899 (J. Gillet). — V : Kisantu (Gill. 207).

Xylopia katangensis *De Wild.* Étud. fl. Kat. (1902) 32; *Diels* in Engl. Jahrb. XXXIX (1907) 481.

1900 (Edg. Verdick). — XVI : Lukafu. — Nom vern. : **Moingele** (Verd. 503).

Xylopia odoratissima *Welw.* ex *Oliv.* Fl. trop. Afr. I (1868) 31 et in Trans. Linn. Soc. XXVII (1869) 12; *Engl.* et *Diels* in *Engl.* Monog. Afr. Pfl.-Fam. VI [Anon.] (1901) 66.

Xylopicum — *O. Kuntze* Rev. Gener. (1891) 8; *Th. Dur.* et *Schinz* Consp. fl. Afr. I², 43.

1816 (Chr. Smith). — Bas-Congo (Sm.).

Xylopia oxypetala [*DC.*] *Oliv.* Fl. trop. Afr. I (1868) 31; *Engl.* et *Diels* in *Engl.* Monog. Afr. Pfl.-Fam. VI [Anon.] (1901) 63, t. 22, fig. E, a-f.

Unona — *DC.* Syst. nat. I (1818) 496.
Coelocline — *A. DC.* Monog. Anon. (1832) 33.
X. Dunaliana *Vallot* in B. S. B. Fr. XXIX (1882) 219.
Xylopicum Dunalianum *Th. Dur.* et *Schinz* Consp. fl. Afr. I² (1895) 42 et Étud. fl. Cgo (1896) 58.

1816 (Chr. Smith). — Bas-Congo (Sm.).

Xylopia parviflora [*Guill.* et *Perr.*] *Engl.* et *Diels* [non *Benth.*] in *Engl.* Monog. Afr. Pfl.-Fam. VI [Anon.] (1901) 64.

Uvaria — *Guill.* et *Perr.* Fl. Seneg. tent. I (1830-1831) 9, t. 3, fig. 1.
Coelocline — *A. DC.* Mém. Anon. (1832) 33.
Xylopicum — *O. Kuntze* Rev. Gener. (1891) 8; *Th. Dur.* et *Schinz* Consp. fl. Afr. I², 43.
X. longipetala *De Wild.* et *Th. Dur.* Contr. fl. Cgo, I (1899) 4; Ill. fl. Cgo (1900) 133, t. 67 et Reliq. Dewevr. (1901) 6; *Diels* in Engl. Jahrb. XXXIX (1907) 481.
X. acutiflora *Benth.* in Trans. Linn. Soc. XVII (1841) 418; *Oliv.* Fl. trop. Afr. I, 32.

1870 (G. Schweinfurth). — IX : Bangala (Dew.). — XII d : rive droite du Kibali [Mangbettu] Schw.).

Xylopia Poggeana *Engl.* et *Diels* in *Engl.* Monog. Afr. Pfl.-Fam.
VI [Anon.] (1901) 65.

1881 (P. Pogge). — XV : Mukenge (Pg. 634).

Xylopia Wilwerthii *De Wild.* et *Th. Dur.* Contr. fl. Cgo, I (1899)
5 et Ill. fl. Cgo (1900) 127, t. 64; *Engl.* et *Diels* in *Engl.* Monog.
Afr. Pfl.-Fam. VI [Anon.] (1901) 65; *Diels* in Engl. Jahrb. XXXIX
(1907) 481.

1896 (Eug. Wilwerth). — IX : Upoto (Wilw.).

— — var. **cuneata** *De Wild.* in *Th. Dur.* et *De Wild.* Mat. fl.
Cgo, XI (1901) 63; *De Wild.* Étud. fl. Bas- et Moy.-Cgo, I (1903) 44 et
243; *Diels* l. c. XXXIX (1907) 481.

1902 (J. Gillet). — V : entre Léopoldville et Mombasi (Gill. 2589); Kimuenza
(Gill.).

STENANTHERA Engl. et Diels.

Stenanthera pluriflora *De Wild.* Étud. fl. Bas- et Moy.-Cgo, I
(1903) 45, 243; *Diels* in Engl. Jahrb. XXXIX (1907) 482.

1896 (A. Dewèvre). — Congo (Dew.). — V : Kisantu (Gill. 168); Kisantu-Makela
(Van Houtte); Kimuenza (Gill.); env. de Sanda (Odd. in Gill. 3635).

ARTABOTRYS R. Br.

Artabotrys aurantiodorus [*De Wild.* et *Th. Dur.*] *Engl.* ex
Engl. et *Diels* in *Engl.* Monog. Afr. Pfl.-Fam. VI [Anon.] (1901)
76; *De Witd.* Miss. Laurent (1905) 84.

Xylopia — *De Wild.* et *Th. Dur.* Contr. fl. Cgo, I (1899) 4 et Ill. fl. Cgo
(1900) 137, t. 69.

1896 (A. Dewèvre). — VIII : Coquilhatville (Dew.). — IX : Ukaturaka (Ém. et
M. Laur.).

Artabotrys congolensis *De Wild.* et *Th. Dur.* Contr. fl. Cgo, I
(1899) 2; Ill. fl. Cgo (1901) 145, t. 83 et Reliq. Dewevr. (1901) 3;
Engl. et *Diels* in *Engl.* Monog. Afr. Pfl.-Fam. VI [Anon.] (1901) 76.

1896 (A. Dewèvre). — V : Lukolela (Dew.).

Artabotrys Thomsoni *Oliv.* Fl. trop. Afr. I (1868) 28; *Th. Dur.* et
Schinz Consp. fl. Afr. I¹, 30; *Th. Dur.* et *De Wild.* Mat. fl. Cgo,
II (1898) 34 [B. S. B. B. XXXVII, 109]; *Engl.* et *Diels* in *Engl.*
Monog. Afr. Pfl.-Fam. [Anon.] (1901) 72.

1881 (P. Pogge). — IX : Bumba (Ém. Laur.). — XV : Mukenge (Pg. 555, 624).

ANONA L.

Anona senegalensis *Pers.* Syn. pl. II (1807) 95; *DC.* Prodr. I (1824)
86; *Oliv.* Fl. trop. Afr. I, 16; *Th. Dur.* et *Schinz* Consp. fl. Afr. I¹,
41; *Hiern* Cat. Welw. Pl. I, 8; *Engl.* et *Diels* in *Engl.* Monog. Afr.
Pfl.-Fam. VI [Anon.] (1901) 78; *Th. Dur.* et *De Wild.* Mat. fl. Cgo,
II (1898) 64 [B. S. B. B. XXXVII, 109]; *De Wild.* et *Th. Dur.*
Contr. fl. Cgo, I (1900) 2 et Reliq. Dewevr. (1901) 5.

1816 (Chr. Smith). — Bas-Congo (Sm.). — II : Boma (Schimp.). — II a : le
Mayumbe.— Nom vern. : **Shibolo** (Dew.; Cabra); Bingila (Ém. Laur.; Dup.); route
de Shinganga à Zobe (Dew.). — IV : route des caravanes [rég. des Cataractes] CC.
(Ém. Laur.). — V : le Stanley-Pool; Léopoldville (Em. Laur.); Kisantu. – Nom
vern. : **Lolo** (Gill.).— VII : Lac Léopold II (Ém. Laur.). — IX : Olombo (Ém. Laur.).
— XIII d : Nyangwe (Dew.). — XV : le Kasai; Dibele (Ém. Laur.); Mukenge (Pg.).
— Noms vern. : **Lolo** (Kasongo); **Kikando** [Tanganika] (Dew.).

— — var. **cuneata** *Oliv.* Fl. trop. Afr. I (1868) 16; *Engl.* et *Diels*
l. c. 80; *De Wild.* Étud. fl. Bas- et Moy.-Cgo, I (1906) 243.

1900 (J. Gillet). — V : entre Dembo et Kisantu (Gill.). — VI : env. de **Tumba-
Mani** (Cabra et Michel).

ISOLONA Engl. et Diels.

Isolona congolana [*De Wild.* et *Th. Dur.*] *Engl.* et *Diels* in *Engl.*
Monog. Afr. Pfl.-Fam. VI [Anon.] (1901) 84.

Monodora — *De Wild.* et *Th. Dur.* in *Th. Dur.* et *De Wild.* Mat. fl. Cgo,
III (1899) 5 [B. S. B. B. XXXVIII², 13]; *De Wild.* et *Th. Dur.* Reliq.
Dewevr. (1901) 3.

1896 (A. Dewèvre). — XI : Lokandu [env. de Bena-Kamba] (Dew. 1103).

Isolona Dewevrei [*De Wild.* et *Th. Dur.*] *Engl.* et *Diels* in *Engl.*
Monog. Afr. Pfl.-Fam. VI [Anon.] (1901) 83, t. B, a-d.

Monodora Dewevrei *De Wild.* et *Th. Dur.* in *Th. Dur.* et *De Wild.* Mat. fl.
Cgo, III (1899) 3 [B. S. B. B. XXXVIII¹, 11] et Reliq. Dewevr. (1901) 4; *Diels*
in Engl. Jahrb. XXXIX (1907) 486.

1895 (A. Dewèvre). — Congo (Dew.).

Isolona pilosa *Diels* in Engl. Jahrb. XLI (1908) 328.

1906 (S. Ledermann). — XV : Kondue (Lederm. 11).

Isolona Thonneri [*De Wild.* et *Th. Dur.*] *Engl.* et *Diels* in *Engl.*
Monog. Afr. Pfl.-Fam. VI [Anon.] (1901) 83.

Monodora — *De Wild.* et *Th. Dur.* in *Th. Dur.* et *De Wild.* Mat. fl. Cgo, III
(1899) 4 [B. S. B. B. XXXVIII¹, 12] et Pl. Thonnerianae (1900) 16, t. 3.

1896 (Fr. Thonner). — IX a : Masanga; Bogola (Thonn. 104, 106).

MONODORA Dunal.

Monodora angolensis *Welw.* Apont. phyto-geogr. (1853) 587 et in Trans. Linn. Soc. XXVII (1869) 10, t. 1; *Oliv.* Fl. trop. Afr. I, 38; *Th. Dur.* et *Schinz* Consp. fl. Afr. I², 38; *Th. Dur.* et *De Wild.* Mat. fl. Cgo, II (1898) 64 [B. S. B. B. XXXVII, 109] et Reliq. Dewevr. (1901) 3; *Engl.* et *Diels* in *Engl.* Monog. Afr. Pfl.-Fam. VI [Anon.] (1901) 88, t. 29 c; *De Wild.* Étud. fl. Bas- et Moy.-Cgo, I (1904) 123.

1896 (A. Dewèvre et Ém. Laurent). — Bas-Congo (Tilman). — II a : Tshoa. — Nom vern. : **Selufo** (Cabra). — VIII : env. d'Eala. — Noms vern. : **Mongangila Ifuafua** (M. Laur.); Coquilhatville (Dew.); Équateurville [Waugata] (Durieux). — XI : Basoko (Ém. et M. Laur.).

Monodora Cabrae *De Wild.* et *Th. Dur.* in *Th. Dur.* et *De Wild.* Mat. fl. Cgo, XI (1900) 3 [B. S. B. B. XL², 64]; *De Wild.* Étud. fl. Bas- et Moy.-Cgo, I (1903) 40; *Diels* in Engl. Jahrb. XXXIX (1907) 486.

1896 (Alph. Cabra). — II a : Tshoa (Cabra, 2).

Monodora Durieuxii *De Wild.* Étud. fl. Bas- et Moy.-Cgo, I (1904) 122; *Diels* in Engl. Jahrb. XXXIX (1907) 476.

1896 (Ach. Durieux). — VIII : Équateurville [Wangata] (Dur. in Dew. 613).

Monodora Myristica [*Gaertn.*] *Dunal* Monog. Anon. (1817) 80; *Oliv.* Fl. trop. Afr. I, 37; *Th. Dur.* et *Schinz* Consp. fl. Afr. I², 39; *Hiern* Cat. Welw. Pl. I, 12; *Engl.* et *Diels* in *Engl.* Monog. Afr. Pfl.-Fam. VI [Anon.] (1901) 86, t. 30, fig. A; *De Wild.* Pl. Laurent. (1903) 29 et Miss. Laurent (1905) 84.

Anona — *Gaertn.* De fruct. et semin. III (1805) 194, t. 125, fig. 1.

1893 (Ém. Laurent). — Bas-Congo? (Ém. Laur.). — II a : Benza-Masola (Ém. et M. Laur.) — VII : Kiri (Ém. et M. Laur.).

MENISPERMACEAE

CHASMANTHERA Hochst.

Chasmanthera strigosa [*Miers*] *Baill.* in Adansonia, V (1864-1865) 364; *Th. Dur.* et *Schinz* Consp. fl. Afr. I², 45 et Étud. fl. Cgo (1896) 58.

Jateorhiza — *Miers* in *Hook.* Niger Fl. (1849) 213.
Cocculus (?) macranthus *Hook. f.* l. c. (1849) 213, t. 18 (icon. mal.) et in *Hook.* Icon. pl. VIII, t. 759.

1816 (Chr. Smith). — Bas-Congo (Sm.).

DIOSCOREOPHYLLUM Engl.

Dioscoreophyllum strigosum *Engl.* in Engl. Jahrb. XXVI (1899) 407, t. 11, fig. a-f; *De Wild.* et *Th. Dur*. Contr. fl. Cgo, I (1900) 2.

1897 (Alph. Cabra). — Bas-Congo (Cabra).

SYNCLISIA Benth.

Synclisia scabrida *Miers* in Ann. nat. Hist. Ser. 3, XX (1867) 171 et Contr. to Bot. III, 371; *Oliv*. Fl. trop. Afr. I, 49; *Th. Dur*. et *Schinz* Consp. fl. Afr. I², 46 et Étud. fl. Cgo (1896) 59.

1816 (Chr. Smith). — Bas-Congo (Sm.).

STEPHANIA Lour.

Stephania laetificata [*Miers*] *Benth*. et *Hook. f*. Gen. pl. I (1865) 962; *Oliv* Fl. trop. Afr. I, 47; *Th. Dur*. et *Schinz* Consp. fl. Afr. I², 49; *Hiern* Cat. Welw. Pl. I, 19; *De Wild*. Étud. fl. Bas- et Moy.-Cgo, II (1907) 126.

Perichasma — *Miers* in Ann. nat. Hist. Ser. 3, XVIII (1866) 22 et Contr. to Bot. III, 249, t. 123.

1905 (Marc. Laurent). — VII : Efukwa-Kombe (M. Laur.).

CISSAMPELOS L.

Cissampelos Pareira *L.* Sp. pl. ed. 1 (1753) 1031; *DC*. Prodr. I, 100; *Descourtilz* Fl. des Antilles, III, t. 201; *Nees* Pl. officin. t. 365; *Spach* Hist. des végét. (Atlas) t. 87; *Hook. f*. et *Thoms*. in *Hook. f*. Fl. Brit. Ind. I, 103; *Eichl*. in *Mart*. Fl. Brasil. XIII¹, 188; *Oliv*. Fl. trop. Afr. I. 45; *Th. Dur*. et *Schinz* Consp. fl. Afr. I², 51; *Bentl*. et *Trim*. Medic. Pl. I, t. 15.

Au Congo, cette espèce a été rencontrée sous les deux variétés suivantes :

— — var. **owariensis** *Oliv*. Fl. trop. Afr. I (1868) 45; *Th. Dur*. et *Schinz* Consp. fl. Afr. I², 51 et Étud. fl. Cgo (1896) 59; *Hiern* Cat. Welw. Pl. 1, 18; *De Wild*. Étud. fl. Bas- et Moy.-Cgo, I (1903) 123; II (1908) 126.

C. Pareira *L*. subsp. — *Engl*. in Engl. Jahrb. XXVI (1899) 696.
C. owariensis *P. Beauv*. ex *DC*. Prodr. I (1824) 100.

1816 (Chr. Smith). — Bas-Congo (Sm.). — II a : le Mayumbe (Kest.); Bingila (Dup.); Haut-Shiloango (Cabra et Michel). — IV : la Lufu; Banza-Puta (Dem.); Luozi (Luja). — V : Lukolela (Pyn.); env. de Kisantu, de Kimuenza et de Dembo (Gill.); env. de Sanda (Odd.). — VII : Kutu (Ém. et M. Laur.). — VIII : env. de Coquilhatville; Eala et env. (M. Laur.); Bikoro; Bombimba (Pyn.).—XV : Mange (Ém. et M. Laur.). — Ind. non cl. : Somba (Cabra).

C. Pareira var. **zairensis** *Th. Dur.* et *Schinz* Étud. fl. Cgo (1896) 60 et 52 Consp. fl. Afr. I² (1898).

C. Pareira *L.* var. transitoria *Engl.* subvar. - *Engl.* l. c. XXXVl (1899) 395. C. zairensis *Miers* Contr. to Bot. III (1871) 180.

1816 (Chr. Smith). — Bas-Congo (Sm.).

Cissampelos tenuipes *Engl.* in Engl. Jahrb. XXVI (1899) 399; *De Wild.* Étud. fl. Bas- et Moy.-Cgo, II (1907) 35.

1881 (P. Pogge). — V : Sanda (De Brouw. in Gill. 3834); env. de Kisantu (Gill. 3766). — XV : la Lulua (Pg. 817, 818); le Sankuru (Ém. et M. Layr.).

NYMPHAEACEAE

NYMPHAEA L.

Nymphaea coerulea *Savign.* Décad. pl. Égypt. III (1799) 74; Bot. Mag. (1802) t. 552 et (1852) t. 4647; *Spach* Hist. des végét. (Atlas) t. 87; *Th. Dur.* et *Schinz* Consp. fl. Afr. I², 55 et Étud. fl. Cgo (1896) 60; *De Wild.* et *Th. Dur.* Reliq. Dewevr. (1901) 7.

N. stellata *Willd.* Sp. pl. II (1800) 1153; Bot. Mag. (1819) t. 2088; *Wight* Icon. pl. Ind. or. I, t. 178; *Hook. f.* Fl. Brit. Ind. I, 114; *Oliv.* Fl. trop. Afr. I, 52; *Wood* et *Evans* Natal Pl. t. 29 et 33; *Engl.* Pfl. Ost-Afr. 178; *De Wild.* Étud. fl. Bas- et Moy.-Cgo, II (1908) 245.
N. guineensis *Schumach.* et *Thonn.* Beskr. Guin. Pl. (1827) 247.

1891 (G. Descamps). — II a : Bingila [form. *nana*] (Dup.).— V : Kisantu (Gill.); Kisanga (Vanderyst). — XII d : entre Dungu et Faradje (Ser.). — XV : entre Kabinda et Kisinga (Cransh.). — XVI : Lac Mosolo; Toa (Desc.); Lac Moero; Lukafu. — Nom vern. : **Makuba** (Verd.).

— — var. **parviflora** *Hook. f.* et *Thoms.* Fl. Ind. I (1855) 243 et in *Hook. f.* Fl. Brit. Ind. I, 114.

1896 (A. Dewèvre). — IV : env. de Monsumbi (Dew.).

— — var. **versicolor** (*Sims*) *Hook. f.* et *Thoms.* ll. cc.

N. versicolor *Sims* in Bot. Mag. (1809) t. 1189; *Rchb.* Fl. exot. t. 15.

1898 (Éd. Luja). — IV : Sona-Gongo (Luja).

Nymphaea Lotus *L.* Sp. pl. ed. 1 (1753) 511; Bot. Mag. (1810) t. 1280 et (1811) t. 1364; *P. Beauv.* Fl. d'Oware, II, 50, t. 88; *Oliv.* Fl. trop. Afr. I, 52; *Th. Dur.* et *Schinz* Consp. fl. Afr. I¹, 56 et Étud. fl. Cgo (1896) 60; *Hiern* Cat. Welw. Pl. I, 22; *De Wild.* et *Th. Dur.* Reliq Dewevr. (1901) 7; *De Wild.* Étud. fl. Kat. (1902) 32; Miss. Laurent (1905) 82 et Étud. fl. Bas- et Moy.-Cgo, II (1908) 245.

1874 (Fr. Maumann). — Bas-Congo (Ém. Laur.). — II : Ponta da Lenha [subv. *parcepubescens* Casp.] (Naum.). — II a : Katala. — Nom vern. : **Make-tunkotu** (Dew.); Benza.-Masola (Ém Laur.). — V : Kisantu (Gill.); Sanda (Odd.). — VI : Madibi (Ser.). — VIII : Eala (Pyn.). — IX : pays des Bangala? (Hens); Meenge-sur l'Itimbiri (Ém. Laur.); Bumba (Pyn.). — XII a et d : entre Niangara et Dungu (Ser.). — XV : le Sankuru. — Nom vern. : **Madelemba** (Sap.). — XVI : Lukafu. — Nom vern. : **Musanga** (Verd.). — Ind. non cl. : le Lomami (Desc.).

CRUCIFERACEAE

NASTURTIUM R. Br.

Nasturtium humifusum *Guill.* et *Perr.* Fl. Seneg. tent. (1831) 19; *Oliv.* Fl. trop. Afr. I, 58; *Th. Dur.* et *Schinz* Consp. fl. Afr. I¹, 75; *De Wild.* et *Th. Dur.* Pl. Gilletianae, I (1900) 2 [B. Herb. Boiss. Sér. 2, I, 2].

1899 (J. Gillet). — V : Kisantu (Gill. 60).

BRASSICA L.

***Brassica juncea** [*L.*] *Coss.* in B. S. B. Fr. VI (1859) 609 et Comp. fl. Atlant. I. 181; *Boiss.* Fl. Orient. I. 390; *Th. Dur.* et *Schinz* Consp. fl. Afr. I², 116; *De Wild.* Étud. fl. Bas- et Moy.-Cgo, II (1907) 39.

Sinapis — *L.* Sp. pl. ed. 1 (1753) 668; *Jacq.* Hort. Vindob. t. 171.

1888 (Fr. Hens). — Bas Congo (Cabra). — II a : Bingila (Dup.). — V : Tamo [Stanley-Pool] (Hens); Kisantu (Gill.) — IX : pays des Bangala (Dew.). — XIII d : env. de Kasongo (Dew.).

***Brassica oleracea** *L.* Sp. pl. ed. 1 (1753) 667; *Coss.* Comp. fl. Atlant. I, 182; *Rouy* et *Fouc.* Fl. de Fr. II, 52; *Rchb.* Icon. fl. Germ. II, t. 97; *Engl.* Pfl. Ost-Afr. 183; *Th. Dur.* et *Schinz* Consp. fl. Afr. I¹, 117; *De Wild.* Miss. Laurent (1907) 380.

1903 (Ém. Laurent). — VIII : Irebu (Ém. et M. Laur.). — IX : cultivé chez les Bangala (Ém. et M. Laur.); Ukaturaka (Ém. et M. Laur.). — XV : Mukundji (Ém. et M. Laur.).

CAPPARIDACEAE

CLEOME L.

Cleome ciliata *Schumach.* et *Thonn.* Beskr. Guin. Pl. (1827) 294; *Oliv.* Fl. trop. Afr. I, 78; *Th. Dur.* et *Schinz* Consp. fl. Afr. I², 159 et Étud. fl. Cgo (1896) 61; *Hiern* Cat. Welw. Pl. I, 27; *De Wild.* et *Th. Dur.* Reliq. Dewevr. (1901) 7; *De Wild.* Miss. Laurent (1905) 86 et Étud. fl. Bas- et Moy.-Cgo, II (1908) 245.

C. guineensis *Hook. f.* in *Hook.* Niger Fl. (1849) 218.

1816 (Chr. Smith). — Bas-Congo (Sm.). — I : Moanda (Gill.). — II : Boma (Dew.). — II a : Biugila (Dup.); Shimbanza. — Nom vern.: **Mabunda** (Cabra). — IV : Lutete (Hens). — V : Dembo (Vanderyst). — VI : Bamdundu (Ém. et M. Laur.). — VIII : Eala (M. Laur.; Pyn.); Lulanga (Ém. et M. Laur.). — XIII a : env. de Kabanga (Dew.). — XIV : Uvira (Coll.?). — XVI : Albertville [Toa] (Desc.). — Noms vern. : **Lusada**(Tanganika); **Mohaia** [Kasongo] (Dew.); **Musaka; Galagale** (Cabra).

Cleome Gilletii *De Wild.* Étud. fl. Bas- et Moy.-Cgo, I (1903) 36.

1900 (J. Gillet). — V : Kisantu (Gill.).

Cleome monophylla *L.* Sp. pl. ed. 1 (1753) 672; *Oliv.* Fl. trop. Afr. I, 76; *Th. Dur.* et *Schinz* Consp. fl. Afr. I², 159; *Th. Dur.* et *De Wild.* Mat. fl. Cgo, I (1897) 4 [B. S. B. B. XXXVI², 50].

1895 (Gust. Debeerst). — XVI : Haut-Marnngu (Deb.).

Cleome spinosa *Jacq.* Enum. pl. Carib. (1760) 26; *L.* Sp. pl. ed. 2 (1763) 939; *DC.* Prodr. I, 239; *Oliv.* Fl. trop. Afr. I, 78; *Th. Dur.* et *Schinz* Consp. fl. Afr. I², 161 et Étud. fl. Cgo (1896) 61; *De Wild.* Étud. fl. Bas- et Moy.-Cgo, I (1903) 36, (1905) 244; II (1908) 245.

1816 (Chr. Smith). — Bas-Congo (Sm.). — II : Zambi (Dew.). — II a : le Mayumbe (Kest.). — V : le Stanley-Pool (Cabra); entre Léopoldville et Mombasi (Gill.); Bolobo (Hens). — VIII : entre Lukolela et Équateurville (Buett.); Eala et env. (M. Laur.). — XV : bassin du Kasai (Ém. et M. Laur.) et du Bas-Sankuru (Ém. Laur.).

Cleome thyrsiflora *De Wild.* et *Th. Dur.* in *Th. Dur.* et *De Wild.* Mat. fl. Cgo, III (1899) 6 [B. S. B. B. XXXIII², 14] et Reliq. Dewevr. (1901) 8.

1895 (A. Dewèvre). — II : Boma (Dew. 121).

POLANISIA Raf.

Polanisia hirta [*Klotzsch*] *Pax* in Engl. Jahrb. X (1888) 14; *Th. Dur.* et *Schinz* Consp. fl. Afr. I², 162; *Th. Dur.* et *De Wild.* Mat. fl. Cgo, I (1897) 5. [B. S. B. B. XXXVI², 51].

Decastemon — *Klotzsch* in *Peters* Reise n. Mossamb. I (1862) 157.
Cleome — *Oliv.* Fl. trop. Afr. I (1868) 81; *De Wild.* Étud. fl. Bas- et Moy.-Cgo, II (1908) 246.

1895 (Gust. Debeerst). — VI : Kolomonia (Ém. Laur.). — XV : Lac Foa (Lescr.). — XVI : Pala (Deb.).

Polanisia Sereti *De Wild.* Étud. fl. Bas- et Moy.-Cgo, II (1908) 264.

1905 (F. Seret). — XII : entre les villages des chefs Guago et Bo (Ser. 269).

PEDICELLARIA Schrank.

Pedicellaria pentaphylla [*L.*] *Schrank* in *Roem.* et *Usteri* Mag. f. d. Bot. III, St. VIII (1790) 11; *Gilg* in *Engl.* Pfl. Ost-Afr. 184; *Th. Dur.* et *Schinz* Étud. fl. Cgo (1896) 62 et Consp. fl. Afr. I², 164; *Hiern* Cat. Welw. Pl. I, 487; *De Wild.* et *Th. Dur.* Mat. fl. Cgo, I (1897) 5 [B. S. B. B. XXXVI², 51]; *De Wild.* et *Th. Dur.* Reliq. Dewevr. (1901) 8; *De Wild.* Étud. fl. Kat. (1902) 35; Miss. Laurent (1905) 86 et Étud. fl. Bas- et Moy.-Cgo, I (1903) 36, (1904) 124, (1906) 241; II (1908) 245.

Cleome — *L.* Sp. pl. ed. 2 (1763) 963; Bot. Mag. (1814) t. 1640.
Gynandropsis — *DC.* Prodr. I (1824) 238; *A. Gray* et *Sprague* Gen. pl. Amer. bor.-or. t. 78; *Oliv.* Fl. trop. Afr. I, 82.
C. acuta *Schumach.* et *Thonn.* Beskr. Guin. Pl. (1827) 82; *Hiern* Cat. Welw. Pl. II, 481.

1885 (R. Buettner). — I : Moanda (Vanderyst). — II : Boma (Dup.). — V : Lisha (M. Laur.); env. du Stanley-Pool (Dem.); entre Léopoldville et Mombasi (Gill.); Moe près Bolobo (Dew.); Suata (Buett.); euv. de Lemfu (But.); Kimuenza (Gill.). — VI : vallée de la Djuma (Gent. et Gill.); Muene-Putu-Kasongo (Buett.); entre Luanu et Lusubi (Lescr.); Madibi. — Nom vern. : **Mosapa; Mosatwa** (Sap.). — VII : la Fini (Ém. et M. Laur.). — VIII : Eala (M. Laur.); Ikoko (Sap.). — IX : pays des Bangala (Heus); Nouvelle-Anvers (Ém. et M. Laur.). — XII c : Niangara (Delp.). — XIV : Kalemba-Lemba. — Noms vern. : **Katshongo; Kashongo** (Coll.?).— XV : le Kasai; Kondue (Ém. et M. Laur.); Djoko-Punda (Lescr.). — XVI : Pweto. — Nom vern. : **Mobanga** (Cabra).

— — var. **hirsutissima** *De Wild.* Étud. fl. Bas- et Moy.-Cgo, II (1908) 246.

1905 (Marc. Laurent). — IX : Lisha (M. Laur. 455). — XIV : Uvira (Cabra, 27).

MAERUA Forsk.

Maerua angolensis *DC.* Prodr. I (1824) 254; *Oliv.* Fl. trop. Afr. I, 86; *Gilg* in *Engl.* Pfl. Ost-Afr. 187; *Th. Dur.* et *Schinz* Consp. fl. Afr. I², 165; *Hiern* Cat. Welw. Pl. I, 29; *Th. Dur.* et *De Wild.*

Mat. fl. Cgo, I (1897) 5 [B. S. B. B. XXXVI², 51]; *De Wild.* Étud. fl. Kat. (1902) 36.

1895 (G. Descamps). — XVI : Lukafu. — Noms vern. : **Kasausa** ; **Kalumu-Kulu** (Verd. 40, 79. 598); Albertville [Toa] (Desc.).

Maerua Aprevaliana *De Wild.* et *Th. Dur.* Contr. fl. Cgo, I (1899) 5 et Reliq. Dewevr. (1901) 9; *De Wild.* Étud. fl. Bas- et Moy.-Cgo, I (1903) 37; II (1908) 252; *Gilg* in Engl. Jahrb. XXXIII (1903) 225.

1896 (A. Dewèvre). — VI : vallée de la Djuma (Gent. ; Gill. 2725); entre Kikwit et Boala (Lescr. 15)). — VIII : env. de Bokakata (Dew. 784). — XI : Mogandjo (M. Laur. 1478). — XIII a : Romée (M. Laur. 1025). — XV : le Bas-Sankuru (Dew.): le Sankuru (Sap.).

Maerua Descampsii *De Wild.* Étud. fl. Kat. (1903) 180.

1895 (G. Descamps). — XVI : Toa (Desc.).

Maerua Gilgiana *De Wild.* Étud. fl. Kat. (1903) 180.

1900 (Edg. Verdick). — XVI : le Katanga (Verd.).

Maerua Kassakalla *De Wild.* Étud. fl. Kat. (1903) 179.

1899 (Edg. Verdick). — XVI : Lukafu. — Nom vern. : **Kasakalla** (Verd. 8).

CERCOPETALUM Gilg.

Cercopetalum dasyanthum *Gilg* in Engl. Jahrb. XXIV (1897) 308, t. 3; *De Wild.* et *Th. Dur.* Reliq. Dewevr. (1901) 9; *De Wild.* Étud. fl. Bas- et Moy.-Cgo, II (1908) 252.

1896 (A. Dewèvre). — V : Kisantu (Gill.). — VIII : Coquilhatville (Dew.) ; Eala (M. Laur. 689; Pyn. 397, 461, 617, 830); Ikenge (Ém. Laur. ; Pyn. 384); Basankusu (Brun.); Monzambi (Pyn. 353); Monsole (Huyghe et Ledoux). — XI : Yambuya (M. Laur. 148). — XII c : env. de Surango (Ser. 393).

— — var. **longeacuminatum** *De Wild.* l. c. II (1908) 252.

1906 (F. Seret). — XII : Koroboro (Ser. 621).

BOSCIA Lam.

Boscia salicifolia *Oliv.* Fl. trop. Afr. I (1868) 93; *Th. Dur.* et *Schinz* Consp. fl. Afr. I², 172; *Hiern* Cat. Welw. Pl. I, 31; *De Wild.* Étud. fl. Kat. (1902) 36.

1899 (Edg. Verdick). — XVI : Lukafu. — Nom vern. : **Musaisa** (Verd. 68).

Boscia Welwitschii *Gilg* in Engl. Jahrb. XXIII (1903) 218; *De Wild.* Étud. fl. Bas- et Moy.-Cgo, II (1908) 252.

1900 (Edg. Verdick). — XVI : Lukafu. — Nom vern. : **Midilla-Kuha** (Verd. 530).

BUCHHOLZIA Engl.

Buchholzia coriacea *Engl.* in Engl. Jahrb. VII (1886) 335; *Pax* in Engl. Jahrb. XIV (1891) 300, t. 4; *Th. Dur.* et *Schinz* Consp. fl. Afr. I², 173; *De Wild.* Miss. Laurent (1906) 236 et Étud. fl. Bas- et Moy.-Cgo, II (1908) 252.

(1903) Ém. et Marc. Laurent). — VII : Kiri [Lac Léopold II] (Ém. et M. Laur.).— XI : Limbutu (M. Laur. 1476); Yambuya (M. Laur. 1477); Mondjo (Pyn. 340).

CAPPARIS L.

Capparis acuminata *De Wild.* Étud. fl. Bas- et Moy.-Cgo, I (1903) 37; II (1908) 251.

1902 (J. Gillet). — V : env. de Léopoldville (Gill.). — XII c : la Banka [entre Surango et Niangava] (Ser. 443).— XV: le Sankuru.—Nom vern. : **Intfundu** (Sap.).

Capparis cerasifera *Gilg* ex *De Wild.* Étud. fl. Kat. (1903) 179.

1899 (Edg. Verdick). — XVI : Lukafu (Verd. 1203).

Capparis Duchesnei *De Wild.* Miss. Laurent (1905) 87 et Étud. fl. Bas- et Moy.-Cgo, II (1908) 251.

1888 (F. Demeuse). —' IX : Umangi (Ém. Duch.). — X : Bonioka (Ém. et M. Laur.).— XIII a : Romée (M. Laur. 1488, 1499).— XV : le Sankuru.— Nom vern. : **Lokwanta; Mosampo** (Sap.); Munungu (Lescr. 259); le Kasai (Dem. 190).

Capparis erythrocarpa *Isert* in Ges. naturf. Fr. Berl. Schrift. IX (1789) 334. t. 9; *DC.* Prodr. I, 246; *Oliv.* Fl. trop. Afr. I, 98; *Th. Dur.* et *Schinz* Consp. fl. Afr. I², 174 et Étud. fl. Cgo (1896) 62.

C. Afzelii *DC.* l. c. I (1824) 246.

1816 (Chr. Smith). — Bas-Congo (Sm.).

Capparis Kirkii *Oliv.* Fl. trop. Afr. I (1868) 98; *Pax* in *Engl.* Pfl. Ost-Afr. 185; *Th. Dur.* et *Schinz* Consp. fl. Afr. I², 175; *De Wild.* Étud. fl. Kat. (1903) 179.

1899 (Edg. Verdick). — XVI : env. de Lukafu (Verd.). — Nom vern. : **Mubinga-Kisvoo** (Verd.).

Capparis Poggei *Pax* in Engl. Jahrb. XIV (1891) 298; *Th. Dur.* et *Schinz* I², Étud. fl. Cgo (1896) 62 et Consp. fl. Afr. 175.

1882 (P. Pogge). — XV : Congo mérid. (Pg. 641).

Capparis Verdickii *De Wild.* Étud. fl. Kat. (1902) 35.

1899 (Edg. Verdick). — XVI : Lukafu. — Nom vern. : **Kabanga** (Verd.).

CRATAEVA L.

Crataeva religiosa *Forst. f.* Fl. insul. Austral. prodr. (1786) 203;
Lam. Pl. bot. Encycl. t. 395; *DC.* Prodr. I, 243; *Oliv.* Fl. trop.
Afr. I, 99; *Th. Dur.* et *Schinz* Consp. fl. Afr. I², 177.

Le type, non encore trouvé au Congo, croît dans toute l'Afrique trop.

— — var. **brevistipitata** *De Wild.* Étud. fl. Kat. (1902) 35.

1899 (Edg. Verdick). — XVI : Lukafu. — Nom vern. : **Kampaki** (Verd. 94).

Obs. — M. De Wildeman pense aujourd'hui que cette variété est plutôt un
accident.

RITCHIEA R. Br.

Ritchiea ageleaefolia *Gilg* in Engl. Jahrb. XXXIII (1902) 207; *De
Wild.* Miss. Laurent (1905) 87 et Étud. fl. Bas- et Moy.-Cgo, I
(1906) 245.

1903 (J. Gillet). — I : Moanda (Gill. 3182). — XV : Lusambo (Ém. et M. Laur.).

Ritchiea ealaensis *De Wild.* Étud. fl. Bas- et Moy.-Cgo, II (1908)
248.

1907 (L. Pynaert). — VIII : Eala (Pyn. 908).

Ritchiea fragrans *R. Br.* in *Denh.* et *Clappert.* Narr. trav. Centr.-
Afr. Append. (1826) 20 et ex *Walp.* Repert. bot. I (1842) 201; *Oliv.*
Fl. trop Afr. I, 100; *Th. Dur.* et *Schinz* Consp. fl. Afr. I², 177;
Hiern Cat. Welw. Pl. I, 33; *De Wild.* et *Th. Dur.* Reliq. Dewevr.
(1901) 9; *De Wild.* Étud. fl. Bas- et Moy.-Cgo, II (1907) 37.

R. erecta *Hook. f.* in *Hook.* Niger Fl. (1849) 216, t. 19-20.
R. polypetala *Hook. f.* in Bot. Mag. (1862) t. 5344.

1896 (A. Dewèvre). — VI : vallée de la Djuma (Gent.; Gill. 290). — XIII d : env.
de Kasongo (Dew. 928). — Noms vern. : **Mwaba** [Kasongo]; **Wambala** [Tanganika];
Lumbalumba [Ikwangula] (Dew.).

Ritchiea immersa *De Wild.* Étud. fl. Bas- et Moy.-Cgo, II (1908)
248, t. 86.

1906 (Marc. Laurent). — XI : Limbutu (M. Laur. 1475 b).

Ritchiea Laurentii *De Wild.* Étud. fl. Bas- et Moy.-Cgo, II (1908)
250, t. 85.

1906 (Marc. Laurent). — XI : Limbutu (M. Laur. 1475).

Ritchiea Pynaertii *De Wild.* Étud. fl. Bas- et Moy.-Cgo, II (1908)
247, t. 87.

1907 (L. Pynaert). — VIII : Eala (Pyn. 1203).

EUADENIA Oliv.

Euadenia alimensis *Hua* in B. S. Philom. Paris, Sér. 8, VII (1895)' 81; *De Wild.* et *Th. Dur.* Contr. fl. Cgo, II (1900) 3 et Reliq. Dewevr. (1901) 10.

Pteropetalum Klingii *Pax* ex *De Wild.* et *Th. Dur.* Ill. fl. Cgo (1899) 40, t. 20.

1896 (A. Dewèvre). — IX : île en face de Umangi (Ém. Duch.). — XI : Lokandu [rive gauche]. — Nom vern. : **Kinokoto** (Dew. 1110 pr. p.). — XV : bords du Kasai (Luja).

Euadenia trifoliata [*Schumach.* et *Thonn.*] *Benth.* et *Hook. f.* Gen. pl. I (1867) 969; *De Wild.* Étud. fl. Bas- et Moy.-Cgo, I (1906) 244; II (1908) 251 et Miss. Laurent (1905) 87.

Stroemia — *Schumach.* et *Thonn.* Beskr. Guin. Pl. (1827) 114.

1896 (A. Dewèvre). — VIII : Bolomba près d'Ikelemba (M. Laur. 64). — IX : Bumba (Pyn. 114). — XI : env. de Lokandu (Dew. 1110 pr. p.). — XII c : Rungu (Ser. 858).

VIOLACEAE

VIOLA L.

Viola abyssinica *Steud.* ex *Oliv.* Fl. trop. Afr. I (1868) 105; *Baill.* Hist. pl. Madag. (1890) t. 143. *Engl.* Pfl. Ost-Afr. 276 et in *von Goetzen* Durch Afrika (1895) 376; *Th. Dur.* et *Schinz* Consp. fl. Afr. I¹, 240.

1894 (G. A. v. Goetzen et v. Prittwitz). — XIV : volcan Kiruuga (Goetz. et Prittw.).

IONIDIUM Vent.

Ionidium enneaspermum *Vent.* Pl. Jard. Malmaison (1803) sub t. 27; *Ging.* in *DC.* Prodr. I, 308; *Oliv.* Fl. trop. Afr. I, 105; *Th. Dur.* et *Schinz* Étud. fl. Cgo (1896) 63 et Consp. fl. Afr. I¹, 207; *De Wild.* Étud. fl. Bas- et Moy.-Cgo, I (1903) 63, II (1908) 314.

Calceolaria — *O. Kuntze* Rev. Gener. (1891) 41; *Hiern* Cat. Welw. Pl. I, 34. Viola guineensis *Schumach.* et *Thonn.* Beskr. Guin. pl. (1827) 133.

1888 (Fr. Hens). — II a : Bingila (Dup.). — IV : Lukuugu (Hens, A. 187). — V : Kwamouth (M. Laur. 432); Kisantu (Gill. 2328). — VI : vallée de la Djuma (Gent.; Gill. 2816).

— — var. **thesiifolium** [*DC.*] *De Wild.* et *Th. Dur.* Contr. fl. Cgo, II (1900) 3.

I. thesiifolium *DC.* ex *Ging.* in *DC.* Prodr. I (1824) 309.

1895 (P. Dupuis). — II a : Bingila (Dup.).

ALSODEIA Thou.

Alsodeia brachypetala *Turcz*. in Bull. Soc. Natur. Mosc. XXXVI (1863) I, 558; *Oliv*. Fl. trop. Afr. I, 109; *Th. Dur*. et *Schinz* Étud. fl. Cgo (1896) 63.

> Rinorea — *O. Kuntze* Rev. Gener. (1891) 42; *Th. Dur*. et *Schinz* Consp. fl. Afr. I², 209; *De Wild*. et *Th. Dur*. Contr. fl. Cgo, II (1900) 4.

> 1816 (Chr. Smith). — Bas-Congo (Sm.). — II a : le Mayumbe (Ém. Laur.); Bingila (Dup.) — III : Tondoa (Buett.). — IV : route des Caravanes (Ém. Laur.). — XV : Bena-Dibele [Kasai] (Éd. Luja); le Sankuru (Ém. Laur.).

Alsodeia congensis [*Engl*.] *Th*. et *Hél. Dur*.

> Rinorea — *Engl*. in *De Wild*. et *Th. Dur*. Contr. fl. Cgo, II (1900) 3 et in Engl. Jahrb. XXXIII (1902) 138; *De Wild*. et *Th. Dur*. Reliq. Dewevr. (1901) 10.

> 1895 (A. Dewèvre). — II a : Shinganga (Dew. 265).

Alsodeia dentata *P. Beauv*. Fl. d'Oware, II (1807) 11. t. 65; *Oliv*. Fl. trop. Afr. I, 110; *Engl*. Pfl. Ost-Afr. A, 91.

> Rinorea — *O. Kuntze* Rev. Gener. (1891) 42; *Th. Dur*. et *Schinz* Consp. fl. Afr. I², 209; *Hiern* Cat. Welw. Pl. I, 36; *De Wild*. et *Th. Dur*. Reliq. Dewevr. (1901) 10.

> 1896 (A. Dewèvre). — VIII : entre Irebu et Lukolela (Dew. 817). — Ind. non cl. : Tata (Dew. 1071 a).

Alsodeia Dewevrei [*Engl*.] *Th*. et *Hél. Dur*.

> Rinorea — *Engl*. in *De Wild*. et *Th. Dur*. Contr. fl. Cgo, II (1900) 4 et in Engl. Jahrb. XXXIII (1902) 144; *De Wild*. et *Th. Dur*. Reliq. Dewevr. (1901) 11.

> 1895 (A. Dewèvre). — II a : Shinganga (Dew. 305).

Alsodeia Dupuisii [*Engl*.] *Th*. et *Hél. Dur*.

> Rinorea — *Engl*. in *De Wild*. et *Th. Dur*. Contr. fl. Cgo, II (1900) 4 et in Engl. Jahrb. XXXIII (1902) 138.

> 1895 (P. Dupuis). — II a : Bingila (Dup.).

Alsodeia Engleriana *De Wild*. et *Th. Dur*. in *Th. Dur*. et *De Wild*. Mat. fl. Cgo, VI (1900) 3 [B. S. B. B. XXXVIII², 173].

> Rinorea — *De Wild*. et *Th. Dur*. Reliq. Dewevr. (1901) 11.

> 1896 (A. Dewèvre). — XIII c : Rewa (Dew. 114).

Alsodeia Poggei [*Engl.*] *Th.* et *Hél. Dur.*

Rinorea — *Engl.* in Engl. Jahrb. XXXIII (1902) 137.

1883 (P. Pogge). — III : Tondoa (Buett. 492). — XV : la Lulua, vers le 6° o. (Pg. 646).

Alsodeia Welwitschii *Oliv.* Fl. trop. Afr. I (1868) 110.

Rinorea — *O. Kuntze* Rev. Gener. (1891) 42; *Th. Dur.* et *Schinz* Consp. fl. Afr. I², 212; *De Wild.* et *Th. Dur.* Reliq. Dewevr. (1901) 12.

1896 (A. Dewèvre). — XIII d : env. de Nyangwe (Dew. 948). — Noms vern. : Keurwe [Kasongo]; Kambiru [Tanganika]; Bongi-Bongi [Ikwangula].

SAUVAGESIA L.

Sauvagesia congoensis *Engl.* in *Schlechter* Westafr. Kautsch.-Exped. (1900) 301 [nom. tant.].

1899 (R. Schlechter). — V : Dolo (Schlt. 12443).

Sauvagesia erecta *L.* Sp. pl. ed. 1 (1753) 203; *DC.* Prodr. I, 315; *St-Hil.* Pl. remarq. du Brésil, t. 3; *Spach* Hist. des végét. [Atlas] t. 42; *Oliv.* Fl. trop. Afr. I, 111; *Engl.* Pfl. Ost-Afr. 274; *Th. Dur.* et *Schinz* Étud. fl. Cgo (1896) 63 et Consp. fl. Afr. I², 212; *De Wild.* et *Th. Dur.* Contr. fl. Cgo, I (1899) 6 et Reliq. Dewevr. (1901) 12; *De Wild.* Étud. fl. Bas- et Moy.-Cgo, I (1903) 63, (1904) 168; II (1908) 311.

S. nutans *Pers.* Syn. pl. I (1805) 253.

1888 (Fr. Hens). — II a : Bingila (Dup.). — V : rive N. du Kasai [distr. du Stanley-Pool] (Luja); entre Léopoldville et Mombasi; env. de Léopoldville; Kimuenza env. de Dembo (Gill.). — VIII : Eala (M. Laur.). — IX : pays des Bangala (Hens). — XIII d : env. de Nyangwe (Dew.). — Ind. non cl. : Ganga-Tshikamba [Gangu?, II a] (Cabra).

BIXACEAE

BIXA L.

*****Bixa Orellana** *L.* Sp. pl. ed. 1 (1753) 512; *DC.* Prodr. I, 259; *Descourtilz* Fl. des Antilles, I, t. 4; Bot. Mag. (1812) t. 1456; *Wight* Illustr. Ind. Bot. t. 11; *Spach* Hist. des végét. [Atlas] t. 44; *Th. Dur.* et *Schinz* Étud. fl. Cgo (1896) 64 et Consp. fl. Afr. I², 214; *De Wild.* et *Th. Dur.* Reliq. Dewevr. (1901) 12; *Hiern* Cat. Welw. Pl. I, 37; *De Wild.* Not. pl. util. ou intér. du Cgo, II (1906) 5-19 et Étud. fl. Bas- et Moy.-Cgo, II (1908) 314.

1888 (Fr. Hens). — II a : Zenze (Ém. Laur.). — IV : route des Caravanes; entre Tumba et Kitobola (Ém. Laur.). — V : Bolobo (Dew.); env. de Sanda (Gill.); Kinkosi; Kisango (Vanderyst). — VIII : Coquilhatville (Ém. Laur.) — IX : pays des Bangala (Hens); Upoto (Welw.); Ukaturaka (Em. Laur.). — XV : le Kasai (Lescr.); Kanda-Kanda (Gent.): Mokole (Lescr.); env. de Yoko-Punda (Ém. Laur.). — XVI : Lubile (Lescr.).

POGGEA Guerke.

Poggea alata *Guerke* in Engl. Jahrb. XVIII (1894) 162, t. 7; *Th. Dur.* et *Schinz* Étud. fl. Cgo (1896) 65 et Consp. fl. Afr. I², 215; *Th. Dur.* et *De Wild.* Mat. fl. Cgo, II (1898) 65 [B. S. B. B. XXXVII, 110]; *De Wild.* Étud. fl. Bas- et Moy.-Cgo, I (1903) 63; II (1908) 314 et Miss. Laurent (1905) 44.

1881 (P. Pogge). — VI : vallée de la Djuma (Gill. 2732). — VII : Kutu (Ém. et M. Laur.). — XI : env. de Limbutu (M. Laur. 1900). — XV : Mukenge (Pg. 609, 1048, 1096); Luebo (Ém. Laur.); Butala; Mange (Ém. et M. Laur.)

ONCOBA Forsk. [s. str.]

Oncoba spinosa *Forsk.* Fl. Aegypt.-Arab. (1775) 103; *A. Rich.* Fl. Seneg. tent. I, 32, t. 10; *Oliv.* Fl. trop. Afr. I, 115; *Warb.* in *Engl.* Pfl. Ost-Afr. 277; *Th. Dur.* et *Schinz* Consp. fl. Afr. I², 216; *De Wild.* et *Th. Dur.* Pl. Gilletianae, I (1900) 3 [B. Herb. Boiss. Sér. 2, I, 3] et Reliq. Dewevr. (1901) 16; *Iliern* Cat. Welw. Pl. I, 38; *De Wild.* Miss. Laurent (1905) 158 et Étud. fl. Bas- et Moy.-Cgo, II (1907) 58 (1908) 315; *Gilg* in Engl. Jahrb. XL (1908) 454, in obs.

Lundia monacantha *Schumach.* et *Thonn.* Beskr. Guin. Pl. (1827) 231.

1896 (A. Dewèvre). — V : Kolo [entre Kimpoko et Dole] (M. Laur. 451); entre Kange et Zoma [près Lukungu] (Dew. 415); Kisantu; bords de l'Inkisi (Gill.). — XII : Ludibi (Lescr. 195). — XII c : Niangara (Ser. 833). — XV : Bukila (Ém. et M. Laur.).

CALONCOBA Gilg.

Caloncoba Crepiniana [*De Wild.* et *Th. Dur.*] *Gilg* in Engl. Jahrb. XL (1908) 460.

Oncoba — *De Wild.* et *Th. Dur.* Contr. fl. Cgo, I (1899) 7; Ill. fl. Cgo (1900) 123, t. 62 et Reliq. Dewevr. (1901) 12; *De Wild.* Miss. Laurent (1905) 157 et Étud. fl. Bas- et Moy.-Cgo, II (1907) 58.

1896 (A. Dewèvre). — V : Lukolela. — Nom vern. : **Longenge** (Dew. 848; Ém. Laur.). — XI : Limbutu (M. Laur.); Lokandu (Dew. 1120). — XV : Lubi (Lescr. 183).

Caloncoba glauca [*P. Beauv.*] *Gilg* in Engl. Jahrb. XL (1908) 459.

Ventenatia — *P. Beauv.* Fl. d'Oware, I (1804) 30, t. 17.

Oncoba glauca *Planch.* in Hook, Lond. Journ. of Bot. VI (1847) 296 et Niger
Fl. (1849) 220; *Oliv.* Fl. trop. Afr. I, 117; *Th. Dur. et Schinz* Consp. fl. Afr.
I², 215; *De Wild.* et *Th. Dur.* Pl. Gilletianae, II (1901) 67 [B. Herb. Boiss.
Sér. 2, I, 739] et Reliq. Dewevr. (1901) 13; *De Wild.* Étud. fl. Bas- et Moy.-
Cgo, II, (1907) 64, (1908) 315.

1896? (A. Dewèvre). — Congo (Dew.). — V : Kimuenza (Hoebeke). — VI : Madibi (Sap.). — XI : Mogandjo (M. Laur. 1895). — XV : la Loanje; Lusambo (Gent.).

Caloncoba Schweinfurthii *Gilg* in Engl. Jahrb. XL (1908) 461.

1870 (G. Schweinfurth). — XII d : Munza (Schw. 3488).

Obs. — Les habitations suivantes ne sont pas, croyons-nous, dans le Congo :
Nabambisso (Schw. 2964); le Juru (Schw. 2344).

Caloncoba subtomentosa *Gilg* in Engl. Jahrb. XL (1908) 463.

1870 (G. Schweinfurth). — XII d : Munza (Schw. 3385).

Caloncoba Welwitschii [*Oliv.*] *Gilg* in Engl. Jahrb. XL (1908) 462.

Oncoba — *Oliv.* Fl. trop. Afr. I (1868) 117 ; *Welw.* in Trans. Linn. Soc.
XXVIII (1871) 13, t. 3; *Th. Dur.* et *Schinz* Consp. fl. Afr. I², 217; *Th. Dur.*
et *De Wild.* Mat. fl. Cgo, I (1897) 4 [B. S. B. B. XXXVI², 50]; *De Wild.* et
Th. Dur. Pl. Thonnerianae (1900) 28; *Hiern* Cat. Welw. Pl. I, 38; *De
Wild.* et *Th. Dur.* Contr. fl. Cgo, II (1900) 5; Reliq. Dewevr. (1901) 14 et
Pl. Gilletianae (1900) 3 [B. Herb. Boiss. Sér. 2, I, 3]; *De Wild.* Étud. fl.
Bas- et Moy.-Cgo, II (1907) 58, (1908) 315 et Miss. Laurent (1905) 158.
O. Laurentii *De Wild.* et *Th. Dur.* Contr. fl. Cgo, I (1899) 8.

1893 (Ém. Laurent). — Bas-Congo. — Nom vern. : **Kwakwa** (Ém. Laur.). — II a :
le Mayumbe (Ém. et M. Laur.); Shinganga (Dew. 309); Tshia. — Nom vern. :
Tshikwakwa(Cabra); Bingila (Dup.). — IV : distr. des Cataractes (Ém. et M. Laur.).
— V : distr. du Stanley-Pool (Ém. et M. Laur.); Kisantu. — Nom vern. : **Kisania**
(Gill.) : env. de Dembo. — Nom vern. : **Kisani** (Gill.). — VI : Madibi (Lescr. 102). —
VIII : Ikoko (Lescr. 168); Coquilhatville (Ém. Laur.); Eala (Pyn. 993). — IX :
Mongo (Thonn.). — XI : Limbutu (M. Laur. 1901). — XIII a : La Romée (Ém. et
M. Laur.).

LINDACKERIA Presl.

Lindackeria cuneato acuminata [*De Wild.*] *Gilg* in Engl. Jahrb. XL (1908) 465.

Oncoba dentata *Oliv.* var. — *De Wild.* Miss. Laurent (1906) 246.

1903 (Ad. Oddon). — V : Sabuka (Ém. et M. Laur.); Sauda (Odd. in Gill. 3013).
— VI : Eiolo (Ém. et M. Laur.).

Lindackeria dentata [*Oliv.*] *Gilg* in Engl. Jahrb. XL (1908) 465.

Oncoba — *Oliv.* Fl. trop. Afr. I (1868) 119; *Th. Dur.* et *Schinz* Consp. fl. Afr.
I², 217; *De Wild.* et *Th. Dur.* Contr. fl. Cgo, II (1900) 5; Pl. Gilletianae, I
(1900) 3 et Reliq. Dewevr. (1901) 13; *Hiern* Cat. Welw. Pl. I, 39; *De Wild.*
Étud. fl. Bas- et Moy.-Cgo, II (1907) 58, (1908) 315 et Miss. Laurent (1905)
157.

1896 (A. Dewèvre). — Bas-Congo (Cabra). — II a : Shinganga (Dew. 337); Haut-Shiloango (Cabra et Michel). — V : rive N. du Kasai (Luja); Kisantu (Gill. 29). — VI : Madibi (Sap.). — VIII : Eala (M. Laur. 72, 697, 1897, 1898, 1902); Bokakata (Dew. 785 a). — XI : Mogandjo (M. Laur. 1896); env. de Yambuya (Solh.). — XV : Mange (Ém. et M. Laur.); Bandaka-Kole (Flam.).

Lindackeria Poggei [*Guerke*] *Gilg* in Engl. Jahrb. XL (1908) 466.

Oncoba — *Guerke* in Engl. Jahrb. XVIII (1893) 163; *Th. Dur. et Schinz* Étud. fl. Cgo (1896) 64 et Consp. fl. Afr. 1², 216.

O. Demeusei *De Wild.* et *Th. Dur.* in *Th. Dur.* et *De Wild.* Mat. fl. Cgo, VII (1900) 2 [B. S. B. B. XXXIV², 54]; *De Wild.* Étud. fl. Bas- et Moy.-Cgo, I (1903) 63; II (1907) 58 et Miss. Laurent (1905) 157, (1907) 411.

1881 (P. Pogge). — V : env. de Léopoldville (Gill. 2526): env. de Lukolela (M. Laur. 510); Chenal (Ém. et M. Laur.). — VI : vallée de la Djuma (Gent.; Gill. 1821). — IX : Bumba (Dem.). — XV : Olombo (Ém. et M. Laur.); la Lulua (Pg. 571). — Ind. non cl. : Monothueri [Monshumi (?) VI] (Dew.).

Lindackeria Schweinfurthii *Gilg* in Engl. Jahrb. XL (1908) 466.

1870 (G. Schweinfurth). — XII d : Linduku (Schw. 3070).

BUCHNERODENDRON Guerke.

Buchnerodendron Laurentii *De Wild.* Miss. Laurent (1907) 411; *Gilg* in Engl. Jahrb. XL (1908) 467, in obs.

1903 (Ém. et M. Laurent). — XV : Ibaka; Munuugu (Ém. et M. Laur.).

Buchnerodendron speciosum *Guerke* in Engl. Jahrb. XVIII (1894) 161, t. 6; *Th. Dur.* et *Schinz* Étud. fl. Cgo (1896) 64 et Consp. fl. Afr. I², 214; *De Wild.* et *Th. Dur.* Pl. Thonnerianae (1900) 29; *De Wild.* Miss. Laurent (1907) 412 et Étud. fl. Bas- et Moy.-Cgo, II (1907) 57, (1908) 315; *Gilg* in Engl. Jahrb. XL (1908) 467.

1880 (Alex. von Mechow). — VI : bassin du Kwango (Mech. 526). — VIII : Ibaka (Ém. et M. Laur.). — IX : Bombati (Thonn.). — XI : Mogandjo (M. Laur.); env. de Yambuya (Solh.). — XIII a : Romée (Kohl). — XV : Munungu (Ém. et M. Laur.; Sap.); lisière des bois du Kasai (Buch.); le Sankuru. — Nom vern. : **Difindo** (Sap.). — XVI : Katanga (Verd.).

PHYLLOCLINIUM Baill.

Phylloclinium paradoxum *Baill.* in B. S. Linn. Paris, II (1890) 870; *Th. Dur.* et *Schinz* Étud. fl. Cgo (1896) 64 et Consp. fl. Afr. I², 266; *De Wild.* Étud. fl. Bas- et Moy.-Cgo, I (1906) 246, 294; II (1907) 59.

1891 (F. Demeuse). — V : env. de Léopoldville (Gill.). — VII : bassin de l'Ikata [Lukenie] (Dew. 1903; Ém. Laur.). — VIII : Ibaka (Ém. et M. Laur.). — XV : Luluabourg (V. Durant).

POLYGALACEAE

POLYGALA L.

Polygala acicularis *Oliv.* Fl. trop. Afr. I (1868) 132 et in Trans. Linn. Soc. XXIX (1875) 32; *Chodat* Monog. Polygal. II, 368, t. 29, fig.. 8 et 9; *Th. Dur.* et *Schinz* Étud. fl. Cgo (1896) 65 et Consp. fl. Afr. I², 229; *De Wild.* et *Th. Dur.* Contr. fl. Cgo, I (1899) 9 et Reliq. Dewevr. (1901) 14; *De Wild.* Étud. fl. Bas- et Moy.-Cgo, I (1906) 273; II (1908) 266 et Miss. Laurent (1905) 126.

1888 (Fr. Hens). — Bas-Congo (Hens). — V : le Stanley-Pool (Dem. 91); Kisantu (Gill.); Kimuenza (Dew.); Dolo (Schlt.); Kinkosi (Vanderyst). — VI : env. de Bandundu (Ém. et M. Laur.); route de Tumba-Mani à Popokabaka (Cabra et Michel). — VII : la Fini (Ém. et M. Laur.). — XII d : Congo bor.-or. (Ser. 305). — XV : le Kasai (Ém. et M. Laur.).

Polygala arenaria *Willd.* Sp. pl. III (1803) 880; *Oliv.* Fl. trop. Afr. I, 128; *Chodat* Monog. Polygal. II, 337; *Th. Dur.* et *Schinz* Étud. fl. Cgo (1896) 66 et Consp. fl. Afr. I², 230; *Hiern* Cat. Welw. Pl. I, 43; *De Wild.* et *Th. Dur.* Contr. fl. Cgo, I (1899) 5; *De Wild.* Étud. fl. Kat. (1902) 78 et Étud. fl. Bas- et Moy.-Cgo, I (1904) 162; II (1908) 266.

1816 (Chr. Smith). — Bas-Congo (Sm.). — I : Moanda (Gill.). — II a : Bingila (Dup.). — V : Kisantu (Gill.; Vanderyst). — XII c : Gombari (Ser. 262). — XVI : Lukafu (Verd.).

Polygala Cabrae *Chodat* in B. Herb. Boiss. VI (1898) 838; *De Wild.* et *Th. Dur.* Contr. fl. Cgo, I (1899) 10 et Ill. fl. Cgo (1899) 87, t. 46.

1897 (Alph. Cabra). — Bas-Congo (Cabra).

Polygala congoensis *Guerke* in *Schlechter* Westafr. Kautsch.-Exped. (1900) 295 [nom. tant.]

1899 (R. Schlechter). — V : Dolo (Schlt. 12809).

Polygala Gomesiana *Welw.* ex *Oliv.* Fl. trop. Afr. I (1868) 126 et in Trans. Linn. Soc. XXVII (1869) 14, t. 4; *Chodat* Monog. Polygal. 336; *Th. Dur.* et *Schinz* Étud. fl. Cgo (1896) 66 et Consp. fl. Afr. I², 235; *Hiern* Cat. Welw. Pl. I, 43; *De Wild.* et *Th. Dur.* Pl. Gilletianae, II (1901) 69 [B. Herb. Boiss. Sér. 2, I, 740]; *De Wild.* Étud. fl. Bas- et Moy.-Cgo, I (1904) 162 (1906) 273; II (1907) 40.

1891 (G. Descamps). — V : Kisantu; Kimuenza (Gill.). — XV : Lambi (Desc.). — XVI : Lukafu. — Nom vern. : **Mafumbo** (Verd.); bords du Tanganika (Hecq).

Polygala persicariaefolia *DC.* Prodr. I (1824) 326; *Oliv.* Fl. trop. Afr. I, 129; *Hiern* Cat. Welw. Pl. I, 43; *Chodat* Monog. Polygal. II (1893) 331; *Th. Dur.* et *Schinz* Consp. fl. Afr. I², 243; *De Wild.* Étud. fl. Bas- et Moy.-Cgo, I (1903) 51.

1901 (J. Gillet). — V : Kimuenza (Gill.).

Polygala sparsiflora *Oliv.* Fl. trop. Afr. I (1868) 127 ; *Th. Dur.* et *Schinz* Consp. fl. Afr. I², 246; *Chodat* Mono. Polygal. II (1893) 491 ; *Hiern* Cat. Welw. Pl. I, 47.

P. ukerensis *Guerke* in Engl. Jahrb. XIV (1891) 310 et in *Engl.* Pfl. Ost.-Afr. 234.

Le type est assez largement répandu dans l'Afrique trop., le Congo excepté.

— form. **robustior** *Chodat* in *De Wild.* et *Th. Dur.* Reliq. Dewevr. (1901) 14.

1896 (A. Dewèvre). — VIII : entre Ikori et Kisanga-Sanga (Dew. 1675).

Polygala Verdickii *Guerke* in *De Wild.* Étud. fl. Kat. (1903) 205.

1900 (Edg. Verdick). — XVI : Lukafu (Verd. 556).

SECURIDACA L.

Securidaca longepèdunculata *Fresen.* Mus. Senckenb. II (1837) 275 ; *Oliv.* Fl. trop. Afr. I, 134; *Engl.* Pfl. Ost-Afr. 235; *Hiern* Cat. Welw. Pl. I, 47 ; *Th. Dur.* et *Schinz* Consp. fl. Afr. I², 258 ; *De Wild.* Étud. fl. Kat. (1902) 78 et Étud. fl. Bas- et Moy.-Cgo, II (1907) 40.

1899 (Edg. Verdick). — V : rég. de Kisantu-Makela (Van Houtte); env. de Lemfu (But.). — VI : Tumba-Mani (Cabra et Michel). — XVI : plateau des env. de Lukafu (Verd.).

— — var. **parvifolia** *Oliv.* Fl. trop. Afr. I (1868) 134 ; *Hiern* Cat. Welw. Pl. I, 47 ; *De Wild.* et *Th. Dur.* Pl. Gilletianae, II (1901) 68 [B. Herb. Boiss. Sér. 2, I, 740]; *De Wild.* Étud. fl. Kat. (1902) 78.

1899 (Edg. Verdick). — V : entre Dembo et Kisantu (Gill. 1525). — XVI : env. de Lukafu (Verd. 116).

CARPOLOBIA G. Don.

Carpolobia alba *G. Don* Gen. Syst. Bot. I (1831) 370 ; *Oliv.* Fl. trop. Afr. I, 135; *Hiern* Cat. Welw. Pl. I, 48 ; *Th. Dur.* et *Schinz* Consp. fl. Afr. I², 259 ; *De Wild.* Étud. fl. Bas- et Moy.-Cgo, I (1904) 161, 273; II (1907) 40, (1908) 265.

1891 (F. Demeuse). — VI : vallée de la Djuma (Gill. et Gent.) — VII : env. de Zoka [Bolombo] (Brun.). — VIII : Eala (M. Laur.; Pyn.); Basankusu (Brun.) — XIII d : env. de Nyangwe (Dew.).

Obs. — M. F. Demeuse a récolté cette espèce à Gunchu (?); il s'agit peut-être de Gandshu [Congo français].

CARYOPHYLLACEAE

CERASTIUM L.

Cerastium africanum [*Hook. f.*] *Oliv.* Fl. trop. Afr. I (1868) 141; *Engl.* in *v. Goetzen* Durch Afrika (1895) 375 et in Hochgeb. trop. Afr. (1892) 212.

Arenaria — *Hook. f.* in Journ. Linn. Soc. VII (1864) 184.

1894 (G. A. von Goetzen et von Prittwitz). — XIV : volcan' Kirunga (Goetz. et Prittw.).

DRYMARIA Willd.

Drymaria cordata [*L.*] *Willd.* ex *Roem.* et *Schult.* Syst. veget. V (1819) 406; *DC.* Prodr. I, 395: *Oliv.* Fl. trop. Afr. I, 143; *De Wild.* et *Th. Dur.* Pl. Gilletianae, I (1900) 4 [B. Herb. Boiss. Sér. 2, I, 4].

Holosteum — *L.* Sp. pl. ed. 1 (1753) 88; *Lam.* Pl. bot. Encycl. I, t. 51.

1900 (J. Gillet). — V : Kisantu (Gill.).

POLYCARPON Loefl.

Polycarpon depressum [*L.*] *Rohrb.* in *Mart.* Fl. Brasil. XIV² (1872) 257, t. 9; *Schlechter* Westafr. Kautsch.-Exped. (1900) 289.

Pharnaceum — *L.* Mant. pl. alt. (1771) 562.
Polycarpon pusillum *Roxb.* ex *Wight* et *Arn.* Prodr. fl. Ind. or. (1834) 358 ; *Hiern* Cat. Welw. Pl. 1, 50 [Polycarpa].
Polycarpaea Loefflingii *Benth.* et *Hook. f.* Gen. pl. I (1862) 153; *Oliv.* Fl. trop. Afr. I, 144; *Th. Dur.* et *Schinz* Étud. fl. Cgo (1896) 66.

1816 (Chr. Smith). — Bas-Congo (Sm.). — V : îles du Stanley-Pool (Schlt.) ; Kisantu (Gill.). — XV : bancs de sable du Sankuru (V. Durant) ; îlots du Sankuru en aval de Butala (Ém. et M. Laur.).

Polycarpon prostratum [*Forsk.*] *Pax* in *Engl.* et *Prantl* Natürl. Pflanzenfam. III, 1 b (1889) 87.

Alsine — *Forsk.* Fl. Aegypt.-Arab. (1775) 207; *Delile* Fl. d'Égypte, 240, t. 14, fig. 2.
Arenaria — *Seringe* in *DC.* Prodr. I (1824) 400.
Polycarpaea prostrata *Decne* in Annal. sci. nat. Sér. 2, III (1835) 263 ; *Oliv.* Fl. trop. Afr. I, 147.

1885 (R. Buettner). — VI : Kingunshi (Buett.).

POLYCARPAEA Lam.

Polycarpaea corymbosa [*L.*] *Lam.* Illust. genr. Encycl. II (1793) 129; *DC.* Prodr. I, 145; *Wight* Icon. pl. Ind. or. II, t. 712; *Oliv.*

Fl. trop. Afr. I, 145; *Th. Dur.* et *Schinz* Étud. fl. Cgo (1896) 67 ;
De Wild. et *Th. Dur.* Contr. fl. Cgo, I (1899) 9, II (1900) 5; *De
Wild.* Étud. fl. Bas- et Moy.-Cgo, II (1907) 35.

Achyranthes corymbosa *L.* Sp. pl. ed. 1 (1753) 205.

1888 (Fr. Hens). — Congo (Dew.). — I : Moanda (Vanderyst). — IV : Goma
(Hens). — V : Kisantu (Gill.); rég. de Lumene (Hendr.). — XV : Bombaie (Luja).

P. corymbosa var. **eriantha** [*Hochst.*] *Pax* in *Th. Dur.* et *De Wild.*
Mat. fl. Cgo, II (1898) 65 [B. S. B. B. XXXVII, 10]; [*De Wild.*
et *Th. Dur.* Reliq. Dewevr. (1901) 14.

P. eriantha *Hochst.* ex *A. Rich.* Tent. fl. Abyss. I (1847) 303.

1899 (Jul. Chargeois). — XVI : Pweto (Charg.).

— — var. **genuina** *Pax* in Engl. Jahrb. XVII (1893) 589 ; *Th. Dur.*
et *Schinz* Étud. fl. Cgo (1896) 67.

1888 (P. Pogge). — XV : Mukenge (Pg. 557, 576).

Polycarpaea glabrifolia *DC.* Prodr. III (1828) 374 et Mém. Paronych.
t. 5; *Oliv.* Fl. trop. Afr. I, 146; *De Wild.* Miss. Laurent (1906) 235.

1903 (Ém. et Marc. Laurent). — V : entre Kisantu et le Kwango (But.). — VI :
Eiolo [Kasai] (Ém. et M. Laur.).

PORTULACACEAE

PORTULACA L.

*****Portulaca grandiflora** *Hook.* in Bot. Mag. (1829) t. 2885; *Cambess.*
in *A. St-Hil.* Fl. Bras. mér. II, 192; *De Wild.* Miss. Laurent (1906)
234.

1904 (Ém. Laurent). — IX a : en aval de Mobeka (Ém. Laur.).

« Probablement introduit ».

Portulaca oleracea *L.* Sp. pl. ed. 1 (1753) 445; *Sibth.* et *Sm.* Fl.
Graeca, t. 457; *DC.* Pl. grass. t. 123 et Prodr. III, 353; *Schnizl.*
Iconogr. fam. nat. t. 206; *Oliv.* Fl. trop. Afr. I, 149; *Dyer* in *Hook. f.*
Fl. Brit. Ind. I, 246; *Th. Dur.* et *Schinz* Étud. fl. Cgo (1896) 67;
Hiern Cat. Welw. Pl. I, 52; *De Wild.* et *Th. Dur.* Pl. Gilletianae,
I (1900) 4 [B. Herb. Boiss. Sér. 2, I, 4]; *De Wild.* Miss. Laurent
(1906) 234.

1893 (Ém. Laurent). — Bas-Congo (Ém. Laur.). — V : Kisantu (Gill.). — XV :
Ibaka (Ém. et M. Laur.).

Obs. — Très répandu et sans doute échappé des cultures (Ém. Laur.).

Pórtulaca quadrifida *L.* Mant. pl. I (1767) 73; *Oliv.* Fl. trop. Afr. I, 149; *De Wild. et Th. Dur.* Contr. fl. Cgo, I (1899) 9 et Pl. Thonnerianae, 16; *Engl.* Pfl. Ost-Afr. 176; *Hiern* Cat. Welw. Pl. I, 52; *De Wild.* Étud. fl. Bas- et Moy.-Cgo, II (1908) 244.

1896 (A. Dewèvre). — V : Sabuka (Ém. et M. Laur.); Kimpoko (M. Laur.). — VIII : Coquilhatville (Dew.). — IX a : Gongo; Mongo (Thonn.), env. de Mobeka (Dew.). — XII a : Amadis (Ser.). — XVI : le Katanga (Verd.).

TALINUM Adans.

Talinum crassifolium *[Jacq.] Willd.* Sp. pl. II (1800) 862; *Haw.* Syn. pl. succul. 123; *DC.* Prodr. III, 357; *Oliv.* Fl. trop. Afr. I, 150; *Th. Dur. et Schinz* Étud. fl. Cgo (1896) 68.

Portulaca — *Jacq.* Hort. Vindob. I (1770) t. 52.

1891 (F. Demeuse). — Cougo (Dem.).

Talinum cuneifolium *Willd.* Sp. pl. II (1800) 864; *DC.* Prodr. III, 357; *Oliv.* Fl. trop. Afr. III, 150; *Hiern* Cat. Welw. Pl. I, 54; *Th. Dur. et Schinz* Étud. fl. Cgo (1896) 68; *De Wild. et Th. Dur.* Pl. Thonnerianae (1900) 15; *De Wild.* Miss. Laurent (1906) 234 et Étud. fl. Bas- et Moy.-Cgo, II (1908) 244.

1888 (Fr. Hens). — V : Léopoldville (Ém. et M. Laur.). — VII : Bolombo (Ém. et M. Laur.). — VIII : Eala (M. Laur.).—IX : Bangala (Hens); Upoto (Ém.Laur.); Liboko (Thonn.). — IX a : en aval de Mobeka (Ém. et M. Laur.).

Talinum patens *[Jacq.] Willd.* Sp. pl. II (1800) 863; *DC.* Prodr. III, 357; *Rohrb.* in *Mart.* Fl. Bras. XIV² (1872) 296, t. 67; *De Wild. et Th. Dur.* Pl. Gilletianae, I (1900) 4 [B. Herb. Boiss. Sér. 2, I, 4]; *De Wild.* Étud. fl. Bas- et Moy.-Cgo, II (1908) 244.

Portulaca — *Jacq.* Hort. Vindob. II (1785) t. 151.

1900 (J. Gillet). — V : Kisantu (Gill.). — Cultivé à Gombari [XII c] (Ser. 479).

HYPERICACEAE

HYPERICUM L.

Hypericum lanceolatum *Lam.* Encycl. méth. bot. IV (1797) 45; *Oliv.* Fl. trop. Afr. I, 156; *Engl.* Pfl. Ost-Afr. 274; *Engl.* in *von Goetzen* Durch Afrika (1895) 376.

1894 (G. A. von Goetzen et von Prittwitz). — XIV : volcan Kirunga (Goetz. et Prittw.).

Hypericum Quartinianum *A. Rich.* Tent. fl. Abyss. I (1847) 97, t. 21; *Oliv.* Fl. trop. Afr. I, 156; *De Wild.* Étud. fl. Kat. (1902) 91.

1900 (Edg. Verdick). — XVI : haut plateau du Katanga (Verd.).

VISMIA Vell.

Vismia affinis *Oliv.* Fl. trop. Afr. I (1868) 161; *Th. Dur.* et *De Wild.* Mat. fl. Cgo, II (1898) 65 [B. S. B. B. XXXVII, 110]; *De Wild.* Étud. fl. Bas- et Moy.-Cgo, II (1908) 311.

1895 (P. Dupuis). — I : Moanda (Gill.). — II a : Bingila (Dup.).

Vismia Laurentii *De Wild.* Étud. fl. Bas- et Moy.-Cgo, II (1908) 311.

1905 (Marc. Laurent). — VIII : env. d'Eala (M. Laur. 2012).

Vismia rubescens *Oliv.* Fl. trop. Afr. I (1868) 160; *De Wild.* Étud. fl. Bas- et Moy.-Cgo, II (1908) 312.

1903 (Ém. et Marc. Laurent). — I : Moanda (Gill. 4062). — V : Léopoldville (Ém. et M. Laur.).

PSOROSPERMUM Spach.

Psorospermum febrifugum *Spach* in Annal. sci. nat. Sér. 2, V (1836) 163; *Engl.* Pfl. Ost-Afr. 274; *Oliv.* Fl. trop. Afr. I, 158; *Th. Dur.* et *Schinz* Étud. fl. Cgo (1896) 688; *Hiern* Cat. Welw. Pl. I, 57; *Th. Dur.* et *De Wild.* Mat. fl. Cgo, II (1898) 65 [B. S. B. B. XXXVII, 110]; *De Wild.* et *Th. Dur.* Contr. fl. Cgo, I (1899) 10; II (1900) 5 et Reliq. Dewevr. (1901) 15; *De Wild.* Étud. fl. Kat. (1903) 91, Miss. Laurent (1906) 245 et Étud. fl. Bas- et Moy.-Cgo, II (1907) 55, (1908) 312.

P. ferrugineum *Hook. f.* in *Hook.* Niger Fl. (1849) 241.

1816 (Chr. Smith). — Bas-Congo (Sm.). — II a : env. de Zobe (Dew.). — V : env. de Lukolela (Pyn. 337); route des cataractes vers le Stanley-Pool; Sabuka (Ém. et M. Laur.); env. de Léopoldville (Luja; Pyn.); Kisantu; env. de Dembo (Gill.). — XVI : Lukafu (Verd.); Pala (Deb.).

— — form. **latifolium** *De Wild.* Étud. fl. Kat. (1903) 91.

1899 (Edg. Verdick). — XVI : Lukafu. — Nom vern. : **Moibanganga** (Verd. 39).

Psorospermum tenuifolium *Hook. f.* in *Hook.* Icon. pl. VIII (1848) t. 771 et in *Hook.* Niger Fl. (1849) 242; *Oliv.* Fl. trop. Afr. I, 159; *De Wild.* et *Th. Dur.* Reliq. Dewevr. (1901) 15; *De Wild.* Miss. Laurent (1906) 245 et Étud. fl. Bas- et Moy.-Cgo, II (1907) 55, (1908) 312.

1896 (A. Dewèvre). — VIII : Eala (M. Laur.; Pyn. 296, 364, 376, 517, 956, 1022, 1245, 1335, 1660). — IX : Bangala (Dew. 862 g); Nouvelle-Anvers (Pyn. 5).

HARONGA Thou.

Haronga paniculata [*Pers.*] *Lodd.* ex *Steud.* Nomencl. bot. ed. 2, I (1841) 722; *Engl.* Pfl. Ost-Afr. 274; *Th. Dur.* et *De Wild.* Mat. fl. Cgo, II (1898) 65 [B. S. B. B. XXXVII, 110], Contr. fl. Cgo, I (1899) 10, Pl. Gilletianae, I (1900) 14 et Reliq. Dewevr. (1901) 15; *De Wild.* Étud. fl. Kat. (1903) 91, Miss. Laurent (1906) 245 et Étud. fl. Bas- et Moy.-Cgo, II (1907) 55; II (1908) 312.

Harongana — *Pers.* Syn. pl. II (1807) 91; *Hiern* Cat. Welw. Pl. I, 58.
Haronga madagascariensis *Choisy* Prodr. monog. Hyper. (1821) 34; *Oliv.* Fl. trop. Afr. I, 160.

1891 (F. Demeuse). — Congo (Dem.) — II a : la Lemba. — Nom vern. : **Sasa** (Cabra); Haut-Shiloango (Cabra et Michel). — IV : Nord Manyanga (Cabra et Michel). — V : Kisantu (Gill.); Sanda — Nom vern. : **Tumu** (Odd.). — VI : Luanu (Lescr.); Madibi (Sap.). — VII : rég. du Lac Léopold II. — Nom vern. : **Montoni** (Body). — VIII : Coquilhatville; Équateurville [Wangata] (Dem.); Ikeuge (Malchair); Eala et env. (M. Laur.; Pyn.). — Noms vern. : **Botoni; Bontone.** — XI : Isangi; Basoko (Ém. et M. Laur.). — XV : Kanda-Kanda (Lescr.). — Noms vern. : **Bangwa** [Abarembo]; **Andjolia** [Mangbettu]; **Bukiret** [Asande]; **Muntoni** [Bangala]. (Dew.).

GUTTIFERACEAE

SYMPHONIA L. f.

Symphonia globulifera *L. f.* Suppl. pl. (1781) 302; *Oliv.* Fl. trop. Afr. I, 163; *Vesque* in *DC.* Monog. Phan. VIII, 227; *Th. Dur.* et *De Wild.* Mat. fl. Cgo, II (1898) 66 [B. S. B. B. XXXVII, 110]; *De Wild.* et *Th. Dur.* Contr. fl. Cgo, II (1900) 6 et Reliq. Dewevr. (1901) 15; *De Wild.* Étud. fl. Bas- et Moy.-Cgo, I (1903) 62; II (1907) 56 et Miss. Laurent (1906) 245; *Hiern* Cat. Welw. Pl. I, 59; *De Wild.* Not. pl. util. ou intér. du Cgo, I (1906) 20-27.

1889 (F. Demeuse). — Haut-Congo (Dem. 127). — IV : route des caravanes (Ém. Laur.). — V : Sanda. — Nom vern. : **Nsongia** (Odd.). — VII : Iboka (Gent.); Kutu (Ém. Laur.). — VIII : Eala. — Noms vern. : **Bolaka; Boloko** (Pyn.). — IX : Bangala (Ém. Laur.). — XI : Basoko (Ém. Laur.); Lokandu. — Nom vern. : **Kilungu** (Dem.). — XIII a : les Stanley-Falls (Ém. Laur.). — XV : Bombaie (Luja); AC. dans les forêts du Kasai et du Sankuru (Ém. Laur.; Luja). — Nom vern. : **Bokunge** (Équateur).

— — var. **africana** *Vesque* in *DC.* Monog. Phan. VIII (1893) 230; *De Wild.* Étud. fl. Bas- et Moy.-Cgo, I (1903) 62.

1901 (J. Gillet). — V : Kimuenza (Gill.).

— — **gabonensis** [*Pierre*] *Vesque* in *DC.* l. c. VIII (1893) 294; *De Wild.* l. c. II (1908) 314.

S. gabonensis *Pierre* ex Vesque, l. c. VIII (1893) 230, in syn.

1904 (Ad. Oddon). — I : Moanda. — Nom vern. : **Ki-Nsangia** (Gill. 4008). — V : rég. de Sanda (Odd.). — VI : Madibi. — Nom vern. : **Bolongo** (Sap.). — VIII : Eala (Pyn. 1038).

PENTADESMA Sabine

Pentadesma butyracea *Sabine* in Trans. Hort. Soc. V (1824) 457; *Oliv.* Fl. trop. Afr. I, 164; *Vesque* in *DC.* Monog. Phan. VIII, 247; *Hiern* Cat. Welw. Pl. I, 59; *De Wild.* Étud. fl. Bas- et Moy.-Cgo, II (1907) 57, (1908) 314.

1891 (F. Demeuse). — V : Sanda (Odd.). — XV : Pania-Mutombo (Lescr. 418); Plantations Lacourt [Kasai]. — Nom vern. : **Kalonga-Longa** (Brisac); Munungu (Sap.) — Ind. non cl. : le Lomami (Dem. 115). — Nom vern. : **Bonzo** [Bangala] (Sap.).

ALLANBLACKIA Oliv.

Allanblackia floribunda *Oliv.* in Journ. Linn. Soc. X (1869) 43 et Fl. trop. Afr. I, 163; *Hook.* Icon. pl. XI, t. 1004; *Th. Dur.* et *Schinz* Étud. fl. Cgo (1896) 69; *De Wild.* et *Th. Dur.* Reliq. Dewevr. (1901) 16; *De Wild.* Miss. Laurent (1906) 246 et Étud. fl. Bas- et Moy.-Cgo, I (1903) 61; II (1907) 55, (1908) 312.

1891 (F. Demeuse). - - Bas-Congo (Cabra). — VI : vallée de la Djuma (Gill.); Luanu (Gill. et Gent.). — VII : Ganda (Ém. Laur.). — VIII : Basankusu; Coquilhatville (Dem.); Eala (M. Laur.; Pyn.). — XI : Limbutu; Barumbu (M. Laur.); Isangi (Ém. Laur.); env. de Lokandu (Dew.). — XVI : le Katanga (Verd.). — Ind. non cl. : Ikoto (Lescr.).

GARCINIA L.

Garcinia Giadidi *De Wild.* Étud. fl. Bas- et Moy.-Cgo, II (1907) 55.

1903 (A. Van Houtte). — V : env. de Sanda. — Nom vern. : **Giadidi** (Van Houtte in Gill. 3761).

Garcinia Gilletii *De Wild.* Étud. fl. Bas- et Moy.-Cgo, I (1903) 61; ·II (1907) 56.

1901 (J. Gillet). — V : Kisantu. — Nom vern. : **Gadi** (Gill. 2208) ; Lemfu (But.); Sanda (Odd.; Van Houtte in Gill. 3756, 3761).

Garcinia longeacuminata *Engl.* ex *De Wild.* Étud. fl. Bas- et Moy.-Cgo, II (1907) 56 et in Engl. Jahrb. XL (1908) 569.

1893 (Ém. Laurent). — II a : Bas-Congo orient. à Vungu (Ém. Laur.). — VIII : Eala (Pyn.). — XV : le Sankuru (Lescr.).

Garcinia lualabensis *Engl.* in Engl. Jahrb. XL (1908) 558.

1906 (S. Ledermann). — XV : le Sankuru (Lederm. 28).

Garcinia Mannii *Oliv.* Fl. trop. Afr. I (1868) 167; *De Wild.* Contr. fl. Cgo, II (1900) 5.

1899 (Éd. Luja). — XV : Bena-Dibele [Kasai] (Luja).

Garcinia ovalifolia *Oliv.* Fl. trop. Afr. I (1868) 166; *De Wild.* et *Th. Dur.* Contr. fl. Cgo, II (1900) 6 et Reliq. Dewevr. (1904) 16.

1891 (F. Demeuse). — VIII : Bokakata (Dem. 797). — XIII a : les Stanley-Falls (Dem.).

Garcinia Pierreana *De Wild.* Étud. fl. Kat. (1903) 212.

1900 (Edg. Verdick). — XVI : Lukafu. — Nom vern. : **Mufishu** (Verd. 533).

Garcinia punctata *Oliv.* Fl. trop. Afr. I (1868) 167; *Vesque* in *DC.* Monog. Phan. VIII, 380; *Hiern* Cat. Welw. Pl. I, 60; *De Wild.* et *Th. Dur.* Contr. fl. Cgo, II (1900) 6 et Reliq. Dewevr. (1901) 16 ; *De Wild.* Pl. Laurent. (1903) 44.

G. polyantha *Th. Dur.* et *Schinz* (non *Oliv.*) Étud. fl. Cgo (1896) 69 ; *De Wild.* Pl. Laurent. (1903) 44.

1893 (Ém. Laurent). — Congo (Dew.). — II a : le Mayumbe (Ém. Laur.).

Garcinia Pynaertii *De Wild.* Étud. fl. Bas- et Moy.-Cgo, II (1908) 312.

1906 (Marc. Laurent). — VIII : Eala (Pyn. 491, 935, 1484, 1765). — XI : env. de Mogandjo (M. Laur. 2611).

Garcinia Sereti *De Wild.* Étud. fl. Bas- et Moy.-Cgo, II (1908) 313.

1907 (F. Seret). — XII c : env. de Nala (Ser. 764).

Obs. — Vesque [in *DC.* Monog. Phan. VIII, 339] indique vaguement, sur la foi de Kirk, le G. *Livingstonei* T. Anders. au Congo.

OCHROCARPUS Thou.

Ochrocarpus africanus *Oliv.* Fl. trop. Afr. I (1868) 169; *De Wild.* et *Th. Dur.* Pl. Gilletianae, II (1901) 68 [B. Herb. Boiss. Sér. 2, I 740] et Reliq. Dewevr. (1901) 289.

1895 (A. Dewèvre). — II a : Shinganga (Dew. 255). — V : Kimuenza (Gill. 1754).

DIPTEROCARPACEAE

VATICA L.

Vatica africana [*A. DC.*] *Welw.* in Trans. Linn. Soc. XXVII (1869) 15; *Oliv.* Fl. trop. Afr. I, 173 et Sert. Angol. 15, t. 5.

Monotes—*A. DC.* in *DC.* Prodr. XVI² (1868) 623; *Hiern* Cat. Welw. Pl. I, 61.

Le type n'a pas été trouvé au Congo.

V. africana var. **hypoleuca** [*Welw.*] *Oliv.* Fl. trop. Afr. I (1868)
193; *De Wild.* Étud. fl. Kat. (1903) 92.

Vatica — *Welw.* Sert. Angol. (1869) 17, t. 5, fig. 12.

M. africana *A. DC.* var. — *Hiern* Cat. Welw. Pl. I (1896) 62.

1900 (Edg. Verdick). — XVI : Lukafu (Verd. 442).

Vatica katangensis *De Wild.* Étud. fl. Kat. (1903) 92.

1900 (Edg. Verdick). — XVI : Lukafu. — Noms vern. : **Kasolo; Musanga-Saya**
(Verd. 486, 548).

LOPHIRA Banks.

Lophira alata *Banks* in *Gaertn.* De fruct. et semin. III (1805-1807)
52, t. 188, fig. 2; *DC.* Prodr. XVI², 638; *Guill.* et *Perr.* Fl. Seneg.
tent. I, 109, t. 4; *Oliv.* Fl. trop. Afr. I, 174; *Th. Dur.* et *Schinz*
Étud. fl. Cgo (1896) 88; *Gilg* in Bot. Jahrb. XXXIII (1902) 274.

1870 (G. Schweinfurth). — XII d : pays des Mangbettu (Schw.).

MALVACEAE

SIDA L.

Sida acuta *Burm. f.* Fl. Indica (1768) 147; *K. Schum.* in *Engl.* Pfl.
Ost-Afr. 266; *Hiern* Cat. Welw. Pl. I, 63; *De Wild.* Étud. fl. Bas-
et Moy.-Cgo, I (1904) 165, 287 et Miss. Laurent (1905) 153.

S. carpinifolia *L. f.* Suppl. pl. I (1781) 307; *Mast.* in *Oliv.* Fl. trop. Afr. I,
180; *Th. Dur.* et *De Wild.* Mat. fl. Cgo, I (1897) 5 [B. S. B. B. XXXVI²,
51]; *De Wild.* et *Th. Dur.* Reliq. Dewevr. (1901) 17.

S. stipulata *Cav.* Monadelph. cl. diss. I (1785) 22, t. 3, fig. 10: *Hook f.* in
Hook. Niger Fl. (1849) 231.

S. rugosa *Thonn.* in *Schumach.* et *Thonn.* Beskr. Guin. Pl. (1827) 311.

S. Vogelii *Hook. f.* in *Hook.* Niger Fl. (1849) 231.

1891 (Hyac. Vanderyst). — I : Moanda (Vanderyst). — II : Boma (Dew.). —
VI : Dima (Ém. Laur.). — XVI : Toa (Dew.).

Sida cordifolia *L.* Sp. pl. ed. 1 (1753) 684; *Cav.* Monadelph. cl.
diss. I, t. 3; *Mast.* in *Oliv.* Fl. trop. Afr. I, 181; *K. Schum.* in
Mart. Fl. Brasil. XII¹, 330, t. 62; *Th. Dur.* et *Schinz* Étud. fl.
Cgo (1896) 69; *De Wild.* et *Th. Dur.* Contr. fl. Cgo, I (1899) 11 et
Reliq. Dewevr. (1901) 17; *De Wild.* Étud. fl. Bas- et Moy.-Cgo, I
(1904) 165, (1906) 287; II (1907) 47 et Miss. Laurent (1906) 153.

S. africana *P. Beauv.* Fl. d'Oware, II (1807) 87, t. 110.

1862 (R. Burton). — Congo (Burt.). — Brousse du Bas Congo (Ém. Laur.). —
I : Moanda (Vanderyst): Banana (Dew.). — II : Boma (Schimp.). — III : Tondoa
(Buett.). — V : Stanley-Pool (Hens); Kinshassa (Dew.): Kisantu; env. de Dembo
(Gill.); Kiduma; Sonzo (Vanderyst). — VI : route de Tumba-Mani à Popokabaka
(Cabra-Michel). — IX : Bumba: env. de Yambinga (Pyn.); Nouvelle-Anvers
(M. Laur.) — XIII a : Roméo (M. Laur.).

Sida humilis *Cav.* Monadelph. class. diss. V (1785-90) 277, t. 134;
Mast. in *Oliv.* Fl. trop. Afr. I, 179 et in *Hook. f.* Fl. Brit. Ind. I,
322; *Th. Dur.* et *Schinz* Étud. fl. Cgo (1896) 70; *Th. Dur.* et
De Wild. Mat. fl. Cgo, I (1898) 5 [B. S. B. B. XXXVI², 51]; *De
Wild.* Étud fl. Bas- et Moy.-Cgo, II (1908) 301.

S. veronicifolia *Lam.* var. — *K. Schum.* in *Mart.* Fl. Brasil, XII³ (1891) 320.
S. unilocularis *L'Hérit.* Stirp. nov. (1784-85) t. 56.

1816 (Chr. Smith). — Congo (Burt.). — Bas-Congo (Sm.). — XVI : Toa (Desc.).
— XII d : entre Vankerkhovenville et Arebi (Ser. 721).

Sida linifolia *Cav.* Monadelph. class. diss. I (1785) 14, t. 2, fig. I;
Mast. in *Oliv.* Fl. trop. Afr. I, 179; *K. Schum.* in *Mart.* Fl. Brasil.
XII³, 292, t. 57; *Th. Dur.* et *Schinz* Étud. fl. Cgo (1896) 70;
De Wild. Étud. fl. Bas- et Moy.-Cgo, I (1904) 165 et Miss. Laurent
(1907) 388.

S. linearifolia *Schumach.* et *Thonn.* Beskr. Guin. Pl. (1827) 303.

1816 (Chr. Smith). — Bas-Congo (Sm.). — I : Moanda (Gill.). — V : Sanda (De
Brouw.). — VIII : Gombe [Irebu] (M. Laur.). — XVI : Lutembue (Desc.). — Ind.
non cl. : Bulebu (Ém. et M. Laur.).

Sida paniculata *L.* Amoen. acad., V (1760) 401; *DC.* Prodr. I, 465;
K. Schum. in Mart. Fl. Brasil, XII³, 294 t. 57; *E.-G. Bak.* in
Journ. of Bot., XXX (1892) 294; *De Wild.* Étud. fl. Bas- et Moy.-
Cgo, II (1908) 301.

1902 (A. Delpierre). — XII c : Nala (Delp.); entre Gombari et Dungu (Ser. 745).

Obs. — C'est probablement le *S. Schweinfurthii* E.-G. Bak. [l. c. 265].

Sida rhombifolia *L.* Sp. pl. ed. 1 (1753) 684; *Cav.* Monadelph.
class. diss. I, t. 3; *K. Schum.* in *Mart.* Fl. Brasil. XII⁵, 337, t.
63 et in *Engl.* Pfl. Ost-Afr. 260; *Mast.* in *Oliv.* Fl. trop. Afr. I,
181; *Hiern* Cat. Welw. Pl. I, 64; *De Wild.* et *Th. Dur.* Reliq.
Dewevr. (1901) 17; *De Wild.* Not. pl. util. ou intér. du Cgo, II (1906)
143-45.; *De Wild.* Étud. fl. Bas- et Moy.-Cgo, II (1907) 48, (1908) 301.

1816 (Chr. Smith). — Bas-Congo (Sm.). — V : Léopoldville (Schlt.); env. de Bo-
kala (M. Laur.); env. de Kwamouth (Bieler). — VII : Kiri (Ém. et M. Laur.). —
VIII : Eala (Ém. et M. Laur.). — IX : Boyenga [Ikelembu] (M. Laur.); Nouvelle-
Anvers (Ém. et M. Laur.). — XV : env. de Kabinga (Dew.). — Noms vern. : **Kafuta**
[Kasongo]; **Kavenru** [Tanganika] (Dew.).

Sida spinosa *L.* Sp. pl. ed. 1 (1753) 683; *Cav.* Monadelph. class. diss.
I, t. 1; *Mast.* in *Oliv.* Fl. trop. Afr. I, 180 et in *Hook. f.* Fl. Brit.

3

Ind. I. 323; *K. Schum.* in *Engl.* Pfl. Ost.-Afr. 265; *Th. Dur.* et *Schinz* Étud. fl. Cgo (1896) 71 ; *Hiern* Cat. Welw. Pl. I, 63 ; *De Wild.* Étud. fl. Bas- et Moy.-Cgo, I (1904) 165 ct Miss. Laurent (1906) 257.

S. scabra *Schumach.* et *Thonn.* Beskr. Guin. Pl. (1827) 305.

1816 (Chr. Smith). — Bas-Congo (Sm.). — II : Boma (Schlt.). — XVI : Katanga (Desc.).

Sida urens *L.* Syst. nat. ed. 10 (1758-59) 1145; *Cav.* Monadelph. class. diss. I, t. 2; Nov. Comm. Soc. Gott. III, t. 5; *DC.* Prodr. I, 465; *Mast.* in *Oliv.* Fl. trop. Afr. I, 179; *Th. Dur.* et *Schinz* Étud. fl. Cgo (1896) 71; *Th. Dur.* et *De Wild.* Mat. fl. Cgo, I (1898) 5 [B. S. B. B. XXXVI², 51]; *De Wild.* et *Th. Dur.* Pl. Gilletianae, I (1900) 4 [B. Herb. Boiss. Sér. 2, I, 4].

1816 (Chr. Smith). — Congo (Burt.).— Bas-Congo (Sm.).— IV : Lukungu (Hens). — V : Léopoldville (Schlt.); Kisantu (Gill.). — XVI : Toa (Desc.)

Obs. — K. Schumann [in *Schlechter* West-Afr. Kautch. Exped. (1900) 299] a indiqué, d'après Schlechter, n° 12562, un *Sida rotundifolia* L. à Léopold-ville. — C'est probablement S. *cordifolia* L. qu'il faut lire.

WISSADULA Medic.

Wissadula hernandioides [*L'Hérit.*] *Guerke* in Zeitschr. f. Naturw. LXIII (1890) 122; *De Wild.* et *Th. Dur.* Contr. fl. Cgo, I (1899) 11.

Sida — *L'Hérit.* Stirp. nov. (1784-85) 121 t. 58.

1891 (Hyas. Vanderyst). — I : Moanda (Vanderyst).

Wissadula rostrata [*Schumach.* et *Thonn.*] *Planch.* in *Hook.* Niger Fl. (1849) 229; *Mast.* in *Oliv.* Fl. trop. Afr. I, 182 et in *Hook. f.* Fl. Brit. Ind. I, 325; *Th. Dur.* et *Schinz* Étud. fl. Cgo (1896) 71; *Hiern* Cat. Welw. Pl. I, 65; *De Wild.* et *Th. Dur.* Reliq. Dewevr. (1901) 17; *De Wild.* Étud. fl. Bas- et Moy.-Cgo, II (1907) 48 et Miss. Laurent (1905) 153.

Sida — *Schumach.* et *Thonn.* Beskr. Guin. Pl. (1827) 306. Abutilon laxiflorum *Guill.* et *Perr.* Fl. Seneg. tent. I (1831) 66.

1816 (Chr. Smith). — Bas-Congo (Sm.). — II : Boma (Dew.). — V : Kisantu (Gill.); Yumbi (Em. Laur.). — VI : Madibi (Sap.). — IX : Lisala; Ukatoraka (Ém. et M. Laur.). — XII c : env. d'Amadi (Ser.). — XV : le Kasai (Lescr.). — Ind. non cl. : Kibaka (Buett.); Yindu (Vanderyst).

ABUTILON Gaertn.

Abutilon angulatum [*Guill.* et *Perr.*] *Mast.* in *Oliv.* Fl. trop. Afr. I (1868) 183; *Th. Dur.* et *Schinz* Étud. fl. Cgo (1896) 72.

Bastardia angulata *Guill.* et *Perr.* Fl. Seneg. tent. I (1831) 65.

1816 (Chr. Smith). — Bas-Congo (Sm.).

Abutilon Cabrae *De Wild.* et *Th. Dur.* Mat. fl. Cgo, III (1899) 8 [B. S. B. B. XXXVIII², 16] et Contr. fl. Cgo, II (1900) 7; *De Wild.* Miss. Laurent (1905) 152 et Étud. fl. Bas- et Moy.-Cgo, II (1907) 48, (1908) 300.

1897 (Alph. Cabra) — Bas-Congo (Cabra). — II a : Haut-Shiloango (Cabra-Michel). — IV : Kitobola (Ém. et M. Laur.). — VIII : Bala-Lundzi (Pyn. 239); Ikenge (Ém. et M. Laur.); Bobangi (Ém. et M. Laur); Eala et env. (Pyn. 932; M. Laur. 1208). — IX : Umangi (Ém. et M. Laur.). — X : Imese (Ém. et M. Laur.). — XII d : Dungu (Ser. 616). — XVI : Pala (Deb.); Albertville [Toa] (Decc.).

Abutilon Eetveldeanum *De Wild.* et *Th. Dur.* in *Th. Dur.* et *De Wild.* Mat. fl. Cgo, III (1899) 9 [B. S. B. B. XXXVIII², 17]; Ill. fl. Cgo (1900) 121 t. 61; Reliq. Dewevr. (1901) 18; *De Wild.* Étud. fl. Bas- et Moy.-Cgo, II (1908) 301.

1895 (A. Dewèvre). — II : Boma (Dew.). — XI : Barumbu (M. Laur. 1853).

Abutilon indicum [*L.*] *Sweet* Hort. Brit. ed. 1 (1827) 54; *G. Don* Gen. Syst. Bot. I (1831) 504; *Oliv.* Fl. trop. Afr. I, 186; *Th. Dur.* et *De Wild.* Mat. fl. Cgo, I (1898) 5 [B. S. B. B. XXXVI², 51].

Sida — *L.* Amoen. acad. — IV (1760) 323; *DC.* Prodr. I, 471.

1895 (Gust. Debeerst). — XVI : Pala (Deb.).

Abutilon zanzibaricum *Boj.* ex *Mast.* in *Oliv.* Fl. trop. Afr. I (1868) 186; *Th. Dur.* et *Schinz* Étud. fl. Cgo (1896) 72.

1862 (R. Burton). — Congo (Burt.).

MALACHRA L.

Malachra capitata *L.* Syst. nat. ed. 12 (1767) 458; *Cav.* Monadelph. class. diss. I, t. 33; *Lam.* Pl. bot. Encycl. t. 580; *DC.* Prodr. I, 440; *Mast.* in *Oliv.* Fl. trop. Afr. I, 188 et in *Hook. f.* Fl. Brit. Ind. I, 329.

M. hispida *Guill.* et *Perr.* Fl. Seneg. tent. I (1831) 47.

1816 (Chr. Smith). — Bas-Congo (Sm.).

Malachra radiata *L.* Syst. nat. ed. 12 (1767) 458; *Cav.* Monadelph. class. diss. I, t. 33; *Lam.* Pl. bot. Encycl. III, t. 580; *DC.* Prodr. I, 440; *Mast.* in *Oliv.* Fl. trop. Afr. I, 188; *Th. Dur.* et *Schinz* Étud. fl. Cgo (1896) 73; *De Wild.* Étud. fl. Bas- et Moy.-Cgo, I (1905) 165.

1816 (Chr. Smith). — Bas-Congo (Sm.). — V : env. de Léopoldville (Gill.).

URENA L.

Urena lobata *L.* Sp. pl. ed. 1 (1753) 692; *Dillen.* Hort. Eltham. t. 319; *Cav.* Monadelph. class. diss. t. 185 ; *DC.* Prodr. I, 441 ; Bot. Mag.

(1831) t. 3043; *Mast.* in *Oliv.* Fl. trop. Afr. I, 189 et in *Hook.* /
Fl. Brit. Ind. I, 329; *Th. Dur.* et *Schinz* Étud. fl. Cgo (1896) 73 ;
De Wild. Pl. Laurent. (1903) 42.

> Urena americana *L.* Pl. Surinam. (1775) 11; *R. Br.* in *Tuckey* Narrat. Exped.
>   riv. Zaïre, Append. V (1818) 484.
> U. diversifolia *Schumach.* et *Thonn.* Beskr. Guin. Pl. (1827) 308.
> U. obtusata et virgata *Guill.* et *Perr.* Fl. Seneg. tent. I (1831) 48.

1894 (R. Schlechter). — V : Léopoldville (Schlt.); Kisantu (Gill.).

Obs. — Ces localités appartiennent sans doute à la variété suivante.

U. lobata var. **reticulata** *Guerke* in Engl. Jahrb. XVI (1892) 370 ;
Th. Dur. et *De Wild.* Mat. fl. Cgo, I (1898) 5 [B. S. B. B. XXXVI²,
51]; *Hiern* Cat. Welw. Pl. I, 67; *De Wild.* Étud. fl. Kat. (1903) 87
et Étud. fl. Bas- et Moy.-Cgo, II (1907) 48, (1908) 301.

1882 (P. Pogge). — Bas-Congo (Hens). — I : Moanda (Vanderyst); Banana (Dew.).
— II : Boma (Dup.); brousse et cultures : villages dans la partie occ. (Em. Laur).
— II a : Bingila (Dup.). — V : Stanley-Pool (Buett.); Bokala (M. Laur.); Kwa-
mouth (Flamigny, 90). — VI : Madibi (Sap.); entre Tumba-Mani et Popokabaka
(Cabra-Michel). — VII : Lac Léopold II (Body). — VIII : env. d'Eala. — Noms
vern. : **Titchi; Ikola** (M. Laur.). — XII d. : Dungu (Delp.). — XIII d : Nyangwe
(Pg.). — XV : Mokole [Lubi] (Lescr.); Bas-Sankuru (Em. Laur.). — XVI :
Lukafu. — Nom vern. : **Caguibisa** (Verd.); Albertville [Toa] (Desc.). — Ind. non
cl. : Luango (Cabra-Michel). — Noms vern. : **Bakuta** (Bangala) ; **Keongo** (Kwilu).

PAVONIA L.

Pavonia kilimandscharica *Guerke* in Engl. Jahrb. XIX, Beibl. n. 47
(1894) 40 in *v. Goetzen* Durch Afrika (1895) 384 et. in *Engl.* Pfl.
Ost-Afr. 260.

1894 (A. G. v. Goetzen et v. Prittwitz). — XIV : volcan Kirunga (Goetz. et
Prittw.).

KOSTELETZKYA Presl.

Kosteletzkya Buettneri *Guerke* in Verh. bot. Ver. Brandenb. XXXI
(1890) 92; *Th. Dur.* et *Schinz* Étud. fl. Cgo (1896) 74.

1881 (R. Buettner). — III : Tondoa (Buett. 72).

Kosteletzkya Grantii [*Mast.*] *Garcke* in Linnaea, XXXVIII (1874)
697 et XLIII (1880-82) 53; *Th. Dur.* et *De Wild.* Mat. fl. Cgo, I
(1898) 6 [B. S. B. B. XXXVI², 52]; *De Wild.* Étud. fl. Bas- et Moy.-
Cgo, II (1907) 49, (1908) 302.

> Hibiscus — *Mast.* in *Oliv.* Fl. trop. Afr. I (1868) 203 et in Trans. Linn. Soc.
> XXIX (1875) 36 t. 12.

1895 (G. Descamps). — XII : Uele (Delp.); Bozo (Ser. 279). — XIIa : entre Bima
et Bambili (Ser. 213). — XVI : Toa (Desc.). — Nom vern. : **Cingusapo** [Amadi].

HIBISCUS L.

Hibiscus Abelmoschus *L.* Sp. pl. ed. 1 (1753) 696; *Cav.* Monadelph. class. diss. t. 62; *Descourtilz* Fl. des Antilles, V t. 361; *DC.* Prodr. I, 452; *Mast.* in *Oliv.* Fl. trop. Afr. I, 207 et in *Hook. f.* Fl. Brit. Ind. I,342 ; *Th. Dur.* et *Schinz* Étud. fl. Cgo (1896) 74; *Hiern* Cat. Welw. Pl. I, 75; *Hochreut.* in Ann. Conserv. bot. Genève, IV (1900) 151; *De Wild.* et *Th. Dur.* Contr. fl. Cgo, II (1900) 7; *De Wild.* Étud. fl. Bas- et Moy.-Cgo, I (1903) 53, (1906) 288; II (1907) 48, (1908) 301 et Miss Laurent (1905) 154.

1862 (R. Burton).— Congo (Burt.; Ém. Laur.).— II a : le Mayombe (Cabra); Haut-Shiloango (Cabra-Michel). — V : env. de Léopoldville; Kisantu (Gill.); Lula-Lumeue (Gill.). — VI : vallée de la Djuma (Hendr.) ; route de Tumba-Mani à Popo-kabaka (Cabra-Michel); Madıbi (Sap.). — XII d : cult. à Dungu (Ser. 611). — XV : Bukila (Ém. Laur.). — Noms vern. : **Bokaie**; **Bolinda** (Bangala): **Momfimi; Intsimi; Ndzimi** (Kwilu).

Hibiscus calyphyllus *Cav.* Monadelph. class. diss. V (1788) 283 t. 140 ; *Hiern* Cat. Welw. Pl. 1, 72; *Hochreut.* in Ann. Conserv. bot. Genève, IV (1900) 99.

H. calycinus *Willd.* Sp. pl. III (1801) 817; *DC.* Prodr. I, 448; *Mast.* in *Oliv.* Fl. trop. Afr. I, 202; *Th. Dur.* et *Schinz* Étud. fl. Cgo (1896) 74.
H. calycosus *A. Rich.* Tent. fl. Abyss. I (1847) 62 t. 14.
? H. owariensis *P. Beauv.* Fl d'Oware, II (1807) 88 t. 117.
H. triumfettifolius *Schumach.* et *Thonn.* Beskr. Guin. Pl. (1827) 312.

1891 (F. Demeuse). — Congo (Dem.).

Hibiscus cannabinus *L.* Syst. nat. ed. 10 (1758-59) 1149; *Cav.* Mona-delph. class. diss. t. 52; *Roxb.* Corom. Pl. t. 190 ; *DC.* Prodr. 1, 450; *Reichb.* Iconogr. bot. t. 164 ; *Mast.* in *Oliv.* Fl. trop. Afr. I, 204 et in *Hook. f.* Fl. Brit. Ind. 1, 339; *Th. Dur.* et *Schinz* Étud. fl. Cgo (1896) 74; *Guerke* in *Engl.* Pfl. Ost-Afr. 267; *Hiern* Cat. Welw. Pl. I, 72; *Hochreut.* in Ann. Conserv. bot. Genève, IV (1900) 114; *Th. Dur.* et *De Wild.* Mat. fl. Cgo, 1 (1898) 6 [B. S. B. B. XXXVI², 52]; *De Wild.* et *Th. Dur.* Contr. fl. Cgo, I (1899) 11 ; II (1900) 74 et Reliq. Dewevr. (1901) 18; *De Wild.* Étud. fl. Bas- et Moy.-Cgo, 1 (1904) 166, 288; II (1907) 48, (1908) 302 et Miss. Laurent (1905) 154.

H. congener *Schumach.* et *Thonn.* Beskr. Guin. Pl. (1827) 204.
H. verrucosus *Guill.* et *Perr.* Fl. Seneg. tent. I (1831) 87.
H. radiatus *Cav.* Monadelph. class. diss. (1786-90) t 54; Bot. Mag. (1817) t. 1911; *Benth.* Fl. Austral. I. 216.

1816 (Chr. Smith). — Bas-Congo (Sm.). — I : Moanda (Vanderyst). — II : Boma (Gill.). — II a : Bingila (Dup.). — V : Piko (Ém. Duch.); Kisantu (Gill.). — VI : Madibi (Sap.). — VIII : env. de Coquilhatville (Ém. Laur.). — XII : Uele (Delp.). — XII c : Gombari (Ser.). — XVI : Toa (Desc.). — Noms vern. : **Angbeni** [Amadi]; **Dombu** [Asandé et Abarembo]; **Pussa** [Mangbettu]; **Takataka** [Kwilu]; **Bokaie** [Bangala].

Hibiscus crassinervius *Hochst.* in *A. Rich.* Tent. fl. Abyss. I (1847) 61; *Walp.* Annal. bot. II, 147; *Mast.* in *Oliv.* Fl. trop. Afr. I, 205; *Th. Dur.* et *Schinz* Étud. fl. Cgo (1896) 75; *Hochreut.* in Ann. Conserv. bot. Genève, IV (1900) 81.

H. crasinervis *Mast.* in *Oliv.* Fl. trop. Afr. I (1868) 205.

1892 (Jul. Cornet). — XVI : Katanga (Corn.).

Hibiscus Debeerstii *De Wild.* et *Th. Dur.* Mat. fl. Cgo, III (1899) 13 et X (1901) 6 [B. S. B. B. XXXVIII², 21 et XL, 12]; Contr. fl. Cgo, II (1900) 7 et Ill. fl. Cgo (1901) 135 t. 78; *Hochreut.* in Ann. Conserv. bot. Genève, IV (1900) 91.

1895 (Gust. Debeerst). — XVI : Pala (Deb.); env. d'Albertville [Toa] (Hecq).

Hibiscus diversifolius *Jacq.* Icon. pl. rarior. III (1786-93) t. 551; *DC.* Prodr. I, 449; Bot. Reg. (1819) t. 381; *Mast.* in *Oliv.* Fl. trop. Afr. I, 449 et in *Hook. f.* Fl. Brit. Ind. I, 339; *Th. Dur.* et *Schinz* Étud. fl. Cgo (1896) 75; *Th. Dur.* et *De Wild.* Mat. fl. Cgo, I (1898) 6 [B. S. B. B. XXXVI², 52]; *Hochreut.* in Ann. Conserv. bot. Genève, IV (1900) 119.

1816 (Chr. Smith). — Bas-Congo (Sm.). — III : Tondoa (Buett.). — V : Bolobo (Buett. 69). — XVI : Pala (Deb.).

Hibiscus Eetveldeanus *De Wild.* et *Th. Dur.* Mat. fl. Cgo, III (1899) 6 et X (1901) 5 [B. S. B. B. XXXVIII², 24 et XL, 11]; Pl. Gilletianae, I (1900) 5 [B. Herb. Boiss. Sér. 2, I, 5] et Reliq. Dewevr. (1901) 19; *De Wild.* Miss. Laurent (1905) 154.

H. surattensis *L.* var. furcatus *Hochreut.* in Ann. Conserv. bot. Genève, IV (1900) 112.

1896 (A. Dewèvre). — V : Kisantu (Gill. 697, 716, 868). — VIII : env. d'Équateurville [Wangata]. — Nom vern. : **Bonkaie** (Dew. 741 a). — IX : env. de Mombanga. — Nom vern. : **Bokaï-Limpata** (Dew. 757). — X : Bobangi (Ém. et M. Laur.). — XIII d : env. de Nyangwe (Dew. 920 a). — Noms vern. : **Nea** [Manyanga] ; **Casera** [Kasongo]; **Ikobulé** [Ikwangula]; **Bonkaie-itendo** [Équateur] (Dew.).

Hibiscus esculentus *L.* Sp. pl. ed. I (1753) 676; *Tussac* Fl. des Antill. I t. 10; *Descourtilz* Fl. des Antill. IV, t. 269; *Mast.* in *Oliv.* Fl. trop. Afr. I, 207; *Th. Dur.* et *Schinz* Étud. fl. Cgo (1896) 75; *Guerke* in *Engl.* Pfl. Ost-Afr. 267; *Hiern* Cat. Welw. Pl. 1, 75; *Hochreut.* in Ann. Conserv. bot. Genève, IV (1900) 150 ; *De Wild.* et *Th. Dur.* Pl. Gilletianae, II (1900) 5 et Reliq. Dewevr. (1901) 19; *De Wild.* Étud. fl. Bas- et Moy.-Cgo, II (1907) 48, (1908) 302.

1885 (R. Buettner). — V : Bolobo (Buett.); Kisantu (Gill. 967); Sanda (Odd.). — VI : Madibi (Sap.). — XVI : Congo supér. (Dew.). — Ind. non cl. : Pececondo [Pasolonde (?) II a] — Noms vern. : **Ochio** (Dew.) ; **Kinkumi** [Kwilu]; **Molenda** [Bangala].

Hibiscus ferrugineus *Cav.* Monadelph. class. diss. III (1787) 162 t. 60, fig. 1; *Hochreut.* in Ann. Conserv. bot. Genève, I (1900) 84.

H. gossypinus *Thunb.* Prodr. pl. Cap. II (1800) 118; *DC.* Prodr. I, 453; *Harv.* et *Sond.* Fl. Capens. I, 175; *Mast.* in *Oliv.* Fl. trop. Afr. I, 205 ; *Th. Dur.* et *Schinz* Étud. fl. Cgo, I (1896) 76.
H. fuscus *Garcke* in Bot. Zeit. (1849) 854.

1891 (G. Descamps). — XIV : volcan Kirunga (Goetz. et Prittw.). — XVI : le Lualaba (Desc.).

Hibiscus Gilletii *De Wild.* Étud. fl. Bas- et Moy.-Cgo, I (1904) 166.

1901 (J. Gillet). — V : Kimuenza (Gill. 2057).

Hibiscus Guerkeanus *Hochreut.* in *De Wild.* et *Th. Dur.* Mat. fl. Cgo, X (1901) 3 [B. S. B. B. XL, 9].

1891 (G. Descamps). — XVI : Lutembuc (Desc.).

Hibiscus lancibracteatus *De Wild.* et *Th. Dur.* Mat. fl. Cgo, III (1899) 17 [B. S. B. B. XXXVIII², 25]; Ill. fl. Cgo (1901) 147 t. 84 et Reliq. Dewevr. (1901) 20; *Hochreut.* in Ann. Conserv. bot. Genève, IV (1900) 124 et in *Th. Dur.* et *De Wild.* Mat. fl. Cgo, X (1901) 6 [B. S. B. B. XL, 12].

1895 (A. Dewèvre). — IX : env. de Mabanga [cult. dans les villages] (Dew.). — VIII : Coquilhatville (Dew.).

Hibiscus Liebrechtsianus *De Wild.* et *Th. Dur.* Mat. fl. Cgo, III (1899) 14 [B. S. B. B. XXXVIII², 22]; Ill. fl. Cgo (1901) 141 t. 81 et Reliq. Dewevr. (1901) 21; *Hochreut.* in Ann. Conserv. bot. Genève, IV (1900) 79 et in *Th. Dur.* et *De Wild.* Mat. fl. Cgo, X (1901) 6 [B. S. B. B. XL, 12].

1892 (Jul. Cornet). — IX : env. de Bumba (Dew. 900). — XVI : plaine de Musima [Lualaba supér.] (Corn.).

Hibiscus Masuianus *De Wild.* et *Th. Dur.* Mat. fl. Cgo, III (1899) 12 [B. S. B. B. XXXVIII², 20] et Reliq. Dewevr. (1901) 21 ; *Hochreut.* in Ann. Conserv. bot. Genève, IV (1900) 124.

1895 (A. Dewèvre). — II : Boma. - Nom vern. : **Sete** (Dew.).

Hibiscus micranthus *L. f.* Suppl. pl. (1781) 308 et 310; *Cav.* Monadelph. class. diss. t. 66 ; *DC.* Prodr. I, 453; *Mast.* in *Oliv.* Fl. trop. Afr. I, 205 et in *Hook. f.* Fl. Brit. Ind. I, 335; *Th. Dur.* et *Schinz* Étud. fl. Cgo (1896) 76; *Th. Dur.* et *De Wild.* Mat. fl. Cgo, I (1898) 6 [B. S. B. B. XXXVI², 52] ; *Hochreut.* in Ann. Conserv. bot. Genève, IV (1900) 82.

H. clandestinus *Cav.* Icon. et descr. pl. I (1791) 2.
H. hastatus *Cav.* Monadelph. class. diss. III (1787) 143 t. 50 fig. I.
H. versicolor *Schumach.* et *Thonn.* Beskr. Guin. Pl. (1827) 311.

1891 (G. Descamps). — XVI : vallée du Bulechi (Desc.); Musumba [Lualaba supér.] (Briart).

Hibiscus panduriformis *Burm.* Fl. Ind. (1768) 151 t. 47, fig. 2; *Mast.* in *Oliv.* Fl. trop. Afr. I, 203; *Guerke* in *Engl.* Pfl. Ost.-Afr. 267; *Hiern* Cat. Welw. Pl. I, 72; *Th. Dur.* et *De Wild.* Mat. fl. Cgo, I (1898) 6 [B. S. B. B. XXXVI², 52]; *Hochreut.* in Ann. Conserv. bot. Genève, IV (1900) 95; *De Wild.* Étud. fl. Kat. (1904) 211 et Étud. fl. Bas- et Moy.-Cgo, I (1906) 288.

1895 (Gust. Debeerst). — XVI : Pala (Deb.): le Katanga. — Nom vern. : **Kiboga** (Verd. 95): Lukafu (Verd.).

Hibiscus physaloides *Guill.* et *Perr.* Fl. Seneg. tent. I (1831) 52; *Mast.* in *Oliv.* Fl. trop. Afr. I, 199; *Th. Dur.* et *Schinz* Étud. fl. Cgo, 76; *Hochreut.* in Ann. Conserv. bot. Genève, IV (1900) 161; *De Wild.* et *Th. Dur.* Mat. fl. Cgo, I (1898) 6 [B. S. B. B. XXXVI², 52]; Contr. fl. Cgo, II (1900) 7 et Reliq. Dewevr. (1901) 22; *Guerke* in *Engl.* Pfl. Ost-Afr. 267; *Hiern* Cat. Welw. Pl. I, 69; *De Wild.* Étud. fl. Kat. (1903) 87; Miss. Laurent (1905) 154 et Étud. fl. Bas- et Moy.-Cgo, II (1907) 48, (1908) 302.

1893 (Ém. Laurent). — Bas-Congo (Ém. Laur.). — II a : la Lemba (Dew.); le Mayombe (Cabra); Bingila (Dup.). — VII : Kiri (Ém. Laur.). — VIII : Eala (M. Laur.); Coquillatville (Ém. Laur.); Bokakata : Wangata (Huyghe et Ledoux). — Nom vern. : **Bokaie-Itende** (Dew.). — XI : Yambuya (M. Laur.). — XV : Lac Foa (Lescr.). — XVI : Lukafu. — Nom vern. : **Lukosa** (Verd.).

Hibiscus rhodanthus *Guerke* ex *Schinz* in B. Herb. Boiss. III (1895) 405; *Hochreut.* in Ann. Conserv. bot. Genève, IV (1900) 91.

1891 (G. Descamps). — XVI : Lovoi (Desc. 71).

Hibiscus rostellatus *Guill.* et *Perr.* Fl. Seneg. tent. I (1831) 55; *Mast.* in *Oliv.* Fl. trop. Afr. I, 201; *Th. Dur.* et *Schinz* Étud. fl. Cgo, 76; *Guerke* in *Engl.* Pfl. Ost-Afr. 267; *Hiern* Cat. Welw. Pl I, 71; *De Wild.* et *Th. Dur.* Pl. Gilletianae, I (1900) 5; Contr. fl. Cgo, I (1899) 11 et Reliq. Dewevr. (1901) 22; *De Wild.* Miss. Laurent (1905) 154 et Étud. fl. Bas- et Moy.-Cgo, II (1907) 49.

H. surattensis *L.* var. — *Hochreut.* in Ann. Conserv. bot. Genève, IV (1900) 113.

1816 (Chr. Smith). — Bas-Congo (Sm.). — II a : la Lemba (Dew.). — IV : route des Caravanes (Ém. Laur.). — VI : Muene-Putu-Kasongo (Buelt.). — VIII : Eala. — Nom vern. : **Makaie** (M. Laur.). — IX : Ukatoraka (Ém. Laur.). — X : Imese (Ém. Laur.). — XI : Basoko (Ém. Laur.). — XIII a : Tschopo; envir. de Stanleyville (Ém. Laur.). — Ind. non cl. : Bobangi [Boangi, VIII]. (Ém. Laur.).

Hibiscus Sabdariffa *L.* Sp. pl. ed. I (1753) 695; *DC.* Prodr. I, 453; *Mast.* in *Oliv.* Fl. trop. Afr. I, 204; *De Wild.* et *Th. Dur.* Contr. fl. Cgo, II (1900) 7; *Hochreut.* in Ann. Conserv. bot. Genève, I (1900) 116.

H. digitatus *Cav.* Monadelph. class. diss. III (1787) 151 t. 70 fig. 2; *Ker* in Bot. Reg. VIII t. 608.

1896 (Ém. Laurent). — VIII : env. de Coquilhatville (Ém. Laur.).

Hibiscus submonospermus *Hochreut.* in *Th. Dur.* et *De Wild.* Mat. fl. Cgo, X (1901) 2 [B. S. B. B. XL, 8].

1891 (G. Descamps). — XVI : le Lualaba (Desc.).

Hibiscus surattensis *L.* Sp. pl ed. 1 (1753) 696; Bot. Mag. (1813) t. 1356; *DC.* Prodr. I, 449; *Wight* Icon. pl. Ind. or. I t. 197; *Mast.* in *Oliv.* Fl. trop. Afr. I, 201 et in *Hook. f.* Fl. Brit. Ind. 1, 334; *Guerke* in *Engl.* Pfl. Ost-Afr. 267; *Th. Dur.* et *Schinz* Étud. fl. Cgo (1896) 77; *Hiern* Cat. Welw. Pl. I, 71; *De Wild.* et *Th. Dur.* Contr. fl. Cgo, I (1899) 7; Pl. Gilletianae, I (1900) 5 et Reliq. Dewevr. (1901) 22; *Hochreut.* in Ann. Conserv. bot. Genève, IV (1900) 110; *De Wild.* Étud. fl. Bas- et Moy.-Cgo, I (1906) 288, II (1908) 302 et Miss. Laurent (1905) 154.

1816 (Chr. Smith). — Bas-Congo (Sm.). — II : Boma (Dew.); Zenze (Ém. Laur.). — II a : C. dans le Mayombe: Kibinga (Dup.). — V : Kisantu (Gill.). — VI : de Tumba-Mani à Popokabaka (Cabra-Michel); Madibi (Sap.). — VII : Lac Léopold II (Body). — IX : Yambinga (Ém. Laur.). — XV : Lubue (Luja): env. de Lie (Ém. et M. Laur.). — Noms vern. : **Ekenienti** [Lac Léopold II]; **N'danana, Ndanan** [Kwilu].

Hibiscus tiliaceus *L.* Sp. pl. ed. 1 (1753) 694; *DC.* Prodr. I, 454; Bot. Reg. 3 t. 232; *Oliv.* Fl. trop. Afr. I, 207; *Guerke* in *Engl.* Pfl. Ost -Afr. 160; *De Wild.* Étud. fl. Bas- et Moy.-Cgo, I (1904) 160, II (1908) 302; *Hochreut.* in Ann. Conserv. bot. Genève, IV (1900) 63.

1903 (J. Gillet). — I : env. de Moanda (Gill. 3984). — II : Boma (Gill. 3151).

Hibiscus vitifolius *L.* Sp. pl. ed. 1 (1733) 696; *Cav.* Monadelph. class. diss. t. 58; *DC.* Prodr. I, 450; *Mast.* in *Oliv.* Fl. trop. Afr. I, 197 et in *Hook. f.* Fl. Brit. Ind. I, 338; *Guerke* in *Engl.* Pfl. Ost-Afr. 267; *Th. Dur.* et *Schinz* Étud. fl. Cgo (1896) 77; *Hiern* Cat. Welw. Pl. I, 68; *Hochreut.* in Ann. Conserv. bot. Genève, IV (1900) 168; *De Wild.* Étud. fl. Kat. (1903) 88; *De Wild.* et *Th. Dur.* Reliq. Dewevr. (1901) 22.

H. strigosus *Schumach.* et *Thonn.* (non *Lindl.*) Beskr. Guin. Pl. (1827) 314.

1816 (Chr. Smith). — Congo. — Nom vern. : **Modi-Katala** (Dew. 148). — Bas-Congo (Sm.). — XVI : Lukafu (Verd. 135).

Hibiscus Welwitschii *Hiern* Cat. Welw. Pl. I (1896) 75; *Hochreut.* in *Th. Dur.* et *DeWild.* Mat. fl. Cgo, X (1901) 6 in obs. [B. S. B. B. XL, 12]; *De Wild.* Étud. fl. Kat. (1903) 88.

H. Cornetii *De Wild.* et *Th. Dur.* Mat. fl. Cgo, III (1899) 10; X (1901) 6 [B. S. B. B. XXXVIII², 12 et XL, 12]; Ill. fl. Cgo (1901) 129 t. LXXV.

1891 (G. Descamps). — XVI : le Lualaba supér. (Corn.); vallée du Bulechi (Desc.): env. de Lukafu et du lac Moero (Verd. 13, 414).

THESPESIA Cav.

Thespesia Debeerstii *De Wild.* et *Th. Dur.* Contr. fl. Cgo, II (1900) 6.

1895 (Gust. Debeerst). — XVI : Haut-Marungu (Deb.).

Thespesia populnea [*L.*] *Soland.* ex *Correa* in Ann. Mus. Paris, IX (1807) 290; *DC.* Prodr. I, 456; *Oliv.* Fl. trop. Afr. I, 209; *Wight* Icon. pl. Ind. or. I, t. 8; *De Wild.* Étud. fl. Bas- et Moy.-Cgo, II (1907) 49.

Hibiscus — *L.* Sp. pl. ed. 1 (1753) 976; *Cav.* Monadelph. cl. diss. t. 56.

1905 (Marc. Laurent). — VIII : Eala [cult. ?] (M. Laur. 816).

GOSSYPIUM L. (1)

Gossypium arboreum *L.* Sp. pl. ed. 1 (1753) 693; *De Wild.* Miss. Laurent (1907) 391.

G. arborescens *L.* Sp. pl. ed. 1 (1753) 693; *DC.* Prodr. I, 456; *Royle* Ill. Bot. Himal. t. 23; *Reichb.* Fl. exot. t. 150; *Oliv.* Fl. trop. Afr. I, 211; *Th. Dur.* et *Schinz* Étud. fl. Cgo (1896) 77; *De Wild.* et *Th. Dur.* Contr. fl. Cgo, I (1899) 11.

1885 (R. Buettner). — IV : distr. des Cataractes (Ém. Laur.). — IX : Suata (Buett. 80, 81). — XV : le Lualaba (Ém. Laur.).

Gossypium barbadense *L.* Sp. pl. ed. 1 (1753) 693; Bot. Reg. I (1816) t. 84; *DC.* Prodr. I, 456; *Reichb.* Fl. exot. III (1835) t. 150; *Wight* Illustr. Ind. Bot. t. 28 A et B; *Mast.* in *Oliv.* Fl. trop. Afr. I, 210 et in *Hook. f.* Fl. Brit. Ind. I, 347; *Bentl.* et *Trim.* Medic. Pl. I t. 37; *Th. Dur.* et *Schinz* Étud. fl. Cgo (1896) 77; *Guerke* in *Engl.* Pfl. Ost-Afr. 268; *De Wild.* et *Th. Dur.* Contr. fl. Cgo, I (1899) 12, 25; Pl. Gilletianae, I (1900) 8 et Reliq. Dewevr. (1901) 28; *De Wild.* Miss. Laurent (1907) 391.

G. punctatum *Schumach.* et *Thonn.* Beskr. Guin. Pl. (1827) 210.

1888 (Fr. Hens). — Congo (Briart). — II : Boma. — Nom vern. : **Mukoko** (Dew.). — II a : Bingila (Dup.); la Lemba (Cabra). — V : le Stanley-Pool (Hens) ; Kisantu (Gill.); Bolobo (Dew.); Kinshassa (Ém. Laur.). — VI : Madibi (Lescr.). — VIII : Eala (Ém. et M. Laur.). — IX : Ukatoraka (Ém. et M. Laur.). — XII : l'Uele (Delpierre). — XII a : Surango (Ser.). — XVI : cult. sur les bords du Lualaba (Ém. Laur.).

Gossypium hirsutum *L.* Sp. pl. ed. 2 (1763) 975; *DC.* Prodr. I, 456; *Cav.* Monadelph. cl. diss. VI t. 167; *Th. Dur.* et *De Wild.* Mat. fl. Cgo, I (1898) 6 [B. S. B. B. XXXVI², 52]; *De Wild.* Miss. Laurent (1907) 392.

1895 (P. Dupuis). — II a : Bingila (Dup.).

---

(1) conf. *De Wild.* Miss. Laurent (1907) 344-395.

ADANSONIA L.

Adansonia digitata *L.* Sp. pl. ed. 1 (1753) 1190; Bot. Mag. (1828)
t. 2791 et 2792; *DC.* Prodr. I, 478; *Reichb.* Fl. exot. t. 350 et 350*a* ;
Belg. Hort. IX (1859) 75 t. 6-8; *Mast.* in *Oliv.* Fl. trop. Afr. I, 212
et in *Hook. f.* Fl. Brit. Ind. I, 348; *De Wild.* Not. pl. util. ou intér.
du Cgo, I (1903) 157-163, (1904) 298-302, (1905) 561-563; *A. Chevalier* in B. S. B. Fr., LIII (1906) 493.

Cette espèce a été indiquée dans II a : Bingila (Dup.). — I! : Boma (Naum.; Ém.
Laur.). — III : Vivi (Ledien). — V : Kimuenza (Gill.), mais ces indications se
rapportent peut-être à l'*A sulcata* Chevalier. Pourtant il est bon d'ajouter que
M. A. Chevalier a créé un *A. digitata* var. *congolensis* [B. S. B. Fr. LII (1906)
493] qu'il indique à San Thome et, avec doute, dans le Bas-Congo.

Adansonia sulcata *A. Chevalier* in B. S. B. Fr. LIII (1906) 494 t. VII
fig. 5, 6; *De Wild.* Miss. Laurent (1907) 395 t CXXIX et fig. 64.

A. digitata *Auct.* pr. p.

1901 (Alb. Declercq). — V : env. de Kinshassa et de Dolo (Chev.).

Obs. — Pachira sp. — Cult. à Bumba (Ém. Laur.). - [Conf. *De Wild.* Pl.
Laurent. (1903) 42].

BOMBAX L.

Bombax aquaticum [*Aubl.*] *K. Schum.* in *Engl.* et *Prantl* Nat. Pflanzenfam. III, 6 (1890) 62 fig. 30*b*; *De Wild.* et *Th. Dur.* Reliq.
Dewevr (1901) 23; *De Wild.* Miss. Laurent (1905) 155, (1897) 397.

Pachira — *Aubl.* Hist. pl. Guian. (1775) 725 t. 291-02; *K. Schum.* in *Mart.* Fl.
Bras. XII³, 233 t. XLVI fig. 11; *De Wild.* Étud. fl. Bas- et Moy.-Cgo. II
(1908) 301.|

1895 (A. Dewèvre). — V : Sabuka (Ém. Laur.). — VIII : Équateur (Dew.).
Cette espèce est cultivée à Umangi [IX] (Ém. Laur.) et à Eala [VIII] (M.
Laur. 1990).

Bombax Kimuenzae *De Wild.* et *Th. Dur.* Pl. Gilletianae, II (1901)
68 [B Herb. Boiss. Sér. 2, 1, 740].

1900 (J. Gillet). — V : Kimuenza (Gill. 1618).

Bombax lukayense *De Wild.* et *Th. Dur.* Pl. Gilletianae, II, (1901)
69 [B. Herb. Boiss. Sér. 2, 1, 741] et Étud. fl. Bas- et Moy.-Cgo, II
(1907) 49.

1900 (J.-B. Hanquet). — V : bords de la Lukaya (Hanq. in Gill. 1748); bords de
la Djili (Odd.).

CEIBA Gaertn.

Ceiba pentandrum [*L.*] *Gaertn.* De fruct. et semin. II (1791) 244 t.
133; *K. Schum.* in *Engl.* Pfl. Ost-Afr. 269.

Bombax pentandrum *L.* Sp. pl..ed. 1 (1753) 511.

Eriodendron anfractuosum *DC.* Prodr. I (1824) 479; *Wight* Icon. pl. Ind. or.
II t. 400; Bot. Mag. (1864) t. 3360; *Mast.* in *Oliv.* Fl. trop. Afr. I, 212 et
in *Hook. f.* Fl. Brit. Ind. I, 349; *Th. Dur.* et *Schinz* Étud. fl. Cgo (1896)
78; *De Wild.* et *Th. Dur.* Contr. fl. Cgo, I (1899) 12.

B. guineense *Schumach.* et *Thonn.* Beskr. Guin. Pl. (1827) 302.

1816 (Chr. Smith). — Bas-Congo (Sm.). — II a : Kibinga (Dup.). — V : Kisantu
(Gill.). — VIII : Eala (M. Laur.). — C. dans tout le bassin central du Congo
(Ém. Laur.).

STERCULIACEAE

STERCULIA L.

Sterculia katangensis *De Wild.* Étud. fl. Kat. (1903) 211.

1900 (Edg. Verdick). — XVI : Katanga (Verd. 383).

Sterculia pedunculata *De Wild.* et *Th. Dur.* Mat. fl. Cgo, VI (1900)
10 [B. S. B. B. XXXVIII², 180] et Reliq. Dewevr. (1901) 23.

1896 (A. Dewèvre). — Ind. non cl.; Mont Marice [rég. de Lubunda] (Dew.
1060). — Noms vern. : **Moko, Mapalo-Mopala** [Tanganika] (Dew.).

Sterculia quinqueloba [*Garcke*] *K. Schum.* in Engl. Jahrb. XV (1892)
135 ; in *Engl.* Pfl. Ost-Afr. 271 et in Monog. Afr. Pfl.-Fam. V
[Stercul.] (1903) 104 t. 9, fig. D., a-c; *Th. Dur.* et *Schinz* Étud.
fl. Cgo (1896) 79; *De Wild.* Étud. fl. Kat. (1903) 88 et Étud. fl. Bas-
et Moy.-Cgo, II (1907) 52.

Cola — *Garcke* in *Peters* Reise n. Mossamb. 1 (1862) 130; *Mast.* in *Oliv.* Fl.
trop, Afr. 1, 224.

1882 (P. Pogge). — V : entre Kisantu et le Kwango (But.). — XIII d. : riv.
Lufubu [près Nyangwe] et près d'un village Kalebue (Pg. 596, 652). — XVI : env.
de Pueti (Desc.); poste de Kilwa [Mulenga] (Verd.).

Sterculia Tragacantha *Lindl.* in Bot. Reg. XVI (1830) t. 1353; *Mast.*
in *Oliv.* Fl. trop. Afr. 1, 216; *Th. Dur.* et *Schinz* Étud. fl. Cgo
(1896) 79; *K. Schum.* in *Engl.* Monog. Afr. Pfl.-Fam. V [Stercul.]
(1900) 102 t. 9, E, a-c.; *De Wild.* Étud. fl. Bas- et Moy.-Cgo, II
(1907) 52, (1908) 303.

S. pubescens *G. Don* ex *Loud.* Hort. Brit. (1830) 392 et Gen. Syst. Bot. I
(1831) 615; *Hiern* Cat. Welw. Pl. I, 81.

1816 (Chr. Smith). — Bas-Congo (Sm.). — V : env. de Kisantu (Gill. 3379). —
XII c : env. de Nala (Ser. 767). — XV : entre le Lomami et le Lubilasch [près d'un
village Kalebue] (Pg. 1001).

COLA Schott et Endl.

Cola acuminata [*P. Beauv.*] *Schott* et *Endl.* Meletem. (1832) 33;
Mast. in *Oliv.* Fl. trop. Afr. 1, 220; *Th. Dur.* et *Schinz* Étud. fl.

Cgo (1896) 79; *K. Schum.* in *Engl.* Pfl. Ost-Afr. B, 252 et in *Engl.*
Monog. Afr. Pfl.-Fam. V [Stercul.] (1900) 125 fig. 3; *De Wild.* et
Th. Dur. Contr. fl. Cgo, II (1900) 8 et Reliq. Dewevr. (1901) 24;
De Wild. Pl. Laurent. (1903) 43; Miss. Laurent (1905) 155 et Étud.
fl. Bas- et Moy.-Cgo, I (1904) 167, 289; II (1907) 52, (1908) 304.

> Sterculia acuminata *P. Beauv.* Fl. d'Oware, I (1804) 41 t. 24; Bot. Mag. (1868)
> t. 5699.
> Edwardia lurida *Rafin.* Specch. d. Science, II n. 11 (1814) 158; *Hiern* Cat.
> Welw. Pl. I, 84. [Cf. *Hackel*, Sur les Kolas afric. in Ann. Inst. colon.
> Marseille].

> 1893 (Ém. Laurent). — V : Sadi (Cabra-Michel, 30); Kisantu (Gill.). — VII :
> Ibali; Kiri (Ém. Laur.). — VIII : Coquilhatville (Dew. 598; Pyn. 344); Bamania
> (Ém. Laur.). — XII c : env. de Nala (Ser. 750). — Noms vern. : **Nangweo** [Mang-
> bettu]; **Ligo** [Magogo]; **Soro** [Asande].

C. acuminata var. Ballayi [*Cornu*] *K. Schum.* in *Engl.* l. c. V
[Stercul.] (1900) 127 et Pl. Laurentianae (1903) 43.

> C. Ballayi *Cornu* ex *Heckel* in Mém. Inst. bot.-géol. Marseille, I (1893) t. 2
> fig. 8-9 et 17-24; *Th. Dur.* et *Schinz* Étud. fl. Cgo (1896) 80; *De Wild.* et
> *Th. Dur.* Contr. fl. Cgo, I (1899) 12.
> C. acuminata *Griffon du Bellay* ex *Baill.* in Adansonia, X (1872) 169.
> C. acuminata *P. Beauv.* var. B *Mast.* in *Oliv.* Fl. trop. Afr. I (1868) 221.
> Sterculia verticillata *Schumach.* et *Thonn.* Beskr. Guin. Pl. (1827) 240.

> 1816 (Chr. Smith). — Bas-Congo (Sm.). — II a : Zenze (Ém. Laur.). — XV : env.
> de Luebo (Martin). — Ind. non cl. : le Lomami (Ém. Laur.).

> OBS. — Des officiers disent que ce *Cola* existerait dans l'Aruwimi (Ém. Laur.).

Cola Bruneelii *De Wild.* Étud. fl. Bas- et Moy.-Cgo, II (1908) 305.

> 1903 (Ém. et Marc. Laurent). — V : env. de Lukolela (Ém. et M. Laur.). —
> Baringa-Yala (Bruneel). — XV : Ibaka ? (Ém. et M. Laur.).

Cola caricifolia [*G. Don*] *K. Schum.* in *Engl.* Monog. Afr. Pfl.-Fam.
V [Stercul.] (1900) 111 t. XI, B, a-c.; *De Wild.* et *Th. Dur.* Pl. Gil-
letianae, II (1901) 70 [B. Herb. Boiss. Sér. 2. I, 742]; *De Wild.* Miss.
Laurent (1905) 156.

> Sterculia — *G. Don* Gen. Syst. Bot. I (1831) 517.
> Cola Afzelii *Mast.* in *Oliv.* Fl. trop. Afr. I (1868) 224; *Th. Dur.* et *Schinz*
> Étud. fl. Cgo (1896) 79.
> Edwardia — *O. Kuntze* Rev. Gener. I (1891) 79; *Hiern* Cat. Welw. Pl. I, 84.

> 1816 (Chr. Smith). — Bas-Congo (Sm.). — V : entre Kisantu et Dembo (Gill.
> 1579). — VII : Kutu (Ém. Laur.).

Cola congolana *De Wild.* et *Th. Dur.* Mat. fl. Cgo, VI (1899) 11 [B.
S. B. B. XXXVIII², 181] et Reliq. Dewevr. (1901) 24.

> 1896 (A. Dewèvre). — Ind. non cl. : entre Maiende et Kibala (Dew. 1061).

Cola cordifolia [*Cav.*] *R. Br.* in *Bennett* Pl. Jav. rarior. (1838) 237 ;
K. Schum. in *Engl.* Monog. Afr. Pfl.-Fam. V [Stercul.] (1900) 133 ;
fig. 4 et 6 t. 16, A ; *De Wild.* Étud. fl. Kat. (1903) 214 et Étud. fl.
Bas- et Moy.-Cgo, II (1907) 52, (1908) 304.

Sterculia — *Cav.* Monad. cl. diss. V (1799) 286 t. 144 ; *Guill.* et *Perr.* Fl. Seneg. tent. I, 79 t. 15 ; *Mast.* in *Oliv.* Fl. trop. Afr. I, 217.

1870 (G. Schwenfurth). — XII c : Surango (Ser. 396). — XII d : Linduku (Schw.
3096). — XVI : Lukafu. — Nom vern. : **Mutabu** (Verd.). — Nom vern. : **Boro** [Aba-
rembo] (Schw.).

Cola Dewevrei *De Wild.* et *Th. Dur.* Mat. fl. Cgo, VI (1899) 14 [B.
S. B. B. XXXVIII². 184] et Reliq. Dewevr. (1901) 24 ; *De Wild.* Miss.
Laurent (1907) 406 in obs. t. 127.

1895 (A. Dewèvre) — II a : la Lemba (Dew. 365).

Cola digitata *Mast.* in *Oliv.* Fl. trop. Afr. I (1868) 124 ; *K. Schum.*
in *Engl.* Monog. Afr. Pfl.-Fam. V [Stercul.] (1900) 123 t. 15, D. a-b. ;
De Wild. Étud. fl. Bas- et Moy.-Cgo, II (1907) 52, t. 26 et 27 (1908)
304.

1900 (Marc. Laurent). — IX : Yambinga (M. Laur. 948). — XI : env. de Yambuya (Solh.).

Cola diversifolia *De Wild.* et *Th. Dur.* Mat. fl. Cgo, VI (1899) 13 [B.
S. B. B. XXXVIII², 183] et Reliq. Dewevr. (1901) 25 ; *De Wild.* Étud.
fl. Bas- et Moy.-Cgo, I (1903) 59 ; II (1907) 53, (1908) 304 et Miss. Laurent (1907) 408.

1896 (A. Dewèvre). — V : entre Kisantu et Kimuenza ; entre Kisantu et Dembo
(Gill. 1519) ; Kimuenza (Gill. 2132) ; Lukolela (Dew. 819 a) ; Yumbi (Pyn. 310). —
VI : Madibi (Sap.). — VIII : Coquilhatville. — Nom vern. : **Ikaie** (Dew.) ; env.
d'Eala. — Nom vern. : **Tera-Elungu** (Ém. et M. Laur. 207. 742, 1130 ; Pyn. 723, 852,
874, 1036, 1339, 1431, 1495. 1557, 1654 ; Flamigny 55). — XI : Bomaneh (M. Laur.
1847). — Noms vern : **Ikaie** [Bangala] ; **Nkwakuku** [Kwilu] ; Lulonga. — Nom vern. :
Icota (Dew.).

Cola Gilletii *De Wild.* Étud. fl. Bas- et Moy.-Cgo, I (1903) 58 ; II
(1908) 304.

1902 (J. Gillet). — VI : vallée de la Djuma (Gill. 2792). — XV : le Sankuru (Sap.).
— Noms vern. : **Skaie** [Bangala] ; **Buse** [Sankuru].

Cola griseiflora *De Wild.* Miss. Laurent (1907) 408 t. 126 et Étud.
fl. Bas- et Moy.-Cgo, II (1908) 304.

1906 (Marc. Laurent). — VI : Dima (Sap.). — XI : Mogandjo (M. Laur. 1845). —
Bomaneh (M. Laur. 1002). — Noms vern. : **Mokekeri** [Bangala] ; **Lusole** [Buluba].

Cola heterophylla *Schott* et *Endl.* Meletem. (1832) 33 ; *Mast.* in
Oliv. Fl. trop. Afr. I. 233 ; *Th. Dur.* et *De Wild.* Mat. fl. Cgo, II
(1898) 66 [B. S. B. B. XXXVII, 111] et Contr. fl. Cgo, I (1899) 12 ;
K. Schum. in *Engl.* Monog. Afr. Pfl.-Fam. V [Stercul.] (1900) 118.

1893 (Ém. Laurent). — II a : Zenze (Ém. Laur.). — V : le Stanley-Pool (Camp). — XV : Mokole (Lescr.).

Cola Laurentii *De Wild.* Miss. Laurent (1907) 403 fig. 68, t. 135 et 136.

1903 (Ém. et Marc. Laurent). — V : Sabuka (M. Laur. 528). — XV : Dibele: Kondue (Ém. et M. Laur.).

— — form. **integrifolia** *De Wild.* l. c. (1907) 405 t. 137 et Étud. fl. Bas- et Moy.-Cgo, II (1908) 304.

1904 (Ém. et Marc. Laurent). — VIII : Eala (Ém. et M. Laur.). — XI : Yambuya (M. Laur. 1852).

— — form. **intermedia** *De Wild.* l. c. (1907) 405.

1903 (Ém. et M. Laurent). — IX : Yambinga (M. Laur. 1070). — XV : Kondue (Ém. et M. Laur.).

Cola longifolia *De Wild.* Miss. Laurent (1907) 404.

1906 (Marc. Laurent). — XI : Mogandjo (M. Laur. 1039).

Cola monponensis *De Wild.* Étud. fl. Bas- et Moy.-Cgo, II (1908) 304.

1906 (Alb. Bruneel). — VIII : Monpono (Bruneel 57).

Cola nalaensis *De Wild.* Étud. fl. Bas- et Moy.-Cgo, II (1908) 307.

1907 (F. Seret). — XII c : Nala (Ser. 703).

Cola pachycarpa *K. Schum.* in Engl. Jahrb. XV (1893) 137 t. 5, 6 et in *Engl.* Monog. Afr. Pfl.-Fam. V [Stercul.] (1900) 122.

1874 (F. Naumann). — Bas-Congo (Naum.).

Cola Pynaertii *De Wild.* Étud. fl. Bas- et Moy.-Cgo, II (1908) 307.

1906 (L. Pynaert). — VIII : Eala (Pyn. 571).

Cola Sereti *De Wild.* Étud. fl. Bas- et Moy.-Cgo, II (1908) 308.

1907 (F. Seret). — XII c : env. de Nala (Ser. 166).

Cola subverticillata *De Wild.* Étud. fl. Bas- et Moy.-Cgo, II (1907) 53 t. 31 et 32.

1905 (R. Butaye). — Ind. non cl. : Lindende (But. in Gill. 3594).

Cola urceolata *K. Schum.* in *Engl.* Monog. Afr. Pfl.-Fam. V [Stercul.] (1900) 114.

1870 (G. Schweinfurth). — XII d : Munsa (Schw. 3451).

Cola variantifolia *De Wild.* Étud. fl. Bas- et Moy.-Cgo, II (1908) 306.

1893 (Ém. Laurent). — II a : Zenze ? (Ém. Laur.). — VII : Lac Léopold II ? — Nom vern. : **Lokeke** [Body]. — VIII : Boyenge [Ikelemba (M. Laur. 1848); Eala (Pyn. 976, 1081, 1157, **1174**, **1422**).

Cola yambuyaensis *De Wild.* Étud. fl. Bas- et Moy.-Cgo, II (1908) 309.

1906 (Marc. Laurent). — XI : Yambuya (M. Laur. 1849).

PTERYGOTA Endl.

Pterygota macrocarpa *K. Schum.* in *Engl.* Monog. Afr. Pfl.-Fam. V [Stercul.] (1900) 135 et fig. 1 [pag. 101].

? (Coll. ?). — Congo [Herb. Brux. fide K. Schum.].

DOMBEYA Cav.

Dombeya Goetzenii *K. Schum.* in *v. Goetzen* Durch Afrika (1895) 384, 387 et in *Engl.* Monog. Afr. Pfl.-Fam. V [Stercul.] (1900) 24.

1899 (Edg. Verdick). — XVI : Lukafu. — Nom vern. : **Makollé** (Verd. 20).

Dombeya katangensis *De Wild.* et *Th. Dur.* Mat. fl. Cgo, X (1907) 7 [B. S. B. B. XL, 13].

1894 (G. H. v. Goetzen et v. Prittwitz). — XIV : volcan Kirunga, 2500 m. (Goetz. et Prittw.).

Dombeya Kindtiana *De Wild.* et *Th. Dur.* Mat. fl. Cgo, X (1901) 8 [B. S. B. B. XL, 14].

. 1900 (Edg. Verdick). — XVI : Lukafu (Verd. 342).

Dombeya myriantha *K. Schum.* in Notizbl. bot. Gart. Berlin, II (1899) 302 et in *Engl.* Monog. Afr. Pfl.-Fam. V [Stercul.] (1900) 34.

1881 (Max Buchner). — XV : pays des Bashilange. — Nom vern. : **Mundatu** (Buchn. 527).

Dombeya niangaraensis *De Wild.* Étud. fl. Bas- et Moy.-Cgo, II (1907) 49 t. 11.

1906 (F. Seret). — XII a : entre Niangara et Gombari (Ser. 358).

Dombeya Sereti *De Wild.* Étud. fl. Bas- et Moy.-Cgo, II (1907) 50 t. 10.

1905 (F. Seret). — XII c : env. de Surango (Ser. 358).

MELOCHIA L.

Melochia corchorifolia *L.* Sp. pl. ed. I (1753) 675; *Cav.* Monadelph. class. diss. t. 174; *Mast.* in *Oliv.* Fl. trop. Afr. 1, 236; *Th. Dur.* et *Schinz* Étud. fl. Cgo (1896) 81; *Hiern* Cat. Welw. Pl. I, 90; *K. Schum.* in *Engl.* Monog. Afr. Pfl.-Fam. V [Stercul.] 1900) 42; *De Wild.* et

Th. Dur. Contr. fl. Cgo,II (1900) 8; *De Wild.* Not. pl. util. ou intér. du Cgo, I (1906) 133 et Étud. fl. Bas- et Moy.-Cgo, II (1907) 52, (1908) 303.

Riedleya corchorifolia *DC.* Prodr. I (1824) 491.

1885 (R. Buettner). — IV : Lutete (Hens). — V : env. de Léopoldville (Ém. Duch.); Suata (Buett.); Kwamouth (Flamigny); Sabuka (M. Laur.); env. de Kisantu (Gill.). — VIII : env. d'Eala (M. Laur). — XV . Lusambo (Ém. Laur.).

Melochia melissifolia *Benth.* in *Hook.* Journ. of Bot. IV (1842) 129; *Mast.* in *Oliv.* Fl. trop. Afr. I, 236; *K. Schum.* in *Engl.* Pfl. Ost-Afr. 271; *Th. Dur.* et *De Wild.* Mat. fl. Cgo,II (1898) 66 [B. S. B. B. XXXVII, 111]; *De Wild.* et *Th. Dur.* Contr. fl. Cgo. II (1900) 8 et Reliq. Dewevr. (1901) 26; *De Wild.* Miss. Laurent (1907) 397 et Étud. fl. Bas- et Moy.-Cgo, II (1907) 52, (1908) 301.

1891 (F. Demeuse). — Bas Congo (Cabra). — II a : Bingila (Dup.); la Lemba (Dew.). — IV : Kitobola (Ém. et M. Laur.). — V : Stanley-Pool (Dew.); Léopold-ville (M. Laur.); Kisantu (Gill.). — VIII : Eala (Pyn.). — XII c : entre Bambili et Amadi (Ser.). — XII d : entre Faradje et Vankerkhovenville (Ser.). — XVI : Masange (Deb.).

— — var. **bracteosa** *K. Schum.* in *Engl.* Monog. Afr. Pfl.-Fam. V [Stercul.] (1900) 43.

M. bracteosa *F. Hoffm.* Beitr. Kenntn. Fl. Centr. Ost-Afr. (1889) 13.

1876 (P. Pogge). — XV : le Lulua (Pg. 12).

— — var. **mollis** *K. Schum.* l. c. (1900) 43.

1882 (P. Pogge). — Ind. non cl. : le Lomami (Pg. 582).

WALTHERIA L.

Waltheria americana *L.* Sp. pl. ed. 1 (1753) 673; *DC.* Prodr. I, 492; *Mast.* in *Oliv.* Fl. trop. Afr. I, 235; *K. Schum.* in *Engl.* Pfl. Ost-Afr. 80; *Th. Dur.* et *Schinz* Étud. fl. Cgo (1896) 80; *Hiern* Cat. Welw. Pl. I, 91; *K. Schum.* in *Engl.* Monog. Afr. Pfl.-Fam. V [Stercul.] (1900) 45; *De Wild.* et *Th. Dur.* Reliq. Dewevr. (1901) 27; *De Wild.* Étud. fl. Bas- et Moy.-Cgo, I (1905) 167; II (1907) 47, (1908) 303 et Miss. Laurent (1907) 397.

W. indica *L.* l. c. ed. 1 (1753) 673; *DC.* l. c. I, 493; *Mast.* in *Hook. f.* Fl. Brit. Ind. I 347.
W. guineensis *Schumach.* et *Thonn.* l. c. (1827) 295.
W. arborescens *Cav.* Monadelph. class. diss. VI (1790) 316 t. 170; *Lam.* Pl. bot. Encycl. III t. 570.
W. africana *Schumach.* et *Thonn.* Beskr. Guin. Pl. (1827) 296.

1885 (R. Buettner). — I : Moanda (Gill.). — II : Boma (Dew.). — V : Dolo (M. Laur.); Stanley-Pool (Hens, 88); Suata (Buett.); env. de Kwamouth (But.); Kisantu (Gill.); Mayidis (Vanderyst).

4

HUA Pierre.

Hua Gabonii *Pierre* ex *De Wild.* Étud. fl. Bas- et Moy.-Cgo, I (1906) 288 t. 65.

1903 (Ad. Oddon). — V : env. de Sanda (Odd. in Gill. 3551).

SCAPHOPETALUM Mast. (1)

Scaphopetalum Dewevrei *De Wild.* et *Th. Dur.* Mat. fl. Cgo, IX (1901) 5 [B. S. B. B. XXXIX², 97] et Reliq. Dewevr. (1901) 26 ; *De Wild.* Étud. fl. Bas- et Moy.-Cgo, 1 (1905) 167.

S. Thonneri *De Wild.* et *Th. Dur.* Ill. fl. Cgo (1898) 13 pr. p. t. VII, et Pl Thonnerianae, 26 pr. p. t. XIX.

1896 (A. Dewèvre). — XV : Kondue (Luja). — Ind. non cl. : Matchatcha (Dew. 1090).

Scaphopetalum Thonneri *De Wild.* et *Th. Dur.* in Bull. Herb. Boiss. V (M. Jun. 1897) 521 [non Ill. fl. Cgo t. VII, nec Pl. Thonner. t. 19] et Mat. fl. Cgo, IX (1900) 4 [B. S. B. B. XXXIX², 96] et *De Wild.* Miss. Laurent (1907) 400-02 t. 141 et 142 fig. 66, 67.

S. monophysca *K. Schum.* in *Engl.* et *Prantl,* Nat. Pflanzenfam. Nachtr. zum II-IV [m. Oct. 1897] 247 nomen; et in *Engl.* Monog. Afr. Pfl.-Fam. V. [Stercul.] (1900) 93 t. VII fig. A, a-i.

1896 (Fr. Thonner). — IX a : Bobi près Gali (Thonn. 48). — XIII a : Yakusu (Ém. et M. Laur.). — XV : Ibaka, Kapinga (Ém. et M. Laur.).

LEPTONYCHIA Turcz.

Leptonychia chrysocarpa *K. Schum.* in *Engl.* et *Prantl* Nat. Pflanzenfam. Nachtr. zum II-IV (1897) 241 et in *Engl.* Monog. Afr. Pfl.-Fam. V [Stercul.] (1900) 97 t. 8, D. a-b.

1870 (G. Schweinfurth). — XII : Linduku (Schw. 3069).

Leptonychia multiflora *K. Schum.* in *Engl.* et *Prantl* Nat. Pflanzenfam. Nachtr. zum II-IV (1897) 241 ; *De Wild.* Contr. fl. Cgo, I (1899) 12 et Reliq. Dewevr. (1901) 26; *K. Schum.* in *Engl.* Monog. Afr. Pfl.-Fam. V [Stercul.] (1900) 95 t. VIII, C.; *De Wild.* Étud. fl. Bas- et Moy.-Cgo, II (1907) 51, (1908) 303.

(1) Ici vient le *Theobroma Cacao* L. cultivé à Eala (M. Laur.) et sur plusieurs autres points du Congo [Conf. *De Wild.* et *Gentil,* in Le Congo (1904) n. 19-21 et *De Wild.* Miss. Laurent (1907) 397; *K. Schum.* in *Mart.* Fl. Brasil., XII³, 72 t. 16].

1892 (F. Demeuse). — V : Kisantu (Gill.); Lukolela (Dew.; Pyn.). — VIII : Coquilhatville (Dew.); Lulonga (Ém. Laur.); Bozoto [Eala] (M. Laur.); Eala (Pyn.); Yala [Maringa] (Bruneel); Injolo (M. Laur.). — IX : entre Nouvelle-Anvers et Mobeka (Pyn.). — IX a : la Mongalla (Dew.). — X : Ubangi (Ém. Laur.). — XIII a : env. des Stanley-Falls (Ém. Laur.). — Ind. non cl. **Bama-Lecoula** (Dew.).

BUETTNERIA L.

Buettneria africana *Mast.* in *Oliv.* Fl. trop. Afr. I (1868) 239; *Th. Dur.* et *Schinz* Étud. fl. Cgo (1896) 81; *K. Schum.* in *Engl.* Monog. Afr. Pfl.-Fam. V [Stercul.] (1900) 90.

1816 (Chr. Smith.). — Bas-Congo (Sm.).

SCYTOPETALACEAE

SCYTOPETALUM Engl.

Scytopetalum Duchesnei *Engl.* in Engl. Jahrb. XXXII (1902) 101.

1893 (Jos. Duchesne). — Bas-Congo (Duch.).

ERYTHROPYXIS Engl.

Erythropyxis Eetveldeana [*De Wild.* et *Th. Dur.*] *Engl.* in Engl. Jahrb. XXXII (1902) 103.

Rhaptopetalum — *De Wild.* et *Th. Dur.* Mat. fl. Cgo, V (1899) 2 [B. S. B. B. XXXVIII¹, 121]; Reliq. Dewevr. (1901) 43 et Pl. Gilletianae, I (1900) 8 [B. Herb. Boiss. Sér. 2, I, 8]; *De Wild.* Miss. Laurent (1906) 243 et Étud. fl. Bas- et Moy.-Cgo, II (1907) 42, (1908) 309.

1896 (A. Dewèvre). — V : Kisantu (Gill. 338); C. sur les bords de l'Inkisi. — Nom vern. : **Binsonculon** (Dew. 469). — VI : vallée de la Djuma (Gent.; Gill. 2821); Eiolo (Ém. et M. Laur.). — VIII : env. de Bokakata (Dew. 808); env. de Bamania (M. Laur. 1834). — XI : Limbutu (M. Laur. 975). — XV : en aval de Butala (Ém. et M. Laur.). — Noms vern. : **Buchinda** [Boeka]; **Satu-satu** [Lulonga].

OBS. — Cette espèce a été indiquée par erreur à Bena-Kamba (Dew.).

OUBANGUIA Pierre

Oubanguia laurifolia [*Pierre*] *Pierre* ex *De Wild.* Miss. Laurent (1905) 150.

Egassea — *Pierre* in *De Wild.* Étud. fl. Bas- et Moy.-Cgo, I (1903) 31 t. XVII.

1893 (Jos. Duchesne). — XV : Lusambo (Duch.).

OBS. — M. De Wildeman conserve des doutes sur cette détermination.

Oubanguia Laurentii [*De Wild.*] *De Wild.* [nom. nov.].

Egassea — *De Wild.* Étud. fl. Bas- et Moy.-Cgo, II (1908) 310.

1905 (Marc. Laurent). — VIII : Eala et env. (M. Laur. 1120, 1174, 2032; Pyn. 540, 562, 1782); Ikua (Lamb. in M. Laur. 921).

Oubanguia Pierreana [*De Wild.*] *De Wild.* Miss. Laurent (1905) 150.

Egassea — *De Wild.* Étud. fl. Bas- et Moy.-Cgo, I (1903) 32 t. 18; II (1908) 310.

1896 (A. Dewèvre). — VII : Fini (Ém. et M. Laur.). — VIII : env. de Wangata (Dew. 666); Eala et env. (Pyn. 601, 1169, M. Laur. 2033); Bula-Lundzi (Pyn. 323).

TILIACEAE

CHRISTIANIA DC.

Christiania africana *DC.* Prodr. I (1824) 516; *Mast.* in *Oliv.* Fl. trop. Afr. I, 241; *Th. Dur.* et *Schinz* Étud. fl. Cgo (1896) 81; *De Wild.* et *Th. Dur.* Reliq. Dewevr. (1901) 26.

1816 (Chr. Smith). — Bas-Congo (Sm.). — V : env. de Léopoldville (Gill.); à un jour de marche de Bolobo; Lukolela (Ém. Laur.); entre Tumba et Kimpese (Gill.). — VI : vallée de la Djuma (Gill.). — IX : Bumba (Pyn.).

GREWIA L.

Grewia africana [*Hook. f.*] *Mast.* in *Oliv.* Fl. trop. Afr. I, 253; *Th. Dur.* et *Schinz* Étud. fl. Cgo (1896) 81;

Omphacarpus — *Hook. f.* in *Hook.* Niger Fl. (1849) 237.

1816 (Chr. Smith). — Bas-Congo (Sm.).

Grewia batangensis *C. H. Wright* in Kew Bull. (1896) 158; *De Wild.* et *Th. Dur.* Pl. Gilletianae, I (1900) 5 [B. Herb. Boiss. Sér. 2, I, 5].

1900 (J. Gillet). - V : Kisantu (Gill. 825).

Grewia barombiensis *K. Schum.* in Engl. Jahrb. XV (1893) 124; *De Wild.* Étud. fl. Bas- et Moy.-Cgo, II (1908) 298.

1906 (J. Gillet). — Bas-Congo (Gill.).

Grewia carpinifolia *Juss.* in Ann. Mus. Paris, IV (1804) 91 t. 51 fig. 1; *Oliv.* Fl. trop. Afr. I, 251; *K. Schum.* in *Engl.* Pfl. Ost-Afr. B, 210; *Hiern* Cat. Welw. Pl. I, 95; *De Wild.* Étud. fl. Bas- et Moy.-Cgo, I (1904) 164.

1903 (J. Gillet). — I : Moanda (Gill.).

Grewia coriacea *Mast.* in *Oliv.* Fl. trop. Afr. I (1868) 252; *De Wild.* Étud. fl. Bas- et Moy.-Cgo, II (1908) 298.

1905 (Marc. Laurent). — VI : Madibi (Sap.). — VIII : Injolo (M. Laur. 1850, 1857, 2050; Huyghe et Ledoux, 37); env. d'Eala (M. Laur. 1192). — Noms vern. : **Bofumbo** (Bangala); **Binganganan** (Kwilu).

Grewia floribunda *Mast.* in *Oliv.* Fl. trop. Afr. I (1868) 262; *Hiern* Cat. Welw. Pl. I, 97; *Th. Dur.* et *De Wild.* Mat. fl. Cgo, II (1898) 66 [B. S. B. B. XXXVII, 111].

1887 (Fr. Hens). — III : Matadi (Hens).

— — var. **latifolia** *De Wild.* Étud. fl. Bas- et Moy.-Cgo, I (1904) 164; II (1907) 46, (1908) 298 et Miss. Laurent (1905) 152.

1903 (J. Gillet).— I : Moanda (Gill. 3199, 4041). — II : Boma (Pyn. 17). — III : Matadi (Ém. Laur.).

Grewia Laurentii *De Wild.* Miss. Laurent (1907) 399 t. CXXV.

1903 (Ém. et Marc. Laurent). — V : Lukolela (Ém. et M. Laur.).

Grewia malacocarpoides *De Wild.* Étud. fl. Bas- et Moy.-Cgo, II (1908) 298.

1905 (L. Pynaert). — VIII : Eala (Pyn. 590). — XI : Bomaneb (M. Laur. 1861).

Grewia mollis *Juss.* in Ann. Mus. Paris, IV (1804) 91; *DC.* Prodr. I, 510; *Mast.* in *Oliv.* Fl. trop. Afr. I, 218; *K. Schum.* in *Engl.* Pfl. Ost-Afr. 364; *De Wild.* et *Th. Dur.* Reliq. Dewevr. (1901) 27.

1896 (A. Dewèvre). — Ind. non cl. : env. de Kabanga (Dew. 983) — Noms vern. : **Mochochia** (Kasongo); **Mochia** (Tanganika).

Grewia occidentalis *L.* Sp. pl. ed. I (1753) 964; Bot. Mag. t. 422; *Lodd.* Bot. Cab. t. 1526; *Mast* in *Oliv.* Fl. trop. Afr. I, 246; *Th. Dur.* et *De Wild.* Mat. fl. Cgo, II (1898) 66 [B. S. B. B. 66 XXXVII, 111].

1895 (G. Descamps). — XVI : Albertville [Toa] (Desc.).

Grewia pinnatifida *Mast.* in *Oliv.* Fl. trop. Afr. I (1868) 253; *De Wild.* et *Th. Dur.* Reliq. Dewevr. (1901) 27; *De Wild.* Miss. Laurent (1907) 399 et Étud. fl. Bas- et Moy.-Cgo, II (1908) 299.

1896 (A. Dewèvre). — Congo (Dew.). — IX : en aval de Bolombo (Ém. et M. Laur.). — XI : env. de Yambuya (Solh. 61). — XII c : env. de Nala (Ser. 804). — XIII a : Romée (M. Laur. 1059).

Grewia Sereti *De Wild.* Étud. fl. Bas- et Moy.-Cgo, II (1908) 299.

1906 (F. Seret). — XII c : env. de Gombari (Ser. 814).

Grewia tetragastris *R. Br.* ex *Mast.* in *Oliv.* Fl. trop. Afr. I (1868) 252; *De Wild.* et *Th. Dur.* Mat. fl. Cgo, II (1898) 66.

1896 (G. Descamps). — XVI : Albertville [Toa] (Desc.).

Grewia venusta *Fresen.* Mus. Senckenb. II (1837) 159 t. 10; *Mast.* in *Oliv.* Fl. trop, Afr. I, 249; *De Wild.* et *Th. Dur.* Mat. fl. Cgo, II (1889) 66 [B. S. B. B. XXXVII, 111].

1895 (G. Descamps). — XVI : Albertville [Toa] (Desc.).

G. venusta var. **angustifolia** *K. Schum.* ex *De Wild.* et *Th. Dur.*
l. c. II (1898) 66 [B. S. B. B. XXXVII, 111].

1895 (Gust. Debeerst). — XVI : Albertville [Toa] (Deb.).

GREWIELLA O. Kuntze

Grewiella Dewevrei [*De Wild.* et *Th. Dur.*] *Th.* et *Hél. Dur.*

Grewiopsis — *De Wild.* et *Th. Dur.* Mat. fl. Cgo, VI (1900) 7 [B. S. B. B., XXXVIII², 177] et Reliq. Dewevr. (1901) 28; *De Wild.* Étud. fl. Bas- et Moy.-Cgo, I (1903) 56 ; II (1907) 46, (1908) 300 et Miss. Laurent (1905) 152.

1896 (A. Dewèvre). — V : entre Léopoldville et Mombazi ; Kisantu. — Nom vern. : **M'wanda-M'wanda** (Van Houtte); entre Kisantu et le Kwango (But.). — VI : Madibi (Sap.). -- VII : Kiri (Ém. et M. Laur.). — VIII : Eala (M. Laur. 1866) ; (Pyn. 643); Botomon [Ikelemba] (M. Laur. 1658); Lulonga (Ém. et M. Laur.). — IX : Lie (Ém. et M. Laur.); Bumba. — Nom vern. : **Ukambulu** (Dew. 901); Bolombo (Ém. et M. Laur.). — XI : Basoko (Ém. et M. Laur.). — XV : le Kasai (Ém. et M. Laur.). — Nom vern. : **Monbatza** [Kwilu].

— — var. **subintegrifolia** [*De Wild.* et *Th. Dur.*] *Th.* et *Hél. Dur.*

Grewiopsis Dewevrei *De Wild.* et *Th. Dur.* var.— *De Wild.* et *Th. Dur.* l. c. VI (1900) 8 [B. S. B. B. XXXVIII². 178] et Reliq. Dewevr. (1901) 28.

1896 (A. Dewèvre). — VIII : Bokakata (Dew. 803).

Grewiella globosa [*De Wild.* et *Th. Dur.*] *Th.* et *Hél. Dur.*

Grewiopsis — *De Wild.* et *Th. Dur.* Mat. fl. Cgo, VI (1900) 8 [B. S. B. B. XXXVIII¹, 178]; Contr. fl. Cgo, II (1900) 9 et Reliq. Dewevr. (1901) 28; *De Wild.* Étud. fl. Bas- et Moy.-Cgo, I (1903) 58; II (1907) 46, (1908) 300.

1896 (A. Dewèvre). — V : env. de Léopoldville (Gill.). — VI : Madibi (Lescr. 105, 114). — VIII : Coquilhatville. — Nom vern. : **Bofumbu** (Dew. 614). — XV : Bena-Dibele (Luja); le Sankuru (Sap.). — Nom vern. : **Bomonkolata** (Bangala).

TRIUMFETTA L.

Triumfetta Descampsii *De Wild.* et *Th. Dur.* Mat. fl. Cgo, IX (1900) 3 [B. S. B. B. XXXIX², 95] ; *De Wild.* Étud. fl. Kat. (1902) 81 et Étud. fl. Bas- et Moy.-Cgo, I (1904) 164.

1891 (G. Descamps). — XVI : Haut-Marungu (Deb.); Lukafu (Verd. 344). — Ind. non cl. : Babondo [Lomami] (Desc.).

Triumfetta dubia *De Wild.* Étud. fl. Bas- et Moy.-Cgo, I (1903) 54.

1900 (J. Gillet). — V : Kisantu (Gill.).

Triumfetta Gilletii *De Wild.* Étud. fl. Bas- et Moy.-Cgo, I (1903) 55.

T. setulosa *De Wild.* et *Th. Dur.* [non *Mast.*] Pl. Gilletianae, I (1900) 6 [B. Herb. Boiss. Sér. 2, I, 6].

1900 (J. Gillet). — V : Kisantu (Gill. 531, 945).

Triumfetta heliocarpa *K. Schum.* in Engl. Jahrb. XV (1893) 181 ;
Th. Dur. et *Schinz* Étud. fl. Cgo (1896) 82.

1882 (P. Pogge). — XV : bassin de la Lulua (Pg. 10).

Triumfetta Hensii *De Wild.* et *Th. Dur.* Mat. fl. Cgo, IX (1900) 1
[B. S. B. B. XXXIX², 93]; Ill. fl. Cgo (1902) 189 t. 95; *De Wild.*
Étud. fl. Bas- et Moy.-Cgo, I (1903) 56.

1888 (Fr. Hens). — IV : Gombi-Lutete (Hens, A, 269). — V : Kimuenza (Gill. 2157).

Triumfetta intermedia *De Wild.* Étud. fl. Bas- et Moy.-Cgo, I (1903) 56.

1900 (J. Gillet). — V : Kisantu (Gill. 531 b).

Triumfetta iomalla *K. Schum.* in Engl. Jahrb. XV (1893) 134 ;
Th. Dur. et *Schinz* Étud. fl. Cgo (1896) 82.

1882 (P. Pogge). — XV : Musumba [pays des Bashilange] (Pg. 21).

Triumfetta orthacantha *Welw.* ex *Mast.* in *Oliv.* Fl. trop. Afr. I
(1868) 258; *Th. Dur.* et *Schinz* Étud. fl. Cgo (1896) 82.

1888 (Fr. Hens). — Congo (Hens, A, 269).

Triumfetta pilosa *Roth* Nov. pl. sp. (1821) 223 : *Mast.* in *Oliv.* Fl.
trop. Afr. I, 257; *K. Schum.* in *Engl.* Pfl. Ost-Afr. 265; *Hiern*
Cat. Welw. Pl. I, 98; *De Wild.* Étud. fl. Kat. (1903) 87.

1900 (Edg. Verdick). — XVI : Lukafu. — Nom vern. : **Kilama** (Verd.).

Triumfetta rhomboidea *Jacq.* Enum. pl. Carib. (1760) 22 et Stirp.
Amer. hist. (1780) t. 134; *DC.* Prodr. I, 507; *Mast.* in *Oliv.* Fl. trop.
Afr. I, 257; *Th. Dur.* et *Schinz* Étud. fl. Cgo (1896) 82; *K. Schum.*
in *Engl.* Pfl. Ost-Afr. 265; *Hiern* Cat. Welw. Pl. I, 98; *De Wild.*
et *Th. Dur.* Contr. fl. Cgo, II (1900) 9 et Pl. Thonnerianae (1900) 25;
De Wild. Étud. fl. Bas- et Moy.-Cgo, II (1907) 47, (1908) 300.

T. velutina *Vahl* Symb. bot. III (1794) 62.
T. trilocularis *Guill.* et *Perr.* [non *Roxb.*] Fl. Seneg. tent. I (1831) 93.

1888 (Fr. Hens). — I : Banana (Dew.). — II : Boma (Wilw.). — II a : Chianzo:
Bingila (Dup.). — V : le Stanley-Pool (Dew.); Bolobo (Hens); Lemfu (But.); Ki-
muingu; Kisunga (Vanderyst); Kisantu (Gill.). — VIII : Eala (Ém. Laur.). — IX :
Ukatoraka (Ém. et M. Laur.); Upoto (Thonn.); Bangala (Dew.). — IX a : Boyangi
(Thonu.). — XV : Eiolo (Ém. et M. Laur.); le Sankuru (Sap.). — XVI : Albertville
[Toa] (Desc.; Hecq). — Ind. non cl. : Manganja (Dew.). — Noms vern. : **Ekalili**
[Mangbettu]; **Sibu** [Amadi]: **Zaira** [Abarembo: Asande]; **Mukonki** [Bangala]; **Mam-
bulinkanka** [Sankuru].

Triumfetta semitriloba *Jacq.* Enum. pl. Carib. (1760) 22 et Stirp.
Amer. hist. t. 133; *DC.* Prodr. I, 507; *Mast.* in *Oliv.* Fl. trop. Afr.
I, 256; *Th. Dur.* et *Schinz* Étud. fl. Cgo (1896) 82; *K. Schum.*
in *Engl.* Pfl. Ost-Afr. 264; *Hiern* Cat. Welw. Pl. I, 97; *De Wild.*
Étud. fl. Bas- et Moy.-Cgo, II (1908) 300.

T. cordifolia *A. Rich.* in *Guill.* et *Perr.* Fl. Seneg. tent. I (1831) 93 t. 18.
T. longiseta *A. Rich.* in *Guill.* et *Perr.* l. c., I (1831) 92.

1885 (R. Buettner). — II a : le Mayombe (Kest.). — V : Bolobo (Buett.); Boko (Vanderyst); Kisantu (Gill.). — VI : Madibi (Sap.). — VII : Lac Léopold II. — Nom vern. : **Mokongi** (Body) — VIII : Équateur (Dew.); district de l'Équateur (Pyn.); IX : Bangala (Heus). — XII b : env. de Bambili (Ser.). — XIII a : Stanleyville (Ém. et M. Laur.). — XIV : volcan Kirunga (Goetz. et Prittw.). — XV : Mange (Em. et M. Laur.); Lubue (Luja). — Ind. non cl. : Bulebu (Lescr.); Lusubi (Em. et M. Laur.). — Noms vern. : **Lukonga** [Batetela et Bangala]; **Mokonki, Nikonki** [Bangala]; **Keongo, Kiungu** [Kwilu].

T. semitriloba var. **africana** *K. Schum.* in *Schlechter* West-Afr. Kautsch. Exped. (1900) 300.

1899 (R. Schlechter). — VIII : Coquilhatville (Schlt. 12611).

Triumfetta trachystoma *K. Schum.* in Engl. Jahrb. XV (1893) 130; *Th. Dur.* et *Schinz* Étud. fl. Cgo (1896) 82.

1882 (P. Pogge). — XV : pays des Bashilange (Pg. 611).

Triumfetta Welwitschii *Mast.* in *Oliv.* Fl. trop. Afr. I (1868) 255; *Th. Dur.* et *Schinz* Étud. fl. Cgo (1896) 83; *Hiern* Cat. Welw. Pl. I, 97; *A. Dewèvre* in B. S. B. B. XXXIII² (1894) 98.

1882 (H. Johnston). — Congo (Johnst.). — XVI : savane du Katanga (Corn.).

CEPHALONEMA K. Schum.

Cephalonema polyandrum *K. Schum.* ex *Schlechter* West-Afr. Kautsch. Exped. (1900) 299; *De Wild.* et *Th. Dur.* Pl. Gilletianae, II (1901) 70 [B. Herb. Boiss. Sér. 2, I, 744] et Reliq. Dewevr. (1901) 31; *De Wild.* Not. Pl. util. ou intér. du Cgo, I (1903) 29; Étud. fl. Bas- et Moy.-Cgo, I (1903) 53, 164; II (1907) 45, (1908) 298 et Miss. Laurent (1905) 151.

1896 (A. Dewèvre). — V : le Stanley-Pool (Schlt.); Kisantu; Kimuenza. — Nom vern. : **Punga** (Gill.). — VI : vallée de la Djuma (Gill.). — VII : distr. du lac Léopold II. — Nom vern. : **Bekenge** (Gent.). — VIII : distr. de l'Équateur. — Noms vern. : **Belukonge; Bekonge; Lokonge** (Pyn.); Coquilhatville. — Nom vern. : **Djicota** (Dew.; Schlt.); Eala. — Nom vern. : **Lotiti** (M. Laur.); Lulonga (Ém. Laur.; Pyn. 764). — IX : Nouvelle-Anvers. — Nom vern. : **Makongi** (Duvivier).

SPARMANNIA L. f.

Sparmannia abyssinica *Hochst.* ex *A. Rich.* Tent. fl. Abyss. I (1847) 79 t. 20; *Mast.* in *Oliv.* Fl. trop. Afr. I, 261; *K. Schum.* ex *Engl.* in *v. Goetzen* Durch Afrika (1895) 384 et in *Engl.* Pfl. Ost-Afr. 262.

1894 (A. G. v. Goetzen et v. Prittwitz). — XIV : volcan Kirunga (Goetz. et Prittw. 35).

HONCKENYA Willd.

Honckenya ficifolia *Willd.* in *Usteri* Delect. opusc. bot. II (1793) 201
t. 4; *DC.* Prodr. I, 506; *Mast.* in *Oliv.* Fl trop. Afr. I, 260; *Th. Dur.*
et *Schinz* Étud. fl. Cgo (1896) 83; *K. Schum.* in *Engl.* Pfl. Ost-Afr.
262; *Th. Dur.* et *De Wild.* Mat. fl. Cgo, II (1898) 67 [B. S. B. B.
XXXVII, 112]; *De Wild.* et *Th. Dur.* Contr. fl. Cgo, I (1899) 12; II
(1900) 9; Pl. Gilletianae, I (1900) 6 [B. Herb. Boiss. Sér. 2, I, 6] et
Reliq. Dewevr. (1901) 30; *De Wild.* Miss. Laurent (1905) 151 et
Étud. fl. Bas- et Moy.-Cgo, I (1906) 287; II (1907) 46, (1908) 297.

1816 (Chr. Smith). – Bas-Congo (Sm.).; Congo, C (Èm Laur.).— II : Boma (Dew.).
— II a : Bingila (Dup.). — IV : Konza (Dew.); distr. des Cataractes. — Nom vern. :
Panza-za-uenga (Dew.): Kitobola (Ém. et M. Laur.). — V : le Stanley-Pool (Hens) ;
Léopoldville (Camp); Kisantu (Gill.); Kisantu-Makela (Van Houtte). — VI :
Madibi ; Dima (Sap.). — VII : Kutu (Ém. et M. Laur.). — VIII : Eala. — Nom
vern. : **Dolo-Konge** (M. Laur.). — IX : Umangi (Krek.). — XII b : env. de Bambili
[rive gauche] (Ser.). — XV : entre le Sankuru et le Lualaba (Ém. Laur.). — Ind.
non cl. : Lusubi (Lescr.); le Lomami (Ém. Laur.); Golongo (Lescr.). — Nom
vern. : **N'Kongo** [Bangala].

CORCHORUS L. (1)

Corchorus acutangulus *Lam.* Encycl. méth. Bot. II (1786) 104 ;
Wight Icon. pl. Ind. or. III, t. 739 ; *Mast.* in *Oliv.* Fl. trop. Afr. I,
264 ; *K. Schum.* in *Engl.* Pfl. Ost-Afr. 262 ; *Hiern* Cat. Welw. Pl.
I, 101 ; *De Wild.* Étud. fl. Bas- et Moy.-Cgo, I (1903) 54 ; II (1907) 46.

1902 (J. Gillet). – V : env. de Léopoldville (Gill.). – VIII : env. d'Eala (M. Laur.).

Corchorus capsularis *L.* Sp. pl. ed. I (1753) 529; *DC.* Prodr. I, 505 ;
Hook. in Journ. of Bot. (1850) t. 3; *Wight* Icon. pl. Ind. or. I, t. 311 ;
Hook. f. Fl. Brit. Ind. I 397; *De Wild.* et *Th. Dur.* Pl. Gilletianae,
II (1901) 70 [B. Herb. Boiss. Sér. 2, I, 743].

1900 (J. Gillet). — V : Kimuenza (Gill.).

Corchorus lobatus *De Wild.* Étud. fl. Bas- et Moy.-Cgo, I (1903) 54
II (1907) 46.

1903 (J. Gillet). — V : entre Tumba et Kimpese (Gill.). — IX a : Mobeka
(Pyn. 20).

Corchorus olitorius *L.* Sp. pl. ed. I (1753) 529; Bot. Mag. (1828)
t. 2810; *DC.* Prodr. I, 504; *Mast.* in *Oliv.* Fl. trop. Afr. I, 262 ;
Th. Dur. et *Schinz* Étud. fl. Cgo (1896) 83; *De Wild.* et *Th. Dur.*

---

(1) M. De Wildeman a publié une étude détaillée sur les Corchorus [*Not. pl. util.
ou intér. du Cgo*, I (1903) 199-221].

Contr. fl. Cgo, II (1900) 9 et Reliq. Dewevr. (1901) 31 ; *Hiern* Cat. Welw. Pl. I, 100.

1885 (R. Buettner). — V : env. de Lukolela (M. Laur.) ; Bolobo (Buett.) : Kisantu (Gill.). — VII : Inongo (Ém. Laur.). — IX : Mukangani (Thonn.). — IX a : env. de Mobeka (Ém. Laur.) — XIII d : env. de Nyangwe (Dew.). — XVI : Albertville [Toa] (Hecq). — Ind. non cl. : Boaugi (Ém. Laur.).

C. olitorius form. grandifolius *De Wild*. Étud. fl. Bas- et Moy.-Cgo, II (1907) 46.

1905 (Marc. Laurent). — VIII : route d'Eala à Coquilbatville (M. Laur.).

Corchorus trilocularis *Burm*. Fl. Ind. (1768) 123 t. 37 fig. 2.

C. tridens *L.* Mant. pl. II (1771) 566; *DC.* Prodr. I, 505; *Mast.* in *Oliv.* Fl. trop. Afr. I, 264; *Th. Dur. et Schinz* Étud. fl. Cgo (1896) 83; *De Wild.* et *Th. Dur.* Pl. Gilletianae, I (1900) 6 [B. Herb. Boiss. Sér. 2, I, 6]; *De Wild.* Étud. fl. Bas- et Moy.-Cgo, II (1908) 297.
C. angustifolius *Schumach.* et *Thonn.* Beskr. Guin. Pl (1827) 244.

1885 (R. Buettner). — V : Bolobo (Buett.) ; Kisantu (Gill.). — XIV : Uvira. — Nom vern. **Dendere** (Desc.).

CISTANTHERA K. Schum.

Cistanthera Dewevrei *De Wild*. et *Th. Dur.* in *Th. Dur.* et *De Wild*. Mat. fl. Cgo, VI (1900) 4 [B. S. B. B. XXXVIII², 174]; Reliq. Dewevr. (1901) 30; Ill. fl. Cgo (1902) 173 t. 81 ; *De Wild*. Étud. fl. Bas- et Moy.-Cgo, II (1908) 297.

1896 (A. Dewèvre). — IX : Monsembe (Dew. 1857) ; env. de Bumba (Pyn. 34).

Cistanthera kabingaensis *K. Schum*. in *Engl*. et *Prantl* Nat. Pflanzenfam. Nachtr. zum II-IV (1898) 234; *De Wild*. et *Th. Dur*. Mat. fl. Cgo, VI (1900) 5 in obs. et Reliq. Dewevr. (1901) 31; *De Wild*. Miss. Laurent (1907) 388.

1896 (A. Dewèvre). — XIII a : Stanley-Falls (Dew.). — XV : Dibele : Kabinga (Ém. Laur.) — Ind. non cl. : Monierecoula (Dew. 1155).

GLYPHAEA Hook. f.

Glyphaea grewioides *Hook. f.* in *Hook*. Icon. pl. VIII (1848) t. 760 et Niger Fl. (1849) 238 t. 22; *Mast.* in *Oliv.* Fl. trop. Afr. I, 267; *K. Schum.* in *Engl*. Pfl. Ost-Afr. 262; *Th. Dur.* et *Schinz* Étud. fl. Cgo (1896) 84; *Hiern* Cat. Welw. Pl. I, 102; *De Wild*. et *Th. Dur*. Mat. fl. Cgo, II (1898) 67 [B. S. B. B. XXXVII, 112] et Contr. fl. Cgo, I (1899) 12, 9; Pl. Gilletianae, I (1900) 9 et Reliq. Dewevr. (1901) 31 ; *De Wild*. Miss. Laurent (1905) 151 et Étud. fl. Bas- et Moy.-Cgo, I (1904) 163, 287; II (1907) 45, (1908) 297.

G. Monteiroi *Hook. f.* in Bot. Mag. (1866) t. 5610.

1885 (Fr. Hens). — II a : Shimbete (Dew.). — IV : massif du Bangu (Dew.);
nord Manyanga (Cabra-Michel); Gauda (Lescr.). — V : Lukolela (Ém. Laur.);
Luvituku (Luja); Dembo (Vanderyst); Kisantu (Gill.). — VII : Nioki (Ém. Laur.).
— VIII : Eala et env. (M. Laur.); Coquilhatville (Dew.); Bamania (Ém. Laur.) :
Monzambi. — Nom vern. : **Itombo** [Bruneel]. — IX : Bangala (Hens); Nouvelle-
Anvers (Ém. Duch.); Suata (Buett.); Bolombo (Ém. Laur.); Mobeka (Pyn.);
Upoto (Wilw.). - X : Imese (Ém. Laur.). — XI : env. de Yambuya (Solh.). —
XII : village Zunec [Uele] (Ser.). — XIII a : Stanley-Falls (Dew.). — Ind. non
cl. : Rewa (Dew.). — Noms vern. : **Intombo** [Coquilhatville]; **Adolim** [Amadi];
Molobiola [Asende]; **Pi** [Abarembo] (Dew.); **Lotombo** [Eala] (M. Laur.).

LINACEAE

HUGONIA L.

Hugonia obtusifolia *C. H. Wright* ex *De Wild.* Étud. fl. Bas- et
Moy.-Cgo, II (1907) 38, (1908) 258.

1904 (L. Pynaert). — VIII : Bala-Lundzi (Pyn. 290, 386); Ikenge (Huyghe).

Hugonia platysepala *Welw.* ex *Oliv.* Fl. trop. Afr. I (1868) 272;
De Wild. et *Th. Dur.* Mat. fl. Cgo, II (1893) 67 [B. S. B. B. XXXVII,
112] et Reliq. Dewevr. (1901) 32; *Engl.* Pfl. Ost Afr. 226; *Hiern*
Cat. Welw. Pl. I, 103; *DeWild.* et *Th. Dur.* Pl. Gilletianae, I (1900)
6 [B. Herb. Boiss. Sér. 2, I, 6]; *De Wild.* Étud. fl. Bas- et Moy.-Cgo,
I (1904) 158, 270; II (1907) 38, (1908) 258 et Miss. Laurent (1905) 124.

1895 (Ém. Laurent). — V : Kisantu.— Nom vern. : **Kilonga** (Gill.); env. de Sanda
(Odd.); Kitobola (Ém. Laur.). — VIII : Coquilhatville. — Nom vern. : **Balsandeke**
(Dew.; Pyn. 272); env. d'Eala (M. Laur.; Ser. 768; Pyn. 1442); Irebu (M. Laur.);
Bokakata (Dew.). — IX : Bumba (Pyn.); Umangi (Ém. Laur.). — XI : Bomaneh
(M. Laur. 1045). — XV : Lusambo (Ém. Laur.).

Hugonia reticulata *Engl.* in Engl. Jahrb. XXXII (1902) 107.

1882 (P. Pogge). — XV : la Lulua (Pg. 654); Mukenge (Pg. 658).

— — form. **longifolia** *Engl.* l. c.

1882 (P. Pogge). — XV : la Lulua (Pg. 659, 660).

Hugonia villosa *Engl.* ex *Th. Dur.* et *De Wild.* Pl. Gilletianae, II
(1901) 70 [B. Herb. Boiss. Sér. 2, I, 742] et in Engl. Jahrb. XXXII
(1902) 105; *De Wild.* Étud. fl. Bas- et Moy.-Cgo, I (1904) 158.

1900 (J. Gillet). — V : le Stanley-Pool (Ém. Laur.); Kimuenza (Gill.).

PHYLLOCOSMUS Klotzsch.

Phyllocosmus congolensis [*De Wild.* et *Th. Dur.*] *Th.* et *Hél. Dur.*

> Ochthocosmus — *De Wild.* et *Th. Dur.* Mat. fl. Cgo, III (1899) 9 [B. S. B. B. XXXVIII², 27] et Reliq. Dewevr. (1901) 32; *De Wild.* Miss. Laurent (1905). 124.

> 1895 (A. Dewèvre). — VIII : Équateur (Ém. et M. Laur.); entre Équateurville et Léopoldville (Dew.).

Phyllocosmus Dewevrei *Engl.* in Engl. Jahrb. XXXII (1902) 109; *De Wild.* Étud. fl. Bas- et Moy.-Cgo, II (1908) 258.

> Ochthocosmus africanus *De Wild.* et *Th Dur.* [non *Hook. f.*]. Pl. Gilletianae, II (1901) 71 [B. Herb. Boiss. Sér. 2, I, 743] et Reliq. Dewevr. (1901) 32; *De Wild.* Étud. fl. Bas- et Moy.-Cgo, I (1904) 158; II (1907) 38 et Miss. Laurent (1905) 124.
> Phyllocosmus — *De Wild.* [non *Klotzsch*] Étud. fl. Bas- et Moy.-Cgo, II (1908) 258.

> 1896 (A. Dewèvre). — V : Kimuenza (Gill. 1767); env. de Lukolela (Gill.; Ém. et M. Laur.; Pyn. 249). — VIII : Eala et env. (M. Laur. 812, 1137, 1183; Malchair in Pyn. 417b, 840, 926): Wangata [Équateurville] (Dew. 663; Pyn. 255).

Phyllocosmus Lemaireanus [*De Wild.* et *Th. Dur.*] *Th.* et *Hél. Dur.*

> Ochthocosmus — *De Wild.* et *Th. Dur.* Mat. fl. Cgo, X (1901) II [B. S. B. B. XL, 17].

> 1900 (Edg. Verdick). — XVI : Lukafu (Verd. 529).

Phyllocosmus senensis *Klotzsch* ex *Engl.* in Engl. Jahrb. XXXII (1902) 110.

> 1870 (G. Schweinfurth). — XII : Bangua [pays des Mangbettu] (Schw. 3582). — XV : la Lulua, vers le 6° (Pg. 655, 656).

> Obs. 1. — Le *Linum usitatissimum* L. est cultivé à Eala [VIII]. — Conf. *De Wild.* Miss. Laurent (1905) 124.

> Obs. 2. — L'*Erythroxylon Coca* Lam. se développe assez bien dans les jardins d'Eala [VIII] (Ém. Laur.) et de Kisantu [V] Gill.). [Conf. *De Wild.* Étud. fl. Bas- et Moy. Cgo, I (1903) 52 et Miss. Laurent (1906) 237].

MALPIGHIACEAE

HETEROPTERIS Kunth.

Heteropteris africana *A. Juss.* in Arch. Mus. Paris, III (1843) 456 et Moncg. Malpigh. (1843) 202; *Oliv.* Fl. trop. Afr. I, 276; *Th. Dur.* et *Schinz* Étud. fl. Cgo (1896) 84; *De Wild.* et *Th. Dur.* Contr. fl. Cgo, I (1899) 13 et Reliq. Dewevr. (1901) 33; *De Wild.* Étud. fl. Bas- et Moy.-Cgo, I (1906) 270 et Miss. Laurent (1906) 238.

Banisteria Leona *Cav.* Monadelph. class. diss. IX (1790) 421 t. 247 (fruct. excl.); *Lam.* Pl. bot. Encycl. II t. 381.

1816 (Chr. Smith). — Bas-Congo (Sm.). — I : Moanda (Gill.). — V : au N. du Stanley-Pool; Lukolela et env. (Dew.; Ém. Laur.). — Ind. non cl. : Lone Island [Angola ?] (Buett.).

ACRIDOCARPUS Guill. et Perr.

Acridocarpus corymbosus *Hook. f.* in *Hook.* Icon. pl. VIII (1848) t. 774 et Niger Fl. (1849) 248 t. 24 ; *Oliv.* Fl. trop. Afr. I, 247 ; *Th. Dur.* et *Schinz* Étud. fl. Cgo (1896) 84.

1816 (Chr. Smith). — Bas-Congo (Sm.; Burton).

Acridocarpus katangensis *De Wild.* Étud. fl. Kat. (1902) 27.

1899 (Edg. Verdick). — XVI : Lukafu (Verd. 136).

Acridocarpus Laurentii *De Wild.* Miss. Laurent (1906) 237.

1904 (Ém. et Marc. Laurent). — III : Matadi (Ém. et M. Laur.).

Acridocarpus rudis *De Wild.* et *Th. Dur.* Mat. fl. Cgo, III (1899) 2 [B. S. B. B. XXXVIII², 28] et Reliq. Dewevr. (1901) 34.

1895 (A. Dewèvre). — II a : Shinganga (Dew. 263). — V : bords de la Zili [env. de Sanda] (Odd. in Gill. 3677).

Acridocarpus Smeathmanni [*DC.*] *Guill.* et *Perr.* Fl. Seneg. tent. I (1831) 124 et in Archiv. Mus. Paris, III t. 15 ; *Oliv.* Fl. trop. Afr. I, 278 ; *Th. Dur.* et *Schinz* Étud. fl. Cgo (1896) 85.

Heteropteris ? — *DC.* Prodr. I (1824) 592.
Acridocarpus guineensis *Juss.* Monog. Malpigh. (1843) 231.
A. longifolius *Hook. f.* in *Hook.* Niger Fl. (1849) 244.

1891 (Fr. Demeuse). — Congo (Dem.). — V : forêts des bords du Stanley-Pool (Dew.).

FLABELLARIA Cav.

Flabellaria paniculata *Cav.* Monadelph. class. diss. (1790) 436 t. 264 ; *Oliv.* Fl. trop. Afr. I, 282 ; *Engl.* Pfl. Ost-Afr. 232 ; *Hiern* Cat. Welw. Pl. I, 104 ; *De Wild.* et *Th. Dur.* Contr. fl. Cgo, II (1900) 10.

1896 (Eug. Wilwerth). — V : Kisantu (Gill.). — IX : Upoto (Wilw.). — XIII a : Stanleyville (Pyn. 67).

GERANIACEAE

GERANIUM L.

Geranium aculeolatum *Oliv.* Fl. trop. Afr. I (1868) 291; *Engl.* in *v. Goetzen* Durch Afrika (1895) 384.

1894 (A. G. v. Goetzen et v. Prittwitz). — XIV : volcan Kirunga (Goetz. et Prittw. 39).

OXALIDACEAE

OXALIS L.

Oxalis Corneti *A. Dewèvre* in B. S. B. B. XXXIII² (1895) 98; *Th. Dur.* et *Schinz* Étud. fl. Cgo (1896) 85.

1892 (J. Cornet). — XVI : le Katanga (Corn.).

Oxalis corniculata *L.* Sp. pl. ed. I (1753) 435; *Rchb.* Icon. fl. Germ. V t. 199; *Wright* Icon. pl. Ind. or. I, t. 18; *Oliv.* Fl. trop. Afr. I, 296; *Engl.* Pfl. Ost-Afr. 225; *De Wild.* et *Th. Dur.* Mat. fl. Cgo, II (1898) 67 [B. S. B. B. XXXVII, 112; Contr. fl. Cgo, II (1900) 10 et Reliq. Dewevr. (1901) 33; *Hiern* Cat. Welw. Pl. I, 109; *De Wild.* Not. pl. util. ou intér. du Cgo, II (1906) 138.

(1895) (P. Dupuis). — II a : Bingila (Dup.). — IV : Kitobola (Ém. et M. Laur.). — V : Kisantu (Gill.). — XI : Basoko (Ém. et M. Laur.). — XVI : Masanze (Deb.); Toa (Desc.). — Ind. non cl. : Lubundo (Dew.).

Oxalis katangensis *De Wild.* et *Th. Dur.* Mat. fl. Cgo, X (1901) 12 [B. S. B. B. XL, 18],

1900 (Edg. Verdick). — XVI : Lukafu (Verd. 346).

BIOPHYTUM DC.

Biophytum sensitivum [*L.*] *DC.* Prodr. I (1824) 690; *Edgew.* et *Hook. f.* in *Hook. f.* Fl. Brit. Ind. I, 456; *De Wild.* Étud. fl. Bas- et Moy.-Cgo, II (1907) 37.

Oxalis — *L.* Sp. pl. ed. 1 (1753) 434; *Jacq.* Oxalis, t. 78; Bot. Reg. XXXI (1845) t. 68; *Oliv.* Fl. trop. Afr. I 297; *Engl.* Pfl. Ost.-Afr. 226; *Th. Dur.* et *Schinz* Étud. fl. Cgo (1896) 85; *Hiern* Cat. Welw. Pl. I, 109; *De Wild.* Not. pl. util. ou intér. du Cgo, II (1906) 138.

1888 (Fr. Hens). — Congo (Dem.); Bas-Congo (Cabra). — II a : Haut-Shiloango (Cabra-Michel). — IV : Lutete (Hens); Luvituku (Luja); Lukungu (Hens). — V : le Stanley-Pool (Luja); Kisantu (Gill.). — XV : le Bas-Kasai; Kondue (Ém. Laur.). — XVI : Zilo (Briart).

BALSAMINACEAE

IMPATIENS L.

Impatiens bicolor *Hook. f.* in Journ. Linn. Soc. IV (1860) 138; Bot. Mag. (1863) t. 5366; *De Wild.* et *Th. Dur.* Pl. Thonnerianae (1900) 23 et Reliq. Dewevr. (1901) 34; *Warb.* in *Engl.* Pfl. Ost-Afr. 252; *De Wild.* Étud. fl. Bas- et Moy.-Cgo, I (1904) 162; II (1907) 44, (1908) 297 et Miss. Laurent (1905) 147.

1896 (A. Dewèvre). — II a : Haut-Shiloango (Cabra-Michel). — VIII : Eala (M. Laur.; Pyn.); env. de Basankusu. — Nom vern. : **Magnieri** (Dew.); Dikila-Yala (Bruneel) — IX a : Bobi (Thonn.). — XI : Watende (Gent.). — XI : env. de Yambuya (Solh.). — XII a : route de Buta à Bima; entre Zobia et Buta (Ser.). — XV : Kondue (Ém. et M. Laur.); Ibaka (Brisac).

— — var. **brevifolia** *Warb.* ex *Engl.* in *v. Goetzen* Durch Afrika (1895) 384, 388 et in Engl. Jahrb. XXII (1895) 51.

1894 (A. G. v. Goetzen et v. Prittwitz). — XIV : volcan Kirunga, 2500 m. (Goetz. et Prittw.).

Impatiens Briartii *De Wild.* et *Th. Dur.* Mat. fl. Cgo, VI (1899) 15 [B. S. B. B. XXXVIII², 185].

1891 (Paul Briart). — XVI : Zilo (Briart).

Impatiens Declercqii *De Wild.* Miss. Laurent (1907) 384.

1901 (Alb. Declercq). — XV : grotte de la Kondue (Decl. in Gent. 23). — (retrouvé en 1903 par Ém. et Marc. Laurent).

Impatiens Eminii *Warb.* in *Engl.* Pfl. Ost-Afr. (1895) 254.

Le type a été trouvé dans l'Afrique orientale.

— — var. **lanceolata** *Warb.* ex *Engl.* in *v. Goetzen* Durch Afrika (1905) 384, 388 et in Engl. Jahrb. XXII (1895) 51.

1894 (A. G. v. Goetzen et v. Prittwitz). — XIV : volcan Kirunga (Goetz. et Prittw. 54).

Impatiens hians *Hook. f.* in Journ. Linn. Soc. VI (1862) 7.

Le type n'est indiqué qu'à Fernando-Po et au Kamerun.

— — form. **glabra** *De Wild.* Miss. Laurent (1907) 383.

1905 (Marc. Laurent). — VIII : Eala (M. Laur. 1136).

Impatiens Irvingii *Hook. f.* in *Oliv.* Fl. trop. Afr. I (1868) 300; *Th. Dur.* et *Schinz* Étud. fl. Cgo (1896) 86; *Th. Dur.* et *De Wild.* Mat. fl. Cgo, II (1898) 67 [B. S. B. B. XXXVII, 112]; *De Wild.* et *Th. Dur.* Contr. fl. Cgo, I (1899) 13; *De Wild.* Étud. fl. Bas- et Moy.-Cgo, I (1903) 52; II (1907) 44, (1908) 296.

1885 (R. Buettner). — II a : Bingila (Dup.). — IV : route des caravanes (Em. Laur.). — V : le Stanley-Pool (Hens); Léopoldville (Schlt.) ; env. de Kisantu (Gill.); Dembo; Boko (Vanderyst, B. 259). — VI : Muene-Putu-Kasongo (Buett.).; Madibi (Sap.). — IX a : Gali (Thonn.). — XI : env. de Yambuya (Solh.). — XII a : route de Buta à Bima (Ser.). — XV : Loange (Gent.); Kondue (Lescr. 423); Lubefu (Lescr. 366). — XVI : Haut-Marungu (Deb.). — Ind. non cl. : le Lomami (Desc.).

Impatiens katangensis *De Wild*. Étud. fl. Kat. (1903) 82

1900 (Edg. Verdick). — XVI : le Katanga (Verd. 348).

Impatiens Kerckhoveana *De Wild*. Miss. Laurent (1907) 385.

1906 (Guill. Van Kerckhove). — XII d : village Bagba [Van Kerckhovenville] (Ser.).

Impatiens Kirkii *Hook. f.* in *Oliv*. Fl. trop. Afr. I (1868) 300; *Th. Dur*. et *De Wild*. Mat. fl. Cgo, II (1898) 67 [B. S. B. B. XXXVII, 112]; *Hiern* Cat. Welw. Pl. I, 111; *Warb*. in *Engl*. Pfl. Ost-Afr. 252; *De Wild*. et *Th. Dur*. Pl. Gilletianae, I (1900) 6 [B. Herb. Boiss. Sér. 2, I, 6]; *De Wild*. Étud. fl. Kat. (1903) 83; Miss. Laurent (1907) 385 et Étud. fl. Bas- et Moy.-Cgo, II (1907) 44, (1908) 297.

1899 (G. Descamps). — II a : entre Kabuluku et Shikongo (Lescr.). — V : env. de Léopoldville (Ém. et M. Laur.): Sabuka (M. Laur.); Kisantu (Gill.); Kinkosi (Vanderyst). — IX : env. de Nouvelle-Anvers (Ém. et M. Laur.). — XII c : Gombari (Delp.). — XV : Djoco-Punda (Lescr.). — XVI : Katanga (Verd.); Toa [Albert-ville] (Desc.).

Impatiens mayombensis *De Wild*. Miss. Laurent (1907) 385 t. CXVII.

1903 (Ém. et Marc. Laurent). — II a : Benza-Masola (Ém. et M. Laur.).

Impatiens refracta *De Wild*. Étud. fl. Kat. (1903) 83.

1900 (Edg. Verdick). — XVI : le Katanga. — Nom vern. : **Tumafumba** (Verd. 408).

Impatiens Sereti *De Wild*. Miss. Laurent (1907) 386, t. CXVIII.

1906 (F. Seret). — XII d : village Bagba [Van Kerckhovenville] (Ser. 542).

— — form. etentaculifera *De Wild*. l. c. (1907) 387.

1906 (F. Seret). — XII d : village Bagba [Van Kerckhovenville] (Ser. 542).

Impatiens Thonneri *De Wild*. et *Th. Dur*. Pl. Thonnerianae (1900) 24, t. XI.

1896 (Fr. Thonner). — IX a : Gali (Thonn. 24).

Impatiens Verdickii *De Wild*. Étud. fl. Kat. (1903) 84.

1900 (Edg. Verdick). — XVI : env. de Lukafu (Verd.).

RUTACEAE

FAGARA L.

Fagara Gilletii *De Wild.* Ėtud. fl. Bas- et Moy.-Cgo, I (1906) 271 t. 62.

1903 (J. Gillet). — V : env. de Kisantu (Gill. 3365).

Fagara Laurentii *De Wild.* Miss. Laurent (1905) 124.

1903 (Ėm. et Marc. Laurent). — VI : Eiolo (Ėm. et M. Laur.).

Fagara macrophylla [*Oliv.*] *Engl.* in *Engl.* et *Prantl* Nat. Pflanzenfam. III, 4 (1896) 118.

Zanthoxylum? — *Oliv.* Fl. trop Afr. (1868) 304.

Le type n'a encore été trouvé qu'au Kamerun et dans la Haute-Guinée.

— — var. **Preussii** *Engl.* ex *De Wild.* Ėtud. fl. Bas- et Moy.-Cgo, I (1906) 271.

1899 (J. Gillet). — V : Kisantu (Gill.).

Fagara pilosiuscula *Engl.* in *Engl.* et *Prantl* Nat. Pflanzenfam. III, 4 (1896) 112 et in Engl. Jahrb. XXIII (1896) 150.

1882 (P. Pogge). — XV : Musumba vers 8° 1/2 (Pg. 513).

Fagara Poggei *Engl.* in *Engl.* et *Prantl* Nat. Pflanzenfam. III, 4 (1896) 118 et in Engl. Jahrb. XXIII (1896) 146.

1882 (P. Pogge). — XV : pays des Bashilange (Pg. 670, 1234).

Fagara Welwitschii *Engl.* in *Engl.* et *Prantl* Nat. Pflanzenfam. III, 4 (1896) 118 et in Engl. Jahrb. XXIII (1897) 147; *Th. Dur.* et *De Wild.* Mat. fl. Cgo, II (1898) 67 [B. S. B. B. XXXVII, 112].

1892 (F. Demeuse). —V : Lukolela (Dem.). — XV : bords de la Lulua (Desc.).

TECLEA Delile.

Teclea Engleriana *De Wild.* Ėtud. fl. Kat. (1902) 76.

1900 (Edg. Verdick). — XVI : Lukafu. — Nom vern. : **Kimena** (Verd. 365).

LIMONIA L.

Limonia Demeusei *De Wild.* Ėtud. fl. Bas- et Moy.-Cgo, I (1904) 159 t. 41 et Miss. Laurent (1906) 238.

1891 (F. Demeuse). — IX : en aval de Bolombo (Ėm. et M. Laur.); Yambinga (Dem. 441). — X : Imese (Ėm. et M. Laur.). — XIII a : Stanley-Falls (Dem. 399). — XV : en aval d'Ibaka (Ėm. et M. Laur.).

Limonia Lacouriana *De Wild.* Étud. fl. Bas- et Moy.-Cgo, II (1907) 159, t. 40 et Miss. Laurent (1906) 238.

1903 (L. Gentil). — V : rég. de Lumene (Hendr. in Gill: 3280). — XV : Bombaie (Gent. 9).

Limonia Poggei *Engl.* in *Engl.* et *Prantl* Nat. Pflanzenfam. III, 4 (1896) 190 et in Notizbl. bot. Gart. Berlin, I (1895) 29 ; *Th. Dur.* et *Schinz* Étud. fl. Cgo (1896) 86.

1882 (P. Pogge). — XV : la Lulua (Pg. 668).

— — var. **latialata** *De Wild.* Étud. fl. Bas- et Moy.-Cgo, I (1904) 160 ; II (1907) 38 et Miss. Laurent (1906) 238, t. 43.

1900 (L. Gentil). — X : Ubangi ; Imese (Ém. Laur.) ; Inkongo (Gent.). — XV : rives du Sankuru (Brisac).

Limonia Schweinfurthii *Engl.* in *Engl.* et *Prantl* Nat. Pflanzenfam. III, 4 (1896) 190.

1870 (G. Schweinfurth). — XII ? : env. d'Uando (Schw.).

OBS. — Cette habitation est peut-être en dehors des limites du Congo belge.

CLAUSENA Burm.

Clausena anisata *Hook. f.* in *Hook.* Niger Fl. (1849) 256 ; *Engl.* Pfl. Ost-Afr. 228 ; *Oliv.* Fl. trop. Afr., I, 308 ; *De Wild.* Étud. fl. Bas- et Moy.-Cgo, I (1904). 159, 272 ; II (1907) 196, t. 42, 43, (1908) 258.

1902 (J. Gillet). — Bas-Congo (Gill.). — V : Mombasi [Casier-St-Jean] (Gill.). — VI : embouch. du Kwango (Gill. 2668).

Clausena Bergeyckiana *De Wild.* et *Th. Dur.* Pl. Gilletianae, II (1901) 71 [B. Herb. Boiss. Sér. 2, I, 743].

1900 (J. Gillet). — V : entre Dembo et Kisantu (Gill. 1527).

CITRUS L.

*****Citrus Aurantium** *L.* Sp. pl. ed. 1 (1753) 783 ; *Engl.* Pfl. Ost-Afr. 229 ; *Hiern* Cat. Welw. Pl. I, 118 ; *De Wild.* Étud. fl. Bas- et Moy.-Cgo, I (1904) 161.

1900 (J. Gillet). — V : cultivé à Kisantu (Gill.).

*****Citrus medica** *L.* Sp. pl. ed. 1 (1753) 782 ; *Risso* in Ann. Mus. Paris, XX (1813) 199, t. 2, fig. 2 ; *DC.* Prodr. I, 539 ; *Engl.* Pfl. Ost-Afr., 229 ; *De Wild.* et *Th. Dur.* Reliq. Dewevr. (1901) 34.

1896 (A. Dewèvre). — V : Kisantu ; Kimuenza (Gill.). — XIII d : cult. aux env. de Kabango (Dew.). — Ind. non cl. : env. de Yambuli (Ém. Laur.).

Citrus medica *L.* subsp. **Limonum** [*Risso*] *Hook. f.* Fl. Brit. Ind. I (1875) 515; *De Wild.* et *Th. Dur.* l. c. 34.

C. Limonum *Risso* in Ann. Mus. Paris, XX (1813) 211; *DC.* t. 539.
1895 (A. Dewèvre). — IV : Lukungu (Dew.).

SIMARUBACEAE

QUASSIA L.

Quassia africana *Baill.* in Adansonia, VIII (1867-68) 89, t. 8; *Th. Dur.* et *Schinz* Étud. fl. Cgo (1896) 86; *De Wild.* et *Th. Dur.* Contr. fl. Cgo, II (1900) 10; Mat. fl. Cgo, II (1898) 67 [B. S. B. B. XXXVII, 112]; Pl. Gilletianae, II (1901) 72 [B. Herb. Boiss. Sér. 2, I, 744]; Pl. Thonnerianae (1900) 20 et Reliq. Dewevr. (1901) 35; *De Wild.* Étud. fl. Bas- et Moy.-Cgo, I (1904) 161, 272; II (1907) 39 et Miss. Laurent (1907) 380.

1880 (von Mechow).—Bas-Congo (Cabra).—II a : le Mayumbe; Lukala (Brisac). — V : Kimuenza (Dew.); Sanda (Odd.). — VI : bord du Kwango (von Mechow); route de Lusali à Luano (Lescr.) — VII : Kutu (Ém. et M. Laur.). — VIII : Bokakata. — Nom vern. : **Botumbo** (Dew.). — IX : Yambinga (Pyn.). — IX a : Mondjerengi (Thonn.). — XI : Mogandjo (M. Laur.); Lokandu. — Nom vern. : **Monie-cama** (Dew.). — XV : rives de la Lulua (Ém. Laur.); Bolongula; Olombo (Ém. et M. Laur.); Luebo (Ém. Laur.). — Ind. non cl. : Gauchu? (Dew.). — Nom vern. : **Vuda-Buadi.**

OBS. — A. Dewèvre a trouvé cette espèce au N. de Stanley-Pool (Congo français).

HANNOA Planch.

Hannoa gabonensis *Pierre* ex *De Wild.* Étud. fl. Bas- et Moy.-Cgo, I (1904) 161.

1899 (H. Tilman). — Bas-Congo. — Nom vern. : **Dumbu-dumbu.** (Tilm. in Cabra, 49).

IRVINGIA Hook. f.

Irvingia Barteri *Hook f.* in Trans. Linn. Soc. XXIII (1860) 167; *Oliv.* Fl. trop. Afr. I, 315; *De Wild.* et *Th. Dur.* Reliq. Dewevr. (1901) 35.

Mangifera gabonensis *Aubry Le Comte ex O'Rorcke* in Journ. Pharm. et Chim. Sér. 3, XXXI (1837) 275.

1896 (A. Dewèvre). — VIII : Équateurville [Wangata]. — Nom vern. : **Mombulu** (Dew.). — Ind. non cl. : le Lomami (Dew.).

Irvingia Smithii *Hook. f.* in Trans. Linn. Soc. XXIII (1860) 167 ;
Baill. in Adansonia, VII, 381 ; *Oliv.* Fl. trop. Afr., I, 314 ; *Th. Dur.*
et *Schinz* Étud. fl. Cgo (1896) 86 ; *De Wild.* et *Th. Dur.* Reliq.
Dewevr. (1901) 35.

1816 (Chr. Smith). Bas-Congo (Sm.). — II a : le Mayumbe (Ém. Laur.). — IV :
Lukungu (Dew.). — IV : Kitobola (Ém. Laur.). — V : en amont du Stanley-Pool ;
Kinshassa (Schlt.). --VIII : env. d'Eala (M. Laur.) ; Irebu (Schlt.).— XV : le Kasai
(Ém. Laur.).

KLAINEDOXA Pierre.

Klainedoxa gabonensis *Pierre* in B. S. Linn. Paris, I (1896) 1235.

Le type n'a été trouvé qu'au Gabon.

— — var.**oblongifolia** *Engl.* ex *De Wild.* Miss. Laurent (1906) 239.

1903(Ém. et Marc. Laurent). — VII : Ibali (Ém. et M. Laur.).

OBS. — A Lukolela, A. Dewèvre a récolté une espèce appelée **Ekele**, rapportée, avec doute, à ce genre *Klainedoxa* [Conf. *De Wild.* et *Th. Dur.*
Reliq. Dewevr. (1901) 35.

KIRKIA Oliv.

Kirkia acuminata *Oliv. in Hook.* Icon. pl. XI (1867) 26 t. 1036 et in
Fl. trop. Afr. I (1868) 310 ; *Engl.* Pfl. Ost-Afr. 227.

Le type n'a été trouvé qu'au Mozambique.

— — var. **cordata** *De Wild.* Étud. fl. Kat. (1902) 78.

1899 (Edg. Verdick). — XVI : Lukafu. — Nom vern. : **Kipangu** (Verd.).

BALANITES Delile.

Balanites aegyptiaca *Delile* Fl. d'Égypte (1813) 241, t. 28 fig. 1 ; *DC.*
Prodr. I, 708 ; *Wight* Icon. pl. Ind. or. I, t. 274 ; *Oliv.* Fl. trop. Afr.
I, 315 ; *De Wild.* Not. pl. util. ou intér. du Cgo, I (1903) 50-54.

1891 (Chaltin). — Distr. de Lado. — Nom vern. : **Lalo.** (Chalt.).

OCHNACEAE

OCHNA Schreb.

Ochna arenaria *De Wild.* et *Th. Dur.* Pl. Gilletianae, I (1900) 7
[B. Herb. Boiss. Sér. 2, I, 7].

Campylochnella — *Van Tiegh.* in Annal. sci. nat. Sér. 8, XVI (1902) 402.
1900 (J. Gillet). — V : Kisantu (Gill., 68).

Ochna Buettneri *Engl.* et *Gilg* in Engl. Jahrb. XXXIII (1903) 242;
De Wild. Étud. fl. Bas- et Moy.-Cgo, I (1906) 293.

Pleodiporochna — *Van Tiegh,.* in Annal. sci. nat. Sér. 8, XVIII (1903) 58.
O. membranacea *Th. Dur.* et *Schinz* [non *Oliv.*]. Étud. fl. Cgo (1896) 87.

1885 (R. Buettner). — V : env. de Léopoldville (Buett. 33; Schlt. 12521;
Duchesne , 24: Tilm. 55); env. de Dembo (Gill.); Kimuenza (Gill. 1661). —
VI : vallée de la Djuma (Gent.).

Ochna congoensis *Gilg* ex *Van Tiegh.* in Annal. sci. nat., Sér. 8, XVI
(1902) 349 in syn. et in Engl. Jahrb. XXXIII (1903) 239.

Polyochnella — *Van Tiegh.* l. c. (1902) 349.

1895 (Ém. Laurent). — IV : distr. des Cataractes (Ém. Laur.). — V : bords de
la Sele (But.); Kimuenza (Gill.) ; entre Dembo et le Kwango (But. in Gill. 1483);
entre Kisantu et Dembo (Gill. 592).

— — var. **microphylla** *Gilg* l. c. (1903) 240.

1889 (Gillet). — V : Kisantu (Gill. 153).

Ochna Debeerstii *De Wild.* ex *Gilg* in Engl. Jahrb. XXXIII (1903)
237 ; *De Wild.* Étud. fl. Kat. (1903) 88.

Ochnella — *Van Tiegh.* in Annal. sci.nat. Sér. 8, XVIII (1903) 40.

1895 (Gust. Debeerst). — XVI : Lukafu. — Nom vern. : **Kinkunga** (Verd.) ; Pala
(Deb. 19).

Ochna Gilletiana *Gilg* in Engl. Jahrb. XXXIII (1903) 239 ; *De Wild.*
Miss. Laurent (1905) 156 et Étud. fl. Bas.- et Moy.-Cgo, I (1906) 293.

Polyochnella — *Van Tiegh.* in Annal. sci. nat. Sér. 8, XVIII (1903) 40.

1900 (J. Gillet). — V : env. de Sanda (Odd. in Gill. 3556) ; Kisantu (Gill. 968).
— XV : Batempa : Munungu [Sankuru] (Ém. et M. Laur.).

Ochna Hoffmanni-Ottonis *Engl.* in Engl. Jahrb., XVII (1893) 78 ;
Th. Dur. et *Schinz* Étud. fl. Cgo (1896) 87 ; *De Wild.* Étud. fl.
Bas- et Moy.-Cgo, I (1906) 293.

Porochna — *Van Tiegh.* in Annal. sci. nat. Sér. 8, XVI (1902) 387.
O. pulchra *O. Hoffm.* [non *Hook.*] in Linnaea, XLIII (1880-82) 122.

1882 (P. Pg.). — V : rég. de la Lumene (Hendr. in Gill. 3236). — XV : Mukenge (Pg. 1685).

Ochna katangensis *De Wild.* Étud. fl. Kat. (1903) 89.

Campylochnella — *Van Tiegh.* in Annal. sci. nat. Sér. 8, XVIII (1903) 60.
O. Wildemaniana *Gilg* ex *De Wild.* l. c. (1903) 90, 212.

1899 (Edg. Verdick). — I : Haut plateau du Katanga (Verd.) ; Lukafu (Verd.
114). — Le fruit porte le nom de **Mulolo** (Verd.).

Ochna Laurentiana *Engl.* ex *De Wild.* et *Th. Dur.* Pl. Gilletianae,
II (1901) 72 [B. Herb. Boiss. Sér. 2, I, 744].

1899 (J. Gillet). — V : Kisantu (Gill. 153, 968).

Ochna membranacea *Oliv.* Fl. trop. Afr., I (1868) 316; *De Wild.* et *Th. Dur.* Reliq. Dewevr. (1901) 36.

Diporochna — *Van Tiegh.* in Annal. sci. nat. Sér. 8, XVI (1902) 390.

1895 (A. Dewèvre). — II a : env. de Tchia (Dew. 402).

Ochna pulchra *Hook.* Icon. pl. Vl (1843) t. 588; *Oliv.* Fl. trop. Afr. I, 317; *Th. Dur.* et *Schinz* Étud. fl. Cgo (1896) 87.

1888 (Fr. Hens). — IX : pays des Bangala (Hens).

Ochna quangensis *Buettn.* in Verh. bot. Ver. Brandenb., XXXIII (1890) 49; *Th. Dur.* et *Schinz*, Étud. fl. Cgo (1896) 87.

Porochna — *Van Tiegh.* in Annal. sci. nat. Sér. 8, XVIII (1903) 57.

1885 (P. Poggé). — VI : Lulende au bord du Kwango (Pg.; Buett., 27).

Ochna Schweinfurthiana *Fr. Hoffm.* Beitr. Kenntn. Fl. Ost-Afr. (1889) 20; *Engl.* Pfl. Ost-Afr. 273; *De Wild.* Étud. fl. Kat. (1903) 90; *Gilg* in Engl. Jahrb., XXXIII (1903) 240.

Diporidium — *Van Tiegh.* in Annal. sci. nat. Sér. 8, XVI (1902) 356.
Ochnella — *Van Tiegh.* l. c. Sér. 8, XVIII (1903) 39.

1894 (Edg. Verdick). — XVI : Lukafu. — Noms vern. : **Musafoi; Kitete** (Verd. 112, 313).

Ochna Welwitschii *Rolfe* in Bolet. Soc. Brot. XI (1893) 84; *Hiern* Cat. Welw. Pl. I, 121; *De Wild.* Étud. fl. Bas- et Moy.-Cgo, I (1905) 168.

Polyochnella — *Van Tiegh.* in Annal. sci. nat. Sér. 8, XVIII (1902) 348.

1891 (F. Demeuse). — IV : rég. des Cataractes (Dem. 526).

OURATEA Aubl.

Ouratea affinis [*Hook. f.*] *Engl.* in Engl. Jahrb. XVII (1893) 79; *Th. Dur.* et *Schinz* Étud. fl. Cgo (1896) 87; *Hiern* Cat. Welw. Pl. I, 122.

Gomphia — *Hook. f.* in *Hook.* Niger Fl. (1849) 274; *Oliv.* Fl. trop. Afr. I, 320.
Rhabdophyllum — *Van Tiegh.* in Annal. sci. nat. Sér. 8, XVI (1902) 321 et XVIII (1903) 34.

1885 (R. Buettner). — V : Léopoldville (Schlt.). — VI : Muene-Putu-Kasongo (Buett.). — Ind. non cl. : Lone-Island [Angola ?] (Buett.).

Ouratea Arnoldiana *De Wild.* et *Th. Dur.* Mat. fl. Cgo, III (1899) 22 [B. S. B. B. XXXVIII², 30]; *Gilg* in Engl. Jahrb., XXXIII (1903) 257; *De Wild.* Miss. Laurent (1905) 156 et Étud. fl. Bas- et Moy,-Cgo, I (1906) 292.

Rhabdophyllum Arnoldianum *Van Tiegh.* in Annal. sci. nat. Sér. 8. XVI
(1902) 321 et. XVIII (1903) 34.

Ouratea affinis *De Wild.* et *Th. Dur.* [non *Engl.*] Reliq. Dewevr. (1901)
36 et Pl. Gilletianae, I (1900) 7 [B. Herb. Boiss. Sér. 2, I, 7].

1895 (A. Dewèvre). — V : Kisantu et env. (Gill. 3399); Kimuenza (Dew.). —
VI : vallée de la Djuma (Gent.; Gill. 2827). — VII : Kutu (Ém. et M. Laur.). —
XV : Mukenge (Pg. 676, 681, 682).

OBS. 1. — L'habitation « au N. du Stanley-Pool » (Dew.) est dans le Congo
français.

OBS. 2. — M. Gilg rapporte, avec doute, le n° 3075, récolté par G. Schweinfurth à Mbruole, [XII] à cette espèce .

Ouratea bracteata *Gilg* in Engl. Jahrb. XXXIII (1903) 264 ; *De Wild.* Étud. fl. Bas- et Moy.-Cgo, I (1906) 292.

1902 (L. Gentil et J. Gillet). — VI : vallée de la Djuma (Gent.; Gill. 2722).

Ouratea Cabrae *Gilg* in Engl. Jahrb. XXXIII (1903) 262.

Exomicrum — *Van Tiegh.* in Annal. sci. nat. Sér. 8, XVIII (1903) 38.

1897 (Alph. Cabra). — Bas-Congo (Cabra, 33).

Ouratea coriacea *De Wild.* et *Th. Dur.* Reliq. Dewevr. (1901) 36 ; *De Wild.* Miss. Laurent (1905) 156 et Étud. fl. Bas- et Moy.-Cgo, I (1906) 292 ; *Gilg* in Engl. Jahrb. XXXIII (1903) 261.

Exomicrum — *Van Tiegh.* in Annal. sci. nat. Sér. 8, XVI (1902) 339 et XVIII
(1903) 38.

O. reticulata [*P. Beauv.*] *Engl.* var. Schweinfurthii *Engl.* in Engl. Jahrb.
XVII (1893) 81.

1896 (A. Dewèvre). — V : env. de Léopoldville (Gill. 2683); entre Lukolela et
Gombi (Dew. 795). — VI : vallée de la Djuma (Gent.; Gill. 2837). — X : Bas-
Ubangi (Ém. et M. Laur.). — XII d : Kusumba (Schw. 3169).

Ouratea densiflora *De Wild.* et *Th. Dur.* Reliq. Dewevr. (1901) 37 ; *De Wild.* Miss. Laurent (1905) 156.

Exomicrum — *Van Tiegh.* in Annal. sci. nat. Sér. 8, XVI (1902) 339.
Monelasmum — *Van Tiegh.* l. c. XVIII (1903) 35.

1895? (A. Dewèvre). — Congo (Dew.). — XIII c : Yakusu (Ém. et M. Laur.).

Ouratea Dewevrei *De Wild.* et *Th. Dur.* Reliq. Dewevr. (1901) 37 ; *De Wild.* Étud. fl. Bas- et Moy.-Cgo, I (1906) 292 ; *Gilg* in Engl. Jahrb. XXXIII (1903) 271.

Exomicrum — *Van Tiegh.* in Annal. sci. nat. Sér. 8, XVI (1902) 339.
Monelasmum — *Van Tiegh.* l. c. XVIII (1903) 35.

1890 (F. Demeuse). — Congo (Dem. 33). — VIII : Équateurville [Wangata]
(Dew. 744).

Ouratea Dupuisii [*Van Tiegh.*] *Th.* et *Hél. Dur.*

Monelasmum — *Van Tiegh.* in Annal. sci. nat. Sér. 8, XVI (1902) 328.

1893 ? (P. Dupuis). — Bas-Congo (Dup. fide Van Tiegh.).

Ouratea elongata [*Oliv.*] *Engl.* in Engl. Jahrb. XVII (1893) 80; *De Wild.* et *Th. Dur.* Pl. Gilletianae, I (1900) 7 [B. Herb. Boiss. Sér. 2, I, 7]; *De Wild.* Miss. Laurent (1905) 157 et Étud. fl. Bas- et Moy.- Cgo, I (1906) 293, t. 67.

1899 (J. Gillet). — V : Kisautu (Gill.). — XV : Dibele (Ém. Laur.).

Ouratea febrifuga *Engl.* et *Gilg* in Engl. Jahrb. XXXIII (1903) 257; *De Wild.* Pl. Laurentianae (1903) 43.

Bisetaria — *Van Tiegh.* in Annal. sci. nat. Sér. 8, XVI (1902) 11.

1893 (Ém. Laurent). — Bas-Congo (Ém. Laur.).

Ouratea laevis *De Wild.* et *Th. Dur.* Mat. fl, Cgo, III (1899) 26 [B. S. B. B. XXXVIII². 34]; *De Wild.* Miss. Laurent (1905) 156 et Étud. fl. Bas- et Moy.-Cgo, I (1906) 293.

Monelasmum — *Van Tiegh.* in Annal. sci. nat. Sér. 8, XVIII (1903) 327.

1897 (Alph. Cabra). — Bas-Congo (Cabra). — V : Kimuenza (Gill. 1907, 2205); Sanda (De Brouw. in Gill. 3024; Odd. in Gill. 3554). — XV : Isaka (Ém. et M. Laur.).

Ouratea laxiflora *De Wild.* et *Th. Dur.* Mat. fl. Cgo, III (1899) 25 [B. S. B. B. XXXVIII², 33] et Pl. Thonnerianae (1900) 37 t. 1; *Gilg* in Engl. Jahrb. XXXIII (1903) 262.

Campylospermum — Van Tiegh. in *Morot.* Journ. de Bot. (1902) 197.
Monelasmum — *Van Tiegh.* in Annal. sci. nat. Sér. 2, XVI (1902) 327 et XVIII (1903) 37.

1896 (Fr. Thonner). — IX a : Gali (Thonn. 20).

Ouratea leptoneura *Gilg* in Engl. Jahrb. XXXIII (1903) 255.

1899 (R. Schlechter). — V : le Stanley-Pool (Schlt. 12535, 12584); Léopoldville (Luja, 15; Duchesne, 9).

Ouratea longipes [*Van Tiegh.*] *Th.* et *Hél. Dur.*

Rhabdophyllum — *Van Tiegh.* in Annal. sci. nat. Sér. 8, XVI (1902) 323.

1888 (Fr. Hens). — IX : pays des Bangala. (Hens, 120).

? Ouratea myrioneura *Gilg* in Engl. Jahrb. XXXIII (1903) 255.

1885 (R. Buettner). — Ind. non cl. : rive gauche du Congo en aval de Lone-Island [Angola?] (Buett. 31).

M. Gilg [l. c.] conserve quelques doutes sur la détermination de cette espèce.

Ouratea pellucida *De Wild.* et *Th. Dur.* Mat. fl. Cgo, III (1899) 27 [B, S. B. B. XXXVIII², 35] et Reliq. Dewevr. (1901) 38; *De Wild.* Miss. Laurent (1905) 157; *Gilg* in Engl. Jahrb. XXXIII (1903) 261.

Exomicrum — *Van Tiegh.* in Annal. sci. nat. Sér. 8, XVI (1902) 339.
Monelasmum — *Van Tiegh.* l. c. XVIII (1903) 35.

1896 (A. Dewèvre). — XIII a : env. de Stanleyville (Dew. 1159); retrouvé en 1904 (Ém. Laur.).

Ouratea Poggei [*Engl.*] *Gilg* in Engl. Jahrb. XXXIII (1903) 272.

Monelasmum — *Van Tiegh.* in Annal. sci. nat. Sér. 8, XVI (1902) 328.
O. reticulata *Engl.* var. — *Engl.* in Engl. Jahrb. XVII (1893) 81.
O. reticulata *Engl.* var. andongensis *Hiern* Cat. Welw. Pl. I (1896) 122.

1881 (P. Pogge). — XV : Mukenge (Pg. 683, 684, 686); forêts vierges de la Lulua (Pg. 673, 677, 678, 679); Muene-Muketela vers 6° 5 (Pg. 675).

Ouratea pseudospicata *Gilg* in Engl. Jahrb. XXXIII (1903) 263 ; *De Wild.* Étud. fl. Bas- et Moy.-Cgo, I (1906) 292.

1891 (H. Vanderyst). — Bas Congo (Gill.). — I : Moanda (Vanderyst).

Ouratea refracta *De Wild.* et *Th. Dur.* Mat. fl. Cgo, III (1899) 23 [B. S. B. B. XXXVIII², 31] et Reliq. Dewevr. (1901) 38; *Gilg* in Engl. Jahrb. XXXIII (1903) 256.

Rhabdophyllum — *Van Tiegh.* in Annat. sci. nat. Sér. 8, XVI (1902) 321.

1896 (A. Dewèvre). — XIII d : forêt de Rewa [rég. de Nyangwe] (Dew. 1140).

Ouratea reticulata [*P. Beauv.*] *Engl.* in Engl. Jahrb. XVII (1893) 81; *Th. Dur.* et *Schinz* Étud. fl. Cgo (1896) 86; *Hiern* Cat. Welw. Pl. I, 122; *De Wild.* et *Th.Dur.* Pl. Gilletianae, I (1900) 11 et Reliq. Dewevr. (1901) 39; *Gilg* in Engl. Jahrb. XXXIII (1903) 267.

Gomphia — *P. Beauv.* Fl. d'Oware, II (1807) 22 t. 72; *Oliv.* Fl. trop. Afr. I, 320.
Ochna [err. cal.] — *De Wild.* Pl. Laurent. (1903) 44.
G. flava *Schumach.* et *Thonn.* Beskr. Guin. Pl. (1827) 216.

1893 (Ém. Laurent). — Bas-Congo (Cabra). — II a : le Mayumbe (Ém. Laur. 31). bassin de la Sele (But. in Gill. 1454).

Obs. — A. Dewèvre a récolté cette espèce au N. du Stanley-Pool, [n. 720] mais sur la rive française.

— — var. **Schweinfurthii** *Engl.* l. c. (1893) 81; *Th. Dur.* et *Schinz* l. c. 88.

Monelasmum Schweinfurthii *Van Tiegh.* in Annal. sci. nat. Sér. 8, XVI (1902) 328.

1870 (G. Schweinfurth). — XIII d : Kusumba [pays des Mangbettu] (Schw. 3169).

Ouratea subumbellata *Gilg* in Engl. Jahrb. XXXIII (1903) 254; *De Wild.* Miss. Laurent (1905) 157 et Étud. fl. Bas- et Moy.-Cgo, I (1906) 293.

1880 (von Mechow).—V : env. de Léopoldville et de Lemfu (Gill.);Kimuenza (Gill. 1672); Sanda (Odd. in Gill. 3014, 3555); rég. de Lula-Lumene (Hendr. in Gill. 3064). — VI : le Kwango (von Mech.); Gango près Muene-Putu-Kasongo (Buett.):

vallée de la Djuma (Gent.). — VIII : Eala (M. Laur. 137). — XV : le Kasai (Ém. Laur.); Lubue (Gent. 34); Olombo ; Mange ; Dibele; Munungu (Ém. et M. Laur.). — Ind. noncl. : le Lomami (Desc.). — Nom vern. : **Mboyo** [Équateur] (Dew.).

VAUSAGESIA Baill.

Vausagesia africana *Baill.* in B. S. Linn. Paris, II (1890) 871; *De Wild.* et *Th. Dur.* Pl. Gilletianae, II (1901) 72 [B. Herb. Boiss. Sér. 2, I, 744]; *De Wild.* Étud. fl. Bas- et Moy.-Cgo, I (1904) 168.

1900 (J. Gillet). — V : Kimuenza (Gill. 1782).

BURSERACEAE

PACHYLOBUS G. Don.

Pachylobus edulis *G. Don* Gen. Syst. Bot. II (1832) 89; *Engl.* in Engl. Jahrb. XXVI (1899) 365.

Canarium — *Hook. f.* in *Hook.* Niger Fl. (1849) 285; *Hiern* Cat. Welw. Pl. I. 127.

— — var. **Mubafo** [*Ficalho*] *Engl.* in Engl. Jahrb. XXVI (1899) 365; *DeWild.* et *Th. Dur.* Pl. Gilletianae, II (1901) 72 [B. Herb. Boiss. Sér. 2, I, 744] et Reliq. Dewevr. (1901) 39; *De Wild.* Miss. Laurent (1905) 125.

Canarium Mubafo *Ficalho* in Bol. Soc. geogr. Lisboa, Sér. 2 (ann.?) 611 et Pl. Uteis (1884) 115.
Pachylobus edulis « *G. Don* » *Hemsl.* in *Hook.* Icon. pl. XXVI t. 2566, 2567.
Canarium Saphu *Engl.* in Engl. Jahrb. XV (1892) 99 c. fig. in textu et t. 3; *Th. Dur.* et *Schinz* Étud. fl. Cgo (1896) 89.
Pachylobus — *Engl.* in *Engl.* et *Prantl* Nat. Pflanzenfam. III, 4 (1896) 243.
C. Safu « *Engl.* » *De Wild.* Pl. Laurent. (1903) 36.

1883 (P. Pogge). — Arbre fruitier planté dans les villages du Bas-Congo (Ém. Laur.). — II a : Benza-Masola (Ém. et M. Laur.). — IV : Lukungu (Ém. Laur.). — V : Kisantu (Gill. 1330). — VIII : Lilangi (Dew. 760); Bokakata (Dew. 796 **a**). — XV : Mukenge (Pg.).

CANARIUM L.

Canarium Schweinfurthii *Engl.* in *DC.* Monog. Phan. IV (1883) 101 et in Engl. Jahrb. XV (1893) 99; *Th. Dur.* et *Schinz* Étud. fl. Cgo (1896) 89; *De Wild.* et *Th. Dur.* Contr. fl. Cgo, II (1900) 14 et Reliq. Dewevr. (1901) 40; *De Wild.* Pl. Laurent. (1903) 36 et Étud. fl. Bas- et Moy.-Cgo, I (1906) 272.

1883 (P. Pogge). — II a : le Mayumbe (Ém. Laur.). — IX : Bumba (Dew.). — XIII a : zone des Stanley-Falls. — Nom vern. : **Beli** (Coll.?) — XV : Mukenge (Pg.) — XVI : Urua. — Nom vern. : **Bafu** (Desc.).

MELIACEAE

TURRAEANTHUS Baill.

Turraeanthus Klainei *Pierre* ex *De Wild*. Étud. fl. Bas- et Moy.-Cgo, I (1906) 272.

1904 (Ad. Oddon). — V : Sanda (Odd. in Gill. 3753).

TURRAEA L.

Turraea Cabrae *De Wild*. et *Th. Dur*. Ill. fl. Cgo (1898) 31 t. 16; Contr. fl. Cgo, I (1899) 13 et Reliq. Dewevr. (1901) 40; *De Wild*. Étud. fl. Bas- et Moy.-Cgo, II (1907) 39 t. 33, (1908) 261.

1895 (A. Dewèvre). — Bas-Congo (Cabra).— II a : Shinganga (Dew. 350); Shimbete (Dew. 316); Shimbanga [Haut-Shiloango] (Cabra-Michel). – V : env. de Léopold-ville (Gill. 3889). — VI : Madibi (Sap.). — Noms vern. : **Munkanakana; Monganagana** [Kwilu] (Sap.).

Turraea Laurentii *De Wild*. Étud. fl. Bas- et Moy.-Cgo, II (1908) 261 t. 88.

· 1891 (F. Demeuse). — VIII : entre Lulanga et Coquilhatville (Pyn. 797). — X : Bas-Ubangi (Ém. et M. Laur.). — XIII a : Stanley-Falls (Dem. 392). — Ind. non cl. : Busa (Ém. et M. Laur.).

Turraea Vogelii *Hook. f*. in *Hook*. Niger Fl. (1849) 253; *Walp*. Annal. bot. II, 227; *Oliv*. Fl. trop. Afr. I, 330; *C. DC*. in *DC*. Monog. Phan. I, 141; *Hiern* Cat. Welw. Pl. I, 130; *De Wild*. et *Th. Dur*. Mat. fl. Cgo, I (1898) 31 [B. S. B. B. XXXVI², 77] et Contr. fl. Cgo, I (1899) 13; *De Wild*. Étud. fl. Bas- et Moy.-Cgo, II (1907) 39.

1891 (F. Demeuse). — Bas-Congo (Ém. Laur.). — V : Lukolela (Pyn.); Kisantu; entre Tumba et Kimpesse (Gill.); Lemfu (De Brouw.).— VII : la Fini (Ém. Laur.). — VIII : Eala (M. Laur.). — IX : Umangi (Ém. Duch.). — XII a : entre Bima et Bambili (Ser.). — XII c : env. de Gombari (Scr.). XV : rives du Sankuru (Ém. Laur.); env. d'Idange; Bena-Dibele (Ém. et M. Laur.). — XVI : Lac Moero (Desc.).

OBS. — Le *T. Vogelii* signalé dans *Th. Dur*. et *Schinz* Étud. fl. Cgo (1896) 89, appartient probablement au *T. Cabrae*.

PYNAERTIA De Wild.

Pynaertia ealaensis *De Wild*. Étud. fl. Bas- et Moy.-Cgo, II (1908) 262 t. 84.

1907 (L. Pynaert). — VIII : Eala (Pyn. 1024).

MELIA L.

Melia Azedarach *L.* Sp. pl. ed. 1 (1753) 384; Bot. Mag. (1807) t. 1066; *Oliv.* Fl. trop. Afr. I, 332; *C. DC.* in *DC.* Monog. Phan. I, 451; *Guerke* in *Engl.* Pfl. Ost-Afr. 231; *Th. Dur.* et *Schinz* Étud. fl. Cgo (1896) 31; *De Wild.* et *Th. Dur.* Contr. fl. Cgo, I (1899) 15; *Hiern* Cat. Welw. Pl. I, 130; *De Wild.* Pl. Laurent. (1903) 37 et Not. pl. util. ou intér. du Cgo, I (1903) 42-49, (1905) 486-488; Étud. fl. Bas- et Moy.-Cgo, II (1908) 262.

M. angustifolia *Schumach.* et *Thonn.* Beskr. Guin. Pl. (1827) 214.

1885 (R. Buettner). — Bas-Congo. (Ém. Laur.). — I : Banana (Dup.). — III : Tondoa (Buett.). — V : Kinshassa (Ém. Laur.); Dembo; Kisantu (Gill.). — IX : Lie [introd.] (Ém. Laur.). — XV : Lonkala (Sap.). — XVI : Toa (Desc.).

OBS. — Cette espèce paraît répandue dans le bassin du Congo (Ém. Laur.).

GUAREA Allem.

Guarea Laurentii *De Wild.* Étud. fl. Bas- et Moy.-Cgo, II (1908) 263.

1906 (Marc. Laurent). — VIII : Eala (Pyn. 369, 968). — XI : env. de Yambuya (M. Laur. 1935).

TRICHILIA L.

Trichilia emetica *Vahl* Symb. bot. I (1796) 34; *Oliv.* Fl. trop. Afr. I, 335 et in Trans. Linn. Soc. XXIX, t. 201; *C. DC.* in *DC.* Monog. Phan. I, 680; *Hiern* Cat. Welw. Pl. I, 134; *Engl.* Pfl. Ost-Afr. 231; *De Wild.* Étud. fl. Kat. (1902) 77.

Mafureira oleifera *Bertol.* Misc. bot. IX (1850 ?) 6 t. 2.

1899 (Edg. Verdick). — XVI : Lukafu et env. — Nom vern. : **Musjikinsi** (Verd. 21, 173).

Trichilia Gilletii *De Wild.* Étud. fl. Bas- et Moy.-Cgo, I (1903) 50; II (1907) 40, (1908) 264.

1901 (J. Gillet). — V : Kimuenza et env. (Gill. 1962, 2097, 2165; Van Houtte in Gill. 2032). — VIII : Injolo (M. Laur. 1940).

Trichilia Laurentii *De Wild.* Étud. fl. Bas- et Moy.-Cgo, II (1908) 264.

1908 (Marc. Laurent). — XI : env. de Mogandjo (M. Laur. 1939).

Trichilia Pynaertii *De Wild.* Étud. fl. Bas- et Moy.-Cgo, II (1908) 265.

1906 (A. Sapin). — VI : Madibi (Sap.). — VIII : Eala (Pyn. 1070). — Noms vern. : **Mpana** [Kwilu]; **Sobulolo** [Bangala].

Trichilia quadrivalvis *C. DC.* in B. Herb. Boiss. III (1895) 402.

1881 (von Mechow)..— VI : bassin du Kwango (v. Mech.).

Trichilia retusa *Oliv.* Fl. trop. Afr. I (1868) 658; *C. DC.* in *DC.* Monog. Phan. I, 658; *Guerke* in *Engl.* Pfl. Ost-Afr. 232; *De Wild.* Étud. fl. Bas- et Moy.-Cgo, I (1903) 51; II (1907) 40 et Miss. Laurent (1905) 126.

.1902 (J. Gillet el L. Gentil). — VI : vallée de la Djuma (Gent.; Gill. 2787). — VIII : Coquilhatville (M. Laur.). — XI : Mogandjo (M. Laur. 947). — XV : le Kasai (Luja, 213).

CARAPA Aubl.

Carapa procera *DC.* Prodr. I (1824) 626; *C. DC.* in *DC.* Monog. Phan. I, 716; *Hiern* Cat. Welw. Pl. I, 134; *De Wild.* Not. pl. util. ou intér. du Cgo, I (1903) 55-57; Miss. Laurent (1907) 380 et Étud fl. Bas- et Moy.- Congo, I (1904) 161; II (1908) 260.

C. guianensis *Oliv.* [non *Aubl.*] Fl. trop. Afr. I (1868) 339.

1903 (Ém. et Marc. Laurent). — V : Lukolela (Ém. et M. Laur.). — VIII : Iko (Lamb.); Eala (Ém. et M. Laur.).— XV : Batempa (Ém. et M. Laur.); Kason-go-Batetela (Sap.).

— — var. **Gentilii** *De Wild.* in Bull. Soc. étud. colon. (1903) 198; Not. pl. util. ou intér. du Cgo, I (1903) 60 et Étud. fl. Bas- et Moy.-Cgo, I (1904) 161.

1902 (L. Gentil). — XV : Luluabourg (Gent.).

ENTANDROPHRAGMA C. DC.

Entandrophragma Candolleanum *De Wild.* et *Th. Dur.* Contr. fl. Cgo, I (1899) 14; Ill. fl. Cgo (1899) 125 t. 63 et Reliq. Dewevr. (1901) 41.

1896 (A. Dewèvre). — XIII a : rég. des Stanley-Falls (Dew.)

LEIOPTYX Pierre.

Leioptyx congoensis *Pierre* ex *De Wild.* Étud. fl. Bas- et Moy.-Cgo, II (1908) 259 t. 76-77.

1906 (L. Pynaert). — VIII : Eala (Pyn. 367).

LOVOA Harms.

Lovoa Pynaertii *De Wild.* Étud. fl. Bas- et Moy-Cgo, II (1908) 260.

1906 (L. Pynaert). — VIII : Eala (Pyn. 674, 1283).

Lovoa trichilioides *Harms* in Engl. Jahrb. XXIII (1896) 165.

1885 (L. Marques). — XV : vallée de la Lovo (Marq., 232).

DICHAPETALACEAE

DICHAPETALUM Thou.

Dichapetalum adnatiflorum *Engl.* in Engl. Jahrb. XXIII (1896) 142.

1882 (P. Pogge). — XV : Jambe [pays des Bashilange] vers 4° ¼ (Pg.).

Dichapetalum congoense *Engl.* et *Ruhland* in Engl. Jahrb. XXXIII (1902) 78.

1895 (P. Dupuis). — II a : Bingila (Dup.).

Dichapetalum Dewevrei *De Wild.* et *Th. Dur.* Reliq. Dewevr. (1901) 41.

1895 (A. Dewèvre). — II a : la Lemba (Dew. 1359).

Dichapetalum holopetalum *Ruhland* in Engl. Jahrb. XXXIII (1902) 77.

1896 (A. Dewèvre). — Congo (Dew.).

Dichapetalum leucosepalum *Ruhland* in Engl. Jahrb. XXXIII (1902) 81.

1896 (A. Dewèvre). — Congo (Dew. 1048).

Dichapetalum Lolo *De Wild.* et *Th. Dur.* Reliq. Dewevr. (1901) 42 et Ill. fl. Cgo (1902) 179 t. 90.

1896 (A. Dewèvre). — VIII : Basankusu. — Nom vern. : **Lolo** (Dew. 777).

Dichapetalum Lujaei *De Wild.* et *Th. Dur.* Mat. fl. Cgo, VIII (1900) 3 [B. S. B. B. XXXIX², 55]; Pl. Gilletianae, I (1900) 8 [B. Herb. Boiss. Sér. 2, I, 8]; *De Wild.* Étud. fl. Bas- et Moy.-Cgo, I (1906) 273; II (1907) 41 [Lujae] et Miss. Laurent (1906) 329.

1896 (A. Dewèvre). — V : le Stanley-Pool (Luja) ; Sanda et env. (De Brouw. in Gill. 3116; Vermeulen in Gill. 3408, 3568); Kimuenza (Gill. 1635) ; env. de Yumbi (Ém. et M. Laur.). — VIII : Eala (M. Laur.); Coquilhatville (Dew. 1576) — IX : Umangi (Ém. et M. Laur.).

Dichapetalum mombuttense *Engl.* in Engl. Jahrb. XXIII (1896) 135; *De Wild.* Étud. fl. Bas- et Moy.-Cgo, I (1906) 273 ; II (1907) 41 et Miss. Laurent (1906) 240.

1872 (G. Schweinfurth). — IX : env. de Yambinga (Pyn. 59). — XI : Basoko (Ém. Laur.). — XII : Munsa (Schw. 3454).

Dichapetalum mundense *Engl.* in Engl. Jahrb. XXIII (1896) 134.

1881 (P. Pogge). — XV : Mukenge (Pg. 693).

Dichapetalum obliquifolium *Engl.* in Engl. Jahrb. XXXIII (1902) 87.

1896 (A. Dewèvre). — XIII c : Wabundu (Dew. 1143 b).

Dichapetalum patenti-hirsutum *Ruhland* in Engl. Jahrb. XXXIII (1902) 86; *De Wild.* Étud. fl. Bas- et Moy.-Cgo, I (1906) 273.

1896 (A. Dewèvre). — Congo (Dew. 841). — V : Kimuenza (Gill.).

Dichapetalum Poggei *Engl.* in Engl. Jahrb. XXIII (1896) 141 et XXXIII (1902) 85.

1881 (P. Pogge). — XV : Mukenge (Pg. 626); pays des Bashilange (Pg. 1643).

Dichapetalum rufipile [*Turez.*] *Th. Dur.* et *Schinz* Étud. fl. Cgo (1896) 90.

Chailletia — *Turez.* in Bull. Soc. Nat. Mosc. XXXVI (1836) 611; *Oliv.* Fl. trop. Afr. I, 342.

1816 (Chr. Smith). — Bas-Congo (Sm.). — II a : Bingila (Dup.).

SPECIES DUBIA.

Pittosporum? **bicrurium** *Schinz* et *Th. Dur.* Étud. fl. Cgo (1896) 65; *De Wild.* et *Th. Dur.* Ill. fl. Cgo (1898) 46 t. 20.

1891 (F. Demeuse). — Ind. non cl. : Jawubu (Dem.).

Obs. — MM. Engler et Ruhland [in Engl. Jahrb. XXXIII (1902) 91] disent que cette planche représente certainement un *Dichapetalum* et peut-être le *D. floribundum* [Planch.] Engl.

OLACACEAE

APTANDRA Miers.

Aptandra Zenkeri *Engl.* in *Engl.* et *Prantl* Nat. Pflanzenfam. Nachtr. zum II-IV (1897) 147 et in Notizbl. bot. Gart. Berlin, II (1899) 287; *De Wild.* Miss. Laurent (1907) 377 et Étud. fl. Bas- et Moy.-Cgo, II (1907) 31.

1899 (Edg. Verdick). — VI : entre les chutes François-Joseph et Popokabaka (Gent.). — VIII : Coquilhatville (Ém. et M. Laur.). — IX : Yambinga (M. Laur.). — XV : Mununga (Lescr.); env. de Luluabourg (Verd.).

Aptandra Zenkeri var. **latifolia** *Engl.* in Notizbl. bot. Gart. Berlin, II (1899) 287; *De Wild.* et *Th. Dur.* Reliq. Dewevr. (1901) 289.

1896 (A. Dewèvre). — XI : entre Isangi et Basoko (Dew.).

COULA Baill.

Coula Cabrae *De Wild.* et *Th. Dur.* in *Th. Dur.* et *De Wild.* Mat. fl. Cgo, VI (1898) 19 [B. S. B. B. XXXVIII², 189]; *De Wild.* Miss. Laurent (1906) 231, (1907) 379.

1897 (A. Cabra). — Bas-Congo (Cabra). — II a : Benza-Masola (Ém. et M. Laur.). — IV : Kitobola (Ém. et M. Laur.).

HEISTERIA L.

Heisteria parvifolia *Smith* in *Rees* Cyclop. XVII (1811) n. 3; *DC.* Prodr. I, 533; *Oliv.* Fl. trop. Afr., I, 346; *Th. Dur.* et *Schinz* Étud. fl. Cgo (1896) 90; *Hiern* Cat. Welw. Pl. I, 140; *De Wild.* et *Th. Dur.* Pl. Thonnerianae (1900) 13; *De Wild.* Miss. Laurent (1906) 231.

Acrolobus — *Klotzsch* in Verh. Akad. Berlin (1856) 237, t. 3.
A. Schoenleinii *Klotzsch* l. c. (1856) 236, t. 3.

1888 (Fr. Hens). — II a : le Mayumbe (Dup.). — V : Galiema (Pyn.); Kisantu; env. de Sanda (Gill.). — VI : env. de Dima (Lescr.). — VII : Kutu (Ém. et M. Laur.). — VIII : Équateur (Pyn.); Coquilhatville (Dew.); Eala. — Nom vern. : **Etumdulu** (M. Laur.); Irebu; Bamania (Ém. et M. Laur.). — IX : pays des Bangala (Hens); Bolombo; Ukaturaka (Ém. et M. Laur.). — IX a : Bobi (Thonn.). — X : Ubangi (Ém. et M. Laur.). — XI : Lokandu (Dew.); Basoko (Ém. Laur.). — XIII a : Yakusu (Ém. et M. Laur.). — XV : Mukundji; Munungu (Ém. et M. Laur.).

PTYCHOPETALUM Benth.

Ptychopetalum alliaceum *De Wild.* Étud. fl. Bas- et Moy.-Cgo, I (1903) 33.

1900 (J. Gillet). — Bas-Congo (Gill.). — V : Kisantu (Gill.).

Ptychopetalum Laurentii *De Wild.* Miss. Laurent (1903) 231.

1902 (J. Gillet). — VI : vallée de la Djuma (Gent.; Gill. 2816, 2825, 2931). — IX a : en aval de Mobeka (Ém. et M. Laur.). — XV : Mukundji (Ém. et M. Laur.).

Ptychopetalum nigricans *De Wild.* Étud. fl. Bas- et Moy.-Cgo, I (1903) 34; II (1907) 33 et Miss. Laurent (1906) 232.

1900 (J. Gillet). — V : Kimuenza (Gill. 1673); Kisantu; entre Tumba et Kimpesse (Gill.). — VI : vallée de la Djuma (Gent.); Dima (Ém. et M. Laur.). — XV : Bukila (Ém. et M. Laur.).

OLAX L.

Olax Aschersoniana *Buett.* in Verh. bot. Ver. Brandenb. XXXII (1890) 46; *Th. Dur.* et *Schinz* Étud. fl. Cgo (1896) 91.

1885 (R. Buettner). — VI : Muene-Putu-Kassongo (Buett. 613).

Olax Durandii *Engl.* in Notizbl. bot. Gart. Berlin, II (1899) 287; *De Wild.* Étud. fl. Kat. (1903) 176.

1896 (Ém. Laurent).— XVI : Lukafu (Verd. 526). — Ind. non cl. : le Lomami (Ém. Laur.).

Olax Gilletii *De Wild.* Étud. fl. Bas- et Moy.-Cgo, II (1907) 32.

1902 (J. Gillet). — V : env. de Léopoldville (Gill.).

Olax macrocalyx *Engl.* in Notizbl. bot. Gart. Berlin, II (1899) 285; *De Wild.* Étud. fl. Bas- et Moy.-Cgo, I (1903) 35.

1895 (A. Dewèvre). — V : Kisantu (Gill.); env. de Kimuenza (Dew. 72).

Olax obtusifolia *De Wild.* Étud. fl. Kat. (1903) 177.

1899 (Edg. Verdick). — XVI : Lukafu. — Nom vern. : **Niyaro** (Verd. 156).

Olax Poggei *Engl.* in Notizbl. bot. Gart. Berlin, II (1899) 285.

1881 (P. Pogge). — XV : Muene-Muketela, vers le 6° (Pg. 649).

Olax Pynaertii *De Wild.* Étud. fl. Bas- et Moy.-Cgo, II (1907) 32.

1905 (L. Pynaert). — IX : Bumba (Pyn. 110).

Olax viridis *Oliv.* Fl. trop. Afr. I (1868) 349; *De Wild.* et *Th. Dur.* Pl. Gilletianae, I (1900) 8 [B. Herb. Boiss. Sér. 2, I, 8].

1899 (J. Gillet). — V : Kisantu (Gill.).

LAVALLEOPSIS Van Tiegh.

Lavalleopsis longifolia *De Wild.* et *Th. Dur.* Mat. fl. Cgo, VI (1900) [B. S. B. B. XXXVIII², 186]; Pl. Gilletianae, II (1901) 72 [B. Herb. Boiss. Sér. 2, I, 744] et Reliq. Dewevr. (1901) 44; *De Wild.* Miss. Laurent (1906) 232 ét Étud. fl. Bas- et Moy.-Cgo, II (1907) 32.

1896 (A. Dewèvre). — V : Kisantu; Kimuenza (Gill. 120 et 107); Tumba (Ém. et M. Laur.). — VII : Kutu (Ém. et M. Laur.). — VIII : Eala (M. Laur. 810). — IX : Bolombo (Ém. et M. Laur.). — XIII c : Bamanga (Dew.).

6

STROMBOSIOPSIS Engl.

Strombosiopsis congolensis *De Wild.* et *Th. Dur.* Mat. fl. Cgo,
VI (1899) 17 [B. S. B. B. XXXVIII², 1877] et Reliq. Dewevr. (1901) 43.

1896 (*A.* Dewèvre). — VIII : Coquilhatville (Dew.).

SCHOEPFIANTHUS Engl.

Schoepfianthus Zenkeri *Engl.* ex *De Wild.* Miss. Laurent (1907)
377.

1904 (Ém. et Marc. Laurent). — VI : Dima (Ém. et M. Laur.).

RHOPALOPILIA Oliv.

Rhopalopilia patens *Pierre* in B. S. Linn. Paris, II (1896) 1263 ;
De Wild. Étud. fl. Bas- et Moy.-Cgo, I (1903) 61.

1901 (J. Gillet). — V : env. de Kimuenza (Gill. 1952).

— — var. **angustifolia** *De Wild.* l. c. (1903) 61.

1901 (J. Gillet). — V : Kimuenza (Gill. 2053).

Rhopalopilia Poggei *Engl.* in *Engl.* et *Prantl.* et Nat. Pflanzenfam.
Nachtr. zum II-IV (1897) 143 et in Notizbl. bot. Gart. Berlin, I
(1899) 282.

1882 (P. Pogge). — XV : Mukenge (Pg. 1324).

LEPTAULUS Benth.

Leptaulus daphnoides *Benth.* in *Benth.* et *Hook. f.* Gen. pl. I
(1862) 351 ; *Oliv.* Fl. trop. Afr., I, 354 et in *Hook.* Icon. pl. XXIV
(1894) t. 2339 ; *De Wild.* Miss. Laurent (1906) 242 et Étud. fl. Bas-
et Moy.-Cgo, II (1907) 43.

1870 (G. Schweinfurth). — Bas-Congo (Odd. in Gill. 3640, 3641). — V : Dembo
(Hendr. in Gill. 2102); Sanda (Odd. in Gill. 3697) (Vermeulen in Gill. 3426).
— VI : vallée de la Djuma (Gill. 2771). — XII : pays des Mangbettu (Schw.). —
XV : Lubi (Lescr. 172); Batempa (Ém. et M. Laur.).

APODYTES E. Mey.

Apodytes beninensis *Hook. f.* in *Hook.* Icon. pl. VIII (1848) t. 778
et Niger Fl. (1849) 259 t. 28; *Oliv.* Fl. trop. Afr. I, 355; *De Wild.*
et *Th. Dur.* Reliq. Dewevr. (1901) 290.

Raphiostylis — *Planch.* in *Hook.* Niger Fl. (1849) 259.

R. Heudelotii *Planch.* ex *Miers* in Ann. Nat. Hist. Sér. 2, IX (1852) 381 et
Contrib. to Bot. I, 60 t. 6.

1816 (Chr. Smith). — Bas-Congo (Sm.). — V : Kisantu (Gill.). — VIII : env. de
Bokakata. — Nom vern. : **Bokoli** (Dew.).

ICACINA A. Juss.

Icacina Guessfeldtii *Aschers.* ex *Buett.* in Mitth. Afr. Gesellsch. V
(1889) 263 et ex *Engl.* et *Prantl.* Nat. Pflanzenfam. III, 5 (1893) 250
fig. 139; *Th. Dur.* et *Schinz* Étud. fl. Cgo (1896) 263.

1885 (R. Buettner). — V : Lukolela (Buett. 182).

Icacina Mannii *Oliv.* Fl. trop. Afr. I (1868) 357; *De Wild.* et *Th.
Dur.* Reliq. Dewevr. (1901) 290.

1896 (A. Dewèvre). — VIII : env. de Coquilhatville (Dew. 687, 688).

ALSODEIOPSIS Oliv.

Alsodeiopsis Poggei *Engl.* in Engl. Jahrb. XV (1893) 71; *Th. Dur.*
et *Schinz* Étud. fl. Cgo (1896) 91.

1883 (P. Pogge). — XV : la Lulua (Pg.).

Alsodeiopsis Oddoni *De Wild.* Étud. fl. Bas- et Moy.-Cgo, II
(1907) 42.

1903 (Ad. Oddon). — V : rég. de Sanda (Odd. in Gill. 3573).

PYRENACANTHA Hook.

Pyrenacantha Staudtii *Engl.* in *Schlechter* West-Afr. Kautsch.-
Exped. (1900) 297.

1899 (R. Schlechter). — VIII : Coquilhatville (Schlt. 12061).

POLYCEPHALIUM Engl.

Polycephalium integrum *De Wild.* et *Th. Dur.* Pl. Gilletianae,
II (1901) 73 [B. Herb. Boiss. Sér. 2, I, 744].

1900 (J. Gillet). — V : entre Dembo et Kisantu (Gill. 1546).

Polycephalium Poggei *Engl.* in *Engl.* et *Prantl* Nat. Pflanzenfam.
Nachtr. zum II-IV (1897) 227 et in Engl. Jahrb. XXIV (1898) 484 t. 7 ;
De Wild. Étud. fl. Bas- et Moy.-Cgo, II (1907) 42.

1881 (P. Pogge). — V : Kisantu (Gill. 3781). — XV : Mukenge (Pg. 1360,
1371).

IODES Blume.

Iodes africana *Welw.* ex *Oliv.* Fl. trop. Afr. I (1868) 358; *Hiern* Cat. Welw. Pl. I, 143; *De Wild.* Étud. fl. Bas- et Moy.-Cgo, I (1906) 283.

1896 (A. Dewèvre). — VIII : Équateurville [Wangata] (Dew. 651).

Iodes Laurentii *De Wild.* Miss. Laurent (1907) 381 et Étud. fl. Bas-et Moy.-Cgo, II (1908) 295.

1905 (Marc. Laurent). — V : Lukoleia (Pyn 258). — VIII : env. de Coquilhat-ville (Malchair); Boyeuge [Ikelemba] (M. Laur.); Eala et env. (M. Laur. 1117, 1524; Pyn. 401, 1343).

CELASTRACEAE

GYMNOSPORIA Wight et Arn.

Gymnosporia Gilletii *De Wild.* et *Th. Dur.* Pl. Gilletianae, I (1900) 8 [B. Herb. Boiss. Sér. 2, I, 8].

1899 (J. Gillet). — V : Kisantu (Gill. 1032, 1230).

Gymnosporia senegalensis [*Lam.*] *Loesen.* in Engl. Jahrb. XVII (1893) 541; *Hiern* Cat. Welw. Pl. I, 145; *Th. Dur.* et *Schinz* Étud. fl. Cgo (1896) 92.

Celastrus — *Lam.* Encycl. méth. Bot. I (1783) 661; *Oliv.* Fl. trop. Afr. I, 361; *De Wild.* Étud. fl. Kat. (1902) 81.

1900 (Edg. Verdick). — XVI : Lukafu (Verd.).

— — var. **inermis** [*A. Rich.*] *Loesen.* l. c. 542 et in *Engl.* Pfl. Ost-Afr. 246; *De Wild.* et *Th. Dur.* Reliq. Dewevr. (1901) 44.

Celastrus senegalensis *Lam.* var. — *A. Rich.* Tent. fl. Abyss. I (1847) 133.

1896 (A. Dewèvre). — XIII d : env. de Kabanga [form. *macrocarpa* Loesen.].

HIPPOCRATEACEAE

CAMPYLOSTEMON Welw.

Campylostemon angolense *Welw.* ex *Oliv.* in Journ. Linn. Soc. X (1869) 44 et Fl. trop. Afr. I, 366; *Hiern* Cat. Welw. Pl. I, 147; *De Wild.* et *Th. Dur.* Reliq. Dewevr. (1901) 45.

1896 (A. Dewèvre). — XV : forêt de Bena-Lunkala (Dew.).

Campylostemon Duchesnei *De Wild.* et *Th. Dur.* Mat. fl. Cgo, VIII (1900) 5 [B. S. B. B. XXXIX², 57] et Ill. fl. Cgo (1900) 141 t. 71.

1892 (Jos. Duchesne). — XV : Lusambo (Duch.).

Campylostemon Laurentii *De Wild.* Miss. Laurent (1906) 240 et Étud. fl. Bas- et Moy.-Cgo, II (1908) 292.

1903 (Ém. et Marc. Laurent). — VIII : Eala (Pyn. 867); Monzambi (Pyn. 352). — XV : Bombaie (Ém. et M. Laur.).

Campylostemon Pynaertii *De Wild.* Étud. fl. Bas- et Moy.-Cgo, II (1907) 41.

1905 (L. Pynaert). — IX : entre Nouvelle-Anvers et Mobeka (Pyn.).

HIPPOCRATEA L.

Hippocratea apiculata *Welw.* in *Oliv.* Fl. trop. Afr. I (1868) 369; *De Wild.* et *Th. Dur.* Pl. Gilletianae, II (1901) 74 [B. Herb. Boiss. Sér. 2, I, 745]; *De Wild.* Étud. fl. Bas- et Moy.-Cgo, II (1908) 294.

1900 (R. Butaye). — V : entre Dembo et le Kwango (But. in Gill. 1486). — XI : Mogandjo (M. Laur.).

Hippocratea bipindensis *Loesen.* in Engl. Jahrb. XXXIV (1904) 102 fig. 13; *De Wild.* Étud. fl. Bas- et Moy.-Cgo, II (1908) 293.

1907 (J. Gillet). — I : Moanda (Gill. 4014).

Hippocratea Bruneelii *De Wild.* Étud. fl. Bas- et Moy.-Cgo, II (1908) 292.

1906 (Alberic Bruneel). — VIII : Toka [riv. Baringa] (Bruneel, 30); Eala (Pyn. 537, 559, 1032); entre Coquilhatville et Lulanga (Pyn. 771).

Hippocratea clematides *Loesen.* in Engl. Jahrb. XXXIV (1904) 109; *De Wild.* Étud. fl. Bas- et Moy.-Cgo, II (1907) 41.

1906 (Marc. Laurent). — XV : Limbutu (M. Laur. 971).

Hippocratea cymosa *De Wild.* et *Th. Dur.* Ill. fl. Cgo (1899) 67 t. 34; Contr. fl. Cgo, I (1899) 15 et Reliq. Dewevr. (1901) 45; *Gilg* in Engl. Jahrb. XXXIV (1904) 106; *De Wild.* Miss. Laurent (1906) 240.

H. obtusifolia *Schweinf.* var. obtusifolia *Loesen.* in Engl. Jahrb. XIX (1894) 237.

1896 (A. Dewèvre). — V : env. de Lukolela (Dew. 827). — VIII : Lulanga (Ém. Laur.).

Hippocratea indica *Willd.* Sp. pl. I (1797) 193; *Roxb.* Corom. Pl. II, t. 130; *Oliv.* Fl. trop. Afr. I, 368; *Brandis* For. Fl. of Ind. 83;

Laws. in *Hook. f.* Fl. Brit. Ind. I, 624; *Hiern* Cat. Welw. Pl. I, 148; *De Wild.* Étud. fl. Bas- et Moy.-Cgo, II (1908) 293.

1905 (Marc. Laurent). — VIII : Eala et euv. (M. Laur.; Pyn. 1350, 1474). — XI : Bomaneh (M. Laur. 1970); env. de Mogandjo (M. Laur.).

Hippocratea isangiensis *De Wild.* Étud. fl. Bas- et Moy.-Cgo, II (1908) 293.

1906 (Marc. Laurent). — XI : Isangi (M. Laur.).

Hippocratea myriantha *Oliv.* Fl. trop. Afr. I (1868) 369 ; *Loesen.* in Engl. Jahrb. XXXIV (1904) 106 fig. 1 D-F; *De Wild.* Étud. fl. Bas- et Moy.-Cgo, II (1908) 293.

1899 (J. Gillet). — V : Kisantu (Gill. 802). — VIII : Eala (Pyn. 918, 1290, 1640); Waka [Maringa]; Ikenge (Bruneel); Mondjo (Pyn. 317); riv. Lulonga (Pyn. 763). — XI : Yambuya (M. Laur. 1906).

Hippocratea obtusifolia *Roxb.* Hort. Bengal. (1814) 5; *Oliv.* Fl. trop. Afr. I, 369; *Engl.* Pfl. Ost-Afr. 247; *De Wild.* Étud. fl. Kat. (1903) 81.

Le type croît en Asie et en Australie trop.

— — var **Richardiana** *Loesen.* in Engl. Jahrb. XIX (1894) 236 et XXXIV (1904) 108.

H. Richardiana *Camb.* in *St-Hil.* Fl. Bras. mer. II (1829) 102 in adnot.; *Guill.* et *Perr.* Fl. Seneg. tent. I, 112 t. 26.

1899 (Edg. Verdick). — XVI : Lukafu. — Noms vern. : **Boriri, Lubulukutu** (Verd. 78, 593).

Hippocratea Poggei *Loesen.* in Engl. Jahrb. XIX (1894) 238 et XXXIV (1904) 117; *Th. Dur.* et *Schinz* Étud. fl Cgo (1896) 92.

1881 (P. Pogge). — XV : Mukenge (Pg. 1983).

Hippocratea Pynaertii *De Wild.* Étud. fl. Bas- et Moy.-Cgo, II (1908) 294.

1906 (L. Pynaert). — VIII : Eala (Pyn. 736, 1300, 1315, 1438).

Hippocratea velutina *Afzel.* Remed. guin. (1815) 33 et ex *Spreng.* Neue Entdeck. III (1822) 234; *DC.* Prodr. I, 568; *Oliv.* Fl. trop. Afr. I, 370; *Gilg* in Engl. Jahrb. XXXIV (1904) 120, fig. III, a-c.; *Loesen.* in *Schlechter* West-Afr. Kautsch.-Exped. (1900) 297; *De Wild.* Étud. fl. Bas- et Moy.-Cgo, II (1908) 295.

Salacia unguiculata *De Wild.* et *Th. Dur.* Mat. fl. Cgo, IV (1899) 3 [B. S. B. B. XXXVIII², 80] et Reliq. Dewevr. (1901) 46.

1896 (A. Dewèvre). — VIII : Coquilhatville (Dew. 607; Schlt.): env. d'Eala (M. Laur.).

Hippocratea Verdickii *De Wild*. Étud. fl. Kat. (1903) 208.

1900 (Edg. Verdick). — XVI : Lukafu (Verd. 582).

SALACIA L.

Salacia alata *De Wild*. Miss. Laurent (1906) 241.

1904 (S. Bieler). — VIII : Haut-Lopori (Biel.).

— — form. **gracilis** *De Wild*. l. c. (1906) 242.

1906 (L. Pynaert). — IX : Bumba (L. Pyn. 103).

Salacia congolensis *De Wild*. et *Th. Dur*. Ill. fl. Cgo (1899) 85,
t. 43; Contr. fl. Cgo, I (1899) 16 et Pl. Thonnerianae (1900) 23, t. 20.

1896 (Fr. Thonner). — IX a : Mongo (Thonn. 190).

Salacia Demeusei *De Wild*. et *Th. Dur*. Contr. fl. Cgo, II (1900)
11; *De Wild*. Étud. fl. Bas- et Moy.-Cgo, II (1907) 41, (1908) 295.

1891 (F. Demeuse). — VIII : env. d'Eala (M. Laur. 1139). — IX : pays des
Bangala (Dem.).

Salacia Dewevrei *De Wild*. et *Th. Dur*. Mat. fl. Cgo, IV (1899) 2
[B. S. B. B. XXXVIII², 79] et Reliq. Dewevr. (1901) 46.

1896 (A. Dewèvre). — XIII d : Kisanga? [rég. de Nyangwe] (Dew. 1079).

Salacia Laurentii *De Wild*. Miss. Laurent. (1906) 241.

1904 (Ém. et Marc. Laurent). — XI : en aval de Basoko (Ém. et M. Laur.).

Salacia Pynaertii *De Wild*. Étud. fl Bas- et Moy.-Cgo, II (1908) 295.

1907 (L. Pynaert). — VIII : Eala (Pyn. 19, 1705).

Salacia senegalensis *DC*. Prodr. I (1824) 570; *Guill*. et *Perr*. Fl.
Seneg. tent. I, 113 t. 27; *Oliv*. Fl. trop. Afr. I, 374; *Th. Dur*. et
Schinz Étud. fl. Cgo (1896) 92.

1816 (Chr. Smith). — Bas-Congo (Sm.).

RHAMNACEAE

VENTILAGO Gaertn.

Ventilago leiocarpa *Benth*. in Journ. Linn. Soc. V (1861) 77;
Hemsl. in *Oliv*. Fl. trop. Afr. I, 378; *De Wild*. et *Th. Dur*. Reliq.
Dewevr. (1901) 47.

V. maderaspatana *Benth*. (non *Gaertn*.) in Kew Journ. of Bot. IV (1852) 42
Celastrus diffusa *G. Don*. Gen. Syst. Bot. II (1832) 6.

1896 (A. Dewèvre). — IX : env. de Lukasa? [rég. de Bumba] (Dew.).

ZIZYPHUS L.

Zizyphus espinosus *Buett.* in Verh. bot. Ver. Brandenb. XXXII (1890) 48; *Th. Dur.* et *Schinz* Étud. fl. Cgo (1896) 93.

1884 (R. Buettner). — III : Tondoa (Buett. 493).

Zizyphus Jujuba *Lam.* Encycl. méth. Bot. III (1789) 318; *Oliv.* Fl. trop. Afr. I, 379; *Engl.* Pfl. Ost-Afr. 255; *Hiern* Cat. Welw. Pl. I, 150.

Z. insularis *C. Sm.* in *Tuck.* Congo Expéd., App. (1818) 250.

1816 (Chr. Smith). — Bas-Congo (Sm.).

— — var. **obliquifolia** *Engl.* ex *De Wild.* Étud. fl. Kat. (1902) 54.

1895 (G. Descamps). — XVI : Lukafu. — Nom vern. : **Kankono** (Verd. 224); Pweto (Charg.); Albertville [Toa] (Desc.).

GOUANIA Jacq.

Gouania longipetala *Hemsl.* in *Oliv.* Fl. trop. Afr. I (1868) 383; *De Wild.* et *Th. Dur.* Contr. fl. Cgo, II (1900) 20; Pl. Gilletianae, I (1900) 9 [B. Herb. Boiss. Sér. 2, I, 9] et Reliq. Dewevr. (1901) 47; *De Wild.* Étud. fl. Bas- et Moy.-Cgo, I (1903) 49 et Miss. Laurent (1907) 388.

1896 (A. Dewèvre). — V : Kisantu (Gill.). — VI : vallée de la Djuma (Gill.). — VIII : Équateur (Dew.). — XIII d : env. de Nyangwe (Dew.). — XV : Lubue (Luja). — Ind. non cl. : Mapumi (Ser.). — Noms vern. : **Ketendolo** [Kasongo]; **Puku-puku** [Ikwangula]; **Vanda-Makolo** [Tanganika] (Dew.).

Gouania Sereti *De Wild.* Étud. fl. Bas- et Moy.-Cgo, II (1907) 45.

1906 (F. Seret). — XII a : entre Niangara et Gombari (Ser. 448).

AMPELIDACEAE

AMPELOCISSUS Planch.

Ampelocissus abyssinica *Planch.* in La Vigne améric. (1885) 24 et in *DC.* Monog. Phan. V, 383; *De Wild.* et *Th. Dur.* Pl. Gilletianae, I (1900) 9 [B. Herb. Boiss. Sér. 2, 1, 9].

Vitis — *Hochst.* ex *A. Rich.* Tent. fl. Abyss. I (1847) 112.

1900 (J. Gillet). — V : Kisantu (Gill.).

Ampelocissus angolensis *Planch.* in La Vigne améric. (1885) 48 et in *DC.* Monog. Phan. V. 400; *Hiern* Cat. Welw. Pl. I, 156.

Le type n'a été trouvé que dans l'Angola.

Ampelocissus angolensis var. **congoensis** *Planch*. l. c. V (1887) 400; *Th. Dur.* et *Schinz* Étud. fl. Cgo (1896) 93.

1816 (Chr. Smith). — Bas-Congo (Sm.).

Ampelocissus calophylla *Gilg* ex *De Wild.* Étud. fl. Bas- et Moy.-Cgo, I (1906) 285.

1896 (A. Dewèvre). — IV : Luozi (Luja, 150). — XI : Lokandu (Dew. 1124). — XII c : Nala (Pyn.).

Ampelocissus Chantinii (*Lécard*) *Planch*. in La Vigne améric. (1885) 27 et in *DC.* Monog. Phan. V, 389; *Gilg* in *Engl.* Pflanzenw. Ost-Afr. 257; *De Wild.* et *Th. Dur.* Reliq. Dewevr. (1901) 47.

Vitis — *Lécard* ex *Planch*. l. c. V (1887) 389 in obs.

1896 (A. Dewèvre). — XV : le Haut-Lualaba (Dew. 1022, 1071). — Nom vern. : **Kisangama** [Tanganika].

CISSUS L.

Cissus adenocaulis *Steud.* ex *A. Rich.* Tent. fl. Abyss. I (1847) 111; *Planch*. in *DC.* Monog. Phan. V, 586; *Hiern* Cat. Welw. Pl. I, 162; *De Wild.* Étud. fl. Bas- et Moy.-Cgo, I (1904) 163 et Miss. Laurent (1905) 147.

Vitis — *Miq.* in Ann. Mus. Lugd.-Bat. I (1863-64) 79; *Bak.* in *Oliv.* Fl. trop. Afr. I (1868) 404; *De Wild.*; Étud. fl. Bas- et Moy.-Cgo, I (1904) 147 [err. cal. *tenuicaulis*].

1903 (J. Gillet). — I : Moanda (Gill.). — V : entre Tumba et Kimpesse (Gill.). — VII : Kiri (Ém. Laur.). — XII? : le Nabambisso (Schw.). — XV : Lusambo (Ém. Laur.).

Cissus aralioides [*Welw.*] *Planch*. in *DC.* Monog. Phan. V (1887) 513; *Gilg* in *Engl.* Pfl. Ost-Afr. 259; *Hiern* Cat. Welw. Pl. I, 160; *De Wild.* et *Th. Dur.* Reliq. Dewevr. (1901) 48.

Vitis — *Welw.* ex *Bak.* in *Oliv.* Fl. trop. Afr. I (1868) 411. ·
V. constricta *Bak.* l. c. I (1868) 409.

1895 (J. Gillet). — II a : Katala (Dew.). — V : Kisantu (Gill.); env. de Yumbi (Ém. Laur.). — VIII : Coquilhatville (Dew.); Ikenge (Ém. Laur.). — X : Imese (Ém. Laur.). — Nom vern. : **Mecece** [Coquilhatville] (Dew.).

Cissus articulata *Guill.* et *Perr.* Fl. Seneg. tent. I (1830) 135; *Planch*. in *DC.* Monog. Phan. V, 588; *De Wild.* et *Th. Dur.* Reliq. Dewevr. (1901) 48.

1895 (A. Dewèvre). — II : Zambi (Dew.).

Cissus Bakeriana *Planch*. in *DC.* Monog. Phan. V (1887) 599; *Th. Dur.* et *Schinz* Étud. fl. Cgo (1896) 94.

V. Thonningii *Bak.* in *Oliv.* Fl. trop. Afr. I (1868) 402 pr. p.

1870 (G. Schweinfurth). — XII : pays des Mangbettu (Schw.).

Cissus Barbeyana *De Wild.* et *Th. Dur.* Contr. fl. Cgo, II (1900) 11 et Reliq. Dewevr. (1901) 48; *De Wild.* Étud. fl. Bas- et Moy.-Cgo, I (1904) 163.

1895 (A. Dewèvre). - II a : Shinganga (Dew. 339). — VI : vallée de la Djuma (Gill. 2713).

Cissus cornifolia [*Bak.*] *Planch.* in *DC.* Monog. V (1887) 492; *De Wild.* Etud. fl. Kat. (1903) 209.

Vitis — *Bak.* in *Oliv.* Fl. trop. Afr. I (1868) 390; *Oliv.* in Trans. Linn. Soc. XXIX (1875) 47 t. 22

1900 (Edg. Verdick).— XVI : Lukafu (Verd.).— Nom vern. : **Moganza.**—Ind. non cl. : Gumango [Congo?] (Schw.).

Cissus debilis *Planch.* in *DC.* Monog. Phan. V (1887) 569; *De Wild.* et *Th. Dur.* Pl. Gilletianae, I (1900) 9 [B. Herb. Boiss. Sér. 2, I, 9]; *Hiern* Cat. Welw. Pl. I, 161; *De Wild.* Étud. fl. Bas- et Moy.-Cgo, I (1903) 52.

Vitis — *Bak.* in *Oliv.* Fl. trop. Afr. I (1868) 403.

1900 (J. Gillet). — V : Kisantu (Gill.).

Cissus Dewevrei *De Wild.* et *Th. Dur.* Contr. fl. Cgo, II (1900) 12 et Reliq. Dewevr. (1901) 48.

1896 (A. Dewèvre). — Bas-Congo (But.). — V : Kisantu (Gill. 228); rég. de Sanda (Odd. in Gill. 3024). — XIII a : env. des Stanley-Falls (Dew. 1160); chutes de la Tshopo (Ém. Laur.).

Cissus diffusiflora [*Bak.*] *Planch.* in *DC.* Monog. Phan. V (1887) 496; *De Wild.* et *Th. Dur.* Pl. Gilletianae, II (1901) 78 [B. Herb. Boiss. Sér. 2, I, 750]; *Hiern* Cat. Welw. Pl. I, 159.

Vitis — *Bak.* in *Oliv.* Fl. trop. Afr. I (1868) 390.

1900 (J. Gillet). — V : Lukolela (Ém. Laur.); Kisantu (Gill.).

Cissus farinosa [*Welw.*] *Planch.* in *DC.* Monog. Phan. (1887) 488; *Hiern* Cat. Welw. Pl. I, 159; *De Wild.* Étud. fl. Bas- et Moy.-Cgo, I (1906) 285 et Miss. Laurent (1905) 148.

Vitis — *Welw.* ex *Bak.* in *Oliv.* Fl. trop. Afr. I (1868) 394.

1896 (A. Dewèvre). — VI : vallée de la Djuma (Gill.). — XIII d : Lubunda [rég. de Niangwe] (Dew.). — XV : Lusambo (Ém. Laur.): Munungu (Ém. Laur.).

Cissus Gilletii *De Wild.* et *Th. Dur.* Mat. fl. Cgo, VIII (1900) 6 [B. S. B. B. XXXIX², 58]

1899 (J. Gillet). — V : Kisantu (Gill.) Samba. — XV : (Cabra).

Cissus Guerkeana [*Buett.*] *Th. Dur.* et *Schinz* Étud. fl. Cgo (1896) 9; *Gilg* in *Schlecht.* West-Afr. Kautsch.-Exped. (1900) 298.

Vitis — *Buett.* in Verhandl. bot. Ver. Brandenb. XXXI (1889) 89.

1886 (R. Buettner). — V : montagne entre Léopoldville et le Stanley-Pool (Buett.); Dolo (Schlt. 12463).

Cissus Haullevilleana *De Wild.* et *Th. Dur.* Contr. fl. Cgo, II (1900) 12 et Reliq. Dewevr. (1901) 49; *De Wild.* Étud. fl. Bas- et Moy.-Cgo, I (1903) 53.

1896 (A. Dewèvre). — XIII d : env. de Nyangwe (Dew.).

Cissus ibuensis *Hook. f.* in *Hook.* Niger Fl. (1849) 265; *Planch.* in *DC.* Monog. Phan. V, 567; *Th. Dur.* et *Schinz* Étud. fl. Cgo (1896) 95; *De Wild.* Miss. Laurent (1905) 149 et Étud. fl. Bas- et Moy.-Cgo, I (1906) 286.

Vitis — *Bak.* in *Oliv.* Fl. trop. Afr. I (1868) 402.

1874 (Fr. Naumann). — II : env. de Boma (Dew.); Ponta da Lenha (Naum.). — IX : Bumba (Ém. Laur.). — XIII a : Yakusu (Ém. Laur.).

Cissus Kakoma *De Wild.* Étud. fl. Kat. (1903) 210.

1899 (Edg. Verdick). — XVI : env. de Lukafu (Verd. 158).

Cissus Laurentii *De Wild.* Miss. Laurent (1905) 148.

1904 (Ém. et Marc. Laur.). — XI : en aval de Basoko (Ém. et M. Laur.).

Cissus Livingstoniana *Welw.* in Journ. Linn. Soc. VIII (1864) 159; *Hiern* Cat. Welw. Pl. I, 158; *De Wild.* Étud. fl. Bas- et Moy.-Cgo, I (1903) 52 et 286.

Vitis rubiginosa *Welw.* ex *Bak.* in *Oliv.* Fl. trop. Afr. I (1868) 394.
Cissus — *Planch.* in *DC.* Monog. Phan. V (1887) 485; *Gilg* in *Engl.* Pfl. Ost-Afr. 258; *Th. Dur.* et *Schinz* Étud. fl. Cgo (1896) 95; *De Wild.* et *Th. Dur.* Reliq. Dewevr. (1901) 50; *De Wild.* Pl. Laurent. (1903) 40.

1888 (Fr. Hens). — Bas-Congo (Ém. Laur.). — IV : Kitobola (Ém. Laur.); Luvituku (Dem.); Sona Gongo (Ém. Laur.); Lutete (Hens). — V : rég. de Kimuenza (Gerard); Kisantu (Gill.). — XIII d : Lubunda [rég. de Nyangwe] (Dew.). — XV : Dibele (Ém. Laur.). — XVI : Lukafu (Verd.). — Iud. non cl. : Mont Kiobo (Coll?). — Noms vern. : **Tjabilonda** [Lukafu]; **Ilikiwagurta** (Ikwangula]; **Luanzu** [Tanganika].

Obs. — Cette espèce paraît assez répandue dans le Congo belge (De Wild.).

Cissus mayombensis *Gilg* ex *Th. Dur.* et *Schinz* Étud. fl. Cgo (1896) 95 [nom. tant.].

1893 (Ém. Laurent). — II a : le Mayumbe (Ém. Laur. 77).

Cissus Oliveriana [*Engl.*] *Gilg* in *Engl.* Pfl. Ost-Afr. (1895) 258; *De Wild.* Étud. fl. Bas- et Moy.-Cgo, I (1906) 286.

C. arguta *Hook. f.* var. — *Engl.* Hochgeb. trop. Afr. (1892) 295,

1898 (Ed. Luja). — IV : Tumba (Luja, 120).

Cissus polycymosa *De Wild.* Étud. fl. Bas- et Moy.-Cgo, I (1903) 52.

1902 (J. Gillet). — V : env. de Léopoldville (Gill. 2715).

Cissus producta [*Afzel.*] *Planch.* in *DC.* Monog. Phan. V (1887) 493; *De Wild.* Miss. Laurent (1905) 149.

Vitis — *Afzel.* ex *Bak.* in *Oliv.* Fl. trop. Afr. I (1868) 389; *De Wild.* et *Th. Dur.* Contr. fl. Cgo, I (1899) 16 et Pl. Thonnerianae (1900) 24.

1896 (Fr. Thonner.). — VII : Ibali (Ém. et M. Laur.). — — IX a : Gali (Thonn. 18).

Cissus prostrata *De Wild.* et *Th. Dur.* Contr. fl. Cgo, II (1900) 13; Reliq. Dewevr. (1901) 49 et Pl. Gilletianae, I (1900) 74 [B. Herb. Boiss. Sér. 2, I, 74]; *De Wild.* Miss. Laurent (1905) 149 et Étud. fl. Bas- et Moy.-Cgo, I (1903) 52, 163.

1895 (A. Dewèvre). — V : Léopoldville (Dew. 487); Sabuka (Ém. Laur.); entre Dembo et le Kwango (But.); Kimuenza (Gill. 1724); Lemfu (But. in Gill. 3482); rég. de Sanda (Odd. in Gill. 3019, 3578).

Cissus Smithiana [*Bak.*] *Planch.* in *DC.* Monog. Phan. V (1887) 490; *Th. Dur.* et *Schinz* Étud. fl. Cgo (1896) 95.

Vitis — *Bak.* in *Oliv.* Fl. trop. Afr. I (1868) 391; *De Wild.* et *Th. Dur.* Pl. Thonnerianae (1900) 25.

1816 (Chr. Smith). — Bas-Congo (Sm.). — V : Kisantu (Gill.). — IX a : Bogola (Thonn. 108).

Cissus suberosa [*Welw.*] *Planch,* in *DC.* Monog. Phan. V (1887) 481; *De Wild.* et *Th. Dur.* Pl. Gilletianae, I (1900) 9 [B. Herb. Boiss. Sér. 2, I, 9]; *De Wild.* Pl. Laurent. (1903) 40.

Vitis — *Welw.* ex *Bak.* in *Oliv.* Fl. trop. Afr. I (1868) 392.

1893 (Ém. Laurent). — II : Ile des Princes (Ém. Laur.). — V : Kisantu (Gill.) — VIII : Coquilhatville (Dew.). — IX : Bolombo; Umangi (Ém. Laur.). — X : Imese (Ém. Laur.).

Cissus tenuicaulis *Hook. f.* in *Hook.* Niger Fl. (1849) 266; *Th. Dur.* et *Schinz* Étud. fl. Cgo (1896) 95.

Vitis — *Bak.* in *Oliv.* Fl. trop. Afr. I (1868) 404.

1882 (H. Johnston). — Congo (Johnst.).

Cissus tiliifolia *Planch.* in *DC.* Monog. Phan. V (1887) 491; *Th. Dur.* et *Schinz* Étud. fl. Cgo (1896) 95.

1870 (G. Schweinfurth). — XII : Munza [pays des Mangbettu] (Schw. 3485).

Cissus trinervis *De Wild.* Étud. fl. Kat. (1903) 210.

1899 (Edg. Verdick). — XVI : Lukafu. — Nom vern. : **Lendja** (Verd. 181, 221).

RHOICISSUS Planch.

Rhoicissus edulis *De Wild.* Étud. fl. Kat. (1903) 86 et 209 t. 41, fig. 6-10.

1899 (Edg. Verdick). — XVI : Lukafu. — Nom vern. : **Kasungana** (Verd. 302).

Rhoicissus Verdickii *De Wild.* Étud. fl. Kat. (1903) 85, 209 t. 41 fig. 1-6.

1900 (Edg. Verdick). — XVI : Lukafu. — Nom vern. : **Kaluma-kalenda** (Verd. 364).

LEEA L.

Leea guineensis *G. Don* Gen. Syst. Bot. I (1831) 712; *Hiern* Cat. Welw. Pl. I, 164; *De Wild.* Étud. fl. Bas- et Moy.-Cgo, I (1904) 163, 286 et Miss. Laurent (1905) 150.

L. sambucina *Schumach.* et *Thonn.* [non *Willd.*] Beskr. Guin. Pl. (1827) 124; *Bak.* in *Oliv.* Fl. trop. Afr. I, 415; *Th. Dur.* et *Schinz* Étud. fl. Cgo (1896) 96. *De Wild.* et *Th. Dur.* Contr. fl. Cgo, I (1899) 16; II (1900) 13; Pl. Gilletianae, I (1900) 19; Reliq. Dewevr. (1901) 50 et Not. pl. util. ou intér. du Cgo, II (1906) 129.

1890 (F. Demeuse). — Bas-Congo (Ern. Dew.).— II a : le Mayumbe (Ém. Laur.). — IV : Banza-Puta (Dew.); Luvituku (Dem.). — V : Kisantu (Gill.). — VIII : Eala. — Nom vern. : **Itatamba** (Pyn.).

SAPINDACEAE

PAULLINIA Schum.

Paullinia pinnata *L.* Sp. pl. ed. 1 (1753) 366; *Gaertn.* De fruct. et semin. I, t. 79; *DC.* Prodr. I, 604; *Lam.* Pl. bot. Encycl. II t. 318; *Bak.* in *Oliv.* Fl. trop. Afr. I, 419; *Taub.* in *Engl.* Pfl. Ost-Afr. 249; *Radlk.* Monog. Paullinia (1895) 69; *Th. Dur.* et *Schinz* Étud. fl. Cgo (1896) 96; *De Wild.* et *Th. Dur.* Contr. fl. Cgo, I (1899) 17 et Étud. fl. Kat. (1903) 82; *Hiern* Cat. Welw. Pl. I, 116,

P. senegalensis *Juss.* in Ann. Mus. Paris, IV (1804) 348; *Guill.* et *Perr.* Fl. Seneg. tent. I, 116.
P. uvata *Schumach.* et *Thonn.* Beskr. Guin. Pl. (1827) 195.
P. africana *G. Don* Gen. Syst. Bot. I (1831) 661.

1816 (Chr. Smith). — Bas-Congo (Sm.). — II : Ile des Princes (Dup.). — II a : Bingila (Dup.); la Lemba [plateau au S. de la Lukula] (Cabra-Michel); le Mayumbe (Ém. Laur.). — IV : entre Tumba et Kitobola (Ém. et M. Laur.). — V : entre Léopoldville et Mombasi (Gill.); Kisantu. — Nom vern. : **Lubula-Kutu** (Gill.). —

VI : vallée de la Djuma (Gill. et Gent.) ; île en face de Dima (Lescr.). — VII : Kutu (Ém. et M. Laur.).—IX : Umangi (Aug. Krekels). — XI : en aval de Basoko (Ém. et M. Laur.). — XV : bassin du Sankuru ; Batempa (Ém. et M. Laur.); Lusambo (Ém. Laur.); Djoko-Punda (Lescr.). — XVI : Lukafu (Verd.).

CARDIOSPERMUM L.

Cardiospermum grandiflorum *Sw.* Prodr. veget. Ind. occid. (1788) 64 ; *Radlk.* in Sitzungsb. Akad. Muench. VIII (1878) 260 ; *Hiern* Cat. Welw. Pl. I, 166 ; *Th. Dur.* et *De Wild.* Mat. fl. Cgo, I (1898) 6 [B. S. B. B. XXXVI², 52].

1892 (F. Demeuse). — IV : Kitobola (Pyn.). — II a : bord de la Lulu (Dup.). — V : Kisantu (Gill.). — IX a : la Mongala (Dem.). — XV : embouchure du Luebo (Desc.).

— — form. **hirsutum** *Radlk.* in Sitzungsb. Akad. Muench. VIII (1878) 260 et in *Mart.* Fl. Bras. XIII³ (1897) 436; *De Wild.* et *Th. Dur.* Contr. fl. Cgo, II (1900) 14 et Reliq. Dewevr. (1901) 50 ; *Hiern.* Cat. Welw. Pl. I, 167.

C. barbicaule *Bak.* in *Oliv.* Fl. trop. Afr. I (1868) 418.

1896 (A. Dewèvre). — V : Kisantu (Gill.). — IX : env. de Bumba. — Nom vern. : **Doandu** (Dew.). — XIII d : env. de Kabanga (Dew.). — XV : Kanda-Kanda (Gent.).

Cardiospermum Halicacabum *L.* Sp. pl. ed. 1 (1753) 366; Bot. Mag. (1807) t. 1049; *DC.* Prodr. I, 601; *Wight* Icon. pl. Ind. or. II t. 308; *Bak.* in *Oliv.* Fl. trop. Afr. I, 417; *Boiss.* Fl. Or. I, 945; *Hiern* Cat. Welw. Pl. I, 107; *Th. Dur.* et *Schinz* Étud. fl. Cgo (1896) 96 ; *De Wild.* Not. pl. util. ou intér. du Cgo, II (1906) 114-115.

C. glabrum *Schumach.* et *Thonn.* Beskr. Guin. Pl. (1827) 197.
C. microcarpum *Kunth* in *Humb.* et *Bonpl.* Nov. gen. et sp. pl. V (1821) 104 ; *Bak.* in *Oliv.* Fl. trop. Afr. I, 418.

1888 (Fr. Hens). — IV : Lukungu (Hens). — V : env. de Bolobo (Dew.); Kisantu (Gill.). — VIII : Haut-Lopori (Bieler). — XII : entre Bima [XII a] et Buta [XII d] (Ser.). — XVI : Pala (Desc.).

ALLOPHYLUS L.

Allophylus africanus *P. Beauv.* Fl. d'Oware, II (1807) 74 t. 107 ; *Hiern* Cat. Welw. Pl. I, 167 ; *De Wild.* et *Th. Dur.* Pl. Gilletianae, II (1901) 74 [B. Herb. Boiss. Sér. 2, 746].

Schmiedelia — *DC.* Prodr. I (1824) 610; *Bak.* in *Oliv.* Fl. trop. Afr. I, 421.

1896 (A. Dewèvre). — V : Kimuenza ;Kisantu ; entre Kisantu et Dembo (Gill.): Kisantu-Makela (Van Houtte); env. de Lemfu (But.); rég. de Sanda (Odd.). — VIII : env. d'Eala (Ém. Laur.). — IX : Bangala (Dew.) ; Nouvelle-Anvers (Pyn.). — XVI : Lukafu (Verd.).

Allophylus congolanus *Gilg* in Engl. Jahrb. XXIV (1897) 294.

1895 (G. Descamps). — XVI : Toa (Desc.).

Allophylus leptocaulos *Radlk.* in *De Wild.* et *Th. Dur.* Contr. fl. Cgo, I (1899) 17 et Reliq. Dewevr. (1901) 51.

1896 (A. Dewèvre). — XIII d : env. de Nyangwe (Dew. 1046).

Allophylus longipetiolatus *Gilg* in Engl. Jahrb. XXIV (1897) 286.

1872 (G. Schweinfurth). — XII d : bassin du Gadda [Mangbettu] (Schw. 3523).

Allophylus macrobotrys *Gilg* in Engl. Jahrb. XXIV (1897) 288; *De Wild.* et *Th. Dur.* Reliq. Dewevr. (1901) 51; *De Wild.* Miss. Laurent (1907) 383.

1896 (A. Dewèvre). — VIII : Équateurville [Wangata] (Dew. 650). — X : Ubangi (Ém. Laur.).

Allophylus Schweinfurthii *Gilg* in Engl. Jahrb. XXIV (1897) 286.

1872 (G. Schweinfurth). — XII d : forêts au S. de Mbruole (Schw. 3668).

DEINBOLLIA Schumach. et Thonn.

Deinbollia insignis *Hook. f.* in *Hook.* Niger Fl. (1849) 250; *Bak.* in *Oliv.* Fl. trop. Afr. I, 431; *Th. Dur.* et *Schinz* Étud. fl. Cgo (1896) 97.

1816 (Chr. Smith). — Bas-Congo (Sm.).

Deinbollia Laurentii *De Wild.* Miss. Laurent (1905) 144.

1903 ? (Ém. et Marc. Laurent). — Congo (Ém. et M. Laur.).

LYCHNODISCUS Radlk.

Lychnodiscus cerospermus *Radlk.* in *Engl.* et *Prantl.* Nat. Pflanzenfam. III, 5 (1890) 344; *De Wild.* Étud. fl. Bas- et Moy.-Cgo, II (1908) 296.

1896 ? (A. Dewèvre). — Congo (Dew.).

CHYTRANTHUS Hook. f.

Chytranthus Gerardi *De Wild.* Étud. fl. Bas- et Moy.-Cgo, I (1906) 283.

1902 (Ch. Gérard). — V : rég. de Kimuenza (Gér. in Gill. 2045).

Chytranthus Gilletii *De Wild.* Étud. fl. Bas- et Moy.-Cgo, I (1906) 284.

1902 (J. Gillet). — VI : vallée de la Djuma (Gill.).

Chytranthus Laurentii *De Wild*. Miss. Laurent (1905) 146.

1903 (Ém. et Marc. Laurent). — VII : Ibali (Ém. et M. Laur.).

Chytranthus stenophyllus *Gilg* in Engl. Jahrb. XXIV (1897) 297 ; *De Wild*. Étud. fl. Bas- et Moy.-Cgo, I (1906) 285.

1898 (J. H. Camp). — Bas-Congo (Camp). — V : env. de Kimuenza (Gill. 1906, 2070).

RADLKOFERA Gilg.

Radlkofera calodendron *Gilg* in Engl. Jahrb. XXIV (1897) 300; *De Wild*. Miss. Laurent (1905) 144.

1903 (Ém. et Marc. Laurent). — IX : Bolombo (Ém. et M. Laur.).

PANCOVIA Willd.

Pancovia Harmsiana *Gilg* in Engl. Jahrb. XXIV (1897) 302 t. 2 fig. G.

1885 (R. Buettner). — VI : Ganga près Muene-Putu-Kasongo (Buett. 498).

BLIGHEA Koen.

Blighea Wildemanniana *Gilg* ex *De Wild*. Étud. fl. Bas- et Moy.-Cgo, II (1908) 296 [nom. tant.].

1900 (J. Gillet). — IV : entre Tumba et Kimpesse (Gill.).— V : env. de Kisantu (Gill. 1823).

ERIOCOELUM Hook. f.

Eriocoelum macrospermum *Gilg* ex *De Wild*. Étud. fl. Bas- et Moy.-Cgo, II (1908) 296 [nom. tant.].

1903 (Ém. et Marc. Laurent). — IV : Kitobola (Ém. et M. Laur.). — V : env. de Lukolela (Ém. et M. Laur.).

Eriocoelum microspermum *Radlk*. ex *De Wild*. Étud. fl. Bas- et Moy.- Cgo, II (1908) 296 [nom. tant.].

1896 (A. Dewèvre). — II a : le Mayumbe (Ém. Laur.). — V : Kisantu (Gill. 182). — VIII : Coquilhatville (Dew. 608).

PHIALODISCUS Radlk.

Phialodiscus Dewevrei *Gilg* ex *De Wild*. Étud. fl. Bas- et Moy.- Cgo, II (1908) 296 [nom. tant.].

1896 † (A. Dewèvre). — Congo (Dew.).

Phialodiscus plurijugatus *Radlk.* in Sitzungsb. Akad. Muench. XX (1890) 263 in obs.; *Hiern* Cat. Welw. Pl. I, 171; *De Wild.* et *Th. Dur.* Reliq. Dewevr. (1901) 51; *De Wild.* Étud. fl. Bas- et Moy.-Cgo, II (1907) 44.

1895 ? (A. Dewèvre). — Congo (Dew.). — IV : entre Tumba et Kimpesse (Gill.).

Phialodiscus unijugatus *Radlk.* in Sitzungsb. Akad. Muench. IX (1879) 655; *De Wild.* et *Th. Dur.* Contr. fl. Cgo, I (1899) 14.

1896 (Ém. Laurent). — IX : pays des Bangala (Ém. Laur.).

ANACARDIACEAE

MANGIFERA L.

Mangifera indica *L.* Sp. pl. ed. 1 (1753) 200; *Oliv.* Fl. trop. Afr. I, 442; *Engl.* Pfl. Ost-Afr. 243; *Hiern* Cat. Welw. Pl. I, 174; *De Wild.* Pl. Laurent. (1903) 40 et Miss. Laurent (1905) 143.

1903 (Ém. Laurent). — Espèce cultivée à Tenvo [II a], Lulanga [VIII], Eala [IX] et à Nyangwe [XIII d] (Ém. Laur.).

ANACARDIUM Rottb.

Anacardium occidentale *L.* Sp. pl. ed. 1 (1753) 383; *Jacq.* Stirp. Amer. hist. t. 121; *DC.* Prodr. II, 62; *Descourtilz* Fl. des Antilles VII, t. 507; *Oliv.* Fl. trop. Afr. I, 443; *Beddome* Fl. Sylv. Ind. t. 163; *Hook. f.* Fl. Brit. Ind. I, 20; *Th. Dur.* et *Schinz* Étud. fl. Cgo (1896) 97; *Hiern* Cat. Welw. Pl. I, 175.

1874 (Fr. Naumann). — Bas-Congo (Dem.). — II : Boma; Ponta da Lenha (Naum.). — III : Matadi (Ern. Dew.). — V : Kisantu (Gill.). — VIII : Équateur [Wangata] (Ém. et M. Laur.).

SPONDIAS L.

Spondias lutea *L.* Sp. pl. ed. 2 (1762) 613; *DC.* Prodr. II, 75; *Oliv.* Fl. trop. Afr. I, 448; *Engl.* in *DC.* Monog. Phan. IV, 244; *De Wild.* et *Th. Dur.* Pl. Gilletianae, I (1899) 10 [B. Herb. Boiss. Sér. 2, I, 10]; et Reliq. Dewevr. (1901) 52; *De Wild.* Not. pl. util. ou intér. du Cgo, II (1906) 146-48.

? S. Mombin *L.* l. c. ed. 1 (1753) 371; *Hiern* Cat. Welw. Pl. I, 175.
S. Myrobalanus *L.* Syst. nat. ed. 10 (1759) 1036.
S. aurantiaca *Schumach.* et *Thonn.* Beskr. Guin. Pl. (1827) 225.
S. dubia *A. Rich.* Fl. Seneg. tent. (1832) 153.

1895 (A. Dewèvre). — II : Boma (Dew.). — V : Kisantu (Gill.).

PSEUDOSPONDIAS Engl.

Pseudospondias microcarpa [*A. Rich.*] *Engl.* in *DC.* Monog. Phan.
IV (1883) 259; *Th. Dur.* et *Schinz* Étud. fl. Cgo (1896) 98; *Engl.*
Pfl. Ost-Afr. 244; *Hiern* Cat. Welw. Pl. I, 176; *De Wild.* et *Th.*
Dur. Contr. fl. Cgo, II (1900) 14 et Pl. Gilletianae, I (1900) 10;
Reliq. Dewevr. (1901) 52; *De Wild.* Miss. Laurent (1905) 144,

Spondias — *A. Rich.* in *Guill.* et *Perr.* Fl. Seneg. tent. (1832). 151, t. 40;
Oliv. Fl trop. Afr. I, 448.

S. angolensis *O. Hoffm.* in Linnaea, XLIII (1880-82) 125.

1895 (A. Dewèvre). — II : env. de Boma. — Nom vern. : **Suza** (Dew.). — II a :
Shinganga. — Noms vern. : **Suza; Cucunia** (Dew.). — V : Kisantu (Gill.). —
VIII : Ikenge (Ém. et M. Laur.). — XI : Basoko (Ém. et M. Laur.).

LANNEA A. Rich.

Lannea velutina *A. Rich.* in *Guill.* et *Perr.* Fl. Seneg. tent. (1832)
154, t. 42; *De Wild.* Étud. fl. Kat. (1902) 81.

Odina — *Endl.* ex *Walp.* Repert. bot. I (1842) 550.

1899 (Edg. Verdick). — XVI : Lukafu. — Nom vern. : **Mu-Bumbu** (Verd. 219).

Lannea Welwitschii [*Hiern*] *Engl.* in Engl. Jahrb. XXIV (1898)
498; *De Wild.* et *Th. Dur.* Reliq. Dewevr. (1901) 52.

Calesium — *Hiern* Cat. Welw. Pl. I (1896) 179.

1896 (A. Dewèvre). — V : Lukolela (Dew. 837). — IX : Bumba (Dew.).

OBS.—Lannea [sp.] : M. DeWildeman [Étud. fl. Kat. (1903) 208] rapporte aussi
à une espèce de ce genre, un arbre appelé **N'Bumbu** découvert à Lukafu,
en août 1899 par M. Edg. Verdick.

THYRSODIUM Benth.

Thyrsodium africanum *Engl.* in Engl. Jahrb. XV (1892) 106;
Th. Dur. et *Schinz* Étud. fl. Cgo (1896) 98.

1882 (P. Pogge). — II a : Kalamu (Ém. Laur.). — XV : Mukenge (Pg. 717, 721);
bassin de la Lulua (Pg.).

SORINDEIA Thou.

Sorindeia Gilletii *De Wild.* Étud. fl. Bas- et Moy.-Cgo, I (1906)
281, t. 66.

1901 (Ch. Gérard). — V : bords de la Lukaya (Gér. in Gill. 1925).

Sorindeia juglandifolia *Planch.* ex *Oliv.* Fl. trop. Afr. I (1868) 440; *Marchand* Révis. Anacard. 166; *Engl.* in *DC.* Monog. Phan. IV, 302; *Th. Dur.* et *Schinz* Étud. fl. Cgo (1896) 98.

Dupuisia -- *Rich.* in *Guill.* et *Perr.* Fl. Seneg. tent. I (1831) 148, t. 38.
Sapindus simplicifolius « *Don* » ex *Benth.* in *Hook.* Niger Fl. (1849) 286, in syn.

1863 (R. Burton). — Congo (Burt.).

Sorindeia Kimuenzae *De Wild.* Étud. fl. Bas- et Moy.-Cgo, I (1906) 281 t. 72.

1901 (J. Gillet). — V : env. de Kimuenza (Gill. 1935, 2185).

Sorindeia Poggei *Engl.* in Engl. Jahrb. XV (1892) 107 ; *Th. Dur.* et *Schinz* Étud. fl. Cgo (1896) 98.

1882 ? (P. Pogge). — XV : Mukenge (Pg. 1729).

EMILIOMARCELIA Th. et Hél. Dur. (1).

Emiliomarcelia Braunii [*Engl.*] *Th.* et *Hél. Dur.*

Trichoscypha — *Engl.* in Engl. Jahrb. XV (1893) III ; *De Wild.* et *Th. Dur.* Reliq. Dewevr. (1901) 52.

1895 (A. Dewèvre). — II a : env. de Shinganga (Dew. 342).

Emiliomarcelia congoensis [*Engl.*] *Th.* et *Hél. Dur.*

Trichoscypha — *Engl.* in Engl. Jahrb. XXXVI (1905) 222.

1893 (Ém. Laurent). — II a : le Mayumbe (Ém. Laur.).

Emiliomarcelia Laurentii [*De Wild.*] *Th.* et *Hél. Dur.*

Trichoscypha — *De Wild.* Miss. Laurent (1905) 144.

1903 (Ém. et Marc. Laurent). — VII : Ibali [Lac Léopold II] (Ém. et M. Laur.).

Emiliomarcelia Oddoni [*De Wild.*] *Th.* et *Hél. Dur.*

Trichoscypha — *De Wild.* Étud. fl. Bas- et Moy-Cgo, I (1906) 282 t. 60.

1904 (Ad. Oddon). — V : rég. de Sanda (Odd. in Gill. 3659).

HEERIA Meissn.

Heeria abyssinica [*Hochst.*] *O. Kuntze* Rev. Gener. (1891) 152; *Engl.* Pfl. Ost-Afr. 245; *Hiern* Cat. Welw. Pl. I, 180.

---

(1) Un genre *Trichoscypha* étant admis en cryptogamie, nous avons dû abandonner le nom du genre créé par Hooker. Nous sommes heureux de lui substituer un nom qui rappelle la belle mission scientique Émile et Marcel Laurent.

Anaphrenium abyssinicum *Hochst.* in Flora, XXVII (1844) 32; *Engl.* in *DC.* Monog. Phan. IV, 357; *Th. Dur.* et *Schinz* Etud. fl. Cgo (1896) 99; *Hiern* Cat. Welw. Pl. I, 180.

Ozoroa insignis *Delile* in Annal. sc. nat. Sér. 2, XX (1843) 91, t. 1 fig. 3; *Ferret* et *Galinier* Atlas. bot. t. 9.

Rhus — *Oliv.* Fl. trop. Afr. I (1868) 437.

1899 (Edg. Verdick). — III : Matadi (Ém. Laur.). — XVI : Lukafu. — Nom vern. : **Matwi-Kabula** (Verd.).

Heeria abyssinica var. lanceolata [*Engl.*] *Th.* et *Hél. Dur.*

Anaphrenium abyssinicum *Hochst.* var.—*Engl.* in *DC.* Monog. Phan. IV (1883) 357; *Th. Dur.* et *Schinz* l. c. 99.

1895 (G. Descamps). — V : Kapanga (Desc.). — XVI : Albertville [Toa] (Desc.).

— — var. latifolia [*Engl.*] *Engl.* Pfl. Ost-Afr. (1895) 245.

Anaphrenium abyssinicum *Hochst.* var. — *Engl.* l. c. 357; *Th. Dur.* et *Schinz* l. c. 99.

1816 (Chr. Smith). — Bas-Congo (Sm.).

Heeria pulcherrima [*Schweinf.*] *O. Kuntze* Rev. Gener. (1891) 152; *De Wild.* Étud. fl. Kat. (1903) 207.

Anaphrenium — *Schweinf.* Beitr. Fl. Aethiop. (1867) 32; *Engl.* in *DC.* Monog. Phan. IV, 356.

Rhus — *Oliv.* Fl. trop. Afr. I (1868) 436.

1899 (Edg. Verdick). — XVI : Lukafu (Verd. 86).

RHUS L.

Rhus glaucescens *A. Rich.* Tent. fl. Abyss. I (1847) 143; *Oliv.* Fl. trop. Afr. I, 437; *Th. Dur.* et *De Wild.* Mat. fl. Cgo, II (1898) 68 [B. S. B. B. XXXVII, 113].

1895 (G. Descamps). — XVI : Albertville [Toa] (Desc.).

MORINGACEAE

MORINGA Juss.

Moringa oleifera *Lam.* Encycl. méth. Bot. I (1783) 398 et Pl. bot. Encycl. II, t. 337; *Engl.* Pfl. Ost.-Afr. 188; *De Wild.* et *Th. Dur.* Reliq. Dewevr. (1901) 53.

M. pterygosperma *Gaertn.* De fruct. et semin. II (1791) 314, t. 147; *DC.* Prodr. II, 488; *De Wild.* Étud. fl. Bas- et Moy.-Cgo, II (1907) 35.

Guilandina Moringa *L.* Sp. pl. ed. I (1753) 546.

Hyperanthera — *Vahl* Symb. bot. I (1790) 30.

1895 (A. Dewèvre). — II : env. de Boma (Dew.). — XII c : Surango (Ser.).

CONNARACEAE

AGELAEA Soland.

Agelaea Dewevrei *De Wild.* et *Th. Dur.* Mat. fl. Cgo, VI (1900) 20 et Reliq. Dewevr. (1901) 56.

1895 (A. Dewèvre). — IV : la Lufu (Dew. 1435).

Agelaea Duchesnei *De Wild.* et *Th. Dur.* Mat. fl. Cgo, VIII (1900) 9 [B. S. B. B. XXXIX, 2, 61].

1899 (Ém. Duchesne). — IX : Umangi [Bangala] (Duch).

Agelaea obliqua [*P. Beauv.*] *Bak.* in *Oliv.* Fl. trop. Afr. I (1868) 454; *De Wild.* Étud. fl. Bas- et Moy.-Cgo, I (1904) 124 et Miss. Laurent (1905) 89.

Cnestis — *P. Beauv.* Fl. d'Oware, I (1804) 97, t. 59.
A. nitida *Soland.* ex *Planch.* in Linnaea, XXIII (1850) 437; *Hiern* Cat. Welw. Pl. I, 188.
A. Demeusei *De Wild.* et *Th. Dur.* Mat. fl. Cgo, VIII (1901) 9 [B. S. B. B. XXXIX², 61].

1891 (F. Demeuse). — V : Kimuenza (Gill.). — VII : Ibali; Kutu (Ém. Laur.).— IX : pays des Bangala (Dem.).

Agelaea phaseolifolia *Gilg* ex *De Wild.* Étud. fl. Bas- et Moy.- Cgo, I (1906) 246.

1902 (J. Gillet). — Bas-Congo (Gill. 2065). — : entre Tumba et Kimpesse (Gill.).

Agelaea Poggeana *Gilg* in Notizbl. bot. Gart. Berlin, I (1895) 65.

1882 (P. Pogge). — XV : la Lulua (Pg. 737); Mukenge (Pg. 726, 734).

Agelaea rubiginosa *Gilg* in Engl. Jahrb. XIV (1891) 319; *Th. Dur.* et *Schinz* Étud. fl. Cgo (1896) 99.

1870 (G. Schweinfurth). — XII d : pays des Mangbettu (Schw. 3537).

Agelaea Schweinfurthii *Gilg* in Engl. Jahrb. XIV (1891) 319; *Th. Dur.* et *Schinz* Étud. fl. Cgo (1896) 101.

1870 (G. Schweinfurth). — XII d : Uando; Mbruole (Schw. 3090, 3099).

PAXIA Gilg.

Paxia Dewevrei *De Wild.* et *Th. Dur.* Mat. fl. Cgo, IV (1899) 6 [B. S. B. B. XXXVIII², 83]; Reliq. Dewevr. (1901) 51 et Pl. Gilletianae, I (1900) 10 [B. Herb. Boiss. Sér. 2, I, 10].

1895 (A. Dewèvre). — II a : bords du Tshaf près Zobe (Dew. 237). — V : Kisantu (Gill.).

ROUREA Aubl.

Rourea adiantoides *Gilg* in Engl. Jahrb. XXIII (1896) 213; *Th. Dur.*
et *De Wild.* Mat. fl. Cgo, II (1898) 68 [B. S. B. B. XXXVII, 113];
De Wild. et *Th. Dur.* Contr. fl. Cgo, II (1900) 15; Pl. Thonnerianae
(1900) 17; Pl. Gilletianae, I (1900) 10 et Reliq. Dewevr. (1901) 53;
De Wild. Miss. Laurent (1905) 91.

1895 (P. Dupuis). — II a : Bingila (Dup.). — V : Kisantu (Gill. 703). — VIII :
Eala. — Nom vern.: **Lokaka** (M. Laur.); env. de Bokakata (Dew. 772 a). — IX :
route de Lisala [Umangi] (Ém. Duch.). — XV : Kapinga (Ém. et M. Laur.).

Rourea bamangaensis *De Wild.* et *Th. Dur.* Mat. fl. Cgo, IV
(1899) 62 [B. S. B. B. XXXVIII², 82] et Reliq. Dewevr. (1901) 53.

1896 (A. Dewèvre). — XIII c : Bamanga (Dew.).

Rourea chiliantha *Gilg* in Engl. Jahrb. XXIII (1896) 212.

1883 (P. Pogge). — XV : Mukenge (Pg. 727, 732, 739 a, 745, 746, 747, 757).

Rourea fasciculata *Gilg* in Engl. Jahrb. XIV (1891) 329; *Th. Dur.*
et *Schinz* Étud. fl. Cgo (1896) 100.

1883 (P. Pogge). — XV : Mukenge (Pg. 731).

Rourea Foenum-graecum *De Wild.* et *Th. Dur.* Contr. fl. Cgo, I
(1899) 18; Ill. fl. Cgo (1899) 75, t. 38 et Reliq. Dewevr. (1901) 54.

1895 (A. Dewèvre). — II : Boma (Dew. 424).

Rourea inodora *De Wild.* et *Th. Dur.* Ill. fl. Cgo (1899) 71, t. 36;
Contr. fl. Cgo, I (1899) 17 et Reliq. Dewevr. (1901) 54; *De Wild.*
Miss. Laurent (1905) 98.

1895 (A. Dewèvre). — II a : Kembo (Dew. 442). — V : Léopoldville (Ém. et M.
Laur.).

Rourea olliquifoliolata *Gilg* in Engl. Jahrb. XIV (1891) 328;
Th. Dur. et *Schinz* Étud. fl. Cgo (1896) 100; *De Wild.* Étud. fl.
Bas- et Moy.-Cgo, I (1906) 248.

1883 (P. Pogge). — V : Sanda (Gill.). — XV : le Kasai (Lescr. 120); Mukenge
(Pg. 3120, 3411).

Rourea ovalifoliolata *Gilg* in Engl. Jahrb. XIV (1891) 327 et in *Engl.*
Pfl. Ost-Afr. 192; *De Wild.* et *Th. Dur.* Contr. fl. Cgo, II (1900) 15
et Étud. fl. Kat. (1903) 182.

1895 (Gust. Debeerst). — XVI : Haut-Marungu (Deb.); Lukafu. — Nom vern. :
Kansolo-solo (Verd. 1218).

Rourea Poggeana *Gilg* in Engl. Jahrb. XIV (1891) 326; *Th. Dur.* et *Schinz* Étud. fl. Cgo (1896) 100.

1882 (P. Pogge). — XV : Mukenge (Pg. 748).

Rourea pseudobaccata *Gilg* in Engl. Jahrb. XIV (1891) 325; *De Wild.* Étud. fl. Bas- et Moy.-Cgo, I (1904) 124, 248 et Miss. Laurent (1905) 91.

1902 (J. Gillet). — V : env. de Léopoldville (Gill. 3526); Uyole (Gill.). — IX : Umangi (Krek.). — X : Bas-Ubangi (Ém. et M. Laur.). — Ind. non cl. : Mabode-bache [Congo ?] (Schw. 2969).

Rourea splendida *Gilg* in Engl. Jahrb. XIV (1891) 222; *Th. Dur.* et *Schinz* Étud. fl. Cgo (1896) 100.

1882 (P. Pogge). — XV : Mukenge (Pg. 744).

Rourea unifoliolata *Gilg* in Engl. Jahrb. XIV (1891) 325; *Th. Dur.* et *Schinz* Étud. fl. Cgo (1896) 100.

1882 (P. Pogge). — XVI : Mukenge (Pg. 1426)..

Rourea viridis *Gilg* in Engl. Jahrb. XIV (1891) 327; *Th. Dur.* et *Schinz* Étud. fl. Cgo (1896) 100; *De Wild.* Miss. Laurent (1905) 92 et Étud. fl. Bas- et Moy.-Cgo, I (1906) 248.

1882 (P. Pogge). — V : env. de Kwamouth (Ém. et M. Laur.); Sanda (De Brouw. in Gill. 3032). — VI : vallée de la Djuma (Gill.). — VII : Kutu (Ém. et M. Laur.). — VIII : env. d'Eala (M. Laur.); lac Tumba (Ém. et M. Laur.). — IX : Lisala (Ém. et M. Laur.). — XV : Mukenge (Pg. 750); Bolongula (Ém. et M. Laur.).

CONNARUS L.

Connarus Englerianus *Gilg* in Engl. Jahrb. XIV (1891) 316; *Th. Dur.* et *Schinz* Étud. fl. Cgo (1896) 101.

1882 (P. Pogge). — XV : Mukenge (Pg. 752).

Connarus luluensis *Gilg* in Notizbl. bot. Gart. Berlin, I (1895) 64.

1882 (P. Pogge). — XV : la Lulua, vers le 6° lat. (Pg. 741).

Connarus Stuhlmanni *Planch.* in Linnaea, XXIII (1850) 4; *Bak.* in *Oliv.* Fl. trop. Afr. I, 458; *De Wild.* Étud. fl. Bas- et Moy.-Cgo, I (1904) 124, (1906) 246.

1895 (A. Dewèvre). — II a : env. de Shinganga (Dew.).

MANOTES Soland.

Manotes Aschersoniana *Gilg* in Engl. Jahrb. XIV (1891) 334; *Th. Dur.* et *Schinz* Étud. fl. Cgo (1896) 101.

1882 (P. Pogge). — XV : Mukenge (Pg. 751).

Manotes brevistyla *Gilg* in Engl. Jahrb. XIV (1891) 334 ; *Th. Dur.* et *Schinz* Étud. fl. Cgo (1896) 101.

1882 (P. Pogge). — XV : Musumba; la Lulua (Pg. 532, 739).

Manotes Cabrae *De Wild.* et *Th. Dur.* Mat. fl. Cgo, VIII (1900) 10 [B. S. B. B. XXXIX², 62].

1897 (Alph. Cabra). — II a : le Mayumbe (Cabra, 30, 106). — V : bords de la Pioka (Ém. Laur); env. de Sanda (Vermeulen). — VII : Kutu (Ém. et M. Laur.).

Manotes Griffoniana *Baill.* in Adansonia, VII (1866-67) 244; *Bak.* in *Oliv.* Fl. trop. Afr., I, 460; *Th. Dur.* et *Schinz* Étud. fl. Cgo (1896) 101; *Hiern* Cat. Welw. Pl. I, 189 ; *Th. Dur.* et *De Wild.* Mat. fl. Cgo, II (1898) 68 [B. S. B. B. XXXVII, 113].

1816 (Chr. Smith). — Congo (Dew. 434). — Bas-Congo (Sm.).

Manotes Laurentii *De Wild.* Miss. Laurent (1905) 90.

1895 (Ém. Laurent). — V : bords de la Pioka (Ém. Laur.); env. de Sanda (Vermeulen, in Gill. 3436; Odd. in Gill. 3533). — VII : Kutu (Ém. et M. Laur.).

Manotes pruinosa *Pax* in Engl. Jahrb. XIV (1891) 332; *Th. Dur.* et *Schinz* Étud. fl. Cgo (1896) 101; *De Wild.* et *Th. Dur.* Contr. fl. Cgo, I (1900) 14 et Reliq. Dewevr. (1901) 55 in obs. ; *De Wild.* Étud. fl. Bas- et Moy.-Cgo, I (1906) 246.

M. sanguineo-arillata *Gilg* in Engl. Jahrb. XIV (1891) 333; *Th. Dur.* et *De Wild.* Mat. fl. Cgo, II (1898) 68 [B. S. B. B. XXXVII, 113].

1882 (P. Pogge) — II a : Benza-Masola (Ém. et M. Laur.). — V : le Stanley-Pool (Dem.); env. de Lemfu (But.); Kisantu (Gill. 91, 628, 805); env. de Dembo (Gill.); Sabuka (Ém. et M. Laur.); bords de la Pioka (Ém. Laur.). — VII : Kutu (Ém. et M. Laur.). — IX : Umangi (Ém. et M. Laur.). — XIII d : env. de Nyangwe (Dew. 1054). — XV : bords de la Lulua (Pg. 724); Isaka (Ém. et M. Laur.); Mukenge (Pg. 718, 749).

CNESTIS Juss.

Cnestis corniculata *Lam.* Encycl. méth. Bot. III (1789) 23; *DC.* Prodr., II, 87; *Planch.* in Linnaea, XXIII (1850) 440; *Bak.* in *Oliv.* Fl. trop. Afr. I, 461; *Th. Dur.* et *Schinz* Étud. fl. Cgo (1896) 101.

1816 (Chr. Smith). — Bas-Congo (Sm.; Burton).

Cnestis ferruginea *DC.* Prodr. II (1825) 87; *Planch.* in Linnaea, XXIII (1850) 440; *Bak.* in *Oliv.* Fl. trop. Afr. I, 462; *Th. Dur.* et *Schinz* Étud. fl. Cgo (1896) 102; *De Wild.* et *Th. Dur.* Reliq. Dewevr. (1901) 56; *Hiern* Cat. Welw. Pl. I, 190.

1888 (Fr. Hens). — V : Kisantu (Gill.). — VI : rég. de Luanu (Lescr.). — VIII : Eala (Pyn.); Lac Tumba (Ém. Laur.) ; Coquilhatville. — Nom vern. : **Kutum-bulu** (Dew.). — IX : Lisala; Mobeka (Ém. Laur.). — XV : Kamba [Sankuru] (Ém. Laur.).

Cnestis ferruginea var. **pilosa** *A. Dewèvre* in B. S. B. B. XXXIII[3] (1894) 98; *Th. Dur.* et *Schinz* Étud. fl. Cgo (1896) 102.

1893 (Ém. Laurent). — II a : le Mayumbe (Ém. Laur.).

?Cnestis grandiflora *Gilg* in Notizbl. bot. Gart. Berlin, I (1895) 70.

1886 (L. Marques). — XV ? : entre le fleuve Luaschim et la Chicapa (Marq. 268).

Obs. — Il est difficile de se rendre compte si cette plante a été réellement trouvée sur le territoire du Congo belge.

Cnestis grandifoliolata *De Wild.* et *Th. Dur.* Pl. Gilletianae, II (1901) 74 [B. Herb. Boiss. Sér. 2, I, 74].

1900 (J. Gillet). — V : Kisantu (Gill. 1420).

Cnestis iomalla *Gilg* in Notizbl. bot. Gart. Berlin, I (1895) 169; *De Wild.* Miss. Laurent (1905) 91 et Étud. fl. Bas- et Moy.-Cgo, I (1906) 247.

C. emarginata *De Wild.* et *Th. Dur.* Mat. fl. Cgo, IV (1899) 4. [B. S. B. B. XXXVIII[2], 81]; Ill. fl. Cgo (1900) 129, t. 65 et Reliq. Dewevr. (1901) 125.

1888 (P. Pogge). — V : Galiema (Ém. Laur.); Léopoldville (Schlt.). — VI : Madibi (Lescr. 85). — XV : Mukenge (Pg. 930).

Obs. — En 1896, Dewèvre découvrit cette espèce sur la rive française du Stanley-Pool.

— — var. **grandifoliolata** *De Wild.* l. c. (1900) 247.

1904 (Éd. Lescrauwaet). — VI : Madibi (Lescr. 115).

Cnestis Lescrauwaetii *De Wild.* Étnd. fl. Bas- et Moy.-Cgo (1906) 247.

1904 (Éd. Lescrauwaet). — VI : Madibi (Lescr. 88).

Cnestis oblongifolia *Bak.* in *Oliv.* Fl. trop. Afr. I (1868) 462; *Th. Dur.* et *Schinz* Étud. fl. Cgo (1896) 102; *De Wild.* et *Th. Dur.* Reliq. Dewevr. (1901) 56; *De Wild.* Étud. fl. Bas- et Moy.-Cgo, I (1906) 248.

1888 (Fr. Hens). — II a : brousse de la Lukula (Dew. 553). — V : Léopoldville (Schlt.); env. de Sanda (Odd. in Gill. 3549).—IX : pays des Bangala (Hens, C, 106).

Cnestis polyantha *Gilg* in Engl. Jahrb. XXIII (1896) 215.

1882 ? (P. Pogge). — XV : Musumba, 8 ½° (Pg. 147).

Cnestis setosa *Gilg* ex *Th. Dur.* et *Schinz* Étud. fl. Cgo (1896) 102 et in Notizbl. bot. Gart. Berlin, II (1896) 70; *De Wild.* et *Th. Dur.* Mat. fl. Cgo, II (1898) 68 [B. S. B. B. XXXVII, 113]; Contr. fl. Cgo, I (1899) 18; Reliq. Dewevr. (1901) 56 et Pl. Gilletianae, I (1900) 10 [B. Herb. Boiss. Sér. 2, I, 10].

1893 (Ém. Laurent). — Bas-Congo (Cabra). — II a : la Lukula. — Nom vern. : **Teuze** (Ém. Laur.); Shimbete (Dew.); la Lemba (Dew. 160). — V : Kisantu (Gill. 150).

Cnestis urens *Gilg* in Engl. Jahrb., XIV (1891) 330; *Th. Dur.* et *Schinz* Étud. fl. Cgo (1896) 102.

1870 (G. Schweinfurth). — XII d : pays des Mangbettu à Kusumba (Schw.).

LEGUMINOSACEAE

PAPILIONACEAE

CROTALARIA L.

Crotalaria aculeata *De Wild.* Étud. fl. Kat. (1903) 185.

1899 (Edg. Verdick). — XVI : Lukafu. — Nom vern. : **Kamima** (Verd. 106).

Crotalaria brevidens *Benth.* in *Hook.* Lond. Journ. of Bot. II (1843) 585; *Bak.* in *Oliv.* Fl. trop. Afr. II, 37; *M. Micheli* in *Th. Dur.* et *De Wild.* Mat. fl. Cgo, II (1898) 3 [B. S. B. B. XXXVII, 46] et Reliq. Dewevr. (1901) 57; *De Wild.* Étud. fl. Bas- et Moy.-Cgo, I (1906) 256; II (1907) 145.

1895 (A. Dewèvre). — II : Zambi. — Nom vern. : **Monwe-Monwe** (Dew.). — V : Kisantu (Gill.). — VI : Luanu (Lescr.); Eicolo (Krek.). — VII : Kutu; la Fini (Ém. et M. Laur.). — IX : Bolombo (Ém. et M. Laur.). — XII c : Gombari (Ser.). — XVI : Lukafu (Verd.). — Noms vern. : **Abakusso** [Amadi]; **Asuroli** [Abarembo].

Crotalaria calycina *Schrank* Pl. rar. Hort. Monac. (1819) t. 12 ; *Bak.* in *Oliv.* Fl. trop. Afr. II, 15; *Hiern* Cat. Welw. Pl. I, 197; *De Wild.* Étud. fl. Bas- et Moy.-Cgo, I (1904) 132, (1906) 256.

1898 (Ed. Luja) — IV : distr. des Cataractes (Luja). — V : entre Tumba et Kimpesse (Gill.).

Crotalaria capensis *Jacq.* Hort. Vindob. III (1776) 36, t. 64; *Bak.* in *Oliv.* Fl. trop. Afr. II, 38; *M. Micheli* in *Th. Dur.* et *De Wild.* Mat. fl. Cgo, I (1897) 8 [B. S. B. B. 36², 54].

1894 (Gust. Debeerst). — XVI : Pala (Deb.).

Crotalaria comosa *Bak.* in *Oliv.* Fl. trop. Afr., II (1871) 34; *Hiern* Cat. Welw. Pl. I, 203; *De Wild.* Étud. fl. Bas- et Moy.-Cgo, I (1904) 132.

1901 (J. Gillet). — V : Kimuenza (Gill.).

Crotalaria Cornetii *Taub.* et A.*Dewèvre* ex A.*Dewèvre* in B. S. B.
B. XXXIV² (1895) 94 ; *Th. Dur.* et *Schinz* Étud. fl. Cgo (1896) 50 ;
De Wild. Étud. fl. Kat. (1902) 50.

1892 (Jul. Cornet). — XVI : le Katanga (Corn.); Lukafu (Verd. 607).

Crotalaria cylindrocarpa *DC.* Prodr. II (1825) 133; *Bak.* in *Oliv.*
Fl. trop. Afr. II, 40; *M. Micheli* in *Th. Dur.* et *De Wild.* Mat. fl.
Cgo, I (1897) 8 [B. S. B. B. XXXVI², 54]; *De Wild.* Étud. fl. Bas-
et Moy.-Cgo, I (1906) 256 ; II (1907) 145.

1895 (P. Dupuis). — I : Moanda (Gill.). — II a : Bingila (Dup.). — V : Dolo (M.
Laur.); env. de Kwamouth (Biel.); Kisantu (Gill.); Tumba; Lukolela (Ém. Laur.).
— VI : Eiolo (Ém. Laur.). — VII : Lac Léopold II (Ém. Laur.). – IX : Upoto
(Wilw.); Nouvelle-Anvers (Ém. Laur.).

Crotalaria Descampsii *M. Micheli* in *Th. Dur.* et *De Wild.* Mat.
fl. Cgo, I (1898) 7 [B. S. B. B. XXXVI², 53] et Ill. fl. Cgo (1899) 69,
t. 35.

1891 (G. Descamps). — XVI : Haut Marungu (Desc.).

Crotalaria dubia *De Wild.* Étud. fl. Kat. (1903) 185.

1900 (Edg. Verdick). — XVI : Lukafu (Verd. 430).

Crotalaria filifolia *De Wild.* Étud. fl. Bas- et Moy.-Cgo, I (1906) 256
t. 45, fig. 3-9.

1891 (G. Descamps). — XV : rég. du Lualaba ? (Desc.).

Crotalaria glauca *Willd.* Sp. pl. III (1800) 974; *DC.* Prodr. II, 127 ;
Bak. in *Oliv.* Fl. trop. Afr., II, 12; *Hiern* Cat. Welw. Pl. I, 195 ;
Th. Dur. et *Schinz* Étud. fl. Cgo (1896) 103.

1885 (R. Buettner). – II a : Bingila (Dup.). — V : le Stanley-Pool; entre Bolobo
et Lukolela (Buett.); env. de Léopoldville; Kisantu; Kimuenza (Gill.). — VII : rives
du Lac Léopold II (Ém. Laur.). — XV : Lusambo (Ém. Laur.). — XVI : la Lofoi;
Lukafu (Verd.).

Crotalaria globifera *E. Mey.* Comment. pl. Afr. austr. I (1835) 24 ;
Benth. in Lond. Journ. of Bot. II (1843) 581; *Harv.* in *Harv.* et
Sond. Fl. Capens. II, 44 ; *Th. Dur.* et *Schinz* Étud. fl. Cgo (1896)
103.

C. macrostachya *Sond.* in Linnaea, XXIII (1850) 26.

1892 (Jul. Cornet). — XVI : le Katanga (Corn.).

— — var. **stenophylla** *Taub.* in Engl. Jahrb. XXIII (1896) 170.

1881 (P. Pogge). — XV : Mukenge (Pg. 849).

Crotalaria Hildebrandtii *Vatke* in Oest. Bot. Zeitschr. XXIX (1879)

220; *Taub.* in *Engl.* Pfl. Ost-Afr 207; *Th. Dur.* et *Schinz* Étud. fl. Cgo (1896) 103; *De Wild.* Étud. fl. Bas- et Moy.-Cgo, II (1907) 145.

1893 (Ém. Laurent). — Bas-Congo, parfois planté près des villages (Ém. Laur.). — II a : Benza-Masola: Temvo (Ém. Laur.). — V : Kisantu et env. (Gill.); en aval de Tumba (Ém. Laur.).

Crotalaria intermedia *Kotschy* in Sitzb. Akad. Wien, Math.-Nat. L Abth. 1 (1865) 362, t. 3; *Bak.* in *Oliv.* Fl. trop. Afr. II, 37; *Th. Dur.* et *Schinz* Étud. fl. Cgo (1896) 103.

1893 (P. Dupuis). — II : Zambi (Dup.).

Crotalaria katangensis *A. Dewèvre* in B. S. B. B. XXXIII² (1894) 99; *Th. Dur.* et *Schinz* Étud. fl. Cgo (1896) 103.

1892 (Jul. Cornet). — XVI : le Katanga (Corn.).

Crotalaria lanceolata *E. Mey.* Comm. pl. Afr. austr., I (1836) 24; *Bak.* in *Oliv.* Fl. trop. Afr., II, 36; *M. Micheli* in *Th. Dur.* et *De Wild.* Mat. fl. Cgo, I (1897) 8 [B. S. B. B. XXXVI², 54]; *De Wild.* Étud. fl. Bas- et Moy.-Cgo, I (1904) 132; II (1907) 145.

1897 (Alph. Cabra). — V : le Stanley-Pool (Schlt.); Chenal-Kasai (Ém. Laur.); Kisantu (Gill.); rég. de Lula-Lumene (Hendr.). — XII c : Niangara (Delp.). — Ind. non cl. : Lombe (Cabra).

Crotalaria linearifolia *De Wild.* Étud. fl. Bas- et Moy.-Cgo, I (1906) 257 t. 45 fig. 1 et 2.

1891 (G. Descamps). — XVI : le Lualaba (Desc.).

Crotalaria longifoliolata *De Wild.* Étud. fl. Kat. (1903) 187.

1900 (Edg. Verdick). — XVI : Lukafu. — Nom vern. : **Kinkandja** (Verd. 362).

Crotalaria lukafuensis *De Wild.* Étud. fl. Kat. (1903) 184.

1900 (Edg. Verdick). — XVI : Lukafu. — Nom vern. : **Kapumpo** (Verd. 469).

Crotalaria mesopontica *Taub.* in *Engl.* Pfl. Ost-Afr. (1895) 205 et ex *Engl.* in *v. Goetzen* Durch Afrika (1895) 383.

1894 (G. A. v. Goetzen et v. Prittwitz). — XIV : volcan Kirunga (Goetz. et Prittw.).

Crotalaria oligostachya *Bak.* in *Oliv.* Fl. trop. Afr., II (1871) 41; *Hiern* Cat. Welw. Pl. I, 204; *De Wild.* Étud. fl. Bas- et Moy.-Cgo, I (1904) 132 et Miss. Laurent (1905) 107.

1902 (J. Gillet). — V : env. de Léopoldville (Gill.). — XIII a : Stanleyville (Ém. Laur.).

Crotalaria ononoides *Benth.* in *Hook.* Lond. Journ. of Bot., II (1843) 572; *Bak.* in *Oliv.* Fl. trop. Afr. II, 22; *M. Micheli* in *Th. Dur.* et *De Wild.* Mat. fl. Cgo, I (1897) 29 [B. S. B. B. XXXVI², 75]; *Hiern* Cat. Welw. Pl. I, 199; *De Wild.* Étud. fl. Bas- et Moy.-Cgo, I (1904) 132; II (1907) 146.

C. ononoriges [err. cal.] ex *Schlechter* West-Afr. Kautsch. Exped. (1900) 291.

1888 (Fr. Hens). — V : le Stanley-Pool (Hens); Chenal [Léopoldville-Kwamouth] (Ém. Laur.); env. de Kwamouth (Biel.); Kisantu; env. de Léopoldville (Gill.); Bulebu (Ém. et M. Laur.). — VI : Eiolo (Ém. et M. Laur.). — VII : la Fini (Ém. Laur.). — VIII : env. d'Eala (M. Laur.); Coquilhatville (Schlt.). — XII b : entre Bambili et Amadis (Ser.). — XV : env. de Kanda-Kanda (Lescr.); env. de Butala (Ém. et M. Laur.). — XVI : Lukafu (Verd.).

Crotalaria Poggei *Taub.* in Engl. Jahrb., XXIII (1896) 179.

1876? (P. Pogge). — VI : le Kwango, vers 10° 30' (Pg. 157).

Crotalaria polygaloides *Welw.* ex *Bak.* in *Oliv.* Fl. trop. Afr., II (1871) 15; *De Wild.* Étud. fl. Bas- et Moy.-Cgo, I (1904) 132; *Hiern* Cat. Welw. Pl. I, 190.

1900 (J. Gillet). — V : Kisantu (Gill. 1891).

Crotalaria polyantha *Taub.* in Engl. Jahrb., XXIII (1896) 179.

1881 (P. Pogge). — XV : Mukenge (Pg. 845, 846).

Crotalaria quangensis *Taub.* in Engl. Jahrb., XXIII (1896) 177.

1876? (P. Pogge). — VI : le Kwango, vers 10° 30' (Pg.).

Crotalaria senegalensis *Bacle* in *DC.* Prodr. II (1825) 133; *Guill.* et *Perr.* Fl. Seneg. tent. 165; *Benth.* in Lond. Journ. of Bot., II (1843) 582; *Bak.* in *Oliv.* Fl. trop. Afr. I, 31; *Th. Dur.* et *Schinz* Étud. fl. Cgo (1896) 103.

C. macilenta *Delile* Cent. pl. Afr. (1826) 35, t. 3 fig. 2.

1882 (H. Johnston). — Congo (Johnst.).

Crotalaria sertulifera *Taub.* in Engl. Jahrb. XXIII (1896) 178.

1882? (P. Pogge). — XV : Musumba, 8° 30' (Pg.).

Crotalaria sessilis *De Wild.* Étud. fl. Bas- et Moy.-Cgo, I (1906) 257, t. 49.

1900 (J. Gillet). — V : entre Dembo et Kisantu (Gill. 1560).

Crotalaria spartea *R. Br.* ex *Bak.* in *Oliv.* Fl. trop. Afr. II (1871) 12; *M. Micheli* in *Th. Dur.* et *Schinz* Mat. fl. Cgo, I (1897) 29 [B. S. B. B. XXXVI², 75]; *Hiern* Cat. Welw. Pl. I, 196. *De Wild.* Miss. Laurent (1905) 107.

1888 (Fr. Hens). — V : le Stanley-Pool (Hens); Bulebu (Ém. et M. Laur.).

Crotalaria spinosa *Hochst.* in Flora, XXIV (1841) I, lntell. 32; *Bak.* in *Oliv.* Fl. trop. Afr., II, 3; *M. Micheli* in *Th. Dur.* et *De Wild.* Mat. fl. Cgo, II (1898) 4 [B. S. B. B. XXXVII, 46]; *Hiern* Cat. Welw. Pl. I, 197.

1896 (A. Dewèvre). − XIII d : env. de Kasongo. − Nom vern. : **Kaseniengue** (Dew.).

Crotalaria stenothyrsus *Taub.* in Engl. Jahrb. XXIII (1896) 178.

1880 (von Mechow). − VI : Chasamango (Mech. 539).

Crotalaria striata *DC.* Prodr. II (1825) 131; Bot. Mag. (1832) t. 3200; *Bak.* in *Oliv.* Fl. trop. Afr., II, 38 et in *Hook. f.* Fl. Brit. Ind. II, 84; *Th. Dur.* et *Schinz* Étud. fl. Cgo (1896) 104; *De Wild.* Étud. fl. Bas- et Moy.-Cgo, I (1903) 47, (1906) 258; II (1907) 147.

C. Saltiana *Andrews* Bot. Repos. X (1811) t. 648.
C. pisiformis *Guill.* et *Perr.* Fl. Seneg. tent. (1832) 162.
C. Brownei *Berth* ex *DC.* Prodr. II (1825) 130; *Rchb*, Hort. bot. (1830) t. 232.

1893 (P. Dupuis).− II : Boma (Dup.).− II a : le Mayumbe (Dup.).− V : Léopold-ville (M. Laur.); Dolo (Schlt.); env. de Dembo (Gill.); env. de Kwamouth (Biel.). − VIII : Coquilhatville (Schlt.). − XVI : Albertville [Toa] (Desc.). − Ind. non cl. : Lone Island [Angola?] (Buett.).

— — form. **latifoliolata** *De Wild.* Étud. fl. Bas- et Moy.-Cgo, I (1903) 48, 258 et Miss. Laurent (1905) 107.

1901 (J. Gillet). − Bas-Congo (Gill.). − VIII : Eala (Ém. Laur.).

Crotalaria subcapitata *De Wild.* Étud. fl. Kat. (1903) 186.

1900 (Edg. Verdick). − XVI : Lukafu (Verd. 611).

TRIFOLIUM L.

Trifolium Goetzenii *Taub.* in *von Goetzen* Durch Afrika (1895) 384, 386, et in Engl. Jahrb., XXIII (1896) 180.

1894 (A. G. v. Goetzen et v. Prittwitz). − XIV : volcan Kirunga (Goetz. et Prittw.).

RHYNCHOTROPIS Harms.

Rhynchotropis Poggei [*Taub.*] *Harms* in Engl. Jahrb. XXX (1901) 86.

Indigofera — *Taub.* in *Engl.* et *Prantl* Nat Pflanzenfam. III, 3 (1894) 260 fig. 115 H-K et ex *Harms* in Engl. Jahrb. XXVI (1899) 284.

1876 (P. Pogge). − VI : le Kwango à 12 $\frac{1}{2}$° lat. (Pg. 138).

INDIGOFERA L.

Indigofera astragalina *DC.* Prodr. II (1825) 228; *Bak.* in *Oliv.* Fl. trop. Afr. II, 89; *Th. Dur.* et *De Wild.* Mat. fl. Cgo, II (1898) 4 [B. S. B. B. XXXVII, 47] et Pl. Thonnerianae (1900) 18.

1895 (Ém. Laurent). — IX : Yabosumba près Dobo (Thonn. 81). — XV : Luebo (Ém. Laur.).

Indigofera Binderi *Kotschy* in Sitzb. Acad. Wien, Math.-Nat. LI, Abth. II (1865) 364, t. 6 b [Pl. Binderianae]; *Bak.* in *Oliv.* Fl. trop. Afr. II (1871) 91; *Th. Dur.* et *De Wild.* Mat. fl. Cgo, I (1897) 10 [B. S. B. B. XXXVI², 56].

1895 (G. Descamps). — XVI : Albertville [Toa]; Pweto (Desc.).

Indigofera Butayei *De Wild.* Étud. fl. Bas- et Moy.-Cgo, I (1904) 132, 258.

1900 (J. Gillet). — V : le Stanley-Pool (Camp); Kisantu (Gill. 960); Lemfu (But. in Gill. 1208).

Indigofera capitata *Kotschy* in Sitzb. Acad. Wien, Math.-Nat. LI, Abth. II (1865) 365 [Pl. Binderianae]; *Bak.* in *Oliv.* Fl. trop. Afr. II (1871) 91; *Taub.* in *Engl.* Pfl. Ost-Af. 209; *Th. Dur.* et *Schinz* Étud. fl. Cgo (1896) 104; *Hiern* Cat. Welw. Pl. I, 208; *De Wild.* et *Th. Dur.* Reliq. Dewevr. (1901) 58.

Anil — *O. Kuntze* Rev. Gener. (1891) 939.

1862 (R. Burton). — Congo (Burt.). — Bas-Congo (Ém. Laur.). — II a : bords de l'Owali à Shinganga (Dew.); Bingila (Dup.). — V : env. du Stanley-Pool et de Léopoldville (Hens); Dolo (Schlt.); entre Bolobo et Lukolela (Buett.); Kisantu; env. de Dembo (Gill.); rég. de Lula-Lumene (Hendr.). — VII : la Fini (Ém. Laur.). — VIII : Équateur (Pyn.). — XIII d : Nord-Maniema (Cabra-Michel). — XV : Butala (Ém. Laur.).

Indigofera congesta *Welw.* ex *Bak.* in *Oliv.* Fl. trop. Afr. II (1871) 70; *Hiern* Cat. Welw. Pl. I, 206; *De Wild.* Étud. fl. Bas- et Moy.-Cgo, I (1904) 135.

1900 (J. Gillet). — V : Kisantu (Gill. 811); Lemfu (But. in Gill. 1209); Kimuenza (Gill. 776).

Indigofera congolensis *De Wild.* et *Th. Dur.* Pl. Gilletianae, I (1900) 11 [B. Herb. Boiss. Sér. 2, I, 11] et Étud. fl. Bas- et Moy.-Cgo, I (1904) 135.

1900 (J. Gillet). — V : Kisantu (Gill. 1732); Lemfu (But. in Gill. 1134).

Indigofera Dewevrei *M. Micheli* in *Th. Dur.* et *De Wild.* Mat. fl. Cgo, I (1897) 8 [B. S. B. B. XXXVI², 54]; *De Wild.* et *Th. Dur.*

Ill. fl. Cgo (1899) 59, t. 30 et Reliq. Dewevr. (1901) 58; Pl. Gilletianae,
I (1900) 8 [B. Herb. Boiss. Sér. 2, I, 12] et *De Wild.* Étud. fl. Bas-
et Moy.-Cgo, 1 (1906) 258.

1888 (Fr. Hens). — II : Zambi (Dew. 197). — IV : Lukungu (Hens, A. 275);
Kisantu (Gill. 854, 877, 957). — XV : le Lualaba (Dew.).

Obs. — M. R. Schlechter [West.-Afr. Kautsch.-Exped. (1900) 291] croit que
cette espèce n'est pas spécifiquement distincte de l'*I. polysphaera* Bak.

Indigofera Dupuisii *M. Micheli* in *Th. Dur.* et *De Wild.* Mat. fl.
Cgo, I (1897) 9 [B. S. B. B. XXXVI², 55] et in *De Wild.* et *Th. Dur.*
Ill. fl. Cgo (1899) 97, t. 49.

1895 (P. Dupuis). — V : Bingila (Dup.).

Indigofera endecaphylla *Jacq.* Collect. bot. II (1788) 358 et Icon. pl.
rar. t. 570 [hendecaphylla]; *Bak.* in *Oliv.* Fl. trop. Afr. II, 96; *Taub.*
in *Engl.* Pfl. Ost-Afr. 210; *Th. Dur.* et *De Wild.* Mat. fl. Cgo, 1
(1897) 10 [B. S. B. B. XXXVI², 56]; *Hiern* Cat. Welw. Pl. I, 214;
De Wild. Miss. Laurent (1905) 108 et Étud. fl. Bas- et Moy.-Cgo, 11
(1907) 146.

Anil — *O. Kuntze*, Rev. Gener. (1891) 939.

1895? (G. Descamps). — VIII : Eala (Ém. Laur.).   IX : Bolombo; Nouvelle-
Anvers (Ém. et M. Laur.); Bumba (Pyn.).—XIII a : Romée (Van Goitsenhoven).—
XV : Mukundji (Ém. et M. Laur.). — Ind. non cl. : Masanze [Mazanze? XIV].
(Desc.).

Indigofera erythrogramma *Welw.* ex *Bak.* in *Oliv.* Fl. trop. Afr.
II (1871) 73; *Th. Dur.* et *Schinz* Étud. fl. Cgo (1896) 73; *Hiern* Cat.
Welw. Pl. I, 207; *Th. Dur.* et *De Wild.* Mat. fl. Cgo, II (1898) 3
[B. S. B. B. XXXVII, 46]; *De Wild.* et *Th. Dur.* Contr. fl. Cgo, II
(1900) 15 et Reliq. Dewevr. (1901) 8.

1886 (R. Buettner).— Congo (Dem.).—V : le Stanley-Pool (Buett.); Mont Léopold
(Luja); env. de Léopoldville (Luja): Dolo (Schlt.); Kisantu et env. (Gill.); Kimuenza. — Nom vern. : **Mcaca** (Dew.); entre Kisantu et le Kwango (But.).

Indigofera erythrogrammoides *De Wild.* Étud. fl. Bas- et Moy.-
Cgo, I (1906) 133.

1903 (Xav. Hendrickx). — V : rég. de Lula-Lumene (Hendr. in Gill. 3063).

Indigofera Garckeana *Vatke* in Oest. Bot. Zeitsch. XXIX (1879) 221;
Taub. in *Engl.* Pfl. Ost-Afr. 135; *De Wild.* Étud. fl. Bas- et Moy.-
Cgo, I (1904) 135.

1900 (J. Gillet). — V : env. de Léopoldville; Kisantu (Gill. 1295).

Indigofera Gilletii *De Wild.* et *Th. Dur.* Pl. Gilletianae, I (1900) 12 [B. Herb. Boiss. Sér. 2, I, 12]; *De Wild.* Étud. fl. Bas- et Moy.-Cgo, I (1904) 135.

1900 (J. Gillet). — V : rég. de Lula-Lumene (Hendr. in Gill. 3062); Kisantu (Gill. 583, 737. 881).

Indigofera Heudelotii *Benth.* ex *Oliv.* Fl. trop. Afr. II (1871) 85; *Th. Dur.* et *De Wild.* Mat. fl. Cgo, I (1897) 10 [B. S. B. B. XXXVI², 56]; *De Wild.* Miss. Laurent (1905) 108.

1893 (P. Dupuis). — II a : Bingila (Dup.). — VII : Kutu (Ém. et M. Laur.).

Indigofera hirsuta *L.* Sp. pl. ed. 1 (1753) 751; *Bak.* in *Oliv.* Fl. trop. Afr. II, 88; *Hook.* Compan. Bot. Mag. t. 24; *Taub.* in *Engl.* Pfl. Ost-Afr. 209; *Th. Dur.* et *Schinz* Étud. fl. Cgo. (1896) 105; *Hiern* Cat. Welw. Pl. I, 212; *De Wild.* Étud. fl. Kat. (1902) 51 et Étud. fl. Bas- et Moy.-Cgo, I (1904) 135.

Anil — *O. Kuntze* Rev. Gener. (1891) 160.

1882 (H. Johnston). — Bas-Congo (Johnst.). — I : Moanda (Vanderyst). — II : Boma (Dew.). — V : Yumbi (Ém. et M. Laur.); Suata (Buett.); Kisantu (Gill.). — VII : Basenge (Ém. et M. Laur.). — VIII : env. d'Eala (Ém. et M. Laur.). — IX : Umangi (Ém. et M. Laur.). — XIV : volcan Kirunga (Goetz. et Prittw.). — XVI : env. de Lukafu (Verd.).

Indigofera kisantuensis *De Wild.* et *Th. Dur.* Pl. Gilletianae, I (1900) 13 [B. Herb. Boiss. Sér. 2, I, 13].

1900 (J. Gillet). — V : Kisantu (Gill. 839).

Indigofera moeroensis *De Wild.* Étud. fl. Bas- et Moy.-Cgo, I (1904) 133.

1900 (Edg. Verdick). — XVI : Lac Moero (Verd.).

Indigofera paucifolia *DC.* Prodr. II (1825) 234; *Bak.* in *Oliv.* Fl. trop. Afr., II (1871) 88; *Th. Dur.* et *De Wild.* Mat. fl. Cgo, I (1897) 10 [B. S. B. B. XXXVI², 56].

1895 (G. Descamps). — XVI : Toa (Desc.).

Indigofera polysperma *De Wild.* et *Th. Dur.* Pl. Gilletianae, I (1900) 14 [B. Herb. Boiss. Sér. 2, I, 14]; *De Wild.* Miss. Laurent (1905) 108.

1893 (Ém. Laurent). — II a : la Lukula (Ém. Laur.). — V : env. de Kwamouth (Biel.); Sabuka (Ém. et M. Laur.); Kimpoko (M. Laur.); Kisantu (Gill. 656, 736, 919).

Indigofera procera *Schumach.* et *Thonn.* Beskr. Guin. Pl. (1827) 365; *Bak.* in *Oliv.* Fl. trop. Afr. II, 71; *Th. Dur.* et *De Wild.*

8

Mat. fl. Cgo, I (1897) 29 [B. S. B. B. XXXVI², 75]; *Hiern* Cat. Welw. Pl. I, 207; *De Wild.* et *Th. Dur.* Pl. Gilletianae, I (1900) 14 [B. Herb. Boiss. Sér. 2, I, 14] et Contr. fl. Cgo, II (1900) 15; *De Wild.* Étud. fl. Bas- et Moy.-Cgo, I (1904) 135.

Anil procera *O. Kuntze* Rev. Gener. (1891) 939.

1891 (F. Demeuse). — Congo (Dem.). — V : env. de Léopoldville (Gill.); rive N. du Kasai (Luja); Kisantu (Gill.); rég. de Lula-Lumene (Hendr.). — VII : la Fini (Ém. Laur.). — XII c : entre Niangara et Gombari (Ser.).

Indigofera Schimperi *Jaub.* et *Spach* Ill. pl. orient. V (1857) 94, t. 484; *Bak.* in *Oliv.* Fl. trop. Afr., II, 93; *De Wild.* Étud. fl. Bas- et Moy.-Cgo, I (1904) 135.

1891 (G. Descamps). — XVI : vallée du Lofoi (Desc.); Lukafu (Verd. 61).

Indigofera scopa *De Wild.* et *Th. Dur.* Reliq. Dewevr. (1901) 60.

1896 (A. Dewèvre). — XIII d : Lusonga (Dew. 1027 b).

OBS. — Cult. autour des villages pour faire des balais (Dew.).

Indigofera secundiflora *Poir.* Encycl. méth. Suppl. III (1813) 148; *DC.* Prodr. II (1825) 228; *Bak.* in *Oliv.* Fl. trop. Afr., II, 94; *Taub.* in *Engl.* Pfl. Ost-Afr. 210; *De Wild.* et *Th. Dur.* Reliq. Dewevr. (1901) 59.

I. oligosperma *DC.* l. c. II (1825) 228; *Guill.* et *Perr.* Fl. Seneg. tent. 181; *A. Rich.* Tent. fl. Abyss. I, 181.
I. glutinosa *Schumach.* et *Thonn.* [non *DC.*] Beskr. Guin. Pl. (1827) 370.

1895 (A. Dewèvre). — II : Boma (Dew. 90).

Indigofera tetraptera *Taub.* ex *Harms* in Engl. Jahrb. XXIII (1896) 181.

1882 (P. Pogge). — XV : Mukenge (Pg. 795).

Indigofera tetrasperma *Schumach.* et *Thonn.* Beskr. Guin. Pl. (1827) 365; *Bak.* in *Oliv.* Fl. trop. Afr. II, 75; *Th. Dur.* et *De Wild.* Mat. fl. Cgo, I (1897) 8 et II (1898) 3 [B. S. B. B. XXXVI², 54 et XXXVII, 46].

1895 (G. Descamps). — V : Dolo (Schlt.). — XV : rives du Kasai (Ém. Laur.). — XVI : Toa (Desc.).

Indigofera trita *L. f.* Suppl. pl. (1781) 335; *Bak.* in *Oliv.* Fl. trop. Afr. II, 86; *Taub.* in *Engl.* Pfl. Ost-Afr. 210; *Th. Dur.* et *De Wild.* Mat. fl. Cgo, II (1898) 4 [B. S. B. B. XXXVII, 47] et Reliq. Dewevr. (1901) 59.

1896 (A. Dewèvre; Eug. Wilwerth). — V : Kisantu (Gill. 938, 946). — IX : Upoto (Wilw.). — XI : Bena-Kamba. — Nom vern. : **Kommolobilo** (Dew. 1099 a).

Indigofera variabilis *De Wild.* Étud. fl. Bas- et Moy.-Cgo, I (1904) 134.

1900 (J. Gillet). — V : Kisantu (Gill. 734).

TEPHROSIA Pers.

Tephrosia bracteolata *Guill.* et *Perr.* Fl. Seneg. tent. (1832) 194 ; *Bak.* in *Oliv.* Fl. trop. Afr. II, 116 ; *Th. Dur.* et *Schinz* Étud. fl. Cgo (1896) 105 ; *Taub.* in *Engl.* Pfl. Ost-Afr. 211 ; *De Wild.* Étud. fl. Bas- et Moy.-Cgo, I (1904) 142, (1906) 261 et Miss. Laurent (1905) 111.

Cracca — *O. Kuntze* Rev. Gener. (1901) 174 ; *Hiern* Cat. Welw. Pl. I, 221.

1886 (R. Buettner). — IV : Kitobola (Ém. et M. Laur.). — V : Dolo (Schlt.); le Stanley-Pool (Buett.); Chenal ; Mopolenge (Ém. et M. Laur.); rég. de Lula-Lumene (Hendr.): Kisantu ; env. de Kimuenza (Gill.). — VI : Eiolo (Ém. et M. Laur.). — XV : Bolombo ; Lusambo (Ém. et M. Laur.).

Tephrosia Butayei *De Wild.* et *Th. Dur.* Pl. Gilletianae, II (1901) 75 [B. Herb. Boiss. Sér. 2, I, 747].

1900 (R. Butaye). — V : ravin de la Sele (But. in Gill. 1444).

Tephrosia curvata *De Wild.* Étud. fl. Kat. (1903) 190.

1900 (Edg. Verdick). — XVI : Lukafu. — Nom vern. : **Kambalubala** (Verd. 403).

Tephrosia elegans *Schumach.* in *Schumach.* et *Thonn.* Beskr. Guin. Pl. (1827) 376 ; *Bak.* in *Oliv.* Fl. trop. Afr. II, 118 ; *Th. Dur.* et *De Wild.* Mat. fl. Cgo, II (1898) 6 [B. S. B. B. XXXVII, 49] ; *De Wild.* Étud. fl. Bas- et Moy.-Cgo, I (1904) 142, (1906) 261 ; II (1907) 149 et Miss. Laurent (1905) 111.

Cracca — *O. Kuntze* Rev. Gener. (1891) 175 ; *Hiern* Cat. Welw. Pl. I, 221.

1895 (A. Dewèvre). — Bas-Congo (But.). — II : Zambi (Dew.). — IV : Kitobola (Pyn.). — V : Dolo (Schlt.); Chenal [Leo-Kwamouth] (Ém. et M. Laur.); env. de Léopold-ville (Gill.); Lula-Lumene (Hendr.); Kisantu (Gill.).

Tephrosia katangensis *De Wild.* Étud. fl. Kat. (1903) 192.

1900 (Edg. Verdick). — XVI : le Katanga (Verd.).

Tephrosia Kindu *De Wild.* Étud. fl. Kat. (1903) 191.

1900 (Edg. Verdick). — XVI : Lukafu. — Nom vern. : **Kakindu-kindu** (Verd. 439).

Tephrosia Laurentii *De Wild.* Miss. Laurent (1905) 111.

1895 (A. Dewèvre). — I : Banana (Dew. 155; M. Laur.).

Tephrosia linearis *Pers.* Syn. pl. II (1807) 330; *DC.* Prodr. II (1825) 254; *Bak.* in *Oliv.* Fl. trop. Afr. II, 130; *Taub.* in *Engl.* Pfl. Ost-Afr. 211; *Th. Dur.* et *De Wild.* Mat. fl. Cgo, II (1898) 10 [B. S. B. B. XXXVI², 56]; *De Wild.* et *Th. Dur.* Contr. fl. Cgo, I (1899) 19 et Reliq. Dewevr. (1901) 59; *De Wild.* Étud. fl. Bas- et Moy.-Cgo, I (1906) 262.

Cracca — *O. Kuntze* Rev. Gener. (1891) 175; *Hiern* Cat. Welw. Pl. I, 222.

1891 (Hyac. Vanderyst). — I : Moanda (Vanderyst); Banana (Dew.). — V : Bokala (M. Laur.). — XVI : Toa (Desc.).

Tephrosia lupinifolia *DC.* Prodr. II (1825) 255; *Harv.* et *Sond.* Fl. Capens. II, 204; *Bak.* in *Oliv.* Fl. trop. Afr. II, 107; *Taub.* in *Engl.* Pfl. Ost-Afr. 211; *Th. Dur.* et *Schinz* Étud. fl. Cgo (1896) 105; *De Wild.* Étud. fl. Bas- et Moy.-Cgo, I (1904) 142 et Miss. Laurent (1905) 111.

Cracca — *O. Kuntze* Rev. Gener. (1891) 175; *Hiern* Cat. Welw. Pl. I, 219. Rhynchosia Cienkowskii *Schweinf.* Reliq. Kotschyanae (1868) 31, t. 24-26.

1888 (Fr. Hens). — V : le Stanley-Pool (Hens); Kimuenza (Gill.); Bulebu (Ém. et M. Laur.).

— — var. **digitata** *Bak.* in *Oliv.* Fl. trop. Afr. II (1871) 107; *Th. Dur.* et *Schinz* l. c. 106.

T. digitata *DC.* Prodr. II (1825) 255.

1885 (R. Buettner). — V : entre Bolobo et Lukolela (Buett.).

Tephrosia megalantha *M. Micheli* in *Th. Dur.* et *De Wild.* Mat. fl. Cgo, I (1897) 11 [B. S. B. B. XXXVI², 57]; Ill. fl. Cgo (1899) 79 t. 40 et Reliq. Dewevr. (1901) 60.

1895 (A. Dewèvre). — V : env. de Kimuenza (Dew. 1520). — XV : Lusambo (Ém. Laur.). — Nom vern. : **Bongo** (Mobangui).

Tephrosia nseleensis *De Wild.* Étud. fl. Bas- et Moy.-Cgo, I (1904) 141, t. 36.

1900 (R. Butaye). — V : bassin de la Sele (But. in Gill. 1448).

Tephrosia noctiflora *Boj.* Hort. Maurit. (1837) 93; *Bak.* in *Oliv.* Fl. trop. Afr. II, 112; *Th. Dur.* et *De Wild.* Mat. fl. Cgo, II (1898) 6 [B. S. B. B. XXXVII, 49].

1894 (Ém. Laurent). —V : Mont Léopold [Léopoldville] (Luja). — XV : brousse à l'E. de Lusambo (Ém. Laur.).

OBS. — Une forme [magis pubescens] croît sur les bords du Lomami [distr. ?] (Ém. Laur.).

Tephrosia villosa [L.] *Pers.* in *DC.* Prodr. II (1825) 213; *Bak.* in *Oliv.* Fl. trop. Afr. II, 132; *Th. Dur.* et *De Wild.* Mat. fl. Cgo, I (1897) 10 [B. S. B. B. XXXVI², 55]; *De Wild.* Étud. fl. Bas- et Moy.-Cgo, II (1907) 149.

Cracca — *L.* Sp. pl. ed. 1 (1753) 752; *Hiern* Cat. Welw. Pl. I. 223.

1891 (G. Descamps). - V : Léopoldville (Pyn.). — VI : Madibi (Sap.). — VIII : Eala (M. Laur.). — XI : Mogandjo (M. Laur.). — XII : l'Uele (Delp.). — XVI : Pala (Desc.). — Nom vern. : **Buka** [Kwilu]; **Luvanki** [Bangala] (Sap.).

Tephrosia Verdickii *De Wild.* Étud. fl. Kat. (1903) 192.

1900 (Edg. Verdick). — XVI : Lukafu (Verd.).

Tephrosia Vogelii *Hook. f.* ex *Hook.* Niger Fl. (1849) 296; *Bak.* in *Oliv.* Fl. trop. Afr. II, 110; *Ficalho* Pl. Uteis (1884) 130; *Taub.* in *Engl.* Pfl. Ost-Afr. 211; *Th. Dur.* et *Schinz* Étud. fl. Cgo (1896) 106; *De Wild.* et *Th. Dur.* Pl. Gilletianae, I (1900) 15 et Reliq. Dewevr. 60; *De Wild.* Étud. fl. Kat. (1902) 51; Miss. Laurent (1905) 112 et Étud. fl. Bas- et Moy.-Cgo, I (1906) 262.

Cracca — *O. Kuntze* Rev. Gener. (1891) 175; *Hiern* Cat. Welw. Pl. I, 220.

1870 (G. Schweinfurth). — II a : Vungu-Singa (Dup.). — V : C. dans les villages près du Stanley-Pool (Ém. et M. Laur.); Kisantu (Gill.); env. de Yumbi (Ém. et M. Laur.). — VIII : env. de Mobanga. — Noms vern. : **Lopangui-panga; Pophangue** (Dew.). — XII d : pays des Mangbettu (Schw.). — XIII a : Wanie-Rukula (Ém. Laur.). — XVI : Lukafu. — Nom vern. : **Kabala** (Verd.).

MILLETIA Wight et Arn.

Milletia Baptistarum *Buett.* in Verh. bot. Ver. Brandenb. XXXII (1890) 50; *Th. Dur.* et *Schinz* Étud. fl. Cgo (1896) 106; *Hiern* Cat. Welw. Pl. I, 229.

1885 (R. Buettner). — III : Tondoa (Buett.).

Milletia breviflora *De Wild.* Étud. fl. Bas- et Moy.-Cgo, I (1904) 136.

1902 (J. Gillet). — VI : vallée de la Djuma (Gill. 2845).

Milletia brevistipellata *De Wild.* Étud. fl. Kat. (1903) 193.

1899 (Edg. Verdick). — XVI : Lukafu. — Nom vern. : **Solemosji** (Verd. 55).

Milletia Cabrae *De Wild.* Étud. fl. Bas- et Moy.-Cgo, I (1904) 136.

1897 (Alph. Cabra). — Ind. non cl. : forêt d'Inteba (Cabra, 110).

Milletia congolensis *De Wild.* et *Th. Dur.* Pl. Gilletianae, I (1900) 15 [B. S. B. B. Sér. 2, I, 15] et Reliq. Dewevr. (1901) 61; *De Wild.* Étud. fl. Bas- et Moy.-Cgo, I (1904) 140, (1906) 259 et Miss. Laurent (1905) 109.

M. macrophylla *M. Micheli* [non *Hook. f.*] in *Th. Dur.* et *De Wild.* Mat. fl. Cgo, II (1898) 4 [B. S. B. B. XXXVII, 47]

1896 (A. Dewèvre). — V : entre Léopoldville et Sabuka (Luja, 33) ; Sanda (De Brouw. in Gill. 3033, 3133) ; Kisantu (Gill. 87, 383) ; Sadi [Inkisi] (Cabra-Michel, 33). — VI : vallée de la Djuma (Gent. ; Gill. 2852). — XV : Lusambo (Ém. Laur.).

Milletia Demeusei *De Wild.* Étud. fl. Bas- et Moy.-Cgo, I (1904) 137.

1891 (F. Demeuse). — XI : Yamonongeri (Dem. 413).

Milletia drastica *Welw.* ex *Bak.* in *Oliv.* Fl. trop. Afr. II (1871) 128 ; *Taub.* in *Engl.* Pfl. Ost-Afr. 92 ; *Th. Dur.* et *Schinz* Étud. fl. Cgo (1896) 106 ; *Hiern* Cat. Wclw. Pl. I, 226 ; *De Wild.* et *Th. Dur.* Pl. Gilletianae, I (1900) 15 [B. Herb. Boiss. Sér. 2, I, 15] et Reliq. Dewevr. (1901) 61 ; *De Wild.* Étud. fl. Kat. (1903) 193

Phaseolodes — *O. Kuntze* Rev. Gener. (1891) 202.

1885 (R. Buettner). — V : le Stanley-Pool (Buett. 252) ; Kisantu (Gill. 99). — XVI : Lukafu. — Noms vern. : **Kafita** ; **Dimanba** (Verd. 109, 290). — Ind. non cl. : le Lomami (Desc. 681).

Milletia dubia *De Wild.* Étud. fl. Bas- et Moy.-Cgo, I (1904) 137.

1902 (L. Gentil et J. Gillet). — V : env. de Léopoldville (Gill.). — VI : vallée de la Djuma (Gent.; Gill. 2875).

Milletia Duchesnei *De Wild.* Étud. fl. Bas- et Moy.-Cgo, I (1904) 138.

1898 (Ém. Duchesne). — XIII a : route de la Tshopo à Stanleyville (Duch. 4).

Milletia Gentilii *De Wild.* Étud fl. Bas- et Moy.-Cgo, I (1904) 138, (1906) 258, t. 53.

1902 (L. Gentil). — V : rég. de Sanda (Verm. in Gill. 3433). — XV : vallée de la Loange (Gent. 29).

Milletia Harmsiana *De Wild.* Étud. fl. Bas- et Moy.-Cgo, I (1904) 139, II (1907) 37.

1901 (J. Gillet). — V : env. de Kimuenza (Gill. 1919).

— — form. **acuminata** *De Wild.* Étud. fl. Bas- et Moy.-Cgo, II (1907) 147.

1906 (L. Pynaert). — VIII : Eala (Pyn. 454).

Milletia Laurentii *De Wild.* in La Belg. colon. (1904) 378 ; Not. pl. util. ou intér. du Cgo, II (1904) 341-42 ; Miss. Laurent (1905) 109 et Étud. fl. Bas- et Moy.-Cgo, I (1906) 269 ; II (1907) 147.

1894 (J. Gillet). — V : Léopoldville (Ém. et M. Laur. ; Dew. 523) ; Bolobo (Coll.?) ; Kisantu. — Nom vern. : **Mbota** (Gill. 40) ; Kimuenza (Gill. 2164). — VII : Kutu (Ém. et M. Laur.). — VIII : Bokakata (Gent.).

Milletia ?macroura *Harms* in Engl. Jahrb. XXVI (1899) 289.

1882 (P. Pogge). — XV : Mukenge (Pg. 828).

Milletia Mannii *Bak.* in *Oliv.* Fl. trop. Afr. II (1871) 127 ; *Th. Dur.* et *Schinz* Étud. fl. Cgo (1896) 106 ; *De Wild.* et *Th. Dur.* Reliq. Dewevr. (1901) 62 et Pl. Gilletianae, II (1901) 75 [B. Herb. Boiss. Sér. 2, I, 747] ; *De Wild.* Étud. fl. Bas- et Moy.-Cgo, II (1907) 147.

1888 (Fr. Hens).— V : Léopoldville (Hens); Lukolela (Pyn.) ; entre Kisantu et le Kwango (But.) : env. de Sanda (Odd.). — VIII : Bokakata. — Nom vern. : **Busembo** (Dew. 786) ; Equateur (Pyn.) ; Eala (M. Laur. ; Pyn,). — XI : Mogandjo (M. Laur.).

Milletia Teuszii [*Buett.*] *De Wild.* Étud. fl. Bas- et Moy.-Cgo, I (1904) 140, (1906) 260, t. 48 ; II (1907) 147 et Miss. Laurent (1905) 110.

Lonchocarpus — *Buett.* in Verh. bot. Ver. Brandenb. XXXII (1891) 51.

1880 (von Mechow). — V : rég. de Kisantu (Gill. 605, 2527); env. de Kimuenza (Gill. 1677); rég. de Sanda (Verm. in Gill. 3833); env. de Yumbi (Em. et M. Laur.). — VI : le Kwango (v. Mechow). — VIII : Ikenge (Malchair in M. Laur.935) ; Injolo (M. Laur. 1884). — XV : Butala (Ém. et M. Laur.); le Sankuru (Ém. Laur.).

Milletia Thonningii [*Schumach.* et *Thonn.*] *Bak.* in *Oliv.* Fl. trop. Afr. II (1871) 128 ; *Th. Dur.* et *Schinz* Étud. fl. Cgo (1896) 128 ; *De Wild.* et *Th. Dur.* Contr. fl. Cgo, I (1900) 18 et Reliq. Dewevr. (1901) 62 ; Pl. Gilletianae, II (1901) 75 [B. Herb. Boiss. Sér. 2, I, 747] ; *De Wild.* Étud. fl. Bas- et Moy.-Cgo, I (1904) 140, (1906) 260 ; II (1907) 147.

Robinia — *Schumach.* et *Thonn.* Beskr. Guin. Pl. (1827) 349.
Phaseolodes — *O. Kuntze* Rev. Gener. (1891) 202.
M. Griffoniana *Baill.* in Adansonia, VI (1866) 222 ; *Hiern* Cat. Welw. Pl. I, 225.

1888 (Fr. Hens). — Bas-Congo (Hens, 335). — II : env. de Boma (Dew. 180). — II a : bord de la Msafo (Dup.); le Mayumbe (Ém. Laur.). — V : env. de Léopold-ville (Gill. 2532); Lukolela (Pyn. 177); Kisantu (Gill. 1045, 1234); Kimuenza (Gill. 2192); Sanda (Odd. in Gill. 3308). — VI : riv. Inchina. — Nom vern. : **Bokinku** (Sap.). — VIII : env. d'Eala. — Nom vern. : **M'Banza** (M. Laur. 1682, 1815) ; Irebu (Schlt.) ; Équateur (Pyn. 264). — IX : Umangi (Ém. Duch.). — XIII d : env. de Kasongo (Dew. 963 a). — Noms vern. : **Alimne** [Ikwangula]; **Nyangwe** [Kasongo] ; **Kasonswe** [Tanganika] (Dew.).

Milletia urophylloides *De Wild.* Étud. fl. Bas- et Moy.-Cgo, II (1907) 147.

1905 (Marc. Laurent). — VIII : Eala (M. Laur. 801, 1821).

Obs. — Cette espèce a été retrouvée au Congo français par M. A. Baudon (De Wild. l. c.)

Milletia versicolor *Welw.* ex *Bak.* in *Oliv.* Fl. trop. Afr. II (1871) 129 ; *Hiern* Cat. Welw. Pl. I, 227 ; *De Wild.* Not. pl. util. ou intér.

du Cgo, I (1904) 343-45 et Étud. fl. Bas- et Moy.-Cgo, I (1906) 260, t. 47; II (1907) 148.

Lonchocarpus Dewevrei *M. Micheli* in *Th. Dur.* et *De Wild.* Mat. fl. Cgo, I (1897) 23, t. 5 [B. S. B. B. XXXVI², 69]; Pl. Gilletianae, I (1900) 19 [B. Herb. Boiss. Sér. 2, I, 19]; Contr. fl. Cgo, II (1900) 17 et Reliq. Dewevr. (1901) 72.

1895 (A. Dewèvre). — II : Boma (Dew. 413). — II a : le Mayumbe (Ém. et M. Laur.) ; la Lemba (Dew. 370, 841 a); Zenze. — Nom vern. : Boto (Ém. Laur.). — V : env. de Léopoldville (Dew. 524); rég. de Lukolela. — Nom vern. : **Mitoko** (Dew.); Kisantu. — Nom vern. : **M'Butu** (Gill. 41); Kimuenza (Gill. 2125); Tumba (Ém. et M. Laur.). — VII : la Fini; Noki (Ém. et M. Laur.). — IX : Bolombo (Ém. et M. Laur.); Luozi (Lujà). — XV : Luebo (Ém. Laur.); Bukila (M. Laur.).

PLATYSEPALUM Welw.

Platysepalum cuspisdatum *Taub.* in Engl. Jahrb. XXIII (1896) 187.

1881 (P. Pogge). — XV : Samba à l'O. du Lualaba, 4° 15 (Pg. 766).

Platysepalum ferrugineum *Taub.* in Engl. Jahrb. XXIII (1896) 186.

1881 (P. Pogge). — XV : bords du Lualaba vers 4° 15 (Pg. 799).

Platysepalum hypoleucum *Taub.* in Engl. Jahrb. XXIII (1896) 186.

1881 (P. Pogge). — XV : Mukenge (Pg. 816); village Kalebue, 5° 45 (Pg. 863).

Platysepalum Poggei *Taub.* in Engl. Jahrb. XXIII (1896) 185 ; *De Wild.* Étud. fl. Bas- et Moy.-Cgo, II (1907) 149.

1881 (P. Pogge). — XV : Mukenge (Pg. 868, 901); Lubefu (Lescr. 367).

Platysepalum Vanhouttei *De Wild.* Étud. fl. Bas- et Moy.-Cgo. I (1906) 260.

1903 (Aug. Van Houtte). — V : rég. de Kisantu (Van Houtte in Gill. 3660).

Platysepalum violaceum *Welw.* ex *Bak.* in *Oliv.* Fl. trop. Afr. II (1871) 131; *De Wild.* et *Th. Dur.* Mat. fl. Cgo, I (1897) 10, t. 6 et II (1898) 4 [B. S. B. B. XXXVI², 56 et XXXVII, 47]; *Hiern* Cat. Welw. Pl. I, 230; *De Wild.* et *Th. Dur.* Reliq. Dewevr. (1901) 63; *De Wild.* Miss. Laurent (1905) 110 et Étud. fl. Bas- et Moy.-Cgo, II (1907) 149.

1895 (A. Dewèvre). — II : Boma (Dew. 413). — V : Léopoldville (Pyn. 157); Lukolela (Dew. 841). — VIII : Coquilhatville (Ém. Laur.); Wangata (Dew. 670); Lulanga; Lac Tumba (Ém. et M. Laur.); Eala (M. Laur.). — IX : pays des Bangala. — Nom vern. : **Moloko** (Dew. 864 a). — X : Ubangi (Ém. et M. Laur.). — XI : Bomaneh (M. Laur.). — XV : Limbutu (M. Laur.).

DEWEVREA M. Micheli.

Dewevrea bilabiata *M. Micheli* in *Th. Dur.* et *De Wild.* Mat. fl.
Cgo, II (1898) 6 [B. S. B. B. XXXVII, 49]; Ill. fl. Cgo (1898) 3, t. 2;
Reliq. Dewevr. (1901) 62; *De Wild.* Étud. fl. Bas- et Moy.-Cgo, II
(1907) 148.

1894 (Ém. Laur.). — VIII : Eala (M. Laur. 1687). — XIII a : env. de Stanleyville
(Dew. 1163); Stanley-Falls (Ém. Laur.).

SESBANIA Pers.

Sesbania aegyptiaca [*Poir.*] *Pers.* Syn. pl. II (1807) 316; *DC.* Prodr.
II (1825) 264; *Bak.* in *Oliv.* Fl. trop. Afr. II, 134; *Taub.* in *Engl.*
Pfl. Ost-Afr. 213; *M. Micheli* in *Th. Dur.* et *De Wild.* Mat. fl.
Cgo, I (1897) 12, 29 [B. S. B. B. XXXVI², 58]; Contr fl. Cgo, II
(1900) 15 et Reliq. Dewevr. (1901) 63; *De Wild.* Étud. fl. Bas- et
Moy.-Cgo, I (1904) 141, (1906) 262; II (1907) 149 et Miss. Laurent
(1905) 111.

Sesban aegypticus *Poir.* in *Lam.* Encycl. méth. Bot. VII (1806) 128; *Hiern*
Cat. Welw. Pl. I, 231.
Emerus Sesban *O. Kuntze* Rev. Gener. (1891) 180.

1888 (Fr. Hens). — II : Sisia (Dup.). — II a : Bingila (Dup.). — V : le Stanley-
Pool (Hens); Léopoldville (M. Laur.); entre Léopoldville et Mombasi (Gill.); env.
de Léopoldville (Dew.); en amont de Kiushassa (Camp); env. de Kisantu (Gill.).
— VII : bords de la Fini (Ém. et M. Laur.). — XIII a : Stanleyville (Ém. Duch.).
— XV : env. de Lusambo (Ém. et M. Laur.). — XVI : Toa (Desc.). — Ind. non
cl. : Mont Angba (Ser.).

Sesbania affinis *De Wild.* Étud. fl. Bas- et Moy.-Cgo, I (1904) 141 et
Miss. Laurent (1905) 112.

1902 (J. Gillet). — V : entre Léopoldville et Mombasi (Gill. 2626); Bokala (Ém. et
M. Laur.).

Sesbania pubescens *DC.* Prodr. II (1825) 266; *Bak.* in *Oliv.* Fl. trop.
Afr. II, 135; *Taub.* in *Engl.* Pfl. Ost-Afr. 213; *M. Micheli* in *Th.*
Dur. et *De Wild.* Mat. fl. Cgo, II (1898) 6 [B. S. B. B. XXXVII, 49] et
Reliq. Dewevr. (1901) 63; *De Wild.* Étud. fl. Bas- et Moy.-Cgo, I
(1906) 263.

Sesban — *Hiern* Cat. Welw. Pl. 1 (1896) 231.

1895 (A. Dewèvre). — I : Moanda (Gill. 3167); Banana (Dew.). — II : Boma
(Dew. 60, 70).

Sesbania punctata *DC.* Prodr. II (1825) 265; *Bak.* in *Oliv.* Fl. trop.
Afr. II, 133; *Taub.* in *Engl.* Pfl. Ost-Afr. 213; *Th. Dur.* et *Schinz*
Étud. fl. Cgo (1896) 107; *De Wild.* et *Th. Dur.* Pl. Gilletianae, I

(1900) 15 [B. Herb. Boiss. Sér. 2, I, 15]; *De Wild.* Étud. fl. Bas- et Moy.-Cgo, I (1906) 263; II (1907) 149.

Sesban punctatus *Hiern* Cat. Welw. Pl. I (1896) 230.

1874 (Fr. Naumann). — II : Ponta da Lenha (Naum.). — II : Sisia (Dup.). — V : Léopoldville (M. Laur.); Lula-Lumene (Hendr. in Gill. 3047); Dembo; Kisantu (Gill. 552).

CYCLOCARPA Afzel.

Cyclocarpa stellaris *Afzel.* ex *Bak.* in *Oliv.* Fl. trop. Afr. II (1871) 151 in nota; *Urban* in Jahrb. bot. Gart. Berlin, III (1884) 247 et ex *Taub.* in *Engl.* et *Prantl* Nat. Pflanzenfam. III, 3 (1894) 320, fig. 112 M.; *Th. Dur.* et *Schinz* Étud. fl. Cgo (1896) 107 ; *De Wild.* et *Th. Dur.* Pl. Gilletianae, I (1900) 15 [B. Herb. Boiss. Sér. 2, I, 15]; *De Wild.* Étud. fl. Bas- et Moy.-Cgo, I (1904) 141, 263.

1883 (E. Teusz). — IV : Luvituku (Luja, 154).—V : le Stanley-Pool (Teusz); Dolo (Schlt.); Kimuenza (Gill. 2121); Kisantu (Gill. 340. 513, 526).

ORMOCARPUM P. Beauv.

Ormocarpum affine *De Wild.* Étud. fl. Kat. (1903) 197.

1900 (Edg. Verdick). — XVI : Lukafu. — Nom vern. : **Boka** (Verd. 537).

Ormocarpum sennoides *DC.* Prodr. II (1825) 315; *Bak.* in *Oliv.* Fl. trop. Afr. II, 143; *De Wild.* et *Th. Dur.* Pl. Gilletianae, I (1900) 15 [B. Herb. Boiss. Sér. 2, I, 15]; *De Wild.* Miss. Laurent (1905) 113 et Étud. fl. Bas- et Moy.-Cgo, II (1907) 150.

O. sesamoides [err. cal.] *M. Micheli* in *Th. Dur.* et *De Wild.* Mat. fl. Cgo, II (1898) 6 [B. S. B. B. XXXVII, 49] et Reliq. Dewevr. (1901) 64.
Diphaca cochinchinensis *Lour.* Fl. Cochinch. (1790) 454; *Hiern* Cat. Welw. Pl. I, 233.

1896 (A. Dewèvre). — V : env. de Lukolela [cult. dans les villages] (Pyn.); Kisantu (Gill.). — VIII : Irebu (M. Laur.). — XI : Yambuli (Ém. et M. Laur.).

HERMINIERA Guill. et Perr.

Herminiera Elaphroxylon *Guill.* et *Perr.* Fl. Seneg. tent. (1832) 201, t. 51; *Bak.* in *Oliv.* Fl. trop. Afr. II 144; *Th. Dur.* et *Schinz* Étud. fl. Cgo (1896) 107; *Hiern* Cat. Welw. Pl. I, 233; *Th. Dur.* et *De Wild.* Mat. fl. Cgo, II (1898) 7 [B. S. B. B. XXXVII, 50]; *De Wild.* et *Th. Dur.* Contr. fl. Cgo, I (1899) 19; *De Wild.* Étud. fl. Kat. (1902) 51 et Miss. Laurent (1905) 113.

Aeschynomene— *Taub.* in *Engl.* et *Prantl* Nat. Pflanzenfam. III, 3 (1894) 319; *Th. Dur.* et *De Wild.* Mat. fl Cgo, I (1897) 30 [B. S. B. B. XXXVI², 76]; *De Wild.* Étud. fl. Bas- et Moy.-Cgo, I (1904) 144.

1888 (Fr. Hens). — V : le Stanley-Pool; Léopoldville (Hens); entre Léopoldville et Mombasi (Gill.); env. de Lukolela (Pyn.). — IX : Bangala (Ém. Laur.); Lisala (Ém. et M. Laur.).-- XIII d : entre Nyangwe et Kasongo (Ém. et M. Laur.).—XV : Lubue [Kasai] (Gent).—XVI : bords du Lac Moero.— Nom vern. : **Machila-Ambacha** (Verd.).

AESCHYNOMENE L.

Aeschynomene aspera *L.* Sp. pl. ed. 1 (1753) 713; *Bak.* in *Oliv.* Fl. trop. Afr. II, 147; *Hiern* Cat. Welw. Pl. I, 234; *De Wild.* Miss. Laurent (1905) 113.

1903 (Ém. et M. Laurent). — XV : Ilots du Sankuru (Ém. et M. Laur.).

Aeschynomene brachycarpa *Harms* in *Schlechter* Westafr. Kautsch.-Exped. (1900) 292 [nom. tant.].

1899 (R. Schlechter). — V : Léopoldville (Schlt. 12524).

Aeschynomene Butayei *De Wild.* Étud. fl. Bas- et Moy.-Cgo, I (1904) 143.

1901 (R. Butaye). — Bas-Congo (But. in Gill. 2236).

Aeschynomene Dewevrei *De Wild.* et *Th. Dur.* Reliq. Dewevr. (1901) 64.

1905 (Marc. Laurent). — V : Dolo (M. Laur. 473).

Aeschynomene Gilletii *De Wild.* Étud. fl. Bas- et Moy.-Cgo, I (1904) 143.

1902 (J. Gillet). — V : env. de Léopoldville (Gill. 2676).

Aeschynomene glandulosa *De Wild.* Étud. fl. Kat. (1903) 142.

1900 (Edg. Verdick). — XVI : le Katanga (Verd.).

Aeschynomene indica *L.* Sp. pl. ed. 1 (1753) 713; *DC.* Prodr. II, 320; *Bak.* in *Oliv.* Fl. trop. Afr. II, 147 et in *Hook. f.* Fl. Brit. Ind. II, 151; *Hiern* Cat. Welw. Pl. I, 234; *De Wild.* et *Th. Dur.* Pl. Gilletianae, I (1900) 15 [B. Herb. Boiss. Sér. 2, I, 15].

A. sensitiva *P. Beauv.* [non *Sw.*] Fl. d'Oware I (1804) 89, t. 53.

1900 (J. Gillet). — V : Kisantu (Gill.).

Aeschynomene katangensis *De Wild.* Étud. fl. Kat. (1903) 188.

1899 (Edg. Verdick). — XVI : Lukafu (Verd. 229).

Aeschynomene lateritia *Harms* in Engl. Jahrb. XXVI (1899) 292; *De Wild.* Étud. fl. Bas- et Moy.-Cgo, I (1904) 144; II (1907) 150.

1888 (Fr. Hens). — V : le Stanley-Pool (Hens); env. de Kimuenza et de Kisantu (Gill. 2190, 2340); Boko (Pyn. 111).

Aeschynomene Schimperi *Hochst.* ex *A. Rich.* Tent. fl. Abyss. I
(1847) 202; *Bak.* in *Oliv.* Fl. trop. Afr. II, 146; *Taub.* in *Engl.*
Pfl. Ost-Afr. 214; *De Wild.* Étud. fl. Kat. (1902) 52.

1900 (Edg. Verdick). — XVI : Lukafu. — Nom vern. : **Dichila** (Verd.).

Aeschynomene Schlechteri *Harms* in *Schlechter* West-Afr. Kautsch.-
Exped. (1900) 293 [nom. tant.]

1899 (R. Schlechter). — V : Dolo (Schlt. 12491).

Aeschynomene sensitiva *Sw.* Prodr. veget. Ind. occ. (1788) 107 et
Fl. Ind. occ. III (1806) 1276; *DC.* Prodr. II, 147; *Benth.* in *Mart.*
Fl. Brasil. XV¹, 58; *Bak.* in *Oliv.* Fl. trop. Afr. II, 147; *Th. Dur.*
et *Schinz* Étud. fl. Cgo (1896) 107; *De Wild.* Étud. fl. Bas- et Moy.-
Cgo, I (1904) 144 et Miss. Laurent (1905) 113.

1888 (Fr. Hens). — IV : Kitobola (Ém. et M. Laur.). — V : chute de Tamo
(Hens); Dolo (Schlt.); entre Léopoldville et Mombasi (Gill.).

Aeschinomene uniflora *E. Mey.* Comm. fl. Afr. austr. I (1835) 123;
Harv. in *Harv.* et *Sond.* Fl. Capens. II, 226; *Bak.* in *Oliv.* Fl. trop.
Afr. II, 146; *De Wild.* et *Th. Dur.* Reliq. Dewevr. (1901) 64 et
Pl. Gilletianae, I (1900) 15 [B. Herb. Boiss. Sér. 2, I, 15].

1895 (A. Dewèvre). — II : Boma (Dew.). — V : Kisantu (Gill.).

SMITHIA Ait.

Smithia Harmsiana *De Wild.* Étud. fl. Kat. (1902) 52.

1900 (Edg. Verdick). — XVI : Lukafu. — Nom vern. : **Kalemdu** (Verd. 620).

Smithia strobilantha *Welw.* ex *Bak.* in *Oliv.* Fl. trop. Afr. II (1871)
154; *Th. Dur.* et *Schinz* Étud. fl. Cgo (1896) 108; *De Wild.* Étud.
fl. Kat. (1902) 52.

Damapana — *O. Kuntze* Rév. Gener. (1891) 179; *Hiern* Cat. Welw. Pl. I, 237.

1892 (Jul. Cornet). — XVI : bords du Lac Moero (Verd.); le Katanga (Corn.).

Smithia uguenensis *Taub.* in *Engl.* Pfl. Ost-Afr. (1895) 215; *Th.*
Dur. et *De Wild.* Mat. fl. Cgo, I (1897) 12 [B. S. B. B. XXXVI², 58].

1893 (P. Dupuis). — II a : entre Bingila et Ki-Mpanana (Dup.).

GEISSASPIS Wight et Arn.

Geissaspis bifoliolata *M. Micheli* in *Th. Dur.* et *De Wild.* Mat. fl.
Cgo, I (1897) 12 [B. S. B. B. XXXVI², 58].

1895 (Gust. Debeerst). — XVI : Haut-Marungu (Deb. 74).

Geissaspis Descampsii *De Wild.* et *Th. Dur.* Mat. fl. Cgo, VIII (1900) 13 [B. S. B. B. XXXIX², 65].

1891 (G. Descamps). — XV : rég. des Samba (Desc.).

STYLOSANTHES Sw.

Stylosanthes erecta *P. Beauv.* Fl. d'Oware, II (1807) 28, t. 77; *DC.* Prodr. II, 317; *Guill.* et *Perr.* Fl. Seneg. tent. 204; *Vogel* in Linnaea, XII (1838) 68; *Baill.* in Adansonia, VI, 224; *Bak.* in *Oliv.* Fl. trop. Afr. II, 156; *Hiern* Cat. Welw. Pl. I, 238, *Taub.* in Verhandl. bot. Ver. Prov. Brandenb. XXXII (1890) 23; *Th. Dur.* et *Schinz* Étud. fl. Cgo (1896) 108; *De Wild.* et *Th. Dur.* Reliq. Dewevr. (1901) 63; *De Wild.* Étud. fl. Bas- et Moy.-Cgo, I (1906) 263.

1895 (A. Dewèvre). — I : Moanda (Gill.); Banana (Dew. 56).

ARACHIS L.

Arachis hypogaea *L.* Sp. pl. ed. 1 (1753) 741; *DC.* Prod. II, 474; *Bak.* in *Oliv.* Fl. trop. Afr. II, 158; *Ficalho* Pl. Uteis (1884) 138; *Benth.* in *Mart.* Fl. Bras. XV¹, 86, t. 23; *Bentl.* et *Trim.* Medic. Pl. I, t. 75; *Th. Dur.* et *Schinz* Étud. fl. Cgo (1896) 108; *Hiern* Cat. Welw. Pl. I, 239; *De Wild.* Not. pl. util. ou intér. du Cgo, I (1905) 397-481.

1893 (Ém. Laurent). — V : Kisantu (Gill.). — XV : Ifuta (Ém. et M. Laur.). — Espèce cultivée au Congo (Ém. Laur.).

ZORNIA Gmel.

Zornia diphylla *Pers.* Syn. pl. II (1807) 318; *Benth.* in *Hook.* Niger Fl. (1849) 301; *Bak.* in *Oliv.* Fl. trop. Afr. II, 158; *Hiern* Cat. Welw. Pl. I, 239 et Reliq. Dewevr. (1901) 65; *De Wild.* Étud. fl. Bas- et Moy.-Cgo, I (1906) 263.

Z. glochidiata *Rchb.* ex *DC.* Prodr. II (1825) 316.
Z. gracilis *DC.* l. c. II (1825) 316.
Z. angustifolia *Guill.* et *Perr.* Fl. Seneg. tent. (1832) 203; *Klotzsch* in *Peters* Reise n. Mossamb. I, 43.

1895 (A. Dewèvre). — I : Moanda (Gill.). — II : Boma (Dew.).

DROOGMANSIA De Wild.

Droogmansia megalantha [*Taub.*] *De Wild.* Étud. fl. Kat. (1902) 56.

Desmodium — *Taub.* in Engl. Jahrb. XVIII (1896) 192.
Meibomia — *Hiern* Cat. Welw. Pl. I (1896) 243.

1899 (Edg. Verdick). — XVI : le Katanga (Verd.).

Obs. — La plante du Katanga appartient à une forme que M. De Wildeman [l. c.] a appelée *longipedicellata*.

Droogmansia pteropus [*Bak.*] *De Wild.* Étud. fl. Kat. (1902) 54.

Dolichos — *Bak.* in Kew Bull. (1895) 66.

1899 (Edg. Verdick). — XVI : Lukafu (Verd. 199).

Droogmansia Stuhlmannii [*Taub.*] *De Wild.* Étud. fl. Kat. (1903) 55.

Desmodium — *Taub.* in *Engl.* Pfl. Ost-Afr. (1895) 217.
Meibomia — *Hiern* Cat. Welw. Pl. I (1896) 244 in obs.

1900 (Edg. Verdick). — XVI : Pweto (Verd.).

DESMODIUM Desv.

Desmodium adscendens *DC.* Prodr. II (1825) 332; *Bak.* in *Oliv.* Fl. trop. Afr. II, 162; *Taub.* in *Engl.* Pfl. Ost-Afr. 216; *M. Micheli* in *Th. Dur.* et *De Wild.* Mat. fl. Cgo, I (1897) 13 [B. S. B. B. XXXVI², 59]; *De Wild.* Miss. Laurent. (1905) 114.

Meibomia — *O. Kuntze* Rev. Gener. (1891) 195; *Hiern* Cat. Welw. Pl. I, 241.

1895 (P. Dupuis). — II a : Bingila (Dup.). — V : Kisantu (Gill.). — VIII : Eala — Nom vern. : **Ebake** (M. Laur.). — XVI : Albertville [Toa] (Desc.).

Desmodium barbatum *Benth.* et *Oerst.* in Kjob. Vidensk. Meddel. (1853) 18; *Wall.* Cat. n. 5724; *Taub.* in *Engl.* Pfl. Ost-Afr. 216; *De Wild.* Étud. fl. Bas- et Moy.-Cgo, I (1904) 144.

1901 (J. Gillet). — Bas-Congo (Gill. 2018).

Desmodium dimorphum *Welw.* ex *Bak.* in *Oliv.* Fl. trop. Afr. II (1871) 161; *De Wild.* et *Th. Dur.* Pl. Gilletianae, I (1900) 16 [B. Herb. Boiss. Sér. 2, I, 16]; *De Wild.* Étud. fl. Bas- et Moy.-Cgo, I (1904) 144.

1903 (Gust. De Brouwer). — V : Sanda (De Brouw.); Kisantu (Gill.).

Desmodium gangeticum *DC.* Prodr. II (1825) 327; *Bak.* in *Oliv.* Fl. trop. Afr. II, 161; *Th. Dur.* et *De Wild.* Mat. fl. Cgo, I (1897) 30 [B. S. B. B. XXXVI², 7]; *Taub.* in *Engl.* Pfl. Ost-Afr. 216; *De Wild.* Not. pl. util. ou intér. du Cgo, II (1906) 118-119.

Meibomia — *O. Kuntze* Rev. Gener. (1891) 196; *Hiern* Cat. Welw. Pl. I. 240.

1891 (F. Demeuse). — Congo (Dem. 505). — V : Kisantu (Gill.).

Desmodium hirtum *Guill.* et *Perr.* Fl. Seneg. tent. (1833) 209; *Bak.* in *Oliv.* Fl. trop. Afr. II, 163; *Th. Dur.* et *Schinz* Étud. fl. Cgo, (1896) 109.

D. setigerum *E. Mey.* Comm. pl. Afr. austr. (1843) 124; *Harv.* in *Harv.* et *Sond.* Fl. Capens. II, 229.

1888 (Fr. Hens). — Congo (Hens, 360).

Desmodium lasiocarpum *DC.* Prodr. II (1825) 328; *Guill.* et *Perr.* Fl. Seneg. tent. 207; *Bak.* in *Oliv.* Fl. trop. Afr. II, 162; *Th. Dur.* et *Schinz* Étud. fl. Cgo (1896) 109; *De Wild.* et *Th. Dur.* Pl. Thonnerianae (1900) 18; *Hiern* Cat. Welw. Pl. 1, 241; *De Wild.* Étud. fl. Bas- et Moy.-Cgo, I (1905) 145, (1906) 263; II (1907) 150.

Meibomia — *O. Kuntze* Rev. Gener. (1891) 241; *Hiern* Cat. Welw. Pl. I, 241.
D. latifolium *DC.* l. c. II (1825) 327; *Bak.* in *Hook. f.* Fl. Brit. Ind. II, 168.
Hedysarum deltoideum *Schumach.* et *Thonn.* Beskr. Guin. Pl. (1827) 361.
Anarthrosyne cordata *Klotzsch* in *Peters* Reise n. Mossamb. I (1862) 39, t. 7.

1882 (H. Johnston). — Congo (Johnst.); Bas-Congo (Cabra). — II a : Bingila (Dup.); Benza-Masola (Ém. Laur.); la Lemba (Dew.). — III : env. de Matadi Ém. Laur.). — IV : Lutete (Hens); Luvituku (Dem.); Kitobola (Dem.). — V : Dolo (M. Laur.); env. de Kwamouth (Biel.); Kisantu (Gill.); Lula-Lumene (Hendr.); env. de Tumba (Ém. Laur.); Sanda (Odd.). — IX : Upoto; Boyangi (Thonn.); Luozi (Luja). — XII a et b : entre Bima et Bambili (Ser.). — XIV : Ruzizi-Kivu ; Luebo. — Nom vern. : **Mutesa** (Lescr.). — XV : Mukundji (Ém. Laur.); Dibele (Ém. et M. Laur.). — XVI : Lukafu. — Nom vern. : **Kindana** (Verd.). — Ind. non cl. : Kibaka [Angola?] (Buett.); brousse près du Lomami (Ém. Laur.).

Desmodium mauritianum *DC.* Prodr. II (1825) 334; *Bak.* in *Oliv.* Fl. trop. Afr. II, 162; *Th. Dur.* et *Schinz* Étud. fl. Cgo (1896) 109; *Taub.* in *Engl.* Pfl. Ost-Afr. 216; *De Wild.* et *Th. Dur.* Reliq. Dewevr. (1901) 65; *De Wild.* Étud. fl. Bas- et Moy.-Cgo, I (1904) 145, (1906) 264; II (1907) 151 et Miss. Laurent (1905) 114.

Meibomia — *O. Kuntze* Rev. Gener. (1891) 198; *Hiern* Cat. Welw. Pl. I, 242.
Hedysarum fruticulosum *Schumach.* et *Thonn.* Beskr. Guin. Pl. (1827) 363.

1888 (Fr. Hens). — Bas-Congo (Hens). — II : Boma (Schimp.). — II a : Bingila (Dup.); plateau au S. de la Lukula (Cabra). — III : la Lufu (Hens). — IV : Madiata (Van Houtte). — V : Dolo (M. Laur.); Kisantu; env. de Dembo (Gill.); Bulebu (Ém. et M. Laur.). — VIII : env. d'Eala. — Nom vern. : **Bosasa** (M. Laur.). — IX : Mobeka (Ém. et M. Laur.). — XII : entre Amadis et Surango (Ser.). — XIII d : env. de Kabanga (Dew.). — XV : Bukila (Ém. et M. Laur.); — Noms vern. : **Mwandandone** [Ikwangula]; **Yambonkolo** [Bakusu]; **Gomvonboza** [Tanganika].

Desmodium paleaceum *Guill.* et *Perr.* Fl. Seneg. tent. (1833) 209; *Bak.* in *Oliv.* Fl. trop. Afr. II, 166; *Th. Dur.* et *De Wild.* Mat. fl. Cgo, II (1898) 7 [B. S. B. B. XXX]; *Taub.* in *Engl.* Pfl. Ost-Afr. 217; *Th. Dur.* et *De Wild.* Reliq. Dewevr. (1901) 66; *De Wild.* Étud. fl. Kat. (1902) 52; Étud. fl. Bas- et Moy.-Cgo, I (1904) 145 et Miss. Laurent (1905) 114.

Meibomia — *O. Kuntze* [non *Kurz*] Rev. Gener. (1891) 198.
D. oxybracteum *DC.* Prodr. II (1825) 334.
Meibomia — *O. Kuntze* l. c. (1891) 198; *Hiern* Cat. Welw. Pl. I, 242.

1895 (A. Dewèvre). — II : Boma (Dew.). — V : env. de Léopoldville; Kisantu (Gill.). — IX : Bolombo; en aval de Bumba (Ém. et M. Laur.); env. de Lie (Ém. et M. Laur.). — XVI : bords du Lukafu dans les env. de Lukafu (Verd.). — XIV : Mazanze (Dew.). — Noms vern. : **Sonnda** [distr. des Cataractes] (Dew.).

Desmodium polygonoides *Welw.* ex *Oliv.* Fl. trop. Afr. II (1871) 161¦; *Th. Dur.* et *De Wild.* Mat. fl. Cgo, I (1897) 13 [B. S. B. B. XXXVI², 59].

Meibomia — *O. Kuntze* Rev. Gener. (1891) 240; *Hiern* Cat. Welw. Pl. I, 240.

1895 (G. Descamps). — XVI : Toa (Desc.).

Desmodium tenuiflorum *M. Micheli* in *Th. Dur.* et *De Wild.* Mat. fl. Cgo, I (1897) 13 [B. S. B. B. XXXVI², 59]; Ill. fl. Cgo (1899) 119, t. 60; Pl. Thonnerianae (1900) 18 et Pl. Gilletianae, I (1900) 16 [B. Herb. Boiss. Sér. 2, I. 16]; *De Wild.* Étud. fl. Bas- et Moy.-Cgo, I (1906) 264.

1888 (Fr. Hens). — II a : Bingila (Dup.). — V : le Stanley-Pool (Hens, 340); rég. de Kisantu (Gill. 813, 3609). — IX a : Mundumba (Thonn. 83).

Desmodium triflorum [*L.*] *DC.* Prodr. II (1825) 334; *Wight* Icon. pl. Ind. or. I, t. 291 et 292; *Bak.* in *Oliv.* Fl. trop. Afr. II, 166; *Th. Dur.* et *Schinz* Étud. fl. Cgo (1896) 110; *Taub.* in *Engl.* Pfl. Ost-Afr. 217; *De Wild.* et *Th. Dur.* Contr. fl. Cgo, II (1900) 15; *De Wild.* Étud. fl. Bas- et Moy.-Cgo, I (1904) 145, (1906) 264.

Hedysarum — *L.* Sp. pl. ed. 1 (1753) 749.
H. granulatum *Schumach.* et *Thonn.* Beskr. Guin. Pl. (1827) 362.

1816 (Chr. Smith). — Bas-Congo (Sm.). — V : Mont Léopold [Stanley-Pool] (Luja); le Stanley-Pool (Hens); env. de Lemfu et de Kisantu (But.); entre Kisantu et Popokabaka (But.); rég. de Lula-Lumene (Hendr.).

PSEUDARTHRIA Wight et Arn.

Pseudarthria confertiflora *Bak.* in *Oliv.* Fl. trop. Afr. II (1871) 167; *De Wild.* Étud. fl. Bas- et Moy.-Cgo, I (1904) 145.

1882 (P. Pogge). — Bas-Congo (Gill.). — XV : Mukenge (Pg.).

Pseudarthria Hookeri *Wight* et *Arn.* Prodr. fl. Ind. or. (1834) 209; *Bak.* in *Oliv.* Fl. trop. Afr. II, 168; *Taub.* in *Engl.* Pfl. Ost-Afr. 217; *Th. Dur.* et *De Wild.* Mat. fl. Cgo, I (1897) 14 [B. S. B. B. XXXVI², 60]; Pl. Gilletianae, I (1900) 16; Pl. Thonnerianae (1901) 19 et Reliq. Dewevr. (1901) 66; *De Wild.* Étud. fl. Bas- et Moy.-Cgo, I (1904) 145, 264 et Miss. Laurent (1905) 115.

Desmodium lasiocarpum *De Wild.* [non *DC.*] Étud. fl. Kat. (1902) 53.

1891 (F. Demeuse). — IV : Kitobola (Pyn.) ;Luvituku (Dem.). -- V : Dolo (M. Laur.); Kisantu (Gill.); Lula-Lumene; entre Kisantu et le Kwango (But.). — IX : env. de Yambinga (Pyn.); Yangula près Dobo (Thonn.); env. de Bumba (Ser.). — XIII d : Kasongo (Dew.); env. de Kabanga (Dew.). — XIV : Kalemba-lemba. — Nom vern. : **Kibaka** (Ser.). — XV : Kondue (Ém. et M. Laur.); env. de Tshitadi (Lescr.).

URARIA Desv.

Uraria picta [*Jacq.*] *Desv.* Journ. de Bot. I (1813) 123, t. 5, fig. 19;
DC. Prodr. II, 324; *Bak.* in *Oliv.* Fl. trop. Afr. II, 169; *Th. Dur.*
et *Schinz* Étud. fl. Cgo (1896) 110; *Taub.* in *Engl.* Pfl. Ost-Afr. 217;
Hiern Cat. Welw. Pl. I, 245; *De Wild.* et *Th. Dur.* Reliq. Dewevr.
(1901) 66; *De Wild.* Miss. Laurent (1905) 115.

Hedysarum — *Jacq.* Icon. pl. rar. III (1786-93) t. 567 et Collect. bot. II, 260.

1884 (R. Buettner). — Bas-Congo (Ém. Laur.). — II : Boma (Dew.); Malela
(Ém. Laur.). — II a : Bingila (Dup.); la Lemba (Cabra). — III : Tondoa (Buett.);
Matadi (Dem.). — IV : Banza-Manteka (Hens). — V : env. de Léopoldville (Gill.);
Kwamouth (Ém. Laur.); Dolo (Schlt.) ; env. de Sanda (Odd.); Kisantu (Gill.). —
VII : la Fini (Ém. Laur.).—IX : Umangi (Ém. Duch.); Luozi (Luja).— XII a et c :
entre Bima et Amadis. — XII b : Bambili (Ser.). — Ind. non cl. : Lusubi (Lescr.).

ALYSICARPUS Neck.

Alysicarpus rugosus *DC.* Prodr. II (1825) 353; *Bak.* in *Oliv.* Fl.
trop. Afr. II, 171; *De Wild.* et *Th. Dur.* Pl. Gilletianae, I (1900) 16
[B. Herb. Bois. Sér. 2, I, 16]; *Hiern* Cat. Welw. Pl. I, 246.

Fabricia — *O. Kuntze* Rev. Gener. (1891) 182; *Hiern* Cat. Welw. Pl. I, 246.

1899 (J. Gillet). — V : Kisantu; entre Kisantu et Dembo (Gill.).

Alysicarpus vaginalis [*L.*] *DC.* Prodr. II (1825) 353; *Bak.* in
Oliv. Fl. trop. Afr. II, 170; *Th. Dur.* et *Schinz* Étud. fl. Cgo (1896)
110; *De Wild.* et *Th. Dur.* Reliq. Dewevr. (1901) 66; *De Wild.*
Étud. fl. Bas- et Moy.-Cgo, I (1906) 264; II (1907) 151.

Hedysarum — *L.* Sp. pl. ed. 1 (1753) 746.
H. nummularifolium — *L.* l. c. ed. 1 (1753) 746.
Fabricia — *O. Kuntze* Rev. Gener. (1891) 181 ; *Hiern* Cat. Welw. Pl. I, 246.
Alysicarpus Harnieri *Schweinf.* Reliq. Kotschyanae (1868) 24, t. 19.

1885 (R. Buettner). — I : Banana (Ém. Laur.). — II : Boma (Dew.). — II a :
Bingila (Dup.). — III : Tondoa (Buett.); Matadi (Ém. Laur.).

ABRUS L.

Abrus canescens *Welw.* ex *Bak.* in *Oliv.* Fl. trop. Afr. II (1871)
175; *Hiern* Cat. Welw. Pl. I, 248; *De Wild.* et *Th. Dur.* Mat.
fl. Cgo, I (1897) 14 [B. S. B. B. XXXVI², 60]; *De Wild.* Étud. fl.
Bas- et Moy.-Cgo, I (1904) 150; II (1907) 153.

1891 (F. Deméuse). — Congo (Dew.). — II a : Bingila (Dup.). — V : rives du
Kasai (Luja); Kwamouth et env. (Biel.; M. Laur.); Sanda (De Brouw.); Kisantu
(Gill.). — VIII : Eala (M. Laur.). — XII a et b : entre Bima et Bambili (Ser.). —
XVI : Lukafu. — Nom vern. : **Kampanda-panda** (Verd.).

Abrus precatorius *L.* Syst. veget. ed. 12 (1767) 472; *Descourtilz* Fl. des Antilles, IV, t. 275; *Lam*. Pl. bot. Encycl. t. 608; *DC*. Prodr. II, 381; *Guill*. et *Perr*. Fl. Seneg. tent. 212; *Bak*. in *Oliv*. Fl. trop. Afr. II, 175; *Th. Dur*. et *Schinz* Étud. fl. Cgo (1896) 111; *Hiern* Cat. Welw. Pl. I, 247; *De Wild*. Not. pl. util. ou intér. du Cgo, II (1906) 104-105.

1874 (Fr. Naumann). — II : Boma (Naum.). — II a : Bingila (Dup.). — IV : distr. des Cataractes (Luja). — V : bords du Kasai (Luja). — VIII : Coquilhatville — Nom vern. : **Tensi** (Dew.); env. d'Eala (M. Laur.). — IX : en aval de Bumba (Luja).

Abrus pulchellus *Wall*. in *Thw*. Enum. pl. Zeyl. (1864) 91; *Bak*. in *Oliv*. Fl. trop. Afr. II, 175; *De Wild*. et *Th. Dur*. Mat. fl. Cgo, II (1898) 7 [B. S. B. B. XXXVII, 50].

1896 (A. Dewèvre). — V : Lemfu (But.); Kisantu (Gill.). — VIII : Coquilhatville (Dew.).

— — var. **latifoliolatus** *De Wild*. Étud. fl. Bas- et Moy.-Cgo, I (1904) 150, 267 ; II (1907) 153 et Miss. Laurent (1905) 168.

1900 (J. Gillet).—IV : Nord-Manyanga (Cabra-Michel).—V : Kisantu ; Kimuenza (Gill. 828, 924, 1904, 2113). — VIII : Irebu (Em. Laur.). — IX : Bumba (Pyn. 40); Imese (Em. et M. Laur.).

CLITORIA L.

Clitoria Ternatea *L.* Sp. pl. ed. 1 (1753) 753; *DC*. Prodr. II, 223; *Bak*. in *Oliv*. Fl. trop. Afr. II, 177; *M. Micheli* in *Th. Dur*. et *De Wild*. Mat. fl. Cgo. I (1897) 14 [B. S. B. B. XXXVI², 60]; *De Wild*. et *Th. Dur*. Reliq. Dewevr. (1901) 67; *Hiern* Cat. Welw. Pl. I, 248.

1891 (F. Demeuse). — Congo (Dem.). — II : Boma (Dew.; Wilw.).

EMINIA Taub.

Eminia Harmsiana *De Wild*. Étud. fl. Kat. (1903) 198.

1900 (Edg. Verdick). — XVI : Lukafu. — Nom vern. : **Munkago** (Verd. 528).

GLYCINE L.

Glycine Gilletii *De Wild*. Étud. fl. Bas- et Moy.-Cgo, I (1904) 150; II (1907) 154.

1900 (J. Gillet). — IV : Kitobola (Pyn. 41). — V : Kisantu (Gill. 675).

Glycine holophylla *Taub*. ex *De Wild*. Étud. fl. Kat. (1903) 199.

Eriosema — *Bak*. in Journ. of Bot. XXXIII (1895) 235.

1900 (Edg. Verdick). — XVI : Lukafu (Verd. 347).

Glycine javanica *L.* Sp. pl. ed. 1 (1753) 754 ; *DC.* Prodr. II, 242 ; *Benth.* in Journ. Linn. Soc. VIII (1865) 260 ; *Bak.* in *Oliv.* Fl. trop. Afr. II. 178 et in *Hook. f.* Fl. Brit. Ind. II, 183 ; *Taub.* in *Engl.* Pfl. Ost-Afr. 220 ; *Th. Dur.* et *Schinz* Étud. fl. Cgo (1896) 111 ; *Hiern* Cat. Welw. Pl. I, 249 ; *De Wild.* Étud. fl. Kat. (1903) 199 ; *De Wild.* et *Th. Dur.* Reliq. Dewevr. (1901) 67 ; *De Wild.* Étud. fl. Kat. (1903) 199 et Étud. fl. Bas- et Moy.-Cgo, I (1904) 151 ; II (1907) 154.

> G. micrantha *Hochst.* ex *A. Rich.* Tent. fl. Abyss. I (1847) 212.
> G. moniliformis *Hochst.* ex *A. Rich.* l. c. I (1847) 211.

1893 (Ém. Laurent). — II a : le Mayumbe (Ém. Laur.) ; Kibinga ; Bingila (Dup.). — IV : Kitobola (Pyu.). — V : Kisantu (Gill.) ; Lukolela (Dew.). — XVI : **Lukafu.** — Nom vern. : **Muntangia** (Verd.) ; Albertville [Toa] (Desc.).

— — form. **glabrescens** *Buett.* in Mitth. Afr. Gezell. V (1889) 266 ; *Th. Dur.* et *Schinz* Étud. fl. Cgo (1896) 111.

1885 (R. Buettner). — V : Bolobo (Buett. 255).

Glycine kisantuensis *De Wild.* Étud. fl. Bas- et Moy.-Cgo, I (1904) 150 et 267 et Miss. Laurent (1905) 119.

1891 (F. Demeuse). — V : Chenal [Leo-Kwam.] (Ém. et M. Laur.) ; le Stanley-Pool (Dew. 150) ; Tumba (Ém. et M. Laur.) ; Kisantu (Gill. 269).

ERYTHRINA L.

Erythrina abyssinica *Lam.* Encycl. méth. Bot. II (1786) 392 ; *A. Rich.* Tent. fl. Abyss. I, 214, t. 41 ; *Bak.* in *Oliv.* Fl. trop. Afr. II, 184 in obs. ; *Taub.* in *Engl.* Pfl. Ost-Afr. 221 ; *Engl.* in *von Goetzen* Durch Afrika (1895) 383.

> E. tomentosa *R. Br.* in *Salt* Voy. to Abyss. Append. (1814) t. 65 ; *A. Rich.* l. c. 213 ; *Bak.* in *Oliv.* l. c. II, 184 ; *De Wild.* Étud. fl. Bas- et Moy.-Cgo, I (1906) 268 ; II (1907) 155.

1894 (A. G. von Goetzen et von Prittwitz). — XII : l'Uele (Delp.). — XII c : Bomokandi (Ser. 564). — XIII d : env. de Kasongo (Dew. 923). — XIV : volcan Kirunga (Goetz. et Prittw.). — XV : Lubefu (Lescr. 374). — Noms vern. : **Kelobo** [Kasongo] ; **Kisongwo** [Tanganika] ; **Elonneli** [Ikwangula] (Dew.).

Erythrina Droogmansiana *De Wild.* et *Th. Dur.* Mat. fl. Cgo, X (1901) 13 [B. S. B. B. XL, 19].

1898 (Alph. Cabra). — II a : le Mayumbe (Cabra, 74).

Erythrina Gilletii *De Wild.* Étud. fl. Bas- et Moy.-Cgo, I (1904) 151.

1900 (J. Gillet). — V : Kimuenza (Gill. 16, 106).

Erythrina huillensis *Welw.* ex *Bak.* in *Oliv.* Fl. trop. Afr. II (1871) 183; *Hiern* Cat. Welw. Pl. I, 250; *De Wild.* Étud. fl. Bas- et Moy.-Cgo, II (1907) 154.

1905 (Éd. Lescrauwaet). — XV : au S. de Tshitadi (Lescr. 321).

Erythrina Sereti *De Wild.* Étud. fl. Bas- et Moy.-Cgo, II (1907) 154.

1906 (Fél. Seret). — XII c : partie E. de la rive du Bomcokandi (Ser. 564).

Erythrina suberifera *Welw.* ex *Bak.* in *Oliv.* Fl. trop. Afr. II (1871) 183; *De Wild.* et *Th. Dur.* Pl. Gilletianae, II (1901) 76 [B. Herb. Boiss. Sér. 2, I, 748]; *Hiern* Cat. Welw. Pl. I, 250; *De Wild.* Étud. fl. Kat. (1902) 59.

1899 (Edg. Verdick). — V : entre Dembo et le Kwango (But.); Kisantu (Gill.). — XVI : Lukafu et env. — Nom vern. : **Kitjipi** ou **Kitjipitjipi** (Verd. 82, 270).

MUCUNA Adans. (1)

Mucuna flagellipes *Vogel* ex *Benth.* in *Hook.* Niger Fl. (1849) 307; *Bak.* in *Oliv.* Fl. trop. Afr. II, 185; *De Wild.* et *Th. Dur.* Pl. Gilletianae, I (1900) 67 [B. Herb. Boiss. Sér. 2, I, 17.] et Reliq. Dewevr. (1901) 67; *De Wild.* Étud. fl. Bas- et Moy.-Cgo, I (1906) 268; II (1907) 153 et Miss. Laurent (1905) 118.

1895 (A. Dewèvre). — Bas-Congo (Cabra). — II a : Katala (Dew.). — V : Kisantu (Gill.); Sanda (Odd.). — VI : Madibi (Lescr.). — VIII : Coquilhatville (Pyn.). — XI : Mogandjo (M. Laur.). — XV : Butala (Ém. Laur.). — Noms vern. : **Poces** [Kasai]; **Tunga** [Katala] (Dew.).

Mucuna pruriens [*Medic.*] *DC.* Prodr. II (1825) 405; *Bak.* in *Oliv.* Fl. trop. Afr. II, 187; *Taub.* in *Engl.* Pfl. Ost-Afr. 221; *M. Micheli* in *Th. Dur.* et *De Wild.* Mat. fl. Cgo, II (1898) 7 [B. S. B. B. XXXVII, 50]; *De Wild.* et *Th. Dur.* Pl. Thonnerianae (1900) 19; Pl. Gilletianae, I (1900) 17 [B. Herb. Boiss. Sér. 2, I, 17]; Contr. fl. Cgo, II (1900) 16 et Reliq. Dewevr. (1901) 68; *De Wild.* Not. pl. util. ou intér. du Cgo, II (1906) 135-36 et Étud. fl. Bas- et Moy.-Cgo, II (1907) 153.

Stizolobium — *Medic.* in Vorlese Churpf. Phys. Ges. II (1787) 399; *Hiern* Cat. Welw. Pl. I, 251.

1895 (A. Dewèvre). — II a : Katala. — Nom vern. : **Maucundra** (Dew.). — IV : Kitobola (Pyn.). — V : Kisantu (Gill.); Yumbi (M. Laur.). — VIII : Eala [introd. de l'Uele (M. Laur.). — IX a : Mombanza (Thonn.). — XII : rég. orient. (Ser.). — XV : Lubue (Luja).

---

(1) Mucuna Poggei *Taub.* in Engl. Jahrb. XXIII (1896) 194.

1885 ? (L. Marqués). — Ind. non cl. : vers le fleuve Luatschini (Marq. 279). Cette habitation est peut-être dans le Congo belge.

Mucuna urens *Medic.* in Vorles. Churpf. Phys. Ges. II (1787) 399 ; *DC.* Prodr. II, 405; *Bak.* in *Oliv.* Fl. trop. Afr. II, 185; *M. Micheli* in *Th. Dur.* et *De Wild.* Mat. fl. Cgo, II (1898) 7 [B. S. B. B. XXXVII, 50]; *De Wild.* et *Th. Dur.* Reliq. Dewevr. (1901) 68 et Pl. Gilletianae, I (1900) 17 [B. Herb. Boiss. Sér. 2, I, 17].

Stizolobium — *Pers.* Syn. pl. II (1807) 297; *Hiern* Cat. Welw. Pl. 1, 250.

1896 (A. Dewèvre). — Congo (Dew.). — V : Kisautu (Gill.). — VIII : Coquilhat-ville (Dew.). — XV : env. de Bena-Mulengere (Dew.). — Noms vern. : **Pece** [Bakusu; Kasongo]; **Lwaga** [Tanganika] (Dew.).

DIOCLEA H. B et K.

Dioclea reflexa *Hook. f.* in *Hook.* Niger Fl. (1849) 306; *Bak.* in *Oliv.* Fl. trop. Afr. II, 189 ; *Th. Dur.* et *De Wild.* Mat. fl. Cgo, II (1898) 7 [B. S. B. B. XXXVII, 50]; *Hiern* Cat. Welw. Pl. I, 254 ; *De Wild.* et *Th. Dur.* Reliq. Dewevr. (1901) 68 ; *De Wild.* Étud. fl. Bas- et Moy.-Cgo, II (1907) 37, 155.

1896 (A. Dewèvre). — II a : entre Shimbanza et Mangwala (Cabra). — V : Léopoldville (M. Laur.); Kisantu (Gill.). — VIII : env. d'Eala (M. Laur.); Bondo [Ikelemba] (Pyn.); Bokakata. — Nom vern. : **Msoko** (Dew.). — XIII a : Romée (Ém. Laur.). — XV : rives du Sankuru (Luja); Bamania (M. Laur.).

CANAVALIA Adans.

Canavalia incurva *Thou.* in *Desv.* Journ. de Bot. I (1813) 80 ; *Hiern* Cat. Welw. Pl. I, 254 ; *De Wild.* Étud. fl. Bas- et Moy.-Cgo, I (1906) 268 in syn.

C. ensiformis *DC.* Prodr. II (1825) 404; *Bak.* in *Oliv.* Fl. trop. Afr. II, 190; *Taub.* in *Engl.* Pfl. Ost-Afr. 221; *De Wild.* Étud. fl. Bas- et Moy.-Cgo, I (1904) 155, (1906) 268; II, 155 et Miss. Laurent (1905) 119.

1891 (Hyac. Vanderyst). — I : Moanda (Vanderyst). — III : Matadi (Sap.). — V : Kisantu et env. (Gill.); Lukolela (Ém. Laur.). — VIII : Eala (Ém. et M. Laur.); Ikenge (Ém. Laur.). — IX : Bumba (Ém. Laur.). — XII c : env. de Surango (Ser.). — XV : Lusambo (Ém. Laur.). — Noms vern. : **Mpasa** [Kwilu]; **Basesei ; Basaka** [Bangala].

Canavalia obtusifolia [*Lam.*] *DC.* Prodr. II (1825) 404; *Bak.* in *Oliv.* Fl. trop. Afr. II, 190; *De Wild.* et *Th. Dur.* Reliq. Dewevr. (1901) 68.

Dolichos — *Lam.* Encycl. méth. Bot. II (1789) 295.
C. maritima *Thou.* in *Desv.* Journ. de Bot. I (1813) 80; *Hiern* Cat. Welw. Pl. I, 254.
D. obovatus *Schumach.* et *Thonn.* Beskr. Guin. Pl. (1827) 341.
D. ovalifolius *Schumach.* et *Thonn.* l. c. (1827) 341.
Canavalia emarginata *G. Don* Gard. Syst. Bot. II (1833) 362.

1895 (A. Dewèvre). — I : Banana (Dew.).

.**C. obtusifolia** form. **macrophylla** *De Wild.* et *Th. Dur.* Pl. Gilletianae, I (1900) 17 [B. Herb. Boiss. Scr. 2, I, 17].

1900 (J. Gillet) — V : Kisantu (Gill. 604).

PHYSOSTIGMA Balf.

Physostigma mesoponticum *Taub.* in Ber. deutsch. bot. Gesellsch. XII (1894) 81; *De Wild.* Étud. fl. Kat. (1902) 61.

1900 (Edg. Verdick). — XVI : env. de Lukafu et de Pweto (Verd.).

Physostigma venenosum *Balf.* in Trans. roy. Soc. Edinb. XXII (1861) 310; *Bak.* in *Oliv.* Fl. trop. Afr. II, 191; *De Wild.* et *Th. Dur.* Pl. Gilletianae, II (1901) 76 [B. Herb. Boiss. Sér. 2, I, 748]; *De Wild.* Étud. fl. Bas- et Moy.-Cgo, II (1907) 156.

1900 (J. Gillet). — V : Kisantu (Gill.). — VI : Luanu (Lescr. 21).

PHASEOLUS L.

Phaseolus adenanthus *G. F. W. Mey.* Prim fl. Esseq. (1818) 239; *Bak.* in *Oliv.* Fl. trop. Afr. II, 192; *Engl.* Pfl. Ost-Afr. B. 141; *Hiern* Cat. Welw. Pl. I, 255; *De Wild.* Étud. fl. Bas- et Moy.-Cgo, I (1904) 155 et Miss. Laurent (1905) 121.

1902 (J. Gillet). — V : env. de Léopoldville (Gill.). — VIII : Ikenge (Ém. et M. Laur.). — X : Ubangi (Ém. et M. Laur.).

Phaseolus lunatus *L.* Sp. pl. ed. 1 (1753) 724; *Bak.* in *Oliv.* Fl. trop. Afr. II, 192; *Taub.* in *Engl.* Pfl. Ost-Afr. 223, t. 24; *M. Micheli* in *Th. Dur.* et *De Wild.* Mat. fl. Cgo, II (1898) 7 [B. S. B. B. XXXVII, 50]; *Hiern* Cat. Welw. Pl. I, 255; *De Wild.* et *Th. Dur.* Reliq. Dewevr. (1901) 68; *De Wild.* Étud. fl. Bas- et Moy.-Cgo, I (1906) 268; II (1907) 156.

1896 (A. Dewèvre). — V : Kisantu (Gill.). — VIII : Coquilhatville (Dew.). — XIII d : env. de Nyangwe (Dew.). — XV : Limbutu (M. Laur.).

Obs. — A Eala [VIII] on en cultive une var. à graines blanches (Dew.).

Phaseolus Mungo *L.* Mant. pl. I (1767) 101; *Bak.* in *Oliv.* Fl. trop. Afr. II, 193; *Taub.* in *Engl.* Pfl. Ost-Afr. 223; *De Wild.* Étud. fl. Bas- et Moy.-Cgo, I (1904) 155.

1900 (R. Butaye). — V : entre Léopoldville et Mombasi (Gill.); env. de Lemfu (But.).

***Phaseolus vulgaris** *L.* Sp. pl. ed. 1 (1753) 723; *Nees* Pl. offic. Suppl. t. 15; *Bak.* in *Oliv.* Fl. trop. Afr. II, 193; *Taub.* in *Engl.*

Pfl. Ost-Afr. 223; *Hiern* Cat. Welw. Pl. I, 255; *De Wild.* Miss. Laurent (1905) 122 et Étud. fl. Bas- et Moy.-Cgo, I (1906) 268.

1903 (J. Gillet). — V : Kisantu (Gill.). — VIII : Iloko [Lac Tumba] [Ém. et M. Laur.). — IX : Nouvelle-Anvers (Ém. et M. Laur.).

VIGNA Savi.

Vigna Afzelii *Bak.* in *Oliv.* Fl. trop. Afr. II (1871) 202; *De Wild.* Étud. fl. Bas- et Moy.-Cgo, I (1904) 155.

1900 (J. Gillet). — V : rég. de Lula-Lumene (Hendr. in Gill. 3094)); Kisantu (Gill. 341); Sanda (De Brouw.).— VI : route de Tumba-Mani à Popokabaka (Cabra-Michel, 18).

Vigna ambacensis *Welw.* ex *Bak.* in *Oliv.* Fl. trop. Afr. II (1871) 201; *Hiern* Cat. Welw. Pl. I, 258; *De Wild.* Étud. fl. Bas- et Moy.-Cgo, I (1904) 155.

1900 (J. Gillet). — V : Kisantu (Gill. 959). — VI : route de Tumba-Mani à Popokabaka (Cabra-Michel.).

Vigna capitata *De Wild.* Étud. fl. Kat. (1902) 67.

1900 (Edg. Verdick). — XVI : le Katanga; Lukafu. — Nom vern. : **Kengwalala** (Verd. 431).

Vigna esculenta [*De Wild.*] *De Wild.* [nom. nov.].

Liebrechtsia — *De Wild.* Étud. fl. Kat. (1902) 74.

1899 (Edg. Verdick). — XVI : Lukafu. — Nom vern. : **Kafoi** (Verd. 109 b, 110).

Vigna gracilis *Hook. f.* in *Hook.* Niger Fl. (1849) 311; *Bak.* in *Oliv.* Fl. trop. Afr. II, 205; *Th. Dur.* et *De Wild.* Mat. fl. Cgo, I (1897) 17 [B. S. B. B. XXXVI², 63]; *De Wild.* et *Th. Dur.* Pl. Thonnerianae (1900) 20.

1893 (P. Dupuis). — II a : Bingila (Dup.). — IX : Boyangi près Dobo (Thonn.).

Vigna hastifolia *Bak.* in *Oliv.* Fl. trop. Afr. II (1871) 200; *De Wild.* Étud. fl. Bas- et Moy.-Cgo, I (1904) 155.

1903 (Xav. Hendrickx). — V : rég. de Lula-Lumene (Hendr. in Gill. 3096).

Vigna katangensis [*De Wild.*] *Th.* et *Hél. Dur.* [non *De Wild.*].

Liebrechtsia — *De Wild.* Étud. fl. Kat. (1902) 72.

1900 (Edg. Verdick). — XVI : Lukafu. — Nom vern. : **Tjikundu-kundu** (Verd. 560).

Vigna Laurentii *De Wild.* Miss. Laurent (1905) 122.

1903 (Ém. et Marc. Laurent). — V : Bulebu (Ém. et M. Laur.).

Vigna luteola *Benth.* in *Mart.* Fl. Bras. XV¹ (1859) 194, t. 50, fig. 2 ; *Bak.* in *Oliv.* Fl. trop. Afr. II, 205; *Taub.* in *Engl.* Pfl. Ost-Afr. 223; *De Wild.* Miss. Laurent (1905) 123 et Étud. fl. Bas- et Moy.-Cgo, I (1906) 269 ; II (1908) 256.

V. glabra *Savi* Mem. Phaseol. III (1825) 8 ; *Hiern* Cat. Welw. Pl. I, 260 ; *De Wild.* Étud. fl. Bas- et Moy.-Cgo, I (1906) 269.

1896 (Eug. Wilwerth). — VI : Dima (Lescr. 7). — IX : Upoto (Wilw.). — XII c : entre Amadis et Surango (Ser.). — XV : Mukundji (Ém. Laur.).

— — var. **villosa** *M. Micheli* in *Th. Dur.* et *De Wild.* Mat. fl. Cgo, II (1898) 7 [B. S. B. B. XXXVII, 50]; Pl. Gilletianae, I (1900) 17 [B. Herb. Boiss. Sér. 2, I, 17] et Reliq. Dewevr. (1901) 69.

1895 (A. Dewèvre). — II : Boma (Dew.). — V : Léopoldville (Schlt.); Kisantu (Gill.).

Vigna micrantha *Harms* in Engl. Jahrb. XXVI (1899) 311 et in *Schlechter* Westafr. Kautsch.-Exped. (1900) 294; *De Wild.* Étud. fl. Bas- et Moy.-Cgo, I (1904) 155; II (1908) 256.

1882 (P. Pogge). — V : entre Dolo et Kinshassa (Schlt. 12592); Bolobo (M. Laur.); Kisantu; Kimuenza (Gill. 2145). — IX : env. de Bumba (Ser.). — XV : Mukenge (Pg. 811, 834).

Vigna pubigera *Bak.* in *Oliv.* Fl. trop. Afr. II (1871) 199; *Th. Dur.* et *De Wild.* Mat. fl. Cgo, I (1897) 17 [B. S. B. B. XXXI², 63].

1893 (P. Dupuis). — II a : Bingila (Dup).

Vigna reticulata *Hook. f.* in *Hook.* Niger Fl. (1849) 310; *Bak.* in *Oliv.* Fl. trop. Afr. II, 198; *Th. Dur.* et *Schinz* Étud. fl. Cgo (1896) 112; *Taub.* in *Engl.* Pfl. Ost-Afr. 223; *Hiern* Cat. Welw. Pl. I, 256; *De Wild.* et *Th. Dur.* Reliq. Dewevr. (1901) 69; *De Wild.* Étud. fl. Bas- et Moy.-Cgo, I (1904) 156 (1906) 270; II (1908) 257.

1892 (Jul. Cornet). — II : Boma (Dew.). — II a : Bingila (Dup.). — V : env. de Léopoldville (Ém. Duch.; Lujà); Kwamouth (M. Laur.); Sanda (Odd.). — XVI : le Katanga (Corn.); Lukafu. — Nom vern. : **Komboi** (Verd.).

Vigna scabra [*De Wild.*] *De Wild.* [nom. nov.].

Liebrechtsia — *De Wild.* Étud. fl. Kat. (1902) 75.

1900 (Edg. Verdick). — XVI : Lukafu (Verd. 602).

Vigna sinensis [*L.*] *Endl.* ex *Hassk.* Pl. Jav. rarior. (1848) 386; *Bak.* in *Oliv.* Fl. trop. Afr. II, 386; *Taub.* in *Engl.* Pfl. Ost-Afr. 223, t. 24; *Th. Dur.* et *Schinz* Étud. fl. Cgo (1896) 112; *Hiern* Cat. Welw. Pl. I, 259; *De Wild.* Étud. fl. Bas- et Moy.-Cgo, I (1904) 156 et Miss. Laurent (1905) 123.

Dolichos sinensis *L.* Cent. pl. II (1756) 28; *DC.* Prodr. II, 399.

D. Catjang *L.* Mant. pl. II (1771) 259.

Vigua — *Walp.* in Linnaea, XIII (1839) 533; *A. Rich.* Tent. fl. Abyss. I, 219; *Bak.* in *Hook. f.* Fl. Brit. Ind. II, 205; *Hiern* Cat. Welw. Pl. I, 259.

1870 (G. Schweinfurth). — V : Lukolela (Ém. et M. Laur.); Kisantu (Gill.). — VIII : Inkongo (Ém. et M. Laur.). — XII d : pays des Mangbettu (Schw.). - XV : Ifuta (Ém. et M. Laur.).

Vigna triloba *Walp.* in Linnaea, XIII (1839) 534; *Bak.* in *Oliv.* Fl. trop. Afr. II, 204; *Th. Dur.* et *De Wild.* Mat. fl. Cgo, I (1897) 17 [B. S. B. B. XXXVI², 63]; *Taub.* in *Engl.* Pfl. Ost-Afr. 223; *Hiern* Cat. Welw. Pl. I, 259; *De Wild.* et *Th. Dur.* Reliq. Dewevr. (1901) 69; *De Wild.* Miss. Laurent (1905) 123 et Étud. fl. Bas- et Moy.-Cgo, I (1906) 270.

1894 (P. Dupuis). — Bas-Congo (Dew.). — II a : Bingila (Dup.). — V : cult. en champs aux env. de Kimuenza (Dew.); env. de Lemfu (But.). — IX : Umangi (Krek.).

Vigna venulosa *Bak.* in *Oliv.* Fl. trop. Afr. II (1871) 203; *De Wild* Étud. fl. Bas- et Moy.-Cgo, I (1904) 156.

1900 (J. Gillet). — V : Kisantu (Gill. 814).

Vigna vexillata [*L.*] *Benth.* in *Mart.* Fl. Brasil. XV¹ (1859) 193, t. 50, fig. 1; *Bak.* in *Oliv.* Fl. trop. Afr. II, 199; *Harv.* in *Harv.* et *Sond.* Fl. Capens. II, 240; *Th. Dur.* et *Schinz* Étud. fl. Cgo (1896) 112; *Taub.* in *Engl.* Pfl. Ost-Afr. 223; *M. Micheli* in *Th. Dur.* et *De Wild.* Mat. fl. Cgo, I (1897) 17 [B. S. B. B. XXXVI², 63]; *De Wild.* Étud. fl. Bas- et Moy.-Cgo, I (1904) 156, (1906) 270 et Miss. Laurent (1905) 123.

Phaseolus — *L.* Sp. pl. ed. 1 (1753) 724.

Plectrotropis hirsuta *Schumach.* et *Thonn.* Beskr. Guin. Pl. (1827) 338.

V. tuberosa *A. Rich.* Tent. fl. Abyss. I (1847) 217, t. 42.

V. capensis *Walp.* in Linnaea, XIII (1839) 533; *Hiern* Cat. Welw. Pl. I, 257.

1888 (Fr. Hens). — I : Moanda (Vanderyst). — II : Zambi (Dup.). — V : entre Léopoldville et Mombasi (Gill.). — IX : Upoto (Ém. et M. Laur.); Bangala (Hens).

VIGNOPSIS De Wild.

Vignopsis lukafuensis *De Wild.* Étud. fl. Kat. (1902) 69.

1900 (Edg. Verdick). — XVI : Lukafu (Verd. 401).

SPHENOSTYLIS E. Mey.

Sphenostylis angustifolia [*Hook. f.*] *Sond.* in Linnaea, XXIII (1850) 33; *Harms* in Engl. Jahrb. XXVI (1899) 309.

Vigna angustifolia *Hook. f.* in *Hook.* Niger Fl. (1849) 311; *Benth.* ex *Harv.* et *Sond.* Fl. Capens. II (1861) 240; *De Wild.* et *Th. Dur.* Pl. Gilletianae, I (1900) 17 [B. Herb. Boiss. Sér. 2, I, 17]; *De Wild.* Étud. fl. Bas- et Moy.-Cgo, I (1904) 155, (1906) 269.

V. vexillata *Benth.* var. — *Bak.* in *Oliv.* Fl. trop. Afr. II (1871) 200.

1890 (F. Demeuse). — II : Sisia (Dup.). — V : Kisantu (Dem. ; Gill.).

Sphenostylis katangensis [*De Wild.*] *Harms* in Engl. Jahrb. XXXIII (1902) 177 in obs.

Vigna — *De Wild.* Étud. fl. Kat. (1902) 67.

1900 (Edg. Verdick). — XVI : Lukafu. — Nom vern. : **Malumboi** (Verd. 405).

Sphenostylis stenocarpa [*Hochst.*] *Harms* in Engl. Jahrb. XXVI (1899) 309.

Dolichos — *Hochst.* ex *A. Rich.* Tent. fl. Abyss. I (1847) 224; *Bak.* in *Oliv.* Fl. trop. Afr. II, 213.

Vigna ornata *Welw.* ex *Bak.* in *Oliv.* Fl. trop. Afr. II (1871) 203; *Taub.* in *Engl.* Pfl. Ost-Afr. 223; *De Wild.* et *Th. Dur.* Pl. Gilletianae, I (1900) 17 [B. Herb. Boiss. Sér. 2, I, 17]; *Hiern* Cat. Welw. Pl. I, 258; *De Wild.* Étud. fl. Bas- et Moy.-Cgo, I (1904) 156, (1906) 269; II (1908) 257 et Miss. Laurent (1905) 123.

1882? (P. Pogge). — IV : Tempo (Gill.). — V : env. de Léopoldville (Buett. 322; Gill.); Kisantu ; Kimuenza (Gill.). — XII c : env. d'Amadis et de Surango (Ser.). — XV : Lusambo; Dibele (Em. et M. Laur.); route de Luebo à Luluabourg (Gent.); Mukenge (Pg. 779, 781); entre Luebo et Djoko-Punda (Lem.)

— — var. **latifoliolata** [*De Wild.*] *De Wild.* [nom. nov.].

V. ornata *Welw.* var. — *De Wild.* Étud. fl. Bas- et Moy.-Cgo, I (1904) 156, (1906) 270.

1900 (J. Gillet). — V : Kisantu (Gill. 1124); rég. de Lula-Lumene (Hendr. in Gill. 3053).

ADENOLICHOS Harms.

Adenolichos grandifoliolatus *De Wild.* Étud. fl. Kat. (1903) 203.

1900 (Edg. Verdick). — XVI : Lukafu (Verd. 622).

Adenolichos Harmsianus *De Wild.* Étud. fl. Kat. (1903) 203.

1900 (Edg. Verdick). — XVI : Lukafu (Verd. 564).

Adenolichos punctatus [*M. Micheli*] *Harms* in Engl. Bot. Jahrb. XXXIII (1902) 180.

Vigna — *M. Micheli* in *Th. Dur.* et *De Wild.* Mat. fl. Cgo, I (1897) 16 [B. S. B. B. XXXVI², 62] et Ill. fl. Cgo (1899) 91, t. 59.

1895 (G. Descamps). — XVI : Albertville [Toa] (Desc.).

VOANDZEIA Thou.

Voandzeia subterranea *Thou.* Gen. nov. Madag. (1806) 23; *DC.* Prodr. II, 207; *Guill.* et *Perr.* Fl. Seneg. tent. 254 ; *Bak.* in *Oliv.* Fl. trop. Afr. II, 207 ; *Th. Dur.* et *Schinz* Étud. fl. Cgo (1896) 115; *Taub.* in *Engl.* Pfl. Ost-Afr. 223, t. 22; *Hiern* Cat. Welw. Pl. I, 260; *De Wild.* et *Th. Dur.* Contr. fl. Cgo, I (1899) 19; *De Wild.* Étud. fl. Bas- et Moy.-Cgo, I (1906) 269 et Not. pl. util. ou intér. du Cgo, I (1905) 482-85.

1870 (G. Schweinfurth). — XII d : pays des Mangbettu (Schw.). — XIII d : env. de Kasongo (Dew.).— XV : cult. dans les bassins du Lualaba et du Kasai (Ém. Laur.). — Noms vern. : **Mangasa** [Ikwangula]: **Djòkomaure** [Matam-Matam]; **Ibongo** [Kasai]: **Kazan** [Tanganika].

PACHYRHIZUS Rich.

Pachyrhizus bulbosus [*L.*] *Kurz* in Journ. As. Soc. Beng. XLV (1876) II, 246; *Th. Dur.* et *Schinz* Étud. fl. Cgo (1896) 115; *De Wild.* Miss. Laurent (1905) 121.

Dolichos — *L.* Sp. pl. ed. 2 (1763) 1020.
P. angulatus *Rich.* ex *DC.* Prodr. II (1825) 402; *Benth.* in *Mart.* Fl. Brasil, XV¹, 199, t. 53; *Bak.* in *Oliv.* Fl. trop. Afr. II, 208 et in *Hook. f.* Fl. Brit. Ind. II, 207; *De Wild.* Étud. fl. Bas- et Moy.-Cgo, II (1908) 257.
Taeniocarpum articulatum *Desv.* in Annal. sc. nat. Sér. 1, IX (1826) 421.

1893 (Ém. Laurent). — Bas-Congo [cult.?] (Ém. Laur.). — VIII : Eala [cult.] (M. Laur.); Ikenge (Ém. et M. Laur.). — XVI : le Katanga (Desc.).

PSOPHOCARPUS Neck.

Psophocarpus longepedunculatus *Hassk.* in Flora, XXV (1842) II, Beibl. 75 et Pl. Jav. rarior. (1848) 388; *Bak.* in *Oliv.* Fl trop. Afr. II (1871) 113 ; *Th. Dur.* et *Schinz* Étud. fl. Cgo (1896) 113; *Taub.* in *Engl.* Pfl. Ost.-Afr. 224, t. 24 ; *De Wild.* et *Th. Dur.* Pl. Gilletianae, I (1900) 17 [B. Herb. Boiss. Sér. 2, I, 17] et Reliq. Dewevr. (1901) 69 ; *De Wild.* Étud. fl. Kat. (1902) 61 ; Étud. fl. Bas- et Moy.-Cgo, I (1904) 158; (1908) 257 et Miss. Laurent (1905) 122.

Psophocarpus palustris *Desv.* in Annal. sc. nat. Sér. 1, IX (1826) 420.
Botor — *O. Kuntze* Rev. Gener. (1891) 163; *Hiern* Cat. Welw. Pl. I, 261.
P. palmettorum *Guill.* et *Perr.* Fl. Seneg. tent. (1832) 221.
Diesingia scandens *Endl.* Atakta bot. (1833) t. 1-2.

1816 (Chr. Smith). — Bas-Congo (Sm.). — II : Boma. — Nom vern. : **Fumgatata** (Dew.). — V : entre Léopoldville et Mombasi; Kisantu (Gill.). — VII : la Fini (Ém. et M. Laur.). — VIII : Équateurville [Wangata] (Ém. et M. Laur.); Eala (M. Laur.). — X : Bobangi (Ém. et M. Laur.). — XI : Mogandjo (M. Laur.). — XVI : Lukafu (Verd.).

Obs. — Dewèvre, dans ses notes, dit que cette espèce est répandue dans tout le domaine de la flore du Congo (Dew.).

DOLICHOS L.

Dolichos biflorus *L.* Sp. pl. ed. 1 (1753) 727; *Bak.* in *Oliv.* Fl. trop. Afr. II, 210; *Taub.* in *Engl.* Pfl. Ost-Afr. 224; *Harms* in Engl. Jahrb. XXVI (1899) 31; *Hiern* Cat. Welw. Pl. I, 263; *De Wild.* Étud. fl. Bas- et Moy.-Cgo, I (1904) 158.

1882 (P. Pogge). — V : Kimuenza (Gill.); Sanda (Odd.); env. de Lemfu (But.); rég. de Lula-Lumene (Hendr.). — XV : Mukenge; Musumba (Pg.).

Dolichos dubius *De Wild.* Étud. fl. Kat. (1902) 64.

1899 (Edg. Verdick). — XVI : Lukafu. — Nom vern. : **Moiundo-polo** (Verd. 178).

Dolichos esculentus *De Wild.* Étud. fl. Kat. (1902) 64.

1900 (Edg. Verdick). — XVI : Lukafu. — Nom. vern. : **Muku** (Verd. 370).

Dolichos Gululu *De Wild.* Etud. fl. Kat. (1902) 65.

1899 (Edg. Verdick). — XVI : Lukafu. — Nom. vern. : **Kisjima-wa-Gululu** (Verd. 236).

Dolichos Hendrickxii *De Wild.* Étud. fl. Bas- et Moy.-Cgo, I (1904) 156, t. 39.

1903 (Xav. Hendrickx). — V : rég. de Lula-Lumene (Hendr. in Gill. 3098).

Dolichos Katali *De Wild.* Étud. fl. Bas- et Moy.-Cgo, I (1904) 157.

1900 (Edg. Verdick). — XVI : Lukafu. — Nom vern. : **Katali-tali** (Verd. 437).

Dolichos Lablab *L.* Sp. pl. ed. 1 (1753) 725; *Bak.* in *Oliv.* Fl. trop. Afr. II, 210; *Taub.* in *Engl.* Pfl. Ost-Afr. 224; *Hiern* Cat. Welw. Pl. I, 262; *Th. Dur.* et *De Wild.* Mat. fl. Cgo, II (1898) 7 [B. S. B. B. XXXVII, 50]; *De Wild.* et *Th. Dur.* Reliq. Dewevr. (1901) 70.

1895 (A. Dewèvre). — II : Plante cultivée un peu partout et formant de grands champs à Zambi [l!] (Dew.).

Dolichos pseudopachyrhizus *Harms* in Engl. Jahrb. XXVI (1899) 320; *De Wild.* Étud. fl. Kat. (1903) 202.

1899 (Edg. Verdick). — XVI : Lukafu. — Nom vern. : **Kafulo** (Verd. 239, 271).

Dolichos serpens *De Wild.* Étud. fl Kat. (1902) 63.

1899 (Edg. Verdick). — XVI : Lukafu (Verd. 343).

Dolichos splendens *Welw.* ex *Bak.* in *Oliv.* Fl. trop. Afr. II (1871) 215; *Th. Dur.* et *De Wild.* Mat. fl. Cgo, I (1897) 17 [B. S. B. B. XXXVI², 63].

1895 (G. Descamps). — XVI : Pala (Desc.).

Dolichos trinervis *De Wild.* Étud. fl. Kat. (1902) 66.

1899 (Edg. Verdick). — XVI : brousse de Lukafu (Verd. 272).

Dolichos Verdickii *De Wild.* Étud. fl. Kat. (1902) 63.

1900 (Edg. Verdick). — XVI : le Katanga (Verd.).

CAJANUS DC.

Cajanus indicus *Spreng.* Syst. veget. III (1826) 248 ; *Bak.* in *Oliv.* Fl. trop. Afr. II, 216 et in *Hook. f.* Fl. Brit. Ind. II, 217 ; *Th. Dur.* et *Schinz* Étud. fl. Cgo (1896) 115 ; *Taub.* in *Engl.* Pfl. Ost-Afr. 221, t. 24 ; *De Wild.* Miss. Laurent (1905) 119 et Étud. fl. Bas- et Moy.-Cgo, II (1907) 155.

Cytisus Cajan *L.* Sp. pl. ed. 1 (1753) 739.
C. pseudo-Cajan *Jacq.* Hort. Vindob. II (1772) 54, t. 119.
C. guineensis *Schumach.* et *Thonn.* Beskr. Guin. Pl. (1827) 349.
C. bicolor *DC.* Prodr. II (1825) 496; Bot. Reg. (1845) t. 31.
Cajan indorum *Medic.* in Vorles. Churpfl. Phys. Gesellsch. II (1787) 363;
  Hiern Cat. Welw. Pl. I, 266.

1862 (R. Burton). — Congo (Burt.). — II : Boma: Ponta da Lenha (Naum.);
Zambi. — Nom vern. : **Wandu** (Dup.). — V : le Stanley-Pool (Hens); Kisantu (Gill.);
Kimpesse (Ém. Laur.); Bolobo (M. Laur.). — IX : Bumba [cult.]. (Ser.). —
XIII a : Stanleyville (Ém. Laur.).

DISTRIB. : Origine douteuse (Inde?); région tropicale du monde entier; cult. en
  grand.

RHYNCHOSIA Lour.

Rhynchosia affinis *De Wild.* Étud. fl. Bas- et Moy.-Cgo, I (1904) 152.

1900 (Edg. Verdick). — XVI : Lac Moero (Verd.).

Rhynchosia calycina *Guill.* et *Perr.* Fl. Seneg. tent. (1832) 214 ;
Bak. in *Oliv.* Fl. trop. Afr. II, 217 ; *Th. Dur.* et *Schinz* Étud. fl.
Cgo (1896) 116.

Cyanospermum — *Hook. f.* in *Hook.* Niger Fl. (1849) 218.
Dolicholus — *Hiern* Cat. Welw. Pl. I (1896) 267.

1888 (Fr. Hens). — V : le Stanley-Pool (Hens, B, 86).

Rhynchosia caribaea *DC.* Prodr. II (1825) 384; *Bak.* in *Oliv.* Fl.
trop. Afr. II, 220; *Taub.* in *Engl.* Pfl. Ost-Afr. 221; *Th. Dur.* et
De Wild. Mat. fl. Cgo, II (1898) 8 [B. S. B. B. XXXVII, 51] et Reliq.
Dewevr. (1901) 70.

Dolicholus — *Hiern* Cat. Welw. Pl. I (1896) 267.

1895 (A. Dewèvre). — II : Zambi (Dew. 408).

Rhynchosia congensis *Bak.* in *Oliv*. Fl. trop. Afr. II (1871) 217; *Th. Dur*. et *Schinz* Étud. fl. Cgo (1896) 116; *De Wild*. et *Th. Dur*. Pl. Gilletianae, II (1901) 76 [B. Herb. Boiss. Sér. 2, I, 748].

1816 (Chr. Smith). — Bas-Congo (Sm.). — V : Kisantu (Gill. 1353).

— — var. **Gilletii** *De Wild*. Étud. fl. Bas- et Moy.-Cgo, I (1904) 152.

1901 (J. Gillet). — V : Kimuenza (Gill. 2119).

Rhynchosia cyanosperma *Benth*. ex *Bak*. in *Oliv*. Fl. trop. Afr. II (1871) 218; *De Wild*. Étud. fl. Kat. (1902) 60 et Miss. Laurent (1905) 119.

1900 (Edg. Verdick). — IX : Umangi (Ém. et M. Laur.). — XVI : plateau du Katanga. — Nom vern. : **Mupakuma**: (Verd.): Lukafu (Verd. 589).

Rhynchosia flavissima *Hochst*. ex *Bak*. in *Oliv*. Fl. trop. Afr. II (1871) 219; *Th. Dur*. et *De Wild*. Mat. fl. Cgo, I (1897) 18 [B. S. B. B. XXXVI², 64].

1895 (G. Descamps). — XVI : Albertville [Toa] (Desc.).

Rhynchosia katangensis *De Wild*. Étud. fl. Bas- et Moy.-Cgo, I (1903) 154.

1901 (Edg. Verdick). — XVI : le Katanga (Verd.).

Rhynchosia Mannii *Bak*, in *Oliv*. Fl. trop. Afr. II (1871) 217; *Th. Dur*. et *Schinz* Étud. fl Cgo (1896) 116; *De Wild*. et *Th. Dur*. Pl. Thonnerianae (1900) 25; Pl. Gilletianae, I (1900) 18 [B. Herb. Boiss. Sér. 2, I, 18] et Reliq. Dewevr. (1901) 70; *De Wild*. Étud. fl. Bas- et Moy.-Cgo, I (1906) 267; II (1907) 155 et Miss. Laurent (1905) 119.

1888 (Fr. Hens). — Bas-Congo (Hens). — II a : Shinganga (Dew.). — V : Kisantu (Gill.); Sanda (Odd.). — VIII : Eala (M. Laur.). — IX a : Mongo (Thonn.). — XII a : entre Bima et Bambili (Ser.). — XIII : Romée (Ém. et M. Laur.). — XIII d : env. de Kasongo (Dew.). — XV : Lusambo (Ém. et M. Laur.). — Nom vern. : **Lemboi-lo-Dianga** [Ikwangula] (Dew.).

Rhynchosia Memnonia *[Delile]* *DC*. Prodr. II (1825) 386; *Harv*. in *Harv*. et *Sond*. Fl. Capens. II, 253; *Bak*. in *Oliv*. Fl. trop. Afr. II, 220; *Taub*. in *Engl*. Pfl. Ost-Afr. 221; *Th. Dur*. et *Schinz* Étud. fl. Cgo (1896) 116.

Glycine — *Delile* Fl. Aegypt. Illustr. (1813) 100, t. 38, fig. 3.
Dolicholus — *Hiern* Cat. Welw. Pl. I (1896) 267.

1885 (R. Buettner). — III : Tondoa (Buett. 244).

Rhynchosia minima *DC*. Prodr. II (1825) 385; *Bak*. in *Oliv*. Fl. trop. Afr. II, 219; *Taub*. in *Engl*. Pfl. Ost-Afr. 221; *De Wild*. et

Th. Dur. Mat. fl. Cgo, II (1898) 8 [B. S. B. B. XXXVII, 51] et Reliq. Dewevr. (1901) 70; *De Wild.* Miss. Laurent (1905) 120.

Dolicholus minimus *Hiern* Cat. Welw. Pl. I (1896) 267.

1895 (A. Dewèvre). — II : Zambi (Dew. 195). — III : Matadi (Ém. et M. Laur.).

Rhynchosia Verdickii *De Wild.* Étud. fl. Kat. (1903) 199.

1900 (Edg. Verdick). — XVI : Lukafu (Verd. 550).

ERIOSEMA DC.

Eriosema affinis *De Wild.* Étud. fl. Kat. (1903) 200.

1900 (Edg. Verdick). — XVI : env. de Lukafu. — Nom vern. : **Kundjialealeya.** (Verd. 97).

Eriosema cajanoides [*Guill.* et *Perr.*] *Hook. f.* in *Hook.* Niger Fl. (1849) 314; *Harv.* et *Sond.* Fl. Capens. II, 261; *Bak.* in *Oliv.* Fl. trop. Afr. II, 227; *Taub.* in *Engl.* Pfl. Ost-Afr. 222; *Th. Dur.* et *Schinz* Étud. fl. Cgo (1896) 113; *De Wild.* Étud. fl. Kat. (1902) 61; *De Wild.* Étud. fl. Bas- et Moy.-Cgo, 1 (1904) 154, (1906) 268; II (1907) 156 et Miss. Laurent (1905) 120.

Rhynchosia — *Guill.* et *Perr.* Fl. Seneg. tent. (1832) 215.

E. psoraleoides *G. Don* Gen. Syst. Bot. II (1832) 348; *Hiern* Cat. Welw. Pl. I, 273.

1862 (R. Burton). — II : Boma (Schimp.). — II a : Haut-Shiloango (Cabra-Michel); Bingila (Dup.); bords de la Lukula (Cabra); Zenze (Ém. Laur.). — III : Tondoa (Buett.); Matadi (Ém. et M. Laur.). — III-IV : la Lufu (Hens). — IV : Kitobola (Ém. et M. Laur.); Luvituku (Dem.). — V : Cheual (Ém. et M. Laur.); Dolo (M. Laur.); env. de Kwamouth (But.); Lukolela (Ém. et M. Laur.); Sanda (Cabra); rég. de Lula-Lumene (Hendr.). — VI : env. de Dima (Lescr.). — VIII : Eala (M. Laur.). — IX : Luozi (Luja). — XII c : entre Bambili et Amadis (Ser.). — XV : brousse des bords du Kasai (Ém. et M. Laur.) et du Lubi (Lescr.). — XVI : Pala; Toa (Desc.); Lukafu et dans toute la région (Verd.). — Nom vern. : **Mutumbu-Tumbu** (Verd.).

Eriosema Gilletii *De Wild.* et *Th. Dur.* Pl. Gilletianae, 1 (1900) 18 [B. Herb. Boiss. Sér. 2, I, 18].

1899 (J. Gillet). — V : Kisantu (Gill.).

Eriosema glomeratum [*Guill.* et *Perr.*] *Hook. f.* in *Hook.* Niger Fl. (1849) 313; *Bak.* in *Oliv.* Fl. trop. Afr. II, 228; *Th. Dur.* et *Schinz* Étud. fl. Cgo (1896) 113; *Taub.* in *Engl.* Pfl. Ost-Afr. 222; *Hiern* Cat. Welw. Pl. I, 273; *De Wild.* Miss. Laurent (1905) 120 et Étud. fl. Bas- et Moy.-Cgo, I (1906) 269; II (1907) 156.

Rhynchosia — *Guill.* et *Perr.* Fl. Seneg. tent. (1832) 216.

Glycine rufa *Schumach.* et *Thonn.* (non *H. B.* et *K.*) Beskr. Guin. Pl. (1827) 344.

Eriosema — *Baill.* (non *E. Mey.*) in Adansonia, VI (1866) 226.

1862 (R. Burton). — Bas-Congo (Ém. Laur.). — II a : Kibinga; Bingila (Dup.).
— III : Matadi (Ém. Laur.). — V : Léopoldville; Dolo (Schlt.); Kinshassa (Ileus
297); env. de Bokala (Ém. et M. Laur.); env. de Kwamouth (But.); env. de Kisantu (Gill.); Tumba (Ém. Laur.). — VIII : la Fini (Ém. Laur.); Banga (Ém. et
M. Laur.). — XV : Lusambo (Desc.).

E. glomeratum var. elongatum *Bak.* in *Oliv.* Fl. trop. Afr. II (1871) 229; *Th. Dur.* et *Schinz* Étud. fl. Cgo (1896) 114.

E. elongatum *Baill.* in Adansonia, VI (1866) 227.

1885 (R. Buettner). — Bas-Congo bor. (Ém. Laur. 65). — VI : Muene-Putu-Kasongo (Buett. 236).

— — form. microphyllum *De Wild.* Étud. fl. Bas- et Moy.-Cgo, I (1904) 154.

1901 (J. Gillet). — V : Kimuenza (Gill.).

Eriosema griseum *Bak.* in *Oliv.* Fl. trop. Afr. II (1871) 228; *Hiern* Cat. Welw. Pl. I, 272; *De Wild.* et *Th. Dur.* Mat. fl. Cgo, II (1898) 8 [B. S. B. B. XXXVII, 51]; Pl. Gilletianae, I (1900) 19 [B. Herb. Boiss. Sér. 2, I, 19] et Reliq. Dewevr. (1901) 70.

1895 (A. Dewèvre). — II a : brousse de Zobe (Dew. 251). — V : Kisantu (Gill.
175).

Eriosema Laurentii *De Wild.* Miss. Laurent (1905) 120.

1903 (Ém. et Marc. Laurent). — IV : Songololo (Ém. et M. Laur.). — V : env.
de Yumbi; Sabuka (Ém. et M. Laur.). — XV : en amont de Butala (Ém. et M.
Laur.).

Eriosema parviflorum *E. Mey.* Comm. pl. Afr. austr. (1835) 130; *Bak.* in *Oliv.* Fl. trop. Afr. II, 225; *Taub.* in *Engl.* Pfl. Ost-Afr. 222; *De Wild.* Étud. fl. Bas- et Moy.-Cgo, I (1904) 154, (1906) 269.

1900 (J. Gillet). — V : Kisantu; entre Kisantu et Dembo (Gill. 1338, 1524, 3447,
3529).

Eriosema pulcherrimum *Taub.* in *Engl.* et *Prantl* Nat. Pflan-zenfam. III, 3 (1894) 375; *De Wild.* Étud. fl. Bas- et Moy.-Cgo, I (1904) 154, (1906) 269; II (1907) 150 et Miss. Laurent (1905) 121.

1893 (G. Descamps). — IV : env. de Kitobola (Ém. Laur.). — V : Kisantu (Gill.
50); Kisantu-Makela (Van Houtte in Gill. 3442). — XII c : Surango (Ser. 388). —
XVI : Albertville [Toa] (Desc.).

Eriosema sericeum *Bak.* in *Oliv.* Fl. trop. Afr. II (1871) 226; *De Wild.* et *Th. Dur.* Pl. Gilletianae, I (1900) 19 [B. Herb. Boiss. Sér. 2, I, 19].

1900 (J. Gillet). — V : Kisantu (Gill. 577, 958).

Eriosema tuberosum *Hochst.* in *A. Rich.* Tent. fl. Abyss. I (1847) 227; *Bak.* in *Oliv.* Fl. trop. Afr. II, 224; *Th. Dur.* et *De Wild.* Mat. fl. Cgo, I (1897) 18 [B. S. B. B. XXXVI², 64].

1891? (G. Descamps). — XVI : Pala (Desc.).

Eriosema Verdickii *De Wild.* Étud. fl. Kat. (1903) 201.

1899 (Edg. Verdick). — XVI : Lofoi (Verd.).

DALBERGIA L.

Dalbergia ealaensis *De Wild.* Étud. fl. Bas- et Moy.-Cgo, II (1907) 151.

1905 (Marc. Laurent). — VIII : Eala (M. Laur. 837). — XI : Bomaneh (M. Laur 1831).

Dalbergia florifera *De Wild.* Étud. fl. Bas- et Moy.-Cgo, I (1904) 146.

1900 (R. Butaye). — V : Dembo (Gill.); entre Dembo et le Kwango (But.).

— — var. **obscura** *De Wild.* l. c. (1904) 146.

1900 (J. Gillet). — V : Kimuenza (Gill. 1701).

Dalbergia Gentilii *De Wild.* Étud. fl. Bas- et Moy.-Cgo, I (1904) 147.

1902 (L. Gentil et J. Gillet). — VI : vallée de la Djuma (Gent.; Gill. 2853).

Dalbergia Gilletii *De Wild.* Étud. fl. Bas- et Moy.-Cgo, I (1906) 265.

1901 (J. Gillet). — V : Kimuenza (Gill. 2084).

Dalbergia glaucescens *De Wild.* Étud. fl. Bas- et Moy.-Cgo, I (1904) 147.

1900 (J. Gillet). — V : Kimuenza (Gill. 1702).

Dalbergia Harmsiana *De Wild.* Étud. fl. Kat. (1903) 194.

1899 (Edg. Verdick). — XVI : le Katanga. — Nom vern. : Tjuoja (Verd. 102).

Dalbergia isangiensis *De Wild.* Miss. Laurent (1905) 116.

1904 (Ém. et Marc. Laurent). — XI : Isangi (Ém. et M. Laur.).

Dalbergia kisantuensis *De Wild.* et *Th. Dur.* Pl. Gilletianae, II (1901) 76 [B. Herb. Boiss. Sér. 2, I, 748]; *De Wild.* Étud. fl. Bas- et Moy.-Cgo, I (1904) 148.

1900 (J. Gillet). — V : entre Léopoldville et Mombasi (Gill. 2598); Kisantu (Gill. 544).

10

Dalbergia Laurentii *De Wild.* Miss. Laurent (1905) 116 et Étud. fl. Bas- et Moy.-Cgo, II (1907) 152.

1903 (Marc. Laurent). — V : Lukolela (Pyn. 198). — VIII : Eala (M. Laur. 177, 778).

Dalbergia laxiflora *M. Micheli* in *Th. Dur.* et *De Wild.* Mat. fl. Cgo, 1 (1897) 19, t. 4 et II (1898) 8 [B. S. B. B. XXXVI², 65 et XXXVII, 51]; *DeWild.* et *Th. Dur.* Reliq. Dewevr. (1901) 70; *De Wild.* Miss. Laurent (1905) 117 et Étud. fl. Bas- et Moy.-Cgo, II (1907) 152.

1895 (A. Dewèvre). — V : entre Lukolela et Gombi (Dew. 550) ; en aval de Yumbi (Ém. et M. Laur.). — VIII : Eala (M. Laur. 1649); Lac Tumba (Ém. et M. Laur.) ; Équateurville [Wangata] (Ém. Laur.).

Dalbergia luluensis *Harms* in Engl. Jahrb. XXVI (1899) 294.

1883 (P. Pogge). — XV : la Lulua vers 6° 5 (Pg. 876).

Dalbergia macrosperma *Welw.* ex *Bak.* in *Oliv.* Fl. trop. Afr. II (1871) 235.

Amerimnon — *O. Kuntze* Rev. Gener. (1891) 159; *Hiern* Cat. Welw. Pl. I, 276.

1883 (P. Pogge). — XV : rég. de Mukenge (Pg.).

— — var. **longipedicellata** *De Wild.* Étud. fl. Bas- et Moy.-Cgo, I (1906) 265.

1903 (Ad. Oddon). — V : env. de Sanda (Odd. in Gill. 3313).

Dalbergia medicinalis *De Wild.* Étud. fl. Kat. (1903) 194.

1899 (Edg. Verdick). — XVI : Lukafu. — Noms vern. : **Tjabilonda; Lupipi** (Verd. 22, 585).

Dalbergia Micheliana *De Wild.* Étud. fl. Bas- et Moy.-Cgo, I (1904) 146, (1906) 266; II (1907) 153 et Miss. Laurent (1905) 115.

1896 (A. Dewèvre). — III : Matadi (Ém. et M. Laur.). — V : env. de Sanda (Gill. 3615; Odd. in Gill. 3708). — VIII : Coquilhatville (Dew. 656).

Dalbergia saxatilis *Hook. f.* in *Hook.* Niger Fl. (1849) 314; *Bak.* in *Oliv.* Fl. trop. Af.. II, 233; *M. Micheli* in *Th. Dur.* et *De Wild.* Mat. fl. Cgo, II (1898) 8 [B. S. B. B. XXXVII, 51] et Reliq. Dewevr. (1901) 71; *De Wild.* Étud. fl. Bas- et Moy.-Cgo, II (1907) 152.

1895 (A. Dewèvre). — Congo (Dew.). — XI : Mogandjo (M. Laur. 1647) ; Yambuya (M. Laur. 1646).

ECASTAPHYLLUM P. Browne.

Ecastaphyllum Brownei [*Jacq.*] *Pers.* Syn. pl. II (1807) 277 ; *DC.* Prodr. II, 420 ; *Guill.* et *Perr.* Fl. Seneg. tent. 232 ; *Bak.* in *Oliv.* Fl. trop. Afr. II, 236 ; *Th. Dur.* et *Schinz* Étud. fl. Cgo (1896) 114 ; *De Wild.* Étud. fl. Bas- et Moy.-Cgo, I (1906) 264, II (1907) 151 et Miss. Laurent (1905) 117.

> Hecastaphyllum — *Benth.* in *Mart.* Fl. Brasil. XV² (1862) 228.
> Pterocarpus Ecastaphyllum *L.* (ubi?) fide *Auct.*; Svensk Acad. (1769) t. 4;
>   *Descourtilz* Fl. des Antilles, IV, t. 258.
> Amerimnon — *Jacq.* Enum. pl. Carib. (1760) 27 ; *Hiern* Cat. Welw. Pl. I, 275.
>
> 1816 (Chr. Smith). — Bas-Congo (Sm.). — I : Moanda (Gill.). — V : Bolobo ;
> Lukolela Bulebu (Em. et M. Laur.). — VIII : Lac Tumba (Em. et M. Laur.).

Ecastaphyllum Monetaria *Pers.* Syn. pl. II (1807) 277 ; *DC.* Prodr. II (1825) 421 ; *Bak.* in *Oliv.* Fl. trop. Afr. II, 236 ; *Th. Dur.* et *De Wild.* Mat. fl. Cgo, II (1898) 8 [B. S. B. B. XXXVII, 51] et Reliq. Dewevr. (1901) 71 ; *De Wild*, Miss. Laurent (1905) 117.

> 1896 (A. Dewèvre). — VIII : Équateurville [Wangata]. — Noms vern. : **Bombom-**
> **bolu; Vombola** (Dew.). — IX : Umangi (Krek.).

Ecastaphyllum pachycarpum *De Wild.* et *Th. Dur.* Pl. Gilletia-nae, II (1901) 77 [B. Herb. Boiss. Sér. 2, I, 749].

> 1900 (J. Gillet). — V : Kisantu (Gill. 490, 1097, 1231).

DREPANOCARPUS G. F. W. Mey.

Drepanocarpus lunatus [*L. f.*] *G. F. W. Mey.* Prim. fl. Essequeb. (1818) 238 ; *DC.* Prodr. II, 420 ; *Guill.* et *Perr.* Fl. Seneg. tent. 237 ; *Bak.* in *Oliv.* Fl. trop. Afr. II, 237 ; *Th. Dur.* et *Schinz* Étud. fl. Cgo (1896) 117 ; *Hiern* Cat. Welw. Pl. I, 277 ; *De Wild.* Étud. fl. Bas- et Moy.-Cgo, I (1906) 266.

> Pterocarpus — *L. f.* Suppl. pl. (1781) 317.
>
> 1816 (Chr. Smith). — Bas-Congo (Sm.). — I : Moanda (Gill.).

PTEROCARPUS L.

Pterocarpus Cabrae *De Wild.* in La Belg. colon. (1902) 193 et in Rev. cult. colon. (1902) 43 ; Étud. fl. Bas- et Moy.-Cgo, I (1903) 48 et Not. pl. util. ou intér. du Cgo, I (1904) 349-350.

> 1899 (H. Tilman). — II a : le Mayumbe (Tilm. in Cabra, 50). — Noms vern. :
> **N'Kula; N'Gula** ou **Gula** (Tilm.).

Pterocarpus Dekindtianus *Harms* in Engl. Jahrb. XXX (1901) 89 ; *De Wild.* Ètud. fl. Bas- et Moy.-Cgo, I (1904) 148, (1906) 266.

P. erinaceus *Auct.* [non *Poir.*] *Th. Dur.* et *Schinz* Ètud. fl. Cgo (1896) 117; *De Wild.* et *Th. Dur.* Pl. Gilletianae, II (1901) 78 [B. Herb. Boiss. Sér. 2, I, 750] ; *De Wild.* Ètud. fl. Kat. (1902) 57.

1885 (R. Buettner). — Bas-Congo (Gill. 2299). — V : Boko [Kinanga] (But. in Gill. 3348); env. de Lemfu (But.). — VI : le Kwango (Buett.); env. de Tumba-Mani (Cabra-Michel, 55). — XVI : env. de Lukafu. — Nom vern. : **Mulembo** (Verd. 83, 497).

Pterocarpus grandiflorus *M. Micheli* in *Th. Dur.* et *De Wild.* Mat. fl. Cgo, I (1897) 99 [B. S. B. B. XXXVI⁵, 65] et in Ill. fl. Cgo (1901) 137, t. 79.

1896 (Ém. Laurent). — XIII a : les Stanley-Falls (Ém. Laur.).

Pterocarpus Mutondo *De Wild.* Ètud. fl. Kat. (1902) 57.

1899 (Edg. Verdick). — XVI : Lukafu. — Nom vern. : **Mutondo** (Verd. 16, 557).

Pterocarpus odoratus *De Wild.* Ètud. fl. Kat. (1902) 58.

1900 (Edg. Verdick). — XVI : Lukafu. — Nom vern. : **Mubalakula** (Verd. 428, 493).

Pterocarpus tinctorius *Welw.* Apont. phyto-geogr. (1859) 584 ; *Bak.* in *Oliv.* Fl. trop. Afr. II, 239 ; *Hiern* Cat. Welw. Pl. I, 277 ; *De Wild.* Ètud. fl. Bas- et Moy.-Cgo, I (1903) 48 ; II (1907) 152.

1901 (J. Gillet). — V : Kimuenza (Gill.); env. de Sanda (Odd. in Gill. 3752).

OSTRYOCARPUS Hook. f.

Ostryocarpus parvifolius *M. Micheli* in *Th. Dur.* et *De Wild.* Mat. fl. Cgo, I (1897) 21 [B. S. B. B. XXXVI², 67] et Reliq. Dewevr. (1901) 71.

1896 (A. Dewèvre). - VIII : Èquateurville [Wangata]. — Nom vern. : **Botoko** (Dew. 640).

LONCHOCARPUS H. B. et K.

Lonchocarpus affinis *De Wild.* Ètud. fl. Kat. (1903) 196.

1899 (Edg. Verdick). — XVI : Lukafu. — Nom vern. : **Mwofi** (Verd. 115).

Lonchocarpus Barteri *Benth.* in Journ. Linn. Soc. IV (suppl.) (1860) 99 ; *Bak.* in *Oliv.* Fl. trop. Afr. II, 243 ; *Th. Dur.* et *Schinz* Ètud. fl. Cgo (1896) 117 ; *Th. Dur.* et *De Wild.* Mat. fl. Cgo, I (1897) 30 ; II (1898) 8 [B. S. B. B. XXXVI², 176 ; XXXVII, 51] ; *De Wild.* et

Th. Dur. Pl. Gilletianae, I (1900) 19 [B. Herb. Boiss. Ser. 2, I, 19];
De Wild. Miss. Laurent (1905) 117.

L. Heudelotianus *Baill.* in Adansonia, VI (1866) 222.

1816 (Chr. Smith). — Bas-Congo (Sm.). — V : Kisantu (Gill. 219). — VII : la Fini
(Ém. Laur.). — Ind. non cl. : Luima (Dem.).

Lonchocarpus comosus *M. Micheli* in *Th. Dur.* et *De Wild.* Mat.
fl. Cgo, I (1897) 23 [B. S. B. B. XXXVI², 69]; Reliq. Dewevr. (1901)
72 et Ill. fl. Cgo (1902) 183, t. 92.

1895 (A. Dewèvre). — II a : la Lemba (Dew. 362). — XIII a : env. des Stanley-
Falls (Dew. 1166).

Lonchocarpus dubius *De Wild.* Étud. fl Kat. (1903) 196.

1899 (Edg. Verdick). — XVI : Lukafu. — Nom vern. : **Kibimbia** (Verd. 62).

Lonchocarpus Eetveldeanus *M. Micheli* in *Th. Dur.* et *De Wild.*
Mat. fl. Cgo, I (1897) 21 [B. S. B. B. XXXVI², 67] et Ill. fl. Cgo (1898)
17, t. 9 ; *De Wild.* Étud. fl. Bas- et Moy.-Cgo, I (1906) 267.

1895 (Ém. Laurent). — IV : route des Caravanes (Ém. Laur.). — V : env. de
Dembo (Gill.).

Lonchocarpus katangensis *De Wild.* Étud. fl. Kat. (1903) 195.

1899 (Edg. Verdick). — XVI : Lukafu. — Nom vern. : **Mukutu** (Verd. 49).

Lonchocarpus Laurentii *De Wild.* Miss. Laurent (1905) 117.

1904 (Ém. et Marc. Laurent). — IX : en aval de Bolombo (Ém. et M. Laur.).

Lonchocarpus sericeus [*Poir.*] *H. B.* et *K.* Nov. gen. et sp. Vl
(1823) 383; *DC.* Prodr. II, 260; *Benth.* in Journ. Linn. Soc. IV
(suppl.) (1860) 88 ; *Bak.* in *Oliv.* Fl. trop. Afr. II, 241 ; *Th. Dur.* et
Schinz Étud. fl. Cgo (1896) 117.

Robinia — *Poir.* Encycl. méth. Bot. VI (1804) 226.
R. violacea *P. Beauv.* Fl. d'Oware, II (1807) 28, t. 76.
R. argentiflora *Schumach.* et *Thonn.* Beskr. Guin. Pl. (1827) 352.

1862 (H. Johnston). — Congo (Johnst.). — III : Tondoa (Buett.).

Lonchocarpus ? subulidentatus *Buett.* in Verh. bot. Ver.
Brandenb. XXXII (1890) 53; *Th. Dur.* et *Schinz* Étud. fl. Cgo
(1896) 118.

1884 (R. Buettner). — VI : Muene-Putu-Kasongo (Buett. 454).

Lonchocarpus Teuszii *Buett.* in Verh. bot. Ver. Brandenb. XXXII
(1890) 51; *M. Micheli* in *Th. Dur.* et *De Wild.* Mat. fl. Cgo, II
(1898) 8 [B. S. B. B. XXXVII, 51] Pl. Gilletianae, I (1900) 19 et Reliq.
Dewevr. (1901) 73.

1898 (A. Dewèvre). — IV : Lukungu. — Nom vern. : **Fontu** (Dew. 468). — V :
Kisantu (Gill. 292, 605); — XV : le Kasai (Luja).

DERRIS Lour.

Derris brachyptera *Bak.* in *Oliv.* Fl. trop. Afr. II (1871) 246; *M. Micheli* in *Th. Dur.* et *De Wild.* Mat. fl. Cgo, II (1898) 9 [B. S. B. B. XXXVII, 52]; *De Wild.* et *Th. Dur.* Reliq. Dewevr. (1901) 73; *De Wild.* Étud. fl. Bas- et Moy.-Cgo, I (1904) 149, (1906) 267; II (1907) 153.

Deguelia — *Taub.* in Bot. Centralbl. XLVII (1891) 386; *Hiern* Cat. Welw. Pl. I, 183.

1896 (A. Dewèvre). — V : Kisantu (Gill. 3603); entre Kisantu et Popokabaka (But. in Gill. 2307). — VIII : Eala (M. Laur. 792); Équateurville [Wangata] (Dew. 668); Mondjo (Pyn. 314).

Derris congolensis *De Wild.* Étud. fl. Bas- et Moy.-Cgo, I (1904) 149, t. 38, (1906) 267; II (1907) 152.

1901 (J. Gillet). — Bas-Congo (Gill.; Odd. in Gill. 625). — V : env. de Kisantu (Gill. 3646).

Derris nobilis *Welw.* ex *Bak.* in *Oliv.* Fl. trop. Afr. II (1871) 245; *De Wild.* Étud. fl. Bas- et Moy.-Cgo, I (1904) 149.

Deguelia — *Taub.* in Bot. Centralbl. XLVII (1891) 387.

1900 (J. Gillet). — V : Kimuenza (Gill. 1631).

DALHOUSIEA Wall.

Dalhousiea africana *S. Moore* in Journ. of Bot. XVIII (1880) 2; *Hiern* Cat. Welw. Pl. I, 284; *De Wild.* et *Th. Dur.* Pl. Gilletianae, II (1900) 78 [B. Herb. Boiss. Sér. 2, I, 750]; *De Wild.* Étud. fl. Bas- et Moy.-Cgo, 1 (1904) 131; II (1907) 145 et Miss. Laurent (1905) 106.

D. bracteata *Bak.* in *Oliv.* Fl. trop. Afr. II (1871) 247.

1896 (A. Dewèvre). — V : Kimuenza (Gill.); entre Dembo et le Kwango (But.). — VI : vallée de la Djuma (Gent. et Gill.); Madibi (Lescr.). — VIII : Coquilhatville (Dew.; Pyn.); Eala (M. Laur.). — IX : Dobo (Pyn.); Umangi (Krck.). — XI : Basoko (Ém. et M. Laur.). — XV : Lusambo; Butala (Ém. et M. Laur.); Kondue (Lederm.).

BAPHIA Afz. (1)

Baphia acuminata *De Wild.* Miss. Laurent (1905) 104.

1904 (Ém. et Marc. Laurent). — XI : en aval de Basoko (Ém. Laur.). — XIII a : Wanie-Rukula (Ém. Laur.).

---

(1) **Baphia aurivellerea** *Taub.* in Engl. Jahrb. XXIII (1896) 174.
1882 ? (P. Pogge). — XV ? : entre Kimbundo et le Kwango vers 10° (Pg. 535).

Baphia angolensis *Welw.* ex *Bak.* in *Oliv.* Fl. trop. Afr. II (1871) 249; *M. Micheli* in *Th. Dur.* et *De Wild.* Mat. fl. Cgo, II (1898) 9 [B. S. B. B. XXXVII, 52]; *De Wild.* et *Th. Dur.* Reliq. Dewevr. (1901) 74; *Hiern* Cat. Welw. Pl. I, 285; *De Wild.* Étud. fl. Bas- et Moy.-Cgo, II (1907) 143.

1896 (A. Dewèvre). — V : Lukolela (Dew.; Pyn. 200); Kinshassa (M. Laur. 492). — VI : vallée de la Djuma (Gill. 273 b). — VIII : env. d'Équateurville [Wangata]. — Nom vern. : **Bokongo-Bomponpono** (Dew.) ; Coquilhatville (Pyn. 292); Eala (M. Laur. 842). — XI : Barumbu (M. Laur. 167); Mogandjo (M. Laur. 1669). Yambuya (M. Laur. 1668). — XV : Mokole [Lubi] (Lescr. 186); Djoko-Punda (Lescr. 288).

Baphia chrysophylla *Taub.* in Engl. Jahrb. XXIII (1896) 175.

1881 (P. Pogge). — XV : Mukenge (Pg. 798, 802, 852, 896, 898).

Baphia compacta *De Wild.* Étud. fl. Bas- et Moy.-Cgo, II (1907) 144.

1906 (L. Pynaert). — V : Lukolela (Pyn. 157).

Baphia congolensis *Welw.* ex *Bak.* in *Oliv.* Fl. trop. Afr. II (1871) 249; *Hiern* Cat. Welw. Pl. I, 285; *De Wild.* Miss. Laurent (1905) 105.

1903 (Ém. et Marc. Laurent). — III : Matadi (Ém. et M. Laur.). — V : Chenal ; Bolobo; Tumba (Ém. et M. Laur.). — XV : Bombaie (Ém. Laur.).

Baphia crassifolia *Harms* ex *De Wild.* Étud. fl. Bas- et Moy.-Cgo, I (1904) 131.

1902 (L. Gentil). — VI : vallée de la Djuma (Gent.). — XV : Loange [Kasai-Lua- laba] (Gent. 28).

Baphia densiflora *Harms* in Engl. Jahrb. XXVI (1899) 280.

1882 (P. Pogge). — XV : Mukenge (Pg. 819).

Baphia Laurentii *De Wild.* Miss. Laurent (1905) 105.

1903 (Ém. et Marc. Laurent). — VIII : Ikenge (Ém. et M. Laur. 40).

Baphia Lescrauwaetii *De Wild.* Étud. fl. Bas- et Moy.-Cgo, II (1907) 143.

1905 (Éd. Lescrauwaet). — XV : Pania-Mutambo (Lescr. 386).

Baphia nitida *Lodd.* Bot. Cab. IV (1819) t. 367; *DC.* Prodr. II, 424; *Bak.* in *Oliv.* Fl. trop. Afr. II, 249; *Th. Dur.* et *Schinz* Étud. fl. Cgo (1896) 118.

Podalyria Haematoxylon *Schumach.* et *Thonn.* Beskr. Guin. Pl. (1827) 202. Baphia — *Hook. f.* in *Hook.* Niger Fl. (1849) 324.

1882 (H. Johnston). — Congo (Johnst.).

Baphia pubescens *Hook. f.* in *Hook.* Niger Fl. (1849) 250; *Bak.* in *Oliv.* Fl. trop. Afr. II, 250; *Th. Dur.* et *Schinz* Étud. fl. Cgo (1896) 118; *De Wild.* et *Th. Dur.* Contr. fl. Cgo, II (1900) 17 et Reliq. Dewevr. (1901) 74; *De Wild.* Étud. fl. Bas- et Moy.-Cgo, I (1906) 255; II (1907) 143.

B. laurifolia *Baill.* in Adansonia, VI (1866) 213.

1863 (H. Johnston). — Congo (Johnst.). — V : Kisantu (Gill.); env. de Bolobo (Dew.). — VI : vallée de la Djuma (Gent.); rég. de Luanu (Lescr.). — IX : Luozi (Luja). — XVI : Albertville [Toa] (Desc.).

Baphia Pynaertii *De Wild.* Étud. fl. Bas- et Moy.-Cgo, II (1907) 143.

1906 (L. Pynaert). — VIII : env. d'Eala (Pyn. 239).

Baphia racemosa *Hochst.* in Flora, XXIV (1841) II, 638; *Bak.* in *Oliv.* Fl. trop. Afr. II, 248; *M. Micheli* in *Th. Dur.* et *De Wild.* Mat. fl. Cgo, II (1898) 9 [B. S. B. B. XXXVII², 52]; *De Wild.* et *Th. Dur.* Reliq. Dewevr. (1901) 74.

1896 (A. Dewèvre). — XIII d : forêts au-dessus d'Elungu près de la Kusuku (Dew. 1061 a).

Baphia Schweinfurthii *Harms* in Engl. Jahrb. XXIII (1896) 175.

1870 (G. Schweinfurth). — XII d ? : env. de Kubbi [riv. droite du Kibali] (Schw. 3551). — XV : rég. de Mukenge (Pg.).

Baphia spathacea *Hook f.* in *Hook.* Niger Fl. (1849) 320; *Bak* in *Oliv.* Fl. trop. Afr. II, 250; *Th. Dur.* et *Schinz* Étud. fl. Cgo (1896) 118; *De Wild.* Étud. fl. Bas- et Moy.-Cgo, II (1907) 144.

1888 (Fr. Hens). — V : Lukolela (Ém. Laur.). — VIII : Irebu (M. Laur. 631); Bombimba (Pyn. 322). — IX : Bangala (Hens). — XV : Lusambo (Ém. Laur.).

— — var. **scandens** *De Wild.* Étud. fl. Bas- et Moy.-Cgo, I (1907) 144.

1905 (L. Pynaert). — XI : Yambuya (Pyn. 58).

Baphia Vermeuleni *De Wild.* Miss. Laurent (1906) 255, t. 51.

1903 (Aug. Vermeulen). — V : env. de Sanda (Verm. in Gill. 3409, 3432).

ANGYLOCALYX Taub.

Angylocalyx ramiflorus *Taub.* in Engl. Jahrb. XXVII (1897) 172; *M. Micheli* in *Th. Dur.* et *De Wild.* Mat. fl. Cgo, II (1898) 9 [B. S. B. B. XXXVII, 52]; *De Wild.* et *Th. Dur.* Reliq. Dewevr. (1901) 74.

1896 (A. Dewèvre). — VIII : Bokakata (Dew. 801). — XI : Lokandu (Dew. 1134 e).

Angylocalyx Schumannianus *Harms* in *Engl.* et *Prantl* Nat. Pflanzenfam. Nachtr. zum II-IV (1897) 199 et in Engl. Jahrb. XXVI (1899) 278; *De Wild.* Étud. fl. Bas- et Moy.-Cgo, I (1904) 131.

1903 (Ad. Oddon). — V : le Stanley-Pool (Camp); Sanda (Odd.).

Angylocalyx Vermeuleni *De Wild.* Étud. fl. Bas- et Moy.-Cgo, I (1906) 251, t. 55; II (1907) 141.

1903 (Ad. Oddon et Aug. Vermeulen). — V : Sanda (Odd. et Verm. in Gill. 3434, 3575). — XV : env. de Limbutu (M. Laur. 1801).

ORMOSIA Jack.

Ormosia Brasseuriana *De Wild.* Étud. fl. Kat. (1903) 183.

O. angolensis *De Wild.* [non *Bak.*] Étud. fl. Kat. (1902) 50.

1899 (Edg. Verdick). — XV : env. de Lukafu. — Noms vern. : **Mulanga** : **Mubanga** (Verd. 38, 180, 197).

CAMOENSIA Welw.

Camoensia Laurentii *De Wild.* Miss. Laurent (1905) 103.

1903 (Ém. et Marc. Laurent). — VIII : Lac Tumba (Ém. et M. Laur.).

Camoensia maxima *Welw.* ex *Benth.* in Trans. Linn. Soc. XXV (1866) 302, t. 36; *Bak.* in *Oliv.* Fl. trop. Afr. II, 252; *Th. Dur.* et *Schinz* Étud. fl. Cgo (1896) 119; *Hook. f.* in Bot. Mag. (1898) t. 7572; *De Wild.* Étud. fl. Bas- et Moy.-Cgo, I (1906) 254; II (1907) 142.

Giganthemum scandens *Welw.* Apont. phyto-geogr. (1859) 585; *Hiern* Cat. Welw. Pl. I, 285.

1816 (Chr. Smith). — Bas-Congo (Sm.). — V : Sanda (Odd.). — IX : Bangala (Dup.); Upoto (Wilw.); Luozi (Luja). — XV : Pangu (Ém. Laur.).

SWARTZIA Schreb.

Swartzia madagascariensis *Desv.* in Annal. sci. nat. Sér. 1, IX (1826) 424; *Bak.* in *Oliv.* Fl. trop. Afr. II, 257; *De Wild.* Étud. fl. Kat. (1903) 183.

Tournatea — *Taub.* in Bot. Centralbl. XLVII (1891) 792; *Hiern* Cat. Welw. Pl. I, 286.

1899 (Edg. Verdick). — XVI : Lukafu. — Nom vern. : **N'Dale** (Verd. 77, 233, 295).

CAESALPINIEAE

PELTOPHORUM Vogel.

Peltophorum africanum *Sond.* in Linnaea, XXIII (1859) 35; *Oliv*
Fl. trop. Afr. Il, 260; *Hiern* Cat. Welw. Pl. I, 287; *De Wild*. Miss.
Laurent (1905) 102.

Brasilettia — *O. Kuntze* Rev. Gener. (1901) 164.

1903 (Ém. et Marc. Laurent. — XV : Lusambo (Ém. et M. Laur.).

MEZONEURON Desf.

Mezoneuron angolense *Welw.* ex *Oliv.* Fl. trop. Afr. II (1871) 261;
Hiern Cat. Welw. Pl. I, 287; *M. Micheli* in *De Wild.* et *Th. Dur*.
Mat. fl. Cgo, II (1898) 9 [B. S. B. B. XXXVII, 52] et Reliq. Dewevr.
(1901) 74.

1895 (A. Dewèvre). — Congo (Dew.).

CAESALPINIA L.

Caesalpinia Bonducella *Fleming* in Asiat. Res. XI (1810) 159;
Oliv. Fl. trop. Afr. II, 262; *Hiern* Cat. Welw. Pl. I, 289; *Taub.* in
Engl. Pfl. Ost-Afr. 202; *De Wild*. Étud. fl. Bas- et Moy.-Cgo, I
(1906) 254.

1900 (J. Gillet). — I : Moanda (Gill.).

Caesalpinia pulcherrima [*L*.] *Sw*. Observ. bot. (1791) 166; *Maund*
The Botanist, IV, t. 151; *Oliv*. Fl. trop. Afr. II, 262 et in *Hook. f*.
Fl. Brit. Ind. II, 255; *Th. Dur.* et *Schinz* Étud. fl. Cgo (1896) 119;
Hiern Cat. Welw. Pl. I, 288; *De Wild*. et *Th. Dur*. Reliq. Dewevr.
(1901) 74.

Poinciania — *L*. Sp. pl. ed. 1 (1753) 380; *DC.* Prodr. II, 484; *Jacq.* Stirp. Amer.
hist. t. 120; Bot. Mag. (1807) t. 995.

1893 (P. Dupuis). — II : Boma (Dup.). — II a Yema-Lianga (Cabra). — V :
Léopoldville (Duch.). — XVI : Pala (Deb.). — XI : Yambuli (Ém. Laur.).

Obs. — Rob. Brown a indiqué dans le Bas-Congo, d'après C. Smith, le **Guilandina Bonduc** Ait. *(Caesalpinia* — Roxb.). Oliver dit qu'il n'a jamais vu
d'échantillons africains de cette espèce et qu'il présume que tout ce que l'on
a indiqué, sous ce nom, dans l'Afrique tropicale, appartient au *C. Bonducella*
Roxb. *(Guilandina*— L.). *Benth.* et *Trim*. Medic. Pl. II, t. 85; *Oliv*. Fl. trop.
Afr. II, 262.

POINCIANIA L.

Poinciania regia *Boj.* ex *Hook.* in Bot. Mag. (1829) t. 2884; *Oliv.* Fl. trop. Afr. II, 306; *Taub.* in *Engl.* Pfl. Ost-Afr. 202; *Hiern* Cat. Welw. Pl. I, 289; *De Wild.* Étud. fl. Bas- et Moy.-Cgo, I (1904) 131 et Miss. Laurent (1905) 102.

1893 (Ém. Laurent). — Bas-Congo (Ém. Laur.). — II : Boma (Dew.). — V : Kimuenza (Gill. 1731). — XI : Malema (Ém. et M. Laur.).

PARKINSONIA L.

Parkinsonia aculeata *L.* Sp. pl. ed. 1 (1753) 375 ; *Jacq.* Stirp. Amer. hist. t. 119; *Descourtilz* Fl. des Antilles, I, t. 12; *Oliv.* Fl. trop. Afr. II, 267; *De Wild.* Étud. fl. Bas- et Moy.-Cgo, I (1904) 131, (1906) 254 ; II (1907) 140.

1903 (L. Gentil).— II : Boma (Gill.). [cult.] (Pyn.). — VIII : Eala (M. Laur.). — XI : Yaisuli [Lomami] (Gent.).

OLIGOSTEMON Benth.

Oligostemon pictus *Benth.* in Trans. Linn. Soc. XXV (1865) 305, t. 39; *Oliv.* Fl. trop. Afr. II, 267 ; *M. Micheli* in *Th. Dur.* et *De Wild.* Mat. fl. Cgo, II (1898) 9 [B. S. B. B. XXXVII, 52] et Reliq. Dewevr. (1901) 75.

1895 (A. Dewèvre). — II : Boma (Dew. 421).

CASSIA L.

Cassia Absus *L.* Sp. pl. ed. 1 (1753) 376; *Nees* Pl. officin. t. 348; *DC.* Prodr. II, 500; *Jacq.* Eclog. pl. (1811) t. 53; *Oliv.* Fl. trop. Afr. II, 279; *Th. Dur.* et *Schinz* Étud. fl. Cgo (1896) 119; *Hiern* Cat. Welw. Pl. I, 292; *De Wild.* et *Th. Dur.* Contr. fl. Cgo, II (1900) 17 et Reliq. Dewevr. (1901) 75; *De Wild.* Étud. fl. Kat. (1902) 47 et Not. pl. util. ou intér. du Cgo, I (1903) 165 ; *De Wild.* Étud. fl. Bas- et Moy.-Cgo, I (1904) 130 ; II (1907) 139 et Miss. Laurent (1905) 101.

C. viscosa *Schumach.* et *Thonn.* Beskr. Guin. Pl. (1827) 205.
C. Thonningii *DC.* l, c. II (1825) 500.

1888 (Fr. Heus). — II : Zambi (Dup.). — II a : Bingila (Dup.).— IV : Lutete (Heus); Kitobola (Pyn.). — V : le Stanley-Pool (Dem.); env. de Léopoldville (Gill.); Dolo (M. Laur.); Kisantu (Gill.). — VI : vallée de la Djuma (Gill.): Bandundu (Ém. Laur.). — XVI : Pala (Desc.); Lofoi (Verd.). — Noms vern. : **Galonga** [Kasongo]; **Gangale** [Ikwangula]; **Locoso** [Bakusus] ; **Kisiwegue** [Tanganika] (Dew.).

Cassia alata *L.* Sp. pl. ed. 1 (1753) 378; *Oliv.* Fl. trop. Afr. II, 275 ; *De Wild.* et *Th. Dur.* Pl. Gilletianae, I (1900) 19 [B. Herb. Boiss. Sér. 2, I, 19]; *De Wild.* Not. pl. util. ou intér. du Cgo, I (1903) 166-167 ; *De Wild.* Miss. Laurent (1905) 101 et Étud. fl. Bas- et Moy.-Cgo, I (1906) 253; II (1907) 140.

    C. reticulata *M. Micheli* [non *Willd.*] in *Th. Dur.* et *De Wild.* Mat. fl. Cgo, II (1898) 9 [B. S. B. B. XXXVII, 52]; *De Wild.* et *Th. Dur.* Contr. fl. Cgo, II (1900) 18.

    1896 (Ém. Laurent). — Bas-Congo, cult. dans diverses stations (Ém. Laur.). — V : env. de Dembo et de Kisantu (Gill.). — VI : rég. de Luanu (Lescr.). — VIII : Eala (Pyn.). — XV : Isaka : (Ém. et M. Laur.).

Cassia Droogmansiana *De Wild.* Étud. fl. Kat. (1902) 48.

    1899 (Edg. Verdick). — XVI : env. de Lukafu. — Nom vern. : **Musemjesji** (Verd. 126).

Cassia Kethulleana *De Wild.* Étud. fl. Kat. (1902) 48.

    1900 (Edg. Verdick). — XVI : Lukafu. — Nom vern. : **Mututa** (Verd. 562),

Cassia Kirkii *Oliv.* Fl. trop. Afr. II (1871) 281 ; *Th. Dur.* et *Schinz* Étud. fl. Cgo (1896) 120; *Hiern* Cat. Welw. Pl. I, 294 ; *De Wild.* Étud. fl. Bas- et Moy.-Cgo, I (1904) 130; II (1907) 140 et Miss. Laurent (1905) 111.

    1888 (Fr. Hens). — II a : Haut-Shiloango (Cabra-Michel). — IV : Lutete (Hens). — V : Kisantu (Gill.); Sanda (De Brouw.). — XII b : entre Bambili et Amadis (Ser.). — XIV : volcan Kirunga (v. Goetz. et v. Prittw.). — XV : Mukundji (Ém. Laur.); la Lulua vers 7° (Lescr.).

— — var. **microphylla** *A. Dewèvre* in B. S. B. B. XXXIII[2] (1894) 100.

    1892 (Jul. Cornet) — XVI : le Katanga (Corn.).

Cassia Mannii *Oliv.* Fl. trop. Afr. II (1871) 272; *De Wild.* Étud. fl. Bas- et Moy.-Cgo, I (1904) 131, (1906) 253; Miss. Laurent (1905) 101 et Not. pl. util. ou intér. du Cgo, I (1903) 168.

    1901 (J. Gillet). — V : Kisantu; Kimuenza (Gill.) ; Sanda (Van Houtte). — X : l'Ubangi; Busa (Ém. et M. Laur.).

— — var. **Van Houttei** *De Wild.* Not. pl. util. ou intér. du Cgo, I (1903) 168 et Étud. fl. Bas- et Moy.-Cgo, I (1906) 253.

    1902 (Aug. Van Houtte). — V : rég. de Sanda (Van Houtte; Odd.).

Cassia mimosoides *L.* Sp. pl. ed. 1 (1753) 379; *Oliv.* Fl. trop. Afr. II, 281; *Bak.* in *Hook. f.* Fl. Brit. Ind. II, 266; *Th. Dur.* et *Schinz* Étud. fl. Cgo (1896) 120; *Hiern* Cat. Welw. Pl. I, 293; *De Wild.* et *Th. Dur.* Contr. fl. Cgo, I (1899) 19; II (1900) 18; Pl. Thonnerianae

(1900) 19; *De Wild*. Not. pl. util. ou intér. du Cgo, I (1903) 172-173; Étud. fl. Bas- et Moy.-Cgo, I (1904) 131, (1906) 253; II (1907) 140 et Miss. Laurent (1901) 101.

C. geminata *Schumach*. et *Thonn*. Beskr. Guin. Pl. (1827) 281.
C. gracillima *Welw*. Apont. phyto-geogr. (1858) 590.

1885 (R. Buettner). — I : Moanda (Vanderyst); Banana (Ém. Laur.). — II : Boma (Schimp.). — II a : le Mayumbe à Bingila (Dup.); Ganda-Yanga (Cabra). -- V : C. autour du Stanley-Pool (Buett.; Dem.); Léopoldville et env. (Hens; Ém. Duch.); entre Léopoldville et Mombasi (Gill.); Dolo. — Nom vern. : **Bankause** (Biel.); Kinshassa (Dem.); env. de Kwamouth (Biel.); entre Bolobo et Lukolela (Buett.); Sabuka (Luja); Kisantu (Gill.); Dembo (Cabra); rég. de Lula-Lumene (Gill.). — VII : la Fini (Ém. Laur.). — IX : Yabasumba (Thonn.); Upoto (Wilw.). — X : Musima (Briart). — XV : Lusambo; Bukila (Ém. Laur.). — XVI : le Katanga (Corn.).

Cassia occidentalis *L*. Sp. pl. ed. 1 (1753) 377; Bot. Reg. (1816) t. 83; *DC*. Prodr. II, 202; *Oliv*. Fl. trop. Afr. II, 262; *Th. Dur*. et *Schinz* Étud. fl. Cgo (1896) 120; *Hiern* Cat. Welw. Pl. 1, 291; *De Wild*. et *Th. Dur*. Reliq. Dewevr. (1901) 75; *De Wild*. Étud. fl. Kat. (1902) 49; Not. pl. util. ou intér. du Cgo, I (1903) 169-74; Étud. fl. Bas- et Moy.-Cgo, I (1906) 253; II (1907) 140 et Miss. Laurent (1905) 101.

Senna — *Roxb*. Fl. Ind. II (1832) 343.

1816 (Chr. Smith). — Bas-Congo (Sm.). — II a : la Lemba (Gill.); Haut-Shiloango (Cabra-Michel); Bingila (Dup.). — III : Matadi (Sap.). — IV : rég. des Cataractes (Dem.). — V : Kisantu; env. de Lemfu; env. de Dembo (Gill.); env. de Yumbi (Ém. Laur.). — VI : Luanu et env. (Lescr.); Muene-Putu-Kasongo (Buett.); env. de Sanga (Cabra). — VII : Ibali (Ém. Laur.). — VIII : Équateurville (Buett.); Basankusu. — Nom vern. : **Kwantala** (Dew.). — IX : Bangala (Hens). — XIII d : env. de Kabanga (Dew.). — XVI : Lukafu. — Nom vern. : **Lukunga-Moka** (Verd.). — Noms vern.: **Tchungu-Tchungu** [Tanganika]; **Bao** [Ikwangula]; **Ikongolo** [Kasongo].

Cassia Tora *L*. Sp. pl. ed. 1 (1753) 376; *DC*. Prodr. II, 263; *Oliv*. Fl. trop. Afr. II, 275 et in *Hook. f*. Fl. Brit. Ind. II, 263; *Th. Dur*. et *Schinz* Étud. fl. Cgo (1896) 121; *De Wild*. et *Th. Dur*. Reliq. Dewevr. (1906) 76; *De Wild*. Not. pl. util. ou intér. du Cgo, I (1903) 173-74; Miss. Laurent (1905) 102 et Étud. fl. Bas- et Moy.-Cgo, II (1907) 140.

Senna — *Roxb*. Fl. Ind. II (1832) 340.

1893 (Ém. Laurent). — Bas-Congo, brousse près des villages (Ém. Laur.). — V : Dolo (Sap.); Kwamouth (M. Laur.); Bolobo (Dew.); Kisantu (Gill.); entre Kisantu et le Kwango (But.). — VII : Ibali (Ém. et M. Laur.). — VIII : Lac Tumba (Ém. et M. Laur.). — IX : Umangi (Krek.). — XII a et b : entre Bima et Bambili (Ser.).

Cassia Verdickii *De Wild*. Étud. fl. Kat. (1902) 49.

1900 (Edg. Verdick). — XVI : Lukafu. — Nom vern. : **Kionga** (Verd. 590).

DIALIUM L.

Dialium acuminatum *De Wild.* Étud. fl. Bas- et Moy.-Cgo, II (1907) 139.

1905 (Marc. Laurent). — VIII : Eala (M. Laur. 797).

Dialium angolense *Welw.* ex *Oliv.* Fl. trop. Afr. II (1871) 283; *Ficalho* Pl. Uteis (1884) 153; *Hiern* Cat. Welw. Pl. I, 296; *De Wild.* Étud. fl. Kat. (1902) 47.

1900 (Edg. Verdick). — XVI : Lukafu. — Nom vern. : **Kafungu-Kakoma** (Verd. 476).

Dialium guineense *Willd.* in Roem. Archiv. f. Bot. I (1796-98) 31, t. 6; *Oliv.* Fl. trop. Afr. II, 283; *Th. Dur.* et *De Wild.* Mat. fl. Cgo, II (1898) 10 [B. S. B. B. XXXVII, 53]; *De Wild.* et *Th. Dur.* Reliq. Dewevr. (1901) 76; *Hiern* Cat. Welw. Pl. I, 294; *De Wild.* Miss. Laurent (1905) 100 et Étud. fl. Bas- et Moy.-Cgo, I (1906) 254; II (1907) 139.

Codarium acutifolium *Afzel.* in Schrad. N. Journ. Bot. II (1807) 233.

1896 (A. Dewèvre). — V : Lukolela (Pyn.). — Nom vern. : **Djungu** (Dew.); Kimuenza (Gill.); rég. de Sauda (Odd.). — VII : Ibali (Ém. Laur.). — VIII : Efukoi-Kombe [Ikelemba] (M. Laur.); Eala (M. Laur.). — XI : Basoko (M. Laur.).

Dialium Laurentii *De Wild.* Miss. Laurent (1905) 100 et Étud. fl. Bas- et Moy.-Cgo, II (1907) 145.

1904 (Ém. Laurent). — VIII : Lulanga (Ém. Laur.); Eala (M. Laur, 1104).

BAUHINIA L.

Bauhinia Petersiana *Bolle* in *Peters* Reise n. Mossamb. I (1862) 24; *Oliv.* Fl. trop. Afr. II, 288; *Taub.* in *Engl.* Pfl. Ost-Afr. 200; *Th. Dur.* et *De Wild.* Mat. fl. Cgo, I (1897) 25 [B. S. B. B. XXXVI², 71].

1899 (G. Descamps). — XVI : Pala (Desc.); Lukafu (Verd.). — Noms vern. : **Kitotolo; Kifumbi** (Verd.).

Bauhinia reticulata *DC.* Mém. fam. Légumin. XIII (1825) 484 et Prodr. II (1825) 515; *Guill.* et *Perr.* Fl. Seneg. tent. 266, t. 60; *Oliv.* Fl. trop. Afr. II, 290 (err. cal. *articulata*]; *Th.Dur.* et *Schinz* Étud. fl. Cgo (1896) 121; *Hiern* Cat. Welw. Pl. I, 296; *De Wild.* et *Th. Dur.* Reliq. Dewevr. (1901) 76; *De Wild.* Étud. fl. Kat. (1902) 47 et Étud. fl. Bas- et Moy.-Cgo, I (1906) 253; II (1907) 138; *De Wild.* Not. pl. util. ou intér. du Cgo, II (1906) 112.

1816 (Chr. Smith). — Bas-Congo (Sm.), — III-IV : la Lufu. — Nom vern. : **Lolokemdamba** (Dew.). — V : Kisantu (Gill.). — IX : Luozi (Luja). — XII : rég. bor. or. — Nom vern. : **Dopwa** (Ser.). — XV : entre Lusambo et le Lualaba (Ém. Laur.). — XVI : Lukafu. — Nom vern. : **Kifumbi** (Verd.).

Bauhinia tomentosa *L.* Sp. pl. ed. 1 (1753) 375; *DC.* Prodr. II, 514;
Bot. Mag. (1866) t. 5560; *Oliv.* Fl. trop. Afr. II, 290; *Th. Dur.* et
Schinz Étud. fl. Cgo (1896) 121; *Hiern* Cat. Welw. Pl. I, 296; *De
Wild.* Étud. fl. Bas- et Moy.-Cgo, I (1904) 130, (1906) 253; II (1907)
139.

Alvesia bauhinioides *Welw.* Apont. phyto-geogr. (1859) 587.

1885 (R. Buettner). — Bas-Congo (Hens; Dew.). — IV : Luvituku (Dem.); Kito-
bola (Ém. Laur.).—V : forêts entre Léopoldville et Luvituku (Ém. Laur.); Kisantu
(Gill.).—VI : Muene-Putu-Kasongo (Buett.) ; route de Tumba-Mani à Popokabaka
(Cabra-Michel). — VIII : Eala (M. Laur.). — XVI : le Katanga (Corn.).

BANDEIRAEA Welw.

Bandeiraea simplicifolia [*Vahl*] *Benth.* in Trans. Linn. Soc. XXV
(1866) 306 in nota; *Oliv.* Fl. trop. Afr. II, 285; *Th. Dur.* et *De
Wild.* Mat. fl. Cgo, I (1897) 25 [B. S. B. B. XXXVI², 71].

Schotia — *Vahl* ex *DC.* Prodr. II (1825) 508.

1895 (P. Dupuis). — II : Zambi (Dup.). — V : Kisantu (Gill.). — XV : Luebo
(Ém. Laur.); Lusambo (Ém. et M. Laur.).

Bandeiraea speciosa *Welw.* ex *Benth.* in Trans. Linn. Soc. XXV
(1865) 306, t. 40; *Oliv.* Fl. trop. Afr. II, 284; *De Wild.* Étud. fl.
Bas- et Moy.-Cgo, II (1907) 138.

Griffonia — *Taub.* in *Engl.* et *Prantl* Nat. Pflanzenfam. III, 3 (1894) 147.

1903 (Marc. Laurent). — V : Lukolela (Pyn. 237). — XV : Lusambo (M. Laur.).

Bandeiraea tenuiflora *Benth.* in Trans. Linn. Soc. XXV (1866) 307;
Oliv. Fl. trop. Afr. II, 285; *De Wild.* et *Th. Dur.* Contr. fl. Cgo,
II (1900) 17.

1899 (Éd. Luja). — V : Kimuenza (Gill.). — XV : Lubue [Kasai] (Luja).

MACROLOBIUM Schreb.

Macrolobium coeruleoides *De Wild.* Étud. fl. Bas- et Moy.-Cgo, II
(1907) 137.

Vouapa coerulea *De Wild.* [non *Taub.*] Miss. Laurent (1905) 98.

1903 (Ém. et Marc. Laurent). — V : Lukolela (Pyn. 179); env. de Kisantu. —
Nom vern. : **Lubeso** (Gill. 3784).— VII : Ibali (Ém. et M. Laur.). — VIII : Eala (M.
Laur. 734). — IX : Lisala (Ém. et M. Laur.).

Macrolobium Dewevrei *De Wild.* Étud. fl. Bas- et Moy.-Cgo, I
(1904) 129.

1896 (A. Dewèvre). — V : la Lukaya (Gill. 205). — XII d : Vieux-Kasongo (Dew.
949). — Noms vern. : **Mooti** [Kasongo] ; **Taulon** [Tanganika] (Dew.).

M. Dewevrei form. **fol. bijugis** *De Wild.* Ètud. fl. Bas- et Moy.-Cgo, I (1904) 129, t. 30; II (1907) 138.

1906 (Marc. Laurent). — XIII : kilom. 18 du chemin de fer des Grands Lacs (M. Laur. 1017).

— — form. **fol. trijugis** *De Wild.* l. c. I (1904) 129, t. 31; II (1907) 138 et Miss. Laurent (1905) 99.

1903 (Ém. et Marc Laurent). — V : env. de Sanda (Odd.). — VIII : Efukoi-Kombe (M. Laur. 1267). — XIII a : Romée (M. Laur. 1679); Stanleyville. — Noms vern. : **Imbali**; **Bombali** (Pyn. 73); entre Djambo et Buta. — Nom vern. : **Limboso** (Ser. 31). — XV : Bombaie (Ém. et M. Laur.); le Sankuru (Brisac); Lubi (Lescr. 172). — Nom vern. : **Bombari** [Ikwangula].

Macrolobium Gilletii *De Wild.* Ètud. fl. Bas- et Moy.-Cgo, I (1906) 252, t. 46.

1903 (J. Gillet). — Bas-Congo (Gill. 3645).

Macrolobium Heudelotii *Planch.* ex *Benth.* in Trans. Linn. Soc. XXV (1865) 308; *Oliv.* Fl. trop. Afr. II, 298; *M. Micheli* in *Th. Dur.* et *De Wild.* Mat. fl. Cgo, II (1898) 10 [B. S. B. B. XXXVII, 53] et Reliq. Dewevr. (1901) 77; *De Wild.* Ètud. fl. Bas- et Moy.-Cgo, I (1906) 252; II (1907) 138.

Vouapa macrophylla *Baill.* in Adansonia, VI (1865) 178 t. 3, fig. 6; *Hiern* Cat. Welw. Pl. I, 299.

1895 (A. Dewèvre). — II a : rives du Loango (Dew. 281). — V : Sanda (Odd. in Gill. 3307). — VIII : Monzambi (Brun. in M. Laur. 1816). — XI : Mogandjo (M. Laur. 1659).

Macrolobium Laurentii *De Wild.* Miss. Laurent (1905) 99.

1903 (Ém. et Marc. Laurent). — XV : Dibele; bords du Sankuru (Ém. et M. Laur.).

Obs. — M. De Wildeman [l. c.] signale aussi à Dibele, une forme très voisine de cette espèce.

Macrolobium Palisotii *Benth.* in Trans. Linn. Soc. XXV (1865) 308; *Oliv.* Fl. trop. Afr. II, 297; *M. Micheli* in *Th. Dur.* et *De Wild.* Mat. fl. Cgo, II (1898) 10 [B. S. B. B. XXXVII, 53] et Reliq. Dewevr. (1901) 77; *De Wild.* Ètud. fl. Bas- et Moy.-Cgo, II (1907) 138.

Vouapa — *Baill.* in Adansonia, VI (1865) 178; *Hiern* Cat. Welw. Pl. I, 299.

1896 (A. Dewèvre). — Congo (Dew. 1166). — XV : rég. de Mukenge (Pg.).

BERLINIA Soland.

Berlinia acuminata *Soland.* in *Hook.* Niger Fl. (1849) 326; *Oliv.* Fl. trop. Afr. II, 293; *M. Micheli* in *Th. Dur.* et *De Wild.* Mat. fl.

Cgo, I (1897) 26 [B. S. B. B. XXXVI², 72] et Contr. fl. Cgo, II (1900)
17; *De Wild.* et *Th. Dur.* Reliq. Dewevr. (1901) 77; *De Wild.*
Miss. Laurent (1905) 98 et Étud. fl. Bas- et Moy.-Cgo, I (1904) 129,
(1906) 251; II (1907) 134.

1896 (G. Descamps). — V : env. de Stanleyville (Dew.); env. de Sanda (Odd.);
Lula-Lumene (Hendr.). — VI : rég. du Kwango (But.); Eiolo (Ém. et M. Laur.) —
VII : la Fini (Ém. et M. Laur.). — VIII : le long du Rubi (Lescr. 171). — IX :
Pedza [Umangi] (Krek.). — XIII a : Yakusu (Ém. et M. Laur.). — XVI : Toa
(Desc.).

B. Acuminata var. **Bruneelii** *De Wild.* Étud. fl. Bas- et Moy.-Cgo, II
(1907) 135.

1904 (Éd. Lescrauwaet). — IX : la Baringa (Brun. 26). — XV : Lubi (Lescr.
158); Limbutu (M. Laur. 1003).

— — var. **pubescens** *De Wild.* Étud. fl. Bas- et Moy.-Cgo, I
(1904) 129.

1901 (Alph. Cabra et Michel). — Ind. non cl. : Buete-Kimanga (Cabra-Michel, 1).

Berlinia bracteosa *Benth.* in Trans. Linn. Soc. XXV (1866) 309;
Oliv. Fl. trop. Afr. II, 294; *M. Micheli* in *Th. Dur.* et *De Wild.*
Mat. fl. Cgo, I (1897) 26 [B. S. B. B. XXXVI², 72].

1895 (G. Descamps). — Congo (Ern. Dew.). — II a : Bingila (Dup.). — XVI :
Toa (Desc.).

Berlinia Eminii *Taub.* in *Engl.* Pfl. Ost-Afr. (1895) 98; *Th. Dur.* et
De Wild. Mat. fl. Cgo, I (1897) 30 [B. S. B. B. XXXVI², 76]; *De
Wild.* Étud. fl. Kat. (1902) 46.

1895 (G. Descamps). — XVI : Toa (Desc.); Lukafu. — Nom vern. : **Musamba**
(Verd.).

Berlinia Laurentii *De Wild.* Étud. fl. Bas- et Moy.-Cgo, II (1907)
135.

1906 (Marc. Laurent). — XIII a : Romée (M. Laur. 1661).

Berlinia Sereti *De Wild.* Étud. fl. Bas- et Moy.-Cgo, II (1907) 136.

1905 (Fél. Seret). — XIII a : rives du Rubi depuis Kuti (Ser. 45).

AFZELIA Sm.

Afzelia africana *Sm.* in Trans. Linn. Soc. IV (1798) 221; *DC.* Prodr.
II, 507; *Guill.* et *Perr.* Fl. Seneg. tent. 263; *Oliv.* Fl. trop. Afr.
II, 302; *Th. Dur.* et *Schinz* Étud. fl. Cgo (1896) 122; *De Wild.* et
Th. Dur. Reliq. Dewevr. (1901) 77; *De Wild* Not. pl. util. ou intér.
du Cgo, II (1906) 109-110.

Intsia — *O. Kuntze* Rev. Gener. (1891) 102; *Hiern* Cat. Welw. Pl. I, 290.

11

1816 (Chr. Smith).— Bas-Congo (Sm.).— II a : le Mayumbe (Ém. Laur.).—VIII : Coquilhatville (Dew.) ; Eala (M. Laur. ; Pyn.); Bombimba [Ikelemba] (M. Laur.). — IX : Bumba (Pyn.). — XI : Yambuya (M. Laur) ; Basoko (M. Laur.) ; Lokandu (Dew.). — XIII a : Stanleyville (M. Laur.). — XIII c : Yakusu (Ém. Laur.). — XV : Bena-Dibole (Ém. Laur.); Lubi (Lescr.); Limbutu (M. Laur.); Lac Foa (Lescr.). ; Kondue (Lederm.).

Afzelia cuanzensis *Welw.* Apont. phyto-geogr. (1859) 386; *Oliv.* Fl. trop. Afr. II, 302; *Th. Dur.* et *De Wild.* Mat. fl. Cgo, I (1897) 30 [B. S. B. B. XXXVI, 2, 76].

Intsia — *O. Kuntze* Rev. Gener. (1891) 192; *Hiern* Cat. Welw. Pl. 1, 299.

1888 (Fr. Hens). — VIII : pays des Baugala (Hens, C. 141). — XVI : env. de Lukafu. — Nom vern. : **Mupapa** (Verd. 27).

TAMARINDUS L.

Tamarindus indica *L.* Sp. pl. ed. 1 (1753) 34; *Jacq.* Hist. stirp. Amer. t. 13; *DC.* Prodr. II, 488; Bot. Mag. (1851) t. 4563; *Descourtilz* Fl. des Antilles, II, t. 120; *Nees* Pl. officin. t. 341 ; *Oliv.* Fl. trop. Afr. II, 308; *Bebdome* Fl. Sylv. Ind. t. 184; *Bak.* in *Hook. f.* Fl. Brit. Ind. I, 273; *Bentl.* et *Trim.* Medic. Pl. I, t. 92; *Th. Dur.* et *Schinz* Étud. fl. Cgo (1896) 122; *Th. Dur.* et *De Wild.* Mat. fl. Cgo, I (1897) 28 [B. S. B. B. XXXVI², 74; *De Wild.* et *Th. Dur.* Contr. fl. Cgo, I (1899) 191; *De Wild.* Not. pl. util. on intér. du Cgo, II (1906) 151-153, fig. 9.

1877? (J. F. Lopez). — Bords du Congo (Lop.). — IX : Bangala (Ém. Laur.). — XIV : Uvira (Desc.).

BAIKIAEA Benth.

Baikiaea anomala *M. Micheli* in *Th. Dur.* et *De Wild.* Mat. fl. Cgo, I (1897) 25 [B. S. B. B. XXXVI², 72].

1895 (Ém. Laurent). — XV : forêts près de Lusambo (Ém. Laur.).

Baikiaea insignis *Benth.* in Trans. Linn. Soc. XXV (1865) 314, t. 41; *Oliv.* Fl. trop. Afr. II, 309; *Th. Dur.* et *De Wild.* Mat. fl. Cgo, II (1898) 10² [B. S. B. B. XXXVII, 54]; *De Wild.* Miss. Laurent (1905) 102 et Étud. fl. Bas- et Moy.-Cgo, I (1906) 254.

1895 (Ém. Laurent). — Bas-Congo (Ém. Laur.). — V : Kisantu (Gill.). — XV. Bombaie; Bas-Kasai (Ém. et M. Laur.); rives du Kasai (Ém. Laur.).

Baikiaea Lescrauwaetii *De Wild.* Étud. fl. Bas- et Moy.-Cgo, II (1907) 141.

1905 (Éd. Lescrauwaet). — VIII : Ikoko (Lescr. 415).

Baikiaea minor *Oliv.* Fl. trop. Afr. II (1871) 309; *Th. Dur.* et *Schinz* Étud. fl. Cgo (1896) 123; *De Wild.* et *Th. Dur.* Reliq. Dewevr. (1901) 78; *De Wild.* Miss. Laurent (1905) 103 et Étud. fl. Bas- et Moy.-Cgo, I (1906) 254; II (1907) 141.

1816 (Chr. Smith). — Bas-Congo (Sm.). — V : Sanda (Odd.). — VI : Eiolo (Ém. et M. Laur.). — VIII : Eala. — Nom vern. : **Yambola** (M. Laur. 908); Ikoko (Lescr. 167); rives du Ruki (Gisseleire in Pyn. 288). — IX : Bangala (Hens).

SCHOTIA Jacq.

Schotia latifolia *Jacq.* Fragm. bot. (1809) 23, t. 15, fig. 1; *Harv.* et *Sond.* Fl. Capens. II, 274; *Th. Dur.* et *De Wild.* Mat. fl. Cgo, II (1898) 10² [B. S. B. B. XXXVII, 54] et Reliq. Dewevr. (1901) 78.

1896 (A. Dewèvre). — XIII d : env. de Babundu (Dew. 1146).

Schotia Romii *De Wild.* Étud. fl. Bas- et Moy.-Cgo, II (1907) 132, fig. 4.

1888 (F. Demeuse). — Congo (Dew.). — VIII : Mompono (Bruneel, 37). — XI : Mogandjo (M. Laur. 1680); Yambuya (M. Laur. 1827). — XV : Limbutu (M. Laur. 1681); Idanga (L. Rom); rég. du Kasai (Lescr.). — XVI : Toa (Desc.). — Ind. non cl. : le Lomami (Dew. 159).

BRACHYSTEGIA Benth.

Brachystegia katangensis *De Wild.* Étud. fl. Kat. (1903) 204.

1899 (Edg. Verdick). — XVI : Lukafu. — Nom vern. : **Kisamba-Kwe-Kwe** (Verd. 117).

Brachystegia mpalensis *M. Micheli* in *Th. Dur.* et *De Wild.* Mat. fl. Cgo, I (1897) 27 [B. S. B. B. XXXVI², 73] et Ill. fl. Cgo (1902) 175, t. 88; *De Wild.* Étud. fl. Kat. (1902) 45.

1895 (G. Descamps). — XVI : Pala (Deb.); Toa (Desc. 27); Lukafu (Verd. 58).

— — var. **latifoliolata** *De Wild.* l. c. (1902) 45.

1899 (Edg. Verdick). — XVI : Lukafu. — Nom vern. : **Mukutu** (Verd. 64).

Brachystegia stipulata *De Wild.* Étud. fl. Kat. (1902) 44.

B. appendiculata *De Wild.* [non *Benth.*] l. c. (1902) t. 12.

1899 (Edg. Verdick). — XVI : Lukafu (Verd. 18).

CRUDIA Schreb.

Crudia Laurentii *De Wild.* Miss. Laurent (1905) 97.

1904 (Ém. et Marc. Laurent). — XIII a : chutes de la Tshopo (Ém. et M. Laur.).

CRYPTOSEPALUM Benth.

Cryptosepalum Debeerstii *De Wild.* Étud. fl. Kat. (1902) 40.

1895 (Gust. Debeerst). — XVI : Pala (Deb. 32).

Cryptosepalum exfoliatum *De Wild.* Étud. fl. Kat. (1902) 41.

1900 (Edg. Verdick). — XVI : le Katanga (Verd.).

Cryptosepalum maraviense *Oliv.* Fl. trop. Afr. II (1871) 304; *M. Micheli* in *Th. Dur.* et *De Wild.* Mat. fl. Cgo, I (1897) 28 [B. S. B. B. XXXVI², 74].

1895? (G. Descamps). — Congo (Desc.)

— — var. **minus** *A. Dewèvre* in B. S. B. B. XXXIII² (1895) 100; *Th. Dur.* et *Schinz* Étud. fl. Cgo (1896) 122.

1892 (Jul. Cornet). — XVI : le Katanga (Corn.).

Cryptosepalum Verdickii *De Wild.* Étud. fl. Kat. (1902) 39.

1899 (Edg. Verdick). — XVI : env. de Lukafu (Verd.).

DEWINDTIA De Wild.

Dewindtia katangensis *De Wild.* Étud. fl. Kat. (1902) 43.

1899 (Edg. Verdick). — XVI : Lukafu (Verd. 118).

COPAIFERA L.

Copaifera Arnoldiana [*De Wild.* et *Th. Dur.*] *Th.* et *Hél. Dur.*

Copaiba — *De Wild.* et *Th. Dur.* Mat. fl. Cgo, VIII (1900) 12 [B. S. B. B. XXXIX², 64] et in Ill. fl. Cgo (1901) 125, t. 73.

1899 (Alph. Cabra). — II a : le Mayumbe (Cabra, 136).

Copaifera Demeusei *Harms* in Engl. Jahrb. XXVI (1899) 264; *De Wild.* Étud. fl. Bas- et Moy.-Cgo, I (1904) 128; II (1907) 132 et Miss. Laurent (1905) 97.

1892 (F. Demeuse). — V : Bolobo (Ém. et M. Laur.). — VI : Dima (Ém. et M. Laur.). — VII : Lac Léopold II (Dem.); Iuongo; Ibali (Ém. et M. Laur.). — VIII : Eala. — Nom vern. : **Baka** (M. Laur. 753). — X : C. le long de l'Ubangi (Ém. et M. Laur.). — XI : Basoko (Ém. et M. Laur.).

Copaifera Laurentii *De Wild.* Étud. fl. Bas- et Moy.-Cgo, II (1907) 132.

1905 (Marc. Laurent). — VIII : Eala (M. Laur. 1648, 1825).

HARDWICKIA Roxb.

Hardwickia Mannii *Oliv.* Fl. trop. Afr. II (1871) 316; *Th. Dur.* et
De Wild. Mat. fl. Cgo, II (1898) 10^2; [B. S. B. B. XXXVII, 56] et
Reliq. Dewevr. (1901) 78; *De Wild.* Étud. fl. Bas- et Moy.-Cgo, II
(1907) 132.

1896 (A. Dewèvre). — Congo (Dew. 667 a). — XV : Limbutu (M. Laur.).

CYNOMETRA L.

Cynometra congensis *De Wild.* Étud. fl. Bas- et Moy.-Cgo, I (1904)
127.

1902 (J. Gillet). — V : env. de Léopoldville (Gill.).

Cynometra ? djumaensis *De Wild.* Étud. fl. Bas- et Moy.-Cgo, I
(1904) 128, t. 39.

1902 (J. Gillet). — VI : vallée de la Djuma (Gill.).

Cynometra Gilletii *De Wild.* Étud. fl. Bas- et Moy.-Cgo, I (1904) 128;
II (1907) 130 et Miss. Laurent (1905) 95.

1902 (J. Gillet). — V : Wombali (Gill. 2710). — VII : Kutu (Ém. et M. Laur.).
— VIII : Ikenge (Ém. et M. Laur.); Bala-Lundzi (Pyn. 334). — IX : Monzambi
(Pyn. 398). — XV : Limbutu (M. Laur. 1036).

Cynometra Laurentii *De Wild.* Miss. Laurent (1905) 96 et Étud. fl.
Bas- et Moy.-Cgo, II (1907) 130.

1904 (Ém. et Marc. Laurent). — VIII : Coquilhatville (Pyn. 284); Eala (Pyn.
360, 406, 437); Yala [Baringa] (Brun. 35). — IX : Busa (Ém. et M. Laur.). —
XI : en aval de Basoko (Ém. et M. Laur.). — XV : Lac Foa (Lescr. 219).

Cynometra Lujae *De Wild.* Étud. fl. Bas- et Moy.-Cgo, I (1906) 250,
t. 70.

1898 (Éd. Luja). — IX : Luozi (Luja, 147).

Cynometra Mannii *Oliv.* Fl. trop. Afr. II (1871) 317; *Th. Dur.* et
Schinz Étud. fl. Cgo (1896) 123; *Th. Dur.* et *De Wild.* Mat. fl
Cgo, I (1897) 38 [B. S. B. B. XXXVI^2, 77] et Contr. fl. Cgo, II (1900)
18; *De Wild.* Étud. fl. Bas- et Moy.-Cgo, II (1907) 130.

1816 (Chr. Smith). — Bas-Congo (Sm.). — II : Boma (Dup.). — II a : le Mayumbe
(Dup.). — V : rive N. du Kasai [distr. du Stanley-Pool] (Luja); env. de Yumbi
(M. Laur. 417); Lukolela (Pyn. 206). — VIII : Eala (M. Laur. 830, 1806).

Cynometra Oddoni *De Wild.* Étud. fl. Bas- et Moy.-Cgo, II (1907)
131.

1904 (Ad. Oddon). — V : Sanda (Odd. in Gill. 3706).

Cynometra pedicellata *De Wild.* Étud. fl. Bas- et Moy.-Cgo, II (1907) 131.

1905 (Marc. Laurent). — VIII : Eala (M. Laur. 1807). — XV : Limbutu (M. Laur. 1670).

Cynometra Schlechteri *Harms* in *Schlechter* Westafr. Kautsch.-Exped. (1900) 290 [nom. tant.] et in Engl. Jahrb. XXX (1901) 77.

1899 (R. Schlechter). — V : le Stanley-Pool (Schlecht. 12659).

Cynometra sessiliflora *Harms* in Engl. Jahrb. XXVI (1899) 262.

1898? (J. H. Camp). — V : le Stanley-Pool? (Camp).

Cynometra Vogelii *Hook f.* in *Hook.* Niger. Fl. (1849) 328; *Oliv.* Fl. trop. Afr. II, 317; *De Wild.* et *Th. Dur.* Reliq. Dewevr. (1901) 78.

1895 (A. Dewèvre). — II a : Shinganga. — Nom vern. : **Banda-banda** (Dew. 290).

ERYTHROPHLEUM Afzel.

Erythrophleum guineense *Don* Gen. Syst. Bot. II (1832) 424; *Oliv.* Fl. trop. Afr. II, 320; *Taub.* in *Engl.* Pfl. Ost-Afr. 196; *Th. Dur.* et *Schinz* Étud. fl. Cgo (1896) 123; *De Wild.* Étud. fl. Bas- et Moy.-Cgo, I (1896) 127.

Fillaea suaveolens *Guill.* et *Perr.* Fl. Seneg. tent. (1832) 242, t. 55.
E. ordale *Bolle* in *Peters* Reise n. Mossamb. I (1862) 10.
Mavea judicialis *Bertol.* in Mem. Acc. Sc. Bolog. II (1850) 570, t. 39.

1882 (H. Johnston). — Bas-Congo (Decort, in Gill. 1542). — II a : le Mayumbe (Ém. Laur.).

MIMOSEAE

PENTACLETHRA Benth.

Pentaclethra Eetveldeana *De Wild.* et *Th. Dur.* Pl. Gilletianae, I (1900) 20 [B. Herb. Boiss. Sér. 2, I, 20]; *De Wild.* Étud. fl. Bas- et Moy.-Cgo, I (1904) 126; II (1907) 130, 250 et Miss. Laurent (1905) 95.

1900 (J. Gillet). — IV : Luvituku (Ém. Laur.) — V : Kisantu (Gill. 710); Sanda et env.— Nom vern. : **Kinseka** (Odd.; Gill. 3657). — VI : vallée de la Djuma (Gent.). — VII : Ibali (Ém. Laur.). — VIII : Bikoro (Pyn. 371).

Pentaclethra macrophylla *Benth.* in Hook. Journ. of Bot. IV (1842) 330; *Bak.* in *Oliv.* Fl. trop. Afr. II, 322; *Taub.* in *Engl.* Pfl. Ost-Afr. 196; *Th. Dur.* et *De Wild.* Mat. fl. Cgo, II (1898) 10^2 [B. S. B. B. XXXVII, 54] et Reliq. Dewevr. (1901) 78; *De Wild.* Étud. fl. Bas- et Moy.-Cgo, I (1904) 127; II (1907) 130.

1893 (Ém. Laurent). — II : le Mayumbe (Ém. Laur.). — V : Kisantu. — Nom vern. : **Panza** (Gill.); Sanda (Odd.). — VI : vallée de la Djuma (Gent.); Madibi (Sap.). — VIII : Coquilhatville. — Noms vern. : **Boala; Mobala** (Dew.); Eala (M. Laur.).

PARKIA R. Br.

Parkia biglobosa *Benth.* in *Hook.* Journ. of Bot. IV (1842) 328; *Oliv.* Fl. trop. Afr. II, 324; *M. Micheli* in *Th. Dur.* et *De Wild.* Mat. fl. Cgo, II (1898) 10² [B. S. B. B. XXXVII, 54] et Reliq. Dewevr. (1901) 79; *De Wild.* Not. pl. util. ou intér. du Cgo, II (1906) 140-43.

1895 (A. Dewèvre). — V : l'Inkisi (Dew.).

Parkia filicoidea *Welw.* ex *Oliv.* Fl. trop. Afr. II (1871) 324; *Hiern* Cat. Welw. Pl. I, 305; *De Wild.* Étud. fl. Bas- et Moy.-Cgo, I (1904) 126; II (1907) 129.

1901 (R. Butaye).— Bas-Congo (But. in Gill. 2289).— VI : entre Popokabaka et les chutes François-Joseph (Gent. 103). — XV : Limbutu (M. Laur.).

Parkia Klainei *Pierre* ex *De Wild.* Étud. fl. Bas- et Moy.-Cgo, II (1907) 129 [nom. tant.].

1905 (Marc. Laurent). — XV : Limbutu (M. Laur. 1828).

ENTADA Adans.

Entada abyssinica *Steud.* in *A. Rich.* Tent. fl. Abyss. I (1847) 234; *Oliv.* Fl. trop. Afr. II, 327; *Th. Dur.* et *De Wild.* Mat. fl. Cgo, I (1897) 28 [B. S. B. B. XXXVI², 74]; *De Wild.* et *Th. Dur.* Reliq. Dewevr. (1901) 79 et Pl. Gilletianae, II (1901) 76 [B. Herb. Boiss. Sér. 2, I, 748]; *De Wild.* Étud. fl. Bas- et Moy.-Cgo, I (1906) 249; II (1907) 129.

Gigalobium — *Hiern* Cat. Welw. Pl. I (1896) 305.

1891 (F. Demeuse). — IV : Luvituku (Dew.) —V : Kisantu (Gill.); entre Kisantu et le Kwango (But.). — VIII : Coquilhatville (Dew. 606). — XV : le Sankuru (Ém. Laur.); Bena-Mulengere (Dew. 1009). — XVI : Albertville [Toa] (Desc.). — Noms vern. : **Niniki** [Kasongo]; **Onguikie** [Bakusu]; **Nicena** [Tanganika]. — Ind. non cl. : bords du Lomami (Ém. Laur.).

Entada africana *Guill.* et *Perr.* Fl. Seneg. tent. (1832) 233; *Oliv.* Fl. trop. Afr. II, 326; *De Wild.* Étud. fl. Bas- et Moy.-Cgo, I (1904) 126.

1895 (A. Dewèvre). — Congo (Dew.).

Entada scandens *Benth.* in *Hook.* Journ. of Bot. IV (1842) 332; *Oliv.* Fl. trop. Afr. II, 325; *De Wild.* Étud. fl. Bas- et Moy.-Cgo, I (1904) 126, (1906) 249; II (1907) 129, 257, t. 75.

1895 (A. Dewèvre). — Congo (Dew.). — V : Kisantu (Gill. 1162). — VIII : env. d'Eala (M. Laur. 1106). — XV : rég. de Mukenge (Pg.)

Entada sudanica *Schweinf.* Reliq. Kotschyanae (1868) 8, t. 8; *Oliv.* Fl. trop. Afr. II, 327; *De Wild.* Étud. fl. Bas- et Moy.-Cgo. II (1907) 129.

1905 (Marc. Laurent). — VIII : Eala (M. Laur. 674, 712, 1290). — XII : Kira-vungu (Ser. 175).

—   var. **pauciflora** *De Wild.* Étud. fl. Bas- et Moy.-Cgo, I (1904) 126 et Miss. Laurent (1905) 94.

1900 (J. Gillet). — V : Kimuenza (Gill.). — VIII : Eala (Ém. et M. Laur.). — XIII a : chutes de la Tshopo (Ém. et M. Laur.).

FILLAEOPSIS Harms.

Fillaeopsis discophora *Harms* in Engl. Jahrb. XXVI (1899) 259, t. 6; *De Wild.* Étud. fl. Bas- et Moy.-Cgo, I (1904) 124; II (1907) 37, 129, t. 15, 16.

1896 (A. Dewèvre). — II a : Haut-Shiloango (Cabra-Michel). — VIII : env. de Bo-kakata. — Nom vern. : **Sonanaka** ou **Esonanaka** (Dew.). — XI : Basoko (M. Laur. 1053).

PIPTADENIA Benth.

Piptadenia africana *Hook. f.* in *Hook.* Niger Fl. (1849) 320; *Oliv.* Fl. trop. Afr. II, 328; *Hiern* Cat. Welw. Pl. I, 306; *De Wild.* Miss. Laurent (1905) 94 et Étud. fl. Bas- et Moy.-Cgo, II (1907) 129.

1903 (Ém. Laurent). — V : Kisantu (Gill.). — VIII : Coquilhatville; Lulanga (Ém. et M. Laur.); Eala (M. Laur.). — XV : Lusambo (Ém. et M. Laurent); Lim-butu (M. Laur.); Kondue (Lederm.).

ADENANTHERA Royen.

Adenanthera Gilletii *De Wild.* Étud. fl. Bas- et Moy.-Cgo, I (1906) 249.

1903 (J. Gillet). — V : Sanda (Gill. 3435, 3459).

TETRAPLEURA Benth.

Tetrapleura Thonningii *Benth.* in *Hook.* Journ. of Bot. IV (1842) 345; *Oliv.* Fl. trop. Afr. II, 339; *Th. Dur.* et *De Wild.* Mat. fl.

Cgo, II (1898) 10² [B. S. B. B. XXXVII, 54]; *Hiern* Cat. Welw. Pl.
I, 307;.*De Wild.* et *Th. Dur.* Reliq. Dewevr. (1901) 79; *De Wild.*
Miss. Laurent (1905) 94 et Étud. fl. Bas- et Moy.-Cgo, II (1907) 129.

1895 (Ém. Laurent). —V : Lukolela. — Nom vern. : Eleci (Dew.). — VI : env. de
Madibi (Sap.). — X : Imese (Ém. et M. Laur.). — XIII a : Yanongo (Ém. et M.
Laur.) — XV : bords du Sankuru (Ém. Laur.); Kondue (Lederm.).

DICHROSTACHYS Wight et Arn.

Dichrostachys nutans *Benth.* in *Hook.* Journ. of Bot. IV (1842) 355;
Oliv. Fl. trop. Afr. II, 333; *Th. Dur.* et *Schinz* Étud. fl. Cgo (1896)
123; *Taub.* in *Engl.* Pfl. Ost-Afr. 195; *Hiern* Cat. Welw. Pl. I,
308; *De Wild.* Étud. fl. Kat. (1902) 39; Étud. fl. Bas- et Moy.-Cgo,
I (1904) 115 et Miss. Laurent (1905) 94.

1863 (R. Burton). — Congo (Burt.); brousse du Bas-Congo (Ém. Laur.). — III :
vallée de la Ufwa [affl. de la Pozo] (Cabra-Michel). — IV : Kitobola (Ém. Laur.) ;
Lukungu (Hens). — V : le Stanley-Pool ; entre Dembo et le Kwango (But.). —
·XVI : Lukafu (Verd.).

Obs. — « Une des espèces les plus caractéristiques de la steppe, répandue
dans toute l'Afrique tropicale » (Dew.).

Dichrostachys platyptera *Welw.* Apont. phyto-geogr. (1859) 576;
Oliv. Fl. trop. Afr. II, 333; *Hiern* Cat. Welw. Pl. I, 308; *De Wild.*
Miss. Laurent (1905) 94.

1903 (Ém. et Marc. Laurent). — IX : Umangi (Ém. et M. Laur.). — XV : Mauge
(Ém. et M. Laur.).

MIMOSA L.

Mimosa asperata *L.* Syst. veget. ed. 10 (1759) 1312; *DC.* Mém. fam.
Légum. t. 63 et Prodr. II, 428; *Benth.* in *Hook.* Journ. of Bot. IV
(1842) 400; *Bak.* in *Oliv.* Fl. trop. Afr. II, 335; *Taub.* in *Engl.*
Pfl. Ost-Afr. 195; *Th. Dur.* et *Schinz* Étud. fl. Cgo (1896) 124;
De Wild. et *Th. Dur.* Reliq. Dewevr. (1901) 79; *De Wild.* Étud. fl.
Bas- et Moy.-Cgo, I (1904) 126, (1906) 249; II (1907) 128 et Miss.
Laurent (1905) 94.

1874 (Fr. Naumann). — Bas-Congo (But.). — II : Boma (Dew.); Ponta da Lenha
(Naum.). — II a : Bingila (Dup.). — III : Tondoa (Naum.). — IV : Kitobola (Ém.
et M. Laur.).—V : le Stanley-Pool (Hens) ; env. de Léopoldville (Ém. Duch.); Suata
(Buett.); Lukolela (Pyn.); Kisantu (Gill.). — VIII : Ikenge (Paulus); Équateur-
ville [Wangata] (Dew.); Gombe (M. Laur.). — XV : bords du Kasai (Ém. et M.
Laur.).

Mimosa pudica *L.* Sp. pl. ed. 1 (1753) 518; Bot. Reg. XI, t. 941;
Spach Hist. des végét. [Atlas] t. 1; *Benth.* in *Mart.* Fl. Brasil. XV²,
316; *Oliv.* Fl. trop. Afr. II, 336 in obs.; *Taub.* in *Engl.* Pfl. Ost-
Afr. 195; *De Wild.* Étud. fl. Bas- et Moy.-Cgo, II (1907) 128.

1903 (L. Pynaert). — V : Lukolela (Pyn.).

ACACIA Willd.

Acacia ataxacantha *DC.* Prodr. II (1825) 459; *Guill.* et *Perr.* Fl. Seneg. tent. 244; *Benth.* in *Hook.* Journ. of Bot. IV (1842) 511; *Oliv.* Fl. trop. Afr. I, 343; *Th. Dur.* et *Schinz* Étud. fl. Cgo (1896) 125; *De Wild.* et *Th. Dur.* Reliq. Dewevr. (1901) 79; *De Wild.* Étud. fl. Kat. (1902) 39.

1872 (G. Schweinfurth). — XII d : pays des Mangbettu (Schw.). — XIII d : entre Nyangwe et Kabanga (Dew.). — XVI : Lukafu (Verd.).

Acacia Buchanani *Harms* in Engl. Jahrb. XXX (1901) 76; *De Wild.* Étud. fl. Kat. (1903) 183.

1899 (Edg. Verdick). — XVI : Lukafu. — Nom vern. : **Kopunga-Umba** (Verd. 221).

Acacia Dewevrei *De Wild.* et *Th. Dur.* Reliq. Dewevr. (1901) 80; *De Wild.* Étud. fl. Bas- et Moy.-Cgo, I (1904) 125.

1896 (A. Dewèvre). — V : env. de Léopoldville; entre Léopoldville et Mombasi (Gill. 2578). — XIII d : env. de Kabanga. — Nom vern. : **Canga-Chicot** (Dew. 953).

On en rencontre des formes à feuilles uni- bi- et trijuguées.

Acacia Farnesiana [*L.*] *Willd.* Sp. pl. IV (1806) 1083; *Benth.* in Hook. Journ. of Bot. IV (1842) 496 et in *Mart.* Fl. Brasil. XV², 394; *Oliv.* Fl. trop. Afr. II, 346; *Th. Dur.* et *Schinz* Étud. fl. Cgo (1896) 124; *Hiern* Cat. Welw. Pl. I, 312; *De Wild.* Not. pl. util. ou intér. du Cgo, II (1906) 105-108 et Étud. fl. Bas- et Moy.-Cgo, I (1906) 248; II (1907) 127.

Mimosa — *L.* Sp. pl. ed. 1 (1753) 521.

1885 (R. Buettner). — II : Boma (Gill.). — II a : le Mayumbe (Dup.). — III : Tondoa (Buett.). — V : bords du Stanley-Pool (Hens).— VIII : Eala [cult.] (M.Laur.).

Acacia Lahai *Steud.* et *Hochst.* ex *Benth.* in *Hook.* Lond. Journ. of Bot. I (1842) 506; *Bak.* in *Oliv.* Fl. trop. Afr. II, 240; *De Wild.* et *Th. Dur.* Reliq. Dewevr. (1901) 80.

1896 (A. Dewèvre). — XIII d : Vieux-Kasongo (Dew.). — Noms vern. : **Kace-gnengui** [Kasongo]; **Pomboro** [Ikwangula]; **Ouban-Banguee** [Tanganika].

Acacia Lujaei *De Wild.* et *Th. Dur.* Mat. fl. Cgo, IX (1900) 8 [B. S. B. B. XXXIX², 99].

1899 (Éd. Luja). — Bena-Dibele [Kasai] (Luja).

Acacia pennata *Willd.* Sp. pl. IV (1805) 1090; *Oliv.* Fl. trop. Afr. II, 345; *Hiern* Cat. Welw. Pl. I, 312; *Taub.* in *Engl.* Pfl. Ost-Afr. 194; *De Wild.* Miss. Laurent (1905) 93 et Étud. fl. Bas- et Moy.-Cgo, II (1907) 127.

1903 (Ém. et Marc. Laurent). — VII : Kutu (Ém. et M. Laur.). — VIII : env. d'Eala (M. Laur.). — XV : rég. de Mukenge (Pg.).

Acacia Seyal *Delile* Descr. Égypte (1813) 286, t. 52, fig. 2; *DC.* Prodr. II, 460; *Oliv.* Fl. trop. Afr. II, 351; *Taub.* in *Engl.* Pfl. Ost-Afr. 195.

Le type existe dans tout le bassin du Nil.

— — var. **Lescrauwaetii** *De Wild.* Étud. fl. Bas- et Moy.-Cgo, II (1907) 128.

1905 (Éd. Lescrauwaet). — XV : entre la Lulua et Kanda-kanda, au S. de 7° (Lescr.).

— — var. **Sereti** *De Wild.* l. c. II (1907) 128.

1905 (F. Seret). — XII : rég. du chef Guago (Ser. 290).

Acacia Sieberiana *DC.* Prodr. II (1825) 463; *Oliv.* Fl. trop. Afr. II, 347; *De Wild.* Étud. fl. Kat. (1902) 39 et Not. pl. util. ou intér. du Cgo, II (1906) 108-109.

1899 (Edg. Verdick). — XVI : env. de Lukafu. — Nom vern. : **Muesa** (Verd.).

Acacia tortilis *Hayne* Arzneigew. X (1836?) t. 31; *Oliv.* Fl. trop. Afr. II, 352; *Th. Dur.* et *De Wild.* Mat. fl. Cgo, I (1897) 28 [B. S. B. B. XXXVI², 74].

1895 (G. Descamps). — XVI : Toa (Desc.).

ALBIZZIA Durazz.

Albizzia Brownei [*Walp.*] *Oliv.* Fl. trop. Afr. II (1871) 362; *Hiern* Cat. Welw. Pl. I, 317; *De Wild.* Étud. fl. Kat. (1902) 37 et Étud. fl. Bas- et Moy.-Cgo, I (1906) 248.

Zygia — *Walp.* Repert. bot. I (1849) 928.
Feuilleea Zygia *O. Kuntze* Rev. Gener. (1891) 187.

1896 (A. Dewèvre). — XIII d : Kasongo (Dew.). — XVI : Lukafu. — Nom vern : **Kabumbu** (Verd.).

Albizzia ealaensis *De Wild.* Étud. fl. Bas- et Moy.-Cgo, II (1907) 126.

1905 (Marc. Laurent). — VIII : Eala (M. Laur. 665).

Albizzia fastigiata [*E. Mey.*] *Oliv.* Fl. trop. Afr. II (1871) 361; *Hiern* Cat. Welw. Pl. I, 317; *DeWild.* et *Th. Dur.* Pl. Gilletianae, II (1901) 78 [B. Herb. Boiss. Sér. 2, I, 750]; *De Wild.* Not. pl. util. ou intér. du Cgo, II (1906) 111-112 et Étud. fl. Bas- et Moy.-Cgo, I (1904) 125, (1906) 249; II (1907) 127.

Zygia — *E. Mey.* Comm. fl. Afr. austr. (1835) 165.
Feuilleea Sassa *O. Kuntze* Rev. Gener. (1891) 186.

1900 (J. Gillet). — V : Kisantu (Gill.); entre Dembo et le Kwango (But.). — VI : vallée de la Djuma (Gent. et Gill.). — VIII : Eala (Pyn.). — IX : Bumba (Ém. Laur.) — XI : Bomaneh (M. Laur.). — XV : reg. de Mukenge (Pg.).

Albizzia intermedia *De Wild.* et *Th. Dur.* Pl. Gilletianae, II (1901) 79 [B. Herb. Boiss. Sér. 2, I, 750].

1900 (J. Gillet). — V : Kisantu (Gill. 1986).

Albizzia katangensis *De Wild.* Étud. fl. Kat. (1902) 37.

1899 (Edg. Verdick). — XVI : Lukafu. — Nom vern. : **Musase** (Verd. 66).

Albizzia Laurentii *De Wild.* Miss. Laurent (1905) 92 et Étud. fl. Bas- et Moy.-Cgo, II (1907) 127.

1903 (Ém. et Marc. Laurent).— V : Lukolela (Pyn. 240).— VIII : Eala (M. Laur. 793); Lac Tumba (Ém. et M. Laur.). — Nom vern. : **Bongo** [Eala] (M. Laur.)

Albizzia Lebbek [*Willd.*] *Benth.* in *Hook.* Lond. Journ. of Bot. III (1844) 87; *Oliv.* Fl. trop. Afr. II, 358; *De Wild.* Miss. Laurent (1905) 93 et Étud. fl. Bas- et Moy.-Cgo, II (1907) 36, 127, t. 3.

Acacia — *Willd.* Sp. pl. IV (1805) 1066.
Feuilleea — *O. Kuntze* Rev. Gener. (1891) 183.
Albizzia latifolia *Boiv.* in Encycl. du XIXᵉ siècle, II, 33; *Hiern* Cat. Welw. Pl. I, 315.

1903 (Ém. et Marc. Laurent). — V : Galiema (Ém. et M. Laur.). — VIII : Irebu (Ém. et M. Laur.). — XI : Basoko (Ém. et M. Laur.).

Obs. — Cultivé comme ombrage dans la plupart des postes du Congo (Em. Laur.).

Albizzia versicolor *Welw.* ex *Oliv.* Fl. trop. Afr. II (1871) 359; *Hiern* Cat. Welw. Pl. I, 315; *Th. Dur.* et *Schinz* Étud. fl. Cgo (1896) 125; *De Wild.* Étud. fl. Kat. (1902) 38 et Étud. fl. Bas- et Moy.-Cgo, I (1904) 125, (1906) 248.

Feuilleea — *O. Kuntze* Rev. Gener. (1891) 189.

1890 (F. Demeuse). — Bas-Congo orient. (Ém. Laur.). — II : Boma (Dem.). — III : près de la riv. Pandi (Cabra-Michel). — XVI : Lukafu. — Nom vern. : **Sakela-Gombo** (Verd.).

PITHECOLOBIUM Mart.

Pithecolobium altissimum *[Hook. f.] Oliv.* Fl. trop. Afr. II (1871) 364 ;
De Wild. et *Th. Dur.* Pl. Gilletianae, I (1900) 21 [B. Herb. Boiss.
Sér. 2, I, 21] et Reliq. Dewevr. (1901) 80 ; *De Wild.* Étud. fl. Bas- et
Moy.-Cgo, I (1904) 125, (1906) 248 ; II (1907) 126 et Miss. Laurent
(1905) 92.

Albizzia — *Hook. f.* in *Hook.* Niger Fl. (1849) 332.

1896 (A. Dewèvre). — V : bord de la Djili (Odd.); Kisantu (Gill.); Sauda
(Odd.); Kimuenza (Verm.). — VI : entre Swinburn et Eiolo (Ém. Laur.). — VII :
Kiri (Ém. Laur.). — VIII : Coquilhatville (Dew.); Ikenge (Ém. Laur.); Mondjo
(Pyn.). — X : rive de l'Ubangi (Ém. Laur.).

ROSACEAE

CHRYSOBALANUS L.

Chrysobalanus ellipticus *Soland.* ex *Sabine* in Trans. Hort. Soc. V
(1824) 453 ; *DC.* Prodr. II, 526 ; *Oliv.* Fl. trop. Afr. II, 366 ; *Th.
Dur.* et *Schinz* Étud. fl. Cgo (1896) 125 ; *Hiern* Cat. Welw. Pl. I, 319.

C. Icaco *L.* var. ellipticus *Hook. f.* in *Mart.* Fl. Brasil. XI² (1867) 7.

1816 (Chr. Smith). — Bas-Congo (Sm.).

Chrysobalanus Icaco *L.* Sp. pl. ed. 1 (1753) 513 ; *Schnizl.* Iconogr.
t. 274 ; *Descourtilz* Fl. des Antilles, II, t. 84 ; *Oliv.* Fl. trop. Afr. II,
365 ; *Hiern* Cat. Welw. Pl. I, 319 ; *Ficalho* Pl. Uteis (1884) 178 ; *Th.
Dur.* et *De Wild.* Mat. fl. Cgo. II (1898) 68 [B. S. B. B. XXXVII, 113].

1893 (Eug. Wilwerth). — I : Moanda (Vanderyst); Banana. — II : Ile des Princes
(Wilw.).

PARINARIUM Juss.

Parinarium congense *F. Didr.* [Pl. nonnull. Mus. Holm. (1854) 16]
in Kjoeb. Vidensk. Meddel. (1854) 197.

Kigelaria? paniculata *Schumach.* ex *F. Didr.* l. c. in syn.

1816 (Chr. Smith). — Bas-Congo (Sm.).

Parinarium congolanum *Th.* et *Hél. Dur.* [nom. nov.].

P. congoense *Engl.* [non *F. Didr.*] in Engl. Jahrb. XXVI (1899) 377 ; *De
Wild.* et *Th. Dur.* Contr. fl. Cgo, II (1900) 18 et Reliq. Dewevr. (1901) 81 ;
De Wild. Miss. Laurent (1905) 89 et Étud. fl. Bas- et Moy.-Cgo, II (1908)
253.

P. excelsum *Th. Dur.* et *De Wild.* [non *Sabine*] Mat. fl. Cgo, II (1898) 68 [B. S. B. B. XXXVII, 113]; *De Wild.* Not. pl. util. ou intér. du Cgo, II (1906) 138-140).

1891 (F. Demeuse). — Congo (Ém. Laur.; Camp). — V : le Stanley-Pool (Cabra); en aval de Lukolela (Ém. et M. Laur.); env. de Kwamouth (M. Laur.); C. entre Kwamouth et Bolobo (Dew.); Lisha (Dem.); env. de Yumbi (M. Laur. 429). — VIII : env. de Coquilhatville (Dew. 691); îles sablonneuses en aval d'Irebu (Ém. Laur.). — Noms vern. : **Pompo** [Bangala]; **Mampombo** [Équateur] (Dew.).

Parinarium curatellifolium *Planch.* ex *Benth.* in *Hook.* Niger Fl. (1849) 33; *Oliv.* Fl. trop. Afr. II, 368; *Engl.* Pfl. Ost-Afr. 191; *De Wild.* et *Th. Dur.* Contr. fl. Cgo, II (1900) 19 et Reliq. Dewevr. (1901) 81; *De Wild.* Étud. fl. Bas- et Moy.-Cgo, I (1906) 245; II (1908) 253.

1896 (A. Dewèvre). — V : Léopoldville (Duch. et Luja); Sabuka (Ém. Laur.); Kisantu; Kimuenza (Gill.); Kisantu-Makela (Van Houtte); Kinshassa (Schlt.). — VI : Eiolo (M. Laur.); le Kwilu (Sap.). — XIII d ': env. de Kabanga (Dew.). — XV : Bukila (Ém. Laur.); Munungu (Lescr. 365).

Parinarium gabonense *Engl.* in Engl. Jahrb. XVII (1893) 87.

Le type a été trouvé au Gabon.

— — var. **mayumbense** *De Wild.* Miss. Laurent (1905) 89.

1903 (Ém. et Marc. Laurent). — II a : Temvo (Ém. et M. Laur.).

Parinarium Gilletii *De Wild.* Étud. fl. Bas- et Moy.-Cgo, I (1906) 245, t. 59.

1902 (J. Gillet). — V : env. de Léopoldville (Gill. 2529).

Parinarium glabrum *Oliv.* Fl. trop. Afr. II (1871) 370; *De Wild.* et *Th. Dur.* Reliq. Dewevr. (1901) 81; *De Wild.* Étud. fl. Bas- et Moy.-Cgo, II (1908) 254.

1896 (A. Dewèvre). — V : env. de Sanda (Odd.). — VIII : Eala et env. (M. Laur. 9, 675; Pyn. 361, 1265). — IX : pays des Bangala (Dew. 864).

Parinarium Holstii *Engl.* Pfl. Ost-Afr. (1895) 423.

P. salicifolium *Engl.* [non *Miq.*] l. c. (1895) 191.

Le type a été trouvé dans l'Afrique orient. allemande.

— — var. **longifolium** *Engl.* ex *De Wild.* et *Th. Dur.* Reliq. Dewevr. (1901) 81.

1896 (A. Dewèvre). — XI : Lokandu (Dew. 1109 c).

Parinarium Mobola *Oliv.* Fl. trop. Afr. II (1871) 368 ; *Ficalho* Pl. Uteis (1884) 178; *Engl.* Pfl. Ost-Afr. 191; *Th. Dur.* et *Schinz* Étud. fl. Cgo (1896) 125; *De Wild.* Étud. fl. Kat. (1902) 37.

Ferolia Mobola *O. Kuntze* Rev. Gener. (1891) 216.
Parinari — *Hiern* Cat. Welw. Pl. I (1896) 320.

1885 (R. Buettner). — VI : le Kwango (Buett.). — XVI : Toa (Desc.); Lukafu.
— Nom vern. : **Mapunda** (Verd.).

Parinarium Poggei *Engl.* in Engl. Jahrb. XXVI (1899) 378.

1882 (P. Pogge). — XV : Mukenge? (Pg. 914).

Parinarium subcordatum *Oliv.* Fl. trop. Afr. II (1871) 367 ; *Th. Dur.* et *Schinz* Étud. fl. Cgo (1896) 126; *De Wild.* et *Th. Dur.* Contr. fl. Cgo, II (1900) 19; *De Wild.* Étud. fl. Bas- et Moy.-Cgo, I (1903) 46; II (1908) 254.

1816 (Chr. Smith). — Bas-Congo (Sm.). — IV : bords du Congo [distr. des Cataractes] (Luja). — V : le Stanley-Pool (Dem.); entre Léopoldville et Mombasi (Gill.); Kinshassa (M. Laur. 493); Lukolela (Pyn. 320). — VIII : Eala : (Pyn. 1068).

Parinarium Verdickii *De Wild.* Étud. fl. Kat. (1903) 182.

1900 (Edg. Verdick). — XVI : Lukafu. — Nom vern. : **Mupundu** (Verd. 568).

ACIOA Willd.

Acioa Buchneri *Engl.* in Engl. Jahrb. XVII (1893) 88; *Th. Dur.* et *Schinz* Étud. fl. Cgo (1896) 126.

1885 (R. Buettner). — VI : Muene-Putu-Kasongo (Buett.).

Acioa Dewevrei *De Wild.* et *Th. Dur.* Contr. fl. Cgo, II (1900) 19; Reliq. Dewevr. (1901) 84 et Ill. fl. Cgo (1902) 185, t. 93.

1896 (A. Dewèvre). — V : Lukolela (Dew.).

Acioa Gilletii *De Wild.* Étud. fl. Bas- et Moy.-Cgo, I (1903) 47.

1902 (J. Gillet). — V : env. de Léopoldville (Gill.).

Acioa Sereti *De Wild.* Étud. fl. Bas- et Moy.-Cgo, II (1908) 254.

1906 (F. Seret). — XII c : rive du Bende à Gombari (Ser. 807).

Acioa Vanhouttei *De Wild.* Étud. fl. Bas- et Moy.-Cgo, II (1908) 255.

1906 (Aug. Van Houtte). — V : l'Inkisi (Van Houtte, in Gill. 3964).

GRIFFONIA Hook. f.

Griffonia Barteri *Hook. f.* in *Oliv.* Fl. trop. Afr. II (1871) 373; *Th. Dur.* et *Schinz* Étud. fl. Cgo (1896) 126.

1885 (R. Buettner). — VI : Muene-Putu-Kasongo (Buett.).

MAGNISTIPULA Engl.

Magnistipula Butayei *De Wild.* Étud. fl. Bas- et Moy.-Cgo, II (1908) 255.

1900 (R. Butaye). — V : bassin de la Sele (But.).

RUBUS L. (1)

Rubus Goetzenii *Engl.* in *von Goetzen* Durch Afrika (1895) 384, 385.

1894 (G. A. von Goetzen et von Prittwitz). — XIV : volcan Kirunga (Goetz. et Prittw.).

Rubus kirungensis *Engl.* in *von Goetzen* Durch Afrika (1895) 385.

1894 (G. A. von Goetzen et von Prittwitz). — XIV : volcan Kirunga (Goetz. et Prittw.).

Rubus pinatus *Willd.* Sp. pl. II (1799) 1081; *Engl.* Pfl. Ost-Afr. 190; *Hiern* Cat. Welw. Pl. I, 322; *De Wild.* et *Th. Dur.* Pl. Gilletianae, II (1901) 80 [B. Herb. Boiss. Sér. 2, I, 752]; *De Wild.* Étud fl. Bas- et Moy.-Cgo, I (1906) 245; II (1908) 253.

1900 (J. Gillet). — V : entre Kisantu et Dembo (Gill.). — XII a : Gombari (Delp.); entre Bima et Bambili (Ser. 144). — XIII d : le Maniema (Verd.).

CRASSULACEAE

CRASSULA L.

Crassula abyssinica *A. Rich.* Tent. fl. Abyss. I (1847) 309; *Britten* in *Oliv.* Fl. trop. Afr. II, 388.

Le type a été trouvé en Abyssinie.

—   —   var. **vaginata** [*Eckl.* et *Zeyh.*] *Engl.* Pfl. Ost-Afr. (1895) 189; *Hiern* Cat. Welw. Pl. I, 326; *De Wild.* et *Th. Dur.* Contr. fl. Cgo, II (1900) 20.

C. vaginata *Eckl.* et *Zeyh.* Enum. pl. Afr. austr. (1837) 238; *Harv.* in *Harv.* et *Sond.* Fl. Capens. II, 341.

1896 (G. Descamps). — XVI : Kititema (Desc.).

---

(1) L'*Eriobotrya japonica* Lindl. a été introduit à Kisantu par le Fr. Gillet [conf. *De Wild.* Étud. fl. Bas- et Moy.-Cgo, II (1908) 253].

BRYOPHYLLUM Salisb.

Bryophyllum calycinum *Salisb.* Parad. Londin. (1806) 3; *Britten* in *Oliv.* Fl. trop. Afr. II, 390; *De Wild.* et *Th. Dur.* Pl. Gilletianae, II (1901) 80 [B. Herb. Boiss. Sér. 2, I, 752]; *De Wild.* Miss. Laurent (1906) 236.

Crassuvia floripendia *Commers.* ex *Lam.* Encycl. méth. Bot. II (1786) 141; *Hiern* Cat. Welw. Pl. I, 326.
Crassula floripendula *Sims* in Bot. Mag. (1811) t. 1409.

1900 (J. Gillet). — IV : Luvituku (Ém. et M. Laur.). — V : Kisantu (Gill.). — XV : Munungu (Ém. et M. Laur.).

KALANCHOE Adans.

Kalanchoe coccinea *Welw.* ex *Britten* in *Oliv.* Fl. trop. Afr. II (1871) 375; *Engl.* Pfl. Ost-Afr. 189; *Hiern* Cat. Welw. Pl. I, 328; *De Wild.* Miss. Laurent (1906) 236.

1903 (Ém. et Marc. Laurent). — IX : Bumba (Ém. et M. Laur.). — X : Bobangi (Ém. et M. Laur.).

— — var. **subsessilis** *Britten* l.c. II (1871) 375; *Th. Dur.* et *Schinz* Étud. fl. Cgo (1896) 127.

1816 (Chr. Smith). — Bas-Congo (Sm.).

Kalanchoe Cuisini *De Wild.* et *Th. Dur.* Mat. fl. Cgo, V (1899) 3 [B. S. B. B. XXXVIII², 122] et Reliq. Dewevr. (1901) 82.

1896 (A. Dewèvre). — VIII : Mokanga [Mobanga?]. — Nom vern. : **Puta-Puta** (Dew.).

Kalanchoe glandulosa *Hochst.* ex *A. Rich.* Tent. fl. Abyss. I (1847) 312; *De Wild.* Étud. fl. Bas- et Moy.-Cgo, II (1908) 253.

1905 (F. Seret). — XII c : case Zala [Surango] (Ser. 403). — Noms vern. : **Kuli-kuli** [Abarembo]; **Kula-kula** [Amadi].

— — var. **benguelensis** *Engl.* Hochgebirgsfl. trop. Afr. (1892) 223; *Hiern* Cat. Welw. Pl. I, 318; *De Wild.* Étud. fl. Kat. (1903) 179.

1900 (Edg. Verdick). — XVI : Lukafu. — Nom vern. : **Kakungul** (Verd.).

DROSERACEAE

DROSERA L.

Drosera Burkeana *Planch.* in Annal. sc. nat. Sér. 3, IX (1848) 318; *Oliv.* Fl. trop. Afr. II, 402; *Hiern* Cat. Welw. Pl. I, 330; *Th. Dur.* et *De Wild.* Mat. fl. Cgo, I (1897) 31 [B. S. B. B. XXXVI², 77] et Contr. fl. Cgo, II (1900) 20.

1897 (J. Gillet). — V : env. de Léopoldville (Luja); Dembo (Gill.).

Drosera indica *L.* Sp. pl. ed. 1 (1753) 282; *Wight* Ill. of Ind. Bot. t. 20; *Oliv.* Fl. trop. Afr. II, 402; *Hiern* Cat. Welw. Pl. I, 330; *De Wild.* et *Th. Dur.* Contr. fl. Cgo, II (1900) 20.

1898 (Éd. Luja). — V : env. de Léopoldville (Luja).

RHIZOPHORACEAE

RHIZOPHORA L.

Rhizophora Mangle *L.* Sp. pl. ed. 1 (1753) 443; *DC.* Prodr. III, 32; *Oliv.* Fl. trop. Afr. III, 408; *Spach* Hist. des végét. [Atlas] t. 34; *Ficalho* Pl. Uteis (1884) 181; *Hiern* Cat. Welw. Pl. I, 333; *Th. Dur.* et *Schinz* Étud. fl. Cgo (1896) 127.

1882 (H. Johnston). — Congo (Dew.); Bas-Congo (Johnst.). — I : Moanda (Gill.).

Rhizophora racemosa *G. F. W. Mey.* Prim. fl. Esseq. (1818) 185; *DC.* Prodr. III, 32; *Oliv.* Fl. trop. Afr. II, 408; *Th. Dur.* et *Schinz* Étud. fl. Cgo (1896) 127.

R. Mangle *L.* var. — *Engl.* in *Mart.* Fl. Brasil XII² (1876) 427.

1816 (Chr. Smith). — Bas-Congo (Sm.).

WEIHEA Spreng.

Weihea africana [*Benth.*] *Benth.* ex *Oliv.* Fl. trop. Afr. II (1871) 410; *De Wild.* et *Th. Dur.* Reliq. Dewevr. (1901) 83; *De Wild.* Étud. fl. Bas- et Moy.-Cgo, II (1907) 61.

Cassipourea — *Benth.* in *Hook.* Niger Fl. (1849) 341.

1895 (A. Dewèvre). — V : env. de Léopoldville. — Nom vern. : Kokoko (Dew.53); entre Léopoldville et Mombasi (Gill. 2513). — VIII : env. de Coquilhatville (Dew. 693).

ANISOPHYLLEA R. Br.

Anisophyllea laurina *R. Br.* ex *Sabine* in Trans. Hort. Soc. V (1824) 446; *Oliv.* Fl. trop. Afr. II, 413; *Th. Dur.* et *Schinz* Étud. fl. Cgo (1896) 127.

Anisophyllum — *Don* ex *Benth.* et *Hook. f.* in *Hook.* Niger Fl. (1849) 324.

1885 (R. Buettner). — VI : le Kwango (Buett.).

Anisophyllea Poggei *Engl.* ex *De Wild.* et *Th. Dur.* Reliq. Dewevr. (1901) 83 [nom. tant].

1895 (A. Dewèvre). — II a : env. de Tshoa (Dew. 396).

COMBRETACEAE

TERMINALIA L. (1)

Terminalia Catappa *L.* Mant. pl. (1771) 519; *Nuttall* Amer. Sylv. I, t. 32; *DC.* Prodr. III, 11; Bot. Mag. (1830) t. 3004; *Laws.* in *Oliv.* Fl. trop. Afr. II, 416; *Ficalho* Pl. Uteis (1884) 182; *Hiern* Cat. Welw. Pl. I, 338; *Engl.* et *Diels* in Engl. Monog. Afr. Pfl.-Fam. IV [Combret.] (1899) 9, fig. 4; *De Wild.* et *Th. Dur.* Contr. fl. Cgo, II (1900) 21.

1896 (Ém. Laurent). — XI : Basoko (Ém. Laur.).

Terminalia Dewevrei *De Wild.* et *Th. Dur.* in *Th. Dur.* et *De Wild.* Mat. fl. Cgo, V (1899) 4 [B. S. B. B. XXXVIII², 123] et Reliq. Dewevr. (1901) 84.

1896 (A. Dewèvre). — Congo (Dew.).

Terminalia superba *Engl.* et *Diels* in *Engl.* Monog. Afr. Pfl.-Fam. IV [Combret.] (1899) 26, t. 14, B. a-c; *De Wild.* et *Th. Dur.* Reliq. Dewevr. (1901) 84.

1896 (A. Dewèvre). — V : Lukolela. — Nom vern. : **Ngotto** (Dew. 840).

CONOCARPUS Gaertn.

Conocarpus erectus *L.* Sp. pl. ed. 1 (1753) 147; *Jacq.* Stirp. Amer. hist. 78, t. 52; *DC.* Prodr. III, 16; *Descourtilz* Fl. des Antilles, VI, t. 399; *Oliv.* Fl. trop. Afr. II, 417; *Engl.* et *Diels* in *Engl.* Monog. Afr. Pfl.-Fam. IV [Combret.] (1899) 32; *De Wild.* Étud. fl. Bas- et Moy.-Cgo, I (1906) 297; II (1908) 245.

1873 (Bastian).—I : Moanda (Gill. 3163); Banana (Fr. Naum.; Ém. et M. Laur.). — II : Boma (Bast.).

COMBRETUM L.

Combretum angustifolium *De Wild.* Étud. fl. Kat. (1903) 213; *Diels* in Engl. Jahrb. XXXIX (1907) 506.

1899 (Edg. Verdick). — XVI : Lukafu — Nom vern. : **Muliumbu.** (Verd. 81).

---

(1) **Terminalia torulosa** *F. Hoffm.* Beitr. Kenntn. Fl. Centr.-Ost.-Afr. (1889) **27**; *Gilg* in *Engl.* Monog. Afr. Pfl.-Fam. IV [Combret.] (1899) 15, t. 5 fig. A, a-c; T. mollis *Laws.* [non *Vidal*] in *Oliv.* Fl. trop. Afr. II (1871) 417. « Ober Kongo Gebiet » arbre de la savane entre Ruemb et Tshih 1880 (Buchn. 564).

Nous ne savons si cette habitation est dans le Congo belge; nous ne trouvons pas ces localités.

Combretum Bosoi *De Wild.* Étud. fl. Bas- et Moy -Cgo, I (1904) 195 ; *Diels* in Engl. Jahrb. XXXIX (1907) 502.

1903 (Marc. Laurent). — VIII : env. d'Eala (M. Laur. 179).

Combretum Butayei *De Wild.* Étud. fl. Bas- et Moy.-Cgo, I (1904) 196; *Diels* in Engl. Jahrb. XXXIX (1907) 490.

1902 (R. Butaye). — Bas-Congo (But.).

Combretum Cabrae *De Wild.* et *Th. Dur.* Mat. fl. Cgo, IX (1900) 8 [B. S. B. B. XXXIX², 100]; *Diels* in Engl. Jahrb. XXXIX (1907) 507.

1899 (Alph. Cabra). — Bas-Congo (Cabra, 175).

Combretum camporum *Engl.* in Engl. Jahrb. VIII (1886) 62; *De Wild.* et *Th. Dur.* Contr. fl. Cgo, I (1899) 19 et Reliq. Dewevr. (1901) 84; *Engl.* et *Diels* in *Engl.* Monog. Afr. Pfl.-Fam. III [Combret.] (1899) 30, t. 8, fig. C, a g; *De Wild.* Étud. fl. Bas- et Moy.-Cgo, I (1906) 296 et Miss. Laurent (1905) 161.

C. elaeagnoides *Th. Dur.* et *Schinz* [non *Klotzsch*] Étud. fl. Cgo (1896) 128.
C. polystictum *Welw.* ex *Hiern* Cat. Welw. Pl. 1 (1898) 351.

1874 (F. Naumann). — Bas-Congo (Hens, B. 36). — II : Boma. — Nom vern. : **Taite.** — Nom du fruit : **Kingo** (Naum.; Gill. 116, 3261). — II a : le Mayumbe (Ém. Laur. 27). — III : Matadi (Ém. Laur.).

Combretum cinereopetalum *Engl.* et *Diels* in *Engl.* Monog. Afr. Pfl.-Fam. III [Combret.] (1899) 84, t. 23. fig. E, a-f; *DeWild.* et *Th. Dur.* Reliq. Dewevr. (1901) 84; *De Wild.* Étud. fl. Bas- et Moy.-Cgo, I (1906) 296.

C. racemosum *Hiern* [non *P. Beauv.*] Cat. Welw. Pl. 1 (1898) 343.

1885 (R. Buettner). — II a : Shimbete (Dew. 315). — VI : Muene-Putu-Kasongo (Buett. 35); env. de Boala (Lescr.). — XIII d : Nyangwe (Dew. 924 a). — XVI : Lovoi (Desc.). — Noms vern. : **Mombo-Koma** [Kasongo]; **Gonfe** [Ikwangula]; **Né** [Tanganika] (Dew.).

Combretum confertum [*Benth.*] *Laws.* in *Oliv.* Fl. trop. Afr. II (1871) 422; *Th. Dur.* et *Schinz* Étud. fl. Cgo (1896) 128; *Engl.* et *Diels* in *Engl.* Monog. Afr. Pfl.-Fam. III [Combret.] (1899) 74, t. 22, fig. C, a-b; *De Wild.* et *Th. Dur.* Reliq. Dewevr. (1901) 85; *De Wild.* Miss. Laurent (1905) 161.

Poivrea — *Benth.* in *Hook.* Niger Fl. (1849) 338.

1816 (Chr. Smith). — Bas-Congo (Sm.). — II : île voisine de Malela (Dew.). — VIII : Ikenge (Ém. et M. Laur.) — Ind. von cl. : Pezo [Pozo? III] (Krek).

Combretum constrictum [*Benth.*] *Laws.* (1) ex *Oliv.* Fl. trop. Afr. II (1871).432; *Th. Dur.* et *Schinz* Étud. fl. Cgo (1896) 128.

Poivrea — *Benth.* in *Hook.* Niger Fl. (1849) 337.
P. mossambicensis *Klotzsch* in *Peters* Reise n. Mossamb. I (1862) 78, t. 13.

1816 (Chr. Smith). — Bas-Congo (Sm.). — V : le Stanley-Pool (Hens, B. 36).

Combretum cordifolium *Engl.* ex *De Wild.* Étud. fl. Bas- et Moy.-Cgo, I (1906) 296.

1902 (J. Gillet et L. Gentil). — VI : vallée de la Djuma (Gent.; Gill. 2728, 2737).

Combretum exannulatum [*O. Hoffm.*] *Engl.* et *Diels* in *Engl.* Monog. Afr. Pfl.-Fam. III [Combret.] (1899) 88; *De Wild.* Miss. Laurent (1905) 161.

Cacoucia — *O. Hoffm.* in Linnaea, XLIII (1881) 132.
Campylogyne — *Hemsl.* in *Hook.* Icon. pl. (1897) t. 2550; *Hiern* Cat. Welw. Pl. 1, 354.
Cacoucia bracteata *Laws.* in *Oliv.* Fl. trop. Afr. II (1871) 434 pr. p.

1903 (Ém. Laurent). — II a : Benza-Masola (Ém. Laur.). — IV : Kitobola (Ém. Laur.).

Combretum Gentilii *De Wild.* Étud. fl. Bas- et Moy.-Cgo, I (1903) 65, 197 et 296 et Miss. Laurent (1905) 161; *Diels* in Engl. Jahrb. XXXIX (1907) 509.

1902 (L. Gentil). — V : Sanda (Odd. in Gill. 3315 ; rég. de Lumene (Hendr.). — VI : vallée de la Djuma (Gent.; Gill. 2805, 2892). — VIII : Lulanga (Ém. et M. Laur.).

Combretum Haullevilleanum *De Wild.* Étud. fl. Kat. (1903) 213; *Diels* in Engl. Jahrb. XXXIX (1907) 506.

1899 (Edg. Verdick). — XVI : Lukafu. — Nom vern. : **Bulubu** (Verd. 9).

Combretum Hensii *Engl.* et *Diels* in *Engl.* Monog. Afr. Pfl.-Fam. III [Combret.] (1899) 85, t. 25, fig. A, a-c; *De Wild.* et *Th. Dur.* Reliq. Dewevr. (1901) 85; *De Wild.* Miss. Laurent (1905) 161 et Étud. fl. Bas- et Moy.-Cgo, I (1906) 296.

1888 (Fr. Hens). — Bas-Congo (Dew. 481; Cabra). — II a : le Mayumbe (Cabra). — V : le Stanley-Pool (Hens, B. 36); Chenal (Ém. Laur.); Sanda (Odd. in Gill. 3312); Dembo (Gill.). — VI : Madibi (Lescr. 81).

Combretum hispidum *Laws.* in *Oliv.* Fl. trop. Afr. II (1871) 421; *Engl.* et *Diels* in *Engl.* Monog. Afr. Pfl.-Fam. III [Combret.] (1899)

---

(1) Engl. et Diels [Monog. Afr. Pfl. Fam. III (Combret.) 98, 99] séparent le **C. constrictum** Laws. en *C. constrictum* Laws. pr. p. et *C. quangense* Engl. et Diels. — La plante du Congo devra donc être réétudiée.

89; *De Wild.* et *Th. Dur.* Reliq. Dewevr. (1901) 85; *De Wild.*
Miss. Laurent (1905) 162.

C. Klotzschii *Welw.* ex *Laws.* in *Oliv.* Fl. trop. Afr. II (1871) 422; *Hiern.*
Cat. Welw. Pl. I, 341.

1896 (A. Dewèvre). — VIII : Bokakata. — Nom vern. : **Kelekese** (Dew. 806). —
XI : Isangi (Ém. et M. Laur.).

Combretum Kamatutu *De Wild.* Étud. fl. Kat. (1903) 215; *Diels* in Engl. Jahrb. XXXIX (1907) 497.

1899 (Edg. Verdick). — XVI : Lukafu. — Nom vern. : **Kamatutu** (Verd.).

Combretum latialatum *Engl.* in *Engl.* Monog. Afr. Pfl. Fam. III [Combret.] (1899) 86, t. 14, fig. C, a-f; *De Wild.* et *Th. Dur.* Contr. fl. Cgo, II (1900) 20 et Reliq. Dewevr. (1901) 85; *De Wild.* Miss. Laurent (1905) 162 et Étud. fl. Bas- et Moy.-Cgo, I (1904) 197.

1896 (A. Dewèvre). — VIII : env. d'Eala (M. Laur. 229); lac Tumba (Ém. et M.
Laur.); Équateurville [Wangata] (Dew. 642); Coquilhatville. — Nom vern. :
Bosoi (Dew. 636, 642). — IX : Nouvelle-Anvers (Ém. Duch.).

— — var. **multibracteatum** *Engl.* ex *De Wild.* Étud. fl. Bas- et Moy.-Cgo, I (1903) 65.

1901 (J. Gillet). — V : env. de Kimuenza (Gill. 1912).

Combretum Laurentii *De Wild.* Étud. fl. Bas- et Moy.-Cgo, I (1904) 197 et Miss. Laurent (1905) 162; *Diels* in Engl. Jahrb. XXXIX (1907) 509.

1903 (Marc. Laurent). — VIII : Eala (M. Laur. 193)

Combretum Lawsonianum *Engl.* et *Diels* in *Engl.* Monog. Afr. Pfl.-Fam. III [Combret.] (1899) 101, t. 30, fig. a-b; *De Wild.* et *Th. Dur.* Pl. Thonnerianae (1900) 30; Contr. fl. Cgo, I (1899) 20 et Reliq. Dewevr. (1901) 85; *De Wild.* Miss. Laurent (1905) 162.

Cacoucia paniculata *Laws.* in *Oliv.* Fl. trop. Afr. II (1871) 484.

1891 (F. Demeuse). — V : Léopoldville (Dew.). — IX : Umangi-Mbwela [route
de Ndeki] (Ém. Duch.). — IX : Bangala (Dew.). — IX a : Monga (Thonn.). —
XI : Basoko (Ém. et M. Laur.). — XV : Butala (Ém. et M. Laur.).

Combretum laxiflorum *Welw.* ex *Laws.* in *Oliv.* Fl. trop. Afr. II (1871) 428; *Hiern* Cat. Welw. pl. I, 348; *Engl.* et *Diels* in *Engl.* Monog. Afr. Pfl.-Fam. III [Combret.] (1899) 12; *De Wild.* Étud. fl. Kat. (1903) 96, t. 1, fig. D, a-f.

1880 (von Mechow). — XV : pays des Majakalla (Mech. 286). — XVI : Lukafu.
— Nom vern. : **Kasakala** (Verd. 53).

Combretum longepilosum *Engl.* et *Diels* in *Engl.* Monog. Afr. Pfl.-Fam. III [Combret.] (1899) 30; *De Wild.* et *Th. Dur.* Reliq. Dewevr. (1901) 85.

1896 (A. Dewèvre). — IX : pays des Bangala (Dew. 880).

Combretum lukafuense *De Wild.* Ètud. fl. Kat. (1903) 214; *Diels* in Engl. Jahrb. XXXIX (1907) 508.

1899 (Edg. Verdick). — XVI : Lukafu. — Nom vern. : **Lukondu-N'Bo** (Verd. 10).

Combretum marginatum *Engl.* et *Diels* in *Engl.* Monog. Afr. Pfl.-Fam. III [Combret.] (1899) 18.

1893 (Jos. Duchesne). — Congo (Duch.).

Combretum mucronatum *Schumach.* et *Thonn.* Beskr. Guin. Pl. (1827) 184; *DC.* Prodr. II, 20; *Laws.* in *Oliv.* Fl. trop. Afr. II, 426; *Engl.* et *Diels* in *Engl.* Monog. Afr. Pfl.-Fam. III [Combret.] (1899) 31, t. 6; *De Wild.* et *Th. Dur.* Reliq. Dewevr. (1901) 86; *De Wild.* Miss. Laurent (1905) 162.

C. Smeathmanni G. Don. in Trans. Linn. Soc. XV (1827) 423.

1896 (A. Dewèvre). — VIII : Coquilhatville (Dew. 620). — IX : env. de Mobeka (Èm. et M. Laur.).

Combretum mussaendiflorum *Engl.* et *Diels* in *Engl.* Monog. Afr. Pfl.-Fam. III [Combret.] (1899) 87, t. 25, fig. E, a-b ; *De Wild.* et *Th. Dur.* Reliq. Dewevr. (1901) 86.

1895 (G. Descamps). — XI : Lokandu (Dew. 1123). — XVI : Albertvil e [Toa] (Desc.). — Nom vern. : **Kakisa-Kissa** [Tanganika].

Combretum nervosum *Engl.* et *Diels* in *Engl.* Monog. Afr. Pfl.-Fam. III [Combret.] (1899) 101, t. 29, fig. A, a-c.

1893 (P. Dupuis). — II a : Bingila (Dup.).

Combretum odontopetalum *Engl.* et *Diels* in *Engl.* Monog. Afr. Pfl.-Fam. III [Combret.] (1899) 60, t. 18, fig. E; *De Wild.* Ètud. fl. Kat. (1903) 216.

1899 (Edg. Verdick). — XVI : Lukafu. — Nom vern. : **Mulama** (Verd. 90).

Combretum olivaceum *Engl.* Pfl. Ost-Afr. (1895) 288; *Engl.* et *Diels* in *Engl.* Monog. Afr. Pfl.-Fam. III [Combret.] (1899); *De Wild.* Ètud. fl. Kat. (1903) 216.

1900 (Edg. Verdick). — XVI : Lukafu (Verd. 406).

Combretum paniculatum *Vent.* Choix de pl. (1803) sub t. 58, in adnot.; *DC.* Prodr. III, 20; *Laws.* in *Oliv.* Fl. trop. Afr. II, 425;

Hiern Cat. Welw. Pl. I, 344; *Engl. et Diels* in *Engl.* Monog. Afr. Pfl.-Fam. III [Combret.] (1899) 70.

1891 (G. Descamps). — XV : rég. de Mukenge (Pg.). — XVI : le Lualaba (Desc.).

Combretum Poggei *Engl.* et *Diels.* in *Engl.* Monog. Afr. Pfl.-Fam. III [Combret.] (1899) 86, t. 25, fig. B, a-c; *De Wild.* Étud. fl. Bas- et Moy.-Cgo, I (1903) 65 et Miss. Laurent (1905) 162.

1882 (P. Pogge). — V : Kimuenza (Gill. 2063). — VII : Kutu (Ém. et M. Laur.). — XV : Mukenge (Pg. 920, 923, 924, 926, 929).

Combretum porphyrobotrys *Engl.* et *Diels* in *Engl.* Monog. Afr. Pfl.-Fam. III [Combret.] (1899) 73; *De Wild.* et *Th. Dur.* Reliq. Dewevr. (1901) 86; *De Wild.* Étud. fl. Bas- et Moy.-Cgo, I (1903) 66 et Miss. Laurent (1905) 163.

1895 (A. Dewèvre). — Congo (Dew. 321). — V : env. de Kimuenza (Gill. 1975). — VII : Ganda (Ém. et M. Laur.); Ibali; Inongo (Ém. et M. Laur.).

Combretum puetense *Engl.* et *Diels* in *Engl.* Monog. Afr. Pfl.-Fam. III [Combret.] (1899) 46.

1896 (G. Descamps). — XVI : Pweto (Desc.).

Combretum pyriforme *De Wild.* Étud. fl. Bas- et Moy.-Cgo, I (1906) 296, t. 71; *Diels* in Engl. Jahrb. XXXIX (1907) 508.

1900 (J. Gillet). — V : Kisantu (Gill.).

Combretum racemosum *P. Beauv.* Fl. d'Oware, II (1807) 87, t. 118; *Guill.* et *Perr.* Fl. Seneg. tent. 285, t. 67; *Laws.* in *Oliv.* Fl. trop. Afr. II, 424; *Th. Dur.* et *Schinz* Étud. fl. Cgo (1896) 128; *Hiern* Cat. Welw. Pl. I, 343; *Engl.* et *Diels* in *Engl.* Monog. Afr. Pfl.-Fam. III [Combret.] (1899) 82; *De Wild.* et *Th. Dur.* Reliq. Dewevr. (1901) 87; *De Wild.* Étud. fl. Bas- et Moy.-Cgo, I (1904) 197, (1906) 297 et Miss. Laurent (1905) 163.

1816 (Chr. Smith). — Bas-Congo (Sm.). — II a : le Mayumbe; Shimbete (Ém. Laur.). — V : Kisantu (Gill.); rég. de Lumene (Hendr.). — VI : Madibi (Lescr.); Muene-Putu-Kasongo (Buett.). — VIII : Eala (M. Laur.); Équateurville [Wangata]. — Noms vern. : **Bosoi**; **Bosoïe** (Dew.). — IX : Nouvelle-Anvers (Em. Duch.). — X : Ubangi (Ém. et M. Laur.). — XV : rég. de Mukenze (Pg.).

— — var. **flammeum** *Welw.* ex *Laws.* in *Oliv.* Fl. trop. Afr. II (1871) 425; *Th. Dur.* et *Schinz* Étud. fl. Cgo (1896) 129.

C. flammeum *Welw.* ex *Hiern* Cat. Welw. Pl. I (1898) 344.

1885 (R. Buettner). — VI : Muene-Putu-Kasongo; entre Bungi et Kingunshi (Buett. 36, 36 a).

Combretum sericogyne *Engl.* et *Diels* in *Engl.* Monog. Afr. Pfl.-Fam. II [Combret.] (1899) 87 ; *De Wild.* Miss. Laurent (1905) 163.

1895 (Ém. Laurent). — XV : Butala (Ém. et M. Laur.) ; Lusambo (Ém. Laur.).

Combretum sinuatipetalum *De Wild.* Étud. fl. Kat. (1903) 215 ; *Diels* in Engl. Jahrb. XXXIX (1907) 493.

1899 (Edg. Verdick). — XVI : Lukafu. — Nom vern. : **Kifula-Buta** (Verd. 193).

Combretum splendens *Engl.* Pfl. Ost-Afr. (1895) 289 ; *Engl.* et *Diels* in *Engl.* Monog. Afr. Pfl.-Fam. III [Combret.] (1899) 37 ; *De Wild.* Étud. fl. Kat. (1903) 216.

1899 (Edg. Verdick). — XVI : Lukafu. — Nom vern. : **Mutuma** (Verd. 305).

Combretum towaense *Engl.* et *Diels* in *Engl.* Monog. Afr. Pfl.-Fam. III [Combret.] (1899) 11, t. 3, fig. A, a-c.

1895 (G. Descamps). — XVI : Toa (Desc.).

QUISQUALIS L.

Quisqualis indica *L.* Sp. pl. ed. 2 (1762) 556 ; *DC.* Prodr. III, 23 ; *Laws.* in *Oliv.* Fl. trop. Afr. II, 435 ; *Clarke* in *Hook. f.* Fl. Brit. Ind. II, 459 ; *Th. Dur.* et *Schinz* Étud. fl. Cgo (1896) 129 ; *De Wild.* et *Th. Dur.* Reliq. Dewevr. (1901) 37 ; *Engl.* et *Diels* in *Engl.* Monog. Afr. Pfl.-Fam. IV [Combret.] (1899) 5, fig. 3 ; *De Wild.* Étud. fl. Bas- et Moy.-Cgo, I (1906) 297 et Miss. Laurent (1905) 163.

Q. ebracteata *P. Beauv.* Fl. d'Oware, I (1804) 57, t. 35.

1862 (R. Burton). — I : delta du Congo (Schimp.). — II : env. de Boma (Dew.). II a : Zenze (Ém. Laur.). — V : env. de Léopoldville (Gill.) ; Chenal (Ém. et M. Laur.).

Cultivée dans toute la région tropicale de l'ancien monde, cette espèce paraît sauvage en Malaisie. (Clarke, l. c.).

MYRTACEAE

PSIDIUM L. (1)

Psidium Guajava *L.* Sp. pl. ed. 1 (1753) 470 ; *Ficalho* Pl. Uteis (1884) 184 ; *Engl.* Pfl. Ost-Afr. 287 ; *Hiern* Cat. Welw. Pl. I, 357 ; *De Wild.* et *Th. Dur.* Contr. fl. Cgo, I (1900) 21 et Reliq. Dewevr.

---

(1) De Wildeman, *Les Goyaviers* in Not. pl. util. et intér. du Cgo, I (1904) 252-262.

(1901) 88; *De Wild.* Not. pl. util. ou intér. du Cgo, I (1903) 25 et Étud. fl. Bas- et Moy.-Cgo, II (1908) 325.

P. pyriferum *L.* l. c. ed. 2 (1762) 672, Bot. Reg. XIII,'t. 1079; *Descourlitz* Fl. des Antilles, II, t. 72.

P. pomiferum *L.* l. c.; *Laws.* in *Oliv.* Fl. trop. Afr. II, 436.

1899 (Éd. Luja). — II a : Kemba (Dew.). — V : Léopoldville (Luja). — VIII.: Équateurville [Wangata] (Ém. et M. Laur). — IX : Umangi [cult.] (Ém. et M. Laur.). — XI : env. de Yambuya (M. Laur.). — XV : Ifuta (Ém. et M. Laur.). —

EUGENIA L. (1)

Eugenia calophylloides *DC.* Prodr. III (1828) 272; *Laws.* in *Oliv.* Fl. trop. Afr. II, 437; *Th. Dur.* et *Schinz* Étud. fl. Cgo (1896) 130.

E. caryophylloides *Benth.* in *Hook.* Niger Fl. (1849) 359.

1816 (Chr. Smith). — Bas-Congo (Sm.).

Eugenia Demeusei *De Wild.* Étud. fl. Bas- et Moy.-Cgo, II (1908) 325.

1891 (F. Demeuse). — V : le Stanley-Pool (Dem.); env. de Léopoldville (Gill. 2700). — VI : vallée de la Djuma (Gill. 3654).

— — form. **lukolelaensis** *De Wild.* l. c. I (1988) 325.

1906 (L. Pynaert). — V : Lukolela (Pyn. 204).

Eugenia Dewevrei *De Wild.* et *Th. Dur.* in *Th. Dur.* et *De Wild.* Mat. fl. Cgo. II (1898) 6 [B. S. B. B. XXXVIII²] et Reliq. Dewevr. (1901) 88.

1895 (A. Dewèvre). — II a : Shinganga (Dew.).

'Eugenia Jambos *L.* Sp. pl. ed. 1 (1753) 470; *Willd.* Sp. pl. II², 959; *De Wild.* et *Th. Dur.* Pl. Gilletianae, II, 81 [B. Herb. Boiss. Sér. 2, I, 753]; *Hiern* Cat. Welw. Pl. I, 361; *De Wild.* Étud. fl. Bas- et Moy -Cgo, II (1908) 324.

E. Jambosa *Elliot* in Journ. Linn. Soc. XXX (1894) 80.

Jambosa vulgaris *DC.* Prodr. III (1828) 286; Bot. Mag. (1834) t. 3356.

1898 (Ern. Dewèvre). — Congo (Ern. Dew.). — V : Kimuenza (Luja); Kisantu (Gill.).

Obs. — Cultivé à Galiema [V] (Pyn. 142).

Eugenia Laurentii *Engl.* in Notizbl. bot. Gärt. Berlin, II (1899) 288; *De Wild.* Étud. fl. Bas- et Moy.-Cgo, II (1908) 326.

1895 (Ém. Laurent). — Congo (Ém. Laur.). — V : entre Kisantu et le Kwango (But. in Gill. 3716).

*Eugenia uniflora *L.* Sp. pl. ed. 1 (1753) 470; *Hiern* Cat. Welw. Pl. I, 359.

> E. Michelii *Lam.* Encycl. méth. Bot. III (1789) 203; *DC.* Prodr. III 263; *Laws.* in *Oliv.* Fl. trop. Afr. II, 437; *De Wild.* Miss. Laurent (1905) 160 et Étud. fl. Bas- et Moy.-Cgo, II (1908) 326.
> Plinia pedunculata *L. f.* Mant. pl. (1767) 253; Bot. Mag. (1800) t. 473.

1904 (Ém. Laurent). — Cultivé en 1904 à Nouvelle-Anvers [IX] (Ém. et M. Laur.) et à Eala [VIII] (M. Laur. 1280).

SYZYGIUM Gaertn.

Syzygium cordatum *Hochst.* ex *Sond.* in *Harv.* et *Sond.* Fl. Capens. II (1862) 521; *Engl.* Pfl. Ost-Afr. 288; *De Wild.* Étud. fl. Kat. (1903) 95.

> Eugenia — *Laws.* in *Oliv.* Fl. trop. Afr. II (1871) 438; *Hiern* Cat. Welw. Pl. I, 360.
> S. cordifolium *Klotzsch.* in *Peters.* Reise n. Mossamb. (1862) 63, t. 11.

1892 (Jul. Cornet). — V : bassin de la Sele (But.). — XVI : plateau du Katanga (Corn.; Verd.).

Syzygium owariense [*P. Beauv.*] *Benth.* in *Hook. f.* Fl. Niger (1849) 359; *Engl.* Pfl. Ost-Afr. 278; *De Wild.* et *Th. Dur.* Reliq. Dewevr. (1901) 88; *De Wild.* Étud. fl. Kat. (1903) 95 et Étud. fl. Bas- et Moy.-Cgo, II (1908) 326.

> Eugenia — *P. Beauv.* Fl. d'Oware, II (1807) 20, t. 70; *Laws.* in *Oliv.* Fl. trop. Afr. II, 438; *Th. Dur.* et *Schinz* Étud. fl. Cgo (1896) 130; *De Wild.* et *Th. Dur.* Pl. Gilletianae, II (1901) 81 [B. Herb. Boiss. Sér. 2, I, 753).
> Jambosa — *DC.* Prodr. III (1828) 287.
> Zyzygium guineense *Guill.* et *Perr.* Fl. Seneg. tent. (1833) 315, t. 72.
> Eugenia — *Hiern* Cat. Welw. Pl. I (1898) 359.

1863 (R. Burton). — Congo (Burt.). — I : Moanda (Gill.). — IV : Kitobola (Pyn.); Nord-Manyanga (Cabra-Michel). — V : Léopoldville (Gill.); Cheual (Ém. Laur.); Lemfu (But.); bassin de la Sele (Pyn.); Kisantu; env. de Kimuenza (Gill.); Kisantu-Makela (Van Houtte); Lukolela (Pyn.); Sanda (Odd.). — VI : Madibi (Sap.). — VII : Kutu (Ém. et M. Laur.); env. du Lac Léopold II (Body). — VIII : Eala et env. (M. Laur); Coquilhatville (Dew.); Basankusu (Brun.): Mondjo (Pyn.). — IX : Bangala (Dew.). — XI : Basoko (M. Laur.). — XII c : env. de Nala (Ser.). — XV : bord de La Lubi (Ém. et M. Laur.); Limbutu (M. Laur.); rég. de Mukenze (Pg.). — XVI : Lukafu (Verd.). — Ind. non cl. : le Lomami (Desc.). — Noms vern. : **Icasagne** [Bangala] (Dew.); **Iendu; Mukulumbi** [Bangala] (Sap.); **Mokulu; Mokulo** [Kwilu] (Sap.); **Mufinsa; Biabilondo; Mutanea-Gommo** (Verd.).

PETERSIA Welw.

Petersia africana *Welw.* ex *Benth.* et *Hook. f.* Gen. pl. I (1865) 721; *Laws.* in *Oliv.* Fl. trop. Afr. II, 439; *Hiern* Cat. Welw. Pl. I, 362; *De Wild.* et *Th. Dur.* Reliq. Dewevr. (1901) 89; *De Wild.* Étud. fl. Bas- et Moy.-Cgo, I (1906) 295.

1896 (A. Dewèvre). — V : Lukolela.(Dew.). — VI : Madibi (Lescr.). — Noms vern. : **Nimengu; Mombinxo** [Lukolela]; **Mompoco** [Lulangu] (Dew.).

OBS. 1. — Des essais de plantation d'*Eucalyptus globulus* ont été tentés dans le Bas-Congo (conf. *De Wild*. Not. pl. util. ou intér. du Cgo, I (1903) 175-198.

OBS. 2. — L'*Eucalyptus robusta* Sm. a été introduit de semis à Boma (Pyn.). [conf. *De Wild*. Etud. fl. Bas- et Moy.-Cgo, II (1908) 326].

OBS. 3. — L'*Eucalyptus viminalis* Labill., introduit en 1895, commence à se répandre dans les villages autour de Kisantu (J. Gillet); *De Wild. et Th. Dur.* Pl. Gilletianae, II (1901) 80 [B. Herb. Boiss. Sér. 2, 752].

NAPOLEONAEA P. Beauv.

Napoleonaea imperialis *P. Beauv.* ex *Fr. Fisch.* in Mém. Soc. Natural. Mosc. I (1806) 92; *Hiern* Cat. Welw. Pl. I, 362.

Napoleona — *P. Beauv.* Fl. d'Oware, II (1807) 29, t. 78; *DC.* Prodr. VIII, 550; *Laws.* in *Oliv.* Fl. trop. Afr. II, 439; *Miers* in Trans. Linn. Soc. Ser. 2, I (1875) 7, t. 1, fig. 1 et t. 3, fig. 1-24 ; *Th. Dur.* et *Schinz* Étud. fl. Cgo (1896) 130 ; *De Wild.* et *Th. Dur.* Contr. fl. Cgo, I (1899) 21 et Reliq. Dewevr. (1901) 89; *De Wild.* Étud. fl. Bas- et Moy.-Cgo (1906) 295; II (1908) 324.
N. Heudelotii *Juss.* in Annal. sci. nat. Sér. 3, II (1854) 227, t. 4; *Miers* in Trans. Linn. Soc. Sér. 2. I (1875) 8, t. 3, fig. 25, 26.
N. Vogelii *Planch.* in *Hook.* Niger Fl. (1849) 361, t. 49, 50; *Miers* l. c. 9.
N. Whitfieldii *Decne* in Rev. Hort. (1853) 301, t. 10; *Miers* l. c., t. 1, fig. 2-7.
N. angolensis *Welw.* Apont. phyto-geogr. (1859) 571, 586; *Miers* l. c. 12, t. 1, fig. 8-12.
N. cuspidata *Miers* l. c. (1875) 10, t. 2, fig. 4-6.
N. Mannii *Miers* l. c. (1875) 11, t. 2, fig. 1-3.

1880 (von Mechow). — V : Kisantu et env. (Gill. 3388); Sanda (Odd.). — VI : bassin du Kwango (v. Mech.). — VIII : Eala (Pyn.). — XIII d : entre Matendi et Kibala (Dew.). — XV : Bena-Dibele (Luja); Kondue (Lederm.).

MELASTOMACEAE

OSBECKIA L.

Osbeckia albiflora *Cogn.* in *De Wild.* et *Th. Dur.* Contr. fl. Cgo, I (1899) 21 et Reliq. Dewevr. (1901) 90.

1896 (A. Dewèvre). — XV : env. de Mokoanga (Dew.).

Osbeckia Brazzaei *Cogn.* in *DC.* Monog. Phan. VII (1891) 335; *Gilg* in *Engl.* Monog. Afr. Pfl.-Fam. II [Melast.] (1898) 9; *De Wild.* Étud. fl. Bas- et Moy.-Cgo, II (1908) 327.

1906 (Hyac. Vanderyst). — V : Boko; Dembo; Kisantu (Vanderyst).

Osbeckia congolensis *Cogn.* in Verh. bot. Ver. Brandenb. XXXI
(1889) 95 et in *DC.* Monog. Phan. VII, 314; *Th. Dur.* et *Schinz*
Étud. fl. Cgo (1896) 131; *DeWild.* et *Th. Dur.* Ill. fl. Cgo (1898) 23,
t. 12, fig. 1-9 et Reliq. Dewevr. (1901) 90; *Gilg* in *Engl.* Monog. Afr.
Pfl.-Fam. II [Melast.] (1898) 6; *De Wild.* Étud. fl. Bas- et Moy.-Cgo,
I (1904) 171; II (1907) 196.

1885 (R. Buettner). — V : route de Léopoldville à l'Équateur [1re halte.] (Dew.);
Léopoldville (Schlt.); Sabuka (Ém. et M. Laur.): Kimuenza (Gill.); Sanda (De
Brouw.). — VI : Eiolo (Ém. et M. Laur.). — VII : Kutu (Ém. et M. Laur.). —
VIII : Haut-Lopori (Biel.). — XV : la Lulua, vers 6 1/2° (Pg. 943); le Kasai, vers
6³/₄° (Pg. 941); pays des Bashilange, vers 9 1/2° (Pg. 137); Butala (Ém. Laur.). —
Ind. non cl. : Kibaka (Buett.); Golongo (Pyn.).

— — var. **robustior** *Cogn.* ll. cc. XXXI (1889) 95 et VII, 314,
1177; *Th. Dur.* et *Schinz* l. c. 131; *De Wild.* Miss. Laurent,
(1906) 163 et Étud. fl. Bas- et Moy.-Cgo, II (1908) 327 [*sphalm.*
«robusta»].

1885 (R. Buettner). — V : Kwamouth (Ém. et M. Laur.); le Stanley-Pool (Hens);
île de Bamon (Dem.); Léopoldville (Ém. Duch.); entre Bolobo et Lukolela (Buett.);
env. de Kisantu (Gill.). — VI : Dima (Sap.). — VII : env. du Lac Léopold II
(Body). — VIII : Eala (Pyn.).

Osbeckia Crepiniana *Cogn.* in *De Wild.* et *Th. Dur.* Ill. fl. Cgo
(1898) 23, t. 23, fig. 10, 11; Contr. fl. Cgo, I (1899) 21; Pl. Gilletianae,
I (1900) 21 [B. Herb. Boiss. Sér. 2, I, 21] et Reliq. Dewevr. (1901) 90;
De Wild. Étud. fl. Bas- et Moy.-Cgo, I (1904) 171.

1895 (A. Dewèvre). — V : Kisantu; Kimuenza (Gill.). — Ind. non cl. : Gambi
[Gombi?, IV] (Dew.).

Osbeckia drepanosepala *Gilg* in *Engl.* Monog. Afr. Pfl.-Fam. II
[Melast.] (1898) 7; *Schlechter* Westafr. Kautsch.-Exped. (1900) 302.

1874 (Fr. Naumann).— II : Ponta de Lenha (Naum.). — V : Dolo (Schlt. 12468).

GUYONIA Naud.

Guyonia intermedia *Cogn.* in *De Wild.* et *Th. Dur.* Pl. Thonnerianae (1900) 30, t. 16.

1896 (Fr. Thonner). — IX a : Gali (Thonn.).

TRISTEMMA Juss.

Tristemma Demeusei *De Wild.* Étud. fl. Bas- et Moy.-Cgo, I (1906)
299.

1891 (F. Demeuse). — IV : Mont Bangu (Dem. 76).

Tristemma grandifolium [*Cogn.*] *Gilg* in *Engl.* Monog. Afr. Pfl.-Fam. II [Melast.] (1898) 26; *De Wild.* Miss. Laurent (1905) 165 et Étud. fl. Bas- et Moy.-Cgo, II (1908) 329.

> T. Schumacheri *Guill.* et *Perr.* var. — *Cogn.* in *DC.* Monog. Phan. VII (1891) 361.
>
> T. incompletum *R. Br.* var. — *Hiern* Cat. Welw. Pl. I (1898) 364.
>
> 1903 (Aug. Krekels). — VIII : Eala (M. Laur. 1031) — XI : env. de Yambuya (Sohl.). — XV : Isaka (Krek.).

— — var. **congolanum** *De Wild.* Étud. fl. Bas- et Moy.-Cgo, II (1908) 329.

> T. Schumacheri *Auct.*; *Th. Dur.* et *Schinz* Étud. fl. Cgo (1896) 132 pr. p.; *Th. Dur.* et *De Wild.* Mat. fl. Cgo, II (1898) 69 [B. S. B. B. XXXVII, 114]; *De Wild.* et *Th. Dur.* Contr. fl. Cgo, I (1899) 20 et Reliq. Dewevr. (1900) 91 pr. p.; *De Wild.* Miss. Laurent (1905) 165 et Étud. fl. Bas- et Moy.-Cgo, II (1907) 197.
>
> 1888 (Fr. Hens). — II a : le Mayumbe (Ém. et M. Laur.). — IV : Lutete (Hens). — V : Kimuenza (Gill. 1979). — VI : Madibi. — Nom vern. : **Motantum** (Sap.). — VII : Inongo (Ém. et M. Laur.). — VIII : Eala (M. Laur. 1926). — IX : pays des Bangala (Hens, C. 181): env. de Bolombo (Ém. et M. Laur.). — XIII d : env. de Kasongo (Dew. 938 a). — XV : Leki (Ém. Laur.). — Noms vern. : **Ikaie** [Équateur]; **Ganga-Tibie** [Ikwangula]; **Kaido-Kom** [Kasongo] (Dew.).

Tristemma hirtum *Vent.* Choix des pl. (1803) 35 in adnot.; *P. Beauv.* Fl. d'Oware, I (1804) 94, t. 57; *Oliv.* Fl. trop. Afr. II, 446; *Cogn.* in *DC.* Monog. Phan. VII, 361; *Gilg* in *Engl.* Monog. Afr. Pfl.-Fam. II [Melast.] (1898) 26; *Th. Dur.* et *De Wild.* Mat. fl. Cgo, II (1898) 69 [B. S. B. B. XXXVII, 114].

> 1893 (P. Dupuis). — II a : Bingila (Dup.).

Tristemma incompletum *R. Br.* in *Tuck.* Congo Exped. Append. (1818) 435; *Gilg* in *Engl.* Monog. Afr. Pfl.-Fam. II [Melast.] (1898) 25; *Hiern* Cat. Welw. Pl. I, 364; *De Wild.* Étud. fl. Bas- et Moy.-Cgo, II (1908) 329.

> T. Schumacheri *Guill.* et *Perr.* Fl. Seneg. tent. (1833) 311; *Naud.* in Annal. sci. nat. sér. 3, XIII, 298 t. 6, fig. 6; *Benth.* in *Hook.* Niger Fl. 353; *Hook f.* in *Oliv.* Fl. trop. Afr. II, 446; *Cogn.* in *DC.* Monog. Phan. VII, 361, 1180; *Th. Dur.* et *Schinz* Étud. fl. Cgo (1896) 132 pr. p.: *De Wild.* et *Th. Dur.* Reliq. Dewevr. (1901) 91 pr. p.
>
> 1816 (Chr. Smith). — Bas-Congo (Sm.). — II a : Shingauga (Dew. 302). — V : Léopoldville? (Schlt.).

Tristemma leiocalyx *Cogn.* in *DC.* Monog. Phan. VII, add. (1891) 1179; *Th. Dur.* et *Schinz* Étud. fl. Cgo (1896) 131; *De Wild.* et *Th. Dur.* Ill. fl. Cgo (1898) 27, t. 14 et Reliq. Dewevr. (1901) 91; *Gilg* in *Engl.* Monog. Afr. Pfl.-Fam. II [Melast.] (1898) 24; *De Wild.*

Miss. Laurent (1905) 165 et Étud. fl. Bas- et Moy.-Cgo, I (1906) 300; II (1908) 330.

1887 (Fr. Hens). — V : le Stanley-Pool (Hens, B. 13); Kimuenza (Dew. 505; Gill. 1664); Sanda (Odd. in Gill. 3334). — IX a : entre Misa et Gongo (Ser. 302).— XIII a : Yakusu (Ém. et M. Laur.).

Tristemma littorale *Benth.* in *Hook.* Niger Fl. (1849) 353; *Cogn.* in *DC.* Monog. Phan. VII, 362; *Th. Dur.* et *De Wild.* Mat. fl. Cgo, II (1898) 69 [B. S. B. B. XXXVII, 114] et Reliσ. Dewevr. (1901) 91; *Hiern* Cat. Welw. Pl. I, 365; *Gilg* in *Engl.* Monog. Afr. Pfl.-Fam. II [Melast.] (1898) 25.

T. Schumacheri *Guill.* et *Perr.* var. — *Hook. f.* in *Oliv.* Fl. trop. Afr. II (1871) 446.

1896 (A. Dewèvre). — V : Kinshassa (Dew. 704).

Tristemma roseum *Gilg.* in *Engl.* Monog. Afr. Pfl.-Fam. II [Melast.] (1898) 24, t. 1, fig. J, a-b.

1870 (G. Schweinfurth). — XII d : Kusumba [Mangbettu] (Schw. 3656).

Tristemma Verdickii *De Wild.* Étud. fl. Kat. (1904) 219.

1900 (Edg. Verdick). — XVI : Lukafu (Verd. 621).

Tristemma vincoides *Gilg* in *Engl.* Monog. Afr. Pfl.-Fam. II [Melast.] (1898) 24.

1882? (P. Pogge). — XV : Mukenge (Pg. 934, 936).

DINOPHORA Benth.

Dinophora spenneroides *Benth.* in *Hook.* Niger Fl. (1849) 555; *Cogn.* in *DC.* Monog. Phan. VII, 384; *Gilg* in *Engl.* Monog. Afr. Pfl.-Fam. II [Melast.] (1898) 27, t. 1 H, fig. a-c; *De Wild.* et *Th. Dur.* Mat. fl. Cgo, II (1898) 69 [B. S. B. B. XXXVII, 114].

1882? (P. Pogge). — Bas-Congo (Dew.). — V : Kisantu (Gill.); Sanda (De Brouw.). — VI : Madibi; Motanla [Kwilu] (Sap.). — XI : env. de Mogandjo (M. Laur.). — XII a : route de Buta à Bima (Ser.). — XV : Mukenge (Pg. 942, 944).

PHAEONEURON Gilg.

Phaeoneuron dicellandroides *Gilg* in *Engl.* Monog. Afr. Pfl.-Fam. II [Melast.] (1898) 35, t. 8, fig. B, a-n; *De Wild.* Miss. Laurent (1904) 166 et Étud. fl. Bas- et Moy.-Cgo, I (1907) 197; II (1908) 332.

Dinophora Thonneri *Cogn.* in *De Wild.* et *Th. Dur.* Mat. fl. Cgo, II (1898) 70 [B. S. B. B. XXXVII, 115] et Pl. Thonnerianae (1900) 31, t. 18.

1870 (G. Schweinfurth). — Bas-Congo (But.). — V : Kimuenza (Gill.). — VIII :
Eala (Pyn. 1225, 1389, 1417); Ikenge (Huyghe); Bombimba [*lapsu cal.* Bambula]
(Pyn. 335; M. Laur. 1217). -- IX a : Gali (Thonn. 26). — XII d : Kusumba [Maug-
bettu] (Schw. 3166). — XII c : Yakusu (Ém. et M. Laur.).

ANTHEROTOMA Hook. f.

Antherotoma Naudini *Hook. f.* in *Benth.* et *Hook. f.* Gen. pl. I
(1862) 745; *Oliv.* Fl. trop. Afr. II, 444 ; *Gilg* in *Engl.* Monog. Afr.
Pfl.-Fam. II [Melast.] (1898) 9 ; *De Wild.* Étud. fl. Bas- et Moy.- Cgo,
II (1908) 327.

> Osbeckia Antherotoma *Naud.* in Annal. sci. nat. Sér. 3, XIV (1850) 66; *Cogn.*
> in *DC.* Monog. Phan. VII, 330; *Hiern* Cat. Welw. Pl. I, 363.

1904 (A. Delpierre). — XII c : Niangara. — Nom vern. : **Ninga** (Delp.).

DISSOTIS Benth.

Dissotis aquatica *De Wild.* Étud. fl. Kat. (1903) 217.

> 1900 (Edg. Verdick). — XVI : haut plateau du Katanga (Dew.).

Dissotis Autraniana *Cogn.* in *DC.* Monog. Phan. VII, add. (1891)
1180; *De Wild.* et *Th. Dur.* Ill. fl. Cgo (1899) 89, t. 45; *Gilg* in
Engl. Monog. Afr. Pfl.-Fam. II [Melast.] (1898) 13; *De Wild.* Miss.
Laurent (1905) 164.

> 1888 (Fr. Hens). — IV : Lutete (Hens, A. 32 pr. p.). — VI : Eiolo (Ém. et M.
> Laur.).

Dissotis Brazzaei *Cogn.* in *DC.* Monog. Phan. VII (1891) 371 et in
De Wild. et *Th. Dur.* Ill. fl. Cgo (1898) 29, t. 15; *Th. Dur.* et
Schinz Étud. fl. Cgo (1896) 132; *De Wild.* et *Th. Dur.* Mat. fl. Cgo,
II (1898) 69 [B. S. B. B. XXXVII, 114]; Contr. fl. Cgo, I (1899) 20 ;
II (1900) 22 et Pl. Gilletianae, II (1901) 21 [B. Herb. Boiss. Sér.
2, I, 21]; *Gilg* in *Engl.* Monog. Afr. Pfl.-Fam. II [Melast.] (1898)
18 in syn.; *De Wild.* Étud. fl. Bas- et Moy.-Cgo, I (1904) 191, 278;
II (1907) 197, (1908) 327.

> 1888 (Fr. Hens).— II a : Bingila (Dup.).— IV : route des Caravanes (Ém. Laur.);
> Luvituku (Dem. 66); Lutete (Hens, A. 45). — V : Léopoldville et env. (Schlt.;
> Luja); env. de Sabuka (Ém. et M. Laur.); env. de Dembo (Gill.); Kisantu-Makela
> (Van Houtte in Gill. 3459); Kisantu (Gill. 684, 704); Maydis (Odd.); Kiduma (Van-
> deryst). — VI : riv. Sanga (Cabra). — XII b : entre Bima et Bambili (Ser. 216).

Dissotis capitata [*Vahl*] *Hook. f.* in *Oliv.* Fl. trop. Afr. II (1871) 449;
Cogn. in *DC.* Monog. Phan. VII, 365 ; *Th. Dur.* et *Schinz* Étud. fl.
Cgo (1896) 132; *Hiern* Cat. Welw. Pl. I², 365; *Gilg* in *Engl.* Monog.
Afr. Pfl.-Fam. II [Melast.] (1898) 13 ; *De Wild.* Étud. fl. Bas- et
et Moy.-Cgo, I (1904) 171; II (1907) 197, (1908) 171.

Melastoma capitatum *Vahl* Eclog. pl. (1796) 45.
Heterotis — *Benth.* in *Hook.* Niger F'. (1819) 352.
Tristemma erectum *Guill.* et *Perr.* Fl. Seneg. tent. (1833) 312.
Melastomastrum — *Naud.* in Annal. sc. nat. Sér. 3. XIII (1849) 296, t. 5, fig. 4.

1882? (P. Pogge). — V : le Stanley Pool (Ém. Laur.): Kisantu ; env. de Kimuenza (Gill.): rég. de Lula-Lumene (Hendr.): Mayidis (Cd l). — XV: Lusambo
(Jos. Duch.): le Sankuru (Ém. Laur.); Musumba (Pg. 180). — Ind. non cl. : le Lomami (Desc.); Lupundi (Dem.).

D. capitata var. **Vogelii** [*Benth.*] *Hook.* f. in *Oliv.* Fl. trop. Afr. II
(1871) 450; *Cogn.* l. c. VII. 385; *De Wild.* et *Th. Dur.* Contr. fl.
Cgo, I (1899) 20; *Gilg* in *Engl.* l. c. II, 13; *Hiern* l. c. 366.

1896 (Ém. Laurent). — XIII a : Stanleyville (Ém. Laur.).

Dissotis cordata *Gilg* in *Engl.* Monog. Afr. Pfl.-Fam. II [Melast.]
(1898) 17, t. 3 fig. B.

1876? (P. Pogge). — XV : pays des Bashilange au bord de la Lulua, vers 9½°
(Pg. 134).

Dissotis cornifolia [*Benth*] *Hook.* f. in *Oliv.* Fl. trop. Afr. II
(1871) 364; *Cogn.* in *DC.* Monog. Phan. VII, 361; *Gilg* in *Engl.*
Monog. Afr. Pfl.-Fam. II [Melast.] (1898) 13; *De Wild.* Étud. fl.
Bas- et Moy.-Cgo, II (1908) 327.

Heterotis — *Benth.* in *Hook.* Niger Fl. (1849) 351.
Tristemma — *Triana* in Trans. Linn. Soc. XXVIII (1871) 57.

1905 (Marc. Laurent). — VIII : Efukwa-Kombi (M. Laur. 1930).

Dissotis debilis [*Sond.*] *Triana* in Trans. Linn. Soc. XXVIII (1871)
58; *Cogn.* in *DC.* Monog. Phan. VII, 367; *De Wild.* et *Th.*
Dur. Contr. fl. Cgo, I (1899) 20; *Gilg* in *Engl.* Monog. Afr. Pfl.-
Fam. II [Melast.] (1898, 14.

Osbeckia — *Sond.* in Linnaea, XXIII (1850) 47.
D. lanceolata *Cogn.* in *DC.* l. c. VII (1891) 366; *De Wild.* et *Th. Dur.* Pl.
Gilletianae, I (1900) 22 [B. Herb. Boiss. Sér. 2. I, 22]: *Hiern* Cat. Welw.
Pl. I, 366: *De Wild.* Étud. fl. Bas- et Moy.-Cgo, I (1903) 299.
D. villosa *Engl.* [non *Hook.* f.] in Engl. Jahrb. VIII (1887) 62; *Th. Dur.* et
Schinz Étud. fl. Cgo (1896) 135.

1874 (Fr. Naumann). — II : Ponta da Lenha (Naum.). — V : Kimuenza (Gill
770); Sanda (Odd.). — VI : route de Tumba-Mani à Popokabaka (Cabra-Michel, 27).
— XVI : Albertville [Toa] (Desc.).

Dissotis decumbens [*P. Beauv.*] *Triana* in Trans. Linn. Soc. XXVIII
(1871) 58; *Cogn.* in *DC.* Monog. Phan. VII, 368; *Th. Dur.* et *De*
Wild. Mat. fl. Cgo, II (1898) 60 [B. S. B. B. XXXVII, 114]; *Gilg*
in *Engl.* Monog. Afr. Pfl.-Fam. II [Melast.] (1898) 15; *Hiern* Cat.
Welw. Pl. I, 366; *De Wild.* Étud. fl. Bas- et Moy.-Cgo, I (1901) 171,
(1906) 299; II (1907) 197, (1908) 327.

Melastoma decumbens *P. Beauv.* Fl. d'Oware, I (1804) 69, t. 41.
D. laevis *Hook. f.* in *Oliv.* Fl. trop. Afr. II (1871) 451; *Hiern* Cat. Welw. Pl.
I, 366 ; *De Wild.* Étud. fl. Bas--et Moy.-Cgo, I (1906) 299.

1895 (Ém. Laurent). — Bas-Congo (Cabra). — III : ravin du Diable (Dem. 36).
— V : env. de Léopoldville (Gill.) ; Dembo (Vanderyst); Kisantu (Gill.). — VIII :
Coquilhatville (Ém. Laur.); Eala (M. Laur.). — XI : Basoko (Ém. Laur.). —
XII : route de Bambili à Amadis (Ser.). — XIII a : Stanleyville (Ém. et M. Laur.).
— XV : Bukila (Ém. et M. Laur.).

D. decumbens var. **minor** *Cogn.* in *DC.* Monog. Phan. VII (1891)
369; *Th. Dur.* et *Schinz* Étud. fl. Cgo (1896) 133; *De Wild.* et *Th.*
Dur. Pl. Gilletianae, I (1900) 21 [B. Herb. Boiss. Sér. 2, I, 21].

1888 (Fr. Hens). — V : Kisantu (Gill. 609). — IX : pays des Bangala (Hens, C.
164).

Dissotis falcipila *Gilg* in *Engl.* Monog. Afr. Pfl.-Fam. II [Melast.]
(1898) 23, t. 3, fig. A, a-b.

1876? (P. Pogge). — XV : Musumba (Pg. 132).

Dissotis Gilgiana *De Wild.* Étud. fl. Kat. (1903) 217.

1900 (Edg. Verdick). — XVI : haut plateau du Katanga, 1000m d'alt. (Verd.).

— — var. **petiolata** *De Wild.* l. c. (1903) 218.

1899 (Edg. Verdick). — XVI : env. de Lukafu. — Nom vern. : **Kaleala** (Verd.
113).

Dissotis Gilletii *De Wild.* Étud. fl. Bas- et Moy.-Cgo, I (1896) 298.

1900 (J. Gillet). — Bas-Congo (Gill. 1816). — V : Kinanga (Odd. in Gill.
1873).

Dissotis gracilis *Cogn.* in *DC.* Monog. Phan. VII (1891) 366; *Engl.*
in *Schlechter* Westafr. Kautsch.-Exped. (1900) 302; *Gilg* in *Engl.*
Monog. Afr. Pfl.-Fam. II [Melast.] (1898) 14.

1899 (R. Schlechter). — V : Léopoldville; Dolo (Schlt.).

Dissotis Hensii *Cogn.* in *DC.* Monog. Phan. VII (1891) 372; *Th.*
Dur. et *Schinz* Étud. fl. Cgo (1896) 133; *De Wild.* et *Th. Dur.*
Reliq. Dewevr. (1901) 92 et Ill. fl. Cgo (1898) 19, t. 10; *Gilg* in *Engl.*
Monog. Afr. Pfl.-Fam. II [Melast.] (1898) 19; *De Wild.* Miss. Laurent
(1905) 164 et Étud. fl. Bas- et Moy.-Cgo, I (1904) 171; II (1908) 328.

1888 (Fr. Hens). — Bas-Congo (Gill. 1891). — V : Kisantu (Gill.). — VI : Madibi;
riv. Kwilu (Sap.). — VII : Ibali (Ém. et M. Laur.). — VIII : Équateur (Dew. 557);
Eala et env. (M. Laur. 63, 723; Pyn. 731, 1093); Lulanga (Ém. et M. Laur.). —
IX : Bangala (Hens, C. 129). — XIII d : Elungu (Dew. 1059 b). — Nomsvern. :
Losele [Madibi]; **Motoaton** [Kwilu]; **Kondoku** [Bangala] (Sap.).

Dissotis incana [*E. Mey.*] *Triana* in Trans. Linn. Soc. XXVII (1871) 58, t. 4, fig. 44 d; *Cogn.* in *DC.* Monog. Phan. VII, 370; *Gilg* in *Engl.* Pfl. Ost Afr. 295 et in *Engl.* Monog. Afr. Pfl.-Fam. II [Melast.] (1898) 17; *De Wild.* Étud. fl. Bas- et Moy.-Cgo, I (1906) 298; II (1908) 328.

Osbeckia — *E. Mey.* ex *Hochst.* in *Walp.* Repert. bot. V (1858) 708.

1902 (J. Gillet). — VI : vallée de la Djuma (Gill. 2820). — XV : au S. de Tshitadi (Lescr. 318).

Dissotis Irvingiana *Hook.* in Bot. Mag. (1859) t. 5149; *Triana* in Trans. Linn. Soc. XXVIII (1871) 58, t. 4, fig. 44 c; *Hook. f.* in *Oliv.* Fl. trop. Afr. II, 453; *Th. Dur.* et *Schinz* Étud. fl. Cgo (1896) 133; *Cogn.* in *DC.* Monog. Phan. VII, 375; *Gilg* in *Engl.* Monog. Afr. Pfl.-Fam. II [Melast.] (1898) 20.

1874 (Fr. Naumann). — II : Ponta da Lenha (Naum.).

Dissotis macrocarpa *Gilg* in *Engl.* Monog. Afr. Pfl.-Fam. II [Melast.] (1898) 18; *De Wild.* Étud. fl. Bas- et Moy.-Cgo, II (1908) 328.

1904 (Gust. Delpierre). — XII : l'Uele (Delp.). — XII b : route de Bima à Bambili (Ser. 229).

Dissotis multiflora [*Sm.*] *Triana* in Trans. Linn. Soc. XXVIII (1871) 58; *Hook. f.* in *Oliv.* Fl. trop. Afr. II, 412; *Gilg* in *Engl.* Monog. Afr. Pfl.-Fam. II [Melast.] (1898) 18, t. 2, fig. F, a-d; *De Wild.* Miss. Laurent (1905) 164 et Étud. fl. Bas- et Moy.-Cgo, II (1908) 328.

Osbeckia — *Sm.* in *Rees* Cyclop. XXV (1814?) n. 7; *DC.* Prodr. III, 143; *Hiern* Cat. Welw. Pl. I, 364; *Cogn.* in *DC.* Monog. Phan. VII, 332 et in *Th. Dur.* et *De Wild.* Mat. fl. Cgo, I (1897) 31 [B. S. B. B. XXXVI², 17].

1870 (G. Schweinfurth). — Bords du Congo (Ern. Dew.). — V : Sabuka (Ém. et M. Laur.). — VIII : Coquilhatville; Irebu (Schlt.); Eala (Pyn. 1140); Lulanga (Ém. et M. Laur.; Pyn. 75). — XII d : pays des Mangbettu, sur la rive gauche de l'Uele (Schw.). — XV : Musumba (Pg. 133, 139, 141).

Dissotis phaeotricha [*Hochst.*] *Triana* in Trans. Linn. Soc. XXVIII (1871) 58; *Cogn.* in *DC.* Monog. Phan. VII, 367; *Gilg* in *Engl.* Monog. Afr. Pfl.-Fam. II [Melast.] (1898) 14 et in *Engl.* Pfl. Ost-Afr. 295; *De Wild.* Étud. fl. Bas- et Moy.-Cgo, I (1906) 299; II (1908) 328.

Osbeckia — *Hochst.* in *Walp.* Repert. bot. V (1846) 708.
D. villosa *Hook. f.* in *Oliv.* Fl. trop. Afr. II (1871) 450; *Cogn.* in *DC.* Monog. Phan. VII, 367; *Th. Dur.* et *Schinz* Étud. fl. Cgo (1896) 135.

1874 (Fr. Naumann). — II : Ponta da Lenha (Naum.). — V : entre Kisantu et le Kwango (But. in Gill. 3731). — XV : Musumba (Pg. 131). — XVI : le Katanga (Verd.).

Dissotis rotundifolia [*Sm.*] *Triana* in Trans. Linn. Soc. XXVIII (1871) 58; *Cogn.* in *DC.* Monog. Phan. VII, 369; *Th. Dur.* et *Schinz*

Étud. fl. Cgo (1896) 134; *Gilg* in *Engl.* Monog. Afr. Pfl.-Fam. II [Melast.] (1898) 15; *De Wild.* Étud. fl. Bas- et Moy.-Cgo, II (1908) 328.

Osbeckia rotundifolia *Sm.* in *Rees* Cyclop. XXV (1822) n. 20.
Melastoma plumosum *D. Don* in Mem. Wern. Soc. IV (1823) 291; *DC.* Prodr. III, 147.
Heterotis — *Benth.* in *Hook.* Niger Fl. (1849) 348.
Dissotis — *Hook. f.* in *Oliv.* Fl. trop. Afr. II (1871) 452.
D. prostrata *Triana* l. c. (1871) 58; *Hook. f.* in *Oliv.* Fl. trop. Afr. II, 452; *Oliv.* in Trans. Linn. Soc. XXIX (1873) 73, t. 39; *Cogn.* in *DC.* Monog. Phan. VII, 369; *Th. Dur.* et *Schinz* Étud. fl. Cgo (1896) 134; *De Wild.* et *Th. Dur.* Pl. Gilletianae, I (1900) 22 [B. Herb. Boiss. Ser. 2, I, 22].
Melastoma — *Schumach.* et *Thonn.* Beskr. Guin. Pl. (1827) 220.
Heterotis — *Benth.* in *Hook.* Niger Fl. (1849) 349.
Osbeckia zanzibarensis *Naud.* in Annal. sci. nat. Sér. 3, XIV (1850) 55, t. 7, fig. 5.

1870 (G. Schweinfurth). — II : Ponta da Lenha (Naum.). — V : Léopoldville (Schlt.); Kisantu (Gill.). — IX : pays des Bangala (Hens, C. 164). — XII a : route de Buta à Bima (Ser. 51). — XII d : Munza (Schw.). — Ind. non cl. : Lulunka (Dem.).

Dissotis Schweinfurthii *Gilg* in *Engl.* Monog. Afr. Pfl.-Fam. II [Melast.] (1898) 21.

1870 (G. Schweinfurth). — XII d : Munza (Schw. 3445).

Dissotis segregata *Benth.* in *Hook.* Niger Fl. (1849) 350 et in *Oliv.* Fl. trop. Afr. II, 448; *Th. Dur.* et *Schinz* Étud. fl. Cgo (1896) 134; *Cogn.* in *DC.* Monog. Phan. VII, 363; *Gilg.* in *Engl.* Monog. Afr. Pfl.-Fam. II [Melast.] (1898) 12 (1); *De Wild.* et *Th. Dur.* Contr. fl. Cgo, II (1900) 22; *De Wild.* Miss. Laurent (1905) 164.

Heterotis — *Benth.* in *Hook.* Niger Fl. (1849) 350.
Tristemma — *Triana* in Trans. Linn. Soc. XXVIII (1871) 56.

1882 (P. Pogge). — V : le Stanley-Pool (Dem.); Kisantu (Gill.); Suata (Buett.). — VII : Kiri (Em. et M. Laur.). — VIII : Équateur (Dew.). — XV : pays des Bashilange (Pg. 935).

Dissotis Sereti *De Wild.* Étud. fl. Bas- et Moy.-Cgo, II (1908) 328.

1906 (F. Seret). — XII d : territ. de Bokoyo (Ser. 587).

Dissotis Thollonii *Cogn.* ex *Buett.* in Verh. bot. Ver. Brandenb. XXXI (1889) 96 et in *DC.* Monog. Phan. VII (1891) 373 et 1180; *Th. Dur.* et *Schinz* Étud. fl. Cgo (1896) 134; *Gilg* in *Engl.* Monog. Afr. Pfl.-Fam. II [Melast.] (1898) 19; *De Wild.* Miss. Laurent (1905) 165 et Étud. fl. Bas- et Moy.-Cgo, I (1904) 171, (1906) 298; II (1907) 197, (1908) 329.

---

(1) M. Gilg [l. c.] indique cette espèce comme ayant été récoltée à Vista, dans le Bas-Congo, par Chaves, en 1885. Cette localité nous est inconnue.

1885 (R. Buettner). — Bords du Congo (Buett.). — V : le Stanley-Pool (Hens, B. 6); Sabuka (Luja); Léopoldville (Ém. Laur.) ; Dolo (Schlt.); Sanda (De Brouw.); Boko (Vanderyst); Kimuenza (Ém. Laur.). — VI : Plateau de Kimbele (Cabra-Michel). — XV : Kapulumba (Lescr.).

Dissotis Verdickii *De Wild.* Étud. fl. Kat. (1903) 218.

1900 (Edg. Verdick). — XVI : haut plateau du Katanga (Verd.) ; Lukafu (Verd. 621 b).

CALVOA Hook. f.

Calvoa sessiliflora *Cogn.* in *De Wild.* et *Th. Dur.* Contr. fl. Cgo, I (1899) 22 et Reliq. Dewevr. (1901) 92; *De Wild.* Étud. fl. Bas- et Moy.-Cgo, I (1901) 172; II (1907) 198, (1908) 331 et Miss. Laurent (1905) 165, t. 43, 44.

1896 (A. Dewèvre). — VIII : Eala et env. (M. Laur.; Pyn. 1452). — XIII d : Kasuku (Dew. 1064). — XV : Batempa (Ém. et M. Laur.). — Ind. non cl. : forêt de Giard (Body).

P Calvoa orientalis *Taub.* in *Engl.* Pfl. Ost-Afr. (1895) 296; *Gilg* in *Engl.* Monog. Afr. Pfl.-Fam. II [Melast.] (1898) 32, t. 5, fig. D, a-c.

1870 (G. Schweinfurth). — XII ? : pays des Uando à Diagbe (Schw. 3116).

Cette localité est-elle réellement dans le Congo belge?

AMPHIBLEMMA Naud. [1]

Amphiblemma setosum *Hook. f.* in *Oliv.* Fl. trop. Afr. II (1871) 456; *Triana* in Trans. Linn. Soc. XXVIII (1871) 79; *Cogn.* in *DC.* Monog. Phan. VII, 527; *Th. Dur.* et *Schinz* Étud. fl. Cgo (1896) 135; *Gilg* in *Engl.* Monog. Afr. Pfl.-Fam. II [Melast.] (1898) 29.

1882 ? (P. Pogge). — XIII d : Nyangwe (Pg.).

Amphiblemma Wildemannianum *Cogn.* in *De Wild.* et *Th. Dur.* Contr. fl. Cgo, I (1899) 22; Ill. fl. Cgo (1900) 143, t. 72 et Reliq. Dewevr. (1901) 92; *De Wild.* Étud. fl. Bas- et Moy.-Cgo, II (1908) 330, t. 79.

1891 (F. Demeuse). — V : Sadi (Dem.); Kisantu (Gill.).

Obs. 1. — Dewèvre a récolté cette espèce au N. du Stanley-Pool [Congo franç.] (Dew. 718).

Obs. 2. — L'Amphiblemma ciliatum Cogn. est signalé, avec doute, à Bingila [II a] (P. Dupuis) [*De Wild.* et *Th. Dur.* Reliq. Dewevr. (1901) 92, in obs.].

---

(1) **Amphiblemma acaule** *Cogn.* in Bolet. Soc. Brot. XI (1892-93) 89, *Gilg* in *Engl.* Monog. Afr. Pfl.-Fam. II [Melast.] (1898) 29. — Pays des Bashilange [distr. de Lempangulu] (Senz. Marq. 211). — Cette localité est-elle sur le territoire congolais?

CINCINNOBOTRYS Gilg.

Cincinnobotrys Sereti *De Wild.* Étud. fl. Bas- et Moy.-Cgo, II (1908) 330, t. 89.

1906 (F. Seret). — XII c : route de Runga à Poko (Ser. 645). ·

DICELLANDRA Hook. f.

Dicellandra Barteri *Hook. f.* in *Benth.* et *Hook. f.* Gen. pl. I (1865) 757 et in *Oliv.* Fl. trop. Afr. II, 459; *Triana* in Trans. Linn. Soc. XXVIII (1871) 168, t. 7, fig. 85 b; *Cogn.* in *DC.* Monog. Phan. VII, 546 pr. p.; *Gilg* in *Engl.* Moneg. Afr. Pfl.-Fam. II [Melast.] (1898) 33; *De Wild.* Étud. fl. Bas- et Moy.-Cgo, I (1906) 300; II (1907) 199, (1908) 332.

1902 (L. Gentil). — VIII : Eala (M. Laur. 1924, 1927); Lokelenge (Brun. 40). — XVI : route du Lomami au Lualaba (Gent.).

Obs. — M. Gilg [l. c.] rapporte le *D. Barteri* de Kusumba [Schw.] au *Phaeo·neuron dicellandroïdes.*

— — var. **runcinata** *De Wild.* l. c. II (1908) 332.

1905 (Marc. Laurent). — VIII : Eala (M. Laur. 776).

SAKERSIA Hook. f.

Sakersia Laurentii *Cogn.* in *De Wild.* et *Th. Dur.* Contr. fl. Cgo, I (1899) 23; Ill. fl. Cgo (1900) 135, t. 68 et Reliq. Dewevr. (1901) 93; *De Wild.* Étud. fl. Bas- et Moy.-Cgo, I (1904) 172 (1906) 300; II (1907) 198, (1908) 331.

1896 (Ém. Laurent). — Congo (Dew.). — V : entre Kisantu et le Kwango (But.). — VIII : Équateur (Pyn. 316); env. d'Eala (M. Laur. 1933); env. de Bamania (M. Laur. 1925). — IX : env. de Bumba (Ém. Laur.; Ser. 10). — XV : rég. de la Loanje (Gent. 27).

— — var. **cuneata** *De Wild.* l. c. II (1908) 332.

1905 (Marc. Laurent). — VIII : Eala (M. Laur. 938; Pyn. 1051).

Sakersia strigosa *Cogn.* in *De Wild.* et *Th. Dur.* Contr. fl. Cgo, I (1899) 23 et Reliq. Dewevr. (1901) 93; *De Wild.* Étud. fl. Bas- et Moy.-Cgo, I (1904) 172, (1906) 300.

1895 (A. Dewèvre, Ém. Laurent). — V : le Stanley-Pool (Ém. Laur.); Kimuenza (Dew. 501; Gill. 638); Sanda (Odd.).

MEDINILLA Gaudich.

Medinilla africana *Cogn.* in *De Wild.* et *Th. Dur.* Contr. fl. Cgo, I (1899) 24.

1893 ? (Ém. Laurent). — Congo (Ém. Laur.).

MEMECYLON L.

Memecylon Gilletii *De Wild.* Étud. fl. Bas- et Moy.-Cgo, I (1904) 172.

1900 (J. Gillet). — V : Kisantu (Gill. 895).

Memecylon jasminoides *Gilg* in *Engl.* Monog. Afr. Pfl.-Fam. I[[Melast.] (1898) 39.

1870 (G. Schweinfurth). — XII d : village Bongwa [Mangbettu] (Schw. 3609).

Memecylon Laurentii *De Wild.* Étud. fl. Bas- et Moy.-Cgo, II (1908) 332.

1906 (Marc. Laurent). — VIII : Botuma [Ikelemba] (M. Laur. 1929).

Memecylon leucocarpum *Gilg* in *Engl.* Monog. Afr. Pfl.-Fam. II [Melast.] (1898) 40; *De Wild.* Étud. fl. Bas- et Moy.-Cgo, II (1908) 333.

1905 (Marc. Laurent). — VIII : Eala (M. Laur. 1932).

Memecylon longicauda *Gilg* in *Engl.* Monog. Afr. Pfl.-Fam. II [Melast.] (1898) 40, t. 10 E.; *De Wild.* Miss. Laurent (1905) 166 et Étud. fl. Bas- et Moy.-Cgo. II (1908) 333.

1903 (Ém. et Marc. Laurent). — V : Lukolela (Ém. et M. Laur.).

Memecylon Mannii *Hook. f.* in *Oliv.* Fl. trop. Afr. II (1871) 461; *De Wild.* et *Th. Dur.* Contr. fl. Cgo, I (1899) 21; *Cogn.* in *DC.* Monog. Phan. VII, 1132; *Gilg* in *Engl.* Monog. Afr. Pfl.-Fam. II [Melast.] (1898) 39; *De Wild.* Étud. fl. Bas- et Moy.-Cgo, II (1908) 333.

1896 (Eug. Wilwerth). — VIII : Eala (Pyn. 602, 1114, 1258; M. Laur. 1201). — IX : Upoto (Wilw.).

Memecylon membranifolium *Hook. f.* in *Oliv.* Fl. trop. Afr. II (1871) 462; *Cogn.* in *DC.* Monog. Phan. VII, 1135; *Th. Dur.* et *Schinz* Étud. fl. Cgo (1896) 136; *Gilg* in *Engl.* Monog. Afr. Pfl.-Fam. II [Melast.] (1898) 41.

1893 (Ém. Laurent). — II a : Zenze (Ém. Laurent).

Memecylon myrianthum *Gilg* in *Engl.* Monog. Afr. Pfl.-Fam. II [Melast.] (1898) 44 et in *Schlechter* Westafr. Kautsch.-Exped. (1900) 303; *De Wild.* Miss. Laurent (1905) 166 et Étud. fl. Bas- et Moy.-Cgo, II (1908) 333.

1899 (R. Schlechter). — V : le Stanley-Pool (Schlt. 12526); Léopoldville (Pyn.); en aval de Bolobo (Em. et M. Laur.). — X : l'Ubangi (Em. et M. Laur. ; M. Laur. 967).

Memecylon Poggei *Gilg* in *Engl.* Monog. Afr. Pfl.-Fam. II [Melast.] (1898) 43.

1882? (P. Pogge). — XV : pays des Bashilange [entre la Lulua et le Kasai] (Pg. 1066).

Memecylon polyanthemos *Hook. f.* in *Oliv.* Fl. trop. Afr. II (1871) 463; *Cogn.* in *DC.* Monog. Phan. VII, 1160; *Gilg* in *Engl.* Monog. Afr. Pfl.-Fam. II [Melast.] (1898) 44.

M. Afzelii *R. Br.* ex *Triana* in Trans. Linn. Soc. XXVIII (1871) 156.

1882 (P. Pogge). — XV : Mukenge (Pg. 940).

— — var. **grandifolium** *Cogn.* in *DC.* Monog. Phan. VII (1891) 1161; *Th. Dur.* et *Schinz* Étud. fl. Cgo (1896) 136.

1880 (von Mechow). — VI : rives du Kwango (Mech. 515).

Memecylon Pynaertii *De Wild.* Étud. fl. Bas- et Moy.-Cgo, II (1908) 334.

1906 (L. Pynaert). — V : Lukolela (Pyn. 251).

Memecylon strychnoides *Bak.* in Kew Bull. (1895) 105; *De Wild.* Étud. fl. Bas- et Moy.-Cgo, I (1903) 66.

M. Millenii *Gilg* in *Engl.* Monog. Afr. Pfl.-Fam. II [Melast.] (1898) 38.

1902 (J. Gillet). — V : env. de Léopoldville (Gill.).

Memecylon tamifolium *Gilg* ex *De Wild.* et *Th. Dur.* Reliq. Dewevr. (1901) 94 (err. cal. *ternifolium*) [nom. tant.].

1895 (A. Dewèvre). — II a : Shinganga. — Nom vern. : Tidi-Tidi (Dew. 206).

Memecylon Vogelii *Naud.* in Annal. sci. nat. Sér. 3, XVIII (1852) 263, 282; *Hook. f.* in *Oliv.* Fl. trop. Afr. II, 462; *Cogn.* in *DC.* Monog. Phan. VII, 1138; *Gilg* in Engl. Monog. Afr. Pfl.-Fam. II (1898) 43; *Engl.* in Sitzb. Preuss. Akad. Wiss. XXXVIII (1908) 829.

Spathandra memecyloides *Benth.* in *Hook.* Niger Fl. (1849) 357.

1882 ? (P. Pogge). — XV : rég. de Mukenge (Pg.).

LYTHRACEAE

ROTALA L.

Rotala fontinalis *Hiern* in *Oliv*. Fl. trop. Afr. II (1871) 468;
Koehne in Engl. Jahrb. I (1880) 172; *Th. Dur*. et *Schinz* Étud. fl.
Cgo (1896) 136; *Hiern* Cat. Welw. Pl. I, 372.

> 1816 (Chr. Smith). — Bas-Congo (Sm.).

> Obs. — La synonymie donnée dans *Th. Dur*. et *Schinz* [l. c.] doit être retranchée; elle se rapporte au *R. filiformis* Hiern.

AMMANIA Houst.

Ammania auriculata *Willd*. Hort. Berol. (1806) t. 7; *DC*. Prodr.
III, 80; *Clarke* in *Hook. f.* Fl. Brit. Ind. II, 570; *Koehne* in Engl.
Jahrb. I (1880) 244; *Engl*. Pfl. Ost.-Afr. 285; *De Wild*. et *Th. Dur*.
Reliq. Dewèvr. (1901) 94.

> A. senegalensis *L*. var. — *Hiern* in *Oliv*. Fl. trop. Afr. II (1871) 477 et Cat.
> Welw. Pl. I, 373.

> 1895 (A. Dewèvre). — II : Boma (Dew.).

Ammania multiflora *Roxb*. Hort. Bengal. (1814) 11 et Fl. Ind. I,
447; *Spreng*. Syst. veget. I, 444; *DC*. Prodr. III, 79; *Koehne* in
Engl. Jahrb. I (1880) 247; *Th. Dur*. et *Schinz* Étud. fl. Cgo (1896)
137.

> A. senegalensis *Lam*. var. — *Hiern* in *Oliv*. Fl. trop. Afr. II (1871) 477
> et Cat. Welw. Pl. I, 373.

> 1816 (Chr. Smith). — Bas-Congo (Sm.; Naum.).

Ammania salicifolia *Monti* in Comm. Instit. Bonon. I (1767) 112
cum icone; *Hiern* in *Oliv*. Fl. trop. Afr. II, 478; *Clarke* in *Hook. f.*
Fl. Brit. Ind. II, 569; *Engl*. Pfl. Ost-Afr. 28; *Th. Dur*. et *Schinz*
Étud. fl. Cgo (1896) 137; *Hiern* Cat. Welw. Pl. I, 374.

> A. aegyptiaca *Willd*. Hort. Berol. (1803) t. 6; *DC*. Prodr. III, 78.
> A. verticillata *Lam*. Encycl. méth. Bot. I (1783) 131 et Illustr. genr. Encycl.
> I, t. 77, fig. 3; *DC*. Prodr. III, 79.
> 1816 (Chr. Smith.). — Bas-Congo (Sm.).

Ammania senegalensis *Lam*. Encycl. méth. Bot. I (1791) 311, t. 77,
fig. 2; *DC*. Prodr. III, 77; *Hiern* in *Oliv*. Fl. trop. Afr. II, 477 et
Cat. Welw. Pl. I, 373; *De Wild*. Miss. Laurent (1906) 259.

> 1904 (Ém. et Marc. Laurent). — IX : Ukaturaka (Ém. et M. Laur.).

LAWSONIA L.

Lawsonia inermis *L.* Sp. pl. ed. 1 (1753) 349; *Gilg* in *Engl.* Pfl. Ost-Afr. 286.

> L. alba *Lam.* Eucycl. méth. Bot. III (1789) 106; *Sonner.* Voy. Haute- et Basse-Égypte, I (1798) 291, t. 4; *DC.* Prodr. III, 91; *Hiern* in *Oliv.* Fl. trop. Afr. II, 483; *De Wild.* et *Th. Dur.* Reliq. Dewevr. (1901) 94.

1895 (A. Dewèvre). — II : Boma (Dew.). — XIII d : Nyangwe (Dew.).

ONAGRARIACEAE

JUSSIEUA L.

Jussieua linifolia *Vahl* Eclog. Amer. II (1798) 32; *DC.* Prodr. III, 55; *Oliv.* Fl. trop. Afr. II, 489; *Engl.* Pfl. Ost-Afr. 296; *M. Micheli* in *Mart.* Fl. Brasil. XIII², 163, t. 33; *Th. Dur.* et *Schinz* Ètud. fl. Cgo (1896) 138; *Hiern* Cat. Welw. Pl. I, 379; *De Wild.* et *Th. Dur.* Contr. fl. Cgo, II (1900) 23 et Reliq. Dewevr. (1901) 95; *De Wild.* Miss. Laurent (1906) 259, (1907) 417 et Ètud. fl. Bas- et Moy.-Cgo, II (1907) 63, (1908) 334.

> J. acuminata *Benth.* [non *Sw.*] in *Hook.* Niger Fl. (1849) 343; *Engl.* Pfl. Ost-Afr. 296; *Oliv.* Fl. trop. Afr. II, 489; *Th. Dur.* et *Schinz* Ètud. fl. Cgo (1896) 137.

1862 (R. Burton). — Congo (Burt.). — II : Boma (Dew.); Sisia (Dup.). — V : Léopoldville (Schlt.; Duch.); Sabuka (M. Laur.); Kisantu (Gill.). — VI : Kingunshi (Buett.). — VIII : Coquilhatville et env. (Dem.; M. Laur.). — IX : Busa (Èm. et M. Laur.).— XIII a : Stanleyville (Pyn.).—XV : Butala (Èm. et M. Laur.).

Jussieua pilosa *Kunth* in *Humb.* et *Bonpl.* Nov. gen. et sp. VI (1823) 101, t. 532 b; *DC.* Prodr. III, 53; *Oliv.* Fl. trop. Afr. II, 488; *M. Micheli* in *Mart.* Fl. Brasil. XIII², 161; *Engl.* Pfl. Ost-Afr. 296; *Th. Dur.* et *Schinz* Ètud. fl. Cgo (1896) 138; *Hiern* Cat. Welw. Pl. I, 379; *De Wild.* et *Th. Dur.* Reliq. Dewevr. (1901) 95; *De Wild.* Miss. Laurent (1906) 259, (1907) 417 et Ètud. fl. Bas- et Moy.-Cgo, II (1908) 334.

> 1882 (H. Johnston). — Congo (Johnst.). — II : Zambi (Dew.). — IV : Luvituku (Èm. et M. Laur.); Kikosi; Kinduma (Vanderyst). — V : Sabuka (M. Laur.); Tamo (Heus); Kisantu (Gill.). — VI : Kingunshi (Buett.). — VII : la Fini; Kutu (Èm. et M. Laur.). — VIII : Lac Tumba (Èm. et M. Laur.).

Jussieua repens *L.* Sp. pl. ed. 1 (1753) 388; *Ch. Martins* Mém. Juss.

Le **Punica granatum** L. [*Oliv.* Fl. trop. Afr. II, 486] est cultivé à Kimuenza (Gill.) et aussi à Stanleyville, par les Arabes [*De Wild.* Miss. Laurent (1907) 416].

(1866) 22, t. 1-4; *Engl.* Pfl. Ost-Afr. 296; *Hiern* Cat. Welw. Pl. I, 379.

> J. diffusa *Forsh.* Fl. Aegypt.-Arab. (1775) 210; *Oliv.* Fl. trop. Afr. II, 488; *De Wild.* Miss. Laurent (1907) 416.

> 1903 (Ém. et Marc. Laurent). — V : env. de Lukolela (Ém. et M. Laur.). — IX : Itimbiri (Ém. et M. Laur.). — X : l'Ubangi (Ém. et M. Laur.).

Jussieua suffruticosa *L.* Sp. pl. ed. 1 (1753) 838; *DC.* Prodr. III, 58; *Clarke* in *Hook. f.* Fl. Brit. Ind. I, 587; *M. Micheli* in *Mart.* Fl. Brasil. XIII², 169; *Engl.* Pfl. Ost-Afr. 296; *Th. Dur.* et *Schinz* Étud. fl. Cgo (1896) 138; *Hiern* Cat. Welw. Pl. I, 380; *De Wild.* et *Th. Dur.* Contr. fl. Cgo, II (1900) 23 et Reliq. Dewevr. (1901) 95.

> J. villosa *Lam.* Encycl. méth. Bot. III (1789) 331 et Illustr. genr. Encycl. II, t. 280, fig. 3 ; *Oliv.* Fl. trop. Afr. II, 489.

> 1888 (Fr. Hens). — Bas-Congo (Hens). — II : Boma (Dew.). — V : Léopoldville (Luja). — XIV : Uvira (Deb.).

LUDWIGIA L.

Ludwigia prostrata *Roxb.* Hort. Bengal. (1814) 11 et Fl. Ind. II, 420; *Oliv.* Fl. trop. Afr. II, 490; *De Wild.* et *Th. Dur.* Contr. fl. Cgo, I (1899) 20; Pl. Gilletianae, I (1900) 22 [B. Herb. Boiss. Sér. 2, I, 22] et Pl. Thonnerianae (1900) 32; *De Wild.* Miss. Laurent (1906) 259, (1907) 417 et Étud. fl. Bas- et Moy.-Cgo, II (1907) 61, (1908) 334.

> Isnardia — *O. Kuntze* Rev. Gener. (1891) 250; *Hiern* Cat. Welw. Pl. I, 381.

> 1896 (Fr. Thonner). — IV : Gongolo (Vanderyst). — V : Léopoldville; Kinkosi (Vanderyst); Kisantu (Gill.). — VI : rives du Kwilu (Sap.). — VII : Bolombo (Ém. et M. Laur.). — IX : Bobi (Thonn.). — XII a : entre Bima et Bambili (Ser.). — XV : Batempa (Ém. et M. Laur.).

SAMYDACEAE

CASEARIA Jacq.

Casearia congensis *Gilg* in Engl. Jahrb. XL (1908) 513.

> 1896 (A. Dewèvre). — V : entre Bolobo et Lukolela (Dew. 734).

HOMALIUM Jacq.

Homalium africanum [*Hook. f.*] *Benth.* in Journ. Linn. Soc. IV (1860) 35; *Mast.* in *Oliv.* Fl. trop. Afr. II, 497; *Th. Dur.* et *Schinz* Étud. fl. Cgo (1896) 133; *Gilg* in Engl. Jahrb. XL (1908) 488.

> Blackwellia — *Hook. f.* in *Hook.* Niger Fl. (1849) 361.

> 1862 (H. Johnston). — Congo (Johnst.).

Homalium bullatum *Gilg* in Engl. Jahrb. XL (1908) 492; *De Wild.* Étud. fl. Bas- et Moy.-Cgo, II (1908) 316.

1901 (Éd. Lescrauwaet). — XV : Kondue (Lederm.); Ikoka (Lescr. 342).

Homalium Dewevrei *De Wild.* et *Th. Dur.* Mat. fl. Cgo, V (1899) 9 [B. S. B. B. XXXVIII², 128] et Reliq. Dewevr. (1901) 95; *Gilg* in Engl. Jahrb. XL (1908) 489.

1896 (A. Dewèvre). — IX : Bangala (Dew. 861).

Homalium ealaense *De Wild.* Miss. Laurent (1907) 413 et Étud. Fl. Bas- et Moy.-Cgo, II (1908) 316; *Gilg* in Engl. Jahrb. XL (1908) 490.

1893 (Marc. Laurent). — VIII : forêts des env. d'Eala (M. Laur. 81, 1100, 1132, 2017: Pyn. 464, 911, 1039, 1541, 1581); le long du Ruki. — Noms vern. : **Pongia; Lofandji-Joku** (M. Laur. 139); entre Coquilhatville et Lulanga (Pyn. 775); Basankusu (Brun.).

Homalium Gentilii *De Wild.* Étud. fl. Bas- et Moy.-Cgo, I (1903) 46; II (1907) 196; *Gilg* in Engl. Jahrb. XL (1908) 493.

1902 (L. Gentil). — VI : vallée de la Djuma (Gent.; Gill. 2797).

Homalium Gilletii *De Wild.* Miss. Laurent (1907) 414 et Étud. fl. Bas- et Moy.-Cgo, II (1908) 316; *Gilg* in Engl. Jahrb. XL (1908) 491.

1903 (J. Gillet). — V : env. de Kisantu (Gill. 3396). — VIII : env. d'Eala (M. Laur. 2015).

— — var. **sessile** *De Wild.* l. c. (1907) 415; *Gilg* l. c. (1908) 491.

1906 (L. Pynaert). — VIII : Mondjo (Pyn. 309).

Homalium Laurentii *De Wild.* Miss. Laurent (1907) 412 et Étud. Fl. Bas- et Moy.-Cgo, II (1908) 317; *Gilg* in Engl. Jahrb. XL (1908) 490.

1906 (Marc. Laurent). — VIII : Eala (Pyn. 513). — XI : entre Basoko et Limputu (M. Laur. 956).

Homalium molle *Stapf* in Journ. Linn. Soc. XXXVII (1905) 100; *De Wild.* Étud. fl. Bas- et Moy.-Cgo, II (1908) 317.

1906 (Marc. Laurent). — VIII : Eala (M. Laur. 2016). — XV : rég. de Mukenge (Pg.).

Homalium setulosum *Gilg* in Engl. Jahrb. XL (1908) 497; *De Wild.* Étud. fl. Bas- et Moy.-Cgo, II (1908) 317.

II. Abdessammadii *De Wild.* et *Th. Dur.* [non *Aschers.* et *Schweinf.*] Contr. fl. Cgo, II (1900) 22.

1899 (Éd. Luja). — IX : Luozi (Luja, 428).

Homalium stipulaceum *Welw.* ex *Mast.* in *Oliv.* Fl. trop. Afr. II
(1871) 498; *Hiern* Cat. Welw. Pl. I, 381; *De Wild.* et *Th. Dur.*
Contr. fl. Cgo, II (1900) 22; Pl. Gilletianae, II (1901) 81 [B. Herb.
Boiss. Sér. 2, I, 753]; *De Wild.* Miss. Laurent (1907) 415 et Étud. fl.
Bas- et Moy.-Cgo, II (1908) 317; *Gilg* in Engl. Jahrb. XL (1908) 493.

1895 (A. Dewèvre). — IV : route des Caravanes (Ém. Laur.). — V : entre Dembo
et Kisantu (Gill. 1528); Zanza sur la Luzumu (Gill. 1096). — XV : Batempa (M.
Laur.).

Homalium Wildemannianum *Gilg* in Engl. Jahrb. XL (1908) 497;
De Wild. Étud. fl. Bas- et Moy.-Cgo, II (1908) 317.

H. Abdessammadii *De Wild.* [non *Aschers.* et *Schweinf.*]. Étud. fl. Kat.
(1903) 93.

1899 (Edg. Verdick). — XVI : Lofoi (Verd. 130); Lukafu (Verd. 123). — Nom
vern. : Munkwasa (Verd.).

BYRSANTHUS Guill.

Byrsanthus Brownii *Guill.* in *Deless.* Icon. select. pl. III (1837)
30, t. 52; *Gilg* in Engl. Jahrb. XL (1908) 487.

B. epigynus *Mast.* in *Oliv.* Fl. trop. Afr. II (1871) 499; *Th. Dur.* et *Schinz*
Étud. fl. Cgo (1896) 130; *De Wild.* et *Th. Dur.* Reliq. Dewevr. (1901) 96;
De Wild. Étud. fl. Bas- et Moy.-Cgo, II (1903) 316.

1816 (Chr. Smith). — Bas-Congo (Sm.). — IV : Lukungu (Hens); env. de Gombi-
Lutete (Dem. ; Hens). — V : le Stanley-Pool (Dem.); env. de Léopoldville et de
Bolobo (Pyn); Lukolela (Hens; Pyn. 196); Kimuenza (Gill.). — IX : pays des
Bangala (Dem. 2).

TURNERACEAE

WORMSKIOLDIA Schum. et Thonn.

Wormskioldia lobata *Urban* [Monog. Fam. Turner.] in Jahrb. bot.
Gart. Berlin, II (1883) 52; *Th. Dur.* et *Schinz* Étud. fl. Cgo (1896)
139; *Engl.* Pfl. Ost-Afr. 280; *Hiern* Cat. Welw. Pl. I, 391; *De
Wild.* et *Th. Dur.* Mat. fl. Cgo, II (1898) 71 [B. S. B. B. XXXVII,
116] et Reliq. Dewevr. (1901) 96; *De Wild.* Étud. fl. Bas- et Moy.-
Cgo, I (1901) 169 et Miss. Laurent (1904) 158.

1888 (Fr. Hens). — I : Moanda (Vanderyst). — II : Boma (Dew.). — III : Matadi
(Ém. Laur.). — IV : Lutete (Hens). — V : le Stanley-Pool (Schlt.); Kimuenza
(Gill.); Sauda (Odd.). — XVI : Kapaapa [Tanganika] (Desc.).

Wormskioldia pilosa [*Willd.*] *Schweinf.* ex *Urban* [Monog. Fam. Turner.] in Jahrb. bot. Gart. Berlin, II (1883) 54; *Th. Dur.* et *Schinz* Étud. fl. Cgo (1896) 139.

Raphanus pilosus *Willd.* Sp. pl. III (1801) 562.

W. heterophylla *Schumach.* et *Thonn.* in *DC.* Prodr. I (1824) 240 in syn. et Beskr. Guin. Pl. (1827) 165; *Mast.* in *Oliv.* Fl. trop. Afr. II, 502.

Cleome raphanoides *DC.* l. c. I (1824) 240.

1882 (H. Johnston). — Congo (Johnst.).

PASSIFLORACEAE

PASSIFLORA L.

Passiflora foetida *L.* Sp. pl. ed. 1 (1753) 959; *Mast.* in *Oliv.* Fl. trop. Afr. II, 530 in obs.; *De Wild.* et *Th. Dur.* Reliq. Dewevr. (1901) 94; *De Wild.* Étud. fl. Bas- et Moy.-Cgo, I (1904) 169.

1903 (J. Gillet). — II : Boma (Gill.; Ém. Laur.).

Passiflora quadrangularis *L.* Syst. nat. ed. 10, II (1759) 1248; *Jacq.* Stirp. Amer. hist. t. 218; Bot. Reg. I, t. 14; *Mast.* in *Mart.* Fl. Brasil. XIII¹, 595 et in *Oliv.* Fl. trop. Afr. II, 520 in obs.; *Hiern* Cat. Welw. Pl. I, 386; *De Wild.* et *Th. Dur.* Contr. fl. Cgo, II (1900) 23; *De Wild.* Miss. Laurent (1905) 159.

1897 ? (Ern. Dewèvre). — Congo (Ern. Dew.). — VIII : Équateurville [Wangata] (Ém. Laur.).

PAROPSIA Noronha.

Paropsia Brazzeana *Baill.* in B. S. Linn. Paris, I (1886) 611; *Gilg* in Engl. Jahrb. XL (1908) 472.

1882? (P. Pogge). — XV : rég. de Mukenge (Pg. 951).

Paropsia grewioides *Welw.* ex *Mast.* in *Oliv.* Fl. trop. Afr. II (1871) 505; *Hiern* Cat. Welw. Pl. I, 383; *De Wild.* Étud. fl. Bas- et Moy.-Cgo, II (1908) 315; *Gilg* in Engl. Jahrb. XL (1908) 472.

P. Dewevrei *De Wild.* et *Th. Dur.* Mat. fl. Cgo, VI (1899) 21 [B. S. B. B. XXXVIII¹, 191]; Pl. Gilletianae, I (1900) 22 [B. Herb. Boiss. Sér. 2, I, 22] et Reliq. Dewevr. (1901) 97.

1895 (A. Dewèvre). — V : Kisantu (Gill. 271); Kimuenza (Dew. 497).

— — var. **condensata** [*De Wild.*] *Th.* et *Hél. Dur.*

P. Dewevrei *De Wild.* et *Th. Dur.* var. — *De Wild.* Étud. fl. Bas- et Moy.-Cgo, I (1903) 64.

1901 (R. Butaye). — V : Lemfu (But. in Gill. 2267).

Paropsia reticulata *Engl.* in Engl. Jahrb. XIV (1891) 391 et in *Engl.* et *Prantl* Nat. Pflanzenfam. III, 6a, 26, fig. D-F; *De Wild.* et *Th. Dur.* Contr. fl. Cgo, I (1899) 24 et Pl. Gilletianae, I (1900) 22 [B. Herb. Boiss. Sér. 2, I, 22]; *De Wild.* Étud. fl. Bas- et Moy.-Cgo, I (1903) 64, (1904) 169, (1906) 291; II (1908) 315.

1891 (F. Demeuse). — Bas-Congo (But. in Gill. 3508). — V : env. de Kwamouth (Biel.); env. de Lula-Lumene ? (Hendr. in Gill. 3100): Lisha (Dem.); Sanda (Odd. et de Brouw. in Gill. 3003, 3108): Kisantu (Gill. 70); entre Kisantu et le Kwango; entre Kisantu et Popokabeka (But. in Gill. 2296). — VI : plateau de Kimbali [entre Tumba-Mani et Popokabaka (Cabra-Michel. 76); Madibi (Sap.). — Ind. non cl. : vallée du Lomami (Desc.). — Noms vern. : **Mokasi** [Bangala]. — Au Kwilu et chez les Bangala, les poils de la plante s'appellent **Mpoto** ou **Mputo.**

— — var. **ovatifolia** *Engl.* l. c. XIV (1891) 391; *Th. Dur.* et *Schinz* Étud. fl. Cgo (1896) 140.

1882? (P. Pogge). — XV : loco haud indic. (Pg.).

BARTERIA Hook f.

Barteria Dewevrei *De Wild.* et *Th. Dur.* Contr. fl. Cgo, I (1899) 8 et Reliq. Dewevr. (1901) 97; *De Wild.* Miss. Laurent (1906) 247-249 cum. xylogr. 32 et Étud. fl. Bas- et Moy.-Cgo, II (1908) 316; *Gilg* in Engl. Jahrb. XL (1908) 480.

1896 (A. Dewèvre). — V : Sabuka (Ém. et M. Laur.). — VI : Dima (Ém. et M. Laur.). — VII : Inongo (Ém. et M. Laur.). — IX : Bangala (Hens); Bolombo (Ém. et M. Laur.). — XV : falaises de Batempa; le Sankuru; Kondue; Bena-Dibele; Olombo; Bombaie (Ém. et M. Laur.); Bena-Makima (Lescr. 270).

Barteria fistulosa *Mast.* in *Oliv.* Fl. trop. Afr. II (1871) 511; *De Wild.* Miss. Laurent (1906) 250-258, t. 91, 92, fig. 33-36 et Étud. fl. Bas- et Moy.-Cgo, II (1907) 57, (1908) 316.

1903 (Éd. Lescrauwaet). — Bas-Congo (Odd.). — V : Tumba (Ém. et M. Laur.). — VI : Madibi (Lescr. 109); Dima (Ém. et M. Laur.; Lescr.; Sap.). — VII : Lac Léopold II (Body); Ibali; Inongo (Ém. et M. Laur.). — VIII : Eala (M Laur.; Pyn.); Betutu (Brun.); Botomon (M. Laur.). — IX : Bolombo (Ém. et M. Laur.). — XIII a : Romée (Kohl). — XV : Mange; Lomkala; Olombo (Ém. et M. Laur.). — Ind. non cl. : Bachi-Shombe (Lescr.). — Noms vern. : **Monkukono; MaKonkomo** [Bangala]; **Okakumbu** [Lac Léopold II].

— — var. **macrophylla** *De Wild.* et *Th. Dur.* Reliq. Dewevr. (1901) 98.

1896 (A. Dewèvre). — VIII : Coquilhatville (Dew.).

Barteria nigritana *Hook. f.* in Journ. Linn. Soc. V (1860) 15, t. 2; *Mast.* in *Oliv.* Fl. trop. Afr. II, 510.

Le type habite la région du Niger.

B. nigritana var. **uniflora** *De Wild.* et *Th. Dur.* Contr. fl. Cgo, II (1900) 24 et Pl. Gilletianae, I (1900) 22 [B. Herb. Boiss. Sér. 2, I, 22]; *De Wild.* Étud. fl. Bas- et Moy.-Cgo, I (1904) 160.

1899 (Alph. Cabra). — Bas-Congo (But.). — V : Kisantu (Gill.). — Ind. non cl. : forêt de Talavanje (Cabra).

ADENIA Forsk.

Adenia lobata [*Jacq.*] *Engl.* in Engl. Jahrb. XIV (1891) 375; *Hiern* Cat. Welw. Pl. I, 384; *De Wild.* Miss. Laurent (1906) 243, t. 59, 60, fig. 31 et Étud. fl. Bas- et Moy.-Cgo, I (1906) 204.

Modecca — *Jacq.* Fragm. bot. (1809) 12, t. 131: *Mast.* in *Oliv.* Fl. trop. Afr. II, 516; *De Wild.* Miss. Laurent (1905) 158.

1889 (J. Gillet). — V : Sabuka (Ém. et M. Laur.); Kisantu (Gill.); Tshumbiri (Ém. et M. Laur.). — VI : Dima (Ém. et M. Laur.). — VIII : Lulanga (Ém. et M. Laur.). — XV : Pangu (Ém. et M. Laur.).

— — var. **elegans** *Hiern* Cat. Welw. Pl. I (1898) 394.

Modecca lobata *Jacq.* var. — *Mast.* in *O'iv.* Fl. trop. Afr. II (1871) 517; *De Wild.* et *Th. Dur.* Pl. Gilletianae, I (1900) 22 [B. Herb. Boiss. Sér. 2, I, 22] et Reliq. Dewevr. (1901) 98.

1895 (A. Dewèvre). — II a : Kemba (Dew.). — V : Kisantu (Gill.).

Adenia panduriformis *Engl.* in Engl. Jahrb. XIV (1891) 376; *Th. Dur.* et *Schinz* Étud. fl. Cgo (1896) 139.

1870 (G. Schweinfurth). — XII d : Munza (Schw.).

Adenia Schweinfurthii *Engl.* in Engl. Jahrb. XIV (1891) 377; *Th. Dur.* et *Schinz* Étud. fl. Cgo (1896) 140.

1870 (G. Schweinfurth). — XII d : pays des Mangbettu (Schw.).

Adenia venenata *Forsk.* Fl. Aegypt.-Arab. (1775) 77; *Engl.* in Engl. Jahrb. XIX (1891) 379; *De Wild.* et *Th. Dur.* Contr. fl. Cgo, II (1900) 23.

Modecca abyssinica *Hochst.* in *Schimp.* Pl. Abyss. Sect. 3, n. 1572 et in A. *Rich.* Tent. fl. Abyss. I (1847) 297.

1896 (Ém. Laurent). — IX : Upoto (Ém. Laur.).

OPHIOCAULON Hook. f.

Ophiocaulon apiculatum *De Wild.* et *Th. Dur.* Mat. fl. Cgo, IV (1899) 8 [B. S. B. B. XXXVIII², 86]; Pl. Gilletianae, I (1900) 23 [B. Herb. Boiss. Sér. 2, I, 23] et Reliq. Dewevr. (1901) 99; *De Wild.* Miss. Laurent (1906) 258.

1896 (A. Dewèvre). — V : Kisantu (Gill.). — VII : Ibali (Ém. Laur.). — VIII : Équateurville [Wangata] (Dew.).

Ophiocaulon cissampeloides [*Planch.*] *Mast.* in *Oliv.* Fl. trop. Afr. II (1871) 518; *Th. Dur.* et *Schinz* Étud. fl. Cgo (1896) 140; *Hiern* Cat. Welw. Pl. I, 385; *De Wild.* Miss. Laurent (1906) 258.

Modecca — *Planch.* in *Hook.* Niger Fl. (1849) 365.

1883 (P. Pogge). — II a : Gandayanga (Cabra). — VII : Kutu (Ém. et M. Laur.). — VIII : Coquilhatville (Schlt.); Kisantu (Gill.).— XV : Mukenge (Pg.).

Ophiocaulon Dewevrei *De Wild.* et *Th. Dur.* Mat. fl. Cgo, IV (1899) 8 [B. S. B. B. XXXVIII², 85] et Reliq. Dewevr. (1901) 99; *De Wild.* Étud. fl. Bas- et Moy.-Cgo, I (1906) 294.

1895 (A. Dewèvre). — V : env. de Bolobo (Dew.); env. de Sanda (Odd.).

Ophiocaulon lanceolatum *Engl.* in Engl. Jahrb. XIV (1891) 386; *Th. Dur.* et *Schinz* Étud. fl. Cgo (1896) 140.

1882 (P. Pogge). — XV : Mukenge (Pg.).

Ophiocaulon Poggei *Engl.* in Engl. Jahrb. XIV (1891) 386; *Th. Dur.* et *Schinz* Étud. fl. Cgo (1896) 140.

1883 (P. Pogge). — XV : Mukenge (Pg.).

Ophiocaulon reticulatum *De Wild.* et *Th. Dur.* Mat. fl. Cgo, IV (1899) 9 [B. S. B. B. XXXVIII², 86] et Reliq. Dewevr. (1901) 100; *De Wild.* Miss. Laurent (1905) 158.

1896 (A. Dewèvre). — IV : Gombi (Dew.). — VIII : Coquilhatville (Dew.); Lac Tumba (Ém. et M. Laur.). — XV : Lusambo (Ém. et M. Laur.).

CARICA L.

Carica Papaya *L.* Sp. pl. ed. 1 (1753) 1036; *Lindl.* in Bot. Reg VI, t. 459; *Hook.* in Bot. Mag. (1829) t. 2898-2899; *Ficalho* Pl. Uteis, 185; *Hiern* Cat. Welw. Pl. I, 386; *De Wild.* et *Th. Dur.* Contr. fl. Cgo, II (1900) 23; *De Wild.* Not. pl. util. ou intér. du Cgo, I (1904) 229-250.

Papaya vulgaris *DC.* in *Lam.* Encycl. méth. Bot. V (1804) 2; *A. DC.* in *DC.* Prodr. XV¹, 414.

1893 (Ém. Laurent). — Très répandu, à l'état cultivé, dans tout le Congo (Ém. Laur.; Éd. Luja; Fr. Thonn.). — V : Kisantu (Gill.). — XI : Yambuli (Ém. Laur.).

CUCURBITACEAE

TELFAÏREA Hook.

Telfairea pedata [*Sm.*] *Hook.* in Bot. Mag. (1827) t. 2751-2752; *Hook. f.* in *Oliv.* Fl. trop. Afr. II, 523; *Cogn.* in *DC.* Monog. Phan.

14

III, 350; *Muell.* et *Pax* in *Engl.* Pfl. Ost-Afr. B, 231; C, 397;
Hiern Cat. Welw. Pl. I, 387; *Heck.* in Rev. cult. colon. (1903) 107;
De Wild. Not. pl. util. ou intér. du Cgo, II (1906) 153-158, fig. 9
et Étud. fl. Bas- et Moy.-Cgo, II (1907) 83, t. 35.

Feuillaea pedata *Sm.* ex *Sims* in Bot. Mag. (1826) t. 2681.

1904 (Ed. Luja). — XV : rég. du Kasai (Luja).

TROCHOMERIA Hook. f.

Trochomeria macrocarpa *Hook. f.* in *Oliv.* Fl. trop. Afr. II (1871)
524; *Cogn.* in *DC.* Monog. Phan. III, 398; *Hiern* Cat. Welw. Pl.
I, 388.

Le type croît dans l'Afrique australe.

— — var. **Welwitschii** *Cogn.* in *DC.* Monog. Phan. III (1881)
399; *Hiern* Cat. Welw. Pl. I, 388; *De Wild.* Étud. fl. Kat. (1903)
161.

1899 (Edg. Verdick). — XVI : Lukafu (Verd. 153).

ADENOPUS Benth.

Adenopus breviflorus *Benth.* in. *Hook.* Niger Fl. (1849) 372;
Hook. f. in *Oliv.* Fl. trop. Afr. II, 528 (excl. syn. *Lagen. masca-
rena*); *Cogn.* in *DC.* Monog. Phan. III, 412; *Th. Dur.* et *Schinz*
Étud. fl. Cgo (1896) 141; *Hiern* Cat. Welw. Pl. I, 389; *De Wild.*
et *Th. Dur.* Contr. fl. Cgo II (1900) 24 et Reliq. Dewevr. (1901) 101.

Lagenaria angolensis *Naud.* n Annal. sci. nat. Sér. 5, V (1866) 10.

1882 (H. Johnston). — Congo (Johnst.). — II : Boma (Dew.). — V : le Stanley-
Pool (Dem.).

PEPONIA Naud.

Peponia bracteata *Cogn.* in Bolet. Soc. Brot. X (1893) 119; *De
Wild.* Étud. fl. Bas- et Moy.-Cgo, I (1906) 324.

1904 (Éd. Lescrauwaet). — VI : env. de Dima [rive gauche du Kasai] (Lescr.).

— — var. **hirsuta** *Cogn.* ex *De Wild.* et *Th. Dur.* Contr. fl.
Cgo, I (1899) 26; *De Wild.* Étud. fl. Bas- et Moy.-Cgo, I (1904) 210;
II (1907) 205 et Miss. Laurent (1905) 188.

1896 (P. Dupuis). — II a : Bingila (Dup.); Benza-Masola (Ém. Laur.). — V :
Léopoldville (Pyn.); entre Léopoldville et Mombasi (Gill.).

COGNIAUXIA Baill.

Cogniauxia cordifolia *Cogn.* in Bull. Acad. Belg. Sér. 3, XIV (1887) 350; *Th. Dur.* et *Schinz* Étud. fl. Cgo (1896) 141; *De Wild.* et *Th. Dur.* Contr. fl. Cgo, II (1900) 24; *De Wild.* Étud. fl. Bas- et Moy.-Cgo, I (1906) 304; II (1907) 205.

1885 (R. Buettner). — Congo (Cabra). — V : Kisantu; Dembo (Gill.). — VI : Madibi (Lescr.); Muene-Putu-Kasongo (Buett.). — IX : Monzambi (Brun. in M. Laur. 1497).

Cogniauxia podolaena *Baill.* in B. S. Linn. Paris, I (1884) 424; *Cogn.* in Bull. Acad. Belg. Sér. 3, XVI (1888) 236; *Th. Dur.* et *Schinz* Étud. fl. Cgo (1896) 141; *De Wild.* et *Th. Dur.* Contr. fl. Cgo, II (1900) 24; Ill. fl. Cgo (1898) 11, t. 6 et Pl. Gilletianae, I (1900) 23 [B. Herb. Boiss. Sér. 2, I, 23]; *De Wild.* Miss. Laurent (1905) 187 et Étud. fl. Bas- et Moy.-Cgo, I (1906) 324; (1907) 82, 204.

Luffa ? Batesii *C. H. Wright* in *Hook.* Icon. pl. XXV (1896) t. 2490 et in Kew Bull. (1896) 161 [fide cl. Cogniaux].

1888 (Fr. Hens). — Bas-Congo (Cabra). — II a : forêts du Mayumbe (Ém. Laur.); Haut-Shiloango (Cabra-Michel); route de Poiti à Tshoa (Dew.). — V : le Stanley-Pool (Hens); Kisantu. — Nom vern. : **Kasikamba** (Gill.). — VI : rég. de Luanu (Lescr.); env. de Tumba-Mani (Cabra-Michel). — XV : Lusambo (Ém. Laur.). — Noms vern. : **Moijaenka** [Bangala] ; **Mamonpete** [Kwilu]; **Bagayenga** [Monzambi].

Cogniauxia trilobata *Cogn.* in *Th. Dur.* et *Schinz* Étud. fl. Cgo (1896) 141; *De Wild.* et *Th. Dur.* Contr. fl. Cgo, I (1899) 24 et Ill. fl. Cgo (1898) 9, t. 5; *De Wild.* Miss. Laurent (1905) 187 et Étud. fl. Bas- et Moy.-Cgo, I (1906) 324 ; II (1907) 205.

1888 (Fr. Hens). — VII : Isaka (Ém. Laur.). — VIII : Coquilhatville (Pyn. 275); env. d'Eala (M. Laur. 1492, 1494). — IX : pays des Bangala (Hens). — XIII a : les Stanley-Falls (Dem.). — XV : Lubue (Luja). — Ind. non cl. : le Lomami (Desc.).

Obs. — Cette espèce paraît C. dans le bassin du Congo (Ém. Laur.).

LAGENARIA Ser.

Lagenaria vulgaris *Ser.* in Mém. Soc. Genève, III¹ (1825) 25, t. 2 et in *DC.* Prodr. III, 299 ; *Descourtilz* Fl. des Antilles, V, 85, t. 325 ; *Hook. f.* in *Oliv.* Fl. trop. Afr. II, 529; *Cogn.* in *DC.* Monog. Phan. III, 417; *Muell.* et *Pax* in *Engl.* Pfl. Ost-Afr. 398; *Th. Dur.* et *Schinz* Étud. fl. Cgo (1896) 144; *Hiern* Cat. Welw. Pl. I, 391; *De Wild.* et *Th. Dur.* Reliq. Dewevr. (1901) 101; *De Wild.* Étud. fl. Bas- et Moy.-Cgo, II (1907) 83.

Cucurbita Lagenaria *L.* Sp. pl. ed. 1 (1753) 1010   *Vell.* Fl. Flumin. X, t. 98.

1893 (P. Dupuis). — II a : Bingila (Dup.). — V : Kwamouth (M. Laur.) — XII : l'Uele (Ser.). — XIII d : env. de Kabanga et de Nyangwe (Dew.). — XV : Mukundji; Bolongula (Ém. et M. Laur.).

MOMORDICA L. (1)

Momordica Charantia *L.* Sp. pl. ed. 1 (1753) 1009; Bot. Mag. (1824) t. 2455; *Ser.* in *DC.* Prodr. III, 311; *Wright* Icon. pl. Ind. or. II, t. 504 et Illustr. Ind. Bot. I, t. 105ᵇⁱˢ; *Hook. f.* in *Oliv.* Fl. trop. Afr. II, 537; *Clarke* in *Hook. f.* Fl. Brit. Ind. II, 616; *Cogn.* in *DC.* Monog. Phan. III, 436.

Le type, répandu sous les tropiques, n'a pas encore été trouvé au Congo belge.

— — var. **abbreviata** *Ser.* in *DC.* l. c. III (1828) 311; *Cogn.* l. c. III, 437; *Th. Dur.* et *Schinz* Étud. fl. Cgo (1896) 143; *Th. Dur.* et *De Wild.* Mat. fl. Cgo, II (1898) 71 [B. S. B. B. XXXVII', 116] et Pl. Thonnerianae (1900) 48; *Hiern* Cat. Welw. Pl. I, 393; *De Wild.* Étud. fl. Bas- et Moy.-Cgo, II (1907) 204.

M. anthelmintica *Schumach.* et *Thonn.* Beskr. Guin. Pl. (1827) 423.

1816 (Chr. Smith). — Bas-Congo (Sm.). — II : Zambi. — Nom vern. : **Matudulu** (Dew.); Sisia (Dup.). — II a : Bingila (Dup.). — IV : Kitubola (Dew.). — V : le Stanley-Pool (Hens); Kisantu (Gill.). — IX : Bobi (Thonn.); Upoto (Wilw.); Monzambi (Brun.). — XII c : env. d'Arebi (Ser.). — XV : Mange (Ém. et M. Laur.).

Momordica cissoïdes *Planch.* ex *Benth.* in *Hook.* Niger Fl. (1849) 370; *Walp.* Annal. bot. II, 645; *Hook. f.* in *Oliv.* Fl. trop. Afr. II, 535; *Cogn.* in *DC.* Monog. Phan. III, 430; *Muell.* et *Pax* in *Engl.* Pfl. Ost-Afr. 397; *Th. Dur.* et *Schinz* Étud. fl. Cgo (1891) 43; *Hiern* Cat. Welw. Pl. I, 393; *De Wild.* et *Th. Dur.* Reliq. Dewevr. (1901) 102; *De Wild.* Miss. Laurent (1905) 186, (1907) 449.

M. guttata *Planch.* ex *Benth.* l. c. (1849) 371.
M. maculata *Planch.* l. c.

1870 (G. Schweinfurth). — II a : Shinganga (Dew.). — V : Chenal (Ém. et M. Laur.); Bolobo (Buett.); Kisantu (Gill.). — VIII : Lulauga (Ém. Laur.). — X : Bamoka (Ém. Laur.). — XII d : pays des Mangbettu (Schw.).

Momordica Cogniauxiana *De Wild.* Étud. fl. Kat. (1903) 160.

1900 (Edg. Verdick). — XVI : Lukafu (Verd.).

Momordica foetida *Schumach.* et *Thonn.* Beskr. Guin. Pl. (1827) 426; *Cogn.* in *DC.* Monog. Phan. III, 451; *Muell.* et *Pax* in *Engl.* Pfl. Ost-Afr. 397; *De Wild.* et *Th. Dur.* Reliq. Dewevr. (1901) 102; *De Wild.* Miss. Laurent (1905) 186.

M. Morkorra *A. Rich.* Tent. fl. Abyss. I (1847) 292, t. 53; *Hook. f.* in *Oliv.* Fl. trop. Afr. II, 539.

---

(1) Le **M. pterocarpa** Hochst. a été trouvé dans la région des Niamniam, par Schweinfurth, mais en dehors des limites du Congo [Conf. *Th. Dur.* et *Schinz* Étud. fl. Cgo (1896) 144].

1896 (A. Dewèvre) — Congo (Dew. 1125). — VIII : Eala (M. Laur.). — XIII a : Stanleyville (Ém. et M. Laur.). — XV : Mange (Ém. et M. Laur.); Tielen-St-Jacques (Lescr.); Ifuta (Ém. et M. Laur.).

Momordica Gabonii *Cogn.* in *DC.* Monog. Phan. III (1881) 450; *De Wild.* et *Th. Dur.* Contr. fl. Cgo, II (1900) 25 et Reliq. Dewevr. (1901) 102; *De Wild.* Étud. fl. Bas- et Moy.-Cgo, II (1907) 204.

1891 (F. Demeuse). — Congo (Dew.). — VIII : Eala (M. Laur.). — IX : Ile de Yambinga (Dem.).

Momordica gracilis *Cogn.* in *De Wild.* et *Th. Dur.* Contr. fl. Cgo, I (1899) 25.

1895 (P. Dupuis). — II a : Bingila (Dup.).

LUFFA L.

Luffa cylindrica [*L.*] *Roem.* Synops. monogr. fasc. II (1846) 63; *Cogn.* in *DC.* Monog. Phan. III. 456; *Muell.* et *Pax* in *Engl.* Pfl. Ost-Afr. 390; *Th. Dur.* et *Schinz* Étud. fl. Cgo (1896) 144; *De Wild.* Not. pl. util. ou intér. du Cgo, II (1906) 130, fig. 8.

Momordica — *L.* Sp. pl. ed. 1 (1753) 1009.
L. aegyptiaca *Mill.* Gard. Dict. ed. 8 (1768) n. 1; *Hook. f.* in *Oliv* Fl. trop. Afr. II, 530; *Hiern* Cat. Welw. Pl. I, 394.
L. pentandra *Roxb.* Hort. Beng. (1814) 70; *Wight* Icon. pl. Ind. or. II, t. 499 et Illustr. Ind. Bot. I, t. 105 b.

1888 (Fr. Hens). — II : Boma (Welw.). — II a : Kibinga (Dup.); la Lemba (Dew.). — IV : Lutete (Hens). — V : cult. aux env. de Bolobo (Dew.); Kisantu (Gill.). — IX : Ukaturaka (Ém. Laur.). - XII c : Amadis. — Nom vern. : **Mdungu** (Ser.). — XV : Lac Foa (Lescr.). — Ind. non cl. : Kapilumba (Lescr.).

SPHAEROSICYOS Hook. f.

Sphaerosicyos sphaericus [*E. Mey.*] *Cogn.* in *DC.* Monog. Phan. III (1881) 466; *Muell.* et *Pax* in *Engl.* Pfl. Ost-Afr. 398; *Th. Dur.* et *De Wild.* Mat. fl. Cgo, II (1898) 71 [B. S. B. B. XXXVII, 116].

Lagenaria — *E. Mey.* in *Drège* Zwei Pfl. Docum. (1843) 197.
S. Meyeri *Hook. f.* in *Oliv.* Fl. trop. Afr. II (1871) 532.

1896 (Edg. Verdick). — XVI : env. du lac Moero (Verd.). — Ind. non cl. : Mwana-Bwene. — Nom vern. : **Kafanda** (Dew.). — Nom vern. : **Otutu** [Busira] (Dew.).

CUCUMIS L.

Cucumis hirsutus *Sond.* in *Harv.* et *Sond.* Fl. Capens. II (1862) 497; *Cogn.* in *DC.* Monog. Phan. III, 489; *Th. Dur.* et *Schinz* Étud. fl. Cgo (1896) 145.

1895 (Gust. Debeerst). — XVI : Beaudoinville (Deb.).

Cucumis metuliferus *E. Mey.* ex *Schrad.* in Linnaea, XII (1838) 406; *Hook. f.* in *Oliv.* Fl. trop. Afr. II, 543; *Cogn.* in *DC.* Monog. Phan. III, 499; *De Wild.* et *Th. Dur.* Contr. fl. Cgo, I (1899) 26; *Hiern* Cat. Welw. Pl. I, 397.

1893 (P. Dupuis). — II : Zambi (Dew.). — II a : Kibinga (Dup.).

CITRULLUS Neck.

Citrullus vulgaris *Schrad.* ex *Eckl.* et *Zeyh.* Enum. pl. Afr. austr. (1836) 279; *Hook. f.* in *Oliv.* Fl. trop. Afr. II, 549; *Cogn.* in *DC.* Monog. Phan. III, 508; *Ficalho* Pl. Uteis (1884) 190. *De Wild.* et *Th. Dur.* Reliq. Dewevr. (1901) 103; *De Wild.* Miss. Laurent (1905) 187.

Colocynthis amarissima *Schrad.* Ind. sem. Hort. Gotting. (1833) 2; *Hiern* Cat. Welw. Pl. I, 397.

1895 (A. Dewèvre). — Plante cultivée. — I : Banana (Dew.). — III : Matadi (Ém. Laur.). — V : Kisantu (Gill.). — XV : Lusambo (Ém. Laur.).

DIMORPHOCHLAMYS Hook. f.

Dimorphochlamys Cabraei *Cogn.* in *De Wild.* et *Th. Dur.* Contr. Contr. fl. Cgo, I (1899) 24 et Ill. fl. Cgo (1900) 131, t. 66.

1897 (Alph. Cabra). — II a : entre Sombo et Ganda-Janga (Cabra).

Dimorphochlamys Crepiniana *Cogn.* in *De Wild.* et *Th. Dur.* Contr. fl. Cgo, I (1899) 25.

1897 (Alph. Cabra). — II a : Sombo (Cabra).

Dimorphochlamys Mannii *Hook. f.* in *Benth.* et *Hook. f.* Gen. pl. I (1867) 827, in *Oliv.* Fl. trop. Afr. III, 515 et in *Hook.* Icon. pl. XIV (1880) t. 1322; *Cogn.* in *DC.* Monog. Phan. III, 515; *De Wild.* Étud. fl. Bas- et Moy.-Cgo, II (1907) 82.

1905 (Marc. Laurent). — VIII : Eala (M. Laur.).

CUCUMEROPSIS Naud.

Cucumeropsis edulis [*Hook. f.*] *Cogn.* in *DC.* Monog. Phan. III (1886) 518; *Th. Dur.* et *Schinz* Étud. fl. Cgo (1896) 145; *Ficalho* Pl. Uteis (1884) 188; *Hiern* Cat. Welw. Pl. I, 399. *De Wild.* et *Th. Dur.* Contr. fl. Cgo, I (1899) 26 et Pl. Gilletianae, I (1900) 23 [B. Herb. Boiss. Sér. 2, I, 23].

Cladosicyos — *Hook. f.* in *Oliv.* Fl. trop. Afr. II (1871) 518.

1870 (G. Schweinfurth). — II a : Kibinga (Dup.). — V : Kisantu (Gill.). — XII d : pays des Mangbettu (Schw.).

PHYSEDRA Hook. f.

Physedra Barteri [*Hook. f.*] *Cogn.* in *DC.* Monog. Phan. III (1881) 525; *Th. Dur.* et *Schinz* Étud. fl. Cgo (1896) 145; *De Wild.* et *Th. Dur.* Pl. Gilletianae, I (1900) 23 [B. Herb. Boiss. Sér. 2, I, 23]; *De Wild.* Miss. Laurent (1905) 168 et Étud. fl. Bas- et Moy.-Cgo, II (1907) 205.

> Staphylosyce — *Hook. f.* in *Benth.* et *Hook. f.* Gen. pl. I (1867) 828 et in *Oliv.* Fl. trop. Afr. II, 555.

> 1870 (G. Schweinfurth). — V : Lukolela (Pyn. 187); Kisantu (Gill. 517). — VIII : Ikenge (Ém. et M. Laur.). — IX : Umangi (Krek:). — XII d : pays des Mangbettu (Schw.). — XV : Bombaie (Ém. et M. Laur.).

Physedra heterophylla *Hook. f.* in *Oliv.* Fl. trop. Afr. II (1871) 553; *Cogn.* in *DC.* Monog. Phan. III, 524; *Hiern* Cat. Welw. Pl. I, 399; *De Wild.* et *Th. Dur.* Reliq. Dewevr. (1901) 103.

> 1896 (A. Dewèvre). — XIII d : env. de Kabanga (Dew.). — Noms vern. : **Motalaci** [Kasongo]; **Mombina** [Ikwangula]; **Mioba** [Tanganika] (Dew.).

RAPHIDIOCYSTIS Hook. f.

Raphidiocystis Welwitschii *Hook. f.* in *Benth.* et *Hook. f.* Gen. pl. I (1867) 828 et in *Oliv.* Fl. trop. Afr. II, 554; *Cogn.* in *DC.* Monog. P8an. III, 527; *De Wild.* et *Th. Dur.* Pl. Gilletianae, I (1900) 23 [B. Herb. Boiss. Sér. 2, I, 23]; *Hiern* Cat. Welw. Pl. I, 400.

> 1900 (J. Gillet). — V : Kisantu (Gill. 495).

CUCURBITA L.

Cucurbita maxima *Duchesne* in *Lam.* Encycl. méth. Bot. II (1786) 151; *Ficalho* Pl. Uteis (1884) 191; *Hook. f.* in *Oliv.* Fl. trop. Afr. II, 555; *Cogn.* in *DC.* Monog. Phan. III, 544; *Th. Dur.* et *De Wild.* Mat. fl. Cgo, II (1898) 72 [B. S. B. B. XXXVII, 117] et Reliq. Dewevr. (1901) 103; *De Wild.* Étud. fl. Bas- et Moy.-Cgo (1906) 324; *Hiern* Cat. Welw. Pl. I, 401.

> 1896 (A. Dewèvre). — VIII : Eala (M. Laur.). — XI : Haut-Aruwimi. — Nom vern. : **Euzambi** (Coll. ?); Basoko. — Nom vern. : **Eloko** (Coll. ?). — Ind. non cl. : Bena-Lecoula [Bena-Lunkula?, XV]. — Nom vern. : **Limoke** [Tanganika].

Cucurbita moschata *Duchesne* ex *Poir.* Dict. sci. nat. XI (1818) 334; *Hook. f.* in *Oliv.* Fl. trop. Afr. II, 556; *Cogn.* in *DC.* Monog. Phan. III, 546; *Th. Dur.* et *De Wild.* Mat. fl. Cgo, II (1898) 72 [B. S. B. B. XXXVII, 117]; *Hiern* Cat. Welw. Pl. I, 401.

> 1895 (P. Dupuis). — Bas-Congo (Cabra). — II a : Bingila (Dup.).

Cucurbita Pepo *L.* Sp. pl. ed. 1 (1753) 1010; *Hook. f.* in *Oliv.* Fl. trop. Afr. II, 556; *Cogn.* in *DC.* Monog. Phan. III, 545; *Th. Dur.* et *De Wild.* Mat. fl. Cgo, II (1898) 72 [B. S. B. B. XXXVII, 117]; *Hiern* Cat. Welw. Pl. I, 401; *De Wild.* et *Th. Dur.* Reliq. De-wevr. (1901) 103; *De Wild.* Étud. fl. Bas- et Moy.-Cgo, II (1907) 205.

1896 (A. Dewèvre). — VIII : Efukwa-Kombe (Brun.). — IX : en aval de Mobeka (Ém. Laur.). — XI : Moe [au N. de Bolobo] (Dew.).

MELOTHRIA L.

Melothria capillacea [*Schumach.* et *Thonn.*] *Cogn.* in *DC.* Monog. Phan. III (1881) 600; *Th. Dur.* et *Schinz* Étud. fl. Cgo (1896) 146.

Bryonia — *Schumach.* et *Thonn.* Beskr. Guin. Pl. (1827) 430; *Walp.* Repert. bot. II, 198; *Roem.* Synops. monogr. II, 36.
M. triangularis *Benth.* in *Hook.* Niger Fl. (1849) 367; *Hook. f.* in *Oliv.* Fl. trop. Afr. II, 562.

1816 (Chr. Smith). — Bas-Congo (Sm.).

Melothria deltoidea [*Schumach.* et *Thonn.*] *Benth.* in *Hook.* Niger Fl. (1849) 368; *Hook. f.* in *Oliv.* Fl. trop. Afr. II, 563; *Cogn.* in *DC.* Monog. Phan. III, 594; *Th. Dur.* et *Schinz* Étud. fl. Cgo (1896) 146.

Bryonia — *Schumach.* et *Thonn.* Beskr. Guin. Pl. (1827) 420.

1816 (Chr. Smith). — Bas-Congo (Sm.). — V : Kisantu (Gill.). — VIII : Eala (M. Laur.).

Melothria maderaspatana [*L.*] *Cogn.* in *DC.* Monog. Phan. III (1881) 623 ; *Muell.* et *Pax* in *Engl.* Pfl. Ost-Afr. 396; *Th. Dur.* et *Schinz* Étud. fl. Cgo (1896) 146; *Hiern* Cat. Welw. Pl. I, 403; *De Wild.* et *Th. Dur.* Reliq. Dewevr. (1901) 103.

Cucumis — *L.* Sp. pl. ed. 1 (1753) 1012.
Bryonia scabrella *L. f.* Suppl. pl. (1781) 424; *Wight* Icon. pl. Ind. or. II, t. 501.
Mukia — *Arn.* in Hook. Jour. of Bot. III (1851) 276; *Wight* Illustr. Ind. Bot. II, t. 105; *Harv.* et *Sond.* Fl. Capens. II, 489; *Hook. f.* in *Oliv.* Fl. trop. Afr. II, 561.

1816 (Chr. Smith). — Bas-Congo (Sm.). — II : Boma (Dew.). — II a : Bingila (Dup.). — IV : Lutete (Hens); Kitobola (Ém. Laur.; Pyn.). — V : env. de Léopold-ville (Gill.); Kwamouth et env. (Biel.); Kisantu (Gill.). — VII : Kutu (Ém. et M. Laur.). — XIII d : env. de Kabanga (Dew.). — XV : Mukundji (Ém. Laur.).

Melothria tridactyla *Hook. f.* in *Oliv.* Fl. trop. Afr. II (1871) 562; *Cogn.* in *DC.* Monog. Phan. III, 596; *Muell.* et *Pax* in *Engl.* Pfl. Ost-Afr. 396; *Th. Dur.* et *Schinz* Étud. fl. Cgo (1896) 147; *Hiern* Cat. Welw. Pl. I, 402.

M. Thwaitesii *Schweinf.* Reliq. Kotschyanae (1868) 44, t. 29 (excl. syn. et descr. fruct.).

1862 (R. Burton). — Congo (Burt.). — Bas-Congo (Cabra). — II a : Bingila (Dup.); route de La Lemba à Poiti (Dew.). — V : Kisantu (Gill.). — IX : pays des Bangala (Hens). — XII d : pays des Mangbettu (Schw.). — XV : banc de sable du Sankuru (Em. Laur.).

CAYAPONIA Manso.

Cayaponia latebrosa [*Ait.*] *Cogn.* in *DC.* Monog. Phan. III (1881) 776; *De Wild.* et *Th. Dur.* Pl. Gilletianae, I (1900) 24 [B. Herb. Boiss. Sér. 2, I, 24].

Bryonia — *Ait.* Hoct. Kewensis, III (1789) 384.
Trianosperma africana *Hook. f.* in *Oliv.* Fl. trop. Afr. II (1871) 568.

1900 (J. Gillet). — V : Kisantu (Gill.).

SICYOS L.

Sicyos australis *Endl.* Prodr. fl. Norfolk (1833) 67; *Cogn.* in *DC.* Monog. Phan. III, 875; *Hiern* Cat. Welw. Pl. I, 405; *De Wild.* Étud. fl. Kat. (1903) 101.

S. Schimperi *Naud.* in *Schweinf.* Beitr. Fl. Aethiop. App. (1867) 268.
S. angulatus *Hook. f.* in *Oliv.* Fl. trop. Afr. II (1871) 568.

1900 (Edg. Verdick). — XVI : env. de Lukafu (Verd.).

BEGONIACEAE

BEGONIA L.

Begonia Bruneelii *De Wild.* Étud. fl. Bas- et Moy.-Cgo, II (1908) 318, t. 78, fig. 1.

1906 (Albéric Bruneel). — VII : village Loka [rive gauche de la Bolombo] (Brun.).

Begonia duruensis *De Wild.* Étud. fl. Bas- et Moy.-Cgo, II (1908) 318.

1906 (F. Seret). — XII c : territ. de Mugdangba [Duru] (Ser. 544) ; territ. d'Arebi; env. de Nala ; territ. de Sabona (Ser.).

Begonia elaeagnifolia *Hook. f.* in *Oliv.* Fl. trop. Afr. II (1871) 579; *De Wild.* et *Th. Dur.* Contr. fl. Cgo, II (1900) 25.

1897 (Alph. Cabra). — Bas-Congo (Cabra).

Begonia Gentilii *De Wild.* Étud. fl. Bas- et Moy.-Cgo, I (1906) 294.

1902 (L. Gentil). — XV : route de Luluabourg; Kanda-Kanda (Gent.).

Begonia gracilipetiolata *De Wild.* Étud. fl. Bas- et Moy.-Cgo, II (1908) 319.

1905 (Marc. Laurent). — VIII : Injolo (M. Laur. 1702).

Begonia Haullevilleana *De Wild.* Étud. fl. Bas- et Moy.-Cgo, II (1908) 320.

1907 (F. Seret). — XII a et c : route entre Zobia et Buta (Ser. 866).

Begonia injoloensis *De Wild.* Étud. fl. Bas- et Moy.-Cgo, II (1908) 347.

1905 (Marc. Laurent). — VIII : Injolo (M. Laur. 1091, 1703). — [cultivé à Eala (Pyn. 428)].

Begonia Poggei *Warb.* in Engl. Jahrb. XXII (1895) 170; *De Wild.* Miss. Laurent (1906) 258, t. 82 et Étud. fl. Bas- et Moy.-Cgo, II (1908) 320.

1883 (P. Pogge). — II a : route de Kabuluku à Tshikongo (Lescr.). — VII : Zoka [Bolombo] (Brun.). — VIII : Bombimba (M. Laur. 1224); [cult. à Eala (M. Laur.; Pyn. 429, 473)]; Bala-Luudzi (Pyn.): marais d'Ipeco (Huyghe et Ledoux). — IX a : Gongo (Ser. 294). — XI : env. de Yambuya (Solh.). — XII c : Nala et env. (Van Ryss.; Ser. 802); Poka-Zobia (Ser. 118); Gombari (Ser.); Rungu (Ser. 619). — XIII c : chutes de la Tshopo (Ém. et M. Laur.). — XV : Mukenge (Pg.). — Ind. non cl. : entre Irumu et Beni (Cabra, 8).

— — var. **albiflora** *Th.* et *Hél. Dur.*

B. Poggei *Warb.* var. flore albo; *C. DC.* ex *De Wild.* et *Th. Dur.* Reliq. De-wevr. (1901) 104.

1896 (A. Dewèvre). — XIII : forêts près de Mutumbe (Dew.).

Begonia quadrialata *Warb.* in Engl. Jahrb. XXII (1895) 43; *De Wild.* et *Th. Dur.* Contr. fl. Cgo, II (1900) 25; *De Wild.* Étud. fl. Bas- et Moy.-Cgo, II (1908) 321.

1897 (Alph. Cabra). — II a : entre Shindambo et la Lemba (Cabra). — XI : Mogandjo (M. Laur. 1704). — XII c : entre Gombari et Rungu (Ser. 498).

Begonia romeensis *De Wild.* Étud. fl. Bas- et Moy.-Cgo, II (1908) 321, t. 78, fig. 2.

1906 (Marc. Laurent). — XI : forêt de Patalongo [Yambuya] (M. Laur. 1693). — XIII a : Romée (M. Laur. 1691).

Begonia rubronervata *De Wild.* Étud. fl. Bas- et Moy.-Cgo, II (1908) 322.

1905 (Marc. Laurent). — VIII : Injolo (M. Laur. 1701); [cult. à Eala (Pyn. 534)].

Begonia Sereti *De Wild.* Étud. fl. Bas- et Moy.-Cgo, II (1907) 59, t. 18.

1905 (F. Seret). — XII c : env. d'Arebi [village Adama] (Ser. 121 b). — Ind. non cl. : entre Manbanba et Gangara (Ser. 121).

Begonia subfalcata *De Wild.* Étud. fl. Bas- et Moy.-Cgo, II (1908) 323.

1906 (Marc. Laurent). — XI : Mogandjo (M. Laur. 968). — XIII a : Romée (M. Laur. 1694).

Begonia subscutata *De Wild.* Étud. fl. Bas- et Moy.-Cgo, II (1908) 322.

1905 (Marc. Laurent). — VIII : Injolo (M. Laur. 1700); [cult. à Eala (Pyn.)]. — XII c : entre Gombari et Rungu (Ser. 4997); entre Zobia et Buta (Ser. 499).

Begonia Sutherlandi *Hook. f.* in Bot. Mag. (1868) t. 5689; *Th. Dur.* et *Schinz* Étud. fl. Cgo (1896) 147.

1892 (Jul. Cornet). — XVI : le Katanga (Corn.).

Begonia Verdickii *De Wild.* Étud. fl. Kat. (1903) 93.

1899 (Edg. Verdick). — XVI : Lukafu (Verd.).

Begonia zobiaensis *De Wild.* Étud. fl. Bas- et Moy.-Cgo, II (1908) 324.

1907 (F. Seret). — XII c : entre Zobia et Buta (Ser. 882).

CACTACEAE

HARIOTA Adans.

Hariota parasitica [*L.*] *O. Kuntze* Rev. Gener. (1891) 262; *Hiern* Cat. Welw. Pl. I, 407.

Cactus — *L.* Syst. nat. ed. 10 (1759) 1054.
Rhipsalis aethiopica *Welw.* in Journ. Linn. Soc. III (1859) 152 [nom. tant.].
R. Cassytha *Gaertn.* De fruct. et semin. I (1788) 137, t. 28, fig. I; *DC.* Prodr. III, 476; Bot. Mag. (1858) t. 3080; *Hook.* Exot. Fl. t. 2; *Oliv.* Fl. trop. Afr. II, 581; *Clarke* in *Hook. f.* Fl. Brit. Ind. II, 658; *Th. Dur.* et *Schinz* Étud. fl. Cgo (1896) 147; *De Wild.* Étud. fl. Bas- et Moy.-Cgo, I (1903) 64, (1904) 168, (1906) 295; II (1907) 61 et Miss. Laurent (1905) 159.

1893 (Ém. Laurent). — II a : Vungu (Ém. Laur.). — V : Kimuenza; plateau de l'Inkisi à Kilmango (Gill.). — VI : vallée de la Djuma (Gill.; Gent.). — VIII : Coquilhatville.— Nom vern. : **Pata-Pata** (Ém. Laur.); Eala (M. Laur.). — X : l'Ubangi (Ém. et M. Laur.). — XI : forêt de l'Aruwimi (Coll.?). — XII c : Nala (Van Ryss.). — XIII a : chutes de la Tshopo (Ém. et M. Laur.). — XV : Batempa (Ém. et M. Laur.); le Lualaba; le Sankuru (Ém. Laur.).

Obs. — L'**Opuntia vulgaris** Mill. a été introduit à Kisantu par le Fr. Gillet [Conf. *De Wild.* Étud. fl. Bas- et Moy.-Cgo, I (1903) 168].

FICOIDACEAE

SESUVIUM L.

Sesuvium crystallinum *Welw.* ex *Oliv.* Fl. trop. Afr. II (1871) 586; *De Wild.* et *Th. Dur.* Contr. fl. Cgo, I (1899) 27 et Reliq. Dewevr. (1901) 104.

> S. mesembryanthemoides *Waiora* et *Peyr.* in Sitzb. Akad. Wien, XXXVIII (1860) 564.
> Halimum — *Hiern* Cat. Welw. Pl. I (1898) 413.

> 1908 (J. Gillet). — I : Banana (Gill.).

MOLLUGO L.

Mollugo lotoides [*Loefl.*] *Clarke* in *Hook. f.* Fl. Brit. Ind. II (1879) 776 [nom. tant.].

> Glinus lotoides; *Loefl.* Iter Hisp. (1758) 145; *Engl.* Pfl. Ost-Afr. 275; *De Wild.* Étud. fl. Kat. (1902) 76.
> M. hirta *Thunb.* Prodr. pl. Capens. (1772) 24; *Hiern* Cat. Welw. Pl. I, 415.
> M. Glinus *A. Rich.* Tent. fl. Abyss. I (1847) 48; *Oliv.* Fl. trop. Afr. II, 590; *Th. Dur.* et *Schinz* Étud. fl. Cgo (1896) 148; *De Wild.* et *Th. Dur.* Pl. Gilletianae, II (1901) 84 [B. Herb. Boiss. Sér. 2, I, 754]; *De Wild.* Étud. fl. Bas- et Moy.-Cgo, I (1904) 121.

> 1816 (Chr. Smith). — Bas-Congo (Sm.). — V : Kisantu (Gill.). — XVI : Lukafu (Verd.).

Mollugo nudicaulis *Lam.* Encycl. méth. Bot. IV (1797) 234; *Oliv.* Fl. trop. Afr. II, 591; *Engl.* Pfl. Ost-Afr. 175; *Th. Dur.* et *De Wild.* Mat. fl. Cgo, I (1897) 32 [B. S. B. B. XXXVI², 78]; *Hiern* Cat. Welw. Pl. I, 417; *De Wild.* et *Th. Dur.* Contr. fl. Cgo, I (1900) 25; Pl. Gilletianae, I (1900) 24 [B. Herb. Boiss. Sér. 2, I, 24] et Reliq. Dewevr. (1901) 105; *De Wild.* Miss. Laurent (1907) 379.

> M. bellidifolia *Ser.* in *DC.* Prodr. I (1824) 301.

> 1816 (Chr. Smith.). — Bas-Congo (Sm.). — II : Boma (Dew.). — V : le Stanley-Pool (Dew.); Kisantu (Gill.). — X : Imese (Ém. et M. Laur.).

Mollugo oppositifolia *L.* Sp. pl. ed. 1 (1753) 89; *Trim.* Fl. Ceyl. II (1894) 271; *Hiern* Cat. Welw. Pl. I, 416.

> M. Spergula *L.* Syst. veget. ed. 10 (1774) 881; *DC.* Prodr. I, 391; *Oliv.* Fl. trop. Afr. II, 590; *Clarke* in *Hook. f.* Fl. Brit. Ind. II, 662; *Th. Dur.* et *Schinz* Étud. fl. Cgo (1896) 148; *De Wild.* et *Th. Dur.* Contr. fl. Cgo, I (1900) 25. Glinus — *Steud.* Nomencl. bot. ed. 2, I (1840) 688; *Pax* in *Engl.* et *Prantl* Nat. Pflanzenfam. III, 1 b (1894) 40 et in *Engl.* Pfl. Ost-Afr. 175; *De Wild.* Étud. fl. Bas- et Moy.-Cgo, I (1903) 26, (1904) 121.

> 1816 (Chr. Smith). — Bas-Congo (Sm.). — V : env. de Léopoldville (Gill.); Dobo (Luja); bassin de la Sele (But.).

GIESEKIA L.

Giesekia Miltus *Fenzl* Nov. stirp. dec. Vind. X, 86; *DC.* Prodr. XIII², 28; *Oliv.* Fl. trop. Afr. II, 594; *Th. Dur.* et *Schinz* Étud. fl. Cgo (1896) 148; *Hiern* Cat. Welw. Pl. I, 420.

Miltus africanus *Lour.* Fl. Cochinch. (1790) 302.
Glinus mozambicensis *Spreng.* Syst. veget. II (1825) 467.

1885 (R. Buettner). — V : entre Suata et Bolobo (Buett.).

Giesekia pharnaceoides *L.* Mant. pl. II (1771) 562; *Wight* Icon. pl. Ind. or. t. 1167; *DC.* Prodr. XIII², 27; *Oliv.* Fl. trop. Afr. II, 594; *Clarke* in *Hook. f.* Fl. Brit. Ind. II, 664; *Engl.* Pfl. Ost-Afr. 175; *Th. Dur.* et *Schinz* Étud. fl. Cgo (1896) 149; *Hiern* Cat. Welw. Pl. I, 410; *De Wild.* et *Th. Dur.* Reliq. Dewevr. (1901) 105; *De Wild.* Étud. fl. Bas- et Moy.-Cgo, II (1907) 134 et Not. pl. util. ou intér. du Cgo, II (1906) 127.

1816 (Chr. Smith). — Bas-Congo (Sm.). — I : Banana (Dew.). — III : Matadi (Ém. et M. Laur.). — V : Léopoldville (Dew.; Gill.); entre Léopoldville et Mombasi (Gill.); le Stanley-Pool (Hens, B. 309); Chenal (Ém. Laur); Sanda. — Nom vern. : **Kekansu** (Odd.); env. de Kwamouth (Biel.); Kisantu (Gill.). — VIII : Équateur (Pyn.). — XV : entre le Sankuru et le Kasai (Ém. Laur.).

UMBELLIFERACEAE

HYDROCOTYLE L.

Hydrocotyle asiatica *L.* Sp. pl. ed. 1 (1753) 234; *DC.* Prodr. IV, 62; *Wight* Icon. pl. Ind. or. II, t. 656; *Oliv.* Fl. trop. Afr. III, 6; *Clarke* in *Hook. f.* Fl. Brit. Ind. II, 669; *Engl.* Pfl. Ost-Afr. 298; *Th. Dur.* et *Schinz* Étud. fl. Cgo (1896) 149; *Hiern* Cat. Welw. Pl. I, 423; *De Wild.* Étud. fl. Bas- et Moy.-Cgo, 1 (1903) 66.

1816 (Chr. Smith). — Bas-Congo (Sm.). — V : env. de Léopoldville; Kisantu (Gill.). — XV : Dibele (Ém. et M. Laur.).

PIMPINELLA L.

Pimpinella tomentosa *Engl.* in Engl. Jahrb. XXX (1901) 368; *De Wild.* Étud. fl. Kat. (1903) 220.

1900 (Edg. Verdick). — XVI : Lukafu (Verd.).

PEUCEDANUM L.

Peucedanum araliaceum [*Hochst.*] *Benth.* et *Hook. f.* Gen. pl. I (1865) 920; *Hiern* in *Oliv.* Fl. trop. Afr. III, 21; *Engl.* Pfl. Ost-Afr. 300; *Th. Dur.* et *Schinz* Étud. fl. Cgo (1896) 149; *De Wild.* Étud. fl. Kat. (1903) 220.

Steganotaenia — *Hochst.* in Flora, XXVII (1844). Beil. 4.

1885 (R. Buettner). — Congo (Buett.). — XVI : le Katanga (Verd.).

Peucedanum fraxinifolium *Hiern* in *Oliv.* Fl. trop. Afr. III (1877) 22 et in Trans. Linn. Soc. XXIX (1873) 79; *Th. Dur.* et *Schinz* Étud. fl. Cgo (1896) 149; *Hiern* Cat. Welw. Pl. 1, 427.

P. araliaceum *Benth.* et *Hook. f.* var. — *Engl.* Pfl. Ost-Afr. (1895) 300.

1816 (Chr. Smith). — Bas-Congo (Sm.). — V : Kisantu (Gill.). — XVI : Lukafu. — Nom vern. : **Kipanga** (Verd.).

Peucedanum muriculatum *Welw.* ex *Hiern* Cat. Welw. Pl. I (1898) 429; *De Wild.* Étud. fl. Kat. (1903) 220.

1900 (Edg. Verdick). — XVI : plateau de Lukafu. — Nom vern. : **Kikebe-Betell** (Verd.).

LEFEBURIA A. Rich.

Lefeburia benguelensis *Welw.* ex *Engl.* Hochgeb. trop. Afr. (1892) 322; *De Wild.* et *Th. Dur.* Pl. Gilletianae, I (1900) 24 [B. Herb. Boiss. Sér. 2, I, 24]; *De Wild.* Miss. Laurent (1905) 166.

Lefeburea — *Welw.* ex *Hiern* Cat. Welw. Pl. I (1898) 430.

1900 (J. Gillet). — Entre Sonagongo [IV] et Tumba [V] (Ém. et M. Laur.). — V : Kisantu (Gill. 562).

Obs. — En 1900, M. le C^t Verdick a récolté à Lukafu [XVI] une espèce, probablement nouvelle, de ce genre [Conf. *De Wild.* Étud. fl. Kat. (1903) 220.

MALABAILA Hoffm.

Malabaila Kirungae *Engl.* in *von Goetzen* Durch Afrika (1895) 380.

1894 (G. A. von Goetzen et von Prittwitz). — XIV : volcan Kirunga 2500 m. (Goetz. et Prittw. 66).

ARALIACEAE

SCHEFFLERA Forst.

Schefflera Barteri *Harms* ex *De Wild.* Étud. fl. Bas- et Moy.-Cgo, II (1908) 334 (nom. tant.).

1905 (Marc. Laur.). — VIII : Bombimba (M. Laur. 1520; Pyn. 343).

Schefflera Goetzenii *Harms* in *Engl.* Pfl. Ost-Afr. A (1895) 134,
in *von Goetzen* Durch Afrika (1895) 7 et in Engl. Jahrb. XXVI
(1899) 242.

1894 (A. G. von Goetzen et von Prittwitz). — XIV : volcan Kirunga, 2500 m.
(Goetz. et Prittw. 46).

CUSSONIA Forst.

Cussonia angolensis [*Seem.*] *Hiern* in *Oliv.* Fl. trop. Afr. III (1877)
32 et Cat. Welw. Pl. I, 432 ; *De Wild.* Ètud. fl. Bas- et Moy.-Cgo,
II (1908) 335.

Sphaerodendron — *Seem.* in Journ. of Bot. (1865) 34, t. 26 et Rev. Heder. 37, t. 1.

1903 (Aug. Van Houtte). — IV : Madiata. — Nom vern. : **Lembila** (Van Houtte
in Gill. 3501).

Cussonia arborea *Hochst.* ex *A. Rich.* Tent. fl. Abyss. I (1847) 356 ;
Oliv. Fl. trop. Afr. III, 31 ; *Th. Dur.* et *De Wild.* Mat. fl. Cgo, I
(1897) 32 [B. S. B. B. XXXVI^2, 78].

1895 (Gust. Debeerst). — XVI : Haut-Marungu (Deb.) ; Lukafu. — Nom vern. :
Dikasa-ya-Tambu (Verd.).

[GAMOPETALAE]

RUBIACEAE (1)

SARCOCEPHALUS Afzel.

Sarcocephalus Diderrichii *De Wild.* et *Th. Dur.* in *Th. Masui*
L'État Indép. à l'Exposit. de Brux.-Tervueren (1897) 439 [nom. tant.];
De Wild. in Rev. cult. colon. IX (1901) 7 et Not. pl. util. ou intér. du
Cgo, I (1903) 34-37.

1896 (Norb. Diderrich). — II a : le Mayumbe. — Nom vern. : **N'Gulu-Maza**
(Diderr.).

Sarcocephalus Gilletii *De Wild.* in Rev. cult. colon. IX (1901)
8 ; *De Wild.* et *Th. Dur.* Pl. Gilletianae, II (1901) 82 [B. Herb.
Boiss. Sér. 2, I, 754]; *De Wild.* Not. pl. util. ou intér. du Cgo, I
(1903) 38-41.

1900 (J. Gillet). — V : Kisantu (Gill. 1069).

---

(1) Une Caprifoliacée, le **Sambucus nigra** L., est introduite à Kisantu [V] (Gill.)
[Conf. *De Wild.* et *Th. Dur.* Pl. Gilletianae, I (1900) 24].

Sarcocephalus Russeggeri [*T. Winterb.*] *Kotschy* ex *Schweinf.* Reliq. Kotschyanae (1868) 40, t. 33 [excl. fig. 6-8, 9-12]; *Hiern* in *Oliv.* Fl. trop. Afr. III, 39; *K. Schum.* in *Engl.* et *Prantl* Nat. Pflanzenfam. IV, 4 (1891) 59 et in *Engl.* Pfl. Ost-Afr. 879; *Th. Dur.* et *Schinz* Étud. fl. Cgo (1896) 150.

1870 (G. Schweinfurth). — XII d : pays des Mangbettu (Schw.),

Sarcocephalus sambucinus [*T. Winterb.*] *K. Schum.* in *Engl.* et *Prantl* Nat. Pflanzenfam. IV, 4 (1891) 59 et in *Schlechter* Westafr. Kautsch.-Exped. (1900) 319; *De Wild.* et *Th. Dur.* Pl. Gilletianae, I (1900) 25; II (1901) 82 et Reliq. Dewevr. (1901) 105; *De Wild.* Miss. Laurent (1906) 274 et Étud. fl. Bas- et Moy.-Cgo, II (1907) 193.

Nauclea — *T. Winterb.* Account of Sierra Leone, II (1803) 45.
S. esculentus *Afzel.* ex *Sabine* in Trans. Hort. Soc. V (1824) 442, t. 18; *Hiern* in *Oliv.* Fl. trop. Afr. III, 38.
Cephaelis — *Schumach.* et *Thonn.* Beskr. Guin. Pl. (1827) 105.

1874 (Fr. Naumann). — Bas-Congo (Ém. Laur.). — II : Ponta da Lenha (Naum.). — II a : Kemba. — Nom vern. : **Borinalolo** (Dew.); Katala. — Nom vern. : **Majampa** (Dew.). — IV : Kitobola (Ém. et M. Laur.). — V : Kinshassa (Schlt.); Kisantu (Gill.). — VII : la Fini (Ém. Laur.). — IX : Ileko [Maringa] (Brun.).

MITRAGYNE Korth.

Mitragyne africana [*Willd.*] *Korth.* Obs. Naucl. Ind. (1839) 19, in obs.; *Hiern* in *Oliv.* Fl. trop. Afr. III, 40.

Stephegyne — *Walp.* Repert. bot. II (1843) 513; *Benth.* in *Hook.* Niger Fl. 380, t. 37; *Th. Dur.* et *Schinz* Étud. fl. Cgo (1896) 150.
Nauclea — *Willd.* Sp. pl. I (1797) 929; *DC.* Prodr. IV, 345.
Platanocarpum — *Hook. f.* in *Hook.* Niger Fl. (1849) t. 37.

1874 (É. Pechuel-Loesche). — Bassin du Congo (Pechuel-Loesche).

Mitragyne macrophylla [*Perr.* et *Leprieur*] *Hiern* in *Oliv.* Fl. trop. Afr. III (1877) 41; *De Wild.* et *Th. Dur.* Pl. Gilletianae, I (1900) 25 [B. Herb. Boiss. Sér. 2, I, 25].

Nauclea — *Perr.* et *Leprieur* ex *DC.* Prodr. IV (1830) 340, in syn..
N. stipulosa *DC.* l. c. IV (1830) 340.
Mamboga — *Hiern* Cat. Welw. Pl. I (1898) 435.
Mamb. stipulosa *O. Kuntze* Rev. Gener. (1891) 289; *De Wild.* et *Th. Dur.* Reliq. Dewevr. (1901) 105.
Stephegyne [*an err. cal.* stipulata] *Benth.* et *Hook. f.* Gen. pl. II (1873) 31; *Th. Dur.* et *Schinz* Étud. fl. Cgo (1896) 150.

1874 (É. Pechuel-Loesche). — Bassin du Congo (Pechuel-Loesche). — II : Boma (Dew.). — V : Kisantu (Gill.). — VII : bord de la Fini près Kutu (Ém. Laur.). — IX : Bangala (Dew.); Bolombo (Ém. Laur.). — X : l'Ubangi (Ém. Laur.). — XI : en aval de Basoko (Ém. Laur.). — Noms vern. : **Malucu** [Bangala]; **Vuku** [Boma]; **Wuwoko** [Lulanga] (Dew.).

UNCARIA Schreb.

Uncaria africana *G. Don* Gen. Syst. Bot. III (1834) 471; *Hiern* in
Oliv. Fl. trop. Afr. III, 41; *Hook.* Icon. pl. VIII, t. 781; *Benth.* in
Hook. Niger Fl. 381, t. 42; *De Wild.* et *Th. Dur.* Pl. Gilletianae,
I (1900) 25 [B. Herb. Boiss. Sér. 2, I, 25] et Reliq. Dewevr. (1901)
106; *De Wild.* Étud. fl. Bas- et Moy.-Cgo, I (1903) 76; II (1907) 71,
192.

> Nauclea — *Walp.* (non *Willd.*) Repert. bot. II (1843) 512.
> Ourouparia — *Baill.* in B. S. Linn. Paris, I (1879) 228; *Hiern* Cat. Welw.
> Pl. I, 435.
> Uruparia — *O. Kuntze* Rev. Gener. (1891) 228; *K. Schum.* in *Engl.* et *Prantl*
> Nat. Pflanzenfam. IV, 4 (1891) 57 et in *Engl.* Pfl. Ost-Afr. 378.

1870 (G. Schweinfurth). — IV : bords de la Lukungu (Dew.). — V : env. de Kisantu (Gill.). — XII : savane [de l'Uele] (Ser.). — XII d : pays des Mangbettu (Schw.). — XV : Linkanda [Lubue-Kasai] (Gent.). — Nom vern. : **Magwadabirada** [Bakongo] (Ser.).

HYMENODICTYON Wall.

Hymenodictyon fimbriolatum *K. Schum.* ex *De Wild.* Étud. fl.
Kat. (1903) 225 [nom. tant.].

1899 (Edg. Verdick). — XVI : le Katanga. — Nom vern. : **Kampululu** (Verd.).

CORYNANTHE Welw.

Corynanthe paniculata *Welw.* in Trans. Linn. Soc. XXVII (1869)
37, t. 14; *Hiern* in *Oliv.* Fl. trop. Afr. III, 43 et Cat. Welw. Pl. I,
437; *Ficalho* Pl. Uteis, 194; *Th. Dur.* et *Schinz* Étud.fl. Ggo (1896)
152; *De Wild.* et *Th. Dur.* Contr. fl. Cgo, I (1899) 27; II (1900) 26;
De Wild. Not. pl. util. ou intér. du Cgo, II (1906) 113.

1816 (Chr. Smith). — Bas-Congo (Sm.; Cabra). — II a : Shinon (Ém. Laur.). —
XV : rég. de Mukenge (Pg.). — Noms vern. : **Saja; Sakala** (Ém. Laur.); **Sagna** (Cabra).

CROSSOPTERIX Fenzl.

Crossopteryx africana [*T. Winterb.*] *Baill.* Hist. des pl. VII (1879)
489; *K. Schum.* in *Engl.* Pfl. Ost-Afr. (1895) 378; *De Wild.* Étud.
fl. Kat. (1903) 226.

> Rondeletia febrifuga *Afzel.* ex *G. Don* Gen. Syst. Bot. III (1834) 516.
> Crossopteryx — *Benth.* in *Hook.* Niger Fl. (1849) 381; *Th. Dur.* et *Schinz*
> Étud. fl. Cgo (1896) 152; *De Wild.* et *Th. Dur.* Reliq. Dewevr. (1901) 106.
> C. Kotschyana *Fenzl* in *Endl.* et *Fenzl* Nov. stirp. decad. (1839) 46; *Kotschy*
> et *Peyr.* Pl. Tinneanae, 32, t. 15 a et b; *Hiern* in *Oliv.* Fl. trop. Afr. III, 44
> et Cat. Welw. Pl. I, 437; *De Wild.* Étud. fl Kat. (1903) 154.

15

1816 (Chr. Smith). — Bas-Congo (Sm.). — II : Boma (Dew.). — III : Matadi (Ém. Laur.). — IV : route des Caravanes (Ém. Laur.). — V : entre Léopoldville et Mombasi (Gill.); Kisantu (Gill.); env. de Sanda (Verm.). — VI : Madibi (Sap.). — Nom vern. : **Moala** [Kwilu] (Sap.). — XV : rég. de Mukenge (Pg.). — XVI : Lukafu. — Noms vern. : **Kububa**; **Sachi** (Verd.).

PENTAS Benth.

Pentas cleisostoma *K. Schum.* in Engl. Jahrb. XXIII (1896) 419.

Le type croit dans l'Angola.

— — var. **Poggeana** *K. Schum.* l. c. (1896) 420.

1881 (P. Pogge). — XV : Mukenge (Pg. 1110).

Pentas Dewevrei *De Wild.* et *Th. Dur.* Mat. fl. Cgo, VI (1900) 28 [B. S. B. B. XXXVIII², 199] et Reliq. Dewevr. (1901) 106; *De Wild.* Miss. Laurent (1906) 273.

1896 (A. Dewèvre). — XIII : Mutumbe (Dew. 1089). — XIII a : Stanleyville (Ém. Laur.).

Pentas Liebrechtsiana *De Wild.* Étud. fl. Kat. (1903) 153.

1900 (Edg. Verdick). — XVI : Lukafu. — Nom vern. : **Luangane** (Verd. 391).

Pentas longiflora *Oliv.* in *H. Johnst.* Kilim.-Exped., Append. (1886) 341 et in Trans. Linn. Soc. Ser. 2, II (1887) 335.

Le type croit dans l'Afrique trop. orient.

— — var. **occidentalis** *K. Schum.* ex *Th. Dur.* et *De Wild.* Mat. fl. Cgo, II (1898) 72 [B. S. B. B. XXXVII, 117].

1895 (Gust. Debeerst). — XVI : Haut-Marungu (Deb.).

Pentas longituba *K. Schum.* in *Engl.* Pfl. Ost-Afr. (1895) 377; *Th. Dur.* et *De Wild.* Mat. fl. Cgo, II (1898) 72 [B. S. B. B. XXXVII, 117].

1895 (G. Descamps). — XVI : Toa (Desc.).

Pentas zanzibarica [*Klotzsch*] *Vatke* in Oest. Bot. Zeitschr. XXV (1875) 232; *De Wild.* Étud. fl. Kat. (1903) 154.

Pentanisia — *Klotzsch* ex *Peters* Reise n. Mossamb. I (1862) 286.
Pentas purpurea *Oliv.* in Trans. Linn. Soc. XXIX (1873) 83; *Hiern* in *Oliv.* Fl. trop. Afr. III, 46.

Neurocarpaea — *Hiern* Cat. Welw. Pl. I (1898) 438.
1900 (Edg. Verdick). — XVI : Lukafu. — Nom vern. : **Mukulia** (Verd. 597).

OTOMERIA Benth.

Otomeria dentata *Hiern* in *Oliv.* Fl. trop. Afr. III (1877) 50; *Th. Dur.* et *De Wild.* Mat. fl. Cgo, II (1898) 72 [B. S. B. B. XXXVII, 117].

1891? (F. Demeuse). — Ind. non cl. : Lunfudi (Dem. 510).

Otomeria dilatata *Hiern* in *Oliv.* Fl. trop. Afr. III (1877) 50; *K. Schum.* in *Engl.* Pfl. Ost-Afr. 377; *De Wild.* et *Th. Dur.* Contr. fl. Cgo, I (1899) 27; II (1900) 26 et Reliq. Dewevr. (1901) 107; *Hiern* Cat. Welw. Pl. I, 410; *De Wild.* Miss. Laurent (1906) 273 et Étud. fl. Bas- et Moy.-Cgo, I (1904) 99; II (1907) 71. 193, (1908) 343.

O. speciosa *S. Elliot* in Journ. Linn. Soc. XXXII (1896) 437.

1888 (Fr. Heus). — Congo (Dem.). — V : le Stanley-Pool (Hens); Léopoldville (Dew.); entre Léopoldville et Sabuka (Ém. Duch.); Dolo (Schlt.); Kimpoko (M. Laur.); Kisantu (Gill.); Sauda (De Brouw.); Boko; Dembo (Vanderyst); Lula-Lumene (Hendr.). — VI : vallée de la Djuma (Gent); Eiolo (Ém. et M. Laur.). — XII d : de Vankerkhovenville à Faradje (Ser.).— XVI : Pweto; le Katanga (Desc.). — Ind. non cl. : Lusubi (Lescr. 146).

Otomeria graciliflora *K. Schum.* ex *De Wild.* Miss. Laurent (1906) 274 et Étud. fl. Bas- et Moy.-Cgo, II (1908) 343.

1904 (Ém. et Marc. Laurent). — I : Moanda (Vanderyst). — III : Matadi (Ém. et M. Laur.).

Otomeria guineensis *Benth.* in *Hook.* Niger Fl. (1849) 405; *Hiern* in *Oliv.* Fl. trop. Afr. III, 49; *De Wild.* et *Th. Dur.* Contr. fl. Cgo, I (1899) 26 et Reliq. Dewevr. (1901) 107.

1895 (A. Dewèvre). — II a : Shinganga (Dew.). — V : Léopoldville (Schlt.); env. de Léopoldville et de Kwamouth (Luja).

Otomeria lanceolata *Hiern* in *Oliv.* Fl. trop. Afr. III (1877) 50; *Th. Dur.* et *Schinz* Étud. fl. Cgo (1896) 152; *De Wild.* et *Th. Dur.* Mat. fl. Cgo, II (1898) 72 [B. S. B. B. XXXVII, 117]; *De Wild.* Miss. Laurent (1906) 274 et Étud. fl. Bas- et Moy.-Cgo, I (1903) 76; II (1907) 71, 192, (1908) 343.

1816 (Chr. Smith). — Bas-Congo (Sm.). — II a : Bingila (Dup.). — V : Léopoldville (Pyn.); env. de Kwamouth (Biel.); Yindu (Vanderyst); Kisantu; Kimuenza (Gill.). — VI : Madibi (Lescr.); vallée de la Djuma (Gent.); bord du Kwilu. — Nom vern. : **Mondondono** (Sap.). — VII : Ibali (Ém. Laur.). — VIII : Lulanga (Ém. Laur.). — XV : Lomkala (Ém. Laur.); Eala. — Nom vern. : **Bongolo** (M. Laur.). — Ind. non cl. : Bundaka (Flamigny).

Otomeria madiensis *Oliv.* in Trans. Linn. Soc. XXIX (1873) 83, t. 41; *Hiern* in *Oliv.* Fl. trop. Afr. III, 49; *Th. Dur.* et *Schinz* Étud. fl. Cgo (1896) 153.

1870 (G. Schweinfurth). — XII d : pays des Mangbettu (Schw.).

PENTODON Hochst.

Pentodon pentander [*Schumach.* et *Thonn.*] *Vatke* in Oest. Bot.
Zeitschr. XXV (1875) 231; *K. Schum.* in *Engl.* Pfl. Ost-Afr. 377;
Th. Dur. et *De Wild.* Mat. fl. Cgo, II (1898) 72 [B. S. B. B. XXXVII,
117]' et Reliq. Dewevr. (1901) 108; *De Wild.* Miss. Laurent (1906)
273 et Étud. fl. Bas- et Moy.-Cgo, I (1903) 176.

> Hedyotis — *Schumach.* et *Thonn.* Beskr. Guin. Pl. (1827) 71.
> Hedyotis macrophylla *Leprieur* et *Perr.* ex *DC.* Prodr. IV (1830) 427.
> Oldenlandia — *DC.* Prodr. IV (1830) 427; *Hiern* in *Oliv.* Fl. trop. Afr. III, 63
> et Cat. Welw. Pl. I, 450.

> 1895 (P. Dupuis). — II : Sisia (Dup.). — II a : Zobe (Dew.). — V : entre Léopold-
> ville et Mombasi (Gill.); Kisantu (Gill.). — VII : Kutu (Em. Laur.). — XIII :
> saline de Piani-Lombe (Dew.).

OLDENLANDIA L.

Oldenlandia angolensis *K. Schum.* in Engl. Jahrb. XXIII (1896)
412; *Hiern* Cat. Welw. Pl. I, 449; *K. Schum.* in *Schlechter*
Westafr. Kautsch.-Exped. (1900) 317; *De Wild.* et *Th. Dur.* Contr.
fl. Cgo, II (1900) 27; Pl. Gilletianae, II (1900) 82 [B. Herb. Boiss. Sér.
2, I, 754] et Reliq. Dewevr. (1901) 108; *De Wild.* Étud. fl. Bas- et
Moy.-Cgo, I (1903) 175.

> 1895 (P. Dupuis).—II a : Bingila (Dup.). — V : Léopoldville (Schlt.) ; Kimuenza;
> entre Dembo et Kisantu (Gill.). - XIII a : env. de Nyangwe (Dew. 1052).

Oldenlandia asperuliflora *K. Schum.* in *Schlechter* Westafr.
Kautsch.-Exped. (1900) 318 [nom. tant.].

> 1899 (R. Schlechter). — VIII : Coquilhatville (Schlt. 12597).

Oldenlandia Bojeri [*Klotzsch*] *Hiern* in *Oliv.* Fl. trop. Afr. III
(1877) 23; *Th. Dur.* et *Schinz* Étud. fl. Cgo (1896) 153.

> Agathisanthemum — *Klotzsch* in *Peters* Reise n. Mossamb. I (1862) 294.
> Hedyotis — *Vatke* in Oest. bot. Zeitschr. XXV (1875) 252.

> 1888 (Fr. Hens). — IV : Lutete (Hens).

Oldenlandia caffra *Eckl.* et *Zeyh.* Enum. pl. Afr. austr. (1836) 2291;
Hiern in *Oliv.* Fl. trop. Afr. III, 58; *Th. Dur.* et *Schinz* Étud. fl.
Cgo (1896) 153.

> Hedyotis — *Steud.* Nomencl. bot. ed. 2, 1 (1840) 726.
> Kohautia setifera *DC.* Prodr. IV (1830) 430.
> Hedyotis — *Sond.* in *Harv.* et *Sond.* Fl. Capens. III (1864) 10.

> 1816 (Chr. Smith). — Bas-Congo (Sm.).

Oldenlandia capensis *L. f.* Suppl. pl. (1781) 127; *Hiern* in *Oliv.*
Fl. trop. Afr. III, 63; *K. Schum.* in *Engl.* Pfl. Ost-Afr. 375;
Th. Dur. et *Schinz* Étud. fl. Cgo (1896) 153; *Hiern* Cat. Welw.
Pl. I, 446; *De Wild.* Étud. fl. Kat. (1903) 153; Miss. Laurent (1906)
271 et Étud. fl. Bas- et Moy.-Cgo, II (1907) 191.

> Hedyotis — *Lam.* Ill. genr. Encycl. I (1791) 271; *Sond.* in *Harv.* et *Sond.* Fl.
> Capens. III. 9.
> H. sabulosa *DC.* Prodr. IV (1830) 424.

> 1899 (Edg. Verdick). — II : Ponta da Lenha (Naum.). — IV : Kitobola (Ém.
> Laur.). — VIII : Haut-Lopori (Biel.). — XVI : Lukafu (Verd.).

Oldenlandia congensis *De Wild.* et *Th. Dur.* Pl. Gilletianae, II
(1901) 82 [B. Herb. Boiss. Sér. 2, I, 754]; *De Wild.* Étud. fl. Bas- et
Moy.-Cgo, I (1903) 75.

> 1888 (Fr. Hens). — V : le Stanley-Pool (Hens, B. 87); entre Dembo et Kisantu:
> Kimuenza (Gill. 1779). — VI : vallée de la Djuma (Gill. 1565).

Oldenlandia corymbosa *L.* Sp. pl. ed. 1 (1753) 119; *Hiern* in
Oliv. Fl. trop. Afr. III, 62; *K. Schum.* in *Engl.* Pfl. Ost-Afr.
375; *Th. Dur.* et *Schinz* Étud. fl. Cgo (1896) 154; *De Wild.* et
Th. Dur. Reliq. Dewevr. (1901) 108; *Hiern* Cat. Welw. Pl. I, 466;
De Wild. Not. pl. util. ou intér. du Cgo, II (1906) 137 et Étud. fl.
Bas- et Moy.-Cgo, II (1908) 342.

> Hedyotis — *Vatke* in Oest. bot. Zeitschr. XXV (1875) 232.
> O. herbacea *DC.* Prodr. IV (1830) 425.

> 1816 (Chr. Smith). — Bas-Congo (Sm.). — 1 : Banana (Dew.). — II : Boma
> (Dew.): Zambi (Dup.). — IV : Batongo (Luja). — V : env. de Léopoldville (Cabra):
> Suata (Buett.): Dembo (Gill.). — VIII : Équateur (Buett.). — XIII a : Stanley-
> Falls (Dem.). — XIV : Uvira (Cabra). — XV : entre le Sankuru et le Lualaba (Ém.
> Laur.). — XVI : Toa (Desc.).

Oldenlandia Crepiniana *K. Schum.* in Engl. Jahrb. XXVIII (1899)
55 et in *Schlechter* Westafr. Kautsch.-Exped. (1900) 319; *De Wild.*
et *Th. Dur.* Pl. Gilletianae, II (1901) 83 [B. Herb. Boiss. Sér. 2, I,
755]; *De Wild.* Miss. Laurent (1906) 271 et Étud. fl. Bas- et Moy.-
Cgo, II (1908) 342.

> 1899 (R. Schlechter). — V : entre Kisantu et Dembo (Gill. 1540). — VIII : Co-
> quilhatville (Schlt.); Eala (M. Laur. 831, 840; Pyn. 838); Lulanga (Ém. et M.
> Laur.).

Oldenlandia Debeerstii *De Wild.* et *Th. Dur.* Contr. fl. Cgo, II
(1900) 27.

> 1895 (Gust. Debeerst). — XVI : rég. du Tanganika (Deb.).

Oldenlandia decumbens [*Hochst*] *Hiern* in *Oliv.* Fl. trop. Afr. III
(1877) 55; *K. Schum.* in *Engl.* Pfl. Ost-Afr. 376; *Th. Dur.* et

Schinz Étud. fl. Cgo (1896) 154; *De Wild.* et *Th. Dur.* Reliq. Dewevr. (1901) 108; *Hiern* Cat. Welw. Pl. I, 442; *De Wild.* Miss. Laurent (1906) 271 et Étud. fl. Bas- et Moy.-Cgo, I (1903) 75; II (1907) 70, 191, (1908) 342.

Hedyotis decumbens *Hochst.* in Flora (1844) 552; *Sond.* in *Harv.* et *Sond.* Fl. Capens. III, 11.

1816 (Chr. Smith). — Bas-Congo (Sm.). — II a : Bingila (Dup.); Zobe (Dew.).— IV : Lutete (Hens). — V : Sabuka (M. Laur.); Kisantu; Kimuenza (Gill.): Galiema (Pyn.); Kinkosi (Vanderyst). — VI : Madibi (Sap.). — XIII d : env. de Kasongo (Dew.).

Oldenlandia florifera *De Wild.* Miss. Laurent (1906) 271.

1903 (Ém. et Marc. Laurent). — VII : la Fini (Ém. et M. Laur.).

Oldenlandia globosa [*Klotzsch*] *Hiern* in *Oliv.* Fl. trop. Afr. III (1877) 54; *Th. Dur.* et *De Wild.* Mat. fl. Cgo, II (1898) 73 [B. S. B. B. XXXVII, 118]; *De Wild.* et *Th. Dur.* Pl. Gilletianae, I (1900) 25 [B. Herb. Boiss. Sér. 2, I, 25].

Agathisanthemum — *Klotzsch* in *Peters* Reise n. Mossamb. I (1862) 94. 1888 (Fr. Hens). — IV : Lutete (Hens). — V : Kisantu (Gill.).

Oldenlandia herbacea [*L.*] *Roxb.* Hort. Bengal. (1814) 11; *Hiern* Cat. Welw. Pl. I, 444.

Hedyotis — *L.* Sp. pl. ed. 1 (1753) 103.
O. Heynei *Oliv.* in Trans. Linn. Soc. XXXIX (1873) 84; *Hiern* in *Oliv.* Fl. trop. Afr. III, 59; *K. Schum.* in *Engl.* Pfl. Ost-Afr. 375; *Th. Dur.* et *Schinz* Étud. fl. Cgo (1896) 155; *De Wild.* et *Th. Dur.* Contr. fl. Cgo, II (1900) 27; *De Wild.* Étud. fl. Bas- et Moy.-Cgo, I (1904) 199; II (1907) 191, (1908) 342 et Miss. Laurent (1906) 272.
Hedyotis dichotoma *A. Rich.* Tent. fl. Abyss. I (1847) 361.

1899 (Éd. Luja). — II : Ponta da Lenha (Naum.). — IV : Luozi (Luja). — V : le Stanley-Pool (Schlt.); Kisantu (Gill.); Boko; Yindu (Vanderyst); Lula-Lumene (Hendr.). — VIII : Eala (Pyn.). — XII b : entre Bambili et Amadis (Ser.). — XV : Bas-Sankuru (Ém. Laur.).

Oldenlandia Kimuenzae *De Wild.* Étud. fl. Bas- et Moy.-Cgo, I (1903) 75.

1901 (J. Gillet). — V : Kimuenza (Gill. 2115).

Oldenlandia lancifolia [*Schumach.* et *Thonn.*] *Schweinf.* ex *Hiern* in *Oliv.* Fl. trop. Afr. III (1877) 61; *K. Schum.* in *Engl.* Pfl. Ost-Afr. 375; *Th. Dur.* et *Schinz* Étud. fl. Cgo (1896) 155; *De Wild.* et *Th. Dur.* Pl. Thonnerianae (1900) 42 et Reliq. Dewevr. (1901) 108; *Hiern* Cat. Welw. Pl. I, 446; *De Wild.* Étud. fl. Bas- et Moy.-Cgo, II (1907) 71 et Miss. Laurent (1906) 272, (1907) 449.

Hedyotis — *Schumach.* et *Thonn.* Beskr. Guin. Pl. (1827) 72.

1870 (G. Schweinfurth). — II a : env. de Zobe (Dew.). — V : Kisantu (Gill.). — — VIII : Équateur (Pyn.). — IX : Gali (Thonn.). — XII d : pays des Mangbettu (Schw.). — XV : en aval d'Ifuta; Ibaka (Ém. et M. Laur.).

Oldenlandia Laurentii *De Wild.* Miss. Laurent (1906) 272.

1905 (Marc. Laurent). — V : entre Bolobo et Mopolenge (M. Laur. 620).

Oldenlandia macrophylla *DC.* Prodr. IV (1830) 427; *Hiern* in *Oliv.* Fl. trop. Afr. III, 63; *Th. Dur.* et *Schinz* Étud. fl. Cgo (1896) 155.

Hedyotis pentandra *Schumach.* et *Thonn.* Beskr. Guin. Pl. (1827) 71.
Oldenlandia — *DC.* (non *Retz.*) l. c. IV (1830) 427.

1816 (Chr. Smith). — Bas-Congo (Sm.).

Oldenlandia microphylla *De Wild.* et *Th. Dur.* Contr. fl. Cgo, II (1900) 28 et Reliq. Dewevr. (1901) 108.

1896 (A. Dewèvre). — VIII : rég. de l'Équateur (Dew. 365).

Oldenlandia moandensis *De Wild.* Étud. fl. Bas- et Moy.-Cgo, II (1907) 190, (1908) 342.

1903 (J. Gillet.). — I : Moanda (Gill. 3183, 4051).

VIRECTA Sm.

Virecta multiflora *Sm.* in *Rees* Cyclop. XXXVII (1817) n. 4; *Hiern* in *Oliv.* Fl. trop. Afr. III, 48; *De Wild.* et *Th. Dur.* Pl. Gilletianae, I (1900) 25 [B. Herb. Boiss. Sér. 2, I, 25] et Reliq. Dewevr. (1901) 107; *De Wild.* Miss. Laurent (1906) 273 et Étud. fl. Bas- et Moy.-Cgo, I (1903) 76, (1904) 199; II (1907) 192, (1908) 342.

Phyteumoides hirsuta *Smeathm.* ex *DC.* Prodr. IV (1830) 414

1888 (Fr. Hens). — IIa : Bingila (Dup.). — V : le Stanley-Pool (Hens); Léopold-ville (Dew.; Luja); entre Léopoldville et Sabuka (Ém. Duch.); Kisantu; Kimuenza (Gill.); Yindu (Vanderyst). — VI : vallée de la Djuma (Gill.). — VII : Kutu (Ém. et M. Laur.). — VIII : Équateurville [Wangata] (Dew.); Coquilhatville (Schlt.); Eala (M. Laur.); Bamania; Boangi (Ém. Laur.); Mompoko [Lulanga] (Brun.); Ikenge (Huyghe). — IX : Nouvelle-Anvers (Ém. et M. Laur.). — XI : Malema (Ém. et M. Laur.).

Virecta procumbens *Smith* in *Rees* Cyclop. XXXVII (1817) n. 2; *Hiern* in *Oliv.* Fl. trop. Afr. III, 48; *Th. Dur.* et *Schinz* Étud. fl. Cgo (1896) 152.

1816 (Chr. Smith). — Bas-Congo (Sm.). — V : Léopoldville (Schlt.). — VIII : Eala et env. — Nom vern. : **Bolivo** (M. Laur. 37, 1195).

MUSSAENDA L.

Mussaenda arcuata *Poir.* in *Lam.* Encycl. méth. Bot. IV (1797) 392; *Hiern* in *Oliv.* Fl. trop. Afr. III, 68; *K. Schum.* in *Engl.* Pfl. Ost-Afr. 379; *Th. Dur.* et *Schinz* Étud. fl. Cgo (1896) 155; *Hiern* Cat. Welw. Pl. I, 453; *De Wild.* et *Th. Dur.* Contr. fl. Cgo, II (1900) 29 et Reliq. Dewevr. (1901) 109; *De Wild.* Étud. fl. Bas- et Moy.-Cgo, I (1903) 76, (1904) 199; II (1907) 192, (1908) 344.

1885 (R. Buettner). — V : env. de Kisantu (Gill.); entre Kisantu et le Kwango (But.). — VI : Mueue-Putu-Kasongo (Buett.). — VIII : Eala. — Nom vern. : **Monkoso** (M. Laur.); entre Coquilhatville et Lulange (Pyn.). — XI : Isangi (Ém. Laur.); Mogandjo (M. Laur.). — XII a : entre Bima et Bambili (Ser.). — XV : rég. du Kasai (Luja; Gent.); C. brousse entre Lusambo et le Lomami (Ém. Laur.); Dibele (Flam.); rég. de Mukenge (Pg.). — XVI : Toa (Desc.). — Ind. non cl. : brousse du Lomami (Desc.); Lombolo ? (Lescr.).

Mussaenda deburu *Stapf* ex *H. Johnston* G. Grenfell and the Congo, II (1908) 906 [nom. tant.].

Ann. ? (G. Grenfell). — X : Mubangi bor. (Grenf.).

Mussaenda elegans *Schumach.* et *Thonn.* Beskr. Guin. Pl. (1827) 117; *Hiern* in *Oliv.* Fl. trop. Afr. III, 70; *Th. Dur.* et *Schinz* Étud. fl. Cgo (1896) 156; *De Wild.* et *Th. Dur.* Pl. Thonnerianae (1900) 42 et Reliq. Dewevr. (1901) 109; *Hiern* Cat. Welw. Pl. I, 454; *De Wild.* Miss. Laurent (1906) 275 et Étud. fl. Bas- et Moy. Cgo, I (1904) 200; II (1907) 71, 192, (1908) 349.

Gardenia coccinea *G. Don* in Edinb. Phil. Journ. XI (1824) 343.
Bertiera — *G. Don* Gen. Syst. Bot. III (1834) 506.
M. discolor *Thonn.* ex *DC.* (non *Thou.)* Prodr. IV (1830) 372, in syn.

1870 (G. Schweinfurth). — Congo (Johnst.); Bas-Congo (Gill.). — II a : le Mayumbe (Kest.); Katala. — Nom vern. : **Manicolo** (Dew.); Bingila (Dup.). — V : Kisantu (Gill.). — VIII : Eala (Pyn.); Coquilhatville (Dew.). — IX : Ukaturaka; Umangi (Ém. Laur.). — IX a : Bokapa (Thonn.). — XI : env. de Yambuya (Sohl.). — XII a : pays des Mangbettu (Schw.). — XIII a : Stanleyville (Ém. Laur.). — XV : rég. de Mukenge (Pg.). — XVI : Lac Moero (Desc.).

— — var. **minor** *De Wild.* et *Th. Dur.* Contr. fl. Cgo, I (1899) 27.

1896 (Alph. Cabra). — II a : la Lemba (Cabra).

Mussaenda erythrophylla *Schumach.* et *Thonn.* Beskr. Guin. Pl. (1827) 116; *Hiern* in *Oliv.* Fl. trop. Afr. III, 69; *Th. Dur.* et *Schinz* Étud. fl. Cgo (1896) 156; *Hiern* Cat. Welw. Pl. I, 453; *K. Schum.* in Engl. Jahrb. XXIII (1896) 426; *De Wild.* et *Th. Dur.* Contr. fl. Cgo, I (1899) 28; II (1900) 29 et Reliq. Dewevr. (1901) 109; *De Wild.* Miss. Laurent (1906) 275 et Étud. fl. Bas- et Moy.-Cgo, I (1904) 200; II (1907) 71, 198, (1908) 344.

M. splendida *Welw.* in Trans. Linn. Soc. XXVII (1867) 36, t. 13.

1870 (G. Schweinfurth). — Congo (Johnst.); Bas-Congo (Cabra). — II a : le Mayumbe (Kest.); Zenze (Ém. Laur.). — V : Kisantu (Gill.). — VI : pays des Majakalla (Mech.). — IX : env. de Yambinga (Pyn.). — X : l'Ubangi; Imese (Ém. Laur.). — XI : Lokandu (Dew.). — XII c : entre Poko et Rungu (Ser.). — XII d : Vankerkhovenville (Ser.); pays des Mangbettu (Schw.). — XIII a : Stanleyville (Dem.); env. d'Elungu (Dew.).— XV : le Loanje (Gent.); Lubi (Lescr.): Bena-Dibele (Flam.); Ikoka (Sap.).— XVI : le Katanga (Verd.). — Nom vern. : **Manenobe** [Tanganika] (Dew.).

Mussaenda heinsioides *Hiern* in *Oliv.* Fl. trop. Afr. III (1877) 70; *Th. Dur.* et *Schinz* Étud. fl. Cgo (1896) 156.

1816 (Chr. Smith). — Bas-Congo (Sm.).

Mussaenda hispida *Engl.* in Engl. Jahrb. VIII (1887) 66; *Th. Dur.* et *Schinz* Étud. fl. Cgo (1896) 156.

1874 (Fr. Naumann). — Bas-Congo (Naum.).

Mussaenda luteola *Delile* [non *Hochst.*] Cent. pl. Méroé (1826) 65, t. 1, fig. 1; *Hiern* in *Oliv.* Fl. trop. Afr. III, 71; *Th. Dur.* et *Schinz* Étud. fl. Cgo (1896) 156; *Th. Dur.* et *De Wild.* Mat. fl. Cgo, II (1898) 73 [B. S. B. B. XXXVII, 118].

Vignaudia — *Schweinf.* Beitr. Fl. Aethiop. (1867) 182.

1893 (P. Dupuis). — II : Boma (Dup.).

Mussaenda platyphylla *Hiern* in *Oliv.* Fl. trop. Afr. III (1877) 70; *Th. Dur.* et *Schinz* Étud. fl. Cgo (1896) 157.

1870 (G. Schweinfurth). — XII d : pays des Mangbettu (Schw.).

Mussaenda polita *Hiern* in *Oliv.* Fl. trop. Afr. III (1877) 67; *Th. Dur.* et *De Wild.* Mat. fl. Cgo, II (1898) 73 [B. S. B. B. XXXVII, 118]; *De Wild.* Étud. fl. Kat. (1903) 155.

1895 (Ém. Laurent). — Congo (Dew.). — XV : le Sankuru (Ém. Laur.). — XVI : Lukafu (Verd.).

Mussaenda stenocarpa *Hiern* in *Oliv.* Fl. trop. Afr. III (1877) 68; *Th. Dur.* et *Schinz* Étud. fl. Cgo (1896) 157; *De Wild.* et *Th. Dur.* Contr. fl. Cgo, I (1899) 28; Il (1900) 29 et Reliq. Dewevr. (1901) 110; *De Wild.* Miss. Laurent (1906) 275 et Étud. fl. Bas- et Moy.-Cgo, I (1903) 76, (1906) 200; II (1907) 72, 198, (1908) 344.

1870 (G. Schweinfurth). — V : Léopoldville (Dew.); Tshumbiri (M. Laur.). — VI : vallée de la Djuma (Gill.; Gent.); Madibi (Lescr.; Sap.); Eiolo (Ém. et M. Laur.). — VII : Lac Léopold II : bords de la Fini (Ém. Laur.). — VIII : Coquilhatville (Dew.); près Équateur (Pyn.); Eala (M. Laur.); Monzambi (Brun.). — IX : Bumba (Dem.); Nouvelle-Anvers (Ém. et M. Laur.). — XII a : route de Buta à Bima ; route des Caravanes de Goo (Ser.). — XII c : Amadis et env. (Ser.).

— XII d : pays des Mangbettu (Schw.). — XIII a : Romée (Ém. Laur.). — XIII c : Yakoma (Ém. et M. Laur.). — XV : le Sankuru (Sap.); le Kasai (Ém Laur.). — Noms vern. : **Mopolambamba; Bobalabaneba** [Bangala] (Sap.); **Bopalabamba** [Eala] (M. Laur.); **Djaurbakessem: Koto-Koto** [Kwilu] (Sap.).

M. stenocarpa form. **congensis** *Buett.* in Verh. bot. Ver. Brandenb. XXXI (1889) 83; *Th. Dur.* et *Schinz* Étud. fl. Cgo (1896) 157.

1885 (R. Buettner). — VIII : Équateurville (Buett.).

— — var. **latifolia** *De Wild.* et *Th. Dur.* Pl. Thonnerianae (1901) 43.

1896 (Fr. Thonner). — IX a : Bobi (Thonn. 35).

Mussaenda tenuiflora *Benth.* in *Hook.* Niger Fl. (1849) 392; *Hiern* in *Oliv.* Fl. trop. Afr. III, 69; *K. Schum.* in *Engl.* Pfl. Ost-Afr. 379; *Th. Dur.* et *De Wild.* Mat. fl. Cgo, II (1898) 73 [B. S. B. B. XXXVII, 118] et Reliq. Dewevr. (1901) 110; *Hiern* Cat. Welw. Pl. I, 453; *De Wild.* Miss. Laurent (1906) 275 et Étud. fl. Bas- et Moy.-Cgo, I (1903) 72, (1904) 193; II (1907) 200, (1908) 344.

1896 (A. Dewèvre). — V : env. de Léopoldville (Gill.); Kisantu et env. (Gill.). — VI : le Kwilu (Sap.). — VII : la Fini (Ém. Laur.); Lac Léopold II (Ém. Laur.). — VIII : Eala (M. Laur.; Pyn.); Bala-Lundzi (Pyn.); env. de Bokakata (Dew.). — XI : Isangi (Ém. et M. Laur.). — XIII a : les Stanley-Falls; Romée (Ém. Laur.). — XV : Idanga (Ém. et M. Laur.). — Noms vern. : **Tambo** [Eala] (M. Laur.) : **Mtinku** [Sankuru] (Sap.).

UROPHYLLUM Wall.

Urophyllum callicarpoides *Hiern* in *Oliv.* Fl. trop. Afr. III (1877) 72; *De Wild.* et *Th. Dur.* Reliq. Dewevr. (1901) 110; *De Wild.* Miss. Laurent (1906) 278 et Étud. fl. Bas- et Moy.-Cgo, I (1903) 72; II (1907) 193.

1896 (A. Dewèvre). — Congo. — Nom vern. : **Ompampolo** (Dew. 753). — V : Sabuka (Ém. et M. Laur.). — VIII : Efukwa-Kombo (M. Laur.); Bombimba (Pyn.); env. de Lemfu (But.). — XIII a : Romée (Ém. et M. Laur.).

Urophyllum Dewevrei *De Wild.* et *Th. Dur.* Contr. fl. Cgo, II, (1900) 30 et Reliq. Dewevr. (1901) 110; *De Wild.* Étud. fl. Bas- et Moy.-Cgo, I (1903) 77; II (1907) 72, 193 et Miss. Laurent (1906) 278.

1896 (A. Dewèvre). — V : Kwamouth (Ém. et M. Laur.): Kisantu et env. (Gill. 3522); env. de Dembo (Gill.); env. de Lemfu (But. in Gill. 3476); Kimuenza (Dew.); Sanda (Odd.). — VII : Ibali (Ém. et M. Laur.). — VIII : Bombimba (Pyn. 325); env. d'Eala (M. Laur. 1224); Équateur (Pyn.). — XIII c : env. de Ponthierville [Wabundu] (Dew.). — XV : Limbutu (M. Laur.); Butala (Ém. et M. Laur.).

Urophyllum Gilletii *De Wild.* et *Th. Dur.* Pl. Gilletianae, I (1900) 26 [B. Herb. Boiss. Sér. 2, I, 26]; *De Wild.* Étud. fl. Bas- et Moy.-Cgo, I (1903) 77; II (1907) 72, 193.

1900 (J. Gillet). — V : Kisantu (Gill. 402); rives de la Lukaya (Ch. Gérard; Gill. 1929). — VIII : Eala (Pyn. 467); Monzambi. — Nom vern. : **Oshampongo** (M. Laur. 1456). — IX : Bumba (Pyn. 49).

Urophyllum Liebrechtsianum *De Wild.* et *Th. Dur.* Contr. fl. Cgo, II (1900) 29 et Reliq. Dewevr. (1901) 111; *De Wild.* Étud. fl. Bas- et Moy.-Cgo, I (1903) 77; II (1907) 194 et Miss. Laurent (1906) 278.

1896 (A. Dewèvre). — V : le Stanley-Pool (Ém. et M. Laur.); env. de Léopold-ville (Gill. 12689); Lukolela (Pyn. 195). — VII : Kutu (Ém. et M. Laur.). — VIII : Eala (M. Laur. 1579). — IX : Bolombo (Dew. 799).

Urophyllum verticillatum *De Wild.* et *Th. Dur.* Contr. fl. Cgo, II (1900) 20 et Reliq. Dewevr. (1901) 111.

1895 (A. Dewèvre). — II a : Shinganga (Dew. 257).

Urophyllum viridiflorum *Schweinf.* ex *Hiern* in *Oliv.* Fl. trop. Afr. III (1877) 74; *Th. Dur.* et *Schinz* Étud. fl. Cgo (1896) 157.

1870 (G. Schweinfurth). — XII d : Munza (Schw.).

SABICEA Aubl.

Sabicea affinis *De Wild.* Étud. fl. Bas- et Moy.-Cgo, I (1903) 77; II (1907) 72 et Miss. Laurent (1906) 275.

1899 (J. Gillet). — V : Sabuka (Ém. et M. Laur.); Kisantu (Gill. 159, 357, 1390). — VI : vallée de la Djuma (Gill. 1902). — IX : Bumba (Pyn.).

Sabicea calycina *Benth.* in *Hook.* Niger Fl. (1849) 399; *Hiern* in *Oliv.* Fl. trop. Afr. III, 76; *De Wild.* Miss. Laurent (1906) 276 et Étud. fl. Bas- et Moy.-Cgo, II (1907) 194.

1903 (Ém. Laurent). — V : Lukolela (Pyn. 241). — XV : Kapinga (Ém. et M. Laur.).

Sabicea capitellata *Benth.* in *Hook.* Niger Fl. (1849) 398; *Hiern* in *Oliv.* Fl. trop. Afr. III, 76; *Th. Dur.* et *Schinz* Étud. fl. Cgo (1896) 157; *De Wild.* et *Th. Dur.* Pl. Gilletianae, II (1901) 84 [B. Herb. Boiss. Sér. 2. I, 756]; *De Wild.* Étud. fl. Bas- et Moy.-Cgo, II (1907) 72.

1816 (Chr. Smith). — Bas-Congo (Sm.). — V : entre le Kwango et Dembo; bassin de la Sele (But.); env. de Kisantu; Kimuenza (Gill.); env. de Lemfu (But.; Gill.).

Sabicea Dewevrei *De Wild.* et *Th. Dur.* Reliq. Dewevr. (1901) 112;
De Wild. Miss. Laurent (1906) 276 et Étud. fl. Bas- et Moy.-Cgo, II
(1907) 194.

1896 (A. Dewèvre). — VIII : Eala (M. Laur. 1597). — XIII c : Ponthierville [Wabundu] (Dew. 1143).

— — var. **latifolia** *De Wild.* Miss. Laurent (1906) 276.

1903 (Ém. et Marc. Laurent). — XI : Isangi (Ém. et M. Laur.). — XV : Ifuta (Ém. et M. Laur.).

Sabicea Dinklagei *K. Schum.* in Engl. Jahrb. XXIII (1896) 428; *De Wild.* et *Th. Dur.* Contr. fl. Cgo, II (1900) 31.

1888 (Fr. Hens). — IX : pays des Bangala (Hens, C. 139; Dem.).

Sabicea floribunda *K. Schum.* in Engl. Jahrb. XXIII (1896) 428; *De Wild.* Étud. fl. Bas- et Moy.-Cgo, II (1907) 71.

1900 (J. Gillet). — V : Kimuenza (Gill. 1749).

Sabicea Gilletii *De Wild.* Étud. fl. Bas- et Moy.-Cgo, I (1903) 78 et Miss. Laurent (1906) 276.

1901 (J. Gillet). — V : env. de Kimuenza (Gill. 1911, 2024). — XV : Lomkala: Ifuta (Ém. et M. Laur.).

Sabicea Kolbeana *Buett.* in Verh. bot. Ver. Brandenb. XXXI (1889) 78; *Th. Dur.* et *Schinz* Étud. fl. Cgo (1896) 157.

1885 (R. Buettner). — VI : bois des bords du Kwango (Buett. 440).

Sabicea Laurentii *De Wild.* Miss. Laurent (1906) 276.

1905 (Marc. Laurent). — VIII : Eala (Ém. Laur. 902).

— — var. **Pynaertii** *De Wild.* l. c. (1906) 277 et Étud. fl. Bas- et Moy.-Cgo, II (1907) 194.

1905 (L. Pynaert). — VIII : Nouvelle-Anvers (Pyn. 12); Eala (Pyn. 579).

— — var. **velutina** *De Wild.* l. c. (1906) 277.

1904 (Ém. et Marc. Laurent). — VIII : Lulanga (Ém. et M. Laur.).

Sabicea longepetiolata *De Wild.* Étud. fl. Bas- et Moy.-Cgo, I (1903) 78 et Miss. Laurent (1906) 278.

1901 (J. Gillet). — V : Lukolela (Ém. et M. Laur.); Kimuenza (Gill. 2179).

Sabicea Schumanniana *Buett.* in Verh. bot. Ver. Brandenb. XXXI (1889) 76; *Th. Dur.* et *Schinz* Étud. fl. Cgo (1896) 157.

1885 (R. Buettner). — V : entre Lukolela et Bolobo (Buett.).

Sabicea venosa *Benth.* in *Hook.* Niger Fl. (1849) 399; *Hiern* in *Oliv.* Fl. trop. Afr. III, 77; *K. Schum.* in *Engl.* Pfl. Ost-Afr. 379; *Hiern* Cat. Welw. Pl. I, 454; *De Wild.* et *Th. Dur.* Contr. fl. Cgo, I (1899) 31; Pl. Gilletianae, I (1900) 27 [B. Herb. Boiss. Sér. 2, I, 27] et Reliq. Dewevr. (1901) 112.

1891 (F. Demeuse). — Bas-Congo (Cabra). — II a : Katala; Shinganga (Dew.). — V : Kisantu (Gill.). — IX : pays des Bangala (Dem.).

— — var. **villosa** *K. Schum.* ex *De Wild.* et *Th. Dur.* Contr. fl. Cgo, I (1899) 31; *De Wild.* Étud. fl. Bas- et Moy.-Cgo, II (1907) 194.

1895 (P. Dupuis). — II a : Bingila (Dup.). — VIII : Eala (Pyn. 515).

Sabicea Vogelii *Benth.* in *Hook.* Niger Fl. (1849) 398; *Hiern* in *Oliv.* Fl. trop. Afr. III, 76; *De Wild.* Miss. Laurent (1906) 278.

1903 (Ém. et Marc. Laurent). — XV : Bukila (Ém. et M. Laur.).

STIPULARIA P. Beauv.

Stipularia africana *P. Beauv.* Fl. d'Oware, II (1807) 26, t. 75; *Hiern* in *Oliv.* Fl. trop. Afr. III, 80; *De Wild.* et *Th. Dur.* Pl. Gilletianae, II (1901) 84 [B. Herb. Boiss. Sér. 2, I, 756]; *De Wild.* Étud. fl. Bas- et Moy.-Cgo, I (1903) 79, (1904) 200 et Miss. Laurent (1906) 278.

1895 (A. Dewèvre). — V : env. de Léopoldville (Dew.); Yumbi (Ém. Laur.); Lukolela (Pyn.). — VII : Lac Léopold II (Body). — IX : Lie (Ém. Laur.). — XI : env. de Bena-Kamba (Dew.).

— — var. **hirsuta** *De Wild.* Étud. fl. Bas- et Moy.-Cgo, II (1907) 194.

1906 (Alberic Bruneel). — VIII : Lokelenge (Brun. 41).

Stipularia elliptica *Schweinf.* ex *Hiern* in *Oliv.* Fl. trop. Afr. III (1877) 80; *De Wild.* et *Th. Dur.* Contr. fl. Cgo, I (1899) 112 et Reliq. Dewevr. (1901) 102; *De Wild.* Miss. Laurent (1906) 278 et Étud. fl. Bas- et Moy.-Cgo, II (1907) 195.

1900 (R. Butaye). — V : Dolo (Ém. Laur.); env. de Léopoldville (Gill.); bassin de la Sele (But.); Kimuenza (Gill.); Lula-Lumene (Hendr.); entre Kisantu et Popokabaka (But.).

— — var. **hirsuta** *De Wild.* Étud. fl. Bas- et Moy.-Cgo, II (1907) 195.

1905 (Marc. Laurent). — VIII : Eala (M. Laur. 800).

HEINSIA DC.

Heinsia [**densiflora** *Hiern* in *Oliv*. Fl. trop. Afr. III (1877) 81 ; *K. Schum.* in *Engl.* Pfl. Ost-Afr. 382.

Le type n'est indiqué que dans l'Afrique trop. orientale.

— — var. **occidentalis** *De Wild.* Miss. Laurent (1906) 289 et Étud. fl. Bas- et Moy.-Cgo, II (1907) 169.

1903 (Ém. et Marc. Laurent). — XV : Bena-Dibele; Isaka; Mokole (Ém. et M. Laur.); le Sankuru (Sap.).

Heinsia pulchella [*G. Don*] *K. Schum.* in *Engl.* et *Prantl* Nat. Pflanzenfam. IV, 4 (1891) 84 et in *Engl.* Pfl. Ost-Afr. 382; *Th. Dur.* et *De Wild.* Mat. fl. Cgo, II (1898) 73 [B. S. B. B. XXXVII, 118]; Pl. Thonnerianae (1900) 43 et Reliq. Dewevr. (1901) 113; *De Wild.* Miss. Laurent (1906) 289 et Étud. fl. Bas- et Moy.-Cgo, II (1907) 75, 169 ; (1908) 343.

    Gardenia — *G. Don* in Edinb. Phil. Journ. XI (1824) 343.
    G. crinita *Afzel.* Stirp. guin. medic. sp. nov. (1829) 13.
    H. jasminiflora *DC.* Prodr. IV (1830) 390; Bot. Mag. (1846) t. 4207; *Hiern* in *Oliv.* Fl. trop. Afr. III, 81; *Th. Dur.* et *Schinz* Etud. fl. Cgo (1896) 158; *Hiern* Cat. Welw. Pl. I, 455.

1885 (R. Buettner). — Bas-Congo (Ém. Laur.). — II a : le Mayumbe (Kest.); la Lemba (Dew.); Bingila (Dup.). — IV : Luozi (Luja). — V : le Stanley-Pool (Buett.); Léopoldville (Ém. Duch; Schlt.); Sabuka; Mopolenge (Ém. et M. Laur.); Kisantu; env. de Dembo. — Nom vern. : Nscanuma (Gill.); env. de Sanda (Odd.); Dembo (Vanderyst). — VII : Malepie (Ém. Laur.). — VIII : Eala (M. Laur.); Ikenge (Pyn.); Injolo (Ledoux et Huyghe); Baringa-Yala [Bolombo] (Brun.). — IX : Umangi (Krek.); Bokumbi (Thonn.). — X : l'Ubangi (Ém. et M. Laur.). — XI : Isangi (Dem.); env. de Yambuya (Solh.). - XIII a : Romée (Ém. et M. Laur.). — XV : le Sankuru (L. Rom.); Ifuta (Ém. et M. Laur.); Lusambo (Jos. Duch.) — Ind. non cl. : Bena-Kusadi (Lescr.); Kibaka (Buett.) : Bunga [la Songo] (Ern. Dew.).

    Obs. — Espèce répandue dans la région du Stanley-Pool, de la Fini et du Lac Léopold II (Ém. Laur.).

— — var. **hispidissima** *K. Schum.* ex *Th. Dur.* et *De Wild.* Mat. fl. Cgo, II (1898) 74 [B. S. B. B. XXXVII, 119].

1895 (Ém. Laurent). — V : bords du Congo en amont du Stanley-Pool (Ém. Laur.).

— — var. **phyllocalyx** *K. Schum.* ex *Th. Dur.* et *De Wild.* Mat. fl. Cgo, II (1898) 74 [B. S. B. B. XXXVII, 117] et Contr. fl. Cgo, I (1899) 28; *De Wild.* Étud. fl. Bas- et Moy.-Cgo, I (1903) 79.

1888 (Fr. Hens). — Bas-Congo (Ém. Laur.). — II a : au S. de la Lukula (Cabra). — IV : rives de la Lukungu (Gérard in Gill. 1930). — V : Kisantu (Gill.). — IX : pays des Bangala (Hens, 376). — IX : Bokumbi (Thonn.).

BERTIERA Aubl.

Bertiera aethiopica *Hiern* in *Oliv.* Fl. trop. Afr. III (1877) 83; *Engl.* in *Schlecht.* Westafr. Kautsch.-Exped. (1900) 319.

1899 (R. Schlechter). — VIII : Coquilhatville (Schlt. 12607).

Bertiera capitata *De Wild.* Étud. fl. Bas- et Moy.-Cgo, II (1907) 169, (1908) 344.

1903 (Marc. Laurent). — VII : Ibali (Ém. et M. Laur.). — VIII : Eala et env. (Pyn. 41 a, 122, 628, 1023, 1163; M. Laur.); Boyenge [Ikelemba] (M. Laur. 1260).

Bertiera congolana *De Wild.* et *Th. Dur.* Contr. fl. Cgo (1900) 28 et Reliq. Dewevr. (1901) 113; *De Wild.* Étud. fl. Bas- et Moy.-Cgo, II (1907) 75, 170.

1895 (A. Dewèvre). — V : Léopoldville (Dew.); Sabuka (Ém. et M. Laur.); Kisantu et env. (Gill. 255, 661, 1833); env. de Sanda (Odd. in Gill. 3563). — XIII a : Stanleyville (Dew.).

Bertiera Dewevrei *De Wild.* et *Th. Dur.* Pl. Gilletianae, I (1900) 27 [B. Herb. Boiss. Sér. 2, I, 27] et Reliq. Dewevr. (1901) 113; *De Wild.* Miss. Laurent (1906) 290 et Étud. fl. Bas- et Moy.-Cgo, II (1907) 170.

1896 (A. Dewèvre). — IV : Luvituku (Pyn. 86). — V : Kisantu (Gill.). — VI : Eiolo (Ém. et M. Laur.). — VIII : Eala (M. Laur. 1582; Pyn. 514). — IX : Bolombo (Ém. et M. Laur.). — XIII a : env. de Stanleyville (Dew.); Romée (Ém. et M. Laur.).

Bertiera gracilis *De Wild.* Miss. Laurent (1906) 290.

1903 (Ém. et M. Laurent). — VII : Kiri (Ém. et M. Laur.). — XV : Kapigna (Ém. et Laur.).

— — var. **latifolia** *De Wild.* Étud. fl. Bas- et Moy.-Cgo, II (1907) 170.

1895 (F. Demeuse). — IX : pays des Bangala (Dem. 315); Romée (M. Laur. 1444). — XI : Yambuya (M. Laur. 1453).

Bertiera Laurentii *De Wild.* Miss. Laurent (1906) 290 et Étud. fl. Bas- et Moy.-Cgo, II (1907) 76, t. 6-7, 171.

1900 (J. Gillet). — V : Kimuenza (Gill.). — VI : vallée de la Djuma (Gill.; Gent.); Eiolo (Ém. Laur.). — VII : bord des pièces d'eau dans les savanes du distr. du Lac Léopold II (Body).

Bertiera laxa *Benth.* in *Hook.* Niger Fl. (1849) 85; *Hiern* in *Oliv.* Fl. trop. Afr. III, 85; *Th. Dur.* et *Schinz* Étud. fl. Cgo (1896) 158.

1816 (Ch. Smith). — Bas-Congo (Sm.).

Bertiera macrocarpa *Benth.* in *Hook.* Niger Fl. (1849) 394; *Hiern*
in *Oliv.* Fl. trop. Afr. III, 84 et Cat. Welw. Pl. I, 456; *Th. Dur.* et
De Wild. Mat. fl. Cgo, II (1898) 74 [B. S. B. B. XXXVII, 117] et
Contr. fl. Cgo, I (1899) 29; II (1900) 29; *De Wild.* Miss. Laurent
(1906) 291.

> 1893 (Ém. Laurent). — Congo (Dew.): Bas-Congo (Ém. Laur.). — IX : Gali
> (Thonn.). — X : Imese (Ém. et M. Laur.).

Bertiera Thonneri *De Wild.* et *Th. Dur.* Pl. Thonnerianae (1900)
44, t. 13.

> 1896 (Fr. Thonner). — IX a : Gali (Thonn. 19).

>> Obs. — L'Albertia edulis *A. Rich.* [in Mém. Soc. hist. nat. Paris, V (1830)
>> 234] a été introduit, en 1898, à Kisantu, par le Fr. J. Gillet [*De Wild.* Étud.
>> fl. Bas- et Moy.-Cgo, I (1904) 203].

DICTYANDRA Welw.

Dictyandra arborescens *Welw.* ex *Benth.* et *Hook. f.* Gen. pl. II
(1873) 85; *Hiern* in *Oliv.* Fl. trop. Afr. III, 86 et Cat. Welw. Pl. I,
456; *De Wild.* et *Th. Dur.* Pl. Gilletianae, I (1900) 27 [B. Herb.
Boiss. Sér. 2, I, 27]; *De Wild.* Étud. fl. Bas- et Moy.-Cgo, I (1904)
84, (1906) 201; II (1907) 196, (1908) 345 et Miss. Laurent (1906) 281.

> 1899 (J. Gillet). — V : env. de Léopoldville (Gill.); Kisantu; env. de Kimuenza
> (Gill.). — VII : Kutu (Ém. et M. Laur.). — VIII : Eala (Pyn. 979, 1052, 1324). —
> XI : Basoko (Ém. Laur.). — XV : le Sankuru (Sap.); Mauge (Ém. Laur.).

LEPTACTINIA Hook. f.

Leptactinia Arnoldiana *De Wild.* Miss. Laurent (1906) 279, t. 96-97
et Étud. fl. Bas- et Moy.-Cgo, II (1907) 157.

> 1903 (Ém. et Marc. Laurent). — XI : Limbutu (M. Laur. 974). — XV : Kondué
> (Ém. et M. Laur.).

Leptactinia formosa *K. Schum.* in Engl. Jahrb. XXIII (1896) 431.

> 1882? (P. Pogge). — XV : la Lulua (Pg. 1120); Mukenge (Pg. 1181, 1177).

>> Obs. — Pogge a aussi indiqué cette espèce entre Nyangwe et Kimbundo (Pg.
>> 1083, 1195).

Leptactinia Laurentiana *A. Dewèvre* in B. S. B. B. XXXIII[2] (1894)
102 et XXXIV[2] (1895) 95; *Th. Dur.* et *Schinz* Étud. fl. Cgo (1896)
158.

> 1903 (Ém. Laurent). — II a : le Mayumbe (Ém. Laur. 106).

Leptactinia Leopoldi II *Buett.* in Verh. bot. Ver. Brandenb. XXXI (1889) 75; *Th. Dur.* et *Schinz* Étud. fl. Cgo (1896) 158; *De Wild.* Étud. fl. Bas- et Moy.-Cgo, II (1907) 72, 157, (1908) 344.

1885 (R. Buettner). — V : Lukolela (Dew. 849 a); entre Lukolela et Bolobo (Buett. 436, 448); Kisantu (Gill. 289); env. de Sanda (Odd. in Gill. 3579). — VI : Kongo-Kwilu (Sap.); rég. de Luanu (Lescr. 38); Dima (Sap.). — VII : Kutu (Ém. Laur.). — VIII : Eala et env. — Nom vern. : **Jakoi-Loko** (M. Laur. 140, 1215; Pyn.). — IX : pays des Bangala (Hens, C. 110). — XV : Mushenge (Lescr.); Bukila (Ém. et M. Laur. 504, 973, 978, 1142, 1243, 1358: Flam. 28); Kapilumba (Sap.). — Nom vern. : **Mompusu** [Bangala] (Sap.).

Leptactinia Liebrechtsiana *De Wild.* et *Th. Dur.* Pl. Gilletianae, I (1900) 27 [B. Herb. Boiss. Sér. 2, I, 27]; *De Wild.* Étud. fl. Bas- et Moy.-Cgo, I (1903) 79, (1906) 200; II (1907) 73, 100.

1900 (J. Gillet). — V : entre le Kwango et Kisantu (But.); Kisantu (Gill. 182); Sanda et env. (Odd.; De Brouw. in Gill. 3002, 3109, 3119, 3416); rég. de Kimuenza (Gérard in Gill. 2042); Lula-Lumene (Hendr. in Gill. 3051, 3099).

Leptactinia Pynaertii *De Wild.* Étud. fl. Bas- et Moy.-Cgo, II (1908) 345.

1901 (J. Gillet). — V : env. de Kimuenza (Gill. 1944). — VIII : Eala (Pyn. 916). — XI : Mogandjo (M. Laur. 577).

Leptactinia Sereti *De Wild.* Miss. Laurent (1906) 280.

1896 (A. Dewèvre). — XII a : route de Buta à Bima (Ser.). — XIII d : env. de Kabanga (Dew.).

Leptactinia surongaensis *De Wild.* Étud. fl. Bas- et Moy.-Cgo, II (1907) 73.

1905 (F. Seret). — XII c : Surango (Ser. 422).

TARENNA Gaertn.

Tarenna congensis *Hiern* in *Oliv.* Fl. trop. Afr. III (1877) 91 et Cat. Welw. Pl. I, 457; *Th. Dur.* et *Schinz* Étud. fl. Cgo (1896) 159.

Chomelia — *O. Kuntze* Rev. Gener. (1891) 278; *De Wild.* et *Th. Dur.* Reliq. Dewevr. (1901) 121; *De Wild.* Étud. fl. Bas- et Moy.-Cgo, II (1907) 157.

1816 (Chr. Smith). — Bas-Congo (Sm.). — II : Boma (Dew. 97; Pyn. 24).

RANDIA L.

Randia acarophyta *De Wild.* Étud. fl. Bas- et Moy.-Cgo, II (1907) 158, (1908) 346.

1906 (Marc. Laurent). — VIII : Eala (Pyn. 397, 443, 837, 1647). — XI : Yambuya (M. Laur. 1440).

Randia acuminata [*G. Don*] *Benth.* in *Hook.* Niger Fl. (1849) 385; . *Hiern* in *Oliv.* Fl. trop. Afr. III, 95; *Th. Dur.* et *Schinz* Étud. fl. Cgo (1896) 159; *De Wild.* et *Th. Dur.* Reliq. Dewevr. (1901) 114; *De Wild.* Miss. Laurent (1906) 281 et Étud. fl. Bas- et Moy.-Cgo, II (1907) 158, (1908) 346.

Gardenia — *G. Don* Gen. Syst. Bot. III (1834) 499.

1870 (G. Schweinfurth). — V : Lukolela. — Nom vern. : **Boandsu; Bondju** (Dew.). — VII : Ibali (Ém. et M. Laur.). — VIII : Irebu (Schlt.); Coquilhatville (Pyn.); Eala (M. Laur.; Pyn. 532, 951, 1302; Flam. 54); Mompoko [Lulanga] (Brun.). — IX : Bolombo — Nom vern. : **Etundulu** (Ém. et M. Laur.). — XII : Mapusi [rive gauche de l'Uele] (Ser.). — XII d : pays des Mangbettu (Schw.). - XIII c : Lokandu. — Nom vern. : **Kikiki** (Dew.). — XV : le Sankuru (Sap.). — Nom vern. : **Kilanga** [Tanganika] (Dew.).

Randia Bruneelii *De Wild.* Étud. fl. Bas- et Moy.-Cgo, II (1907) 159, (1908) 346.

1906 (Alberic Bruneel). — VIII : Eala (Pyn. 1150); Basankusu; Mompono (Brun. 56).

Randia cladantha *K. Schum.* in Engl. Jahrb. XXVIII (1899) 62; *De* . *Wild.* et *Th. Dur.* Reliq. Dewevr. (1901) 114; *De Wild.* Étud. fl. Bas- et Moy.-Cgo, II (1907) 159, (1908) 346.

1896 (A. Dewèvre). — V : env. de Lukolela. — Nom vern. : **Mocingate; Mompompolo** (Dew.). — VIII : Eala (M. Laur. 1102, 1274, 1572; Pyn. 882, 1041, 1760).

Randia congolana *De Wild.* et *Th. Dur.* Pl. Gilletianae, I (1900) 28 [B. Herb. Boiss. Sér. 2, I, 28] et Reliq. Dewevr. (1901) 114; *De Wild.* Étud. fl. Bas- et Moy.-Cgo, I (1904) 201, II (1907) 74, 159, (1908) 346 et Miss. Laurent (1906) 281.

1896 (A. Dewèvre). — V : Kisantu; env. de Sanda (Gill. 3418, 3429). — VI : vallée de la Djuma (Gent.). — VIII : env. d'Eala (M. Laur. 117 a); Bombimba (Pyn. 326); Ioko [Baringa] (Brun. 33). — XI : Lokandu et env. (Dew. 1105; Gossaert); en aval de Basoko; Malema; Barumbu (Ém. et M. Laur.). — XII a : entre Buta et Bima (Ser. 102). — XIII a : Stanleyville (Pyn. 70). — XV : Batempa; Butala; Dibele; Bolongula (Ém. et M. Laur.); le Sankuru. — Nom vern. : **Mokindu** (Sap.). — Ind. non cl. : Bena-Lecoula [XIII c ?] (Dew. 1150 a).

Randia Cuvelierana *De Wild.* Étud. fl. Bas- et Moy.-Cgo, I (1903) 79, (1904) 201 et Miss. Laurent (1906) 282, fig. 39.

1902 (L. Gentil et J. Gillet). — VI : Tshimbane (Gill. 2485, 2906; Gent. 82). — VIII : Eala (M. Laur. 121). — XII : Danga. — Nom vern. : **Bienga** (M. Laur. 6). — XV : Libusha (Ém. et M. Laur.).

Randia Eetveldeana *De Wild.* et *Th. Dur.* Mat. fl. Cgo, VI (1900) 24 [B. S. B. B. XXXVIII[2], 194]; Reliq. Dewevr. (1901) 115 et Ill. fl. Cgo (1902) 169, t. 85; *De Wild.* Miss. Laurent (1906) 283 et Étud. fl. Bas- et Moy.-Cgo, II (1907) 74, (1908) 331.

1895 (A. Dewèvre). — II a : Shingauga (Dew.). — VIII : env. d'Eala (M. Laur. 161). — IX : en aval de Bolombo; Ukaturaka (Ém. et M. Laur.). — XII c : Nala (Van Ryss.). — XV : Butala (Lescr. 260).

Randia Eetveldea var. **elongata** *De Wild.* Miss. Laurent (1906) 283.

1903 (Ém. et Marc. Laurent). — II a : le Mayumbe [Bukula] (Ém. et M. Laur.). — VII : Kutu (Ém. et M. Laur.).

Randia Lemairei *De Wild.* Étud. fl. Kat. (1903) 155.

1899 (Edg. Verdick). — XVI : Lukafu. — Nom vern. : **Mukonli** (Verd.).

Randia Liebrechtsiana *De Wild.* et *Th. Dur.* Mat. fl. Cgo, VI (1900) 23 [B. S. B. B. XXXVIII², 193] et Reliq. Dewevr. (1901) 117.

1896 (A. Dewèvre). — V : Lukolela. — Nom vern. : **Bowana-Panzi** (Dew. 826).

Randia longiflora [*Salisb.*] *Th. Dur.* et *Schinz* Étud. fl. Cgo (1896) 159.

Rothmannia — *Salisb.* Parad. Londin. (1807) t. 65.
Randia maculata *DC.* Prodr. IV (1830) 388; *Hiern* in *Oliv.* Fl. trop. Afr. III, 96.
Gardenia speciosa *A. Rich.* in Mém. Soc. hist. nat. Paris, V (1834) 240.
G. Stanleyana *Hook.* ex *Lindl.* in Bot. Reg. (1845) t. 47; Bot. Mag. (1845) t 4185.
Rothmannia — *Hook. f.* in *Hook.* Niger Fl. (1849) 383.

1870 (G. Schweinfurth). — XII d : pays des Mangbettu (Schw.).

Randia Lujae *De Wild.* in Comp.-rend. Acad. sci. Paris (1904) 913 et Not. pl. util. ou intér. du Cgo, I (1904) 283 et Étud. fl. Bas- et Moy.-Cgo, II (1907) 159.

1903 (Éd. Luja). — VIII : Lokelenge (Brun. 28). — XV : forêts du Sankuru (Luja).

Randia malleifera [*Hook.*] *Benth.* et *Hook. f.* Gen. pl. II (1873) 89; *Hiern* in *Oliv.* Fl. trop. Afr. III, 89; *De Wild.* et *Th. Dur.* Contr. fl. Cgo, II (1900) 31; *Th. Dur.* et *Schinz* Étud. fl. Cgo (1896) 159; *De Wild.* Étud. fl. Bas- et Moy.-Cgo, II (1907) 160.

1816 (Chr. Smith). — Bas-Congo (Sm.). — II a : Biugila? (Dup.). — V : Upoto? (Wilw.). — XI : Yambuya (M. Laur.). — XII d : pays des Mangbettu (Schw.).

Randia micrantha *K. Schum.* in Engl. Jahrb. XXIII (1896) 438; *Engl.* in Sitzb. Preuss. Akad. Wiss. XXXVIII (1908) 829.

1882 (P. Pogge). — XV : rég. de Mukenge (Pg.).

— — var. **Poggeana** *K. Schum.* l. c. (1896) 438.

1882 (P. Pogge). — XV : entre Kingenge et le Kasai (Pg. 977); Mukenge (Pg. 1051).

Randia Munsae *Schweinf.* ex *Hiern* in *Oliv.* Fl. trop. Afr. III (1877) 99; *Th. Dur.* et *Schinz* Étud. fl. Cgo (1896) 160.

1870 (G. Schweinfurth). — XII d : pays des Mangbettu (Schw.).

Randia myrmecophita *De Wild.* Étud. fl. Bas- et Moy.-Cgo, II (1907) 160-163, fig. 5-8, t. 38-39, (1908) 346.

1906 (L. Pynaert). — VIII : Eala (Pyn. 822)

— — var. **glabra** *De Wild.* ll. cc. 163 et 346.

1903 (Ém. et Marc. Laurent). — VIII : Coquilhatville (M. Laur.). — XI : env. de Yambuya (Solhl. 44). — XV : Bombaie (Ém. et M. Laur.).

— — var. **subglabra** *De Wild.* l. c. 163.

1906 (Marc. Laurent). — XI : Yambuya (M. Laur. 1614, 1617).

— — var. **typica** *De Wild.* l. c. 160.

1905 (Marc. Laurent). — VIII : Eala (M. Laur. 1616; Pyn. 445).

Randia nalaensis *De Wild.* Étud. fl. Bas- et Moy.-Cgo, II (1908) 347.

1907 (F. Seret). — XII c : env. de Nala (Ser. 805).

Randia octomera *|Hook.|* *Benth.* et *Hook. f.* Gen. pl. II (1876) 89; *Hiern* in *Oliv.* Fl. trop. Afr. III, 98; *K. Schum.* in Engl. Jahrb. XXIII (1896) 439; *De Wild.* et *Th. Dur.* Contr. fl. Cgo, II (1900) 31 et Reliq. Dewevr. (1901) 117; *De Wild.* Étud. fl. Bas- et Moy.-Cgo, I (1903) 80, (1906) 201; II (1907) 74, 164, (1908) 346 et Miss. Laurent (1906) 283.

1882 (P. Pogge). — V : Kimuenza; entre Dembo et le Kwango (Gill.); Sanda (Odd.; De Brouw.). — VI : vallée de la Djuma (Gill. et Gent.). — VII : Lac Léopold II (Body). — VIII : Bokakata (Dew.); Ikenge (Krek.); Eala (M. Laur.; Pyn.). — IX : pays des Bangala (Dem.); Umangi (Krek.). — XI : env. de Yambuya (Solh.). — XIII a : Stanleyville (Pyn.). — XV : Bolongula; le Sankuru (Ém. Laur.); Munungu (Lescr.); Mukenge (Pg.); Mukikamu (Ém. Laur.); Dibele (Flam.). — Nom vern. : **Malalenko** [Sankuru] (Sap.).

Randia physophylla *K. Schum.* in Engl. Jahrb. XXVIII (1899) 64; *De Wild.* Étud. fl. Bas- et Moy.-Cgo, I (1904) 81; II (1907) 74, 164.

1900 (R. Butaye). — V : env. de Kisantu (Gill.); Sanda (Odd.); la Lukaya (Gill.). — VI : rég. du Kwango (But.). — VIII : env. d'Eala (M. Laur. 1557). — XV : Lubi (Lescr. 204).

Randia Pynaertii *De Wild.* Étud. fl. Bas- et Moy.-Cgo, II (1907) 164, (1908) 347.

1906 (L. Pynaert). — VIII : Eala (Pyn. 1440); Moudjo (Pyn. 310). — XV : le Sankuru (Sap.).

MORELIA A. Rich.

Morelia senegalensis *A. Rich.* in Mém. Soc. hist. nat. Paris, V (1834) 232; *Hiern* in *Oliv.* Fl. trop. Afr. III, 113; *De Wild.* et *Th. Dur.* Mat. fl. Cgo, II (1898) 74 et Reliq. Dewevr. (1901) 117; *De Wild.* Étud. fl. Bas- et Moy.-Cgo, I (1904) 201; II (1907) 75, 167 et Miss. Laurent (1906) 285.

1895 (\. Dewèvre). — II a : Zenze (Ém. Laur.); Shinganga (Dew.). — V : env. de Léopoldville (Gill.); entre Léopoldville et Mombasi (Gill.); env. de Bolobo (Ém. et M. Laur.); Tshumbiri (M. Laur.). — VI : vallée de la Djuma (Gill.; Gent.). — VII : bassin de la Fini (Ém. Laur.); Lac Léopold II (Body). — VIII : Eala (M. Laur.; Pyn.); Bala-Lundzi (Pyn.); XV : rég. de Mukenge (Pg.).

GARDENIA L.

Gardenia Jovis-tonantis *Hiern* in *Oliv.* Fl. trop. Afr. III (1877) 101 et Cat. Welw. Pl. 1, 461; *Ficalho* Pl. Uteis, 461; *De Wild.* Étud. fl. Bas- et Moy.-Cgo, II (1908) 348.

G. Thunbergia *Auct.* [non *L.*]. *Th. Dur.* et *Schinz* Étud. fl. Cgo (1896) 160; *De Wild.* Miss. Laurent (1906) 283, t. 80 et fig. 40; Not. pl. util. ou intér. du Cgo, II (1906) 124-126, t. 23 et Étud. fl. Bas- et Moy.-Cgo, II (1907) 158.

1816 (Chr. Smith). — Bas-Congo (Sm.). — II : Boma (Ém. Laur.). — II a : C. dans le Mayumbe (Ém. Laur.); Bingila (Dup.). — IV : route des Caravanes, C. [distr. des Cataractes] (Ém. Laur.); Luvituku (Pyn.). — V : C. dans le district (Ém. Laur.); le Stanley-Pool (Dem.); Léopoldville; Kisantu; Dembo (Gill.). — VII : la Fini (Ém. Laur.). — XII c : entre Guruga et Niangara (Ser.); entre Mapusi et Koko [Uele] (Ser.). — XV : Mission St-Joseph de Luluabourg (Lescr.); Luluabourg. — Nom vern. : **Kapulumba** (Sap.). — XVI : Lukafu. — Nom vern. : **Kinkolela** (Verd.). — Ind. non cl. : bords de la Luile (Desc.).

Gardenia Leopoldiana *De Wild.* et *Th. Dur.* Contr. fl. Cgo, I (1899) 28 et Reliq. Dewevr. (1901) 117; *De Wild.* Miss. Laurent (1906) 285.

1895 (A. Dewèvre). — II : env. de Boma (Ém. et M. Laur.). — II a : Shinganga (Dew. 286).

Gardenia Sereti [*De Wild.*] *De Wild.* Étud. fl. Bas- et Moy.-Cgo, II (1908) 348.

Randia — *De Wild.* l. c. II (1907) 164 [sphalm.].

1905 (F. Seret). — XII : bord de la Giradi près de Duru-Mokra (Ser. 152).

Gardenia Vogelii *Hook. f.* in *Hook.* Icon. pl. VIII (1848) t. 782-783 et Niger Fl. 381, t. 38-39; *Hiern* in *Oliv.* Fl. trop. Afr. III, 103; *Th. Dur.* et *Schinz* Étud. fl. Cgo (1896) 160.

1816 (Chr. Smith). — Bas-Congo (Sm.).

AMARALIA Welw.

Amaralia calycina [*G. Don*] *K. Schum.* in *Engl.* et *Prantl* Nat. Pflanzenfam. IV, 4 (1891) 78 ; *De Wild.* et *Th. Dur.* Contr. fl. Cgo, II
(1900) 32 et Reliq. Dewevr. (1901) 118; *De Wild.* Étud. fl. Bas et
Moy.-Cgo, II (1907) 74, 165 et Miss. Laurent (1906) 285.

> Gardenia — *G. Don* Gen. Syst. Bot. III (1834) 497.
> G. bignoniiflora *Welw.* Apont. phyto-geogr. (1859) 585. •
> Amaralia — *Welw.* ex *Benth.* et *Hook. f.* Gen. pl. II (1873) 91; *Hiern* in *Oliv.*
> Fl. trop. Afr. III, 112: *Th. Dur.* et *Schinz* Étud. fl. Cgo (1896) 160; *De Wild.*
> Étud. fl. Bas- et Moy.-Cgo, I (1904) 201.
> G. Sherbourniae *Hook.* in Bot. Mag. (1843) t. 4044.
> Sherbournia foliosa *G. Don* in *Loud.* Enc. pl. Suppl. II (1855) 1322; *Hiern*
> Cat. Welw. Pl. I, 466.

> 1870 (G. Schweinfurth). — II a : le Mayumbe (Ém. et M. Laur.). — V : Bolobo
> (Ém. et M. Laur.); Kisantu (Gill.); Banza-Boma (Luja). — VII : Ibali (Ém. et M.
> Laur.). — VIII : Eala et env. (M. Laur.: Pyn.). — IX : Bangala (Dew.). — XII d :
> pays des Mangbettu (Schw.). — XV : Lubefu (Lescr.); rég. de Mukenge (Pg.).

OXYANTHUS DC.

Oxyanthus dubius *De Wild.* Miss. Laurent (1906) 285.

> 1903 (Ém. et Marc. Laurent). — VII : Ganda [Lac Léopold II](Ém. et M. Laur.).

Oxyanthus formosus *Hook. f.* in *Hook.* Icon. pl. (1848) t. 785-786;
Hiern in *Oliv.* Fl. trop. Afr. III, 109 ; *Th. Dur.* et *De Wild.* Mat.
fl. Cgo, II (1898) 74 [B S. B. B. XXXVII, 117]; *De Wild.* Étud.
fl. Bas- et Moy.-Cgo, II (1907) 165.

> 1895 (Ém. Laurent). — VIII : env. d'Eala (M. Laur.). — XV : bords du Sankuru
> (Ém. et M. Laur.).

Oxyanthus Laurentii *De Wild.* Étud. fl. Bas- et Moy.-Cgo, II (1907)
165.

> O. formosus *De Wild.* [non *Hook. f.*] Miss. Laurent (1906) 286.

> 1903 (Ém. et Marc. Laurent). — XV : Batempa (Ém. et M. Laur.).

Oxyanthus sankuruensis *De Wild.* Étud. fl. Bas- et Moy.-Cgo, II
(1907) 166.

> 1896 (Ém. Laurent). — XV : bords du Sankuru (Ém. Laur. 1906; Sap.).

Oxyanthus Schumannianus *De Wild.* et *Th. Dur.* Reliq. Dewevr.
(1901) 119; *De Wild.* Étud. fl. Bas- et Moy.-Cgo, I (1904) 81 et Miss.
Laurent (1906) 286.

> 1900 (J. Gillet). — V : Sabuka (Ém. et M. Laur.); env. de Kisantu; entre Ki-
> santu et Dembo (Gill. 1542); Kimuenza (Gill. 1671).

> Obs. — A. Dewèvre, qui le premier découvrit cette espèce, en 1896, la ré-
> colta dans le Congo français au N. du Stanley-Pool, n. 700.

Oxyanthus Smithii *Hiern* in *Oliv.* Fl. trop. Afr. III (1877) 107; *Th. Dur.* et *Schinz* Étud. fl. Cgo (1896) 161.

1816 (Chr. Smith). — Bas-Congo (Sm.).

Oxyanthus speciosus *DC.* in Annal. Mus. Paris, IX (1807) 218 et Prodr. IV, 376; *Hiern* in *Oliv.* Fl. trop. Afr. III, 108; *K. Schum.* in *Engl.* Pfl. Ost-Afr. 381; *De Wild.* et *Th. Dur.* Contr. fl. Cgo, II (1900) 32; Pl. Gilletianae, I (1900) 28 [B. Herb. Boiss. Sér. 2, I, 28] et Reliq. Dewevr. (1901) 119; *Hiern* Cat. Welw. Pl. I, 465; *De Wild.* Étud. fl. Bas- et Moy.-Cgo, I (1904) 81; II (1907) 78, 116 et Miss. Laurent (1906) 286.

1895 (A. Dewevre: Ém. Laurent). — II a : Kemba (Dew.). — IV : distr. des Cataractes (Ém. Laur.); Kitobola (Pyn.); Luvituku (Ém. et M. Laur.). — V : Lukolela (Dew.); Kisantu (Gill.); Sanda (Odd.). — VI : Dima (Ém. et M. Laur.). — IX : Yambinga (M. Laur.). — XI : Mogandjo (M. Laur.); Yambuya (M. Laur.). — XV : Pangu (Ém. et M. Laur.).

Oxyanthus unilocularis *Hiern* in *Oliv.* Fl. trop. Afr. III (1877) 110; *Th. Dur.* et *De Wild.* Mat. fl. Cgo, II (1898) 74 [B. S. B. B XXXVII, 119] et Reliq. Dewevr. (1901) 119; *De Wild.* et *Th. Dur.* Contr. fl. Cgo, II (1900) 32; *De Wild.* Étud. fl. Bas- et Moy.-Cgo, I (1904) 81 et Miss. Laurent (1906) 286.

1891 (F. Demeuse). — II a : Zenze. — Nom vern. : **Ouku** (Ém. Laur.). — V : Kisantu (Gill.). — VI : vallée de la Djuma (Gent. ; Gill.). — VIII : Eala (M. Laur.); env. de Bokakata (Dew.). — IX : Bangala (Dem.). — X : Imese (Ém. et M. Laur.). — XV : Munungu (Ém. et M. Laur.).

POUCHETIA A. Rich.

Pouchetia africana *DC.* Prodr. IV (1830) 393; *A. Rich.* in Mém. Soc. hist. nat. Paris, V (1834) 117 et 251; *Hiern* in *Oliv.* Fl. trop. Afr. III, 117; *Th. Dur.* et *Schinz* Étud. fl. Cgo (1896) 161; *Hiern* Cat. Welw. Pl. I, 467.

Wendlandia virgata *G. Don* Gen. Syst. Bot. III (1834) 519.

1816 (Chr. Smith). — V : Bas-Congo (Sm.).

— — var. **cuneata** *Hiern* in *Oliv.* Fl. trop. Afr. III (1877) 117; *Dur.* et *Schinz* Étud. fl. Cgo (1896) 161; *De Wild.* et *Th. Dur.* Mat. Th. fl. Cgo, II (1898) 74 [B. S. B. B. XXXVII, 117] et Reliq. Dewevr. (1901) 120.

1816 (Chr. Smith). — Bas-Congo (Sm.); Iles du Bas-Congo (Dew.). — II a : Zenze (Ém. Laur.).

Pouchetia Baumanniana *Buett.* in Verh. bot. Ver. Prov. Brandenb. XXXI (1889) 89; *Th. Dur.* et *Schinz* Étud. fl. Cgo (1896) 161.

1884 (R. Buettner). — III : montagnes de Tondoa (Buett. 445).

FERETIA Delile,

Feretia apodanthera *Delile* in Annal. sci. nat. Sér. 2, XX (1843) 92,
t. 1, fig. 4; *Hiern* in *Oliv*. Fl. trop. Afr. III, 115; *De Wild*. Étud.
fl. Kat. (1903) 156.

1899 (Edg. Verdick). — XVI : Lukafu. — Nom vern. : **Kasa-Sanga** (Verd.).

TRICALYSIA A. Rich.

Tricalysia aurantiodora *De Wild*. Étud. fl. Kat. (1903) 157.

1896 (A. Dewèvre). — Congo (Dew. 569).

Tricalysia coriacea *Hiern* in *Oliv*. Fl. trop. Afr. III (1877) 120 ; *Th.*
Dur. et *Schinz* Étud. fl. Cgo (1896) 161.

1816 (Chr. Smith). — Bas-Congo (Sm.).

Tricalysia Crepiniana *De Wild*. et *Th. Dur.* Reliq. Dewevr. (1901)
120; *De Wild*. Miss. Laurent (1906) 286 et Étud. fl. Bas- et Moy.-
Cgo, II (1907) 167.

1896 (A. Dewèvre). — VIII : Eala (M. Laur. 1131, 1446); Équateurville [Wanga-
ta] (Dew. 740); Lulanga (Ém. et M. Laur.). — IX : Umangi (Ém. et M. Laur.).

— — var. **elliptica** *De Wild*. Miss. Laurent (1906) 287.

1902 (J. Gillet). — V : env. de Léopoldville (Gill. 2690).

Tricalysia Dewevrei *De Wild*. et *Th. Dur.* Mat. fl. Cgo, VI (1900)
30 [B. S. B. B. XXXVIII², 200] et Reliq. Dewevr. (1901) 120; *De*
Wild. Étud. fl. Bas- et Moy.- Cgo, I (1904) 203.

1896 (A. Dewèvre). — VIII : env. d'Eala (M. Laur.). — XIII d : env. de Kasongo
(Dew. 964). — Noms vern. : **Genia** [Kasongo]; **Mzinia** [Tanganika] (Dew.).

Tricalysia djumaensis *De Wild*. Étud. fl. Bas- et Moy.-Cgo, I (1904)
202 ; II (1907) 167.

1902 (L. Gentil et J. Gillet). — VI : vallée de la Djuma (Gent.; Gill. 2781). —
XI : Limbutu (M. Laur. 1568).

Tricalysia Hensii *De Wild*. Étud. fl. Bas- et Moy.-Cgo, II (1907) 167.

1888 (Fr. Hens). — V : Bolobo (Dem. 460); Lukolela (Hens, C. 121; Pyn. 273).

Tricalysia katangensis *De Wild*. Étud. fl. Kat. (1903) 156.

1899 (Edg. Verdick). — XVI : Lukafu. — Nom vern. **Musongwa** (Verd. 538).

Tricalysia Laurentii *De Wild*. Miss. Laurent (1906) 287, 354.

1903 (Ém. et Marc. Laurent). — XI : Malema (Ém. et M. Laur.).

Tricalysia longestipulata *De Wild.* et *Th. Dur.* Pl. Gilletianae, II (1901) 84 [B. Herb. Boiss. Sér. 2, I, 756]; *De Wild.* Étud. fl. Bas- et Moy.-Cgo, I (1904) 203 ; II (1907) 168 et Miss. Laurent (1906) 288.

T. griseiflora *K. Schum.* var. — *De Wild.* et *Th. Dur.* Pl. Gilletianae, I (1901) 28 [B. Herb. Boiss. Sér. 2, I, 28].

1900 (J. Gillet). — V : Lukolela (Pyn. 253); env. de Kisantu. — .Nom vern. : Kibete-Kibete (Gill. 238, 887, 1108, 3401); Lemfu (But. in Gill. 3276); Sanda (Odd.). — VI : Madibi (Lescr. 99). — VII : Ibali (Ém. et M. Laur.). — VIII : Lac Tumba (Ém. et M. Laur.); Eala et env. (M. Laur. 1171, 1564).

Tricalysia petiolata *De Wild.* Étud. fl. Bas- et Moy.-Cgo, I (1905) 202 ; II (1907) 75 ; Miss. Laurent (1906) 289 et Not. pl. util. ou intér. du Cgo, I (1904) 281.

1902 (J. Gillet). — V : env. de Léopoldville (Gill.). — VI : vallée de la Djuma (Gent.; Gill. 2756, 2840). — VIII : Équateurville [Wangata] (Ém. et M. Laur.) — IX : Bolombo (Ém. et M. Laur.).

Tricalysia Pynaertii *De Wild.* Miss. Laurent (1906) 287, 354 et Étud. fl. Bas- et Moy.-Cgo, II (1907) 75, t. 13, 168.

1891 (F. Demeuse). — VIII : Équateur (Pyn. 263); Mondombe (Dem. 468); Eala (Pyn. 395). — XI : Malema (Ém. et M. Laur.).

Tricalysia reticulata [*Benth.*] *Hiern* in *Oliv.* Fl. trop. Afr. III (1877) 121 ; *Th. Dur.* et *Schinz* Étud. fl. Cgo (1896) 162.

Randia — *Benth.* in *Hook.* Niger Fl. (1849) 386.

1816 (Chr. Smith). — Bas-Congo (Sm.).

Tricalysia roseoides *De Wild.* et *Th. Dur.* Pl. Gilletianae, II (1901) 85 [B. Herb. Boiss. Sér. 2, I, 825].

1900 (J. Gillet). — V : Kisantu (Gill. 454, 923, 1349).

Tricalysia Sapini *De Wild.* Étud. fl. Bas- et Moy.-Cgo, II (1907) 168.

1907 (A. Sapin). — VI : Madibi (Sap.).

Tricalysia Sereti *De Wild.* Étud. fl. Bas- et Moy.-Cgo, II (1907) 168.

1907 (F. Seret). — XII c : Gombari (Ser. 559).

Tricalysia Welwitschii *K. Schum.* in Engl. Jahrb. XXIII (1897) 449 ; *De Wild.* Miss. Laurent (1906) 288 et Étud. fl. Bas- et Moy.-Cgo, II (1907) 169.

1903 (J. Gillet). — IV : Kitobola (Pyn. 40). — V : Sabuka (Ém. et M. Laur.); entre Tumba et Kimpesse (Gill.). — XV : Munungu (Ém. et M. Laur.).

Obs. — Cette espèce paraît répandue dans les districts des Cataractes [IV] et du Stanley-Pool [V] (Ém. et M. Laur.).

CHOMELIA Jacq.

Chomelia apiculata *De Wild.* Étud. fl. Bas- et Moy.-Cgo, I (1904) 205.

1903 (J. Gillet). — Bas-Congo (Gill.).

Chomelia Gilletii *De Wild.* et *Th. Dur.* Pl. Gilletianae, 1 (1901) 29 [B. Herb. Boiss. Sér. 2, I, 29] ; *De Wild.* Étud. fl. Bas- et Moy.-Cgo, I (1906) 207; II (1907) 78.

Tarenna — *De Wild.* et *Th. Dur.* l. c. in obs. ; *De Wild.* Étud. fl. Bas- et Moy.-Cgo, I (1904) 207, in syn.

1899 (J. Gillet). — V : Kisantu et env. ; entre Tumba et Kimpesse (Gill. 149, 3442).

Chomelia Laurentii *De Wild.* Étud. fl. Bas- et Moy.-Cgo. I (1904) 206; II (1907) 78, 157 et Miss. Laurent (1906) 281.

1903 (Marc. Laurent). V : env. de Lemfu (But.). VII : Ibali (Ém. et M. Laur.). — VIII : Eala et env. (M. Laur. 167, 1199). — IX : Bumba (Pyn.); Bombimba (M. Laur. 1155).

Chomelia longifolia *De Wild.* Étud. fl. Bas- et Moy.-Cgo, I (1904) 206, t. 37; II (1907) 157.

1902 (J. Gillet). — VI : vallée de la Djuma (Gill.); Madibi. — Noms vern. : **Tuatua; Mopukabuko** (Sap.).

Chomelia nigrescens [*Hook. f.*] *De Wild.* Étud. fl. Kat. (1903) 126.

Coptosperma — *Hook. f.* in *Benth. et Hook. f.* Gen. pl. II (1873) 87.
Tarenna — *Hiern* in *Oliv.* Fl. trop. Afr. III (1877) 92.

1899 (Edg. Verdick). XVI : Lukafu (Verd. 266).

PENTANISIA Harv.

Pentanisia variabilis *Harv.* in *Hook.* Lond. Journ. of Bot. I (1842) 21; *K. Schum.* in *Engl.* Pfl. Ost-Afr. 384; *De Wild.* et *Th. Dur.* Contr. fl. Cgo, I (1899) 32; *De Wild.* Étud. fl. Kat. (1903) 158.

P. Schweinfurthii *Hiern* in *Oliv.* Fl. trop. Afr. III (1877) 131; *Th. Dur.* et *Schinz* Étud. fl. Cgo (1896) 162.

1891 (G. Descamps). — XVI : bords du Moero (Verd.); env. de Lukafu. — Nom vern. : **Sjinko** (Verd.); le Katanga (Corn.); Musinia (Briart); le Lualaba (Desc.).

CREMASPORA Benth.

Cremaspora triflora [*Schumach.* et *Thonn.*] *K. Schum.* in *Engl.* et *Prantl* Nat. Pflanzenfam. IV, 4 (1891) 88 et in *Engl.* Pfl. Ost-Afr. 383; *Th. Dur.* et *Schinz* Étud. fl. Cgo (1896) 162; *De Wild.* Étud. fl. Bas- et Moy.-Cgo, I (1904) 162; II (1907) 171.

Psychotria triflora *Schumach.* et *Thônn.* Beskr. Guin. Pl. (1827) 128.

Coffea hirsuta *G. Don* Gen. Syst. Bot. III (1834) 581.

Cremaspora africana *Benth.* in *Hook.* Niger Fl. (1849) 412; *Hiern* in *Oliv.* Fl. trop. Afr. III, 126 et Cat. Welw. Pl. I, 471; *De Wild.* Miss. Laurent (1906) 291.

1870 (G. Schweinfurth). — V : en aval de Bolobo (Krek.). · IX : Lie (Ém. et M. Laur.). — X : Imese (Krek.); — XI : env. de Bena-Kamba (Dew.); Mogandjo (M. Laur.); Mompono (Brun.): Bomaueh (M. Laur.). — XII d : pays des Mangbettu (Schw.). — XIII a : les Stanley-Falls (Dem.). — XV : rég. de Mukenge (Pg.).

POLYSPHAERIA Hook. f.

Polysphaeria pedunculata *K. Schum.* ex *De Wild.* Étud. fl. Kat. (1903) 226.

1899 (Edg. Verdick). — XVI : Lukafu. — Nom vern. : **Katisa; Tsinkoliba** (Verd. 191, 293).

AULACOCALYX Hook. f.

Aulacocalyx jasminiflora *Hook. f.* in *Hook.* Icon. pl. (1873) t. 1126; *Hiern* in *Oliv.* Fl. trop. Afr. III, 129; *De Wild.* Étud. fl. Bas- et Moy.-Cgo, I (1903) 82; II (1907) 171.

1902 (J. Gillet et L. Gentil). — V : Lukolela (Pyn.). — VI : vallée de la Djuma (Gill.; Gent.).

— — var. **latifolia** *De Wild.* et *Th. Dur.* in *Th. Dur.* et *De Wild.* Mat. fl. Cgo, VI (1899) 27 [B. S. B. B. XXXVIII², 197] et Contr. fl. Cgo, II (1900) 32.

1898 (Éd. Luja). — V : forêt de Sabuka (Luja).

PLECTRONIA L.

Plectronia acarophyta *De Wild.* Étud. fl. Bas- et Moy.-Cgo, II (1907) 173.

1906 (L. Pynaert). — VIII : Mondjo (Pyn. 317).

Plectronia Arnoldiana *De Wild.* et *Th. Dur.* Pl. Gilletianae, I (1900) 29 [B. Herb. Boiss. Sér. 2, I, 29]; *De Wild.* Étud. fl. Bas- et Moy.-Cgo, I (1904) 82; II (1907) 76.

1900 (J. Gillet). — V : Kisantu (Gill. 595): rég. de Sanda (Odd.).

Plectronia Barteri [*Hiern*] *De Wild.* et *Th. Dur.* Contr. fl. Cgo, II (1900) 33.

Canthium — *Hiern* in *Oliv.* Fl. trop. Afr. III (1877) 143.

1895 (Ém. Laurent). — XV : à l'est de Lusambo (Ém. Laur.).

Plectronia brevifolia [*Engl.*] *Engl.* ex *De Wild.* et *Th. Dur.* Contr. fl. Cgo, II (1900) 33 et Reliq. Dewevr. (1901) 122; *De Wild.* Étud. fl. Bas- et Moy.-Cgo (1906) 204.

Canthium — *Engl.* in Engl. Jahrb. VIII (1886) 67; *Th. Dur.* et *Schinz* Étud. fl. Cgo (1896) 162.

1893 (Ém. Laurent). — bois du Bas-Congo, AC (Ém. Laur.). — II : Boma (Dew. 117). — V : env. de Kisantu (Gill. 2005, 3274). — Noms vern. : plante : **Filulolo**; fruit : **Diuka** (Dew.).

Plectronia congensis [*Hiern*] *Th.* et *Hél. Dur.*

Canthium — *Hiern* in *Oliv.* Fl. trop. Afr. III (1877) 141 et Cat. Welw. Pl. I, 477; *Th. Dur.* et *Schinz* Étud. fl. Cgo (1896) 162.

1816 (Chr. Smith). — Bas-Congo (Sm.).

Plectronia connata *De Wild.* et *Th. Dur.* Mat. fl. Cgo, VI (1899) 31 [B. S. B. B. XXXVIII², 201] et Reliq. Dewevr. (1901) 122; *De Wild.* Étud. fl. Bas- et Moy.-Cgo, I (1904) 204.

1896 (A. Dewèvre). — V : bassin de la Sele (But. in Gill. 1476). — VIII : Bolenge. — Nom vern. : **Boka-Napombo** (M. Laur. 147). — Ind. non cl. : le Lomami (Desc. 681).

Plectronia cornelioides *De Wild.* Étud. fl. Kat. (1903) 159.

1899 (Edg. Verdick). — XVI : env. de Lukafu. — Noms vern. : **Mukwakasa**; **Kapekille** (Verd. 32, 124).

Plectronia Dewevrei *De Wild.* Étud. fl. Bas- et Moy.-Cgo, I (1904) 203 et Miss. Laurent (1906) 293.

1891 (F. Demeuse). — IV : route des Caravanes (Ém. Laur.). — V : distr. du Stanley-Pool (Dem. 217); env. de Léopoldville (Gill.); Kimuenza (Gill. 784). — VII : Kutu (Ém. et M. Laur.).

Plectronia Gentilii *De Wild.* Étud. fl. Bas- et Moy.-Cgo, I (1904) 83 et Miss. Laurent (1906) 294.

1902 (J. Gillet et L. Gentil). — VI : vallée de la Djuma (Gent. et Gill. 2884), — IX : Busa (Ém. et M. Laur.).

Plectronia Gilletii *De Wild.* Miss. Laurent (1906) 293 et Étud. fl. Bas- et Moy.-Cgo, II (1907) 77, t. 4.

1900 (J. Gillet). — V : env. de Kwamouth; Kisantu (Gill. 1894); Kimuenza (Gill. 1722).

Plectronia Laurentii *De Wild.* Miss. Laurent (1906) 294, t. 98-99 et Étud. fl. Bas- et Moy.-Cgo, II (1907) 174, (1908) 348.

1904 (Ém. et Marc. Laurent). — V : Bokala (M. Laur. 637); env. de Lukolela (Pyn. 231); Tshumbiri (M. Laur. 638). — VIII : Eala (M. Laur. 1607); Irebu ; Bolenge (M. Laur. 1450). — IX : Bolombo; Nouvelle-Anvers (Ém. et M. Laur.). — XI : Malema (Ém. et M. Laurent). — XIII a : Romée (Kohl).

Plectronia Lualabae *K. Schum.* in Engl. Jahrb. XXVIII (1899) 76.

1882 (P. Pogge). — XV : rég. de Mukenge (Pg.).

Plectronia lucida *De Wild.* et *Th. Dur.* Contr. fl. Cgo, II (1900) 33 et Reliq. Dewevr. (1901) 122.

1896 (A. Dewèvre). — VIII : Coquilhatville (Dew. 657).

Pletronia Oddoni *De Wild.* Étud. fl. Bas- et Moy.-Cgo, II (1907) 76, t. 5.

1903 (Ad. Oddon). — V : env. de Kisantu (Odd. in Gill. 3651).

Plectronia psychotrioides *K. Schum.* ex *De Wild.* Étud. fl. Kat. (1903) 228.

1899 (Edg. Verdick). — XVI : Lukafu (Verd. 312, 338).

Plectronia pulchra *K. Schum.* ex *De Wild.* Étud. fl. Kat. (1903) 229.

1900 (Edg. Verdick). — XVI : Lukafu. — Nom vern. : **Mufula** (Verd. 381).

Plectronia Pynaertii *De Wild.* Étud. fl. Bas- et Moy.-Cgo, II (1907) 174.

1906 (L. Pynaert). — VIII : Eala (Pyn. 403).

Plectronia tomentosa *De Wild.* Étud. fl. Bas- et Moy.-Cgo, I (1903) 83 et Miss. Laurent (1906) 296.

1902 (J. Gillet). — Il a : Benza-Masola (Ém. et M. Laur.). — V : env. de Léopold-ville (Gill. 2644).

Plectronia venosa *Oliv.* in Trans. Linn. Soc. XXIX (1875) 85, t. 49 ; *K. Schum.* in *Engl.* Pfl. Ost-Afr. 286; *De Wild.* Étud. fl. Kat. (1903) 160.

Canthium — *Hiern* in *Oliv.* Fl. trop. Afr. III (1877) 144.

1900 (Edg. Verdick). — VI : Lukafu (Verd. 569).

VANGUERIA Juss.

Vangueria brachytricha *K. Schum.* Étud. fl. Kat. (1903) 227.

1900 (Edg. Verdick). — XVI : le Katanga (Verd.).

Vangueria canthioides *Benth.* in *Hook.* Niger Fl. (1849) 408; *Hiern* in *Oliv.* Fl. trop. Afr. III, 149 et Cat. Welw. Pl. I, 480; *De Wild.* Contr. fl. Cgo, II (1900) 34 et Étud. fl. Bas- et Moy.-Cgo, I (1904) 82.

1891 (F. Demeuse). — V : Léopoldville (Schlt.); Kimuenza (Gill. 1745). — IX : Bangala (Dem.).

Vangueria Demeusei *De Wild.* Étud. fl. Bas- et Moy.-Cgo, II (1907) 172, t. 41.

1891 (F. Demeuse). — V : Kimuenza (Gill. 1745). — VIII : Eala (M. Laur. 1164; Pyn. 575). — IX : Bangala (Dem. 326).

Vangueria Dewevrei *De Wild.* et *Th. Dur.* Mat. fl. Cgo, IV (1899) 15 [B. S. B. B. XXXVIII², 92] et Reliq. Dewevr. (1901) 123; *De Wild.* Miss. Laurent (1906) 292.

1895 (A. Dewèvre). — II a : Benza-Masola (Ém. et M. Laur.); Shinganga (Dew. 307).

Vangueria infausta *Burch.* Trav. South Afr. II (1829) 258; *Hiern* in *Oliv.* Fl. trop. Afr. III, 147 et Cat. Welw. Pl. I, 480; *K. Schum.* in *Engl.* Pfl. Ost-Afr. 384; *De Wild.* Étud. fl. Kat. (1903) 159 et Not. pl. util. ou intér. du Cgo, II (1907) 159.

1899 (Edg. Verdick). — XVI : Lukafu. — Nom vern. : **Mabolela** ou **Malolela** (Verd.).

Vangueria katangensis *K. Schum.* ex *De Wild.* Étud. fl. Kat. (1903) 227.

1900 (Edg. Verdick). — XVI : le Katanga (Verd.).

Vangueria Laurentii *De Wild.* Miss. Laurent (1906) 292.

1903 (Ém. et Marc. Laurent). — IV : Kitobola (Ém. et M. Laur.).

Vangueria rubiginosa *K. Schum.* in Engl. Jahrb. XXIII (1897) 457 et XXVIII (1899) 72.

1881 (P. Pogge). — XV : Mukenge (Pg. 1061).

Vangueria tristis *K. Schum.* in *De Wild.* Étud. fl. Kat. (1903) 227.

1900 (Edg. Verdick). — XVI : Pweto (Verd.).

Vangueria Verdickii *K. Schum.* in *De Wild.* Étud. fl. Kat. (1903) 228.

1900 (Edg. Verdick). — XVI : Lukafu. — Nom vern. : **Kibusji** (Verd. 350).

FADOGIA Schweinf.

Fadogia ancylantha *Schweinf.* ex *Hiern* in *Oliv.* Fl. trop. Afr. III (1877) 155; *Th. Dur.* et *De Wild.* Mat. fl. Cgo, II (1898) 74 [B. S. B. B. XXXVII, 117].

1896 (G. Descamps). — XVI : Kapanga [Tanganika] (Desc.).

Fadogia Butayei *De Wild.* Étud. fl. Bas- et Moy.-Cgo, I (1904) 204.

1900 (R. Butaye). — V : entre Dembo et le Kwango (But.).

Fadogia Cienkowskii *Schweinf.* Reliq. Kotschyanae (1868) 47 ;
Hiern in *Oliv.* Fl. trop. Afr. III, 154 ; *Th. Dur.* et *De Wild.* Mat.
fl. Cgo, II (1898) 75 [B. S. B. B. XXXVII, 120] ; *De Wild.* Étud. fl.
Bas- et Moy.-Cgo, II (1903) 77.

1895 (Gust. Debeerst). — V : entre Kisantu et le Kwango (But.); vallée de la
Lumene (Hendr.). — XVI : Beaudoinville (Deb.).

Fadogia fuchsioides *Welw.* ex *Oliv.* in Trans. Linn. Soc. XXIX
(1873) 85, t. 54; *Hiern* in *Oliv.* Fl. trop. Afr. III, 155 et Cat. Welw.
Pl. I, 482; *De Wild.* Étud. fl. Kat. (1903) 160.

1899 (Edg. Verdick). — VI : rives du Kwango entre Popokabaka et les chutes
François-Joseph (Gent.). — XVI : Lukafu (Verd.).

Fadogia lactiflora *Welw.* ex *Hiern* in *Oliv.* Fl. trop. Afr. III (1877)
156 et Cat. Welw. Pl. I, 483; *De Wild.* Étud. fl. Bas- et Moy.-Cgo,
II (1907) 78.

1904 (Alph. Cabra et Michel). — VI : env. de Kimbele (Cabra-Michel, 45).

Fadogia tomentosa *De Wild.* Étud. fl. Bas- et Moy.-Cgo, II (1907)
78, (1908) 348.

1900 (R. Butaye). — Bas-Congo (But.). — V : Léopoldville (Gill.); Dembo (Vanderyst).

Fadogia Verdickii *De Wild.* et *Th. Dur.* Mat. fl. Cgo, V (1901) 15
[B. S. B. B. XL, 21].

1899 (Edg. Verdick). — XVI : Lukafu (Verd. 60)

CUVIERA DC.

Cuviera angolensis *Welw.* ex *K. Schum.* in *Engl.* et *Prantl* Nat.
Pflanzenfam. IV, 4 (1891) 94 fig. 33 J; *Hiern* Cat. Welw. Pl. I, 483;
De Wild. et *Th. Dur.* Pl. Gilletianac, II (1901) 86 [B. Herb. Boiss.
Sér. 2, I, 826] et Reliq. Dewevr. (1901) 124; *De Wild.* Miss. Laurent
(1906) 296-299, t. 106, fig. 41 et Étud. fl. Bas- et Moy.-Cgo, I (1904)
205; II (1907) 78, 173, (1908) 348.

1896 (A. Dewèvre). — V : Lukolela (Dew.); Kisantu (Gill.). — VI : Kikwite
(Lescr.). — VII : rive gauche du Congo en aval de Bolombo (M. Laur.). — VIII :
Irebu (Pyn.); Eala [Ikakemo] (M. Laur.). — XI : Malema; env. de Lie (Ém. et M.
Laur.). — XII c : env. de Nala (Scr.). — XIII a : chutes de la Tshopo (M. Laur.).
— Ind. non cl. : Lifingula (Ser.).

ANCYLANTHUS Desf.

Ancylanthus fulgidus *Welw.* ex *Hiern* in *Oliv.* Fl. trop. Afr. III
(1877) 158; *Hiern* Cat. Welw. Pl. I, 484; *De Wild.* Étud. fl. Bas-
et Moy.-Cgo, II (1907) 76.

1902 (R. Butaye). — VI : rég. du Kwango (But.).

CRATERISPERMUM Benth.

Craterispermum angustifolium _De ¦Wild._ et _Th. Dur._ Mat. fl.
Cgo, IV (1899) 13 [B. S. B. B. XXXVIII², 89] et Reliq. Dewevr.
(1901) 124.

1896 (A. Dewèvre). — VIII : Buginda [Lulanga] (Dew. 811).

Craterispermum brachynematum _Hiern_ in _Oliv._ Fl. trop. Afr. III
(1877) 161; _De Wild._ et _Th. Dur._ Pl. Gilletianae, I (1900) 30 [B.
Herb. Boiss. Sér. 2, I, 30]; _De Wild._ Miss. Laurent (1906) 292 et
Étud. fl. Bas- et Moy.·Cgo, II (1907) 76, 171, (1908) 348.

1899 (J. Gillet). — V : env. de Bolobo (Ém. Laur.); env. de Sanda (Odd.); Kisantu (Gill.). — VIII : Eala (Flam.). — IX : Upoto (Welw.). — XII : Gombari au
bord de la riv. Bendet (Ser.). — XV : Lac Foa (Lescr.).

— — var. **breviflorum** _De Wild._ Étud. fl. Bas- et Moy.-Cgo, II
(1907) 172.

1905 (Marc. Laurent). — VIII : Eala (M. Laur. 1445).

Craterispermum congolanum _De Wild._ et _Th. Dur._ Mat. fl. Cgo.
IV (1899) 13 [B. S. B. B. XXXVIII², 90] et Reliq. Dewevr. (1901)
125; _De Wild._ Étud. fl. Bas et Moy.-Cgo, I (1904) 204; II (1907) 76,
171, (1908) 348 et Miss. Laurent. (1906) 293.

1891 (F. Demeuse). — V : env. de Kisantu (Gill. 2003); Sanda (Odd.); entre
Tumba et Kimpesse (Gill.). — VIII : Eala (M. Laur. 1197; Pyn. 1765). — IX : Bangala (Dem.); Bolombo (Ém. et M. Laur.). — XI : Mogandjo (M. Laur. 1566);
Isangi (Ém. et M. Laur.); ¦Malema (Ém. et M. Laur.). — XII c : Gombari (Ser.
506 b); Bomaneh (M. Laur. 1567). — XIII c : Wabundu [Ponthierville] (Dew.
1144 c). — XV : entre Luluabourg et Kanda-Kanda (Gent.).

Craterispermum Dewevrei _De Wild._ et _Th. Dur._ Mat. fl. Cgo, IV
(1899) 11 [B. S. B. B. XXXVIII², 88]; Reliq. Dewevr. (1901) 125 et
Pl. Gilletianae, II (1901) 86 [B. Herb. Boiss. Sér. 2, I, 826].

1896 (A. Dewèvre). — IV : Gombi (Dew.). — V : Bolobo (Dew. 697); Kisantu
(Gill. 1074),

Craterispermum laurinum _Benth._ in _Hook._ Niger Fl. (1849) 411;
De Wild. et _Th. Dur._ Pl. Gilletianae, I (1900) 30 [B. Herb. Boiss.
Sér. 2, I, 30].

1900 (J. Gillet). — V : Kisantu (Gill.).

Craterispermum reticulatum _De Wild._ Étud. fl. Kat. (1903) 158.

1899 (Edg. Verdick). — XVI : Lukafu. — Nom vern. : **Kibubia** (Verd. 122).

IXORA L. (1)

Ixora enosmia *K. Schum.* in Engl. Jahrb. XXXIII (1903) 355; *De Wild.* Miss. Laurent (1906) 345.

1904 (Ém. et Marc. Laurent). — IX : en aval de Bumba (Ém. et M. Laur.).

Ixora Laurentii *De Wild.* Miss. Laurent (1906) 345, t. 93 et Étud. fl. Bas- et Moy.-Cgo, II (1907) 177.

1903 (Ém. et Marc. Laurent). — V : Lukolela (Ém. Laur. 508 ; Pyn. 202). — X : le Bas-Ubangi (Ém. et M. Laur.).

Ixora longipedunculata *De Wild.* Étud. fl. Bas- et Moy.-Cgo, II (1907) 177.

1904 (Ém. et Marc. Laurent). — XI : Mogandjo (M. Laur. 1451); en aval de Basoko (Ém. et M. Laur.).

— — var. **Dewevrei** *De Wild.* l. c. II (1907) 178, t. 37.

1896 (A. Dewèvre). — XIII a : env. des Stanley-Falls (Dew. 1157).

Ixora odorata *Hook. f.* in Bot. Mag. (1845) t. 4191; *Hiern* in *Oliv.* Fl. trop. Afr. III, 163 ; *Th. Dur.* et *De Wild.* Mat. fl. Cgo, II (1898) 75 [B. S. B. B. XXXVII, 120]; *K. Schum.* in *Engl.* Pfl. Ost-Afr. 387; *De Wild.* et *Th. Dur.* Pl. Thonnerianae (1906) 45 et Reliq. Dewevr. (1901) 126; *De Wild.* Miss. Laurent (1906) 346 et Étud. fl. Bas- et Moy.-Cgo, I (1904) 83; II (1907) 178.

1891 (F. Demeuse). — V : env. de Léopoldville (Gill); Chenal (Ém. Laur.). — VI : vallée de la Djuma (Gill.). — IX : Ile du Congo en aval d'Upoto (Ém. Laur.); entre Gorima et Inkaea (Dew.); Bogali (Thonn.) — XII b : Bambili; Surango (Ser.). — XIII a : chutes de la Tshopo (Ém. Laur.). — XV : Ibaka (Ém. Laur.). — Ind. non cl. : Gunchon [? Guushu?, Congo franç.].

Ixora radiata *Hiern* in *Oliv.* Fl. trop. Afr. III (1877) 163; *De Wild.* Étud. fl. Bas- et Moy.-Cgo, II (1907) 178.

1904 (Ém. et Marc. Laurent.). — IX : Lie (Ém. et M. Laur).

— — var. **latifolia** *De Wild.* Étud. fl. Bas- et Moy.-Cgo, I (1904) 83; II (1907) 79, 178 et Miss. Laurent (1906) 346. ,

1902 (J. Gillet). — V : env. de Léopoldville (Gill. 2662). — VI : vallée de la Djuma (Gent.; Gill. 2924). — VIII : env. d'Eala (Ém. et M. Laur.); Sanda et env. (Vermeul. in Gill. 3431; Odd. in Gill. 3008); Mompono [Maringa] (Brun. 43). — IX : env. de Bumba (Sér. 20). — XI : Bomaneh (M. Laur. 1452). — XV : Lac Foa (Lescr. 217).

---

(1) L'**Ixora coccinea** L. [*Hook. f.* Fl. Brit. Ind. III, 145] espèce de l'Asie tropicale, est introduit à Matadi [III] et à Eala [VIII] (M. Laur.). [Conf. *De Wild.* Étud. fl. Bas- et Moy.-Cgo, II (1907) 177].

Ixora Sereti *De Wild.* Étud. fl. Bas- et Moy.-Cgo, II (1907) 178.

1905 (F. Seret). — XII : case Koko [riv. gauche de l'Uele] (Ser. 381).

Ixora Soyauxii *Hiern* in *Oliv.* Fl. trop. Afr. III (1877) 166 ; *Th. Dur.* et *Schinz* Étud. fl. Cgo (1896) 163 ; *Th.'Dur.* et *De Wild.* Mat. fl. Cgo, II (1898) 75 [B. S. B. B. XXXVII, 120] et Reliq. Dewevr. (1901) 126 ; *De Wild.* Étud. fl. Bas- et Moy.-Cgo, I (1904) 208 ; II (1907) 79, 179.

1888 (Fr. Hens). — II a : le Mayumbe (Ém. Laur.). — V : le Stanley-Pool (Hens): env. de Léopoldville (Gill.); Lukolela (Dew.; Pyn.). — VIII : Eala (M. Laur.): bassin de la Maringa (Brun.).

PAVETTA L.

Pavetta Baconia *Hiern* in *Oliv.* Fl. trop. Afr. III (1877) 176; *Th. Dur.* et *Schinz* Étud. fl. Cgo (1896) 163 ; *Hiern* Cat. Welw. Pl. I, 487 ; *De Wild.* Miss. Laurent (1906) 346 et Étud. fl. Bas- et Moy.- Cgo. II (1907) 176.

Randia corymbosa *DC.* in Annal. Mus. Paris, IX (1807) 220.
Verulania — *DC.* in *Lam.* Encycl. méth. Bot. VIII (1808) 543.
Ixora nitida *Schumach.* et *Thonn.* Beskr. Guin. Pl. (1827) 77.

1816 (Chr. Smith). — Bas-Congo (Sm.). — II : Boma (Dew.). — II a : Zenze (Ém Laur.). — VIII : Équateur (Pyn.); Eala (M. Laur.). — XII d : env. de Kasongo (Dew.). — XV : Lusambo (Ém. et M. Laur.).

— — var. **congolana** *De Wild.* et *Th. Dur.* Reliq. Dewevr. (1901) 126.

1896 (A. Dewèvre). — XIII d : rives de la Lamaba à Kasongo. — Nom vern. : **Kasilu** (Dew. 1000).

— — form. **puberulosa** *De Wild.* Miss. Laurent (1906) 346.

1903 (Ém. et Marc. Laurent). — II a : la Lukula; Kalamu (Ém. et M. Laur.).

Pavetta canescens *DC.* Prodr. IV (1830) 492 ; *Hiern* in *Oliv.* Fl. trop. Afr. III, 178.

P. tomentosa *A. Rich.* [non *Roxb.*] in Mém. Soc. hist. nat. Paris, V (1834) 181.

1874 (E. Pechuel-Loesche). — Bassin du Congo (Pech.-Loesche).

Pavetta crassipes *K. Schum.* in *Engl.* Pfl. Ost-Afr. (1895) 389 ; *De Wild.* Étud. fl. Kat. (1903) 229.

1899 (Edg. Verdick). — XVI : Lukafu. — Nom vern. : **Mobala** (Verd. 334).

Pavetta flammea *K. Schum.* in Engl. Jahrb. XXVIII (1899) 83.

1881 (P. Pogge). — XV : Mukenge (Pg. 1107).

Pavetta Laurentii *De Wild.* Étud. fl. Bas- et Moy.-Cgo, II (1907) 176, t. 39.

1905 (Marc. Laurent). — VIII : Injolo (M. Laur. 1447).

Pavetta Lescrauwaetii *De Wild.* Étud. fl. Bas- et Moy.-Cgo, II (1907) 79, t. 12.

1904 (Éd. Lescrauwaet). — XV : Munungu (Lescr. 247).

Pavetta longituba *K. Schum.* ex *De Wild.* Étud. fl. Bas- et Moy.-Cgo, I (1904) 207.

1899 (Cél. Hecq.). — XVI : zone du Tanganika (Hecq.).

Pavetta Warburgiana *De Wild.* et *Th. Dur.* Reliq. Dewevr. (1901) 127.

1896 (A. Dewèvre). — XIII d : près de Kisanga (Dew. 1080).

COFFEA L.

Coffea arabica *L.* Sp. pl. ed. 1 (1753) 172; Bot. Mag. (1810) 1303; *Hiern* in *Oliv,* Fl. trop. Afr. III, 180; *Bentl.* et *Trim.* Medic. Pl. II, t. 144; *Th. Dur.* et *Schinz* Étud. fl. Cgo (1896) 163; *Froehner* in Engl. Jahrb. XXV (1898) 26; *De Wild.* et *Th. Dur.* Mat. fl. Cgo, II (1898) 75 [B. S. B. B. XXXVII, 120] et Reliq. Dewevr. (1901) 127; *De Wild.* Les Caféiers (1901) 35.

1896 (A. Dewèvre et Ém. Laurent). — V : île entre Lukolela et Gombi (Dew.). — VIII : Équateur (Dew.). — X : distr. de l'Ubangi (Ém. Laur.). — « Caféier cultivé à la Lemba [II a] (Dew.); dans le Bas-Congo » (Ém. Laur.) et à Coquilhatville [VIII] (Ém. Laur.).

Coffea Arnoldiana *De Wild.* in Compte-rendu Congr. intern. bot. Paris (1900) 236 [Not. sur qlq. esp. de Coffea, 16] et Miss. Laurent (1906) 325, t. 74.

1904 (Ém. et Marc. Laur.). — XI : distr. de l'Aruwimi (Coll.?) — Caféier cultivé à Eala [VIII] (Ém. et M. Laur.).

Coffea aruwimiensis *De Wild.* Miss. Laurent (1906) 321, t. 66 et fig. 51.

1904 (Ém. et Marc. Laurent). — X : Monga (Ém. et M. Laur.). — XI : distr. de l'Aruwimi (Ém. et M. Laur.). — XIII a : Wanie-Rukula (Ém. et M. Laur.). — Caféier cultivé à Siranga [X] et à Busoko [XI].

Coffea canephora *Pierre* ex *Froehner* in Notizbl. bot. Gart. Berlin, I (1897) 230, 237 et in Engl. Jahrb. XXV (1898) 269; *Lecomte* Le Café, 32, fig. 6; *Th. Dur.* et *De Wild.* Mat. fl. Cgo, II (1898) 75

[B. S. B. B. XXXVII, 120]; *De Wild.* Les Caféiers, I (1901) 37 et
Miss. Laurent (1906) 329.

1895 (Ém. Laurent). — Ind. non cl. : le Lomami (Coll.?). — Cultivé à Lusambo
[XV] (Ém. Laur.).

C. canephora var. **crassifolia** *Ém. Laurent* ex *De Wild.* Miss.
Laurent (1906) 333, t. 76.

1903 (Ém. et Marc. Laurent). — XV : Lusambo (Ém. et M. Laur.).

— — var. **kouilouensis** *Pierre* in *De Wild.* Les Caféiers (1901)
21 et Miss. Laurent (1906) 334, t. 101.

1903 (Ém. Laurent). — II a : le Mayumbe (Ém. Laur.). — Cultivé à Luvituku
[IV] (Ém. Laur.).

— — var. **sankuruensis** *De Wild.* Miss. Laurent (1905) 330-333,
t. 77, fig. 52-53.

1903 (Ém. et Marc. Laurent). — XV : Ibaka (Ém. Laur.). — Caféier cultivé à Lusambo [XV], à Dibele [XV], à Idanga [XV], à Bombaie [XV] (Ém. Laur.) et à
Ikongo [VII] (Ém. Laur.).

— — var. **Wildemanii** *Pierre* ex *De Wild.* Les Caféiers (1901)
25.

1906 (A. Dewèvre). — Congo (Dew. 976 a).

Coffea congensis *Froehner* in Notizbl. bot. Gart. Berlin (1897) 230
et in Engl. Jahrb. XXV (1898) 265 ; *Th. Dur.* et *De Wild.* Mat. fl.
Cgo, II (1898) 75 [B. S. B B. XXXVII, 120]; *Lecomte* Le Café, 27 ;
De Wild. Miss. Laurent (1906) 335.

1896 (Ém. Laurent). — VIII : île en face de Coquilhatville (Ém. Laur.). — XIII c :
île du Lualaba; Congo près de Wabundu [Ponthierville] (Ém. Laur.). — Cult.
aux Stanley-Falls [XIII a] (Ém. Laur.).

— — var. **Chalottii** *Pierre* in *De Wild.* Les Caféiers (1901) 17
et Miss. Laurent (1906) 335, t. 71-72, fig. 54.

1896 (A. Dewèvre'. — Congo (Dew. 737). — V : Lukolela (Ém. et M. Laur.);
Kinshassa, cult. (Ém. et M. Laur.). — VIII : Équateur (L. Pyn.). — IX : Ukatu-
raka; île en aval de Bumba (Ém. et M. Laur.). — IX a : Bili [Mongo] (Kembrouck).
— Cult. à Wangata [VIII] (Ém. et M. Laur.) et à Imese dans une île de l'Ubangi
[X] (Ém. et M. Laur.).

— — var. **Froehneri** *Pierre* ex *De Wild.* Les Caféiers (1901) 15.

1896 (A. Dewèvre). — Congo (Dew. 736).

— — var. **subsessilis** *De Wild.* Miss. Laurent (1906) 337-338, t. 73.

1896 (Ém. Laurent). — XIII a : cult. aux Stanley-Falls, comme provenant de
l'Ubangi, mais paraît indigène (Ém. Laur.). — XIII c : île du Lualaba près de
Wabundu [Ponthierville] (Ém. Laur.). — Ind. non cl. : Batekolela (Ém. et M.
Laur.).

Coffea Dewevrei *De Wild.* et *Th. Dur.* in *Th. Dur.* et *De Wild.*
Mat. fl. Cgo, VI (1900) 32 [B. S. B. B. XXXVIII², 202] et Reliq. Dewevr. (1901) 128; *De Wild.* Les Caféiers (1901) 38.

1896 (A. Dewèvre). — Ind. non cl. : Bena-Lecula (Dew. 1149).

Coffea divaricata *K. Schum.* in Engl. Jahrb. XXIII (1897) 461 ; *De
Wild.* et *Th. Dur.* Contr. fl. Cgo, II (1900) 33 et Reliq. Dewevr.
(1901) 126; *De Wild.* Miss. Laurent (1906) 345.

1891 (F. Demeuse). — VIII : Bokakata (Dew.). — IX : Upoto ; Lisala (Ém. Laur.);
pays des Bangala (Dem.).

Coffea jasminoides *Welw.* ex *Hiern* in Trans. Linn. Soc. Ser. 2, I
(1876) 175; *Hiern* in *Oliv.* Fl. trop. Afr. III, 185; *Th. Dur.* et
Schinz Étud. fl. Cgo (1896) 164 ; *Froehner* in Engl. Jahrb. XXV
(1898) 257; *Lecomte* Le Café, 15; *De Wild.* Les Caféiers (1901) 39;
Hiern Cat. Welw. Pl. I, 490.

1882 (P. Pogge). — VI : Ganga près Muene-Putu-Kasongo (Buett.). — XV : Mukenge (Pg.).

— — var. **Trilesiana** *Pierre* ex *De Wild.* Les Caféiers (1901) 29
et Étud. fl. Bas- et Moy.-Cgo, II (1907) 81.

1902 (L. Gentil et J. Gillet). — VI : vallée de la Djuma (Gent. ; Gill. 2849).

Coffea Laurentii *De Wild.* in Act. Congr. intern. bot. Paris (1900)
234 [Not. sur qlq. esp. de Coffea, 14]; Les Caféiers (1901) 28, 39 et
Miss. Laurent (1896) 328.

1905 (Ém. Laurent). — XV : Café du Sankuru cultivé à Lusambo (Ém. Laur.);
Bombaie (Gent.). — Cult. à Kasongo [XIII d] (Dew. 887).

Coffea liberica *Bull* ex *Hiern* in Trans. Linn. Soc. Ser. 2, I (1876)
171, t. 24 et in *Oliv.* Fl. trop. Afr. III, 181 ; *K. Schum.* in *Engl.* et
Prantl Nat. Pflanzenfam. IV, 4 (1891) 103, fig. 31; *Froehner* in
Engl. Jahrb. XXV (1898) 269; *Lecomte* Le Café, 35; *Hiern* Cat.
Welw. Pl. I, 489; *De Wild.* Les Caféiers, I (1901) 18, 39 et Miss.
Laurent (1906) 338, t. 104.

1903 (Ém. et Marc. Laurent). — VII : Nioki [la Fini] (Ém. et M. Laur.). —
VIII : Irebu (Ém. et M. Laur.). — IX : Umangi (Ém. et M. Laur.). — XI : Barumbu (Ém. et M. Laur.); Malema (Ém. et M. Laur.).

Espèce cultivée à Lukolela et Léopoldville [V] (Conf. *De Wild.* Miss. Laurent
(1906) 339).

Coffea robusta *L. Linden* Cat. pl. nouv. de l'Hortic. colon. (1901) 11,
65, c. xyl.; *De Wild.* Miss. Laurent (1906) 328-329 in obs.

1900 (Ém. Duchesne et Ed. Luja). — Congo (Duch. et Luja).

Coffea Royauxii *De Wild.* Miss. Laurent (1906) 326-328, t. 78.

1891 (Royaux). — X : Banzyville [Ubangi] (Royaux).

« Caféier importé de Bili [VII] et que l'on rencontre aussi en petite quantité dans la région ». [*De Wild.* Miss. Laurent (1906) 327].

Coffea spathicalyx *K. Schum.* in Engl. Jahrb. XXIII (1897) 464 ; *Froehner* in Engl. Jahrb. XXV (1898) 266 et in Notizbl. bot. Gart. Berlin, I (1899) 232 ; *De Wild.* Les Caféiers I (1901) 41 et Miss. Laurent (1906) 344.

1902 (J. Gillet). — V : env. de Léopoldville (Gill. 2693).

*****Coffea stenophylla** *G. Don* Gen. Syst. Bot. III (1834) 587 ; *Hiern* in Trans. Linn. Soc. Ser. 2, I (1876) 172 et in *Oliv.* Fl. trop. Afr. III, 182 ; Bot. Mag. (1896) t. 7475 ; *De Wild.* Les Caféiers, I (1901) 41 et Miss. Laurent (1906) 340, t. 62-64.

1905 (Ém. et Marc. Laurent). — VIII : cultivé à Eala (Ém. et M. Laur.).

« Cette espèce ne paraît pas exister à l'état indigène au Congo ».

Coffea subcordata *Hiern* in Trans. Linn. Soc. Ser. 2, I (1876) 174 et in *Oliv.* Fl. trop. Afr. III, 184 ; *De Wild.* et *Th. Dur.* Reliq. Dewevr. (1901) 128 ; *De Wild.* Miss. Laurent (1906) 345.

1895 (A. Dewèvre). — II a : Shinganga (Dew.). — VII : Kutu (Ém. et M. Laur.). — VIII : Eala (M. Laur.).

RUTIDEA DC.

Rutidea Dupuisii *De Wild.* Étud. fl. Bas- et Moy.-Cgo, II (1907) 174.

R. rufipilis *De Wild.* et *Th. Dur.* [non *Hiern*] Contr. fl. Cgo, II (1900) 34.

1893 (P. Dupuis). — II a : Bingila (Dup.). — VIII : Injolo (M. Laur. 1439)

Rutidea hispida *Hiern* in *Oliv.* Fl. trop. Afr. III (1877) 189 ; *De Wild.* et *Th. Dur.* Pl. Gilletianae, I (1900) 31 [B. Herb. Boiss. Sér. 2, I, 31] ; *De Wild.* Étud. fl. Bas- et Moy.-Cgo, I (1904) 84 ; II (1907) 80, 176 et Miss. Laurent (1906) 346.

1900 (J. Gillet). — V : Kisantu (Gill.) ; entre Dembo et le Kwango (But.). — VI : vallée de la Djuma (Gill.). — VIII : Eala (M. Laur. ; Pyn.). — XI : Limbutu (M. Laur.).

Rutidea leucotricha *K. Schum.* ex *De Wild.* Miss. Laurent (1906) 346.

1903 (Ém. Laurent). — IV : Luvituku (Ém. Laur.).

Rutidea olenotricha *Hiern* in *Oliv.* Fl. trop. Afr. III (1877) 189 ; *Th. Dur.* et *Schinz* Étud. fl. Cgo (1896) 164.

1870 (G. Schweinfurth). — XII d : Munza (Schw.).

Rutidea Schlechteri *K. Schum.* in *Schlechter* Westafr. Kautsch.-Exped. (1900) 320 [nom. tant.].

1899 (R. Schlechter). — VIII : Irebu (Schl. 12632).

Rutidea Sereti *De Wild.* Étud. fl. Bas- et Moy.-Cgo, II (1907) 175.

1906 (F. Seret). — XII c : env. de Gombari (Ser. 559).

Rutidea Smithii *Hiern* in *Oliv.* Fl. trop. Afr. III (1877) 189; *Th. Dur.* et *Schinz* Étud. fl. Cgo (1896) 164 ; *Th. Dur.* et *De Wild.* Mat. fl. Cgo, II (1898) 75 [B. S. B. B. XXXVII, 120]; *De Wild.* et *Th. Dur.* Reliq. Dewevr. (1901) 129 ; *De Wild.* Étud. fl. Bas- et Moy.-Cgo, II (1907) 80.

1816 (Chr. Smith). — Bas-Congo (Sm.; Dew.); Congo (Dew. 168?). — V : Kisantu (Gill. 149, 3377). — VI : Madibi (Lescr. 197).

MORINDA L.

Morinda citrifolia *L.* Sp. pl. ed. 1 (1753) 176; *Hiern* in *Oliv.* Fl. trop. Afr. III, 189; *K. Schum.* in *Engl.* Pfl. Ost-Afr. 394 ; *Th. Dur.* et *Schinz* Étud. fl. Cgo (1896) 164 [err. cal. *Morelia*]; *Hiern* Cat. Welw. Pl. I, 492; *De Wild.* et *Th. Dur.* Contr. fl. Cgo, II (1900) 34 et Reliq. Dewevr. (1901) 129; *De Wild.* Not. pl. util. ou intér. du Cgo, I (1906) 133-135 et Étud. fl. Bas- et Moy.-Cgo, II (1907) 189, (1908) 349.

M. geminata *DC.* Prodr. IV (1830) 447.
M. quadrangularis *G. Don* Gen. Syst. Bot. III (1834) 545.
M. lucida *Benth.* in *Hook.* Niger Fl. (1849) 406.
M. citrifolia *L* var. — *Hiern* Cat. Welw. Pl. I (1898) 402.

1816 (Chr. Smith). — Bas-Congo (Sm.). — IV : Lukungu. — Nom vern. : **Siki** (Dew.). — V : Lukolela (Ém. et M. Laur.); Kisantu ; Kimuenza (Gill.). — VI : Eiolo (Ém. et M. Laur.); Madibi (Sap.). — VIII : Équateurville [Wangata] (Dew.); Eala (M. Laur.); Coquilhatville (Pyn.); zone Malo (Brun.). — XII c : env. de Nala (Ser.). — XII d : pays des Mangbettu (Schw.). — XIII a : Yanongo (Ém. et M. Laur.); Romée (M. Laur.).— XV : Munungu; Lusambo (Ém. et M. Laur.); le Sankuru (Sap.); Bandaka-Kole (M. Laur.). — Ind. non cl. : le Lomami (Dew.); Yanumbi (Ém. et M. Laur.). — Noms vern. : **Keaborina; Bokakate** [Kwilu] (Sap.); **Ntingu ; Tohungu** [Sankuru] (Sap.).

Morinda longiflora *G. Don* Gen. Syst. Bot. III (1834) 545; *Hiern* in *Oliv.* Fl. trop. Afr. III, 192; *Th. Dur.* et *Schinz* Étud. fl. Cgo (1896) 165 [err. cal. *Morelia*]; *De Wild.* et *Th. Dur.* Mat. fl. Cgo, II (1898) 75 [B. S. B. B. XXXVII, 120] et Reliq. Dewevr. (1901) 129; *Hiern* Cat. Welw. Pl. I, 492; *De Wild.* Étud. fl. Bas- et Moy.-Cgo, I (1904) 209 ; II (1907) 81, 190, (1908) 349 et Miss. Laurent (1906) 353.

1816 (Chr. Smith). — Bas-Congo (Sm.). — V : env. de Léopoldville; Kisantu (Gill.). — VI : Madibi (Lescr.) ; route de Kikwite à Boala (Lescr.). — VIII : Équa-

teurville [Wangata] (Dew.); Eala et env. (M. Laur.); Lulanga (Ém. et M. Laur.).
— IX : Upoto (Ém. Laur.); env. de Bumba (Dew.); Umangi (Ém. et M. Laur.).
— XI : Mogandjo (M. Laur.; Pyn.). — XII d : pays des Mangbettu (Schw.'. —
XIII d : Nyangwe (Dew.). — XV : Munungu (Sap.). — Noms vern. : **Lebwa**
[Ikwaugula]; **Kiupe** [Kasongo] (Dew.). — Ind. non cl. : Lomami; Bas-Lualaba
(Ém. Laur.).

GRUMILEA Gaertn.

Grumilea moninensis *Hiern* Cat. Welw. Pl. I (1898) 496; *De Wild.*
Étud. fl. Kat. (1903) 229.

1899 (Edg. Verdick). – XVI : Lukafu (Verd. 311).

Grumilea psychotrioides *DC.* Prodr. IV (1830) 495; *Hiern* in
Oliv. Fl. trop. Afr. III, 216; *De Wild.* et *Th. Dur.* Reliq. Dewevr.
(1901) 129.

1895 (A. Dewèvre). — II a : Kemba (Dew.).

Grumilea venosa *Hiern* in *Oliv.* Fl. trop. Afr. III (1877) 217 ; *De
Wild.* et *Th. Dur.* Reliq. Dewevr. (1901) 130.

1895 (A. Dewèvre). — V : Léopoldville (Dew. 482). — VIII : Bokakata. — Nom
vern. : **Dijito** (Dew. 800).

PSYCHOTRIA L.

Psychotria acamptopoda *K. Schum.* ex *De Wild.* Étud. fl. Bas- et
Moy.-Cgo, I (1904) 84; II (1907) 80.

1902 (J. Gillet). — VI : vallée de la Djuma (Gill. 2832, 2858; Gent.).

Psychotria Ansellii *Hiern* in *Oliv.* Fl. trop. Afr. III (1877) 214;
Th. Dur. et *Schinz* Étud. fl. Cgo (1896) 165; *De Wild.* et *Th. Dur.*
Contr. fl. Cgo, II (1900) 24 et Reliq. Dewevr. (1901) 129; *De Wild.*
Étud. fl. Bas- et Moy.-Cgo, I (1904) 84.

Chasalia laxiflora *Benth.* in *Hook.* Niger Fl. (1849) 416.

1893 (Ém. Laurent). — II a : Zenze (Ém. Laur.); Shinganga (Dew.). — V :
Kisantu ; Kimuenza; Dembo (Gill.). — VI : vallée de la Djuma (Gill.).

Psychotria Bieleri *De Wild.* Étud. fl. Bas- et Moy.-Cgo, II (1907)
179, t. 64 [sphalm. t. 64 in text.].

1904 (S. Bieler). — VIII : Haut-Lopori (Biel.).

Psychotria brachyantha *Hiern* in *Oliv.* Fl. trop. Afr. III (1877)
196; *K. Schum.* in *Schlechter* Westafr. Kautsch.-Exped. (1900) 321.

1899 (R. Schlechter). — V : Léopoldville (Schlt. 12566).

Psychotria brunnea *Schweinf.* ex *Hiern* in *Oliv.* Fl. trop. Afr. III (1877) 201 ; *Th. Dur.* et *Schinz* Étud. fl. Cgo (1896) 165.

1870 (G. Schweinfurth). — XII d : vallée du Kibali [Mangbettu] (Schw.).

Psychotria Butayei *De Wild.* Étud. fl. Bas- et Moy.-Cgo, II (1907) t. 64.

1902 (R. Butaye). — V : env. de Kisantu (But.).

Psychotria Cabrae *De Wild.* Miss. Laurent (1906) 349.

1897 (Alph. Cabra). — Bas-Congo (Cabra, 117). — II a : Haut-Shiloango (Cabra-Michel); la Lukula (Ém. et M. Laur.). — V : env. de Léopoldville; Kisantu (Gill. 596, 1121, 1163, 1352). — VII : Kutu (Ém. et Laur.).

Psychotria cinerea *De Wild.* Étud. fl. Bas- et Moy.-Cgo, II (1907) 181, t. 43.

1896 (A. Dewèvre). — XIII d : forêt des env. d'Elungu [rég. de Nyangwe] (Dew. 1063).

Psychotria cristata *Hiern* in *Oliv.* Fl. trop. Afr. III (1877) 203 ; *Th. Dur.* et *Schinz* Étud. fl. Cgo (1896) 165 ; *De Wild.* Étud. fl. Bas- et Moy.-Cgo, II (1907) 181.

Myrsiphyllum — *Hiern.* Cat. Welw. Pl. I (1898) 493.

1870 (G. Schweinfurth). — IX : Bangala (Dem. 305); Nouvelle-Anvers (Pyn. 2). — XII : Munza [Mangbettu] (Schw.).

Psychotria cyanopharynx *K. Schum.* in Engl. Jahrb. XXVIII (1899) 90.

1881? (P. Pogge). — XV : Mukenge (Pg. 982).

Psychotria Dewevrei *De Wild.* Étud. fl. Bas- et Moy.-Cgo, I (1904) 208.

1896 (A. Dewèvre). — XIII d : Kasongo. — Nom vern. : **Kan** (Dew. 911). — Nom vern. : **Wangate** [Tanganika] Dew.

Psychotria djumaensis *De Wild.* Miss. Laurent (1906) 349.

1902 (J. Gillet). — VI : vallée de la Djuma (Gill. 2791).

Psychotria ealaensis *De Wild.* Miss. Laurent (1906) 348, t. 94 et Étud. fl. Bas- et Moy.-Cgo, II (1907) 182.

1903 (Marc. Laurent). — V : Kisantu et env. (Gill. 362, 1071, 3246). — VIII : Eala et env. (M. Laur. 224, 1105); Mondjo (Pyn. 312).

Psychotria Gilletii *De Wild.* Étud. fl. Bas- et Moy.-Cgo, I (1904) 208; II (1907) 80, 182.

1900 (J. Gillet). — V : Kisantu (Gill. 251, 487, 889); entre Tumba et Kimpesse (Gill.); Mayidis (Odd. in Gill. 1881); Sanda (Odd. in Gill. 3710). — VIII : Coquilhatville (Pyn. 281); Eala (M. Laur. 1610 ; Pyn. 545, 599).

Psychotria gracilescens *De Wild*. Étud. fl. Bas- et Moy.-Cgo, II (1907) 182, t. 42.

1904 (Marc. Laurent). — VIII : Eala (M. Laur. 1581).

Psychotria hamata *De Wild*. Étud. fl. Bas· et Moy.-Cgo, II (1907) 183, t. 43.

1896 (A. Dewèvre). — VIII : env. de Mobanga [rég. de Coquilhatville] (Dew. *f* 760 b).

Psychotria Kimuenzae *De Wild*. Étud. fl. Bas- et Moy.-Cgo, II (1907) 184.

1899 (J. Gillet). — V : Kisantu et env. (Gill. 664, 1154, 2355; Odd.); Kimuenza (Gill. 2199); Mayidis (Gill.).

Psychotria kisantuensis *De Wild*. Étud. fl. Bas- et Moy.-Cgo, II (1907) 185, t. 58.

1899 (J. Gillet). — V : Kisantu (Gill. 115).

Psychotria Laurentii *De Wild*. Miss. Laurent (1906) 307, t. 95.

1896 (A. Dewèvre). — V : entre Léopoldville et Mombasi (Gill. 2566); Tshumbiri (M. Laur.). — VIII : Coquilhatville (Dew. 690); Lac Tumba (Ém. et M. Laur.).

Psychotria longevaginalis *Schweinf.* ex *Hiern* in *Oliv*. Fl. trop· Afr. III (1877) 201; *Th. Dur.* et *Schinz* Étud. fl. Cgo (1896) 165.

1870 (G. Schweinfurth). — XII d : la Kapili [pays des Mangbettu] (Schw.).

Psychotria mogandjoensis *De Wild*. Étud. fl. Bas- et Moy.-Cgo, II (1907) 185, t. 46.

1906 (Marc. Laurent). — XI : Mogandjo (M. Laur. 982); Limbutu (M. Laur. 1442).

Psychotria nigropunctata *Hiern* in *Oliv*. Fl. trop. Afr. III (1877) 207; *Th. Dur.* et *Schinz* Étud. fl. Cgo (1896) 165; *De Wild*. Miss· Laurent (1906) 350 et Étud. fl. Bas- et Moy.-Cgo, II (1907) 80, 186.

Myrsiphyllum — *Hiern* Cat. Welw. Pl. I (1898) 493.

1816 (Chr. Smith). — Bas-Congo (Sm.). — IV : Kitobola; Gongolo (Pyn.). — V : Kisantu (Gill.); env. de Lemfu (But.). — VII : la Fini (Ém. et M. Laur.).

Psychotria obovatifolia *De Wild*. Étud. fl. Bas- et Moy.-Cgo, II (1907) 186, t. 49.

1900 (Marc. Laurent). — XI : Yambuya (M. Laur. 1563)

Psychotria Oddoni *De Wild*. Étud. fl. Bas- et Moy.-Cgo, II (1907) 187, t. 44.

1903 (Ad. Oddon). — V : Sanda (Odd. in Gill. 3001, 3746).

Psychotria Poggei *K. Schum.* in Engl. Jahrb. XXVIII (1899) 97.

1881 (P. Pogge). — XV : Mukenge (Pg. 1039, 1095, 1251).

Psychotria potamophila *K. Schum.* in Engl. Jahrb. XXVIII (1899) 97.

1881 (P. Pogge) — XV : Mukenge (Pg. 1049).

Psychotria pygmaeodendron *K. Schum.* in Engl. Jahrb. XXVIII (1899) 98.

1876 (P. Pogge). — XV : entre Kimbundo et le Kwango (Pg. 534).

Psychotria stigmatophylla *K. Schum.* in Engl. Jahrb. XXVIII (1899) 100.

1881 (P. Pogge). — XV : Mukenge (Pg. 1078).

Psychotria Vogeliana *Benth.* in *Hook.* Niger Fl. (1849) 210 ; *Hiern* in *Oliv.* Fl. trop. Afr. III, 210 ; *Engl.* in Sitzb. Preuss. Akad. Wiss. XXXVIII (1908) 820.

1881 (P. Pogge). — XV : rég. de Mukenge (Pg.).

Psychotria Wildemaniana *Th. Dur.* ex *De Wild.* Étud. fl. Bas- et Moy.-Cgo, II (1908) 349 |nom. nov.].

P. djumaensis *De Wild.* l. c. II (1907) 182 [non Miss. Laurent].

1902 (L. Gentil et J. Gillet). — VI : vallée de la Djuma (Gent. et Gill. in Gill. 2738, 2762, 2768).

GEOPHILA D. Don.

Geophila Aschersoniana *Buett.* in Verh. bot. Ver. Brandenb. XXXI (1889) 74 ; *Th. Dur.* et *Schinz* Étud. fl. Cgo (1896) 166.

1885 (R. Buettner). — V : entre Bolobo et Lukolela (Buett.)

Geophila hirsuta *Benth.* in *Hook.* Niger Fl. (1849) 422 ; *Hiern* in *Oliv.* Fl. trop. Afr. III, 221 ; *De Wild.* Étud. fl. Bas- et Moy.-Cgo, II (1907) 188, (1908) 349.

1905 (Éd. Lescrauwaet). — VI : Madibi (Sap.). — XII a : entre Buta et Bima (Ser. 77). — XII b et c : entre Bambili et Amadis (Ser. 200). — XV : Batempa (Lescr.). — Noms vern. : **Malari** [Kwilu]; **Eaki** [Bangala] (Sap.).

— — var. **brevifolia** *De Wild.* l. c. II (1907) 189.

1906 (Albéric Bruneel). — VIII : Betutu sur la Lopori (Brun. 8).

— — var. **hirsutissima** *De Wild.* l. c. II (1907) 188, (1908) 349.

1902 (J. Gillet). — V : rég. de la Lumene (Hendr.). — VIII : env. de Léopoldville (Gill. 3080); Injolo (Huyghe et Ledoux).

G. hirsuta var. **stricta** *De Wild.* l. c. II (1907) 188.

1905 (Marc. Laurent). — VIII : Injolo (M. Laur. 1578).

Geophila involucrata *Schweinf.* ex *Hiern* in *Oliv.* Fl. trop. Afr. III (1877) 222; *Th. Dur.* et *Schinz* Étud. fl. Cgo (1896) 166; *De Wild.* et *Th. Dur.* Contr. fl. Cgo, II (1900) 34 et Reliq. Dewevr. (1901) 136; *De Wild.* Étud. fl. Bas- et Moy.-Cgo, I (1904) 84; II (1907) 189, (1908) 349 et Miss. Laurent (1906) 352.

1870 (G. Schweinfurth). — Congo (Gill.). — Bas-Congo (Cabra). — IV : Luozi (Luja). — V : Kimuenza (Dew. 518); Dembo (Vanderyst). — XII d : Munza; riv. Mbruole (Schw.). — XV : Olombo (Ém. et M. Laur.).

Geophila obvallata [*Schumach.* et *Thonn.*] *F. Didr.* in Kjoeb. Vidensk. Meddel. (1854) 186; *Hiern* in *Oliv.* Fl. trop. Afr. III, 222; *De Wild.* et *Th. Dur.* Pl. Thonnerianae (1900) 45; *De Wild.* Étud. fl. Bas- et Moy.-Cgo, II (1908) 349.

Psychotria — *Schumach.* et *Thonn.* Beskr. Guin. Pl. (1827) 111.

1896 (Fr. Thonner). — IX a : Gali (Thonn.). — XI : env. de Yambuya (Solh.).

Geophila renaris *De Wild.* et *Th. Dur.* Contr. fl. Cgo, I (1899) 29; II (1900) 34; Pl. Thonnerianae (1900) 45, t. 2 et Pl. Gilletianae, I (1900) 31 [B. Herb. Boiss. Sér. 2, I, 31]; *De Wild* Étud. fl. Bas- et Moy.-Cgo, I (1904) 84, (1904) 209; II (1907) 81, 189 et Miss. Laurent (1906) 352.

1888 (F. Demeuse). — V : Kisantu (Gill.); Lula-Lumene (Hendr.); Sanda (Odd.). — VII : Inongo; Kiri (Ém. et M. Laur.); Ikata (Dem.). — VIII : Eala (M. Laur. 1213). — IX a : Gali (Thonn.). — XV : forêts du Sankuru (Ém. et M. Laur.); Bukila (Ém. et M. Laur.).

Geophila reniformis *D. Don* Prodr. fl. Nepal. (1825) 136 ; *Wight.* Icon. pl. Ind. or. I, t. 54; *Hook. f.* Fl. Brit. Ind. III, 178; *Hiern* in *Oliv.* Fl. trop. Afr. III, 220; *De Wild.* et *Th. Dur.* Pl. Gilletianae, I (1900) 31 [B. Herb. Boiss. Sér. 2, I, 31].

1900 (J. Gillet). — V : Kisantu (Gill.).

TRICHOSTACHYS Hook. f.

Trichostachys Laurentii *De Wild.* Miss. Laurent (1906) 351.

1903 (Ém. et Marc. Laurent). — XV : Butala (Ém. et M. Laur.).

Trichostachys microcarpa *K. Schum.* in Engl. Jahrb. XXVIII (1899) 88; *De Wild.* Miss. Laurent (1906) 351 et Étud. fl. Bas- et Moy.-Cgo, II (1907) 80, t. 14.

1881 (P. Pogge). — Congo (Dem.). — V : env. de Kimuenza (Gill.) et de Sanda (Odd.); Tumba (Dem.). — XV : Mukenge (Pg. 1257).

URAGOGA L.

Uragoga ceratoloba *K. Schum.* in Engl. Jahrb. XXVIII (1899) 105.

1881 (P. Pogge). — XV : Mukenge (Pg. 1160).

Uragoga peduncularis [*Salisb.*] *K. Schum.* in *Engl.* et *Prantl* Nat. Pflanzenfam. IV, 4 (1891) 120; *Th. Dur.* et *De Wild.* Mat. fl. Cgo, II (1898) 75 [B. S. B. B. XXXVII, 120]; *Hiern* Cat. Welw. Pl. I, 498; *De Wild.* et *Th. Dur.* Reliq. Dewevr. (1901) 130; *De Wild.* Étud. fl. Kat. (1903) 229; Miss. Laurent (1906) 353 et Étud. fl. Bas-et Moy.-Cgo, II (1907) 81, 189.

Cephaelis — *Salisb.* Parad. Lond. (1808) t. 99; *Hiern* in *Oliv.* Fl. trop. Afr. III, 223.

1892 (F. Demeuse). — Congo (Dem.). — IV : env. de Gombi (Dew.). — V : Lu-kolela (Pyn.). — VI : Eiolo (Ém. et M. Laur.). — VIII : Bikoro (Pyn.). — IX : Yambinga (Pyn.); Bolombo (Ém. et M. Laur.). — XV : Ibanga; bords du Sankuru (Ém. et M. Laur.). — XVI : Lukafu (Verd.).

Uragoga Thonneri *De Wild.* et *Th. Dur.* Pl. Thonnerianae (1900) 46, t. 9.

1896 (Fr. Thonner). — IX : Bobi (Thonn.).

CEPHAELIS Sw.

Cephaelis congensis *Hiern* in *Oliv.* Fl. trop. Afr. III (1877) 226; *Th. Dur.* et *Schinz* Étud. fl. Cgo (1896) 166.

1816 (Chr. Smith). — Bas-Congo (Sm.).

LASIANTHUS Jack.

Lasianthus tortistilus *K. Schum.* in Engl. Jahrb. XXVIII (1899) 108; *Engl.* in Sitz. Preuss. Akad. Wiss. XXXVIII (1908) 859.

1882 (P. Pogge). — XV : rég. de Mukenge (Pg.).

OTIOPHORA Zucc.

Otiophora pulchella *K. Schum.* ex *De Wild.* Étud. fl. Kat. (1903) 230.

1900 (Edg. Verdick). — XVI : le Katanga. — Nom vern. : **Kampumboi** (Verd. 320).

DIODIA L.

Diodia maritima *Thònn.* in *Schumach.* et *Thonn.* Beskr. Guin. Pl. (1827) 75; *Hiern* in *Oliv.* Fl. trop. Afr. III, 231; *Th. Dur.* et *Schinz* Étud. fl. Cgo (1896) 166.

D. foliosa *Wawra* et *Peyr.* Sert. Benguel. (1860) 39.

1885 (R. Buettner). — V : entre Bolobo et Lukolela (Buett. 474). — Ind. non cl. : Kibaka (Buett. 575).

Diodia scandens *Sw.* Prodr. fl. Ind. occ. (1788) 30 ; *Hiern* Cat. Welw. Pl. I, 501.

D. breviseta *Benth.* in *Hook.* Niger Fl. (1849) 424; *Hiern* in *Oliv.* Fl. trop. Afr. III, 231; *Th. Dur.* et *Schinz* Étud. fl. Cgo (1896) 166; *De Wild.* et *Th. Dur.* Contr. fl. Cgo, II (1900) 34; Pl. Thonnerianae (1900) 47 et Reliq. Dewevr. (1901) 130; *De Wild.* Miss. Laurent (1906) 353 et Étud. fl. Bas- et Moy.-Cgo, I (1904) 85; II (1907) 81, 190.
Spermacoce serrulata *P. Beauv.* Fl. d'Oware, I (1804) 39, t. 23.
Diodia — *K. Schum.* ex *De Wild.* et *Th. Dur.* Pl. Thonnerianae (1900) 47.

1816 (Chr. Smith). — Bas-Congo (Sm.). — V : le Stanley-Pool (Hens); entre Léopoldville et Kwamouth (Pyn.); Bolobo (Dew.); env. de Lemfu (But.); Kimuenza; Kisantu (Gill.). — VI : Kongo [Kwilu] (Sap.). — VIII : Haut-Lopori (Biel.). — IX : Bangala (Dew.). — IX a : Boyangi (Thonn.).

BORRERIA G. F. W. Mey.

Borreria dibrachiata [*Oliv.*] *K. Schum.* in *Engl.* et *Prantl* Nat. Pflanzenfam. IV, 4 (1891) 141.

Spermacoce — *Oliv.* in Trans. Linn. Soc. XXIX (1873) 87, t. 52 et Fl. trop. Afr. III, 239; *De Wild.* et *Th. Dur.* Contr. fl. Cgo, II (1900) 35.
Tardavel — *Hiern* Cat. Welw. Pl. I (1898) 507.

1891 (G. Descamps). — XVI : bords du Luwenbe [affl. du Lubilasch] (Desc.).

Borreria hebecarpa *A. Rich.* Tent. fl. Abyss. I (1847) 347.

Spermacoce — *Oliv.* [non *DC.*] in Trans. Linn. Soc. XXIX (1873) 89; *Hiern* in *Oliv.* Fl. trop. Afr. III, 236; *Th. Dur.* et *Schinz* Étud. fl. Cgo (1896) 167.

1888 (Fr. Hens). — IV : Lutete (Hens).

Obs. — Peut-être faut-il rapporter à cette espèce le *B. neglecta* A. Rich. indiqué en 1885 par Buettner à Léopoldville [Conf. *Th. Dur.* et *Schinz* Étud. fl. Cgo (1896) 167].

Borreria ocimoides [*Burm.*] *DC.* Prodr. IV (1830) 544.

Spermacoce — *Burm.* Fl. Indica (1768) 34, t. 13, fig. 1; *Hook. f.* Fl. Brit. Ind. III, 200; *Th. Dur.* et *De Wild.* Mat. fl. Cgo, II (1898) 76 [B. S. B. B. XXXVII 121] et Contr. fl. Cgo, II (1900) 35.
S. ramisperma *Pohl* ex *DC.* l. c. IV (1830) 544; *Hiern* in *Oliv.* Fl. trop. Afr. III, 238; *Th. Dur.* et *Schinz* Étud. fl. Cgo (1896) 167.
Borreria — *DC.* Prodr. IV (1830) 544.

1888 (Fr. Hens). — II a : Bingila (Dup.). — IV : Gombi (Hens).

Borreria scabra [*Schumach.* et *Thonn.*] *K. Schum.* in *Engl.* Pfl. Ost-Afr. (1895) 394.

Diodia — *Schumach.* et *Thonn.* Beskr. Guin. Pl. (1827) 76.
Tardavel — *Hiern* Cat. Welw. Pl. I (1898) 504.
Spermacoce Ruellliae *DC.* Prodr. IV (1830) 554; *Hiern* in *Oliv.* Fl. trop. Afr. III, 238; *Th. Dur.* et *Schinz* Étud. fl. Cgo (1896) 167.

1816 (Chr. Smith). — Bas-Congo (Sm.; Johnst.). — IV : Gombi-Lutete (Hens).

Borreria senensis [*Klotzsch*] *K. Schum.* in *Engl.* Pfl. Ost-Afr. (1895) 394; *De Wild.* et *Th. Dur.* Pl. Gilletianae, I (1900) 31 [B. Herb. Boiss. Sér. 2, I, 31].

Diodia — *Klotzsch* in *Peters* Reise n. Mossamb. I (1862) 289.
Spermacoce — *Hiern* in *Oliv.* Fl. trop. Afr. III (1877) 236; *Th. Dur.* et *De Wild.* Mat. fl. Cgo. II (1898) 76 [B. S. B. B. XXXVII, 121].

1895 (P. Dupuis). — II a : Bingila (Dup.). — V : Kisantu (Gill.).

Borreria stricta [*L. f.*] *DC.* Prodr. IV (1830) 561; *K. Schum.* in *Engl.* et *Prantl* Nat. Pflanzenfam. IV, 4 (1891) 143 et in *Engl.* Pfl. Ost-Afr. 394; *De Wild.* et *Th. Dur.* Contr. fl. Cgo, I (1899) 30; *De Wild.* Miss. Laurent (1906) 354 et Étud. fl. Bas- et Moy.-Cgo, I (1904) 85; II (1907) 81.

Spermacoce — *L. f.* Suppl. pl. (1781) 120; *Hiern* in *Oliv.* Fl. trop. Afr. III, 236; *Th. Dur.* et *De Wild.* Mat. fl. Cgo, II (1898) 76 [B. S. B. B. XXXVII, 121] et Reliq. Dewevr. (1901) 130; *De Wild.* Étud. fl. Bas- et Moy.-Cgo, II (1907) 190.
Tardavel — *Hiern* Cat. Welw. Pl. I (1898) 503.

1888 (Fr. Hens). — Congo (Dem.); Bas-Congo (Cabra). — II a : Bingila (Dup.); Haut-Shiloango (Cabra-Michel). — IV : Lutete (Hens). — V : entre Léopoldville et Mombasi; Kisantu (Gill.). — XII a : entre Bima et Bambili (Ser.). — XIII d : env. de Kasongo (Dew.). — XV : Butala (Ém. et M. Laur.). — XVI : Albertville [Toa] (Desc.).

Borreria tetraodon *K. Schum.* in *Schlechter* Westafr. Kautsch.-Exped. (1900) 322 [nom. tant.].

1899 (R. Schlechter). — V : Dolo (Schlt. 12499).

⁜ MITRACARPUM Zucc.

Mitracarpum scabrum *Zucc.* in *Schult.* Mant. pl. III (1827) 210; *Hiern* in *Oliv.* Fl. trop. Afr. III, 243; *Th. Dur.* et *Schinz* Étud. fl. Cgo (1896) 168; *Th. Dur.* et *De Wild.* Mat. fl. Cgo, II (1898) 96 [B. S. B. B. XXXVII, 121]; *De Wild.* et *Th. Dur.* Reliq. Dewevr. (1901) 131; *De Wild.* Étud. fl. Bas- et Moy.-Cgo, I (1906) 209; II (1907) 190.

Staurospermum verticillatum *Schumach.* et *Thonn.* Beskr. Guin. Pl. (1827) 73.

Mitracarpum — *Vatke* in Linnaea, XL (1876) 196.

M. senegalense *DC.* Prodr. IV (1830) 572.

1816 (Chr. Smith).— Bas-Congo (Sm.).— II : Ponta da Lenha (Naum.). — V : le Stanley-Pool (Buett.); Léopoldville (Schlt.); Kisantu (Gill.). — VI : Madibi. — Nom vern. : **Yaba** (Sap.). — XV : Bolungula (Ém. et M. Laur.). — Ind. non cl. : Kimbumbi (Dew.) ; 1le de Zobaka (Dew.). — Noms vern. : **Tomba-Tomba** [Bakusu]; **Tuyaie** [Tanganika] (Dew.).

GALIUM L.

Galium stenophyllum *Bak.* in Kew Bull. (1895) 58 ; *Th. Dur.* et *De Wild.* Mat. fl. Cgo, II (1898) 76 [B. S. B. B. XXXVII, 121].

1895 (Gust. Debeerst). — XVI : Haut-Marungu (Deb.).

— — var. **longifolium** *De Wild.* et *Th. Dur.* Contr. fl. Cgo, II (1900) 26.

1895 (Gust. Debeerst). — XVI : Haut-Marungu (Deb.).

DIPSACEAE

CEPHALARIA Schrad.

Cephalaria attenuata [*L. f.*] *Roem.* et *Schult.* Syst. veget. III (1818) 44 ; *DC.* Prodr. IV, 649 ; *Sond.* in *Harv.* et *Sond.* Fl. Capens. III, 42.

Scabiosa — *L. f.* Suppl. pl. (1781) 118.

Le type existe dans l'Afrique australe.

— — var. **longifolia** *De Wild.* Étud. fl. Kat. (1903) 164.

C. attenuata *Roem.* et *Schult.* var. b. *Sond.* in *Harv.* et *Sond.* Fl. Capens. III (1864) 42.

1900 (Edg. Verdick). — XVI : Lukafu (Verd. 577).

SCABIOSA L.

Scabiosa Columbaria *L.* Sp. pl. ed. 1 (1753) 99 ; *A. Rich.* Tent. fl. Abyss. I, 368 ; *Rchb.* Pl. crit. IV, t. 534-535 ; *Hiern* in *Oliv.* Fl. trop. Afr. III, 252 et Cat. Welw. Pl. I, 512 ; *De Wild.* Étud. fl. Kat. (1903) 164.

1900 (Edg. Verdick). — XVI : le Katanga (Verd.).

COMPOSITACEAE

SPARGANOPHORUS Gaertn.

Sparganophorus Vaillantii *Gaertn.* De fruct. et semin. II (1791) 396, t. 165; *DC.* Prodr. V, 12; *Oliv.* et *Hiern* Fl. trop. Afr. III, 262; *Th. Dur.* et *Schinz* Étud. fl. Cgo (1896) 168; *De Wild.* et *Th. Dur.* Reliq. Dewevr. (1901) 131; *De Wild.* Étud. fl. Bas- et Moy.-Cgo, II (1907) 205 et Miss. Laurent (1905) 189.

Struthium africanum *P. Beauv.* Fl. d'Oware, I (1804) 81, t. 48.

1816 (Chr. Smith). — Bas-Congo (Sm.). — II a : Shinganga (Dew.). — V : Kisantu (Gill.). — IX : Ukaturaka ; Lie (Ém. et M. Laur.). — XII a : route de Bima à Bambili (Ser.). — XV : Ibaka (Ém. Laur.).

HOEHNELIA Schweinf.

Hoehnelia vernonioides *Schweinf.* in *Hoehn.* Zum Rudolph See, App. (1892) 106; *O. Hoffm.* in *Engl.* Pfl. Ost-Afr. 402; *De Wild.* et *Th. Dur.* Reliq. Dewevr. (1901) 131; *De Wild.* Étud. fl. Bas- et Moy.-Cgo, II (1907) 211.

1895 (A. Dewèvre). — V : entre Léopoldville et Mombasi (Gill. 2565); env. de Yumbi (Pyn. 305). — VIII : Équateurville (Dew. 535 a).

ETHULIA L. (1)

Ethulia conyzoides *L.* Sp. pl. ed. 1 (1753) 1171; Bot. Reg. (1823) t. 695; *Oliv.* et *Hiern* in *Oliv.* Fl. trop. Afr. III, 262; *Hook. f.* Fl. Brit. Ind. III, 227; *Th. Dur.* et *Schinz* Étud. fl. Cgo (1896) 169; *O. Hoffm.* in *Engl.* Pfl. Ost-Afr. 402; *Hiern* Cat. Welw. Pl. I, 513; *De Wild.* et *Th. Dur.* Reliq. Dewevr. (1901) 131; *De Wild.* Miss. Laurent (1905) 189 et Étud. fl. Bas- et Moy.-Cgo, II (1907) 205.

E. gracilis *DC.* in *Delile.* Voy. à Méroë (1827) t. 64; *DC.* Prodr. V, 12.

1882 (H Johnston). — Congo (Johnst.). — II : Ponta da Lenha (Naum.). — II a : Pasokonde (Dew.). — V : Goma; Bolobo (Hens); Kisantu (Gill.); Lukolela (Pyn.); le Stanley-Pool (Hens).— VII : la Fini (Ém. et M. Laur.).— VIII : Eala (M. Laur.). — IX : pays des Bangala (Hens); Nouvelle-Anvers (Ém. Duch.); Bolombo (Ém. et M. Laur.). — XV : le Kasai (Ém. Laur.); Lusambo (Jos. Duch.). — XVI : env. d'Albertville [Toa] (Hecq.).

(1) M. F. Demeuse a trouvé le **Centratherum grande** [DC.] *Th. Dur.* et *Schinz* [Étud. fl. Cgo (1896) 169] sur les rives de l'Ambriz, mais cette localité doit être dans l'Angola.

BOTHRIOCLINE Oliv.

Bothriocline longipes *N.E.Br.* in Kew Bull. (1894) 389; *Th. Dur.* et *Schinz* Étud. fl. Cgo (1896) 169.

B. Schimperi *Oliv.* et *Hiern* var. — *Oliv.* et *Hiern* in *Oliv.* Fl. trop. Afr. III (1877) 266; *O. Hoffm.* in *Engl. Pfl. Ost-Afr.* 402; *De Wild.* et *Th. Dur.* Reliq. Dewevr. (1901) 131; *De Wild.* Étud. fl. Bas- et Moy.-Cgo, II (1907) 208.

1870 (G. Schweinfurth). — XII c : env. d'Amadis (Ser.). — XII d : pays des Mangbettu (Schw.). — XIII d : env. de Piani-Gongo (Dew. 1056). — Nom vern. : **Kaluma** [Tanganika] (Dew.).

Bothriocline misera [*Oliv.* et *Hiern*] *O. Hoffm.* in Bolet. Soc. Brot. XIII (1896) 11; *Schlecht.* Westafr. Kautsch.-Exped. (1900) 323.

Vernonia — *Oliv.* et *Hiern* in *Oliv.* Fl. trop. Afr. III (1877) 278; *Th. Dur.* et *Schinz* Étud. fl. Cgo (1896) 171.

1816 (Chr. Smith). — Bas-Congo (Sm.). — II : Ponta da Lenha (Naum.). — V : le Stanley-Pool (Buett.). — VIII : Coquilhatville (Schlt.).

VERNONIA Schreb.

Vernonia acrocephala *Klatt* in Annal. naturh. Hofmus. Wien, VII (1892) 100; *De Wild.* et *Th. Dur.* Contr. fl. Cgo, I (1899) 30; *De Wild.* Étud. fl. Bas- et Moy.-Cgo, I (1906) 325.

1891 (G. Descamps). — XII : Kansomme (Lescr.). — XV : Samba [Bashilange] (Desc.).

Vernonia amygdalina *Delile* Cent. pl. Méroë (1826) 41; *Oliv.* et *Hiern* Fl. trop. Afr. III, 284; *Th. Dur.* et *De Wild.* Mat. fl. Cgo, I (1897) 32 [B. S. B. B. XXXVI², 78].

Decaneurum — *DC.* Prodr. V (1836) 68.

1895 (Gust. Debeerst). — XVI : C. au bord du Tanganika (Deb.).

Vernonia armerioides *O. Hoffm.* in Engl. Jahrb. XXIV (1897) 462.

1876 (P. Pogge). — XV : pays de Muata-Jamvo, vers 10 1/2° (Pg. 182).

— — **var. tomentosa** *O. Hoffm.* l. c. (1897) 462.

1881 (P. Pogge). — XV : Mukenge (Pg. 1273).

Vernonia auriculifera *Hiern* Cat. Welw. Pl. I (1898) 539.

Le type croît dans l'Angola.

— — **var. auriculis deficientibus** *O. Hoffm.* ex *De Wild.* et *Th. Dur.* Étud. fl. Bas- et Moy.-Cgo, I (1906) 325.

1900 (J. Gillet). — V : Kisantu (Gill. 1286).

Vernonia Burtoni *Oliv.* et *Hiern* in *Oliv.* Fl. trop. Afr. III (1877) 281; *Th. Dur.* et *Schinz* Étud. fl. Cgo (1896) 170.

1862 (R. Burton). — Congo (Burt.).

Vernonia Calvoana *Hook. f.* in Journ. Linn. Soc. VII (1864) 199; *Oliv.* et *Hiern* in *Oliv.* Fl. [trop. Afr. III, 293; *De Wild.* Étud. fl. Bas- et Moy.-Cgo, II (1907) 206.

1905 (F. Seret). — XII b : entre Bambili et Amadis (Ser. 187).

Vernonia cinerea [*L.*] *Less.* in Linnaea (1829) 291 et (1831) 673; *DC.* Prodr. V, 24; *Oliv.* et *Hiern* in *Oliv.* Fl. trop. Afr. III, 275; *Th. Dur.* et *Schinz* Étud. fl. Cgo (1896) 170; *O. Hoffm.* in *Engl.* Pfl. Ost-Afr. 405; *Hiern* Cat. Welw. Pl. 1, 521; *De Wild.* et *Th. Dur.* Reliq. Dewevr. (1901) 132; *De Wild.* Miss. Laurent (1905) 189 et Étud. fl. Bas- et Moy.-Cgo, I (1906) 325.

Conyza — *L.* Sp. pl. ed. 1 (1753) 862.
Chrysocoma violacea *Schumach.* et *Thonn.* Beskr. Guin. Pl. (1827) 384.

1888 (Fr. Hens). — I : Moanda (Vanderyst). — II : Boma (Schimp.). — II a : Bingila (Dup.). — IV : Lutete (Hens). — V : Dolo (Schlt.); Tumba (Ém. et M. Laur.). — XIII d : Kasongo (Dew.).

Vernonia conferta *Benth.* in *Hook.* Niger Fl. (1849) 42; *Oliv.* et *Hiern* in *Oliv.* Fl. trop. Afr. III, 294; *Th. Dur.* et *Schinz* Étud. fl. Cgo (1896) 170; *Hiern* Cat. Welw. Pl. I, 537; *Th. Dur.* et *De Wild.* Mat. fl. Cgo, I (1897) 33 [B. S. B. B. XXXVI°, 79]; *De Wild.* et *Th. Dur.* Reliq. Dewevr. (1901) 132; *De Wild.* Étud. fl. Bas- et Moy.-Cgo, I (1904) 211, (1906) 325; II (1907) 206.

V. arborea *Welw.* ex *O. Hoffm.* in Bolet. Soc. Brot. X (1893) 172.

1816 (Chr. Smith). — Bas-Congo (Sm.). — II a : Bingila (Dup.); Benza-Masola (Ém. Laur.). — V : Kisantu (Gill.); rég. de Lula-Lumene (Hendr.). — VII : Isaka (Ém. et M. Laur.). — VIII : Basankusu (Dew.); env. d'Eala (Pyn.; M. Laur.). — XIII a : Romée (Ém. Laur.). — XV : le Sankuru (Ém. Laur.).

— — var. **Sereti** *De Wild.* Étud. fl. Bas- et Moy.-Cgo, II (1907) 206.

1905 (F. Seret). — IX : env. de Bumba (Ser. 4).

Vernonia clinopodioïdes *O. Hoffm.* in Engl. Jahrb. XXIV (1897) 465.

1876 (P. Pogge). — XV : la Lulua, vers 9 1/2° (Pg. 234).

Vernonia cruda *Klatt* ex *Schinz* in B. Herb. Boiss. IV (1896) 456; *De Wild.* Étud. fl. Bas- et Moy.-Cgo, II (1907) 206.

1891 (G. Descamps). — V : Kisantu (Gill. 1100); Boko-Sainte-Barbe (Vanderyst, B, 108). — XIII d : Lubunda [rég. de Nyangwe] (Desc. 28).

Vernonia Dupuisii *Klatt* in *Th. Dur.* et *Schinz* Ètud. fl. Cgo (1896) 171 et in B. Herb. Boiss. IV (1896) 825; *De Wild.* et *Th. Dur.* Mat. fl. Cgo, I (1897) 33 [B. S. B. B. XXXVI², 79].

1893 (P. Dupuis). — II : env. de Boma (Dew. 15); Sisia (Dup.). — II a : Bingila (Dup. 39).

Vernonia gerberiformis *Oliv.* et *Hiern* in *Oliv.* Fl. trop. Afr. III (1877) 285; *De Wild.* Étud. fl. Kat. (1903) 164 et Étud. fl. Bas-et Moy.-Cgo, I (1906) 325.

1900 (Edg. Verdick). — V : rég. de Lula-Lumene (Hendr.; Gill. 3284). — XVI : plateau du Katanga (Verd.).

Vernonia glaberrima *Welw.* ex *O. Hoffm.* in Bolet. Soc. Brot. XIII (1896) 15; *Hiern* Cat. Welw. Pl. I, 537; *De Wild.* Étud. fl. Bas- et Moy.-Cgo, I (1904) 210; II (1907) 206 et Miss. Laurent (1906) 190.

1899 (R. Schlechter). — V : Léopoldville (Pyn. 136); Dolo (Schlt.); Sabuka (Ém. et M. Laur.); Sanda (De Brouw. in Gill. 3031).

Vernonia grandis *Boj.* ex *DC.* Prodr. V (1836) 68, in syn.; *De Wild.* et *Th. Dur.* Contr. fl. Cgo, I (1899) 30.

1891 (Hyac. Vanderyst). — I : Moanda (Vanderyst).

Vernonia Grantii *Oliv.* in Trans. Linn. Soc. XXIX (1873) 92; *Oliv.* et *Hiern* in *Oliv.* Fl. trop. Afr. III, 291; *O.Hoffm.* in *Engl.* Pfl. Ost-Afr. 493; *Th. Dur.* et *De Wild.* Mat. fl. Cgo, I (1897) 33 [B. S. B. B. XXXVI², 79]; *De Wild.* Étud. fl. Bas- et Moy.-Cgo, I (1904) 210.

1895 (G. Descamps). — Bas-Congo (Cabraṭet Michel). — XVI : Toa (Desc.).

Vernonia hamata *Klatt* ex *Schinz* in B. Herb. Boiss. IV (1896) 456.

1891 (G. Descamps). — XV : vallée de la Luile (Desc. 32).

Vernonia Hensii *Klatt* ex *Schinz* in B. Herb. Boiss. IV (1896) 828.

1888 (Fr. Hens). — V : le Stanley-Pool (Hens, B. 24).

Vernonia iufundibularis *Oliv.* et *Hiern* in *Oliv.* Fl. trop. Afr. III (1877) 285; *Th. Dur.* et *De Wild.* Mat. fl. Cgo, I (1897) 33 [B. S. B. B. XXXVI², 79].

1891 (G. Descamps). — XV : Lusambo (Desc.).

Vernonia jugalis *Oliv.* et *Hiern* in *Oliv.*Fl. trop. Afr. III (1877) 270; *Th.Dur.* et *Schinz* Étud. fl. Cgo (1896) 171; *O. Hoffm.* in *Engl.* Pfl.

Vernonia Fischeri *O. Hoffm.* in Engl. Jahrb. XX (1894) 221.

OBS. — P. Pogge a récolté cette espèce, en 1876, dans le pays de Muata-Yamvo (n. 269). Nous ne savons pas si c'est dans le Congo belge.

Ost-Afr. 404; *Hiern* Cat. Welw. Pl. I, 516; *De Wild.* et *Th. Dur.*
Pl. Gilletianae, I (1900) 32 [B. Herb. Boiss. Sér. 2, I, 32] et Reliq.
Dewevr. (1901) 132.

1870 (G. Schweinfurth). — V : Kisantu (Gill.). — VIII : Basankusu (Dew.). —
XIId : pays des Mangbettu (Schw.). — XIII d : env de Kasongo (Dew.). — Noms
vern. : **Ikonga** [Basankusu]; **Momboka** [Kasongo]; **Katatumba** [Tanganika] (Dew.).

Vernonia jugalis var. **Dekindtii** [*O. Hoffm.*] *Hiern* Cat. Welw.
Pl. I (1900) 516; *De Wild.* Miss. Laurent (1905) 190 et Étud. fl. Bas-
et Moy.-Cgo, II (1907) 207.

V. Dekindtii *O. Hoffm.* in Bolet. Soc. Brot. XIII (1896) 18.

1903 (Ém. Laurent). — VI : entre Tumba-Mani et Popokabaka (Cabra et Michel);
Madibi (Sap.). — VIII : Eala et env. (Pyn. 311; M. Laur. 687, 1512). — XV : Lu-
befu (Lescr. 375); Kondue (Ém. et M. Laur.). — Noms vern. : **Moleama** [Kwilu];
Pinkekokwa; **Pingerokwa** [Bangala].

Vernonia katangensis *O. Hoffm.* in *De Wild*. Étud. fl. Kat. (1903)
p. IX.

1901 (Edg. Verdick). — XVI : Lukafu (Verd. 74).

Vernonia lasiolepis *O. Hoffm.* in Engl. Jahrb. XXIV (1898) 464;
De Wild. Étud. fl. Bas- et Moy.-Cgo, I (1904) 210; II (1907) 207
et Miss. Laurent (1905) 190.

1876 (P. Pogge). — IV : Kitobola (Pyn.). — V : Sabuka (Ém. et M. Laur.); rég.
de la Lula-Lumene (Hendr.); Kimuenza; Kisantu (Gill.). — XV : Musumba (Pg.
192, 196, 273, 276); Mukenge (Pg. 787, 1209, 1312, 1317).

Vernonia Melleri *Oliv.* et *Hiern* in *Oliv.* Fl. trop. Afr. III (1877)
282; *Th. Dur.* et *De Wild.* Mat. fl. Cgo, I (1897) 33 [B. S. B. B.
XXXVI², 79] et Contr. fl. Cgo, II (1900) 35.

1891 (G. Descamps). — XV : vallée du Lubudi (Desc.). — XVI : Toa (Desc.).

Vernonia Napus *O. Hoffm.* in Engl. Jahrb. XXIV (1897) 463.

Le type croît dans l'Angola.

— — form. **angustifolia** *O. Hoffm.* l. c. 463.

1881 (P. Pogge). — XV : Mukenge (Pg. 1276).

— — form. **latifolia** *O. Hoffm.* l. c. 463.

1881 (P. Pogge). — XV : Mukenge (Pg. 1275).

Vernonia natalensis *Schultz-Bip.* ex *Walp.* Repert. bot. II (1843)
947; *Oliv.* et *Hiern* in *Oliv.* Fl. trop. Afr. III, 277; *Harv.* in
Harv. et *Sond.* Fl. Capens. III, 51; *O. Hoffm.* in *Engl.* Pfl. Ost-

Afr. 405; *Hiern* Cat. Welw. Pl. I, 522; *Th. Dur.* et *Schinz* Étud.
fl. Cgo (1896) 171; *De Wild.* et *Th. Dur.* Contr. fl. Cgo, II (1900)
35 et Reliq. Dewevr. (1901) 132; *De Wild.* Miss. Laurent (1905) 190
et Étud. fl. Bas- et Moy.-Cgo, I (1906) 325; II (1907) 207.

Webbia aristata *DC.* Prodr. V (1836) 73.
Vernonia — *Schultz-Bip.* (non *Less.*) in Flora (1844) 667.

1888 (Fr. Hens).. — Congo (Duch.): Bas-Congo (Cabra). — II a : Temvo (Ém. et
M. Laur.); la Lemba (Dew.). — IV : Lukungu (Hens). — V : entre Léopoldville et
Sabuka (Ém. Duch. et Luja); Boko-Sainte-Barbe (Vanderyst). — VI : rég. de
Luanu (Lescr.). — XV : Butala (Ém. et M. Laur.).

Vernonia pandurata *Link* Enum. pl. hort. Berol. II (1822) 276;
DC. Prodr. V, 27; *Oliv.* et *Hiern* in *Oliv.* Fl. trop. Afr. III, 271;
Th. Dur. et *Schinz* Étud. fl. Cgo (1896) 172.

1816 (Chr. Smith). — Bas-Congo (Sm.; Burt.).

Vernonia podocoma *Schultz-Bip.* in *Schweinf.* Beitr. Fl. Aethiop.
(1867) 287; *Oliv.* et *Hiern* in *Oliv.* Fl. trop. Afr. III, 296; *Th. Dur.*
et *Schinz* Étud. fl. Cgo (1896) 172.

V. cylindrica *A. Rich.* (non *Schultz-Bip.*) Tent. fl. Abyss. I (1847) 374.

1882 (H. Johnston). — Congo (Johnst.).

Vernonia Poskeana *Vatke* et *Hildebr.* in Oest. bot. Zeitschr. (1875)
324; *Oliv.* et *Hiern* in *Oliv.* Fl. trop. Afr. III, 274; *O. Hoffm.* in
Engl. Pfl. Ost-Afr. 404; *Th. Dur.* et *Schinz* Étud. fl. Cgo (1896)
172; *Hiern* Cat. Welw. Pl. I, 593; *De Wild.* Étud. fl. Bas- et Moy.-
Cgo, I (1906) 325.

Crystallopollen angustifolium *Steetz* form. vulgaris *Steetz* in *Peters* Reise
n. Mossamb. II (1864) 366.

1888 (Fr. Hens). — V : env. du Stanley-Pool (Hens). — VI : route de Tumba-
Mani à Popokabaka (Cabra-Michel).

— — var. **chlorolepis** [*Steetz*] *O. Hoffm.* in Bolet. Soc. Brot. X
(1893) 171; *Hiern* Cat. Welw. Pl. I, 520; *De Wild.* Étud. fl. Bas-
et Moy.-Cgo, I (1907) 207.

1906 (A. Sapin). — VI : Madibi (Sap.).

Vernonia potamophila *Klatt* in Annal. naturh. Hofmus. Wien VII
(1892) 100; *Th. Dur.* et *Schinz* Étud. fl. Cgo (1896) 172; *De Wild.*
et *Th. Dur.* Contr. fl. Cgo, I (1899) 30 et Pl. Gilletianae, I (1900) 32

? **Vernonia Poggeana** *O. Hoffm.* in Engl. Jahrb. XX (1894) 221;
Th. Dur. et *Schinz* Étud. fl. Cgo (1896) 172.
1876 (P. Pogge). — XV : pays de Muata-Yamvo (Pg. 269).
Cette plante a-t-elle été trouvée dans le Congo belge ?

[B. Herb. Boiss. Sér. 2, I, 32]; *De Wild.* Étud. fl. Bas- et Moy.-Cgo, I (1904) 211, 325; II (1907) 207 et Miss. Laurent (1905) 190.

1888 (Fr. Hens). — Bas-Congo (Cabra). — II a : Bingila (Dup.): Haut-Shiloango (Cabra-Michel). — IV : Mont Bangu (Dem. 77); Lutete (Hens, A. 241). — V : Kisantu (Gill. 518); entre Kisantu et le Kwango (But.); reg. de Lula-Lumene (Hendr. in Gill. 3041).

Vernonia quangensis *O. Hoffm.* in Engl. Jahrb. XXIV (1897) 463.

Le type n'est indiqué que dans l'Angola.

— — var. **tomentosa** *O. Hoffm.* l. c. 463.

1881 (P. Pogge). — XV : Mukenge (Pg. 1273).

Vernonia senegalensis [*Pers.*] *Less.* [non *Desf.*] in Linnaea, IV, (1829) 265; *Oliv.* et *Hiern* in *Oliv.* Fl. trop. Afr. III, 283; *Th. Dur.* et *Schinz* Étud. fl. Cgo (1896) 173; *O. Hoffm.* in *Engl.* Pfl. Ost-Afr. 405; *Hiern* Cat. Welw. Pl. I, 528; *De Wild.* et *Th. Dur.* Pl. Gilletianae, I (1900) 33 et Reliq. Dewevr. (1901) 133; *De Wild.* Étud. fl. Kat. (1903) 164 et Étud. fl. Bas- et Moy.-Cgo, I (1906) 326.

Baccharis — *Pers.* Syn. pl. II (1807) 424.
Decaneurum — *DC.* Prodr. V (1836) 68.
Chrysocoma amara *Schumach.* et *Thonn.* Beskr. Guin. Pl. (1827) 383.

1874 (Fr. Naumann). — II : Boma (Naum.). — II a : brousse de Katala. — Nom vern. : **Manduli-Duli** (Dew.). — IV : Banza-Puta (Dem.). — XIII d : env. de Kasongo — Nom vern. : **Molonga** (Dew.). — XVI : Toa (Desc.); bords du Lukafu (Verd.).— Noms vern. : **Mululundja** [Tanganika]; **Bavospanda** [Ikwangula] (Dew.).

Vernonia Sereti *De Wild.* Étud. fl. Bas- et Moy.-Cgo, II (1907) 207.

1905 (F. Seret). — XII c : entre Niangara et Gombari (Ser. 438); entre Amadis et Surango (Ser. 344).

Vernonia sericolepis *O. Hoffm.* in Engl. Jahrb. XXIV (1897) 466.

1876 (P. Pogge). — XV : la Lulua (Pg. 236); Musumba (Pg. 249); Mukenge (Pg. 1268, 1286, 1308, 1314).

Vernonia Smithiana *Less.* in Linnaea, V (1831) 638; *Oliv.* et *Hiern* in *Oliv.* Fl. trop. Afr. III, 276; *Th. Dur.* et *Schinz* Étud. fl. Cgo (1896) 173; *O. Hoffm.* in *Engl.* Pfl. Ost-Afr. 405; *Hiern* Cat. Welw. Pl. I, 522; *De Wild.* et *Th. Dur.* Reliq. Dewevr. (1901) 133.

Webbia — *DC.* Prodr. V (1836) 72.

1816 (Chr. Smith). — Bas-Congo (Sm.); env. de Kasongo (Dew. 995 a).

Vernonia suprafastigiata *Klatt* in B. Herb. Boiss. IV (1896) 458.

1891 (G. Descamps). — Ind. non cl. : Luengue (Desc. 29).

Vernonia Teuszii *Klatt* ex *Schinz* in. B. Herb. Boiss. III (1895) 424; *De Wild.* Étud. fl. Kat. (1903) 164.

1900 (Edg. Verdick). — XVI : Lukafu (Verd. 471); Haut-Marungu (Deb.).

Vernonia ulophylla *O. Hoffm.* in Bolet. Soc. Brot. XIII (1896) 13; *Hiern* Cat. Welw. Pl. I, 534; *De Wild.* Étud. fl. Bas- et Moy.-Cgo, I (1906) 326; II (1907) 208 et Miss. Laurent (1905) 190.

1902 (L. Gentil). — VI : vallée de la Djuma (Gent.); Dima (Ém. et M. Laur.). — VII : la Fini (Ém. et M. Laur.). — XII : l'Uele (Delp.). — XII b : entre Bima et Bambili (Ser.).

Vernonia undulata *Oliv.* et *Hiern* in *Oliv.* Fl. trop. Afr. III (1877) 276; *Hiern* Cat. Welw. Pl. I, 521; *De Wild.* et *Th. Dur.* Reliq. Dewevr. (1901) 133; *De Wild.* Étud. fl. Kat. (1903) 165 et Étud. fl. Bas- et Moy.-Cgo, I (1906) 326; II (1907) 208.

1891 (F. Demeuse). — IV : distr. des Cataractes (Dem.). — V : Dolo (Schlt.; Sap.). — XII b : entre Bima et Bambili (Ser.). — XIII d : env. de Kabanga (Dew.). — XVI : Lukafu. — Nom vern.: **Bu-Kukuta** (Verd.); Kayumba [Tanganika-Moero]. — Nom vern. : **Koito** (Coll.?).

Vernonia Verdickii *O. Hoffm.* ex *De Wild.* Étud. fl. Kat. (1903) p. IX.

1900 (Edg. Verdick). — XVI : Lukafu (Verd. 463).

Vernonia vernicata *Klatt* in Annal. naturh. Hofmus. Wien, VII (1892) 99; *De Wild.* et *Th. Dur.* Contr. fl. Cgo, I (1899) 30.

1891 (G. Descamps). — XV : vallée de la Luile (Desc.).

Vernonia violacea *Oliv.* ex *Hiern* in Trans. Linn. Soc. XXIX (1873) 91 et in *Oliv.* Fl. trop. Afr. III, 275; *Th. Dur.* et *De Wild.* Mat. fl. Cgo, I (1897) 33 [B. S. B B. XXXVI², 79]; *O. Hoffm.* in *Engl.* Pfl. Ost-Afr. 404; *De Wild.* et *Th. Dur.* Mat. fl. Cgo, I (1897) 33 [B. S. B. B. XXXVI², 79]; Contr. fl. Cgo, I (1899) 30 et Reliq. Dewevr. (1901) 133; *De Wild.* Miss. Laurent (1905) 190 et Étud. fl. Bas- et Moy.-Cgo, I (1906) 326.

1891 (Hyac. Vanderyst). — I : Moanda (Vanderyst); Banana (Ém. et M. Laur.). — II : Boma (Dew. 105). — II a : Bingila (Dup.).

DEWILDEMANIA O. Hoffm.

Dewildemania filifolia *O. Hoffm.* in *De Wild.* Étud. fl. Kat. (1903) p. X.

1900 (Edg. Verdick). — XVI : Lukafu (Verd. 415).

HERDERIA Cass.

Herderia lancifolia *O. Hoffm.* in *Th. Dur.* et *De Wild.* Mat. fl.
Cgo, X (1901) 17 [B. S. B. B. XL, 23].

1895 (Gust. Debeerst). — XVI : Haut-Marungu (Deb. 87).

Herderia stellulifera *Benth.* in *Hook.* Niger Fl. (1849) 425 ; *Oliv.*
et *Hiern* in *Oliv.* Fl. trop. Afr. III, 298; *Hiern* Cat. Welw. Pl. I,
540; *Th. Dur.* et *Schinz* Étud. fl. Cgo (1896) 173; *De Wild.* et *Th.
Dur.* Pl. Gilletianae, I (1900) 32; *De Wild.* Miss. Laurent (1905) 190
et Étud. fl. Bas- et Moy.-Cgo, I (1906) 326.

1888 (Fr. Hens). — II : Sisia (Dup.). — V : le Stanley-Pool (Hens); env. de
Léopoldville ; Kisantu (Gill.). — VIII : Eala (M. Laur.).

ELEPHANTOPUS L.

Elephantopus multisetus *O. Hoffm.* in *De Wild.* et *Th. Dur.*
Mat. fl. Cgo, VII (1900) 8 [B. S. B. B. XXXIX², 31].

1895 (Ém. Laurent). — XV : brousse à l'E. de Lusambo (Ém. Laur.).

Elephantopus scaber *L.* Sp. pl. ed. 1 (1753) 814; *Oliv.* et *Hiern* in
Oliv. Fl. trop. Afr. III, 299; *O. Hoffm.* in *Engl.* Pfl. Ost-Afr. 406;
Hiern Cat. Welw. Pl. I, 540; *De Wild.* et *Th. Dur.* Pl. Gilletianae,
II (1901) 86 [B. Herb. Boiss. Sér. 2, I, 826] et Contr. fl. Cgo, II (1900)
37; *De Wild.* Étud. fl. Bas- et Moy.-Cgo, I (1904) 211.

1895 (P. Dupuis). — II a : Bingila (Dup.). — V : env. de Léopoldville (Gill.);
Kisantu (Gill.).

ADENOSTEMMA Forst.

Adenostemma viscosum *Forst.* Char. gener. (1776) 90, t. 45 ; *Oliv.*
et *Hiern* in *Oliv.* Fl. trop. Afr. III, 299; *Hiern* Cat. Welw. Pl.
I, 542 ; *O. Hoffm.* in *Engl.* Pfl. Ost-Afr. 400; *Th. Dur.* et *Schinz*
Étud. fl. Cgo (1896) 173; *De Wild.* et *Th. Dur.* Contr. fl. Cgo, II
(1900) 36 et Reliq. Dewevr. (1901) 133; *De Wild.* Miss. Laurent
(1905) 191.

1816 (Chr. Smith). — II a : Bingila (Dup.); Shinganga (Dew.). — V : Kisantu
(Gill.); Lukolela (Ém. et M. Laur.). — VIII : Ikenge (Ém. et M. Laur.). — XI :
en aval de Basoko (Ém. et M. Laur.). — XVI : Lukafu (Verd.). — Ind. non cl. :
Bocra. — Nom vern. : **Ibongo** (Dew.).

AGERATUM L.

Ageratum conyzoides *L.* Sp. pl. ed. 1 (1753) 839; *DC.* Prodr. V, 108; *Hook.* Exot. Fl. t. 15; *Wight* Ill. of Ind. Bot. II, t. 134; *Oliv. et Hiern* in *Oliv.* Fl. trop. Afr. III, 300; *Th. Dur. et Schinz* Étud. fl. Cgo (1896) 174; *Hiern* Cat. Welw. Pl. I, 542; *De Wild. et Th. Dur.* Reliq. Dewevr. (1901) 134; *De Wild.* Miss. Laurent (1905) 191 et Not. pl. util. ou intér. du Cgo, II (1906) 110-111.

1816 (Chr. Smith). — Bas-Congo (Sm.; Ém. Laur.). — II a : le Mayumbe (Ém. Laur.); Zobe (Dew.). — IV : distr. des Cataractes (Ém. Laur.); Luvituku (Dem.); Lukungu (Hens). — V : Suata (Buett.); Kisantu (Vanderyst). — VI : Muene-Putu; Kasongo (Buett.). — IX : pays des Bangala (Ém. Laur.); Upoto (Wilw.). — XII : l'Uele (Delp.). — XIII d : Nyangwe (Dew.). — XV : Luebo (Ém. Laur.); Baraka (L. Dohet). — XVI : le Lualaba (Desc.); Pala (Deb.); Toa (Desc.). — Noms vern. : **Lokasa** [Équateur]; **Kinongo** [Tanganika]; **Kasuku-Suku** [Kasongo]; **Eulu** [Ikwangoula].

MSUATA O. Hoffm.

Msuata Buettneri *O. Hoffm.* in *Engl. et Prantl* Nat. Pflanzenfam. IV, 5 (1893) 388; *Th. Dur.* et *De Wild.* Mat. fl. Cgo, I (1897) 33 [B. S. B. B. XXXVI², 79]; *De Wild.* Étud. fl. Bas- et Moy.-Cgo, II (1907) 219.

1888 (Fr. Hens). — V : le Stanley-Pool (Hens, B. 19); entre Léopoldville et Mombasi (Gill. 2614); Yumbi (Pyn. 308). — VII : Lac Léopold II (Dem.).

EUPATORIUM L.

Eupatorium africanum *Oliv.* et *Hiern* in *Oliv.* Fl. trop. Afr. III (1877) 301; *O. Hoffm.* in *Engl.* Pfl. Ost-Afr. 406; *Hiern* Cat. Welw. Pl. I, 542; *De Wild.* Étud. fl. Kat. (1903) 165 et Étud. fl. Bas- et Moy.-Cgo, I (1906) 326; II (1907) 209.

1900 (Edg Verdick). — V : Kimuenza (Gill. 2117). — VI : au N. du Kaongo (Cabra et Michel 7). — XVI : le Katanga (Verd.).

MIKANIA Willd.

Mikania scandens [*L.*] *Willd.* Sp. pl. III (1804) 1743; *Oliv.* et *Hiern* in *Oliv.* Fl. trop. Afr. III, 301; *O. Hoffm.* in *Engl.* Pfl. Ost-Afr. 406; *Th. Dur.* et *Schinz* Étud. fl. Cgo (1896) 174; *De Wild.* et *Th. Dur.* Contr. fl. Cgo, II (1900) 37 et Reliq. Dewevr. (1901) 134; *De Wild.* Étud. fl. Bas- et Moy.-Cgo, I (1904) 211, (1906) 327; II (1907) 209 et Miss. Laurent (1905) 191.

Eupatorium — *L.* Sp. pl. ed. 1 (1753) 836.
Willoughbeya — *Hiern* Cat. Welw. Pl. I (1898) 543.
M. chenopodiifolia *Willd.* Sp. pl. III (1804) 1745; *R. Br.* in *Tuckey* Congo Exped. App. (1818) 128.

1816 (Chr. Smith). — Bas-Congo (Sm.). — II : Ponta da Lenha (Naum.). — II a :
le Mayumbe; Zobe; Bingila (Dup.). -- IV : Luvituku (Pyn.). — V : le Stanley-
Pool (Hens); Kisantu (Gill.); env. de Kimuenza (Dew.); Lukolela (Ém. et M.
Laur.); Sanda (Odd.). — VI : Madibi (Sap.); Eiolo (Ém. et M. Laur.). — VIII :
env. d'Eala (M. Laur.); Équateur (Pyn.); Ikenge (Ém. et M. Laur.). — IX : Uman-
gi (Ém. et M. Laur.). — XIII d : env. de Kasongo. — Nom vern. : **Karici** (Dew.).—
XV : le Sankuru (Luja); Lusambo (Desc.). – Noms vern. : **Kumu** [Kwilu]; **Kasai**
[Bangala] (Sap.).

DICHROCEPHALA DC.

Dichrocephala chrysanthemifolia *DC.* Prodr. V (1836) 372;
Oliv. et *Hiern* in *Oliv.* Fl. trop. Afr. III, 303; *Th. Dur.* et *Schinz*
Étud. fl. Cgo (1896) 174.

D. macrocephala *Schultz-Bip.* in *Schweinf.* Beitr. Fl. Aethiop. (1867) 145.

1888 (Fr. Hens). — V : le Stanley-Pool (Hens).

Dichrocephala latifolia *DC.* in *Guill.* Archiv. de bot. II (1833) 518
et Prodr. V, 372; *Hiern* in *Oliv.* Fl. trop. Afr. III, 303; *De Wild.* et
Th. Dur. Contr. fl. Cgo, II (1900) 36 et Reliq. Dewevr. (1901) 134;
O. Hoffm. in *Engl.* Pfl. Ost-Afr. 406; *Hiern* Cat. Welw. Pl. I, 544;
De Wild. Étud. fl. Bas- et Moy.-Cgo, II (1907) 209 et Miss. Laurent
(1905) 191.

1896 (A. Dewèvre). — V : Kisantu (Gill.). — VIII : Haut-Lopori (Biel.). — IX :
Bolombo (Ém. Laur.). — XIII d : Nyangwe; Elungu (Dew.). — XV : Lokandu,
rive gauche (Dew.).

GRANGEA Adans.

Grangea maderaspatana [*L.*] *Poir.* Encycl. méth. Bot. XI (1813)
825; *Wight* Icon. pl. Ind. or. III, t. 1097; *Oliv.* et *Hiern* in *Oliv.*
Fl. trop. Afr. III, 304; *O. Hoffm.* in *Engl.* Pfl. Ost-Afr. 406; *Th.*
Dur. et *Schinz* Étud. fl. Cgo (1896) 175; *De Wild.* et *Th. Dur.*
Reliq. Dewevr. (1901) 134; *Hiern* Cat. Welw. Pl. I, 545; *De Wild.*
Miss. Laurent (1905) 192 et Étud. fl. Bas- et Moy.-Cgo, I (1906) 327;
II (1907) 209.

Artemisia — *L.* Sp. pl. ed. 1 (1753) 849.
Cotula Sphaeranthus *Link* Enum. pl. Hort. Berol. II (1822) 344.
Grangea — *C. Koch* in Bot. Zeit. (1843) I, 41.

1816 (Chr. Smith). — Bas-Congo (Sm.). — II : Boma (Dew.); Ponta da Lenha
(Naum.); Sisia (Dew.). — IV : Kitobola (Ém. Laur.). — V : le Stanley-Pool
(Hens); env. de Yumbi (Pyn.); Kwamouth (M. Laur.). — VI : Kingunshi (Buett.).
— XVI : Lofoi (Verd.).

MICROGLOSSA DC.

Microglossa angolensis *Oliv.* et *Hiern* in *Oliv.* Fl. trop. Afr. III (1877) 309; *Hiern* Cat. Welw. Pl. I, 549; *De Wild.* et *Th. Dur.* Reliq. Dewevr. (1901) 135; *De Wild.* Étud. fl. Kat. (1903) 165; Miss. Laurent (1905) 192 et Étud. fl. Bas- et Moy.-Cgo, II (1907) 209.

1896 (A. Dewèvre). — IV : Kitobola (Ém. et M. Laur.). — V : Kisantu (Gill.).—
VI : rég. de Luanu (Lescr.). — VIII : env. de Bamania (M. Laur.). — XII c : entre
Amadis et Surango (Ser.). — XIII d : env. de Kabanga (Dew.). — XV : Mununge
(Lescr.); Butala (Ém. et M. Laur.). — XVI : plateau du Katanga (Verd.).

— — form. fol. **grosse dentatis** *O. Hoffm.* ex *De Wild.* Miss. Laurent (1905) 192.

1903 (Ém. et Marc. Laurent). — XV : Kondue (Ém. et M. Laur.).

Microglossa volubilis [*Wall.*] *DC* Prodr. V (1836) 320; *Oliv.* et *Hiern* in *Oliv.* Fl. trop. Afr. III, 309; *O. Hoffm.* in *Engl.* Pfl. Ost-Afr. 407; *Hiern* Cat. Welw. Pl. I, 549; *De Wild.* et *Th. Dur.* Pl. Gilletianae, I (1900) 32 [B. Herb. Boiss. Sér. 2, I, 32] et Reliq. Dewevr. (1901) 135; *De Wild.* Miss. Laurent (1905) 192 et Étud. fl. Bas- et Moy.-Cgo, II (1907) 209.

Conyza — *Wall.* Catal. (1831) n. 3057.

1896? (A. Dewèvre). — Congo (Dew.). — II a : Banza-Masola (Ém. et M. Laur.).
— V : Kisantu (Gill.). — VIII : Eala et env. (M. Laur. ; Pyn.).

CONYZA Less.

Conyza aegyptiaca [*L.*] *Dryand.* in *Ait.* Hort. Kew. ed. 1, III (1789) 183; *DC.* Prodr. V, 382; *Oliv.* et *Hiern* in *Oliv.* Fl. trop. Afr. III, 314; *Th. Dur.* et *Schinz* Étud. fl. Cgo (1896) 175; *O. Hoffm.* in *Engl.* Pfl. Ost-Afr. 407; *De Wild.* et *Th. Dur.* Reliq. Dewevr. (1901) 135; *De Wild.* Miss. Laurent (1905) 192 et Étud. fl. Bas- et Moy.-Cgo, I (1906) 337; II (1907) 210.

Erigeron — *L.* Mant. pl. (1771) 112; *Jacq.* Hort. Vindob. III, t. 19.
Marsea — *Hiern* Cat. Welw. Pl. I (1898) 550.
Conyza echioides *A. Rich.* Tent. fl. Abyss. I (1847) 388.

1870 (G. Schweinfurth). — V : Kisantu (Gill.); Kisantu-Makela (Van Houtte);
Kinshassa (Dew.). — XI : Basoko (Ém. Laur.). — XII : pays des Mangbettu
(Schw.).— XII c : Amadis.— Nom vern. : **Averu** (Ser.). — XIII d : Kasongo (Dew.).
— Noms vern. : **Macumbu-Macumbu** [Ikwangula]; **Kafoine** [Kassi]; **Karibululu**
[Tanganika] (Dew.).

BLUMEA DC.

Blumea aurita [*L. f.*] *DC.* in *Wight* Contrib. Ind. Bot. (1834) 16 et Prodr. V, 449; *Oliv.* et *Hiern* in *Oliv.* Fl. trop. Afr. III, 322; *Th. Dur.* et *Schinz* Étud. fl. Cgo (1896) 176.

Conyza — *L. f.* Suppl. pl. (1781) 367.
Erigeron stipulatum *Schumach.* et *Thonn.* Beskr. Guin. Pl. (1827) 385.

1874 (Fr. Naumann). — II : Boma (Naum.).

Blumea lacera [*Burm.*] *DC.* in *Wight* Contr. Ind. Bot. (1834) 14 et Prodr. V (1836) 436; *Oliv.* et *Hiern* in *Oliv.* Fl. trop. Afr. III, 322; *Th. Dur.* et *Schinz* Étud. fl. Cgo (1896) 176; *De Wild.* et *Th. Dur.* Contr. fl. Cgo, II (1900) 36 et Reliq. Dewevr. (1901) 135; *De Wild.* Étud. fl. Bas- et Moy.-Cgo, II (1907) 210.

Conyza — *Burm.* Fl. Ind. (1768) 180, t. 59.
Placus — *O. Kuntze* Rev. Gener. (1891) 356; *Hiern* Cat. Welw. Pl. I, 555.
Erigeron stipitatum *Schumach.* et *Thonn.* Beskr. Guin. Pl. (1827) 385.

1816 (Chr. Smith). — Bas-Congo (Sm.). — II : Zambi (Dew.). — III-IV : la Lufu (Dew.). — IV : Kitobola (Ém. et M. Laur.). — V : vallée du Stanley-Pool (Hens); env. de Kisantu (Gill.).

LAGGERA Schultz-Bip.

Laggera alata [*DC.*] *Schultz-Bip.* ex *Oliv.* in Trans. Linn. Soc. XXIX (1873) 94; *Oliv.* et *Hiern* in *Oliv.* Fl. trop. Afr. III, 326; *Th. Dur.* et *Schinz* Étud. fl. Cgo (1896) 176; *O. Hoffm.* in *Engl.* Pfl. Ost-Afr. 408; *Hiern* Cat. Welw. Pl. I, 556; *De Wild.* et *Th. Dur.* Reliq. Dewevr. (1901) 135; *De Wild.* Étud. fl. Bas- et Moy.-Cgo, II (1907) 210.

Blumea — *DC.* Prodr. V (1836) 448; *Wight* Icon. pl. Ind. or. III, t. 1101 et Spicil. Neilgher. t. 109.

1862 (R. Burton). — Congo (Burt.). — IV : Kitobola (Ém. et M. Laur.). — V : Kisantu (Gill.). — VI : Madibi. — Nom vern. : **Mosalata** (Sap.). — XIII d : brousse de Kasongo (Dew.). — Noms vern. : **Kifanga-Fanga** [Kasai]; **Kimonga** [Tanganika] (Dew.).

Laggera brevipes *Oliv.* et *Hiern* in *Oliv.* Fl. trop. Afr. III (1877) 327; *O. Hoffm.* in *Engl.* Pfl. Ost-Afr. 408; *Th. Dur.* et *Schinz* Étud. fl. Cgo (1896) 177; *Hiern* Cat. Welw. Pl. I, 557; *De Wild.* et *Th. Dur.* Reliq. Dewevr. (1901) 136; *De Wild.* Étud. fl. Bas- et Moy.-Cgo, I (1906) 327.

1816 (Chr. Smith). — Bas-Congo (Sm.). — II a : la Lemba (Dew. 387). — V : env. de Léopoldville et de Kisantu (Gill. 2664, 3344).

Laggera oblonga *Oliv.* et *Hiern* in *Oliv.* Fl. trop. Afr. III (1877) 327; *Th. Dur.* et *Schinz* Ètud. fl. Cgo (1896) 177.

1816 (Chr. Smith). — Bas-Congo (Sm.).

Laggera pterodonta [*DC.*] *Schultz-Bip.* in *Schweinf.* Beitr. Fl. Aethiop. (1867) 151; *Oliv.* et *Hiern* in *Oliv.* Fl. trop. Afr. III, 324; *O. Hoffm.* in *Engl.* Pfl. Ost-Afr. 408; *De Wild.* et *Th. Dur.* Reliq. Dewevr. (1901) 136; *De Wild.* Ètud. fl. Kat. (1903) 165.

Blumea — *DC.* Prodr. V (1836) 448.
L. purpurascens *Schultz-Bip.* ex *Hochst.* in Flora, XXIV (1841) I, Intell. 21, 95; *A. Rich.* Tent. fl. Abyss. I, 393; *Hiern* Cat. Welw. Pl. I, 556.

1896 (A. Dewèvre). — XIII d : Kasongo (Dew. 912 pr. p.). — XVI : env. de Lu-kafu (Verd. 1171).

PLUCHEA Cass.

Pluchea Dioscoridis [*L.*] *DC.* Prodr. V (1836) 450; *Oliv.* et *Hiern* in *Oliv.* Fl. trop. Afr. III, 329; *O. Hoffm.* in *Engl.* Pfl. Ost-Afr. 408; *Th. Dur.* et *Schinz* Ètud. fl. Cgo (1896) 177; *Hiern* Cat. Welw. Pl. I, 557; *De Wild.* Reliq. Dewevr. (1901) 136 et Ètud. fl. Bas- et Moy.-Cgo, II (1907) 210.

Baccharis — *L.* Amoen. acad. IV (1759) 289.

1816 (Chr. Smith). — Bas-Congo (Sm.). — I : Moanda (Gill.); Banana (Dew.). — II : Boma (Pyn.); Sisia (Dup.). — III : Tondoa (Buett.).

SPHAERANTHUS L.

Sphaeranthus flexuosus *O. Hoffm.* in *De Wild.* Ètud. fl. Kat. (1903) p. X.

1900 (Edg. Verdick). — XVI : Lukafu (Verd. 107).

Sphaeranthus polycephalus *Oliv.* et *Hiern* ex *Oliv.* in Trans. Linn. Soc. XXIX (1873) 95, t. 59 et in *Oliv.* Fl. trop. Afr. III, 334; *O. Hoffm.* in *Engl.* Pfl. Ost-Afr. 409; *Th. Dur.* et *Schinz* Ètud. fl. Cgo (1896) 177; *De Wild.* Ètud. fl. Bas- et Moy.- Cgo, I (1904) 211.

1888 (Fr. Hens). — V : env. du Stanley-Pool (Hens); env. de Léopoldville (Gill.).

Sphaeranthus suaveolens *DC.* Prodr. V (1836) 370; *Oliv.* et *Hiern* in *Oliv.* Fl. trop. Afr. III, 333; *O. Hoffm.* in *Engl.* Pfl. Ost-Afr. 409; *De Wild.* Ètud. fl. Kat. (1903) 166.

1900 (Edg. Verdick). — VI : Lukafu (Verd.).

BLEPHARISPERMUM Wight.

Blepharispermum spinulosum *Oliv.* et *Hiern* in *Oliv.* Fl. trop. Afr. III (1877) 335; *Th. Dur.* et *Schinz* Étud. fl. Cgo (1896) 177.

1816 (Chr. Smith). — Bas-Congo (Sm.).

ACHYROCLINE Less.

Achyrocline batocana *Oliv.* et *Hiern* in *Oliv.* Fl. trop. Afr. III (1877) 339; *Th. Dur.* et *Schinz* Étud. fl. Cgo (1896) 178.

1882 (H. Johnston). — Congo (Johnst.).

GNAPHALIUM L.

Gnaphalium luteo-album *L.* Sp. pl. ed. 1 (1753) 851; *Oliv.* et *Hiern* in *Oliv.* Fl. trop. Afr. III, 343; *O. Hoffm.* in *Engl.* Pfl. Ost-Afr. 409; *Hiern* Cat. Welw. Pl. I, 559; *De Wild.* Étud. fl. Bas- et Moy.-Cgo, I (1906) 327; II (1907) 210.

1999 (Cél. Hecq). — V : Kisantu-Makela (Van Houtte); Lemfu (But.); Boko (Pyn.). — XIV : plateau du Kivu (Hecq).

HELICHRYSUM Gaertn.

Helichrysum argyrosphaerum *DC.* Prodr. VI (1837) 174; *Oliv.* et *Hiern* in *Oliv.* Fl. trop. Afr. III, 351; *Th. Dur.* et *Schinz* Étud. fl. Cgo (1896) 178.

Gnaphalium — *Schultz.-Bip.* in Bot. Zeit. III (1847) 170.

1874 (E. Pechuel-Loesche). — Congo (Pech.-Loesche; Johnst.).

Helichrysum auriculatum *Less.* Syn. Composit. (1832) 311; *DC.* Prodr. VI, 209; *Oliv.* et *Hiern* in *Oliv.* Fl. trop. Afr. III, 347; *Th. Dur.* et *Schinz* Étud. fl. Cgo (1896) 178.

1862 (R. Burton). — Congo (Burt.; Johnst.).

Helichrysum fulgidum [*L. f.*] *Willd.* Sp. pl. III (1804) 1904; *Less.* Syn. Composit. 286; *DC.* Prodr. VI, 187; *Oliv.* et *Hiern* in *Oliv.* Fl. trop. Afr. III, 187; *Th. Dur.* et *Schinz* Étud. fl. Cgo (1896) 178.

Xeranthemum — *L. f.* Suppl. pl. (1781) 365; *Jacq.* Icon. pl. rar. I, t. 173; Bot. Mag. (1793) t. 414.

1883 (H. Johnston). — Congo (Johnst.).

Helichrysum geminatum *Klatt* in Annal. naturh. Hofmus. Wien, VII (1892) 101; *De Wild.* Étud. fl. Bas- et Moy.-Cgo, II (1907) 210.

1903 (Alph. Cabra et L. C. Michel). — VI : C. sur les collines au N. de Kaonga (Cabra et Michel, 5).

Helichrysum Mechowianum *Klatt* in Annal. naturh. Hofmus. Wien, VII (1892) 101; *Hiern* Cat. Welw. Pl. I, 563 [*Elichrysum*]; *De Wild.* et *Th. Dur.* Pl. Gilletianae, II (1901) 86 [B. Herb. Boiss. Sér. 2, I, 826]; *De Wild.* Étud. fl. Bas- et Moy.-Cgo, I (1906) 328.

1891 (F. Demeuse). — IV : Kinkanda (Dem.).

Helichrysum nudifolium [*L.*] *Less.* Syn. Composit. (1832) 299; *DC.* Prodr. VI, 200; *O. Hoffm.* in *Engl.* Pfl. Ost-Afr. 410; *De Wild.* et *Th. Dur.* Contr. fl. Cgo, II (1900) 36; *Hiern* Cat. Welw. Pl. I, 564 [*Elichrysum*]; *De Wild.* Étud. fl. Bas- et Moy.-Cgo, I (1904) 211 et Miss. Laurent (1906) 193.

Gnaphalium — *L.* Pl. rar. Afr. (1760) 19.

1891 (F. Demeuse). — V : Kisantu ; entre Kisantu et Dembo (Gill.). — Ind. non cl. : Belem (Dem.).

Helichrysum pachyrhizum *Harv.* in *Harv.* et *Sond.* Fl. Capens. III (1864-65) 222; *Oliv.* et *Hiern* in *Oliv.* Fl. trop. Afr. III, 346 ; *Th. Dur.* et *Schinz* Étud. fl. Cgo (1896) 179.

1883 (H. Johnston). — Congo (Johnst.).

Helichrysum panduratum *O. Hoffm.* in *De Wild.* et *Th. Dur.* Pl. Gilletianae, II (1901) 87 [B. Herb. Boiss. Sér. 2, I, 827].

1900 (J. Gillet). — V : Kisantu (Gill. 1293).

Helichrysum subglomeratum *Less.* Syn. Composit. (1832) 283 ; *DC.* Prodr. VI, 186 ; *Harv.* in *Harv.* et *Sond.* Fl. Capens. III, 236 ; *Th. Dur.* et *Schinz* Étud. fl. Cgo (1896) 179.

1883 (H. Johnston). — Congo (Johnst.).

Helichrysum undatum *Less.* Syn. Composit. (1832) 298 ; *DC.* Prodr. VI, 198; *Oliv.* et *Hiern* in *Oliv.* Fl. trop. Afr. III, 353; *Th. Dur.* et *Schinz* Étud. fl. Cgo (1896) 179.

1870 (G. Schweinfurth). — XII d : pays des Maugbettu (Schw.).

INULA L. (1)

Inula Engleriana *O. Hoffm.* in Engl. Jahrb. XXIV (1898) 471.

1876 (P. Pogge). — XV : Lunda, vers 8 1/2° (Pg. 192).

---

(1) **Inula Poggeana** *O. Hoffm.* in Engl. Jahrb. XXIV (1898) 471.

1876 (P. Pogge). — VI : entre Kimbundo et le Kwango, vers 10 1/2° (Pg. 186).

OBS. — Cette habitation est-elle dans le Congo belge?

Inula Klingii *O. Hoffm.* in Engl. Jahrb. XXIV (1898) 472 ; *De Wild.* Étud. fl. Bas- et Moy.-Cgo, I (1906) 328 ; II (1907) 211.

1891 (F. Demeuse). — IV : Luvituku (Dem.). — V : Kisantu (Gill. 3684); entre Kisantu et le Kwango (But.) ; Boko (Pyn. 114).

ANISOPAPPUS Hook. et Arn.

Anisopappus africanus [*Hook. f.*] *Oliv.* et *Hiern* in *Oliv.* Fl. trop. Afr. III (1877) 369 ; *De Wild.* Étud. fl. Kat. (1903) 166.

1900 (Edg. Verdick). — XVI : Lukafu (Verd. 501).

ZINNIA L.

Zinnia elegans *Jacq.* Collect. bot. III (1789) 152 et Icon. pl. rar. III, t. 659 ; Bot. Mag. (1801) t. 527 ; *DC.* Prodr. V, 536 ; *O. Hoffm.* in *Engl.* Pfl. Ost-Afr. 412 ; *Th. Dur.* et *Schinz* Étud. fl. Cgo (1896) 179.

1888 (Fr. Hens). — IV : Lutete (Hens). — XI : Idanga (Ém. Laur.).

ENHYDRA Lour.

Enhydra fluctuans *Lour.* Fl. Cochinch. (1790) 511 ; *Oliv.* et *Hiern* in *Oliv.* Fl. trop. Afr. III, 373 ; *De Wild.* et *Th. Dur.* Pl. Thonnerianae (1900) 49 et Reliq. Dewevr. (1901) 136.

> Cryphiospermum — *P. Beauv.* Fl. d'Oware, II (1807) 25, t. 24.
> E. longifolia *DC.* Prodr. V (1836) 637.
> E. paludosa *DC.* l. c. 637.
> E. Heloncha *DC.* l. c. 637.

1895 (A. Dewèvre). — II a : Zobe (Dew.). — IX : Bobi près Gali (Thonn.).

ECLIPTA L.

Eclipta alba [*L.*] *Hassk.* Pl. Javan. rarior. (1848) 528 ; *Oliv.* et *Hiern* in *Oliv.* Fl. trop. Afr. III, 373 ; *Hook. f.* Fl. Brit. Ind. III, 305 ; *Th. Dur.* et *Schinz* Étud. fl. Cgo (1896) 179 ; *De Wild.* et *Th. Dur.* Contr. fl. Cgo, II (1900) 36 et Reliq. Dewevr. (1901) 136 ; *De Wild.* Not. pl. util. ou intér. du Cgo, II (1906) 125-126.

> Verbesina — *L.* Sp. pl. ed. 1 (1753) 902.
> Ecliptica — *O. Kuntze* Rev. Gener. (1891) 334.
> E. erecta *L.* Mant. pl. II (1771) 296 ; *Hiern* Cat. Welw. Pl. I, 585.

1885 (R. Buettner). — Bas-Congo (Cabra). — II : Boma (Dew.). — II a : Bingila (Dup.). — V : entre Léopoldville et Mombasi ; Kisantu (Gill.). — VI : Eiolo (Ém. et M. Laur.) ; — VII : la Fini (M.Laur.). — VIII :Équateur (Buett.) ; Eala (Ém. et M. Laur.). — IX : pays des Bangala (Hens) ; Nouvelle-Anvers (Ém. Duch.). — X : Bas-Ubangi (Ém. et M. Laur.). — XI : env. de Lie (Ém. et M. Laur.). — XIII d : Prani Lombi ; env. de Nyangwe (Dew.). — XVI : Toa (Desc.). — Noms vern. : **Kwanta** [Nouvelle-Anvers] (Ém. Duch.) ; **Bioto** [Bakusu] ; **Vungui** [Tanganika] (Dew.) : **Lolimissa** [Eala]. (M. Laur.).

19

BLAINVILLEA Cass.

Blainvillea Prieureana *DC.* Prodr. V (1836) 492; *Oliv.* et *Hiern* in *Oliv.* Fl. trop. Afr. III, 375; *Th. Dur.* et *Schinz* Étud. fl. Cgo (1896) 180.

1893 (P. Dupuis). — II : Sisia (Dup.).

ASPILIA Thou.

Aspilia Dewevrei *O. Hoffm.* in *Th. Dur.* et *De Wild.* Mat. fl. Cgo, VII (1900) 9 [B. S. B. B. XXXIX², 22] et Reliq. Dewevr. (1901) 137.

1896 (A. Dewèvre). — IX : Bumba (Dew. 898). — XIII d : Kasongo (Dew.). — Noms vern. : **Toki** [Kasongo]; **Malebumuki** [Ikwangula]; **Kaluangwe** [Tanganika] (Dew.).

Aspilia latifolia *Oliv.* et *Hiern* in *Oliv.* Fl. trop. Afr. III (1877) 379; *De Wild.* et *Th. Dur.* Pl. Thonnerianae (1900) 48; *De Wild.* Étud. fl. Bas- et Moy.-Cgo, II (1907) 211.

1905 (Éd. Lescrauwaet). — XII a : entre Bima et Bambili (Ser. 167). — XV : Kanda-Kanda (Lescr. 341).

Aspilia Kotschyi [*Schultz-Bip.*] *Benth.* et *Hook. f.* Gen. pl. II (1873) 372; *Oliv.* in Trans. Linn. Soc. XXIX (1873) 98; *Oliv.* et *Hiern* in *Oliv.* Fl. trop. Afr. III, 381; *Th. Dur.* et *Schinz* Étud. fl. Cgo (1896) 180; *Hiern* Cat. Welw. Pl. I, 579; *De Wild.* et *Th. Dur.* Reliq. Dewevr. (1901) 137; *De Wild.* Étud. fl. Bas- et Moy.-Cgo, I (1906) 328; II (1907) 211 et Miss. Laurent (1906) 193.

Dipterotheca — *Schultz-Bip.* in Flora (1842) 435.
Coronocarpus — *Benth.* in *Hook.* Niger Fl. (1849) 433.

1816 (Chr. Smith). — Bas-Congo (Sm.). — I : Moanda (Vanderyst). — II : Bingila; Kibinga (Dup.); Shinganga (Dew.); Haut-Sbiloanga (Cabra-Michel). — III : entre Matadi [III] et Léopoldville [V] (Vanderyst). — IV : distr. des Cataractes (Ém. Laur.); Kitobola (Pyn.). — V : le Stanley-Pool (Dew.); env. de Kwamouth (Biel.); Kinshassa (M. Laur.); Boko-Sainte-Barbe (Vanderyst); Kisantu (Gill.); Suata (Buett.). — VI : rég. de Luanu (Lescr.); route de Tumba-Mani à Popokabaka (Cabra-Michel). — VII : la Fini; lac Léopold II (Ém. et M. Laur.). — IX : env. de Bumba (Ser.). — XII a : entre Bambili et Amadis (Ser.). — XIII d : Nyangwe (Dew.). — XV : le Kasai et le Sankuru (Ém. et M. Laur.). — XVI : village Bakondo; Toa (Desc.).

Aspilia Smithiana *Oliv.* et *Hiern* in *Oliv.* Fl. trop. Afr. III (1877) 380; *Th. Dur.* et *Schinz* Étud. fl. Cgo (1896) 180.

1816 (Chr. Smith). — Bas-Congo (Sm.).

Obs. — L'**Helianthus annuus** L. a été importé à Eala (M. Laur. 1514) [Conf. *De Wild.* Étud. fl. Bas- et Moy.-Cgo, II (1907) 211].

MELANTHERA Rohr.

Melanthera Brownei [*DC.*] *Schultz-Bip*. in Flora, XXVII (1844) 672 ; *Oliv.* et *Hiern* in *Oliv.* Fl. trop. Afr. III. 382; *O. Hoffm.* in *Engl.* Pfl. Ost-Afr. 414; *Th. Dur.* et *Schinz* Étud. fl. Cgo (1896) 181; *Hiern* Cat. Welw. Pl. I, 579; *De Wild.* et *Th. Dur.* Reliq. Dewevr. (1901) 137; *De Wild.* Miss. Laurent (1906) 194 et Étud. fl. Bas- et Moy.-Cgo, I (1906) 328; II (1907) 211.

Lipotriche — *DC.* Prodr. V (1836) 544.
Buphthalmum scandens *Schumach*. et *Thonn*. Beskr. Guin. Pl. (1827) 392.

1816 (Chr. Smith). — Bas-Congo. — Noms vern. : **Lurakasa; Manakasa** (Cabra). — II : Zambi (Dew.); Boma. — Nom vern. : **Mautuntu** (Dew.). — II a : Temvo (Ém. Laur.). — V : Léopoldville (Em. Duch. et Luja); entre Léopoldville et Mombasi (Gill.). — VII : Iboka (Ém. Laur.). — VIII : Bamania et env. (Ém. et M. Laur.) ; Coquilhatville (Pyn.). — IX : env. de Bumba (Dew.); Ukaturaka ; Bolombo (Ém. et M. Laur.). — XI : Lie (Ém. et M. Laur.) ; Malema (Ém. Laur.). — XV : Batempa (Lescr.). — XVI : env. d'Albertville [Toa] (Desc.; Hecq); Lukafu (Verd.).

SPILANTHES L.

Spilanthes Acmella [*L.*] *Murr*. Syst. veget. ed. 13 (1774) 610; *Oliv.* et *Hiern* in *Oliv.* Fl. trop. Afr. III, 384 ; *O. Hoffm.* in *Engl.* Pfl. Ost-Afr. 414; *Th. Dur.* et *Schinz* Étud. fl. Cgo (1896) 181 ; *De Wild.* et *Th. Dur.* Contr. fl. Cgo, II (1900) 38 ; *Hiern* Cat. Welw. Pl. I, 584 ; *De Wild.* Miss. Laurent (1906) 328 et Étud. fl. Bas- et Moy.-Cgo, I (1906) 328.

Verbesina — *L.* Sp. pl. ed. I (1753) 901.
E. africana et E. caulirhiza *DC.* Prodr. V (1836) 623.
? Eclipta filicaulis *Schumach*. et *Thonn*. Beskr. Guin. Pl. (1827) 390.

1884 (R. Buettner). — Bas-Congo (Cabra). — IV : Kitobola (Ém. et M. Laur.). — V : le Stanley-Pool (Hens); Yumbi (Ém. et M. Laur.) ; Kisantu (Gill.). — VIII : Équateurville (Buett.). — IX : pays des Bangala (Hens); Nouvelle-Anvers. — Nom vern. : **Ebakomba** (Ém. Duch.). — XI : Basoko (Ém. et M. Laur.). — XVI : env. d'Albertville [Toa] (Hecq); Lukafu (Verd.).

— — var. **oleracea** [*L.*] *Clarke* Compos. Ind. (1879) 138; *O. Hoffm.* in *Engl.* Pfl. Ost-Afr. 414; *De Wild.* et *Th. Dur.* Reliq. Dewevr. (1901) 138.

S. oleracea *L.* Syst. nat. ed. 12 (1767) 534; *Jacq.* Hort. Vindob. II (1772) 63 t. 135; *De Wild.* Miss. Laurent (1906) 194.

1896 (A. Dewèvre). — V : Kisantu (Gill.). — XI : Lokandu [Riba-Riba] (Dew.); env. de Lie (Ém. et M. Laur.).

CALYPTROCARPUS Less.

Calyptrocarpus africanus *O. Hoffm.* in *De Wild.* et *Th. Dur.* Pl. Gilletianae, II (1901) 87 [B. Herb. Boiss. Sér. 2, I, 827].

1900 (J. Gillet). — V : Kisantu (Gill. 1382).

COREOPSIS L.

Coreopsis Grantii *Oliv.* in Trans. Linn. Soc. XXIX (1873) 98, t. 65;
Oliv. et *Hiern* in *Oliv.* Fl. trop. Afr. III, 388; *Th. Dur.* et *Schinz*
Étud. fl. Cgo (1896) 181; *O. Hoffm.* in *Engl.* Pfl. Ost-Afr. 114; *De
Wild.* et *Th. Dur.* Contr. fl. Cgo, II (1900) 38 et Reliq. Dewevr. (1901)
138; Bot. Mag. (1906) t. 8110; *De Wild.* Miss. Laurent (1906) 194 et
Étud. fl. Bas- et Moy.-Cgo, I (1906) 212; II (1907) 212.

1888 (Fr. Hens).— Congo (Dem.).— Bas-Congo (Gill.).— V: env. du Stanley-Pool
(Hens); Dolo (Sap.); Bolobo (M. Laur.); Kisantu et env. (Gill.); env. de Lemfu
(But.). — VI : Madibi. — Nom vern. : **Kolokoso** [Kwilu] (Sap.). — XV : Bombaie
(Luja); E. de Lusambo ; Kondue (Ém. Laur.); le Sankuru. — Nom vern. : **Soko-
mini** (Sap.); Mokole [Lubi] (Lescr.).

Coreopsis Sereti *De Wild.* Étud. fl. Bas- et Moy.-Cgo, II (1907) 212.

1905 (F. Seret). — XII d : sommet du Mont Angba [rive droite de l'Uele] (Ser.
306).

BIDENS L.

Bidens pilosa *L.* Sp. pl. ed. 1 (1753) 832; *Dillen.* Hort. Eltham. t. 43;
DC. Prodr. V, 597; *Oliv.* et *Hiern* in *Oliv.* Fl. trop. Afr. III, 392;
Th. Dur. et *Schinz* Étud. fl. Cgo (1896) 182; *Hiern* Cat. Welw. Pl.
I, 587; *De Wild.* et *Th. Dur.* Contr. fl. Cgo, I (1899) 31; II (1900)
38 et Reliq. Dewevr. (1901) 138; *De Wild.* Étud. fl. Bas- et Moy.-
Cgo, I (1904) 210, (1906) 329; II (1907) 212 et Miss. Laurent (1906)
194.

B. leucantha *Willd.* Sp. pl. III (1804) 1719.

1862 (R. Burton). — Congo (Burt.); Bas-Congo (Cabra). — II : Boma (Dew.). —
II a : le Mayumbe (Dup.). — IV : Konzo (Dem.); Lutete (Hens). — V : Suata
(Buett.); Kisantu (Gill.); l'Inkisi (Hens). — VIII : Équateurville (Buett.); env.
d'Eala (M. Laur.). — IX : Upoto (Wilw.); Ukaturaka (Ém. et M. Laur.). — XII b :
Bambili (Ser.). — XIII d : env. de Nyangwe (Dew.). — XIV : Kalemba-Lemba
[Ruzizi-Kivu] (Coll.?). — XV : Luebo (Ém. Laur.); Ikongo (Ém. et M. Laur.). —
XVI : Lofoi (Verd.); env. d'Albertville [Toa] (Hecq); Lukonzolwa (Coll.?). —
Noms vern. : **Ikatabao** [Eala] (M. Laur.); **Tobelengue** [Équateur]; **Ephidi** [Ikwangula];
Ifuige [Kasongo] ; **Aeisa** [Tanganika] (Dew.).

Bidens urceolata *De Wild.* Étud. fl. Kat. (1903) 167.

1900 (Edg. Verdick). — XVI : Lukafu (Verd. 464).

CHRYSANTHELLUM Rich.

Chrysanthellum procumbens *Pers.* Syn. pl. II (1807) 471; *DC.*
Prodr. V, 630; *Oliv.* et *Hiern* in *Oliv.* Fl. trop. Afr. III, 394; *Hiern*
Cat. Welw. Pl. I, 588; *De Wild.* et *Th. Dur.* Reliq. Dewevr. (1901)
138; *De Wild.* Étud. fl. Bas- et Moy.-Cgo, II (1907) 213.

1896 (A. Dewèvre). — XII b : entre Bambili et Amadis (Ser.). — XIII d : env. de Kasongo (Dew.). — Noms vern. : **Kenia** [Bakusu]; **Biti** [Ikwangula]; **Kiomeome** [Tanganika].

JAUMEA Pers.

Jaumea compositarum [*Steetz*] *Benth*. et *Hook. f.* Gen. pl. II (1873) 397; *Oliv.* et *Hiern* in *Oliv.* Fl. trop. Afr. III, 395; *O. Hoffm.* in *Engl.* Pfl. Ost-Afr. 415; *Th. Dur.* et *Schinz* Étud. fl. Cgo (1896) 182; *Th. Dur.* et *De Wild.* Mat. fl. Cgo, I (1897) 34 [B. S. B. B. XXXVI². 80]; *De Wild.* Étud. fl. Kat. (1903) 167.

Hypericophyllum — *Steetz* in *Peters* Reise n. Mossamb. II (1864) 499, t. 50.

1883 (H. Johnston). — Congo (Johnst.). — XVI : Lukafu (Verd.); vallée du Lubudi et du Lovoi (Desc.).

Jaumea congensis *O. Hoffm.* in *Th. Dur.* et *De Wild.* Mat. fl. Cgo, VII (1900) 10 [B. S. B. B. XXXIX², 33 et in *De Wild.* et *Th. Dur.* Reliq. Dewevr. (1901) 139; *De Wild.* Étud. fl. Bas- et Moy.-Cgo, I (1904) 212; II (1907) 213 et Miss. Laurent (1906) 195, t. 46.

1895 (J. Gillet). — V : entre Tumba et Kimpesse (Gill.); Sanda (De Brouw.; Gill. 1036); rég. de la Lula-Lumene (Hendr. in Gill. 3089). — VI : entre Kisantu et Popokabaka (But. in Gill. 2309, 2329). — XV : Lomkala (Ém. Laur.); route de Luebo à Luluabourg (Gent. 34); Pania-Mutambo (Lescr. 417).

Obs. — A. Dewèvre a récolté cette espèce au N. du Stanley-Pool (Congo franç.).

TAGETES L.

Tagetes Gilletii *De Wild.* Étud. fl. Bas- et Moy.-Cgo, II (1907) 213.

1900 (J. Gillet). — V : Kisantu (Gill.).

*__Tagetes patula__ L. Sp. pl. ed. 1 (1753) 887; Bot. Mag. (1791) t. 150; *DC.* Prodr. V, 643; *Th. Dur.* et *Schinz* Étud. fl. Cgo (1896) 182; *De Wild.* et *Th. Dur.* Pl. Gilletianae, I (1900) 33 [B. Herb. Boiss. Sér. 2, I, 33].

1888 (Fr. Hens). — IV : Gombi-Lutete (Hens, A. 256). — V : Kisantu (Gill.).

SCHISTOSTEPHIUM Less.

Schistostephium heptalobum [*DC.*] *Benth.* et *Hook. f.* ex *O. Hoffm.* in *Engl.* Pfl. Ost-Afr. (1895) 416; *De Wild.* Étud. fl. Kat. (1903) 167.

Tanacetum — *DC.* Prodr. VI (1837) 133.

1900 (Edg. Verdick). — XVI : Lukafu (Verd.).

GYNURA Cass.

Gynura cernua [*L. f.*] *Benth.* in *Hook.* Niger. Fl. (1849) 437 [excl. syn., pr. p.]; *Oliv.* et *Hiern* in *Oliv.* Fl. trop. Afr. III, 402; *Th. Dur.* et *Schinz* Étud. fl. Cgo (1896) 183; *O. Hoffm.* in *Engl.* Pfl. Ost-Afr. 416; *De Wild.* et *Th. Dur.* Reliq. Dewevr. (1901) 139; *De Wild.* Étud. fl. Kat. (1903) 166; Miss. Laurent (1905) 188 et Étud. fl. Bas- et Moy.-Cgo, I (1906) 234; II (1907) 214.

Senecio — *L. f.* Suppl. pl. (1781) 370.
Crassocephalum — *Moench* Meth. pl. Marb. (1794) 510; *Hiern* Cat. Welw. Pl. I, 593.

1883 (H. Johnston). — II : Boma (Dew.). — II a : le Mayumbe (Ém. Laur.); Bingila (Dup.). — IV : distr. des Cataractes (Ém. Laur.); Lutete (Hens) ; Luvituka (Dem.). — V : Léopoldville (Dew.); Suata (Buett.); Kisantu (Gill.); Maydis (Odd.); env. de Dembo (Gill.); rég. de Lula-Lumene (Hendr.); Bokala (M. Laur.). — VI : riv. du Kwilu. — Nom vern. : **Lemalema** (Sap.); Muene-Putu-Kasongo (Buett.); Madibi (Sap.); route de Kikwit à Boala (Lescr.); le Kasai à Eiolo (Ém. et M. Laur.). — VIII : Eala (Ser.). — IX : Upoto (Wilw.). — XI : env. de Basoko (Ém. Laur.). — XII : prov. orient. (Ser.); l'Uele (Delp.). — XIV : Ruzizi-Kivu (Coll. ?); haut plateau du Kivu (Hecq). — XV : Bukila (Ém. et M. Laur.); CC. dans les villages à l'E. de Lusambo (Ém. et M. Laur.). — XVI : le Katanga (Verd.).

— — var. **coerulea** [*O. Hoffm.*] *De Wild.* et *Th. Dur.* Reliq. Dewevr. (1901) 139; *De Wild.* Étud. fl. Kat. (1903) 166; Miss. Laurent (1905) 189 et Étud. fl. Bas- et Moy.-Cgo, I (1906) 324.

Gynura coerulea *O. Hoffm.* in B. Hcrb.-Boiss. I (1893) 86.
Crassocephalum cernuum *Moench* var. — *Hiern* Cat. Welw. Pl. I (1898) 594.

1896 (A. Dewèvre). — V : Kisantu (Gill.). — VI : entre Kikwit et Boala (Lescr.). — XIII d : env. de Kasongo (Dew.). — XV : Kondue (Ém. et M. Laur.). — XVI : Lukafu (Verd.).

Gynura crepidioides *Benth.* in *Hook.* Niger Fl. (1849) 438; *Oliv.* et *Hiern* in *Oliv.* Fl. trop. Afr. III, 403; *Th. Dur.* et *Schinz* Étud. fl. Cgo (1896) 183; *O. Hoffm.* in *Engl.* Pfl. Ost-Afr. 416; *De Wild.* et *Th. Dur.* Contr. fl. Cgo, II (1900) 38; Pl. Thonnerianae (1900) 48 et Reliq. Dewevr. (1901) 139.

Senecio — *Aschers.* in *Schweinf.* Beitr. Fl. Aethiop. (1867) 155.
S. diversifolius *A. Rich.* [non *Wall.*] Tent. fl. Abyss. I (1847) 437.

1870 (G. Schweinfurth). — II : Zambi (Dup.). — II a : Bingila (Dup.). — V : Kisantu (Gill.). — IX a : Evankoyo (Thonn.). — XI : Lokandu (Dew.). — XII d : pays des Mangbettu (Schw.).

Gynura vitellina *Benth.* in *Hook.* Niger Fl. (1849) 438; *Oliv.* et *Hiern* in *Oliv.* Fl. trop. Afr. III, 402; *Th. Dur.* et *Schinz* Étud. fl. Cgo (1896) 183.

Senecio — *Aschers.* in *Schweinf.* Beitr. Fl. Aethiop. (1867) 286.

1870 (G. Schweinfurth). — II a : le Mayumbe (Dup.). — XII d : pays des Mangbettu (Schw.).

EMILIA Cass.

Emilia caespitosa *Oliv.* in Trans. Linn. Soc. XXIX (1873) 100; *Oliv.* et *Hiern* in *Oliv.* Fl. trop. Afr. III, 406; *Th. Dur.* et *Schinz* Étud. fl. Cgo (1896) 184.

1888 (Fr. Hens). — V : le Stanley-Pool (Hens, B. 2).

Emilia graminea *DC.* Prodr. VI (1837) 303; *De Wild.* et *Th. Dur.* Contr. fl. Cgo, I (1899) 31; II (1900) 38 et Reliq. Dewevr. (1901) 140; *De Wild.* Miss. Laurent (1906) 195 et Étud. fl. Bas- et Moy.-Cgo, I (1906) 329.

1895 (Ém. Laurent). — V : env. de Kisantu et de Dembo (Gill.). — VI : vallée de la Djuma (Gill.). — VII : Malepie (Ém. Laur.). — XIII : Mutumbe (Dew.). — XV : bords du Kasai (Ém. Laur.); Bena-Dibele (Luja).

Emilia integrifolia *Bak.* in Kew Bull. (1895) 69; *O. Hoffm.* in *Schlechter* Westafr. Kautsch.-Exped. (1900) 326.

1899 (R. Schlechter). — V : Dolo (Scht.).

Emilia sagittata [*Vahl*] *DC.* Prodr. VI (1837) 302; *Oliv.* et *Hiern* in *Oliv.* Fl. trop. Afr. III, 405; *Th. Dur.* et *Schinz* Étud. fl. Cgo (1896) 184; *O. Hoffm.* in *Engl.* Pfl. Ost-Afr. 416; *De Wild.* Étud. fl. Kat. (1903) 167; *De Wild.* et *Th. Dur.* Reliq. Dewevr. (1901) 140; *De Wild.* Miss. Laurent (1906) 195 et Étud. fl. Bas- et Moy.-Cgo, I (1906) 329; II (1907) 204.

Cacalia — *Vahl* Symb. bot. III (1791) 91; *De Wild.* Étud. fl. Bas- et Moy.-Cgo, II (1901) 214.
E. flammea *Cass.* in Dict. sci. nat. XIV (1819) 406; *Hiern* Cat. Welw. Pl. I (1898) 595.

1870 (G. Schweinfurth). — Congo (Johnst.). — II : Malela (Gill.). — II a : le Mayumbe; Bingila (Dup.); Shinganga (Dew.); entre Yema-Lianga et Shimbanza (Cabra et Michel).— IV : Lukungu (Hens); Luvituku (Dem.); Kitobola (Ém. et M. Laur.). — V : le Stanley-Pool (Ém. Duch.); Léopoldville (Hens); entre Léopoldville et Sabuka (Luja); Kisantu (Gill.). — VI : Muene-Putu-Kasongo (Buett.); entre Tumba-Mani et Popokabaka (Cabra et Michel); Eiolo (Ém. et M. Laur.); Madibi. — Noms vern. : **Kofu; Monabata** (Sap.). — VII : la Fini (Ém. et M. Laur.). — VIII : Eala et env. (M. Laur.); Coquilhatville. — Nom vern. : **Elekeke-Adjico** (Dew.). — IX : Upoto (Wilw.). — XII d : pays des Mangbettu (Schw.). — XV : Batempa (Ém. et M. Laur.). — XVI : le Lualaba (Desc.); Lukafu; le Lofoi (Verd.); Pweto (Desc.); Haut-Marungu (Deb.).

Emilia sonchifolia *DC.* Prodr. VI (1837) 302; *Oliv.* et *Hiern* in *Oliv.* Fl. trop. Afr. III, 405; *Th. Dur.* et *De Wild.* Mat. fl. Cgo, I (1897) 24 [B. S. B. B. XXXVI², 80].

1891 (F. Demeuse). — Congo (Dem.).

SENECIO L.

Senecio abyssinicus *Schultz-Bip.* in *A. Rich.* Tent. fl. Abyss. I (1847)
438; *Oliv.* et *Hiern* in *Oliv.* Fl. trop. Afr. III, 410; *O. Hoffm.* in
Engl. Pfl. Ost-Afr. 417; *Th. Dur.* et *Schinz* Étud. fl. Cgo (1896)
184; *De Wild.* et *Th. Dur.* Pl. Gilletianae, I (1900) 33 [B. Herb.
Boiss. Sér. 2, I, 33] et Reliq. Dewevr. (1901) 140.

S. Quartinianus *Aschers.* in *Schweinf.* Beitr. Fl. Aethiop. (1867) 158; *De Wild.*
Miss. Laurent (1906) 195; *O. Hoffm.* ex *Engl.* in *Schlechter* Westafr.
Kautsch.-Exped. (1900) 326.

1870 (G. Schweinfurth). — V : Léopoldville (Schlt.); Kisantu (Gill.). — VI : Madibi (Sap.).— XII b : entre Bambili et Amadis (Ser. 205).— XII d : pays des Mangbettu (Schw.). — XIII a : env. de Kasongo (Dew.). — XV : Kondue (Ém. et M.
Laur.). — Noms vern. : **Lefide** [Ikwangula]; **Katchilo** [Kasongo|; **Kolembe-Lembe**
[Tanganika] (Dew.).

Senecio congolensis *De Wild.* Étud. fl. Bas- et Moy.-Cgo, I (1904)
86, (1906) 329.

1900 (J. Gillet). — V : Kisantu (Gill. 1356); Kimbata près de Dembo (But. iu
Gill. 3350).

Senecio Dewevrei *O. Hoffm.* in *Th. Dur.* et *De Wild.* Mat. fl.
Cgo, VII (1900) 12 [B. S. B. B. XXXIX², 33] et Reliq. Dewevr. (1901)
140.

1896 (A. Dewèvre). — XIII d : env. de Kasongo (Dew. 935). — Noms vern. :
Ducambutu [Ikwangula] ; **Lololo** ; **Matosa** [Tanganika]. (Dew.).

Senecio discifolius *Oliv.* in Trans. Linn. Soc. XXIX (1873) 100;
Oliv. et *Hiern* in *Oliv.* Fl. trop. Afr. III, 410; *O. Hoffm.* in *Engl.*
Pfl. Ost-Afr. 417; *De Wild.* Étud. fl. Bas- et Moy.-Cgo, II (1907)
214.

1906 (F. Seret). — XII c : entre Surango et Niangara (Ser. 436).

Senecio katangensis *O. Hoffm.* in *De Wild.* Étud. fl. Kat. (1903)
p. XI.

1899 (Edg. Verdick). — XVI : Lukafu (Verd. 340).

? **Senecio maritimus** *L. f.* Suppl. pl. (1781) 369; *Thunb.* Fl. Capens.
(ed. Schult) 680; *DC.* Prodr. VI, 434; *Harv.* in *Harv.* et *Sond.* Fl.
Capens. III, 351; *Th. Dur.* et *Schinz* Étud. fl. Cgo (1896) 184.

1888 (Fr. Hens). — IV : Lutete (Hens, A. 293).

Obs. — Il reste quelques doutes sur la détermination de cette espèce.

KLEINIA L.

Kleinia fulgens *Hook. f.* in Bot. Mag. (1866) t. 5590; *Th. Dur.* et *De Wild.* Mat. fl. Cgo, I (1897) 34 [B. S. B. B. XXXVI², 80].

1896 (G. Descamps). — XVI : Pweto (Desc.).

OSTEOSPERMUM L.

Osteospermum sonchifolium *DC.* Prodr. VI (1837) 465; *Harv.* in *Harv.* et *Sond.* Fl. Capens. III, 440.

Le type croît dans l'Afrique australe.

— — var. **subpetiolatum** *Harv.* l. c. (1865) 440; *De Wild.* et *Th. Dur.* Reliq. Dewevr. (1901) 141.

1895 (A. Dewèvre). — II : Boma (Dew. 124).

ECHINOPS L.

Echinops Korobori *De Wild.* Étud. fl. Bas- et Moy.-Cgo, II (1907) 216, t. 63.

1906 (F. Seret). — XII d : savane du territoire du chef Koroboro (Ser. 617).

Echinops Sereti *De Wild.* Étud. fl. Bas- et Moy.-Cgo, II (1907) 214, t. 62.

1906? (F. Seret). — XII d : rég. N.-E. du Congo (Ser.).

DICOMA Cass.

Dicoma anomala *Sond.* in Linnaea, XXIII (1850) 71; *Oliv.* et *Hiern* in *Oliv.* Fl. trop. Afr. III, 443; *O. Hoffm.* in *Engl.* Pfl. Ost-Afr. 420; *Hiern* Cat. Welw. Pl. I, 614; *De Wild.* Étud. fl. Kat. (1903) 168.

1900 (Edg. Verdick). — Bas-Congo (But.). — XVI ; Lukafu (Verd.).

— — var. **karaguensis** *Oliv.* et *Hiern* in *Oliv.* Fl. trop. Afr. III (1877) 443; *Th. Dur.* et *Schinz* Étud. fl. Cgo (1896) 186.

D. karaguensis *Oliv.* in Trans. Linn. Soc. XXIX (1873) 103, t. 70.

1876 (P. Pogge). — XV : la Lulua, 9°5 lat. S. (Pg. 200).

Dicoma Poggei *O. Hoffm.* in Engl. Jahrb. XV (1893) 545; *De Wild.* Étud. fl. Kat. (1903) 168.

1900 (Edg. Verdick). — XV : pays de Muata-Yamvo (Pg. 275). — XVI : Lukafu —. Nom. vern. : **Mutzianvo** (Verd.).

PLEIOTAXIS Steetz.

Pleiotaxis affinis *O. Hoffm.* in Engl. Jahrb. XV (1893) 538; *Th. Dur.* et *Schinz* Étud. fl. Cgo (1896) 185.

1882 (P. Pogge). — XV : Mukenge (Pg. 1285).

Pleiotaxis Dewevrei *O. Hoffm.* in *De Wild.* et *Th. Dur.* Mat. fl. Cgo, VII (1900) 11 [B. S. B. B. XXXIX², 33] et Reliq. Dewevr. (1901) 141.

1896 (A. Dewèvre). — XVI : montagne Kitchina [Haut-Lualaba] (Dew. 1014).

Pleiotaxis eximia *O. Hoffm.* in Engl. Jahrb. XV (1893) 539; *De Wild.* et *Th. Dur.* Contr. fl. Cgo, I (1899) 31 et Pl. Gilletianae, I (1900) 33 [B. Herb. Boiss. Sér. 2, I, 33]; *De Wild.* Étud. fl. Bas- et Moy.-Cgo, II (1907) 216.

P. pulcherrima *Klatt* (non *Steetz*) in Ann. naturh. Hofmus. Wien, III (1892) 104.

1900 (J. Gillet). — V : Kisantu (Gill. 714); env. de Dembo (Gill.). — XV : pays de Muata-Yamvo [Congo belge?] (Pg. 263); plaines du Haut-Kasai (Lescr.).

Pleiotaxis pulcherrima *Steetz* in *Peters* Reise n. Mossamb. II (1864) 499; *Oliv.* et *Hiern* in *Oliv.* Fl. trop. Afr. III, 440; *O. Hoffm.* in *Engl.* Pfl. Ost-Afr. 420; *Th. Dur.* et *Schinz* Étud. fl. Cgo (1896) 185; *Hiern* Cat. Welw. Pl. I, 610; *De Wild.* Étud. fl. Kat. (1903) 168 et Étud. fl. Bas- et Moy.-Cgo, I (1904) 212, (1906) 329; II (1907) 217.

1881 (P. Pogge). — V : la Lula-Lumene (Hendr.); bord de la Sele; entre Dembo et le Kwango (Gill.). — VI : plateau de Kimbele (Cabra et Michel). — XV : Kanda-Kanda (Gent.); Mukenge (Pg. 1270, 1279); Campine à l'O. du Lomami (Pg. 1266). — XVI : le Lofoi; env. de Lukafu. — Nom vern : **Kabonga** (Verd.); Kayumba [Tanganika-Moero]. — Nom vern. : **Bombo** (Coll. ?).

— — var. **Poggeana** *O. Hoffm.* in Engl. Jahrb. XV (1893) 537 ; *Th. Dur.* et *Schinz* Étud. fl. Cgo (1896) 185.

1876? (P. Pogge). — XV? : pays de Muata-Yamvo (Pg. 203).

Pleiotaxis rugosa *O. Hoffm.* in Engl. Jahrb. XV (1893) 538; *Hiern* Cat. Welw. Pl. I, 610; *Th. Dur.* et *Schinz* Étud. fl. Cgo (1896) 185; *De Wild.* Étud. fl. Bas- et Moy.-Cgo, I (1906) 329; II (1907) 217.

1892 (F. Demeuse). — V : entre Kisantu et le Kwango (But. in Gill. 3726). — XV : au S. de Tshitadi (Lescr. 322). — Ind. non cl. : Belem (Dem. 513).

ERYTHROCEPHALUM Benth.

Erythrocephalum erectum *Klatt* ex *Schinz* in B. Herb. Boiss. IV (1896) 472; *De Wild* et *Th. Dur.* Ill. fl. Cgo (1899) 105, t. 53; *De Wild.* Étud. fl. Kat. (1903) 168.

1891 (G. Descamps). — XV : pays des Samba (Desc.). – XVI : Lukafu. — Nom vern. : **Tjikundi** (Verd.).

PASACARDOA O. Kuntze

Pasacardoa Grantii [*Benth.*] *O. Kuntze* Rev. Gener. (1891) 355; *O. Hoffm.* in Engl. Jahrb. XV (1893) 543; *Th. Dur.* et *De Wild.* Mat. fl. Cgo, I (1897) 34 [B. S. B. B. XXXVI^2, 80].

Phyllactinia — *Benth.* ex *Oliv.* in Trans. Linn. Soc. XXIX (1873) 102, t. 68; *Oliv.* et *Hiern* in *Oliv.* Fl. trop. Afr. III, 412.

1891 (G. Descamps). — Ind. non cl. : vallée de la Luile (Desc.).

— — var. **angustiligulata** *De Wild.* Étud. fl. Kat. (1903) 169, in syn.

Phyllactinia Grantii *Benth.* var. — *De Wild.* l. c. 169.

1899 (Edg. Verdick).— XVI : le Lofoi; Lukafu.— Nom vern. : **Musombele** (Verd 360).

— — var. **reducta** *De Wild.* Étud. fl Kat. (1903) 169, in syn.

Phyllactinia Grantii *Benth.* var. — *De Wild.* l. c. 169.

1900 (Edg. Verdick). — XVI : Lukafu (Verd. 445).

GERBERA Gronov.

Gerbera piloselloides *Cav.* in Dict. sci. nat. XVIII (1820) 461; *Oliv.* et *Hiern* in *Oliv.* Fl. trop. Afr. III, 445; *O. Hoffm.* in *Engl.* Pfl. Ost-Afr. 420; *De Wild.* Étud. fl. Bas- et Moy.-Cgo, I (1904) 212.

Perdicium — *Hiern* Cat. Welw. Pl. I (1898) 615.

1900 (J. Gillet). — V : Kisantu (Gill.).

CICHORIUM L.

*****Cichorium Intybus** *L.* Sp. pl. ed. 1 (1753) 813; *DC.* Prodr. VII, 84; *Rchb.* Icon. fl. Germ. XIX, t. 1357; *De Wild.* Miss. Laurent (1906) 195 et Étud. fl. Bas- et Moy.-Cgo, II (1907) 213.

1903 (Ém. et Marc. Laurent). — XII c : Amadis (Ser.). — XV : Ibanga (Ém. et M. Laur.).

Obs. — La plante signalée, sous ce nom, dans les env. de Lusambo, par Ém. Laurent, appartient au genre *Lactuca* [De Wild.].

LACTUCA L.

Lactuca Cabrae *De Wild.* Étud. fl. Bas- et Moy.-Cgo, II (1907) 217.

Launaea — *De Wild.* l. c. II (1907) 217.

1901 (Alph. Cabra et F. L. Michel). — III : crête du Vanda [bassin de la Pozo] (Cabra et Michel, 62). — V : rég. de la Lumene (Hendr. in Gill. 3278); Sabuka (Ém. et M. Laur.); Sanda (Odd. in Gill. 3210).

Lactuca capensis *Thunb.* Prodr. pl. Cap. (1800) 139 ; *DC.* Prodr. VII, 136 ; *Oliv.* et *Hiern* in *Oliv.* Fl. trop. Afr. III, 452 ; *Harv.* in *Harv.* et *Sond.* Fl. Capens. III, 526 ; *Hiern* Cat. Welw. Pl. I, 621 ; *De Wild.* et *Th. Dur.* Reliq. Dewevr. (1901) 141.

1896 (A. Dewèvre). — Congo (Dew.).

— — var. **duruensis** *De Wild.* Étud. fl. Bas- et Moy.-Cgo, II (1907) 217.

1906 (F. Seret). — XII c : poste de la Duru (Ser. 496).

Lactuca Gilletii *De Wild.* Étud. fl. Bas- et Moy.-Cgo, I (1904) 86.

1900 (J. Gillet). — V : entre Dembo et Kisantu (Gill. 1588).

Lactuca longispicata *De Wild.* Étud. fl. Bas- et Moy.-Cgo, I (1904) 87 ; II (1907) 219.

1900 (J. Gillet). — V : Kisantu et env. (Gill. 1509, 3887).

Lactuca Sereti *De Wild.* Étud. fl. Bas- et Moy.-Cgo, II (1907) 218.

1905 (F. Seret). — XII b : territoire du chef Misa (Ser. 273).

Lactuca taraxacifolia [*Willd.*] *Schumach.* et *Thonn.* Beskr. Guin. Pl. (1827) 380 ; *DC.* Prodr. VII, 138 ; *Schultz-Bip.* in Flora (1842) 422 ; *Oliv.* et *Hiern* in *Oliv.* Fl. trop. Afr. III, 451 ; *Th. Dur.* et *Schinz* Étud. fl. Cgo (1896) 186 ; *De Wild.* et *Th. Dur.* Mat. fl. Cgo, I (1897) 31 [B. S. B. B. XXXVI*, 80] et Contr. fl. Cgo, I (1899) 31 ; *De Wild.* Étud. fl. Bas- et Moy.-Cgo, I (1906) 329 ; II (1907) 219.

Sonchus — *Willd.* Sp. pl. III (1804) 1511.

1891 (F. Demeuse). — Congo (Dem.). — II : Boma (Schimp.). — II a : Bingila (Dup.). — V : env. de Dembo ; Kisantu (Gill.) ; Boko-Sainte-Barbe (Vanderyst). — XV : pays de Kazembe-Monba [bassin du Lualaba] (Desc.).

Lactuca tricostata *De Wild.* Étud. fl. Bas- et Moy.-Cgo, I (1904) 88 ; II (1907) 219.

1900 (J. Gillet). — V : Kisantu (Gill.) ; env. de Kisantu (Van Houtte in Gill. 3499).

Lactuca Verdickii *De Wild.* Étud. fl. Kat. (1903) 170.

1899 (Edg. Verdick). — XVI : Lukafu (Verd. 139).

SONCHUS L.

Sonchus asper *Hill* Herb. Brit. I (1769) 47; *Dietr.* Fl. Boruss. VII, t. 503; *Rchb.* Icon. fl. Germ. XIX, t. 1410; *Gren.* et *Godr.* Fl. de Fr. II,'324; *Rouy* in *Rouy* et *Fouc.* Fl. de Fr. IX, 203.

S. spinosus *Lam.* Fl. Française, II (1778) 86; *De Wild.* Étud. fl. Bas- et Moy.- Cgo, II (1907) 219.
S. oleraceus *L.* var. — *Oliv.* et *Hiern* in *Oliv.* Fl. trop. Afr. III (1877) 457.

1906 (F. Seret). — XII c : Gombari (Ser. 475).

Sonchus Dregeanus *DC.* Prodr. VII (1838) 184; *Harv.* in *Harv.* et *Sond.* Fl. Capens. III, 528; *De Wild.* Étud. fl. Kat. (1903) 169 ; Miss. Laurent (1906) 196 et Étud. fl. Bas- et Moy.-Cgo, II (1907) 219.

1900 (Edg. Verdick). — VIII : Baka [Ikelemba] (M. Laur.). — XI : Bomaneh (M. Laur.). — XIII a : Stanleyville (Ém. Laur.). — XVI : Lukafu (Verd.),

Sonchus oleraceus *L.* Sp. pl. ed. 1 (1753) 194; *Oliv.* et *Hiern* in *Oliv.* Fl. trop. Afr. III, 457; *Harv.* in *Harv.* et *Sond.* Fl. Capens. III, 528; *Rchb.* Icon. fl. Germ. XIX. t. 1410; *Hiern* Cat. Welw. Pl. I, 622; *De Wild.* et *Th. Dur.* Pl. Gilletianae, II (1901) 88 [B. Herb. Boiss. Sér. 2, I, 828]; *Rouy* in *Rouy* et *Fouc.* Fl. de Fr. IX, 204.

1900 (J. Gillet). — V : Kisantu (Gill.).

Sonchus Schweinfurthii *Oliv.* et *Hiern* in *Oliv.* Fl. trop. Afr. III (1877) 458; *O. Hoffm.* in *Engl.* Pfl. Ost-Afr. 421; *Th. Dur.* et *Schinz* Étud. fl. Cgo (1896) 186; *Hiern* Cat. Welw. Pl. I, 623; *De Wild.* et *Th. Dur.* Reliq. Dewevr. (1901) 142; *De Wild.* Étud. fl. Bas- et Moy.-Cgo, II (1907) 219.

1870 (G. Schweinfurth). — V : Kisantu (Gill.). — XII d : pays des Mangbettu (Schw.). — XII c : entre Surango et Niangara (Ser.). — XIII d : env. de Kabanga — Nom vern. : **Kokolola** (Dew.).

LOBELIACEAE (1)

LOBELIA L.

Lobelia fervens *Thunb.* Fl. Capens. II (1818) 46; *DC.* Prodr. VII, 385; *Sond.* in *Harv.* et *Sond.* Fl. Capens. III, 548; *Hemsl.* in *Oliv.* Fl. trop. Afr. III, 468; *Th. Dur.* et *Schinz* Étud. fl. Cgo (1896) 186.

1892 (Jul. Cornet). — XVI : le Katanga (Corn.).

---

(1) A. Dewèvre a récolté, en 1895, une Goodéniacée, le **Scaevola Lobelia** Murr. mais à Landanu dans l'enclave portugaise de Kabinda.

Lobelia Gilletii *De Wild.* Étud. fl. Bas- et Moy.-Cgo, I (1904) 85.

1902 (L. Gentil et J. Gillet). — VI : vallée de la Djuma (Gent. et Gill. 2802).

CYPHIA Berg.

Cyphia erecta *De Wild.* Étud. fl. Kat. (1903) 163.

1899 (Edg. Verdick). — XVI : Lukafu (Verd. 345).

Cyphia scandens *De Wild.* Étud. fl. Kat. (1903) 163.

1900 (Edg. Verdick). — XVI : Lukafu. — Nom vern. : **Kitjangulula** (Verd. 368).

CEPHALOSTIGMA A. DC

Cephalostigma Perrottetii *A. DC.* in *DC.* Prodr. VII (1838) 420;
Deless. Icon. sel. pl. V, t. 15; *Hiern* in *Oliv.* Fl. trop. Afr. III, 472;
Th. Dur. et *Schinz* Étud. fl. Cgo (1896) 187; *Th. Dur.* et *De Wild.*
Mat. fl. Cgo, I (1897) 34 [B. S. B. B. XXXVI², 80]; *De Wild.* et *Th.
Dur.* Pl. Gilletianae, I (1900) 34 [B. Herb. Boiss. Sér. 2, I, 34] et
Contr. fl. Cgo, II (1900) 39.

1882 (H. Johnston). — Congo (Johnst.); Bas-Congo (Cabra). — II a : Bingila
(Dup.). — IV : Lutete (Hens). — V : Kisantu (Gill.). - Ind. non cl. : Noki [An-
gola?] (Schlt.).

LIGHTFOOTIA L'Hérit.

Lightfootia napiformis *A. DC.* in Annal. sci. nat. Sér. 5, VI (1866)
328; *Hemsl.* in *Oliv.* Fl. trop. Afr. III, 475; *Th. Dur.* et *De Wild.*
Mat. fl. Cgo, I (1897) 34 [B. S. B. B. XXXVI², 80] et Reliq. Dewevr.
(1901) 142; *Hiern* Cat. Welw. Pl. I, 629; *De Wild.* Étud. fl. Kat·
(1903) 162 et Étud. fl. Bas- et Moy.-Cgo, I (1904) 85, 210.

1895 (G. Descamps).—V : env. de Léopoldville; Kisantu (Gill.); la Lula-Lumene
(Gill.). — XIII d : au-delà de Nyangwe (Dew.). — XVI : Lukafu. — Nom vern. :
Kanzanza (Verd.); Toa (Desc.).

SPHENOCLEA Gaertn.

Sphenoclea zeylanica *Gaertn.* De fruct. et semin. I (1788) 113,
t. 24, fig. 25; *Oliv.* et *Hiern* in *Oliv.* Fl. trop. Afr. III, 481; *Hook. f·*
Fl. Brit. Ind. III, 438; *O. Hoffm.* in *Engl.* Pfl. Ost-Afr. 400; *Th·
Dur.* et *Schinz* Étud. fl. Cgo (1896) 187; *De Wild.* Étud. fl. Kat.
(1903) 162 et Étud. fl. Bas- et Moy.-Cgo, I (1904) 210; II (1908) 350.

1816 (Chr. Smith). — Bas-Congo (Sm.). — II : Boma (Pyn.). — V : entre
Léopoldville et Mombasi (Gill.). — VIII : Eala (Pyn.). - XVI : Lukafu (Verd.).

ERICACEAE

ERICINELLA Klotzsch.

Ericinella Mannii *Hook. f.* in Journ. Linn. Soc. VI (1862) 16; *Oliv.* Fl. trop. Afr. III, 484; Bot. Mag. (1866) t. 5569; *Engl.* Pfl. Ost-Afr. 303; *De Wild.* Étud. fl. Kat. (1903) 96.

1899 (Edg. Verdick). — XVI : Lukafu (Verd.).

PLUMBAGINACEAE

PLUMBAGO L.

Plumbago zeylanica *L.* Sp. pl. ed. 1 (1753) 151; Bot. Reg. XXXII (1846) t. 23; *Wight* Illustr. Ind. Bot. t. 179; *Oliv.* Fl. trop. Afr. III, 486; *Engl.* Pfl. Ost-Afr. 304; *Th. Dur.* et *Schinz* Étud. fl. Cgo (1896) 187; *De Wild.* et *Th. Dur.* Reliq. Dewevr. (1901) 143; *Hiern* Cat. Welw. Pl. I, 634; *De Wild.* Étud. fl. Kat. (1903) 97 et Étud. fl. Bas- et Moy.-Cgo, II (1908) 335.

1883 (H. Johnston). — Congo (Johnst.). — I : Moanda (Vanderyst). — II : Boma (Dew.). — V : Léopoldville (Pyn.); Dolo (Schlt.) ; Kisantu ; env. de Dembo (Gill.). — XVI : Lukafu (Verd.).

MYRSINACEAE

MAESA Forsk.

Maesa lanceolata *Forsk.* Fl. Aegypt-Arab. (1775) 106; *Engl.* Pfl. Ost-Afr. 303; *Bak.* in *Oliv.* Fl. trop. Afr. III, 492; *Hiern* Cat. Welw. Pl. I, 637; *De Wild.* Étud. fl. Kat. (1903) 221; *Mez* in *Engl.* Pflanzenreich, IV, n. 236 [Myrsin.] (1902) 26.

1900 (Edg. Verdick). — XVI : plateau de Lukafu. — Nom vern. : **Samba-Bululu** (Verd.).

EMBELIA Burm.

Embelia retusa *Gilg* in Engl. Jahrb. XXX (1901) 95; *De Wild.* Étud. fl. Bas- et Moy.-Cgo, II (1908) 335; *Mez* in *Engl.* Pflanzenreich, IV, n. 236 [Myrsin.] (1902) 330.

1870 (G. Schweinfurth). — VII : Kiri (Ém. et M. Laur.). — VIII : Eala (M. Laur. 904). — XII d : le Kibali [Mangbettu] (Schw. 3550).

SAPOTACEAE

CHRYSOPHYLLUM L.

Chrysophyllum africanum *A. DC.* in *DC.* Prodr. VIII (1844) 163; *Oliv.* Fl. trop. Afr. III, 500 ; *Engl.* Monog. Afr. Pfl.-Fam. VIII [Sapot.] (1904) 43, t. 15 A ; *De Wild.* Miss. Laurent (1907) 425.

Gambeya — *Pierre* Not. bot. Sapot. (1890) 63.

1906 (Marc. Laurent). — XV : Limbutu (M. Laur. 980).

Chrysophyllum Lacourtianum *De Wild.* Miss. Laurent (1907) 425, fig. 77-79, t. 138-140.

1903 (Guill. De Bauw). — V : Lukolela (Ém. et M. Laur.). — VII : Ibali ; Kutu (Ém. et M. Laur.). — VIII : distr. de l'Équateur (De Bauw); rég. de la Lomila (Jurgensen) ; Coquilhatville (De Bauw in Pyn. 386); Bikoro (De Bauw). — XV : Kondue (Luja). — Ind. non cl. : le Lomami (De Bauw).

Chrysophyllum Laurentii *De Wild.* Miss. Laurent (1907) 429, t. 133.

1903 (Ém. et Marc. Laurent). — VIII : Bamania (Ém. et M. Laur.).

Chrysophyllum longepedicellatum *De Wild.* Miss. Laurent (1907) 431, t. 134.

1905 (Marc. Laurent). — VIII : Bombimba (M. Laur. 1160).

PACHYSTELE Radlk.

Pachystele cinerea [*Engl.*] *Pierre* ex *Engl.* Monog. Afr. Pfl.-Fam. VIII [Sapot.] (1904) 36, t. 12, fig. A, a-g.

Chrysophyllum — *Engl.* in Engl. Jahrb. XII (1890) 522; *Hiern* Cat. Welw. Pl. I, 640.

C. Stuhlmannii *Engl.* Pfl. Ost-Afr. (1895) 306.

1902 (L. Gentil et J. Gillet). — VI : vallée de la Djuma (Gent.; Gill. 2874).

— — var. **cuneata** [*Radlk.*] *Engl.* l. c. VIII (1904) 37, t. 12, fig. C, a-h ; *De Wild.* Étud. fl. Bas- et Moy.-Cgo, I (1904) 173 et Miss. Laurent (1907) 425.

P. cuneata *Radlk.* in *De Wild.* et *Th. Dur.* Contr. fl. Cgo, I (1899) 32 et Reliq. Dewevr. (1901) 144.

1895 (A. Dewèvre). — II a : bords du Tshaf à Zobe (Dew. 239). — IV : Luozi (Luja). — V : Kisantu (Gill. 398, 1299). — VII : Kiri; Ibali (Ém. et M. Laur.). — VIII : la Lulanga. — Nom vern. : **Kloro** (Dew. 830). — X : le Bas-Ubangi (Ém. et M. Laur.).

P. cinerea var. **undulata** *Engl.* l. c. VIII (1904) 36, t. 12, fig. B, a-d.

1881 ? (P. Pogge). — XV : Pumbale [rég. de la Lulua] (Pg.). — Ind. non cl. : Unayamba (Ém. Laur.).

SERSALISIA R. Br.

Sersalisia Laurentii *De Wild.* Miss. Laurent (1907) 432, t. 124.

1906 (Marc. Laurent). — XI : Mogandjo (M. Laur. 95).

OMPHALOCARPUM P. Beauv.

Omphalocarpum bomanehense *De Wild.* Miss. Laurent (1907) 422, fig. 74-76, t. 116.

1906 (Marc. Laurent). — XI : Bomaneh (M. Laur. 1073).

Omphalocarpum Cabrae *De Wild.* Miss. Laurent (1907) 421, fig. 73, t. 128.

1896 (Alph. Cabra). — Bas-Congo (Cabra, 2).

Omphalocarpum Laurentii *De Wild.* Miss. Laurent (1907) 417, fig. 69, t. 114-115.

1903 (Ém. et Marc. Laurent). — XV : Dibele (Ém. et M. Laur.).

Omphalocarpum sankuruense *De Wild.* Miss. Laurent (1907) 419, fig. 70-72, t. 112-113.

1903 (Ém. et Marc. Laurent). — XV : Bolongula (Ém. et M. Laur.).

SYNSEPALUM Baill.

Synsepalum dulciflcum [*Schumach.* et *Thonn.*] *Daniell* ex *S. Bell* in Pharm. Journ. VI, n. 10 (1852) 445; *De Wild.* et *Th. Dur.* Reliq. Dewevr. (1901) 143; *Engl.* Monog. Afr. Pfl.-Fam. VIII [Sapot.] (1904) 32, t. 7, c.; *De Wild.* Étud. fl. Bas- et Moy.-Cgo, I (1904) 173; II (1907) 62 et Miss. Laurent (1907) 433.

Bumelia — *Schumach.* et *Thonn.* Beskr. Guin. Pl. (1827) 150.
Sideroxylon — *A. DC.* Prodr. VIII (1844) 183; *Bah.* in *Oliv.* Fl. trop. Afr. III, 583.

1896 (A. Dewèvre). — V : env. de Lukolela (Dew.) — VIII : Eala. — Nom vern. : **Bomanga** (Ém. et M. Laur.); le Haut-Lopori (Biel.). — X : le Bas-Ubangi (Ém. et M. Laur.).

Synsepalum stipulatum [*Radlk.*] *Engl.* Monog. Afr. Pfl.-Fam. VIII
[Sapot.] (1904) 31, t. 7, fig. D, a-g.

> Stironeuron — *Radlk.* ex *De Wild.* et *Th. Dur.* Contr. fl. Cgo, I (1899) 32 et
> Reliq. Dewevr. (1901) 143.

> 1896? (A. Dewèvre). — Congo (Dew.).

BAKERISIDEROXYLON Engl.

Bakerisideroxylon revolutum [*Bak.*] *Engl.* Monog. Afr. Pfl.-Fam.
VIII [Sapot.] (1904) 34, t. 11, fig. B; *De Wild.* Étud. fl. Bas- et Moy.-
Cgo, II (1907) 62.

> Sideroxylon — *Bak.* in *Oliv.* Fl. trop. Afr. III (1877) 563.
> Vincentia — *Pierre* Not. bot. Sapot. (1891) 37.

> 1905 (F. Seret). — IX : env. de Bumba (Ser. 1).

MIMUSOPS L.

Mimusops affinis *De Wild.* Étud. fl. Kat. (1903) 221.

> 1899 (Edg. Verdick). — XVI : Lukafu. - Nom vern. : **Munga-Gu** (Verd. 222).

Mimusops congolensis *De Wild.* Miss. Laurent (1907) 436, fig. 82-83.

> Ann.? (Coll.?). — Bas-Congo (Coll.?).

Mimusops cuneifolia *Bak.* in *Oliv.* Fl. trop. Afr. III (1877) 506;
Th. Dur. et *Schinz* Étud. fl. Cgo (1896) 188; *Engl.* Monog. Afr.
Pfl.-Fam. VIII [Sapot.] (1904) 64.

> 1816 (Chr. Smith). — Bas-Congo (Sm.).

Mimusops ubangiensis *De Wild.* Miss. Laurent (1907) 433, fig. 81.

> 1903 (Ém. et Marc. Laurent). — X : rég. de l'Ubangi (Ém. et M. Laur.).

Mimusops Welwitschii *Engl.* in Engl. Jahrb. XII (1890) 524, t. 21,
fig. A et Monog. Afr. Pfl.-Fam. VIII [Sapot.] 58, t. 20, fig. A; *Hiern*
Cat. Welw. Pl. I, 645.

> Le type croît dans l'Angola.

— — form. **grandifolia** *De Wild.* Étud. fl. Bas- et Moy.-Cgo, II
(1907) 62.

> 1902 (J. Gillet et L. Gentil). — VI : vallée de la Djuma (Gent.; Gill. **2366, 2768**).

EBENACEAE

EUCLEA L.

Euclea divinorum *Hiern* in Trans. Cambr. Phil. Soc. XII (1873) 79;
Monog. Eben. 99 et in *Oliv.* Fl. trop. Afr. III, 513; *Th. Dur.* et
Schinz Étud. fl. Cgo (1896) 188.

1883 (H. Johnston). — Congo (Johnst.).

Euclea katangensis *De Wild.* Étud. fl. Kat. (1903) 222.

1899 (Edg. Verdick). — XVI : Lukafu. — Nom vern. : **Sakonnida** (Verd. 93).

MABA Forsk.

Maba buxifolia *Pers.* Syn. pl. II (1807) 606; *Hiern* Monog. Eben.
116 et in *Oliv.* Fl. trop. Afr. III, 515.

Ferreola guineensis *Schumach.* et *Thonn.* Beskr. Guin. Pl. (1827) 448.
Maba — *A. DC.* Prodr. VIII (1844) 241.

1816 (Chr. Smith). — Bas-Congo (Sm.).

DIOSPYROS L.

Diospyros incarnata *Guerke* in *De Wild.* Étud. fl. Bas et Moy.-Cgo,
II (1908) 335 [nom. tant.].

1907 (J. Gillet). — VIII : Mondjo [Ikelemba] (Gill.).

Diospyros Loureiriana *G. Don* Gen. Syst. Bot. IV (1837) 39; *Hiern*
Monog. Eben. 194 et in *Oliv.* Fl. trop. Afr. III, 322; *Th. Dur.* et
Schinz Étud. fl. Cgo (1896) 188.

1816 (Chr. Smith). — Bas-Congo (Sm.).

Obs. — M. Hiern (l. c.) rapporte la plante de Smith à la var. *heterotricha*
Welw. ex *Hiern* in *Trimen* Journ. of Bot. (1875) 355.

Diospyros mespiliformis *Hochst.* ex *A. DC.* in *DC.* Prodr. VIII (1844)
672; *Hiern* Cat. Welw. Pl. I, 651; *De Wild.* Étud. fl. Kat. (1903)
222 et Not. pl. util. ou intér. du Cgo, II (1906) 119-123.

1899 (Edg. Verdick). – XVI : Lukafu. — Nom vern. : **Kasagola** (Verd.).

Diospyros monbuttensis *Guerke* in Engl. Jahrb. XXVI (1898) 66.

1870 (G. Schweinfurth). — XII d : l'Uele [pays des Mangbettu] (Schw. n. 3598)

OLEACEAE

JASMINUM L.

Jasminum dichotomum *Vahl* Symb. bot. I (1790) 26; *DC.* Prodr. VIII, 307; *Bak.* in *Dyer* Fl. trop. Afr. IV', 9; *De Wild.* Miss. Laurent (1906) 259 et Étud. fl. Bas- et Moy.-Cgo, II (1907) 63.

J. guineense *G. Don* Gen. Syst. Bot. IV (1837) 61.
J. noctiflorum *Afzel.* Remed. Guin. (1813) 25; *De Wild.* Étud. fl. Kat. (1903) 222.
J. ternum *Knobl.* in Engl. Jahrb. XVII (1893) 535.

1816 (Chr. Smith). — Bas-Congo (Sm.). — I : Moanda (Gill.). — X : l'Ubangi (Ém. et M. Laur.); Bambili (Ser. 12 b). — XVI : Lukafu. — Nom vern. : **Kisjinko** (Verd.). — Ind. non cl. : vallée du Lomami (Desc.).

Jasminum Schweinfurthii *Gilg* in Notizbl. bot. Gart. Berlin, I (1895) 72; *Bak.* in *Dyer* Fl. trop. Afr. IV', 3.

1870 (G. Schweinfurth). — XII d : Munza (Schw. 1668).

Jasminum Verdickii *De Wild.* Étud. fl. Bas- et Moy.-Cgo, II (1907) 63.

1899 (Edg. Verdick). — XVI : Lukafu (Verd. 279).

LINOCIERA Sw.

Linociera nilotica *Oliv.* in Trans. Linn. Soc. XXIX (1875) 106, t. 117; *Th. Dur.* et *De Wild.* Mat. fl. Cgo, II (1898) 76 [B. S. B. B. XXXVII, 121]; *Bak.* in *Dyer* Fl. trop. Afr. IV', 19.

Mayepea — *Knobl.* in Engl. Jahrb. XVII (1898) 528; *De Wild.* Étud. fl. Bas- et Moy.-Cgo, II (1907) 62.

1896 (Ém. Laurent). — IX : île en aval d'Upoto (Ém. Laur.); Bumba (Pyn.).

SCHREBERA Roxb.

Schrebera trichoclada *Welw.* [Sertul. Angolense] in Trans. Linn. Soc. XXVII (1869) 41; *Gilg* in Engl. Jahrb. XXX (1901) 72; *De Wild.* Étud. fl. Kat. (1903) 97; *Bak.* in *Dyer* Fl. trop. Afr. IV', 15.

Nathusia — *O. Kuntze* Rev. Gener. (1891) 412; *Hiern* Cat. Welw. Pl. I, 657.
1899 (Edg. Verdick). — XVI : Lukafu. — Nom vern. : **Kabale-Bale** (Verd.).

APOCYNACEAE

VAHADENIA Stapf.

Vahadenia Laurentii [*De Wild.*] *Stapf* in *Dyer* Fl. trop. Afr. IV¹ (1902) 30, (1904) 589 ; *De Wild.* Miss. Laurent (1907) 451.

Landolphia — *De Wild.* in Rev. cult. colon. VIII (1901) 229 ; XI (1902) 76 et in Not. Apoc. laticif. du Cgo (1903) 62-67 ; *De Wild.* et *Gentil* Lian. caoutch. du Cgo (1904) 94, t. 15 ; *De Wild.* et *Th. Dur.* Pl. Gilletianae, II (1901) 89 [B. Herb. Boiss. Sér. 2, I, 829] ; *De Wild.* Not. pl. util. ou intér. du Cgo, II (1908) 169.

1895 (Ém. Laurent). — II a : Mushipila (Ém. Laur.) ; la Lukula. — Nom vern. : **Mpusa** (Kest.). — V : la Sele. — Nom vern. : **Malombo** (Coll?) ; Kimuenza (Gill. 1666). — VI : Madibi. — Nom vern. : **Momponpo** (Sap.). — VIII : Eala (M. Laur. 1870) ; secteur de Mondongo ; Tshuapa : Moma (Jesp.). — XII c : zone de Bomokandi. — Nom vern. : **Bobo** [Lamboray]. — XV : Kole ; Dibele-Kapepula (Flam. 306) ; route de Luebo à Luluabourg (Coll.?) ; Galikoko-Luebo (Gent.) ; Kondue (Ém. et M. Laur.) ; Bena-Dibele. — Nom vern. : **Otoankima** (Flam. : Rossel. 18) ; Katako-Kombe. — Noms vern. : **Pongundeli, Muninga-Sendive** (Serm. 10, 11). — Ind. non cl. : Tshimbumbang. — Nom vern. : **Tshibobobo** (Sap.)

— — var. **grandiflora** [*De Wild.*] *Stapf* l. c. IV¹ (1904) 589 ; *De Wild.* l. c. (1907) 452.

Landolphia Laurentii *De Wild.* var. — *De Wild.* Not. Apoc. laticif. du Cgo (1903) 64 ; *De Wild.* et *Gentil* Lian. caoutch. du Cgo (1904) 96.

1901 (L. Gentil). — II : Temvo (Ém. et M. Laur.). — V : Kimuenza (Gill.). — VII : Busenga [bassin de la Lukenie] (Gent.). — XV : Bena-Dibele (Ém. et M. Laur. ; Cransh.).

— — form. **obtusifolia** *De Wild.* Miss. Laurent (1907) 452.

1903 (Marc. Laurent). — VIII : env. d'Eala (M. Laur. 129).

LANDOLPHIA P. Beauv.

Landolphia Dewevrei *Stapf* in *Dyer* Fl. trop. Afr. IV¹ (1902) 52, (1904) 592 ; *De Wild.* Not. Apoc. laticif. du Cgo (1903) 73-77 ; Miss. Laurent (1907) 482, t. 147, 153 et Not. pl. util. ou intér. du Cgo, II (1908) 172-174.

1903 (Ém. et Marc. Laurent). — VII : Ibali. — Nom vern. : **Tentze** (Coll.?). — VIII : Eala (M. Laur. 1871) ; Moma (Jesp.). — IX : Bumba et env. — Nom vern. : **Mosanganda** (Pyn. 92, 1045). — XI : Yambuya (Pyn. 52). — XII c : env. de Nala (Sap.). — XV : Kasongo-Batetela. — Nom vern. : **Lupembe** (Sap.) ; Lac Foa (Sap.) ; Batempa (Ém. et M. Laur.). — Nom vern. : **Walaralapira** [Asande].

Landolphia Droogmansiana *De Wild.* in *De Wild.* et *Gentil* Lian. caoutch. du Cgo (1904) 59-60, t. 3; *Stapf* in *Dyer* Fl. trop. Afr. IV', 593: *De Wild.* Miss. Laurent (1907) 455-458, fig. 85-86.

1902 (L. Gentil). — II a : le Mayumbe. — Nom vern. : **Gungu-Bu-Dutu** (Coll. ?). — XV : Kanda-Kanda (Gent.).

Landolphia Dubreucqiana *De Wild.* in *De Wild.* et *Gentil* Lian. caoutch. du Cgo (1904) 92-93, t. 13-14; *Stapf* in *Dyer* Fl. trop. Afr. IV', 593; *De Wild.* Miss. Laurent (1907) 453 et Not. pl. util. ou intér. du Cgo, II (1908) 174.

1896 (A. Dewèvre). — VII : Inongo; Isaka (Ém. et M. Laur.). — VIII : Coquil hatville (Pyn. 251); Eala. — Nom vern. : **Matofe-Ampumba** (Pyn. 681, 714, 1288, 1623, 1631; M. Laur. 60, 1238, 1876, 1877, 1902); secteur de Mondombe (Jesp.). — XIII d : env. de Nyangwe (Dew. 1036 a). — XV : Mange (Ém. et M. Laur.); Munungu (Lescr. 252); Bena-Dibele. — Nom vern. : **Kela** (Rossel. 19; Flam.); le Kasaï (Luja); Lubue (Gent.); Kasongo-Batetela; Kapulumba (Sap.); env. de Lubefu; Kole (Flam.). — Nom vern. : **Musumbo** [Lulua].

OBS. — Cette espèce paraît assez répandue dans tout le domaine du Congo (De Wild. et Gentil).

Landolphia florida *Benth.* in *Hook.* Niger Fl. (1849) 444; *Kotschy* et *Peyr.* Pl. Tinneanae, 30, t. 13 A; *Hallier f.* Kautschuklian. 89; *Jumelle* Pl. à caoutch. et à gutta, 54; *Warb.* in Tropenpflanzer, III (1899) 311, fig. 65 et Kautschukpfl. 117, fig. 61; *Vilbouch.* Les pl. à caoutch. 221; *Henriq.* Kautschuk (1899) t. 3-4; *Schlechter* Westafr. Kautsch.-Exped. 67 et fig. p. 68; *De Wild.* et *Th. Dur.* Reliq. Dewevr. (1901) 145; *Stapf* in *Dyer* Fl. trop. Afr. IV', 38, 590; *De Wild.* et *Gentil* Lian. caoutch. du Cgo (1904) 87, 88, t. 11-12; *De Wild.* Étud. fl. Bas- et Moy.-Cgo, II (1907) 64 et Miss. Laurent (1907) 482.

Vahea — *F. Muell.* in *Wittst.* Org. constit. Pl. (1880) 258.
Pacouria — *Hiern* Cat. Welw. Pl. I (1898) 662.
L. comorensis *Boj.* var. — *K. Schum.* in Engl. Jahrb. XV (1892) 402-405, fig. 1 B et 2; in *Engl.* Pfl. Ost-Afr. B, 456, fig. 19 et 458, fig. 20 et in *Engl.* et *Prantl* Nat. Pflanzenfam. IV², 128 et 129 fig. 50 B et 51; *A. Dewèvre* Caoutch. Afr. Monog. Landolph. (1895) 18; *Kohler* Mediz. Pfl. III, 13, cum xyl.; *Sadebeck* Kulturgew. Deutsch. Kolon. 274, fig. 105.

1816 (Chr. Smith). — Bas-Congo (Sm.). — II : Zambi (Dew.); île Mateba (Dew.). — II a : le Mayumbe (Ém. Laur.). — V : Kisantu. — Nom vern. : **Dipumunu** (Gill.); Lukolela et env. (Dew.). — VI : Madibi (Lescr.; Sap.). — VII : Kutu (Ém. et M. Laur.; Ser. C, F, 195); Bodzuma. — Nom]vern. : **Songa** (Coll.?). — VIII : Coquilhatville. — Nom vern. : **Bolombobo** (Dew.); Eala (Flam. 52). — IX : Bumba (Dew.); Peza (Krek.). — X : l'Ubangi (Coll.?); Imese. — Nom vern. : **Barakota** (Coll.?) : zone de Bomokandi (Lamboray). — XII d : pays des Mangbettu — Nom vern. : **Djgua** (Coll.?). — XII e : Kagube (Coll.?). — XIII c : Wabundu (Dew.). — XV : Kondue (Luja); Bena-Dibele. — Nom vern. : **Doma** (Rossel, 1; Flam. 1); Munungu. — Nom vern. : **Naondongo?** (Sap.); chutes du Lubi (Gent.); env. de Lubefu (Coll.?). — XVI : Bunkeya; Toa (Desc.); Haut-Marungu (Deb.). — Nom vern. : **Ilombo** [Lulanga]; **Mondongo?** [Madibi] (Sap.); **Ponguendole** [Lubefu] (Flam.).

M. De Wildeman fait des réserves au sujet de l'exactitude de ces derniers noms [*Not. pl. util. ou intér. du Cgo*, II (1908) 176].

L. florida var. **leiantha** *Oliv.* in Trans. Linn. Soc. XXIX (1869) 107; *Hallier f.* Kautschuklian. 93; *Stapf* in *Dyer* Fl. trop. Afr. IV¹, 39; *De Wild.* et *Gentil* Lian. caoutch. du Cgo, 89-91; *De Wild.* Étud. fl. Bas- et Moy.-Cgo, II (1907) 67; Miss. Laurent (1907) 484 et Not. pl. util. ou intér. du Cgo, II (1908) 176.

L. florida *Hook. f.* in Bot. Mag. (1887) t. 6963.
L. comorensis *K. Schum.* in Engl. Jahrb. XV (1892) 402; *Jumelle* Pl. à caoutch. et à gutta, 56; *Sadebeek* Kulturgew. Deutsch. Kolon. 276.
Vahea — *Boj.* Hort. Maurit. (1837) 207; *DC.* Prodr. VIII, 328 et in Nov. Act. Acad. Nat. Cur. XXII, 2 (1850) t. 41, fig. 4-7.
L. comorensis *K. Schum.* var. *florida* K. Schum. in Sitz.-Ber. Berl. Akad. Wiss. XVI (1900) 195.
Willughbeia cordata *Klotzsch* in *Peters* Reise u. Mossamb. 1 (1862) 283.

1896 (A. Dewèvre). — V : Lukolela et env. (Dew. 830 a; Ém. et M. Laur.); env. de Kisantu (Gill.). — VIII : Eala et env. — Noms vern. : **Bolombola; Ilombola** (M. Laur. 1873; Pyn. 1160); Coquilhatville (Dew. 584); env. de Bikoro (Coll.?). — X : l'Ubangi; Imese. — Nom vern. : **Inga** (Luja); au N. de Banzyville. — Nom vern. : **Mokwa** (Coll.?). — XI : Limbutu (M. Laur. 1894). — XII : l'Uele. — Nom vern. : **Ndevre** (Delp.). — XII b : Bambili. — Nom vern. : **Pobiru** (Coll.?). — XIII a : Romée (Coll.?). — XV : env. de Lusambo (Flam.).

Landolphia Gentilii *De Wild.* Apoc. à latex recueill. par Gentil (1901) 20; *De Wild.* et *Gentil* Lian. caoutch. du Cgo (1904) 61-64, t. 4; *Stapf* in *Dyer* Fl. trop. Afr. IV¹, 51, in obs.; *De Wild.* Miss. Laurent (1907) 473-474 et Not. pl. util. ou intér. du Cgo, II (1908) 177.

1900 (L. Gentil). — VII : entre le Lac Tumba et le Lac Léopold II (Coll.?). — VIII : bassin du Ruki, de la Lopori et de la Maringa (Coll.?); secteur de Mondombe. — Nom vern. : **Bumuke** (Jesp.). — XI : entre la Lopori et le Barumbu (Coll.?). — XII c : env. de Nala (Ser. et Van Geersdael; Ser. 758, 846). — XV : Kanda-Kanda (Coll.?); env. de Kondue (Luja). — Nom vern. : **Walaralapira** [Asande].

Obs. — Postérieurement, M. Stapf [l. c. (1904) 590] a réuni le *L. Gentilii* au *L. owariensis* P. Beauv.

Landolphia humilis *K. Schum.* in *Schlechter* Westafr. Kautsch.-Expéd. (1900) 306, fig. p. 228; *Stapf* in *Dyer* Fl. trop. Afr. IV¹, 53, 592; *Hua* in Rev. cult. colon. XI, 322-328; *De Wild.* et *Gentil* Lian. caoutch. du Cgo (1904) 124; *De Wild.* Miss. Laurent (1907) 453-455 et Not. pl. util. ou intér. du Cgo, II (1908) 178-181.

1899 (R. Schlechter). - IV : distr. des Cataractes (Coll. ?). — V : le Stanley-Pool (Schlt. 12544; Ém. et M. Laur.); Léopoldville (Pyn. 137, 166); Chenal Léo-Kwam (Ém. et M. Laur.); env. de Kwamouth (Biel.; Pyn. 309; Gent. 94 b); Dolo (M. Laur. 471); Sabuka (Coll.?). — VI : vallée de la Djuma (Gill.); Bandundu (Coll.?); Dima (Lescr. 359; Sap.). — VII : Tollo (Coll.?); la Fini (Coll.?); Malepie (Ém. Laur.). — XV : distr. du Lualaba-Kasai (Coll.?). — Nom vern. : **Bungu-Bungu** [Kwango or.].

Landolphia Klainei *Pierre* in B. S. Linn. Paris, Nouv. Sér. (1898) 13 ; *Jumelle* Pl. à caoutch. et à gutta, 40 ; *Hallier f.* Kautschuklian. 43, 79; *Warb.* Kautschukpfl. 119; *Schlechter* Westafr. Kautsch.-Exped. 83, c. fig.; *Stapf* in *Dyer* Fl. trop. Afr. IV¹, 52, 591; *De Wild.* Not. Apoc. laticif. du Cgo (1903) 67-77, t. 3; *De Wild.* et *Gentil* Lian. caoutch. du Cgo (1904) 67-75, t. 5-7 et fig. 5-6; *De Wild.* Miss. Laurent (1907) 475-479, fig. 98-101 et Not. pl. util. ou intér. du Cgo, II (1908) 181-186.

L. owariensis *A. Dewèvre* Caoutch. Afr. Monog. Landolph. (1895) 36 pr. p.
· 1816 (Chr. Smith). — Bas-Congo (Sm.). — II : Mayenga-Zambi (Coll. ?). — II a : le Mayumbe. — Nom vern. : **Madungu** (Kest.); la Lemba (Dew. 362); la Lukula (Cassart). — V : Léopoldville. — Nom vern. : **Zoko** (Gill. 2525; M. Laur. 411) ; Bokala. — Nom vern. : **Malemanso** (Ém. et M. Laur.) ; Sabuka. — Nom vern. : **Zoko** (Coll. ?); Tua (Coll. ?). — VI : entre Duugu et Popokabaka (Coll.?); env. de Dinga. — Nom vern. : **Bolombola** (Coll.?); Muene-Dinga (Gent.). — VII : Mushie (Coll.?). — VIII : bords de la Tshuapa [sect. de Mondombe] (Jesp.). — X : Imese.. — Nom vern. : **Iboboro** (Coll.?). — XI : Yambuya (Solh. 116). — XII : Poko (Coll.?). — XII b : Bambili. — Nom vern. : **Biombio** (Coll.?). — XII c : Gombari (Ser. 742); — XV : le Sankuru (Dem. 106); Lubefu (Cransh., 26, 37) ; Lusambo (Ém. Laur.); Munungu (Lescr. 23); Bena-Dibele. — Nom vern. : **Muemie** (Rossel. 6; Flam. 4, 284 et n. III); Pania-Mutombo; chutes Wolff (Gent.); Mokole. — Nom vern. : **Iboboro** (Coll.?). — Ind. non cl. : Bium-Bium (Van Geersdael); env. de Boblo (Dew. 721 a). — Nom vern. : **Matoli** [Bangala] (Dew.).

Landolphia Lecomtei *A. Dewèvre* Caoutch. Afr. Monog. Landolph. (1895) 25 ; *Warb.* in Tropenpflanzer, III (1899) 312 et Kautschukpfl. 118; *Vilbouch.* et *Warb.* Pl. à caoutch. 228 ; *Hallier f.* Kautschuklian. 88; *Stapf* in *Dyer* Fl trop. Afr. IV¹, 42; *De Wild.* Not. pl. util. ou intér. du Cgo, II (1906) 81-83 et Miss. Laurent (1907) 484-485, t. 148.

1903 (Ém. et Marc. Laurent). — II a : Benza-Masola (Ém. et M. Laur.); la Lukula. — Nom vern. : **Mpusa** (Kest.).

Landolphia lucida *K. Schum.* in Notizbl. bot. Gart. Berlin, I (1895) 25; *A. Dewèvre* Caoutch. Afr. Monog. Landolph. 32; *Th. Dur.* et *Schinz* Étud. fl. Cgo (1896) 189 ; *Henriq.* Kautschuk, t. 1; *Stapf* in *Dyer* Fl. trop. Afr. IV¹. 59.

Dictyophlebia — *Pierre* in B. S. Linn. Paris, Nouv. Sér. (1898) 93.

1882 (P. Pogge). — XV : rég. du Kasai (Pg.); Mukenge (Pg. 1038, 1236).

Landolphia ochracea *K. Schum.* ex *Hallier f.* Kautschuklian. (1899) 86, t. 1 [Jahrb. Hamb. Wiss. Anstalt, XVII (1899) 3, Beih. 86]; *Stapf* in *Dyer* Fl. trop. Afr. IV¹, 40 ; *De Wild.* Not. pl. util. ou intér. du Cgo, II (1908) 187.

1905 (Coll.?). — II a : le Mayumbe (Coll.?). — V : Sabuka, en 1907 (Spanaro).

— — var. **breviflora** *De Wild.* Miss. Laurent (1907) 486 et Not. pl. util. ou intér. du Cgo, II (1908) 188.

L. ochracea *De Wild.* [non *K. Schum.*] Miss. Laurent (1907) 485, t. 151.

1904 (S. Bieler). — VIII : Itekọ [Haut-Lopori]. — Noms vern. : **Ikele; Towagna.** (Biel.). — XII d : Bambili (Coll.?). — Ind. non cl. : Makala.. — Nom vern. : **Dambola.**

Landolphia owariensis *P. Beauv.* Fl. d'Oware, I (1804) 55,

t. 34 ; *A. Dewèvre* Caoutch. Afr. Monog. Landolph. (1895) 36; *Th. Dur.* et *Schinz* Étud. fl. Cgo (1896) 189; *Jumelle* Pl. à caoutch. et à gutta, 42; *Sadebeck* Kulturgew. Deutsch. Kolon. 272; *Th. Dur.* et *De Wild.* Mat. fl. Cgo, II (1898) 77 [B. S. B. B. XXXVII, 122]; *Hallier f.* in Tropenpflanzer, III (1899) 312 et Kautschukpfl. 118; *Warb.* Kautschukpfl. 42 ; *Henriq.* Kautschuk, t. 3-4 ; *De Wild.* et *Th. Dur.* Reliq. Dewevr. (1901) 146; *Schlechter* Westafr. Kautsch.-Exped. 229 [fig. p. 128] ; *De Wild.* Apoc. à latex recueill. par Gentil (1901) 11-19; *Stapf* in *Dyer* Fl. trop. Afr. IV¹, 49; *De Wild.* et *Gentil* Lian. caoutch. du Cgo (1904) 51-58, t. 1, 2 et 17, fig. 5-8; *De Wild.* Miss. Laurent (1907) 459-473, t. 152 et fig. 87-97, 119 et Not. pl. util. ou intér. du Cgo, II (1908) 189-199.

Paederia — *Sprong.* Syst. veget. I (1825) 669.
Vahea — *F. Muell.* in *Wittst.* Org. constit. Pl. (1880) 258.
Pacouria — *Hiern* Cat. Welw. Pl. I (1898) 661.
L. Heudelotii *Schlechter* [non *DC.*] Westafr. Kautsch.-Exped. (1900) 9.
Vahea elastica *Klotzsch* ex *Stapf* in *Dyer* Fl. trop. Afr. IV¹ (1902) 50, in syn.

1893 (Ém. Laurent). — II a : le Mayumbe (Ém. Laur.); la Lemba (Dew. 362). — IV : Tumba (Ém. et M. Laur. — V : distr. du Stanley-Pool (Ém. et M. Laur.); env. de Léopolville. — Noms vern. : **Bari; Akariabeti** (Gill. 2525); Sabuka. — Nom vern. : **Bikuli** ou **Bikule** (Coll.?); Bolobo. — Noms vern. : **Botowe; Bituba** (Dew.); Tua. — Nom vern. : **Bikule** (Coll.?); forêts de la Sele. — Noms vern. : **Makuku; Bikuli** (Coll.?); Sanda. — Nom vern. : **Bikuri** (Odd. in Gill. 3748); env. de Lemfu (Gossart); env. de Kisantu. — Nom vern. : **Lisuki** (Gill.). — VI : le Kwango orient. [part. mérid]; chutes François-Joseph (Coll.?); Zovo [sur la haute Wamba] (Coll.?); entre les rivières Inzia, Tungila et Wamba (Coll.?); vallée de la Djuma (Gent.); Kundi-Duuga. — Nom vern. : **Kinkwite** (Coll.?). — VII : Kundu. — Noms vern. : **Samba, Nsamba** (Coll.?); env. d'Ila. — Nom vern. : **Botope** (Coll.?); Kutu. — Nom vern. : **Bole** (Elskens; Ém. et M. Laur.). — VIII : Coquilhatville (Coll.?); Équateur (Coll?) env. d'Eala. — Nom vern. : **Matofe-Mongo** (M. Laur. 57, 127, 174, 175, 176, 216, 1872, 1891; Pyn. 1747); Monzambi (M. Laur. 1893); env. de Bikoro (Coll.?); Ikenge. — Nom vern. : **Matofe-Mongo** (Paulus); Lac Tumba. — Nom vern. : **Bomoke** (Ém. et M. Laur.); chenal de Monkero (Ém. et M. Laur,); bassin de la Lulanga (Dew. 811 a); secteur de Mondombe. C. — Nom vern. : **Kole** (Jesp.); Beet-Moma. — Nom vern. du fruit : **Baloma** (Jesp.). — IX : pays des Bangala. — Nom vern. : **Matoli** (Dew. 721 a). — X : l'Ubangi (Ém. et M. Laur.); Imese. — Noms vern. : **Ikekeke; Bolundu-Kete** (Coll.?). — XI : l'Aruwimi. — Noms vern. : **Ahanguila; Malola** (Coll.?); Isangi (Ém. et M. Laur.); Yambuya (M. Laur. 1890). — XII : l'Uele. — Noms vern. : **Nikandi; Biombian** (Delp.); Mendele (Delp.). — XII b : Bambili. — Noms vern. : **Babetet; Asangia; Bomet** (Coll.?). — XII c : Poko. — Nom vern. : **Angwanga** (Coll.?); Gombari (Ser. 736); zone de Bomokandi [Lamboray]. — XIII a : Stanley-Fails (Dew. 1188). — XIII c : Lokandu (Gossart). — XV : Inkongo (Sap.); Kondue. — Nom vern. : **Kadjanga** (Luja); Kole (Craensh. 24, 27); Bolongula (Ém. et M. Laur.); Mokolo. — Nom vern. : **Bolundu-Kete** (Coll.?); Bena-Dibele. — Nom vern. : **Okonga; Dundu** (Ém. et M. Laur.; Flam. 285, et n. II); Mange; Munungu (Ém. et M. Laur.);

env. de Lubefu. — Noms vern. : **Oloma; Okango** (Coll.?); rives du Lubi (Sap.); Lac
Foa. — Nom vern. : **Kaïembe?** (Sap.); Katako-Kombe (Serm. 1, 2, 3). — XVI : **Toa**
(Desc.).— Ind non cl. : Bari [Bali ?, VII].— Nom vern. : **Akariabeti** (Coll.?); Kikongi
(Coll.?).— Nom vern. : **Nabo** [Mangbettu] (Coll.?).

Landolphia robusta [Pierre] Stapf in Dyer Fl. trop. Afr. IV¹ (1904) 43; De Wild. Miss. Laurent (1907) 487, t. 155, fig. 102-103 et Not. pl. util. ou intér. du Cgo, II (1908) 205.

Aphanostylis — *Pierre* in B. S. Linn. Paris, Nouv. Sér. (1893) 92.
L. Mannii *De Wild.* et *Th. Dur.* Reliq. Dewevr. (1901) 146.

1896 (A. Dewèvre).-- VI : Madibi (Lescr. 96; Sap.). — VII : env. d'Ila (Coll.?).—
VIII : Coquilhatville (Pyn. 250); Eala (Pyn. 909, 1256, 1482, 1691; M. Laur. 896,
1288); Bala-Lundzi [Momboyo] (Pyn. 267); sect. de Mondombe. — Noms vern. :
Sjolongo; Omongemonge (Jesp.). — IX : Bumba et env. (Dew. 885; Pyn. 82). —
XII b : Bambili. — Nom vern. : **Bobo** (Coll.?). — XV : Bena-Dibele. — Nom vern. :
Kelela (Rossel. ; Flam.); Dibele (Ém. et M. Laur.); le Sankuru (Ém. et M. Laur.);
Katako-Kombe (Serm.); Kapulumba (Sap.); env. de Lubefu (Coll.?). — Noms
vern. : **Lukunatchima** [Kwilu] ; **Ditolo** [Lulua].

Landolphia scandens [Schumach. et Thonn.] F. Didr. [Pl. nonnull. Mus. Holm.] in Vidensk. Meddel. naturh. Kjob. (1855) 190; Stapf in Dyer Fl. trop. Afr. IV¹, 44; De Wild. Étud. fl. Bas- et Moy.-Cgo, I (1903) 67; Miss. Laurent (1907) 489, fig. 104 et Not. pl. util. ou intér. du Cgo, II (1908) 206-207.

Strychnos — *Schumach.* et *Thonn.* Beskr. Guin. Pl. (1827) 127; *DC.* Prodr.
IX, 13.
L. Petersiana *Dyer* var. crassifolia *K. Schum.* in Engl. Jahrb. XV (1892) 402,
t. 12, fig. A.
Pacouria crassifolia *Hiern* Cat. Welw. Pl. I (1898) 663.
Aphanostylis mammosa *Pierre* var. — *Pierre* in B. S. Linn. Paris, Nouv.
Sér. (1898) 92.
A. mammosa *Pierre* var. mucronata *Pierre*, l. c. (1898) 92.
L. Petersiana *Dyer* var. — A. *Dewèvre* Caoutch. Afr. Monog. Landolph.
(1895) 30 pr. p.
L. scandens *F. Didr.* var. genuina *Hallier f.* Kautschuklian. (1899) 80.
L. scandens *F. Didr.* var. coriacea *Hallier f.* l. c. (1899) 81.
L. Welwitschii « *Dyer* » ex *De Wild.* et *Th. Dur.* Reliq. Dewevr. (1901) 146.
L. Petersiana *Jumelle* Pl. à caoutch. et à gutta (1903) 57 pr. p.

1895 (A. Dewèvre). — I : Moanda (Gill. 3232. 4052). — II a : route de Poiti à
Tshoa (Dew. 393); la Lukula (Coll.?). — VII : Ibali (Ém. et M. Laur.); Ganda
(Body). — VIII : secteur de Monia vers la Tshuapa: secteur de Mondombe (Jesp.);
Équateur (Pyn. 380); Irebu (M. Laur. 636); Basankusu. — Nom vern. : **Monon-
dongo** (Brun.); Eala. — Nom vern. : **Mondonga** (M. Laur. 896; Pyn. 985, 1658, 1716);
Iala [la Baringa] (Brun.). — IX : Umangi (Krek.). — XI : Basoko (Ém. et M.
Laur.); Limbutu (M. Laur. 976). — XV : Lubue (Gent.); Kasongo-Batetela. —
Nom vern. : **Fundiakima** (Sap.); Bena-Dibele. — Nom vern. : **Olole** (Rossel. 25;
Flam.). — Nom vern. : **Lokalia** [Kanda].

Landolphia Thollonii A. Dewèvre Caoutch. Afr. Monog. Landolph. (1895) 50; Warb. Kautschukpfl. 120; Stapf in Dyer Fl. trop. Afr.

IV¹, 58; *De Wild.* Not. Apoc. laticif. du Cgo (1903) 8, 93-96; *De Wild.* et *Gentil* Lian. caoutch. du Cgo (1904) 117-119, t. 25-26; *De Wild.* Étud. fl. Bas- et Moy.-Cgo, I (1903) 68, (1906) 301; Miss. Laurent (1907) 491-495, fig. 105-107 et Not. pl. util. ou intér. du Cgo, II (1908) 208.

> L. owariensis *P. Beauv.* var. parvifolia *Hallier f.* Kautschuklian. (1899) 41, 74 pr. p.
>
> L. Kirkii *Dyer* var. — *De Wild.* et *Th. Dur.* Pl. Gilletianae, II (1901) 88 [B. Herb. Boiss. Sér. 2, I, 828).

1902 (J. Gillet). — IV : distr. des Cataractes (Gent.). — V : plaines du Stanley-Pool. — Nom vern. : **Lunda** (Rouy) ; env. de Léopoldville (Gill.); Sabuka (Ém. et M. Laur.); Dolo. — Nom vern. : **Botofi** (Sap.): CC. de Dolo à Kimpoko (M. Laur. 592); Kinshassa (Sap.); rég. de la Lula-Lumene (Hendr. in Gill. 3071); Boko; Kisantu (Gill. 69); Galiema [cult.] (Pyn. 116). — VI : plaines du Kwango (Rouy); env. de Popokabaka (Coll.?). — XV : la Kantsha; la Lubue ; la Loange (Gent.); Babundu (Briart).

CLITANDRA Benth.

Clitandra Arnoldiana *De Wild.* in Compt.-Rend. Acad. sci. Paris, CXXXVI (1903) 399-400 et Not. Apoc. laticif. du Cgo (1903) 20; *De Wild.* et *Gentil* Lian. caoutch. du Cgo (1904) 80-82, t. 9-10, fig. 7 ; *Chevalier* in Rev. cult. colon. XV, 5; *De Wild.* Not. pl. util. ou intér. du Cgo, I (1903) 20-21 ; II (1908) 214-217; Étud. fl. Bas- et Moy.-Cgo, I (1906) 301 et Miss. Laurent (1907) 495-501, fig. 108-110.

> C. Gilletii *De Wild.* Obs. Apoc. à latex recueill. par Gentil (1903) 37-38.

1904 (1) (Ed. Luja). — II a : zone du Mayumbe. — Nom vern. : **Fulu-M'Boa** (Coll.?). — IV : distr. des Cataractes. — Nom vern. : **Malumbo** (Coll.?). — V : Bokala (Coll.?); forêts de la Sele, de la Lumene, de la Lufumu (Coll.?); Tua. — Noms vern. : **Makalanga; Mojon** (Coll.?); Madimba ; Banza-Boma. — Nom vern. : **Makalanga** (Coll.?). — VI : Madibi et env. (Sap.); entre Kundi et Popokabaka. — Nom vern. : **Kindinga** (Coll.?); route de Kundi-Dinga; env. de Faylela. — Nom vern. : **Kindinga** (Coll.?). — VII : Lac Léopold II. — Nom vern. : **Bitope** (Elsk.); Kutu (Coll.?); Ila. — Nom vern. : **Moloma** (Elsk.); env. de Ganda. — Nom. vern. : **Zamba** (Body); Nioki. — Noms vern. : **Matoli; Matopi** (Coll.?). — VIII : secteur de Mondombe. — Noms vern. : **Setete ; Mondongo** (Jesp.) ; Eala et env. (M. Laur. 1142, 1885, 1887, 1888); env. de Bikora (Coll.?); Ikenge (Paulus). — Nom vern. : **Mondongo** (Paulus). — X : Imese. — Nom vern. : **Barakota** (Ém. et M. Laur.); Yakoma. — Nom vern. : **Mokwaa** (Coll.?). — XI : l'Aruwimi. — Nom vern. : **Abodo** (Coll.?); Barumbu (Coll.?). — XII c : Poko (Coll.?); zone de Bomokandi (Lamboray). — XII d : rég. des Mangbettu. — Nom vern. : **Adjokosetamba** (Coll.?). — XV : Bena-Dibele. — Nom vern. : **Dongetele** (Rossel. 5, 23; Flam. 7 et 14); Bombaie; Munungu (Ém. et M. Laur.); Kondue. — Nom vern. : **Moloma; Bitopa** (Luja, 2); Katako-Kombe (Serm. 3, 4; Cransh. 30); Kole (Cransh. 29); env. de Lubefu (Coll.?); Mokole. — Nom vern. : **Barakota** (Ém. et M. Laur.). — Noms vern. : nom de la plante : **Undulu**; fruit : **Olva; caoutchouc : Lukata** [Lubefu]; **Kindandu** [Buluba]; **Sonko; Kaembe** [Lulua]; **Mumbumu** [Kwilu]; **Badongo** [Bangala].

---

(1) Un échantillon de cette espèce, avec la date de 1900, se trouve au Jardin Botanique de l'État, mais sans nom de collecteur.

Obs. — Dans la *Fl. of trop. Afr.* IV[1] 594, M. Stapf réunit cette espèce au *Cl. orientalis* K. Schum.

C. Arnoldiana var. Sereti *De Wild.* Miss. Laurent (1908) 500.

1906 (F. Seret). — XII c : Arebi (Ser.).

Clitandra cirrhosa *Radlk.* in Abhandl. naturhist. Ver. Bremen, VIII (1883) 400; *K. Schum.* in Engl. Jahrb. XXIII (1896) 219; *Hallier f.* Kautschuklian. (1899) 129; *Stapf* in *Dyer* Fl. trop. Afr. IV[1], 67; *De Wild.* Miss. Laurent (1908) 501.

Carpodinus — *K. Schum.* in Engl. Jahrb. XXIII (1896) 219.

1903 (Ém. et Marc. Laurent). — V : Sanda (Odd. in Gill. 3705). — VII : Kutu (Ém. et M. Laur.).

Clitandra Gentilii *De Wild.* in Belg. colon. (1903) 137 et Not. Apoc. laticif. du Cgo (1903) 25-26; *De Wild.* et *Gentil* Lian. caoutch. Cgo (1904) 112; *Stapf* in *Dyer* Fl. trop. Afr. IV[1], 596.

1902 (L. Gentil et J. Gillet). — VI : vallée de la Djuma (Gent.; Gill. 2857).

Clitandra Kabulu *De Wild.* Not. pl. util. ou intér. du Cgo, II (1908) 219.

1907 (A. Sapin). — XV : Kapulumba. — Nom vern. : **Kabulu** (Sap.).

Clitandra Lacourtiana *De Wild.* in *De Wild.* et *Gentil* Lian. caoutch. du Cgo (1904) 110, t. 24; *Stapf* in *Dyer* Fl. trop. Afr. IV[1], 596; *De Wild.* Miss. Laurent (1907) 501, t. 163 et Not. pl. util. ou intér. du Cgo, II (1908) 220.

1902 (L. Gentil). — V : Tua. — Nom vern. : **Gamenkuye** (Coll.?). — VIII : env. de Bikoro (Coll.?); Eala (Pyn. 528). — XV : Kanda-Kanda sur les bords de la Luile (Gent. 64); Katako-Kombe (Serm. 5); Bena-Dibele. — Nom vern. : **Kodolembe** (Rossel. 15); Lac Foa (Sap.). — Nom vern. : **Kaia** [Baluba] (Sap.).

Clitandra laxiflora [*K. Schum.*] *Hallier f.* Kautschuklian. (1899) 124 [Jahrb. Hamb. Wiss. Anstalt, XVII, 124]; *Stapf* in *Dyer* Fl. trop. Afr. IV[1], 70; *De Wild.* Miss. Laurent (1907) 502, fig. 111 et Not. pl. util. ou intér. du Cgo, II (1908) 221.

Carpodinus — *K. Schum.* in Engl. Jahrb. XXIII (1896) 220.
Aphanostylis — *Pierre* in B. S. Linn. Paris, Nouv. Sér. (1898) 90.
Clit. cymulosa *Stapf* [non *Benth.*] in Journ. Linn. Soc. XXX (1894) 87.
Carp. incerta *K. Schum.* in *Engl.* et *Prantl* Nat. Pflanzenfam. IV, 2 (1897) 132.

1905 (Albéric Bruneel). — VIII : Basankusu (Brun.). — XI : env. de Yambuya (Sohl.). — XV : env. de Bena-Dibele (Flam.).

Clitandra Mannii *Stapf* in Kew Bull. (1894) 20 et in *Dyer* Fl. trop. Afr. IV[1], 69; *Jumelle* Pl. à caoutch. et à gutta, 62; *Hallier f.*

Kautschuklian. 125; *De Wild.* Miss. Laurent (1907) 503 et Not. pl. util. ou intér. du Cgo, II (1908) 222.

Aphanostylis Mannii *Pierre* in B. S. Linn. Paris, Nouv. Sér. (1898) 89.
Clit. exserrens *K. Schum.* in Engl. Jahrb. XXIII (1896) 219.
Aphanostylis — *Pierre* l. c. II (1898) 90.

1903 (Ém. et Marc. Laurent). — VIII : entre Coquilhatville et Lulanga (Pyn. 806). — VIII : secteur de Mondombe; Moma (Jesp. 45, 62).— X : Imese (Ém. et M. Laur.). — XII b : Bambili? — Nom vern. : **Mapeleko** (Coll.?). — XII c : Gombari (Ser. 733). — XV : Bena-Dibele. — Nom vern. : **Weloafu** (Rossel. 26). — Ind. non cl. : Poto [Poko ?, XIII a] (Coll.?); Bari [Bali ?, VII]. — Nom vern. : **Eku** (Coll.?).

Clitandra Nzunde *De Wild.* in Belg. colon. (1903) 126 et in Not. Apoc. laticif. du Cgo, I (1903) 22; *De Wild.* et *Gentil* Lian. caoutch. du Cgo (1904) 83; *Stapf* in *Dyer* Fl. trop. Afr. IV¹ 595; *De Wild.* Not. pl. util. ou intér. du Cgo, II (1908) 222.

1901 (Coll.?). — X : Banzyville (Coll.?).

Clitandra parvifolia [*Pierre*] *Stapf* in *Dyer* Fl. trop. Afr. IV¹ (1902) 63; *De Wild.* Not. pl. util. ou intér. du Cgo, II (1908) 223.

Cylindropsis — *Pierre* in B. S. Linn. Paris, Nouv. Sér. (1898) 39; *Hallier f.* Kautschuklian. (1899) 132; *K. Schum.* in *Engl.* et *Prantl* Nat. Pflanzenfam. Erganz I (1900) 55.
Carpodinus. — *Pierre* l. c. (1898) 39.

1904 (Éd. Luja). — VIII : env. de Mondombe et de Moma (Jesp.). — XV : Bena-Dibele (Coll.?); Kondue. — Nom vern. : **Kindandu** (Luja). — Nom vern. : **Tokinda** [Basongo-Meno] (Sap.).

Clitandra robustior *K. Schum.* in *Engl.* et *Prantl* Nat. Pflanzenfam. IV, 2 (1897) 130; *Stapf* in *Dyer* Fl. trop. Afr. IV¹, 71; *De Wild.* Not. pl. util. ou intér. du Cgo, II (1908) 224-226.

C. myriantha *K. Schum.* ex *Pierre* in B. Soc. Linn. Paris, II (1898) 40; *Hallier f.* Kautschuklian. (1899) 121.
Carpodinus — *K. Schum.* in Engl. Jahrb. XXIII (1896) 221.
Laudolphia Preussii *K. Schum.* ex *A. Dewèvre* Caoutch. Afr. Monog. Landolph. (1895) 56.

1907 (A. Sapin). — VI : env. de Madibi (Sap.). — VIII : Moma (Jesp.); Belo. — Nom vern. : **Itofi** (Jesp. 58); Mondombe (Jesp. 50). — XII c : zone de Bomokandi. — Nom vern. : **M'Bitti** (Lamboray). — XV : Katako-Kombe (Dobbelaere). — Noms vern. : **Sonko; Kaembe** [Lulua] (Sap.).

Clitandra Sereti *De Wild.* Not. pl. util. ou intér. du Cgo, II (1908) 226.

1907 (F. Seret). — XII c : rives de l'Aruwimi sur la route de Gombari à la Duru (Ser. 731).

CARPODINUS R. Br.

Carpodinus Bruneelii *De Wild.* Miss. Laurent (1907) 504, t. 149 et Not. pl. util. ou intér. du Cgo, II (1908) 230.

1906 (Albéric Bruneel). — VIII : Yala (Brun. 36). — XV : Bena-Dibele? (Flam. 268).

Carpodinus congolensis *Stapf* in Kew Bull. (1898) 303; *De Wild.* et *Th. Dur.* Contr. fl. Cgo, I (1899) 34 et Reliq. Dewevr. (1901) 146; *Stapf* in *Dyer* Fl. trop. Afr. IV¹, 76; *De Wild.* Miss. Laurent (1907) 505.

1895 (A. Dewèvre). — II a : Bingila (Dup.); Shimbete. — Nom vern. : **Bolico-Bolico** (Dew. 311). — XV : le Kasai (V. Durand).

Carpodinus Eetveldeana *De Wild.* et *Gentil* Lian. caoutch. du Cgo (1904) 107, t. 23; *Stapf* in *Dyer* Fl. trop. Afr. IV¹, 597; *De Wild.* Miss. Laurent (1907) 506 et Not. pl. util. ou intér. du Cgo, II (1908) 231.

1902 (L. Gentil). — VIII : secteur de Mondombe. — Nom vern. : **Baloma** (Jesp.). — XV : entre Luebo et Luluabourg (Gent. 60): Dienga-Monene (Gent. 60); Bena-Dibele. — Nom vern. : **Abutadjamba** (Rossel. 11; Flam.); Katako-Kombe. — Nom vern. : **Akutshu-Aramba** (Serm. 8). — Ind. non cl. : Kolomoam (Flam.).

Carpodinus Gentilii *De Wild.* Apoc. à latex recueill. par Gentil (1901) 26-28; *De Wild.* et *Gentil* Lian. caoutch. du Cgo (1904) 99, t. 16, 17, 19, fig. 4-7; *Stapf* in *Dyer* Fl. trop. Afr. IV¹, 88, 600; *De Wild.* Miss. Laurent (1907) 506-508, t. 161 et Not. pl. util. ou intér. du Cgo, II (1908) 232-233.

1905 (L. Gentil). — V : bord de la Sele; env. de Sabuka. — Nom vern. : **Mampoto** (Coll.?); env. de Kisantu. — Nom vern. : **Masinja** (Gill.); Bokala. — Nom vern. : **Mosta, Manzenga** (Coll.?). — VI : Madibi (Sap.). — VII : Ganda [Lac Léopold II]. — Nom vern. : **Ezendja** (Body): env. d'Ila (Coll. ?). — VIII : Lac Tumba (Ém. et M. Laur.); secteur de Mondombe, C. — Nom vern. : **Masindu** (Jesp.); env. de Bikoro. — Nom vern. : **Loliki** (Coll. ?); — XII c : Poko [Uele]. — Nom vern. : **Bapenongwala** (Coll. ?); zone de Bomokandi (Lamboray). — XII d : Dungu (Ser. 4). — XIII : env. de Makola (Coll.?). — XV : Djoko-Punda (Lescr. 292); Bena-Dibele. — Nom vern. : **Iteka** (Rossel.; Flam. 108); le Sankuru (Sap.); Kondue. — Nom vern. : **Madimbi** (Luja); Katako-Kombe. — Nom vern. : **Osindja** (Serm. 13); Lubefu et env. (Flam.). — Noms vern. : **Masisi** [Kwilu]; **Businda** [Bangala].

Carpodinus gracilis *Stapf* in Kew Bull. (1898) 303 et in *De Wild.* et *Th. Dur.* Contr. fl. Cgo, I (1899) 35; Pl. Gilletianae, I (1900) 34 [B. Herb. Boiss Sér. 2, I, 34] et Reliq. Dewevr. (1901) 147; *Stapf* in *Dyer* Fl. trop. Afr. IV¹, 85, 599; *De Wild.* Not. Apoc. laticif. du Cgo (1903) 43; *De Wild.* et *Gentil* Lian. caoutch. du Cgo (1904) 129, t. 70; *De Wild.* Miss. Laurent (1907) 509.

Carpodinus camptoloba *K. Schum.* in Engl. et Prantl Nat. Pflanzenfam. IV, 2 (1897) 132.

Clitandra gracilis *Hallier f.* Kautschuklian. (1899) 117.

1885 (R. Buttner). — IV : distr. des Cataractes (Gent.). — V : plaines du Stanley-Pool (Coll.?); Léopoldville (Luja); entre Léopoldville et Sabuka (M. Laur. 548); entre Léopoldville et Kimuenza (Ém. Laur.); Kimuenza (Dew. 516); Sabuka (Ém. et M. Laur.); Kisantu et env.— Noms vern. : **Bungu-Bungu; Dinsona; Dinsonia** (Gill. 71, 2223, 3516, 3600); rég. de la Lula-Lumene (Hendr. in Gill. 3093). — VI : plaine du Kwango (Coll.?); Muene-Putu-Kasongo (Buett. 480). — VIII : Eala [cult.] (Pyn. 648; M. Laur. 1190, 1892). — XV : rég. du Lac Dilolo (Questiaux, 1).

Carpodinus Jesperseni *De Wild.* Not. pl. util. ou intér. du Cgo, II (1908) 235.

1907 (Kuut Jespersen). — VIII : secteur de Mondombe (Jesp.).

Carpodinus lanceolata *K. Schum.* in *Engl.* et *Prantl* Nat. Pflanzenfam. IV, 2 (1895) 132; *Stapf* in *De Wild.* et *Th. Dur.* Contr. fl. Cgo, I (1899) 36; II (1900) 39 et Reliq. Dewevr. (1901) 148; *De Wild.* Étud. fl. Bas- et Moy.-Cgo, I (1903) 68, (1906) 301; *Warb.* in Zeitschr. trop. Landwirthsch. (1897) n. 6, 8 et in Tropenpfl. I (1897) 134, fig. A-D; *Henriq.* Kautschuk, 19, t. 4; *Hallier f.* Kautschuklian. 115, t. 3, fig. 5; *Stapf* in *Dyer* Fl. trop. Afr. IV¹, 85, 599; *De Wild.* Not. Apoc. laticif. du Cgo, (1903) 39, 56, 94; *De Wild.* et *Gentil* Lian. caoutch. du Cgo (1904) 130-132; *Schlechter* Westafr. Kautsch.-Exped. (1900) 52, cum xylogr.; *De Wild.* Miss. Laurent (1907) 509, t. 148 et Not. pl. util. ou intér. du Cgo, II (1908) 236.

1882 (P. Pogge). — IV : distr. des Cataractes (Ém. Laur.). — V : le Stanley-Pool; Dolo (Sap.; Schlt. 12447; Pyn. 124); Léopoldville (Ém. Laur.; Dew. 489); Chenal (Ém. et M. Laur.); Kwamouth (M. Laur. 618; Flam.; Gent. 194); Tampa (Ém. Laur.); Selembao (Dew. 110); Chenal; Sabuka (Ém. et M. Laur.).— VI : Kinwanda près Tumba-Mani (Cabra et Michel, 142); Baija [Kwilu]. — Noms vern. : **Bagui; Botofi** (Sap.); Madibi. — Nom vern. : **Madiaka; Tshinchele;** Kimoko [Madibi] (Sap.). — VII : Tollo [sur la Lukenie] (Body). — XI : Basomelo (Ém. Laur.), — XIII d : entre la riv. Lufubu et Nyangwe (Pg. 1074). — XV : Mange [Kasai] (Briart); Bena-Dibele (Luja, 266; Flam.); Kikasa [Bashilange] (Pg. 1157); Bukila (Ém. et M. Laur.); entre Luebo et Djoko-Punda (Lescr. 272); Kole (Cransh.); env. de Lubefu. — Nom vern. du fruit : **Omokembulo** (Flam.). — Ind. non cl. : Mangbay (Flam.). — Noms vern. : **Maboki** [Popokabaka]; **Batshindji** [Sankuru-Lukenie]; **Dondecha** [Loange et la Lulua].

OBS. — Cette espèce paraît assez répandue dans les districts des Cataractes, du Stanley-Pool, du Kwango orient., du Lac Léopold II et dans la Province Orientale [zone du Manyema-Tanganika].

Carpodinus leptantha *Stapf* [non *K. Schum.*] in Kew Bull. (1898) 303; in *De Wild.* et *Th. Dur.* Contr. fl. Cgo, I (1899) 34; II (1900) 39 et Reliq. Dewevr. (1901) 148; *Hallier f.* Kautschuklian. (1899) 114, t. 3; *Stapf* in *Dyer* Fl. trop. Afr. IV¹, 82; *De Wild.* Miss. Laurent (1907) 510 et Not. pl. util. ou intér. du Cgo, II (1908) 236.

2 Janv. 1896 (A. Dewèvre), 14 Février 1896 (Ém. Laurent). — V : Coquilhatville (Dew. 590). — VIII : secteur de Mondombe (Jesp.). — XI : Basomelo (Ém. Laur.). — XV : Bena-Dibele (Flam.); Katako-Kombe.— Nom vern. du fruit : **Afridi na hima.** (Serm. 9); env. de Lubefu (Coll.?). — Noms vern. : **Oyongasolo ; Oyangasudi** (Coll.?).

Carpodinus ligustrifolia *Stapf* in Kew Bull. (1898) 304 et in *De Wild.* et *Th.Dur.* Contr. fl. Cgo, I (1899) 36 et Reliq. Dewevr. (1901) 149; *De Wild.* et *Gentil* Lian. caoutch. du Cgo (1904) 104, t. 21 fig. 1-4; *Hallier f.* Kautschuklian. (1899) 112; *Stapf* in *Dyer* Fl. trop. Afr. IV', 83, 599; *De Wild.* Miss. Laurent (1907) 510-511 et Not. pl. util. ou intér. du Cgo, II (1908) 237-240.

C. gracilis *Stapf* l. c. 303 pr. min. pte [Conf. *Stapf* in *Dyer* l. c. 83]. 1901 (J. Gillet). — V : env. de Léopoldville (Gill.); Sanda (Odd. in Gill. 3410); Dembo (Hendr. in Gill. 2023); Kisantu; Kimuenza (Gill. 171, 2184). — VI : entre le Kwango et Popokabaka (Coll.?); env. de Madibi (Coll.?), — VIII : Eala et env. — Nom vern. : **Bosere-Motani** (M. Laur. 186, 245, 1889; Pyn. 1375); sect. de Mondombe, C. (Jesp.); Ipeco (Pyn. 1583). — IX : Bumba (Pyn. 96). — XI : Mogandjo (M. Laur. 1879); Bomaneh (M. Laur. (1878). — XV : Bena-Dibele; Kole (Coll.?). — Nom vern. : **Motepa** (Rossel. 10; Flam.): env. de Lubefu (Coll.?). — Nom vern. : **Autontongo** [Basongo-Meno] (Sap.).

— — var. **angusta** *De Wild.* in *DeWild.* et *Gentil* Lian. caoutch. du Cgo (1904) 105.

1902 (L. Gentil). — XV : rives de la Lubue (Gent. 47); Mukanda-Monene (Gent. 47).

Carpodinus rufescens *De Wild.* Not. pl. util. ou intér. du Cgo, II (1908) 241.

1907 (Knut Jespersen). — VIII : secteur de Mondombe (Jesp. 66).

— — var. **longeacuminata** *De Wild.* l. c. 241.

1907 (Agost. Flamigny). — XV : Dibele (Flam. 37).

Carpodinus Schlechteri *K. Schum.* in *Schlechter* Westafr. Kautsch.-Exped. (1900) 305, 306, cum xyl. [nom. tant.]; *Stapf* in *Dyer* Fl. trop. Afr. IV', 75.

1899 (R. Schlechter). — V : Kinshassa (Schlt. 12804).

Carpodinus subrepanda *K. Schum.* in *Engl.* et *Prantl* Nat. Pflanzenfam. IV, 2 (1897) 132; *Stapf* in *Dyer* Fl. trop. Afr. IV', 82; *De Wild.* Miss. Laurent (1907) 511.

C. friabilis *Pierre* in B. S. Linn. Paris, Nouv. Sér. (1898) 38.
C. lacteus *K. Schum.* ex *Stapf* l. c. IV' (1902) 132, in syn.
1903 (Coll.?). — IX : pays des Bangala (Coll.?).

Carpodinus turbinata *Stapf* in Kew Bull. (1898) 304, in *De Wild.* et *Th. Dur.* Contr. fl. Cgo, I (1899) 35; Ill. fl. Cgo (1899) 57, t. 29 et

Reliq. Dewevr. (1901) 149; *De Wild*. Apoc. à latex récueill. par Gentil, 31, 33; *Hallier f*. Kautschuklian. (1899) 109, t. 3, fig. 2-4; *Stapf* in *Dyer* Fl. trop. Afr. IV', 83, 599; *De Wild. et Gentil* Lian. caoutch. du Cgo (1904) 102. t. 18-19, fig. 1-3; *De Wild.* Miss. Laurent (1907) 512-515, fig. 513-515.

1895 (A. Dewèvre). —V : Sanda (Odd. in Gill. 3701); Tua. — Nom vern. : **Palen-kima** (Coll.?). — VI : Madibi (Sap.). — VIII : Eala (M. Laur. 1874, 1889); Équateurville. — Noms vern. : **Okeba; Susu** (Dew. 311); Ikenge [Ruki] (Gent.); Injolo (M. Laur. 1875); Huyghe et Led.); la Bolombo en aval de Dikila (Brun.). — XI : Isangi (Ém. et M. Laur.). — XV : Mange; Bolongula; Dibele (Ém. et M. Laur.); Bena-Dibele. — Nom vern. : **Otungu** (Rossel. 9; Cransh. 33); Katako-Kombe. — Nom vern. : **Momomo** (Serm. 14); Munungu (Sap.); Kasongo-Batetela. — Nom vern. : **Otongu** (Sap.); forêts du Sankuru (Luja, 6; Brisac). — Nom vern. : **Mosere ; Mosele; Bimba** [Kwilu]; **Mosere** [Bangala]; **Bosele-Motani** (Gent.).

Carpodinus verticillata *De Wild*. Miss. Laurent (1907) 515, t. 156-157, fig. 116-118 et Not. pl. util. ou intér. du Cgo, II (1908) 243.

1902 (J. Gillet). — V : env. de Léopoldville (Gill.); Tua (Coll.?). — VI : Madibi ? (Sap.). — VII : rég. du Lac Léopold-II. — Nom vern. : **Tsentse** (Body, 3). — VIII : Équateur (Gisseleire). — X : l'Ubangi. — Nom vern. : **Bolundu** (Coll.?); forêts au S. de Banzyville. — Nom vern : **Mokwa** (Coll.?); Imese. — Nom vern. : **Bolundu-Mabe** (Ém. et M. Laur.). — XII c : Niangara (Ser. 1275). — XIII d : Nyangwe. — **Kalombo-Lombo** (Coll.?). — XV : rég. du Kasai. — Nom vern. : **Thibulu** (Sap.). — Nom vern. : **Munbalankube** [Kwilu].

CYCLOCOTYLA Stapf.

Cyclocotyla congolensis *Stapf* in Kew Bull. (1908) 260; *De Wild*. Not. pl. util. ou intér. du Cgo, II (1908) 168.

1905 (Agost. Flamigny). — VIII : secteur de Mondombe. — Nom vern. : **Lolika-Ikolo** (Jesp.); Eala (Pyn. 1113, 1634). — XV : Bandaka-Kole (Flam.).

CARISSA L.

Carissa edulis *Vahl* Symb. bot. I (1790) 22; *Delile* Cent. pl. Méroë, 51, t. 2, fig. 1; *DC*. Prodr. VIII, 334; *Engl*. in Engl. Jahrb. VIII, 64; *Ficalho* Pl. Uteis, 221; *Lewin* in Engl. Jahrb. XVII, Beibl. n. 41 (1893) 44-51 ; *Planch*. Prodr. Apoc. 141, 256, 292; *Th. Dur*. et *Schinz* Étud. fl. Cgo (1896) 189 ; *Stapf* in *Dyer* Fl. trop. Afr. IV', 89; *De Wild.* Miss. Laurent (1907) 535.

Arduina — *Spreng*. Syst. veget. I (1825) 669; *K. Schum*. in *Engl. et Prantl* Nat. Pflanzenfam. IV, 2 (1897) 127 et in *Engl*. Pfl. Ost-Afr. 135.
Jasminonerium — *O. Kuntze* Rev. Gener. (1891) 415.
Curandos — *Hiern* Cat. Welw. Pl. I (1898) 664.
Carissa Richardiana *Jaub. et Spach* Ill. pl. Orient. V (1857) t. 496.
Carissa dulcis *Schumach. et Thonn*. Beskr. Guin. Pl (1827) 146.
Jasminonerium — *O. Kuntze* l. c. (1891) 415.

1874 (Fr. Naumann). — I : embouchure du Congo (Naum.). — XII d : entre Vankerckhovenville et Faradje (Ser. 553).

PICRALIMA Pierre.

Picralima nitida [Stapf] Th. et Hél. Dur.

Tabernaemontana — Stapf in Kew Bull. (1894) 22 et in De Wild. et Th. Dur.
Contr. fl. Cgo, I (1899) 30 et Reliq. Dewevr. (1901) 153.
P. Klaineana Pierre in B. S. Linn. Paris, I (1896) 1278; K. Schum. in Engl.
et Prantl Nat. Pflanzenfam. Nachtr. zum II-IV, 285 et Erganz. I, 60; Stapf in
Hook. Icon. pl. XXVIII (1902) t. 2745-2746 et in Dyer Fl. trop. Afr. IV¹, 95;
De Wild. Not. pl. util. ou intér. du Cgo, II (1908) 244.

1896 (A. Dewèvre). — V : Lukolela. — Nom vern. : **Dolo** (Dew. 847). — XI : Lokandu (Dew. 1113). — XII c : route de Poko à Zobia (Ser. 873).

PLEIOCERAS Baill.

Pleioceras Gilletii Stapf in Dyer Fl. trop. Afr. IV¹ (1902) 167, 604 ; De Wild. Étud. fl. Bas- et Moy.-Cgo, I (1903) 70 et Miss. Laurent (1907) 546.

1902 (L. Gentil et J. Gillet). — Bas-Congo (But. in Gill. 2230). — V : Kisantu
(Gill. 3690). — VI : vallée de la Djuma (Gent. ; Gill 537, 2812). — VIII : Bala-
Lundzi (Pyn. 273).

PLEIOCARPA Benth.

Pleiocarpa bicarpellata Stapf in Kew Bull. (1894) 21 et in Dyer Fl. trop. Afr. IV¹, 100; De Wild. Not. pl. util. ou intér. du Cgo, II (1908) 245.

Hunteria ambiens K. Schum. in Engl. Jahrb. XXIII (1896) 223.

1907 (Agost. Flamigny). — VIII : Bokungu (Jesp.). — XV : Dibele (Flam.).

Pleiocarpa tubicina Stapf in Kew Bull. (1898) 204 et in De Wild. et Th. Dur. Contr. fl. Cgo, I (1899) 37 ; II (1900) 40; De Wild. et Th. Dur. Ill. fl. Cgo (1899) 91, t. 46 et Reliq. Dewevr. (1901) 150; De Wild. Étud. fl. Kat. (1903) 107; Stapf in Dyer Fl. trop. Afr. IV¹, 101, 600; De Wild. Miss. Laurent (1907) 535 et Not. pl. util. ou intér. du Cgo, II (1908) 245.

Hunteria pycnantha Hallier f. [non K. Schum] Kautschuklian. (1899) 191, pr. p.

1891 (F. Demeuse). — XI : Basoko (Dem.); Barumbu (Ém. et M. Laur.). —
XII c : route de Buta à Zobia (Ser. 893). — XIII d : Kasongo (Dew. 945). — XV :
Idanga (Ém. et M. Laur.). — XVI : Lukafu (Verd. 594). — Noms vern. : **Mababalo**
[Ikwangula]; **Motola** [Kasongo]; **Musabela** [Tanganika] (Dew.).

Pleiocarpa Welwitschii Stapf ex Hiern Cad. Welw. Pl. I (1898) 665 et in Dyer Fl. trop. Afr. IV¹ 100 ; Engl. in Sitzb. Preuss. Akad. Wiss. XXVIII (1908) 827.

Hunteria pycmaniha Hallier f. [non K. Schum.] Kautschuklian. (1899) 191
pr. p.

1907 (S. Ledermann). — XV : Kondue (Lederm.).

DIPLORHYNCHUS Welw. (1)

Diplorhynchus angolensis *Buett.* in Verh. Bot. Ver. Brandenb. XXXI (1889) 85; *Th. Dur.* et *Schinz* Étud. fl. Cgo (1896) 189; *Stapf* in *Dyer* Fl. trop. Afr. IV¹, 106; *De Wild.* Not. Apoc. laticif. du Cgo, 33-34 et Étud. fl. Bas- et Moy.-Cgo, I (1906) 302; *De Wild.* et *Gentil* Lian. caoutch. du Cgo (1904) 33-34.

1885 (R. Buettner). — VI : Kinwenda près Tumba-Mani (Cabra et Michel) ; pays des Majakalla (Buett.)

> Obs. — Suivant M. Stapf, le *D. angolen is* indiqué par M. De Wildeman comme récolté par le P. Butaye à Kisantu [Rev. cult. colon. X (1902) 140-142, ne serait pas le type].

Diplorhynchus mossambicensis *Benth.* in *Hook.* Icon. pl. (1881) t. 1335; *K. Schum.* in *Engl.* Pfl. Ost-Afr. 316; *Stapf* in *Dyer* Fl. trop. Afr. IV¹, 107, 600; *De Wild.* Étud. fl. Kat. (1903) 101.

1899 (Edg. Verdick). — XVI : Lukafu. — Nom vern. : **Moengue** (Verd.).

> Obs. — M. De Wildeman [l. c.] décrit, sans nom, une forme peut-être spécifiquement distincte, récoltée aussi à Lukafu et appelée **Bietji.** (Verd.).

Diplorhynchus Welwitschii *Rolfe* in Bolet. Soc. Brot. XI (1893) 85 ; *Stapf* in *Dyer* Fl. trop. Afr. IV¹, 105.

> D. Poggei *K. Schum.* in *Engl.* et *Prantl* Nat. Pflanzenfam. IV, 2 (1895) 142, fig 54 o ; *De Wild.* in Rev. cult. colon. X (1902) 142.
>
> D. angolensis *Britten* [non *Buett.*] in Journ. of Bot. (1895) 76, pr. p.; *Hiern* Cat. Welw. Pl. I; 667, pr. p.; *De Wild.* l. c. 141, pr. p.

1882 ? (P. Pogge). — Ind. non. cl. : le Lomani (Pg. 1002).

RAUWOLFIA L.

Rauwolfia caffra *Sond.* in Linnaea, XXIII (1850) 77 ; *Stapf* in *Dyer* Fl. trop. Afr. IV¹, 110; *De Wild.* Étud. fl. Kat. (1903) 102.

1900 (Edg. Verdick). — XVI : Lac Moero; Lukafu. — Nom. vern. : **Mulimba-Limba** (Verd. 618).

Rauwolfia longeacuminata *De Wild.* et *Th. Dur.* Mat. fl. Cgo, VI (1898) 35 [B. S. B. B. XXXVIII², 205]; *Stapf* in *Dyer* Fl. trop. Afr. IV¹, 117.

1897 (Alph. Cabra). — V : Bas-Congo (Cabra).

---

(1) Une espèce d'un genre voisin, le **Thevetia neriifolia** Juss. originaire de l'Amérique, est cultivée, pour sa graine oléagineuse, à Wumbali [V] et à Eala [VIII] (M. Laur.). — [Conf. *De Wild.* Miss. Laurent (1907) 536].

Rauwolfia Mannii *Stapf* In Kew Bull. (1894) 21 et in *Dyer* Fl. trop. Afr. IV¹, 113; *De Wild.* et *Th. Dur.* Contr. fl. Cgo, I (1899) 37 et Reliq. Dewevr. (1901) 150; *De Wild.* Miss. Laurent (1907) 536.

R. cardiocarpa *K. Schum.* in *Engl.* et *Prantl* Nat. Pflanzenfam. IV, 2 (1895) 154, fig. 56 R.

1896 (A. Dewèvre). — VIII : Bokakata. — Nom vern. : **Mbara** (Dew. 791); Basankusu (Brun.).

Rauwolfia obscura *K. Schum.* in *Engl.* et *Prantl* Nat. Pflanzenfam. IV, 2 (1897) 154; *Stapf* in *Dyer* Fl. trop. Afr. IV¹, 117, 602; *Th. Dur.* et *De Wild.* Mat. fl. Cgo, II (1898) 77 [B. S. B. B. XXXVII, 12]; *De Wild.* et *Th. Dur.* Pl. Gilletianae, II (1901) 89 [B. Herb. Boiss. Sér. 2, I, 829]; *De Wild.* Étud. fl. Bas- et Moy.-Cgo, I (1903) 69, 179; Miss. Laurent (1907) 536 et Not. pl. util. ou intér. du Cgo, II (1908) 245.

1882 ? (P. Pogge). — IV : Gombi-Lutete (Hens, A. 165). — V : Léopoldville (Schlt.); entre Dembo et Kisantu (Gill. 1583); Kimuenza (Gill. 770, 1652, 1661 b). — VI : le Kwilu, — Nom vern. : **Dimadini** (Sap.); Madibi (Sap.). — VIII : Ikenge (P. Huyghe). — IX : Upoto (Em. Laur.). — XV : Mukenge (Pg.); Bolongula; Basongo; Lusambo; Mukundji (Em. et M. Laur); le Sankuru. — Nom vern. : **Busangulatati** (Sap.). — Ind. non cl. : le Lomami (Em. Laur.). — Nom vern. : **Lopundu** [Bangala].

OBS. — L'indication de Butala est erronée [Conf. *De Wild.* Miss. Laurent (1907) 536].

Rauwolfia vomitoria *Afzel.* Stirp. med. Guin. sp. nov. (1818); *Hook.* Niger Fl. (1849) 446; *Planch.* Prodr. Apocyn. 295; *Stapf* in *Dyer* Fl. trop. Afr. IV¹, 115, 601 ; *De Wild.* Étud. fl. Bas- et Moy.-Cgo, I (1903) 70; Miss. Laurent (1907) 536 et Not. pl. util. ou intér. du Cgo, II (1908) 246.

R. senegambica *A. DC.* in *DC.* Prodr. VIII (1844) 340; *De Wild.* et *Th. Dur.* Pl. Gilletianae, I (1900) 34 [B. Herb. Boiss. Sér. 2, I, 34] et Reliq. Dewevr. (1901) 150.

R. congolana *De Wild.* et *Th. Dur.* Mat. fl. Cgo, VI (1900) 34 [B. S. B. B. XXXVIII², 304] et Reliq. Dewevr. (1901) 150.

1891 (F. Demeuse). — V : Kisantu (Gill. 496); Lemfu (But. in Gill. 2262). — VIII : Eala et env. (Pyn. 639, 1474, 1485; Lescr. 30; M. Laur. 1138); env. de Mobanga (Dew.). — IX : Bangala (Dem.); Ukaturaka (Em. et M. Laur.). — XI : Mogandjo (M. Laur. 1363). — XII : Deinge. — Nom vern. : **Nagomgami** (Ser.). — XIII d : Kibulu près Kasongo (Dew.). — Ind. non cl. : Tombolo (Lescr. 39).

ALLAMANDA L.

*****Allamanda cathartica** *L.* Mant. pl. II (1771) 214; Bot. Mag. (1796) t. 338; *Muell.-Arg.* in *Mart.* Fl. Brasil. VI¹, 10; *K. Schum.* in *Engl.* Pfl. Ost-Afr. 315; *De Wild.* et *Th. Dur.* Contr. fl. Cgo, I (1899) 33 et Reliq. Dewevr. (1901) 145; *Stapf* in *Dyer* Fl. trop. Afr.

IV', 117; *De Wild.* Étud. fl. Bas- et Moy.-Cgo, I (1903) 67 et Miss. Laurent (1907) 535.

A. Schottii *Hook.* [non *Pohl*] in Bot. Mag. (1848) t. 4351.
A. Aubletii *Pohl* Pl. Brasil. I (1827) 75 ; Bot. Mag. (1848) t. 4411.
Orelia grandiflora *Aubl.* Pl. Guian. I (1775) 271, t. 106.

1895 (A. Dewèvre). — II : Boma (Dew. 417). — V : entre Léopoldville et Mombasi (Gill. 2590).

O:s — Plante originaire d'Amérique, cult. à Eala [VIII] (M. Laur. 1115, 1367).

LOCHNERA Rchb. (1)

Lochnera rosea [*L.*] *Rchb.* Consp. regn. veget. (1828) 134 ; *K. Schum.* in *Engl.* Pfl. Ost-Afr. 316 ; *Th. Dur. et Schinz* Étud. fl. Cgo (1896) 190 ; *De Wild.* et *Th. Dur.* Contr. fl. Cgo, II (1900) 39 et Reliq. Dewevr. (1901) 151 ; *Stapf* in *Dyer* Fl. trop. Afr. IV', 118 ; *De Wild.* Étud. fl. Bas- et Moy.-Cgo, I (1904) 179 et Not. pl. util. ou intér. du Cgo, II (1908) 246.

Vinca — *L.* Sp. pl. ed. 1 (1753) 302 ; Bot. Mag. (1794) 248 ; *DC.* Prodr. VIII, 382.

1893 (P. Dupuis). — Bas-Congo, cult. et partout au bord des chemins dans les villages (Dup.). — I : Banana (Dew.). — II : Boma (Welw.). — V : Kimuenza (Gill.); Kisantu ; Boko (Vanderyst).

ALSTONIA R. Br.

Alstonia congensis *Engl.* in Engl. Jahrb. VIII (1887) 64 ; *Th. Dur.* et *Schinz* Étud. fl. Cgo (1896) 190 ; *Stapf* in *Dyer* Fl. trop. Afr. IV', 121.

A. scholaris *Chevalier* [non *R. Br.*] in B. Mus. hist. nat. Paris, VI (1900) 423 et in Rev. cult. colon. VIII (1900) 492, 493, cum. xyl.

1816 (Chr. Smith). — Bas-Congo (Sm.). — II : Ponta da Lenha (Naum.).

Alstonia Gilletii *De Wild.* Miss. Laurent (1907) 537 et Not. pl. util. ou intér. du Cgo, II (1908) 246.

1904 (J. Gillet). — V : rég. de Kisantu (Gill. 353); Sanda (Odd. in Gill. 3751). — VI : Madibi. — Nom vern. : **Lumpundu** (Sap.). — VIII : Eala (Pyn. 788).

— — var. **Laurentii** *De Wild.* l. c. (1907) 538, t. 162.

1904 (Ém. et M. Laurent). — VII : Bolombo (Ém. et M. Laur.).

---

(1) Deux espèces d'un genre voisin [**Plumeria**] originaires d'Amérique, ont été indiquées au Congo, mais n'y étaient que cultivées : le **P. alba** L. à Kimuenza (Gill.) et le **P. rubra** L. à Kisantu (Gill.). [Conf. *De Wild.* et *Th. Dur.* Pl. Gilletianae, II (1901) 80].

TABERNANTHE Baill.

Tabernanthe Bocca *Stapf* in *Dyer* Fl. trop. Afr. IV¹ (1902) 122.

> T. Iboga *Oliv.* [non *Baill.*] in *Hook.* Icon. pl. (1894) t. 2337 [tab.; non text.];
> Kew Bull. (1895) 37 cum tab. pr. p.

> 1883 (H. Mueller). — Bas-Congo. – Nom vern. : racine : **Bocca** (Muell.).

Tabernanthe Iboga *Baill.* in B. S. Linn. Paris, I (1889) 783; *Stapf*
in Kew Bull. (1895) 38, cum ic.; *Th. Dur.* et *De Wild.* Mat. fl. Cgo, II
(1898) 77 [B. S. B. B. XXXVII, 122]; *Stapf* in *Dyer* Fl. trop. Afr.
IV¹, 124; *De Wild.* Not. pl. util. ou intér. du Cgo, I (1904) 223-228;
II (1908) 247.

> T. albiflora *Stapf* in Kew Bull. (1898) 305; *De Wild.* et *Th. Dur.* Contr. fl.
> Cgo, I (1899) 38 et Reliq. Dewevr. (1901) 151.

> 1895 (P. Dupuis). – Bas-Congo (Dup.). — V : Sabuka (Ém. et M. Laur.); Sanda
> et env. (Verm. in Gill. 3437; Odd. in Gill. 3562); bassin de la Sele (But. in Gill.
> 1443). — VIII : Coquilhatville (Dew. 684); env. de Coquilhatville. — Nom vern. :
> **Lopundja** (Malchair); Eala et env. (M. Laur. 750, 1140, 1234; Pyn. 718, 1115, 1370,
> 1528). — IX : secteur de Mondombe (Jesp. 40). — XV : le Saukuru (Sap.); Bena-
> Dibele (Flam. 138). — Nom vern. : **Lopundu** [Bangala].

Tabernanthe tenuiflora *Stapf* in Kew Bull. (1898) 305; *De Wild.*
et *Th. Dur.* Contr. fl. Cgo, I (1899) 38; II (1900) 40 et Reliq. Dewevr.
(1901) 152; *Stapf* in *Dyer* Fl. trop. Afr. IV¹, 124; *De Wild.* Miss.
Laurent (1907) 538 et Not. pl. util. ou intér. du Cgo, II (1908) 247.

> 1891 (F. Demeuse). — II a : la Lemba (Dew. 361). — V : Sabuka (Ém. et M.
> Laur.). — VIII : Eala (M. Laur. 54, 166, 710; Pyn. 1235). — XIII a : Stanleyville
> (Dem.). — XV : Kapulumba (Sap.). — Nom vern. : **Makuntju** [la Lulua].

CALLICHILIA Stapf.

Callichilia Barteri [*Hook. f.*] *Stapf* in *Dyer* Fl. trop. Afr. IV¹ (1902)
133; *De Wild.* Miss. Laurent (1907) 539 et Étud. fl. Bas- et Moy.-
Cgo, II (1908) 338.

> Tabernaemontana — *Hook. f.* in Bot. Mag. (1870) t. 5859; *Stapf* in *De Wild.* et
> *Th. Dur.* Contr. fl. Cgo, I (1899) 39 et Reliq. Dewevr. (1901) 153; *K. Schum.*
> in *Schlechter* Westafr. Kautsch.-Expéd. (1900) 306.

> 1896 (A. Dewèvre). — V : entre Lukolela et Gombi (Dew. 793). — VIII : Équa-
> teurville (Pyn. 341); Eala (Pyn. 582); env. de Monzambi (Pyn. 349).

CARVALHOA K. Schum.

Carvalhoa Ledermanni *Gilg* ex *Engl.* in Sitzb. Preuss. Akad. Wiss.
XXVIII (1908) 829 [nom. tant.].

> 1908 (S. Ledermann). — XV : Kondue (Lederm.).

GABUNIA K. Schum.

Gabunia eglandulosa *[Stapf] Stapf* in *Dyer* Fl. trop. Afr. IV¹ (1902) 138; *De Wild*. Miss. Laurent (1907) 543-545, fig. 124-125 et Not. pl. util. ou intér. du Cgo, II (1908) 247.

Tabernaemontana — *Stapf* in Kew Bull. (1894) 24 pr. p.

1903 (J. Gillet). — V : Sanda (Odd.). — VI : vallée de la Djuma (Gill. 2880). — VIII : Lokelenge; Basankusu (Brun.); env. d'Eala (M. Laur. 1373); secteur de Mondombe (Jesp. 25). — XII c : env. de Gombari (Ser. 684). — XV : Bolongula (Ém. et M. Laur.).

CONOPHARYNGIA Stapf.

Conopharyngia durissima *[Stapf] Stapf* in *Dyer* Fl. trop. Afr. IV¹ (1902) 144.

Tabernaemontana — *Stapf* in Kew Bull. (1894) 24; *K. Schum*. in *Engl.* et *Prantl* Nat. Pflanzenfam. IV, 2 (1895) 148.
T. durinervis [err. cal.] *Th. Dur.* et *Schinz* Étud. fl. Cgo (1896) 190.

1816 (Chr. Smith). — Bas-Congo (Sm.).

Obs. — M. Stapf, qui, en 1894, a créé l'espèce sur les échantillons de Christian Smith, ne l'indique plus en 1902 [l. ç.] qu'au Kamerun et au Gabon. Est-ce une omission?

Conopharyngia Gentilii *[De Wild.] De Wild.* Miss. Laurent (1907) 539.

Gabunia — *De Wild*. in Belg. colon. (1902) 508 et Étud. fl. Bas- et Moy.-Cgo, I (1903) 68; *Stapf* in *Dyer* Fl. trop. Afr. IV¹, 602.

1902 (L. Gentil). — V : env. de Léopoldville (Gill. 2528); Lukolela (Pyn. 261).— VIII : Eala (M. Laur. 901, 1378, 7300; Pyn. 261, 363, 942). — XI : Yambuya (M. Laur. 901, 1378). — XV : Lubue (Gent.).

Obs. — Une espèce, peut-être identique, a été récoltée par M. Van Tichelen près de la Lukula [Conf. *De Wild*. l. c. 69, in obs.].

Conopharyngia pachysiphon *[Stapf] Stapf* in *Dyer* Fl. trop. Afr. IV¹ (1902) 146; *De Wild*. Miss. Laurent (1907) 540.

Tabernaemontana — *Stapf* in Kew Bull. (1894) 22 et in *De Wild*. et *Th. Dur.* Contr. fl. Cgo, I (1899) 40 et Reliq. Dewevr. (1901) 153.

1896 (A. Dewèvre). — XII c : Gombari (Ser. 566). — XIII d : env. de Kasongo (Dew. 943). — XV : Lusambo (Ém. et M. Laur.). — Noms vern. : **Mongombe** [Kasongo]; **Kalungu** [Tanganika]; **Aguka** [Ikwangula] (Dew.).

Obs. — M. O. Stapf conserve quelques doutes sur la détermination de la plante des env. de Kasongo.

Conopharyngia penduliflora [*K. Schum.*] *Stapf* in *Dyer* Fl. trop. Afr. IV' (1902) 149; *De Wild.* Étud. fl. Bas- et Moy.·Cgo, I (1903) 68 et Not. pl. util. ou intér. du Cgo, II (1908) 248.

Tabernaemontana — *K. Schum.* in *Engl.* Jahrb. XXIII (1896) 225.
1902 (L. Gentil). — XII'c : env. de Nala (Ser. 769). — XV : Kanda-Kanda (Gent.).

Conopharyngia Smithii [*Stapf*] *Stapf* in *Dyer* Fl. trop. Afr. IV' (1902) 143.

Tabernaemontana — *Stapf* in Kew Bull. (1898) 305; *De Wild* et *Th. Dur.* Contr. fl. Cgo, I (1899) 39 et Reliq. Dewevr. (1901) 153.

1816 (Chr. Smith). — Bas-Congo (Sm.). — II a : Shinganga. — Nom vern. : **Be-nene** (Dew. 61). — V : Léopoldville (Ém. Laur.). — XIII a : env. de Stanleyville (Dew. 1167 a). — XV : bassin du Sankuru (Ém. Laur.).

— — var. **brevituba** *De Wild.* Miss. Laurent (1907) 541.

1905 (Éd. Lescrauwaet). — XV : Mushenge (Lescr.).

Conopharyngia Thonneri [*De Wild.* et *Th. Dur.*] *Stapf* in *Dyer* Fl. trop. Afr. IV' (1902) 148.

Tabernaemontana — *Th. Dur.* et *De Wild.* ex *Stapf* in Kew Bull. (1898) 306; *De Wild.* et *Th. Dur.* Contr. fl. Cgo, I (1899) 39 et Pl. Thonnerianae (1900) 32, t. 7.

1896 (Fr. Thonner). — IX a : Bogolo près de Businga (Thonn. 109).

Obs. — Le Fr. Gillet semble avoir retrouvé cette espèce à Dembo [distr. V].

— — var. **Demeusei** *De Wild.* Miss. Laurent (1907) 541.

1891 (F. Demeuse). — XIII a : les Stanley-Falls (Dem. 440).

— — var. **Lescrauwaetii** *De Wild.* l. c. (1907) 542.

1899 (Éd. Luja). — VI : route de Lusubi à Luanu (Lescr. 68). — XV : Munungu (Lescr. 265); Bena-Dibele (Luja, 264); le Sankuru. — Nom vern. : **Monkeka** (Sap.).

VOACANGA Thou.

Voacanga africana *Stapf* in Journ. Linn. Soc. XXX (1894) 87 pr. p. et in *Oliv.* Fl. trop. Afr. IV', 157; *De Wild.* Étud. fl. Kat. (1903) 102 et Miss. Laurent (1907) 545; *Stapf* in *Dyer* Fl. trop. Afr. IV', 157, 603.

V. Schweinfurthii *Th. Dur.* et *De Wild.* [non *Stapf*] Mat. fl. Cgo, II (1898) 77 [B. S. B. B. XXXVII, 120]; *De Wild.* et *Th. Dur.* Ill. fl. Cgo, (1899) 77 t. 39 [descr. excl.]; Contr. fl. Cgo, II (1900) 40 et Reliq. Dewevr. (1901) 151.
V. glabra *K. Schum.* in *Engl.* et *Prantl* Nat. Pflanzenfam. IV, 2 (1897) 149.
1891 (F. Demeuse). — V : Léopoldville. — Nom vern. : **Sanga** (Dew. 483); Kisantu (Gill. 186). — VII : Kutu (Ém. et M. Laur.). — IX : Bangala (Dem.). — XVI : env. de Lukafu. — Nom vern. : **Kilimboi** (Verd. 46).

Voacanga angolensis *Stapf* in *Hiern* Cat. Welw. Pl. I (1898) 668 et in *Dyer* Fl. trop. Afr. IV', 155; *De Wild.* Miss. Laurent (1907) 545.

1903 (Ém. et Marc. Laurent). — VIII : Eala (Ém. et M. Laur.).

Voacanga obtusa *K. Schum.* in *Engl.* et *Prantl* Nat. Pflanzenfam. IV, 2 (1895) 149; *De Wild.* et *Th. Dur.* Pl. Gilletianae, I (1900) 34 [B. Herb. Boiss. Sér. 2, I, 34]; *K. Schum.* in Engl. Jahrb. XXIII (1896) 226; *Scheffler* in Notizbl. Bot. Gart. Berlin, III, 161; *Stapf* in *Dyer* Fl. trop. Afr. IV', 153, 603; *De Wild.* Étud. fl. Bas- et Moy.-Cgo, I (1903) 69, (1906) 302 et Miss. Laurent (1907) 545.

V. obtusata *K. Schum* ex *Th. Dur.* et *De Wild.* Mat. fl. Cgo, II (1898) 77 [B. S. B. B. XXXVII, 122].

1895 (Gust. Debeerst). — V : rég. de Sanda (Odd. in Gill. 3570); rég. de la Lula-Lumene (Hendr. in Gill. 3070); Kisantu (Gill. 203, 1115). — VI : Eiolo (Ém. et M. Laur.). — XII d : env. de Vankerkhovenville (Ser. 547). — XV : Lac Foa (Lescr. 210). — XVI : Kibanga [Tanganika] (Deb.).

Voacanga psilocalyx *Pierre* ex *Stapf* in *Dyer* Fl. trop. Afr. IV' (1902) 159; *De Wild.* Miss. Laurent (1907) 545.

1906 (Marc. Laurent). — XI : Mogandjo (M. Laur. 1000); Yambuya (Solh.).

Voacanga puberula *K. Schum.* in *Engl.* et *Prantl* Nat. Pflanzenfam. IV, 2 (1897) 149; *Stapf* in *Dyer* Fl. trop. Afr. IV', 156; *De Wild.* Étud. fl. Bas- et Moy.-Cgo, I (1906) 302; Miss. Laurent (1907) 545 et Not. pl. util. ou intér. du Cgo, II (1908) 248.

V. Schweinfurthii *De Wild.* et *Th. Dur.* [non *Stapf*] Pl. Gilletianae, I (1900) 34 [B. Herb. Boiss. Sér. 2, I, 34].
V. Klainei *Pierre* ex *Stapf* in *Dyer* l. c. IV' (1902) 156.

1903 (J. Gillet). — V : Léopoldville (Pyn. 144); env. de Kisantu (Gill. 186, 3506). — VIII : Eala (M. Laur. 670, 1374, 1375; Pyn. 507); Ikenge (Huyghe). — XII c : Gombari (Ser. 548). — XV : bords du Kasai (Ém. et M. Laur.).

HOLARRHENA R. Br.

Holarrhena congolensis *Stapf* in Kew Bull. (1898) 306; *De Wild.* et *Th. Dur.* Contr. fl. Cgo, I (1899) 37 et Pl. Gilletianae, I (1900) 35 [B. Herb. Boiss. Sér. 2, I, 35]; *Stapf* in *Dyer* Fl. trop. Afr. IV', 163.

1897 (Alph. Cabra). — II : entre Boma et Tschoa (Cabra). — II a : Boma-Sundi (Cabra). — V : Kisantu. — Nom vern. : **Kembaki** (Gill. 155).

Holarrhena febrifuga *Klotzsch* in *Peters* Reise n. Mossamb. I (1862) 277; *K. Schum.* in *Engl.* Pfl. Ost-Afr. A, 33, 76; C, 315; *Stapf* in *Dyer* Fl. trop. Afr. IV', 162, 604 : *De Wild.* Étud. fl. Kat. (1903) 101.

1899 (Edg. Verdick). — XVI : Lukafu (Verd. 27).

H. febrifuga form. **grandiflora** *Stapf* ex *De Wild.* l. c. (1903) 101.

1899 (Edg. Verdick). — XVI : Lukafu (Verd. 133).

Holarrhena floribunda [*G. Don*] *Th. Dur.* et *Schinz* Étud. fl. Cgo
(1896) 190; *Th. Dur.* et *De Wild.* Mat. fl. Cgo, II (1898) 77 [B. S.
B. B. XXXVII, 122].

.   Rondeletia — *G. Don* Gen. Syst. Bot. III (1834) 513.
      H. africana *A. DC.* in *DC.* Prodr. VIII (1844) 414; *Benth.* in *Hook.* Niger Fl.
      459; *Stapf* in *Dyer* Fl. trop. Afr. IV¹, 164.

1895 (Ém. Laurent). — II a : le Mayumbe (Ém. Laur.). — V : route des Caravanes (Ém. Laur.).

Holarrhena Wulfsbergii *Stapf* in *Dyer* Fl. trop. Afr. IV¹ (1902) 164,
604; *De Wild.* Étud. fl. Bas- et Moy.-Cgo, I (1903) 68.

    H. africana *Wulfsberg* [non *A. DC.*] Holarrh. Afr. Inaug. Diss. (1880) cum
    tab.; *K. Schum.* in *Schlechter* Westafr. Kautsch.-Exped. 306.

1902 (J. Gillet et L. Gentil). — VI : vallée de la Djuma (Gent.; Gill. 2758).

STROPHANTHUS. DC.

Strophanthus Arnoldianus *De Wild.* et *Th. Dur.* Mat. fl. Cgo, VI
(1899) 36 [B. S. B. B. XXXVIII², 206]; *Stapf* in *Dyer* Fl. trop. Afr.
IV, 164; *Gilg* in *Engl.* Monog. Afr. Pfl.-Fam. VII [Stroph.] (1903) 26,
t. 5, fig. C, a-f et t. 10, fig. H; *De Wild.* Étud. fl. Bas- et Moy.-Cgo,
I (1906) 303 et Miss. Laurent (1907) 546, t. 145.

1899 (R. Kindt). — IV : Kitobola (Kindt); forêt de Zundu (Pyn. 72). — V : vallée
du Kwilu près de Tumba (Cabra et Michel, 66).

.   Obs. — Cette espèce est cultivée à Eala [VIII] (M. Laur. 392; 1107).

Strophanthus Demeusei *A. Dewèvre* in Journ. pharm. Anvers (1894)
431 [extr. 8]; *Th. Dur.* et *Schinz* Étud. fl. Cgo (1896) 191; *Gilg* in
Engl. Jahrb. XXXII (1892) 152 et in *Engl.* Monog. Afr. Pfl.-Fam.
VII [Stroph.] (1903) 32, fig. 4; *Stapf* in *Dyer* Fl. trop. Afr. IV¹,
184.

1891 (F. Demeuse). — Ind. non cl. : Buana (Dem.).

Strophanthus Dewevrei *De Wild.* in *De Wild.* et *Th. Dur.* Contr.
fl. Cgo, II (1900) 40 et Reliq. Dewevr. (1901) 154; *Gilg* in Engl.
Jahrb. XXXII (1902) 155; *Gilg* in *Engl.* Monog. Afr. Pfl.-Fam. VII
[Stroph.] (1903) 25 t. 5, fig. A.

    S. parviflorus *De Wild.* et *Th. Dur.* [non *Franch.*] Contr. fl. Cgo, I (1899) 41.
    1895 (Ém. Laurent). — XIII d : env. de Nyangwe (Dew. 1058). — XV : Luebo
(Ém. Laur.). — Nom vern. : **Mubuta** [Tanganika] (Dew.).

      Obs. — M. Stapf [in *Dyer* Fl. trop. Afr. IV¹, 607] admet le *S. parviflorus* Franch.
      au nombre des espèces congolaises et lui donne, comme synonyme, le **S. De-**
      wevrei De Wild.

Strophanthus gardeniiflorus *Gilg* in *Engl*. Monog. Afr. Pfl.-Fam VII [Stroph.] (1903) 20; *Stapf* in *Dyer* Fl. trop. Afr. IV', 605, in add.

S. Tholloni *De Wild*. [non *Franch*.] Étud. fl. Kat. (1903) 102.

1899 (Edg. Verdick). — XVI : Lukafu. — Nom vern. : **Mulembe** (Verd. 235, 236).

Strophanthus hispidus *DC*. in B. Soc. Phil. Paris, (1802) 123, t. 8; *A. DC*. in *DC*. Prodr. VIII, 419; *L. Planch*. Prodr. Apocyn. (1894) 33-44, 82, fig. 1-2; *Kohler* Mediz. Pfl. II, t. 194; *De Wild*. et *Th. Dur*. Contr. fl. Cgo, I (1899) 41; II (1900) 40 et Reliq. Dewevr. (1901) 155; *Payrau* Stroph. (1900) 47, 70, 163, c. fig.; *De Wild*. et *Th. Dur*. Pl. Gilletianae, I (1900) 34; *Gilg* in Engl. Jahrb. XXXII (1902) 155, in Tropenpflanzen, VI (1902) 556, 560 et in *Engl*. Monog. Afr. Pfl.-Fam. VII [Stroph.] (1903) 35, t. 2, fig. a-f et t. 10, fig. D; *Stapf* in *Dyer* Fl. trop. Afr. IV', 174; *De Wild*. Miss. Laurent (1907) 546 et Not. pl. util. ou intér. du Cgo, II (1908) 248.

1896 (A. Dewèvre). — Bas-Congo, AC. dans la partie N. (Cabra). — II a : le Mayumbe. — Nom vern. : **Muilu** (Cabra). — V : Kisantu (Gill. 83). — VIII : Haut-Lopori (Biel.); Eala (Pyn. 843, 1077); Mondombe (Jesp.). — IX : Nouvelle-Anvers [Bangala] (Dew. 866). — XII c : env. de Nala (Ser. 773).

— — var. **Bosere** *De Wild*. Miss. Laurent (1907) 546.

1905 (L. C. E. Malchair). — VIII : env. d'Eala. — Nom vern. : **Bosere** (Malch. in M. Laur. 1273).

Strophanthus holosericeus *K. Schum*. et *Gilg* in Engl. Jahrb. XXXII (1902) 157; *Gilg* in *Engl*. Monog.'Afr. Pfl.-Fam. VII [Stroph.] (1893) 39, t. 1, fig. A; *Stapf* in *Dyer* Fl. trop. Afr. IV', 171.

1893 (G. Descamps). — XVI : Zimu sur le Tanganika (Desc.).

Strophanthus intermedius *Pax* in Engl. Jahrb. XV (1892) 375; *Franch*. in Nouv. Arch. Mus. Paris, Sér. 3, V (1893) 287; *Hiern* Cat. Welw. Pl. I, 671; *Gilg* in Engl. Jahrb. XXXII (1902) 156 et in *Engl*. Monog. Afr. Pfl.-Fam. VII [Stroph.] 31; *Stapf* in *Dyer* Fl. trop. Afr. IV', 185, 608.

Le type croît dans l'Angola.

— — var. **Bieleri** *De Wild*. Miss. Laurent (1907) 547.

1904 (S. Bieler). — VIII : le Haut-Lopori (Biel.).

Strophanthus Ledieni *Stein* in Gartenfl. XXXVI (1887) 145, t. 1241; *Christy* New comm. pl. and drugs (1887) 28; *Pax* in Engl. Jahrb. XV (1892) 368, 383 et in Ber. Deutsch. Pharm. Ges. III (1893) 46; *Franch*. in Nouv. Arch. Mus. Paris, Sér. 3, V (1893) 270; *Th. Dur*.

et *Schinz* Étud. fl. Cgo (1896) 191; *Gilg* in. Engl. Jahrb. XXXII (1892) 155 et in Monog. Afr. Pfl.-Fam. VII [Stroph.] (1903) 35; *Stapf* in *Dyer* Fl. trop. Afr. IV¹, 171.

1887 (F. Ledien). — III : Vivi (Led.).

Strophanthus Preussii *Engl.* et *Pax* in Engl. Jahrb. XV (1892) 369; *Franch.* in Nouv. Arch. Mus. Paris, Sér. 3, XV (1893) 279; *K. Schum.* in Engl. Jahrb. XXIII (1896) 230 et in *Schlechter* West-afr. Kautsch.-Exped. (1900) 307 ; *Hiern* Cat. Welw. Pl. I (1898) 670; *De Wild.* et *Th. Dur.* Contr. fl. Cgo, I (1899) 41; Pl. Thonne-rianae (1900) 32 et Reliq. Dewevr. (1901) 154; *K. Schum.* in Engl. Jahrb. XXXII (1902) 155; *Stapf* in *Dyer* Fl. trop. Afr. IV¹, 176, 606; *De Wild.* Miss. Laurent (1907) 548 et Not. pl. util. ou intér. du Cgo, II (1908) 249.

S. bracteatus *Franch.* in Morot. Journ. de Bot. VII (1892) 324 et in Nouv. Arch. Mus. Paris, Sér. 3, V (1893) 280 ; *Payrau* Strophanthus (1900) 104-106, 162 c. xyl.; *De Wild.* et *Th. Dur.* Contr. fl. Cgo, I. (1899) 41 et Reliq. Dewevr. (1901) 154; *Stapf* in *Dyer*, Fl. trop. Afr. IV¹, 177.

1896 (A. Dewèvre). — VII : en aval de Bolombo (Ém. et M. Laur.). — VIII : Eala (M. Laur. 676, 2038, 2039; Pyn. 393, 610, 746, 1020, 1342, 1391, 1761); Efu-kwa-Kombe (M. Laur. 1229); Bamania (Pyn. 916); Dikila-Iala (Brun.); Bokakata (Dew. 809); env. de Mondombe (Jesp.); Ikenge (Huyghe). — IX : Bombati près Dobo (Thonn.). — X : Bomoka (Ém. et M. Laur.). — XI : Yambuya (M. Laur. 1458); Bomaneh (M. Laur. 2041). — XII c : env. de Nala (Ser. 783); village Belia (Ser. 501).

— — var. **brevifolius** *De Wild.* Not. pl. util. ou intér. du Cgo, II (1908) 249.

1907 (Agost. Flamigni). — XV : Bena-Dibele (Flam. 190).

Strophanthus sarmentosus *DC.* in B. S. Phil. Paris, III (1802) 123, t. 8, fig. 1 et in Annal. Mus. Hist. nat. Paris, I (1802) 410, t. 27, fig. 1; *Pax* in Engl. Jahrb. XV (1892) 374; *Franch.* in Nouv. Arch. Mus. Paris, Sér. 3, V (1893) 282 et in *Morot* Journ. de Bot. VIII (1894) 204; *L. Planch.* Prodr. Apocyn. (1894) 79 ; *Th. Dur.* et *Schinz* Étud. fl. Cgo (1896) 191; *De Wild.* et *Th. Dur.* Contr. fl. Cgo, II (1900) 40; *K. Schum.* in *Schlechter* Westafr. Kautsch.-Exped. (1900) 307; *Payrau* Strophanthus (1900) 85-87, 163, cum fig. ; *Gilg* in Engl. Jahrb. XXXII (1902) 156, 161 et in *Engl.* Monog. Afr. Pfl.-Fam. VII [Stroph.] (1903) 29, t. 10, fig. K; *Stapf* in *Dyer* Fl. trop. Afr. IV¹, 180, 607; *De Wild.* Miss. Laurent (1907) 548 et Étud. fl. Bas-et Moy.-Cgo, II (1908) 249 et Not. pl. util. ou intér. du Cgo, II (1908) 249.

S. Paroissei *Franch.* in Morot, Journ. de Bot. VII (1893) 320 et in Nouv. Arch. Mus. Paris, Sér. 3, V (1893) 290, t. 16; *L. Planch.* Prodr. Apocyn. (1894) 58, 83; *Payrau* Strophanthus (1900) 88-91, 163; *De Wild.* et *Th. Dur.* Pl. Gil-letianae, I (1901) 35 [B. Herb. Boiss. Sér. 2, 1, 35].

1891 (F. Demeuse).— Bas-Congo (Ém. Laur.).— II a : le Mayumbe (Ém. Laur.);
la Lemba (Dem.). — V : Kisantu et env. (Gill. 52, 194, 3388). — VIII : env. d'Eala
(M. Laur. 1032); env. de Mondombe (Jesp. 33). — XI : Yambuya (M. Laur. 1032);
Bomaneh (M. Laur. 1033). — XV : Bena-Dibele (Flam. 188).

Strophanthus Welwitschii [*Baill.*] *K. Schum.* in *Engl.* et *Prantl*
Nat. Pflanzenfam. I, Ergänz. (1900) 59; *Gilg* in Engl. Jahrb. XXXII
(1902) 157, 162 et in Monog. Afr. Pfl.-Fam. VII [Stroph.] (1903) 21.

Zygonerion — *Baill.* in B. S. Linn. Paris, I (1888) 758.
S. ecaudatus *Rolfe* in B. S. Brot. XI (1893) 85; *Hiern* Cat. Welw. Pl. III,
   671; *Payrau* Strophanthus (1900) 94-96, c. fig.; *Stapf* in *Dyer* Fl. trop. Afr.
   IV (1902) 183, 608.
S. Gilletii *De Wild.* Étud. fl. Kat. (1903) 105. t. 31.
S. Verdickii *De Wild.* l. c. 103 [incl. var. latisepalus *De Wild.* l. c. 104, t. 32].

1899 (Edg. Verdick). — V : Sanda (De Brouw. in Gill. 3017); Kimuenza (Gill.
2129); Kisantu (Verm.). — VI : env. de Tumba-Mani (Cabra et Michel, 32). — XVI :
Lukafu. — Noms vern. : **Kasonga-Kabasji; Kandalupire** (Verd. 84, 146).

Strophanthus Wildemanianus *Gilg* in Engl. Jahrb. XXXII (1902)
156-159 et in *Engl.* Monog. Afr. Pfl.-Fam. VII [Stroph.] (1903) 26,
t. 5, fig. A, a-b; *Stapf* in *Dyer* Fl. trop. Afr. IV', 179, 607.

1902 (J. Gillet). — V : Kimuenza (Gill. 2083).

ISONEMA R. Br.

Isonema infundibuliflorum *Stapf* in Kew Bull. (1898) 306 et in *De Wild.* et *Th. Dur.* Contr. fl. Cgo, I (1899) 40; Reliq. Dewevr.
(1901) 154 et Ill. fl. Cgo [1899] 103, t. 52; *K. Schum.* in *Schlechter*
Westafr. Kautsch.-Exped. 305; *Stapf* in *Dyer* Fl. trop. Afr. IV', 184;
De Wild. Not. pl. util. ou intér. du Cgo, II (1908) 250.

1895 (A. Dewèvre).— VI : env. de Dima (Flam.).— VIII : Coquilhatville (Schlt.);
Eala (Pyn. 1462); Équateur. — Nom vern. : **Ngando** (Dew. 594). — XV : le Kasai
(Flam.).

FUNTUMIA Stapf.

Funtumia elastica [*Preuss*] *Stapf* in Proc. Linn. Soc. (1900) 2 et in *Dyer* Fl. trop. Afr. IV', 191, 609; *Schlechter* Westafr. Kautsch.-
Exped. (1900) 256; *Stapf* in *Hook.* Icon. pl. XXVII (1901) t. 2694-
2695; *Luc* in B. Jard. colon. (1907) 4-25, cum ic.; *De Wild.* Not.
Apoc. laticif. du Cgo (1903) 80-92 et Miss. Laurent (1907) 552-561
t. 170-174, 183, fig. 126-131.

Kickxia — *Preuss* in Notizbl. bot. Gart. Berlin, II (1899) 353-360, t. 1; *Warb.*
   Kautschukpfl. 112, 153; *Vilbouch.* in *Warb.* Pl. à caoutch. 204, fig. 15, 206,
   207; *Schlechter* in Tropenpfl. IV (1900) 109-120; *De Wild.* in Rev. cult.
   colon. VII, 633-634, 743-747.

K. africana *Stapf* [non *Benth.*] in Kew Bull. (1895) 244 cum, ic.; *Lecomte* in Rev. cult. colon. I, 12-19, 41-47, fig. 2; *Thonn.* in *De Wild.* et *Th. Dur.* Pl. Thonnerianae (1901) p. XII.

K. congolana *De; Wild.* in Rev. cult. colon. (Déc. 1900) 745; *De Wild.* et *Th. Dur.* Pl. Gilletianae II (1901) 89 [B. Herb. Boiss. Sér. 2, I, 829].

1898 (H. Mardulier). — V : Kwamouth (Ém. et M. Laur.); Bokala. — Noms vern. : **Bole ; Mobuli** (Coll.?); **Limu** (Gill.); **Bolle** (Luja); Tua. — Nom vern. : **Mobuli** (Coll.?); Kisantu (Gill. 387, 3130). — VI : Madibi (Sap.); Luanu (Lescr. 29). — VIII : Co· quilhatville. — Nom vern. : **Osuma** (Coll.?); Eala et env. (M. Laur. 943, 1789, 1790, 1797; Pyn. 248); Lilangi (Mardulier); Bolombo [la Baringa] (Coll.?); Ekutshi-Dikila. — Nom vern. : **Montone** (Coll.?). — IX : Nouvelle-Anvers [Bangala] et env. — Nom vern. : **Dembo, Mariguongo** (Ém. et M. Laur.; de Giorgi; am Rhyn.); rég. de la Giri. — Noms vern. : **Ireh ; Dembonagete ; Musali** (de Giorgi). — IX a : Gali. — Nom vern. : **Ireh** [Hausa] (Thonn. 13). — X : l'Ubangi (M. Laur. 56); Imese. — Nom vern. : **Mosale** (Ém. et M. Laur.); Yakoma. — Nom vern. : **Bwombwo** (Coll.?); Banzyville. — Nom vern. : **Bwombwo** (Coll.?). — XII b : l'Uere-Bili (Coll.?). — XII c : env. de Gombari (Ser. 476); Poko. — Nom vern. : **Tondefere** (Coll.?). — XIII a : Romée (M. Laur. 1788); Bengamisa. — Nom vern. : **Bombwoke** (Coll.?); Kondelele. — Nom vern. : **Bwombwo** ou **Bongbwo** (Coll.?) — XIII b : le Haut-Ituri (Coll.?). — XV : Mange ; Pangu (Ém. et M. Laur.). — Ind. non cl. : Ingiri [Giri?, IX] (M. Laur. 223). — Nom vern. : Mondembo **(Mondunga)** [Bangala].

Funtumia Gilletii [*De Wild.*] *De Wild.* [nom. nov.]

Kickxia — *De Wild.* in Rev. cult. colon. [Déc. 1900] 744; *De Wild.* et *Th. Dur.* Pl. Gilletianae, II (1901) 89 [B. Herb. Boiss. Sér. 2, I, 829].

1900 (J. Gillet). — V : Kisantu (Gill.).

Obs. — M. *Stapf* [in *Dyer* Fl. trop. Afr. IV¹, 190, in syn.] réunit cette espèce au *Funtumia africana* Stapf; mais M. De Wildeman estime que les élé· ments manquent pour trancher cette question.

Funtumia latifolia [*Stapf*] *Stapf* ex *Schlechter* Westafr. Kautsch.· Exped. (1900) 236; *Stapf* in *Hook.* Icon. pl. XXVII (1901) sub t. 2694-2695 et in *Dyer* Fl. trop. Afr. IV¹, 192. 609; *De Wild.* Miss. Laurent (1907) 563-567.

Kickxia — *Stapf* in Kew Bull. (1898) 307; *De Wild.* et *Th. Dur.* Contr. fl. Cgo. I (1899) 43; II (1900) 41 et Reliq. Dewevr. (1901) 157; *Schlechter* West-afr. Kautsch.-Exped. (1900) 63, 64, 125, fig. 236, 307 et in Tropenpfl. I, 30; *Preuss* in Notizbl. bot. Gart. Berlin, I, 353-359, fig. F, G.; *Warb.* Kaut-schukpfl. 112 ; *De Wild.* in Rev. cult. colon. VII, 633, 634 ; *Vilb.* et *Warb.* Pl. à caoutch. 205, 207, fig. 16.

K. congolana *De Wild.* in Rev. cult. colon. VII (1900) 745; *De Wild.* et *Th. Dur.* Pl. Gilletianae, II (1901) 89 [B. Herb. Boiss. Sér. 2, I, 829].

1896 (A. Dewèvre). — II a : le Mayumbe. — Nom vern. : **Mupepe** (Coll.?.). — V : Kisantu et env. — Nom vern. : **Bolle** (Gill. 387, 886, 2211, 2215, 2313, 3127); env. de Kimuenza (Gill. 1937, 2142); Dembo (Coll.?); Bokala (Ém. et M. Laur. 640); Kwamouth. — Nom vern. : **Bolle** (M. Laur. 641). — VI : Madibi; le Kwilu (Sap.); la Loange (Gill.); Lusubi (Lescr.). — VII : env. de Bumbuli. — Nom vern. : **Busumba** (Coll.?); Nioki. — Nom vern. : **Bobole** (Coll.?); Kutu (Bolle; Ém. et M. Laur.; Delhy); Ibali; la Kiri (Bolle). — VIII : distr. de l'Équateur (Coll.?); la Ba-

ringa (Coll.?) ; la Momboyo (Pyn. 279) ; Coquilhatville et env. (Gent.) ; Bolombo
(de Giorgi) : rég. de Ekatshi. — Nom vern. : **Isote** (Coll.?) ; Ikeuge (Ém. et M. Laur.) :
Eala (M. Laur. 124, 1775) : Bolombo (de Giorgi). — IX : Bangala (Dew. 867) ;
Nouvelle-Anvers. — Noms vern. : **Dembo; Mariguongo** (Ém. Duch. 14; de Giorgi) ;
rég. de la Giri [au S. de Bomboma]. — Nom vern. : **Dembo-Mabe** (de Giorgi). —
XI : Barumbu (M. Laur. 1074) ; Yambuya (Solh.) : rég. de Yaboila, de Yamba et
et de Mosaka. — Nom vern. : **Wembe** (Coll.?). — XII c : Nala et env. (Van
Rysselb. 2) ; Gombari et env. (Ser. 476 b). — XIII a : Romée. — Nom vern. :
Osuma (M. Laur. 1791 ; Cransh.) ; Stanleyville (Ém. et M. Laur.). — XIII d :
rég. des Mangbettu. — Nom vern. : **Bongon** (Coll.?). — XV : Lusambo (Luja,
249, 308) ; Mobole (Coll.?) ; Tielen-Saint-Jacques (Lescr. 344) ; Olombo (Coll.?) ;
Kondue (Luja) : rég. du Kasai (Lescr. 30) ; Bena-Dibele (Coll.?) ; Katako-Kombe
(Serm.) ; la Lubi (Lescr. 174) ; Mauge (Ém. et M. Laur.) ; Babadi (Gent.). — Ind.
non cl. : rég. de Bodzuma (Coll.?). — Noms vern. : **Boli** ou **M'Bole** [Bangala] ; **Moboli;
Mobole** [Sankuru] (1).

MALOUETIA A. DC.

Malouetia Heudelotii A. DC. in DC. Prodr. VIII (1844) 380 ; *Benth.* in
Hook. Niger Fl. 450 ; *Stapf* in *Dyer* Fl. trop. Afr. IV¹, 195, 609 ; *De
Wild.* Étud. fl. Bas- et Moy.-Cgo, I (1903) 68, (1906) 303 et Miss.
Laurent (1907) 574.

    M. africana *K. Schum.* in *Engl.* et *Prantl* Nat. Pflanzenfam. IV, 2 (1897) 187.

    1902 (L. Gentil). — Bas-Congo (Odd.). — V : env. de Sanda (Odd. in Gill. 3553) ;
env. de Léopoldville (Gill.). — VI : vallée de la Djuma (Gill. 2784) ; la Inzia (Gent.) ;
la Wamba (Gent. 108). — VIII : le Haut-Lopori (Biel.). — XI : Yambuya (M.
Laur. 1023).

ALAFIA Thou.

Alafia Benthami *(Baill.) Stapf* in *Dyer* Fl. trop. Afr. IV¹ (1902) 199 ;
De Wild. Étud. fl. Bas- et Moy.-Cgo, I (1906) 302 ; Miss. Laurent
(1907) 574, t. 143 et Not. pl. util. ou intér. du Cgo, II (1908) 250.

    Ectinocladus — *Baill.* Hist. des pl. X (1888) 211 ; *Oliv.* in *Hook.* Icon. pl. XXIV
(1894) t. 2341 ; *Stapf* in Journ. Linn. Soc. XXX (1894) 88 ; *K. Schum.* in
Engl. et *Prantl* Nat. Pflanzenfam. IV, 2 (1895) 165.

    1903 (J. Gillet). — VI : vallée de la Djuma (Gill.). — VIII : Bamania [la Loliva] ;
Lac Tumba (Ém. et M. Laur.) ; bords de la Tshuapa. — Nom vern. : **Mosasala**
(Jesp.). — XI : Limbutu (M. Laur. 1035).

Alafia caudata *Stapf* in Kew Bull. (1894) 123 et in *Dyer* Fl. trop.
Afr. IV¹, 199 ; *Hiern* Cat. Welw. Pl. I, 673 ; *De Wild.* Miss. Laurent
(1907) 575.

    1907 (J. Gillet). — I : Moanda (Gill. 4021, 4052).

---

(1) Dans la Mission Laurent [pp. 550-574] M. De Wildeman a fait une étude très
complète des *Funtumia* du Congo.

Alafia gracilis *Stapf* in *Dyer* Fl. trop. Afr. IV¹ (1902) 196; *De Wild.* Miss. Laurent (1907) 575, fig. 136.

Tabernaemontana erythrophthalma *K. Schum.* ex *Stapf* l. c. IV¹ (1902) 196.

1901 (J. Gillet). — V : env. de Kisantu (Gill. 2009). — XII c : Nala (Ser. 749).

Alafia lucida *Stapf* in Kew Bull. (1894) 122 et in *Dyer* Fl. trop. Afr. IV¹, 198; *De Wild.* Miss. Laurent (1907) 575 et Not. pl. util. ou intér. du Cgo, II (1908) 251.

A. cuneata *Stapf* l. c. (1894) 122; *Hiern* Cat. Welw. Pl. I, 672.
A. reticulata *K. Schum.* in *Engl.* Nat. Pfl.-Fam. IV, 2 (1897) 165.
Wrightia Stuhlmannii *K. Schum.* in *Engl.* Pfl. Ost-Afr. (1895) 319.

1905 (Marc. Laurent). — V : env. de Kisantu (Gill. 4093). — VIII : Eala et env. (M. Laur. 838; Pyn. 366, 870, 1415). — IX : secteur de Mondombe (Jesp.). — XII c : route de Tely à Poko, Fryant (Ser. 641).

HOLALAFIA Stapf.

Holalafia multiflora *Stapf* in Kew Bull. (1894) 123 et in *Hook.* Icon. pl. XXIV (1894) t. 2350; *De Wild.* et *Th. Dur.* Contr. fl. Cgo, I (1899) 41 ; II (1900) 42 et Reliq. Dewevr. (1901) 157 ; *Stapf* in *Dyer* Fl. trop. Afr. IV¹, 201, 611 ; *De Wild.* Miss. Laurent (1907) 576 et Not. pl. util. ou intér. du Cgo, II (1908) 251.

Alafia major *Stapf* in Kew Bull. (1898) 307; *De Wild.* et *Th. Dur.* Contr. fl. Cgo, I (1899) 41 et Reliq. Dewevr. (1901) 155; *Stapf* in *Dyer* Fl. trop. Afr. IV¹, 611, in obs.

1891 (F. Demeuse). — VII : Kutu (Ém. et M. Laur). — VIII : Coquilhatville (Pyn. 298) ; Eala (M. Laur. 8, 221 b; Pyn. 623, 1175); Équateurville [Wangata] (Dew. 673; Ém. et M. Laur.). — IX : secteur de Mondombe (Jesp.). — XI : Lokandu (Dew.). — XII c : entre Surango et Niangara (Ser. 816). — Noms vern. : **Loledja** [Équateur]; **Gluka** [Tanganika] (Dew.).

PYCNOBOTRYA Benth.

Pycnobotrya nitida *Benth.* in *Hook.* Icon. pl. XII (1876) t. 1183; *Stapf* in *Dyer* Fl. trop. Afr. IV¹, 202; *De Wild.* Not. pl. util. ou intér. du Cgo, II (1908) 251.

1901 (J. Gillet). — V : Kimuenza (Gill. 1050). — VIII : secteur de Mondombe. — Nom. vern. : **Mongongongo** (Jesp.). — XII c : route de Poko à Zobia (Ser. 856).

BAISSEA A. DC.

Baissea axillaris [*Benth.*] *Hua* in C. R. Acad. sci. Paris, CXXIV (1894) 887 et in B. Mus. Hist. nat. Paris, VIII (1902) 479 ; *Stapf* in *Dyer* Fl. trop. Afr. IV¹, 210, 611 ; *De Wild.* Miss. Laurent (1907) 577 et Not. pl. util. ou intér. du Cgo, II (1908) 252.

Zygodia axillaris *Benth.* in *Hook.* Icon. pl. XII (1878) t. 1184; *Hiern* Cat. Welw. Pl. I, 673.

Guerkea Schumanniana *De Wild.* et *Th. Dur.* Mat. fl. Cgo, V (1899) 9 [B. S. B. B. XXXVIII², 128]; Reliq. Dewevr. (1901) 157 et Pl. Gilletianae, I (1900) 35 [B. Herb. Boiss. Sér. 2, I, 35]; *Stapf* in *Dyer* l. c. IV', 217, 611.

1896 (A. Dewèvre). — V : Léopoldville (Vanderyst); Kisantu (Gill.); env. de Lemfu (But.). — VIII : Équateur (Pyn. 581); Eala (M. Laur. 1369; Pyn. 1026, 1407, 1478); secteur de Mondombe (Jesp.). — IX : Bangala ; Bumba (Dew.).

Baissea gracillima [*K. Schum.*] *Hua* in B. S. Linn. Paris, Nouv. Sér. (1898) 12; *Stapf* in *Dyer* Fl. trop. Afr. IV', 216; *De Wild.* in Journ. d'agricult. colon. (1905) 106; Not. pl. util. ou intér. du Cgo, II (1906) 96-97; (1908) 252 et Miss. Laurent (1907) 577, t. 158-159, fig. 137-138.

Guerkea — *K. Schum.* in Engl. Jahrb. XXIII (1896) 228.
Baissea micrantha *Hua* l. c. (1898) 11.

1904 (S. Bieler). — VIII : Coquilhatville (Pyn. 297); Efukwa-Kombe (Biel.; Geisseler): Eala (Pyn. 1097). — IX : forêts de Mondombe. — Nom vern. : **Mosusulu** (Jesp.). — XV : Munungu. — Nom vern. : **Lobuma** (Sap.). — Noms vern. : **Ete** [Congo centr.]; **Budemba** [Balembo]; **Olembo**]Batetela; Bakula].

Baissea laxiflora *Stapf* in Kew Bull. (1894) 124, in *Hook.* Icon. pl. XXIV (1894) t. 2342 et in *Dyer* Fl. trop. Afr. IV', 208; *Hua* in B. S. Linn. Paris, Nouv. Sér. (1898) 10; *De Wild.* Miss. Laurent (1907) 580.

Guerkea — *De Wild.* et *Th. Dur.* Mat. fl. Cgo, IV (1899) 17 [B. S. B. B. XXXVIII, 94]; *De Wild.* Not. Apocyn. laticif. du Cgo (1903) 12 [err. cal. *congolensis*] *Stapf* in *Dyer* Fl. trop. Afr. IV', 611, in obs.

1897 (Alph. Cabra) — Bas-Congo (Cabra). — II a : Haut-Shiloango (Cabra et Michel).

Baissea Laurentii *De Wild.* Not. pl. util. ou intér. du Cgo, II (1908) 253-254.

1906 (Marc. Laurent). — XII a : Romée (M. Laur. 1362).

Baissea major *Hiern* Cat. Welw. Pl. I (1898) 675; *Stapf* in *Dyer* Fl. trop. Afr. IV', 210; *De Wild.* Miss. Laurent (1907) 580.

B. angolensis *Stapf* var. — *Stapf* in Kew Bull. (1894) 126.

1905 (L. Pynaert). — IX : Bumba (Pyn. 108).

Baissea tenuiloba *Stapf* in Kew Bull. (1894) 124 et in *Dyer* Fl. trop. Afr. IV, 214; *Hua* in B. S. Linn. Paris, Nouv. Sér. (1898) 10-11.

Guerkea uropetala *K. Schum.* in Engl. Jahrb. XXIII (1896) 228; *De Wild.* et *Th. Dur.* Reliq. Dewevr. (1901) 157.

1895 (A. Dewèvre). — VIII : Wangata (Dew.).

22

Baissea Tholloni *Hua* in B. S. Linn. Paris, Nouv. Sér. (1898) 10; *Stapf* in *Dyer* Fl. trop. Afr. IV', 209 ; *De Wild.* Miss. Laurent (1907) 580 et Not. pl. util. ou intér. du Cgo, II (1908) 255.

1905 (Marc. Laurent). — VIII : Eala (M. Laur. 98, 1365; Pyn. 468, 917, 1001, 1536). — IX : Moma (Jesp.). — XI : Barumbu (M. Laur. 1371). — XII c : Gombari [la Benda] (Ser. 591). — XIII a : Stanleyville (M. Laur. 1361, 1364). — XV : Bandaka-Kole (Flam.).

ZYGODIA Benth.

Zygodia subsessilis *Benth.* in *Hook.* Icon. pl. XII (1876) 73 ; *Th. Dur.* et *Schinz* Étud. fl. Cgo (1896) 191 ; *Stapf* in *Dyer* Fl. trop. Afr. IV', 218.

1816 (Chr. Smith). — Bas-Congo (Sm.).

ONCINOTIS Benth.

Oncinotis glabrata *Stapf* ex *Hiern* Cat. Welw. Pl. I (1898) 674 et in *Dyer* Fl. trop. Afr. IV', 222; *De Wild.* Not. pl. util. ou intér. du Cgo, II (1908) 255.

1907 (Knut Jespersen). — VIII : Bokungu (Jesp. 85).

Oncinotis glandulosa *Stapf* in *Dyer* Fl. trop. Afr. IV' (1902) 221 ; *De Wild.* Not. pl. util. ou intér. du Cgo, II (1908) 255.

1907 (L. Pynaert). — VII : Eala (Pyn. 1301, 1982).

Oncinotis hirta *Oliv.* in *Hook.* Icon. pl. XIII (1878) t. 1232; *Stapf* in *Dyer* Fl. trop. Afr. IV', 223; *De Wild.* Not. Apoc. laticif. du Cgo (1903) 7-8 et Not. pl. util. ou intér. du Cgo, II (1908) 255.

1900 (J. Gillet). — V : rég. de Kisantu (Gill.). — VIII : Mondombe; Belo (Jesp.).

Oncinotis Jesperseni *De Wild.* Not. pl. util. ou intér. du Cgo, II (1908) 256.

1907 (Knut Jespersen). — VIII : secteur de Mondombe (Jesp. 12).

Oncinotis tenuiloba *Stapf* in Kew Bull. (1898) 307, in *De Wild.* et *Th. Dur.* Contr. fl. Cgo, I (1899) 41 ; Reliq. Dewevr. (1901) 156; Ill. fl. Cgo (1901) 131, t. 76 et in *Dyer* Fl. trop. Afr. IV', 222; *De Wild.* Miss. Laurent (1907) 580 et Not. pl. util. ou intér. du Cgo, II (1908) 257.

1896 (A. Dewèvre). — V : Kisantu (Gill. 1269). — VIII : secteur de Mondombe (Jesp.); Eala (M. Laur. 673 ; Pyn. 583). — IX : env. de Lukasa (Dew. 883).

MOTANDRA A. DC. (1)

Motandra guineensis [*Thonn.*] *A. DC.* in *DC.* Prodr. VIII (1844) 423; *Hiern* Cat. Welw. Pl. I, 672; *De Wild.* et *Th. Dur.* Contr. fl. Cgo, I (1899) 44 et Reliq. Dewevr. (1901) 155; *De Wild.* Not. pl. util. ou intér. du Cgo, II (1908) 257.

1891 (F. Demeuse). — Congo (Dem.). — VIII : Mondombe et env. (Jesp.). — XII c : env. de Nala (Ser.). — XIII a : Stanleyville (Dem.). — XIII d : [env. de Kasongo (Ém. Laur.).

Motandra Lujaei *De Wild.* et *Th. Dur.* Mat. fl. Cgo, X (1898) 17 [B. S. B. B. XL, 23]; *De Wild.* Not. Apoc. laticif. du Cgo (1903) 17; *Stapf* in *Dyer* Fl. trop. Afr. IV¹, 225, 613.

1899 (Ed. Luja). — XV : Lubue [Kasai] (Luja, 274, 287).

DEWEVRELLA De Wild.

Dewevrella cochliostema *De Wild.* Miss. Laurent (1907) 549, t. 144, 145 et Not. pl. util. ou intér. du Cgo, II (1908) 250.

1896 (A. Dewèvre). — VIII : Coquilhatville (Dew. 587, 653 a); Eala et env. (Pyn. 398, 594, 733, 1119, 1674; M. Laur.); Bombimba (M. Laur. 1161). — IX : Bokungu [sect. de Mondombe] (Jesp.).

ASCLEPIADACEAE

CRYPTOLEPIS R. Br.

Cryptolepis Debeerstii *De Wild.* Étud. fl. Bas- et Moy.-Cgo, I (1904) 180.

1895 (Gust. Debeerst). — XVI : Pala (Deb.).

Cryptolepis Hensii *N. E. Br.* in *Dyer* Fl. trop. Afr. IV¹ (1902) 246; *De Wild.* Étud. fl. Bas- et Moy.-Cgo, I (1904) 180, (1906) 304 et Miss. Laurent (1906) 263.

1888 (Fr. Hens). — IV : la Tombi près Lutete (Hens). — V : Sabuka (Ém. et M. Laur.); Kimuenza; env. de Kisantu (Gill.); bassin de la Sele (But.).

---

(1) L'**Urceola esculenta** *Benth.* [in *Hook. f.* Fl. Brit. Ind. III, 658] de l'Asie tropicale, est cultivé à Mange [XV] (Flam.) [Conf. *De Wild.* Not. pl. util. ou intér. du Cgo (1908) 257].

ECTADIOPSIS Benth.

Ectadiopsis Buettneri *K. Schum.* in *Engl.* et *Prantl* Nat. Pflanzen-fam. IV, 2 (1895) 219; *N. E. Br.* in *Dyer* Fl. trop. Afr. IV¹, 252, in obs.

1885 (R. Buettner). — V : Léopoldville (Buett.).

Ectadiopsis scandens *K. Schum.* in *Engl.* et *Prantl* Nat. Pflanzen-fam. IV, 2 (1895) 219; *De Wild.* Étud. fl. Kat. (1903) 108; *Stapf* in *Dyer* Fl. trop. Afr. IV¹, 249, in obs.

Cryptolepis — *Schlechter* Westafr. Kautsch.-Exped. (1900) 308; *Stapf* in *Dyer* l. c. 249.

1899 (Edg. Verdick). — V : Dolo (Schlt.). — XVI : Lukafu (Verd.).

Obs. — M. Stapf [l. c.] croit que cet *Ectadiopsis* doit être réuni au *Crypto-lepis Welwitschii* Hiern.

TACAZZEA Decne.

Tacazzea apiculata *Oliv.* in Trans. Linn. Soc. XXIX (1875) 108; *K. Schum.* in *Engl.* Pfl. Ost-Afr. 320 et in Engl. Jahrb. XXVIII (1900) 454; *De Wild.* et *Th. Dur.* Pl. Gilletianae, I (1900) 35 [B. Herb. Boiss. Sér. 2, I, 35]; *N. E. Br.* in *Dyer* Fl. trop. Afr. IV¹, 267; *De Wild.* Étud. fl. Bas- et Moy.-Cgo, I (1904) 180.

1899 (J. Gillet). — V : Kisantu (Gill. 259, 555, 1033, 2283).

Tacazzea pedicellata *K. Schum.* in Engl. Jahrb. XVII (1893) 115; *Th. Dur.* et *Schinz* Étud. fl. Cgo (1896) 192; *N. E. Br.* in *Dyer* Fl. trop. Afr. IV¹, 262.

1870 (G. Schweinfurth). — XII d : Munza (Schw. 3483, 3488).

RAPHIONACME Harv.

Raphionacme Michelii *De Wild.* Étud. fl. Bas- et Moy.-Cgo, I (1903) 181.

1900 (R. Butaye). — V : entre Kisantu et le Kwango (But.). — VI : plateau de Kimbele (Cabra et Michel); entre Tumba-Mani et Popokabaka (Cabra et Michel, 172, 177).

Raphionacme splendens *Schlechter* in Journ. of Bot. XXXIII (1895) 301; *N. E. Br.* in *Dyer* Fl. trop. Afr. IV¹, 271, 614; *De Wild.* Étud. fl. Bas- et Moy.-Cgo, I (1904) 181.

Raphiacme — *K. Schum.* in Engl. Jahrb. XXXIII (1903) 322.
R. macrostemon *K. Schum.* l. c. XXXIII (1903) 322, in obs.

1895 (G. Descamps). — XVI : Toa (Desc.); Haut-Marungu (Deb.).

Raphionacme Verdickii *De Wild*. Étud. fl. Bas- et Moy.-Cgo, I (1904) 182.

1900 (Edg. Verdick). — XVI : le long de la Lufira. — Nom vern. : **Kabutumpa** (Verd. 283).

CHLOROCODON Hook. f.

Chlorocodon Whitei *Hook. f.* in Bot. Mag. (1871) t. 5898; *N. E. Br.* in *Dyer* Fl. trop. Afr. IV¹, 255; *De Wild*. Étud fl. Bas- et Moy.-Cgo, I (1904) 180, (1906) 304.

1899 (J. Gillet). — V : Kisantu; entre Tumba et Kimpesse (Gill.); env. de Sanda (Odd.).

PERIPLOCA L.

Periploca nigrescens *Afzel*. Stirp. guin. med. sp. nov. I (1817) 2; *Hiern* Cat. Welw. Pl. I, 681; *De Wild*. et *Th. Dur*. Pl. Gilletianae, I (1900) 35 [B. Herb. Boiss. Sér. 2, I, 35] et Reliq. Dewevr. (1901) 158; *N. E. Br.* in *Dyer* Fl. trop. Afr. IV¹, 258; *De Wild*. Étud. fl. Bas- et Moy.-Cgo, I (1904) 180, (1906) 304; II (1907) 65, t. 34; Miss. Laurent (1906) 263-268, t. 86, 87, fig. 37-38 et Not. pl. util. ou intér. du Cgo, II (1906) 83-95, t. 21-22.

P. Preussii *K. Schum.* in Engl. Jahrb. XVII (1893) 117 et in *Engl.* et *Prantl* Nat. Pflanzenfam. IV, 2 (1895) 216, fig. 64 R-V; {*De Wild*. et *Th. Dur*. Contr. fl. Cgo, II (1900) 41.
P. nigricans *Schlechter* Westafr. Kautsch.-Exped. (1900) 308.

1895 (A. Dewèvre). — Bas-Congo (Cabra). — II a : entre Samba et Jangu (Cabra). —IV : Lukungu (Dew.). — V : Kisantu. — Nom vern. : **Dipengo-Pungu** (Gill.; Gent.); env. de Kimuenza (Gill.). — VI : Madibi (Lescr.). — VIII : Coquilhatville (Dew.); Eala et env. (M. Laur.; Pyn.); Wangata (Dew.). — IX : Umangi (Krek.). — X : Imese; Bamoko (Ém. et M. Laur.). — XII b : entre Bambili et Kirarunga (Ser.). — XIII : Motumbe (Dew.). — XV : rég. du Kasai (Sap.); Lubue (Luja); Kamba (Ém. et M. Laur.); Kondue [concession de l'Abir]. — Nom vern. : **Kibemlese** (Lescr.).

SECAMONE R. Br.

Secamone Dewevrei *De Wild*. Étud. fl. Bas- et Moy.-Cgo, I (1904) 191.

1896 (A. Dewèvre). — VIII : Coquilhatville (Dew. 602).

TOXOCARPUS Wight et Arn.

Toxocarpus Lujaei [*De Wild*. et *Th. Dur*.] *De Wild*. Étud. fl. Bas- et Moy.-Cgo, I (1904) 191.

Rhynchostigma Lujaei *De Wild.* et *Th. Dur.* Mat. fl. Cgo, VI (1899) 38 [B. S. B. B. XXXVIII, 208).

1898 (Éd. Luja). — V : env. de Léopoldville; Kimuenza (Gill. 2124); Sabuka (Luja).

XYSMALOBIUM R. Br.

Xysmalobium decipiens *N. E. Br.* in Kew Bull. (1895) 250 et in *Dyer* Fl. trop. Afr. IV¹, 301; *Hiern* Cat. Welw. Pl. I, 682.

> X. Holubii *Scott-Elliot* in Journ. of Bot. XXVIII (1890) 365 pr. p.; *N. E. Br.* in *Dyer* Fl. trop. Afr. IV¹, 302; *De Wild.* Étud. fl. Bas- et Moy.-Cgo, I (1904) 182; *K. Schum.* in Engl. Jahrb. XVII (1893) 120 in obs.
>
> 1882 (P. Pogge). — XV : Mukenge (Pg. 1105).

Xysmalobium dissolutum *K. Schum.* in Engl. Jahrb. XVII (1893) 119 et in *Engl.* et *Prantl* Nat Pflanzenfam. IV, 2 (1895) 233; *Th. Dur.* et *Schinz* Étud. fl. Cgo (1896) 192.

> Asclepias — *Schlechter* Westafr. Kautsch.-Exped. (1900) 309; *N. E. Br.* in *Dyer* Fl. trop. Afr. IV¹, 347.
>
> 1882 (P. Pogge). — XV : Mukenge (Pg. 1227).

Xysmalobium Holubii *Scott-Elliot* in Journ of Bot. XXVIII (1890) 365 [pr. max. pte]; *N. E. Br.* in *Dyer* Fl. trop. Afr. IV¹, 302; *De Wild.* Étud. fl. Bas- et Moy.-Cgo, I (1894) 182.

> 1902 (R. Butaye). — Bas-Congo (But.).

Xysmalobium spathulatum [*K. Schum.*] *N. E. Br.* in *Dyer* Fl. trop. Afr. IV¹ (1902) 312.

> Schizoglossum — *K. Schum.* in Engl. Jahrb. XVII (1893) 120; *Th. Dur.* et *Schinz* Étud. fl. Cgo (1896) 192; *Th. Dur.* et *De Wild.* Mat. fl. Cgo, II (1898) 77 [B.S.B.B. XXXVII, 120].
>
> 1880 (von Mechow). — VI : Chasamango (Mech.). — XVI : Haut-Marugu (Deb.); Pweto (Desc.).

Xysmalobium tricorniculatum [*K. Schum.*] *Th.* et *Hél. Dur.*

> Schizoglossum — *K. Schum.* in Engl. Jahrb. XVII (1893) 121 et in *Engl.* et *Prantl* Nat. Pflanzenfam. IV, 2 (1895) 233; *Th. Dur.* et *Schinz* Étud. fl. Cgo (1896) 192.
>
> X. andongense *Hiern* Cat. Welw. Pl. I (1898) 682; *N. E. Br.* in *Dyer* Fl. trop. Afr. IV¹, 309.
>
> 1876? (P. Pogge). — XV : Musumba (Pg. 379, 380).

SCHIZOGLOSSUM E. Mey.

Schizoglossum Cabrae *De Wild.* Étud. fl. Bas- et Moy.-Cgo, I (1904) 182.

> 1896 (Alph. Cabra). — II a : la Lemba (Cabra, 129). — V : Kisantu (Gill. 701).

Schizoglossum Debeerstianum *K. Schum.* in Engl. Jabrb. XXXIII (1903) 323; *Stapf* in *Dyer* Fl. trop. Afr. IV¹, 618.

1895 (Gust. Debeerst). — XVI : Buluba [Marungu] (Deb.).

Schizoglossum macroglossum *K. Schum.* ex *De Wild.* et *Th. Dur.* Reliq. Dewevr. (1901) 158 et in Engl. Jahrb. XXXIII (1903) 323; *N. E. Br.* in *Dyer* Fl. trop. Afr. IV¹, 618.

1905 (A. Dewèvre). — IV : Tumba-Lukuti (Dew.). — V : le Stanley-Pool (Dem.).

GOMPHOCARPUS R. Br.

Gomphocarpus amoenus *K. Schum.* in Engl. Jahrb. XVII (1893) 124 et in *Engl.* et *Prantl* Nat. Pflanzenfam. IV, 2, (1895) 236; *Th. Dur.* et *De Wild.* Mat. fl. Cgo, II (1898) 77 [B. S. B. B. XXXVII, 122].

Asclepias Schumanniana *Hiern* Cat. Welw. Pl. I (1898) 686; *N. E. Br.* in *Dyer* Fl. trop. Afr. IV¹ 346; *De Wild.* Étud. fl. Bas- et Moy.-Cgo, I (1904) 188.

1895 (Gust. Debeerst). — V : env. de Kisantu (Gill.). — XVI : Haut-Marungu (Deb.).

Gomphocarpus cristatus *Decne* in Annal. sci. nat. Sér. 2, IX (1838) 325, t. 52, fig. 3 et in *DC.* Prodr. VIII, 562; *K. Schum.* in *Engl.* et *Prantl* Nat. Pflanzenfam. IV², (1895) 236.

1900 (J. Gillet). — V : Kisantu (Gill.).

Obs. — M. N. E. Brown [in *Dyer* Fl. trop. Afr. IV¹ 350] réunit cette espèce à l'*Asclepias palustris* Schlechter *G. paluster* K. Schum.

Gomphocarpus dependens *K. Schum.* in Engl. Jahrb. XVII (1893) 125 et in *Engl.* et *Prantl* Nat. Pflanzenfam. IV, 2 (1895) 236; *Th. Dur.* et *Schinz* Étud. fl. Cgo (1896) 193.

Asclepias — *N. E. Br.* in *Dyer* Fl. trop. Afr. IV¹ (1902) 352.

1882 (P. Pogge). — XV : Musumba (Pg.).

Gomphocarpus foliosus *K. Schum.* in Engl. Jahrb. XVII (1893) 126 et in *Engl.* et *Prantl* Nat. Pflanzenfam. IV, 2 (1895) 237; *Th. Dur.* et *Schinz* Étud. fl. Cgo (1896) 193.

Asclepias — *N. E. Br.* in *Dyer* Fl. trop. Afr. IV¹ (1902) 349.

1882? (P. Pogge). — XV : Mukenge (Pg. 1130).

Obs. — Il faut peut-être rapporter à cette espèce un échantillon récolté entre Kingunshi et le Kasai [IV] (Pg. n. 975).

Gomphocarpus fruticosus [*L.*] *R. Br.* in Mem. Wern. Soc. I (1809) 38; *Th. Dur.* et *De Wild.* Mat. fl. Cgo, II (1898) 77 [B. S. B. B. XXXVII, 120].

Asclepias fruticosa *L.* Sp. pl. ed. 1 (1753) 216 ; *Hiern* Cat. Welw. Pl. I, 685 ;
S. Moore in Journ. of Bot. XL (1902). 255 ; *N. E. Br.* in *Dyer* Fl. trop. Afr.
IV[1], 330.

G. abyssinicus *Decne* in *DC.* Prodr. VIII (1844) 557.

1895 (Gust. Debeerst). — XVI : rég. du Tanganika (Deb.).

Gomphocarpus lineolatus *Decne* in Annal. sci. nat. Sér. 2, IV (1838) 326 et in *DC.* Prodr. VIII, 558 ; *K. Schum.* in *Engl.* Pfl. Ost-Afr. 322 ; *Th. Dur.* et *Schinz* Étud. fl. Cgo (1896) 193 ; *De Wild.* et *Th. Dur.* Contr. fl. Cgo, II (1900) 41.

Asclepias — *Schlechter* in Journ. ʹof Bot. XXXIII (1895) 336 et Westafr.
Kautsch.-Exped. (1900) 308 ; *Hiern* Cat. Welw. Pl. I, 685 ; *N. E. Br.* in
Dyer Fl. trop. Afr. IV[1] 322.

G. bisacculatus *Oliv.* in Trans. Linn. Soc. Ser. 2, II (1887) 341.

1893 (Ém. Laurent). — Bas-Congo (Ém. Laur.). — V : Dolo (Schlt.) ; Kisantu
(Gill.) ; rég. de la Lula-Lumene (Hendr.) ; Kinanga (Odd.).— VI : Bandundu (Ém.
et M. Laur.). — IX : Luozi (Luja). — XV : Mununga (Ém. et M. Laur.). — XVI :
Lukafu ; le Lofoi (Verd.) ; Toa (Desc.).

Gomphocarpus paluster *K. Schum.* in Engl. Jahrb. XVII (1893) 127 ; XXX (1901) 382.

Asclepias — *Schlechter* in Journ. of Bot. (1895) 336 ; *N. E. Br.* in *Dyer* Fl.
trop. Afr. IV[1], 349.

1901 (Alph. Cabra et F. Michel). — VI : vallée de la Tawa (sous-affl. du Kwango)
(Cabra et Michel).

Gomphocarpus roseus *K. Schum.* in Engl. Jahrb. XVII (1893) 127 et in *Engl.* et *Prantl* Nat. Pflanzenfam. IV, 2 (1895) 237 ; *Th. Dur.* et *Schinz* Étud. fl. Cgo (1896) 193.

Asclepias rubens *N. E. Br.* in *Dyer* Fl. trop. Afr. IV[1] (1902) 348.

1876? (P. Pogge). — VI : bassin du Kwango à Kitamba (Pg. 614).

Gomphocarpus semiamplectens *K. Schum.* in Engl. Jahrb. XVII (1893) 128 ; *Th. Dur.* et *Schinz* Étud. fl. Cgo (1896) 193.

Asclepias — *Hiern* Cat. Welw. Pl. I (1898) 685 ; *N. E. Br.* in *Dyer* Fl. trop.
Afr. IV[1], 321.

1882? (P. Pogge). — Bas-Congo (But.). — V : Kimuenza (Gill.) ; bassin de la Sele
(But.). — XV : Mukenge (Pg. 1006, 1077, 1141) ; entre le Lubilasch et le Lomami
(Pg. 1037).

Gomphocarpus tomentosus *Burch.* Trav. South-Afr. I (1822) 543 ; *Th. Dur.* et *De Wild.* Mat. fl. Cgo, II (1898) 78 [B. S. B. B. XXXVII, 123] ; *De Wild.* et *Th. Dur.* Reliq. Dewevr. (1901) 157 et Pl. Gilletianae, I (1900) 35 [B. Herb Boiss. Sér. 2, I, 35].

Asclepias Burchellii *Schlechter* in Journ. of Bot. XXXIII (1895) 336, in obs. ;
XXXIV (1896) 432 ; *N. E. Br.* in *Dyer* Fl. trop. Afr. IV[1], 335..

1895 (Gust. Debeerst). - V : Kisantu (Gill.). — XIII d : env. de Rabanga (Dew.).

Obs. — Cette plante cultivée à Pala [XVI] serait originaire de Kibanga [XVI] (Deb.).

STATHMOSTELMA K. Schum.

Stathmostelma chironioides *K. Schum.* ex *De Wild.* et *Th. Dur.* Pl. Gilletianae, II (1901) 89 [B. Herb. Boiss. Sér. 2, I, 829]; *De Wild.* Étud. fl. Bas- et Moy.-Cgo, I (1906) 305.

1890 (F. Demeuse). — V : Kimpesse (Dem. 5); Kisantu (Gill.); env. de Lemfu (But.).

Stathmostelma incarnatum *K. Schum.* in Engl. Jahrb. XVII (1893) 130 et in *Engl.* et *Prantl* Nat. Pflanzenfam. IV, 2(1895) 240; *Th. Dur.* et *Schinz* Étud. fl. Cgo (1896) 193; *Hiern* Cat. Welw. Pl. I, 686.

Asclepias coccinea *N. E. Br.* in *Dyer* Fl. trop. Afr. IV[1] (1902) 340.

1876? (P. Pogge). — VI : bassin du Kwango à Kitamba (Pg. 381, 382, 608).

Stathmostelma Laurentianum *A. Dewèvre* in B. S. B. B. XXXIII[2] (1894) 102; XXXIV[2] (1895) 87; *Th. Dur.* et *Schinz* Étud. fl. Cgo (1896) 194.

Asclepias — *N. E. Br.* in *Dyer* Fl. trop. Afr. IV[1] (1902) 312.

1893 (Ém. Laurent). — V : Bas-Congo (Ém. Laur.).

Stathmostelma pedunculatum *K. Schum.* in Engl. Jahrb. XVII (1893) 132 et in *Engl.* Pfl. Ost-Afr. 322; *De Wild.* Étud. fl. Bas- et Moy.-Cgo, I (1904) 189.

Asclepias macrantha *Hochst.* in Flora (1844) 101; *N. E. Br.* in *Dyer* Fl. trop. Afr. IV[1], 340.

1902 (J. Gillet). — Bas-Congo (Gill.).

Stathmostelma Verdickii *De Wild.* Étud. fl. Bas- et Moy. Cgo, I (1904) 188 [non 305].

Asclepias — *De Wild.* l. c. I (1904) 188, in syn. [non 305].

1900 (Edg. Verdick). — XVI : Lukafu. — Nom vern. : **Mulombo** (Verd. 361).

Stathmostelma Wildemanianum *Th.* et *Hél. Dur.*

S. Verdickii *De Wild.* Étud. fl. Bas- et Moy.-Cgo, I (1904) 305, in syn. [non 188 ejusd. oper.].

Asclepias — *De Wild.* l. c. I (1904) 305 [non 188].

1899 (Edg. Verdick). — XVI : le Lofoi (Verd.).

ASCLEPIAS L.

Asclepias affinis *De Wild.* Étud. fl. Bas- et Moy.-Cgo, I (1904) 184.

Gomphocarpus — *De Wild.* l. c. I (1904) 184, in syn.

1896 (A. Dewèvre). — XIII d : Vieux-Kasongo (Dew. 952 b).

Asclepias Buchwaldii [*Schlechter* et *K. Schum.*] *De Wild.* Étud. fl. Bas- et Moy.-Cgo, I (1904) 185.

Gomphocarpus — *Schlechter* et *K. Schum.* in Engl. Jahrb. XXXIII (1903) 324. Le type croît dans l'Afrique orient. allem.

— — var. **angustifolia** *De Wild.* l. c. (1904) 185.

1896 (A. Dewèvre). — XIII d : Vieux-Kasongo (Dew. 952).

Asclepias Cabrae *De Wild.* Étud. fl. Bas- et Moy.-Cgo, I (1904) 185; II (1908) 384.

1902 (Alph. Cabra et F. Michel). — V : Kisantu-Makela (Van Houtte). — VI : vallée de la Tawa (Cabra et Michel, 52).

Asclepias congolensis *De Wild.* Étud. fl. Bas- et Moy.-Cgo, I (1904) 186.

Gomphocarpus — *De Wild.* l. c. I (1904) 186, in syn.

1899 (J. Gillet). — Bas-Congo (But.). — V : Kisantu (Gill.).

Asclepias Dewevrei *De Wild.* Étud. fl. Bas- et Moy.-Cgo, I (1904) 186.

Gomphocarpus — *De Wild.* l. c. I (1904) 187, in syn.

1896 (A. Dewèvre). — XIII d : brousse au delà du grand marais de Nyangwe (Dew. 1035).

Asclepias erecta *De Wild.* Étud. fl. Bas- et Moy.-Cgo, I (1904) 187.

Gomphocarpus — *De Wild.* l. c. I (1904) 187, in syn.

1900 (J. Gillet). — V ; entre Dembo et Kisantu (Gill.).

Asclepias katangensis *De Wild.* Étud. fl. Bas- et Moy.-Cgo, I (1904) 187.

Gomphocarpus — *De Wild.* l. c. I (1904) 188, in syn.

1900 (Edg. Verdick). — XVI : le Katanga (Verd.).

PENTARRHINUM E. Mey.

Pentarrhinum abyssinicum *Decne* in *DC.* Prodr. VIII (1844) 503; *Deless.* Icon. select. pl. V, 30, t. 70; *K. Schum.* in *Engl.* Pfl.

Ost-Afr. 323 et in *Engl.* et *Prantl* Nat. Pflanzenfam. IV, 2 (1895) 234, fig. 68 K ; *N. E. Br.* in *Dyer* Fl. trop. Afr. IV', 379 ; *De Wild.* et *Th. Dur.* Contr. fl. Cgo, II (1900) 42.

1899 (J. Gillet). — V : Kisantu sur les bords de l'Inkisi (Gill.).

P. abyssinicum var. **angolense** *N. E. Br.* l. c. IV' (1902) 379 ; *De Wild.* Étud. fl. Bas- et Moy.-Cgo, I (1904) 189 ; *N. E. Br.* l. c. IV', 379.

1899 (J. Gillet). — V : Kisantu (Gill.): Lemfu (But. in Gill. 1180).

MARGARETTA Oliv.

Margaretta Corneti *A. Dewèvre* in B. S. B. B. XXXIV² (1895) 90 ; *De Wild.* Étud. fl. Kat. (1903) 108 ; *N. E. Br.* in *Dyer* Fl. trop. Afr. IV', 376, 618.

1892 (Jul. Cornet). — XVI : le Katanga (Corn.): Lukafu (Verd. 284).

— — var. **pallida** *De Wild.* Étud. fl. Bas- et Moy.-Cgo, I (1904) 108 ; *Stapf* l. c. IV', 618.

1899 (Edg. Verdick). — XVI : Lukafu (Verd. 133).

Margaretta Verdickii Étud. fl. Bas- et Moy.-Cgo, I (1904) 183.

1899 (Edg. Verdick). — XVI : Lukafu (Verd. 148 b).

CYNANCHUM L.

Cynanchum congolense *De Wild.* Étud. fl. Bas- et Moy.-Cgo, I (1904) 190.

1896 (A. Dewèvre). — VIII : env. d'Équateurville [Wangata] (Dew. 644).

Cynanchum Dewevrei *De Wild.* et *Th. Dur.* Contr. fl. Cgo, II (1900) 52 ; Pl. Gilletianae, I (1900) 35 [B. Herb. Boiss. Sér. 2, I, 35] et Reliq. Dewevr. (1901) 159 ; *N. E. Br.* in *Dyer* Fl. trop. Afr. IV', 400.

1896 (A. Dewèvre). — V : Kisantu (Gill. 955). — XIII d : env. de Kabanga (Dew. 976 a); Mwanana-Tumbwe (Dew. 904). — Noms vern. : **Bulula** [Kasongo]; **Eletnetamba** [Ikwangula] (Dew.).

Cynanchum minutiflorum *K. Schum.* in *Engl.* et *Prantl* Nat. Pflanzenfam. IV, 2 (1895) 252 et in *Th. Dur.* et *De Wild.* Mat. fl. Cgo, II (1898) 28 [B. S. B. B. XXXVII, 123].

1888 (Fr. Hens). — V : le Stanley-Pool (Hens, B. 77).

Obs. — M. N. E. Brown [in *Dyer* Fl. trop. Afr. IV', 396] réunit cette espèce au *C. schistoglossum* Schlechter.

Cynanchum polyanthum *K. Schum.* in *Engl.* et *Prantl* Nat. Pflanzenfam. IV, 2 (1895) 253; *N. E. Br.* in *Dyer* Fl. trop. Afr. IV¹, 393; *De Wild.* Étud. fl. Bas- et Moy.-Cgo, I (1904) 190.

> Vincetoxicum — *K. Schum.* in Engl. Jahrb. XVII (1893) 136 : *Th. Dur* et *Schinz* Étud. fl. Congo (1896) 194.
> C. obscurum *K. Schum.* in *Engl.* et *Prantl* l. c. IV, 2 (1895) 253; *Hiern* Cat. Welw. Pl. I, 688.

> 1870 (G. Schweinfurth). — V : Kisantu (Gill. 759, 942, 2212). — VI : env. de Bokakata (Dew. 767). — XII d : Munza (Schw. 3345).

Cynanchum schistoglossum *Schlechter* in Journ.'of Bot. XXXII (1895) 271; *Hiern* Cat. Welw. Pl. I, 688; *N. E. Br.* in *Dyer* Fl. trop. Afr. IV¹, 395, pr. p.; *Schlechter* Westafr. Kautsch.-Exped. (1900) 309.

> 1862 (R. Burton). — Congo (Burt.). — V : Dolo (Schlt. 12484).

DAEMIA R. Br.

Daemia extensa [*Jacq.*] *R. Br.* in Mem. Wern. Ser. I (1809) 50; *Decne* in *DC.* Prodr. VIII, 544; *A. Rich.* Tent. fl. Abyss. II, 35; *De Wild.* et *Th. Dur.* Pl. Thonnerianae (1900) 33 et Reliq. Dewevr. (1901) 159; *Hiern* Cat. Welw. Pl. I, 690; *N. E. Br.* in *Dyer* Fl. trop. Afr. IV¹, 388; *De Wild.* Not. pl. util. ou intér. du Cgo, II (1906) 117-118; Étud. fl. Bas- et Moy.-Cgo, I (1904) 190 et Miss. Laurent (1906) 269.

> Cynanchum — *Jacq.* Misc. bot. II (1781) 752 et Icon. pl. rar.·I, t. 56.
> Asclepias scandens *P. Beauv.* Fl. d'Oware, I (1805) 93, t. 56.

> 1895 (A. Dewèvre). — II a : la Lemba (Dew.). — VI : vallée de la Djuma (Gent.). — VII : Kutu (Coll.?). — IX : Yabosumba (Thonn.?). — XV : Kondue; Mange; Munungu (Ém. et M. Laur.).

GYMNEMA R. Br.

Gymnema subvolubile [*Schumach.* et *Thonn.*] *Decne* in Annal. sci. nat. Sér. 2, IX (1838) 277 et in *DC.* Prodr. VIII, 621; *De Wild.* et *Th. Dur.* Reliq. Dewevr. (1901) 159.

> Cyanchum — *Schumach.* et *Thonn.* Beskr. Guin. Pl. (1827) 150.

> 1896 (A. Dewèvre). — V : village de Moe au-dessus de Bolobo (Dew.).

> Obs. — M. N. E. Brown [in *Dyer* Fl. trop. Afr. IV¹, 414] réunit cette espèce à la précédente.

Gymnema sylvestre [*Retz.*] *R. Br.* in Mem. Wern. Soc. I (1809) 33; *Schum* in *DC.* Prodr. VIII, 624; *A. Rich.* Tent. fl. Abyss. II, 43; *K. Decne* in *Engl.* Pfl. Ost-Afr. 325; *N. E. Br.* in *Dyer* Fl. trop. Afr.

IV¹, 414; *De Wild*. Étud. fl. Bas- et Moy.-Cgo, I (1904) 193, 305 et Miss. Laurent (1906) 270.

Periploca sylvestris *Retz*. Observ. bot. II (1780) 15.
Gymnema rufescens *Decne* in Annal. sci. nat. Sér. 2, IX (1838) 277.
G. geminatum *Hiern* [non *R. Br.*] Cat. Welw. Pl. I (1898) 691.

1895 (A. Dewèvre). — I : Moanda (Gill.). — III : Matadi (Ém. Laur.). — V : Kisantu (Gill.). — VI : vallée de la Djuma (Gill.).

TYLOPHORA R. Br.

Tylophora congoensis *Schlechter* Westafr. Kautsch.-Exped. (1900) 309 [nom. tant.] et in Engl. Jahrb. XXXVIII (1905) 51, fig. 9.

1899 (R. Schlechter). — V : Léopoldville (Schlt. 12551).

Tylophora Gilletii *De Wild*. Étud. fl. Bas- et Moy.-Cgo, I (1904) 193.

1900 (J. Gillet). — V : env. de Kimuenza (Gill. 1656).

Tylophora gracilis *De Wild*. Étud. fl. Bas- et Moy.-Cgo, I (1903) 194.

1899 (J. Gillet). — V : Kisantu (Gill. 268, 572, 1710).

Tylophora sylvatica *Decne* in Annal. sci. nat. Sér. 2, IX (1838) 273; *K. Schum.* in *Engl.* Pfl. Ost-Afr. 325; *Hiern* Cat. Welw. Pl. I, 691; *N. E. Br.* in *Dyer* Fl. trop. Afr. IV¹, 407; *De Wild*. et *Th. Dur.* Mat. fl. Cgo, II (1898) 78 [B. S. B. B. XXXVII, 123]; *De Wild*. Miss. Laurent (1906) 269.

1895 (P. Dupuis). — II a : Bingila (Dup.). — V : Kisantu (Gill.). — VIII : Coquilhatville (Schlt.). — XIII a : Romée (Ém. et M. Laur.). — XV : Mange (Ém. et M. Laur.).

SPHAEROCODON Benth.

Sphaerocodon platypoda *K. Schum*. ex *De Wild*. Étud. fl. Kat. (1903) 225.

1900 (Edg. Verdick). — XVI : Lukafu. — Nom vern. : **Safoi** (Verd. 411).

MARSDENIA R. Br.

Marsdenia latifolia [*Benth*.] *R. Schlechter* Westafr. Kautsch.-Exped. (1900) 270; *De Wild*. Miss. Laurent (1906) 270.

Gongronema — *Benth*. in *Hook*. Niger Fl. (1849) 456; *Walp*. Annal. Bot. III, 62; *K. Schum.* in Engl. Jahrb. XXIII (1896) 236; *De Wild*. Étud. fl. Bas- et Moy.-Cgo, I (1904) 196.
M. racemosa *K. Schum.* in Engl. Jahrb. XVII (1893) 147; *Hiern* Cat. Welw. Pl. I, 692; *N. E. Br.* in *Dyer* Fl. trop. Afr. IV¹, 425; *Th. Dur.* et *Schinz* Étud. fl. Cgo (1896) 194.

1881 (P. Pogge). — IV : Kitobola (Luja). — V : Kisantu ; entre Kisantu et Dembo (Gill.). — VII : Ibali (Ém. et M. Laur.). — XV : la Haut-Lulua (Pg. 1249).

PERGULARIA L.

Pergularia africana *N. E. Br.* in Kew Bull. (1895) 259 et in *Dyer* Fl. trop. Afr. IV¹, 426; *De Wild*. Étud. fl. Bas- et Moy.-Cgo, I (1904) 195 et Miss. Laurent (1906) 270.

P. sanguinolenta *Britten* [non *Lindl.*] in Trans. Linn. Soc. Ser. 2, IV, 29: *K. Schum.* in *Engl.* Pfl. Ost-Afr. 326.

1899 (J. Gillet). — V : Kisantu (Gill. 174); Kimuenza (Gill. 1612, 1685). — VII : Kutu (Ém. et M. Laur.).

Obs. — L'habitation signalée par A. Dewèvre, en 1896 [au N. du Stanley-Pool] est dans le Congo français.

FOCKEA Endl.

Fockea multiflora *K. Schum.* in Engl. Jahrb. XVII (1893) 145, in *Engl.* et *Prantl* Nat. Pflanzenfam. IV, 2 (1895) 296, fig. 90 P-V et in *Engl.* Pfl. Ost-Afr. 326; *De Wild*. Étud. fl. Kat. (1903) 110; *N. E. Br.* in *Dyer* Fl. trop. Afr, IV¹, 428.

1899 (Edg. Verdick). — XVI : Lukafu. — Noms vern. : **Kombodi; Bulembilimbu** (Verd.)

Obs. — M. N. E. Brown [l. c. IV¹, 620, in obs.] a émis l'avis que cette espèce devrait probablement être réunie au *F. Schienzii* N. E. Br.

DREGEA E. Mey.

Dregea rubicunda *K. Schum.* in Engl. Jahrb. XVII (1893) 147 et in *Engl.* Pfl. Ost-Afr. 326, t. 29, fig. A-H; *De Wild* Étud. fl. Kat. (1903) 225 et Étud. fl. Bas- et Moy.-Cgo, I (1904) 195.

Marsdenia — *N. E. Br.* in *Dyer* Fl. trop. Afr. IV¹ (1903) 421.

1899 (Edg. Verdick). — XVI : Lukafu. — Nom vern. : **Tjama-Zebele** (Verd.).

CEROPEGIA L.

Ceropegia angustiloba *De Wild*. Étud. fl. Kat. (1903) 109; *N. E. Br.* in *Dyer* Fl. trop. Afr. IV¹, 621.

1900 (Edg. Verdick). — XVI : Lukafu. — Nom vern. : **Mutama** (Verd. 367).

Ceropegia Butayei *De Wild*. Étud. fl. Bas- et Moy.-Cgo, I (1904) 192.

1902 (R. Butaye). — Bas-Congo (But.).

Ceropegia Dewevrei *De .Wild.* Étud. fl. Bas- et Moy.-Cgo, I (1904) 192.

1895 (A. Dewèvre). — II a : entre Tshoa et Tshia (Dew. 399).

Ceropegia Gilletii *De Wild.* et *Th. Dur.* in *Th. Dur.* et *De Wild.* Mat. fl. Cgo, III (1899) 98 [B. S. B. B. XXXVIII², 96]; *N. E. Br.* in *Dyer* Fl. trop. Afr. IV¹, 452; *De Wild.* Étud. fl. Baś- et Moy.-Cgo, (1904) 193.

1898 (J. Gillet). — V : Kisantu ; env. de Dembo (Gill. 349, 706, 3026).

Ceropegia Verdickii *De Wild.* Étud. fl. Kat. (1903) 109; *N. E. Br.* in *Dyer* Fl. trop. Afr. IV¹, 620.

1900 (Edg. Verdick). — XVI : Lukafu. — Nom vern. : **Tumko** (Verd. 389).

BRACHYSTELMA R. Br.

Brachystelma nauseosum *De Wild.* Étud. fl. Bas- et Moy.-Cgo, I (1904) 191.

1901 (Alph. Cabra et F. Michel). — III : vallée de la Ufura [affl. de la Pozo] (Cabra et Michel).

LOGANIACEAE

MOSTUEA Fr. Didr.

Mostuea Brunonis *F. Didrichs.* [Pl. nonnull. Mus. Holm.] in Kjoeb. Vidensk. Meddel. (1855) 87 ; *Th. Dur.* et *Schinz* Étud. fl. Cgo (1896) 195; *Bak.* in *Dyer* Fl. trop. Afr. IV¹, 505.

1884 (R. Buettner). — III : Tondoa (Buett. 400, 401).

Mostuea densiflora *Gilg* in Engl. Jahrb. XXIII (1896) 198; *Th. Dur.* et *Schinz* Étud. fl. Cgo (1896) 195; *Bak.* in *Dyer* Fl. trop. Afr. IV¹, 508; *De Wild.* et *Th. Dur.* Mat. fl. Cgo, II (1898) 78 [B. S. B. B. XXXVII, 123]; *De Wild.* Étud. fl. Bas- et Moy.-Cgo, II (1907) 63.

1893 (Ém. Laurent). — II a : Bingila (Dup.); le Mayumbe (Ém. Laur.); Haut-Shiloango (Cabra et Michel). — VI : env. de Madibi (Lescr. 117).

Mostuea Duchesnei *De Wild.* Étud. fl. Bas- et Moy.-Cgo, I (1904) 173; *Bak.* in *Dyer* Fl. trop. Afr. IV¹, 623.

1899 (Ém. Duchesne). — XIII a : Stanleyville (Ém. Duch. 16).

Mostuea Gilletii *De Wild.* Étud. fl. Bas- et Moy.-Cgo, I (1904) 174; *Bak.* in *Dyer* Fl. trop. Afr. IV¹, 623.

1902 (L. Gentil et J. Gillet). — VI : vallée de la Djuma (Gent. ; Gill. 2914, 2928).

Mostuea Lujaei *De Wild.* et *Th. Dur.* Mat. fl. Cgo, VIII (1900) 15 [B. S. B. B. XXXIX², 67]; *Bak.* in *Dyer* Fl. trop. Afr. IV¹, 506; *De Wild.* Miss. Laurent (1906) 260 et Étud. fl. Bas- et Moy.-Cgo, I (1904) 175, (1906) 307; II (1907) 63.

1898 (Éd. Luja). — V : Sabuka (Ém. Laur.) ; entre Dembo et le Kwango (But. in Gill. 1490); Kimuenza (Gill. 1902, 2197); Sanda (De Brouw. in Gill. 311) et env. (Odd. in Gill. 3567).

Mostuea penduliflora *Gilg* in Engl. Jahrb. XXIII (1898) 108; *Bak.* in *Dyer* Fl. trop. Afr. IV¹, 505.

1881 (P. Pogge). — XV : la Lulua [pays des Bashilange] (Pg. 886, 1129).

Mostuea Schumanniana *Gilg* in Engl. Jahrb. XVII (1893) 560; *Bak.* in *Dyer* Fl. trop. Afr. IV¹, 508; *De Wild.* Étud. fl. Bas- et Moy.-Cgo, I (1904) 175 et Miss. Laurent (1906) 260.

1888 (F. Demeuse). — I : Moanda (Gill. 3230). — XV : le Sankuru (Dem. 21); Ifuta (Ém. et M. Laur.).

Mostuea Taymansiana *De Wild.* Étud. fl. Bas- et Moy.-Cgo, I (1904) 174; *Bak.* in *Dyer* Fl. trop. Afr. IV¹, 623.

1899 (Éd. Luja). — XV : Bena-Dibele (Luja, 252).

COINOCHLAMYS T. Anders.

Coinochlamys angolana *S. Moore* in Journ. of Bot. XIV (1876) 322; *Th. Dur.* et *De Wild.* Mat. fl. Cgo, II (1898) 78 [B. S. B. B. XXXVII, 123].

Mostuea — *Hiern* Cat. Welw. Pl. I (1898) 700 ; *Bak.* in *Dyer* Fl. trop. Afr. IV¹ 510.

1888 (Fr. Hens). — IX : pays des Bangala (Ém. Laur.). — XIII a : les Stanley-Falls (Ém. Laur.).

—   —   var. **Laurentii** *De Wild.* Miss. Laurent (1906) 260.

M. angolana *Hiern* var. — *De Wild.* l. c. (1906) 260, in syn.

1903 (Ém. et Marc. Laurent). — II a : la Lukula (Ém. et M. Laur.). — IX : Uka-turaka (Ém. et M. Laur.).

Coinochlamys congolana *Gilg* in Engl. Jahrb. XXIII (1896) 197; *Th. Dur.* et *De Wild.* Mat. fl. Cgo, II (1898) 78 [B. S. B. B. XXXVII,

123]; *De Wild.* et *Th. Dur.* Contr. fl. Cgo, II (1900) 42; Pl. Thonnerianae (1900) 42 et Reliq. Dewevr. (1901) 160.

Mostuea congolana *Bak.* in *Dyer* Fl. trop. Afr. IV' (1903) 509.

1888 (Fr. Hens). — V : env. de Lukolela (Dew. 743). — IX : Bangala (Hens, C. 169); Upoto (Thonn.).

Coinochlamys Poggeana *Gilg* in Engl. Jahrb. XVII (1893) 559; *Th. Dur.* et *Schinz* Étud. fl. Cgo (1896) 196.

Mostuea — *Bak.* in *Dyer* Fl. trop. Afr. IV' (1903) 510.

1876? (P. Pogge). — XV : Mukenge (Pg. 254).

NUXIA Lam.

Nuxia dentata *R. Br.* in *Salt* Voy. to Abyss. Append. (1814) 62; *Benth.* et *A. DC.* in *DC.* Prodr. X, 435; *A. Rich.* Tent. fl. Abyss. II, 124; *Th. Dur.* et *De Wild.* Mat. fl. Cgo, II (1898) 78 [B. S. B. B. XXXVII, 123]; *Hiern* Cat. Welw. Pl. I, 700; *Bak.* in *Dyer* Fl. trop. Afr. IV', 513.

1891 (G. Descamps). — XVI : la Lufira (Desc.).

BUDDLEIA L.

Buddleia madagascariensis *Lam.* Encycl. méth. Bot. I (1783) 513; Bot. Mag. (1828) t. 2824; *Benth.* in *DC.* Prodr. X, 447; *Bak.* Fl. of Maurit. 233; *Th. Dur.* et *Schinz* Étud. fl. Cgo (1896) 196; *Bak.* in *Dyer* Fl. trop. Afr. IV', 517, in obs.

1874 (E. Pechuel-Loesche). — Bassin du Congo (Pech.-Loesche).

ANTHOCLEISTA Afzel.

Anthocleista Baertsiana *De Wild.* et *Th. Dur.* Pl. Gilletianae, II (1901) 89 [B. Herb. Boiss. Sér. 2, I, 829]; *De Wild.* Étud. fl. Bas- et Moy.-Cgo, I (1904) 198; *Bak.* in *Dyer* Fl. trop. Afr. IV', 625.

1899 (J. Gillet). — V : env. de Léopoldville (Gill. 2543); Kisantu (Gill. 56).

Anthocleista Buchneri *Gilg* in Engl. Jahrb. XVII (1893) 576; *Th. Dur.* et *Schinz* Étud. fl. Cgo (1896) 194.

1880 (Max Buchner). — Ind. non cl. : Bassin du Luatschim (Buch. 618).

OBS. — M. Baker [in *Dyer* Fl. trop. Afr. IV', 539] rapporte cette espèce à l'*A. nobilis* G. Don.

23

Anthocleista inermis *Engl.* in Engl. Jahrb. VIII (1886) 63; *Th. Dur.* et *Schinz* Étud. fl. Cgo (1896) 194; *Bak.* in *Dyer* Fl. trop. Afr. IV', 541.

1816 (Chr. Smith). — Bas-Congo (Sm.). — II : île près de Ponta da Lenha (Naum.).

Anthocleista innocua *Engl.* in Engl. Jahrb. VIII (1887) 63.

1874 (Fr. Naumann.). — II : Ponta da Lenha (Naum.).

Obs. — Cette espèce n'est pas relevée dans la *Flora of tropical Africa*.

Anthocleista Laurentii *De Wild.* Miss. Laurent (1906) 262.

1903 (Ém. et Marc. Laurent). — V : Lukolela (Ém. et M. Laur.).

Anthocleista Liebrechtsiana *De Wild.* et *Th. Dur.* Mat. fl. Cgo, IV (1899) 19 [B. S. B. B. XXXVIII², 96] et Reliq. Dewevr. (1901) 160; *Bak.* in *Dyer* Fl. trop. Afr. IV', 540; *De Wild.* Miss. Laurent (1906) 262.

1896 (A. Dewèvre). — V : Lukolela. — Nom vern. : **Eroke** (Dew. 829). — VII : la Kiri (Ém. et M. Laur.). — IX : Ukaturaka (Ém. et M. Laur.).

Anthocleista Schweinfurthii *Gilg* in Engl. Jahrb XVII (1893) 579; *Th. Dur.* et *Schinz* Étud. fl. Cgo (1896) 195 ; *Bak.* in *Dyer* Fl. trop. Afr. IV', 541.

1870 (G. Schweinfurth). — XII d : le Mbruole (Schw. 3726).

Anthocleista squamata *De Wild.* et *Th. Dur.* Pl. Gilletianae, II (1901) 90 [B. Herb. Boiss. Sér. 2, 1, 830]; *Bak.* in *Dyer* Fl. trop. Afr. IV', 625 ; *De Wild.* Miss. Laurent (1906) 262 et Étud. fl. Bas- et Moy.-Cgo, I (1904) 198.

1900 (J. Gillet). — V : Kimuenza (Gill. 1773) ; bords de la Lukaye (Gér. in Gill. 1921). — IX : île en aval de Bolombo (Em. et M. Laur.).

Anthocleista Vogelii *Planch.* in *Hook.* Icon. pl. VIII (1848) t. 793 ; *Engl.* in Engl. Jahrb. VIII (1887) 63.

1874 (Fr. Naumann). — II : Ponta da Lenha (Naum.).

USTERIA Willd.

Usteria guineensis *Willd.* in Ges. Naturf. Fr. Berlin, X (1792) 55 ; *A. DC.* in *DC.* Prodr. IX, 22 ; *Hook.* Niger Fl. (1849) 459, t. 45 ; *Th. Dur.* et *De Wild.* Mat. fl. Cgo, II (1898) 78 [B. S. B. B. XXXVII, 123] ; *Hiern* Cat. Welw. Pl. I, 517 ; *Bak.* in *Dyer* Fl. trop. Afr.

IV', 517; *De Wild*. Miss. Laurent (1906) 261 et Étud. fl. Bas- et Moy.-Cgo, I (1903) 66, (1904) 175; II (1907) 63.

U. vulgaris *Afzel*. Gen. pl. Guin. (1804) 27, c. fig.

1896 (Ém. Laurent). — V : env. de Léopoldville; Kimuenza (Gill); env. de Sanda (Odd.). — VI : Madibi (Lescr.). — VIII : env. d'Eala (M. Laur.). — XI : Basoko (Ém. Laur.).

STRYCHNOS L (1).

Stychnos congolana *Gilg* in Engl. Jahrb. XXVIII (1899) 120; *De Wild*. et *Th. Dur*. Reliq. Dewevr. (1901) 161; *Bak*. in *Dyer* Fl. trop. Afr. IV', 521.

1896 (A. Dewèvre). — XIII d : env. de Kasongo. — Nom vern. : **Goïo** (Dew. 931).

Strychnos densiflora *Baill*. in Adansonia, XII (1879) 369; *Bak*. in *Dyer* Fl. trop. Afr. IV', 528; *De Wild*. Not. pl. util. ou intér. du Cgo, I (1904) 289-290.

S. suaveolens *Gilg* in Engl. Jahrb. XVII (1893) 566: *Th. Dur*. et *Schinz* Étud. fl. Cgo (1896) 196.

1870 (G. Schweinfurth). — XII d : bassin du Mbruole [Mangbettu] (Schw. 3597).

Strychnos Dewevrei *Gilg* in Engl. Jahrb XXVIII (1899) 119 et ex *De Wild*. et *Th. Dur*. Pl. Gilletianae, II (1901) 91 [B. Herb. Boiss. Sér. 2, I, 831]; *De Wild*. et *Th. Dur*. Reliq. Dewevr. (1901) 161; *Bak*. in *Dyer* Fl. trop. Afr. IV', 551; *De Wild*. Étud. fl. Bas- et Moy.-Cgo, I (1904) 175; Not. pl. util. ou intér. du Cgo, I (1904) 291-297 et Miss. Laurent (1906) 261.

1896 (A. Dewèvre). — Congo (Dew. 845). — V : env. de Sabuka: Kwamouth (Dew.); Kisantu (Gill.); Lukolela (Dew. 845). — VI : Dima (Ém. et M. Laur.).

Strychnos floribunda *Gilg* in Engl. Jahrb. XVII (1893) 566; *Th. Dur*. et *Schinz* Étud. fl Cgo (1896) 195; *Bak*. in *Dyer* Fl. trop. Afr. IV', 527.

1870 (G. Schweinfurth). — XII d : le Kapili, pays des Mangbettu (Schw. 3558).

Strychnos Gilletii *De Wild*. Étud. fl. Bas- et Moy.-Cgo, I (1904) 176; *Bak*. in *Dyer* Fl. trop. Afr. IV', 624.

1899 (J. Gillet). — V : Kisantu (Gill. 134, 880).

---

(1) Voir l'article de M. Ém. De Wildeman, sur les *Strychnos* Not. pl. util. ou intér. du Cgo, I (1904) 285-297.

Strychnos gracillima *Gilg* in Engl. Jahrb. XVII (1893) 573; *De Wild.* Étud. fl. Kat. (1903) 97; *Bak.* in *Dyer* Fl. trop. Afr. IV¹, 536.

Le type croît dans le Bahr-el-Ghazal.

— — var. **paucispinosa** *De Wild.* Étud. fl. Kat. (1903) 97.

1899 (Edg. Verdick). — XVI : Lukafu. — Nom vern. : **Kakunta-Puku** (Verd. 48).

Stychnos innocua *Delile* Cent. pl. Méroë (1826) 53; *DC.* Prodr. IX, 17; *Th. Dur.* et *Schinz* Étud. fl. Cgo. (1896) 195; *Bak.* in *Dyer* Fl. trop. Afr. IV¹, 533.

1874 (E. Pechuel-Loesche). — Bassin du Congo (Pech.-Loesche).

Strychnos Kipapa *Gilg* in Notizbl. bot. Gart. Berlin, II (1899) 256 et in Engl. Jahrb. XXVIII (1899) 118; *Bak.* in *Dyer* Fl. trop. Afr. IV¹, 521; *De Wild.* Not. pl. util. ou intér. du Cgo, I (1904) 291, in obs.

1876? (P. Pogge). — XV : Mukenge (Pg. 630).

Strychnos longecaudata *Gilg* in Engl. Jahrb. XVII (1893) 570; *Th. Dur.* et *Schinz* Étud. fl. Cgo (1896) 196; *Bak.* in *Dyer* Fl. trop. Afr. IV¹, 527.

1870 (G. Schweinfurth). — XII d : pays des Mangbettu à Bongwa (Schw. 3610).

Strychnos pungens *Solered.* in Engl. Jahrb. XVII (1893) 554 et in *Engl.* et *Prantl* Nat. Pflanzenfam. IV, 2 (1895) 40; *De Wild.* et *Th. Dur.* Contr. fl. Cgo, II (1900) 42; *Hiern* Cat. Welw. Pl. I, 704; *Bak.* in *Dyer* Fl. trop. Afr. IV¹, 530; *De Wild.* Étud. fl. Bas- et Moy.-Cgo, II (1907) 64.

S. occidentalis *Solered.* l. c. IV, 2 (1890) 40.

1876? (P. Pogge). — Bas-Congo (Gill. 3780). — V : brousse du distr. du Stanley-Pool (Ém. Laur.); Dolo (Schlt.); Kisantu (Gill.). — XV : Musumba (Pg. 375). — Ind. non cl. : Punda (Pinda?, VI] (Lescr. 274).

Strychnos Schweinfurthii *Gilg* in Engl. Jahrb. XVII (1893) 568; *Th. Dur.* et *Schinz* Étud. fl. Cgo (1896) 196; *Bak.* in *Dyer* Fl. trop. Afr. IV¹, 525.

1870 (G. Schweinfurth). — XII d : Munza (Schw. 3509).

Strychnos suberosa *De Wild.* Étud. fl. Bas- et Moy.-Cgo, I (1904) 177, (1906) 300; II (1907) 64 et Miss. Laurent (1906) 261; *Bak.* in *Dyer* Fl. trop. Afr. IV¹, 624.

1900 (J. Gillet). — V : Dolo (Coll.?); Chenal (Ém. et M. Laur.); Lemfu (But. in Gill. 2261); Kisantu ; entre Dembo et le Kwango (But. in Gill. 1505). — Nom vern. : **N'Konghi** [Stanley-Pool].

Strychnos Unguacha *A. Rich.* Tent. fl. Abyss. II (1851) 52 et Atlas, t. 73; *Gilg* in Engl. Jahrb. XVII (1893) 562 et in *Engl.* Pfl. Ost-Afr. 310; *Bak.* in *Dyer* Fl. trop. Afr. IV¹, 534.

Le type croît en Abyssinie.

— — var. **obovata** *De Wild.* Étud. fl. Kat. (1903) 98.

1899 (Edg. Verdick). — XVI : Lukafu. — Nom vern. : **Munkollo-Kollo** (Verd.).

Strychnos variabilis *De Wild.* Étud. fl. Bas- et Moy.-Cgo, I (1904) 178; *Bak.* in *Dyer* Fl. trop. Afr. IV¹, 623.

1900 (J. Gillet). — V : env. de Léopoldville (Gill.); Kisantu (Gill. 808); Kimuenza (Gill. 1726, 2081).

GAERTNERA Lam.

Gaertnera paniculata *Benth.* in *Hook.* Niger Fl. (1849) 459; *De Wild.* Étud. fl. Bas- et Moy.-Cgo, I (1904) 84; II (1907) 81, 189 et Miss. Laurent (1906) 352; *Bak.* in *Dyer* Fl. trop. Afr. IV¹, 543.

1902 (J. Gillet). — V : le Stanley-Pool (Schlt.); Léopoldville et env. (Gill.; Pyn.); Galiema (Pyu.); entre Léopoldville et Mombasi ; Kisantu (Gill.). — VI : vallée de la Djuma (Gill.); Madibi. — Nom vern. : **Munkaman** (Sap.); Lenano (Lescr.). — VII : Ganda (Body). — VIII : Eala (M. Laur.); la Lulanga (Ém. et M. Laur.). — IX : Nouvelle-Anvers (Pyn.). — XI : Mogandjo (M. Laur.). — XV : le Kasai; Butala; Dibele (Ém. et M. Laur.).

Gaertnera plagiocalyx *K. Schum.* in *Schlechter* Westafr. Kautsch.-Exped. (1900) 322 [nom. tant.].

1899 (R. Schlechter). — V : le Stanley-Pool près Léopoldville (Schlt. 12586).

GENTIANACEAE

EXACHAENIUM Griseb.

Exachaenium chionanthum [*Gilg*] *Schinz* in B. Herb. Boiss. Sér. 2, VI (1906) 806; *De Wild.* Étud. fl. Bas- et Moy.-Cgo, II (1908) 336.

Belmontia — *Gilg* in *Baum* Kunene-Sambesi-Exped. (1903) 332; *Bak. et N. E. Br.* in *Dyer* Fl. trop. Afr. IV¹, 625.

1900 (J. Gillet). — V : Kimuenza (Gill. 1785).

Exachaenium Gentilii *De Wild.* Étud. fl. Bas- et Moy.-Cgo, II (1908) 336.

Belmontia — *De Wild.* l. c. II (1908) 336.

1902 (L. Gentil). — XV : Kanda-Kanda (Gent.).

Exachaenium Teuszii [*Vatke*] *Schinz* in B. Herb. Boiss. Sér. 2, V (1906) 807; *De Wild*. Étud. fl. Bas- et Moy.-Cgo, II (1908) 336.

Belmontia — *Vatke* ex *Schinz* in Viertelj. Zürch. Nat. Ges. XXXVI (1891) 334; *Th. Dur.* et *Schinz* Étud. fl. Cgo (1896) 197; *Bak.* et *N. E. Br.* in *Dyer* Fl. trop. Afr. IV¹, 554.
Tachiadenus continentalis *Bak.* in Kew Bull. (1895) 70.

1891 (G. Descamps). — XV : la Muaba près Lima [affl. du Lubudi] (Desc.). — XVI : chutes de Zilo (Desc.).

Exachaenium Wildemanianum *Gilg* in *De Wild*. Étud. fl. Bas- et Moy.-Cgo, II (1908) 336 [nom. tant.].

1899 (Éd. Luja). — V : env. de Léopoldville (Gill.); Mombasi (Gill. 2564): env. de Sabuka (M. Laur. 554). — V : env. de Bokala (M. Laur. 607). — XV : le Kasai (Luja, 222).

SEBAEA R. Br.

Sebaea debilis [*Welw.*] *Schinz* in B. Herb. Boiss. Sér. 2, VI (1906) 734; *De Wild*. Étud. fl. Bas- et Moy.-Cgo, II (1908) 336.

Exachaenium — *Welw.* in Trans. Linn. Soc. XXVII (1869) 48.
Belmontia — *Schinz* in Viertelj. Zürch. Nat. Ges. XXXVI (1891) 332; *Bak.* et *N. E. Br.* in *Dyer* Fl. trop. Afr. IV¹, 552.
Parasia — *Hiern* Cat. Welw. Pl. I (1898) 708.

1880 (von Mechow). — V : le Stanley-Pool (Schlt.); Dolo (M. Laur. 534). — VI : bord du Kwango (Mech.).

Sebaea oligantha [*Gilg*] *Schinz* in B. Herb. Boiss. Sér. 2, VI (1906) 736.

Belmontia — *Gilg* in Engl. Jahrb. XXVI (1898) 102; *Bak.* et *N. E. Br.* in *Dyer* Fl. trop. Afr. IV¹, 552.

1901 (J. Gillet). — V : Kimuenza (Gill. 2141, 2338).

EXACUM L.

Exacum quinquenervium *Griseb*. in *DC*. Prodr. IX (1845) 46; *Bak.* et *N. E. Br.* in *Dyer* Fl. trop. Afr. IV¹, 546; *Engl.* in *Schlechter* Westafr. Kautsch.-Exped. (1900) 304; *De Wild*. Étud. fl. Bas- et Moy.-Cgo, II (1908) 335.

1899 (R. Schlechter). — V : Dolo (Schlt.). — VIII : entre Léopoldville et Mombasi (Gill. 2585).

CHIRONIA L. (1)

Chironia Verdickii *De Wild.* Ètud. fl. Bas- et Moy. Cgo, II (1908) 338.

1899 (Edg. Verdick). — XVI : plateau de Lukafu (Verd. 446).

CANSCORA Lam.

Canscora decussata [*Roxb.*] *Schult.* Mant. pl. III (1827) 229; *Th. Dur.* et *De Wild.* Mat. fl. Cgo, II (1898) 68 [B. S. B. B. XXXVII, 123]; *Bak.* et *N. E. Br.* in *Dyer* Fl. trop. Afr. IV¹, 557; *De Wild.* Ètud. fl. Bas- et Moy.·Cgo, II (1908) 337.

Pladera — *Roxb.* Fl. Ind. I (1820) 478; Bot. Mag. (1831) t. 3066.

1895 (G. Descamps). — V : Kwamouth (M. Laur. 430). — XVI : Toa (Desc.).

FAROA Welw.

Faroa affinis *De Wild.* Ètud. fl. Kat. (1903) 99; *Bak.* et *N. E. Br.* in *Dyer* Fl. trop. Afr. IV¹, 567.

1900 (Edg. Verdick). — XVI : Lukafu (Verd. 536).

Faroa paradoxa *Gilg* in *De Wild.* Ètud. fl. Bas- et Moy.-Cgo, II (1908) 337 [nom. tant.].

1903 (Aug. Hendrickx). — V : rég. de la Lumene (Hendr. in Gill. 3299).

Faroa salutaris *Welw.* in Trans. Linn. Soc. XXVII (1869) 46, t. 17; *Engl.* Hochgeb. trop. Afr. 336; *Hiern* Cat. Welw. Pl. I, 710; *De Wild.* Ètud. fl. Kat. (1903) 100; *Knobl.* in Bot. Centralbl. LX (1894) 330; *Bak.* et *N. E. Br.* in *Dyer* Fl. trop. Afr. IV¹, 569.

1900 (Edg. Verdick). — XVI : entre Lukafu et le Tanganika; Lukafu (Verd. 120).

LEIPHAEMOS Cham. et Schlecht.

Leiphaemos primuloides [*Bak.*] *Gilg* in *Engl.* et *Prantl* Nat. Pflanzenfam. IV, 2 (1895) 104, fig. 16.

Voyria — *Bak* in Kew Bull. (1894) 25; *Bak.* et *N. E. Br.* in *Dyer* Fl. trop. Afr. IV¹, 569.

1891 (G. Descamps). — XVI : le Lualaba (Desc.).

---

(1) MM. Baker et Brown [in *Dyer* Fl. trop. Afr. IV¹, 627] disent que Baum a récolté le **Chironia transvaalensis** Gilg, dans le Congo près de Kavanga sur le Kubango. — Nóus croyons que cette localité n'est pas dans le Congo belge.

NEUROTHECA Salisb.

Neurotheca congolana *De Wild.* et *Th. Dur.* in *Th. Dur.* et *De Wild.* Mat. fl. Cgo, IV (1899) 21 [B. S. B. B. XXXVIII², 98] et Reliq. Dewevr. (1901) 162; *Hua* in B. S. B. Fr. XLVIII, 262, 265; 337; *Bak.* et *N. E. Br.* in *Dyer* Fl. trop. Afr. IV¹, 562.

1896 (A. Dewèvre). — V : entre Lukolela [V] et Équateur [VIII] (Buett. 575). — XIII : Oukumu (Dew. 1084).

Neurotheca densa *De Wild.* Étud. fl. Bas- et Moy.-Cgo, II (1908) 337.

1903 (Ém. et Marc. Laurent). — VII : sables d'Inongo (Ém. et M. Laur.).

Neurotheca loeselioides *[Spruce] Benth.* in *Benth.* et *Hook. f.* Gen. pl. II (1873) 812; *Th. Dur.* et *Schinz* Étud. fl. Cgo (1896) 197; *De Wild.* Étud. fl. Bas- et Moy.-Cgo, I (1903) 67, (1906) 301; II (1908) *Bak.* et *N. E. Br.* in *Dyer* Fl. trop. Afr. IV¹, 560.

Octopleura — *Spruce* ex *Prog.* in *Mart.* Fl. Bras. VI¹ (1865) 212, t. 58, fig. 1.

1885 (R. Buettner). — V :.env. de Léopoldville; entre Léopoldville et Mombasi (Gill.); Dolo (Schlt.; M. Laur. 569). — IX : Bangala (Hens): entre Amadis et Surango (Ser. 353).

Neurotheca longidens *N. E. Br.* ex *Bak.* et *N. E. Br.* in *Dyer* Fl. trop. Afr. IV¹ (1903) 560; *De Wild.* Étud. fl. Bas- et Moy.-Cgo, II (1908) 337.

1888 (Fr. Hens). — V : Dembo (Vanderyst). — VI : vallée de la Djuma (Gent.).— VIII : Eala (Pyn. 136). — IX : pays des Bangala (Hens, C. 103). — XIII : Kasuku (Dew. 1068?).

LIMNANTHEMUM Gmel.

Limnanthemum indicum [*L.*] *Griseb.* Gen. et sp. Gentian. (1839) 343; *Boiss.* Fl. Or. IV, 65; *Th. Dur.* et *De Wild.* Mat. fl. Cgo, II (1898) 78 [B. S. B. B. XXXVII, 123] et Reliq. Dewevr. (1901) 162; *Gilg.* in *Schlechter* Westafr. Kautch.-Exped. (1900) 304; *Bak.* et *N. E. Br.* in *Dyer* Fl. trop. Afr. IV¹, 587 et Contr. fl. Cgo, II (1900) 42; *De Wild.* Étud. fl. Kat. (1903) 101 et Étud. fl. Bas- et Moy.-Cgo, I (1903) 67, (1906) 301.

1891 (F. Demeuse). — V : le Stanley-Pool (Dem.); entre Léopoldville et Mombasi (Gill.); Lukolela (Schlt.) et env. — Nom vern. : **Etoko** (Dew). — VI : embouch. du Kwango (Gill.). — XVI : Lac Moero (Verd.). — Ind. non cl. : Kipilia (Ém. Laur.).

HYDROPHYLLEACEAE

HYDROLEA L.

Hydrolea guineensis *Choisy* in Annal. sci. nat. Sér. 2, I (1834) 180; *DC* Prodr. X, 180; *Bak.* et *N. E. Br.* in *Dyer* Fl. trop. Afr. IV², 3.

H. glabra *Schumach.* et *Thonn.* [non *Sm.*] Beskr. Guin. Pl. (1827) 161 ; *Th. Dur.* et *Schinz* Etud. fl. Cgo (1896) 197.

1816 (Chr. Smith). — Bas-Congo (Sm.). — IV : Lutete (Hens, A. 9).

BORAGINACEAE

CORDIA L.

Cordia aurantiaca *Bak.* in Kew Bull. (1894) 24; *Th. Dur.* et *Schinz* Étud. fl. Cgo (1896) 198; *Hiern* Cat. Welw. Pl. I, 715; *Bak.* et *C. H. Wright* in *Dyer* Fl. trop. Afr. IV², 10.

1816 (Chr. Smith). — Bas-Congo (Sm.).

Cordia Dewevrei *De Wild.* et *Th. Dur.* in *Th. Dur.* et *De Wild.* Mat. fl. Cgo, III (1899) 29 [B. S. B. B. XXXVIII², 37]; Pl. Gilletianae, II (1901) 91 [B. Herb. Boiss. Sér. 2, I, 831] et Reliq. Dewevr. (1901) 163; *Bak.* et *C. H. Wright* in *Dyer* Fl. trop. Afr. IV², 9.

1896 (A. Dewèvre). — V : Kisantu (Gill. 1344). — XIII d : env. de Vieux-Kasongo (Dew. 915).

Cordia Gilletii *De Wild.* Étud. fl. Bas- et Moy.-Cgo, I (1903) 72.

1900 (J. Gillet). — V : env. de Kisantu (Gill. 1314, 1858).

Cordia Liebrechtsiana *De Wild.* et *Th. Dur.* in *Th. Dur.* et *De Wild.* Mat. fl. Cgo, III (1899) 30 [B. S. B. B. XXXVIII², 38] et Reliq. Dewevr. (1901) 164; *Bak.* et *C. H. Wright* in *Dyer* Fl. trop. Afr. IV², 13; *De Wild.* Miss. Laurent (1905) 170.

1895 (A. Dewèvre). — Congo (Dew.). — IX : Bumba (Ém. et M. Laur.).

EHRETIA L.

Ehretia abyssinica *R. Br.* in *Salt* Voy. to Abyss. app. (1814) 64 ; *Fresen.* in Flora (1838) 608; *DC.* Prodr. IX, 506; *A. Rich.* Tent. fl.

Abyss. II, 82; *Th. Dur.* et *Schinz* Étud. fl. Cgo (1896) 198; *Bak.* et *C. H. Wright* in *Dyer* Fl. trop. Afr. IV², 23.

1870 (G. Schweinfurth). — II : Boma (Naum.). — XII d : pays des Mangbettu (Schw.).

Ehretia Guerkeana *De Wild.* Étud. fl. Kat. (1903) 223; *Bak.* et *C. H. Wright* in *Dyer* Fl. trop. Afr. IV², 21.

1899 (Edg. Verdick). — XVI : Lukafu (Verd. 308).

Ehretia longistyla *De Wild.* et *Th. Dur.* Contr. fl. Cgo, I (1899) 44 et Reliq. Dewevr. (1901) 164; *De Wild.* Étud. fl. Bas- et Moy.-Cgo, I (1906) 309; *Bak.* et *C. H. Wright* in *Dyer* Fl. trop. Afr. IV², 22.

1895 (A. Dewèvre). — I : Moanda (Gill. 3153). — II : Boma (Dew. 416). — III : Matadi (Gill.).

HELIOTROPIUM L.

Heliotropium indicum *L.* Sp. pl. ed. 1 (1753) 130; Bot. Mag. (1816) t. 1837; *Hook. f.* Fl. Brit. Ind. IV,.152; *Guerke* in *Engl.* Pfl. Ost-Afr. 337; *Hiern* Cat. Welw. Pl. I, 719; *Th. Dur.* et *Schinz* Étud. fl. Cgo (1896) 198; *De Wild.* et *Th. Dur.* Reliq. Dewevr. (1901) 164; *De Wild.* Miss. Laurent (1905) 170 et Étud. fl. Bas- et Moy.-Cgo, I (1903) 36, (1904) 198; *Bak.* et *C. H. Wright* in *Dyer* Fl. trop. Afr. IV², 32.

Tiaridium — *Lehm.* Asperifol. (1818) 14; *Cham.* in Linnaea (1829) 152, t. 5, fig. 2.

Heliophytum — *DC.* Prodr. IX (1845) 556.

1882 (H. Johnston). — Congo (Johnst.). — II : Boma. — Nom vern. : **Leco** (Dew.). — III : Tondoa (Buett.). — V : Kisantu (Gill.). — VIII : Eala (M. Laur.). — IX : Bangala (Hens); Umangi (Ém. et M. Laur.). — XI : Lie (Ém. et M. Laur.). — XII d : le Kibali (Schw.). — XV : Lusambo (Ém. et M. Laur.). — XVI : Lukafu (Verd.).

Heliotropium katangense *Guerke* in *De Wild.* Étud. fl. Kat. (1903) 223; *Bak.* et *C. H. Wright* in *Dyer* Fl. trop. Afr. IV², 43.

1899 (Edg. Verdick). — XVI : Lukafu. — Nom vern. : **Kakabolo-Kampanga** (Verd. 141, 182).

Heliotropium ovalifolium *Forsk.* Fl. Aegypt.-Arab. (1775) 38; *Clarke* in *Hook. f.* Fl. Brit. Ind. IV, 150; *Guerke* in *Engl.* Pfl. Ost-Afr. 337; *De Wild.* Étud. fl. Kat. (1903) 116; *Hiern* Cat. Welw. Pl. I, 718; *Bak.* et *C. H. Wright* in *Dyer* Fl. trop. Afr. IV², 34.

H. coromandelianum *Retz.* Observ. bot. II (1781) 9; *Wight* Icon. pl. Ind. or. IV, t. 1388.

1899 (Edg. Verdick). — XVI : Lukafu (Verd.).

TRICHODESMA R. Br.

Trichodesma Droogmansianum *De Wild.* et *Th. Dur.* Mat. fl. Cgo, VIII (1900) 17 [B. S. B. B. XXXIX*, 69]; *Bak.* et *C. H. Wright* in *Dyer* Fl. trop. Afr. IV², 47.

1891 (G. Descamps). — XVI : le Lualaba (Desc.).

Trichodesma zeylanicum [*L.*] *R. Br.* Prodr. fl. N. Holl. (1810) 496; *DC.* Prodr. X, 172; *A. Rich.* Tent. fl Abyss. II, 91; Bot. Mag. (1855) t 4820; *De Wild.* et *Th. Dur.* Contr. fl. Cgo, II (1900) 43; *Guerke* in *Engl.* Pfl. Ost-Afr. 337; *Bak.* et *C. H. Wright* in *Dyer* Fl. trop. Afr. IV', 51.

Borago — *L.* Maut. pl. II (1771) 202'; *Jacq.* Icon pl. rar. II. t. 314.

1891 (G. Descamps). — XVI : la Luaba [affl. du Lubudi] (Desc.).

CYNOGLOSSUM L.

Cynoglossum lanceolatum *Forsk* Fl. Aegypt.-Arab. (1775) 41; *DC.* Prodr. X, 155; *Hiern* Cat. Welw. Pl. I, 721; *Bak.* et *C. H. Wright* in *Dyer* Fl. trop. Afr. IV², 54.

C. micranthum *Desf.* Tabl. Écol. bot. Mus. Paris, éd. 1 (1804) 220; *De Wild.* et *Th. Dur.* Contr. fl. Cgo, II (1900) 43.

1899 (J. Gillet). — V : Kisantu (Gill.).

CONVOLVULACEAE

EVOLVULUS L.

Evolvulus alsinoides [*L.*] *L.* Sp. pl. ed. 2 (1762) 392; *Choisy* in *DC.* Prodr. IX, 447; *Hallier f.* in *Engl.* Bot. Jahrb. XVIII (1893) 85; *Dammer* in *Engl.* Pfl. Ost-Afr. 328; *Th. Dur.* et *Schinz* Étud. fl. Cgo (1896) 204; *De Wild.* Étud. fl. Bas- et Moy.-Cgo, II (1907) 198; *Hiern* Cat. Welw. Pl. I, 724; *Bak.* et *C. H. Wright* in *Dyer* Fl. trop. Afr. IV', 67.

Convolvulus — *L.* Sp. pl. ed. 1 (1753) 157.

1888 (Fr. Hens). — I : Manda (Gill.). — III-IV : la Lufu (Hens). — XVI : Toa (Desc.).

— — var. **procumbens** *Schweinf.* Beitr. Fl. Aethiop. (1867) 94; *Hallier f.* in Engl. Jahrb. XVIII (1894) 85; *Th. Dur.* et *De Wild.* Mat. fl. Cgo, II (1898) 42 [B. S. B. B. XXXVII, 87].

1895 (G. Descamps). — XVI : Toa (Desc.).

E. alsinoides var. **strictus** *Klotzsch* in *Peters* Reise n. Mossamb. I (1862) 246; *Dammer* in *Engl.* Pfl. Ost-Afr. 318; *Th. Dur.* et *De Wild.* Mat. fl. Cgo, II (1898) 42 [B. S. B. B. XXXVII, 87].

> E. alsinoides *L.* var. erectus *Schweinf.* Beitr. Fl. Aethiop. (1867) 94; *Hallier f.* in Engl. Jahrb. XVIII (1894) 85; *Th. Dur.* et *Schinz* Étud. fl. Cgo (1896) 205.
> E. linifolius *L.* Sp. pl. ed. 2 (1762) 399.
> E. heterophyllus *Labill.* Sert. Austro-Caled. I (1824) 24, t. 29.

> 1888 (F. Hens). — IV : Lukungu (Hens).

BONAMIA Thou.

Bonamia minor *Hallier f.* in Engl. Jahrb. XVIII (1894) 91 et in B. Herb. Boiss. V (1897) 999; *Th. Dur.* et *Schinz* Étud. fl. Cgo (1896) 205; *Bak.* et *Rendle* in *Dyer* Fl. trop. Afr. IV², 80; *Th. Dur.* et *De Wild.* Mat. fl. Cgo, II (1898) 43 [B. S. B. B. XXXVII, 88]; *De Wild.* Étud. fl. Kat. (1903) 110.

> 1882 (P. Pogge). — XVI : bassin du Kazembe [tributaire du Lualaba] (Desc.); Lukafu. — Nom vern. : **Kisowa** (Verd. 592). — Ind. non cl. : le Lomami (Pg. 1214).

PREVOSTEA Choisy.

Prevostea breviflora *De Wild.* Étud. fl. Bas- et Moy.-Cgo, I (1903) 70.

> 1900 (J. Gillet). — V : Kimuenza (Gill. 2086, 2143).

Prevostea Cabrae *De Wild.* et *Th. Dur.* in *Th. Dur.* et *De Wild.* Mat. fl. Cgo, VIII (1900) 18 [B .S .B. B. XXXIX², 70]; *Bak.* et *Rendle* in *Dyer* Fl. trop. Afr. IV², 83.

> 1897 (Alph. Cabra). — II a : le Mayumbe (Cabra, 88, 92).

Prevostea campanulata [*Bak.*] *K. Schum.* in *Engl.* et *Prantl* Nat. Pflanzenfam. IV, 3 a (1897) 17; *De Wild.* et *Th. Dur.* Contr. fl. Cgo, II (1900) 44; *Hallier f.* in Engl. Jahrb XVIII (1894) 92; *Bak.* et *Rendle* in *Dyer* Fl. trop. Afr. IV², 82.

> Breweria — *Bak.* in Kew Bull. (1894) 68.

> 1891 (G. Descamps). — XVI : le Luele [affl. du Buchi] (Desc.).

Prevostea Oddoni *De Wild.* Étud. fl. Bas- et Moy.-Cgo, I (1906) 306.

> 1904 (Ad. Oddon). — V : rég. de Sanda (Odd. in Gill. 3632).

Prevostea Poggei *Dammer* ex *Th. Dur.* et *De Wild.* Mat. fl. Cgo, II (1898) 43 [B. S. B. B. XXXVII, 88]; *Bak.* et *Rendle* in *Dyer* Fl. trop. Afr. IV², 84.

> 1881 (P. Pogge). — XV : Mukenge (Pg. 1090, 1172).

PORANA Burm.

Porana subrotundifolia *De Wild.* Étud. fl. Kat. (1903) 111.

1900 (Edg. Verdick). — XVI : Lukafu (Verd. 481, 525).

Obs. — MM. Baker et Rendle [in *Dyer* Fl. trop. Afr. IV², 189] rapportent ce *Porana* à l'*Ipomoea shirensis* Oliv.

JACQUEMONTIA Choisy.

Jacquemontia capitata [*Desv.*] *G. Don* Gen. Syst. Bot. IV (1837) 283; *Hallier f.* in Engl. Jahrb. XVIII (1894) 95; *Th. Dur. et Schinz* Étud. fl. Cgo (1896) 204; *Bak. et Rendle* in *Dyer* Fl. trop. Afr. IV², 85; *De Wild.* Miss. Laurent (1905) 169 et Étud. fl. Bas- et Moy.-Cgo, II (1907) 200.

Convolvulus — *Desv.* in *Lam.* Encycl. méth. Bot. III (1789) 354.

1816 (Chr. Smith). — Bas-Congo (Sm.). — II a : Bingila (Dup.). — IV : Lutete (Hens); Sonagungu (Luja). — V : le Stanley-Pool (Hens); près de Kwamouth (Ém. Laur.); Kinshassa (Dem.); Kisantu; Dembo (Gill.). — XII d : Congo bor. or. (Ser.).

Obs. — Dewèvre dit que cette espèce est C. dans la brousse.

ANISEIA Choisy.

Aniseia martinicensis [*Jacq.*] *Choisy* in Mém. Soc. phys. et hist. nat. Genève, VIII (1838) 144 et in Prodr. IX (1845) 430; *Meisn.* in *Mart.* Fl. Brasil. VII (1869) 320, t. 115, fig. 2; *Hallier f.* in Engl. Jahrb. XVIII (1893) 96 et in *Th. Dur. et De Wild.* Mat. fl. Cgo, II (1898) 43 [B. S. B. B. XXXVII, 88].

Ipomoea — *Jacq.* Hist. stirp. Amer. (1780) 26, t. 17.
Aniseia uniflora *Choisy* in Mém. Soc. phys. et hist. nat. phys. Genève, VI (1834) 483 et in *DC.* Prodr. IX (1845) 431; *Th. Dur. et Schinz* Étud. fl. Cgo (1896) 203; *Bak. et Rendle* in *Dyer* Fl. trop. Afr. IV², 88.

1882 (H. Johnston). — Congo (Johnst.).

HEWITTIA Wight et Arn.

Hewittia sublobata [*L. f.*] *O. Kuntze* Rev. Gener. (1891) 441; *Hallier f.* in Engl. Jahrb. XVIII (1894) 111; *Th. Dur. et Schinz* Étud. fl. Cgo (1896) 203; *De Wild.* Miss. Laurent (1905) 168.

Convolvulus — *L. f.* Suppl. pl. (1781) 135.
C. bicolor *Vahl* Symb. bot. III (1794) 25.
Hewittia — *Walk.-Arn.* in Madras Journ. of sci. V (1837) 22; *Wight* Icon. pl. Ind. or. III, t. 835: *Hallier f.* in B. Herb. Boiss. V (1897) 375, 379, 380, 1008 et in *Th. Dur. et De Wild.* Mat. fl. Cgo, II (1898) 44 [B. S. B. B. XXXVII, 89]; *De Wild. et Th. Dur.* Reliq. Dewevr. (1901) 166; *Bak. et*

Rendle in *Dyer* Fl. trop. Afr. IV², 100; *De Wild.* Étud. fl. Bas- et Moy.-Cgo, I (1906) 308; II (1907) 199.

Shutereia bicolor *Choisy* in Mém. Soc. phys. et hist. nat. Genève, VI (1833) 486 et in *DC.* Prodr. IX, 435.

1816 (Chr. Smith). — Congo (But.); Bas-Congo (Sm.). — IV : Luvituku (Dem.); Lutete (Hens). — V : env. de Léopoldville (Gill.); Kisantu (Gill.). — VI : Lac Tumba (Ém. et M. Laur.). — VIII : Eala (M. Laur.). — XIII d : Nyangwe (Pg.). — XV : Isaka (Ém. et M. Laur.). — XVI : entre le Lubilasch et le Lomami (Pg.).

MERREMIA Dennst.

Merremia angustifolia [*Jacq.*] *Hallier f.* in Engl. Jahrb. XVI (1893) 552; XVIII (1894) 117; *Bak.* et *Rendle* in *Dyer* Fl. trop. Afr. IV', 111; *De Wild.* Étud. fl. Bas- et Moy.-Cgo, II (1904) 200.

Ipomoea — *Jacq.* Collect. bot. II (1788) 367 et Icon. pl. rar. II (1786-1793) 10, t. 317; *Th. Dur.* et *Schinz* Étud. fl. Cgo (1896) 199 pr. p.

1874 (Fr. Naumann). — II : Boma (Naum.). — V : env. de Kwamouth (Biel.).

— — var. **ambigua** *Hallier f.* in Engl. Jahrb. XVIII (1894) 117; *Th. Dur.* et *De Wild.* Mat. fl. Cgo, I (1897) 38; II (1898) 46 [B. S. B. B. XXXVI², 82; XXXVII, 91]; *Hiern* Cat. Welw. Pl. I, 729; *De Wild.* et *Th. Dur.* Reliq. Dewevr. (1901) 167; *De Wild.* Miss. Laurent (1905) 169 et Étud. fl. Bas- et Moy.-Cgo, I (1906) 306.

Convolvulus filicaulis *Vahl* Symb. bot. III (1794) 24.
M. hastata *Hallier f.* l. c. XVIII (1893) 117 [quoad specim. afric.].

1891 (G. Descamps). — Bas-Congo, en plusieurs endroits (Cabra). — I : Moanda (Vanderyst); Banana (Dew.). — II : Boma (Dup.). — II a : Bingila (Dup.). — IV : Banza-Manteka (Hens). — V : env. de Léopoldville (Gill.); Bulcbu (Dew.); Lemfu (But.); Kisantu (Gill.). — VI : route de Tumba-Mani à Popokabaka (Cabra et Michel). — XVI : Lac Musolo (Desc.); Haut-Marungu (Deb.).

Merremia hederacea [*Burm.*] *Hallier f.* in Engl. Jahrb. XVIII (1894) 118; *Th. Dur.* et *Schinz* Étud. fl. Cgo (1896) 205; *Hallier f.* in *De Wild.* et *Th. Dur.* Mat. fl. Cgo, II (1898) 46 [B. S. B. B. XXXVII, 91] et Reliq. Dewevr. (1901) 167; *De Wild.* Miss. Laurent (1905) 169 et Étud. fl. Bas- et Moy.-Cgo, I (1906) 309.

Evolvulus — *Burm.* Fl. Ind. (1768) 77, t. 30, fig. 2.
Ipomoea chryseides *Ker* in Bot. Reg. IV (1818) t. 270; *Wight* Icon. pl. Ind. or. I (1840) t. 157.
M. convolvulacea *Dennst.* Schluess. Hort. Malab. (1818) 34; *Bak.* et *Rendle* in *Dyer* Fl. trop. Afr. IV², 114.

1888 (Fr. Hens). — II a : Zobe (Dew.). — V : le Stanley-Pool (Hens); entre Léopoldville et Mombasi; Kisantu (Gill.). — X : l'Ubangi (Ém. Laur.). — Ind. non cl. : Lone Island [Angola?] (Buett.).

Merremia pentaphylla [*L.*] *Hallier f.* in Engl. Jahrb. XVI (1894) 552; XVIII (1893) 115 et in *Th. Dur.* et *De Wild.* Mat. fl. Cgo, I

(1897) 36; II (1898) 46 [B. S. B. B. |XXXVI², 82; XXXVII, 90] et
Reliq. Dewevr. (1901) 167; ·Hiern Cat. Welw. Pl. I, 728; Bak. et
Rendle in Dyer Fl. trop. Afr. IV², 108; De Wild. Étud. fl. Bas- et
Moy.-Cgo, I (1906) 309.

Convolvulus pentaphyllus L. Sp. pl. ed. 2 (1762) 223 pr. p·
Ipomoea — Jacq. [non Cav.] Collect. bot. III (1788) 297 et Icon. pl.]rar. II
(1786-1793) 10, t. 319.
Batatas — Choisy in Mém. Soc. phys. hist. nat. Genève, VI (1833) 436 et in
DC. Prodr. IX, 339; Wight Icon. pl. Ind. or. II, t. 834.

1888 (Fr. Hens). — I : Moanda (Vanderyst). — II : Boma et env. (Dup.; Dew.;
Pyn.). — II a : le Mayumbe·(Dup.). — V : le Stanley-Pool (Hens); env. de Kisantu
(Gill.).

Merremia pes-draconis Hallier f. in B. Herb. Boiss. VI (1898) 537;
De Wild. et Th. Dur. Mat. fl. Cgo, II (1898) 45 [B. S. B. B.
XXXVII, 90]; Bak et Rendle in Dyer Fl. trop. Afr. IV², 107.

1891 (G. Descamps). — XVI : le Lutembue [affl. du Lubudi] (Desc.).

Merremia pterygocaulos [Choisy] Hallier f. in Engl. Jahrb. XVIII
(1894) 113; Dammer in Engl. Pfl. Ost-Afr. 330; Th. Dur. et Schinz
Étud. fl. Cgo (1896) 205; Th. Dur. et De Wild. Mat. fl. Cgo, I
(1897) 36; II (1898) 45 [B. S. B. B. XXXVI², 82; XXXVII', 90] et
Reliq. Dewevr. (1901) 167; Hiern Cat. Welw. Pl. I, 727; Bak. et
Rendle in Dyer Fl. trop. Afr. 1V², 105; De Wild. Étud. fl. Kat.
(1903) 116; Miss. Laurent (1905) 169 et Étud. fl. Bas- et Moy.-Cgo, II
(1907) 200.

Ipomoea — Choisy in DC. Prodr. IX (1845) 381.

1882 (P. Pogge). — II : Boma (Dup.). — II a : le Mayumbe (Ém. et M. Laur.);
Bingila (Dup.); la Lemba (Dew.). — V : le Stanley-Pool (Hens); Kisantu (Gill.);
Sanda (Odd.). — VIII : Eala (M. Laur.). — IX : Bolombo (Ém. et M. Laur.). —
XII c : l'Uele; Gombari (Delp.). — XII d : Congo bor.-or. (Ser.). — XV : territ. des
Bena-Kabondo [Kasai] (Desc.). — XVI : Lukafu. — Nom vern. : **Malole** (Verd.).
— Ind. non cl. : env. de Madji (Lescr.); le Lomami (Pyn.). — Nom vern. :
Monemena (Dew.).

— — var. **tomentosa** Hallier f. in De Wild. et Th. Dur. Mat.
fl. Cgo, I (1897) 36; II (1898) 45 [B. S. B. B. XXXVI², 90; XXXVII,
90]; Bak. et Rendle in Dyer l. c. 106.

1895 (G. Descamps). — XVI : Toa (Desc.).

ASTROCHLAENA Hallier f.

Astrochlaena solanacea Hallier f. in Engl. Jahrb. XVIII (1893)
121; Th. Dur. et De Wild. Mat. fl. Cgo, II (1898) 47 [B. S. B. B.
XXXVII, 92]; Bak. et Rendle in Dyer Fl. trop. Afr. IV², 120.

1895 (G. Descamps). — XVI : Toa (Desc.).

LEPISTEMON Blume.

Lepistemon owariense [*P. Beauv.*] *Hallier f.* ex *De Wild.* Étud.
fl. Kat. (1903) 112 et Étud. fl. Bas- et Moy.-Cgo, I (1906) 306; II
(1907) 198.

Ipomoea — *P. Beauv.* Fl. d'Oware, II (1807) 41, t. 82.
L. africanum *Oliv.* in *Hook.* Icon. pl. XIII (1878) 54, t. 1270; *De Wild.* Miss.
Laurent (1905) 167; *Bah. et Rendle* in *Dyer* Fl. trop. Afr. IV², 116

1900 (Edg. Verdick). — V : env. de Léopoldville (Gill.); env. de Mopolenge
(M. Laur.); Kisantu (Gill.). — VI : vallée de la Djuma (Gill.). — VIII : Eala (M.
Laur.); Coquilhatville (Pyn.). — IX : en aval de Bumba (Em. et M. Laur.). —
XVI : Lukafu. -- Nom vern. : **Kubilonga** (Verd.).

IPOMOEA L.

Ipomoea amoena *Choisy* in *DC.* Prodr. IX (1845) 365; *Hallier f.*
in Engl. Jahrb. XVIII (1894) 33; XXVIII (1899) 31: *Th. Dur.* et
Schinz Étud. fl. Cgo (1896) 199; *Bak.* et *Rendle* in *Dyer* Fl. trop.
Afr. IV², 154; *Hallier f.* in *Th. Dur.* et *De Wild.* Mat. fl. Cgo, I
(1897) 35; II (1898) 48 [B. S. B. B. XXXVI², 81; XXXVII, 93] et
Contr. fl. Cgo, II (1900) 43; *De Wild.* Étud. fl. Bas- et Moy.-Cgo, II
(1907) 199.

1816 (Chr. Smith). — Bas-Congo (Sm.). — II : Boma (Dup.). — II a : Bingila
(Dup.). — IV : le Manyanga (Dem.). — V : Kisantu (Gill.); Boko (Pyn.). — IX :
Upoto (Wilw.). — XIII d ? : entre Nyangwe et Kimbundo (Pg.). — XVI : Toa
(Desc.).

Ipomoea asclepiadea *Hallier f.* in Engl. Jahrb. XVIII (1894) 142;
XXVIII (1899) 43; *Th. Dur.* et *Schinz* Étud. fl. Cgo (1896) 199;
Bak. et *Rendle* in *Dyer* Fl. trop. Afr. IV², 167; *Th. Dur.* et *De
Wild.* Mat. fl. Cgo, II (1898) 54 [B. S. B. B. XXXVII, 96].

1870 (G. Schweinfurth). — XII d : Nembe [le Kusambo] (Schw. 3141). — Ind.
non cl. : le Iomami (Pg. 1213).

Ipomoea Barteri *Bak.* in Kew Bull. (1894) 70; *Hallier f.* in B.
Herb. Boiss. VI (1898) 542; *Bak.* et *Rendle* in *Dyer* Fl. trop. Afr.
IV², 169; *De Wild.* Étud. fl. Bas- et Moy.-Cgo, II (1907) 199.

1903 (Aug. Hendrickx). — V : Sanda (De Brouw. in Gill. 3027); rég. de la Lula-
Lumene (Hendr. in Gill. 3035).

— — var. **subsericea** *Hallier f.* in *Th. Dur.* et *De Wild.* Mat.
fl. Cgo, II (1898) 54 [B. S. B. B. XXXVII, 96]; *Bak.* et *Rendle* l. c.
169; *De Wild.* et *Th. Dur.* Contr. fl. Cgo, II (1900) 43.

1897 (Alph. Cabra). — Congo (Cabra). — V : Mont Léopold [le Stanley-Pool]
(Luja).

*Ipomoea Batatas [*L.*] *Poir.* Encycl. méth. Bot. VI (1804) 11; *Th. Dur.* et *Schinz* Étud. fl. Cgo (1896) 199; *Hallier f.* in Engl. Jahrb. XVIII (1894) 138; XXVIII (1899) 35 et in *Th. Dur.* et *De Wild.* Mat. fl. Cgo, I (1897) 35; II (1898) 50 [B. S. B. B. XXXVI², 81; XXXVII, 95]; *Bak.* et *Rendle* in *Dyer* Fl. trop. Afr, IV², 175; *De Wild.* Miss. Laurent (1905) 167 et Étud. fl. Bas- et Moy.-Cgo, I (1906) 307; II (1907) 199.

.Convolvulus — *L.* Amoen. acad. VI (1763) 121; *Kern.* Hort. semp. t. 340. Batatas edulis *Choisy* Convolv. orient. (1833) 53 et in *DC.* Prodr. IX, 338.

1874 (Fr. Naumann). — II : Boma (Naum.). — V : le Stanley-Pool (Hens); entre Léopoldville et Mombasi (Ém. Laur.); Kisantu (Gill.); Sanda (Odd.). — VI : route de Tumba-Mani à Popokabaka (Cabra et Michel). — VII : Ibali (Ém. et M. Laur.). — VIII : Wangata (Ém. Laur.). — IX : Upoto (Wilw.). — XVI : bassin du Tanganika (Desc.).

Cette espèce est cultivée au Congo.

Ipomoea Brasseuriana *De Wild.* Étud. fl. Kat. (1903) 115; *Bak.* et *Rendle* in *Dyer* Fl. trop. Afr. IV², 186.

1900 (Edg. Verdick). — XVI : env. du Lac Moero (Verd.).

Ipomoea cairica [*L.*] *Sweet.* Hort. Brit. ed. 1 (1827) 287; *Hallier f.* in Engl. Jahrb. XVIII (1894) 148 et in *Th. Dur.* et *De Wild.* Mat. fl. Cgo, I (1897) 35; II (1898) 53 [B. S. B. B. XXXVI², 81 et XXXVII, 98] et Reliq. Dewevr. (1901) 165; *De Wild.* Miss. Laurent (1904) 168 et Étud. fl. Bas- et Moy.-Cgo, I (1906) 307.

Convolvulus — *L.* Syst. nat. ed. 10 (1759) 922.
I. palmata *Forsk.* Fl. Aegypt.-Arab. (1775) 43; *Choisy* in *DC.* Prodr. IX, 386; *Bak.* et *Rendle* in *Dyer* Fl. trop. Afr. IV², 178.
I. stipulacea *Jacq.* Hort. Schoenbr. II (1797) 39, t. 199; *Meisn.* in *Mart.* Fl. Brasil, VII, 288, t. 105.
I. vesiculosa *P. Beauv.* Fl. d'Oware, II (1807) 73, t. 106

1816 (Chr. Smith). — Bas-Congo (Sm.). — II : 1le voisine de Malela (Dew.). — V : le Stanley-Pool (Hens); entre Léopoldville et Mombasi (Gill.); Bolobo (Buett.). — VIII : Coquilhatville (Ém. Laur.). — IX a : env. de Mobeka (Ém. Laur.) — XIII a : Nyangwe (Dew.). — XVI : le Lualaba (Pg.); Toa (Desc.).

Ipomoea chrysochaetia *Hallier f.* in Engl. Jahrb. XVIII (1894) 133 et in *Th. Dur.* et *De Wild.* Mat. fl. Cgo, I (1897) 35; II (1898) 49 [B. S. B. B. XXXVI², 81; XXXVII, 93]; *Bak.* et *Rendle* in *Dyer* Fl. trop. Afr. IV², 156; *De Wild.* Étud. fl. Bas- et Moy.-Cgo, II (1907) 199.

I. polytricha *Bak.* in Kew Bull. (1894) 12.

1895 (P. Dupuis). — II a : Bingila (Dup.). — V : Kisantu et env. (Gill. 1125, 3764).

Ipomoea Dammeriana *De Wild.* Étud. fl. Kat. (1904) 116; *Bak.* et *Rendle* in *Dyer* Fl. trop. Afr. IV², 182.

1899 (Edg. Verdick). — XVI : Lukafu (Verd. 252).

Ipomoea Debeerstii *De Wild.* Étud. fl. Kat. (1903) 115; *Bak.* et *Rendle* in *Dyer* Fl. trop. Afr. IV², 142.

1895 (Gust. Debeerst). — XVI : Haut-Marungu (Deb. 95).

Ipomoea elythrocephala *Hallier f.* in Engl. Jahrb. XVIII (1894) 134; *Th. Dur.* et *Schinz* Étud. fl. Cgo (1896) 200; *Henriq.* in Bolet. Soc. Brot. XVI (1899) 68; *Hallier f.* in *Th. Dur.* et *De Wild.* Mat. fl. Cgo, I (1897) 35; II (1898) 49 [B. S. B. B. XXXVI², 81; XXXVII, 94]; *Bak.* et *Rendle* in *Dyer* Fl. trop. Afr. IV², 157.

1882 (P. Pogge). — II a : Bingila (Dup.). — Ind. non cl. : le Lomami (Pg. 1142).

Ipomoea fimbriosepala *Choisy* in *DC.* Prodr. IX (1845) 359; *Hallier f.* in Engl. Jahrb. XVIII (1894) 143 et in *Th. Dur.* et *De Wild.* Mat. fl. Cgo, II (1898) 52 [B. S. B. B. XXXVII. 97]; *Bak.* et *Rendle* in *Dyer* Fl. trop. Afr. IV², 199.

I. Smithii *Bak.* in Kew Bull. (1894) 73.

1816 (Chr. Smith). — Bas-Congo (Sm.).

Ipomoea fulvicaulis [*Hochst.*] *Boiss.* ex *Hallier f.* in Engl. Jahrb. XVIII (1894) 128; *Bak.* et *Rendle* in *Dyer* Fl. trop. Afr. IV², 143.

Le type croît de l'Abyssinie au Nyassaland.

— — var. **depauperata** *Hallier f.* in *Th. Dur.* et *De Wild.* Mat. fl. Cgo, II (1898) 48 [B. S. B. B. XXXVII, 93].

I. hypoxantha *Hallier f.* in Engl. Jahrb. XVIII (1894) 128; *Th. Dur.* et *Schinz* Étud. fl. Cgo (1896) 200; *Bak.* et *Rendle* in *Dyer* Fl. trop. Afr. IV², 144.

1876 (P. Pogge). — XVI : Musumba (Pg. 334).

Ipomoea Gilletii *De Wild.* et *Th. Dur.* Pl. Gilletianae, I (1900) 36 [B. Herb. Boiss. Sér. 2, I, 36].

1900 (J. Gillet). — V : Kisantu (Gill. 419).

Ipomoea hispida [*Vahl*] *Roem.* et *Schult.* Syst. veget. I (1819) 238; *Hallier f.* in Engl. Jahrb. XVIII (1894) 123; in *Th. Dur.* et *De Wild.* Mat. fl. Cgo, I (1897) 35; II (1898) 47 [B. S. B. B. XXXVI², 81 et XXXVII, 93] et in Reliq. Dewevr. (1901) 165; *De Wild.* Étud. fl. Bas- et Moy.-Cgo, I (1906) 307; II (1907) 199.

Convolvulus — *Vahl* Symb. bot. III (1794) 29.
I. eriocarpa *R. Br.* Prodr. fl. N. Holl. (1810) 484; *Choisy* in *DC.* Prodr. IX, 369; *Bak.* et *Rendle* in *Dyer* Fl. trop. Afr. IV², 136.

1816 (Chr. Smith). — Bas-Congo (Sm.). — IV : Lutete (Hens). — V : env. de
Lemfu (But.). — IX : Bumba (Dew.) ; Upoto (Wilw.). — XII : l'Uele (Delp.). —
XVI : Toa (Desc.) ; Pweto (Chargois).

Ipomoea involucrata *P. Beauv.* Fl. d'Oware, II (1807) 52, t. 89 ;
Choisy in *DC.* Prodr. IX, 365 ; *Hallier f.* in Engl. Jahrb. XVIII
(1894) 134 ; *Th. Dur. et Schinz* Étud. fl. Cgo (1896) 200 ; *Hallier f.*
in *Th. Dur et De Wild.* Mat. fl. Cgo, I (1897) 35 ; II (1898) 49 [B. S.
B. B. XXXVI², 81 ; XXXVII, 94] et Reliq. Dewevr. (1901) 165 ;
Bak. et Rendle in *Dyer* Fl. trop. Afr. IV², 150 ; *De Wild.* Étud. fl.
Bas- et Moy.-Cgo, I (1906) 307 ; II (1907) 199.

1816 (Chr. Smith). - Bas-Congo (Sm.). — Noms vern. : **Nzizi** ou **Luzizi** (Cabra). —
II a : Bingila (Dup.) ; Zobe. — Nom vern. : **Teka** (Dew.). — IV : Luvituku (Ém. et
M. Laur,). — V : Léopoldville (Luja) ; Suata (Buett.) ; Kisantu (Gill.) ; Bulebu
(Ém. et M. Laur.). — VI : lé Kwilu [Djuma] (Sap.) ; Kingunshi (Buett.) ; entre
Kingunshi et le Kasai (Pg.) ; Madibi (Lescr.) ; route de Lumbi à Luanu (Lescr.).
— VII : Kutu (Ém. et M. Laur.). — VIII : Ikenge (Ém. et M. Laur.). — IX : pays
des Bangala (Hens). — XII c : Gombari (Delp.). — XII d : Congo bor.-or. (Ser.). —
XIII d : Nyangwe (Pg.). — XV : entre le Lubilasch et le Lomami ; Mukenge (Pg.) ;
env. de Luebo (Lescr.) ; Bolongula (Ém. et M. Laur.) ; la Lubue (Luja) ; Leki
(Ém. Laur.). — XVI : Lac Kenda (Desc.). — Noms vern. : **M'Ponbu** ou **Bpompo**
[Bangala] ; **Pongolowe** [Sankuru] ; **N'Sombala** [Kwilu] (Sap.).

Ipomoea kentrocarpa *Hochst.* ex *A. Rich.* Tent. fl. Abyss. II
(1851) 70 ; *Hallier f.* in Engl. Jahrb. XVIII (1894) 139 ; XXVIII
(1899) 41 ; *Rendle* in Journ. of Bot. XXXIX (1901) 55 ; *Bak. et Rendle*
in *Dyer* Fl. trop. Afr. IV², 164 ; *De Wild.* Étud. fl. Bas- et Moy.-Cgo,
I (1906) 308.

1900 (J. Gillet). — V : Kisantu (Gill.). — XII c : Gombari [Uele] (Delp.).

Ipomoea lasiophylla *Hallier f.* in *Th. Dur. et De Wild.* Mat. fl.
Cgo, II (1898) 49 [B. S. B. B. XXXVII, 94] ; *Bak. et Rendle* in *Dyer*
Fl. trop. Afr. IV², 156.

1882 (P. Pogge). — Ind. non cl. : le Lomami (Pg. 1215).

Ipomoea lilacina *Blume* Bijdr. Fl. Ned. Indië, II (1825) 716 ; *Choisy*
in *DC.* Prodr. IX, 369 ; *Hallier f.* in B. Herb. Boiss. V (1897) 380 et
in *Th. Dur. et De Wild.* Mat. fl. Cgo, II (1898) 55 [B. S. B. B.
XXXVII, 100] et Reliq. Dewevr. (1901) 165 ; *Bak. et Rendle* in *Dyer*
Fl. trop. Afr. IV², 187.

I. oxyphylla *Bak.* in Kew Bull. (1894) 71.
I. Stuhlmannii *Dammer* in *Engl.* Pfl. Ost.-Afr. (1895) 333.

1816 (Chr. Smith). — Bas-Congo (Sm.). — II : Boma (Dew.).

Ipomoea littoralis [*L.*] *Boiss.* Fl. Orient. IV (1879) 112 ; *Hallier f.*
in Engl. Jahrb. XVIII (1894) 144 et in B. Herb. Boiss. V (1897) 376.

Convolvulus littoralis *L.* Syst. nat. ed. 10, II (1759) 924.

I. stolonifera *Gmel.* Syst. nat. II (1791) 345; *Hiern* Cat. Welw. Pl. I, 738; *Bak.* et *Rendle* in *Dyer* Fl. trop. Afr. IV², 171.

1832 (J. Monteiro). — I : Banana (Mont.),

Ipomoea lukafuensis *De Wild.* Étud. fl. Kat. (1903) 112; *Bak.* et *Rendle* in *Dyer* Fl. trop. Afr. IV², 184.

1899 (Edg. Verdick). — XVI : Lukafu (Verd. 342).

Ipomoea micrantha *Hallier f.* in B. Herb. Boiss. VI (1898) 541 ; *Bak.* et *Rendle* in *Dyer* Fl. trop. Afr. IV², 166.

Le type croît dans la Haute-Guinée.

— — var. **hispida** *Hallier f.* l. c. 542 et in *Th. Dur.* et *De Wild.* Mat. fl. Cgo, II (1898) 54 [B. S. B. B. XXXVII, 54]; Pl. Gilletianae, I (1900) 37 [B. Herb. Boiss. Sér. 2, I, 37] et Reliq. Dewevr. (1901) 165; *Bak.* et *Rendle* l. c. 466.

1895 (P. Dupuis) — Il a : Bingila (Dup. 8). — V : la Lemba (Dew. 357); Kisantu (Gill. 899).

Ipomoea Nil [*L.*] *Roth* Catalecta bot. I (1796) 36 ; *Hallier f.* in Engl. Jahrb. XVIII (1894) 136 et in *Th. Dur.* et *De Wild.* Mat. fl. Cgo, II (1898) 49 [B. S. B. B. XXXVII, 94] et Reliq. Dewevr. (1901) 166.

Convolvulus — *L.* Sp. pl. ed. 2 (1762) 219; Bot. Mag. (1792) t. 188.

I. hederacea *Jacq.* Collect. bot. I (1786) 124 et Icon. pl. rar. I, t. 36 ; *Bak.* et *Rendle* in *Dyer* Fl. trop. Afr. IV², 159.

1896 (A. Dewèvre). — V : Kisantu (Gill. 1021); Lemfu (But.). — XV : brousse de Bena-Moulengere (Dew.).

Ipomoea ochracea [*Lindl.*] *G. Don* Gen. Syst. Bot. IV (1838) 270; *Hallier f.* in Engl. Jahrb. XVIII (1894) 140, in B. Herb. Boiss. VI (1898) 540 et in *Th. Dur.* et *De Wild.* Mat. fl. Cgo, II (1898) 50 [B. S. B. B. XXXVII, 95] et Reliq. Dewevr. (1901) 166; *Bak.* et *Rendle* in *Dyer* Fl. trop. Afr. IV², 166.

Convolvulus — *Lindl.* in Bot. Reg. XIII (1827) t. 1060.

1816 (Chr. Smith). — Bas-Congo (Sm.). — II : Boma (Dew. 128).

Ipomoea ophthalmantha *Hallier f.* in Engl. Jahrb. XVIII (1894) 141; *Th. Dur.* et *Schinz* Étud. fl. Cgo (1896) 201; *Hallier f.* in *Th. Dur.* et *De Wild.* Mat. fl. Cgo, II (1898) 54 [B. S. B. B. XXXVII, 96].

1882 (P. Pogge). — XVI : Samba [Lac Musolo] ; Toa; vallée du Mukalue [affl. du Lubudi] (Desc.). — Ind. non cl. : le Lomami (Pg.).

Obs. — MM. Baker et Rendle [in *Dyer* Fl. trop. Afr. IV², 163] réunissent cette espèce à l'*I. kentrocarpa* Hochst.

Ipomoea paniculata [*L.*] *R. Br.* Prodr. fl. N. Holl. (1810) 486; Bot. Reg. (1815) t. 62; *Hallier f.* in Engl. Jahrb. XVIII (1894) 149; *Th. Dur. et Schinz* Étud. fl. Cgo (1896) 201; *Hallier f.* in *Th. Dur.* et *De Wild.* Mat. fl. Cgo, I (1897) 35; II (1898) 54 [B. S. B. B. XXXVI², 81; XXXVII, 99]; *De Wild.* Étud. fl. Bas- et Moy.-Cgo, I (1906) 308 et Miss. Laurent (1905) 168.

Convolvulus — *L.* Sp. pl. ed. 1 (1753) 156.
I. digitata L. Syst. nat. ed. 10, II (1759) 924; *Choisy* in *DC.* Prodr. IX, 389; *Bak. et Rendle* in *Dyer* Fl. trop. Afr. IV², 189.

1832 (J. Monteiro). — Bas-Congo. — Nom vern. : **Moba** (Cabra). — I : Banana (Monteiro). — II a : le Mayumbe (Ém. et M. Laur.); Bingila (Dup.). — V : entre Léopoldville et Mombasi (Gill.); Kisantu ; env. de Dembo (Gill.). — VI : Bandundu (Ém. et M. Laur.). — VIII : Coquilbatville. — Nom vern. : **Bosesere** (Malchair): Eala (M. Laur.); Bolenge (Gent.). — IX : Mobeka; Ukaturaka; Lie (Ém. et M. Laur.). — X : Bas-Ubangi; (Ém. et M. Laur.). — XV : la Lulua (Pg.); CC. bassins du Kasai, du Sankuru et de la Lulua (Ém. Laur.); Bena-Makima (Lescr.). — XVI : le Lofoi (Verd.); le Lualaba (Pg.). — Ind. non cl. : Gombe [Gombe?, VIII] I (Lambert).

— — var. **indivisa** *Hallier f.* ex *De Wild* et *Th. Dur.* Contr. fl. Cgo, II (1900) 43.

1895 (Ern. Dewèvre). — Congo (Ern. Dew.).

Ipomoea Pes-Caprae [*L.*] *Roth* Nov. pl. sp. (1821) 109; *Choisy* in *DC.* Prodr. IX, 349; *Th. Dur.* et *De Wild.* Mat. fl. Cgo, I (1897) 35 [B. S. B. B. XXXXVI², 81]; *De Wild.* Étud. fl. Bas- et Moy.-Cgo, I (1906) 308.

Convolvulus — *L.* Sp. pl. ed. 1 (1753) 159.
I. biloba *Forsk.* Fl. Aegypt.-Arab. (1775) 44; *Bak. et Rendle* in *Dyer* Fl. trop. Afr. IV², 172.

1816 (Chr. Smith). — Bas-Congo (Sm.). — I : Moanda (Gill.); Banana (Monteiro). — XVI : Toa (Desc.).

Ipomoea recta *De Wild.* Étud. fl. Kat. (1903) 114; *Bak.* et *Rendle* in *Dyer* Fl. trop. Afr. IV², 141.

1899 (Edg. Verdick). — XVI : Lukafu. — Nom vern. : **Kamutofwa** (Verd. 306).

Ipomoea reptans [*L.*] *Poir.* in *Lam.* Encycl. méth. Bot. Suppl. III (1813) 460; *Choisy* in *DC.* Prodr. IX, 349; *Hallier f.* in Engl. Jahrb. XVIII (1894) 143, in *Th. Dur.* et *De Wild.* Mat. fl. Cgo, II (1898) 52 [B. S. B. B. XXXVII, 97] et Reliq. Dewevr. (1901) 166; *De Wild.* Miss. Laurent (1905) 168 et Étud. fl. Bas- et Moy.-Cgo, I (1906) 308.

Convolvulus — *L.* Sp. pl. ed. 1 (1753) 158.
I. aquatica *Forsk.* Fl. Aegypt.-Arab. (1775) 44; *Bak. et Rendle* in *Dyer* Fl. trop. Afr. IV², 170.

1816 (Chr. Smith). — Bas-Congo (Sm.). — II a : Boma (Dup.). — V : env. de Léopoldville (Gill.). — XV : banc de sable du Kasai (Ém. et M. Laur.).

Ipomoea tenuis *E. Mey.* in Flora (1843) Beig. 195; *Hallier f.* in Engl. Jahrb. XVIII (1894) 140; *Th. Dur.* et *Schinz* Étud. fl. Cgo (1896) 202; *Th. Dur.* et *De Wild.* Mat. fl. Cgo, II (1898) 50 [B. S. B. B. XXXVII, 95].

I. fragilis *Choisy* in *DC.* Prodr. IX (1845) 140; *Hallier f.* in *Th. Dur.* et *De Wild.* Mat. fl. Cgo, II (1898) 50 [B. S. B. B. XXXVIII, 95]; *Bak.* et *Rendle* in *Dyer* Fl. trop. Afr. IV², 165.

1863 (R. Burton). — Congo (Burt.).

Ipomoea velatipes *Welw.* ex *Rendle* in Journ. of Bot. XXXII (1894) 175; *Hiern* Cat. Welw. Pl. I, 735; *Bak.* et *Rendle* in *Dyer* Fl. trop. Afr. IV², 155.

I. Verdickii *De Wild.* Étud. fl. Kat. (1903) 113.

1899 (Edg. Verdick). — XVI : Lukafu (Verd. 11).

CALONYCTION Choisy.

Calonyction bona-nox [*L.*] *Boj.* Hort. Maurit. (1837) 227; *Hallier f.* in *Th. Dur.* et *De Wild.* Mat. fl. Cgo, II (1898) 56 [B. S. B. B. XXXVII, 101] et Reliq. Dewevr. (1901) 165; *De Wild.* Étud. fl. Bas- et Moy.-Cgo, I (1906) 307; II (1907) 198.

Ipomoea — *L.* Sp. pl. ed. 2 (1762) 228.

C. speciosum *Choisy* in Mém. Soc. phys. et hist. nat. Genève, VI (1834) 441, t. I, fig. 4; *Hiern* Cat. Welw. Pl. I, 742; *Bak.* et *Rendle* in *Dyer* Fl. trop. Afr. IV², 117.

1896 (A. Dewèvre). — Congo (Dew.). — V : Kwamouth (Gent.); Kisantu (Gill.). — XII a et c : route de Bima à Amadis (Ser.). — XV : le long du Luebo (Desc.). — Ind. non cl. : Bena-Lecoula [Bena-Lunkala?, XV] (Dew.).

QUAMOCLIT Moench.

Quamoclit pinnata [*Desr.*] *Boj.* Hort. Maurit. (1837) 224; *Hallier f.* in Engl. Jahrb. XVIII (1894) 154 et in B. Herb. Boiss. V (1897) 378, 379, 1042; *Th. Dur.* et *De Wild.* Mat. fl. Cgo, I (1897) 35; II (1898) 56 [B. S. B. B. XXXVI², 81; XXXVII, 101] et Contr. fl. Cgo, II (1900) 44; *De Wild.* Miss. Laurent (1905) 167 et Étud. fl. Bas- et Moy.-Cgo, I (1906) 307; II (1907) 198.

Convolvulus — *Desr.* in *Lam.* Encycl. méth. Bot. III (1789) 567; *Descourtilz* Fl. des Antill. VI, t. 146.

Ipomoea Quamoclit *L.* Sp. pl. ed. 1 (1753) 159 et ed. 2 (1762) 227; Bot. Mag. (1793) t. 244.

Q. vulgaris *Choisy* in Mém. Soc. phys. et hist. nat. Genève, VI (1834) 434; *Bak.* et *Rendle* in *Dyer* Fl. trop. Afr. IV², 128.

1893 (P. Dupuis). — II : Boma (Dup.). — V : Léopoldville (Ém. Duch.). — VIII : Eala [cult.] (M. Laur.). — IX : pays des Bangala (Hens); Umangi (Ém. et M. Laur.). — XV : Luebo (Ém. Laur.).

STICTOCARDIA Hallier f.

Stictocardia beraviensis [*Vatke*] *Hallier f.* in Engl. Jahrb. XVIII (1894) 159; *Dammer* in *Engl.* Pfl. Ost-Afr. 334; *Th. Dur.* et *De. Wild.* Mat. fl. Cgo, II (1898) 57 [B. S. B. B. XXXVII, 102]; *De Wild.* Étud. fl. Kat. (1903) 224; Miss. Laurent (1905) 169 et Étud. fl. Bas- et Moy.-Cgo, II (1907) 200.

Ipomoea — *Vatke* in Linnaea, XLIII (1882) 511.
Argyreia — *Bak.* ex *Bak.* et *Rendle* in *Dyer* Fl. trop. Afr. IV² (1906) 201.

1882 (P. Pogge). — VI : env. de Lusubi (Lescr.). — IX : Bobangi (Ém. Laur.). — X : Imese (Ém. Laur.). — XVI : Lukafu. — Nom vern. : **Katingwe** (Verd.); vallée du Bulechi [riv. tribut. de la Luina] (Desc.). — Ind. non cl. : la Lomami (Pg.).

SOLANACEAE

SOLANUM L. (1)

Solanum acanthocalyx *Klotzsch* in *Peters* Reise n. Mossamb. I (1862) 232; *De Wild.* et *Th. Dur.* Contr. fl. Cgo, II (1900) 44; *C. H. Wright* in *Dyer* Fl. trop. Afr. IV², 235; *De Wild.* Étud. fl. Kat. (1903) 173.

1891 (G. Descamps). — XVI : le Lofoi (Verd.); Bunkeya (Desc.).

Solanum aculeastrum *Dunal* in *DC.* Prodr. XIII¹ (1852) 366; *De Wild.* et *Th. Dur.* Reliq. Dewevr. (1901) 167; *C. H. Wright* in *Dyer* Fl. trop. Afr. IV², 243; *De Wild.* Étud. fl. Bas- et Moy.-Cgo, II (1907) 66.

1896 (A. Dewèvre). — XIII d : env. de Kasongo (Dew.). — Nom vern. : **Ibenge** (fruit); **Locombe-Combe** (plante) [Kasongo]; **Kizango-Banza** [Tanganika] (Dew.).

Solanum aethiopicum *L.* Amoen. acad. IV (1759) 307; *Dunal* in *DC.* Prodr. XIII¹, 351; *C. H. Wright* in *Dyer* Fl. trop. Afr. IV², 217; *De Wild.* et *Th. Dur.* Contr. fl. Cgo, II (1900) 44.

1897 (Alph. Cabra). — Yema Lianga (Cabra).

Solanum antidotum *Dammer* in *Engl.* Pfl. Ost-Afr. (1895) 355; *De Wild.* Étud. fl. Kat. (1903) 173; *C. H. Wright* in *Dyer* Fl. trop. Afr. IV², 242.

1899 (Edg. Verdick). — XVI : le Lofoi (Verd.).

---

(1) Le **Solanum Seaforthianum** Andrews [Bot. Repos. (1810) t. 514] est cultivé à Bolobo et à Mopolenge [V] (Ém. et M. Laur.). — [Conf. *De Wild.* Miss. Laurent (1907) 440].

Solanum congense *Link* Énum. pl. Hort. Berol. I (1821) 187; *Dunal* in *DC.* Prodr. XIII¹, 198; *Dammer* in Engl. Jahrb. XXXVIII (1906) 189; *C. H. Wright* in *Dyer* Fl. trop. Afr. IV², 245.

1816? (Ch. Smith?). — Congo (Sm. ?).

Obs. — Link n'a pas dit le nom du collecteur, mais il n'a pu décrire qu'une plante découverte par Chr. Smith.

Solanum Dewevrei *Dammer* in *De Wild.* et *Th. Dur.* Reliq. Dewevr. (1901) 290.

1896 (A. Dewèvre). — VIII : Équateurville [Wangata] (Dew. 741).

Solanum duplosinuatum *Klotzsch* in *Peters* Reise n. Mossamb. I (1862) 233; *C. H. Wright* in *Dyer* Fl. trop. Afr. IV², 244; *Hiern* Cat. Welw. Pl. I, 750; *Medley* et *Wood* Natal. Pl. I, 39, t. 49; *De Wild.* Miss. Laurent (1907) 436.

1903 (Ém. et Marc. Laurent). — VII : Kutu (Ém. et M. Laur.). — XII : distr. de l'Uele (Delp.).

Solanum Durandii *Dammer* in *De Wild.* et *Th. Dur.* Reliq. Dewevr. (1901) 290 [nom. tant.].

1895 (A. Dewèvre). — II a : brousse de Zobe (Dew. 344).

Solanum edule *Schumach.* et *Thonn.* Beskr. Guin. Pl. (1827) 125; *Dunal* in *DC.* Prodr. XIII¹, 356; *Dammer* in *Engl.* Pfl. Ost-Afr. 355; *De Wild.* Miss. Laurent (1905) 175.

1903 (Ém. et Marc. Laurent). — X : l'Ubangi (Ém. et M. Laur).

Obs. — M. C. H. Wright [in *Dyer* Fl. trop. Afr. IV², 242] réunit cette espèce au *S. Melongena L.*

Solanum inconstans *C. H. Wright* in Kew Bull. (1894) 127 et in *Dyer* Fl. trop. Afr. IV², 211.

S. symphyostemon *De Wild.* et *Th. Dur.* Contr. fl. Cgo, I (1899) 44; Ill. fl. Cgo (1899) 113, t. 57 et Pl. Thonnerianae (1900) 34, t. 22; *Dammer* in Engl. Jahrb. XXXVIII (1906) 184.

1882 (P. Pogge). — IX : Bolombo près Gali (Thonn.). — XV : Samba [à une journée de marche à l'O. du Lualaba (Pg. 1203).

Solanum indicum *L.* Sp. pl. ed. 1 (1753) 187; *Wight* Icon. pl. Ind. or. I, t. 346; *Dunal* in *DC.* Prodr. XIII¹, 309; *Th. Dur.* et *Schinz* Étud. fl. Cgo (1896) 206; *C. H. Wright* in *Dyer* Fl. trop. Afr. IV², 232.

S. Anguivi *Hook.* Exot. Fl. III (1827) t. 199.

1884 (R. Buettner). — III : Tondoa (Buett.).

Solanum Laurentii *De Wild.* Miss. Laurent (1905) 176.

1903 (Ém. et Marc. Laurent). — VII : Kutu (Ém. et M. Laur.).

Solanum Lescrauwaetii *De Wild.* Miss. Laurent (1907) 438, t. 120.

1903 (Ém. et Marc. Laurent). — VII : env. de Mushie (M. Laur. 616). — VIII :
Bala-Lundzi (Pyn. 275). — XV : Luluabourg (Lescr. 310, 312) ; Iukongo (Ém.
et M. Laur.). — Ind. non cl. : Tombolo (Lescr.).

***Solanum macrocarpon** *L.* Mant. pl. II (1771) 205; *Dunal* in *DC.*
Prodr. XIII¹, 353 ; *C. H. Wright* in *Dyer* Fl. trop. Afr. IV², 214.

S. mors-elephantum *Dammann* Catal. n. LXX, 100, fig. 81; Wien. Ill. Gart.-
Zeit. (1894) 30, fig. 7.

Cette espèce croît de l'Uganda au Nyassaland.

*— — var. **hirsutum** *Dammer* ex *De Wild.* et *Th. Dur.* Reliq.
Dewevr. (1901) 290.

Plante cultivée dans tout le Congo. — Noms vern. : **Coco** [Bas-Congo]; **Elolo** ;
fruit : **Macumba** [Basankusu] (Dew.).

***Solanum Melongena** *L.* Sp pl. ed. 1 (1753) 186; *Wight* Illustr. Ind.
Bot. t. 166 ; *Th. Dur.* et *Schinz* Étud. fl. Cgo (1896) 206 ; *Hiern*
Cat. Welw. Pl. I, 748 ; *C. H. Wright* in *Dyer* Fl. trop. Afr. IV¹,
242 ; *De Wild.* Miss. Laurent (1905) 175, (1907) 435.

S. esculentum *Dunal* Solan. syn. (1816) 208, t. 3 et in *DC.* Prodr. XIII¹, 355.

1882 (H. Johnston). — Congo (Johnst.). — II a : cult. dans le Mayumbe (Ém.
Laur.). — VI : rég. de Lemano (Lescr.). — XV : Lusambo; Bolongula (Ém. et M.
Laur.).

Solanum Monteiroi *C. H. Wright* in Kew Bull. (1894) 127 et in
Dyer Fl. trop. Afr. IV², 216.

1832 (J. Monteiro). — II : Boma (Mont.).

Solanum Naumanni *Engl.* in Engl. Jahrb. VIII (1886) 64 ; *Th. Dur.*
et *Schinz* Étud. fl. Cgo (1896) 206 ; *Hiern* Cat. Welw. Pl. I, 747 ;
C. H. Wright in *Dyer* Fl. trop. Afr. IV², 216.

1873 (Fr. Naumann). — II : Boma (Naum.).

Solanum nigrum *L.* Sp. pl. ed. 1 (1753) 186; *Mutel* Fl. de Fr.
t. 39-40; *Dunal* in *DC.* Prodr. XIII¹, 50; *De Wild.* et *Th. Dur.*
Pl. Gilletianae, I (1900) 37 et Reliq. Dewevr. (1901) 168; *C. H. Wright*
in *Dyer* Fl. trop. Afr. IV², 218; *De Wild.* Miss. Laurent (1905) 178
et Étud. fl. Bas- et Moy.-Cgo, II (1907) 66.

1896 (A. Dewèvre). — IV : Songololo (Ém. Laur.). — V : Kisantu (Gill.). —
VIII : Eala (M. Laur.). — IX : Bobangi (Ém. et M. Laur.). — Noms vern. : **Biti**
[Ikwangula]; **Moncagui** [Kasongo]; **Mumbu** [Manyanga]; **Kitoya-Kamono** [Tanganika]
(Dew.). — XIII d : Nyangwe (Dew.).

Solanum nodiflorum *Jacq.* Icon. pl. rar. II (1786-1793) t..326;
Dunal in *DC.* Prodr. XIII[1], 46; *Hiern* Cat. Welw. Pl. I, 745;
C. H. Wright in *Dyer* Fl. trop. Afr. IV[2], 218.

S. guineense *Lam.* Ill. genr. Encycl. II (1793) 18; *Dammer* in Engl.
Jahrb. XXXVIII (1906) 177.

1876 (P. Pogge). — II a : Bingila (Dup.). — XV : la Lulua vers 9 1/2°; Musumba
(Pg.). — XVI : Toa (Desc.).

Solanum Preussii *Dammer* in Engl. Jahrb. XXXVIII (1906) 183.

1895 (Ém. Laurent). — XV : entre Lusambo et le Lomami (Ém. Laur.).

Solanum Pynaertii *De Wild.* Miss. Laurent (1907) 437, t. 119.

1903 (L. Pynaert). — II : Boma (Pyn. 302).

Solanum Sapini *De Wild.* Étud. fl. Bas- et Moy.-Cgo, II (1908) 341,
t. 74.

1906 (A. Sapin). — VII : Ikongo (Sap.). — Noms vern. : **Dilomba** [Bangala]; **Ki-
chilo-Kiabeto** [Sankuru].

Solanum Sereti *De Wild.* Miss. Laurent (1907) 439, t. 122.

1905 (F. Seret). -- XII a et b : route de Bima à Bambili (Ser. 166).

Solanum subcoriaceum *Th.* et *Hél. Dur.* [nom. nov.].

S. Laurentii *Dammer* [non *De Wild.*] in Engl. Jahrb. XXXVIII (1906) 182.

1893 ? (Ém. Laurent). — Congo (Ém. Laur. s. n.).

Solanum Welwitschii *C. H. Wright* in Kew Bull. (1894) 126;
Hiern Cat. Welw. Pl. I, 747; *De Wild.* Étud. fl. Bas- et Moy.-Cgo,
I (1906) 322; II (1907) 66; *Hiern* Cat. Welw. Pl. I, 747; *C. H. Wright*
in *Dyer* Fl. trop. Afr. IV[2], 231; *De Wild.* Miss. Laurent (1907) 440.

1904 (Gust. De Brouwer). — V : env. de Kisantu (Gill. 3779). — VI : rég. du
Kwango (De Brouw. in Gill. 3601). — VIII : Eala (M. Laur.). — XII a : entre Buta et
Bima (Ser. 67). — XII c : Gombari (Ser. 570). -- XV : Bombaie (Ém. et M. Laur.).

— — var. **strictum** *C. H. Wright* l. c. (1894) 126 et in *Dyer* Fl.
trop. Afr. IV[2], 213; *Hiern* l. c. 127; *De Wild.* et *Th. Dur.* Contr.
fl. Cgo, II (1900) 44 et Reliq. Dewevr. (1901) 168.

S. Lujaei *De Wild.* et *Th. Dur.* Mat. fl. Cgo, VI (1899) 40 [B. S. B. B.
XXXVIII[1], 210] et Pl. Gilletianae, I (1900) 37 [B. Herb. Boiss. Sér. 2, I, 37].

1870 (G. Schweinfurth). — IV : Sona-Gongo (Luja). — V : Bolobo (Dem.); Ki-
santu (Gill. 717). — VIII : Équateur (Dew. 563). — XII d : Munza (Schw. 3198). —
XIII c : Stanleyville (Ém. Duch.); env. d'Olekwa (Dew. 1057 a). — Nom vern. :
Kalembele [Tanganika] (Dew.).

Solanum Wildemanii *Dammer* ex *De Wild*. et *Th. Dur*. Contr. fl. Cgo, I (1899) 291; *De Wild*. Miss. Laurent (1905) 177, (1907) 440, t. 121 et Étud. fl. Bas- et Moy.-Cgo, II (1907) 67.

1895 (A. Dewèvre). — V : Lukolela (Dew. 547). — VI : Bandundu (Ém. et M. Laur.). — XI : Malema (Ém. et M. Laur.). — XV : le Kasai (Lescr.) ; le Sankuru (Ém. et M. Laur.).

Solanum Zuccagnianum *Dammer* ex *De Wild*. Miss. Laurent (1905) 177 [nom. tant.].

1903 (Ém. et Marc. Laurent). — VIII : env. d'Irebu (Ém. et M. Laur.).

LYCOPERSICUM Hill.

*Lycopersicum esculentum** *Mill*. Gard. Dict. ed. 8 (1768) n. 2; *Dunal* in *DC*. Prodr. XIII¹, 26; *Hiern* Cat. Welw. Pl. I, 744; *De Wild*. Miss. Laurent (1907) 441.

Solanum Lycopersicum *L*. Sp. pl. ed. 1 (1753) 185.
S. cerasiforme *Dunal* Hist. Solan. (1813) 113.

1903 (Ém. et Marc. Laurent). — V : env. de Yumbi (Ém. et M. Laur.).

PHYSALIS L.

*Physalis aequata** *Jacq. f*. Eclog. pl. II (1844) t. 137 ; *Dunal* in *DC*. Prodr. XIII¹, 447; *De Wild*. et *Th. Dur*. Contr. fl. Cgo, II, (1900) 44 et Reliq. Dewevr. (1901) 168; *De Wild*. Étud. fl. Bas- et Moy.-Cgo, I (1906) 322; II (1907) 66.

1891 (F. Demeuse). — Bas-Congo (Cabra). — I : Banana (Dew.). — II : Boma. Nom vern. : **Mapolo** (Dew.). — IV : Luvituku (Dem.). — V : env. de Kwamouth (Biel.); Kisantu (Gill.). — VIII : Équateur (Pyn.).

*Physalis minima** *L*. Sp. pl. ed. 1 (1753) 183; *Dunal* in *DC*. Prodr. XIII¹, 445; *Th. Dur*. et *Schinz* Étud. fl. Cgo (1896) 206; *C. H. Wright* in *Dyer* Fl. trop. Afr. IV², 247; *De Wild*. et *Th Dur*. Reliq. Dewevr. (1901) 168; *De Wild*. Étud. fl. Bas- et Moy.-Cgo, I (1904) 198; II (1907) 66 et Miss. Laurent (1905) 178, (1907) 436.

1885 (R. Buettner). — II a : la Lemba (Dew.). — IV : Lutete (Hens); Kitobola (Ém. et M. Laur.). — V : Lukolela (Buett.); Kisantu (Gill.). — VIII : Coquilhatville (M. Laur.). — X : Imese (Ém. et M. Laur.). — XII d : Vankerkhovenville (Ser.). — XV : Munungu (Ém. et M. Laur.). — Noms vern. : **Beti; Buteke** [Ikwangula]; **Kalamandu** [Kasongo]; **Buki** [Tanganika] (Dew.).

*Physalis peruviana** *L*. Sp. pl. ed. 1 (1753) 183 ; *Dunal* in *DC*. Prodr. XIII¹, 440; *Clarke* in *Hook. f*. Fl. Brit. Ind. IV, 238 ; *C. H. Wright* in *Dyer* Fl. trop. Afr. IV², 248; *De Wild*. et *Th. Dur*. Contr. fl. Cgo, I (1899) 44 ; II (1900) 45 et Reliq. Dewevr. (1901) 168.

P. edulis *Sims* in Bot. Mag. (1807) t. 1068.

1888 (Fr. Hens). — Congo (Lem.). — V : le Stanley-Pool (Hens, B. 97). — XVI : Albertville [Toa] (Hecq). — Cult. à Coquilhatville [VIII] et au pays des Bangala [IX] (Dew.; Ém. Laur.).

*Physalis pubescens *L.* Sp. pl. ed. 1 (1753) 183; *Dunal* in *DC.* Prodr. XIII', 446; *Sendt.* in *Mart.* Fl. Brasil. X, 132; *A. Dewèvre* in B. S. B. B. XXXIII (1904) 103; *De Wild.* et *Th. Dur.* Pl. Gilletianae, I (1900) 38 [B. Herb. Boiss. Sér. 2, I, 38]; *C. H. Wright* in *Dyer* Fl. trop. Afr. IV², 247; *De Wild.* Miss. Laurent (1905) 175.

P. barbadensis *Jacq.* Miscell. bot. II (1781) 159 et Icon. pl. rar. I, t. 59.

1900 (J. Gillet). — V : Kisantu (Gill.). — XIII a : Stanleyville ; entre Stanleyville et les chutes de la Tshopo (Ém. et M. Laur.).

CAPSICUM L.

*Capsicum cerasiferum *Willd.* Enum. pl. Hort. Berol. I (1809) 242; *Dunal* in *DC.* Prodr. XIII', 422 ; *Hiern* Cat. Welw. Pl. I, 751 ; *Fingerh.* Monog. Caps. 19, t. 5; *De Wild.* Miss. Laurent (1905) 175.

1903 (Ém. et Marc. Laurent). — IX : Bobangi (Ém. et M. Laur.).

*Capsicum conicum *Mey.* Prim. fl. Essequeb. (1818) 112; *Dunal* in *DC.* Prodr. XIII', 415; *De Wild.* et *Th. Dur.* Reliq. Dewevr. (1901) 169.

1895 (A. Dewèvre). — II : Boma (Dew.).

*Capsicum conoides *Mill.* Gard. Dict. ed. 8 (1768) n. 1; *Dunal* in *DC.* Prodr. XIII', 414; *Dammer* in *Engl.* Pfl. Ost-Afr. 351; *De Wild.* Étud. fl. Bas- et Moy.-Cgo, I (1903) 33 et Miss. Laurent (1905) 175.

1901 (J. Gillet). — Bas-Congo (Gill.). — VI : Dima (Ém. et M. Laur.). — XII d : Munza (Schw.).

Obs. — M. C. H. Wright [in *Dyer* Fl. trop. Afr. IV², 252] réunit cette espèce au *C. annuum* L.

*Capsicum frutescens *L.* Sp. pl. ed. 1 (1753) 189; *Dunal* in *DC.* Prodr. XIII', 413; *C. H. Wright* in *Dyer* Fl. trop Afr. IV², 251; *De Wild.* Étud. fl. Bas- et Moy.-Cgo, II (1907) 67.

1903 (Marc. Laurent). — VIII : Eala (M. Laur.).

DATURA L.

*Datura fastuosa *L.* Syst. nat. ed. 10, II (1759) 932 ; *Dunal* in *DC.* Prodr. XIII', 542; *Wight* Icon. pl. Ind. or. IV, t. 1396; *De Wild.* Étud. fl. Kat. (1903) 122; *C. H. Wright* in *Dyer* Fl. trop. Afr. IV², 256; *De Wild.* Miss. Laurent (1901) 441.

1899 (Edg. Verdick). — VIII : Irebu (Ém. et M. Laur.). — XVI : Lukafu. —
Nom vern. : **Mupopo** (Verd.).

*__Datura Stramonium__ *L.* Sp. pl. ed. 1 (1753) 179; Engl. Bot. (1804)
t. 1288; *Dunal* in *DC.* Prodr. XIII¹, 540; *Bentl.* et *Trim.* Medic.
Pl. III, t. 192; *Hiern* Cat. Welw. Pl. I, 753; *De Wild.* et *Th. Dur.*
Pl. Gilletianae, I (1900) 38 [B. Herb. Boiss. Sér. 2, I, 38]; *C. H. Wright*
in *Dyer* Fl. trop. Afr. IV², 257.; *De Wild.* Miss. Laurent (1905) 177,
(1907) 441.

1900 (J. Gillet). — V : Tumba (Ém. et M. Laur.); Kisantu (Gill.). — XV :
Kapinga (Ém. et M. Laur.).

*— — var. **Tatula** *Dunal* in *DC.* Prodr. XIII¹ (1852) 540; *Clarke*
in *Hook. f.* Fl. Brit. Ind. IV (1883) 242; *Th. Dur.* et *Schinz* Étud.
fl. Cgo (1896) 207; *De Wild.* et *Th. Dur.* Contr. fl. Cgo, I (1900) 45.

D. Tatula *L.* Sp. pl. ed. 2 (1762) 256; *Sweet* Brit. Flow. Gard. t. 83.

1892 (F. Demeuse). — Congo (Dem.). — Cult. et subsp. dans le Mayumbe [II a]
(Ém. Laur.).

NICOTIANA L. (1)

*__Nicotiana rustica__ *L.* Sp. pl. ed. 1 (1753) 258; *Lehm.* Nicot. 34;
Dunal in *DC.* Prodr. XIII¹, 563; *Th. Dur.* et *Schinz* Étud. fl. Cgo
(1896) 207; *De Wild.* et *Th. Dur.* Contr. fl. Cgo, I (1900) 45; *Comes*
Monog. Nicotian. 20, fig. 2; *C. H. Wright* in *Dyer* Fl. trop. Afr.
IV², 260.

1870 (G. Schweinfurth). — XIII a : Romée (Ém. Laur.).

OBS. — Cultivé dans le Bas-Congo (Ém. Laur.; Dup.) et chez les Mangbettu
(Schw.).

*__Nicotiana Tabacum__ *L.* Sp. pl. ed. 1 (1753) 180; *Dunal* in *DC.*
Prodr. XIII¹, 557; *Bentl.* et *Trim.* Medic. Pl. III, t. 191; *Th. Dur.*
et *Schinz* Étud. fl. Cgo (1896) 208; *Hiern* Cat. Welw. Pl. I, 754;
De Wild. Miss. Laurent (1905) 177, (1907) 441-445; *Comes* Monog.
Nicotian. 7, fig. 1; *C. H. Wright* in *Dyer* Fl. trop. Afr. IV¹, 253.

1885 (R. Buettner). — VIII : Équateurville (Buett.); Coquilhatville (Dew.). —
IX : Bolombo; Yambinga (Ém. et M. Laur.). — XI : Lie (Ém. et M. Laur.). —
XIII a : Yakusu (Ém. et M. Laur.). — XIII d : Lusanga (Dew.). — XV : env. de
Lusambo; Basongo (Ém. et M. Laur.).

---

(1) Conf. *Ém. De Wildeman* Miss. Laurent (1907) 441-442.
M. R. Buettner a indiqué à Tondoa [III] le **Petunia nyctaginiflora** Juss. espèce de
l'Amérique méridionale [Conf. *Th. Dur.* et *Schinz* Étud. fl. Cgo (1896) 208].

***N. Tabacum** var. **brasiliensis** *Comes* Monog. gen. Nicotiana (1899) 13, t. 1 et 6 et Della razze dei Tabacchi (1905) 19; *De Wild*. Miss. Laurent (1907) 344.

1901 (Ém. et Marc. Laurent) — IX : Bumba (Ém. et M. Laur.). — XV : Dibele (Ém. et M. Laur.). — Variété cultivée par les Aseudé [XII] (Ser.).

*— — var. **virginica** *Anastasia* Le var. tip. della Nicotiana Tabacum (1906) 106, t. 3, D; *De. Wild*. Miss. Laurent (1907) 443-444.

N. Tabacum L. var. — *Comes* l. c. (1899) 13, t. 1, 5, et (1905) 19.

N. Tabacum *L*. var. lancifolia *Comes* l. c. (1899) 10, t. 1, 4 et (1905) 17.

1903 (Ém. Laurent). — II a : le Mayumbe (Ém. Laur.).

SCHWENKIA L.

Schwenkia americana *L*. Gen. pl. ed. 6 (1761) 567; *Benth*. in *DC*. Prod. X, 194; *Th. Dur*. et *Schinz* Étud. fl. Cgo (1896) 208; *Hiern* Cat. Welw. Pl. I, 754; *De Wild*. et *Th. Dur*. Contr. fl. Cgo, II (1890) 44 et Reliq. Dewevr. (1901) 169; *C. H. Wright* in *Dyer* Fl. trop. Afr. IV², 260; *De Wild*. Miss. Laurent (1907) 444 et Étud. fl. Bas- et Moy.-Cgo, II (1907) 67.

1862 (R. Burton). — II : Boma (Dew.) — IV : Luvituku (Dem.); Lutete (Hens); Kitobola (Ém. et M. Laur.). — V : le Stanley-Pool (Buett.); env. de Kwamouth (But.); Kisantu (Gill.) — VII : Inongo (Ém. et M. Laur.). — VIII : Ikenge (Ém. et M. Laur.).

SCROPHULARIACEAE

HALLERIA L.

Halleria lucida *L*. Sp. pl. ed. 1 (1753) 625; Bot. Mag. (1815) t. 1744; *Benth*. in *DC*. Prodr. X, 301; *Th. Dur*. et *Schinz* Étud. fl. Cgo (1896) 209; *Skan* in *Dyer* Fl. trop. Afr. IV², 295.

1883 (H. Johnston). — Congo (Johnst.).

MIMULUS L.

Mimulus gracilis *R. Br*. Prodr. fl. N. Holl. (1810) 439; *Benth*. in *DC*. Prodr. X, 369, 594 et Fl. Austral. IV, 482; *Hook. f*. Brit. Fl. Ind. IV, 259; *Th. Dur*. et *Schinz* Étud. fl. Cgo (1896) 109; *Hiern* Cat. Welw. Pl. I, 758; *Hemsl*. et *Skan* in *Dyer* Fl. trop. Afr. IV², 310.

1883 (H. Johnston). — Congo (Johnst.).

BACOPA Aubl.

Bacopa alternifolia *Engl.* in *Schlechter* Westafr. Kautsch.-Exped. (1900) 313 [nom. tant.]; *Hemsl.* et *Skan* in *Dyer* Fl. trop. Afr. IV², 323, in obs.

1899 (R. Schlechter). — V : le Stanley-Pool (Schlt. 12571).

Bacopa calycina [*Benth.*] *Engl.* ex *De Wild.* et *Th. Dur.* Pl. Gilletianae, II (1901) 92 [B. Herb. Boiss. Sér. 2, I, 832]; *Schlechter* Westafr. Kautsch.-Exped. (1900) 313; *De Wild.* Étud. fl. Bas- et Moy.-Cgo, I (1903) 73.

> Herpestis — *Benth.* in *Hook.* Comp. Bot. Mag. II (1836) 57 et in *DC.* Prodr. X, 399; *Th. Dur.* et *Schinz* Étud. fl. Cgo (1896) 209.
> Moniera — *Hiern* Cat. Welw. Pl. I (1898) 760; *Hemsl.* et *Skan* in *Dyer* Fl. trop. Afr. IV², 320.

1874 (Fr. Naumann). — II : île près de Ponta da Lenha (Naum.). — V : le Stanley-Pool; chutes de Léopoldville (Schlt. 12559); Tamo (Hens); entre Léopoldville et Mombasi; entre Dembo et Kisantu (Gill. 1556).

ARTANEMA G. Don.

Artanema Cabrae *De Wild.* et *Th. Dur.* Mat. fl. Cgo, V (1899) 12 [B. S. B. B..XXXVIII², 131] et Contr. fl. Cgo, II (1900) 45.

1891 (F. Demeuse). — Bas-Congo (Cabra). — IX : Umangi (Ém. Duch.). — XI : Isangi (Dem). — XV : Lusambo (Jos. Duch.).

Artanema longifolium [*L.*] *Vatke* in Linnaea, XLIII (1880-1882) 307; *Engl.* Pfl. Ost-Afr. 357 et in *Schlechter* Westafr. Kautsch.-Exped. (1900) 313; *Wettst.* in *Engl.* et *Prantl* Nat. Pflanzenfam. IV, 3 b (1891) 79.

> Columnea — *L.* Mant. pl. (1767) 90.
> Diceros — *Pers.* Syn. pl. II (1807) 164.
> Achimenes sesamoides *Vahl* Symb. bot. II (1791) 71.
> Artanema — *Benth.* Scrophul. Ind. (1835) 39 et in *DC.* Prodr. X, 408; *De Wild.* et *Th. Dur.* Contr. fl. Cgo, II (1900) 45 et Reliq. Dewevr. (1901) 169; *De Wild.* Étud. fl. Bas- et Moy.-Cgo, I (1903) 73; II (1907) 67 et Miss. Laurent (1907) 444.

1891 (F. Demeuse). — V : entre Léopoldville et Mombasi (Gill.). — IX : env. de Bumba (Dew.); Bobangi (Ém. et M. Laur.). — XIII a : les Stanley-Falls (Dem.); Stanleyville (Pyn.). — XV : le Kasai et le Sankuru (Ém. et M. Laur.).

CRATEROSTIGMA Hochst.

Craterostigma latibracteatum [*Engl.*] *Skan* ex *Hemsl.* et *Skan* in *Dyer* Fl. trop. Afr. IV² (1906) 333.

> Lindernia — *Engl.* in *Schlechter* Westafr. Kautsch.-Exped. (1900) 313.

1899 (R. Schlechter). — V : Dolo (Schlt.).

TORENIA L.

Torenia affinis *De Wild.* Étud. fl. Kat. (1903) 122.

1891 (G. Descamps). — XVI : le Katanga (Desc.); Lukafu. — Nom vern : **Musula-Kurri** (Verd. 387).

Torenia parviflora *Hamilt.* in *Wall.* List (1831) n. 3958; *Benth.* in *DC.* Prodr. X, 410; *Schmidt* in *Mart.* Fl. Brasil. VIII, 322, t. 56, fig. 1; *Th. Dur.* et *Schinz* Étud. fl. Cgo (1896) 210; *Th. Dur.* et *De Wild.* Pl. Thonnerianae (1900) 36 et Reliq. Dewevr. (1901) 170; *Hemsl.* et *Skan* in *Dyer* Fl. trop. Afr. IV², 335.

1870 (G. Schweinfurth). — II : Boma (Dew.): île près de Ponta da Lenha (Naum.). — V : le Stanley-Pool (Hens); Lukolela (Buett.); Kisantu (Gill.) — VI : le Kwango (Buett.). — IX a : Bobi (Thonn.). — XII d : Munza (Schw.).

— — var. **brevipedicellata** *De Wild.* Étud. fl. Bas- et Moy.-Cgo, I (1903) 73; II (1907) 67; *Hemsl.* et *Skan* l. c. 336.

1902 (J. Gillet). — V : entre Léopoldville et Mombasi (Gill. 2554); env. de Lemfu (But.).

VANDELLIA L.

Vandellia diffusa *L.* Mant. pl. I (1767) 89; *Benth.* in *DC.* Prodr. X, 416; *Th. Dur.* et *Schinz* Étud. fl. Cgo (1896) 210; *De Wild.* et *Th. Dur.* Contr. fl. Cgo, II (1900) 45 et Reliq. Dewevr. (1901) 170; *De Wild.* Miss. Laurent (1907) 444.

Lindernia — *Wettst.* in *Engl.* et *Prantl* Nat. Pflanzenfam. IV, 3 b (1891) 80; *Hiern* Cat. Welw. Pl. I, 765; *Engl.* in *Schlechter* Westafr. Kautsch. Exped. (1900) 313; *Hemsl.* et *Skan* in *Dyer* Fl. trop. Afr. IV², 338; *De Wild.* Miss. Laurent (1907) 444.

1885 (R. Buettner). — V : le Stanley-Pool (Hens); env. de Léopoldville (Dew.) Suata (Buett.); Kinshassa (Luja); Kisantu (Gill.). — VIII : Lac Tumba (Ém. et M. Laur.).

ILYSANTHES Rafin.

Ilysanthes parviflora [*Roxb.*] *Benth.* in *DC.* Prodr. X (1846) 419; *Hook. f.* Fl. Brit. Ind. IV, 283; *Th. Dur.* et *Schinz* Étud. fl. Cgo (1896) 210; *Hemsl.* et *Skan* in *Dyer* Fl. trop. Afr. IV², 346.

Gratiola — *Roxb.* Pl. Coromand. III (1819) 3, t. 204.

1874 (Fr. Naumann). — II : Ponta da Lenha (Naum.).

HYDRANTHELIUM H. B. et K.

Hydranthelium egense *Poepp*. et *Endl*. Nov. gen. et sp. III (1845) 75, t. 287; *Benth*. in *DC*. Prodr. X, 425; *Hemsl*. et *Skan* in *Dyer* Fl. trop. Afr. IV², 351.

> Herpestis Monnieria *Th. Dur*. et *Schinz* [non *H. B.* et *K*.] Étud. fl. Cgo (1896) 209 [syn. excl.].

> 1888 (Fr. Heus). — V : embouch. du Kasai (Heus, 119).

SCOPARIA L.

Scoparia dulcis *L*. Sp. pl. ed. 1 (1753) 168; *P. Beauv*. Fl. d'Oware, II, 85, t. 115; *Th. Dur*. et *Schinz* Étud. fl. Cgo (1896) 211; *Hiern* Cat. Welw. Pl. I, 766; *Hemsl*. et *Skan* in *Dyer* Fl. trop. Afr. IV², 355; *De Wild*. et *Th. Dur*. Contr. fl. Cgo, I (1899) 45; II (1900) 45 et Reliq. Dewevr. (1901) 170; *De Wild*. Étud. fl. Bas- et Moy.-Cgo, I (1903) 74; II (1907) 67 et Miss. Laurent (1907) 445.

> 1885 (R. Buettner). — Bas-Congo (Cabra). — II : Boma (Dew.). — III : Tondoa (Buett.). — V : le Stanley Pool (Buett.); Léopoldville (Em. Duch. et Luja); Kinshassa (Dem.). — VIII : env. d'Eala. — Nom vern. : **Bompuru** (M. Laur.). — IX : env. de Mobeka (Ém. Laur.). — XV : le Kasai au poste de bois n° 6 (Em. Laur.); Lusambo (Jos. Duch.).

MELASMA Berg.

Melasma indicum [*Benth*.] *Wettst*. in *Engl*. et *Prantl* Nat. Pflanzenfam. IV, 3 b (1891) 91 et in *Engl*. Pfl. Ost-Afr. 358; *De Wild*. Étud. fl. Bas- et Moy.-Cgo, II (1907) 68.

> Alectra — *Benth*. in *DC*. Prodr. X (1846) 339; *Hook. f*. Fl. Brit. Ind. IV, 297.

> 1904 (J. Gillet). — V : Kisantu (Gill. 3693, 3809).

HARVEYA Hook.

Harveya Thonneri *De Wild*. et *Th. Dur*. Pl. Thonnerianae (1900) 35, t. 6; *Hemsl*. et *Skan* in *Dyer* Fl. trop. Afr. IV², 436.

> 1896 (Fr. Thonner). — IX a : Gali (Thonn.).

BUCHNERA L.

Buchnera affinis *De Wild*. Étud. fl. Kat. (1903) 123; *Hemsl*. et *Skan* in *Dyer* Fl. trop. Afr. IV², 382.

> 1899 (Edg. Verdick). — XVI : plateau des env. de Lukafu. — Nom vern. : **Sangala** (Verd. 42).

Buchnera Buettneri *Engl.* in Engl. Jahrb. XVIII (1894) 72, t. 3 et in *Schlechter* Westafr. Kautsch.-Exped. (1900) 314.

1899 (R. Schlechter). — V : Dolo (Schlt. 12488).

Obs. — MM. Hemsley et Skan [in *Dyer* Fl. trop. Afr. IV², 414] réunissent cette espèce au *Striga macrantha* Benth.

Buchnera capitata *Burm.* Fl. Capens. prodr. (1768) 17; *Benth.* in *DC.* Prodr. X 495; *Engl.* in *Schlechter* Westafr. Kautsch.-Exped. (1900) 314; *De Wild.* et *Th. Dur.* Contr. fl. Cgo, II (1900) 45; *Hemsl.* et *Skan* in *Dyer* Fl. trop. Afr. IV², 381; *De Wild.* Étud. fl. Bas- et Moy.-Cgo, II (1907) 68.

1888 (Fr. Hens). — II a : Bingila (Dup.). — V : le Stanley-Pool (Hens) ; Dolo (Schlt.); Kimuenza; entre Dembo et Kisantu (Gill.).

Buchnera inflata [*De Wild.*] *Skan* ex *Hemsl.* et *Skan* in *Dyer* Fl. trop. Afr. IV² (1906) 390.

Stellularia — *De Wild.* Étud. fl. Kat. (1903) 124.

1892 ? (P. Briart). — XVI : Maniue [Lualaba supér.] (Briart).

Buchnera multicaulis *Engl.* in Engl. Jahrb. (1894) 69; *Th. Dur.* et *Schinz* Étud. fl. Cgo (1896) 211; *De Wild.* Étud. fl. Kat. (1903) 123; *Hemsl.* et *Skan* in *Dyer* Fl. trop. Afr. IV², 397.

1880 (Max Buchner). — XV : bassin de la Lulua à 9°5 lat. (Pg.); bassin du Kasai (Buchn.). — XVI : env. de Lukafu. — Nom vern. : Kasjinkamballa (Verd.); entre le Luapula et la Lufila (Desc.).

Buchnera quangensis *Engl.* in Engl. Jahrb. XVIII (1894) 71; *Th. Dur.* et *Schinz* Étud. fl. Cgo (1896) 212; *Hemsl* et *Skan* in *Dyer* Fl. trop. Afr. IV², 382.

1881 (E. Teusz). — VI : Chasamango (Teusz in Mech. 540).

Buchnera Reissiana *Buett.* ex *Engl.* in Engl. Jahrb. XVIII (1894) 68, t. 3, fig. 1 et in *Baum* Kunene Samb.-Exped. 366; *Th. Dur.* et *Schinz* Étud. fl. Cgo (1896) 212; *Hemsl.* et *Skan* in *Dyer* Fl. trop. Afr. IV², 386.

1885 (R. Buettner). — V : Lukolela (Buett.). — VIII : Équateurville (Buett.).

Buchnera subcapitata *Engl.* in Engl. Jahrb. XVIII (1894) 71; *Th. Dur.* et *Schinz* Étud. fl. Cgo (1896) 212; *Hemsl.* et *Skan* in *Dyer* Fl. trop. Afr. IV², 383; *De Wild.* Étud. fl. Kat. (1903) 122.

1876 (P. Pogge). — XVI : Musumba (Pg. 275) ; Lukafu. — Nom vern. : Kantu- limtulu (Verd. 371).

Buchnera Verdickii *Skan* in *Dyer* Fl. trop. Afr. IV² (1906) 388.

B. pusilla *De Wild.* [non H. B. et K.] Étud. fl. Kat. (1903) 123.

1900 (Édg. Verdick). — XVI : Lukafu (Verd. 574).

STRIGA Lour.

Striga Dewevrei *De Wild.* et *Th. Dur.* in *Th. Dur.* et *De Wild.*
Mat. fl. Cgo, IV (1899) 22 [B. S. B. B. XXXVIII^2, 99] et Reliq.
Dewevr. (1901) 170; *De Wild.* Étud. fl. Bas- et Moy.-Cgo, I (1903) 74.

1896 (A. Dewèvre). — V : env. de Léopoldville (Gill. 2687). — XIII : env. de
Lubundu (Dew. 1024). — Nom vern. : **Kasikesike** [Tanganika].

OBS. -- D'après MM. Hemsley et Skan [in *Dyer* Fl. trop. Afr. IV^2, 411 in obs.]
cette espèce est très voisine de *S. Forbesii* Benth.

Striga Forbesii *Benth.* in *Hook.* Comp. Bot. Mag. I (1835) 364 et in
DC. Prodr. X, 503; *Th. Dur.* et *Schinz* Étud. fl. Cgo (1896) 212;
Hemsl. et *Skan* in *Dyer* Fl. trop. Afr. IV^2, 410; *De Wild.* Miss.
Laurent (1907) 445 et Étud. fl. Bas- et Moy.-Cgo, II (1907) 68.

1883 (H. Johnston). — VI : Eiolo (Krek.). — XII c : Niangara (Delp.). — XII d :
env. de Faradje (Ser. 528). — XV : bassin du Sankuru (Em. et M. Laur.).

Striga gesnerioides [*Willd.*] *Vatke* in Oest. Bot. Zeitschr. (1875) 11;
De Wild. et *Th. Dur.* Contr. fl. Cgo, II (1900) 46.

Buchnera — *Willd.* Sp. pl. III (1800) 338.

1891 (Hyac. Vanderyst). — I : Moanda (Vanderyst). — XVI : la Chama [entre
le Tanganika et le Moero] (Desc.). — Ind. non cl. : Tambagadio (Dup.).

OBS. — MM. Hemsley et Skan [in *Dyer* Fl. trop. Afr. IV^2, 402] réunissent
cette espèce au *S. orobanchoides* Benth.

Striga hermonthica [*Delile*] *Benth.* in *Hook.* Comp. Bot. Mag. I (1835)
305 et in *DC.* Prodr. X, 502; *De Wild.* et *Th. Dur.* Contr. fl. Cgo,
II (1900) 46; *Engl.* Pfl. Ost-Afr. 361; *Hemsl.* et *Skan* in *Dyer* Fl.
trop. Afr. IV^2, 407.

Buchnera — *Delile* Fl. d'Égypte (1812) 245, t. 34, fig. 3.

1891 (G. Descamps). — Ind. non cl. : le Lomami (Desc.).

Striga hirsuta *Benth.* in *DC.* Prodr. X (1846) 502; *Engl.* Pfl. Ost-
Afr. 361; *De Wild.* et *Th. Dur.* Contr. fl. Cgo, II (1900) 46 et
Reliq. Dewevr. (1901) 171.

1891 (Hyac. Vanderyst). — Bas-Congo (Cabra). — I : Moanda (Vanderyst). —
II : Boma (Dup.). — IV : distr. des Cataractes (Luja). — XVI : Moliro (Desc.).

OBS. — MM. Hemsley et Skan [in *Dyer* Fl. trop. Afr. IV^2, 410] réunissent cette
espèce au *S. Forbesii* Benth.

Striga lutea *Lour.* Fl. Cochinch. (1790) 22; *Benth.* in *Hook.* Comp.
Bot. Mag. I, 368; *Hook. f.* Fl. Brit. Ind. IV, 299; *Th. Dur.* et *Schinz*
Étud. fl. Cgo (1896) 212; *De Wild.* Miss. Laurent (1906) 446 et Étud.
fl. Bas- et Moy.-Cgo, II (1907) 68; *Hemsl.* et *Skan* in *Dyer* Fl. trop.
Afr. IV^2, 409.

Campuleia coccinea *Hook.* Exot. Fl. (1827) t. 203.

1874 (E. Pechuel-Loesche). — Bassin du Congo (Pech.-Loesche). — II : Boma (Monteiro). — II a : Banza de Lemba (Dem.). — V : rég. de Lula-Lumene (Hendr.); Léopoldville (M. Laur.); env. de Kisantu (Gill); le Stanley-Pool (Callew.). — VI : Eiolo (Ém. Laur.). — XII c : route de Bambili à Amadis, Surango (Ser.).

Striga orobanchoides *Benth.* in *Hook.* Comp. Bot. Mag. I (1836) 361, t. 19 et in *DC.* Prodr. X, 501 ; *Hiern* Cat. Welw. Pl. I, 778; *De Wild. et Th. Dur.* Pl. Gilletianae, II (1901) 92 [B. Herb. Boiss. Sér. 2, I, 832]; *Hemsl.* et *Skan* in *Dyer* Fl. trop. Afr. IV², 402; *De Wild.* Miss. Laurent (1907) 445 et Étud. fl. Bas- et Moy.-Cgo, II (1907) 68.

1832 (J. Monteiro). — I : Moanda (Gill.). — II : Boma (Mont.). — III : Matadi (Ém. et M. Laur.). — V : env. de Léopoldville; Kimuenza (Gill.); Sanda (De Brouw.); entre le Kwango et Dembo (But.). — VI : plateau de Kimbali [entre Tumba-Mani et Popokabaka (Cabra et Michel).

RHAMPHICARPA Benth.

Rhamphicarpa longiflora *Benth.* in *Hook.* Comp. Bot. Mag. I (1835) 368; *Th. Dur.* et *Schinz* Étud. fl. Cgo (1896) 211 ; *De Wild.* Étud. fl. Bas- et Moy.-Cgo, I (1903) 74.

Macrosiphon fistulosum *Hochst.* in Flora, XXIV (1841) 374.

Rhamphicarpa – *Benth.* in *DC.* Prodr. X (1846) 504 ; *Engl.* Pfl. Ost-Afr. 360 ; [De Wild. et Th. Dur.] Contr. fl. Cgo, II (1900) 45 ; *Hiern* Cat. Welw. Pl. I, 778; *Hemsl.* et *Skan* in *Dyer* Fl. trop. Afr. IV², 420 ; *De Wild.* Miss. Laurent (1907) 446 et Étud. fl. Bas- et Moy.-Cgo, II (1907) 74.

1816 (Chr. Smith). — Bas-Congo (Sm.). — V : le Stanley-Pool (Hens; Schlt.); entre Léopoldville et Mombasi (Gill.); rochers de Tamo (Hens); env. de Bokala (M. Laur.). — XV : Lusambo (Jos. Duch.).

CYCNIUM E. Mey.

Cycnium adonense *E. Mey.* ex *Benth.* in *Hook.* Comp. Bot. Mag. I (1835) 368; *Benth.* in *DC.* Prodr. X, 505; *Oliv.* in Trans. Linn. Soc. XXIX (1875) 122, t. 88; *Th. Dur.* et *Schinz* Étud. fl. Cgo (1896) 212; *Engl.* in Engl. Jahrb. XXVIII (1900) 479; *Hemsl.* et *Skan* in *Dyer* Fl. trop. Afr. IV², 431.

1885 (R. Buettner). — VI : le Kwango (Buett.).

Cycnium Buchneri *Engl.* in Engl. Jahrb. XVIII (1894) 73 ; *Hemsl.* et *Skan* in *Dyer* Fl. trop. Afr. IV², 432.

1881 (E. Teusz). — VI : le Kwango (Teusz).

Cycnium camporum *Engl.* in Engl. Jahrb. XVIII (1894) 73 ; *Th. Dur.* et *Schinz* Étud. fl. Cgo (1896) 213; *Hemsl.* et *Skan* in *Dyer* Fl. trop. Afr. IV², 432; *De Wild.* Miss. Laurent (1907) 446 et Étud. fl. Bas- et Moy.-Cgo. II (1907) 69.

1816 (Chr. Smith). — Bas-Congo (Sm.). — III : vallée de l'Ufura [aﬄ. de la Pozo] (Cabra et Michel). — IV : Kitobola (Ém. Laur.). — VII : Kutu (Ém. Laur.). — XII : l'Uele (Delp.). — XII c : route de Surango à Niangara (Ser.). — XV : Kaisome (Lescr.).

Cycnium Dewevrei *De Wild.* et *Th. Dur.* in *Th. Dur.* et *De Wild.* Mat. ﬂ. Cgo, V (1899) 10 et Reliq. Dewevr. (1901) 171.

1895 (A. Dewèvre). — II a : env. de Tshia (Dew. 401).

— — var. **minus** *De Wild.* et *Th. Dur.* Pl. Gilletianae, I (1900) 38 [B. Herb. Boiss. Sér. 2, I, 38] et Reliq. Dewevr. (1901) 171.

1895 (A. Dewèvre). — Bas-Congo (Dew. 423). — V : Kisantu (Gill. 59).

Cycnium Questieauxianum *De Wild.* Étud. ﬂ. Kat. (1903) 124 ; *Hemsl.* et *Skan* in *Dyer* Fl. trop. Afr. IV², 434.

1899 (Edg. Verdick). — XVI : Lukafu (Verd. 165).

Cycnium Verdickii *De Wild.* Étud. ﬂ. Kat. (1903) 125 ; *Hemsl.* et *Skan* in *Dyer* Fl. trop. Afr. IV², 432.

C. adonense *Hiern* [non *E. Mey.*] Cat. Welw. Pl. I (1898) 777.

1899 (Edg. Verdick). — XVI : env. de Lukafu ; plateau du Katanga (Verd. 216, 355).

SOPUBIA Ham.

Sopubia angolensis *Engl.* in Engl. Jahrb. XVIII (1894) 67 ; *Hemsl.* et *Skan* in *Dyer* Fl. trop. Afr. IV², 453 ; *De Wild.* Étud. ﬂ. Bas- et Moy.-Cgo, II (1907) 69.

S. cana *Hiern* [non *Harv.*] Cat. Welw. Pl. I (1898) 774.

1903 (R. Butaye). — V : rég. de Lula-Lumene (But.).

— — var. **angustipetala** *Engl.* ex *De Wild.* et *Th. Dur.* Contr. ﬂ. Cgo, II (1900) 46 et Pl. Gilletianae, I (1900) 38 [B. Herb. Boiss. Sér. 2, I, 38].

1891 (F. Demeuse). — Congo (Dew.). — V : Kisantu (Gill.).

Sopubia Buchneri *Engl.* in Engl. Jahrb. XVIII (1894) 66 ; *Hemsl.* et *Skan* in *Dyer* Fl. trop. Afr. IV², 451.

1878 (Max Buchner). — VI : Kitamba sur le Kwango (Buchn. 589).

Sopubia Dregeana [*Hochst.*] *Benth.* in *DC.* Prodr. X (1846) 522 ; *Engl.* Pﬂ. Ost-Afr. 359 ; *Th. Dur.* et *Schinz* Étud. ﬂ. Cgo (1896) 213 ; *Hemsl.* et *Skan* in *Dyer* Fl. trop. Afr. IV², 451.

Gerardia — *Hochst.* in Flora, XXV (1842) 420.

1892 (Jul. Cornet). — II a : le Mayumbe (Ém. Laur.; Dup.): env. de Tshoa (Dew.). — V : Kisantu (Gill.); bassin de la Sele (But.); rég. de Lula-Lumene (Hendr.). — XVI : le Katanga (Corn.; Verd.; Deb.; Desc.); Toa (Desc.).

Sopubia karaguensis *Oliv.* ex *Speke* et *Grant* in Trans. Linn. Soc. XXIX (1875) 123, t. 87; fig. B; *De Wild.* Étud. fl. Kat. (1903) 126; *Hemsl.* et *Skan* in *Dyer* Fl. trop. Afr. IV², 448.

1900 (Edg. Verdick). — XVI : Lukafu. — Nom vern. : **Kausale** (Verd.).

Sopubia latifolia *Engl.* in Engl. Jahrb. XVIII (1894) 66; *Th. Dur.* et *Schinz* Étud. fl. Cgo (1896) 213; *Hemsl.* et *Skan* in *Dyer* Fl. trop. Afr. IV², 449.

1881 (P. Pogge). — XVI : Mukenge (Pg. 1112).

Sopubia Monteiroi *Skan* ex *Hemsl.* et *Skan* in *Dyer* Fl. trop. Afr. IV² (1906) 454.

1832 (J. Monteiro). — Ind. non cl. : Bembe (Mont.).

Sopubia ramosa [*Hochst.*] *Hochst.* in Flora XXVII (1844) 27; *Benth.* in *DC.* Prodr. X, 522; *A. Rich.* Tent. fl. Abyss. II, 132; *Hiern* Cat. Welw. Pl. I, 773; *Hemsl.* et *Skan* in *Dyer* Fl. trop. Afr. IV², 449.

Rhaphidophyllum — *Hochst.* in Flora, XXIV (1841) 668.
S. trifida *Hamilt.* var. — *Engl.* Hochgeb. trop. Afr. (1892) 383, Pfl. Ost-Afr. 359 et in *Schlechter* Westafr. Kautsch.-Exped. (1900) 313; *A. Dewèvre* in B. S. B. B. XXXIII (1894) 103.

1881? (P. Pogge). — V : Dolo (Schlt.); entre Bolobo et Lukolela (Buett.). — XV : la Lulua (Pg.).

Sopubia trifida *Hamilt.* in *D. Don* Prodr. fl. Nepal. (1825) 88; *Benth.* in *DC.* Prodr. X, 522; *Th. Dur.* et *Schinz* Étud. fl. Cgo (1896) 213; *De Wild.* et *Th. Dur.* Contr. fl. Cgo, II (1900) 46; *Hiern* in *Dyer* Fl. Capens, IV², 388; *Engl.* in *Schlechter* Westafr. Kautsch.-Exped. (1900) 313; *Hemsl.* et *Skan* in *Dyer* Fl. trop. Afr. IV³, 446.

1885 (R. Buettner). — IV : brousse du distr. des Cataractes (Ém. Laur.). — V : Bolobo; Lukolela (Buett.). — XV : bassin de la Lulua (Pg.). — Ind. non cl. Belem (Dem.).

LENTIBULARIACEAE

UTRICULARIA L.

Utricularia andongensis *Welw.* ex *Kamienski* in Engl. Jahrb. XXXIII (1902) 104; *Hiern* Cat. Welw. Pl. I, 787; *Stapf* in *Dyer* Fl. trop. Afr. IV², 481.

U. tortilis *Welw.* var. — *Kamrenshi* l. c. ; *De Wild.* Étud. fl. Bas- et Moy.-
Cgo, I (1903) 74.

1898 (J. Gillet). — Bas-Congo (Gill. 12).

Utricularia conferta *Wight* in *Hook*. Kew Journ. I (1849) 372
et Icon. pl. Ind. or. IV, t. 1575; *Kamienski* in Engl. Jahrb. XXXIII
(1902) 102; *De Wild*. Étud. fl. Bas- et Moy.- Cgo, I (1903) 74.

1895 (Ém. Laurent). — Congo (Ém. Laur.).

Obs. — M. Stapf ne mentionne pas cette espèce dans la *Flora of trop. Afr.*

Utricularia exoleta *R. Br.* Prodr. fl. N. Holl. (1810) 430 ; *Coss.* Ill.
fl. Atlant. I, 100, t. 162; *Th. Dur.* et *Schinz* Étud. fl. Cgo (1896)
214 ; *Hiern* Cat. Welw. Pl. I, 786 ; *Kamienski* in Engl. Jahrb.
XXXIII (1902) 112; *De Wild*. Étud. fl. Bas- et Moy.-Cgo. I (1903)
75; *Goeb.* in Annal. Jard. Buitenz. IX, 91-97; *Stapf* in *Dyer* Fl.
trop. Afr. IV², 435.

1883 (H. Johnston). — Congo (Johnst.; Dew.); Bas-Cougo (Gill.). — V : Kisantu
(Gill.).

Utricularia flexuosa *Vahl* Enum. pl. I (1804) 198; *A. DC.* in *DC.*
Prodr. VIII, 24; *Clarke* in *Hook. f.* Fl. Brit. Ind. IV, 329.

Le type croît en Asie et en Australie trop.

— — var. **flexuosa** *Kamienski* in Engl. Jahrb. XXXIII (1902) 110;
De Wild. Étud. fl. Bas- et Moy.-Cgo, I (1903) 75.

1896 (A. Dewèvre). — VIII : Coquilhatville (Dew.).

M. Stapf n'indique pas cette espèce en Afrique trop.

Utricularia Gilletii *De Wild.* et *Th. Dur.* Mat. fl. Cgo, III (1899) 32
[B. S. B. B. XXXVIII², 40].

U. Benjaminiana *De Wild.* [an *Oliv.?*] Étud. fl. Bas- et Moy.-Cgo, I (1903) 75.

1898 (J. Gillet). — V : env. de Dembo (Gill. 3).

Obs. — M. Stapf [in *Dyer* Fl. trop. Afr. IV², 490] croît que la plante d'Afrique
est différente de l'espèce d'Oliver.

Utricularia obtusa *Sw.* Nov. gen. et sp. pl. (1788) 14; *DC.* Prodr.
VIII, 10; *Benjam.* in *Mart.* Fl. Bras. X, 239; *Kamienski* in Engl.
Jahrb. XXXIII (1902) 113; *De Wild*. Étud. fl. Bas- et Moy.-Cgo, I
(1903) 75; *Stapf* in *Dyer* Fl. trop. Afr. IV², 495.

U. obtusata *Sw.* Fl. Ind. occ. I (1797) 41.
U. tricrenata *Bak.* in *Hiern* Cat. Welw. Pl. I (1898) 785.

1898 (Ém. Duchesne). — V : le Stanley-Pool aux env. de Léopoldville (Duch.).

Utricularia reflexa *Oliv.* in Journ. Linn. Soc. IX (1867) 146; *Th. Dur.* et *Schinz* Étud. fl. Cgo (1896) 214; *Hiern* Cat. Welw. Pl. I, 785; *Kamienski* in Engl. Jahrb. XXXIII (1902) 110 pr. p.; *Stapf* in *Dyer* Fl. trop. Afr. IV², 492.

1883 (H. Johnston). — Congo (Johnst.).

Utricularia subulata *L.* Sp. pl. ed. 1 (1753) 18; *DC.* Prodr. VIII, 16; *Benjam.* in *Mart.* Fl. Bras. X, 243; *Oliv.* in Journ. Linn. Soc. IX (1867) 148; *Kamienski* in Engl. Jahrb. XXXIII (1902) 105; *De Wild.* Étud. fl. Bas- et Moy.-Cgo, I (1903) 75; *Stapf* in *Dyer* Fl. trop. Afr. IV², 485.

1898 (Ém. Duchesne). — V : le Stanley-Pool (Schlt. 12550); Léopoldville (Duch. 44).

— — var. **minuta** *Kamienski* l. c. XXXIII (1902) 105; *De Wild.* Étud. fl. Bas- et Moy.-Cgo, I (1903) 75.

1896 (A. Dewèvre). — Congo (Dew.). — Bas-Congo (Gill. 1).

Utricularia Thonningii *Schumach.* in *Schumach.* et *Thonn.* Beskr. Guin. Pl. (1827) 12; *Stapf* in *Dyer* Fl. trop. Afr. IV², 487.

U. inflexa *Vahl* Enum. pl. I (1804) 196; *DC.* Prodr. VIII, 4; *De Wild.* et *Th. Dur.* Reliq. Dewevr. (1901) 172.
U. stellaris *L.* f. var. — *Th. Dur.* et *Schinz* Étud. fl. Cgo (1896) 219; *De Wild.* et *Th. Dur.* Contr. fl. Cgo, II (1900) 46.

1885 (R. Buettner). — II a : Zobe (Dew.). — VI : Kingunshi (Buett.). — XV : Bombaie [Kasai] (Luja).

Utricularia tortilis *Welw.* ex *Oliv.* in Journ. Linn. Soc. IX (1867) 150; *Hiern* Cat. Welw. Pl. I, 787; *Kamienski* in Engl. Jahrb. XXXIII (1902) 104 [excl. var.]; *De Wild.* Étud. fl. Bas- et Moy.-Cgo, I (1903) 74; *Stapf* in *Dyer* Fl. trop. Afr. IV², 483.

1899 (J. Gillet). — Bas-Congo (Gill. 7).

GESNERACEAE

STREPTOCARPUS Lindl.

Streptocarpus katangensis *De Wild.* et *Th. Dur.* Mat. fl. Cgo, X (1901) 19 [B. S. B. B. XL, 25]; *De Wild.* Étud. fl. Kat. (1903) 127 [emend.]; *Bak.* et *Clarke* in *Dyer* Fl. trop. Afr. IV², 507.

1899 (Edg. Verdick). — XVI : env. de Lukafu (Verd. 249).

BIGNONIACEAE

NEWBOULDIA Seem.

Newbouldia laevis [*P. Beauv.*] *Seem.* in Journ. of Bot. I (1863) 226; *Th. Dur.* et *De Wild.* Mat. fl. Cgo, II (1898) 79 [B. S. B. B. XXXVII, 124]; *De Wild.* et *Th. Dur.* Contr. fl. Cgo, II (1900) 45 et Reliq. Dewevr. (1901) 172; *Sprague* in *Dyer* Fl. trop. Afr. IV², 521; *De Wild.* Miss. Laurent (1907) 447 et Étud. fl. Bas- et Moy.-Cgo, II (1907) 70.

Spathodea — *P. Beauv.* Fl. d'Oware, I (1805) 48, t. 291; *Hook.* in Bct. Mag. (1850) t. 4537).

1895 (Ém. Laurent). — II a : Haut-Shiloango (Cabra et Michel); Djema-Liauga (Cabra). — III : route de Matadi à Tumba (Ém. et M. Laur.). — IV : Lukungu (Ém. Laur.); Nord Manyanga (Cabra et Michel). — V : Léopoldville (M. Laur.); Kisantu (Gill.). — Iud. non cl. : Campi (Cabra).

SPATHODEA P. Beauv.

Spathodea campanulata *P. Beauv.* Fl. d'Oware, I (1804) 47, t. 27; *DC.* Prodr. X, 505; Bot. Mag. (1859) t. 5091; *Th. Dur.* et *Schinz* Étud. fl. Cgo (1896) 215; *De Wild.* et *Th. Dur.* Contr. fl. Cgo, I (1899) 45; II (1900) 46 et Reliq. Dewevr. (1901) 172; *De Wild.* Not. pl. util. ou intér. du Cgo, II (1906) 145; *Sprague* in *Dyer* Fl. trop. Afr. IV², 529; *De Wild.* Miss. Laurent (1905) 171 et Étud. fl. Bas- et Moy.-Cgo, I (1906) 322; II (1907) 69.

1816 (Chr. Smith). — Bas-Congo (Sm.). — II a : le Mayumbe. — Nom vern. : Kusu-Kusu (Cabra). — IV : distr. des Cataractes (Ém. Laur.). — V : Lukolela. — Nom vern. : Mombata (Dew.); Kwamouth (M. Laur.): env. de Dembo (Gill.); entre Dembo et Kisantu (But.); Sanda (Odd.). — VI : Luanu [rive droite du Kwilu] (Lescr.). — VIII : Eala (M. Laur.; Pyn.). — IX : Upoto (Wilw.). — XI : en aval de Basoko (Ém. et M. Laur.). — XV : lo Kasai; le Sankuru (Ém. et M. Laur.). — XVI : le Mukobue [affl. du Lubudi] (Desc.); le Lualaba (Ém. Laur.); le Katanga (Briart).

Spathodea nilotica *Seem.* in Journ. of Bot. III (1865) 333; *De Wild.* et *Th. Dur.* Contr. fl. Cgo, I (1899) 45 et Pl. Thonnerianae (1900) 36; *Johnst.* The Uganda Protector. I, 68, cum tab.; *Sprague* in *Dyer* Fl. trop. Afr. IV², 535; *De Wild.* Miss. Laurent (1905) 177.

1870 (G. Schweinfurth). — V : Kisantu (Gill.). — VI : route de Tumba-Mani à Popokabaka (Cabra et Michel). — IX : Upoto (Wilw.); Umangi (Ém. Laur.). — IX a : Bokape (Thonn.). — XII d : pays des Mangbettu (Schw.).

DOLICHANDRONE Fenzl.

Dolichandrone tomentosa [*Seem.*] *Benth.* et *Hook. f.* Gen. pl. II (1876) 1046; *Th. Dur.* et *Schinz* Étud. fl. Cgo (1896) 215.

> Muenteria — *Seem.* in Journ. of Bot. III (1865) 330.
> Markhamia — *K. Schum.* in *Engl.* et *Prantl* Nat. Pflanzenfam. IV, 3 b (1895) 242.

> 1885 (R. Buettner). — II a : le Mayumbe (Ém. Laur.). — VI : Muene-Putu-Kasongo (Buett.).

MARKHAMIA Seem.

Markhamia lanata *K. Schum.* in *Engl.* et *Prantl* Nat. Pflanzenfam. IV, 3 b (1895) 242 ; *Sprague* in *Hook.* Icon. pl. XXV, t. 2800, fig. 8 et in *Dyer* Fl. trop. Afr. IV², 527, pr. p.

> M. tomentosa *K. Schum.* in *Engl.* Glied. veget. Usambara, 34 et 49 pr. p. et in Engl. Jahrb. XXVIII (1900) 480.

> 1903 (Ém. et Marc. Laurent). — VIII : Eala (M. Laur. 1094). — XV : Luluabourg; Munungu (Ém. et M. Laur.).

Markhamia lutea [*Benth.*] *K. Schum.* in *Engl.* et *Prantl* Nat. Pflanzenfam. IV, 3 b (1895) 242; *De Wild.* et *Th. Dur.* Reliq. Dewevr. (1901) 172; *Sprague* in *Dyer* Fl. trop. Afr. IV², 525; *De Wild.* Étud. fl. Bas- et Moy.-Cgo, II (1907) 70.

> Spathodea — *Benth.* in *Hook.* Niger Fl. (1849) 461, pr. p.
> Dolichandrone — *Benth.* in *Benth.* et *Hook. f.* Gen. pl. II (1876) 1046.
> Muenteria — *Seem.* in Journ. of Bot. VIII (1870) 388, pr. p.

> 1896 (A. Dewèvre). — XII : entre Goo et Djamba (Ser.). — XIII c : Luama (Dew.). — Noms vern. : Musum (Luama), Musulidi (Tanganika), Eungu (Ikwangula) (Dew.).

Markhamia paucifoliolata *De Wild.* Étud. fl. Kat. (1903) 131.

> 1899 (Edg. Verdick). — XVI : Lukafu. — Nom vern. : Tenda-Kwari (Verd. 54).

> Obs. — M. Sprague [in *Dyer* Fl. trop. Afr. IV², 527] réunit cette espèce au M. *lanata* K. Schum.

Markhamia tomentosa [*Benth.*] *K. Schum.* in *Engl.* et *Prantl* Nat. Pflanzenfam. IV, 3 b (1895) 242; *De Wild.* et *Th. Dur.* Contr. fl. Cgo, I (1899) 45; II (1900) 47; *Sprague* in *Dyer* Fl. trop. Afr. IV², 528; *De Wild.* Miss. Laurent (1905) 178 et Étud. fl. Bas- et Moy.-Cgo, I (1906) 322.

> Spathodea — *Benth.* in *Hook.* Niger Fl. (1849) 462.
> Dolichandrone — *Benth.* et *Hook. f.* Gen. pl. II (1876) 1046.
> Muenteria — *Seem.* in Jour. of Bot. III (1865) 330.

> 1893 (Ém. Laurent). — II a : le Mayumbe (Ém. Laur.); la Milambi (Cabra). V : env. de Kisantu (Gill.); Galiema (Ém. Laur.).

M. tomentosa var. **acuminata** *De Wild.* Étud. fl. Kat. (1903) 132 et Miss. Laurent (1905) 178.

M. tomentosa *De Wild.* et *Th. Dur.* [non *K. Schum.*] Pl. Gilletianae, I (1900) 39 [B. Herb. Boiss. Sér. 2, I, 39].

1899 (J. Gillet). — V : env. de Léopoldville (Ém. Laur.) ; Kisantu (Gill.).

Markhamia sessilis *Sprague* in *Dyer* Fl. trop. Afr. IV² (1906) 526 ; *De Wild.* Miss. Laurent (1907) 448 et Étud. fl. Bas- et Moy.-Cgo, II (1907) 70.

Muenteria tomentosa *Seem.* [non *K. Schum.*] in Journ. of Bot. III (1865) 330, t. 35 [fig. et pl angol. sed excl. syn.).
Markhamia — *Hiern* [non *K. Schum.*] Cat. Welw. Pl. I (1898) 792.

1816 (Chr. Smith) — Bas-Congo (Sm.).

Markhamia Verdickii *De Wild.* Étud. fl. Kat. (1903) 132.

1899 (Edg. Verdick). — XVI : le Katanga (Verd.).

M. Sprague [in *Dyer* Fl. trop. Afr. IV², 527] réunit cette espèce au *M. lanata* K. Schum.

STEREOSPERMUM Cham.

Stereospermum Arnoldianum *De Wild.* Étud. fl. Kat. (1903) 128.

1899 (Edg. Verdick). — XVI : Lukafu et env. – Noms verrn. : **Kayebule; Kifuli-mitjii** (Verd. 92).

Obs. — M. Sprague [in *Dyer* Fl. trop. Afr. IV², 520] réunit les *S. Arnoldianum katangense* et *Verdickii* De Wild. au *S. Harmsianum* K. Schum.

Stereospermum katangense *De Wild.* Étud. fl. Kat. (1903) 130.

1899 (Edg. Verdick.). – XVI : Lukafu. — Nom vern. : **Kikoba-Koba** (Verd. 194).

Stereospermum Kunthianum *Cham.* in Linnaea, VII (1832) 120 ; *K. Schum.* in *Engl.* Pfl. Ost-Afr. 361 ; *De Wild.* Étud. fl. Kat. (1903) 128 ; *Sprague* in *Dyer* Fl. trop. Afr. IV², 518.

S. dentatum *A. Rich.* Tent. fl. Abyss. II (1851) 58 ; *Bureau* in Adansonia, II, 196, t. 1 et Monog. Bignon. t. 29.

1900 (Edg. Verdick). — I : rég. du Lac Moero (Verd.).

Stereospermum Verdickii *De Wild.* Étud. fl. Kat. (1903) 129.

1899 (Edg. Verdick). — XVI : Lukafu. — Nom vern. : **Kafungando** (Verd. 265).

KIGELIA DC.

Kigelia aethiopica [*Lam.*] *Decne* in *Deless.* Icon. select. pl. V (1846) 39, t. 93 ; *Benth.* in *Hook. f.* Niger Fl. (1849) 463 ; *K. Schum.* in *Engl.* Pfl. Ost-Afr. 364 ; *De Wild.* Étud. fl. Kat. (1904) 133 ; *Sprague* in *Dyer* Fl. trop. Afr. IV², 538.

1899 (Edg. Verdick). — XVI : Lukafu. — Nom vern. : **Kitwungele**. — « Assez répandu dans le Katanga, mais généralement par pieds isolés (Verd.).

Kigelia africana [*Lam.*] *Benth.* in *Hook.* Niger Fl. (1849) 463; *De Wild.* et *Th. Dur.* Pl. Gilletianae, I (1900) 39 [B. Herb. Boiss. Sér. 2, I, 39] et Reliq. Dewevr. (1901) 173; *Sprague* in *Dyer* Fl. trop. Afr. IV², 536; *De Wild.* Miss. Laurent (1905) 178.

Bignonia — *Lam.* Encycl. méth. Bot. I (1783) 424.

1895 (A. Dewèvre). — II a : bords du Tshaf (Dew.). — V : env. de Kisantu (Gill.). — VI : Inzia [vallée de la Djuma] (Gent.). — VIII : Bamania (Ém. et M. Laur.). — X : l'Ubangi (Ém. et M. Laur.). — XII d : C. dans la savane des env. de Faradje à Gurba-Dungu (Ser.). — Noms vern. : **Yumba**. — Fl. et fruits : **Kisi** [Kasai] (Dew.); **Mayboli** [Bari]; **Zileni** [Bahul] (Ser.).

PEDALINACEAE

SESAMUM L.

Sesamum angolense *Welw.* Apont. phyto-geogr. (1859) 588 et in Trans. Linn. Soc. XXVII (1869) 51; *Th. Dur.* et *Schinz* Étud. fl. Cgo (1896) 215; *Th. Dur.* et *De Wild.* Mat. fl. Cgo, II (1898) 76 [B. S. B. B. XXXVII, 121] et Reliq. Dewevr. (1901) 173; *Hiern* Cat. Welw. Pl. 1, 797; *Stapf* in *Dyer* Fl. trop. Afr. IV², 555.

S. macranthum *Oliv.* l. c. XXIX (1875) 131, t. 84; *De Wild.* Étud. fl. Kat (1903) 134 et Étud. fl. Bas- et Moy.-Cgo, I (1906) 1323; II (1907) 200.

1875 (P. Pogge). — XII : vallée du Webai [Uele] (Coll.?). — XIII d : env. de Kasongo (Dew.). — XV : la Lulua. 9°5 lat. S. (Pg.); à l'E. de la Lulua; Lubefu (Lescr.). — XVI : Lukafu (Verd.); le Lualaba près Goia-Kapopo (Pg.); Toa (Desc.); Pweto (Charg.).

Sesamum angustifolium [*Oliv.*] *Engl.* Pfl. Ost-Afr. (1895) 365; *De Wild.* Miss. Laurent (1905) 178 et Étud. fl. Bas- et Moy.-Cgo, I (1906) 323; II (1907) 200 *Stapf* in *Dyer* Fl. trop. Afr. IV², 554.

S. indicum *L.* var. — *Oliv.* in Trans. Linn. Soc. XXIX (1875) 131.

1892 (Jos. Duchesne). — VI : Eiolo (Krek.). — XII c : env. de Niangara (Ser.). — XV : Lusambo (Jos. Duch.).

Sesamum calycinum *Welw.* in Trans. Linn. Soc. XXVII (1869) 52; *Hiern* Cat. Welw. Pl. I, 797; *De Wild.* et *Th. Dur.* Reliq. Dewevr. (1901) 173; *Stapf.* in *Dyer* Fl. trop. Afr. IV², 555; *De Wild.* Étud. fl. Kat. (1903) 133.

1892 (Jos. Duchesne). — VI : Eiolo (Krek.). — XII c : Niangara (Ser.). — XII d : Munza (Schw.). — XIII d : env. de Kasongo. — Nom vern. : **Cembe** (Dew.). — XV : Lusambo (Jos. Duch.). — XVI : Lukafu. — Nom vern. : **Mulimdu** (Verd.). — Nom vern. : **Molenda** [Tanganika] (Dew.).

Sesamum indicum *L.* Sp. pl. ed. 1 (1753) 634; *DC.* Prodr. IX, 250; *Clarke* in *Hook. f.* Fl. Brit. Ind. IV, 386; *De Wild. et Th. Dur.* Mat. fl. Cgo, II (1898) 76 [B. S. B. B. XXXVII, 121] et Pl. Thonnerianae (1900) 36; *Stapf* in *Dyer* Fl. trop. Afr. IV², 558.

1891 (F. Demeuse). — II : Malela (Ém. Laur.). — IV : Luvituku (Dem.). — V : Kisantu (Gill.). — IX : Evankoyo (Thonn.). — XV : env. de Lusambo; le Lualaba (Ém. Laur.).

— — var. **integerrimum** *Engl.* in Engl. Jahrb. XXXII (1902) 115.

1875 (P. Pogge). — XV : la Lulua, vers 9 ½° (Pg. 310).

Sesamum mombanzense *De Wild. et Th. Dur.* Pl. Thonnerianae (1900) 36, t. 14; *Stapf* in *Dyer* Fl. trop. Afr. IV', 552.

1896 (Fr. Thonner). — IX : Mombanza près Businga (Thonn. 116 pr. p.).

Sesamum radiatum *Schumach.* et *Thonn.* Beskr. Guin. Pl. (1827) 56; *Webb* in *Hook.* Niger Fl. 150; *Engl.* Pfl. Ost-Afr. 365; *Stapf* in *Dyer* Fl. trop. Afr. IV², 557.

S. occidentale *Regel* et *Heer* in Ind. sem. Hort. Turic. (1842) ex *DC.* Prodr. IX, 250.

1901 (J. Gillet). — Bas-Congo (Gill.).

Sesamum Thonneri *De Wild.* et *Th. Dur.* Pl. Thonnerianae (1900) 37, t. 15

1896 (Fr. Thonner). — IX : Mombanza près de Businga (Thonn. 116 pr. p.).

Obs. — M. Stapf. [in *Dyer* Fl. trop. Afr. IV², 553] croit que cette plante doit qu'elle être une forme anormale du *S. mombanzense.*

ACANTHACEAE

GILLETIELLA De Wild. et Th. Dur.

Gilletiella congolana *De Wild.* et *Th. Dur.* Mat. fl. Cgo, VIII (1900) 20 [B. S. B. B. XXXIX², 72]; *De Wild.* Étud. fl. Bas- et Moy.-Cgo, I (1906) 312; *Burkill* in *Dyer* Fl. trop. Afr. V, 506.

1899 (J. Gillet). — V : Kisantu; Kimuenza (Gill. 2055); env. de Sanda (Odd. in Gill. 3539).

THUNBERGIA L. f. (1)

Thunbergia alata *Boj.* ex *Sims* in Bot. Mag. (1825) t. 2591; *Burkill* in *Dyer* Fl. trop. Afr. V, 16; *De Wild.* Étud. fl. Bas- et Moy.-Cgo, II (1907) 201.

1905 (F. Seret). — XII d : Congo bor.-or. (Ser. 301).

?Thunbergia erecta *T. Anders.* in Journ. Linn. Soc. VII (1864) 18; *Burkill* in *Dyer* Fl. trop. Afr. V, 12.

Meyenia — *Benth.* in *Hook.* Niger Fl. (1849) 476; Bot. Mag. (1857) t. 5016.

Obs. — D'après M. Burkill (l. c.) le n° 3545, récolté par G. Schweinfurth, en 1870, dans le pays des Mangbettu [XII d] doit être cette espèce.

Thunbergia graminifolia *De Wild.* Étud. fl. Kat. (1903) 134.

1900 (Edg. Verdick). — XVI : le Katanga (Verd.).

Thunbergia katangensis *De Wild.* Étud. fl. Kat. (1903) 135.

1899 (Edg. Verdick). — XVI : Lukafu (Verd. 292).

Thunbergia lathyroides *Burkill* in *Dyer* Fl. trop. Afr. V (1899) 24; *De Wild.* Étud. fl. Kat. (1903) 136.

1899 (Edg. Verdick). — XVI : Lukafu (Verd. 291).

Thunbergia Liebrechtsiana *De Wild.* et *Th. Dur.* Mat. fl. Cgo, V (1899) 13 [B. S. B. B. XXXVIII², 132] et Reliq. Dewev.. (1901) 173; *Burkill* in *Dyer* Fl. trop. Afr. V, 507.

1896 (A. Dewèvre). — IX : pas rare le long de la rive du Congo, à 2 ou 3 jours de marche de Bangala (Dew. 859).

Thunbergia longepedunculata *De Wild.* Étud. fl. Kat. (1903) 136.

1900 (Edg. Verdick). — XVI : le Katanga [entre Lukafu et le Tanganika (Verd.).

Thunbergia Michelana *De Wild.* Étud. fl. Kat. (1903) 136.

1899 (Edg. Verdick). — XVI : Lukafu (Verd. 318 pr. p.).

Thunbergia parvifolia *Lindau* in Engl. Jahrb. XVII (1893) 90; *Th. Dur.* et *Schinz*, Étud. fl. Cgo (1896) 216; *A. Dewèvre* in B. S. B. B. XXXIII, 104; *Burkill* in *Dyer* Fl. trop. Afr. V, 25.

1890 (Paul Briart). — XVI : le Katanga (Briart; Cornet).

Thunbergia proxima *De Wild.* Étud. fl. Kat. (1903) 137.

1899 (Edg. Verdick). — XVI : Lukafu (Verd. 318 pr. p.).

---

(1) Le Thunbergia affinis *S. Moore* [*Sprague* in *Dyer* Fl. trop. Afr. V, 11] est cultivé à Bolobo (Ém. et M. Laur.). [Conf. *De Wild.* Miss. Laurent (1905) 182].

Thunbergia Stuhlmanniana *Lindau* in Bot. Jahrb. XVII (1893) 91.

1890 (G. Stuhlmann). — XIV : Butumbi au S. du lac Albert-Édouard (Stuhlm. 2181).

Thunbergia Thonneri *De Wild.* et *Th. Dur.* Mat. fl. Cgo, III (1899) 33 [B. S. B. B. XXXVIII², 41] et Pl. Thonnerianae (1900) 38, t. 8; *Burkill* in *Dyer* Fl. trop. Afr. V, 507.

1896 (Fr. Thonner). — IX a : Bobi près Gali (Thonn. 34).

Thunbergia Verdickii *De Wild.* Étud. fl. Kat. (1903) 138.

1899 (Edg. Verdick). — XVI : Lukafu. — Nom vern. : **Kausjapu** (Verd. 231).

Thunbergia Vogeliana *Benth.* in *Hook.* Niger Fl. (1849) 476 ; *Burkill* in *Dyer* Fl. trop. Afr. V, 10; *De Wild.* et *Th. Dur.* Cont. fl. Cgo, II (1900) 47; *De Wild.* Étud. fl. Bas- et Moy.-Cgo, I (1906) 314.

Meyenia — *Benth.* in Bot. Mag. (1862) t. 5389.
T. kamerunensis *Lindau* in Engl. Jahrb. XVII (1893) 97.

1891 (G. Descamps). — V : rive du Kasai [distr. du Stanley-Pool] (Luja); env. de Léopoldville (Gill.). — XVI : vallée du Lualaba (Desc.).

Thunbergia Vossiana *De Wild.* Étud. fl. Kat. (1903) 134.

1899 (Edg. Verdick). — XVI : Lukafu (Verd. 28).

ELYTRARIA Vahl.

Elytraria crenata *Vahl* Enum. pl. I (1804) 106; *Nees* in *DC.* Prodr. XI, 63; *Burkill* in *Dyer* Fl. trop. Afr. V, 27; *De Wild.* et *Th. Dur.* Reliq. Dewevr. (1901) 174; *De Wild.* Étud. fl. Bas- et Moy.-Cgo, II (1907) 201.

E. marginata *Vahl* l. c. (1804) 108; *P. Beauv.* Fl. d'Oware, II, 58. t. 93 *Hook.* Niger Fl. 477.
Tubiflora acaulis *O. Kuntze* Rev. Gener. (1891) 500; *De Wild.* et *Th. Dur.* Pl. Gilletianae, I (1900) 39 [B. Herb. Boiss. Sér. 2, I, 39]; *Lindau* in *Engl.* Pfl. Ost-Afr. 365.
T. paucisquamosa *De Wild.* et *Th. Dur.* in *Th. Dur.* et *De Wild.* Mat. fl. Cgo, III (1899) 34 [B. S. B. B. XXXVIII², 42]; *Clarke* in *Dyer* Fl. trop. Afr. V, 503 in obs.
T. squamosa *Lindau* [non *O. Kuntze*] in *Engl.* et *Prantl* Nat. Pflanzenfam. IV, 3 b (1897) 289 pr. p. ; *Th. Dur.* et *De Wild.* Mat. fl. Cgr, I (1897) 36 [B. S. B. B. XXXVI², 82]; *De Wild.* Miss. Laurent (1905) 181.

1893 (P. Dupuis). — II a : Ganda-Janga (Cabra). — IV : la Gomuila (Dup.). — V : Lukolela (Pyn.); Kisantu (Gill.). — XII a : route de Buta à Bima (Ser.). — XV : Ibaka ; Dibele (Ém. et M. Laur.). — Ind. non cl. : Bena-Lekula [Bena-Lunkala?, XV] (Dew.).

NELSONIA R. Br.

Nelsonia brunelloides [*Lam.*] *O. Kuntze* Rev. Gener. (1891) 493;
Lindau in *Engl.* Pfl. Ost-Afr. 365; *De Wild.* et *Th. Dur.* Pl.
Thonnerianae (1900) 39; *De Wild.* Miss. Laurent (1905) 181 et Étud.
fl. Bas- et Moy.-Cgo, I (1906; 314; II (1907) 201.

> Justicia — *Lam.* Encycl. méth. Bot. I (1791) 40.
> N. campestris *R. Br.* Prodr. fl. N. Holl. (1810) 481; *Endl.* Iconogr. gen. pl.
> t. 79; *Th. Dur.* et *Schinz* Étud. fl. Cgo (1896) 216: *De Wild.* et *Th. Dur.*
> Reliq. Dewevr. (1901) 174; *De Wild.* Étud. fl. Kat. (1903) 141; *Hiern* Cat.
> Welw. Pl. I, 805; *Burkill* in *Dyer* Fl. trop. Afr. V, 28.
> N. tomentosa *Dietr.* Sp. pl. I (1839) 449.

> 1888 (Fr. Hens). — IV : Kitobola (Ém. et M. Laur.). — V : le Stanley-Pool
> (Hens; Schlt.); env. de Kisantu (Gill.). — VII : Bolombo (Ém. et M. Laur.). —
> VIII : Eala (M. Laur.). — IX a : Bogolo près Businga (Thonn.). — XII d : Congo
> bor.-or. (Ser.). — XVI : Lukafu (Verd.).

HYGROPHILA R. Br. (1)

Hygrophila ciliata *Burkill* in *Dyer* Fl. trop. Afr. V (1899) 35.

> 1816 (Chr. Smith). — Bas-Congo (Sm.).

Hygrophila Gilletii *De Wild.* Étud. fl. Bas- et Moy.-Cgo, I (1906)
314. t. 50.

> 1902 (J. Gillet). — V : env. de Léopoldville (Gill. 2703).

Hygrophila katangensis *De Wild.* Étud. fl. Kat. (1903) 142.

> 1900 (Edg. Verdick). — XVI : bord du Lac Moero (Verd.).

Hygrophila Lindaviana [*De Wild.* et *Th. Dur.*] *Burkill* in *Dyer*
Fl. trop. Afr. V (1900) 509.

> Asteracantha — *De Wild.* et *Th. Dur.* in *Th. Dur.* et *De Wild.* Mat. fl. Cgo,
> IV (1899) 23 [B. S. B. B. XXXVIII², 100] et Pl. Thonnerianae (1900) 39, t. 5.
> 1896 (Fr. Thonner). — IX a : Evamkoyo (Thonn. 111, 112).

Hygrophila spinosa *T. Anders.* in *Thw.* Enum. pl. Zeyl. (1864)
225 et in Journ. Linn. Soc. VII (1864) 22; *Burkill* in *Dyer* Fl. trop.
Afr. V, 31; *De Wild.* Étud. fl. Bas- et Moy.-Cgo, II (1907) 201.

> 1905 (F. Seret). — XII : Guago (Ser. 280). — XII a : Bima (Ser. 134).

BRILLANTAISIA. P Browne.

Brillantaisia Dewevrei *De Wild.* et *Th. Dur.* in *Th. Dur.* et *De*

---

(1) A quelle espèce faut-il rapporter le **H. longifolia** Nees? indiqué au Congo, en
1882, par M. H. Johnston [Conf. *Th. Dur.* et *Schinz* Étud. fl. Cgo (1896) 216]?

Wild. Mat. fl. Cgo, III (1899) 37 [B. S. B. B. XXXVIII², 45]; *De Wild.* et *Th. Dur.* Reliq. Dewevr. (1901) 174 et Pl. Gilletianae, II (1901) 93 [B. Herb. Boiss. Sér. 2, I, 833]; *Burkill* in *Dyer* Fl. trop. Afr. V, 510.

1895 (A. Dewèvre). — V : entre Lukolela et Gombi (Dew.) ; env. de Lemfu (But. in Gill. 1176). — IX : Molanga. — Nom vern. : **Bolengue-Moidi** (Dew. 751).

Brillantaisia Kirungae *Lindau* in v. *Goetzen* Durch Afrika (1895) 385; *Burkill* in *Dyer* Fl. trop. Afr. V, 42.

1894 (G. A. von Goetzen et Prittwitz). — XIV : volcan Kirunga (Goetz. et Prittw. 48).

Brillantaisia Lamium [*Nees*] *Benth.* in *Hook.* Niger Fl. (1849) 479; *Burkill* in *Dyer* Fl. trop. Afr. V, 38.

Leucorhaphis — *Nees* in *DC.* Prodr. XI (1847) 97.
B. owariensis *Hook.* [non *P. Beauv.*] in Bot. Mag. (1853) t. 4717, fig. 2.
B. Palisotii *Lindau* in Engl. Jahrb. XVII (1893) 99 et in *Engl.* et *Prantl* Nat. Pflanzenfam. IV, 3 b (1897) 296, fig. 119.

1882 (P. Pogge). — XV : la Lulua (Pg. 1123).

Brillantaisia owariensis *P. Beauv.* Fl. d'Oware II (1807) 67, t. 100; Bot. Mag. (1853) t. 4717, pr. p.; *Engl.* in Engl. Jahrb. VIII (1886) 65; *Th. Dur.* et *Schinz* Étud. fl. Cgo (1896) 217; *Burkill* in *Dyer* Fl. trop. Afr. V, 40.

1874 (Fr. Naumann). — II : Ponta da Lenha (Naum.).

Brillantaisia patula *T. Anders.* in Journ. Linn. Soc. VII (1864) 21; *Burkill* in *Dyer* Fl. trop. Afr. V, 45; *Hiern* Cat. Welw. Pl. I, 807; *De Wild.* Étud. fl. Kat. (1903) 143; *Burkill* in *Dyer* Fl. trop. Afr. V, 41.

B. alata *T. Anders.* ex *Oliv.* in Trans. Linn. Soc. XXIX (1875) 175, t. 124; *Th. Dur.* et *Schinz*, Étud. fl. Cgo (1896 216; *De Wild.* et *Th. Dur.* Pl. Gilletianae, I (1900) 39 [B. Herb. Boiss. Sér. 2, I, 39] et Mat. fl. Cgo, I (1897) 37 [B. S. B. B. XXXVI², 83]; *De Wild.* Miss. Laurent (1905) 182 et Étud. fl. Bas- et Moy.-Cgo, I (1906) 314.

1816 (Chr. Smith). — Bas-Congo (Sm.); C. dans le voisinage des villages (Ém. Laur.). — II : Sisia (Dem.). — II a : le Mayumbe: Benza-Masola (Ém. Laur.); Shionzo; Bingila (Dup.). — Nom vern. : **Bemba-Bemba** (Dup.). — V : Kisantu (Gill.). — VI : Muene-Putu-Kasongo (Buett.). — XVI : C : dans les villages de la rég. de Lukafu. — Nom vern. : **Mulotte** (Verd.); Toa (Desc.); bords du Tanganika (Hecq).

Brillantaisia pubescens *T. Anders.* ex *Oliv.* in Trans. Linn. Soc. XXIX (1875) 125, t. 124; *Lindau* in *Engl.* Pfl. Ost-Afr. 366; *Burkill* in *Dyer* Fl. trop. Afr. V, 38; *De Wild.* Étud. fl. Kat. (1902) 143.

1899 (Edg. Verdick). — XVI : Lukafu (Verd.).

Brillantaisia subcordata *De Wild.* et *Th. Dur.* in *Th. Dur.* et
De Wild. Mat. fl. Cgo, III (1899) 36 *De Wild.* et *Th. Dur.* Reliq.
Dewevr. (1901) 175; *De Wild.* Miss. Laurent (1905) 182 t. 45; *Bur-
kill* in *Dyer* Fl. trop. Afr. V, 510.

1891 (F. Demeuse). — VIII : Coquilhatville (Ém. e⁺ M. Laur.); brousse de Bokakata
(Dew.). — IX : pays des Bangala (Dem.); en aval de Mobeka (Ém. et M. Laur.).

— — var. **macrophylla** *De Wild.* et *Th. Dur.* Contr. fl. Cgo,
II (1900) 47; *Clarke* in *Dyer* l. c. 510.

1899 (Ém. Duchesne). — IX : Nouvelle-Anvers (Ém. Duch.).

MELLERA S. Moore.

Mellera Briartii *De Wild.* et *Th. Dur.* Mat. fl. Cgo, VI (1899) 40
[B. S. B. B. XXXVIII¹, 210]; *De Wild.* Étud. fl. Bas- et Moy.-Cgo,
I (1906) 315; *Clarke* in *Dyer* Fl. trop. Afr. V, 510.

1892 (Paul Briart). — XVI : rapides de Zilo [Katanga] (Briart); Lac Moero
(Verd.).

Mellera lobulata *S. Moore* in Journ. of Bot. XVII (1879) 225, t. 203 ;
Lindau in *Engl.* Pfl. Ost Afr. 367; *Clarke* in *Dyer* Fl. trop. Afr. V,
50; *De Wild.* Étud. fl. Kat. (1903) 143 et Étud. fl Bas- et Moy.-Cgo,
I (1906) 315.

1891 (G. Descamps). — XVI : Lukafu (Verd.); vallées de la Lukesi et du Bulechi (Desc.).

Mellera submutica *Clarke* in *Dyer* Fl. trop. Afr. V (1899) 51.

Pseudobarleria Lindaui A. *Dewèvre* in B. S. B. B. XXXIII (1894) 104 [nom.
tant.].

Le type croît dans le Nyassaland.

— — var. **grandiflora** *De Wild.* Étud. fl. Kat. (1903) 143.

1900 (Edg. Verdick). — XVI : plateau des environs de Lukafu (Verd. 566).

DYSCHORISTE Nees.

Dyschoriste Perrottetii [*Nees*] *O. Kuntze* Rev. Gener. (1891) 486;
De Wild. et *Th. Dur.* Contr. fl. Cgo, I (1899) 45; *Lindau* in *Engl.*
et *Prantl* Nat. Pflanzenfam. 3 b (1895) 302, fig. 121 A-C; *Clarke* in
Dyer Fl. trop. Afr. V, 72; *De Wild.* et *Th. Dur.* Reliq. Dewevr.
(1901) 176; *De Wild.* Étud. fl. Kat. (1903) 144; Miss. Laurent (1905)
182 et Étud. fl. Bas- et Moy.-Cgo, II (1907) 201.

Calophanes — *Nees* in *DC.* Prodr. XI (1847) 111; *Engl.* Hochgeb. trop. Afr.
(1892) 338.

1896 (Ém. Laurent). — V : Kisantu (Gill.). — VI : Bokakata. — Nom vern. :
Molumba (Dew.). — XIII a : chutes de la Tshopo (Ém. et M. Laur.) ; Stanleyville
(Pyn.). — XVI : Lukafu (Verd,).

Dyschoriste Verdickii *De Wild.* Étud. fl. Kat. (1903) 144.

1900 (Edg. Verdick). — XVI : Lukafu. — Nom vern. : **Nikuminka** (Verd. 375).

Dyschoriste verticillaris [*T. Anders.*] *Clarke* in *Dyer* Fl. trop. Afr.
V (1899) 75 ; *De Wild.* Étud. fl. Kat. (1903) 145.

Calophanes — *T. Anders.* ex *Oliv.* in Trans. Linn. Soc. XXIX (1875) 75.
Hygrophila glandulosa *Lindau* in *Engl.* Pfl. Ost-Afr. (1895) 367.

1900 (Edg. Verdick). — XVI : Lukafu (Verd.).

RUELLIA L.

Ruellia patula *Jacq.* Miscell. Austr. II (1781) 358 et Icon. pl. rarior.
I, 12, t. 119 ; *Th. Dur.* et *De Wild.* Mat. fl. Cgo, I (1897) 37 [B. S.
B. B. XXXVI², 83] et Contr. fl. Cgo, II (1900) 47 ; *Clarke* in *Dyer*
Fl. trop. Afr. V, 45.

Dipteracanthus — *Nees* in *Wall.* Pl. Asiat. rarior. III (1832) 82 et in *DC.*
Prodr. XI, 126 ; *Wight* Icon. pl. Ind. or. IV, t. 1505.

1894 (Paul Briart). — Il a : le Mayumbe à Wa-Kionde (Dup.). — XVI : le Katanga (Briart).

PHAYLOPSIS Willd.

Phaylopsis imbricata [*Forsk.*] *Cordem.* Fl. île Réunion (1895) 496.

Ruellia — *Forsk.* Fl. Aegypt. Arab. (1775) 113.
Aetheilema — *R. Br.* Prodr. fl. N. Holl. (1810) 478 ; *Benth.* in *Hook.* Niger
Fl. (1849) 480.
Micranthus — *O. Kuntze* Rev. Gener. (1891) 493 ; *Th. Dur.* et *Schinz* Étud.
fl. Cgo (1896) 217 ; *De Wild.* Pl. Gilletianae, II (1901) 93 [B. Herb. Boiss.
Sér. 2, 1, 833.
P. oppositifolia *Lindau* in *Schlechter* Westafr. Kautsch. Exped. (1900) 315.
Micranthus longifolius *Wendl.* Bot. Beobacht. (1798) 39 ; *Lindau* in *Engl.* et
Prantl Nat. Pflanzenfam. IV, 3 b (1895) 298, fig. 220 et in *Engl.* Pfl. Ost-
Afr. 367.
Phaylopsis *Sims* [non *Thoms.*] in Bot. Mag. (1823) t. 2433.
P. parviflora *Willd.* Sp. pl. III (1801) 342 ; *Clarke* in *Dyer* Fl. trop. Afr. V,
83.
Phaulopsis — *Lindau* in *Engl.* et *Prantl* l. c. Nachtr. zum II-IV (1897) 305.

1888 (Fr. Hens). — V : le Stanley-Pool (Hens ; Schlt.) ; Kisantu (Gill.).

Phaylopsis Lindaviana *De Wild.* Étud. fl. Kat. (1903) 142.

1900 (Edg. Verdick). — XVI : Lukafu (Verd. 580).

Phaylopsis longifolia *Thoms.* [non *Sims*] in *Speke* Nile, Append. (1863) 643 ; *T. Anders.* in Journ. Linn. Soc. VII (1864) 26 ; *Clarke* in *Dyer* Fl. trop. Afr. V, 84 ; *De Wild.* Étud. fl. Bas- et Moy.-Cgo, I (1906) 315.

1900 (J. Gillet). — V : Kisantu (Gill.).

OBS. — Ce *Phaylopsis*, considéré comme une espèce distincte par Clarke, n'est sans doute qu'une variété du *P. imbricata* [Forsk.] Cordem.

Phaylopsis obliqua *S. Moore* in Journ. of Bot. XVIII (1880) 229 ; *Clarke* in *Dyer* Fl. trop. Afr. V, 86 ; *De Wild.* Étud. fl. Bas- et Moy.-Cgo, I (1906) 315.

Micranthus — *O. Kuntze* Rev. Gener. (1891) 493 ; *Hiern* Cat. Welw. Pl. I. 811 ; *Lindau* in *Engl.* et *Prantl* Nat. Pflanzenfam. IV, 3 b (1895) 298.

Phaulopsis — *Lindau* in *Engl.* et *Prantl* l. c. Nachtr. zum II IV (1897) 305. M. Hensii *Lindau* in Engl. Jahrb. XXII (1895) 114 ; *De Wild.* et *Th. Dur.* Reliq. Dewevr. (1901) 176 ; *De Wild.* Étud. fl. Bas- et Moy.-Cgo, I (1906) 315.

1888 (Fr. Hens). — Bas-Congo (Dew.). — II a : Shinganga (Dew. 271). — V : le Stanley-Pool (Hens, B. 29) ; Kisantu (Gill. 971, 1024, 1219) ; Kimuenza (Gill. 2166).

Phaylopsis Poggei [*Lindau*] *Clarke* in *Dyer* Fl. trop. Afr. V (1899) 85.

Micranthus — *Lindau* in Engl. Jahrb. XVII (1893) 108 et in *Engl.* et *Prantl* Nat. Pflanzenfam. IV, 3 b (1895) 298 ; *Th. Dur.* et *Schinz* Étud. fl. Cgo (1896) 218.

Phaulopsis — *Lindau* in *Engl.* et *Prantl* l. c. Nachtr. zum II-IV (1897) 305.

1882 (P. Pogge). — V : le Stanley-Pool (Hens, 52). — XIII d : Nyangwe (Pg. 975).

LANKESTERIA Lindl.

Lankesteria Barteri *Hook. f.* in Bot. Mag. (1865) t. 5533 ; *De Wild.* et *Th. Dur.* Contr. fl. Cgo, I (1899) 46 ; II (1900) 47 ; Pl. Thonnerianae (1900) 41 et Reliq. Dewevr. (1901) 176 ; *Clarke* in *Dyer* Fl. trop. Afr. V, 70 ; *De Wild.* Miss. Laurent (1905) 183 et Étud. fl. Bas- et Moy.-Cgo, II (1907) 202.

1891 (F. Demeuse). — V : Lukolela (Ém. Laur.). — VIII : Eala (M. Laur.). — IX : Yambinga (M. Laur.) ; Bobi (Thonn.). — XI : Mogandjo (M. Laur.). — XII b : entre Gongo et Bamburu (Ser.). — XII c : env. de Surango (Ser.). — XIII a : Stanleyville (Dem.) ; Romée (M. Laur.) ; chutes de la Tshopo (Ém. et M. Laur.). — XIII c : Bamanga (Ém. et M. Laur.). — XV : Kapinga (Ém. Laur.) ; Ibaka (Ém. et M. Laur.).

Lankesteria elegans [*P. Beauv.*] *T. Anders.* in Journ. Linn. Soc. VII (1864) 33 ; *Th. Dur.* et *Schinz* Étud. fl. Cgo (1896) 218 ; *Clarke* in *Dyer* Fl. trop. Afr. V, 70.

Justicia elegans *P. Beauv.* Fl. d'Oware, I (1804) 84, t. 50.
Eranthemum — *Roem. et Schult.* Syst. veget. I (1817) 174; *Nees in DC.* Prodr.
XI, 447.

1891 (F. Demeuse). — Congo (Dem.).

WHITFIELDIA Hook.

Whitfieldia Arnoldiana *De Wild.* et *Th. Dur.* in *Th. Dur.* et
De Wild. Mat. fl. Cgo, IV (1899) 32 [B. S. B. B. XXXVIII², 109];
De Wild. et *Th. Dur.* Contr. fl. Cgo, II (1900) 48 et Reliq. Dewevr.
(1901) 176; *De Wild.* Miss. Laurent (1905) 182; *Clarke* in *Dyer* Fl.
trop. Afr. V, 511.

1896 (A. Dewèvre). — XIII a : forêts des env. de Stanleyville (Dew. 1159 a);
chutes de la Tshopo (Ém. Duch.).

Whitfieldia elongata [*P. Beauv.*] *De Wild.* et *Th. Dur.* in *Th.
Dur.* et *De Wild.* Mat. fl. Cgo, IV (1899) 33 [B. S. B. B. XXXVIII²,
110]; *De Wild.* et *Th. Dur.* Contr. fl. Cgo, II (1900) 48; *De Wild.*
Miss. Laurent (1905) 183 et Étud. fl. Bas- et Moy.-Cgo, I (1906) 317.

Ruellia — *P. Beauv.* Fl. d'Oware, I (1804) 46.
W. longifolia *T. Anders.* in Journ. Linn. Soc. VII (1864) 27, pr. p.; *Lindau* in
Engl. Pfl. Ost-Afr. 307; *Clarke* in *Dyer* Fl. trop. Afr. V, 64.
W. longiflora *Th. Dur.* et *Schinz* Étud. fl. Cgo (1896) 218; *Th. Dur.* et *De
Wild.* Mat. fl. Cgo, I (1897) 83 [B. S. B. B. XXXVI², 83].

1888 (Fr. Hens). — Bas-Congo (But. in Gill. 2242). — V : Yumbi (Ém. et M.
Laur.). — VI : vallée de la Djuma (Gill. 2826). — VII : Bali (Ém. et M. Laur.). —
IX : Umangi (Ém. et M. Laur.). — XV : Bolongula (Ém. et M. Laur.); Lubue
(Luja); Bombaie (Ém. et M. Laur.). — XVI : Toa (Desc.); Lac Kinda (Desc.).
— Ind. non cl. : Liebu (Dem.).

— — var. **Dewevrei** *De Wild.* et.*Th. Dur.* l. c. IV (1899) 34 [B. S.
B. B. XXXVIII², 111] et Reliq. Dewevr. (1901) 177.

1896 (A. Dewèvre). — VIII : Mobanga (Dew. 747).

Whitfieldia Gilletii *De Wild.* Étud. fl. Bas- et Moy.-Cgo, I (1906)
316; II (1907) 201.

1902 (J. Gillet). — V : env. de Léopoldville (Gill.); Sanda (Odd. in Gill. 3339,
3759).

Whitfieldia lateritia *Hook.* in Bot. Mag. (1845) t. 4155; *Nees in DC.*
Prodr. XI, 221; *Lindau* in *Engl.* et *Prantl* Nat. Pflanzenfam. IV,
3 b (1895) 306, fig. 110 A; *Th. Dur.* et *De Wild.* Mat. fl. Cgo, I (1897)
32 [B. S. B. B. XXXVI², 83]; *Clarke* in *Dyer* Fl. trop. Afr. V, 67.

1891? (F. Demeuse). — Congo (Dem. 448).

Whitfieldia Laurentii [*Lindau*] *Clarke* in *Dyer* Fl. trop. Afr. V (1899) 68.

> Stylarthropus Laurentii *Lindau* in Engl. Jahrb. XXIV (1897) 317, 397; *De Wild.* et *Th. Dur.* Ill. fl. Cgo (1899) 65, t. 32.

> 1896 (Ém. Laurent). — XIII a : env. de Stanleyville (Ém. Laur.).

Whitfieldia Liebrechtsiana *De Wild.* et *Th. Dur.* in *Th. Dur.* et *De Wild.* Mat. fl. Cgo, IV (1899) 34 [B. S. B. B. XXXVIII², 111]; *De Wild.* et *Th. Dur.* Reliq. Dewevr. (1901) 177; *Clarke* in *Dyer* Fl. trop. Afr. V, 511.

> 1895 (A. Dewèvre). — II a : forêts des env. de Shinganga (Dew. 277).

Whitfieldia sylvatica *De Wild.* Étud. fl. Bas- et Moy.-Cgo, I (1906) 317.

> 1901 (J. Gillet). — V : env. de Léopoldville; Kimuenza (Gill.).

Whitfieldia Stuhlmannii [*Lindau*] *Clarke* in *Dyer* Fl. trop. Afr. V (1899) 68.

> Stylarthropus — *Lindau* in Engl. Jahrb. XX (1894) 11 et in *Engl.* et *Prantl* Nat. Pflanzenfam. IV, 3 b (1895) 306 et in *Engl.* Pfl. Ost-Afr. 367.

> 1880 (P. Pogge). — XVI : le Lualaba (Pg. 1144).

Whitfieldia subviridis *Clarke* in *Dyer* Fl. trop. Afr. V (1899) 66.

> W. longifolia *T. Anders.* in Journ. Linn. Soc. VII (1864) 27, pr. p.
> W. longiflora *S. Moore* in Journ. of Bot. XVIII (1880) 229, pr. p.

> 1888 (Fr. Hens). — IX : Lisha (Hens, 343).

PHYSACANTHUS Benth.

Physacanthus batanganus [*J. Braun* et *K. Schum.*] *Th.* et *Hél. Dur.*

> Ruellia — *J. Braun* et *K. Schum.* in Mitth. Deutsch. Schutzgeb. II (1889) 173.
> Lankesteria — *Lindau* in *Engl.* et *Prantl* Nat. Pflanzenfam. IV, 3 b (1895) 111.
> P. inflatus *Clarke* in *Dyer* Fl. trop. Afr. V (1899) 57; *De Wild.* Étud. fl. Bas- et Moy.-Cgo, I (1906) 317; II (1907) 202.

> 1900 (L. Gentil). — VIII : Wema (Gent.); Eala (M. Laur. 1430); Haut-Lopori (Biel.).

BLEPHARIS Juss.

Blepharis boerhaaviaefolia *Pers.* Syn. pl. II (1807) 180; *Nees* in *DC.* Prodr. XI. 266; *Wight* Icon. pl. Ind. or. II, t. 458 ; *Clarke* in *Dyer* Fl. trop. Afr. V, 96; *De Wild.* et *Th. Dur.* Reliq. Dewevr. (1901) 171.

> B. rubiaefolia *Schumach.* in *Schumach.* et *Thonn.* Beskr. Guin. Pl. (1827) 292.
> 1816 (Chr. Smith). — Bas-Congo (Sm.). — II : Boma (Dew.).

B. boerhaaviaefolia var. **nigrovenulosa** *De Wild.* et *Th. Dur.* Contr. fl. Cgo, I (1899) 46; *De Wild.* Étud. fl. Kat. (1903) 145 et Étud. fl. Bas- et Moy.-Cgo, II (1907) 202; *Clarke* in *Dyer* l. c. 512, in add.

1891 (Hyac. Vanderyst). — I : Moanda (Vanderyst; Gill. 3200). — XVI : le Katanga. — Nom vern. : **Kolania-Lania** (Verd. 596).

Blepharis Buchneri *Lindau* in Engl. Jahrb. XX (1894) 30 et in *Engl.* et *Prantl* Nat. Pflanzenfam. IV, 3 b (1895) 318; *Th. Dur.* et *Schinz* Étud. fl. Cgo (1896) 218; *Clarke* in *Dyer* Fl. trop. Afr. V, 101; *Th. Dur.* et *De Wild.* Mat. fl. Cgo, I (1897) 37 [B. S. B. B. XXXVI², 83]; *De Wild.* et *Th. Dur.* Contr. fl. Cgo, I (1899) 48.

1882 (P. Pogge). — Ind. non cl. : le Lomami (Pg. 1217).

— — var. **major** *De Wild.* Étud. fl. Kat. (1903) 116, in obs.; Étud. fl. Bas- et Moy.-Cgo, I (1906) 319; II (1907) 203.

1891 (G. Descamps). — VI : route de Tumba-Mani à Popokabaka (Cabra et Michel). — XV : bords du Lubishi [Sankuru] ; vallée du Luwembe [Sankuru] (Desc.). — XVI : Albertville [Toa] (Desc.; Hecq).

Blepharis katangensis *De Wild.* Étud. fl. Kat. (1903) 146.

1900 (Edg. Verdick). — XVI : Lukafu. — Nom vern. : **Kusoi-Sanpuku** (Verd. 438).

Blepharis trinervis *A. Dewèvre* in B. S. B. B. XXXIII² (1894) 104; *Th. Dur.* et *Schinz* Étud. fl. Cgo (1896) 218; *Clarke* in *Dyer* Fl. trop. Afr. V, 105 ; *De Wild.* Étud. fl. Kat. (1903) 147, in obs.

1892 (Jul. Cornet). — XVI : plain. sabloun. de la Busumba (Corn.).

Blepharis Verdickii *De Wild.* Étud. fl. Kat. (1903) 147.

1899 (Edg. Verdick). — XVI : Lukafu. — Nom vern. : **Musasa** (Verd. 166, 595).

ACANTHUS L.

Acanthus arboreus *Forsk.* Fl. Aegypt.-Arab. (1775) 115; *T. Anders.* in Journ. Linn. Soc. VII (1864) 37; *Engl.* Hochgeb. fl. trop.-Afr. 390 et in *von Goetzen* Durch Afrika (1895) 383; *Clarke* in *Dyer* Fl. trop. Afr. V, 106.

A. arboreus *Forsk.* var. pubescens *T. Thoms.* in *Speke* Nile, App. (1863) 643; *Oliv.* in Trans. Linn. Soc. XXIX (1875) 129, t. 86.
Cheilopsis — *Nees* in DC. Prodr. XI (1847) 272.

1894 (G. A. von Goetzen et von Prittwitz). — XIV : volcan Kirunga (Goetz. et Prittw. 24).

Acanthus mayaccanus *Buett.* in Verh. bot. Ver. Brandenb. XXXI (1899) 37; *Clarke* in *Dyer* Fl. trop. Afr. V, 108; *Th. Dur.* et *Schinz* Étud. fl. Cgo (1896) 219.

1885 (R. Buettner). — VI : Muene-Putu-Kasongo (Buett.).

A. mayaccanus var. **angustifolius** *De Wild.* Étud. fl. Bas- et Moy.-Cgo, I (1906) 319.

> 1902 (J. Gillet). — V : Léopoldville (Gill.).

Acanthus montanus [*Nees*] *T. Anders.* in Journ. Linn. Soc. VII (1864) 37; Bot. Mag. (1865) t. 5516; *Th. Dur.* et *De Wild.* Mat. fl. Cgo, I (1897) 37 [B. S. B. B. XXXVI², 83]; *Clarke* in *Dyer* Fl. trop. Afr. V, 107; *De Wild.* et *Th. Dur.* Reliq. Dewevr. (1901) 178; *Hiern* Cat. Welw. Pl. I, 813; *De Wild.* Étud. fl. Bas- et Moy.-Cgo, I (1906) 319; II (1907) 93.

> Cheilopsis — *Nees* in *DC.* Prodr. XI (1847) 272; *Benth.* in *Hook.* Niger Fl. 481.
> A. caudatus *Lindau* in Engl. Jahrb. XX (1894) 33.

> 1880? (P. Pogge). — II : Zambi (Dew.). — V : entre Léopoldville et Mombasi; env. de Léopoldville (Gill.); Sanda (Odd.); Kisantu; vallée de la Sele (Gill.). — VI : vallée de la Djuma (Gent). — VIII : île en face de Coquilhatville (Èm. Laur.); île de Bongenboi? (Dew.). — X : l'Ubangi (Èm et M. Laur.). — XIII d : Lusanga (Dem.). — XV : Lomkala (Èm. et M. Laur.); vallée de la Lulua (Pg.). — XVI : Toa (Desc.). — Ind. non cl. : vallée du Lomami (Desc.)

Acanthus Villaeanus *De Wild.* Étud. fl. Kat. (1903) 148 et Étud. fl. Bas- et Moy.-Cgo, I (1906) 319; II (1907) 203.

> 1901 (R. Butaye). — V : env. de Léopoldville (Gill.); Kisantu; entre Kisantu et le Kwango (But. in Gill. 2243, 2273); Sanda (Odd. in Gill. 3325).

ACANTHOPALE Clarke.

Acanthopale pubescens [*Lindau*] *Clarke* in *Dyer* Fl. trop. Afr. V (1899) 64.

> Dischistocalyx — *Lindau* ex *Engl.* in *von Goetzen* Durch Afrika (1895) 385, 390.

> 1894 (G. A. von Goetzen et von Prittwitz). — XIV : volcan Kirunga au N. du Lac Kivu, 2600ᵐ (Goetz. et Prittw. 58).

SCLEROCHITON Harv.

Sclerochiton Gilletii *De Wild.* Étud. fl. Bas- et Moy.-Cgo, I (1906) 318; II (1907) 202.

> 1902 (J. Gillet). — V : Léopoldville et env. (Gill. 2511; Pyn. 153).

L'**Acanthopsis horrida** *Nees*, indiqué comme ayant été trouvé au Congo par M. F. Demeuse [*Th. Dur.* et *Schinz* Étud. fl. Cgo (1896) 218] doit être réétudié.

BUTAYEA De Wild.

Butayea congolana *De Wild*. Étud. fl. Kat. (1903) 150, t. 42 et Étud. fl. Bas- et Moy.-Cgo, I (1906) 316; II (1907) 202.

1900 (J. Gillet). — V : le Stanley-Pool (Rouy); Kimuenza (Gill. 1933); entre Ki-santu et Popokabaka (But. in Gill. 2297); Sanda (De Brouw. in Gill. 3025).

CROSSANDRA Salisb.

Crossandra guineensis *Nees* in *DC*. Prodr XI (1847) 281; *Hook. f.* in Bot. Mag. (1878) t. 6346; *De Wild*. et *Th. Dur*. Pl. Thonnerianae (1900) 41; *De Wild*. Étud. fl. Bas- et Moy.-Cgo, II (1907) 203 et Miss. Laurent (1905) 184; *Clarke* in *Dyer* Fl. trop. Afr. V, 117.

1903 (Ém. Laurent). — IX : Gali (Thonn.). — XII a : route de Buta à Bima (Ser.). — XV : grotte de Kondue (Ém. Laur.).

Crossandra nilotica *Oliv*. in Trans. Linn. Soc. XXIX (1875) 178; *Th. Dur*. et *De Wild*. Mat. fl. Cgo, I (1897) 37; *Clarke* in *Dyer* Fl. trop. Afr. V, 115; *De Wild*. et *Th. Dur*. Contr. fl. Cgo, II (1900) 48; *De Wild*. Étud. fl. Kat. (1903) 149.

1891 (G. Descamps). — XVI : Pala (Deb.); Toa; vallée du Malondoi [affl. de la Luila] (Desc.); Lukafu. — Nom vern. : **Shikoka** (Verd.).

BARLERIA L.

Barleria affinis *De Wild*. Étud. fl. Kat. (1903) 140.

1900 (Edg. Verdick). — XVI : Lukafu (Verd. 561).

Barleria Briartii *De Wild*. et *Th. Dur*. in *Th. Dur*. et *De Wild*. Mat. fl. Cgo, II (1898) 42 [B. S. B. B. XXXVIII², 212]; *Clarke* in *Dyer* Fl. trop. Afr. V, 513.

1891 (Paul Briart). - XVI : gorges de Zilo (Briart).

Barleria Descampsii *Lindau* in Engl. Jahrb. XXIV (1897) 318; *Clarke* in *Dyer* Fl. trop. Afr. V, 169.

1891 (G. Descamps). — XVI : Pweto (Desc.).

Barleria elegans *S. Moore* in Journ. of Bot. XVIII (1880) 269; *Clarke* in *Dyer* Fl. trop. Afr. V, 164; *Hiern* Cat. Welw. Pl. I, 815; *De Wild*. Étud. fl. Bas- et Moy.-Cgo, I (1906) 317.

B. pungens L. var. macrophylla *Nees* in *DC*. Prodr. XI (1847) 237.

1903 (J. Gillet). — Bas-Congo (Gill. 3193).

Barleria lukafuensis *De Wild.* Étud. fl. Kat. (1903) 140.

> 1901 (Edg. Verdick). — XVI : Lukafu (Verd. 588).

Barleria opaca [*Vahl*] *Nees* in *DC.* Prodr. XI (1847) 230; *Benth.* in *Hook.* Niger Fl. 480; *T. Anders.* in Journ. Linn. Soc. VII (1864) 31; *Clarke* in *Dyer* Fl. trop. Afr. V, 163; *De Wild.* Étud. fl. Bas- et Moy.-Cgo, I (1906) 318.

> Justicia — *Vahl* Enum. pl. I (1804) 123.
>
> 1903 (Ém. et Marc. Laurent). — X : Imese [Ubangi] (Ém. et M. Laur.).

Barleria ventricosa *Nees* in *DC.* Prodr. XI (1847) 230; *A. Rich.* Tent. fl. Abyss. II, 143; *Clarke* in *Dyer* Fl. trop. Afr. V, 164; *De Wild.* Étud. fl. Bas- et Moy.-Cgo, I (1906) 318.

> 1891 (G. Descamps). — XVI : le Lovoi (Desc.).

Barleria Verdickii *De Wild.* Étud. fl. Kat. (1903) 140.

> 1900 (Edg. Verdick). — XVI : Lukafu. — Nom vern. : **Mulengroo** (Verd. 436).

Barleria villosa *S. Moore* in Journ. of Bot. XVIII (1880) 267; *Clarke* in *Dyer* Fl. trop. Afr. V, 164; *Hiern* Cat. Welw. Pl. I, 817; *De Wild.* Étud. fl. Bas- et Moy.-Cgo, I (1906) 318.

> 1900 (J. Gillet). — V : Kisantu (Gill. 1394); rég. de Lumene (Hendr. in Gill. 3288); entre Dembo et le Kwango (But. in Gill. 1502).

CRABBEA Harv.

Crabbea nana *Nees* in *DC.* Prodr. XI (1847) 162; *T. Anders.* in Journ. Linn. Soc. VII (1864) 32; *Clarke* in *Dyer* Fl. trop. Afr. V, 118.

> C. ovalifolia *Ficalho* et *Hiern* in Trans. Linn. Soc. Ser. 2. II (1881) 24 ; *Th. Dur.* et *De Wild.* Mat. fl. Cgo. I (1897) 37 [B. S. B. B. XXXVI², 83].
>
> 1896 (G. Descamps). — XVI : Pweto (Desc.).

THOMANDERSIA Baill.

Thomandersia Butayei *De Wild.* Étud. fl. Bas- et Moy.-Cgo, I (1906) 312.

> 1900 (R. Butaye). — V : entre Kisantu et le Kwango (But. in Gill. 1480).

Thomandersia congolana *De Wild.* et *Th. Dur.* Mat. fl. Cgo, IV (1899) 30 [B. S. B. B. XXXVIII², 107] et Reliq. Dewevr. (1901) 179; *Clarke* in *Dyer* Fl. trop. Afr. V, 512; *De Wild.* Étud. fl. Bas- et Moy.-Cgo, I (1906) 313.

1895 (A. Dewèvre). — Bas-Congo (Cabra, 35).— V : entre Selembao et Léopold-ville (Dew. 472).

T. congolana var. **grandifolia** *De Wild.* Miss. Laurent (1905) 179.

1896 (A. Dewèvre). — Congo (Dew. 1082). — V : Kimuenza (Gill. 2192); rég. de Sanda (Odd. in Gill. 3576).

Thomandersia laurifolia [*T. Anders.*] *Baill.* Hist. des pl. X (1888) 456; *Clarke* in *Dyer* Fl. trop. Afr. V, 120 et 512.

> Scytanthus — *T. Anders.* ex *Benth.* et *Hook. f.* Gen. pl. II (1876) 1093;
> *Hook.* Icon. pl. XIII (1877) t. 1209; *Buett.* in Verh. Bot. Ver. Brandenb.
> XXXII (1891) 43; *Th. Dur.* et *Schinz* Étud. fl. Cgo (1896) 219.
> T. Hensii *De Wild.* et *Th. Dur.* in *Th. Dur.* et *De Wild.* Mat. fl. Cgo, IV
> (1899) 31 [B. S. B. B. XXXVIII², 108]; *De Wild.* et *Th. Dur.* Ill. fl.
> Cgo (1901) 133, t. 77 et Reliq. Dewevr. (1901) 179 *De Wild.* Miss. Laurent
> (1905) 179 et Étud. fl. Bas- et Moy.-Cgo, I (1906) 313; II (1907) 200.

1888 (Fr. Hens). — VIII : Coquilhatville (Dew. 683); Eala (M. Laur. 130). — IX : Bangala (Hens, C. 113; Dem. 303). — XI : Isangi (Ém. et M. Laur.). — XV : Ibange (Ém. et M. Laur.).

— — var. **latifolia** [*De Wild.*] *Th.* et *Hél. Dur.*

T. Hensii *De Wild.* et *Th. Dur.* var. — *De Wild.* Miss. Laurent (1905) 180.

1902 (J. Gillet). — VI : vallée de la Djuma (Gill.).

— — var. **longipetiolata** [*De Wild.*] *Th.* et *Hél. Dur.*

T. Hensii *De Wild.* et *Th. Dur.* var. — *De Wild.* l. c. (1905) 179.

1903 (Ém. et Marc. Laurent). — XV : Kapinga (Ém. et M. Laur.).

Thomandersia Laurentii *De Wild.* Miss. Laurent (1905) 180 et Étud. fl. Bas- et Moy-Cgo, I (1906) 313, t. 69.

1900 (J. Gillet). — V : env. de Léopoldville (Gill.); Chenal (Ém. et M. Laur.); Kimuenza (Gill. 1700).

LEPIDAGATHIS Willd.

Lepidagathis Laurentii *De Wild.* Miss. Laurent (1905) 183.

1894 (Ém. et Marc. Laurent). — XIII a : chutes de la Tshopo (Ém. et M. Laur.).

Lepidagathis Lindauiana *De Wild.* Étud. fl. Kat. (1903) 145.

1900 (Edg. Verdick). — XVI : Lukafu. — Nom vern. : **Kadi-Kungu** (Verd. 520).

ASYSTASIA Blume.

Asystasia congensis *Clarke* in *Dyer* Fl. trop. Afr. V (1899) 132.

1885 (C. Callewaert). — V : le Stanley-Pool (Call.).

Asystasia gangetica [*L.*] *T. Anders.* in *Thw. ... um.* pl. Zeyl. (1864) 235; *Lindau* in *Engl.* Pfl. Ost-Afr. 370; *D. Wild.* et *Th. Dur.* Pl. Thonnerianae (1900) 41; *De Wild.* Étud. fl. Bas- et Moy.-Cgo, I (1906) 320; II (1907) 203.

Justicia — *L.* Cent. pl. alt. (1756) 3.
A. coromandeliana *Nees* in *Wall.* Pl. Asiat. rarior. III (1832) 89; *Nees* in *DC.* Prodr. XI, 165; *Th. Dur.* et *Schinz* Étud. fl. Cgo (1896) 219; *De Wild.* et *Th. Dur.* Reliq. Dewevr. (1901) 179; *De Wild.* Étud. fl. Kat. (1903) 151 et Miss. Laurent (1905) 184; *Hiern* Cat. Welw. Pl. I, 817; *Clarke* in *Dyer* Fl. trop. Afr. V, 131,

1882 (P. Pogge). — Bas-Congo (Cabra). — II a : le Mayumbe (Cabra); Bingila (Dup.); Benza-Masola (Ém. et M. Laur.). - IV : Kitobola (Pyn.). — V : Mopolenge (M. Laur.); Bolobo (Buett.); env. de Lemfu (But.); Kinuenza (Dew.); Tumba; Bulebu (Ém. et M. Laur.); env. de Kinanga (Odd.); Tshumbiri (Dem.). — VIII : Eala. — Nom vern. : **Ncolie-Akondo** (M. Laur.). — IX : Upoto (Thonn.); Bangala (Hens). — XI : Malema (Ém. et M. Laur.). — XII : Liboyo (Ser.). — XV : la Lulua (Pg.). — Ind. non cl. : le Lomami (Desc.).

Asystasia longituba *Lindau* in Engl. Jahrb. XXII (1895) 118; *De Wild.* Étud. fl. Bas- et Moy.-Cgo, II (1907) 203, t. 57-58.

Ann.? (Coll.?). — Congo (Coll.?).

OBS. — Cette espèce a été décrite puis figurée d'après des plantes, de provenance congolaise, élevées au Jardin botanique de Bruxelles.

PSEUDERANTHEMUM Radlk.

Pseuderanthemum Lindavianum *De Wild.* et *Th. Dur.* in *Th. Dur.* et *De Wild.* Mat. fl. Cgo, IV (1899) 27 [B. S. B. B. XXXVIII², 104]; Contr. fl. Cgo, II (1900) 49 et Reliq. Dewevr. (1901) 180.

1891 (G. Descamps). — Bas-Congo (Cabra). — II a : Shimbete (Dew. 317). — VIII : env. de Basankusu; Bamanga (Dew. 781, 1147). — Ind. non cl. : vallée du Lomami (Dew.).

OBS. — Clarke [in *Dyer* Fl. trop. Afr. V, 514] réunit cette espèce au *Rhinacanthus communis* Nees.

Pseuderanthemum Ludovicianum [*Buett.*] *Lindau* in *Engl.* et *Prantl* Nat. Pflanzenfam. IV, 3 b (1895) 330; *Th. Dur.* et *Schinz* Étud. fl. Cgo (1896) 220; *De Wild.* et *Th. Dur.* Ill. fl. Cgo (1899) 63, t. 32; Contr. fl. Cgo, II (1900) 48 et Pl. Thonnerianae (1900) 41; *De Wild.* Étud. fl. Bas- et Moy.-Cgo, II (1907) 203 et Miss. Laurent (1905) 185.

Eranthemum — *Buett.* in Verh. Bot. Ver. Brandenb. XXXII (1890) 41; *Clarke* in *Dyer* Fl. trop. Afr. V, 172.

1885 (R. Buettner). — VI : Muene-Putu-Kasongo (Buett.). — VIII : Eala (M. Laur. 1121); Lac Tumba (Ém. et M. Laur.). — IX : Bolombo (Thonn.). — X : Imese (Ém. et M. Laur.). — XI : Basoko (Dem.); Barumbu (M. Laur.); Mogandjo (M. Laur. 1411); Bomaneh (M. Laur. 1435). — XIII a : Stanleyville (Ém. Duch.); Romée (M. Laur. 1027).

Pseuderanthemum nigritanum [*T. Anders.*] *Radlk.* in Sitz. Ber. Bayr. Akad. XIII (1883) 286; *Th. Dur.* et *De Wild.* Mat. fl. Cgo, I (1897) 37 [B. S. B. B. XXXVI², 83]; *De Wild.* et *Th. Dur.* Contr. fl. Cgo, I (1899) 46 ; *Hiern* Cat. Welw. Pl. I, 818; *De Wild.* Étud. fl. Bas- et Moy.-Cgo, I (1906) 320.

Eranthemum — *T. Anders.* in Journ. Linn. Soc. VII (1864) 51; *S. Moore* in Journ. of Bot. XVIII (1880) 308; *Clarke* in *Dyer* Fl. trop. Afr. V, 171.

1893 (P. Dupuis). — II a : Bingila (Dup.); Sanda (Odd. in Gill. 3318). — VI : vallée de la Djuma (Gill. 2841 b, 2864). — IX : île en aval d'Upoto (Ém. Laur.).

JUSTICIA L.

Justicia Anselliana [*Nees*] *T. Anders.* in Journ. Linn. Soc. VII (1864) 44; *S. Moore* in Journ. of Bot. XVIII (1880) 341 et in Trans. Linn. Soc. Ser. 2, IV, 32; *Th. Dur.* et *De Wild.* Mat. fl. Cgo, I (1897) 37 [B. S. B. B. XXXVI², 83]; *Clarke* in *Dyer* Fl. trop. Afr. V, 208.

Adhatoda — *Nees* in *DC.* Prodr. XI (1847) 403.
Dianthera — *Benth.* et *Hook. f.* Gen. pl. II (1876) 1114.

1895 (G. Descamps). — XVI : Toa (Desc.).

Justicia Emini *Lindau* in Engl. Jahrb. XX (1895) 68, in *Engl.* et *Prantl* Nat. Pflanzenfam. IV, 3 b (1895) 349 et in *Engl.* Pfl. Ost-Afr. 373; *Th. Dur.* et *De Wild.* Mat. fl. Cgo, I (1897) 38 [B. S. B. B. XXXVI², 84]; *Clarke* in *Dyer* Fl. trop. Afr. V, 187.

1896 (G. Descamps). — XVI : Pweto (Desc.).

Justicia Garckeana *Buett.* in Verh. bot. Ver. Brandenb. XXXII (1890) 38; *Th. Dur.* et *Schinz* Étud. fl. Cgo (1896) 220; *De Wild.* et *Th. Dur.* Pl. Gilletianae, II (1901) 93 [B. Herb. Boiss. Sér. 2, I, 833]; *De Wild.* Étud. fl. Bas- et Moy.-Cgo, I (1906) 321.

Rungia grandis *T. Anders.* in Journ. Linn. Soc. VII (1864) 46; *Clarke* in *Dyer* Fl. trop. Afr. V, 253.

1816 (Chr. Smith). — Bas-Congo (Sm.). — V : entre Léopoldville et Mombasi ; Kisantu (Gill. 1165, 1247, 2571). — VI : pays des Majakalla [Kwango] (Buett. 356); vallée de la Djuma (Gent.). — XIII a : Stanleyville (M. Laur. 1410). — Ind. non cl. : Langa (Dup.).

Justicia insularis *T. Anders.* in Journ. Linn. Soc. VII (1864) 40; *Lindau* in *Engl.* Pfl. Ost-Afr. 373; *Clarke* in *Dyer* Fl. trop. Afr. V, 195.

J. Karschiana *Buett.* in Verh. bot. Ver. Brandenb. XXXII (1890) 40; *De Wild.* Étud. fl. Bas- et Moy.-Cgo. I (1903) 321.

1899 (R. Schlechter). — V : le Stanley-Pool (Schlt.); Kisantu (Gill. 582).

Justicia matammensis *Oliv.* in Trans. Linn. Soc. XXIX (1875) 130;
Clarke in *Dyer* Fl. trop. Afr. V, 209.

1870 (G. Schweinfurth). — XII d : Munza (Schw.). — XV : la Lulua (Pg.). —
Ind. non cl. : le Lomami (Pg.).

Justicia palustris [*Hochst.*] *T. Anders.* in Journ. Linn. Soc. VII
(1864) 38; *Lindau* in *Engl.* Pfl. Ost-Afr. 373; *Clarke in Dyer* Fl.
trop. Afr. V, 191; *Th. Dur.* et *De Wild.* Mat. fl. Cgo, I (1897) 38
[B. S. B. B. XXXVI², 84); *De Wild.* Étud. fl. Kat. (1903) 141.

Tyloglossa — *Hochst.* in Flora, XXV (1842) I, Beibl. 144 ; XXVI (1843) 72.

1895 (G. Descamps). — XVI : Toa (Desc.); Lukafu (Verd.).

Justicia Paxiana *Lindau* in Engl. Jahrb. XX (1894) 63; *Th. Dur.*
et *De Wild.* Mat. fl. Cgo, I (1897) 38 [B. S. B. B. XXXVI², 84];
De Wild. et *Th. Dur.* Contr. fl. Cgo, II (1900) 49 et Reliq. Dewevr.
(1901) 181; *De Wild.* Étud. fl. Bas- et Moy.-Cgo, 1 (1906) 322.

Rungia — *Clarke* in *Dyer* Fl. trop. Afr. V (1900) 253.

1888 (Fr. Hens). — II a : le Mayumbe (Dup.); Shinganga (Dew.). — IV : Lukungu (Hens). — V : entre Léopoldville et Mombasi ; Kisantu (Gill.).

Justicia Poggei *Lindau* in Engl. Jahrb. XX (1894) 61 et in *Engl.* et
Prantl Nat. Pflanzenfam. IV, 3 b (1895) 350; *Th. Dur.* et *Schinz*
Étud. fl. Cgo (1896) 220; *Clarke* in *Dyer* Fl. trop. Afr. V, 211.

1876 (P. Pogge). — XVI : Musumba (Pg. 304).

Justicia Rostellaria [*Nees*] *Lindau* in *Engl.* et *Prantl* Nat. Pflanzenfam. IV, 3 b (1895) 349 et in *Engl.* Pfl. Ost-Afr. (1895) 373; *Th.*
Dur. et *De Wild.* Mat. fl. Cgo, I (1897) 38 [B. S. B. B. XXXVI², 84].

Adhatoda — *Nees* in DC. Prodr. XI (1847) 397.
J. calcarata *Hochst.* in Flora (1843) 73, in obs. ; *Clarke* in *Dyer* Fl. trop. Afr.
V, 195.

1894 (P. Dupuis). — II : Zambi (Dup.). — II a : Bingila ; Kibinga (Dup.).

Justicia tenella [*Nees*] *T. Anders.* in Journ. Linn. Soc. VII (1864)
40; *Clarke* in *Dyer* Fl. trop. Afr. V, 187; *De Wild.* Étud. fl. Bas-
et Moy.-Cgo, I (1906) 321; *Hiern* Cat. Welw. Pl. I, 820.

Rostellaria — *Nees* in DC. Prodr. XI (1847) 369; *Benth.* in *Hook.* Niger Fl.
482.

1901 (J. Gillet). — V : Kisantu (Gill. 2224).

NICOTEBA Lindau.

Nicoteba Betonica [*L.*] *Lindau* in Engl. Jahrb. XVIII (1893) 56, 63,
t. 2, fig. 56 et in *Engl.* Pfl. Ost-Afr. (1895) 370; *De Wild.* Étud. fl.
Bas- et Moy.-Cgo, I (1906) 320.

Justicia Betonica *L.* Sp. pl. ed. 1 (1753) 21; *Clarke* in *Dyer* Fl. trop. Afr. V, 184.

Adhatoda — *Nees* in *Wall.* Pl. Asiat. rarior. III (1832) 103.

1902 (J. Gillet). — V : env. de Léopoldville (Gill.).

CHLAMYDOCARDIA Lindau.

Chlamydocardia Buettneri *Lindau* in Engl. Jahrb. XX (1894) 39 et in *Engl.* et *Prantl* Nat. Pflanzenfam. IV, 3 b (1895) 329 ; *Clarke* in *Dyer* Fl. trop. Afr. V, 234; *De Wild.* Miss. Laurent (1905) 184.

1902 (Ém. et Marc. Laurent). — XV : grotte de Kondue (Ém. et M. Laur.).

DUVERNOYA E. Mey.

Duvernoya Dewevrei *De Wild.* et *Th. Dur.* in *Th. Dur.* et *De Wild.* Mat. fl. Cgo, IV (1899) 25 [B. S. B. B. XXXVIII², 102]; *De Wild.* et *Th. Dur.* Ill. fl. Cgo (1901) 143, t. 82 et Reliq. Dewevr. (1901) 181; *De Wild.* Miss. Laurent (1905) 185 et Étud. fl. Bas- et Moy.-Cgo, II (1907) 205.

1896 (A. Dewèvre). — VIII : Basankusu (Dew. 781); Eala (Ém. et M. Laur. 941).

Obs. — D'après Clarke [in *Dyer* Fl. trop. Afr. V, 513] ce *Duvernoya* devrait rentrer dans le *Justicia extensa* T. Anders. = *D. extensa* Lindau.

Duvernoya haplostachya *Lindau* in Engl. Jahrb. XXIV (1897) 324.

1891 (G. Descamps). — XVI : Toa (Desc.).

Obs. — The descriptions reads like that of a *Monechma*; but without any knowledge of the pistil it is vain to guess (*Clarke* in *Dyer* Fl. trop. Afr. V, 224).

Duvernoya Verdickii *De Wild.* Étud. fl. Kat. (1903) 152.

Justicia — *De Wild.* l. c. (1903) 152, in obs.

1900 (Edg. Verdick). — XVI : Lukafu. — Nom vern. : **Kibala** (Verd.).

RHINACANTHUS Nees.

Rhinacanthus Dewevrei *De Wild.* et *Th. Dur.* in *Th. Dur.* et *De Wild.* Mat. fl. Cgo, IV (1899) 28 [B. S. B. B. XXXVII², 105]; *De Wild.* et *Th. Dur.* Reliq. Dewevr. (1901) 181; *De Wild.* Étud. fl. Bas- et Moy.-Cgo. I (1903) 321, t. 68 et Miss. Laurent (1905) 185.

1896 (A. Dewèvre). — IV : Luvituku (Ém. et M. Laur.). — V : env. de Lukolela (Ém. et M. Laur.). — VIII : env. de Bokakata (Dew.); env. de Boeka. — Nom vern. : **Bamandia** (Dew. 804).

Obs. — Clarke [in *Dyer* Fl. trop. Afr. V, 224, 514] réunit le *R. Dewevrei* au *R. communis* Nees.

Rhinacanthus parviflorus *T. Anders.* ex *Th. Dur.* et *De Wild.*
Mat. fl. Cgo, IV (1899) 29; *De Wild.* Étud. fl. Bas- et Moy.-Cgo, I
(1906) 321.

> 1902 (J. Gillet). — V : env. de Léopoldville (Gill.).

RUNGIA Nees.

Rungia Buettneri *Lindau* in Engl. Jahrb. XX (1894) 46 et in *Engl.*
et *Prantl* Nat. Pflanzenfam. IV, 3 b (1895) 332 ; *Clarke* in *Dyer* Fl.
trop. Afr. V, 254.

> 1885 (R. Buettner). — VI : la Sanga près de Muene-Putu-Kasongo (Buett. 456).

Rungia congoensis *Clarke* in *Dyer* Fl. trop. Afr. V (1900) 254.

> 1816 (Chr. Smith). — Bas-Congo (Sm.). — IV : Lukungu (Hens, 330).

DICLIPTERA Juss.

Dicliptera Elliotii *Clarke* in *Dyer* Fl. trop. Afr. V (1900) 258.

> 1816 (Chr. Smith). — Bas-Congo (Sm.).

Dicliptera katangensis *De Wild.* Étud. fl. Kat. (1903) 152.

> 1900 (Edg. Verdick). — XVI : Lukafu. — Nom vern. : **Sosoi-Sosoi** (Verd. 440).

Dicliptera umbellata [*Vahl*] *Juss.* in Annal. Mus. Paris, IX (1807)
268; *Nees* in *DC.* Prodr. XI, 484; *Clarke* in *Dyer* Fl. trop. Afr. V,
259; *De Wild.* Étud. fl. Kat. (1903) 141.

> Justicia — *Vahl* Enum. pl. I (1804) 111.
> Dipodium — *O. Kuntze* Rev. Gener. (1891) 485.
> D. verticillaris *T. Anders.* [non *Juss.*] in Journ. Linn. Soc. VII (1864) 47;
>   *S. Moore* in Journ. of Bot. XVIII (1880) 362.

> 1816 (Chr. Smith). — Bas-Congo (Sm.). — XVI : Lukafu (Verd.). — Ind. non
> cl. : Icyanga ; Poka (Burt.).

Dicliptera Welwitschii *S. Moore* in Journ. of Bot. XVIII (1880) 362;
Clarke in *Dyer* Fl. trop. Afr. V, 259.

> 1882? (P. Pogge). — Ind. non cl. : vallée du Lomami (Pg. 4218).

PERISTROPHE Nees.

Peristrophe bicalyculata [*Retz.*] *Nees* in *Wall.* Pl. Asiat. rarior.
III (1832) 113; *DC.* Prodr. XI, 496; *A. Rich.* Tent. fl. Abyss. II,
160; *Th. Dur.* et *De Wild.* Mat. fl. Cgo, I (1897) 38 [B. S. B. B.
XXXVI², 84]; *Clarke* in *Dyer* Fl. trop. Afr. V, 242, 514.

Dianthera bicalyculata *Rets*. in Act. Acad. Holm. (1775) 297, t. 9.
Justicia — *Vahl* Symb. bot. II (1791) 13.

1895 (G. Descamps). — XVI : Toa (Desc.).

Peristrophe Dewevrei *De Wild.* et *Th. Dur.* in *Th. Dur. et De Wild.* Mat. fl. Cgo, IV (1899) 26 [B. S. B. B. XXXVIII², 103]; *De Wild.* et *Th. Dur.* Pl. Gilletianae, II (1901) 93 [B. Herb. Boiss. Sér. 2, I, 833]; Ill. fl. Cgo (1901) 139, t. 80 et Reliq. Dewevr. (1901) 183.

1895 (A. Dewèvre). — II a : Zobe (Dew. 245). — V : Kisantu (Gill.).

Obs. — Clarke [in *Dyer* Fl. trop. Afr. V, 514] réunit cette espèce à la précédente.

Peristrophe Hensii [*Lindau*] *Clarke* in *Dyer* Fl. trop. Afr. V (1900) 243.

Dicliptera — *Lindau* in Engl. Jahrb. XXII (1895) 120.

1888 (Fr. Hens). — V : le Stanley-Pool (Hens, B. 53).

HYPOESTES R. Br.

Hypoestes cancellata [*Willd.*] *Nees* in *DC*. Prodr. XI (1847) 505; *Clarke* in *Dyer* Fl. trop. Afr. V, 246.

Justicia — *Willd.* ex *Nees* in *DC*. l. c. (1847) 506.
H. callicoma *S. Moore* in Journ. of Bot. XVIII (1880) 41; *De Wild.* et *Th. Dur.* Contr. fl. Cgo, I (1899) 46; *De Wild.* Étud. fl. Bas- et Moy-Cgo, I (1906) 320 ; II (1907) 204.

1870 (G. Schweinfurth). — II a : Bingila (Dup.). — V : le Stanley-Pool (Schlt.). — VI : route de Tumba-Mani à Popokabaka (Cabra et Michel). — XII a et b : route de Bima à Bambili (Ser.). — XII d : pays des Mangbettu (Schw.). — XV : Mukenge (Pg.).

Hypoestes latifolia *Hochst*. in Flora, XXIV (1841) I, Intell. 43; *Nees* in *DC*. Prodr. XI, 509; *Lindau* in *Engl.* Pfl. Ost-Afr. 371; *Th. Dur.* et *De Wild.* Mat. fl. Cgo, I (1897) 38 [B. S. B. B. XXXVI², 84]; *De Wild* et *Th. Dur.* Contr. fl. Cgo, II (1900) 49 et Reliq. Dewevr. (1901) 183; *Bak.* in Journ. Linn. Soc. XVII, 111.

1891 (F. Demeuse). — Bas-Congo, se montre souvent après l'incendie des herbes (Cabra). — II a : Katala (Dew.); Bingila (Dup.). — IV : Lutete (Hens). — V : le Stanley-Pool (Dem.).

Obs. — Clarke [in *Dyer* Fl. trop. Afr. V, 250] réunit cette espèce à l'*H. verticillaris* R. Br.

Hypoestes verticillaris [*L. f.*] *R. Br.* Prodr. fl. N. Holl. (1810) 474, in obs. ; *Nees* in *DC*. Prodr. XI, 507; *Clarke* in *Dyer* Fl. trop. Afr. V, 250; *Lindau* in *Engl.* et *Prantl* Nat. Pflanzenfam. IV, 3 b (1895) 333, fig. 134, A-C; *De Wild.* et *Th. Dur.* Reliq. Dewevr. (1901) 183; *De Wild.* Étud. fl. Kat. (1903) 152.

27

Justicia verticillaris *L. f.* Suppl. pl. (1781) 85.

Dicliptera — *A. Juss.* in Annal. Mus. Paris, IX (1807) 268.

H. mollis *T. Anders.* in Journ. Linn. Soc. VII (1864) 49; *Th. Dur. et Schinz* Étud. fl. Cgo (1896) 220; *Th. Dur. et De Wild.* Mat. fl. Cgo, I (1897) 38 [B. S. B. B. XXXVI³, 84].

1816 (Chr. Smith). — Bas-Congo (Sm.). — I : Moanda (Gill.). — II a : Katala (Dew.). — V : le Stanley-Pool (Hens); env. de Léopoldville: Kisantu (Gill.). - VI : vallée de la Djuma (Gill.). — IX : Bumba (Ém. Laur.). — XII c : route de Niangara à Gombari (Ser.). — XV : la Lulua (Pg.). — XVI : le Katanga (Corn.); Lukafu (Verd.); Toa (Desc.).

VERBENACEAE (1)

LANTANA L.

Lantana Camara *L.* Sp. pl. ed. 1 (1753) 627; *Schauer* in *DC.* Prodr. XI, 598; *De Wild. et Th. Dur.* Reliq. Dewevr. (1901) 183; *Bak.* in *Dyer* Fl. trop. Afr. V, 276; *De Wild.* Étud. fl. Bas- et Moy.-Cgo, I (1906) 309.

L. aculeata *L.* l. c. (1753) 627; Bot. Mag. (1789) t. 96.

L. scabrida *Ait.* Hort. Kew. ed. 1 (1789) 352; *Lodd.* Bot. Cab. (1822) t. 1171.

1903 (J. Gillet). — Bas-Congo (Gill.).

Lantana salvifolia *Jacq.* Hort. Schoenbr. III (1798) 18, t. 285; *Schauer* in *DC.* Prodr. XI, 615; *Th. Dur. et De Wild.* Mat. fl. Cgo, II (1898) 79 [B. S. B. B. XXXVII, 124]; *De Wild. et Th. Dur.* Pl. Thonnerianae (1900) 33; *Bak.* in *Dyer* Fl. trop. Afr. V, 276; *De Wild. et Th. Dur.* Reliq. Dewevr. (1901) 183; *De Wild.* Étud. fl. Kat. (1903) 116, 223 et Miss. Laurent (1905) 170.

1891 (G. Descamps). — Bas-Congo (Cabra). — II a : Bingila (Dup.); Temvo (Ém. Laur.). — V : Kisantu (Gill.). — IX : Mombanza (Thonn.). — XIII d : env. de Nyangwe (Dew.). — XV : Munungu (Ém. Laur.). — XVI : Albertville [Toa] (Desc.; Hecq). — Ind non cl. : brousse du Lomami (Ém. Laur.). — Noms vern. : **Lokopo** [Kasai]; **Malebunukai** [Ikwangula]; **Bulume** [Tanganika] (Dew.).

LIPPIA L.

Lippia adoensis *Hochst.* in Flora, XXIV (1841) I, Intell. 23; *DC.* Prodr. XI, 558; *Th. Dur. et De Wild.* Mat. fl. Cgo, II (1898) 79

---

(1) A côté des Verbenaceae vient la petite famille des Selaginaceae. Deux espèces, les **Selago alopecuroides** et **Johnstonii** *Rolfe,* ont été indiquées vaguement au Congo, mais sans doute par erreur.

[B. S. B. B. XXXVII, 124]; *De Wild.* et *Th. Dur.* Contr. fl. Cgo, I (1899) 47; II (1900) 49 et Reliq. Dewevr. (1901) 184; *De Wild.* Miss. Laurent (1905) 170 ; *Bak.* in *Dyer* Fl. trop. Afr. V, 280.

1816 (Chr. Smith). — Bas-Congo (Sm.). — II a : Bingila; Wakionde (Dup.); Poiti (Dew.). — V : rive droite du Kasai (Luja); Kisantu; env. de Dembo (Gill.). — VIII : Eala. — Nom vern. : **Esisi**; Ikelemba (M. Laur.); env. de Mobanga (Dew.). — IX : Upoto (Wilw.).

Lippia asperifolia *Rich.* Cat. hort. med. Paris (ann. ?) 67 ; *Schauer* in *DC.* Prodr. XI, 583; *Th. Dur.* et *De Wild.* Mat. fl. Cgo, II (1898) 79 [B. S. B. B. XXXVI, 124]; *Clarke* in *Dyer* Fl. trop. Afr. V, 280.

1895 (G. Descamps). — XVI : Toa (Desc.).

Lippia Burtonii *Bak.* in *Dyer* Fl. trop. Afr. V (1900) 281.

1862 (R. Burton). — Congo (Burt.).

Lippia nodiflora [*Lam.*] *Michaux* Fl. Bor.-Amer. II (1803) 15 ; *Schauer* in *DC.* Prodr. XI, 585; *Clarke* in *Dyer* Fl. trop. Afr. V, 279; *De Wild.* et *Th. Dur.* Contr. fl. Cgo, II (1900) 47.

Zapania — *Lam.* Ill. genr. Encycl. I (1791) 59.

1895 (Gust. Debeerst). — XVI : env. d'Albertville [Toa] (Hecq); Pala (Deb.).

STACHYTARPHETA Vahl.

Stachytarpheta angustifolia *Vahl* Enum. pl. I (1804) 265; *Schauer* in *DC.* Prodr. XI, 563; *Bak.* in *Dyer* Fl. trop. Afr. V, 284; *Th. Dur.* et *De Wild.* Mat. fl. Cgo, II (1898) 79 [B. S. B. B. XXXVII, 124]; *De Wild.* et *Th. Dur.* Reliq. Dewevr. (1901) 184 ; *De Wild.* Miss. Laurent (1905) 171 et Étud. fl. Bas- et Moy.-Cgo, I (1906) 311.

1888 (Fr. Hens). — V : le Stanley-Pool [Tamo] (Hens); entre Léopoldville et Mombasi (Dew.). — XII d: le Kibali (Schw.). — XV : banc de sable du Kasai (Ém. et M. Laur.); Lusambo (Jos. Duch.). — XVI : Toa (Desc.).

Stachytarpheta indica [*L.*] *Vahl* Enum. pl. I (1804) 206; *Schauer* in *DC.* Prodr. XI, 564; *Th. Dur.* et *Schinz* Étud. fl. Cgo (1896) 221; *Bak.* in *Dyer* Fl. trop. Afr. V, 284.

Verbena — *L.* Syst. nat. ed. 10 (1759) 821.
S. jamaicensis *Vahl* l. c. I (1804) 206; Bot. Mag. (1816) t. 1860 ; *Schauer* in *DC.* Prodr. XI, 564.

1816 (Chr. Smith). — Bas-Congo (Sm.). — V : le Stanley-Pool (Hens).

DURANTA L.

Duranta erecta *L.* Sp. pl. ed. 1 (1753) 637; *Hiern* Cat. Welw. Pl. I, 831.

> D. Plumieri *Jacq.* Stirp. Amer. hist. (1780) 186, t. 176, fig. 76; Bot. Reg. III, t. 244; *Schauer* in *DC.* Prodr. XI, 615; *De Wild.* et *Th. Dur.* Reliq. Dewevr. (1901) 184; *Bak.* in *Dyer* Fl. trop. Afr. V, 287; *De Wild.* Miss. Laurent (1905) 171 et Étud. fl. Bas- et Moy.-Cgo, I (1906) 309.

> 1870 (G. Schweinfurth). — II : Boma (Gill.). — V : Bolobo (Ém. et M. Laur.). — VIII : Eala (Ém. et M. Laur.). — XII d : Munza (Schw.). — XIII d : entre Kasongo et Kabanga (Dew.).

PREMNA L.

Premna angolensis *Guerke* in Engl. Jahrb. XVIII (1894) 165; *Th. Dur.* et *Schinz* Étud. fl. Cgo (1896) 221; *Bak.* in *Dyer* Fl. trop. Afr. V, 289.

> 1880 (von Mechow). — VI : pays des Majakalla [Kwango] (Mech.).

Premna quadrifolia *Schumach.* et *Thonn.* Beskr. Guin. Pl. (1827) 273; *Schauer* in *DC.* Prodr. XI, 633; *De Wild.* et *Th. Dur.* Pl. Gilletianae, II (1901) 94 [B. Herb. Boiss. Sér. 2, I, 834]; *Bak.* in *Dyer* Fl. trop. Afr. V, 289.

> 1900 (J. Gillet). — V : Kimuenza (Gill.).

VITEX L.

Vitex aesculifolia *Bak.* in *Dyer* Fl. trop. Afr. V (1900) 325.

> 1870 (G. Schweinfurth). — XII d : Munza (Schw. 3442).

Vitex camporum *Buett.* in Verh. bot. Ver. Brandenb. XXXII (1890) 35; *Th. Dur.* et *Schinz* Étud. fl. Cgo (1896) 222; *Henriq.* in Bolet. Soc. Brot. XVI, 69; *De Wild.* et *Th. Dur.* Contr. fl. Cgo, II (1900) 39 et Reliq. Dewevr. (1901) 184; *Bak.* in *Dyer* Fl. trop. Afr. V, 323; *De Wild.* Étud. fl. Bas- et Moy.-Cgo, I (1906) 309.

> V. madiensis *Oliv.* in Trans. Linn. Soc. XXIX (1875) 134, t. 131; *Hiern* Cat. Welw. Pl. I, 834.

> 1884 (R. Buettner). — Bas-Congo (Ém. Laur.). — II : Boma (Schimp.) — II a : la Lemba (Dew.). — III : Tondoa (Buett.). — V : Kisantu (Gill.); env. de Sanda (Verm.). — XVI : Lukafu ; plateau de la Lufira. — Nom vern. : **Mufutu** (Verd.).

Vitex Cienkowskii *Kotschy* et *Peyr.* Pl. Tinneanae (1867) 27, t. 12; *Bak.* in *Dyer* Fl. trop. Afr. V, 328.

> 1816 (Chr. Smith). — Bas-Congo (Sm.).

Vitex congolensis *De Wild.* et *Th. Dur.* in *Th. Dur.* et *De Wild.*
Mat. fl. Cgo, V (1899) 15 [B. S. B. B. XXXVIII², 134]; *De Wild* et
Th. Dur. Contr. fl. Cgo, II (1900) 50 et Reliq. Dewevr. (1901) 184.

1896 (A. Dewòvre). — VIII : Bokakata (Dew. 770 a). — XV : Bena-Dibele
(Luja).

Obs. — M. Baker [in *Dyer* Fl. trop. Afr. V, 325] croit que cette espèce doit
être réunie au *V. ferruginea* Schumach. et Thonn.

Vitex Dewevrei *De Wild.* et *Th. Dur.* in *Th. Dur.* et *De Wild.*
Mat. fl. Cgo, V (1899) 14 [B. S. B. B. XXXVIII⁴, 133]; *De Wild.* et
Th. Dur. Contr. fl. Cgo, II (1900) 50 et Reliq. Dewevr. (1901) 185;
De Wild. Étud. fl. Bas- et Moy.-Cgo, I (1906) 198; *Bak.* in *Dyer*
Fl. trop. Afr. V, 327.

1891 (F. Demeuse). — IV : Lukungu. — Nom vern. : **Filu** (Dew. 409). — V :
Kimuenza (Gill. 1614). — XI : Yamonongeri (Dem.).

Vitex ferruginea *Schumach.* et *Thonn.* Beskr. Guin. Pl. (1827) 288;
Schauer in *DC.* Prodr. XI, 695; *Bak.* in *Dyer* Fl. trop. Afr, V,
324.

V. rufescens *Guerke* in Engl. Jahrb. XVIII (1894) 169; *Th. Dur.* et *Schinz*
Étud. fl. Cgo (1896) 222.

1882 (P. Pogge). — XV : bassin de la Lulua (Pg.).

Vitex Gilletii *Guerke* in Engl. Jahrb. XXXIII (1903) 298 et in *De
Wild.* Étud. fl. Bas- et Moy.-Cgo, I (1903) 72; *De Wild.* Miss. Laurent (1905) 171.

1876? (P. Pogge). — V : Kimuenza (Gill. 2163). — XV : Dibele (Ém. et M.
Laur.); Mukenge (Pg. 698).

Vitex lukafuensis *De Wild.* Étud. fl. Kat. (1903) 121.

1899 (Edg. Verdick). — XVI : env. de Lukafu. — Nom vern.: **Mukasu** (Verd. 63).

Vitex lundensis *Guerke* in Engl. Jahrb. XVIII (1893) 168; *Th. Dur.*
et *Schinz* Étud. fl. Cgo (1896) 222; *Bak.* in *Dyer* Fl. trop. Afr. V,
327.

1882 (P. Pogge). — XV : bassin de la Lulua (Pg. 1260).

Vitex Mombassae *Vatke* in Linnaea, XLIII (1880-1882) 533; *De
Wild.* Étud. fl. Kat. (1903) 121; *Bak.* in *Dyer* Fl. trop. Afr. V, 326.

1899 (Edg. Verdick). — XVI : Lukafu. — Nom vern. : **Lufuka** (Verd. 70).

Vitex Poggei *Guerke* in *Engl.* Bot. Jahrb. XVIII (1893) 168; *Th.
Dur.* et *Schinz* Étud. fl. Cgo (1896) 222; *Bak.* in *Dyer* Fl. trop. Afr.
V, 323.

1881 (P. Pogge). — Congo (Pg. 1255).

Obs. — Le n° 1260, de la même collection, venant de la Lulua, il est plus que
probable que le n° 1255 a été récolté dans la même région.

CLERODENDRON L.

Clerodendron Bakeri *Guerke* in Engl. Jahrb. XVIII (1894) 175;
Bak. in *Dyer* Fl. trop. Afr. V, 297.

> C. congense *Bak.* [non *Engl.*] in Kew Bull. (1892) 127.

> 1882 (H. Johnston). — V : le Stanley-Pool (Johnst.).

Clerodendron Buchneri *Guerke* in Engl. Jahrb. XVIII (1894) 173;
Th. Dur. et *Schinz* Étud. fl. Cgo (1896) 222; *Bak.* in *Dyer* Fl. trop.
Afr. V, 305.

> 1881 (von Mechow). — VI : Quifocusa sur le Kwango (Mech. 557 a).

Clerodendron capitatum *Schumach.* et *Thonn.* in Dansk. Vid. Selsk.
Afh. IV (1828) 61; *Schauer* in *DC.* Prodr. XI, 673; *Hook. f.* in Bot.
Mag. (1848) t. 4355; *Bak.* in *Dyer* Fl. trop. Afr. V, 305, 518.

> Le type est largement répandu dans l'Afrique trop.

— — var. **Butayei** *De Wild.* Étud. fl. Kat. (1903) 117.

> 1902 (R. Butaye). — Bas-Congo (But. in Gill. 2245).

— — var. **subcordatum** *De Wild.* l. c. (1903) 117.

> 1900 (Edg. Verdick). — XVI : Lukafu. — Nom vern. : **Kamiombo** (Verd. 422).

— — var. **subdentatum** *De Wild.* l. c. (1903) 117.

> 1900 (Edg. Verdick). — XVI : plateau près de Lukafu (Verd. 409).

Clerodendron congense *Engl.* in Engl. Jahrb. VIII (1886) 65; *Th.
Dur.* et *Schinz* Étud. fl. Cgo (1896) 223; *Bak.* in *Dyer* Fl. trop.
Afr. V, 301.

> 1874 (Fr. Naumann). — II : Boma ; Ponta da Lenha (Naum.).

Clerodendron formicarum *Guerke* in Engl. Jahrb. XVIII (1894) 179;
Th. Dur. et *Schinz* Étud. fl. Cgo (1896) 223; *Henriq.* in Bolet. Soc.
Brot. XVI (1899) 69; *Bak.* in *Dyer* Fl. trop. Afr. V, 298.

> Siphonanthus — *Hiern* Cat. Welw. Pl. I (1900) 843.

> 1870 (G. Schweinfurth). — XII d : Munza ; Kusumba (Schw. 3483, 3641). — XVI :
> Musumba (Pg. 333).

Clerodendron fuscum *Guerke* in Engl. Jahrb. XVIII (1894) 175 et in
Engl. Pfl. Ost-Afr. 311; *Th. Dur.* et *Schinz* Étud. fl. Cgo (1896)
223; *De Wild.* et *Th. Dur.* Reliq. Dewevr. (1901) 185; *De Wild.*
Étud. fl. Bas- et Moy.-Cgo, I (1903) 72, (1906) 310 et Miss. Laurent
(1905) 172; *Bak.* in *Dyer* Fl. trop. Afr. V, 313.

1876? (P. Pogge). — II a : Nanga (Dup.). — V : env. de Léopoldville (Gill.) ;
Kisantu (Gill. 804) ; Kimuenza (Dew. 507) ; Sanda (Odd.) ; Tumba (Ém. et M.
Laur.). — VII : Kutu (Ém. et M. Laur.). — XV : Butala (Ém. Laur.); la Haut-Lulua
vers 9°5 (Pg.) la Lulua (Preuss) ; Bolongula (Ém. et M. Laur.).

Clerodendron Gilletii *De Wild*. et *Th. Dur*. in *Th. Dur*. et *De Wild*.
Mat. fl. Cgo, IV (1899) 36 [B. S. B. B. XXXVIII[1], 113]; *Bak*. in *Dyer*
Fl. trop. Afr. V, 302.

1898 (J. Gillet). — V : env. de Dembo (Gill.).

Clerodendron grandifolium *Guerke* in Engl. Jahrb. XVIII (1894)
173; *Th. Dur*. et *Schinz* Étud. fl. Cgo (1896) 223; *Bak*. in *Dyer* Fl.
trop. Afr. V, 307.

1889 (von Mechow). — VI : pays des Majakalla (Mech. 530).

Clerodendron Kanichi *De Wild*. Étud. fl. Kat. (1903) 119.

1899 (Edg. Verdick). — XVI : env. de Lukafu. — Nom vern. : **Kanichi** (Verd. 323).

Clerodendron katangense *De Wild*. Étud. fl. Kat. (1903) 120.

1900 (Edg. Verdick). — XVI : bords de la Mwena. — Nom vern. : **Kawsala**
(Verd. 400).

Clerodendron longitubum *De Wild*. et *Th. Dur*. in *Th Dur*. et
De Wild. Mat. fl. Cgo, VIII (1898) 22 [B. S. B. B. XXXIX[2], 74]; *De
Wild*. Étud. fl. Bas- et Moy.-Cgo, I (1906) 310; II (1907) 66; *Bak*. in
Dyer Fl. trop. Afr. V, 517, in add.

1899 (J. Gillet). — V : Kisantu (Gill. 3347). — XII c : route d'Amadis à Surango (Ser. 356).

Clerodendron Lujaei *De Wild*. et *Th. Dur*. in *Th. Dur*. et *De Wild*.
Mat. fl. Cgo, VI (1899) 43 [B. S. B. B. XXXVIII[1], 213] et Pl. Gilletia-
nae, I (1900) 40 [B. Herb. Boiss. Sér. 2, I, 40]; *Bak*. in *Dyer* Fl. trop.
Afr. V, 298, in obs.

1898 (Éd. Luja). — IV : Sona-Gongo [cataractes] (Luja). — V : Kisantu (Gill.).

Clerodendron myricoides *R. Br*. in *Salt* Abyss. App. (1814) p. LXV;
Guerke in Engl. Jahrb. XXVIII (1900) 298; *Vatke* in Linnaea, XLIII,
535; *Bak*. in *Dyer* Fl. trop. Afr. V, 310.

Cyclonema — *Hochst*. in Flora, XXV (1842) 226 ; *Schauer* in DC. Prodr. XI,
675; Bot. Mag. (1870) t. 5838 ; *A. Rich*. Tent. fl. Abyss. II, 171.
Sephonanthus — *Hiern* Cat. Welw. Pl. I (1900) 844.

1832 (J. Monteiro). — II : Boma (Mont.). — V : Bolobo (Johnst.).

— — var. **camporum** *Guerke* in Engl. Jahrb. XXVIII (1900) 299.

1893 (G. Descamps). — Congo (Cabra). — XVI : Pala (Desc.)

C. myricoides var. **laxum** *Guerke* in Engl. Jahrb. XXVIII (1900) 299; *De Wild*. Étud. fl. Kat. (1903) 120.

1891 (Hyac. Vanderyst). — Congo (Vanderyst). — XVI : Lukafu. — Nom vern. : **Putu** (Verd. 161).

Clerodendron Poggei *Guerke* in Engl. Jahrb. XVIII (1894) 171 ; *Th. Dur*. et *Schinz* Étud. fl. Cgo (1896) 223 ; *Bak*. in *Dyer* Fl. trop. Afr. V, 309.

1882 (P. Pogge). — XV : dans un village Kalebue (Pg. 1116).

Clerodendron Rehmanni *Guerke* in Engl. Jahrb. XXVIII (1900) 294; *De Wild*. Étud. fl. Kat. (1903) 121. ·

1899 (Edg. Verdick). — XVI : Lukafu. — Nom vern. : **Disjika-Bamuni** (Verd. 51).

Clerodendron scandens *P. Beauv*. Fl. d'Oware, I (1804) 52, t. 32; Bot. Mag. (1848) t. 4354 ; *Bak*. in *Dyer* Fl. trop. Afr. V, 304 ; *De Wild*. Étud. fl. Bas- et Moy.-Cgo, I (1906) 310 et Miss. Laurent (1905) 172.

1891 (F. Demeuse). — VI : route de Lusubi à Luanu (Lescr.) — VIII : Eala (M. Laur.); Coquilhatville (Schlt.); Bangu [Momboyo] (Gent.). — IX : pays des Bangala (Dem.); Nouvelle-Anvers (Dew.).

Clerodendron Schlechteri *Guerke* in *Schlechter* Westafr. Kautsch.-Exped. (1900) 310 [nom. tant.].

1899 (R. Schlechter). — V : Léopoldville (Schlt. 12504).

Clerodendron Schweinfurthii *Guerke* in Engl. Jahrb. XVIII (1894) 177 et in *Engl*. Pfl. Ost-Afr. 341 ; *Bak*. in *Dyer* Fl. trop. Afr. V, 296; *De Wild*. Étud. fl. Bas- et Moy.-Cgo, I (1906) 310.

1902 (L. Gentil). — V : vallée de la Lumene (Hendr.). — VI : Kindunpolo; Tumba-Mani (Cabra et Michel). — XV : la Loange (Gent.).

Clerodendron spinescens [*Oliv.*] *Guerke* in Engl. Jahrb. XVIII (1894) 180; *Th. Dur*. et *Schinz* Étud. fl. Cgo (1896) 223 ; *De Wild*. et *Th. Dur*. Pl. Gilletianae, I (1900) 40 [B. Herb. Boiss. Sér. 2, I, 40; *De Wild*. Étud. fl. Bas- et Moy.-Cgo, I (1903) 72, (1906) 310; *Bak*. in *Dyer* Fl. trop. Afr. V, 313.

Cyclonema — *Oliv*. in Journ. Linn. Soc. XV (1876) 96 et in *Hook*. Icon. pl. XIII (1877) 18, t. 1221.
Kalaharia — *Guerke* in *Engl*. Pfl. Ost-Afr. (1895) 340.
K. spinipes *Baill*. Hist. des pl. XI (1892) 111.

Clerodendron Melanocrater *Guerke* in Engl. Jahrb. XVIII (1894) 180; *Bak*. in *Dyer* Fl. trop. Afr. V, 299. — Près de la riv. Itiri (Stuhlm. 3322, 3650, 3720).
Obs. — Cette localité est peut-être dans le Congo belge.

1882 (H. Johnston). — Cougo (Johust.). — V : Léopoldville (Schlt.); **Kisantu** (Gill.); rég. de Lumene (Hendr.). — VI : vallée de la Djuma (Gill.). — XVI : le Katanga (Corn.).

C. spinescens var. parviflorum *Schinz* ex *Guerke* l. c. (1894) 180; *Th. Dur.* et *Schinz* l. c. 224.

1888 (Fr. Hens.). — V : le Stanley-Pool (Hens, B. 57).

Clerodendron splendens *D. Don* in Edinb. Phil Journ. XI (1824) 349; *Schauer* in *DC.* Prodr. XI, 662; *Th. Dur.* et *De Wild.* Mat. fl. Cgo, II (1898) 80 [B. S. B. B. XXXVII, 125]; *Bak.* in *Dyer* Fl. trop. Afr. V, 300.

Sipbonanthus — *Hiern.* Cat. Welw. Pl. I (1900) 841.

1816 (Chr. Smith). — Bas-Congo (Sm.). — II : Boma (Dew. 98). — II a : Bingila; Kibinga. — Nom vern. : **Lundula** [Mayunbe] (Dup.). — V : Sabuka (Em. Duch.); Sanda (Odd.); Kisantu (Gill.). — XIII a : Stanleyville; Yakusu (Ém. Laur.). — XV : Lubue [Kasai] (Luja).

Clerodendron subreniforme *Guerke* in Engl. Jahrb. XXVIII (1900) 291; *De Wild.* et *Th. Dur.* Reliq. Dewevr. (1901) 186; *Bak.* in *Dyer* Fl. trop. Afr. V, 518, in add.

1896 (A. Dewèvre). — XIII d : env. de Nyangwe (Dew. 917). — Noms vern. : **Gubia** (Kasongo); **Djague-Djague** (Ikwangula) (Dew.)

Clerodendron Thonneri *Guerke* in Engl. Jahrb. XXVIII (1900) 292; *Bak.* in *Dyer* Fl. trop. Afr. V, 517, in add.

1896 (Fr. Thonner). — IX a : Boyangi (Thonn. 69).

Clerodendron thyrsoideum *Guerke* in Engl. Jahrb. XXVIII (1900) 293; *De Wild.* et *Th. Dur.* Reliq. Dewevr. (1901) 186; *Bak.* in *Dyer* Fl. trop. Afr. V, 516; *De Wild.* Miss. Laurent (1905) 172 et Étud. fl. Bas- et Moy.-Cgo, I (1906) 310.

1896 (A. Dewèvre). — VI : vallée de la Djuma (Gill.; Gent.). — VIII : Eala (M. Laur. 80); bord de la Lulanga (Dew. 812).

Clerodendron volubile *P. Beauv.* Fl. d'Oware, I (1804) 52, t. 32; *Schauer* in *DC.* Prodr. XI, 661; *Th. Dur.* et *De Wild.* Mat. fl. Cgo, II (1898) 80 [B. S. B. B. XXXVII, 125]; *Bak.* in *Dyer* Fl. trop. Afr. V, 297; *De Wild.* Miss. Laurent (1905) 172 et Étud. fl. Bas- et Moy.-Cgo, I (1906) 310.

Siphonanthus — *Hiern* Cat. Welw. Pl. I (1900) 842.[1]

1816 (Chr. Smith). — Bas-Congo (Sm.). — I : Moanda (Gill.). — IV : Kitobola (Ém. et M. Laur.). — V : le Stanley-Pool (Hens); Sanda (Odd.). — VI : vallée de la Djuma (Gill.). — IX : Umangi (Ém. et M. Laur.).

Clerodendron yaundense *Guerke* in Engl. Jahrb. XXVIII (1900: 297; *Bak.* in *Dyer* Fl. trop. Afr. V, 516; *Engl.* in *Schlechter* Westafr. Kautsch.·Exped. [1900) 313.

1899 (R. Schlechter). — VIII : Irebu (Schlt. 12627).

AVICENNIA L.

Avicennia africana *P. Beauv.* Fl. d'Oware, I (1804) 80, t. 47; *Schauer* in *DC.* Prodr. XI, 699; *Th. Dur.* et *De Wild.* Mat. fl. Cgo, II (1898) 80 [B. S. B. B. XXXVII, 125]; *De Wild.* et *Th. Dur.* Reliq. Dewevr. (1901) 186; *Bak.* in *Dyer* Fl. trop. Afr. V, 331.

1895 (P. Dupuis). — I : marais de Banana (Dup.).

LABIATACEAE

OCIMUM L.

Ocimum canum *Sims* in Bot. Mag. (1823) t. 2452; *Benth.* in *DC.* Prodr. XII, 32; *Th. Dur.* et *Schinz* Étud. fl. Cgo (1896) 224; *De Wild.* et *Th. Dur.* Reliq. Dewevr. (1901) 186; *Bak.* in *Dyer* Fl. trop. Afr. V, 337; *De Wild.* Miss. Laurent (1905) 179 et Étud. fl. Bas- et Moy.-Cgo, I (1906) 312; II (1908) 341.

1885 (R. Buettner). — Bas-Congo (Cabra). — II : Boma; Zobe (Dew.). — III : Tondoa (Buett.). — IV : Kitobola (Em. et M. Laur.). — V : route de Tumba-Mani [VI] à Tumba [V] (Cabra et Michel); Boko (Vanderyst); Kisantu (Gill.). — VIII : Eala (Pyn.). — XII c : Amadis (Ser.). — XII d : Muuza (Schw.). — XIII d : env. de Kabanga (Dew.). — XV : Kondue; Luebo; entre Lusambo et le Lomami (Em. et M. Laur.). — Noms vern. : **Djumba-Djumba** [Bakusu]; **Lonengue** [Ikwangula]; **Lognie** [Kasongo]; **Lehani** [Matammatam]; **Katundula** [Tanganika] (Dew.).

Ocimum Descampsii *Briq.* in *Th. Dur.* et *De Wild.* Mat. fl. Cgo, II (1898) 38 [B. S. B. B. XXXVII, 83]; *Bak.* in *Dyer* Fl. trop. Afr. V, 343.

1895 (G. Descamps). – XVI : Toa (Desc.).

Ocimum filamentosum *Forsk.* Fl. Aegypt.-Arab. (1775) 108; *A. Rich.* Tent. fl. Abyss. II, 177; *De Wild.* Étud. fl. Kat. (1903) 224; *Bak.* in *Dyer* Fl. trop. Afr. V, 343.

O. grandiflorum *L'Hérit.* Stirp. nov. (1784-1785) 89, t. 43.
Becium bicolor *Lindl.* in Bot. Reg. (1843) t. 15.

1899 (Edg. Verdick). — XVI : le Lofoi (Verd.).

Ocimum glossophyllum *Briq.* in Engl. Jahrb. XIX (1894) 102; *Th. Dur.* et *Schinz* Étud. fl. Cgo (1896) 224; *Bak.* in *Dyer* Fl. trop. Afr. V, 340.

1876 (P. Pogge). — VI : le Kwango (Pg. 354).

Ocimum gratissimum *L.* Sp. pl. ed. 1 (1753) 1197; *Jacq.* Icon. pl. rar. III, t. 495; *Benth.* in *DC.* Prodr. XII, 34 (excl. syn.); *Th. Dur.* et *Schinz* Étud. fl. Cgo (1896) 224; *Bak.* in *Dyer* Fl. trop. Afr. V, 339, in obs.

1885 (R. Buettner). — V : Bolobo (Buett.).

— — var. **macrophyllum** *Briq.* in B. Herb. Boiss. II (1894) 120 et in *Th. Dur.* et *De Wild.* Mat. fl. Cgo, II (1898) 38 [B. S. B. B. XXXVII, 83]; *De Wild.* et *Th. Dur.* Reliq. Dewevr. (1901) 187.

1896 (A. Dewèvre). — VIII : Coquilhatville. — Nom vern. : **Moçoçolo** (Dew. 624).

— — var. **mascarenarum** *Briq.* ll. cc.; *De Wild.* et *Th. Dur.* Pl. Gilletianae, I (1900) 40 [B. Herb. Boiss. Sér. 2, I, 40]; et Reliq. Dewevr. (1901) 187; *De Wild.* Miss. Laurent (1900) 175 et Étud. fl. Bas- et Moy.-Cgo, II (1908) 341.

1888 (Fr. Hens). — XVI : Congo (Desc.). — Bas-Congo (Cabra). — III : Matadi (Ém. et M. Laur.). — IV : Luvituku (Ém Laur.). — V : le Stanley-Pool (Hens); Kisantu (Gill.). — VI : Madibi (Sap.). — VII : Lac Léopold II (Body). — VIII : Bobangi (Ém. Laur.); Coquilhatville [cult] (Dew.); Lulanga (Dew.); Eala (M. Laur.); Mousole (Huyghe et Ledoux). — IX : Moleke (Ém. et M. Laur.). — XIII a : Nyangwe (Dew.); Yanongo (Ém. et M. Laur.). — XIV : Mazanze (Desc.). — XV : Ikongo; le Kasai [poste de bois n° 6] (Ém. Laur.). — Noms vern. : **Lusu-Lusulo** [Bakusu]; **Ececi; Malamba** [Eala]; **Binga** [Tangauika] (Dew.) : **Bojudjuma** (M. Laur.); **Moçoçole** [Bangala]; **Tshamtshakadi** [Sankuru].

Ocimum linearifolium *Briq.* in Engl. Jahrb. XIX (1894) 162; *Th. Dur.* et *Schinz* Étud. fl. Cgo (1896) 224; *Bak.* in *Dyer* Fl. trop. Afr. V, 341.

1876 (P. Pogge). — VI : le Kwango (Pg. 357).

Ocimum Poggeanum *Briq.* in Engl. Jahrb. XIX (1894) 163; *Th. Dur.* et *Schinz* Étud. fl. Cgo (1896) 225; *Bak.* in *Dyer* Fl. trop. Afr. V, 341.

1876 (P. Pogge). — VI : le Kwango (Pg. 355).

GENIOSPORUM Wall.

Geniosporum congoense *Guerke* in *Schlechter* Westafr. Kautsch.-Exped. (1900) 312 [nom. tant.].

1899 (R. Schlechter). — V : Dolo (Schlt. 12469).

Geniosporum scabridum *Briq.* in Engl. Jahrb. XIX (1894) 165; *Th. Dur.* et *Schinz* Étud. fl. Cgo (1896) 225; *Bak.* in *Dyer* Fl. trop. Afr. V, 352.

1876 (P. Pogge). — XV : la Haut-Lulua (Pg. 347).

PLATOSTOMA P. Beauv.

Platostoma africanum *P. Beauv.* Fl. d'Oware, II (1807) 61, t. 95, fig. 2; *Henriq.* in Bolet. Soc. Brot. X, 149; *Th. Dur.* et *Schinz* Étud. fl. Cgo (1896) 225; *Briq.* in *Th. Dur.* et *De Wild.* Mat. fl. Cgo, II (1898) 30 [B. S. B. B. XXXVII, 75]; *Bak.* in *Dyer* Fl. trop. Afr. V, 349 [Platystoma]; *De Wild.* Étud. fl. Bas- et Moy.-Cgo, II (1908) 341.

> P. flaccidum *Briq.* in Engl. Jahrb. XIX (1894) 165; *Th. Dur.* et *Schinz* Étud. fl. Cgo (1896) 225.

1816 (Chr. Smith). — Bas-Congo (Sm.; Cabra). — II : Haut-Shiloango (Cabra et Michel). — IV : Lutete (Hens). — V : Suata [*err. cal.* Ulsuata] (Buett.); Yindu; Dembo (Vanderyst). — VI : le Kwilu (Sap.). — VIII : Équateurville (Pyn.); Coquilhatville (Schlt.); Eala et env. (M. Laur.; Pyn.). — XII d : Congo bor.-or. (Ser.). — XV : la Haut-Lulua (Pg. 363).

Platostoma Buettnerianum *Briq.* in Engl. Jahrb. XIX (1894) 166; *Th. Dur.* et *Schinz* Étud. fl. Cgo (1896) 225; *Bak.* in *Dyer* Fl. trop. Afr. V, 350.

1886 (R. Buettner). — V : Léopoldville (Buett. 449).

MOSCHOSMA Rchb.

Moschosma polystachyum [*L.*] *Benth.* ex *Wall.* Pl. Asiat. rarior. II (1831) 13 et in *DC.* Prodr. XII, 48; *Hook. f.* Fl. Brit. Ind. IV, 612; *Bak.* in *Dyer* Fl. trop. Afr. V, 353.

> Ocimum — *L.* Mant. pl. (1767) 567.

1816 (Chr. Smith). — Bas-Congo (Sm.). — XII d : le Kibali (Schw.).

— — var. **stereocladum** *Briq.* in *Engl.* et *Prantl* Nat. Pflanzenfam. IV, 3 a (1895) 368 et in *Th. Dur.* et *De Wild.* Mat. fl. Cgo, II (1898) 37 [B. S. B. B. XXXVII, 82] et Reliq. Dewevr. (1901) 188.

1891 (G. Descamps). — II : Sisia (Dup.). — XIV : Uvira; Mazanze (Deb.). — XV : la Loange (Dew.). — XVI : Toa (Desc.).

ACROCEPHALUS Benth.

Acrocephalus campicola *Briq.* in Engl. Jahrb. XIX (1894) 67; *Th. Dur.* et *Schinz* Étud. fl. Cgo, I (1896) 226 ; *Bak.* in *Dyer* Fl. trop. Afr. V, 358.

1882 (P. Pogge). — XIII d : Nyangwe (Pg. 1075 pr. p.).

Acrocephalus coeruleus *Oliv.* in Trans. Linn. Soc. XXIX (1875) 135, t. 133; *Guerke* in *Schlechter* Westafr. Kautsch.-Exped. (1900) 312; *Bak.* in *Dyer* Fl. trop. Afr. V, 359.

1899 (R. Schlechter). — V : Dolo (Schlt. 12446).

— — var. **genuinus** *Briq.* in Engl. Jahrb. XIX (1894) 166; *Th. Dur.* et *Schinz* Étud. fl. Cgo (1896) 226.

1882 (P. Pogge). — XIII d : Nyangwe (Pg. 1075, pr. p.).

— — var. **trichosoma** *Briq.* in Engl. Jahrb. XIX (1894) 166; *Th. Dur.* et *Schinz* Étud. fl. Cgo (1896) 226.

1876 (P. Pogge). — XV : la Lulua, 9°5 (Pg. 358).

Acrocephalus cylindraceus *Oliv.* in Trans. Linn. Soc. XXIX (1875) 135; *Th. Dur.* et *De Wild.* Mat. fl. Cgo, II (1898) 31 [B. S. B. B. XXXVII, 76]; *Bak.* in *Dyer* Fl. trop. Afr. V, 357; *De Wild.* Étud. fl. Bas- et Moy.-Cgo, II (1908) 340.

1896 (A. Dewèvre). — XIII d : Kasongo (Dew. 993). — XV : Kondue (Ém. et M. Laur.).

Acrocephalus Debeerstii *Briq.* in *Th. Dur.* et *De Wild.* Mat. fl. Cgo, X (1901) 31 [B. S. B. B. XL, 37].

1895 (Gust. Debeerst). — XVI : le Tanganika (Deb.).

Acrocephalus Descampsii *Briq.* in *Th. Dur.* et *De Wild.* Mat. fl. Cgo, X (1901) 33 [B. S. B. B. XL, 39].

1891 (G. Descamps). — XVI : vallée du Lutembue (Desc. 42).

Acrocephalus Dewevrei *Briq.* ex *De Wild.* et *Th. Dur.* Reliq. Dewevr. (1901) 187 [nom. tant.].

1896 (A. Dewèvre). — Congo (Dew.).

Acrocephalus divaricatus *Briq.* in *Th. Dur.* et *De Wild.* Mat. fl. Cgo, II (1898) 31 [B. S. B. B. XXXVII, 76]; *De Wild.* et *Th. Dur.* Reliq. Dewevr. (1901) 188; *Bak.* in *Dyer* Fl. trop. Afr. V, 364.

1896 (A. Dewèvre). — Congo (Dew.).

Acrocephalus elongatus *Briq.* in Engl. Jahrb. XIX (1894) 171; *Th. Dur.* et *Schinz* Étud. fl. Cgo (1896) 226; *Bak.* in *Dyer* Fl. trop. Afr. V, 363.

1882 (P. Pogge). — XIII? : entre Nyangwe et Kimbundo (Pg. 1014).

Acrocephalus Hensii *Briq.* in *Th. Dur.* et *De Wild.* Mat. fl. Cgo, II (1898) 32 [B. S. B. B. XXXVII, 77]; *Bak.* in *Dyer* Fl. trop. Afr. V, 363.

1888 (Fr. Hens). — V : marais du Stanley-Pool (Hens, B. 42).

Acrocephalus iododermis *Briq.* in Engl. Jahrb. XIX (1894) 167; *Th. Dur.* et *Schinz* Étud. fl. Cgo (1896) 226; *Bak.* in *Dyer* Fl. trop. Afr. V, 358.

1882 (P. Pogge). — XV : Mukenge (Pg. 1086).

Acrocephalus Laurentii *Briq.* in *Th. Dur.* et *De Wild.* Mat. fl. Cgo, II (1898) 34 [B. S. B. B. XXXVII, 79]; *Bak.* in *Dyer* Fl. trop. Afr. V, 361.

1895 (Ém. Laurent). — XV : Lusambo (Ém. Laur.).

Acrocephalus Masuianus *Briq.* in *Th. Dur.* et *De Wild.* Mat. fl. Cgo, II (1898) 35 [B. S. B. B. XXXVII, 82]; *De Wild.* et *Th. Dur.* Ill. fl. Cgo (1898) 25, t. 13; Contr. fl. Cgo, I (1899) 47 et Pl. Gilletianae, II (1901) 94 [B. Herb. Boiss. Ser. 2, I, 834]; *Bak.* in *Dyer* Fl. trop. Afr. V, 363; *De Wild.* Étud. fl. Bas- et Moy-Cgo, I (1906) 312.

1893 (P. Dupuis). — II a : forêts du Mayumbe (Dup.). — V : Lula-Lumene (Hendr. in Gill. 3039); Kisantu (Gill. 1109, 1144).

Acrocephalus paniculatus *Briq.* in Engl. Jahrb. XIX (1894) 172; *Th. Dur.* et *Schinz* Étud. fl. Cgo (1896) 226; *Bak.* in *Dyer* Fl. trop. Afr. V, 364.

1876 (P. Pogge). — XVI : Musumba, 8°5 lat. S. (Pg. 370).

Acrocephalus Poggeanus *Briq.* in Engl. Jahrb. XIX (1894) 170; *Th. Dur.* et *Schinz* Étud. fl. Cgo (1896) 226; *Bak.* in *Dyer* Fl. trop. Afr. V, 358.

1882 (P. Pogge). — XV : Mukenge (Pg. 1086).

ORTHOSIPHON Benth.

Orthosiphon heterochrous *Briq.* in Engl. Jahrb. XIX (1894) 173; *Th. Dur.* et *Schinz* Étud. fl. Cgo (1896) 227; *Bak.* in *Dyer* Fl. trop. Afr. V, 370.

1876 (P. Pogge). — VI : le Kwango (Pg. 566).

Orthosiphon iodocalyx *Briq.* in Engl. Jahrb. XIX (1894) 174; *Th. Dur.* et *Schinz* Étud. fl. Cgo (1896) 227; *Bak.* in *Dyer* Fl. trop. Afr. V, 374.

1876 (P. Pogge). — VI : le Kwango (Pg. 353).

Orthosiphon Liebrechtsianus *Briq.* in *Th. Dur.* et *De Wild.* Mat. fl. Cgo, II (1898) 40 [B. S. B. B. XXXVII, 85] et Ill. fl. Cgo (1899) 73, t. 37; *Bak.* in *Dyer* Fl. trop. Afr. V, 374.

1895 (G. Descamps). — XVI : Toa; Mavunze (Desc.).

Orthosiphon retinervis *Briq.* in Engl. Jahrb. XIX (1894) 175; *Th. Dur.* et *Schinz* Étud. fl. Cgo (1896) 227; *Bak.* in *Dyer* Fl. trop. Afr. V, 367.

1881 (von Mechow). — VI : Cisacula (Mech. 553).

Orthosiphon Welwitschii *Rolfe* in Bolet. Soc. Brot. XI (1893) 88; *Bak.* in *Dyer* Fl. trop. Afr. V, 576.

O. adornatus *Briq.* in Engl. Jahrb. XIX (1894) 176.

Le type n'a été trouvé que dans l'Angola.

— — var. **oblongifolius** [*Briq.*] *Th.* et *Hél. Dur.*

O. adornatus *Briq.* var. — *Briq.* l. c. (1894) 177; *Th. Dur.* et *Schinz* Étud. fl. Cgo (1896) 227.

1881 (R. Buettner). — IV : Lutete (Buett. 570).

HOSLUNDIA Vahl.

Hoslundia verticillata *Vahl* Enum. pl. I (1804) 213; *Benth.* in *DC.* Prodr. XII, 54; *Briq.* in *Th. Dur.* et *De Wild.* Mat. fl. Cgo, II (1898) 30 [B. S. B. B. XXXVII, 75]; *Guerke* in *Engl.* Pfl. Ost-Afr. 348; *Hiern* Cat. Welw. Pl. I, 860; *De Wild.* Miss. Laurent (1905) 174 et Étud. fl. Bas- et Moy.-Cgo, I (1906) 311; II (1908) 340.

H. opposita *Vahl* var. — *Bak.* in *Dyer* Fl. trop. Afr. V (1900) 377.

1816 (Chr. Smith). — Bas-Congo (Sm.). — I : Moanda (Gill.). — II : Boma (Schimp.; Pyn.). — IX : Bumba (Ém. et M. Laur.). — X : Imese (Ém. Laur.). — XIII d : Romée (M. Laur.). — XVI : env. d'Albertville [Toa] (Hecq).

PLECTRANTHUS L'Hérit.

Plectranthus intrusus *Briq.* in *De Wild.* et *Th. Dur.* Pl. Gilletianae, II (1901) 98 [B. Herb. Boiss. Sér. 2, I, 834].

1900 (J. Gillet). — V : env. de Dembo (Gill.); Kisantu (Vanderyst).

Plectranthus miserabilis *Briq.* in Engl. Jahrb. XIX (1894) 180; *Th. Dur.* et *Schinz* Étud. fl. Cgo (1896) 227; *Bak.* in *Dyer* Fl. trop. Afr. V, 405.

1881 (P. Pogge). — XVI : Mukenge (Pg. 1022).

Plectranthus phryxotrichus *Briq.* in *Th. Dur.* et *De Wild.* Mat. fl. Cgo, II (1898) 21 [B. S. B. B. XXXVII, 66]; *De Wild.* et *Th. Dur.* Reliq. Dewevr. (1901) 129; *Bak.* in *Dyer* Fl. trop. Afr. V, 407.

1896 (A. Dewèvre). — VIII : la Lulanga (Dew. 862 d).

Plectranthus Schlechteri *Guerke* in *Schlechter* Westafr. Kautsch.-Exped. (1900) 311 [nom. tant.].

1899 (R. Schlechter). — V : Dolo (Schlt. 12490).

SOLENOSTEMON Schumach. ef Thonn.

Solenostemon monostachyus [*P. Beauv.*] *Briq.* in *Engl.* et *Prantl* Nat. Pflanzenfam. IV, 3 a (1897) 359 et in *Th. Dur.* et *De Wild.* Mat. fl. Cgo, II (1898) 24 [B. S. B. B. XXXVII, 69]; *De Wild.* et *Th. Dur.* Reliq. Dewevr. (1901) 189; *De Wild.* Miss. Laurent (1901) 174.

Ocimum — *P. Beauv.* Fl. d'Oware, II (1807) 60, t. 95, fig. 1.
S. ocimoides *Schumach.* et *Thonn.* var. — *Bak.* in *Dyer* Fl. trop. Afr. V (1900) 421.

1895 (A. Dewèvre). — Congo (Dew.). — V : Maydis (Vanderyst);env. de Léopoldville; Kimuenza (Dew.). — VII : Kutu (Ém. et M. Laur.). — VIII : Eala (M. Laur, 1943); Betutu (Brun.). — XII d : Kusumba (Schw.). — XV : Butala; Kondue; Lusambo (Ém. et M. Laur.).

— — var. **amplifrons** *Briq.* ex *Schinz* in B. Herb. Boiss. Sér. 2, VI (1906) 826.

1888 (Fr. Hens). — IX : pays des Bangala (Hens).

Solenostemon ocimoides *Schumach.* et *Thonn.* Beskr. Guin. Pl. (1827) 271; *Th. Dur.* et *Schinz* Étud. fl. Cgo (1896) 228; *Briq.* in *Th. Dur.* et *De Wild.* Mat. fl. Cgo, II (1898) 22 [B. S. B. B. XXXVII. 67]; *Bak.* in *Dyer* Fl. trop. Afr. V, 420.

Coleus africanus *Benth.* Labiat. (1832) 54 et in *DC.* Prodr. XII, 74.
Solenostemon — *Briq.* in Engl. Jahrb. XIX (1894) 181, en obs.

1885 (R. Buettner). — II a : Bingila (Dup.). — VIII : Équateur (Buett.). — Ind. non cl. : Lone Island [Angola?] (Buett.).

AEOLANTHUS Mast.

Aeolanthus adenotrichus *Guerke* in *De Wild.* Étud. fl. Bas- et Moy.-Cgo, I (1906) 224.

1891 (Edg. Verdick). — XVI : Lukafu (Verd. 377).

Aeolanthus Buchnerianus *Briq.* in Engl. Jahrb. XIX (1894) 187; *Th. Dur.* et *Schinz* Étud. fl. Cgo (1896) 229; *Bak.* in *Dyer* Fl. trop. Afr. V, 392.

1881 (Max Buchner). — Haut-Congo [Bango] (Buchn. 571).

Aeolanthus petasatus *Briq.* in *Th. Dur.* et *De Wild.* Mat. fl. Cgo, II (1898) 19 [B. S. B. B. XXXVII, 64]; *Bak.* in *Dyer* Fl. trop. Afr. V, 397.

1896 (G. Descamps). — XVI : Risobi (Desc.).

Aeolanthus Poggei *Guerke* in Engl. Jahrb. XXII (1895) 148 ; *De Wild.* et *Th. Dur.* Cens. pl. Congol. (1901) 45; *Bak.* in *Dyer* Fl. trop. Afr. V, 397.

1876 (P. Pogge). — XV : la Lulua vers 9 ½° (Pg. 332).

Aeolanthus Prittzwitzianus *Guerke* in *von Goetzen* Durch Afrika (1895) 383; *De Wild.* et *Th. Dur.* Cens. pl. Congol. (1901) 45; *Bak.* in *Dyer* Fl. trop. Afr. V, 390.

1894 (G. A. von Goetzen et von Prittwitz). — XIV : volcan Kirunga (Goetz. et Prittw.).

COLEUS Lour.

Coleus bullulatus *Briq.* in *Th. Dur.* et *De Wild.* Mat. fl. Cgo, II (1898) 24 [B. S. B. B. XXXVII, 69]; *Bak.* in *Dyer* Fl. trop. Afr. V, 429.

Solenostemon — *Briq.* in Engl. Jahrb. XIX (1894) 180; *Th. Dur.* et *Schinz* Étud. fl. Cgo (1896) 227.

1876 (P. Pogge). — XV : la Haut-Lulua (Pg.).

Coleus Dewevrei *Briq.* in *Th. Dur.* et *De Wild.* Mat. fl. Cgo, II (1898) 26 [B. S. B. B. XXXVII, 71]; *De Wild.* et *Th. Dur.* Reliq. Dewevr. (1900) 190; *Bak.* in *Dyer* Fl. trop. Afr. V, 428.

1896 (A. Dewèvre). — XIII : env. de Mutumbi (Dew. 1092 a).

Coleus Dupuisii *Briq.* in *Th. Dur.* et *De Wild.* Mat. fl. Cgo, II (1898) 25 [B. S. B. B. XXXVII, 90]; *De Wild.* et *Th. Dur.* Ill. fl. Cgo (1899) 51, t. 26 ; *Bak.* in *Dyer* Fl. trop. Afr. V, 428.

1893 (P. Dupuis). — II a : forêts du Mayumbe (Dup.).

Coleus Eetveldeanus *Briq.* in *Th. Dur.* et *De Wild.* Mat. fl. Cgo, II (1893) 28 [B. S. B. B. XXXVII, 73]; *De Wild.* et *Th. Dur.* Ill. fl. Cgo (1899) 49, t. 25 ; *Bak.* in *Dyer* Fl. trop. Afr. V, 442.

1895 (G. Descamps). — XVI : Toa (Desc.).

Coleus heterotrichus *Briq.* in *Th. Dur.* et *De Wild.* Mat. fl. Cgo, X (1901) 34 [B. S. B. B. XL, 40]; *De Wild.* Miss. Laurent (1908) 340.

1891 (F. Demeuse). — V : Bolobo (Dem. 1155). — VIII : env. d'Eala (M. Laur. 1944).

28

Coleus membranaceus *Briq.* in Engl. Jahrb. XIX (1894) 183; *Th. Dur.* et *Schinz* Étud. fl. Cgo (1896) 28; *Bak.* in *Dyer* Fl. trop. Afr. V, 442.

1881 (von Mechow). — VI : Cisacula (Mech. 554).

Coleus mirabilis *Briq.* in Engl. Jahrb. XIX (1894) 183; *Bak.* in *Dyer* Fl. trop. Afr. V, 440.

Le type croît dans l'Angola.

— — var. **Poggeanus** *Briq.* l. c. 184; *Th. Dur.* et *Schinz* Étud. fl. Cgo (1896) 228.

1876 (P. Pogge). — XV : la Haut-Lulua, 9° 5 lat. S. (Pg.).

Coleus nervosus *Briq.* in Engl. Jahrb. XIX (1894) 185; *Th. Dur.* et *Schinz* Étud. fl. Cgo (1896) 185; *Bak.* in *Dyer* Fl. trop. Afr. V, 437.

1882 (P. Pogge). — Ind. non cl. : le Lomami (Pg. 1034).

Coleus Poggeanus *Briq.* in Engl. Jahrb. XIX (1894) 182; *Th. Dur.* et *Schinz* Étud. fl. Cgo (1896) 228; *Bak.* in *Dyer* Fl. trop. Afr. V, 438.

1876 (P. Pogge). — XVI : Musumba (Pg. 364).

Coleus viridis *Briq.* in Engl. Jahrb. XIX (1894) 181; *Th. Dur.* et *Schinz* Étud. fl. Cgo (1896) 229; *Bak.* in *Dyer* Fl. trop. Afr. V, 443.

1876 (P. Pogge). — XVI : Musumba (Pg. 365).

ALVESIA Welw.

Alvesia rosmarinifolia *Welw.* in Trans. Linn. Soc. XXVII (1869) 55, t. 19; *Th. Dur.* et *Schinz* Étud. fl. Cgo (1896) 229; *De Wild.* et *Th. Dur.* Ill. fl. Cgo (1899) 83, t. 42; Contr. fl. Cgo, II (1900) 50; *De Wild.* Étud. fl. Bas- et Moy.-Cgo, I (1903) 73, (1906) 312 et Miss. Laurent (1908) 339; *Bak.* in *Dyer* Fl. trop. Afr. V, 378.

1888 (Fr. Hens). — V : le Stanley-Pool (Hens): Léopoldville (Luja; Pyn. 163); entre Léopoldville et Kimpoko (M. Laur. 653); Dolo (Schlt.); Kisantu (Gill.; Vanderyst); Sanda (Odd.); env. de Lula-Lumene (Hendr.); Sadi [Inkisi] (Cabra et Michel); Kisunga (Vanderyst); Boko (Pyn. 110). — VI : entre Tumba et Popokabaka (Cabra et Michel). — XV : entre Kabuluka et Kanda-Kanda (Lescr. 231).

ANISOCHILUS Wall.

Anisochilus africanus *Bak.* ex *Scott Elliot* in Journ. Linn. Soc. XXX (1894) 94; *Briq.* in *Th. Dur.* et *De Wild.* Mat. fl. Cgo, II (1898) 21

[B. S. B. B. XXXVII, 66]; *Bak.* in *Dyer* Fl. trop. Afr. V, 446; *De Wild.* Miss. Laurent (1905) 173, (1907) 339.

A. Engleri *Briq.* in Engl. Jahrb. XIX (1894) 190; *Th. Dur.* et *Schinz* Étud. fl. Cgo (1896) 229.

1876 (P. Pogge). — Bas-Congo (But. in Gill. 2232); — V : marais du Stanley-Pool (Hens, B. 86); rég. de Lumene (Hendr. in Gill. 3290); Boko (Vanderyst, 313); Yindu (Vanderyst). — VI : rég. de Lusubi (Lescr. 44). — VII : la Fini (Em. et M. Laur.). — XIII? : entre Nyangwe et Kimbundo (Pg. 1019). — XV : la Haut-Lulua, vers ¡9° 5 (Pg. 372).

PYCNOSTACHYS Hook.

Pycnostachys congensis *Guerke* in B. Herb. Boiss. IV (1896) 819; *Bak.* in *Dyer* Fl. trop. Afr. V, 380.

1891? (G. Descamps). — XV : Samba (Desc. 28); Lusambo (Desc. 27).

Pycnostachys Descampsii *Briq.* in *Th. Dur.* et *De Wild.* Mat. fl. Cgo, II (1898) 18 [B. S. B. B. XXXVII, 63]; *Bak.* in *Dyer* Fl. trop. Afr. V, 380.

1896 (G. Descamps). — XVI : Risobi (Desc.).

Pycnostachys Goetzenii *Guerke* in *von Goetzen* Durch Afrika (1895) 385 et in *Engl.* Pfl. Ost-Afr. A (1895) 135; *Bak.* in *Dyer* Fl. trop. Afr. V, 385.

1894 (G. A. von Goetzen et von Prittwitz). — XIV : volcan Kirunga (Goetz. et Prittw. 98).

HYPTIS Jacq.

Hyptis brevipes *Poit.* in Annal. Mus. Paris, VII (1806) 465; *Benth.* in *DC.* Prodr. XII, 107; *Th. Dur.* et *Schinz* Étud. fl. Cgo (1896) 229; *Bak.* in *Dyer* Fl. trop. Afr. V, 447; *Th. Dur.* et *De Wild.* Mat. fl. Cgo, II (1898) 16 [B. S. B. B. XXXVII, 61]; *De Wild.* et *Th. Dur.* Reliq. Dewevr. (1901) 190; *De Wild.* Étud. fl. Bas- et Moy.-Cgo, I (1903) 73, (1906) 311 et Miss. Laurent (1905) 173, (1908) 339.

1870 (G. Schweinfurth). — II : Boma (Dew.); 1le près de Ponta da Lenha (Naum.). — II a : Bingila (Dup.); Temvo (Em. et M. Laur.); Lianga-Jema (Cabra). -- V : collines du Stanley-Pool (Hens); entre Léopoldville et Mombasi (Gill.) Chenal (Em. et M. Laur.); Kisantu (Vanderyst). -- VI : Kongo (Sap.). — VIII : env. d'Équateurville (Dew.); Coquilhatville; env. d'Eala (M. Laur.; Pyn.); Monsole (Huyghe et Ledoux). — XII b et c : entre Bambili et Amadis (Ser.). — XII d : rég. des Mangbettu (Schw.).

— — var. **elongata** *De Wild.* et *Th. Dur.* Pl. Gilletianae II (1900) 40 [B. Herb. Boiss. Sér. 2, I, Sér. 2, I, 40].

1899 (J. Gillet). — V : env. de Léopoldville (Gill. 271); Kisantu-Makela (Gill. 3461); Kisantu (Gill. 681). — IX : Bolombo (Ém. et M. Laur.). — XI : Lie (Ém. et M. Laur.).

Hyptis pectinata [L.] Poit. in Annal. Mus. Paris, VII (1805) 474, t. 30; Briq. in Th. Dur. et De Wild. Mat. fl. Cgo, II (1898) 16 [B. S. B. B. XXXVII, 61]; De Wild. et Th. Dur. Reliq. Dewevr. (1901) 191; Bak. in Dyer Fl. trop. Afr. V, 448; De Wild. Miss. Laurent (1905) 173, (1906) 339; et Étud. fl. Bas- et Moy.-Cgo, I (1906) 311.

Nepeta — L. Syst. nat. ed. 10 (1759) 1076.

1870 (G. Schweinfurth). — I : Moanda (Gill.). — IV : Luvituku (Ém. et M. Laur.). — V : marais du Stanley-Pool (Hens); Dolo (Schlt.); Kinshassa (Ern. Dew.; M. Laur.). – XII a : Yakusu (Ém. et M. Laur.). — XII d : Kusumba (Schw.). — XIII d : env. de Nyangwe (Dew.). — XV : Mukundji (Ém. et M. Laur.). — Noms vern. : **Djumba-Djumba** [Bakusu]; **Bonengue** [Ikwangula]; **Kaiobo** [Kasongo]; **Katundula** [Tanganika] (Dew.).

Hyptis spicigera Lam. Encycl. méth. Bot. III (1789) 185; Benth. in DC. Prodr. XII, 87; Th. Dur. et Schinz Étud. fl. Cgo (1896) 230; Th. Dur. et De Wild. Mat. fl. Cgo, II (1898) 17 [B. S. B. B. XXXVII, 62]; De Wild et Th. Dur. et Reliq. Dewevr. (1901) 191; Bak. in Dyer Fl. trop. Afr. V, 448; De Wild. Étud. fl. Bas- et Moy.-Cgo, I (1905) 73; Not. pl. util. ou intér. du Cgo, II (1903) 16-21 et Miss. Laurent (1908) 339.

1870 (G. Schweinfurth). — IV : Kitobola (Pyn.). — V : env. de Léopoldville (Schlt.; Gill.); Kisantu (Gill.). — VIII : Eala (M. Laur.); Monsole (Huyghe et Ledoux). — XI : Mogandjo (M. Laur.). — XII c : env. d'Amadis [cult.] (Ser.). — XII d : pays des Mangbettu (Schw.). — XVI : Toa (Desc.).

MENTHA L.

Mentha sylvestris L. Sp. pl. ed. 2 (1762) 804; Benth. in DC. Prodr. XII, 166; A. Rich. Tent. fl. Abyss. II, 137; Rchb. Pl. crit. X, t. 982-984; De Wild. Étud. fl. Kat. (1903) 224; Bak. in Dyer Fl. trop. Afr. V, 451.

1900 (Edg. Verdick). — XVI : Lukafu. — Nom vern. : **Katinga** (Verd.).

LEONOTIS R. Br.

Leonotis africana [P. Beauv.] Th. et Hél. Dur.

Phlomis — P. Beauv. Fl. d'Oware, II (1807) 82, t. 111.
L. pallida Benth. Labiat. (1832) 619 et in DC. Prodr. XII, 535; Bak. in Dyer Fl. trop. Afr. V, 491; De Wild. Étud. fl. Bas- et Moy.-Cgo, II (1908) 338.

1905 (Marc. Laurent). — VIII : Eala (M. Laur. 739). — XII c : env. d'Amadis (Ser. 209).

Leonotis Leonurus [*L.*] *R. Br.* in *Ait.* Hort. Kew. ed. 2, III (1811) 412; *Benth.* in *DC.* Prodr. XII, 536; *Bak.* in *Dyer* Fl. trop. Afr. V, 492.

Phlomis — *L.* Sp. pl. ed. 1 (1753) 587; Bot. Mag. (1800) t. 478.

Le type est indiqué dans l'Afrique trop. or.

— — var. **vestita** *Briq.* in Engl. Jahrb. XIX (1894) 194; *Th. Dur.* et *Schinz* Étud. fl. Cgo (1896) 230.

1876 (P. Pogge). — XV : la Lulua (Pg. 360).

Leonotis nepetaefolia [*L.*] *R. Br.* Prodr. fl. N. Holl. (1810) 504; *Th. Dur.* et *De Wild.* Mat. fl. Cgo, II (1898) 14 [B. S. B. B. XXXVII, 59]; *De Wild.* et *Th. Dur.* Reliq. Dewevr. (1901) 191 ; *Bak.* in *Dyer* Fl. trop. Afr. V, 491; *De Wild.* Miss. Laurent (1905) 171 et Étud. fl. Bas- et Moy.-Cgo, I (1906) 311 ; II (1908) 338.

Phlomis — *L.* Sp. pl. ed. 1(1753) 586.

1888 (Fr. Hens). — II : brousse de Boma. — Nom vern. : **Songo-Songo** (Dew.). — II a : Tshia (Dup.). — IV : Lukungu (Hens) ; Kitobola (Coll.?); Banza-Puta. — Nom vern. : **Musonga-Songa** (Dew.). — V : Kisantu (Gill.). — VI : Madibi. — Nom vern. : **Kinselele** (Sap.). — VII : Kiri (Ém. et M. Laur.). — VIII : Coquilhatville; Eala (M. Laur.). — IX : Bobangi (Ém. et M. Laur.). — XII : l'Uele (Delp.). — XII c : entre Niangara et Gombari; env. d'Amadis (Ser.). — XIII a : Romée (M. Laur.). — XIII d : env. de Lusanga (Dew.). — XVI : Bunkeya; Toa (Desc.).

LEUCAS R. Br. (1)

Leucas Descampsii *Briq.* in *Th. Dur.* et *De Wild.* Mat. fl. Cgo, II (1898) 14 [B. S. B. B. XXXVII, 59]; *Bak.* in *Dyer* Fl. trop. Afr. V, 485.

1896 (G. Descamps). — XVI : Moliro (Desc.).

ELSHOLTZIA Willd.

Elsholtzia Schimperi *Hochst.* ex *Vatke* in Linnaea, XXXVII (1871-1873) 325; *Briq.* in B. Herb. Boiss. II (1894) 133; *Bak.* in *Dyer* Fl. trop. Afr. V, 451; *De Wild.* Étud. fl. Kat. (1903) 224.

1900 (Edg. Verdick). — XVI : Lukafu (Verd. 488).

---

(1) Le **Leucas Poggeana** *Briq.* [in Engl. Jahrb. XIX (1894) 193; *Bak.* in *Dyer* Fl. trop. Afr. V, 470] trouvé au bord de la Lulua par Pogge [n. 1122], ne serait, d'après M. Guerke [in Engl. Jahrb. XXII (1893) 132], qu'une forme pathologique de l'**Hyptis brevipes** Poit.

SCUTELLARIA L.

Scutellaria Debeerstii *Briq.* in *Th. Dur.* et *De Wild.* Mat. fl Cgo,
II (1898) 12 [B. S. B. B. XXXVII, 57]; *De Wild* et *Th. Dur.* Ill. fl.
Cgo (1899) 93, t. 47, fig. 1-7; *Bak.* in *Dyer* Fl. trop. Afr. V, 462.

1894 (Gust. Debeerst). — XVI : Pala (Deb. 42).

Scutellaria polyadena *Briq.* in *Th. Dur.* et *De Wild.* Mat. fl. Cgo,
II (1898) 11; X (1901) 29 [B. S. B. B. XXXVII, 56; XL, 35]; *De
Wild.* et *Th. Dur.* Ill. fl. Cgo (1899) 93, t. 47, fig. 8-10; *Bak.* in
Dyer Fl. trop. Afr. V, 462.

1895 (Gust. Debeerst). — XVI : Haut-Marungu (Deb. 96).

TINNAEA Kotschy et Peyr.

Tinnaea platyphylla *Briq.* in Engl. Jahrb. XIX (1894) 194; *Th.
Dur.* et *Schinz* Étud. fl. Cgo (1896) 230; *Bak.* in *Dyer* Fl. trop. Afr.
V, 498.

1876 (P. Pogge). — XVI : Musumba, 8° 5 lat. S. (Pg. 346).

MONOCHLAMYDEAE.

NYCTAGINACEAE

MIRABILIS L.

Mirabilis Jalapa *L.* Sp. pl. ed. 1 (1753) 177; Bot. Mag (1797) t. 371;
Choisy in *DC.* Prodr. XIII², 427; *Engl.* Pfl. Ost-Afr. 174; *De Wild.*
et *Th. Dur.* Pl. Gilletianae, I (1900) 41 [B. Herb. Boiss. Sér. 2, I, 41]
et Reliq. Dewevr. (1901) 191.

Nyctago — *DC.* Fl. Franç. III (1825) 425; *Spach* Hist. des végét. [Atlas] t. 146.
1895? (A. Dewèvre). — Congo (Dew.). — V : Kisantu (Dew.).

BOERHAAVIA L.

Boerhaavia ascendens *Willd.* Sp. pl. I (1797) 19; *Choisy* in *DC.*
Prodr. XIII², 451; *Ficalho* Pl. Uteis, 242; *Hiern* Cat. Welw. Pl. I,
882; *De Wild.* et *Th. Dur.* Contr. fl. Cgo, I (1899) 53; II (1900) 51;
Pl. Thonnerianae (1900) 14 et Reliq. Dewevr. (1901) 243; *De Wild.*
Étud. fl. Bas- et Moy.-Cgo, II (1908) 243.

1891 (Hyac. Vanderyst). — I : Moanda (Vanderyst); Banana (Dew.). — II : Sisia (Dem.). — IV : Kitobola (Ém. et M. Laur.). — V : Kisantu; env. de Dembo (Gill.); env. de Yumbi (Ém. et M. Laur.); Maydis (Vanderyst). — VI : Madibi (Sap.). — VIII : Eala (Pyn.); Isaka (Ém. et M. Laur.). — XII c : entre Zobia et Buta (Ser.). — XV : Lac Foa (Lescr.).

*Boerhaavia paniculata *Rich.* in Act. Soc. hist. nat. Paris, I (1792) 105; *Choisy* in *DC.* Prodr. XIII², 450; *Griseb.* Fl. Brit. West-Ind. 69; *Th. Dur.* et *Schinz* Étud. fl. Cgo (1896) 231.

1885 (R. Buettner). — VIII : Équateurville (Buett.).

Boerhaavia plumbaginea *Cav.* Icon. et descr. pl. II (1793) 7, t. 112; *Hiern* Cat. Welw. Pl. I, 883; *De Wild.* et *Th. Dur.* Reliq. Dewevr. (1901) 192; *De Wild.* Étud. fl. Bas- et Moy.-Cgo, I (1904) 121, (1906) 241.

B. dichotoma *Vahl* Enum. pl. I (1804) 290; *Choisy* in *DC.* Prodr. XIII², 454.

1895 (G. Descamps). — II : Zambi (Desc.). — XVI : Pweto (Dew.); Duela (Desc.).

Boerhaavia repens *L.* Sp. pl. ed. 1 (1753) 3; *Choisy* in *DC.* Prodr. XIII², 453; *Hiern* Cat. Welw. Pl. I, 882; *De Wild.* et *Th. Dur.* Contr. fl. Cgo, II (1900) 51.

B. diffusa *L.* l. c. ed. 1 (1753) 3; *De Wild.* Étud. fl. Bas- et Moy.-Cgo, I (1904) 121, (1906) 240.

1893 (G. Descamps). — XVI : Moliro; Toa (Desc.); Masange [Haut-Marungu] (Deb.).

BOUGAINVILLAEA Juss.

*Bougainvillaea spectabilis *Willd.* Sp. pl. II (1800) 348; *Choisy* in *DC.* Prodr. XIII², 437; *Th. Dur.* et *Schinz* Étud. fl. Cgo (1896) 231; *De Wild.* et *Th. Dur.* Reliq. Dewevr. (1901) 192; *De Wild.* Étud. fl. Bas- et Moy.-Cgo, I (1904) 121, (1906) 241; II (1908) 243.

Josepha augusta *Vell.* Fl. Flumin. (1825) 154 et IV (1826) t. 16.

1893 (P. Dupuis). — I : Banana (Dup.). — V : Léopoldville (Ém. Duch.); Kisantu (Gill.). — VIII : cult. à Eala (M. Laur.).

AMARANTACEAE

CELOSIA L. (1)

Celosia argentea L. Sp. pl. ed. 1 (1753) 205; *Wight* Icon. pl. Ind. or. V, t. 1767; *Moq.* in *DC.* Prodr. XIII², 243; *Boiss.* Fl. Or. IV, 987; *Th. Dur.* et *Schinz* Étud. fl. Cgo (1896) 231; *De Wild.* et *Th. Dur.* Contr. fl. Cgo, II (1900) 51 et Reliq. Dewevr. (1901) 192; *De Wild.* Étud. fl. Kat. (1902) 30; *Hiern* Cat. Welw. Pl. I, 885; *De Wild.* Not. pl. util. ou intér. du Cgo, I (1903) 28; II (1906) 116 et Étud. fl. Bas- et Moy.-Cgo, II (1907) 124.

1881 (P. Pogge). — Bas-Congo (Hens). — V : Tampa (Ém. Laur.); Kisantu (Gill.); Tumba (Luja). — VI : entre Tumba-Mani et Popokabaka (Cabra et Michel). — VIII : Coquilhatville (Schlt.; Ém. Laur.); Eala. — Nom vern. : **Bosambi** (M. Laur.). — IX : Nouvelle-Anvers (Duvivier); en aval de Mobeka (Ém. et M. Laur.). — XIII a : Boja; Stanleyville (Ém. Duch.). — XIII d : Nyangwe (Dem.). — XV : env. de Djoko-Pundo (Lescr.); Mukenge (Pg.); Mange (Ém. et M. Laur.); Tshitadi (Lescr.). — XVI : Lukafu (Verd.); Toa (Desc.). — Ind. non cl. : Durga (Ser.); Kisimeme (Pg.). — Noms vern. : **Ikonana** [Ikwangula]; **Nomana-Mana** [Kasongo].

Celosia laxa *Schumach.* et *Thonn.* Beskr. Guin. Pl. (1827) 141; *Moq.* in *DC.* Prodr. XIII², 437; *Th. Dur.* et *Schinz* Étud. fl. Cgo (1896) 232; *Th. Dur.* et *De Wild.* Mat. fl. Cgo, I (1897) 39 [B. S. B. B. XXXVI², 88]; *Hiern* Cat. Welw. Pl. I, 885; *De Wild.* et *Th. Dur.* Reliq. Dewevr. (1901) 193; *De Wild.* Étud. fl. Bas- et Moy.-Cgo, I (1903) 27, (1906) 239; II (1907) 125 et Miss. Laurent (1905) 81.

C. loandensis *Bak.* in Kew Bull. (1897) 277.

1816 (Chr. Smith). — Bas-Congo (Sm.); AC. dans tout le Bas-Congo (Dup.). — II : Zambi (Dup.). — II a : Bingila (Dup.). — V : Chenal [Leo-Kwamouth] (Ém. et M. Laur.); Kimuenza; Kisantu (Gill.); env. de Dembo (Gill.). — VI : Mabibi (Sap.). — IX : pays des Bangala (Hens; Dem.); Ukaturaka (Ém. et M. Laur.). — XII : Congo bor.-or. (Ser.). — XV : le Sankuru (Ém. et M. Laur.); Kanda-Kanda (Gent.); Ibaka (Ém. et M. Laur.).

Celosia leptostachya *Benth.* in *Hook.* Niger Fl. (1849) 494; *Th. Dur.* et *Schinz* Étud. fl. Cgo (1896) 232.

1888 (Fr. Hens). — IX : pays des Bangala (Hens).

Celosia trigyna L. Mant. pl. II (1771) 212; *Jacq.* Hort. Vindob. III, 12, t. 15; *Moq.* in *DC.* Prodr. XIII², 241; *Hiern* Cat. Welw. Pl. I,

---

(1) A. Dewèvre a récolté, dans l'enclave de Kabinda, à Landana, un **Celosia** nouveau qui lui a été dédié [Conf. **Celosia Dewevreana** *Schinz* in *Th. Dur.* et *De Wild.* Mat. fl Cgo, X (1900) 10 [B. S. B. B. XXXIX², 102].

884; *Th. Dur.* et *Schinz* Étud. fl. Cgo (1896) 232; *Th. Dur.* et *De Wild.* Mat. fl. Cgo, I (1897) 39 [B. S. B. B. XXXVI², 85]; *De Wild.* et *Th. Dur.* Reliq. Dewevr. (1901) 193; *De Wild.* Étud. fl. Kat. (1902) 30; Miss. Laurent (1905) 81 et Étud. fl. Bas- et Moy.-Cgo, I (1903) 27, (1906) 239; II (1907) 125.

1885 (R. Buettner). — I : Moanda (Vanderyst). — II : Boma (Dew.). — II a : Bingila (Dup.). — IV : Banza-Puta (Dem.); Lutete (Hens). — V : le Stanley-Pool (Buett.); Léopoldville et env. (Luja) : env. de Kwamouth (But.) ; Suata (Buett.); Sabuka. — Nom vern. : **Tangana** (Ém. Laur.); env. de Dembo (Gill.). — VII : Kutu (Ém. et M. Laur.). — VIII : Ikenge (Ém. et M. Laur.); le Haut-Lopori (Biel.). — XIII a : env. de Stanleyville (Ém. Duch.). — XIV : Kisimeme (Pg.). — XV : Lusambo (Ém. Laur.); Lac Foa (Lescr.); Mukenge (Pg.); Bena-Dibele (Luja) ; Mokole [Lubi] (Lescr.). — XVI : Lukafu. — Nom vern. : **Kananana** (Verd.); le Lualaba (Desc); env. d'Albertville [Toa] (Hecq).

DIGERA Forsk.

Digera arvensis *Forsk.* Fl. Aegypt.-Arab. (1775) 65; *Moq.* in *DC.* Prodr. XIII², 717; *Griff.* Icon. pl. Asiat. t. 527; *Hook. f.* Fl. Brit. Ind. IV, 717; *Th. Dur.* et *Schinz* Étud. fl. Cgo (1896) 232.

1888 (Fr. Hens). — IV : Lutete (Hens). — V : Lisha (Hens).

AMARANTUS L.

Amarantus caudatus *L.* Sp. pl. ed. 1 (1753) 990; *Moq.* in *DC.* Prodr. XIII², 255; *Hook. f.* Fl. Brit. Ind. IV, 719; *Th. Dur.* et *Schinz* Étud. fl. Cgo (1896) 233; *De Wild.* et *Th. Dur.* Pl. Thonnerianae (1900) 13 et Reliq. Dewevr. (1901) 193; *De Wild.* Miss. Laurent (1905) 81 et Étud. fl. Bas- et Moy.-Cgo, I (1906) 239.

1888 (Fr. Hens). — II : Boma (Dew.). — V : le Stanley-Pool (Hens); Lukolela (Ém. et M. Laur.); Kisantu (Gill.).— VII : Kutu (Ém. et M. Laur.). — VIII : Eala (M. Laur.). — IX : pays des Bangala (Dew.). — IX a : Mombanza (Thonn.). — XII c : Nala (Van Ryss.). — XV : Bukila (Ém. et M. Laur.). — Noms vern. : **Bionuda-Ipeba** [Bangala]; **Ipea** [Bashensi] ; **Ipheba** [Bolondo].

Amarantus paniculatus *L.* Sp. pl. ed. 2 (1763) 1406: *Willd.* Monog. Amar. 32, t. 4, fig. 2 ; *Moq.* in *DC.* Prodr. XIII², 257 ; *Hook. f.* Fl. Brit. Ind. IV, 718; *Th. Dur.* et *De Wild.* Mat. fl. Cgo, I (1897) 39 [B. S. B. B. XXXVI², 85]; *De Wild.* et *Th. Dur.* Contr. fl. Cgo, I (1899) 53.

A. speciosus *Sims* in Bot. Mag. (1821) t. 2227.

1893 (P. Dupuis). — II a : Bingila (Dup.). — Ind. non cl. : brousse des bords du Lomami (Ém. Laur.).

Amarantus spinosus *L.* Sp. pl. ed. 1 (1753) 991; *Willd.* Monog. Amar. t. 4, fig. 8; *Moq.* in *DC.* Prodr. XIII², 260; *Wight* Icon. pl.

Ind. or. II, t. 513; *Hook. f.* Fl. Brit. Ind. IV, 718; *De Wild.* et *Th. Dur.* Reliq. Dewevr. (1901) 193; *De Wild.* Miss. Laurent (1904) 81.

1896 (A. Dewèvre). — XIII a : Stanleyville (Ém. et M. Laur.). — XIII d : env. de Nyangwe (Dew.). — Noms vern. : **Kitele** [Kasongo]: **Kibano-Bango** [Tanganika] (Dew.).

Amarantus viridis *L.* Sp. pl. ed. II (1763) 1405; *Hook. f.* Fl. Brit. Ind. IV, 720; *Th. Dur.* et *Schinz* Étud. fl. Cgo (1896) 233; *Th. Dur.* et *De Wild.* Mat. fl. Cgo, I (1897) 39 [B. S. B. B. XXXVI², 85]; *De Wild.* et *Th. Dur.* Reliq. Dewevr. (1901) 193; *De Wild.* Miss. Laurent (1905) 81.

Euxolus — *Moq.* in *DC.* Prodr. XIII² (1849) 274.
Chenopodium caudatum *Jacq.* Icon. pl. rar. II (1786-1793) t. 344.
Euxolus — *Moq.* in *DC.* l. c. XIII² (1849) 274; *Wight* Icon. pl. Ind. or. V, t. 1773.

1884 (R. Buettner). — Bas-Congo, CC. sur les bords du fleuve (Ém. Laur.). — II Boma. — Nom vern. : **Mocombe** (Dew.). — III : Tondoa (Buett.). — IV : Vungu (Ém. Laur.). — V : Kisantu (Gill.). — VIII : Lulanga ; Ikenge (Ém. et M. Laur.). — XI : Isangi (Ém. et M. Laur.). — XV : Butala (Ém. et M. Laur.). — Ind. non cl. : Lunfundi (Dem.).

CYATHULA Lour.

Cyathula prostrata [*L.*] *Bl.* Bijdr. Fl. Nederl. Ind. II (1825) 549; *Moq.* in *DC.* Prodr. XIII², 226; *Th. Dur.* et *Schinz* Étud. fl. Cgo (1896) 233; *De Wild.* et *Th. Dur.* Reliq. Dewevr. (1901) 194; *De Wild.* Étud. fl. Bas- et Moy.-Cgo, I (1903) 28 et Miss. Laurent (1905) 81.

Achyranthes — *L.* Sp. pl. ed. 2 (1762) 296.
Desmochaeta — *DC.* Cat. Hort. Monspel. (1813) 102 ; *Wight* Icon. pl. Ind. or. II, t. 733; *Hiern* Cat. Welw. Pl. I, 890.

1888 (Fr. Hens). — V : env. de Léopoldville (Luja); Lukungu; Lutete (Hens). — V : Kimuenza; Kisantu (Gill.). — VIII : Équateurville [Wangata]. — Nom vern. : **Ponluka** (Dew.). — IX : Bangala (Hens). — XI : Basoko (Ém. et M. Laur.). — XV : Kondue; Bukila (Ém. et M. Laur.).

PUPALIA Juss.

Pupalia lappacea [*L.*] *Moq.* in *DC.* Prodr. XIII² (1849) 331; *Hook. f.* Fl. Brit. Ind. IV, 724; *Gilg.* in *Engl.* Pfl. Ost-Afr. 174; *Th. Dur.* et *De Wild.* Mat. fl. Cgo, I (1897) 39 [B. S. B. B. XXXVI², 85]; *De Wild.* Étud. fl. Kat. (1903) 178.

Achyranthes — *L.* Sp. pl. ed. 1 (1753) 204.
Pupal — *Hiern* Cat. Welw. Pl. I (1900) 891.

1895 (P. Dupuis). — I : brousse de Banana (Dew.). — II : Boma (Gill.). — II a : Bingila (Dup.). — XVI : Lukafu (Verd.).

MECHOWIA Schinz

Mechowia grandiflora *Schinz* in *Engl.* et *Prantl* Nat. Pflanzen-
· fam. III, 1 (1893) 110; *Th. Dur.* et *De Wild.* Mat. fl. Cgo, I (1897)
39 [B. S. B. B. XXXVI², 85].

1896 (G. Descamps). — XVI : Pweto (Desc.).

AERUA Forsk.

Aerua lanata [*L.*] *Juss.* in Annal. Mus. Paris, XI (1808) 131; *Moq.*
in *DC.* Prodr. XIII², 226; *Hook. f.* Fl. Brit. Ind. IV, 728; *Wight*
Icon. pl. Ind. or. II, t. 723; *Th. Dur.* et *Schinz* Étud. fl. Cgo
(1896) 234; *De Wild.* et *Th. Dur.* Reliq. Dewevr. (1901) 194; *De
Wild.* Étud. fl. Bas- et Moy.-Cgo, I (1906) 239; II (1907) 125.

Achyranthes — *L.* Sp. pl. ed. 1 (1753) 296.

1890 (F. Demeuse). — II a : Bingila (Dup.). — IV : Banza-Puta (Dem.); Kitobola (Pyn.).— V : Kisantu (Gill.).— VIII : Équateur (Pyn.).— XI : Basoko (Dew.).
— XIII d : env. de Nyangwe (Dew.). — XVI : Toa (Desc.). — Noms vern. : **Kari-
kete** [Kasongo]; **Katingoko** [Tanganika] (Dew.).

ACHYRANTHES L.

Achyranthes angustifolia *Benth.* in *Hook.* Niger Fl. (1849) 492 ;
Th. Dur. et *Schinz* Étud. fl. Cgo (1896) 234; *Gilg* in *Engl.* Pfl.
Ost-Afr. 174 ; *De Wild.* et *Th. Dur.* Contr. fl. Cgo, II (1900) 52 et
Reliq. Dewevr. (1901) 194.

1888 (Fr. Hens). — V : le Stanley-Pool (Dem.); Goma (Hens); Kisantu; Kimuenza (Gill. 2243). — XIII d : env. de Nyangwe (Dew.).

Achyranthes aspera *L.* Sp. pl. ed. 1 (1753) 204; *Wight* Icon. pl.
Ind. or. V, t. 1780; *Moq.* in *DC.* Prodr. XIII², 314; *Hook. f.* Fl.
Brit. Ind. IV, 730; *Th. Dur.* et *Schinz* Étud. fl. Cgo (1896) 234;
Th. Dur. et *De Wild.* Mat. fl. Cgo, I (1897) 39 [B. S. B. B. XXXVI²,
85]; *De Wild.* et *Th. Dur.* Reliq. Dewevr. (1901) 194; *De Wild.*
Étud. fl. Bas- et Moy.-Cgo, II (1907) 125.

1888 (Fr. Hens). — I : Moanda (Vanderyst). — II : Boma (Dew.). — IV : Kito-
bola (Pyn.). — V : le Stanley-Pool (Hens) ; Kisantu (Gill.). — VI : le Kwilu (Sap.).
— XIV : Kalamu (Coll.?). — XVI : Toa (Desc.).— Noms vern. : **Kolokasi** [Kalemba-
Lemba] (Sap.); **Konko-Koso** [Kwilu] (Sap.).

Achyranthes rubro-lutea *Lopriore* in Engl. Jahrb. XXVII (1899)
57.

1896 (G. Descamps). — XVI : Lumbarazi [Lualaba]; Pweto (Desc.).

PANDIAKA Moq.

Pandiaka Heudelotii [*Moq.*] *Benth.* et *Hook. f.* Gen. pl. III (1880) 36; *Th. Dur.* et *Schinz* Étud. fl. Cgo (1896) 234.

Achyranthes — *Moq.* in *DC.* Prodr. XIII² (1849) 310.

1876 (P. Pogge). — XIV : Kisimeme (Pg.). — XV : Mukenge (Pg. 226).

TELANTHERA R. Br.

Telanthera maritima [*St-Hil.*] *Moq.* in *DC.* Prodr. XIII² (1849) 364; *De Wild.* Étud. fl. Bas- et Moy.-Cgo, I (1903) 27; *Seub.* in *Mart.* Fl. Brasil. V¹, 171.

Alternanthera — *St-Hil.* Voy. Brésil, II (1833) 437; *K. Schum.* in *Engl.* et *Prantl* Nat. Pflanzenfam. III, 1 a (1903) 15; *De Wild.* et *Th. Dur.* Reliq. Dewevr. (1901) 195; *De Wild.* Étud. fl. Bas- et Moy.-Cgo, I (1906) 240.

1895 (A. Dewèvre). — I : Moanda (Gill.); Banana (Dew.; Wilw.).

ALTERNANTHERA Forsk.

Alternanthera repens [*L.*] *Steud.* Nomencl. bot. ed. 1, I (1821) 34; *Th. Dur.* et *Schinz* Étud. fl. Cgo (1896) 235; *De Wild.* et *Th. Dur.* Contr. fl. Cgo, I (1899) 42; *De Wild.* Étud. fl. Bas- et Moy.-Cgo, II (1907) 125.

Achyranthes — *L.* Sp. pl. ed. 1 (1753) 205.
Alternanthera Achyrantha *R. Br.* Prodr. fl. N. Holl. (1810) 358; *Moq.* in *DC.* Prodr. XIII², 358; *Seub.* in *Mart.* Fl. Brasil. V¹, 183, t. 55.
Alt. echinata *Sm.* in *Rees* Cyclop. Suppl. (1818) 10; *Hiern* Cat. Welw. Pl. I, 896.

1888 (Fr. Hens). — I : Moanda (Vanderyst). — IV : Lutete (Hens). — V : Léopoldville (M. Laur.); Kisantu (Gill.).

Alternanthera sessilis [*L.*] *R. Br.* Prodr. fl. N. Holl. (1810) 417; *Wight* Icon. pl. Ind. or. II, t. 627; *Moq.* in *DC.* Prodr. XIII², 357; *Hook. f.* Fl. Brit. Ind. IV, 731; *Th. Dur.* et *Schinz* Étud. fl. Cgo (1896) 235; *De Wild.* et *Th. Dur.* Reliq. Dewevr. (1901) 195; *De Wild.* Étud. fl. Kat. (1902) 29 et Miss. Laurent (1904) 82.

Gomphrena — *L.* Sp. pl. ed. 2 (1762) 300.

1888 (Fr. Hens). — V : le Stanley-Pool; Tamo (Hens); Kisantu (Gill.). — IX : Mobeka (Ém. et M. Laur.). — XVI : Lukafu (Verd.). — Ind. non cl. : Lonesland [Angola?] (Buett.). — Noms vern. : **Rakaba** [Bangala]; **Lokili** [Équateur].

GOMPHRENA L.

Gomphrena globosa *L.* Sp. pl. ed. 1 (1753) 224; *Moq.* in *DC.* Prodr. XIII², 409; *Seub.* in *Mart.* Fl. Brasil. V¹, 218; *Wight* Icon. pl. Ind. or. V, t. 1784; *De Wild.* et *Th. Dur.* Contr. fl. Cgo, II (1900) 53 et Pl. Gilletianae, I (1900) 42 [B. Herb. Boiss. Sér. 2, I, 42].

1896 (Ém. Laurent). — V : Kisantu (Gill.). — IX : pays des Bangala (Ém. Laur.).

IRESINE L.

Iresine vermicularis [*L.*] *Moq.* in *DC.* Prodr. XIII² (1849) 340; *Seub.* iu *Mart.* Fl. Brasil. V¹, 255; *De Wild.* et *Th. Dur.* Reliq. Dewevr. (1901) 195; *De Wild.* Étud. fl. Bas- et Moy.-Cgo, I (1903) 27.

Gomphrena — *L.* Sp. pl. ed. 1 (1753) 224.
Philoxerus — *R. Br.* Prodr. fl. N. Holl. (1810) 410; *P. Beauv.* Fl. d'Oware, II, 65, t. 98, fig. 1.

1893 (P. Dupuis). — I : Banana (Dup.; Dew.).

CHENOPODIACEAE

CHENOPODIUM L.

Chenopodium ambrosioides *L.* Sp. pl. ed. 1 (1753) 219; *Wight* Icon. pl. Ind. or. V, t. 1786; *Moq.* in *DC.* Prodr. XIII², 72; *Seub.* in *Mart.* Fl. Brasil. V¹, 145; *Ficalho* Pl. Uteis, 243; *Hiern* Cat. Welw. Pl. I, 898; *De Wild.* et *Th. Dur.* Contr. fl. Cgo, II (1900) 53 et Reliq. Dewevr. (1901) 195; *De Wild.* Étud. fl. Kat. (1905) 80 et Étud. fl. Bas- et Moy.-Cgo, I (1906) 228.

1888 (Fr. Hens). — IV : Lutete (Hens); Luvituku (Ém. et M. Laur.). — V : Kisantu ; Dembo (Gill.). — VI : Tumba-Mani (Cabra et Michel). — X : le Bas-Ubangi (Ém. et M. Laur.). — XIII c : Ponthierville [Wabundu] (Dew.). — XIII d : env. de Nyangwe (Dew.). — XVI : Lukafu (Verd.). — Noms vern. : **Lungue** [Kasongo]; **Kabonguele; Vuma** [Tanganika] (Dew.).

*****Chenopodium foetidum** *Schrad.* in Mag. Ges. Natur. Freunde Berlin (1808) 79; *Moq.* in *DC.* Prodr. XIII², 76; *Engl.* Pfl. Ost-Afr. 171; *De Wild.* et *Th. Dur.* Reliq. Dewevr. (1901) 196.

C. graveolens *Lag.* et *Rodr.* in Annal. Cienc. Nat. V (1802) 70, t. 5.

1896 (A. Dewèvre). — XIII d : cult. à Elungu (Dew.).

*Chenopodium opulifolium *Schrad.* in *DC.* Fl. Française, V (1805) 372; *Moq.* in *DC.* Prodr. XIII², 67; *Hook. f.* Fl. Brit. Ind. V, 3; *Engl.* Pfl. Ost-Afr. 171; *De Wild.* et *Th. Dur.* Reliq. Dewevr. (1901) 196.

1896 (A. Dewèvre). — XIII d : cult. à Nyangwe (Dew.). — Nom vern. : **Muisam-bague** [Tanganika] (Dew.).

Obs. — Cette espèce est figurée dans le *Bot. Parisiense* de Vaillant, t. 7, fig. 1.

BASELLA L.

Basella alba *L.* Sp. pl. ed. 1 (1753) 272; *Moq.* in *DC.* Prodr. XIII², 223; *Wight* Icon. pl. Ind. or. III, t. 896; *De Wild.* et *Th. Dur.* Reliq. Dewevr. (1901) 196; *De Wild.* Miss. Laurent (1906) 233 et Étud. fl. Bas- et Moy.-Cgo, II (1908) 244.

B. rubra *L.* l. c. ed. 1 (1753) 272.

1896 (A. Dewèvre). — VIII : Ikenge; Inkongo (Ém. et M. Laur.); Eala (M. Laur.). — XIII d : env. de Nyangwe (Dew.). — Noms vern. : **Mantiri** [Lulanga]; **Krenda-Nameceka** [Kasongo].

PHYTOLACCACEAE

MOHLANA Mart.

Mohlana latifolia [*Lam.*] *Moq.* in *DC.* Prodr. XIII² (1849) 16; *De Wild.* et *Th. Dur.* Contr. fl. Cgo, I (1899) 15; Pl. Thonnerianae (1900) 14 et Reliq. Dewevr. (1901) 196; *De Wild.* Étud. fl. Bas- et Moy.-Cgo, I (1904) 120; II (1907) 34 et Miss. Laurent, I (1906) 233; II (1908) 244.

Rivina — *Lam.* Ill. genr. Encycl. I (1792) 324.
Hilleria elastica *Vell.* Fl. Flumin. (1825) 47; *Hiern* Cat. Welw. Pl. I, 900.
R. inaequalis *Hook.* Icon. pl. II (1837) t. 130.

1896 (A. Dewèvre). — V : env. de Léopoldville (Gill.); Sabuka (Ém. et M. Laur.); Lukolela (Dew.). — VII : Kiri (Ém. et M. Laur.). — VIII : Eala et env. (Pyn.; M. Laur.); Losombo [Lulanga]. — Nom vern. : **Montutu** (Dew.): Bala-Lundji. — Nom vern. : **Bompoto** (Pyn.). — IX a : Mombanza (Thonn.).

PHYTOLACCA L.

Phytolacca abyssinica *Hoffm.* in Comm. Gott. XII (1796) 25, t. 2; *Engl.* Pfl. Ost-Afr. 175; *Th. Dur.* et *De Wild.* Mat. fl. Cgo, II (1898) 80 [B. S. B B. XXXVII, 125]; *De Wild.* et *Th. Dur.* Reliq. Dewevr. (1901) 196; *De Wild.* Étud. fl. Kat. (1902) 31; Étud. fl. Bas- et Moy.-Cgo, II (1907) 34 et Miss. Laurent (1906) 233.

Pircunia abyssinica *Moq.* in *DC.* Prodr. XIII² (1849) 30.
Phyt. dodecandra *L'Hérit.* Stirp. nov. (1789) 143, t. 69; *Hiern* Cat. Welw. Pl.
I, 901.

1896 (A. Dewèvre). — II a : route de Tshoa à Tshia (Dew.). — IV : Nord-Many-
anga (Cabra et Michel). — V : Kisantu. — Nom vern. : **Tori** (Gill.); env. de Sanda
(Odd.); Dembo (Gill.). — VI : route de Kikwit à Boala (Lescr.); Madibi (Sap.). —
VII : rég. du Lac Léopold II. — Nom vern. : **Ito** (Body); Kiri (M. Laur.). — VIII :
Lac Tumba (Ém. et M. Laur.); Botacom [Ikelemba] (M. Laur.); Bombimba (M.
Laur.). — IX : Upoto; Bolombo (Ém. et M. Laur.). — XII a : Niangara (Ser.).
— XIII a : Romée (Ém. et M. Laur.). — XIII d : env. de Kasongo (Dew.). — XV :
le Kasai (Dem.); le Sankuru (Sap.). — XVI : env. de Lukafu. — Nom vern. :
Musenge (Verd.).

P. abyssinica var. **macrophylla** *De Wild.* et *Th. Dur.* Pl. Thonnerianae (1900) 15.

1896 (Fr. Thonner). — IX a : Gali (Thonn. 33).

Phytolacca stricta *Hoffm.* in Comm. Gott. XII (1796) 27, t. 3; *De
Wild.* Étud. fl. Bas- et Moy.-Cgo, I (1904) 121.

Pircunia — *Moq.* in *DC.* Prodr. XIII' (1849) 30.

1901 (J. Gillet). — V : env. de Léopoldville (Gill.); Kimuenza (Gill. 2165).

POLYGONACEAE.

POLYGONUM L.

Polygonum acuminatum *Kunth* in *H.* et *B.* Nov. gen. et sp. pl.
II (1817) 178; *Meisn.* in *DC.* Prodr. XIV, 114 et in *Mart.* Fl. Brasil.
V', 14, t. 4; *Th. Dur.* et *Schinz* Étud. fl. Cgo (1896) 235.

1885 (R. Buettner). — VI : Kingunshi (Buett.).

Polygonum barbatum *L.* Sp. pl. ed. 1 (1753) 518; *Wight* Icon. pl.
Ind. or. V, t. 1798; *Meisn.* in *DC.* Prodr. XIV, 104; *Dammer* in
Engl. Pfl. Ost-Afr. 169; *De Wild.* et *Th. Dur.* Pl. Gilletianae, I
(1900) 42 [B. Herb. Boiss. Sér. 2, I, 42]; *De Wild.* Étud. fl. Bas- et
Moy.-Cgo, I (1906) 228; II (1908) 242.

1900 (J. Gillet). — V : env. de Kisantu (Gill.); Lukolela (Pyn.). — VIII : Eala
(Pyn.).

Polygonum lanigerum *R. Br.* Prodr. fl. N. Holl. (1810) 419;
Meisn. in *DC.* Prodr. XIV, 117; *Hook. f.* Fl. Brit. Ind. V, 35;
Dammer in *Engl.* Pfl. Ost-Afr. 170; *Hiern* Cat. Welw. Pl. I, 904;
De Wild. Étud. fl. Bas- et Moy.-Cgo, I (1904) 120.

1902 (J. Gillet). — V : entre Léopoldville et Mombasi (Gill.). — VIII : env. d'Eala (Ém. Laur.).

P. lanigerum var. **africanum** *Meisn*. l. c. XIV (1856) 117; *Dammer* in *Engl*. Pfl. Ost-Afr. 170; *Hiern* Cat. Welw. Pl. I, 904; *De Wild*. et *Th. Dur*. Contr. fl. Cgo, I (1899) 53 et Reliq. Dewevr. (1901) 197 ; *De Wild*. Miss. Laurent (1905) 80 et Étud. fl. Bas- et Moy.-Cgo, II (1907) 33.

P. lanigerum *Meisn*. in Linnaea, XIV (1840) 85.

1895 (A. Dewèvre). — II : Zambi (Dew.). — V : Léopoldville (M. Laur.). — VII : la Fini (Ém. et M. Laur.). — IX : Nouvelle-Anvers (Ém. Duch.); Bolombo (Ém. et M. Laur.). — XV : Dibele (Ém. et M. Laur.).

Polygonum senegalense *Meisn*. Monog. gen. Polyg. prodr. (1826) 54 et in *DC*. Prodr. XIV, 123; *Dammer* in *Engl*. Pfl. Ost-Afr. 170; *Th. Dur*. et *Schinz* Étud. fl. Cgo (1896) 236; *Hiern* Cat. Welw. Pl. I, 904; *De Wild*. Étud. fl. Kat. (1903) 178 et Miss. Laurent (1905) 84.

1874 (Fr. Naumann). — II : Boma (Ém. et M. Laur.) ; Ponta da Lenha (Naum.). — III : env. de Matadi (Jos. Duch.). — XVI : Albertville; (Hecq) ; Lukafu. — Nom vern. : **Lobwe** (Verd.). — Ind. non cl. : Lone-Island [Angola?] (Buett.).

Polygonum serrulatum *Lag*. Gen. et sp. pl. nov. (1816) 14; *Meisn*. in *DC*. Prodr. XIV, 110; *Dammer* in *Engl*. Pfl. Ost-Afr. 169; *De Wild*. et *Th. Dur*. Contr. fl. Cgo, II (1900) 53 et Reliq. Dewevr. (1901) 197; *De Wild*. Étud. fl. Bas- et Moy.-Cgo, I (1906) 238; II (1908) 243.

1895 (Gust. Debeerst). — II a : Shinganga; bord du Tshaf à Zobe (Dew.). — V : Kisantu et env. C. (Gill.); Dembo; Kinkosi (Vanderyst). — XVI : rég. du Tanganika (Deb.).

Polygonum tomentosum *Willd*. Sp. pl. II (1799) 219; *Meisn*. in *DC*. Prodr. XIV, 124 ; *Hook. f*. Fl. Brit. Ind. V, 38; *Dammer* in *Engl*. Pfl. Ost-Afr. 176; *Hiern* Cat. Welw. Pl. I. 905; *De Wild*. et *Th. Dur*. Pl. Gilletianae, I (1900) 43 [B. Herb. Boiss. Sér. 2, I, 43]; *De Wild*. Miss. Laurent (1903) 80 et Étud. fl. Bas- et Moy.-Cgo, I (1906) 228; II (1907) 33, (1908) 243.

1900 (J. Glllet). — V : entre Léopoldville et Mombasi (Gill.); env. de Lukolela (Pyn.); Kisantu (Gill.). — VII : la Fini (Ém. et M. Laur.). — VIII : Ikenge (Huyghe). — XII d : route de Vankerkhovenville à Faradje (Ser.). — XV : entre Lubue et Kanda-Kanda (Lescr.).

RUMEX L.

Rumex abyssinicus *Jacq.* Hort. Vindob. III (1776) 48, t. 93 ; *Campd.*
Monog. Rum. 67, 108, t. 3 ; *Meisn.* in *DC.* Prodr. XIV, 68 ; *Dam-
mer* in *Engl.* Pfl. Ost-Afr. 169 ; *De Wild.* et *Th. Dur.* Pl. Gilletia-
nae, II (1900) 95. [B. Herb. Boiss. Sér. 2, I, 835] ; *Hiern* Cat. Welw.
Pl. I, 905 ; *De Wild.* Miss. Laurent (1905) 79 et Étud. fl. Bas- et
Moy.-Cgo, II (1908) 242.

1900 (J. Gillet). — V : Kisantu (Gill.). — VIII : Ikenge (Ém. Laur.) ; Eala (M.
Laur. ; Pyn.).

BRUNNICHIA Banks.

Brunnichia africana *Welw.* in Trans. Linn. Soc. XXVII (1872) 61 ;
Hook. Icon. pl. XIX (1881) 21, t. 1328 ; *Hiern* Cat. Welw. Pl. I,
905 ; *De Wild.* et *Th. Dur.* Reliq. Dewevr. (1901) 197 ; *De Wild.*
Étud. fl. Bas- et Moy.-Cgo, I (1903) 25 ; II (1908) 243.

1896 (A. Dewèvre). — V : Kisantu (Gill.). — VI : vallée de la Djuma (Gill.). —
VIII : Coquilhatville (Dew.) ; Eala et env. (M. Laur. 732 ; 1967 ; Pyn. 543, 1380,
1400) ; le Haut-Lopori (Biel.) ; Mondjo (Pyn. 318). — IX : Bumba (Pyn.).

— — var. **glabra** *Dammer* ex *De Wild.* Miss. Laurent (1906) 230.

1900 (J. Krekels). — IX : Umangi (Krek.).

Brunnichia congoensis *Dammer* in Engl. Jahrb. XXVI (1899) 357.

B. africana *Welw.* var. erecta *Buett.* in Mitt. Afrik. Gesellsch. (1888) 257 ;
Th. Dur. et *Schinz* Étud. fl. Cgo (1896) 236.

1885 (R. Buettner). — Entre Équateurville [VIII] et Lukolela [V] (Buett.).

PODOSTEMACEAE

TRISTICHA Thou.

Tristicha alternifolia [*Willd.*] *Thou.* ex *Spreng.* Syst. veget. I (1825)
22 ; *Tul.* in Annal. sci. nat. Sér. 3, XI (1849) 111 et Monog. Podost.
180 ; *Wedd.* in *DC.* Prodr. XVII, 45 ; *De Wild.* Étud. fl. Bas- et
Moy.- Cgo, II (1907) 16.

Dufourea — *Willd.* in Ges. Nat. Freunde Mag. Berlin, VI (1814) 63.

1895 (A. Dewèvre). — XIII d : Lamba [Kasongo] (Dew. 997) ; rapides d'Ambani
près Nyangwe (Dew. 902).

DICRAEA Thou.

Dicraea Warmingii *Engl.* in Engl. Jahrb. XX (1894) 135; *Th. Dur.* et *Schinz* Étud. fl. Cgo (1896) 236.

1881? (P. Pogge). — XV : la Lulua (Pg. 1379).

DICRAEANTHUS Engl.

Dicraeanthus africanus *Engl.* in Engl. Jahrb. XXXVIII (1905) 96 [fig. 1, p. 95].

1882 (P. Pogge). — XV : lle Mopinga [la Lulua] (Pg. 1431).

LEIOCARPODICRAEA Engl.

Leiocarpodicraea quangensis [*Engl.*] *Engl.* in Engl. Jahrb. XXXVIII (1905) 98.

Dicraea — *Engl.* l. c. XX (1894) 134; *Th. Dur.* et *Schinz* Étud. fl. Cgo (1896) 236.

1885 (E. Teusz). — VI : chutes Bismarck sur le Kwango (Teusz).

HYDROSTACHYS Thou.

Hydrostachys Bismarckii *Engl* in Engl. Jahrb. XX (1894) 137; *Th. Dur.* et *Schinz* Étud. fl. Cgo (1896) 236.

1880 (E. Teusz). — VI : chutes Bismarck sur le Kwango (Teusz in von Mechow. 506).

CYTINACEAE

PILOSTYLES Guill.

Pilostyles aethiopica *Welw.* in Trans. Linn. Soc. XXVII (1869) 67, t. 22; *Hook. f.* in *DC.* Prodr. XVII, 114; *Hiern* Cat. Welw. Pl. I, 908; *De Wild.* Étud. fl. Kat. (1902) 31.

1900 (Edg. Verdick). — XVI : Lukafu (Verd. 532).

ARISTOLOCHIACEAE

ARISTOLOCHIA L.

Aristolochia Dewevrei *De Wild.* et *Th. Dur.* Mat. fl. Cgo, III (1899) 38 [B. S. B. B. XXXVIII², 46]; Ill. fl. Cgo (1899) 107, t. 54 et Reliq. Dewevr. (1901) 197.

1895 (A. Dewèvre). — II : Zambi (Dew. 201).

Aristolochia Schweinfurthii *Engl.* in Engl. Jahrb. XXIV (1898) 492.

1870 (G. Schweinfurth). — XII d : pays des Mangbettu (Schw. 3507).

Aristolochia triactina *Hook. f.* in Trans. Linn. Soc. XXV (1865) 186; *De Wild.* et *Th. Dur.* Contr. fl. Cgo, II (1900) 53; *De Wild.* Miss. Laurent (1907) 379.

1899 (J. Gillet). — V : Kisantu (Gill.). — XV : Gumbumi (M. Laur. 632); Bombaie (Ém. et M. Laur.).

PIPERACEAE

PIPER L.

Piper guineense *Schumach.* et *Thonn.* Beskr. Guin. Pl. (1827) 19; *C. DC.* in *DC.* Prodr. XVI¹, 343; *Th. Dur.* et *Schinz* Étud. fl. Cgo (1896) 237; *Hiern* Cat. Welw. Pl. I, 912; *Th. Dur.* et *De Wild.* Mat. fl. Cgo, II (1898) 80 [B. S. B. B. XXXVII, 125]; *De Wild.* et *Th. Dur.* Reliq. Dewevr. (1901) 198; *De Wild.* Miss. Laurent (1905) 68 et Étud. fl. Bas- et Moy.-Cgo, I (1906) 236.

Cubeba Clusii *Miq.* Syst. Piperac. (1844) 304.
Piper — *C. DC.* in *DC.* Prodr. XVI¹ (1869) 340; *Th. Dur.* et *Schinz* Étud. fl. Cgo (1896) 237.

1891 (F. Demeuse). — Bas-Congo (Ém. Laur.). — II a : le Mayumbe (Ém. Laur.). — V : Sanda (De Brouw.). — VII : Ibali (Ém. et M. Laur.). — VIII : env. d'Eala (M.Laur.). — IX : Bolombo (Ém. Laur.). — XIII d : Kasongo (Dew.). — XV : le Sankuru; le Kasai (Dem.); Pinda (Cabra et Michel); le Lomami (Dem.). — Noms vern. : **Keleketon** [Ikwangula]; **Geto** [Kasongo]; **Monkengue** [Tanganika] (Dew.).

— — var. **Gilletii** *C. DC.* ex *De Wild.* in Rev. cult. colon. II (1901) 133; *De Wild.* et *Th. Dur.* Pl. Gilletianae, II (1901) 95 [B. Herb. Boiss. Sér. 2, I, 835].

1900 (J. Gillet). — V : Kisantu (Gill. 1215). — Ind. non cl. : crête entre Nindi-Kwilu et le Congo [au N. du Kaongo] (Cabra et Michel).

— — var. **Thomeanum** *C. DC.* in *Th. Dur.* et *De Wild.* Mat. fl. Cgo, II (1898) 80 [B. S. B. B. XXXVII, 125]; *De Wild.* et *Th. Dur.* Reliq. Dewevr. (1901) 198; *De Wild.* Étud. fl. Bas- et Moy.-Cgo, II (1907) 31.

1896 (A. Dewèvre). — Bas-Congo (Dew.). — VIII : Coquilhatville (Dew.). — Nom vern. : **Bopamputi**. — Ind. non cl. : crête entre Nindi et le Congo [au N. du Kaonga (Cabra et Michel).

P. guineense var. **velutinum** *De Wild.* Étud. fl. Bas- et Moy.-Cgo, II (1907) 30.

1904 (Éd. Lescrauwaet). — VI : Luanu (Lescr. 75). — XII a : route de Buta à Bima (Ser. 125).

Piper Laurentii *De Wild.* Miss. Laurent (1906) 229.

1904 (Ém. et Marc. Laurent). — VIII : Injolo. — Nom vern. : **Boloko** (Lamb. in M. Laur. 918). — XI : Barumbu (Ém. et M. Laur.).

Piper subpeltatum *Willd.* Sp. pl. I (1798) 166; *C. DC.* in *DC.* Prodr. XVI¹, 333; *Hook. f.* Fl. Brit. Ind. V, 95; *Th. Dur.* et *De Wild.* Mat. fl. Cgo, II (1898) 80 [B. S. B. B. XXXVII, 125]; *De Wild.* et *Th. Dur.* Reliq. Dewevr. (1901) 199; *De Wild.* Étud. fl. Kat. (1902) 37; Miss. Laurent (1905) 68 et Étud. fl. Bas- et Moy.-Cgo, II (1907) 240.

Pothomorphe — *Miq.* Syst. Piperac. (1843-1844) 213 et Illustr. Piperac. 29, t. 26; *Wight* Icon. pl. Ind. or. V, t. 1925.

1888 (Fr. Hens). — Congo (Dem.; Dew.). — V : Lukolela (Hens); Kisantu (Gill.). — Nom vern. : **Kame-Nene.** — VI : Madibi (Sap.). — VII : Kiri (Ém. et M. Laur.). — VIII : env. d'Eala (M. Laur.). — IX : Bangala (Hens). -- XIII d : Kasongo (Dew.). — XV : Mukundji (Ém. et M. Laur.); le Sankuru (Sap.). — XVI : env. de Lukafu (Verd.). — Noms vern. : **Kame-Nene** [Lukafu] (Verd.); **Lokuku** [Ikwangula]; **Nomlo-Nomlo** [Bakusu]; **Ilotça** [Kasongo] (Dew.); **Dolombo** [Sankuru] (Sap.).

— — var. **parvifolium** *C. DC.* in *Th. Dur.* et *De Wild.* Mat. fl. Cgo, II (1898) 80 [B. S. B. B. XXXVII, 125]; *De Wild.* et *Th. Dur.* Contr. fl. Cgo, II (1900) 54 et Reliq. Dewevr. (1901) 199.

1895 (A. Dewèvre). — Congo (Dew. 564). — V : Kisantu (Gill.). — VIII : env. d'Équateurville (Dew.).

Piper umbellatum *L.* Sp. pl. ed. 1 (1753) 30; *Jacq.* Icon. pl. rar. II, t. 216; *Descourtilz* Fl. des Antilles, I, 177, t. 37; *C. DC.* in *DC.* Prodr. XVI¹, 332; *Th. Dur.* et *Schinz* Étud. fl. Cgo (1896) 237.

1888 (Fr. Hens). — Congo (Hens, 355).

***Piper unguiculatum** *Ruiz* et *Pav.* Fl. Peruv. et Chil. I (1794) 34, t. 37, fig. B; *C. DC.* in *DC.* Prodr. XVI¹, 249; *De Wild.* Miss. Laurent (1906) 230.

P. glaucescens *Jacq.* Eclog. pl. (1811-1816) t. 76.

1903 (Ém. et Marc. Laurent) — VI : mission de Wumbali (Ém. et M. Laur.). — Espèce probabl. introd.

PEPEROMIA R. et P.

Peperomia fernandopoana *C. DC.* in *DC.* Prodr. XVI' (1869) 397;
Hiern Cat. Welw. Pl. I. 913; *De Wild.* Étud. fl. Bas- et Moy.-Cgo,
I (1904) 119.

1900 (J. Gillet). — V : Kisantu (Gill.).

MYRISTICACEAE

MYRISTICA L.

Myristica angolensis *Welw.* Synop. expl. (1862) 51; *Ficalho* Pl.
Uteis, 246; *Christy* New comm. Pl. (1885) 26; *Hiern* Cat. Welw.
Pl. I, 913.

Pycnanthus Kombo *Warb.* var. — *Warb.* [Monog. Myrist.] in Nov. Act.
Acad. Nat. Curios. LXVIII (1897) 257.
M. Kombo *Baill.* var. — *De Wild.* Miss. Laurent (1905) 85.

1900 (J. Gillet). — II a : Benza-Masola (Ém. Laur.). — V : Kisantu (Gill.). —
VIII : Lac Tumba (Ém. et M. Laur.). — XI : Barumbu (Ém. et M. Laur.). — Noms
vern. : **Bosenge** [Équateur]; **Elumba** (Ém. et M. Laur.).

LAURACEAE (1)

CASSYTHA L.

Cassytha filiformis *L.* Sp. pl. ed. 1 (1753) 35; *Wight* Icon. pl. Ind.
or. V, t. 1847; *Hook.* Exot. Fl. t. 167; *Meisn.* in *DC.* Prodr. XV',
255; *Hook. f.* Fl. Brit. Ind. IV, 188; *Th. Dur.* et *Schinz* Étud. fl.
Cgo (1896) 238; *De Wild.* Not. pl. util. ou intér. du Cgo, II (1906)
116 et Étud. fl. Bas- et Moy.-Cgo, II (1906) 244.

1816 (Chr. Smith). — Bas-Congo (Sm.). — I : Moanda (Vanderyst). — V : env.
de Lemfu (But.); Kisantu (Gill.).

— — var. guineensis [*Schumach.* et *Thonn.*] *De Wild.* Miss.
Laurent (1905) 86.

C. guineensis *Schumach.* et *Thonn.* Beskr. Guin. Pl. (1827) 199.

1904 (Ém. et Marc. Laurent). — III : Matadi (Ém. et M. Laur.).

---

(1) Le **Persea gratissima** Gaertn. de l'Amérique trop. se rencontre cultivé ou échappé
des cultures à Kisantu [V] (Gill.) et à Eala [VIII] (Ém. et M, Laur.) [Conf. *De Wild*
Miss. Laurent (1907) 379].

PROTEACEAE

PROTEA L.

Protea angolensis *Welw.* Apont. phyto-geogr. (1859) 588; *Th. Dur.* et *De Wild.* Mat. fl. Cgo, I (1897) 40 [B. S. B. B. XXXVI², 80].

Leucadendron — *Hiern* Cat. Welw. Pl. I (1900) 917; *De Wild.* Étud. fl. Bas- et Moy.-Cgo, I (1906) 238.

1895 (Gust. Debeerst). — V : Kisantu-Makela (Van Houtte in Gill. 3462). — XVI : Haut-Marungu (Deb.).

Protea ferruginea *Engl.* Hochgeb. trop. Afr. (1891-1892) 197 [nom. tant.].

1880? (P. Pogge). — XV : Mukenge (Pg. 1415).

Protea Lemairei *De Wild.* Étud. fl. Kat. (1902) 30.

1899 (Ch. Lemaire). — XVI : plateau entre le Nyassa et le Tanganika (Lem.); Lukafu (Verd.).

Protea Poggei *Engl.* Hochgeb. trop. Afr. (1891-1892) 197 [nom. tant.].

1880? (P. Pogge). — XV : Mukenge (Pg. 413).

FAUREA Harv.

Faurea saligna *Harv.* in Hook. Lond. Journ. of Bot. VI (1847) 373, t. 15 et Cat. Welw. Pl. I, 921; *Engl.* Pfl. Ost-Afr. 164; *De Wild.* Étud. fl. Bas- et Moy.-Cgo, I (1906) 228.

1895 (Gust. Debeerst). — XVI : Pala (Deb.).

THYMELAEACEAE

GNIDIA L.

Gnidia apiculata *Gilg* in Engl. Jahrb. XIX (1894) 263.

G. involucrata *Steud.* var. — *Oliv.* in Trans. Linn. Soc. XXIX (1875) 143.

1892 (Jul. Cornet). — XVI : le Katanga (Corn.).

Gnidia Butayei *De Wild.* Étud. fl. Bas- et Moy.-Cgo, I (1904) 170.

1901 (R. Butaye). — Bas-Congo (But. in Gill. 1989).

Gnidia flava *Lindl.* ex *Steud.* Nomencl. bot. ed. 2, I (1840) 697 ; *Gilg* in Engl. Jahrb. XIX (1894) 258; *Th. Dur.* et *Schinz* Étud. fl. Cgo (1896) 238.

1891 (G. Descamps). — XIII d : Kasongo (Desc.). — XVI : le Katanga (Desc.).

Gnidia katangensis *Gilg* et *A. Dewèvre* in Engl. Jahrb. XIX (1894) 276; *Th. Dur.* et *Schinz* Étud. fl. Cgo (1896) 238.

1892 (Jul. Cornet). — XVI : Katete [Katanga] (Corn.); Kitope (Desc.).

Gnidia Oliveriana *Engl.* et *Gilg* in Engl. Jahrb. XIX (1894) 262 ; *Th. Dur.* et *Schinz* Étud. fl. Cgo (1896) 239.

Lasiosiphon Oliveri *Vatke* ex *Engl.* et *Gilg.* lr c. XIX (1894) 264, in syn.

1881 (P. Pogge). — XV : Mukenge (Pg. 1414).

Gnidia Poggei *Gilg* in Engl. Jahrb. XIX (1894) 259 ; *Th. Dur.* et *Schinz* Étud. fl. Cgo (1896) 239.

1876 (P. Pogge). — VI : le Kwango (Pg.).

Gnidia rubrocincta *Gilg* in Engl. Jahrb. XIX (1894) 259; *Th. Dur.* et *Schinz.* Étud. fl. Cgo (1896) 259.

1876 (P. Pogge). — VI : le Kwango (Pg.).

DICRANOLEPIS Planch.

Dicranolepis Baertsiana *De Wild.* et *Th. Dur.* Contr. fl. Cgo, II (1900) 54.

1899 (Alph. Cabra). — Ind. non cl. : forêt de Kabombo (Cabra). — Nom vern. : **Tesi** (Cabra).

Obs. — La Mission Cabra a trouvé une espèce fort voisine de celle-ci dans la forêt d'Inteba [Conf. *De Wild.* et *Th. Dur.* l. c. in obs.].

Dicranolepis convalliodora *Gilg* in Engl. Jahrb. XIX (1894) 271 ; *Th. Dur.* et *Schinz* Étud. fl. Cgo (1896) 239 ; *De Wild.* et *Th. Dur.* Contr. fl. Cgo, II (1900) 55 et Reliq. Dewevr. (1901) 199 ; *De Wild.* Étud. fl. Bas- et Moy.-Cgo, II (1904) 170.

1881 (P. Pogge). — Congo (Dem.). — V : env. de Lukolela (Dew. 1802); Sanda (Odd. in Gill. 3013). — XV : Mukenge (Pg. 1408).

Dicranolepis Thonneri [De Wild. et *Th. Dur.* in *Th. Dur.* et *De Wild.* Mat. fl. Cgo, IV (1899) 37 [B. S. B. B. XXXVIII², 114]; *De Wild.* et *Th. Dur.* Pl. Thonnerianae (1900) 29, t. 10.

1896 (Fr. Thonner). — IX a : Boyangi (Thonn. 62).

PEDDIEA Harv

Peddiea longipedicellata *Gilg* in Engl. Jahrb. XIX (1894) 256 et in *Engl.* Pfl. Ost-Afr. 283.

Le type est indiqué dans le Nyassaland.

— — var. **multiflora** *De Wild.* Étud. fl. Kat. (1903) 94.

1900 (Edg. Verdick). — XVI : Lukafu (Verd. 565).

LORANTHACEAE

LORANTHUS L.

Loranthus alatus *De Wild.* Étud. fl. Kat. (1903) 175.

1900 (Edg. Verdick). — XVI : Lukafu. — Nom vern. : **Kakobwoi-Kobwoi** (Verd. 498).

Loranthus Albizziae *De Wild.* Miss. Laurent (1905) 74.

1904 (Ém. et Marc. Laurent). — XI : Basoko (Ém. et M. Laur.).

Loranthus Buchneri *Engl.* in Engl. Jahrb. XX (1894) 114, t. 2, fig. E ; *Th. Dur.* et *Schinz* Étud. fl. Cgo (1896) 239.

1880 (Max Buchner). — I : Banana (Buchn. 506).

Loranthus Butayei *De Wild.* Étud. fl. Bas- et Moy.-Cgo, I (1903) 28.

1901 (R. Butaye). — Bas-Congo (But. in Gill. 2248). — VI : vallée de la Djuma (Gent. ; Gill.).

Loranthus capitatus [*Spreng.*] *Engl.* in *Engl.* et *Prantl* Nat. Pflanzenfam. Nachtr. zum II-IV (1897) 131 ; *Th. Dur.* et *De Wild.* Mat. fl. Cgo, II (1898) 81 [B. S. B. B. XXXVII, 126].

Exostemma — *Spreng.* Neue Entdeck. II (1821) 143.

1893 (Ém. Laurent). — Il a : le Mayumbe (Ém. Laur.).

— — var. **latifolius** *Engl.* ex *Th. Dur.* et *De Wild.* Mat. fl. Cgo, II (1898) 81 [B. S. B. B. XXXVII, 126] ; *De Wild* et *Th. Dur.* Pl. Gilletianae, II (1901) 96 [B. Herb. Boiss. Sér. 2, I, 836] et Reliq.

? **Loranthus constrictiflorus** *Engl.* in Engl. Jahrb. XX (1894) 119, t. 3, fig. a ; *Th. Dur.* et *Schinz* Étud. fl. Cgo (1896) 240.

1880 (P. Pogge). — Ind. non cl. : Bolama (Angola ?) (Pg. 1322).

Dewevr. (1901) 200; *De Wild.* Miss. Laurent (1905) 75 et Étud. fl. Bas- et Moy.-Cgo, I (1905) 237 ; II (1907) 124.

1895 (Ém. Laurent). — Bas-Congo (Gill. 3618). — II a : Temvo ; la Lukula (Ém. et M. Laur.). — IV : Luvituku (Ém. et M. Laur.). — V : Léopoldville (Dew. 479 ; M. Laur. 693) ; Kisantu (Gill. 1238 ; M. Laur. 404). — VI : vallée de la Djuma (Gill.). — VII : Malepie ; Kutu (Ém. et M. Laur.). — VIII : Eala (Pyn. 405). — XV : Mushenge (Lescr. 388).

Loranthus Cornetii *A. Dewèvre* in B. S. B. B. XXXIII[2] (1894) 106 et XXXIV[2] (1895) 92 ; *Th. Dur.* et *Schinz* Étud. fl. Cgo (1896) 240.

1892 (Jul. Cornet). — XVI : le Katanga (Corn.).

Loranthus crassicaulis *Engl.* in *Th. Dur.* et *De Wild.* Mat. fl. Cgo, VII (1900) 7 [B. S. B. B. XXXIX[2], 30] ; *De Wild.* et *Th. Dur.* Reliq. Dewevr. (1901) 200 ; *De Wild.* Étud. fl. Bas- et Moy.-Cgo, I (1903) 29.

1895 (A. Dewèvre). — II a : env. de Shinganga (Dew. 1278). — V : rég. de Kimuenza (Gill. 2036).

Loranthus Demeusei *Engl.* in *Th. Dur.* et *De Wild.* Mat. fl. Cgo, VII (1900) 6 [B. S. B. B. XXXVII[2], 29].

1891 (F. Demeuse). — II a : Bingila (Dem. 355).

Loranthus Descampsii *Engl.* in *Engl.* et *Prantl* Nat. Pflanzenfam. Nachtr. zum II-IV (1897) 132 [nom. tant.] ; *Th. Dur.* et *De Wild.* Mat. fl. Cgo, VII (1900) 2 [B. S. B. B. XXXIX[2], 25].

1891 (G. Descamps). — Ind. non cl. : le Lomami, 8° 30 (Desc.).

Loranthus discolor *Engl.* in *Engl.* et *Prantl* Nat Pflanzenfam. Nachtr. zum II-IV (1897) 131 [nom. tant.] ; *Th. Dur.* et *De Wild.* Mat. fl. Cgo, VII (1900) 3 [B. S. B. B. XXXIX[2], 26] ; *De Wild.* et *Th. Dur.* Contr. fl. Cgo, I (1899) 53 ; *De Wild.* Miss. Laurent (1905) 75.

1891 (Ém. Laurent). — V : le Stanley-Pool ; route des Caravanes (Ém. Laur.). — X : Imese (Ém. et M. Laur.).

Loranthus Durandii *Engl.* in *Th. Dur.* et *De Wild.* Mat. fl. Cgo, VII (1900) 4 [B. S. B. B. XXXIX[2], 27] ; *De Wild.* et *Th. Dur.* Reliq. Dewevr. (1901) 201 ; *De Wild.* Miss. Laurent (1905) 75.

1896 (A. Dewèvre). — VIII : Eala (M. Laur. 51, 203) ; Basankusu. — Nom vern. : **Mpoi** (Dew. 775 a) ; entre Lulanga [VIII] et Bangala [IX] (Dew. 858).

Loranthus elongatus *De Wild.* Miss. Laurent (1905) 87, t. 34 et Étud. fl. Bas- et Moy.-Cgo, II (1907) 124.

1903 (Ém. et Marc. Laurent). — VIII : Irebu (M. Laur. 658). — XV : Bulebu (Ém. et M. Laur.).

Loranthus irebuensis *De Wild.* Miss. Laurent (1905) 76, t. 35.

1903 (Ém. et Marc. Laurent). — VIII : Irebu (Ém. et M. Laur.).

Loranthus Kimuenzae *De Wild.* Étud. fl. Bas- et Moy.-Cgo, I (1903) 29, (1906) 237, t. 54.

1900 (J. Gillet). — V : Kimuenza (Gill. 1665).

Loranthus kisantuensis *De Wild.* et *Th. Dur.* Pl. Gilletianae, I (1900) 43 [B. Herb. Boiss. Sér. 2, I, 43].

1899 (J. Gillet). — V : Kisantu (Gill. 67).

Loranthus Laurentii *Engl.* in *Engl.* et *Prantl* Nat. Pflanzenfam. Nachtr. zum II-IV (1897) 132 [nom. tant.]; *Th. Dur.* et *De Wild.* Mat. fl. Cgo, VII (1900) 3 [B. S. B. B. XXXIX², 26]; *De Wild.* et *Th. Dur.* Contr. fl. Cgo, I (1899) 54; *De Wild.* Miss. Laurent (1905) 77 et Étud. fl. Bas- et Moy.-Cgo, I (1906) 237 ; II (1907) 124.

1896 (Ém. Laurent). — V : env. de Kisantu (Gill.): Sanda (Odd. in Gill. 384). — VIII : env. d'Eala (Ém. Laur. 1189); Bombimba (M. Laur. 1587). — IX : Bumba (Ém. et M. Laur.). — XI : Basoko (Ém. et M. Laur.). — XII : Guago (Ser. 278). — XII c : env. d'Amadis (Ser. 340).

Loranthus Lujaei *De Wild.* et *Th. Dur.* Contr. fl. Cgo, I (1899) 55.

1899 (Éd. Luja). — XV : Bena-Dibele [Kasai] (Luja).

Loranthus luluensis *Engl.* in Engl. Jahrb. XX (1894) 128, t. 3, fig. F; *Th. Dur.* et *Schinz* Étud. fl. Cgo (1896) 240.

1883 (P. Pogge). — XV : la Lulua (Pg. 1404).

Loranthus mangheensis *De Wild.* Miss. Laurent (1905) 77, t. 36.

1903 (Ém. et Marc. Laurent). — XV : Mange (Ém. et M. Laur.).

Loranthus mayombensis *De Wild.* Miss. Laurent (1905) 78.

1903 (Ém. et Marc. Laurent). — II a : le Mayumbe; Benza-Masola (Ém. et M. Laur.).

Loranthus micrantherus *Engl.* in *Th. Dur.* et *De Wild.* Mat. fl. Cgo, VII (1900) 5 [B. S. B. B. XXXIX², 28].

1895 (P. Dupuis). — IV : près de la Gomucla ; bords de la Mangolu (Dup.).

Loranthus nigrescens *De Wild.* et *Th. Dur.* Ill. fl. Cgo (1902) 177, t. 89; *De Wild.* Étud. fl. Bas- et Moy.-Cgo, I (1903) 29, (1906) 237.

1902 (L. Gentil et J. Gillet). — I : Moanda (Gill. 3236). — VI : vallée de la Djuma (Gent. et Gill. 2745).

Loranthus ogowensis *Engl.* in Engl. Jahrb. XX (1894) 117; *De Wild.* et *Th. Dur.* Pl. Gilletianae, I (1900) 44 [B. Herb. Boiss. Sér. 2, I, 44] et Reliq. Dewevr. (1901) 201; *De Wild.* Miss. Laurent (1905) 79 et Étud. fl. Bas- et Moy.-Cgo, I (1906) 237; II (1907) 124.

1896 (A. Dewèvre). — I : Moanda (Gill. 3235). — V : Kisantu (Gill. 545); env. de Lukolela (Ém. et M. Laur.). — VIII : Équateurville [Wangata] (Dew. 646 a); Monzambi (Brun. in M. Laur. 1581). — IX : Nouvelle-Anvers (De Giorgi, 5). — X : Imese (Ém. et M. Laur.).

Loranthus polygonifolius *Engl.* in *Th. Dur.* et *De Wild.* Mat. fl. Cgo, VII (1900) 6 [B. S. B. B. XXXIX², 29]; *De Wild.* et *Th. Dur.* Reliq. Dewevr. (1901) 201.

1896 (A. Dewèvre). — IX : pays des Bangala (Dew. 875).

Loranthus Poggei *Engl.* in Engl. Jahrb. XX (1894) 116; *Th. Dur.* et *Schinz* Étud. fl. Cgo (1896) 240.

1882 (P. Pogge). — XV : bassin du Kasai (Pg.).

Loranthus Pungu *De Wild.* Étud. fl. Kat. (1903) 175.

1900 (Edg. Verdick). — XVI : Lukafu (Verd. 388).

Loranthus rubiginosus *De Wild.* Étud. fl. Kat. (1903) 173.

1900 (Edg. Verdick). — XVI : Lac Moero (Verd.).

— — var. **grandiflorus** *De Wild.* l. c. (1903) 174.

Cette variété, rapportée par M. G. Descamps, a-t-elle été récoltée dans le Congo ou au Nyassaland?

Loranthus Thonneri *Engl.* in *De Wild.* et *Th. Dur.* Pl. Thonnerianae (1900) 12, t. 23 et Reliq. Dewevr. (1901) 202; *De Wild.* Étud. fl. Bas- et Moy.-Cgo, II (1907) 124.

1896 (A. Dewèvre). — VIII : Coquilhatville. — Nom vern. : **Bulandaponda** (Dew.). — IX a : Bokape près Gali (Thonn. 61). — XI : Yambuya (M. Laur. 1847).

VISCUM L.

Viscum congolense *De Wild.* in *De Wild.* et *Th. Dur.* Pl. Gilletianae, I (1900) 44 [B. Herb. Boiss. Sér. 2, I, 44]; *De Wild.* Miss. Laurent (1905) 79.

1900 (J. Gillet). — V : Kisantu (Gill. 382, 573). — XI : Barumbu (Ém. et M. Laur.). — XV : Mange (Ém. et M. Laur.).

Viscum Gilletii *De Wild.* in *De Wild.* et *Th. Dur.* Pl. Gilletianae, I (1900) 44 [B. Herb. Boiss. Sér. 2, I, 44].

1900 (J. Gillet). — V : Kisantu (Gill. 485).

Viscum lenticellatum *De Wild.* in *De Wild.* et *Th. Dur.* Pl. Gil-letianae, I (1900) 45 [B. Herb. Boiss. Sér. 2, I, 45].

1900 (J. Gillet). — V : Kisantu (Gill. 686).

Viscum obscurum *Thunb.* Prodr. pl. Capens. (1794) 31 ; *DC.* Prodr. IV, 285 ; *Harv.* in *Harv.* et *Sond.* Fl. Capens. II, 579.

Le type croît dans l'Afrique australe.

— — var. **decurrens** *Engl.* in Engl. Jahrb. XX (1894) 132 ; *De Wild.* Étud. fl. Bas- et Moy.-Cgo, I (1903) 31, 237.

1903 (J. Gillet). — Bas-Congo (Gill. 3619). — V : env. de Léopoldville (Gill.).

SANTALACEAE

THESIUM L.

Thesium doloense *Pilger* in Engl. Jahrb. XL (1907) 58.

1899 (R. Schlechter). — V : Dolo (Schlt.).

BALANOPHORACEAE

THONNINGIA Vahl.

Thonningia sanguinea *Vahl* in Dansk. Selsk. Skrift, VI (1810) 124, t. 6 ; *Eichl.* in *DC.* Prodr. XVII, 142 ; *Engl.* Pfl. Ost-Afr. 169 ; *Th. Dur.* et *De Wild.* Mat. fl. Cgo, II (1898) 81 [B. S. B. B. XXXVII, 126] ; *De Wild.* et *Th. Dur.* Pl. Thonnerianae (1900) 13 ; *De Wild.* Miss. Laurent (1905) 79 et Étud. fl. Bas- et Moy.-Cgo, I (1904) 120 ; II (1907) 33.

1895 (Ém. Laurent). — V : Kinshassa (Schlt.); Kimuenza (Gill.); Bokala (M. Laur.). — VII : Malepie (Ém. Laur.). — VIII : env. d'Eala (M. Laur.); Bombimba (M. Laur.). — IX : forêts de la Lubefu (Ém. Laur.). — IX a : Bobi; Kanga (Thonn.). — XV : Munungu; Dibele (Ém. et M. Laur.).

EUPHORBIACEAE

MONADENIUM Pax.

Monadenium Descampsii *Pax* in *Th. Dur.* et *De Wild.* Mat. fl. Cgo, II (1898) 63 [B. S. B. B. XXXVII, 108].

1891 (G. Descamps). — XVI : entre les lacs Tanganika et Moero, 8° 20 lat. S. (Desc.).

EUPHORBIA L.

?**Euphorbia cyparissioides** *Pax* in Engl. Jahrb. XIX (1894) 123; *Hiern* Cat. Welw. Pl. I, 951; *De Wild.* Étud. fl. Bas- et Moy.-Cgo, II (1908) 289.

1893 (G. Descamps). — Du Nyassaland au Congo (Desc.).

Euphorbia decumbens *Forsk.* Fl. Aegypt.-Arab. (1775) p. CXII; *Hiern* Cat. Welw. Pl. I, 940.

E. indica *Lam.* Encycl. méth. Bot. II(1786) 423; *Boiss.* in *DC.* Prodr. XV², 22; *Th. Dur.* et *De Wild.* Mat. fl. Cgo, II (1898) 62 [B. S. B. B. XXXVII, 107]; *De Wild.* et *Th. Dur.* Reliq. Dewevr. (1901) 202; *De Wild.* Miss. Laurent (1905) 142, cum xyl. 23 et Étud. fl. Bas- et Moy.-Cgo, I (1906) 279.

1891 (F. Demeuse). — I : Moanda (Gill.). — II : env. de Boma. — Nom vern. : **Vita-Kabele** (Dew.). — IV : Luvituku (Dem.); Kitobola (Ém. et M. Laur.). — V : le Stanley-Pool (Dem.); Kimuenza (Gill.). — VI : Madibi. — Nom vern. : **Moshinshieli** (Sap.); Eiolo (Ém. et M. Laur.). — VII : Kutu (Ém. et M. Laur.). — X : le Bas-Ubangi (Ém. et M. Laur.). — XV : le Sankuru. — Nom vern. : **Tshikolokose** (Sap.). — XVI : Toa (Desc.).

Euphorbia graminea *Jacq.* Stirp. Amer. hist. (1763) 151; *Boiss.* in *DC.* Prodr. XV², 54; *Th. Dur.* et *De Wild.* Mat. fl. Cgo, II (1898) 63 [B. S. B. B. XXXVII, 108]; *De Wild.* et *Th. Dur.* Reliq. Dewevr. (1901) 204.

1895 (A. Dewèvre). — II : Zambi (Dew.).

Euphorbia Grantii *Oliv.* in Trans. Linn. Soc. XXIX (1873) 144, t. 93; *Th. Dur.* et *De Wild.* Mat. fl. Cgo, II (1898) 63 [B. S. B. B. XXXVII, 108).

1893 (G. Descamps). — XVI : Moliro (Desc.).

Euphorbia Hermentiana *Ch. Lem.* in Ill. hort. V (1858) misc. 63; *Boiss.* in *DC.* Prodr. XV², 82; *Johnst.* The River Congo, 245, cum xyl.; *Th. Dur.* et *Schinz* Étud. fl. Cgo (1896) 240; *De Wild.* et *Th. Dur.* Contr. fl. Cgo, I (1899) 53; *Pax* in Engl. Jahrb. XXXIV (1904) 72; *Berger* Sukkul. Euphorb. (1907) 50, fig. 13.

1883 (H. Johnston). — Ind. non cl. : Itamba (Johnst.).

OBS. — Euphorbe plantée partout dans les villages, formant des palissades (Ém. Laur.).

Euphorbia hypericifolia *L.* Sp. pl. ed. 1 (1753) 454; *Boiss.* in *DC.* Prodr. XV², 23; *Hook.* Exot. Fl. I, t. 36; *Hook. f.* Fl. Brit. Ind. IV, 249; *Th. Dur.* et *Schinz* Étud. fl. Cgo (1896) 241; *De Wild.* Miss. Laurent (1905) 142.

1888 (Fr. Hens). — I : Banana (Ém. Laur.). — IX : pays des Bangala (Hens).

Euphorbia Laurentii *De Wild.* Étud. fl. Bas- et Moy.-Cgo, II (1908) 289.

1905 (Marc. Laurent). — VII : Bamania (M. Laur. 803). — XII d : route de Bambili à Amadis (Ser. 251). — Espèce cultivée à Eala [VIII] (M. Laur. ; Pyn. 696).

Euphorbia pilulifera *L.* Amoen. acad. III (1756) 114; *Jacq.* Icon. pl. rar. III, t. 478; *Boiss.* in *DC.* Prodr. XV², 21; *Th. Dur.* et *Schinz* Étud. fl. Cgo (1896) 241; *De Wild.* et *Th. Dur.* Contr. fl. Cgo, I (1899) 52; II (1900) 56 et Reliq. Dewevr. (1901) 203; *De Wild.* Étud. fl. Kat. (1902) 80; Miss. Laurent (1905) 142 et Étud. fl. Bas- et Moy.-Cgo, I (1906) 280.

1884 (R. Buettner). — II : Boma (Dew.). — III : Tondoa (Buett.). — V : env. de Léopoldville (Gill.); env. de Yumbi (Ém. et M. Laur.). — VII : Lac Léopold II (Dem.). — IX : Bangala (Hens); Upoto (Wilw.). — XV : Butala (Ém. et M. Laur.). — XVI : Albertville [Toa] (Desc.) ; Lukafu (Verd.).

Euphorbia Poggei *Pax* in Engl. Jahrb. XIX (1894) 118; *Th. Dur.* et *Schinz* Étud. fl. Cgo (1896) 241; *Th. Dur.* et *De Wild.* Mat. fl. Cgo, II (1898) 62; *De Wild.* Étud. fl. Kat. (1902) 80.

1870 (P. Pogge). — XV : bassin de la Lulua (Pg.). — XVI : Toa (Desc.); Lukafu (Verd.).

Euphorbia prostrata *Ait.* Hort. Kew. ed. 1, II (1789) 139; *Boiss.* Icon. Euphorb. (1866) t. 17 et in *DC.* Prodr. XV², 47; *Hiern* Cat. Welw. Pl. I, 942; *De Wild.* Miss. Laurent (1905) 142 et Étud. fl. Bas- et Moy.-Cgo, I (1906) 280; II (1908) 289.

1903 (J. Gillet). — I : Moanda (Gill. 4059). — II : Boma (Ém. et M. Laur.; Pyn.).

Euphorbia Quintasii *Pax* in Bolet. Soc. Brot. X (1892) 156; *De Wild.* et *Th. Dur.* Pl. Gilletianae, I (1900) 46 [B. Herb. Boiss. Sér. 2, I, 46]; *De Wild.* Étud. fl. Bas- et Moy.-Cgo, II (1908) 291.

1900 (J. Gillet). — V : Kisantu (Gill. 28); Kisinga (Vanderyst).

Euphorbia Sapini *De Wild.* Étud. fl. Bas- et Moy.-Cgo, II (1908) 290, t. 80.

1906 (A. Sapin). — VI : brousse de Madibi. — Noms vern. : **Kipanzua; Banzua; Maicle** (Sap.).

Euphorbia Sereti *De Wild.* Étud. fl. Bas- et Moy.-Cgo, II (1908) 290.

1906 (F. Seret). — XII c : rocher de Goi [à 6 h. de Gombari] (Ser.).

*****Euphorbia splendens** *Boj.* ex *Hook.* in Bot. Mag. (1829) t. 2902; *Boiss.* in *DC.* Prodr. XV¹, 79; *De Wild.* Étud. fl. Bas- et Moy.-Cgo, I (1906) 280; *Berger* Sukkul. Euphorb. (1907) 31, fig. 6.

1900 (J. Gillet). — V : entre Dembo et Kisantu (Gill.).'.— Plante cultivée. ?

Euphorbia thymifolia *Burm.* Fl. Ind. (1768) 2; *J. Burm.* Thes. Zeylan. t. 105, fig. 2; *Boiss.* in *DC.* Prodr. XV², 47; *Hook. f.* Fl. Brit. Ind. V, 252; *De Wild.* Miss. Laurent (1905) 142 et Étud. fl. Bas- et Moy.-Cgo, I (1906) 280; II (1908) 291.

1902 (J. Gillet). — V : entre Léopoldville et Mombasi (Gill.); env. de Yumbi (M. Laur.). — XV : le Kasai, au poste de bois n. 6 (Ém. Laur.).

Euphorbia Tirucalli *L.* Sp. pl. ed. 1 (1753) 452; *Boiss.* in *DC.* Prodr. XV², 96; *Ficalho* Pl. Uteis, 248; *Brandis* Forest Fl. 439; *Hook. f.* Fl. Brit. Ind. V, 254; *Pax* in *Engl.* Pfl. Ost-Afr. 242; *Th. Dur.* et *Schinz* Étud. fl. Cgo (1896) 241; *Hiern* Cat. Welw. Pl. I, 949; *De Wild.* et *Th. Dur.* Reliq. Dewevr. (1901) 203; *De Wild.* Miss. Laurent (1905) 143; *Berger* Sukkul. Euphorb. (1907) 22.

1874 (E. Pechuel-Loesche). — Bassin du Congo (Pech.-Loesche). — Planté dans tous les villages du Bas-Congo (Ém. Laur.). — II a : le Mayumbe (Ém. Laur.). — IV : Kitobola (Ém. Laur.). — XIII d : env. de Kabanga (Dew.).

Euphorbia tumbaensis *De Wild.* Étud. fl. Bas- et Moy.-Cgo, II (1906) 29.

1903 (Ém. et Marc. Laurent). — VIII : Lac Tumba (Ém. et M. Laur.).

Euphorbia Verdickii *De Wild.* Étud. fl. Bas- et Moy.-Cgo, I (1906) 280.

1899 (Edg. Verdick). — XVI : Lukafu (Verd. 309).

BRIDELIA Willd.

Bridelia micrantha [*Hochst.*] *Baill.* in Adansonia, III (1862-1863) 164; *Muell.-Arg.* in *DC.* Prodr. XV¹ (1866) 498; *De Wild.* et *Th. Dur.* Reliq. Dewevr. (1901) 200; *De Wild.* Étud. fl. Bas- et Moy.-Cgo, I (1906) 275; II (1908) 276.

Candelaria — *Hochst.* in Flora, I (1843) 79.

1895 (A. Dewèvre). — I : Moanda (Gill.). — II : île près de Malela (Dew.). — V : rég. de l'Inkisi (Gill.). — VIII : Eala (Pyn.). — IX a : Mobeka (Pyn.). — XII d : env. de Faradje (Ser.). — Ind. non cl. : Gambi (Dew.).

— — var. **ferruginea** [*Benth.*] *Muell.-Arg.* in *DC.* Prodr. XV² (1866) 498; *De Wild.* et *Th. Dur.* Pl. Gilletianae, I (1900) 46 [B. Herb. Boiss. Sér. 2, I, 46]; *De Wild.* Miss. Laurent (1905) 128 et Étud. fl. Bas- et Moy.-Cgo, II (1908) 276.

B. ferruginea *Benth.* in *Hook.* Niger Fl. (1849) 511; *Hiern* Cat. Welw. Pl. I, 954.

1900 (J. Gillet). — IV : Kitobola (Pyn. 36). — V : env. de Kwamouth ; env. de Kisantu (Gill.). — VII : la Fini (Ém. Laur.). — Noms vern. : **Katasukile** [Sankuru]; **Bolanga** [Bangala].

Bridelia scleroneura *Muell.-Arg.* in Flora, XLVII (1864) 515 et in *DC.* Prodr. XV², 496; *De Wild.* et *Th. Dur.* Pl. Gilletianae, I (1900) 46 [B. Herb. Boiss. Sér. 2. I, 46] et Reliq. Dewevr. (1901) 200.

1895 (A. Dewèvre). — II : Boma (Dew. 419). — V : Kisantu (Gill. 135).

Bridelia stenocarpa *Muell.-Arg.* in Flora, XLVII (1864) 515 et in *DC.* Prodr. XV², 494; *Engl.* in Engl. Jahrb. VIII (1886) 61; *Th. Dur.* et *Schinz* Étud. fl. Cgo (1896) 242.

1875 (Fr. Naumann). — II : Ponta da Lenha (Naum.).

Bridelia tenuifolia *Muell.-Arg.* in *Seem.* Journ. of Bot. II (1864) 328 et in *DC.* Prodr. XV², 495; *Hiern* Cat. Welw. Pl. I, 953; *De Wild.* et *Th. Dur.* Reliq. Dewevr. (1901) 200.

1899 (A. Dewèvre). — Congo (Dew. 1171).

Bridelia Zenkeri *Pax* in Engl. Jahrb. XXVI (1899) 327; *De Wild.* Étud. fl. Bas- et Moy.-Cgo, II (1908) 276.

1906 (Marc. Laurent). — VIII : Eala et env. (M. Laur. 1252; Pyn. 1376, 1677).

PSEUDOLACHNOSTYLIS Pax.

Pseudolachnostylis Verdickii *De Wild.* Étud. fl. Kat. (1903) 205.

1899 (Edg. Verdick). — XVI : Lukafu. — Nom vern. : **Musadi** (Verd. 33).

CLEISTANTHUS Hook. f.

Cleistanthus caudatus *Pax* in *De Wild.* et *Th. Dur.* Contr. fl. Cgo, I (1899) 49 et Reliq. Dewevr. (1901) 203.

1896 (A. Dewèvre). — XI : Bena-Kamba (Dew. 1099).

CROTON L.

Croton angolensis *Muell.-Arg.* in *Seem.* Journ. of Bot. II (1864) 339; *Ficalho* Pl. Uteis, 251; *Hiern* Cat. Welw. Pl. I, 969; *De Wild.* Étud. fl. Bas- et Moy.-Cgo, II (1908) 276.

1901 (J. Gillet). — V : env. de Kisantu (Gill. 2012).

Croton congensis *De Wild.* Étud. fl. Bas- et Moy.-Cgo, II (1908) 276.

Ann.? (Coll.?). — Congo (Coll.?).

Croton Draconopsis *Muell.-Arg.* in *Seem.* Journ. of Bot. II (1864) 338 et in *DC.* Prodr. XV², 522; *Hiern* Cat. Welw. Pl. I, 970; *De Wild.* Étud. fl. Bas- et Moy.-Cgo, II (1908) 377.

Ann.? (Coll.?). — IV : distr. des Cataractes. — Nom vern. : **Gula-Gwedi** (Coll.?).

Croton Mubango *Muell.-Arg.* in *Seem.* Journ. of Bot. II (1864) 338 et in *DC.* Prodr. XV², 514; *Ficalho* Pl. Uteis, 969; *Hiern* Cat. Welw. Pl. I, 969; *De Wild.* et *Th. Dur.* Pl. Gilletianae, II (1901) 96 [B. Herb. Boiss. Sér. 2, 1, 836] et Reliq. Dewevr. (1901) 208; *De Wild.* Miss. Laurent (1905) 128 et Étud. fl. Bas- et Moy.-Cgo, I (1706) 276; II (1908) 277.

1896 (A. Dewèvre). — V : Kisantu (Gill.). — VI : Boala (Lescr.). — XV : Kanda-Kanda (Gent.); Lusambo (Ém. et M. Laur.); Kitebwa [Lulua] (Gent.). — Ind. non cl. : Bena-Lekula (Dew.). — Noms vern. : **Kalamato; Lusube** [Tanganika] (Dew.).

Croton oxypetalus *Muell.-Arg.* in *Seem.* Journ. of Bot. II (1864) 339 et in *DC.* Prodr. XV², 543; *Hiern* Cat. Welw. Pl. I, 971; *De Wild.* Étud. fl. Bas- et Moy.-Cgo, II (1908) 277.

1901 (J. Gillet). — V : Dembo (Gill. 2108); env. de Kisantu. — Nom vern. : **Guba-Gwela** (Swannet); entre Kisantu et le Kwango (But. in Gill. 3725). — XII c : entre Amadis et Poko (Ser. 843). — XV : Lubue (Ém. et M. Laur.).

Croton Poggei *Pax* in Engl. Jahrb. XV (1893) 534; *Th. Dur.* et *Schinz* Étud. fl. Cgo (1896) 244.

1876 (P. Pogge). — XV : Mukenge (Pg. 1368).

Obs. — Le **Croton Tiglium** *L.* est cultivé à Eala [VIII] (Conf. *De Wild.* Miss. Laurent (1905) 128).

Croton Verdickii *De Wild.* Étud. fl. Bas- et Moy.-Cgo, II (1908) 277.

1899 (Edg. Verdick). — XVI : env. de Lukafu. — Nom vern. : **Yama-Yumbi** (Verd. 398).

Croton Welwitschianus *Muell.-Arg.* in *Seem.* Journ. of Bot. II (1864) 338 et in *DC.* Prodr. XV², 515; *De.Wild.* et *Th. Dur.* Pl. Gilletianae, I (1900) 47 [B. Herb. Boiss. Sér. 2, I, 47]; *Hiern* Cat. Welw. Pl. I, 970.

1900 (J. Gillet). — V : Kisantu (Gill. 320).

Croton zambesiacus *Muell.-Arg.* in Flora, XLVII (1864) 483 et in *DC.* Prodr. XV², 515; *De Wild.* Étud. fl. Bas- et Moy.-Cgo, II (1908) 278.

1906 (F. Seret). — XII d : village Donge [Dungu] (Ser. 594). — Nom vern. : **Rongi** [Mangbettu] (Ser.).

PHYLLANTHUS L.

Phyllanthus capillaris *Schumach.* et *Thonn.* Beskr. Guin. Pl. (1827) 417; *Muell.-Arg.* in *DC.* Prodr. XV², 338; *Pax* in *Engl.* Pfl. Ost-Afr. 236; *Th. Dur.* et *Schinz* Étud. fl. Cgo (1896) 242; *De Wild.* et *Th. Dur.* Mat. fl. Cgo, II (1898) 58 [B. S. B. B. XXXVI,I 103]; *De Wild.* Miss. Laurent (1905) 127 et Étud. fl. Bas- et Moy.-Cgo, II (1907) 196, t. 54; (1908) 266; Pl. Thonnerianae (1901) 22.

1888 (Fr. Hens). — Bas-Congo (Cabra). — I : Moanda (Vanderyst). — II a : Bingila (Dup.); Shimbete (Dew.). — IV : distr. des Cataractes (Ém. et M. Laur.) — V : Léopoldville (Vanderyst); Kisantu (Gill.). — VII : Ibali (Ém. et M. Laur.). — VIII : Coquilhatville (Schlt.); Eala (M. Laur.). — IX : pays des Bangala (Hens); Upoto (Thonn.); Bobangi (Ém. et M. Laur.). — XI : Basoko (Ém. et M. Laur.). — XIII c : Yakusu (M. Laur.). — XVI : Pala (Desc.). — Nom vern. : **Lofamdjola** (Ém. et M. Laur.).

Phyllanthus floribundus *Muell.-Arg.* in Linnaea, XXXII (1863) 14 et in *DC.* Prodr. XV², 343; *Pax* in *Engl.* Pfl. Ost-Afr. 236 et in *Th. Dur.* et *De Wild.* Mat. fl. Cgo, II (1898) 58 [B. S. B. B. XXXVII, 103]; *De Wild.* et *Th. Dur.* Reliq. Dewevr. (1901) 204; *De Wild.* Étud. fl. Bas- et Moy.-Cgo, I (1906) 275; II (1908) 266.

1895 (G. Descamps). — II : Haut-Shiloango (Cabra et Michel). — V : Kimuenza; Kisantu (Gill.). — XIII d : env. de Kasongo (Dew.). — XVI : Toa (Desc.). — Noms vern. : **Kaiii** [Kasongo]; **Musunganene** [Tanganika] (Dew.).

Phyllanthus Gilletii *De Wild.* Étud. fl. Bas- et Moy.-Cgo, II (1908) 226.

1906 (J. Gillet). — I : Moanda (Gill. 3208, 4034).

Phyllanthus moeroensis *De Wild.* Eud. fl. Bas- et Moy.-Cgo, I, (1906) 273, t. 64.

1900 (Edg. Verdick). — XVI : bassin du Lac Moero (Verd.).

Phyllanthus Niruri *L.* Sp. pl. ed. 2 (1763) 981; *Muell.-Arg.* in *DC.* Prodr. XV², 426; *Pax* in *Engl.* Pfl. Ost-Afr. 236 et in *Th. Dur.* et *De Wild.* Mat. fl. Cgo, II (1898) 58 [B. S. B. B. XXXVII, 103]; *De Wild.* et *Th. Dur.* Contr. fl. Cgo, I (1899) 48 et Reliq. Dewevr. (1901) 204; *De Wild.* Miss. Laurent (1905) 127 et Étud. fl. Bas- et Moy.-Cgo, II (1908) 266.

1895 (A. Dewèvre). — II : Boma (Dew.). — V : Kimuenza; Dembo (Vanderyst); Kisantu (Gill.). — VI : Bandundu (Ém. et M. Laur.). — XIII d : env. de Kabanga (Dew.). — XV : Lusambo (Ém. et M. Laur.).

Phyllanthus niruroides *Muell.-Arg.* in *Seem.* Journ. of Bot. II (1864) 331 et in *DC.* Prodr. XV², 409; *Th. Dur.* et *Schinz* Étud. fl. Cgo (1896) 242.

1892 (Jul. Cornet). — XVI : le Katanga (Corn.).

Phyllanthus odontadenius *Muell.-Arg.* in *Seem.* Journ. of Bot. II (1864) 333 et in *DC.* Prodr. XV², 365; *Pax* in *De Wild.* et *Th. Dur.* Contr. fl. Cgo, I (1899) 48; II (1900) 56.

1899 (J. Gillet). — V : Kisantu; env. de Dembo (Gill.).

— — var. **micranthus** *Pax* in *De Wild.* et *Th. Dur.* Contr. fl. Cgo, I (1897) 48 et Reliq. Dewevr. (1901) 204.

1895 (A. Dewèvre). — II a : Shinganga (Dem. 262).

Phyllanthus pentandrus *Schumach.* et *Thonn.* in Danske Vidensk. Selsk. Kjoeb. IV (1829) 193; *Muell.-Arg.* in *DC.* Prodr. XV¹, 336; *Pax* in *Engl.* Pfl. Ost-Afr. 236; *Hiern* Cat. Welw. Pl. I, 957; *De Wild.* Étud. fl. Bas- et Moy.-Cgo, I (1906) 275.

1904 (R. Butaye). — V : entre le Kwango et Kisantu (But.).

Phyllanthus polyanthus *Pax* in Engl. Jahrb. XXVIII (1899) 19; *De Wild.* et *Th. Dur.* Reliq. Dewevr. (1901) 204.

1896 (A. Dewèvre). — IX : env. de Bumba. — Nom vern. : **Mokolokaka** (Dew.) 890).

Phyllanthus Pynaertii *De Wild.* Étud. fl. Bas- et Moy.-Cgo, II (1908) 267.

1905 (L. Pynaert). — VIII : Eala (Pyn. 379, 1159). — IX : Bumba (Pyn. 25).

Phyllanthus reticulatus *Poir.* Encycl. méth. Bot. V (1804) 298; *Muell.-Arg.* in *DC.* Prodr. XV¹, 314; *Pax* in *Engl.* Pfl. Ost-Afr. 236; *Th. Dur.* et *De Wild.* Mat. fl. Cgo, II (1898) 58 [B. S. B. B. XXXVII, 103]; *De Wild.* et *Th. Dur.* Reliq. Dewevr. (1901) 205; *Hiern* Cat. Welw. Pl. I, 958; *De Wild.* Miss. Laurent (1905) 127 et Étud. fl. Bas- et Moy.-Cgo, I (1906) 275; II (1908) 268.

1895 (A. Dewèvre). — I : env. de Moanda (Gill. 3979). — II : Boma (Pyn. 191). — III : Matadi (Gill. 4045). — IV : Luango (Dew.). — V : env. de Léopoldville (Dew.); Chenal (Ém. et M. Laur.); Kisantu (Gill.); entre Kisantu et le Kwango (But.). — IX : Bobangi (Ém. et M. Laur.). — XIII d : env. de Kasongo (Dew.).

Phyllanthus Verdickii *De Wild.* Étud. fl. Bas- et Moy.-Cgo, I (1906) 274, t. 63.

1900 (Edg. Verdick). — XVI : Lukafu (Verd. 407).

FLUEGGEA Willd.

Flueggea obovata [*Willd.*] *Wall.* List (1828) n. 7928; *Baill.* in Adansonia, II (1861-1862) 41; *Pax* in *Engl.* Pfl. Ost-Afr. 235; *De Wild.* et *Th. Dur.* Contr. fl. Cgo, I (1899) 48 et Reliq. Dewevr. (1901) 205; *De Wild.* Étud. fl. Kat. (1902) 79.

Xylophylla obovata *Willd.* Enum. pl. Hort. Berol. (1809) 329.
Securinega — *Muell.-Arg.* in *DC.* Prodr. XV¹ (1866) 449.
F. microcarpa *Blume* Bijdr. Fl. Ned.-Indië (1825-1826) 580; *Hook. f.* Fl. Brit. Ind. V, 328.

1896 (A. Dewèvre). — XIII d : env. de Kabanga (Dew.). — XVI : env. de Lukafu. — Nom vern. : **Katolle-Tolle** (Verd.). — Nom vern. : **Kakasalla** [Tanganika]; **Matotolo** [Kasongo] (Dew.).

ANTIDESMA L.

Antidesma laciniatum *Muell.-Arg.* in Flora, XLVII (1864) 529 et in *DC.* Prodr. XV¹, 260; *De Wild.* Étud. fl. Bas- et Moy.-Cgo, II (1908) 270.

1903 (Ém. et Marc. Laurent). — V : Lukolela (Ém. et M. Laur.). — XI : Yambuya (M. Laur. 993). — XII c : env. de Nala (Ser. 806).

Antidesma membranaceum *Muell.-Arg.* in Linnaea, XXXIV, (1865-1866) 68 et in *DC.* Prodr. XV¹, 261; *Pax* in *De Wild.* et *Th. Dur.* Contr. fl. Cgo, I (1899) 49 et Reliq. Dewevr. (1901) 206; *De Wild.* Étud. fl. Bas- et Moy.-Cgo. II (1908) 270.

1896 (A. Dewèvre). — V : Lukolela (Dew.); Dembo (Vanderyst); entre Kisantu et le Kwango (But.). — VI : Madibi (Sap.). — VIII : Eala (Pyn.; M. Laur.). — IX : Mobeka (Pyn.). — XII c : Gombari (Ser.). — Nom vern. : **Mosalasala** [Kwilu] (Sap.).

Antidesma Schweinfurthii *Pax* in Engl. Jahrb. XV (1893) 530 ; *Th. Dur.* et *Schinz* Étud. fl. Cgo (1896) 242.

1870 (G. Schweinfurth). — XII d : pays des Mangbettu (Schw.).

Antidesma venosum *E. Mey.* ex *Tul.* in Annal. sci. nat. Sér. 3, XV (1851) 232 ; *Muell.-Arg.* in *DC.* Prodr. XV¹, 260; *Th. Dur.* et *Schinz* Étud. fl. Cgo (1896) 243; *De Wild.* et *Th. Dur.* Contr. fl. Cgo, I (1899) 49 et Reliq. Dewevr. (1901) 206; *Hiern* Cat. Welw. Pl. I, 965; *De Wild.* Étud. fl. Kat. (1902) 79 et Miss. Laurent (1905) 128.

A. « nervosum » [err. cal.] *De Wild.* Étud. fl. Bas- et Moy.-Cgo, II (1908) 270.

1885 (R. Buettner). — II : Boma (Dew.); île des Princes (Ém. et M. Laur.). — II a : Bingila (Dup.). — IV : Kitobola (Pyn.). — V : entre Bolobo et Lukolela (Buett.); Yumbi (Dew.); Dembo (Vanderyst); entre Tumba et Kimpesse (But.). — VIII : Équateurville(Hens). — IX : Luozi (Luja). — ¡XVI : env. de Lukafu (Verd.); Kibanga (Deb.). — Noms vern. : **Mushe-Tjifufia; Mulumbi-Lumba** [Katanga] (Verd.).

— — form. **glabrescens** *De Wild.* Étud. fl. Kat. (1902) 79.

1899 (Edg. Verdick). — XIII : Lukafu (Verd.).

UAPACA Baill.

Uapaca Bossenge *De Wild.* Étud. fl. Bas- et Moy.-Cgo, II (1908) 271, t. 70, fig. 1-4.

1903 (Ém. Laurent). — VIII : env. d'Eala. — Nom vern. : **Bosenge** (M. Laur. 128).

Uapaca ealaensis *De Wild.* Étud. fl. Bas- et Moy.-Cgo, II (1908) 272, t. 70, fig. 5-8.

1906 (L. Pynaert). — VIII : Eala (Pyn. 813).

Uapaca Heudelotii *Baill.* in Adansonia, I (1860-1861) 81 ; *De Wild.* Miss. Laurent (1905) 128.

1903 (Marc. Laurent). — VIII : Eala. — Nom vern. : **Bosenge** (M. Laur.).

Uapaca Laurentii *De Wild.* Étud. fl. Bas- et Moy.-Cgo, II (1908) 272.

1903 (Ém. et Marc. Laurent). — VIII : Lac Tumba (Ém. et M. Laur.).

Uapaca Marquesii *Pax* in Engl. Jahrb. XXIII (1897) 322.

1876 ? (P. Pogge). — XV : le Kasai (Pg. 298, 633, 674).

Obs. — La localité [bord du Quihumbo] où l'espèce a été découverte par L. Marquès, est dans l'Angola ; mais, postérieurement [in Engl. Jahrb. XXXIV (1904) 371] M. Pax a rapporté à cette espèce les n⁰ˢ 298, 633 et 674 de la collection de Pogge. Ces deux derniers numéros ont, croyons-nous, été récoltés dans le district du Kasai [XV].

Uapaca microphylla *Pax* in Engl. Jahrb. XXIII (1897) 523 ; *De Wild.* Étud. fl. Kat. (1903) 206.

1900 (Edg. Verdick). — XVI : Lukafu. — Nom vern. : **Musokolobe** (Verd. 540).

— — var. **Hendrickxii** *De Wild.* Étud. fl. Bas- et Moy.-Cgo, II (1908) 273.

1903 (Aug. Hendrickx). — V : rég. de Lula-Lumene (Hendr. in Gill. 3086).

Uapaca Mole *Pax* in Engl. Jahrb. XIX (1894) 79 ; *Th. Dur.* et *Schinz* Étud. fl. Cgo (1896) 242.

1882 (P. Pogge). — XV : Mukenge (Pg. 1635).

Uapaca Pynaertii *De Wild.* Étud. fl. Bas- et Moy.-Cgo, II (1908) 274, t. 71.

1905 (L. Pynaert). — IX : Bumba (Pyn. 117).

Uapaca Sereti *De Wild.* Étud. fl. Bas- et Moy.-Cgo, II (1908) 274, t. 72.

1907 (F. Seret). — XII c : env. de Nala (Ser. 778).

Uapaca Van Houttei *De Wild.* Ètud. fl. Bas- et Moy.-Cgo, II (1908) 275.

1903 (Aug. Van Houtte). — V : Kisantu-Makela (Van Houtte in Gill. 3454).

BACCAUREA Lour.

Baccaurea Staudtii *Pax* in Engl. Jahrb. XXIII (1897) 524 ; *De Wild.* et *Th. Dur.* Reliq. Dewevr. (1901) 205.

1895 (A. Dewèvre). — II a : Shinganga (Dew.). — Ind. non cl. : Ukussu (Dew.).

MAESOBOTRYA Benth.

Maesobotrya Bertramiana *Buett.* in Verh. Bot. Ver. Brandenb. XXXI (1889) 93 ; *Th. Dur.* et *Schinz* Ètud. fl. Cgo (1896) 243.

1885 (R. Buettner). — IV : Muen-Putu-Kasongo (Buett. 259).

Maesobotrya hirtella *Pax* in Engl. Jahrb. XXVIII (1900) 24 ; *De Wild.* et *Th. Dur.* Pl. Gilletianae, II (1901) 96 [B. Herb. Boiss. Sér. 2, I, 836] et Reliq. Dewevr. (1901) 206 ; *De Wild.* Miss. Laurent (1905) 127 et Ètud. fl. Bas- et Moy.-Cgo, I (1906) 275 ; II (1908) 268.

1896 (A. Dewèvre). — Bas-Congo (Gill. 2300). — V : Dolo (Pyn. 41) ; rég. de Sanda (Odd. 1478, 1970) ; Kimuenza et env. (Gérard ; Gill. 1478. 1678, 1970, 2037, 2123) ; entre Dembo et le Kwango (But.). — VI : vallée de la Djuma (Gent. et Gill. 2799, 2899). — VII : rég. du Lac Léopold II. — Nom vern. : **Kukuankuko** (Body). — VIII : Bikoro (Pyn.) ; Lulanga (Pyn. 743) ; env. de Bokakata. — Nom vern. : **Bonguete** (Dew. 763) ; Ikenge (Ém. et M. Laur.) ; Coquilhatville (Dew. 632) ; Eala et env. — Nom vern. : **Ekakoloka** (M. Laur. 74 ; Pyn. 562, 1304, 1453). — IX : Bolombo (Ém. et M. Laur.). — X : Imese (Ém. et M. Laur.).

Maesobotrya Sapini *De Wild.* Ètud. fl. Bas- et Moy.-Cgo, II (1908) 268.

Staphysora — *De Wild.* l. c. II (1908) 268 [nom. nov.].

1902 (L. Gentil). — VI : vallée de la Djuma ? (Gent.) ; Madibi (Sap.). — Noms vern. : **Smanebuko** [Kwilu] ; **Kimanabuka** [Kasai] ; **Kakoloka** [Bangala].

— — var. **brevipetiolata** *De Wild.* l. c. II (1908) 269.

1907 (A. Sapin). — VI : Dima (Sap.).

HYMENOCARDIA Wall.

Hymenocardia acida *Tul.* in Annal. sci. nat. Sér. 3, XV (1851) 256 ; *Muell.-Arg.* in *DC.* Prodr. XV², 477 ; *Oliv.* et *Grant* in Trans. Linn. Soc. XXIX (1875) 145, t. 94 et in *Th. Dur.* et *De Wild.* Mat. fl. Cgo, II (1898) 57 [B. S. B. B. XXXVII, 104] ; *De Wild.* et *Th. Dur.*

Pl. Gilletianac, I (1900) 47 [B. Herb. Boiss. Sér. 2, I, 47]; Contr. fl. Cgo, I (1899) 49; II (1900) 56 et Reliq. Dewevr. (1901) 207; *De Wild.* Étud. fl. Bas- et Moy.-Cgo, II (1908) 269.

1893 (Ém. Laurent). — II a : Zenze (Ém. Laur.); route de Shinganga à Zobe (Dew.). — V : Léopoldville (Luja; Pyn.); Kisantu (Gill.); Dembo (Vanderyst). — XV : Bena-Dibele (Luja); Bukila (Ém. et M. Laur.).

Hymenocardia Heudelotii *Muell.-Arg.* in Flora, XLVII (1864) 518; *De Wild.* Étud. fl. Bas- et Moy.-Cgo, II (1908) 269.

1905 (Marc. Laurent). — V : env. de Yumbi (M. Laur. 427). — VIII : Eala (M. Laur. 1972; Pyn. 344).

Hymenocardia mollis *Pax* in Engl. Jahrb. XV (1893) 528 et in *Engl.* Pfl. Ost-Afr. 237; *De Wild.* Étud. fl. Bas- et Moy.-Cgo, (1906) 275.

1895 (A. Dewèvre). — XIII d : env. de Kasongo (Dew. 1027).

— — var. **glabra** *Pax* l. c. 528; *Th. Dur.* et *Schinz* Étud. fl. Cgo (1896) 243.

1882 (P. Pogge). — Ind. non cl. : le Lomami (Pg. 1349).

Hymenocardia Poggei *Pax* in Engl. Jahrb. XV (1893) 528; *Th. Dur.* et *Schinz* Étud. fl. Cgo (1896) 243.

1882 (P. Pogge). — XV : Mukenge (Pg. 1351).

Hymenocardia ulmoides *Oliv.* in *Hook.* Icon. pl. XII (1876) 29, t. 1131; *Pax* in *Engl.* Pfl. Ost-Afr. 236 et in *De Wild.* et *Th. Dur.* Contr. fl. Cgo, I (1899) 49 et Reliq. Dewevr. (1901) 207; *Hiern* Cat. Welw. Pl. I, 960; *De Wild.* Miss. Laurent (1907) 127 et Étud. fl. Bas- et Moy.-Cgo, II (1908) 269.

1896 (A. Dewèvre). — V : env. de Bolobo. — Nom vern. : **Mokengereke** (Dew.); Kisantu (Gill.). — VII : Kiri (Ém. et M. Laur,). — VIII : Coquilhatville; env. de Wangata (Dew.); Eala (M. Laur. 844). — XIII d : env. de Lusanga (Dew.).

PLAGIOSTYLES Pierre

Plagiostyles Klaineana *Pierre* in B. S. Linn. Paris, II (1897) 1327; *De Wild.* et *Th. Dur.* Pl. Gilletianae, II (1901) 96 [B. Herb. Boiss. Sér. 2, I, 836] et Reliq. Dewevr. (1901) 205; *De Wild.* Étud. fl. Bas- et Moy.-Cgo, II (1907) 41, (1908) 279.

1900 (J. Gillet). — V : Kimuenza (Gill. 1716); marécages de Dembo (Gill. 1562); env. de Sanda (Odd.). — VI : vallée de la Djuma (Gent.). — VIII : la Lulanga (Dew. 855).

CYATHOGYNE Muell.-Arg.

Cyathogyne Dewevrei *Pax* in *De Wild.* et *Th. Dur.* Contr. fl. Cgo, I (1899) 49 et Reliq. Dewevr. (1901) 207.

1896 (A. Dewèvre). — XIII c : Wabundu (Dew. 1142).

Cyathogyne viridis *Muell.-Arg.* in Flora, XLVII (1864) 536 et in *DC.* Prodr. XV², 226; *De Wild.* et *Th. Dur.* Pl. Thonnerianae, (1901) 21; *De Wild.* Étud. fl. Bas- et Moy.-Cgo, II, (1908) 268.

1903 (Ém. et Marc. Laurent). — VIII : Eala (Ém. et M. Laur.; Pyn. 655).

MICRODESMIS Planch.

Microdesmis puberula *Hook. f.* in *Hook.* Icon. pl. (1848) t. 758 et in Niger Fl. (1849) 514, t. 26; *Muell.-Arg.* in *DC.* Prodr. XV², 1041; *Hiern* Cat. Welw. Pl. I, 967; *De Wild.* et *Th. Dur.* Mat. fl. Cgo, II (1898) 62 (B. S. B, B. XXXVII, 107] et Reliq. Dewevr. (1901) 207; *De Wild.* Étud. fl. Bas- et Moy.-Cgo, I (1904) 162, (1906) 279 et Miss. Laurent (1905) 140.

1891 (F. Demeuse). — Congo (Dem.) — Bas-Congo (Ém. Laur.). — II a : Bingila (Dup.); Shinganga (Dew.).—V : Lukolela (Dew.); Sanda (De Brouw.; Odd.).— VI : vallée de la Djuma (Gent.); Madibi (Sap.). — VII : forêt de Gauda (Body). — VIII : Équateur (Dew.): Eala et env. (M. Laur.; Pyn.); Coquilhatville. — Nom vern. : **Isike** (Dew.); **Ikoko** (Sap.)— XI c : Mogandjo (M. Laur.) — XIII c : env. de Ponthier-ville [Wabundu]; la Lowa (Dew.). — XV : Dibele (Ém. Laur.); Bombaie (Ém. et M. Laur.).— Noms vern. : **Seseke** [Équateur]; **Monkiso** [Lukolela]; (Dew.).

JATROPHA L. (1)

* **Jatropha Curcas** *L.* Sp. pl. ed. 1 (1753) 1006; *Muell.-Arg.* in *DC.* Prodr. XV², 1080; *Ficalho* Pl. Uteis. 250; *Pax* in *Engl.* Pfl. Ost.- Afr. 240 et in *Th. Dur.* et *De Wild.* Mat. fl. Cgo, II (1898) 61 [B. S. B. B. XXXVII, 106]; *De Wild.* et *Th. Dur.* Contr. fl. Cgo, I (1899) 52 et Reliq. Dewevr. (1901) 208; *Hiern* Cat. Welw. Pl. I, 968; *De Wild.* Étud. fl. Kat. (1903) 50; Miss. Laurent (1905) 133 et Étud. fl. Bas- et Moy.-Cgo, I (1906) 278.

1891 (F. Demeuse). — IV : Banza-Puta (Dem.). — Nom vern. : **Puluka** (Dew.). — V : Kisantu (Gill.). — VI : le Kwango (Ém. et M. Laur.). — VII : la Fini (Ém. et M. Laur.). — VIII : Inkongo (Ém. et M. Laur.). — IX : env. de Mabanga. — Nom vern. : **Inkoko** (Dew.). — XVI : Lukafu. — Nom vern. : **Tondo-Iwa-Niamba** (Verd.); Kibanga (Deb.).

---

(1) L'**Hevea brasiliensis** Muell.-Arg. est cultivé en grand à Wangata ; Sisundi, Eala [VIII] etc. [Conf. *De Wild.* Miss. Laurent (1905) 133 et Étud. fl. Bas- et Moy.-Cgo, II (1908) 286].

Jatropha multifida *L.* Sp. pl. ed. I (1753) 1006; *Salisb.* Hort. Paradis. t. 91; *Muell.-Arg.* in *DC.* Prodr. XV², 1089; *Th. Dur.* et *Schinz* Étud. fl. Cgo (1896) 243; *Th. Dur.* et *De Wild.* Mat. fl. Cgo, II (1898) 63 [B. S. B. B. XXXVII, 107] et Pl. Gilletianae, I (1900) 47 [B. Herb. Boiss. Sér. 2, I, 47].

1883 (H. Johnston). — Congo (Johnst.). — II : Boma (Wilw.). — V : Kisantu (Gill.),

RICINODENDRON Muell.-Arg.

Ricinodendron africanum *Muell.-Arg.* in Flora, XLVII (1864) 533 et in *DC.* Prodr. XV², 1111; *Ficalho* Pl. Uteis, 251; *Hiern* Cat. Welw. Pl. I, 976; *De Wild.* et *Th. Dur.* Pl. Gilletianae, I (1900) 47; *De Wild* Miss. Laurent (1905) 141 et Étud. fl. Bas- et Moy.-Cgo, II (1908) 288.

1900 (J. Gillet). — II a : la Lukula (Ém. et M. Laur.). — IV : Kitobola (Ém. et M. Laur.). — V : Kisantu (Gill.). — VI : Madibi (Sap.). — VIII : env. d'Eala. — Nom vern. : **Bofeko** (M. Laur.). — XV : forêt de Munungu (Ém. et M. Laur.). — Nom vern. : **Mongongome** [Kwilu] (Sap.).

MANNIOPHYTON Muell.-Arg.

Manniophyton africanum *Muell.-Arg.* in Flora, XLVII (1864) 531 et in *DC.* Prodr. XV², 720; *Th. Dur.* et *De Wild.* Mat. fl. Cgo, II (1898) 59 [B. S. B. B. XXXVII, 104); *De Wild.* Not. pl. util. ou intér. du Cgo, I (1903) 31-32; Miss. Laurent (1905) 129 et Étud. fl. Bas- et Moy.-Cgo, II (1908) 279.

1888 (Fr. Hens). — V : Lukolela (Pyn.). — VI : le Kwilu (Sap.). — VII : Iboka — Nom vern. : **Kosa** (Gent.). — VIII : distr. de l'Équateur, C. (Gent.; Pyn.); Coquilhatville (Schlt.); Eala et env. — Nom vern. : **Nkosa** (M. Laur.); Bala-Lundzi (Pyn.). — IX : Bangala (Hens). — XI : env. de Basoko; Limbutu (M. Laur.). — XV : le Sankuru (Sap.): Bena-Dibele (Lescr.; Flam). — Noms vern. : **Caho** [Amadis]; **Ude** [Asende]; **Wii** [Abarembo]; **Kosa** [Limbutu]; **Lukusa**; **Lukosa** [Bangala]; **Mosamba**; **Lukosa**; **Nkoza** [Sankuru].

Manniophyton fulvum *Muell.-Arg.* in Seem. Journ. of Bot. II (1864) 332 et in *DC.* Prodr. XV², 720; *Th. Dur.* et *Schinz* Étud. fl. Cgo (1896) 244; *Hiern* Cat. Welw. Pl. I, 972; *De Wild.* et *Th. Dur.* Reliq. Dewevr. (1901) 208; *De Wild.* Not. pl. util. ou intér. du Cgo, I (1903) 32; Miss. Laurent (1905) 129 et Étud. fl. Bas- et Moy.-Cgo, I (1906) 276.

1893 (Ém. Laurent). — II a : le Mayumbe (Ém. Laur.). — IV : Sonagongo (Luja). — V : Kisantu (Gill.); env. de Sanda (Odd.). — VI : vallée de la Djuma (Gill.). — VIII : Équateur (Dew.). — XI : Isangi (Ém. et M. Laur.) — XV : Bukila (Ém. et M. Laur.).

POGGEOPHYTON Pax

Poggeophyton aculeatum *Pax* in Engl. Jahrb. XIX (1894) 89; *Th. Dur.* et *Schinz* Étud. fl. Cgo (1896) 245.

1882 (P. Pogge). — XV : la Lulua (Pg. 1370).

CAPERONIA St-Hil.

Caperonia senegalensis *Muell.-Arg.* in Linnaea, XXXIV (1865-1866) 153 et in *DC.* Prodr. XV², 756; *Th. Dur.* et *De Wild.* Mat. fl. Cgo, II (1898) 59 [B. S. B. B. XXXVII, 104] et Reliq. Dewevr. (1901) 210.

1895 (A. Dewèvre). — II : Boma (Dew.).

CROTONOGYNE Muell.-Arg.

Crotonogyne Laurentii *De Wild.* Étud. fl. Bas- et Moy.-Cgo, II (1908) 278, t. 73.

1903 (Ém. et Marc. Laurent). — XV : Batempa (Ém. et M. Laur.).

— — var. **ikelembense** *De Wild.* l. c. II (1908) 278.

Ann. ? (Coll. ?). — VIII : Ikelemba (Coll. ?).

Crotonogyne Poggei *Pax* in Engl. Jahrb. XIX (1894) 84; *Th. Dur.* et *Schinz* Étud. fl. Cgo (1896) 244.

1881 ? (P. Pogge). — XV : Mukenge (Pg. 1326).

MANIHOT Adans. (1)

*****Manihot utilissima** *Pohl* Pl. Brasil. icon. et descr. I (1827) 32, t. 24; *Muell.-Arg.* in *DC.* Prodr. XV², 1064; *Ficalho* Pl. Uteis, 251; *Kurz* Forest Fl. II, 402; *Engl.* in Engl. Jahrb. VIII (1886) 61; *Pax* in *Engl.* Pfl. Ost.-Afr. 240; *Th. Dur.* et *Schinz* Étud. fl. Cgo (1896) 244; *Hiern* Cat. Welw. Pl. I, 973; *De Wild.* Miss. Laurent (1905) 140.

Jatropha Manihot *L.* Sp. pl. ed. 1 (1753) 1007.

1874 (Fr. Naumann). — II : Boma (Naum.). — V : Kisantu (Gill.). — VI : Madibi (Lescr.). — VIII : Eala (Ém. Laur.). — XIII a : Stanleyville (Ém. Laur.).

Obs. — Originaire de l'Amérique trop.; largement cultivé dans l'Afrique trop.

---

(1) Le **M. Glaziovii** Muell.-Arg. est une espèce du Brésil cultivée à Kisantu [V] (Gill.), à Eala [VIII] (Flam.) et dans un grand nombre de localités du Congo [Conf. *De Wild.* Miss. Laurent (1905) 134-138, fig. 17-21 et Étud. fl. Bas- et Moy.-Cgo' I (1906) 278].

ERYTHROCOCCA Benth.

Erythrococca aculeata *Benth.* in *Hook.* Niger Fl. (1849) 506; *Muell.-Arg.* in *DC.* Prodr. XV², 791; *De Wild.* et *Th. Dur.* Contr. fl. Cgo, I (1899) 50 et Reliq. Dewevr. (1901) 209; *De Wild.* Miss. Laurent (1905) 129.

1896 (A. Dewèvre). — VIII : Coquilhatville (Dew.). — XI : Lie (Ém. et M. Laur.).

HASSKARLIA Baill.

Hasskarlia didymostemon *Baill.* in Adansonia, I (1860) 52; *Muell.-Arg.* in *DC.* Prodr. XV², 774; *Ficalho* Pl. Uteis, 257; *De Wild.* et *Th. Dur.* Contr. fl. Cgo, 1 (1899) 51; *Hiern* Cat. Welw. Pl. I, 974; *De Wild.* Miss. Laurent (1905) 131 et Étud. fl. Bas- et Moy.-Cgo, II (1908) 284.

1896 (A. Dewèvre). — V : env. de Léopoldville ; Kisantu (Gill.). — VII : Ibali ; la Fini (Ém. et M. Laur.). — VIII : Eala (Pyn. 811, 1786). — IX : Nouvelle-Anvers (Pyn. 10). — XIII c : rég. de Ponthierville (Dew.). — XV : Kondue; Ifuta (Ém. et M. Laur.).

CLAOXYLON A. Juss.

Claoxylon africanum [*Baill.*] *Muell.-Arg.* in *DC.* Prodr. XV² (1866) 777; *De Wild.* et *Th. Dur.* Pl. Gilletianae, I (1900) 47 (B. Herb. Boiss. Sér. 2, I, 47] et Reliq. Dewevr. (1901) 209; *De Wild.* Miss. Laurent (1905) 130 et Étud. fl. Bas- et Moy.-Cgo, II (1908) 279.

Trewia — *Baill.* in Adansonia, I (1860) 68.

1896 (A. Dewèvre). — V : Kimuenza; Kisantu (Gill.); Lukolela. — Nom vern. : **Musense** (Dew.). — VII : env. du Lac Léopold II. — Nom vern. : Ejendje (Body). — VIII : Eala (Pyn.); Injolo (Huyghe et Ledoux). — IX : Bumba (Ém. et M. Laur.). — XV : le Sankuru. — Noms vern. : **Masoha** (Sap.); **Ntenteke** [Bangala].

Claoxylon atrovirens *Pax* in Engl. Jahrb. XIX (1894) 85; *Th. Dur.* et *Schinz* Étud. fl. Cgo (1896) 245.

1870 (G. Schweinfurth). — XII d : pays des Mangbettu ; Kusumbo (Schw.).

Claoxylon Dewevrei *Pax* in *De Wild.* et *Th. Dur.* Reliq. Dewevr. (1901) 209 et in Engl. Jahrb. XXXIII (1903) 283.

1896 (A. Dewèvre). — XIII d : env. de Nyangwe (Dew. 947, 964 a). — Noms vern. : **Mondeka** [Kasongo]; **Monsingisa** [Tanganika] ; **Mabaie** [lkwangula ; **Londgendje** [Équateur]; **Mokoyole** [Kasongo]; **Djalasingi** [Tanganika]; **Likile** [lkwangula] (Dew.).

Claoxylon flaccidum *Pax* in Engl. Jarhb. XIX (1894) 87; *Th. Dur.* et *Schinz* Étud. fl. Cgo (1896) 245.

1870 (G. Schweinfurth). — XII d : Munza (Schw. 3355).

MICROCOCCA Benth.

Micrococca Mercurialis [*L.*] *Benth.* in *Hook. f.* Niger Fl. (1849) 503; *Pax* in *Engl.* Pfl. Ost-Afr. 238 et in *Th. Dur.* et *De Wild.* Mat. fl. Cgo, II (1898) 60 [B. S. B. B. XXXVII, 105] et Reliq. Dewevr. (1901) 209; *De Wild.* Miss. Laurent (1905) 129 et Étud. fl. Bas- et Moy.-Cgo, II (1908) 279.

> Tragia — *L.* Sp. pl. ed. 1 (1753) 980.
> Claoxylon — *Thw.* Enum. pl. Zeyl. (1861) 271; *Muell.-Arg.* in *DC.* Prodr. XV², 790; *Hiern* Cat. Welw. Pl. I, 970.

> 1893 (P. Dupuis). — Bas-Congo (Ém. Laur.). — II : Zambi (Dup.). — II a : le Mayumbe; Bingila (Dup.). — III : Matadi (Ém. et M. Laur.). — V : env. de Yumbi (M. Laur.); env. de Kwamouth (Biel.); Dembo et env. (Gill.; Vanderyst); Kisantu (Gill.). — VI : Eiolo (Ém. et M. Laur.). — VII : Kutu; Kiri (Ém. et M. Laur.). — XI : env. de Bena-Kamba (Dew.); Limbutu (M. Laur.). — Nom vern. : **Kaïe** [Tanganika] (Dew.).

ACALYPHA L.

Acalypha brachystachya *Horn.* Hort. reg. bot. Hafn. II (1815) 909; *Muell.-Arg.* in *DC.* Prodr. XV², 870; *Hiern* Cat. Welw. Pl. Boiss. I, 978; *De Wild.* et *Th. Dur.* Pl. Gilletianae, I (1900) 47 [B. Herb. Sér. 2, I, 47] et Reliq. Dewevr. (1901) 210; *De Wild.* Miss. Laurent (1905) 131.

> Ricinocarpus — *O. Kuntze* Rev. Gener. (1891) 617.

> 1896 (A. Dewèvre). — V : Kisantu (Gill.). — VIII : Bocra. — Nom vern. : **Badjambota** (Dew.).— IX : Nouvelle-Anvers (Hens).

Acalypha Dewevrei *Pax* in Engl. Jahrb. XXVIII (1899) 24; *De Wild.* et *Th. Dur.* Reliq. Dewevr. (1901) 210.

> 1896 (A. Dewèvre). — V : Lukolela (Dew. 1820).

Acalypha haplostyla *Pax* in Engl. Jahrb. XIX (1894) 98; *De Wild.* Étud. fl. Bas- et Moy.-Cgo, II (1908) 284.

> 1876 (P. Pogge). — XV : bassin de la Lulua, 9°5 lat. (Pg. 120). — XVI : Lukonzolwa. — Nom vern. : **Koloko** (Coll.?).

— — var. **longifolia** *De Wild.* Étud. fl. Bas- et Moy.-Cgo, I (1906) 277.

> 1899 (Edg. Verdick). — XVI : Lukafu — Nom vern. : **Kabuko-Pakana** (Verd. 256).

Acalypha indica *L.* Sp. pl. ed. 1 (1753) 1003; *Muell.-Arg.* in *DC.* Prodr. XV², 868; *Hiern* Cat. Welw. Pl. I, 978; *Th. Dur.* et *De Wild.* Mat. fl. Cgo, II (1898) 61 [B. S. B. B. XXXVII, 106]; *De Wild.* et *Th. Dur.* Reliq. Dewevr. (1901) 210.

> 1893 (Ém. Laurent). — Congo (Dew.). — XV : Lusambo (Ém. Laur.).

Acalypha ornata *A. Rich.* Tent. fl. Abyss. II (1851) 247; *Muell.-Arg.* in *DC.* Prodr. XV², 833; *Th. Dur.* et *De Wild.* Mat. fl. Cgo, I (1897) 51 [B. S. B. B. XXXVII, 106]; *De Wild.* et *Th. Dur.* Reliq. Dewevr. (1901) 210.

1895 (G. Descamps).— XIII d : Vieux-Kasongo; Nyangwe (Dew.). — XVI : **Toa** (Desc.); Pala (Deb. 13d). — Noms vern. : **Yambokulu** [Ikwangula]; **Botolota** [Kasongo] (Dew.).

Acalypha paniculata *Miq.* Fl. Ind. Bat. I² (1859) 406; *Muell.-Arg.* in *DC.* Prodr. XV², 802; *Th. Dur.* et *De Wild.* Mat. fl. Cgo, II (1898) 60 [B. S. B. B. XXXVII, 105]; *De Wild.* et *Th. Dur.* Reliq. Dewevr. (1901) 210; *De Wild.* Miss. Laurent (1905) 13 et Étud. fl. Bas- et Moy.-Cgo, I (1906) 378; II (1908) 284.

1893 (P. Dupuis). — II a : Bingila (Dup.); la Lemba. — Nom vern. : **Vunga** (Cabra). — V : entre Tumba et Kimpesse (Gill.); Tumba (Ém. Laur.); Kisantu (Gill.). — VII : Kutu (Ém. et M. Laur.). — VIII : Eala (Pyn.).

Acalypha polymorpha *Muell.-Arg.* in *Seem.* Journ. of Bot. II (1864) 335 et in *DC.* Prodr. XV², 835; *De Wild.* et *Th. Dur.* Pl. Gilletianae, I (1900) 47 [B. Herb. Boiss. Sér. 2, I, 47]; *De Wild.* Étud. fl. Bas- et Moy.-Cgo, II (1908) 284.

1900 (J. Gillet). — V : Kisantu (Gill.); Yindu (Vanderyst).

Acalypha sessilis *Poir.* Encycl. méth. Bot. VI (1804) 204; *De Wild.* et *Th. Dur.* Pl. Gilletianae, I (1900) 47 [B. Herb. Boiss. Sér. 2, I, 47]; *De Wild.* Miss. Laurent (1905) 131 et Étud. fl. Bas- et Moy.-Cgo, II (1908) 284.

A. gemina *Spreng.* var. genuina *Muell.-Arg.* in Linnaea, XXXIV (1865-1866) 41 et in *DC.* Prodr. XV², 866.

1899 (J. Gillet). — V : Kisantu. — Nom vern. : **Kanga-Nzo** (Gill.; Vanderyst). — XII c : env. de Surango (Ser. 890). — XV : Mukundji (Ém. et M. Laur.).

Acalypha Vahliana *Muell.-Arg.* in Linnaea, XXXIV (1865-1866) 43 et in *DC.* Prodr. XV², 873; *Hiern* Cat. Welw. Pl. I, 978; *De Wild.* et *Th. Dur.* Contr. fl. Cgo, I (1899) 51; II (1900) 57 et Reliq. Dewevr. (1901) 211; *De Wild.* Miss. Laurent (1905) 131 et Étud. fl. Bas- et Moy.-Cgo, II (1908) 284.

A. ciliata *Vahl* Symb. bot. I (1790) 77, t. 20.

1896 (A. Dewèvre). — Bas-Congo (Dew.). — IV : Sona-Gongo (Lujá). — V : Kisantu (Gill.); Boko; Dembo; Maydis (Vanderyst). — VII : la Fini; Kutu (Ém. et M. Laur.). — XIII d : Kasongo. — Nom vern. : **Lotoloto** (Dew.). — XV : Kondue; Munungu (Ém. et M. Laur.).

MAREYA Baill.

Mareya micrantha [*Benth.*] *Muell.-Arg.* in *DC.* Prodr. XV² (1876) 792; *Pax* in *De Wild.* et *Th. Dur.* Contr. fl. Cgo, I (1899) 51 et Reliq. Dewevr. (1901) 213; *De Wild.* Étud. fl. Bas- et Moy.-Cgo, II (1908) 285.

Acalypha — *Benth.* in *Hook.* Niger Fl. (1849) 505.

1896 (A. Dewèvre). — XI : Okanga; Lokandu (Dew.). — XIII c : Rewa (Dew.). — XV : Lusambo (Ém. et M. Laur.).

ALCHORNEA Sw.

Alchornea cordifolia *Muell.-Arg.* in Linnaea, XXXIV (1865-1866) 170 et in *DC.* Prodr. XV², 908; *Th. Dur.* et *De Wild.* Mat. fl. Cgo, II (1898) 60 [B. S. B. B. XXXVII, 105]; *De Wild.* et *Th. Dur.* Contr. fl. Cgo, II (1899) 57; *De Wild.* Miss. Laurent (1905) 129 et Étud. fl. Bas- et Moy.-Cgo, I (1906) 276; II (1908) 280.

A. cordata *Benth.* in *Hook.* Niger Fl. (1849) 507; *Hiern* Cat. Welw. Pl. I, 979.

1893 (P. Dupuis). — Bas-Congo (Cabra). — II a : rives de la Vunzi (Dup.); Haut-Shiloango (Cabra et Michel). — V : Kisantu (Gill.); env. de Lemfu (But.); Lukolela (Pyn. 54). — VII : env. du Lac Léopold II (Body). — VIII : Ikenge (Ém. et M. Laur.). — IX : Umangi; Lie (Ém. et M. Laur.). — XV : Kasongo-Batetela (Sap.); Mushenge (Lescr. 389).— Noms vern. : **Diongi** [Batetela]; **Libunji** [Bangala].

Alchornea floribunda *Muell.-Arg.* in *Seem.* Journ. of Bot. I (1863) 336 et in *DC.* Prodr. XV², 905; *De Wild.* et *Th. Dur.* Contr. fl. Cgo, I (1900) 50; Pl. Thonnerianae (1900) 30 et Pl. Gilletianae, II (1901) 97 [B. Herb. Boiss. Sér. 2, I, 837] ; *De Wild.* Étud. fl. Bas- et Moy.-Cgo II (1908) 280.

1899 (Fr. Thonner). — Bas-Congo (Cabra). — II a : Haut-Shiloango (Cabra et Michel). — V : env. de Kisantu (Gill. 3799); Sele (But.). — VIII : le Haut-Lopori (Biel.); Équateur (Pyn. 332); Eala (Pyn. 1426). — IX a : env. de Mobeka (Ém. et M. Laur.); Gali (Thonn.). — XI : env. de Yambuya (M. Laur.). — XII c : env. de Nala (Ser. 884).

Alchornea hirtella *Benth.* in *Hook.* Niger Fl. (1849) 507; *Muell.-Arg.* in *DC.* Prodr. XV², 904; *De Wild.* Étud. fl. Bas- et Moy.-Cgo, II (1908) 280.

1904 (Ém. et Marc. Laurent). — XI : Isangi (Ém. et M. Laur.).

Alchornea yambuyaensis *De Wild.* Étud. fl. Bas- et Moy.-Cgo, I (1908) 280.

1906 (J. Solheid). — XI : env. de Yambuya (Solh. 55, 80, 160).

MALLOTUS Lour.

Mallotus oppositifolius [*Geisel.*] *Muell.-Arg.* in Linnaea, XXXIV (1865-1866) 170 et in *DC.* Prodr. XV², 976; *Pax* in *Engl.* Pfl. Ost.-Afr. 238 ; *Th. Dur.* et *De Wild.* Mat. fl. Cgo, II (1898) 60 [B. S. B. B. XXXVII, 105]; *De Wild.* et *Th. Dur.* Pl. Thonnerianae (1900) 21 et Reliq. Dewevr. (1901) 211 ; *Hiern* Cat. Welw. Pl. I, 980; *De Wild.* Étud. fl. Bas- et Moy.-Cgo, 1 (1906) 276 et Miss. Laurent (1905) 130.

Croton — *Geiseler* Croton Monog. (1807) 23.

1893 (P. Dupuis). — Bas-Congo (Cabra). — II a : env. de Shinganga. — Nom vern. : **Kukuma-Suza** (Dew.); Bingila (Dup.). — V : env. de Léopoldville (Gill. ; Vanderyst); env. de Lukolela (Ém. et M. Laur.); Kisantu (Gill.). — VIII : Eala (M. Laur.; Pyn.); Bokakata. — Nom vern. : **Ebemba** (Dew.). — IX : Umangi; env. de Lie (Ém. et M. Laur.); env. de Bumba [îles du Congo] (Pyn.); Upoto (Thonn.). — X : Bas-Ubangi (Ém. et M. Laur.). — XI : env. de Lokandu (Dew.); env. de Yambuya (Solh.); Malema (Ém. et M. Laur.). — XV : Luebo (Lescr.). — Noms vern. : **Mititi** [Lokandu]; **Bulekibanga Ngutu** [Tanganika] (Dew.); **Lobombo** (Ém. Laur.).

Mallotus subulatus *Muell.-Arg.* in Linnaea, XXXIV (1866) 970 et in *DC.* Prodr. XV², 970; *Pax* in *De Wild.* et *Th. Dur.* Contr. fl. Cgo, I (1899) 50 et Reliq. Dewevr. (1901) 211.

1895 (A. Dewèvre). — V : Lukolela (Dew. 545; Pyn. 170). — VIII : env. d'Eala (M. Laur.). – X : l'Ubangi (Ém. et M. Laur.). — XIII d : env. de Kasongo (Dew.). — Ind. non cl. : Matende (Dew.). — Noms vern. : **Kasakola** [Kasongo] ; **Yambakulu** [Ikwangula]; **Kazitanda** [Tanganika] (Dew.).

ARGOMUELLERA Pax.

Argomuellera macrophylla *Pax* in Engl. Jahrb. XIX (1894) 90 ; *Th. Dur.* et *Schinz* Étud. fl. Cgo (1896) 246.

1883 (P. Pogge). — XV : la Lulua (Pg. 1376).

MACARANGA Thou.

Macaranga angolensis *Muell.-Arg.* in *DC.* Prodr. XV² (1866) 994; *Hiern* Cat. Welw. Pl. I, 981 ; *De Wild.* Étud. fl. Bas- et Moy.-Cgo, I (1906) 277; II (1908) 281.

1904 (J. Gillet).— V : entre Tumba et Kimpesse (Gill.); Kisantu.— Noms vern. : **Mfufu; Mfumfu** (Gill. 166).

Macaranga dibeleensis *De Wild.* Étud. fl. Bas- et Moy.-Cgo, II (1908) 281.

1904 (Ém. et Marc. Laurent). — VIII : aval de Bolombo (Ém. et M. Laur.). — XV : Dibele (Ém. et M. Laur.; Flam. 189).

Macaranga Gilletii *De Wild.* Étud. fl. Bas- et Moy.-Cgo, I (1906) 276, t. 73.

1900 (J. Gillet). — V : Kisantu (Gill. 1840).

Macaranga Laurentii *De Wild.* Étud. fl. Bas- et Moy.-Cgo, II (1908) 282.

1905 (Marc. Laurent). — VIII : Eala. — Nom vern. : **Wenge** (M. Laur. 1304 ; Pyn. 1278).

Macaranga mollis *Pax* in Engl. Jahrb. XIX (1894) 91 ; *Th. Dur.* et *Schinz* Étud. fl. Cgo (1896) 246.

1882 (P. Pogge). — XV : Mukenge (Pg. 1352).

Macaranga monandra *Muell.-Arg.* in *Seem.* Journ. of Bot. II (1864) 337 et in *DC.* Prodr. XV², 1012 ; *Th. Dur.* et *Schinz* Étud. fl. Cgo (1896) 246 ; *Th. Dur.* et *De Wild.* Mat. fl. Cgo, II (1898) 60 [B. S. B. B. XXXVII, 105].

1893 (Ém. Laurent). — Bas-Congo (Ém. Laur.).

Macaranga Poggei *Pax* in Engl. Jahrb. XIX (1894) 94 ; *Th. Dur.* et *Schinz* Étud. fl. Cgo (1896) 246.

1882 (P. Pogge). — XV : Mukenge (Pg. 1387).

Macaranga Pynaertii *De Wild.* Étud. fl. Bas- et Moy.-Cgo, II (1908) 283.

1907 (L. Pynaert). — VIII : Eala. — Nom vern. : **Bosasa** (Pyn.).

Macaranga rosea *Pax* in Engl. Jahrb. XXVI (1899) 328 ; *De Wild.* Étud. fl. Bas- et Moy.-Cgo, II (1908) 283.

1907 (P. Huyghe). — VIII : Ikenge (Huyghe) ; Eala (Pyn. 1491).

Macaranga saccifera *Pax* in Engl. Jahrb. XIX (1894) 93 ; *Th. Dur.* et *Schinz* Étud. fl. Cgo (1896) 246 ; *De Wild.* et *Th. Dur.* Contr. fl. Cgo, II (1900) 57 et Reliq. Dewevr. (1901) 212 ; *De Wild.* Miss. Laurent (1905) 130, t. 39-41 et Étud. fl. Bas- et Moy.-Cgo, II (1908) 283.

1881 (P. Pogge). — VI : Madibi (Sap.). — VIII : Eala et env. (M. Laur. 1133; Pyn. 717, 1047); Bokakata (Dew. 788). — IX : env. de Bumba (Ser. 35); Injolo (M. Laur. 1288; Ser.). — XI : Patalongo [Yambuya] (M. Laur.). — XV : Kondue; Batempa; entre Lusambo et le Lomami (Ém. et M. Laur.); Mukenge (Pg. 1335, 1363). — Noms vern. : **Motukunkao** [Kwilu] ; **Kolokote** [Bangala].

Macaranga Schweinfurthii *Pax* in Engl. Jahrb. XIX (1894) 92, *Th. Dur.* et *Schinz* Étud. fl. Cgo (1896) 246.

1870 (G. Schweinfurth). — XII d : pays des Mangbettu (Schw. 3500).

Macaranga Zenkeri *Pax* in Engl. Jahrb. XXIII (1897) 526; *De Wild.* et *Th. Dur.* Contr. fl. Cgo, I (1899) 50; II (1900) 87; Pl. Gilletianae, I (1900) 48 [B. Herb. Boiss. Sér. 2, I, 48] et Reliq. Dewevr. (1901) 212; *De Wild.* Étud. fl. Bas- et Moy.-Cgo, I (1906) 277; II (1908) 284.

1896 (A. Dewèvre). — Bas-Congo (Gill.). — V : env. de Sanda (Odd.) ; Kisantu (Gill. 249). — XII c : env. de Nala (Ser.). — XIII c : env. de Lokandu (Dew. 1134). — XVI : près du Tanganika (Coll.?). — Nom vern. : **Pombura** [Mayogo] (Ser.).

MEGABARIA Pierre.

Megabaria Trillesii *Pierre* ex *De Wild.* Étud. fl. Bas- et Moy.-Cgo, II (1908) 284. [nom. tant.].

1896 (A. Dewèvre). — VIII : île dans la Lulanga (Dew. 856) ; Eala (M. Laur. 2035); Bolombo (Ém. et M. Laur.).

CHAETOCARPUS Thw.

Chaetocarpus africanus *Pax* in Engl. Jahrb. XIX (1894) 113; *Th. Dur.* et *Schinz* Étud. fl. Cgo (1896) 246; *De Wild.* et *Th. Dur.* Pl. Gilletianae, I (1900) 48 et Reliq. Dewevr. (1901) 212; *De Wild.* Miss. Laurent (1905) 141 et Étud. fl. Bas- et Moy.-Cgo, II (1908) 288.

1876 (P. Pogge). — V : Bolobo (Ém. Laur.); Kinshassa (Schlt.); Léopoldville (Dew.); Kisantu et env. (Gill.); Kimuenza (Pyn. 115); Sanda (Verm. in Gill. 3411); Dembo. — Nom vern. : **Kikungu** (Vanderyst). — VI : Dima (Ém. et M. Laur.). — VII : la Fini (Ém. Laur.). — X : le Kasai (Ém. et M. Laur.); le Sankuru (M. Laur.); Kamba; Kapinga; Butala ; Mangba (Ém. et M. Laur.);˜Mukenge (Pg.). — XVI : Musumba. (Pg.).

PYCNOCOMA Benth.

Pycnocoma Laurentii *De Wild.* Étud. fl. Bas- et Moy.-Cgo, II (1908) 285.

1903 (Ém. et Marc. Laurent). — XV : Bombaie (Ém. et M. Laur.).

Pycnocoma macrophylla *Benth.* in *Hook.* Niger Fl. (1849) 508; *De Wild.* Étud. fl. Bas- et Moy.-Cgo, I (1906) 278.

1896 (A. Dewèvre). — VI : vallée de la Djuma (Gent. ; Gill.). — XIII a : env. des Stanley-Falls (Dew.).

Pycnocoma Sapini *De Wild.* Étud. fl. Bas- et Moy.-Cgo, II (1908) 285.

1906 (A. Sapin). — XV : le Sankuru (Sap.). — Nom vern. : **Montende** [Bangala]; **Montendo** [Sankuru].

31

Pycnocoma Thonneri *Pax* in *De Wild.* et *Th. Dur.* Contr. fl. Cg°, I (1899) 51; *DeWild.* et *Th. Dur.* Pl. Thonnerianae (1900) 21, t. 11; *De Wild.* Étud. fl. Bas- et Moy.-Cgo, II (1908) 286.

1896 (Fr. Thonner). — VIII : Efukwa-Kombe [Ikelemba] (M. Laur.). — IX a : Gali [Mongalla] (Thonn. 95; Ėm. Duch.). — XI : Patalongo [Yambuya] (M. Laur. 1046); Yambuya et env. (Solh.).

Pycnocoma trilobata *De Wild.* Miss. Laurent (1905) 132, t. 28.

1903 (Ėm. et Marc. Laurent). — XV : Bolongula [Sankuru] (Ėm. et M. Laur.).

TRAGIA L.

Tragia cordifolia *Benth.* in *Hook.* Niger Fl. (1849) 501; *Muell.-Arg.* in *DC.* Prodr. XV², 944; *Hiern* Cat. Welw. Pl. I, 984; *Th. Dur.* et *De Wild.* Mat. fl. Cgo, II (1898) 61 [B. S. B. B. XXXVII, 106]; *De Wild.* et *Th. Dur.* Reliq. Dewevr. (1901) 80; *De Wild.* Miss. Laurent (1905) 132 et Étud. fl. Bas- et Moy.-Cgo, II (1905) 286.

1895 (Ėdg. Verdick). — Bas-Congo (Cabra). — II a : Bingila (Dup.). — IV : Kitobola (Ėm. et M. Laur.). — V : Kisantu (Gill.); Mopolenge (M. Laur.). — VIII : Eala. — Nom vern. : **Ifambalankoce** (M. Laur.). — XVI : Lukafu. — Nom vern. : **Lusemgue** (Verd.).

Tragia Descampsii *De Wild.* Étud. fl. Kat. (1903) 207.

1891 (G. Descamps). — XVI : le Katanga (Desc.).

Tragia lukafuensis *De Wild.* Étud. fl. Kat. (1903) 206.

1899 (Edg. Verdick). — XVI : Lukafu. — Nom vern. : **Luba-Langwo** (Verd. 220).

Tragia tenuifolia *Benth.* in *Hook.* Niger Fl. (1849) 502; *Muell.-Arg.* in *DC.* Prodr. XV², 945; *De Wild.* et. *Th. Dur.* Contr. fl. Cgo, I (1899) 52 et Pl. Thonnerianae (1900) 21.

1896 (Fr. Thonner). — IX a : Bobi près de Gali (Thonn.).

Tragia volubilis *L.* Sp. pl. ed. 1 (1753) 380; *Muell.-Arg.* in *DC.* Prodr. XV², 935; *Hiern* Cat. Welw. Pl. I, 984; *Th. Dur.* et *De Wild.* Mat. fl. Cgo, II (1898) 61 [B. S. B. B. XXXVII, 106]; *De Wild.* et *Th. Dur.* Reliq. Dewevr. (1901) 212.

1895 (A. Dewèvre). — V : Lukolela (Dew.).

Tragia Zenkeri *Pax* in Engl. Jahrb. XXIII (1897) 528; *De Wild.* et *Th. Dur.* Contr. fl. Cgo, I (1899) 52 et Reliq. Dewevr. (1901) 212.

1895 (A. Dewèvre). — III-IV : la Lufu (Dew. 437).

DALECHAMPIA L.

Dalechampia ipomoeaefolia *Benth.* in *Hook. f.* Niger Fl. (1849) 500; *Muell.-Arg.* in *DC.* Prodr. XV², 1248; *De Wild.* et *Th. Dur.* Pl. Gilletianae, I (1900) 48 [B. Herb. Boiss. Sér. 2, I, 48]; *De Wild.* Étud. fl. Bas- et Moy.-Cgo, II (1908) 286.

1899 (J. Gillet). — II a : le Haut-Shiloango (Cabra et Michel). — V : Léopoldville (Schlt.); Kisantu (Gill.). — VII : Ibali (Ém. et M. Laur.). — VIII : Eala (M. Laur.).

Dalechampia scandens *L.* Sp. pl. ed. 1 (1753) 1054; *Muell.-Arg.* in *DC.* Prodr. XV², 1244; *Hiern* Cat. Welw. Pl. I, 985; *De Wild.* et *Th. Dur.* Pl. Gilletianae, I (1900) 48 [B. Herb. Boiss. Sér. 2, I, 48]; *De Wild.* Étud. fl. Bas- et Moy.-Cgo, I (1906) 278; II (1908) 286.

1900 (J. Gillet). — V : entre Léopoldville et Mombasi; Kisantu (Gill.).

— — var. **cordofana** [*Hochst.*] *Muell.-Arg.* in *DC.* Prodr. XV², 1245; *Pax* in *Engl.* Pfl. Ost-Afr. 240 et in *Th. Dur.* et *De Wild.* Mat. fl. Cgo, II (1898) 61 [B. S. B. B. XXXVII, 106].

1896 (G. Descamps). — Bas-Congo (Cabra). — XI : Mogandjo (M. Laur.). — XVI : Kapanga [Tanganika] (Desc.).

RICINUS L.

Ricinus communis *L.* Sp. pl. ed. 1 (1753) 1007; Bot. Mag. (1821) t. 2209; *Bentl.* et *Trim.* Medic. Pl. IV, t. 237; *Muell.-Arg.* in *DC.* Prodr. XV², 1017; *Pax* in *Engl.* Pfl. Ost-Afr. 240; *Th. Dur.* et *Schinz* Étud. fl. Cgo (1896) 247; *Hiern* Cat. Welw. Pl. I, 983; *De Wild.* Étud. fl. Kat. (1902) 80; Miss. Laurent (1904) 133 et Not. pl. util. ou intér. du Cgo, I (1905) 588-616.

1891 (F. Demeuse). — Espèce souvent introduite. — Bas-Congo (Dem.; Dup.). — II a : Bingila (Dup.). — V : Kisantu (Gill.). — XIV : Kalemba-Lemba (Coll.?). — XV : Bukila (Ém. et M. Laur.). — XVI : Lukafu (Verd.).

MAPROUNEA Aubl.

Maprounea africana *Muell.-Arg.* in *DC.* Prodr. XV², (1866) 1191; *Pax* in *Th. Dur.* et *De Wild.* Mat. fl. Cgo, II (1898) 62 [B. S. B. B. XXXVII, 107]; *Hiern* Cat. Welw. Pl. I, 985; *De Wild.* et *Th. Dur.* Reliq. Dewevr. (1902) 213; *De Wild.* Miss. Laurent (1905) 144 et Étud. fl. Bas- et Moy.-Cgo, I (1906) 279, II (1908) 289.

1893 (Ém. Laurent). — Bas-Congo (Ém. Laur.). — I : Moanda (Gill.). — II a : Bingila (Dup.). — IV : Kitobola (Pyn.). — V : env. de Léopoldville (Gill.; Ém. et M. Laur.); Kisantu (Gill.). — VI : Madibi (Sap.). — VIII : Eala (Pyn.). — IX : Bangala (Dew.). — Nom vern. : **Bosu** [Kwilu] (Sap.).

M. africana var. **obtusa** *Pax* in Engl. Jahrb. XIX (1894) 116 et in *Th. Dur.* et *De Wild.* Mat. fl. Cgo, II (1898) 62 [B. S. B. B. XXXVII, 109]; *De Wild.* et *Th. Dur.* Reliq. Dewevr. (1901) 213.

1893 (Ém. Laurent). — Congo (Dew.). — II a : Shinon (Ém. Laur. 14); env. de Zobe (Dew. 346).

SAPIUM P. Br.

Sapium cornutum *Pax* in Engl. Jahrb. XIX (1894) 114.

Le type croît dans l'Angola.

— — var. **coriaceum** *Pax* l. c. (1894) 115; *Th. Dur.* et *Schinz* Étud. fl. Cgo (1896) 247.

1882 (P. Pogge). — XV : Mukenge (Pg. 1407. 1411).

Sapium Mannianum [*Muell.-Arg.*] *Benth.* in *Benth.* et *Hook. f.* Gen. pl. III (1880) 335; *Pax* in *Th. Dur.* et *De Wild.* Mat. fl. Cgo, II (1898) 62 [B. S. B. B. XXXVII, 107]; *Hiern.* Cat. Welw. Pl. I, 986; *De Wild.* Miss. Laurent (1905) 147 et Étud. fl. Bas- et Moy.-Cgo, I (1906) 279; II (1908) 288.

Excoecaria—*Muell.-Arg.* in Flora (1864) 933 et in *DC.* Prodr. XV² (1868) 1217.

1893 (Ém. Laurent). — II a : Temvo (Ém. et M. Laur.). — IV : Sona-Gongo (Luja); Kitobola (Ém. Laur.). — V : env. de Lukolela (Krek.); Kisantu (Gill.): Kisantu-Makela (Van Houtte). — VI : vallée de la Djuma (Gent.). — VII : Ibali (Ém. et M. Laur.). — VIII : env. d'Eala (M. Laur. 1299). — IX : Umangi (Ém. et M. Laur.). — XV : Lusambo (Ém. et M. Laur.); Lubi (Sap.).

Sapium oblongifolium [*Muell.-Arg.*] *Pax* in Engl. Jahrb. XIX (1894) 114; *De Wild.* et *Th. Dur.* Contr. fl. Cgo, I (1899) 52; II (1900) 57 et Reliq. Dewevr. (1901) 213; *De Wild.* Miss. Laurent (1905) 141 et Étud. fl. Bas- et Moy.-Cgo, I (1906) 279; II (1908) 288.

Excoecaria — *Muell.-Arg.* in *Seem.* Journ. of Bot. II (1864) 337; *Hiern* Cat. Welw. Pl. I, 986.

1891 (F. Demeuse). — V : Léopoldville (Dew.); Galiema (Pyn. 124); Dembo et env. (Gill.; Vanderyst); Sauda (Odd.). — VI : vallée de la Djuma (Gent.); Madibi (Sap.). — VII : Kutu (Ém. et M. Laur.); env. du Lac Léopold II (Body).— XV : le Kasai (Ém. et M. Laur.).—Noms vern. : **Ekongoli** [Lac Léopold II] (Body); **Mombatieke; Mbatieke; Batieke** [Kwilu] (Sap.).

Obs. — L'habitation, N. du Stanley-Pool (Dew.), est dans le Congo français.

Sapium Poggei *Pax* in Engl. Jahrb. XIX (1894) 114; *Th. Dur.* et *Schinz* Étud. fl. Cgo (1896) 247.

1882 (P. Pogge). — XV : Mukenge (Pg. 1385).

Sapium xylocarpum *Pax* in Engl. Jahrb. XIX (1894) 115; *Th. Dur.* et *Schinz* Étud. fl. Cgo (1896) 247.

1882 (P. Pogge). — XV : Mukenge (Pg. 1416).

URTICACEAE

CELTIS L.

Celtis Prantlii *Priemer* in Notizbl. bot. Gart. Berlin, III (1900) 23; *De Wild.* et *Th.Dur.* Reliq. Dewevr. (1901) 213.

1895 (A. Dewèvre). — II : Boma (Dew.).

TREMA Lour.

Trema guineensis [*Schumach.* et *Thonn.*] *Ficalho* Pl. Uteis (1884) 261; *Buett.* in Mitth. Afr. Gesellsch. V, 257; *Th. Dur.* et *Schinz* Étud. fl. Cgo (1896) 247; *De Wild.* et *Th. Dur.* Reliq. Dewevr. (1901) 213 et Pl. Thonnerianae (1901) 10; *De Wild.* Miss. Laurent (1903) 68.

Celtis — *Schumach.* et *Thonn.* Beskr. Guin. Pl. (1827) 160.
Sponia — *Planch.* in *DC.* Prodr. XVII (1873) 197.

1893 (Ém. Laurent). — II : Zenze (Ém. Laur.). — V : Kisantu. — Nom vern. : Gudia-Muni (Gill.). — VII : la Fini (Ém. et M. Laur.). — VIII : Ikenge (Krek.); env. de Mobanga. — Nom vern. : Eseka (Dew.). — IX : Upoto (Thonn.). — XV : Bolongula (Ém. et M. Laur.).

— — form. **strigosa** *Buett.* in Mitth. Afr. Gesellsch. V, 257; *Th. Dur.* et *Schinz* l. c. (1896) 248.

1885 (R. Buettner). — V : Bolobo (Buett. 249).

CHAETACME Planch.

Chaetacme aristata *Planch.* in Annal. sci. nat. Sér. 3, X (1848) 340; *Muell.-Arg.* in *DC.* Prodr. XVII, 210; *Engl.* Pfl. Ost-Afr. 160.

Le type croît dans l'Afrique australe.

— — var. **longifolia** *Engl.* ex *De Wild.* et *Th. Dur.* Reliq. Dewevr. (1901) 214.

1896 (A. Dewèvre). — XIII d : env. de Nyangwe (Dew. 903). — Noms vern. : Kekoko [Kasongo]; Bawamauri : Mokoluko [Ikwangula]; Lamata [Tanganika] (Dew.).

CANNABIS L.

Cannabis sativa *L.* Sp. pl. ed. 1 (1753) 1027; *Rchb.* Icon. fl. Germ. XII, t. 655; *A. DC.* Prodr. XVI¹, 30; *Bentl.* et *Trim.* Medic. Pl. IV, t. 231; *Th. Dur.* et *Schinz* Étud. fl. Cgo (1896) 248; *Hiern* Cat. Welw. Pl. I, 994; *De Wild.* et *Th. Dur.* Reliq. Dewevr. (1901) 214; *De Wild.* Miss. Laurent (1905) 73.

1816 (Chr. Smith). — II a : Bingila (Dup.). — V : le Stanley-Pool (Buett.). — XII : C. dans la zone arabe (Dew.). — XV : le Kasai: le Sankuru: Lusambo; Mange; Butala (Ém. *et* M. Laur.). — Noms vern. : **Bangui** [Bakusu]; **Kiamvu** [Bingila]; **Dzama** [Lulanga]; **Kabangui** [Kasongo]; **Kmoka** [Tanganika] (Dew.).

> « Le *Diamba* ou *Chanvre* est considéré comme indigène dans les endroits de l'intérieur de l'Afrique trop. occid. près du fleuve Congo ou Zaïre ». (CLARKE in *Kew Journ. of Bot.* III, 9).

CHLOROPHORA Gaudich.

Chlorophora excelsa [*Welw.*] *Benth.* et *Hook. f.* Gen. pl. III (1881) 363; *Engl.* Pfl. Ost-Afr. 160; *De Wild.* et *Th. Dur.* Pl. Gilletianae, I (1900) 49 [B. Herb. Boiss. Sér. 2, I, 49] et Reliq. Dewevr. (1901) 214.

Morus — *Welw.* in Trans. Linn. Soc. XXVII (1869) 69, t. 23.
Maclura — *Bureau* in *DC.* Prodr. XVII (1873) 231.

1896 (A. Dewèvre). — V : env. de Bolobo; Lukolela (Dew.); Kisantu (Gill.). — IX : Bumba (Dew.).

DORSTENIA L.

Dorstenia Debeerstii *De Wild.* et *Th. Dur.* in *Th. Dur.* et *De Wild.* Mat. fl. Cgo, VIII (1900) 23 [B. S. B. B. XXXIX², 75].

1895 (Gust. Debeerst). — XVI : le Haut-Marangu (Deb.).

Dorstenia Gilletii *De Wild.* in *De Wild.* et *Th. Dur.* Pl. Gilletianae, II (1901) 98 [B. Herb. Boiss. Sér. 2, I, 838]; *De Wild.* Étud. fl. Bas- et Moy.-Cgo, I (1903) 26.

1900 (J. Gillet). — V : Kisantu (Gill.).

Dorstenia Klainei *Pierre* ex *Heckel* in B. S. B. Fr. XLVII (1903) 260; *De Wild.* Miss. Laurent (1905) 69.

1903 (Ém. et Marc. Laurent). — VIII : Eala (Ém. et M. Laur.).

Dorstenia Laurentii *De Wild.* Miss. Laurent (1905) 69, t. 32.

1903 (Ém. et Marc. Laurent). — XV : Kondue (Ém. et M. Laur.).

Dorstenia Lujae *De Wild.* Pl. nov. Hort. Thenensis, I (1907) 224, t. 50 et Étud. fl. Bas- et Moy.-Cgo, II (1907) 123, t. 59.

1904 (Éd. Luja). — XV : le Sankuru (Luja).

Dorstenia lukafuensis *De Wild.* Étud. fl. Kat. (1902) 28.

1899 (Edg. Verdick). — XVI : Lukafu (Verd. 319).

Dorstenia mogandjensis *De Wild.* Étud. fl. Bas- et Moy.-Cgo, II (1908) 241.

1908 (Marc. Laurent). — XI : Mogandjo (M. Laur. 1996).

Dorstenia Poggei *Engl.* in Engl. Jahrb. XX (1894) 146 et Monog.
Afr. Pfl.-Fam. I [Morac.] (1898) 26, t. 6.

1876? (P. Pogge). — VI : le Kwango, vers le 10 $^{1}/_{2}$° (Pg. 204).

Dorstenia Psilurus *Welw.* in Trans. Linn. Soc. XXVII (1869) 71 ;
De Wild. et *Th. Dur.* Pl. Thonnerianae (1900) 10 ; *De Wild.* Étud.
fl. Kat. (1902) 29 et Étud. fl. Bas- et Moy.-Cgo, I (1904) 119 ; II (1907)
123, t. 60 ; *Hiern* Cat. Welw. Pl. I, 1025 ; *Engl.* Monog. Afr. Pfl.-
Fam. I [Morac.] (1898) 20 ; *De Wild.* Pl. nov. Hort. Thenensis, I,
229, t. 53 ; Étud. fl. Bas- et Moy.-Cgo, I (1904) 119 ; II (1908) 31 et
Miss. Laurent (1905) 70.

1896 (Fr. Thonner). — V : Lukolela (M. Laur.). — VIII : Eala; Ikeuge (Ém. et
M. Laur.). — IX : Bobangi (Ém. et M. Laur.). — IX a : Bobi (Thonn.). — XV :
Kondue Mukundji; Pangu (Ém. et M. Laur.). — XVI : Lukafu. — Nom vern. :
Kabaye (Verd.).

Dorstenia scabra *Engl.* in Engl. Jahrb. XX (1894) 132 ; *Schlechter*
Westafr. Kautsch.-Exped. (1900) 286.

1889 (R. Schlechter). — VIII : Coquilhatville (Schlt. 12607).

Dorstenia scaphigera *Bureau* in B. Mus. Paris, I (1895) 60 ; *De
Wild.* et *Th. Dur.* Contr. fl. Cgo, II (1900) 58 et Pl. Thonnerianae
(1900) 11 ; *Engl.* Monog. Afr. Pfl.-Fam. I [Morac.] (1898) 19.

1896 (Fr. Thonner). — IX a : Bobi près Gali (Thonn.). — XV : Bena-Dibele
(Luja).

Dorstenia Verdickii *De Wild.* et *Th. Dur.* in *Th. Dur.* et *De Wild.*
Mat. fl. Cgo, X (1901) 20 [B. S. B. B. XL, 26].

1899 (Edg. Verdick). — XV : Lukafu (Verd.).

Dorstenia yambuyaensis *De Wild.* Étud. fl. Bas- et Moy.-Cgo, II
(1908) 241.

1906 (Marc. Laurent). — VIII : Eala (Brixhe; Pyn. 448). — XI : Yambuya (M.
Laur. 1997); Mogandjo (M. Laur. 2000).

TRYMATOCOCCUS Poepp. et Endl.

Trymatococcus Gilletii *De Wild.* Étud. fl. Bas- et Moy.-Cgo, I (1904)
119, t. 26.

1901 (J. Gillet). — V : Kimuenza (Gill. 2194).

Trymatococcus kamerunianus *[Engl.]* *Engl.* Monog. Afr. Pfl.-Fam.
I [Morac.] (1898) 29, t. 11, fig. B ; *Hiern* Cat. Welw. Pl. I, 1024 ,
De Wild. Étud. fl. Bas- et Moy.-Cgo, I (1904) 119.

Dorstenia — *Engl.* in Engl. Jahrb. XX (1895) 142.

1902 (J. Gillet et L. Gentil). — VI : vallée de la Djuma (Gent. ; Gill. 2841).

FICUS L.

Ficus ardisioides *Warb.* in Engl. Jahrb. XX (1894) 172 et in *Warb.* et *De Wild.* Ficus du Cgo, I (1904) 16, t. 24.

1870 (G. Schweinfurth). — XII d : Munza (Schw. 3382).

Ficus artocarpoides *Warb.* in *Warb.* et *De Wild.* Ficus du Cgo, I (1904) 23, t. 3.

1901 (J. Gillet). — Bas-Congo (Gill. 2014).

Ficus Bubu *Warb.* in *Warb.* et *De Wild.* Ficus du Cgo, I (1904) 3, t. 8; *De Wild.* Miss. Laurent (1905) 70.

1900 (J. Gillet). — V : Kisantu (Gill. 1167). — XV : Mukundji (Ém. et M. Laur.).

Ficus Cabrae *Warb.* in *Warb.* et *De Wild.* Ficus du Cgo, I (1904) 9.

1896 (Alph. Cabra). — Ind. non cl. : village de Sigmate (Cabra, 36).

Ficus capensis *Thunb.* Diss. Fic. gen. (1786) 13; *Engl.* Pfl. Ost-Afr. 161.

Le type croît dans l'Afrique austr. et trop.

— — var. **pubescens** *Warb.* ex *De Wild.* et *Th. Dur.* Reliq. Dewevr. (1901) 215.

1895 (A. Dewèvre). — IV : Lukungu (Dew. 465).

Ficus chlamydodora *Warb.* in Engl. Jahrb. XX (1894) 163 et in *Engl.* Pfl. Ost-Afr. 161, t. 8; *De Wild.* et *Th. Dur.* Reliq. Dewevr. (1901) 215; *Warb.* in *Warb.* et *De Wild.* Ficus du Cgo, I (1904) 12.

1896 (A. Dewèvre). — II : Boma (Dew. 129).

Ficus congensis *Engl.* in Engl. Jahrb. VIII (1886) 59; *De Wild.* et *Th. Dur.* Reliq. Dewevr. (1901) 215; *Warb.* in *Warb.* et *De Wild.* Ficus du Cgo, I (1904) 8.

1874 (Fr. Naumann). — II : Boma (Naum.233); îles du Congo près de Malela. — Nom vern. : Fumu (Dew. 176).

Ficus corylifolia *Warb.* ex *De Wild.* et *Th. Dur.* Reliq. Dewevr. (1901) 215 et in *Warb.* et *De Wild.* Ficus du Cgo, I (1904) 27; *De Wild.* Miss. Laurent. (1905) 70 et Étud. fl. Bas- et Moy.-Cgo, I (1906) 236.

1870 (G. Schweinfurth). — V : Kisantu (Gill. 815, 1309); entre Tumba et Kimpesse (Gill.). — VIII : Coquilhatville. — Nom vern. : Itali (Dew.). — XII d : pays des Mangbettu (Schw.). — XV : Kondue (Ém. et M. Laur.).

F. corylifolia var. **glabrescens** *Warb.* in *Warb.* et *De Wild.*
Ficus du Cgo, I (1904) 28.

1900 (J. Gillet). — V : Kisantu (Gill. 1259).

Ficus crassicosta *Warb.* in *Warb.* et *De Wild.* Ficus du Cgo, I
(1904) 11, t. 21.

1891 (F. Demeuse). — V : Lukolela (Dem. 469).

Ficus cyathistipula *Warb.* in Engl. Jahrb. XX (1894) 173, in *Engl.*
Pfl. Ost-Afr. 101, t. 10 A-E et in *Warb.* et *De Wild.* Ficus du Cgo,
I (1904) 13, t. 27 ; *De Wild.* Miss. Laurent (1905) 70.

1903 (Ém. et Marc. Laurent). — XV : Bombaie; Pangu (Ém. et M. Laur.).

Ficus Demeusei *Warb.* in *Warb.* et *De Wild.* Ficus du Cgo, I (1904)
20, t. 14.

1891 (F. Demeuse). — Congo (Dem. 416).

Ficus Dewevrei *Warb.* ex *De Wild.* et *Th. Dur.* Reliq. Dewevr.
(1901) 215 et in *Warb.* et *De Wild.* Ficus du Cgo, I (1904) 18.

1896 (A. Dewèvre). — XI : Lokandu (Dew. 1102).

Ficus Dusenii *Warb.* in Engl. Jahrb. XX (1894) 168 et in *Warb.* et
De Wild. Ficus du Cgo, I (1904) 20.

1900 (J. Gillet). — V : Kisantu. — Nom vern. : **Sanda** (Gill. 741).

Ficus erubescens *Warb.* in *Warb.* et *De Wild.* Ficus du Cgo, I
(1904) 29, t. 6; *De Wild.* Miss. Laurent (1905) 70.

1891 (F. Demeuse). — Congo (Dem.). — V : Bokala (Ém. et M. Laur.); Kisantu
(Gill. 440, 744a, 1146, 1321). — VII : la Fini (Ém. et M. Laur.).

Ficus exasperata *Vahl* Enum. pl. II (1806) 197; *Hook.* in Lond.
Journ. of Bot. (1848) t. 14 ; *Engl.* Pfl. Ost-Afr. 161 ; *De Wild.*
et *Th. Dur.* Contr. fl. Cgo, I (1899) 54.

1893 (Ém. Laurent). — II a : le Mayumbe (Ém. Laur.).

Ficus furcata *Warb.* in Engl. Jahrb. XX (1894) 173 ; *Th. Dur.* et
Schinz Étud. fl. Cgo (1896) 249 ; *Warb.* et *De Wild.* Ficus du Cgo,
I (1904) 17, t. 21 ; *De Wild.* Miss. Laurent (1905) 71.

1870 (G. Schweinfurth). — Congo. — Nom vern. : **Itutangali; Onene** (Dew.). —
XII d : Muuza (Schw.). — XIII a : chutes de la Tshopo (Ém. et M. Laur.)

Ficus Gilletii *Warb.* in *Warb.* et *De Wild.* Ficus du Cgo, I (1904)
19, t. 1.

1904 (J. Gillet). — V : Kisantu (Gill. 1120).

Ficus inkasuensis *Warb.* in *Warb* et *De Wild.* Ficus du Cgo, I (1904) 23.

1893 (Ém. Laurent). — IX : Inkasu [rég. de Bumba] ; planté dans les villages (Ém. et M. Laur.).

Ficus kimuenzensis *Warb.* in *Warb.* et *De Wild.* Ficus du Cgo, I (1904) 23.

1901 (J. Gillet). — V : Kimuenza (Gill. 2170).

Ficus kisantuensis *Warb.* in *Warb.* et *De Wild.* Ficus du Cgo, I (1904) 22, t. 5; *De Wild.* Étud. fl. Bas- et Moy.-Cgo, I (1906) 236.

1900 (J. Gillet). — V : Kisantu (Gill. 598).

Ficus Laurentii *Warb.* in *Warb.* et *De Wild.* Ficus du Cgo, I (1904) 21.

1895 (Ém. Laurent). — XV : Lusambo (Ém. Laur.).

Obs. — Il faut peut-être rapporter à cette espèce, des échantillons récoltés par M. G. Schweinfurth à Munza [XII d] (Warb. l. c.).

Ficus Lingua *Warb.* in *De Wild.* et *Th. Dur.* Reliq. Dewevr. (1901) 216 et in *Warb.* et *De Wild.* Ficus du Cgo, I (1904) 24; *De Wild.* Miss. Laurent (1906) 71.

1896 (A. Dewèvre). — XI : Lokandu (Dew. 1136). — XIII c : env. de la Lowa (Dew. 1136). — XV : Dibele (Ém. et M. Laur.).

Ficus megalodisca *Warb.* in *Warb.* et *De Wild.* Ficus du Cgo, I (1904) 2, t. 2.

1900 (J. Gillet). — V : Kimuenza (Gill. 1747).

Ficus megaphylla *Warb.* in *Warb.* et *De Wild.* Ficus du Cgo, I (1904) 2.

1870 (G. Schweinfurth). — XII d : Munza; Kusumba (Schw.).

— — var. **glabra** *Warb.* l. c. I (1904) 2.

1870 (G. Schweinfurth). — XII d : Linduku (Schw.).

Ficus monbuttuensis *Warb.* in *Warb.* et *De Wild.* Ficus du Cgo, I (1904) 11, t. 25.

1870 (G. Schweinfurth). — XII d : Munza (Schw.).

Ficus Munsae *Warb.* in *Warb.* et *De Wild.* Ficus du Cgo, I (1904) 29, t. 17.

1870 (G. Schweinfurth). — XII d : Munza (Schw.).

Ficus Nekbuku *Warb.* in *Warb.* et *De Wild.* Ficus du Cgo, I (1904) 5, t. 4.

1900 (Wtterwulghe). — XII : zone de Makrakra [distr. de l'Uelé] (Wtterw.).

Ficus niamniamensis *Warb.* in *Warb.* et *De Wild.* Ficus du Cgo, I (1904) 14, t. 20; *De Wild.* Miss. Laurent (1905) 71.

F. syringaefolia *Warb.* [non *Kunth* et *Bouché*] in Engl. Jahrb. XX (1894) 170 pr. p.

1903 (Ém. et Marc. Laurent). — VII : la Fini (Ém. et M. Laur.). — XV : env. de Munungu; Munkundji (Ém. et M. Laur.); Bukila (Ém. et M. Laur.).

Ficus octomelifolia *Warb.* in *Warb.* et *De Wild.* Ficus du Cgo, I (1904) 1.

1896 (Alph. Cabra). — Bas-Congo (Cabra).

Ficus pachypleura *Warb.* ex *De Wild.* et *Th. Dur.* Reliq. Dewevr. (1901) 216 et in *Warb.* et *De Wild.* Ficus du Cgo, I (1904) 4; *De Wild.* Étud. fl. Bas- et Moy.-Cgo, I (1906) 236.

1896 (A. Dewèvre). — II a : entre Shimbanza et Mangwala (Cabra, 93, 96). — VI : Tumba-Mani (Cabra et Michel). — VIII : Bokakata (Dew.).

Ficus paludicola *Warb.* in *Warb.* et *De Wild.* Ficus du Cgo, I (1904) 38, t. 12; *De Wild.* Étud. fl. Bas- et Moy.-Cgo, I (1906) 236.

1902 (J. Gillet). — V : entre Léopoldville et Mombazi (Gill.).

Ficus persicaefolia *Warb.* in Engl. Jahrb. XX (1894) 162 et in *Warb.* et *De Wild.* Ficus du Cgo, I (1904) 15, t. 16.

1870 (G. Schweinfurth). — XII d : Munza (Schw. 3346, 3564).

— — var. **angustifolia** *Warb.* l. c. (1904) 15.

1900 (J. Gillet). — V : Kisantu (Gill. 1534).

— — var. **glabripes** *Warb.* l. c. (1904) 15.

1870 (G. Schweinfurth). — XII d : Munza (Schw.).

Ficus platyphylla *Delile* Cent. pl. Méroë (1826) 62 ; *Warb.* in *Warb.* et *De Wild.* Ficus du Cgo, I (1904) 4.

1897 (Alph. Cabra). — II a : le Mayumbe (Cabra, 37, 62).

Ficus polybractea *Warb.* in *De Wild.* et *Th. Dur.* Reliq. Dewevr. (1901) 216 et in *Warb.* et *De Wild.* Ficus du Cgo, I (1904) 7.

1895 (A. Dewèvre). — VIII : Équateur (Dew. 1168 a). — XIII a : env. des Stanley-Falls (Dew.).

Ficus Preussii *Warb.* in Engl. Jahrb. XX (1894) 156 et in *Warb.* **et**
De Wild. Ficus du Cgo, I (1904) t. 18; *De Wild.* et *Th. Dur.* Reliq. Dewevr. (1901) 216.

1896 (A. Dewèvre). — V : Lukolela. — Nom vern. : **Dikanda** (Dew. 843).

Ficus pubicosta *Warb.* in *De Wild.* et *Th. Dur.* Reliq. Dewevr.
(1901) 216 et in *Warb.* et *De Wild.* Ficus du Cgo, I (1904) 16.

1895 (A. Dewèvre). — II a : Katala (Dew. 141).

Ficus punctifera *Warb.* in *Warb.* et *De Wild.* Ficus du Cgo, I (1904)
35 t. 7; *De Wild.* Miss. Laurent (1905) 71 et Étud. fl. Bas- et Moy.-
Cgo, I (1906) 236.

1896 (Alph. Cabra). — Bas-Congo (Cabra, 17). — II a : Temvo (Ém. et M. Laur.).
V : Kisantu (Gill. 236, 345, 648). — VI : vallée de la Djuma (Gent. et Gill.). —
XI : Basoko (Ém. et M. Laur.). — Noms vern. : **Kuia** [Temvo]; **Lukuio** [Djabbir]
(Dew.).

Ficus Rokko *Warb.* et *Schweinf.* in Engl. Jahrb. XX (1894) 164 et
in *Engl.* Pfl. Ost-Afr. 162; *Th. Dur.* et *Schinz* Étud. fl. Cgo
(1896) 249; *Warb.* in *Warb.* et *De Wild.* Ficus dn Cgo, I (1904) 14;
De Wild. et *Th. Dur.* Reliq. Dewevr. (1901) 214.

1870 (G. Schweinfurth). — II a : à l'E. et au S. de Shimbanza (Cabra, 67). —
IV : Lukungu. — Nom vern. : **Sanda** (Dew. 451). — XII d : pays des Mangbettu
(Schw. 3518, 3541, 3592, 3692). — XVI : Moliro (Desc.).

Ficus scolopophora *Warb.* in *Warb.* et *De Wild.* Ficus du Cgo, I
(1904) 33.

1900 (J. Gillet). — V : Kisantu (Gill. 1294).

Ficus stellulata *Warb.* in Engl. Jahrb. XX (1894) 152 et in *Warb.*
et *De Wild.* Ficus du Cgo, I (1904) 26.

Le type croît au Kamerun.

— — var. **glabrescens** *Warb.* l. c. (1904) 27.

1899 (J. Gillet). — V : Kisantu (Gill. 447, 905).

Ficus subcalcarata *Warb.* et *Schweinf.* in Engl. Jahrb. XX (1894)
155; *Warb.* in *Warb.* et *De Wild.* Ficus du Cgo, I (1904) 9, t. 26.

1870 (G. Schweinfurth). — XII d : Munza (Schw. 3624).

Ficus syringaefolia *Warb.* [non *Kunth* et *Bouché*] in Engl. Jahrb.
XX (1894) 170.

1870 (G. Schweinfurth). — XII d : Linduku (Schw. 3134).

Ficus triangularis *Warb.* in Engl. Jahrb. XX (1894) 174; *De Wild.* et *Th. Dur.* Reliq. Dewevr. (1901) 216.

1896 ? (A. Dewèvre). — Congo (Dew.).

Ficus Vallis-Choudae *Delile* in Annal. sci. nat. Sér. 2, XX (1843) 94; *Ferret* et *Galinier* Voy. en Abyss. t. 1; *Warb.* in Engl. Pfl. Ost-Afr. 161 et in *Warb.* et *De Wild.* Ficus du Cgo, I (1904) 26, t. 23; *De Wild.* et *Th. Dur.* Reliq. Dewevr. (1901) 216; *De Wild.* Miss. Laurent (1905) 71.

1888 (Fr. Hens). — VII : Kiri (Ém. et M. Laur.). — VIII : Équateurville [Wangata]. — Noms vern. : Itadje et Itedji (Dew.): Coquilhatville (Ém. et M. Laur.). — IX : Bangala (Hens); Mobeka (Ém. et M. Laur.).

Ficus variifolia *Warb.* in *Warb.* et *De Wild.* Ficus du Cgo, I (1904) 30.

1870 (G. Schweinfurth). — XII d : le Kibali [Mangbettu] (Schw.).

Ficus villosipes *Warb.* in *Warb.* et *De Wild.* Ficus du Cgo, I (1904) 28.

1895 (A. Dewèvre). — IV : env. de Lukungu (Dew. 465).

Ficus Wildemaniana *Warb.* in *De Wild.* et *Th. Dur.* Reliq. Dewevr. (1901) 217 et in *Warb.* et *De Wild.* Ficus du Cgo, I (1904) 7 ; *De Wild.* Miss. Laurent (1905) 71.

1895 (A. Dewèvre). — VII : Kutu; Kiri (Ém. et M. Laur.). — VIII : Équateur. — Nom vern. : Sonkunu (Dew. 562).

Ficus xiphophora *Warb.* in *Warb.* et *De Wild.* Ficus du Cgo, I (1904) 34, t. 9 et 10; *De Wild.* Miss. Laurent (1905) 71 et Étud. fl. Bas- et Moy.-Cgo, I (1906) 236

1902 (J. Gillet).—V : Kisantu (Gill. 169, 433, 2337).—X : Imese (Ém. et M. Laur.

SCYPHOSYCE Baill.

Scyphosyce Gilletii *De Wild.* Étud. fl. Bas- et Moy.-Cgo, I (1903) 26.

1902 (J. Gillet). — V : env. de Léopoldville (Gill.).

BOSQUIEA Thou.

Bosquiea angolensis [*Welw.*] *Ficalho* Pl. Uteis (1884) 271 ; *De Wild.* et *Th. Dur.* Pl. Gilletianae, II (1901) 99 [B. Herb. Boiss. Sér. 2, I, 839]; *De Wild.* Not. pl. util. ou intér. du Cgo, I (1903) 5-10.

B. Welwitschii *Engl.* Monog. Afr. Pfl.- Fam. [Morac.] (1898) 36 ; *De Wild.* et *Th. Dur.* Contr. fl. Cgo, I (1899) 59 et Reliq. Dewevr. (1901) 217; *De Wild.* Miss. Laurent (1905) 70.

1896 (A. Dewèvre). — II a : le Mayumbe (Fuchs). — IV : Luvituku (Luja); la Lemfu (Fuchs.). — V : Kisantu (Gill.). — VIII : Coquilhatville (Dew.). — Noms vern : **Sekene; Sekenia; Sakagna; Sekegna** (Fuchs).

BOSQUIEOPSIS De Wild. et Th. Dur.

Bosquieopsis Gilletii *De Wild.* et *Th. Dur.* Pl. Gilletianae, II (1901) 100 [B. Herb. Boiss. Sér. 2, I, 840].

1900 (J. Gillet). — V : Kimuenza (Gill. 1742).

TRECULIA Decne.

Treculia Dewevrei *De Wild.* et *Th. Dur.* Contr. fl. Cgo, I (1899) 54; Ill. fl. Cgo (1900) 139, t. 70 et Reliq. Dewevr. (1901) 217; *De Wild.* Miss. Laurent (1905) 70.

1896 (A. Dewèvre). — VII : Kutu (Ém. et M. Laur.). — IX : Ile près de Umangi (Dew.).

Treculia Engleriana *De Wild.* et *Th. Dur.* Ill. fl. Cgo (1900) 140 in obs. et Pl. Gilletianae, I (1900) 49 [B. Herb. Boiss. Sér. 2, I, 49].

     T. africana *Engl.* [non *Decne*] Monog. Afr. Pfl.-Fam. I [Morac.] (1898) 32, t. 12-14.

1899 (J. Gillet). — V : Kisantu, aux bords de l'Inkisi (Gill. 20).

MYRIANTHUS P. Beauv.

Myrianthus arborea *P. Beauv.* Fl. d'Oware, I (1804) 16, t. 11, 12; *R. Br.* in Capt. Tuckey's Narrat. Append. 453; *Engl.* Pfl. Ost.-Afr. 162; *De Wild.* et *Th. Dur.* Contr. fl. Cgo, I (1899) 54 ; II (1900) 58; *Engl.* Monog. Afr. Pfl.-Fam. I [Morac.] (1898) 38, fig. 3; *De Wild.* Miss. Laurent (1905) 71, (1907) 377 et Étud. fl Bas- et Moy.-Cgo, II (1907) 31.

1816 (Chr. Smith). — Bas-Congo (Sm.). — II a : le Mayumbe, C. (Ém. Laur.).— IV : distr. des Cataractes (Ém. Laur.). — V : distr. du Stanley-Pool (Ém. Laur.); Kisantu. — Nom vern. : **Muntusu** (Gill.). — VII : vallée de la Fini (Ém. Laur.). — VIII : Eala (Ém. et M. Laur.). — XI : Basoko (Ém. Laur.). — XII d : Kusumba (Schw.). — XV : le Sankuru (Dem.); Munungu (Ém. et M. Laur.).

Artocarpus incisa *L. f.* Suppl. pl. (1781) 411 ; Bot. Mag. (1828) t. 2869-2871 ; *T. Dur.* et *Schinz* Étud. fl. Cgo (1896) 249 ; *De Wild.* et *Th. Dur.* Cont. fl. Cgo, I (1899) 54.

     Cultivé au pays des Bangala [IX] (Ém. Laur.) ; à Boma [II] ; à Ponta da Lenha, etc. (Dup.).

MUSANGA R. Br.

Musanga Smithii *R. Br.* in Capt. Tuckey's Narrat. Append. (1818)
453 et in *Bennett* Pl. Javan. rarior. (1838) 49; *Th. Dur.* et *Schinz*
Étud. fl. Cgo (1896) 250; *De Wild.* et *Th. Dur.* Pl. Gilletianae, I
(1900) 49 [B. Herb. Boiss. Sér. 2, I, 49; *Engl.* Monog. Afr. Pfl.-Fam.
I [Morac.] (1898) 42, fig. 4, t. 18; *De Wild.* Not. pl. util. ou intér.
du Cgo, I (1903) 11-15 et Miss. Laurent (1905) 72.

> M. cecropioides *R. Br.* ex *Teddie* in *Bowdich* Miss. Ashant. (1819) 372; *Hiern*
> Cat. Welw. Pl. I, 995.

> 1816 (Chr. Smith). — Bas-Congo (Sm.: Ém. Laur.). — II a : la Lukula (Ém.
> Laur.). — V : Kisantu (Gill.). — XII : pays des Mangbettu (Schw.) et des Bajandi
> [Aruwimi] (Ém. Laur.). — XV : Mukenge (Pg.).

> Obs. — Une des plantes caractéristiques de la forêt du Bas-Congo aux Grands
> Lacs (De Wild.).

FLEURYA Gaudich.

Fleurya aestuans [*L.*] *Gaudich.* in *Freycin.* Voy. de l'Uranie (1826)
497; *Wedd.* in *DC.* Prodr. XVI¹, 71; *Th. Dur.* et *Schinz* Étud. fl.
Cgo (1896) 250; *Engl.* Pfl. Ost-Afr. 163; *Th. Dur.* et *De Wild.* Mat.
fl. Cgo, I (1897) [B. S. B. B. XXXVI², 80]; *Hiern* Cat. Welw. Pl. I
988; *De Wild.* et *Th. Dur.* Reliq. Dewevr. (1901) 218; *De Wild.*
Étud. fl. Bas- et Moy.-Cgo, II (1907) 31, t. 29.

> Urera — *L.* Sp. pl. ed. 2 (1763) 1397.

> 1885 (R. Buettner). — II a : Bingila (Dup.); Shinganga (Dew.). — V : Suata
> (Buett.); Kisantu (Gill.). — VII : Kiri (Ém. et M. Laur.). — VIII : Eala (M. Laur.);
> Lulanga. — Nom vern. : **Lusaka** (Dew.); Bokakata (Dew.). — IX : Bangala (Hens);
> Bolombo (Ém. et M. Laur.).— XVI : Lukafu.— Nom vern. : **Gulumu-Kumba** (Verd.);
> Albertville [Toa] (Hecq; Desc.).

Fleurya interrupta [*L.*] *Gaudich* in *Freycin.* Voy. de l'Uranie (1826)
497, in add.; *Wight* Icon. pl. Ind. or. VI, t. 1975; *Wedd.* in *DC.*
Prodr. XVI¹, 74; *Schlechter* Westafr. Kautsch.-Exped. (1900) 286.

> Urtica — *L.* Sp. pl. ed. 1 (1753) 985.

> 1889 (R. Schlechter). — V : Léopoldville (Schlt. 12537).

Fleurya podocarpa *Wedd.* in *DC.* Prodr. XVI¹ (1869) 76; *Engl.* Pfl.
Ost-Afr. 163; *Th. Dur.* et *De Wild.* Mat. fl. Cgo, I (1897) 40 [B. S.
B. B. XXXVI¹, 80]; *De Wild.* et *Th. Dur.* Reliq. Dewevr. (1901)
218; *De Wild.* Étud. fl. Kat. (1902) 29 et Miss. Laurent (1903) 73.

> 1893 (P. Dupuis). — II a : Kibinga (Dup.). — V : Kisantu (Gill.). — VII : Kiri
> (Ém. et M. Laur.) — VIII : Coquilhatville (Dew.); Ikenge; Bolombo (Ém. et M.
> Laur.). — XVI : Lukafu (Verd.).

URERA Gaudich.

Urera arborea *De Wild.* et *Th. Dur.* in *Th. Dur.* et *De Wild.*
Mat. fl. Cgo, III (1899) 44 [B. S. B. B. XXXVIII², 52]; *De Wild.* et
Th. Dur. Reliq. Dewev. (1901) 218.

1896 (A. Dewèvre). — VIII : Coquilhatville (Dew. 618).

Urera cameroonensis *Wedd.* in *DC.* Prodr. XVI¹ (1869) 97; *Th.*
Dur. et *Schinz* Étud. fl. Cgo (1896) 250.

1893 (Ém. Laurent). — II : Ile des Princes (Ém. Laur.)

Urera congolensis *De Wild.* et *Th. Dur.* in *Th. Dur.* et *De Wild.*
Mat. fl. Cgo, III (1899) 42 [B. S. B. B. XXXVIII², 50]; *De Wild.* et
Th. Dur. Reliq. Dewevr. (1901) 219.

1895 (A. Dewèvre). — XIII a : forêts des Stanley-Falls (Dew.).

Urera Dewevrei *De Wild.* et *Th. Dur.* in *Th. Dur.* et *De Wild.*
Mat. fl. Cgo, III (1899) 41 [B. S. B. B. XXXVIII³, 49]; *De Wild.* et
Th. Dur. Reliq. Dewevr. (1901) 219.

1896 (A. Dewèvre). — XI : forêts de Lokandu. — Nom vern. : **Lusamba-Samba**
(Dew. 1116).

Urera Gilletii *De Wild.* Étud. fl. Bas- et Moy.-Cgo, I (1906) 340.

1902 (J. Gillet). — V : Kisantu (Gill. 2312).

Urera Laurentii *De Wild.* Miss. Laurent (1905) 72, t. 20.

1903 (Ém. et Marc. Laurent). — X : Imese [Ubangi] (Ém. et M. Laur.).

Urera oblongifolia *Benth.* in *Hook.* Niger Fl. (1849) 515; *De Wild.*
Miss. Laurent (1905) 73.

1903 (Ém. et Marc. Laurent). — IX : Bumba (Ém. et M. Laur.). — XV : Bombaie (Ém. et M. Laur.).

Urera Thonneri *De Wild.* et *Th. Dur.* in *Th. Dur.* et *De Wild.*
Mat. fl. Cgo, III (1899) 40 [B. S. B. B. XXXVIII², 48]; *De Wild.* et
Th. Dur. Pl. Thonnerianae (1900) 11.

1896 (Fr. Thonner). — IX a : Gali (Thonn. 29).

GIRARDINIA Gaudich.

Girardinia condensata [*Hochst.*] *Wedd.* in Archiv. Mus. Paris, VIII,
(1855-1856) 169; *Engl.* Pfl. Ost-Afr. 163; *Wedd.* in *DC.* Prodr.
XVI¹, 103.

Urtica — *Hochst.* ex *Steud.* in Flora, XXXIII (1850) 260.

Le type croît en Abyssinie.

G. condensata var. **adoensis** [*Wedd.*] *Engl.* ex *De Wild.* Étud. fl. Kat. (1903) 173.

M. adoensis *Wedd.* in Annal. sci. nat. Sér. 3, XVIII (1852) 203.

1900 (Edg. Verdick). — XVI : Lukafu. — Nom vern. : **Kibongo-Makungi** (Verd.).

BOEHMERIA Jacq.

Boehmeria platyphylla *Don* Prodr. fl. Nepal. (1825) 60; *Wedd.* Monog. Urtic. 364 et in *DC.* Prodr. XVI', 210; *Hook. f.* Fl. Brit. Ind. V, 578; *De Wild.* et *Th. Dur.* Pl. Gilletianae, I (1900) 50 [B. Herb. Boiss. Sér. 2, I, 50].

1897 (J. Gillet). — V : Kisantu (Gill.).

POUZOLZIA Gaudich.

Pouzolzia denudata *De Wild.* et *Th. Dur.* in *Th. Dur.* et *De Wild.* Mat. fl. Cgo, III (1899) 46 [B. S. B. B. XXXVIII², 54]; *De Wild.* et *Th. Dur.* Reliq. Dewevr. (1901) 220; *De Wild.* Miss. Laurent (1905) 73.

1896 (A. Dewèvre). — VIII : Lulanga (Ém. et M. Laur.). — XIII a : env. de Stanleyville (Dew. 1164 a).

Pouzolzia Dewevrei *De Wild.* et *Th. Dur.* in *Th. Dur.* et *De Wild.* Mat. fl. Cgo, III (1899) 45 [B. S. B. B. XXXVIII², 53]; *De Wild.* et *Th. Dur.* Reliq. Dewevr. (1901) 221.

1896 (A. Dewèvre). — V : village de Moe [env. de Bolobo] (Dew. 728).

Pouzolzia guineensis *Benth.* in *Hook.* Niger Fl. (1849) 518; *Wedd.* in *DC.* Prodr. XVI', 263; *De Wild.* et *Th. Dur.* Pl. Gilletianae, I (1900) 50 [B. Herb. Boiss. Sér. 2, I, 50] et Reliq. Dewevr. (1901) 221; *De Wild.* Miss. Laurent (1905) 73.

1900 (J. Gillet). — V : Kisantu (Gill.). — VII : Kutu (Ém. et M. Laur.). — X : l'Ubangi (Ém. et M. Laur.). — XI : Lokandu (Dew.). — Nom vern. : **Katafumba** [Tanganika] (Dew.).

CERATOPHYLLACEAE

CERATOPHYLLUM L.

Ceratophyllum demersum *L.* Sp. pl. ed. 1 (1753) 992; *DC.* Prodr. III, 73; Fl. Danica, XII, t. 2000; *Boiss.* Fl. Orient. IV, 1202; *Hook. f.* Fl. Brit. Ind. V, 639; *De Wild.* et *Th. Dur.* Contr. fl. Cgo, II (1899) 58; *Hiern* Cat. Welw. Pl. I, 1031; *De Wild.* Étud. fl. Bas- et Moy.-Cgo, I (1904) 122 et Miss Laurent (1905) 20.

32

C. vulgare *Schlechtendal* in Linnaea, XI (1837) 540, t. 2.

1899 (Éd. Luja). — V : Kisantu; Kimuenza (Gill.). ; le Kasai ; le Stanley-Pool (Luja). — IX : en aval de Bolombo (Ém. et M. Laur.). — XV : Isaka (Ém. et M. Laur.).

MONOCOTYLEDONEAE

HYDROCHARITACEAE

LAGAROSIPHON Harv.

Lagarosiphon Schweinfurthii *Casp.* in Bot. Zeit. XXVIII (1870) 88 ; *C. H. Wright* in *Dyer* Fl. trop. Afr. VII, 3; *De Wild.* et *Th. Dur.* Pl. Gilletianae, II (1901) 101 [B. Herb. Boiss. Sér. 2, I, 841]; *De Wild.* Étud. fl. Bas- et Moy.-Cgo, I (1904) 94.

1900 (J. Gillet). — V : Kisantu (Gill. 1006).

VALLISNERIA L.

Vallisneria spiralis *L.* Sp. pl. ed. 1 (1753) 1015 ; *Hook.* Bot. Miscell. III, 87, t. 23-24; *C. H. Wright* in *Dyer* Fl. trop. Afr. VII, 5.

1885 (C. Callewaert). — V : le Stanley-Pool (Callew.).

OTTELIA Pers.

Ottelia halogena *De Wild.* et *Th. Dur.* in *Th. Dur.* et *De Wild.* Mat. fl. Cgo, III (1899) 48 [B. S. B. B. XXXVIII², 56]; *De Wild.* et *Th. Dur.* Reliq. Dewevr. (1901) 221.

1896 (A. Dewèvre). — XIII d : Kasongo (Dew.). — XIII e : env. de Nyangwe (Dew. 944). — Noms vern. : **Kolekole** [Ikwangula]; **Kesekemeka** [Kasongo]; **Monkwe** [Tanganika] (Dew.).

Ottelia lancifolia *A. Rich.* Tent. fl. Abyss. II (1851) 280, t. 95; *C. H. Wright* in *Dyer* Fl. trop. Afr. VII, 7.

Le type croît dans l'Afrique trop. or. et l'Angola.

— — var. **fluitans** *Ridl.* in Journ. Linn. Soc. XXII (1887) 238 ; *C. H. Wright* l. c.; *De Wild.* Miss. Laurent (1906) 197.

1903 (Ém. et Marc. Laurent). — V : Tumba (Ém. et M. Laur.).

Ottelia Verdickii *Guerke* ex *De Wild.* Étud. fl. Kat. (1903) 171.

1900 (Edg. Verdick). — XVI : Lac Moero (Verd.).

BOOTTIA Wall.

Boottia abyssinica *Ridl.* in Journ. Linn. Soc. XXII (1887) 239 ;
C. H. Wright in *Dyer* Fl. trop. Afr. VII, 9.

1870 (G. Schweinfurth). — M, Wright (l. c.) croit pouvoir rapporter à cette espèce une forme à fl. blanches, le n. 3638 récolté dans le pays des Mangbettu [XII d] (Schw.).

BURMANNIACEAE

BURMANNIA L.

Burmannia bicolor *Mart.* Nov. gen. et sp. I (1824) 10, t. 5, fig. 1.

Le type croît dans l'Abyssinie.

— — var. **africana** *Ridl.* in *Britt.* Journ. of Bot. XXV (1887) 85 ;
C. H. Wright in *Dyer* Fl. trop. Afr. VII, 11 ; *De Wild.* Étud. fl.
Bas- et Moy.-Cgo, II (1907) 122.

1902 (J. Gillet). — V : entre Léopoldville et Mombasi (Gill. 2596). — XIII : Prov. Orient. (Ser. 682).

Burmannia Braunii *Engl.* ex *De Wild.* Étud. fl. Bas- et Moy.-Cgo
II (1908) 234 [nom. tant.].

1898 (J. Gillet). — V : env. de Dembo (Gill.).

ORCHIDACEAE

LIPARIS L. C. Rich.

Liparis guineensis *Lindl.* in Bot. Reg. (1834) t. 1671 ; *Ridl.* in Journ.
Linn. Soc. XXII (1887) 260 ; *Rolfe* in *Dyer* Fl. trop. Afr. VII, 20 ;
De Wild. Étud. fl. Bas- et Moy.-Cgo, I (1904) 111.

1902 (J. Gillet). — V : Kisantu (Gill. 1794).

BULBOPHYLLUM Thou.

Bulbophyllum andongense *Rchb. f.* in Flora, XLVIII (1865) 184 ;
Rendle Cat. Welw. Pl. II, 3 ; *Rolfe* in *Dyer* Fl. trop. Afr. VII, 31 ;
De Wild. Étud. fl. Bas- et Moy.-Cgo, I (1904) 115.

1903 (L. Gentil). — XIII c : Kinumbi (Gent.).

Bulbophyllum barbigerum *Lindl.* in Bot. Reg. XXIII (1837) t. 1942; *Rolfe* in *Dyer* Fl. trop. Afr. VII, 34; *De Wild.* Étud. fl. Bas- et Moy.-Cgo, I (1904) 115; II (1908) 237; Not. pl. util. ou intér. du Cgo, I (1904) 309, t. 23 et Miss. Laurent (1905) 55, fig. 11, t. 26.

1903 (Marc. Laurent). — VIII : Eala et env. (M. Laur.; Pyn. 492, 566, 1161).

Bulbophyllum calamarium *Lindl.* in Bot. Reg. (1843) misc. 70; *Rolfe* in *Dyer* Fl. trop. Afr. VII, 33; *De Wild.* Not. pl. util. ou intér. du Cgo, I (1903) 123; Étud. fl. Bas- et Moy.-Cgo, I (1904) 115; II (1908) 237 et Miss. Laurent (1905) 53.

1903 (L. Gentil). — VII : Kutu (Ém. Laur.). — VIII : Eala et env. (M. Laur. 883; Pyn.). — XIII c : Kinumbi (Gent.).

Bulbophyllum flavidum *Lindl.* in Bot. Reg. (1840) misc. 83; *Rolfe* in *Dyer* Fl. trop. Afr. VII, 30.

Le type croît à Sierra-Leone.

— — var. **elongatum** *De Wild.* Not. pl. util. ou intér. du Cgo, I (1903) 122 et Étud. fl. Bas- et Moy.-Cgo, I (1904) 116.

1903 (Marc. Laurent). — VIII : env. d'Eala (M. Laur.).

Bulbophyllum Kindtianum *De Wild.* Not. pl. util. ou intér. du Cgo, I (1904) 309 et Miss. Laurent (1905) 53, t. 26.

1903 (Marc. Laurent). — VIII : la Loliva (M. Laur.).

Bulbophyllum nanum *De Wild.* Not. pl. util. ou intér. du Cgo, I (1903) 122 et Étud. fl. Bas- et Moy.-Cgo, I (1904) 116.

1900 (Marc. Laurent). — VIII : Bokele [le Ruki] (M. Laur. 178).

Bulbophyllum platyrachis [*err. cal.* platirachis] *De Wild.* Miss. Laurent (1906) 223, t. 55 et Étud. fl. Bas- et Moy.-Cgo, II (1908) 237.

1905 (Marc. Laurent). — VIII : le Ruki (M. Laur.); Injolo (M. Laur. 1766, 2055).

Bulbophyllum Schinzianum *Kraenzl.* in *Th. Dur.* et *De Wild.* Mat. fl. Cgo, III (1899) 49 [B. S. B. B. XXXVIII², 57]; *De Wild.* Not. pl. util. ou intér. du Cgo, I (1903) 123 et Étud. fl. Bas- et Moy.-Cgo, I (1904) 116; II (1908) 237.

1892 (F. Demeuse). — VIII : Eala et env. (M. Laur. 32, 830, 1747; Pyn. 1451).— X : l'Ubangi (Dem.). — XV : Luebo (Ém. Laur.); Luluabourg (Lescr. 311).

ANCISTROCHILUS Rolfe.

Ancistrochilus Thomsonianus [*Rchb. f.*] *Rolfe* in *Dyer* Fl. trop. Afr. VII (1897) 44.

Pachystoma Thomsonianium *Rchb. f.* in Gard. Chron. (1879) II, 582; *Rchb. f.* Xen. Orch. III, 35, t. 213; Bot. Mag. (1880) t. 6471.

Le type croît dans le Vieux-Calabas.

A. Thomsonianus var. **Gentilii** *De Wild.* Not. pl. util. ou intér. du Cgo, I (1903) 128 cum xyl. et Étud. fl. Bas- et Moy.-Cgo, I (1904) 117, (1906) 234.

1903 (L. Gentil). — VIII : rég. du Lopori (Biel.). — XIII c : Kinumbi (Gill.).

GENYORCHIS Schlt.

Genyorchis pumila [*Sw.*] *Schlechter* Westafr. Kautsch.-Exped. (1900) 280 et in Engl. Jahrb. XXXVIII (1907) 12, fig. 5; *De Wild.* Étud. fl. Bas- et Moy.-Cgo, I (1904) 113; II (1908) 237; Rev. hort. Belg. (1905) 61, cum ic.

Dendrobium — *Sw.* in *Schrad.* Neues Journ. f. Bot. I (1806) 97.
Bulbophyllum — *Lindl.* Gen. et sp. Orch. (1830) 54.
Polystachya bulbophylloides *Rolfe* in Kew, Bull. (1900) 199 et in *Dyer* Fl. trop. Afr. VII, 131.

1903 (Marc. Laurent). — VIII : Eala et env. (M. Laur. 33, 1746; Pyn. 580).

MEGACLINIUM Lindl. (1)

Megaclinium Arnoldianum *De Wild.* Miss. Laurent (1905) 55.

1903 (Marc. Laurent). — VIII ; env. d'Eala (M. Laur.).

Megaclinium congolense *De Wild.* Étud. fl. Bas- et Moy.-Cgo, I (1903) 21, 117 et Not. pl. util. ou intér. du Cgo, I (1903) 127.

1892 (Ém. Laurent). — IV : route des caravanes (Ém. Laur.). — VIII : env. d'Eala (M. Laur.).

Megaclinium djumaense *De Wild.* Not. pl. util. ou intér. du Cgo, I (1903) 124 et Étud. fl. Bas- et Moy.-Cgo, I (1904) 116.

1902 (J. Gillet). — VI : vallée de la Djuma (Gill. 2900).

Megaclinium Gentilii *De Wild.* in Belg. colon. (1902) 425 et in Étud. fl. Bas- et Moy.-Cgo, I (1903) 23.

1902 (L. Gentil). — XV : chutes du Lubi à Kalala-Kafumba (Gent.).

Megaclinium Gilletii *De Wild.* Étud. fl. Bas- et Moy.-Cgo, I (1903) 22.

1902 (J. Gillet). — VI : vallée de la Djuma (Gill. 2773 b).

---

(1) M. R. Schlechter [Westafr. Kautsch.-Exped. (1900) 281] indique une nouvelle espèce, qu'il appelle **Bulbophyllum** [*Megaclinium*] **congolanum**, au Kamerum et au Congo français et il ajoute en observation « Ich habe diese Art im ganzen Flussgebrete des Congo sehr häufig beobachtet ».

Megaclinium Laurentianum [*Kraenzl.*] *De Wild.* Étud. fl. Bas- et Moy.-Cgo, I (1903) 22 in obs. 117; Not. pl. util. ou intér. du Cgo, I (1903) 128 et Miss. Laurent (1905) 56.

Bulbophyllum — *Kraenzl.* in *Th. Dur.* et *De Wild.* Mat. fl. Cgo, III (1899) 50.

1895 (Ém. Laurent). — VII : Kiri (Ém. et M. Laur.); Lac Léopold II (Ém. Laur.). — VIII : env. d'Eala (M. Laur. 135). — XIII c : Kinumbi (Gent.).

Megaclinium maximum *Lindl.* Gen. et sp. Orch. (1830) 47; *Ridl.* in Journ. of Bot. XXIV (1886) 292; *Rolfe* in *Dyer* Fl. trop. Afr. VII, 38; *De Wild.* Étud. fl. Bas- et Moy.-Cgo, I (1904) 116.

1902 (J. Gillet). — VI : vallée de la Djuma (Gill. 2479).

Megaclinium minus [*err. cal.* minor] *De Wild.* Not. pl. util. ou intér. du Cgo, I (1903) 125 et Étud. fl. Bas- et Moy.-Cgo, I (1904) 116.

1903 (L. Gentil). — XIII c : Kinumbi [Haut-Lomami] (Gent.).

Megaclinium purpureorachis *De Wild.* Not. pl. util. ou intér. du Cgo, I (1903) 126 et Étud. fl. Bas- et Moy.-Cgo, I (1904) 116, (1906) 235; II (1907) 123, t. 61; (1908) 237.

1903 (L. Gentil). — XII c : env. de Gombari (Ser. 566); Rungu (Ser. 866 b); Nala et env. (Van Ryss.; Ser.). — XIII c : Kinumbi [Haut-Lomami] (Gent.).

EULOPHIA R. Br.

Eulophia Bieleri *De Wild.* Not. pl. util. ou intér. du Cgo, II (1904) 311 et Miss. Laurent (1905) 51.

1903 (S. Bieler). — VIII : Coquilhatville; [cult. à Eala] (Biel. in M. Laur. 206).

Eulophia congoensis *Cogn.* in Journ. des Orchid. VI (1895) 155 et in Lindenia, XI (1895) 15, t. 486.

1895 (Coll. ?). — Congo (Coll. ?).

Eulophia cyrtosioides *Schlechter* Westafr. Kautsch.-Exped. (1900) 279 [nom. tant.] et in Engl. Jahrb. XXXVIII (1905) 10.

1899 (R. Schlechter). — V : Lukolela (Schlt. 12643).

Eulophia gracilis *Lindl.* in Bot. Reg. IX (1823) t. 742; *Rolfe* in *Dyer* Fl. trop. Afr. VII, 51; *De Wild.* et *Th. Dur.* Contr. fl. Cgo, II (1900) 58; *De Wild.* Étud. fl. Bas- et Moy.-Cgo, II (1908) 236 et Miss. Laurent (1905) 52.

1898 (Éd. Luja). — IV : Sona-Gongo (Luja). — V : Kinshasa (Schlt.); env. de Lukolela (M. Laur.). — VIII : Eala (M. Laur.). — XV : Batempa (M. Laur.).

Eulophia graciliscapa *Schlechter* in Engl. Jahrb. XXIV (1897) 418; *Rolfe* in *Dyer* Fl. trop. Afr. VII, 569 ; *De Wild.* Étud. fl. Bas- et Moy.-Cgo, I (1906) 234.

E. gracilis *De Wild.* [non *Lindl.*] Étud. fl. Bas- et Moy.-Cgo, I (1904) 114.

1899 (J. Gillet). — V : Kisantu (Gill. 1098, 2319, 3608).

Eulophia guineensis *Lindl.* in Bot. Reg. VIII (1822) t. 686; Bot. Mag. (1824, t. 2467; *Lodd.* Bot. Cab. IX (1824) t. 818; *Th. Dur.* et *Schinz* Consp. fl. Afr. V, 21; *Th. Dur.* et *De Wild.* Mat. fl. Cgo, I (1897) 40; II (1898) 52 [B. S. B. B. XXXVI², 80 et XXXVIII², 60] et Pl. Thonnerianae (1900) 9; *Rolfe* in *Dyer* Fl. trop. Afr. VII, 69; *De Wild.* Étud. fl. Bas- et Moy.-Cgo, I (1903) 24, (1904) 114; II (1908) 236.

1885 (C. Callewaert). — Bas-Congo (Cabra). — IV : entre Tumba et Kimpesse (Gill.). — V : le Stanley-Pool (Callew.); Kisantu (Van Houtte). — IX : Massanga près Monvedo (Thonn.). — XII c : Nala (Ser. 630).

Obs. — Espèce cultivée à Eala [VIII] (M. Laur. 1787; Pyn. 427).

Eulophia Laurentiana *Kraenzl.* in *Th. Dur.* et *De Wild.* Mat. fl. Cgo, III (1899) 52; *De Wild.* et *Th. Dur.* Reliq. Dewevr. (1901) 222 et Pl. Gilletianae, I (1900) 50 [B. Herb. Boiss. Sér. 2, I, 50].

1895 (Ém. Laurent). — IV : bords de la Pioka (Ém. Laur.); Kimuenza (Dew. 514); Kisantu (Gill. 211).

Obs. — M. R. Schlechter réunit cet *Eulophia* à l'*E. gracilis* Lindl.

Eulophia Leopoldi *Kraenzl.* in *Th. Dur.* et *De Wild.* Mat. fl. Cgo, VI (1899) 45 [B. S. B. B. XXXVIII², 215]; *De Wild.* Étud. fl. Bas- et Moy.-Cgo, I (1906) 235.

1898 (J. Gillet). — V : env. de Dembo (Gill.). — VI : Tumba-Mani et env. (Cabra et Michel).

Eulophia Lubbersiana *Ém. Laur.* et *De Wild.* in *Th. Dur.* et *De Wild.* Mat. fl. Cgo, V (1899) 16; *Ém. Laur.* in Rev. Hort. Belge, XXVI (1900) 3, t. 1; *De Wild.* Étud. fl. Bas- et Moy.-Cgo, I (1904) 114.

1895 (Ém. Laurent). — XV : le Sankuru (Ém. Laur.); chutes du Lubi (Gent. 68).

Eulophia Lujaeana *Kraenzl.* in *Th. Dur.* et *De Wild.* Mat. fl. Cgo, VI (1899) 47 [B. S. B. B. XXXVIII², 217]; *De Wild.* Étud. fl. Bas- et Moy.-Cgo, I (1904) 114.

1898 (Éd. Luja). — Bas-Congo (But. in Gill. 1811). — V : env. de Léopoldville (Luja, 99 pr. p.); Kimuenza (Gill. 1778); bords de la Sele (But. in Gill. 1463).

Eulophia lurida [*Pers.*] *Lindl.* Gen. et sp. Orch. (1833) 182; in Bot. Reg. (1835) t. 1821 et in Journ. Linn. Soc. VI (1862) 132; *Th. Dur.*

et *De Wild.* Mat. fl. Cgo, III (1899) 51 [B. S. B. B. XXXVIII², 59];
Rolfe in *Dyer* Fl. trop. Afr. VII, 53; *De Wild.* Étud. fl. Bas- et
Moy.-Cgo, I (1904) 114; II (1908) 236.

Limodorum luridum *Pers.* Syn. pl. II (1807) 521.

1893 (Ém. Laurent). — IV : route des caravanes (Ém. Laur.). — V : Sanda (Van Houtte). — XI : Yambuya (M. Laur. 1614 b, 1736). — XV : Gumbumi (M. Laur. 499).

E. lurida var. **latifolia** *De Wild.* Not. pl. util. ou intér. du Cgo, I (1903)
129; Étud. fl. Bas- et Moy.-Cgo, I (1904) 114; II (1908) 236 et Miss.
Laurent (1905) 53, t. 25.

1902 (J. Gillet). — VI : vallée de la Djuma (Gent.; Gill. 2806). — VIII : env. d'Eala (M. Laur. 45); Baringa-Yala (Brun.). — X : l'Ubangi (Ém. et M. Laur.). — XII c : Gombari (Ser. 732). — XIII a : Stanleyville (M. Laur. 1014).

Eulophia Smithii *Rolfe* in *Dyer* Fl. trop. Afr. VII (1897) 54.

1816 (Chr. Smith). — Bas-Congo (Sm.).

Eulophia speciosa *Rolfe* in *Dyer* Fl. trop. Afr. VII (1897) 63; *De
Wild.* Étud. fl. Kat. (1902) 23.

1895 (Gust. Debeerst). — XVI : bords du Tanganika (Deb.); le Katanga (Verd. 1900).

Eulophia Tanganyikae *Kraenzl.* in *Th. Dur.* et *De Wild.* Mat. fl.
Cgo, VI (1899) 46 [B. S. B. B. XXXVIII², 216].

1895 (Gust. Debeerst). — XVI : Haut-Marungu (Deb.).

Eulophia Walleri [*Rchb. f.*] *Kraenzl.* in *Engl.* Pfl. Ost-Afr. (1895)
157; *Rolfe* in *Dyer* Fl. trop. Afr. VII, 67; *De Wild.* Étud. fl. Kat.
(1902) 23.

Cyrtopera – *Rchb. f.* Otia Hamb. II (1881) 117.

1900 (Edg. Verdick). — XVI : env. de Lukafu (Verd.).

Eulophia Welwitschii *Rolfe* in Bolet. Soc. Brot. VII (1889) 236 et in
Dyer Fl. trop. Afr. VII, 61; *De Wild.* Étud. fl. Bas- et Moy.-Cgo, I
(1904) 114, (1906) 235.

1895 (A. Dewèvre). — V : bord de la Sele (But. in Gill. 1472); entre Dembo et Kisantu (Gill. 1538); entre Dembo et le Kwango (But. in Gill. 1492, 1499). — VI : Kimbunga (Gent. 107). — Ind. non cl. : Kabembele (Cabra et Michel, 54).

EULOPHIDIUM Pfitz.

Eulophidium Ledieni [*Stein*] *De Wild.* Étud. fl. Bas- et Moy.-Cgo, I
(1904) 115; II (1908) 237.

Eulophia Ledieui *Stein* in Verh. d. Schles. Gesellsch. vaterl. Kultur (1886) **ex**
Stein in Gartenflora (1888) 609, in syn.; *Rolfe* in *Dyer* Fl. trop. Afr. VII, 50.
Eulophia maculata *Auct. plur.* [non *Lindl.*]; *Th. Dur.* et *Schinz* Con**s**p. fl.
Afr. V, 23 pr. p. et Étud. fl. Cgo (1896) 251; *De Wild.* et *Th. Dur.* Pl. Gil-
letianae, I (1900) 50 [B. Herb. Boiss. Sér. 2, I, 50].

1887 (F. Ledien). — Bas-Congo (Led.). — V : Kisantu (Gill. 431, 1101). — XII c .
Rungu (Ser. 622); Wanga (Ser. 297). — X V : bassin du Lubi (Gent. 68); Gumbumi
(M. Laur. 613). — Espèce cultivée à Eala [VIII] (M. Laur. 747; Pyn. 426).

LISSOCHILUS R. Br.

Lissochilus antennisepalus *Rchb. f.* in Flora, LXV (1882) 533 ;
Rolfe in *Dyer* Fl. trop. Afr. VII, 77.

Eulophia — *Schlechter* Westafr. Kautsch.-Exped. (1900) 279.

1898 (R. Schlechter). — V : Kinshasa (Schlt.).

Lissochilus arenarius *Lindl.* in Journ. Linn. Soc. VI (1862) 133;
Rolfe in *Dyer* Fl. trop. Afr. VII, 82, 578; *De Wild.* Étud. fl. Kat.
(1902) 22 et Étud. fl. Bas- et Moy.-Cgo, II (1908) 236.

Eulophia — *Bolus* in Journ. Linn. Soc. XXV (1889) 185.

1899 (Edg. Verdick). — XII c : entre Vankerkhovenville et Faradje (Ser. 524).
— XVI : Lukafu (Verd. 314).

Lissochilus dilectus *Rchb. f.* Otia Hamb. I (1878) 62; *Th. Dur.* et
Schinz Consp. fl. Afr. V, 28 et Étud. fl. Cgo (1896) 252; *Rolfe* in
Dyer Fl. trop. Afr. VII, 83; *Th. Dur.* et *De Wild.* Mat. fl. Cgo,
III (1899) 54 [B. S. B. B. XXXVIII², 62]; *De Wild.* et *Th. Dur.*
Reliq. Dewevr. (1901) 223; Pl. Gilletianae, I (1900) 50; *De Wild.*
Miss. Laurent (1905) 51 et Étud. fl. Bas- et Moy.-Cgo, II (1908) 236.

Eulophia — *Schlechter* West-Afr. Kautsch.-Exped. (1900) 279.

1893 (Ém. Laurent). — Bas-Congo (Ém. Laur.). — II : Malela (Ém. Laur.). —
II a : entre Tshoa et Boma-Sundi. — Nom vern. : **Kwisa** (Cabra). — IV : distr. des
Cataractes (Ém. Laur.). — V : env. de Kwamouth (Biel.): le Stanley-Pool (Ém.
Laur.); Léopoldville (Dew.); Kinshasa (Schlt.); Kisantu (Gill.). — VII : la Fini
(Ém. et M. Laur.). — XIII d : Maniema (Ém. Laur.). — XV : le Kasai (Ém. et M.
Laur.); Munungu (Ém. Laur.). — Ind. non cl. : Molowery (Lescr. 199).

Lissochilus elatus *Rolfe* in *Dyer* Fl. trop. Afr. VII (1897) 87.

1816 (Chr. Smith). — Bas-Congo (Sm.).

Lissochilus giganteus *Welw.* ex *Rchb. f.* in Flora, XLVIII (1865) 187;
Rchb. f. in Gard. Chron. (1888) I, 616, fig. 83; Ill. hort. (1888) 49,
t. 53; Orchid Alb. X (1893) t. 457; *Th. Dur.* et *Schinz* Consp. fl.
Afr. V, 28 et Étud. fl. Cgo (1896) 252; *Rendle* Cat. Welw. Pl. II, 6;
Rolfe in *Dyer* Fl. trop. Afr. VII, 87; *De Wild.* Étud. fl. Bas- et
Moy.-Cgo, I (1905) 113, (1906) 235; II (1908) 236 et Miss. Laurent
(1905) 51.

Eulophia — *N. E. Br.* in Kew Bull. (1889) 90.

1883 (H. Johnston). -- Bas-Congo (Johnst. Dem.). — II : env. de Boma (Dew. 173); Sisia (Dup.). — V : Kisantu (Gill. 1260); Dembo (Vanderyst); Sanda (Verm.). — VIII : Coquilhatville (Pyn. 299); Eala et env. (M. Laur. 1208, 1760, 1763; Pyn. 627, 637, 1275); Ikenge (Ém. Laur.). — XII c : Nala (Van Ryss.). — XII d : entre Vankerkhovenville et Faradje (Ser. 533). — XIII a : Stanleyville (Ém. Laur.). — Ind non cl. : Golongo (Lescr. 409).

Lissochilus Horsfallii *Batem.* in Bot. Mag. (1865) t. 5486 et Second Cent. Orchid. Pl. t. 121; *Kraenzl.* in Engl. Jahrb. VIII (1886) 439; *Th. Dur.* et *Schinz* Consp. fl. Afr. V, 29 et Étud. fl. Cgo (1896) 252; *Rolfe* in *Dyer* Fl. trop. Afr. VII, 84.

1874 (Fr. Naumann). — II : Ponta da Lenha (Naum. 157).

Lissochilus katangensis *De Wild.* Étud. fl. Kat. (1902) 22.

1900 (Edg. Verdick). — XVI : le Katanga (Verd.).

Lissochilus Leopoldi *Kraenzl.* in *Th. Dur.* et *De Wild.* Mat. fl. Cgo, III (1899) 53 [B. S. B. B. XYXVIII², 61].

1895 (Ém. Laurent). — Ind. non cl. : le Lomami (Ém. Laur.).

Lissochilus Lindleyanus *Rchb. f.* Otia Hamb. I (1878) 65; *Kraenzl.* in *Th. Dur.* et *De Wild.* Mat. fl. Cgo. III (1899) 54 [B. S. B. B. XXXVIII², 62]; *De Wild.* et *Th. Dur.* Reliq. Dewevr. (1901) 223; *Rolfe* in *Dyer* Fl. trop. Afr. VII, 77; *De Wild.* Étud. fl. Bas- et Moy.-Cgo, I (1905) 113 et Miss. Laurent (1905) 51.

Eulophia — *Schlechter* Westafr. Kautsch.-Exped. (1900) 279, in obs.
L. longifolius *Lindl.* [non *Benth.*] in Journ. Linn. Soc. VI (1862) 133.

1896 (Ém. Laurent). — V : env. de Léopoldville (Gill.); entre Léopoldville et Sabuka (Luja); Kimuenza (Gill.); entre Dembo et le Kwango (But.); Lukolela (Ém. et M. Laur.). — XI : entre Ikora et Kisesenge-Sanga; entre Bena-Kamba et Lokandu [XIII c] (Dew.). — XIII c : plaine marécageuse sur la route de Kinumbi-Lokandu (Gent.). — XIII d : marais de Malela vers Nyangwe (Ém. Laur.). — XV : la Loanje (Gent.).

Lissochilus porphyroglossus *Rchb. f.* Otia Hamb. I (1878) 61; *Th. Dur.* et *Schinz* Consp. fl. Afr. V, 30 et Étud. fl. Cgo (1896) 252; *Rolfe* in *Dyer* Fl. trop. Afr. VII, 84.

Eulophia — *Bolus* in Journ. Linn. Soc. XXV (1889) 133.

1870 (G. Schweinfurth). — V : Kinshasa (Schlt.). — VIII : Coquilhatville (Schlt.). — XII d : Munza (Schw.).

Lissochilus purpuratus *Lindl.* in Journ. Linn. Soc. VI (1862) 331; *Rchb. f.* in Flora, XLV (1865) 188 et Otia Hamb. I, 63; II, 75, 114; *Rolfe* in *Dyer* Fl. trop. Afr. VII, 79; *De Wild.* et *Th. Dur.* Contr. fl. Cgo, I (1899) 59; *De Wild.* Étud. fl. Kat. (1902) 22.

1895 (Gust. Debeerst). — XVI : rég. du Lac Tanganika (Deb.); le Katanga (Verd.).

Lissochilus pyrophilus *Rchb. f.* Otia Hamb. I (1878) 65 ; *Rolfe* in *Dyer* Fl. trop. Afr. VII, 74 ; *De Wild.* Étud. fl. Bas- et Moy.-Cgo, I (1904) 113.

Eulophia — *Schlechter* ex *De Wild.* l. c. I (1904) 113, in syn.

1900 (R. Butaye). — V : entre le Kwango et Dembo (But. in Gill. 2231).

Lissochilus roseus *Lindl.* in Bot. Reg. (1843) misc. 25, (1844) t. 12 ; *Kraenzl* in *Th. Dur.* et *De Wild.* Mat. fl. Cgo, III (1899) 54 [B. S. B. B. XXXVIII¹, 62]; *De Wild.* et *Th. Dur.* Reliq. Dewevr. (1901) 223; *Rolfe* in *Dyer* Fl. trop. Afr. VII, 85 et 578.

1895 (Ém. Laurent). — VIII : env. d'Équateurville. — Nom vern. : **Bokobele** (Dew. 572). — IX : Bangala (Ém. Laur.).

Lissochilus seleensis *De Wild.* Not. pl. util. ou intér. du Cgo, I (1903) 131 et Étud. fl. Bas- et Moy.-Cgo, I (1904) 114, (1906) 235, t. 52.

1900 (R. Butaye). — V : bassin de la Sele (But. in Gill. 1249). — VI : bassin de la Tawa [Kwilu] (Cabra et Michel).

Lissochilus stylites *Rchb. f.* Otia Hamb. I (1878) 61 ; II (1881) 75 et in Flora, LXV (1885) 379 ; *Th. Dur.* et *Schinz* Consp. fl. Afr. V, 31 et Étud. fl. Cgo (1896) 253; *Rolfe* in *Dyer* Fl. trop. Afr. VII, 83.

1900 (G. Schweinfurth). — XII d : Munza (Schw.).

ANSELLIA Lindl.

Ansellia africana *Lindl.* in Bot. Reg. XXVIII (1842) sub t. 12; Gartenfl. (1854) t. 95; Bot. Mag. (1857) t. 4965; *Th. Dur.* et *Schinz* Étud. fl. Cgo (1896) 251 ; *De Wild.* et *Th. Dur.* Contr. fl. Cgo, I (1899) 55; *Rolfe* in *Dyer* Fl. trop. Afr. VII, 101 ; *De Wild.* Étud. fl. Bas- et Moy.-Cgo, I (1904) 113 et Miss. Laurent (1905) 65.

1893 (Ém. Laurent). — Bas-Congo orient. (Ém. Laur.). — V : Pese (Gér.). — VIII : Eala (M. Laur.). — XI : env. de Yambuya (Solh.). — XII c : bords de l'Obec, sur la route de Niaugara à Gombari (Ser.). — XV : le Kasai; le Lualaba (Ém. Laur.); Ibaka; env. de Lusambo (Ém. et M. Laur.).

Ansellia congoensis *Rodig.* in Ill. hort. XXXIII (1886) 143; *N. E. Br.* in Lindenia, II (1886) 35, t. 64; *Th. Dur.* et *Schinz* Consp. fl. Afr. V, 32 et Étud. fl. Cgo (1896) 252; *Rolfe* in *Dyer* Fl. trop. Afr. VII, 102; *Ém. Laur.* in Rev. hort. Belg. (1899) 193, t. 18; *De Wild.* et *Th. Dur.* Contr. fl. Cgo, I (1899) 55.

1886 (Aug. Linden). — Bas-Congo (Aug. Linden). — II : Île Mateba (Ém. Laur.)

POLYSTACHYA Hook.

Polystachya affinis *Lindl.* Gen. et sp. Orch. (1830) 73; *Rolfe* in *Dyer* Fl. trop. Afr. VII, 126; *De Wild.* Étud. fl. Bas- et Moy.-Cgo, I (1904) 112, t. 42; II (1907) 122, fig. 3, (1908) 235; Miss. Laurent (1905) 65, fig. 13 et Not. pl. util. ou intér. du Cgo, I (1904) 314, t. 20.

P. bracteosa *Lindl.* Bot. Reg. (1840) misc. 48; Bot. Mag. (1845) t. 4161.

1900 (J. Gillet). — V : Kisantu (Gill.). — VIII : Irebu (M. Laur.); Lac Tumba (Ém. et M. Laur.). — XII b : le Bekele près Bama (Ser.). — XII c. : env. de Surango (Ser.).

Polystachya epiphytica *De Wild.* Étud. fl. Kat. (1903) 172.

1899 (Edg. Verdick). — XVI : Lukafu. — Nom vern. : **Tintamoi** (Verd. 261).

Polystachya Gilletii *De Wild.* Not. pl. util. ou intér. du Cgo, I (1904) 313 et Étud. fl. Bas- et Moy.-Cgo, I (1906) 231, t. 56.

1900 (L. Gentil). — Bas-Congo (Gill. 3105). — VIII : la Monboyo (Gent.).

Polystachya golungensis *Rchb.f.* in Flora, XLVIII (1865) 185 et Otia Hamb. I, 60; *Th. Dur.* et *Schinz* Consp. fl. Afr. V, 35 et Étud. fl. Cgo (1896) 253; *Rolfe* in *Dyer* Fl. trop. Afr. VII, 118.

1870 (G. Schweinfurth). — XII d : pays des Mangbettu (Schw. 3450).

Polystachya gracilis *De Wild.* Not. pl. util. ou intér. du Cgo, I (1903) 136; Étud. fl. Bas- et Moy.-Cgo, I (1904) 113 et Miss. Laurent (1905) 67, fig. 16.

1903 (L. Gentil). — XV : Mukanda-Monene [Lubue] (Gent. 45 b).

Polystachya Huyghei *De Wild.* in Le Congo I, n. 23 (1904) 5, cum ic. et Not. pl. util. ou intér. du Cgo, I (1904) 315, cum xyl.

1903 (P. Huyghe). — VIII : env. d'Eala (Huyghe).

Polystachya Kindtiana *De Wild.* Étud. fl. Bas- et Moy.-Cgo, I (1903) 21.

1901 (J. Gillet). — V : rég. de Kisantu (Gill. 2109).

Polystachya latifolia *De Wild.* Not. pl. util. ou intér. du Cgo, I (1903) 138, (1904) 319, fig. 14; Étud. fl. Bas- et Moy.-Cgo, I (1904) 113 et Miss. Laurent (1905) 65.

1901 (J. Gillet). — V : Kimuenza (Gill. 2087). — VII : Basenga [Lukenie] (Gent. 30 b). — VIII : Lac Tumba (Ém. Laur.). — XIII c : Kinumbi [Haut-Lomami] (Gent.). — XV : Bas-Kasai (Ém. Laur.).

Polystachya Laurentii *De Wild.* Not. pl. util. ou intér. du Cgo, I (1903) 132 ; Étud. fl. Bas- et Moy.-Cgo, I (1904) 112, 233 et Miss. Laurent (1905) 67, t. 29.

1903 (Marc. Laurent). — VIII : env. d'Eala ; Bamania (M. Laur.).

Polystachya mayombensis *De Wild.* Not. pl. util. ou intér. du Cgo, I (1903) 134, (1904) 317 ; Étud. fl. Bas- et Moy.-Cgo, I (1904) 112' (1906) 233 et Miss. Laurent (1905) 67, t. 30.

1903 (Ém. et Marc. Laurent). — II a : zone du Mayumbe (Ém. et M. Laur.); rég. de Tshela (Coll. ?).

Polystachya mukandaensis *De Wild.* Not. pl. util. ou intér. du Cgo, I (1903) 139 et Étud. fl. Bas- et Moy.-Cgo, I (1904) 113.

1902 (L. Gentil). - XV : Mukauda-Monene [le Lubue] (Gent. 45).

Polystachya mystacidioides [*err. cal.* mystacioides] *De Wild.* Not. pl. util. ou intér. du Cgo, I (1903) 133; *Gooss.* Dict. iconog. Orchid. (1905) [Polystachya] t. 2 ; *De Wild.* Étud. fl. Bas- et Moy.-Cgo, I (1904) 112, (1906) 233; II (1908) 255 et Miss. Laurent (1905) 67, t. 31.

1900 (L. Gentil). — VIII : Losenge [la Momboyo] (Gent.) ; rég. du Lopori (Biel.); Dikila-Yala (Brun.). — Espèce cultivée à Eala [VIII] (Pyn. 494].

Polystachya odorata *Lindl.* in Journ. Linn. Soc. VI (1862) 130; *Kraenzl.* in *Rchb. f.* Xen. Orchid. III, 90, t. 248, fig. 14-16, t. 249, fig. 4 ; *Rolfe* in *Dyer* Fl. trop. Afr. VII, 113; *De Wild.* Étud. fl. Bas- et Moy.- Cgo, I (1904) 112.

1903 (L. Gentil). — XIII c : Kinumbi (Haut-Lomami] (Gent.).

Polystachya polychaete *Kraenzl.* in Engl. Jahrb. XVII (1893) 50; *Rolfe* in *Dyer* Fl. trop. Afr. VII, 120; *De Wild.* Étud. fl. Bas- et Moy.-Cgo, II (1907) 25, t. 22 et Rev. Hortic. belg. et étrang. (1905) 63 [et xyl. p. 62].

1903 (Ém. et Marc. Laurent). — VIII : Eala (Ém. et M. Laur.; M. Laur. 1241 ; Pyn. 425, 653, 1320); Basankusu (Brun.). — XIII a : chutes de la Tshopo (Ém. et M. Laur.).

Polystachya ramulosa *Lindl.* in Bot. Reg. (1838) misc. 76; *Rolfe* in *Dyer* Fl. trop, Afr. VII, 118; *De Wild.* Étud. fl. Bas- et Moy.-Cgo, I (1904) 112 et Miss. Laurent (1905) 68.

1900 (L. Gentil). — VIII : Lolamanga [Monboyo] (Gent.) ; rég. du Haut-Lopori (Biel.); Iujolo (M. Laur. 1786). — XIII c : rives du Bomokandi (Ser. 644).

Polystachya rhodoptera *Rchb. f.* in Hamb. Gartenzeit. XIV (1858) 214; *Rolfe* in *Dyer* Fl. trop. Afr. VII, 109; *De Wild.* Étud. fl. Bas- et Moy.-Cgo, I (1904) 112.

1903 (P. Huyghe). — VIII : env. d'Eala (Huyghe).

Polystachya tessellata *Lindl.* in Journ. Linn. Soc. VI (1862) 130; *Rendle* Cat. Welw. Pl. II, 7; *Rolfe* in *Dyer*. Fl. trop. Afr. VII, 114; *De Wild*. Étud. fl. Bas- et Moy.-Cgo, I (1904) 112.

1895 (Ém..Laurent). — Bas-Congo (Ém. Laur.). — V : le Stanley-Pool (Schlt.).

Polystachya Wahisiana *De Wild*. in Belg. colon. (1904) 183, c. xyl.; Not. pl. util. ou intér. du Cgo, I (1904) 318, t. 21 et Étud. fl. Bas- et Moy.-Cgo, I (1906) 233.

1900 (L. Gentil). — VIII : Bokatela (Gent.).

CYRTOPERA Lindl.

Cyrtopera flavo-purpurea *Rchb. f.* Otia Hamb. I (1878) 68; *Th. Dur.* et *Schinz* Consp. fl. Afr. V, 38 et Étud. fl. Cgo (1896) 253.

Eulophia — *Rolfe* in *Dyer* Fl. trop. Afr. VII (1897) 65.

1870 (G. Schweinfurth). — XII d : pays des Mangbettu (Schw. 3846).

SACCOLABIUM Bl.

Saccolabium oeonioides *Kraenzl.* in *Th. Dur.* et *De Wild*. Mat. fl. Cgo, III (1899) 54 [B. S. B. B. XXXVIII², 62]; *De Wild*. et *Th. Dur.* Reliq. Dewevr. (1901) 223; *De Wild*. Étud. fl. Bas- et Moy.-Cgo, II (1908) 238.

1896 (A. Dewèvre). — VIII : Coquilhatville (Dew. 584); Basankusu (Brun.). — XI : env. de Yambuya (Solh. 103).

ANGRAECUM Thou.

Angraecum Arnoldianum *De Wild*. Miss. Laurent (1906) 224, t. 56-58; in Trib. hort. (1906) 118, t. 6-8 et Étud. fl. Bas- et Moy.-Cgo, II (1907) 27, t. 25, (1908) 238.

1904 (Ém. et Marc. Laurent). — VIII : Eala (Ém. et M. Laur.; Pyn. 652); Baringa-Yala (Brun.). — IX : env. de Bumba (Pyn. 94). — XI : Yambuya et env. (M. Laur. 1067, 1785; Solh. 3). — XII a : route de Buta à Poko (Ser. 655). — XII c : Poko [territ. du chef Gaitu] (Ser. 655 b).

Angraecum biloboides *De Wild*. Not. pl. util. ou intér. du Cgo, I (1903) 144 et Étud. fl. Bas- et Moy.-Cgo, I (1904) 109; II (1908) 238.

1901 (L. Gentil). — Bas-Congo (Giil.). — I : env. de Moanda (Gill.). — VII : Basenga [la Lukenie] (Gent.).

Angraecum bilobum *Lindl.* in Bot. Reg. (1840) misc. 69, (1841) t. 35; *Rchb. f.* in *Walp*. Annal. bot. VI, 904; *De Wild*. Étud. fl.

Bas- et Moy.-Cgo (1903) 24 et Miss. Laurent (1905) 59; *Rolfe* in *Dyer* Fl. trop. Afr. VII, 138.

Listrostachys biloba *Kraenzl.* in Engl. Jahrb. XXII (1887) 28, in not. A. apiculatum *Hook.* in Bot. Mag. (1845) t. 4159.

1899 (J. Gillet). — IV : Kitobola (Ém. Laur.). — V : Kisantu (Gill.).

Angraecum crinale *De Wild.* Not. pl. util. ou intér. du Cgo, I (1904) 320 et Miss. Laurent (1905) 59.

1903 (Ém. et Marc. Laurent). — VII : Kiri (Ém. et M. Laur.).

Angraecum Gentilii *De Wild.* Not. pl. util. ou intér. du Cgo, I (1903) 140 et Étud. fl. Bas- et Moy.-Cgo, I (1904) 109; II, 28, t. 30.

1903 (L. Gentil). — XIII c : Kinumbi [Haut-Lomami] (Gent.).

Angraecum imbricatum *Lindl.* in Journ. Linn. Soc. VI (1862) 137; *Kraenzl.* in *Th. Dur.* et *De Wild.* Mat. fl. Cgo, III (1899) 55 [B. S. B. B. XXXVIII², 63]; *De Wild.* et *Th. Dur.* Reliq. Dewevr. (1901) 224; *De Wild.* Étud. fl. Bas- et Moy.-Cgo, I (1904) 109; II (1907) 28, (1908) 238; Miss. Laurent (1903) 60 et Not. pl. util. ou intér. du Cgo, II (1906) 163; *Rolfe* in *Dyer* Fl. trop. Afr. VII, 144.

1892 (G. Descamps). — V : Lukolela (Pyn.). — VI : la Djuma (Gill.); Madibi (Lescr.). — VII : Bolombo (Ém. Laur.). — VIII : Eala et env.; Irebu (M. Laur.). — XIII c : Lokandu (Dew.). — XV : Lac Foa (Lescr.); chutes du Lubi (Gent.).

Angraecum Kindtianum [*De Wild.*]*De Wild.* Miss. Laurent (1906) 225, t. 81 et fig. 27.

Listrostachys — *De Wild.* Not. pl. util. ou intér. du Cgo, I (1903) 148; Étud. fl. Bas- et Moy.-Cgo, I (1904) 118 et Miss. Laurent (1906) 56.

1903 (Ém. et Marc. Laurent). — VIII : Coquilbatville; la Loliva (M. Laur.) : Eala (M. Laur. 1753, 1754; Pyn. 363, 1533); Injolo (M. Laur. 2058). — XII c : Poko ; bords du Bomokandi (Ser. 660). — XV : Kondue (Ém. et M. Laur.).

Angraecum konduense *De Wild.* Not. pl. util. ou intér. du Cgo, I (1904) 321 et Miss. Laurent (1905) 60.

1903 (Ém. et Marc. Laurent). — XV : Kondue (Ém. et M. Laur.).

Angraecum Laurentii *De Wild.* Not. pl. util. ou intér. du Cgo, I (1904) 322 et Miss. Laurent (1905) 60.

1903 (Marc. Laurent). — VIII : entre Coquilhatville et Ikelemba (M. Laur.).

Angraecum lepidotum *Rchb. f.* in Gard. Chron. (1880) I, 806, in obs.; *Rolfe* in *Dyer* Fl. trop. Afr. VII, 146; *De Wild.* Étud. fl. Bas- et Moy.-Cgo, I (1904) 109 et Miss. Laurent (1905) 61.

1903 (Ém. et Marc. Laurent). — VII : Kiri (Ém. et M. Laur.). — VIII : Coquilhatville (Schlt.); Eala (Ém. et M. Laur.). — XV : Kapinga (Ém. et M. Laur.).

Angraecum Lujaei *De Wild.* Not. pl. util. ou intér. du Cgo, I (1903) 142 et Étud. fl. Bas- et Moy.-Cgo, I (1904) 109.

1899 (Éd. Luja). — XV : Bombaie (Luja, 272).

Angraecum ovalifolium *De Wild.* Not. pl. util. ou intér. du Cgo, II (1906) 161 et Étud. fl. Bas- et Moy.-Cgo, II (1907) 26.

1905 (Marc. Laurent). — VIII : Eala (M. Laur. 686).

Angraecum Pynaerti *De Wild.* Not. pl. util. ou intér. du Cgo, II (1906) 160 et Étud. fl. Bas- et Moy.-Cgo, II (1907) 25, t. 23-24.

1986 (L. Pynaert). — VIII : Eala (Pyn.).

Angraecum scandens *R. Schlechter* in Engl. Jahrb. XXXVIII (1905) 24, fig. 8.

Le type croît au Kamerun.

— — var. **longifolium** *De Wild.* Étud. fl. Bas- et Moy.-Cgo, II (1907) 26, t. 17, (1908) 238.

1905 (Marc. Laurent). — VIII : Eala et env. (M. Laur. 824, 1211, 1775 ; Pyn. 1427) ; Ikoko (Brun.).

Angraecum stipulatum *De Wild.* Miss. Laurent (1906) 225, t. 82, 83 et fig. 28.

1903 (Marc. Laurent). — VIII : la Loliva (M. Laur.).

Angraecum Verdickii *De Wild.* Étud. fl. Kat. (1902) 21.

1899 (Edg. Verdick). — XVI : env. de Lukafu (Verd. 3, 328).

Angraecum viridescens *De Wild.* Miss. Laurent (1905) 61, t. 28.

Mystacidium Laurentii *De Wild.* Not. pl. util. ou intér. du Cgo, I (1903) 152 et Étud. fl. Bas- et Moy.-Cgo, I (1904) 118.

1900 (Marc. Laurent). — VIII : env. d'Eala (M. Laur. 28).

Angraecum zigzag *De Wild.* Not. pl. util. ou intér. du Cgo, I (1903) 143 et Étud. fl. Bas- et Moy.-Cgo, I (1904) 109.

1901 (L. Gentil). — Bas-Congo (Gill.). — VII : Basenga [la Lukenie] (Gent.).

LISTROSTACHYS Rchb. f.

Listrostachys Althoffii [*Kraenzl.*] *Th. Dur.* et *Schinz* Consp. fl. Afr. V (1895) 47 ; *Kraenzl.* in *Th. Dur.* et *De Wild.* Mat. fl. Cgo, III (1899) 56 [B. S. B. B. XXXVIII², 64] ; *De Wild.* et *Th. Dur.* Reliq. Dewevr. (1901) 224.

Angraecum Althoffii *Kraenzl.* in Mitth. Deutsch. Schutzgeb. II (1889) 160;
De Wild. Étud. fl. Bas- et Moy.-Cgo, I (1903) 24.

1896 (A. Dewèvre). — VIII : env. de Bokakata. — Nom vern. : **Boloko** (Dew.). —
XV : Bombaie (Luja).

Listrostachys ashantensis *[Lindl.] Rchb. f.* in *Walp.* Annal. bot. VI (1864) 908; *Rolfe* in *Dyer* Fl. trop. Afr. VII, 159.

Angraecum — *Lindl.* in Bot. Reg. (1843) misc. 56; *Schlechter* Westafr.
Kautsch.-Exped. (1900) 283.

1899 (R. Schlechter). — VIII : Coquilhatville (Schlt.).

Listrostachys capitata *[Lindl.] Rchb. f.* in Flora, XLVIII (1865) 190; *Rolfe* in *Dyer* Fl. trop. Afr. VII, 166; *De Wild.* Étud. fl. Bas- et Moy.-Cgo, I (1904) 117; II (1907) 28, (1908) 238.

Angraecum — *Lindl.* in Journ. Linn. Soc. VI (1862) 137; *Schlechter* Westafr.
Kautsch.-Exped. (1900) 281.

1903 (L. Gentil). — V : Lukolela (M. Laur.); env. de Kisantu (Gill.). — VIII :
Eala; Injolo (M. Laur.); Irebu (Schlt.); env. d'Eala (Ém. Laur.). — XII : l'Uele
(Ser.). — XIII c : Kinumbi [Haut-Lomami] (Gent.).

Listrostachys caudata *[Lindl.] Rchb. f.* in *Walp.* Annal. bot. VI (1864) 907; *Th. Dur.* et *Schinz* Consp. fl. Afr. V, 48; *Rolfe* in *Dyer* Fl. trop. Afr. VII, 153; *De Wild.* Not. pl. util. ou intér. du Cgo, I (1904) 323, t. 22 et Miss. Laurent (1905) 56, fig. 12.

Angraecum — *Lindl.* in Bot. Reg. XXII (1836) t. 1844; Bot. Mag. (1848)
t. 4370; Reichenbachia, Ser. 1, t. 67.

1903 (Ém. et Marc. Laurent). — VIII : Lac Tumba (Ém. et M. Laur.).

Listrostachys Chailluana *[Hook. f.] Rchb. f.* in Flora, LXVIII (1885) 381 in obs.; *Rolfe* in *Dyer* Fl. trop. Afr. VII, 153; *Th. Dur.* et *De Wild.* Mat. fl. Cgo, III (1899) 56 [B. S. B. B. XXXVIII², 64]; *De Wild.* et *Th. Dur.* Pl. Thonnerianae (1900) 9; *De Wild.* Étud. fl. Bas- et Moy.-Cgo, I (1904) 117.

Angraecum — *Hook. f.* in Bot. Mag. (1866) t. 5589.

1896 (Fr. Thonner). — VIII : env. d'Eala (M. Laur.). — IX a : Gali (Thonn.). —
XIII c : Kinumbi (Gent.).

Listrostachys Dewevrei *De Wild.* Not. pl. util. ou intér. du Cgo, I (1903) 145 et Étud. fl. Bas- et Moy.-Cgo, I (1903) 117.

1895 (A. Dewèvre). — VIII : env. de Coquilhatville (Dew.).

Listrostachys Droogmansiana *De Wild.* in La Belg. colon. (1902) 425 et Étud. fl. Bas- et Moy.-Cgo, I (1903) 24.

1902 (L. Gentil). — XV : chutes du Lubi (Gent.).

Listrostachys Durandiana *Kraenzl.* in *Th. Dur.* et *De Wild.* Mat. fl. Cgo, III (1899) 57 [B. S. B. B. XXXVIII², 65]; *De Wild.* Étud. fl. Bas- et Moy.-Cgo, I (1903) 25.

1895 (Ém. Laurent). — IV : la Pioka (Ém. Laur.). — VII : Basenga [la Lukenie] (Gent.).

Listrostachys falcata *De Wild.* Not. pl. util. ou intér. du Cgo, I (1903) 146 et Étud. fl. Bas- et Moy.-Cgo, I (1904) 117; II (1908) 238.

1888 (F. Demeuse). — V : Sanda (Brielman in Gill. 5970); Tshumbiri (M. Laur. 695). — VI : vallée de la Djuma (Gill. et Gent.). — VII : l'Ikata [la Lukenie] (Dem. 24). — VIII : Eala (M. Laur. 1128, 1751). — XII c : Amadis (Ser. 116).

Listrostachys Gentilii *De Wild.* Not. pl. util. ou intér. du Cgo, I (1903) 147; Étud. fl. Bas- et Moy.-Cgo, I (1904) 117; II (1907) 28, (1908) 239 et Miss. Laurent (1906) 227, fig. 29, 30.

1900 (L. Gentil). — VIII : Eala (M. Laur. 752): Bomba [le Momboyo] (Gent.). — XI : Yambuya et env. (Sohl.; M. Laur. 755). — XIII a : Stanleyville (Pyn.).

Listrostachys ichneumonea [*Lindl.*] *Rchb. f.* in Gard. Chron. (1887) II, 681, in obs.; *Rolfe* in *Dyer* Fl. trop. Afr. VII, 163.

Angraecum — *Lindl.* in Journ. Linn. Soc. VI (1862) 136; *Rchb. f.* in Gard. Chron. (1887) II, 681; *Schlechter* Westafr. Kautsch.-Exped. (1900) 282.

1899 (R. Schlechter). — V : Bokala (Schlt.).

Listrostachys linearifolia *De Wild.* Not. pl. util. ou intér. du Cgo, I (1903) 149 et Étud. fl. Bas- et Moy.-Cgo, I (1904) 118; II (1908) 239.

1895 (Ém. Laurent). — VIII : env. d'Eala (M. Laur.; Pyn. 4775); Injolo (M. Laur. 1767); le Haut-Lopori (Biel.). — XII c : Amadis (Ser. 840). — XIII a : Romée (M. Laur. 1768). — Ind. non cl. : bords du Lomami (M. Laur.).

Listrostachys Margaritae *De Wild.* Not. pl, util. ou intér. du Cgo, I (1903) 150 et Étud. fl. Bas- et Moy.-Cgo, I (1904) 118; II (1908) 239.

1901 (L. Gentil). — VII : Basenga [Lukenie] (Gent.). — VIII : Eala (M. Laur. 1193); Injolo (M. Laur. 1087 b). — XII c : env. de Poko (Ser. 661).

Listrostachys Monteirae *Rchb. f.* in Linnaea, XLI (1877) 76; *Rolfe* in *Dyer* Fl. trop. Afr. VII, 156; *De Wild.* Not. pl. util. ou intér. du Cgo, I (1904) 324; Miss. Laurent (1905) 56 et Étud. fl. Bas- et Moy.-Cgo, I (1906) 235.

1901 (J. Gillet). — V : Kisantu (Gill.). — XIII a : chutes de la Tshopo (Ém. et M. Laur.).

Listrostachys pellucida [*Lindl.*] *Rchb. f.* in *Walp.* Annal. bot. VI (1864) 908; *Rolfe* in *Dyer* Fl. trop. Afr. VII, 162; *De Wild.* Étud. fl. Bas- et Moy.-Cgo, I (1904) 118; II (1908) 239 et Miss. Laurent (1905) 58, t. 27.

Angraecum — *Lindl.* in Bot. Reg. (1844) t. 2.

1888 (F. Demeuse). — VIII : Bala-Lundzi (M. Laur.); Wangata (Huyghe et Ledoux); Eala (M. Laur. 1734, 1743). — XII : Guago (Ser. 291). — XII a : entre
Gangara et Libokwa et près de Buta (Ser. 116 b). — XII a et b : entre Bima et
Bambili (Ser. 116). — XII c : Amadis (Ser.). — XII d : rive du Wesec [rive droite
de l'Uele] (Ser.). — XV : le Sankuru (Dem.).

Listrostachys Pynaertii *De Wild.* Not. pl. util. ou intér. du Cgo,
II (1906) 164 et Étud. fl. Bas- et Moy.-Cgo, II (1907) 28, fig. 1 et t. 1;
II (1908) 239.

    1905 (L. Pynaert). — VIII : Eala et env. (Pyn. 626; M. Laur. 1298, 1737).

Listrostachys subulata [*Lindl.*] *Rchb. f.* in *Walp.* Annal. bot. VI
(1864) 909; *Th. Dur.* et *De Wild.* Mat. fl. Cgo, III (1899) 56 [B.
S. B. B. XXXVIII, 64]; *Rolfe* in *Dyer* Fl. trop. Afr. VII, 168.

    Angraecum — *Lindl.* in *Hook.* Comp. Bot. Mag. II (1836) 206; *Th. Dur.* et
    Schinz Consp. fl. Afr. V, 46.

    1895 (Ém. Laurent). — VIII : Longo [Ruki] (Gent.). — XIII a : env. des Stanley-
Falls (Ém. Laur.). — Ind. non cl. : le Lomami (Ém. Laur.).

    Obs. — M. De Wildeman rapporte, avec doute, à cette espèce des échantillons
récoltés à Bombaie et à Kapinga par Ém. Laurent (Conf. Miss. Laurent, 58).

Listrostachys Thonneriana *Kraenzl.* in *Th. Dur.* et *De Wild.*
Mat. fl. Cgo, III (1899) 56 [B. S. B. B. XXXVIII², 64]; *De Wild.* et
Th. Dur. Pl. Thonnerianae (1900) 9, t. 4).

    1896 (Fr. Thonner). — IX a : Gali (Thonn. 193).

Listrostachys vesicata *Rchb. f.* in Flora, XLVII (1865) 190; *Rolfe*
in *Dyer* Fl. trop. Afr. VII. 163; *De Wild.* Étud. fl. Bas- et Moy.-
Cgo, I (1904) 118; II (1907) 29, t. 2 et Not. pl. util. ou intér. du Cgo,
II (1906) 166.

    1900 (J. Gillet). — V : Bas-Congo; Kimuenza (Gill.).

MYSTACIDIUM Lindl.

Mystacidium congolense *De Wild.* Not. pl. util. ou intér. du Cgo,
I (1903) 151; Étud. fl. Bas- et Moy.-Cgo, I (1904) 118 et Miss. Laurent (1905) 58.

    1903 (L. Gentil).— VII : Basenga [Lukenie] (Gent. 30 b).— VIII : Coquilhatville
(Ém. et M. Laur.).

Mystacidium distichum [*Lindl.*] *Benth.* in Journ. Linn. Soc. XVIII
(1881) 337; *Th. Dur.* et *Schinz* Consp. fl. Afr. V, 52; *Rolfe* in *Dyer*
Fl. trop. Afr. VII, 175; *De Wild.* Étud. fl. Bas- et Moy.-Cgo, I
(1903) 25; II (1908) 239 et Miss. Laurent (1905) 58.

Augraecum distichus *Lindl.* in Bot. Reg. XXI (1835) t. 1781.
Aeranthus — *Rchb. f.* in *Walp.* Annal. bot. V (1864) 901 ; *Th. Dur.* et *De Wild.*
Mat. fl. Cgo, III (1899) 58 [B. S. B. B. XXXVIII², 36].

1888 (F. Demeuse). — VII : Ibaka (Gent.); l'Ikata [la Lukenie] (Dem.); Kutu
(Ém. et M. Laur.). — VIII : Eala (Ém. et M. Laur.; Pyn.); Baringa-Yala (Brun.).
— XI : env. de Yambuya (Solh.). — XVI : Albertville [Toa] (Desc.).

M. distichum var. grandifolium *De Wild.* Étud. fl. Bas- et Moy.-Cgo, II (1908) 240.

1895 (Marc. Laurent). — VIII : Eala (M. Laur. 724); Injolo (M. Laur. 1902).

Mystacidium infundibulare [*Lindl.*] *Rolfe* in *Dyer* Fl. trop. Afr. VII (1897) 170; *De Wild.* Étud. fl. Bas- et Moy.-Cgo, II (1908) 240.

Angraecum — *Lindl.* in Journ. Linn. Soc. VI (1862) 136.

1905 (Alph. Cabra et Fr. Michel). — Ind. non cl. : riv. Kilo (Cabra et Michel, 4).

OBS. — M. De Wildeman croit que la plante congolaise devra constituer une var. *brevifolium.*

Mystacidium xanthopollinium [*Rchb. f.*] *Th. Dur.* et *Schinz* Consp. fl. Afr. V (1895) 55; *Rolfe* in *Dyer* Fl. trop. Afr. VII, 173; *Th. Dur.* et *De Wild.* Mat. fl. Cgo, III (1899) 58 [B. S. B. B. XXXVIII², 66]; *Rendle* Cat. Welw. Pl. II, 11 ; *De Wild.* Not. pl. util. ou intér. du Cgo, II (1906) 163; Étud. fl. Bas- et Moy.-Cgo. I (1904) 118 ; II (1907) 30 et Miss. Laurent (1905) 58.

Aeranthus — *Rchb. f.* in Flora, XLVIII (1865) 190.
A. erythropollinius *Rchb. f.* l. c. (1865) 190 ; *De Wild.* Étud. fl. Bas- et Moy.-Cgo, I (1903) 25 ; II (1908) 240.
Mystacidium — *Th. Dur.* et *Schinz* l. c. V (1895) 52 ; *De Wild.* et *Th. Dur.* Contr. fl. Cgo, II (1900) 59 et Pl. Gilletianae, I (1900) 50 [B. Herb. Boiss. Sér. 2, I, 50].

1893 (Ém. Laurent). — Bas-Congo (Cabra). — II a : bords de la Lukula à Zenze (Ém. Laur.); le Mayumbe (Cabra). — V : Kisantu (Gill.). — VII : Kutu (Ém. et M. Laur.). — VIII : env. d'Eala (M. Laur.) ; Bikoro [Lac Tumba] (Gent.); Bombimba (M. Laur.). — IX : rivière de l'Itimbiri (Ser.). — XI : env. de Yambuya (Solh.). — XII c : env. de Gombari (Ser.). — XV : le Sankuru (Ém. Laur.); Lusambo (Gent.).

VANILLA Sw.

Vanilla acuminata *Rolfe* in Journ. Linn. Soc. XXXII (1896) 456; *Kraenzl.* in *Th. Dur.* et *De Wild.* Mat. fl. Cgo, III (1899) 58 [B. S. B. B. XXXVIII², 66]; *De Wild.* et *Th. Dur.* Reliq. Dewevr. (1901) 224 ; *Rolfe* in *Dyer* Fl. trop. Afr. VII, 177; *De Wild.* Miss. Laurent (1903) 63.

1895? (A. Dewèvre). — Congo (Dew.). — XIII : chutes de la Tshopo (Ém. et M. Laur.). — XV : Munungu (Ém. et M. Laur.).

Vanilla africana *Lindl.* in Journ. Linn. Soc. VI (1862) 137; *Kraenzl.* in *Th. Dur.* et *De Wild.* Mat. fl. Cgo, III (1899) 58 [B. S. B. B. XXXVIII², 66]; *Rolfe* in *Dyer* Fl. trop. Afr. VII, 176; *De Wild.* Miss. Laurent (1903) 63.

1895 ? (A. Dewèvre). — Congo (Dew.). — IX : Bolombo (Ém. et M. Laur.).

Vanilla cucullata *Kraenzl.* in Mitth. Deutsch. Schutzgeb. II (1889) 161; *Th. Dur.* et *Schinz* Consp. fl. Afr. V, 55; *Th. Dur.* et *De Wild.* Mat. fl. Cgo, III (1899) 58 [B. S. B. B. XXXVIII², 66]; *De Wild.* et *Th. Dur.* Reliq. Dewevr. (1901) 224; *Rolfe* in Journ. Linn. Soc. XXXII (1887) 456 et in *Dyer* Fl. trop. Afr. VII, 177.

1895 (A. Dewèvre). — XI : Basoko (Dew.).

Vanilla grandifolia *Lindl.* in Journ. Linn. Soc. VI (1862) 138; *Rolfe* in Journ. Linn. Soc. XXXII (1887) 458 et in *Dyer* Fl. trop. Afr. VII, 179; *Th. Dur.* et *De Wild.* Mat. fl. Cgo, III (1899) 58 [B. S. B. B. XXXVIII², 66]; *De Wild.* Étud. fl. Bas- et Moy.-Cgo, I (1904) 110; Miss. Laurent (1905) 63 et Not. pl. util. ou intér. du Cgo, I (1904) 327.

1899 (J. Gillet). — V : Dembo (Gill.); vallée de Kisantu (Ém. Laur.). — XV : plantations Lacourt (Taym.).

Vanilla Laurentiana *De Wild.* Not. pl. util. ou intér. du Cgo, I (1904) 327 et Miss. Laurent (1905) 63.

1903 (Van Rysselberghe). — XII c : Nala (Van Ryss.).

— — var. **Gilletii** *De Wild.* Not. pl. util. ou intér. du Cgo, I (1904) 328 et Miss. Laurent (1905) 64.

1903 (J. Gillet). — V : ravin de Kimpesse [Kisantu] (Gill. 3362; Ém. et M. Laur.).

Vanilla Lujae *De Wild.* in Belg. colon. X (1904) 28, cum xyl. ; Étud. fl. Bas- et Moy.-Cgo, I (1904) 111 et 231, t. 42 et Not. pl. util. ou intér. du Cgo, I (1904) 327.

1903 (M. Taymans et Éd. Luja). — XV : Kondue (Taym. et Luja); la Lulua (le P. Sendens).

ZEUXINE Lindl.

Zeuxine elongata *Rolfe* in Bolet. Soc. Brot. IX (1891) 142 et in *Dyer* Fl. trop. Afr. VII, 181; *De Wild.* Miss. Laurent (1905) 65 et Étud. fl. Bas- et Moy.-Cgo, II (1907) 24.

1904 (Ém. et Marc. Laurent). — V : Lukolela (Schlt.); entre Dembo et le Kwango (But.). — XIII a : chutes de la Tshopo (Ém. et M. Laur.).

PLATYLEPIS A. Rich.

Platylepis glandulosa *Rchb. f.* in Linnaea, XLI (1877) 62; *Bolus* Icon. Orch. austro-afr. I, t. 11; *Rolfe* in *Dyer* Fl. trop. Afr. VII, 184; *De Wild.* Étud. fl. Bas- et Moy.-Cgo, I (1903) 20.

1900 (J. Gillet). — V : Kisantu (Gill.).

MANNIELLA Rchb. f.

Manniella Gustavi *Rchb. f.* Otia Hamb. II (1881) 109; *Rolfe* in *Dyer* Fl. trop. Afr. VII, 185.

Le type croît dans la Haute et la Basse-Guinée.

— — var. **picta** *De Wild.* Not. pl. util. ou intér. du Cgo, I (1903) 153; Étud. fl. Bas- et Moy.-Cgo, I (1904) 119 et Miss. Laurent (1905) 65.

1901 (L. Gentil). — XV : Kondue [Sankuru] (Gent. 7; Ém. et M. Laur.).

POGONIA Juss.

Pogonia umbrosa *Rchb. f.* in Flora, L (1867) 102; *Rendle* Cat. Welw. Pl. II, 12; *Rolfe* in *Dyer* Fl. trop. Afr. VII, 186; *De Wild.* Étud. fl. Bas- et Moy.-Cgo, II (1907) 122, t. 55, 56.

1906 (Éd. Luja). — XV : rég. du Sankuru (Luja).

HABENARIA Willd.

Habenaria Debeerstiana *Kraenzl.* in *Th. Dur.* et *De Wild.* Mat. fl. Cgo, III (1899) 59 [B. S. B. B. XXXVIII², 67].

1895 (Gust. Debeerst). — XVI : Haut-Marangu (Deb.).

Habenaria Guingangae *Rchb. f.* in Flora XLVIII (1865) 179; *Th. Dur.* et *De Wild.* Mat. fl. Cgo, III (1899) 59 [B. S. B. B. XXXVIII², 67]; *Kraenzl.* in Engl. Jahrb. XVI (1892) 207.

1895 (Gust. Debeerst). — XVI : Pala (Deb.).

Habenaria Haullevilleana *De Wild.* Étud. fl. Kat. (1903) 172.

1900 (Edg. Verdick). — XVI : Lukafu. — Nom vern. : **Songania** (Verd. 373).

Habenaria ichneumonea [*Sw.*] *Lindl.* Gen. and sp. Orch. (1835) 313; *Kraenzl.* in Engl. Jahrb. XVI (1892) 136 et in *Th. Dur.* et *De Wild.* Mat. fl. Cgo, III (1899) 59 [B. S. B. B. XXXVIII², 67]; *De*

Wild. et *Th. Dur.* Reliq. Dewevr. (1901) 224 ; *Th. Dur.* et *Schinz*
Consp. fl. Afr. V, 79; *Rolfe* in *Dyer* Fl. trop. Afr. VII, 240; *De
Wild.* Étud. fl. Bas- et Moy.-Cgo, I (1906) 230; II (1908) 234.

Orchis ichneumonea *Sw.* in *Pers.* Syn. pl. II (1807) 506.

1895 (A. Dewèvre). — V : Kidama (Van Tilborg); Kimuenza (Dew. 500). —
XII c : entre Amadis et Surango (Ser. 656); Poko et env. (Van Ryss.; Ser. 656 c).
— XV : route de Kabuluku à Kanda-Kanda (Lescr. 333). — XVI : Kapanga (Desc.).

Habenaria Kitondo *De Wild.* Étud. fl. Kat. (1902) 23.

1899 (Edg. Verdick). — XVI : Lukafu. — Nom vern. : **Kitondo** (Verd. 334).

Habenaria Laurentii *De Wild.* Not. pl. util. ou intér. du Cgo, I (1904)
325 et Miss. Laurent (1905) 62.

1903 (Ém. et Marc. Laurent). — XV : Kondue (Ém. et M. Laur.).

Habenaria macrura *Kraenzl.* in *Engl.* Hochgeb. trop. Afr. (1892)
183 et in Engl. Jahrb. XVI (1892) 152; *Th. Dur.* et *Schinz* Consp.
fl. Afr. V, 81; *Kraenzl.* in *Th. Dur.* et *De Wild.* Mat. fl. Cgo, III
(1899) 59 [B. S. B. B. XXXVIII², 67]; *De Wild.* et *Th. Dur.* Reliq.
Dewevr. (1901) 225 ; *Rolfe* in *Dyer* Fl. trop. Afr. VII, 229; *De Wild.*
Étud. fl. Bas- et Moy.-Cgo, I (1904) 109, (1906) 230; II (1908) 234.

1885 (C. Callewaert). — V : le Stanley-Pool (Callew.); Léopoldville (Dew. 490);
Lula-Lumene (Hendr.); env. de Kisantu (Gill. 3514) ; rég. de Sauda (Odd. in
Gill. 3631). — Ind. non cl. : Golungo (Lescr. 407).

Habenaria Poggeana *Kraenzl.* in Engl. Jahrb. XVI (1892) 207; *Th.
Dur.* et *De Wild.* Mat. fl. Cgo, III (1899) 59; [B. S. B. B. XXXVIII²,
67]; *De Wild.* Étud. fl. Bas- et Moy.-Cgo, I (1904) 110, (1906) 230.

Platycoryne — *Rolfe* in *Dyer* Fl. trop. Afr. VII (1898) 258.

1881? (P. Pogge). — Bas-Congo (But.). — V : env. de Kisantu et de Sanda (Gill.);
entre Dembo et le Kwango (But.). — VII : Malepie (Ém. Laur.). — XV : la Lulua
(Pg. 1443). — Ind. non cl. : Bakumba (Dem.).

Habenaria procera [*Afzel.*] *Lindl.* Gen. et sp. Orch. (1835) 318 et in
Bot. Reg. (1836) t. 1858; *Kraenzl.* in Engl. Jahrb. XVI (1892) 164 ;
Rolfe in *Dyer* Fl. trop. Afr. VII, 220; *De Wild.* Étud. fl. Bas- et
Moy.-Cgo, I (1904) 110.

Orchis — *Afzel.* ex *Sw.* in Vet. Akad. Handl. Stockh. XXI (1800) 207; *Pers.*
Syn. pl. II. 506.

1902 (L. Gentil). — XV : bord de la Loanje [affl. de la Lubue] (Gent.).

Habenaria zambesina *Rchb. f.* Otia Hamb. II (1881) 96; *Kraenzl.*
in Engl. Jahrb. XVI (1892) 213 et in *Engl* Pfl. Ost-Afr. 153; *Rolfe*
in *Dyer* Fl. trop. Afr. VII, 211; *De Wild.* Étud. fl. Bas- et Moy.-
Cgo, I (1904) 110, (1906) 230; II (1908) 234 et Miss. Laurent (1905)
63.

1901 (R. Butaye). — Bas-Congo (But. in Gill. 2278). — V : Boko (Vanderyst). — XV : Batshoke (Lescr. 414); Kondue (Ém. et M. Laur.); env. de Kabinda (V. Dur.). — Ind. non cl. : Tshofo [la Tshopo ? XIII a] (V. Dur.).

BONATEA Willd.

Bonatea Verdickii *De Wild.* Étud. fl. Kat. (1902) 24.

1899 (Edg. Verdick). — XVI : Lukafu. — Nom vern. : **Lusepo** (Verd. 263).

SATYRIUM Sw.

Satyrium Gilletii *De Wild.* Not. pl. util. ou intér. du Cgo, I (1903) 153 et Étud. fl. Bas- et Moy.-Cgo, I (1904) 110.

1900 (J. Gillet). — V : Kisantu (Gill. 1822).

Satyrium Goetzenianum *Kraenzl.* in Engl. Jahrb. XXIV (1898) 506; *Rolfe* in *Dyer* Fl. trop. Afr. VII, 574.

? S. brachypetalum *Engl.* [non *A. Rich.*] in v. *Goetz.* Durch Afrika (1895) 385.

1894 (G. A. von Goetzen et von Prittwitz). — XIV : volcan Kirunga [N. du Lac Kivu] (Goetz. et Prittw.).

Satyrium riparium *Rchb. f.* in Flora, XLVIII (1865) 183; *Rolfe* in *Dyer* Fl. trop. Afr. VII, 267; *Th. Dur.* et *De Wild.* Mat. fl. Cgo, III (1899) 59 [B. S. B. B. XXXVIII², 67].

1895 (Gust. Debeerst). — XVI : Haut Marungu (Deb.).

DISA Berg.

Disa aurantiaca *Rchb. f.* in Flora, L (1867) 98; *Th. Dur.* et *Schinz* Consp. fl. Afr. V, 100; *Th. Dur.* et *De Wild.* Mat. fl. Cgo, III (1899) 59 [B. S. B. B. XXXVIII², 67]; *Rendle* Cat. Welw. Pl. II, 18; *De Wild.* et *Th. Dur.* Reliq. Dewevr. (1901) 225.

1895 (A. Dewòvre). — V : Kimuenza (Dew. 498).

Obs. — M. Rolfe [in *Dyer* Fl. trop. Afr. VII, 280] réunit cette espèce au D. ochrostachya Rchb. f.

Disa erubescens *Rendle* in *Britt.* Journ. of Bot. XXXIII (1895) 297; *Rolfe* in *Dyer* Fl. trop. Afr. VII, 277.

D. Leopoldi *Kraenzl.* in *Th. Dur.* et *De Wild.* Mat. fl. Cgo, VI (1899) 48 pr. p. [B. S. B. B. XXXVIII⁴, 218]. — [Conf. *De Wild.* Étud. fl. Kat. (1902) 24 in obs.].

1890 (Paul Briart). — XVI : Musima (Lualaba) (Briart).

Disa katangensis *De Wild.* Étud. fl. Kat. (1902) 25.

1900 (Edg. Verdick). — XVI : Lukafu. — Nom vern. : **Mulongwe** (Verd. 418).

Disa ochrostachya *Rchb. f.* in Flora, XLVIII (1865) 181; *Rolfe* in *Dyer* Fl. trop. Afr. VII, 279; *De Wild.* Étud. fl. Bas- et Moy.-Cgo, I (1904) 110.

D. aurantiaca *Rchb. f.* l. c. L (1867) 98; *Rendle* Cat. Welw. Pl. II, 18.

1900 (R. Butaye). — Bas-Congo (But. in Gill. 1805, 1835).

Disa Verdickii *De Wild.* Étud. fl. Kat. (1902) 26.

1900 (Edg. Verdick). — XVI : Lukafu (Verd. 410).

Disa Walleri *Rchb. f.* Otia Hamb. II (1881) 105; *R. Schlechter* in Engl. Jahrb. XXXIII (1901) 238; *De Wild.* Étud. fl. Kat. (1902) 24; *Rolfe* in *Dyer* Fl. trop. Afr. VII, 282.

D. Leopoldi *Kraenzl.* in *Th. Dur.* et *De Wild.* Mat. fl. Cgo, VI (1899) 48 pr. p. [B. S. B. B. XXXVIII², 218].

1890 (Paul Briart). — XVI : env. de Lukafu (Verd. 419); Musima [Lualaba] (Briart pr. p'.

Disa Welwitschii *Rchb. f.* in Flora, XLVIII (1865) 181; *Rolfe* in *Dyer* Fl. trop. Afr. V, 280; *Hiern* Cat. Welw. Pl. II, 18; *De Wild.* Étud. fl. Bas- et Moy.-Cgo, II (1908) 234.

1891 (F. Demeuse). — Mont Baugu [err. cal. Bundu]. — Nom vern. : **Jada Samba** (Dem.). — V : Kisantu et dans la région [But. in Gill. 3599; Odd. in Gill. 3042; Vanderyst, 65) ; Boko; Dembo (Vanderyst). — XII d : Bokoyo (Ser. 596). — XVI : Lukafu. — Nom vern. : **Shikololo** (Verd. 393); route de Kabinda à Tshopo (V. Dur.).

BRACHYCORYTHIS Lindl.

Brachycorythis Briartiana *Kraenzl.* in *Th. Dur.* et *De Wild.* Mat. fl. Cgo, VI (1899) 49 [B. S. B. B. XXXVIII, 2, 419].

1890 (Paul Briart). — XVI : Musima [Haut-Lualuba] (Briart).

Brachycorythis pleistophylla *Rchb. f.* Otia Hamb. II (1881) 104; *Kraenzl.* in *Th. Dur.* et *De Wild.* Mat. fl. Cgo, I (1897) 40 [B. S. B. B. XXXVI², 80]; *Rolfe* in *Dyer* Fl. trop. Afr. VII, 202; *De Wild.* Étud. fl. Bas- et Moy.-Cgo, I (1904) 110, (1906) 230; II (1908) 234.

Platanthera — *Schlechter* Westafr. Kautsch.-Exped. (1900) 274.
B. Leopoldi *Kraenzl.* Orch. gen. et sp. I (1898) 542 et in *Th. Dur.* et *De Wild.* Mat. fl. Cgo, III (1899) 61 [B. S. B. B. XXXVIII², 69]; *De Wild.* et *Th. Dur.* Contr. fl. Cgo, II (1900) 59.

1891 (G. Descamps). — Bas-Congo (But.). — II a : le Mayumbe (Deleval). — IV : env. de Tumba (Cabra et Michel). — V : Kinshasa (Schlt.); Sanda (Verm.); Boko (Vanderyst); Lemfu (But.); Banza-Boma (Luja). — XV : le Lutembue (Desc.).

Brachycorythis pubescens *Harv.* Thes. Capens. I (1859) 35, t. 34; *Rendle* Cat. Welw. Pl. II, 19; *Rolfe* in *Dyer* Fl. trop. Afr. VII, 201 ; *De Wild.* Étud. fl. Bas- et Moy.-Cgo, I (1904) 110 et Miss. Laurent (1905) 63.

Platanthera Brachycorythis *Schlechter* in Engl. Jahrb. XX, Beibl. n. 50 (1895) 12.

1901 (L. Gentil). — VI : région du Kwango (But.). — XV : Kondue (Gent. 18; Ém. et M. Laur.).

Brachycorythis rhomboglossa *Kraenzl.* Orch. gen. et sp. I (1898) 544 et in *Th. Dur.* et *De Wild.* Mat. fl. Cgo. III (1899) 60 [B. S. B. B. XXXVIII², 219]; *De Wild.* et *Th. Dur.* Reliq. Dewevr. (1901) 225.

1896 (A. Dewèvre). — XIII d : env. de Kasongo (Dew. 980).

Brachycorythis Schweinfurthii *Rchb. f.* Otia Hamb. I (1878) 59; *Th. Dur.* et *Schinz* Consp. fl. Afr. V, 115 et Étud. fl. Cgo (1896) 153; *Rolfe* in *Dyer* Fl. trop. Afr. VII, 201.

1870 (G. Schweinfurth). — XII d : pays des Mangbettu (Schw. 3577).

DISPERIS Sw.

Disperis aphylla *Kraenzl.* in *Th. Dur.* et *De Wild.* Mat. fl. Cgo, III (1899) 63; *De Wild.* et *Th. Dur.* Reliq. Dewevr. (1901) 225; *De Wild.* Étud. fl. Bas- et Moy.-Cgo, I (1906) 230.

1896 (A. Dewèvre). — V : env. de Kisantu (Gill. 3588) — XIII : entre Matende et Nikanga (Dew. 1085).

FLAGELLARIACEAE

FLAGELLARIA L.

Flagellaria guineensis *Schumach.* et *Thonn.* Beskr. Guin. Pl. (1827) 181 ; *N. E. Br.* in *Dyer* Fl. trop. Afr. VIII, 90 ; *De Wild.* Étud. fl. Bas- et Moy.-Cgo, II (1908) 233.

F. indica *Thoms.* [non *L.*] in *Speke* Nile, Append. (1863) 650 ; *Th. Dur.* et *Schinz* Consp. fl. Afr. V, 436; *De Wild.* et *Th. Dur.* Contr. fl. Cgo, II (1900) 64; *De Wild.* Étud. fl. Bas- et Moy.-Cgo, I (1904) 99 et Miss. Laurent (1905) 24.

1816 (Chr. Smith). — Bas-Congo (Sm.; Gill.). — I : Moanda (Gill.). — II a : Temvo (Ém. et M. Laur.). — IV : Luvituku (Luja). — VII : Kutu; Kiri (Ém. et M. Laur.). — VIII : Eala et env. (M. Laur.; Pyn.). — Ind. non cl. : Foi (Dem.).

ZINGIBERACEAE

CURCUMA L.

*Curcuma longa *L.* Sp. pl. ed. 1 (1753) 2; Bot. Reg. (1825) t. 886;
Bentl. et *Trim.* Medic. Pl. III, t. 269; *De Wild.* et *Th. Dur.* Pl.
Gilletianae, I (1900) 51 [B. Herb. Boiss. Sér. 2, I, 51] et Reliq. Dewevr.
(1901) 227; *K. Schum.* in *Engl.* Pflanzenreich [Zingib.] (1904) 108.

1896 (A. Dewèvre). — V : Kisantu et cultivé dans les villages (Gill.). — XIII c :
la Lowa (Dew.).

KAEMPFERA L.

Kaempfera aethiopica [*Solms*] *Benth.* in *Benth.* et *Hook. f.* Gen.
pl. III (1883) 642; *Bak.* in *Dyer* Fl. trop. Afr. VII, 294; *De Wild.*
Étud. fl. Kat. (1902) 19; *K. Schum.* in *Engl.* Pflanzenreich [Zingib.]
(1904) 69, fig. 10.

Cienkowskia — *Solms* in Sitz. Ges. Naturf. Freunde Berlin (1863) 7.

1895 (Gust. Debeerst). — XVI : Lukafu (Verd. 277) : Baudouinville (Deb.).

OBS. — Dans les *Matériaux pour la flore du Congo.* II (1898) 81, la plante récoltée à Baudouinville a été, à tort, rapportée au *K. pleiantha.*

Kaempfera Dewevrei *De Wild.* et *Th. Dur.* in *Th. Dur.* et *De
Wild.* Mat. fl. Cgo, V (1899) 23 [B. S. B. B. XXXVIII², 142]; *De Wild.*
et *Th. Dur.* Reliq. Dewevr. (1901) 226 ; *K. Schum.* in *Engl.* Pflanzenreich [Zingib.] (1904) 71.

1896 (A. Dewèvre). — XIII c : env. de la Montagne Marioe (Dew. 1021).

Kaempfera pallida *De Wild.* Étud. fl. Kat. (1902) 20.

1899 (Edg. Verdick). — XVI : Lukafu (Verd. 297).

OBS. — Espèce omise dans le *Pflanzenreich* d'Engler.

Kaempfera pleiantha *K. Schum.* in Engl. Jahrb. XV (1892) 425;
Th. Dur. et *Schinz* Consp. fl. Afr. V, 124; *Bak.* in *Dyer* Fl. trop.
Afr. VII, 296; *Th. Dur.* et *De Wild.* Mat. fl. Cgo, II (1898) 81
[B. S. B. B. XXXVII, 126]; *De Wild.* Étud. fl. Kat. (1902) 20 ;
K. Schum. in *Engl.* Pflanzenreich [Zingib.] (1904) 69.

1896 (G. Descamps). — XVI : Pweto (Desc.) ; le Lofoi (Verd.).

CADALVENA Fenzl.

Cadalvena spectabilis *Fenzl* in Sitzb. Akad. Wiss. Wien, Abt. II (1865) 140; *Bak.* in *Dyer* Fl. trop. Afr. VII, 297; *De Wild.* Étud. fl. Kat. (1902) 20; Bot. Mag; (1905) t. 7092.

> Costus spectabilis *K. Schum.* in Engl. Jahrb. XV (1892) 422; *Th. Dur.* et *Schinz* Consp. fl. Afr. V, 129 et Étud. fl. Cgo (1896) 255; *De Wild.* et *Th. Dur.* Reliq. Dewevr. (1901) 230; *K. Schum.* in *Engl.* Pflanzenreich [Zingib.] (1904) 421; *De Wild.* Étud. fl. Bas- et Moy.-Cgo, I (1904) 160.

> 1888 (Fr. Hens). — IV : Zeugeto (Cabra, 1, 58); Lukungu (Hens, 353; Dew. 163). — V : Kisantu; env. de Dembo (Gill. 1152). — XVI : le Lofoi (Verd.); Albertville [Toa] (Desc.).

AFRAMOMUM K. Schum. (1)

Aframomum albo-violaceum *[Ridl.] K. Schum.* in *Engl.* Pflanzenreich [Zingib.] (1904) 207.

> Amomum — *Ridl.* in *Britt.* Jour. of Bot. XXV (1887) 130; *De Wild.* et *Th. Dur.* Pl. Gilletianae, I (1900) 51 [B. Herb. Boiss. Sér. 2, I, 51]; *Bak.* in *Dyer* Fl. trop. Afr. VII, 304.

> 1900 (J. Gillet). — V : Kisantu (Gill. 903).

Aframomum colosseum *K. Schum.* in *Engl.* Pflanzenreich [Zingib.] (1904) 206.

> 1882 (P. Pogge). — XV : Mukenge (Pg. 1472).

Aframomum Daniellii *[Hook. f.] K. Schum.* in *Engl.* Pflanzen-reich [Zingib.] (1904) 218.

> Amomum—*Hook. f.* in Kew. Journ. of Bot. IV (1854) [t. 5 sub nom. *A. Afzelii*] 129; Bot. Mag. (1884) t. 4764.
> Am. angustifolium *Auct.* [non *Sonner.*]; *De Wild.* et *Th. Dur.* Pl. Gilletianae, I (1900) 51 [B. Herb. Boiss. Sér. 2, I, 51] *Bak.* in *Dyer* Fl. trop. Afr. VII, 308; *De Wild.* Étud. fl. Bas- et Moy.-Cgo, I (1904) 106.

> 1816 (Chr. Smith). — Bas-Congo (Sm). — V : Kisantu (Gill.). — VI : vallée de la Djuma (Gent.; Gill. 2857).

Aframomum granum-paradisi *[L.] K. Schum.* in *Engl.* Pflanzen-reich. [Zingib.] (1904) 213.

---

(1) **Aframomum luteo-album** *[K. Schum.] K. Schum.* in *Engl.* Pflanzenreich [Zingib.] (1904) 216.

> Amomum — *K. Schum.* in Engl. Jahrb. XV (1892) 413; *Bak.* in *Dyer*, Fl. trop. Afr. VII, 310.

> 1870 (G. Schweinfurth). — XII d? : rég. des Uandos (Schw.).

Amomum granum Paradisi *L.* Sp. pl. ed. 1 (1753) 2? *Hook. f.* in Bot. **Mag.** (1851) t. 4603; *Th. Dur.* et *Schinz.* Consp. fl. Afr. V, 126; *Bak.* in *Dyer* Fl. trop. Afr. VII, 304; *Gagnepain* [Zingib. Afric. (1902) 28-33] in B. S. B. Fr. Sér. 4, III (1903) 371.

1881? (P. Pogge). — Ind. non cl. : Bolama (Pg. 1510).

Aframomum latifolium [*Afzel.*] *K. Schum.* in *Engl.* Pflanzenreich [Zingib.] (1904) 209.

Amomum — *Afzel.* Remed. Guin. I (1813) 5; *Th. Dur.* et *Schinz* Consp. fl. Afr. V, 126 et Étud. fl. Cgo, (1896) 254; *Bak.* in *Dyer* Fl. trop. Afr. VII, 305.

Ann.? (Coll. ?). — Congo (Coll.? fide Roscoe).

Aframomum Laurentii [*De Wild.* et *Th. Dur.*] *K. Schum.* in *Engl.* Pflanzenreich [Zingib.] (1904) 213.

Amomum — *De Wild.* et *Th Dur.* in *Th. Dur.* et *De Wild.* Mat. fl. Cgo, V (1899) 1 [B. S. B. B. XXXVIII, 2, 137]; *De Wild.* et *Th. Dur.* Reliq. Dewevr (1901) 227.

1893 (Ém. Laurent). — Bas-Cougo (Ém. Laur.). — II a : Shimbete (Dew.). — Nom vern. : **Mabole** [Kasai].

Aframomum Masuianum [*De Wild.* et *Th. Dur.*] *K. Schum.* in *Engl.* Pflanzenreich [Zingib.] (1904) 212.

Amomum — *De Wild.* et *Th. Dur.* in *Th. Dur.* et *De Wild.* Mat. fl. Cgo, V (1899) 19 [B. S. B. B. XXXVIII, 2, 138]; *De Wild.* et *Th. Dur.* Reliq. Dewevr. (1901) 228.

1895 (A. Dewèvre). — II : Malela, CC. le long de l'eau et dans la forêt (Dew.).

Aframomum Melagueta [*Rosc.*] *K. Schum.* in *Engl.* Pflanzenreich. [Zingib.] (1904) 204.

Amomum — *Rosc.* Scitam. (1828) 29, t. 98; *Ridl.* in *Britt.* Journ. of Bot. XXV (1887) 130; *Th. Dur.* et *Schinz* Consp. fl. Afr. V, 127 et Étud. fl. Cgo (1896) 254; *De Wild.* et *Th. Dur.* Reliq. Dewevr. (1901) 221; *Bak.* in *Dyer* Fl. trop. Afr. VII, 303; *Bentl.* et *Trim.* Medic. Pl. III, t. 268.

Ind. vague, 1823 (fide Rosc.); ind. posit. 1895 (Dew.). « Du Congo à Sierra-Leone » (Rosc.). — VIII : Équateur. — Nom vern. : **Mondungu** (Dew.).

Aframomum sanguineum [*K. Schum.*] *K. Schum.* in *Engl.* Pflanzenreich [Zingib.] (1904) 219; *De Wild.* Miss. Laurent (1906) 218 et Étud. fl. Bas- et Moy.-Cgo, II (1907) 23.

Amomum — *K. Schum.* in Engl. Jahrb. XV (1892) 412; *Bak.* in *Dyer* Fl. Afr. VII, 310; *Th. Dur.* et *Schinz* Étud. fl. Cgo (1896) 254; *De Wild.* et *Th. Dur.* Reliq. Dewevr. (1901) 228.

1896 (A. Dewèvre). — Congo (Dew.). — II a : la Lukula (Kest.); Temvo (Ém. et M. Laur.). — V : Kisantu (Gill. 1123). — X : l'Ubangi (Ém. et M. Laur.).

Aframomum polyanthum [*K. Schum.*] *K. Schum.* in *Engl.* Planzenreich [Zingib.] (1904) 207.

Amomum — *K. Schum.* in Engl. Jahrb. XV (1892) 411; *Bak.* in *Dyer* Fl. trop. Afr. VII, 309.

1870 (G. Schweinfurth). — XII d : Linduku (Schw. 3092).

Aframomum sceptrum [*Oliv.* et *Hanb.*] *K. Schum.* in *Engl.* Pflanzenreich [Zingib.] (1904) 214.

Amomum — *Oliv.* et *Hanb.* in Journ. Linn. Soc. VII (1863) 109; *Hook.* in Bot. Mag. (1869) t. 5761; *Th. Dur.* et *Schinz* Consp. :fl. Afr. V, 127 et Étud. fl. Cgo (1896) 255; *Bak.* in *Dyer* Fl. trop. Afr. VII, 306.

1893 (Ém. Laurent). — Forêts du Bas-Congo (Ém. Laur.).

ZINGIBER Adans.

*Zingiber officinale *Rosc.* in Trans. Linn. Soc. VIII (1807) 348; *Bentl.* et *Trim.* Medic. Pl. III, t. 270; *Bak.* in *Hook. f.* Fl. Brit. Ind. VI, 246; *De Wild.* Pl. Gilletianae, 1 (1900) 51 [B. Herb. Boiss. Sér. 2, I, 51]; *K. Schum.* in *Engl.* Pflanzenreich [Zingib.] (1904) 170, fig. 23.

Amomum Zingiber *L.* Sp. pl. ed. 1 (1753) 1.

1900 (J. Gillet). — V : Kisantu (Gill.).

COSTUS L.

Costus afer *Ker* in Bot. Reg. VIII (1833) t. 683; *Hook.* in Bot. Mag. (1857) t. 4977; *Th. Dur.* et *Schinz* Consp. fl. Afr. V, 188 et Étud. fl. Cgo (1896) 255; *Th. Dur.* et *De Wild.* Mat. fl. Cgo, II (1898) 81 [B. S. B. B. XXVII, 126]; *De Wild.* et *Th. Dur.* Reliq. Dewevr. (1901) 229; *Bak.* in *Dyer* Fl. trop. Afr. VII, 299; *K. Schum.* in *Engl.* Pflanzenreich [Zingib.] (1904) 292; *De Wild.* Miss. Laurent (1906) 217.

1816 (Chr. Smith). — Bas-Congo (Sm.). — II a : brousse de Zobe. — Nom vern : **Nkusu** (Ém. Laur.); Shinganga. — Nom vern. : **Ruisa** (Dew.). — V : Sabuka (Ém. et M. Laur.). — VIII : Coquilhatville (Ém. et M. Laur.). — IX : Bobangi (Ém. et M. Laur.). — XV : Mukundji (Ém. Laur.).

Costus Dewevrei *De Wild.* et *Th. Dur.* in *Th. Dur.* et *De Wild.* Mat. fl. Cgo, V (1899) 20 [B. S. B. B. XXXVIII², 139]; *De Wild.* et *Th. Dur.* Reliq. Dewevr. (1901) 229; *K. Schum.* in *Engl.* Pflanzenreich [Zingib.] (1904) 387; *De Wild.* Miss. Laurent (1906) 218.

1895 (A. Dewèvre). — II a : Shinganga (Dew.). — VIII : Eala (M. Laur.). — XV : Mukundji (Ém. et M. Laur.).

Costus edulis *De Wild.* et *Th. Dur.* in *Th. Dur.* et *De Wild.* Mat. fl. Cgo, V (1899) 22 [B. S. B. B. XXXVIII², 141]; *De Wild.* et *Th. Dur.* Reliq. Dewevr. (1901) 229; *K. Schum.* in *Engl.* Pflanzenreich [Zingib.] (1904) 395; *De Wild.* Miss. Laurent (1906) 218.

1896 (A. Dewèvre). — VII : Inongo (Ém. et M. Laur.). — XIII d : env. de Nyangwe (Dew. 916 a).

Costus Lucanusianus *J. Braun* et *K. Schum.* in Mitth. Deutsch. Schutzgeb. II (1889) 151 ; *Th. Dur.* et *Schinz* Consp. fl. Afr. V, 128 et Étud. fl. Cgo (1896) 255 ; *De Wild.* et *Th. Dur.* Reliq. Dewevr. (1901) 230 et Pl. Gilletianae, I (1900) 51 [B. Herb. Boiss. Ser. 2, I, 51] ; *Bak.* in *Dyer* Fl. trop. Afr. VII, 299 ; *Schlechter* Westafr. Kautsch.-Exped. (1900) 65, cum xyl. ; *K. Schum.* in *Engl.* Pflanzenreich [Zingib.] (1904) 392, fig. 46.

1893 (Ém. Laurent). — Bas-Congo (Ém. Laur.). — II a : la Lemba (Dew.). — V : Kisantu (Gill.).

Costus phyllocephalus *K. Schum.* in Engl. Jahrb. XV (1892) 420 ; *Th. Dur.* et *De Wild.* Mat. fl. Cgo, II (1898) 81 [B. S. B. B. XXXVII, 126] ; *De Wild.* et *Th. Dur.* Contr. fl. Cgo, II (1900) 60 et Reliq. Dewevr. (1901) 230 ; *Bak.* in *Dyer* Fl. trop. Afr. VII, 298 ; *De Wild.* et *Th. Dur.* Pl. Gilletianae, I (1900) 51 [B. Herb. Boiss. Sér. 2, I, 51] ; *De Wild.* Étud. fl. Bas- et Moy.-Cgo, II (1907) 23 ; *K. Schum.* in *Engl.* Pflanzenreich [Zingib.] (1904) 386.

1891 (F. Demeuse). — II a : Bingila (Dup.). — V : Kisantu (Gill. 343, 879). — VIII : Équateur. — Nom vern. : **Mosasanga** (Dew. 556). — IX : pays des Bangala (Dem.). — XV : Lac Foa (Lescr. 233).

Costus trachyphyllus *K. Schum.* in Engl. Jahrb. XV (1893) 420 ; *Th. Dur.* et *Schinz* Étud. fl. Cgo (1896) 256 ; *Bak.* in *Dyer* Fl. trop. Afr. VII, 300 ; *K. Schum.* in *Engl.* Pflanzenreich [Zingib.] (1904) 409.

1870 (G. Schweinfurth). — XII c : le Mbruole (Schw.).

RENEALMIA L. f.

Renealmia bracteata *De Wild.* et *Th. Dur.* in *Th. Dur.* et *De Wild.* Mat. fl. Cgo, VIII (1900) 27 [B. S. B. B. XXXIX², 79].

1899 (F. Demeuse]. — Ind. non cl. : le Lomami (Dem.).

Obs. — Espèce omise dans le *Pflanzenreich* d'Engler.

Renealmia Cabrae *De Wild.* et *Th. Dur.* in *Th. Dur.* et *De Wild.* Mat. fl. Cgo, V (1899) 26 [B. S. B. B. XXXVIII², 145] ; *De Wild.* Étud. fl. Bas- et Moy.-Cgo, II (1907) 23 ; *K. Schum.* in *Engl.* Pflanzenreich [Zingib.] (1904) 292.

1897 (Alph. Cabra). — Bas-Congo (Cabra). — II a : Haut-Shiloango (Cabra et Michel).

Renealmia congolana *De Wild.* et *Th. Dur.* in *Th. Dur.* et *De Wild.* Mat. fl. Cgo, V (1899) 25 [B. S. B. B. XXXVIII², 144] ; *Th.*

Dur. et *De Wild.* Reliq. Dewevr. (1901) 230; *De Wild.* Miss. Laurent (1906) 218; *K. Schum.* in *Engl.* Pflanzenreich [Zingib.] (1904) 293.

1882? (P. Pogge). —'VIII : Coquilhatville. — Nom vern. : **Boconambo** (Dew. 634). — XV : Dibele (Em. et M. Laur.); Mukenge (Pg.).

Renealmia Dewevrei *De Wild.* et *Th. Dur.* in *Th. Dur.* et *De Wild.* Mat. fl. Cgo, V (1899) 24 [B. S. B. B. XXXVIII², 143]; *De Wild.* et *Th. Dur.* Pl. Gilletianae, I (1900) 51; II (1901) 131 [B. Herb. Boiss. Sér. 2, I, 51, 841] et Reliq. Dewevr. (1901) 231; *K. Schum.* in *Engl.* Pflanzenreich [Zingib.] (1904) 293; *De Wild.* Miss. Laurent (1906) 218.

1896 (A. Dewèvre). — V : Lukolela (Dew. 825 b) ; en aval de Bolombo (Ém. et M. Laur.); Kisantu (Gill.); Lemfu (But. in Gill. 1214). — Nom vern. : **Basasanga** [Lulanga] (Ém. Laur.).

MARANTACEAE

SARCOPHRYNIUM K. Schum. (1)

Sarcophrynium Arnoldianum *De Wild.* Étud. fl. Bas- et Moy.-Cgo, I (1904) 107; II (1907) 24; Not. pl. util. ou intér. du Cgo, I (1904) 265-267, t. 13-15 et Miss. Laurent (1906) 219.

1888 (F. Demeuse). — II a : Haut-Shiloango (Cabra et Michel); Benza-Masola (Ém. et M. Laur.). — VI : Tumba-Mani. — Nom vern. : **Midiadi** (Cabra et Michel). — XI : env. de Basoko (Ém. et M. Laur.). — XIII a : Sauleyville (Ém. Laur.); les Stanley-Falls (Dem.). — XIII d : Lusanga (Dew.). — XV : Olombo; Kondue : Dibele (Ém. et M. Laur.).

Sarcophrynium baccatum [*K. Schum.*] *K. Schum.* in *Engl.* Pflanzenreich. [Marant.] (1902) 39:

Phrynium — *K. Schum.* ex *De Wild.* et *Th. Dur.* Reliq. Dewevr. (1901) 233. Phyllodes — *K. Schum.* in Engl. Jahrb. XV (1892) 442 ; *Th. Dur.* et *Schinz* Étud. fl. Cgo (1896) 257 ; *Th. Dur.* et *De Wild.* Mat. fl. Cgo, II (1898) 82 [B. S. B. B. XXXVII, 127].

1882 (P. Pogge). — Bas-Congo (Ém. Laur.). — VIII : Coquilhatville. — Nom vern. : **Ncongo** (Dew. 635). — XV : Mukenge (Pg. 1439); le Sankuru ; la Lulua (Ém. Laur.).

---

(1) K. Schumann dans le Pflanzenreich [Marant.] (1902) 37, indique le **S. bisubulatum** [*K. Schum.*] *K. Schum.* (Phyllodes — *K. Schum.* in Bolet. Soc. Brot. XI (1893) 83 = Phrynium — *Bak.* in *Dyer* Fl. trop. Afr. VII (1898) 325) dans le domaine du Congo entre le Luatschim et Quilombo. — Nous pensons que cette habitation découverte par Siz. Marques est dans l'Angola.

Sarcophrynium brachystachyum [*Koern.*] *K. Schum.* in *Engl.*
Pflanzenreich [Marant.] (1902) 36 ; *De Wild.* Miss. Laurent (1906) 219
ef Étud. fl. Bas- et Moy.-Cgo, II (1907) 24.

Phrynium — *Koern.* in B. S. Natur. Mosc. XXXV, I (1862) 108; *Bah.* in *Dyer*
Fl. trop. Afr. VII, 322; *De Wild.* et *Th. Dur.* Reliq. Dewevr. (1901) 34.
Maranta — *Benth.* in *Hook.* Niger Fl. (1849) 531.
Phyllodes — *K. Schum.* in Engl. Jahrb. XV (1892) 445.

1896 (A. Dewèvre). — V : Lukolela. — Nom vern. : **Kongo** (Dew. 541); env. de
Lukolela (Ém. et M. Laur.). — IX : en aval de Bolombo (Ém. et M. Laur.). —
X : l'Ubangi (Ém. et M. Laur.). — XII a : Nyandu (Ser.).

Sarcophrynium leiogonium [*K. Schum.*] *K. Schum.* in *Engl.*
Pflanzenreich [Marant.] (1902) 39; *De Wild.* Étud. fl. Bas- et Moy.-
Cgo, I (1904) 108.

Phyllodes — *K. Schum.* in Engl. Jahrb. XV (1892) 442; *Th. Dur.* et *Schinz*
Étud. fl. Cgo (1896) 257.
Phrynium — *Bah.* in *Dyer* Fl. trop. Afr. VII (1898) 324.

1880 (P. Pogge). — V : env. de Léopoldville (Gill.). — VI : rives de la Djuma
(Gill. 2742 ; Gent.). — XV ? : pays des Bashilange à Luatschim (Pg. 696).

Sarcophrynium oxycarpum [*K. Schum.*] *K. Schum.* in *Engl.*
Pflanzenreich [Marant.] (1902) 38; *De Wild.* Miss. Laurent (1906) 220
et Étud. fl. Bas- et Moy.-Cgo, II (1907) 38.

Phyllodes — *K. Schum.* in Engl. Jahrb. XV (1892) 443.
Phrynium — *Bah.* in *Dyer* Fl. trop. Afr. VII (1898) 324.

1897 (Alph. Cabra). — Congo (Cabra). — XV : Dibele (Ém. et M. Laur.).

HALOPEGIA K. Schum.

Halopegia azurea [*K. Schum.*] *K. Schum.* in *Engl.* Pflanzenreich
[Marant.] (1902) 50.

Donax — *K. Schum.* in Engl. Jahrb. XV (1892) 434 ; *Bah.* in *Dyer* Fl. trop.
Afr. VII, 316.
? Maranta Lujaeana *L. Linden* Cat. de l'Hort. colon. (1901) 21, cum icone
(fide cl. K. Schum.).

1881 (P. Pogge). — XV : Mukenge (Pg. 487).

THAUMATOCOCCUS Benth.

Thaumatococcus Daniellii [*Bennett*] *Benth.* in *Benth* et *Hook. f.*
Gen. pl. III (1883) 652; *K. Schum.* in *Engl.* Pflanzenreich. [Marant.].
(1904) 40, fig. 8; *Bah.* in *Dyer* Fl trop. Afr. VII, 321; *De Wild.*
Miss. Laurent (1906) 220.

Phrynium — *Bennett* in Pharm. Journ. XIV (1855) 161.

1903 (Ém. et Marc. Laurent). — XV : Dibele (Ém. et M. Laur.).

34

HYBOPHRYNIUM K. Schum.

Hybophrynium Braunianum *K. Schum.* in Engl. Jahrb. XV (1892) 428 cum. ic.; *Th. Dur.* et *Schinz* Consp. fl. Afr. V, 131 et Étud. fl. Cgo (1896) 257; *Th. Dur.* et *De Wild.* Mat. fl. Cgo, II (1898) 82 [B. S. B. B. XXXVII, 127]; *De Wild.* et *Th. Dur.* Contr. fl. Cgo, II (1900) 59 et Reliq. Dewevr. (1901) 232; *K. Schum.* in *Engl.* Pflanzenreich [Marant.] (1902) 41; *De Wild.* Étud. fl. Bas- et Moy.·Cgo, I (1904) 107; II (1907) 24 et Miss. Laurent (1906) 219.

Trachybhrynium — *Bak.* in *Dyer* Fl. trop. Afr. VII (1898) 319.
Bamburanta Arnoldiana *L. Linden* Cat. de l'Hort. colon. (1901) 20, cum ic.

1870 (G. Schweinfurth). — Congo (Dem.). — Bas-Congo (Cabra). — II a : Zobe.— Nom vern. : **Matete** (Dew. 211). — V : le Stanley-Pool (Callew.); Léopoldville (M. Laur. 650); Kisantu (Gill.). — VI : le Kwango (But.); vallée de la Djuma (Gent.); Eiolo (Ém. et M. Laur.). — IX : Bangala (Dem.). — XII d : le Mbruole (Schw.). — XIII a : les Stanley-Falls (Dem.). — XV : Olombo (Ém. et M. Laur.). — Ind. non· cl. : Kibaka [Angola?] (Buett.); rives du Lomami (Ém. Laur.).

— — var. **violaceum** *De Wild.* et *Th. Dur.* in *Th. Dur.* et *De Wild.* Mat. fl. Cgo, V (1899) 30 [B. S. B. B. XXXVIII², 149]; *DeWild.* et *Th. Dur.* Reliq. Dewevr. (1901) 232.

1895 (A. Dewèvre). — V : Kimuenza (Dew.).

TRACHYPHRYNIUM Benth.

Trachyphrynium Danckelmannianum *J. Braun* et *K. Schum.* in Mitth. Deutsch. Schutzgeb. II (1889) et in Engl. Jahrb. XV (1892) 430; *Bak.* in *Dyer* Fl. trop. Afr. VII, 319; *K. Schum.* in *Engl.* Pflanzenreich [Marant.] (1902) 42; *De Wild.* Miss. Laurent (1905) 220 et Étud. fl. Bas- et Moy.-Cgo, II (1908) 23.

1903 (Ém. et Marc. Laurent; Ad. Oddon). — II a : la Lukula (Ém. et M. Laur.). — V : Sanda (Odd. in Gill. 3420, 3572), — VII : Kutu (Ém. et M. Laur.).

Trachyphrynium Liebrechtsianum *De Wild.* et *Th. Dur.* Mat. fl. Cgo, V (1899) 28 [B. S. B. B. XXXVIII², 147] et Reliq. Dewevr. (1901) 233; *K. Schum.* in *Engl.* Pflanzenreich [Marant.] (1902) 44; *De Wild.* Étud. fl. Bas- et Moy.-Cgo. I (1904) 107 et Miss. Laurent (1906) 220.

1895 (A. Dewèvre). — II a : le Mayumbe (Kest.). — V : Lukolela (Dew. 546); Kimuenza (Dew. 512). — VIII : Équateur (Pyn.); Bolenge [le Ruki]. — Nom vern. : **Lokongo** (M. Laur. 148). — XV : Butala ; Dibele (Ém. et M. Laur.); Bena-Makima (Lescr. 267).

Trachyphrynium Poggeanum *K. Schum.* in *Engl.* Bot. Jahrb.
XV (1892) 431; *Th. Dur.* et *Schinz* Étud. fl. Cgo (1896) 257; *Bak.*
in *Dyer* Fl. trop. Afr. VII, 320; *K. Schum.* in *Engl.* Pflanzenreich
[Marant] (1902) 45.

1881? (P. Pogge). — XV : Mukenge (Pg. 1492).

Trachyphrynium violaceum *Ridl.* in *Britt.* Journ. of Bot. XXV
(1887) 133; *K.Schum.* in Engl. Bot. Jahrb. XV (1892) 432; *Th. Dur.*
et *Schinz* Consp. fl. Afr. V, 132 et Étud. fl. Cgo (1896) 258; *Bak.* in
Dyer Fl. trop. Afr. VII, 320; *K. Schum.* in *Engl.* Pflanzenreich
[Marant.] (1902) 44.

T. Preussianum *K. Schum.* in Engl. Jahrb. XV (1892) 430, fig. N; *Bak.* l. c.
VII, 318.

1816 (Chr. Smith). — Bas-Congo (Sm.). — II a : le Mayumbe (Ém. Laur).

PHRYNIUM Willd.

Phrynium confertum [*Benth.*] *K. Schum.* in *Engl.* Pflanzenreich
[Marant.] (1902) 56; *DeWild.* Miss. Laurent (1906) 221, t. 54, fig. 25,
26 et Étud. fl. Bas- et Moy.-Cgo, I (1904) 108.

Calathea — *Benth.* in *Benth.* et *Hook. f.* Gen. pl. III (1883) 653; *Bak.* in
Dyer Fl. trop. Afr. VII, 327.

1900 (Éd. Luja). — Congo (Luja). — VI : vallée de la Djuma [Kwango] (Gent. et
Gill. 2742). — VIII : Eala (Ém. et M. Laur.).

CLINOGYNE Salisb.

Clinogyne arillata [*K. Schum.*] *K. Schum.* ex *De Wild.* et *Th.*
Dur. Reliq. Dewevr. (1901) 230 et in *Engl.* Pflanzenreich [Marant.]
(1902) 62; *De Wild.* Miss. Laurent (1906) 223 et Étud. fl. Bas- et
Moy.-Cgo, I (1904) 108.

Donax — *K. Schum.* in Engl. Jahrb. XV (1892) 438; *Th. Dur.* et *Schinz*
Consp. fl. Afr. V, 131; *Bak.* in *Dyer* Fl. trop. Afr. VII, 316; *De Wild.* et *Th.*
Dur. Contr. fl. Cgo, II (1900) 60; *De Wild.* Étud. fl. Kat. (1902) 21.

1888 (F. Demeuse). — Congo (Dem.). — V : env. de Léopoldville (Gill.). —
VI : Eiolo (Ém. et M. Laur.). — VII : Lac Léopold II (Dem.). — VIII : Coquilhat-
ville (Dew. 604 b; Gill. 2673); Eala. — Nom vern. : Kokoloko (M. Laur.). — IX :
en aval de Bolombo (Ém. et M. Laur.). — X : le Bas-Ubangi (Em. et M. Laur.). —
XV : Kondue (Ém. et M. Laur.). — XVI : le Katanga (Verd.). — Ind. non. cl. : le
Lomami (Desc.).

Clinogyne congensis [*K. Schum.*] *K. Schum.* in *Engl.* Pflanzenreich [Marrant.] (1902) 67.

Donax — K. Schum. in Engl. Jahrb. XV (1892) 439; Th. Dur. et Schinz Consp. fl. Afr. V, 131 et Etud. fl. Cgo (1896) 256; De Wild et Th. Dur. Mat. fl. Cgo, II (1898) 82 [B. S. B. B. XXXVII, 127 et Contr. fl. Cgo, I (1899) 55 ; Bah. in Dyer Fl. trop. afr. VII, 317.

1881 (P. Pogge). — Congo (Dem. 397). — II a : Bingila (Dup.); Zenze (Ém. Laur.). — V : Suata (Buett. 541). — XV : Mukenge (Pg.).

Clinogyne filipes Benth. in Benth. et Hook. f. Gen. pl. III (1883) 651 ; De Wild. et Th. Dur. Pl. Gilletianae, II (1901) 101 [B. Herb. Boiss. Sér. 2, I, 841] et Reliq. Dewevr. (1901) 232 ; K. Schum. in Engl. Pflanzenreich [Marant.] (1902) 67 ; De Wild. Étud. fl. Bas- et Moy.-Cgo, II (1907) 24.

Phrynium — Benth. in Hook. Niger Fl. (1849) 532.
Donax — K. Schum. in Engl. Jahrb. XV (1892) 440; Th. Dur. et Schinz Consp. fl. Afr. V, 131; Bak. in Dyer Fl. trop. Afr. VII, 316.

1895 (A. Dewèvre). — V : entre Dembo et le Kwango (Gill.). — VI : vallée de la Djuma (Gill.). — VIII : env. de Coquilhatville (Dew. 103 a).

Clinogyne Hensii [Bak.] K. Schum. in Engl. Pflanzenreich [Marant.] (1902) 62.

Phrynium — Bak. in Dyer Fl. trop. Afr. VII (1898) 323.

1888 (Fr. Hens). — IX : pays des Bangala (Hens, 140).

Clinogyne Schweinfurthiana [O. Kuntze] K. Schum. in Engl. Pflanzenreich [Marant.] (1902) 62.

Arundastrum — O. Kuntze Rev. Gener. (1891) 684.
Donax — K. Schum. in Engl. Jahrb. XV (1892) 437; Th. Dur. et Schinz Consp. fl. Afr. V, 131 et Étud. fl. Cgo (1896) 256.
D. cuspidata Bak. [non K. Schum.] in Dyer Fl. trop. Afr. VII (1898) 315.

1893 (Ém. Laurent). — II a : le Mayumbe (Ém. Laur.).

MARANTA L.

*__Maranta arundinacea__ L. Sp. pl. ed. 1 (1753) 2; Rosc. Scitam. 9, t. 25; Redouté Liliac. I, t. 57; Bot. Mag. (1822) t. 2307; Th. Dur. et Schinz Consp. fl. Afr. V, 130 et Étud. fl. Cgo (1896) 256 ; K. Schum. in Engl. Pflanzenreich [Marant.] (1901) 125, fig. 16.

1891 (F. Demeuse). — Bas-Congo (Dem.).

OBS. — Espèce de l'Amérique mérid. naturalisée sur un grand nombre de points dans l'Afrique trop.

THALIA L.

Thalia coerulea Ridl. in Britt. Journ. of Bot. XXV (1887) 132; Th. Dur. et Schinz Consp. fl. Afr. V, 130; Th. Dur. et De Wild.

Mat. fl. Cgo, II (1898) 82 [B. S. B. B. XXXVII, 127]; *De Wild.* et *Th. Dur.* Reliq. Dewevr. (1901) 231; *Bak.* in *Dyer* Fl. trop. Afr. VII, 314.

1892 (F. Demeuse). — II a : Bingila (Dup.). — VIII : Équateur (Dew. 552); Irebu (Dew.). — IX : la Mongala (Dem. 1691).

Thalia geniculata *L.* Sp. pl. ed. 1 (1753) 3; *Peters.* in *Mart.* Fl. Bras. III³, 142, t. 38, fig. 2; *Bak.* in *Dyer* Fl. trop. Afr. VII, 314; *K. Schum.* in *Engl.* Pflanzenreich [Marant.] (1902) 173; *De Wild.* Étud. fl. Bas- et Moy.-Cgo, I (1903) 20.

1902 (R. Butaye). — Bas-Congo (But.). — XV : rég. du Kasai (Gent.).

Thalia Schumanniana *De Wild.* Étud. fl. Bas- et Moy.-Cgo, I (1904) 108 ; II (1907) 24 et Miss. Laurent (1906) 221.

1892 (L. Gentil). — Bas-Congo (Cabra, 125: But. in Gill. 2233). — II a : Bingila (Dup.). — V : env. de Léopoldville (Gill. 2720). — VIII : Eala (Ém. et M. Laur.); Équateur (Pyn.); Irebu (Dew. 552). — IX : bords de l'Itimbiri (Ser. 34). — IX a : la Mongala (Dew.). — XI : en aval de Basoko (Ém. et M. Laur.). — XV : Mutomba-Kaboti [près des chutes du Luile] (Gent. 69).

    Obs. — M. Ém. De Wildeman croit que cette espèce est répandue dans les marécages de la brousse.

CANNA L.

*****Canna indica** *L.* Sp. pl. ed. 1 (1753) 1 pr. p.; *Redouté* Liliac. IV, t. 201; *Rosc.* Scitam. t. 1; *Bak.* in Journ. Linn. Soc. XXV (1890) 292; *Th. Dur.* et *Schinz* Consp. fl. Afr. V, 134 et Étud. fl. Cgo (1896) 258; *Th. Dur.* et *De Wild.* Mat. fl. Cgo, II (1898) 82 [B. S. B. B. XXXVII, 127]; *De Wild.* et *Th. Dur.* Contr. fl. Cgo, II (1900) 60; *De Wild.* Étud. fl. Bas- et Moy.-Cgo, I (1904) 106; II (1907) 123 et Not. pl. util. ou intér. du Cgo, II (1906) 113-114.

1816 (Chr. Smith). — Bas-Congo (Sm.). — II a : Bingila (Dup.). — V : le Stanley-Pool (Dem.); Lukolela (Buett.); Kisantu (Gill.). — VI : route de Tumba-Mani à Popokabaka (Cabra et Michel). — VII : l'Ikata (Dem.). — VIII : env. d'Eala (M. Laur.). — IX : Upoto (Wilw.). — XIV : Kalemba-Lemba. — Nom vern. : **Butshulu** (Coll. ?). — Ind. non cl. : Shianzo (Dup.).

*— — subsp. **orientalis** *Bak.* in *Dyer* Fl. trop. Afr. VII, 328; *De Wild.* et *Th. Dur.* Pl. Gilletianae, I (1900) 51 [B. Herb. Boiss. Sér. 2, I, 51] et Miss. Laurent (1906) 219.

    C. orientalis *Rosc.* Scitam. (1828) t. 12; *Rendle* Cat. Welw. Pl. II, 24.
    C. bidentata *Bertol.* Miscell. bot. XX, 9, t. 1.

1862 (R. Burton). — Bas-Congo (Burt.). — V : Kisantu (Gill.). — VIII : Lac Tumba (Ém. et M. Laur.); env. de Lie (Ém. et M. Laur.). — XII d : Munza (Schw.). — XV : Dibele; Mange; Kondue (Ém. et M. Laur.).

MUSA L. (1)

Musa Arnoldiana *De Wild.* in B. S. étud. colon. VIII (1901)
339; *De Wild.* et *Th. Dur.* Pl. Gilletianae, II (1901) 102 [B. Herb.
Boiss. Sér. 2, I, 842]; *De Wild.* Not. pl. util. ou intér. du Cgo, I
(1903) 79-83, t. 1 4 et 7, fig. 3.

> 1900 (J. Gillet). — V : rég. de Dembo (Gill. 1850).

? Musa Ensete *Gmel.* Syst. nat. II (1767) 567; *Hook. f.* in Bot. Mag.
(1870) t. 5223-5224; *Bak.* in Kew Bull. (1894) 237 [cum xyl. p. 240]
et in *Dyer* Fl. trop. Afr. VII, 329; *K. Schum.* in *Engl.* Pflanzenreich
[Musac.] (1900) 15, fig. 2.

> Ensete edule *Horan.* Prodr. monog. Scitam (1862) 40.

> Obs. — M. Baker [l. c.] dit que cette espèce a été indiquée dans le pays des
> Mangbettu [XII d].

Musa Gilletii *De Wild.* in Rev. cult. colon. (1901) 103; *De Wild.* et
Th. Dur. Pl. Gilletianae, II (1901) 102 [B. S. B. B. Sér. 2, I, 842];
De Wild. Not. pl. util. ou intér. du Cgo, I (1903) 73-79, t. 5, 6 et 7,
fig. 1-2.

> 1900 (J. Gillet). — IV : Luvituku (Gill.). — V : rég. de Kisantu (Gill. 700).

Musa Laurentii *De Wild.* Miss. Laurent (1907) 371-374, t. 130 et
fig. 61-62.

> 1904 (Ém. et Marc. Laurent). — XIII a : Stanleyville (Ém. et M. Laur.). —
> Cult. à Isangi [XI] (L. Pyn. 89).

*Musa sapientum L. Syst. nat. ed. 10 (1759) 1303; *Trew* Pl. select.
t. 21-23; *Bak.* in Annals of Bot. VII, 211; in Kew Bull. (1894) 250
et in *Dyer* Fl. trop. Afr. VII, 330.

> M. paradisiaca *L.* subsp. — *O. Kuntze* Rev. Gener. (1891) 692; *K. Schum.*
> in *Engl.* Pflanzenreich [Musac.] (1900) 29, fig. 4; *De Wild.* Miss. Laurent
> (1907) 374.

> Le type est cultivé partout dans la zone tropicale.

— — var. sanguinea *Welw.* ex *Ridl.* in *Britt.* Journ. of Bot.
XXV (1887) 134; *De Wild.* et *Th. Dur.* Pl. Gilletianae, I (1900) 52
[B. Herb. Boiss. Sér. 2, I, 52]; *Bak.* in *Dyer* l. c. VII, 331;
K. Schum. in *Engl.* Pflanzenreich [Musac.] (1900) 21; *De Wild.*
Miss. Laurent (1907) 374, t. 131.

> 1899 (J. Gillet). — Bas-Congo (Gill.).

> Obs. — Ém. Laurent a signalé la présence de ce *Musa* à Eala [VIII] où il a été
> probablement importé du Bas-Congo. La Mission Laurent l'a également
> remarqué à Coquilhatville [VIII] (Conf. *De Wild.* Miss. Laurent 374-375).

---

(1) M. De Wildeman a publié de nombreux détails, à divers points de vue, sur les
Musa en général dans ses *Notices sur les plantes utiles ou intéressantes du Congo*,
I (1903) 69-92 et 83-119.

HAEMODORACEAE

SANSEVIERIA Thunb. (1)

Sansevieria bracteata *Bak.* in Trans. Linn. Soc. Ser. 2, I (1878)
253 et in *Dyer* Fl. trop. Afr. VII, 333; *Rendle* Cat. Welw. Pl. II, 25;
De Wild. et *Th. Dur.* Reliq. Dewevr. (1901) 234.

1895 (A. Dewèvre). — II : Boma (Dew.).

Sansevieria cylindrica *Boj.* Hort. Maurit. (1837) 349; *Hook.* in
Bot. Mag. (1859) t. 5093; *Th. Dur.* et *Schinz* Consp. fl. Afr. V, 140
et Étud. fl. Cgo (1896) 258; *Bak.* in *Dyer* Fl. trop. Afr. VII, 335;
De Wild. Étud. fl. Bas- et Moy.-Cgo, I (1904) 104; II (1907) 121,
t. 50, 51.

S. angolensis *Welw.* ex *Hook.* in Rep. Paris Exhib. 1855, III (1856) 146;
Bak. in Journ. Linn. Soc. XIV (1875) 519; *Rendle* Cat. Welw. Pl. II, 25.

1893 (Ém. Laurent). — Bas-Congo (Ém. Laur.). — V : Kisantu (Gill.).

Sansevieria guineensis [*Jacq.*] *Willd.* Sp. pl. II (1800) 159; Bot.
Mag. (1809) t. 1179; *Redouté* Liliac. VI, t. 330; *Th. Dur.* et *Schinz*
Consp. fl. Afr. V, 141 et Étud. fl. Cgo (1896) 259; *Bak.* in *Dyer* Fl.
trop. Afr. VII, 333; *De Wild.* et *Th. Dur.* Contr. fl. Cgo, I (1899)
156 et Reliq. Dewevr. (1901) 234; *De Wild.* Not. pl. util. ou intér.
du Cgo, II (1905) 629.

Aletris — *Jacq.* Hort. Vindob. I (1770) 63, t. 84.

1893 (Ém. Laurent). — Bas-Congo (Ém. Laur.). — IX : pays des Bangala; Upoto
(Ém. Laur.). — XI : Basoko (Ém. Laur.). — XIII : Kimbimbi (Dew.). — XV : le
Kasai (Ém. et M. Laur.). — Noms vern. : **Kenge** [Ikwangula]; **Gulumgu** [Kasongo];
Kibongi [Tanganika] (Dew.).

Sansevieria Laurentii *De Wild.* in Rev. cult. colon. (1904) 131
et in Rev. Hort. belg. (1904) 169, t. 14-15; Miss. Laurent (1905) 45,
fig. 9-10 et Not. pl. util. ou intér. du Cgo, I (1905) 628.

1903 (Ém. et Marc. Laurent). — XIII a : env. de Stanleyville (Ém. et M. Laur.).

L'**Ananas sativus** Schult. f. (Bromeliacée), originaire de l'Amérique trop. est naturalisé à Kisantu [V] (Gill.). — [Conf. *De Wild.* et *Th. Dur.* Pl. Gilletianae, II (1900)
102 [B. Herb. Boiss. Sér. 2, I, 842].

(1) Conf. *De Wildeman*, Les Sansevieria africains in *Not. pl. util. ou intér. du
Congo*, I (1905) 617-652, t. 30-32.

Sansevieria longiflora *Sims* in Bot. Mag. (1826) t. 2634; *Engl.* Pfl. Ost-Afr. 144, t. 5, fig. G-H; *Th. Dur.* et *Schinz* Consp. fl. Afr. V, 141 et Étud. fl. Cgo (1896) 258; *Bak.* in *Dyer* Fl. trop. Afr. VII, 334; *De Wild.* Not. pl. util. ou intér. du Cgo, I (1905) 630.

1816 (Chr. Smith). — Bas-Congo (Sm.).

IRIDACEAE

MORAEA L.

Moraea Arnoldiana *De Wild.* Étud. fl. Kat. (1902) 16.

1900 (Edg. Verdick). — XVI : Lukafu. — Nom vern. : **Mutobi-Tubi** (Desc. 606).

Moraea kitambensis *Bak.* in *Dyer* Fl. trop. Afr. VII (1898) 575.

1880 (Max Buchner). — VI : Kitamba, sur le Kwango (Buchn. 679).

Moraea textilis *Bak.* in Trans. Linn. Soc. Ser. 2, I (1878) 270 et Handb. of Irid. 52; *Engl.* Hochgebirgsfl. trop. Afr. 173; *Th. Dur.* et *Schinz* Consp. fl. Afr. V, 153 et Étud. fl. Cgo (1896) 259; *Bak.* in *Dyer* Fl. trop. Afr. V, 341.

1883 (H. Johnston). — Bas-Congo (Johnst.).

Moraea Verdickii *De Wild.* Étud. fl. Kat. (1902) 17.

1899 (Edg. Verdick). — XVI : Lukafu. — Nom vern. : **Kulutu** (Verd. 281).

Moraea zambesiaca *Bak.* Syst. Irid. (1877) 130 et Handb. of Irid. 51; *Th. Dur.* et *Schinz* Consp. fl. Afr. V, 153 et Étud. fl. Cgo (1896) 259; *Bak.* in *Dyer* Fl. trop. Afr. VII, 339.

1892 (Jul. Cornet). — XVI : le Katanga (Corn.).

GEISSORHIZA Ker.

Geissorhiza Briartii *De Wild.* et *Th. Dur.* in *Th. Dur.* et *De Wild.* Mat. fl. Cgo, IX (1900) 13 [B. S. B. B. XXXIX', 105].

1890 (Paul Briart). — XVI : Musima [Haut Lualaba] (Briart).

LAPEYROUSIA Pourr.

Lapeyrousia erythrantha [*Klotzsch*] *Bak.* Syst. Irid. (1877) 155 et Handb. of Irid. 168; *Th. Dur.* et *Schinz* Consp. fl. Afr. V, 190 et Étud. fl. Cgo (1896) 259; *Bak.* in *Dyer* Fl. trop. Afr. VII, 351.

Ovieda — *Klotzsch* in *Peters* Reise n. Mossamb. I (1862) 516, t. 58.

1892 (Jul. Cornet). — XVI : le Katanga (Corn.).

GLADIOLUS L.

Gladiolus Arnoldianus *De Wild.* et *Th. Dur.* in *Th. Dur.* et *De Wild.* Mat. fl. Cgo, X (1901) 22 [B. S. B. B. XL, 28].

1900 (Edg. Verdick). – XVI : Lukafu. — Nom vern. : **Mutungwee** (Verd. 495).

Gladiolus brevicaulis *Bah.* in Trans. Linn. Soc. Ser. 2, I (1887) 267 et Handb. of Irid. 211; *Th. Dur.* et *Schinz* Consp. fl. Afr. V, 214 et Étud. fl. Cgo (1896) 260; *Bak.* in *Dyer* Fl. trop. Afr. VII, 366.

1885 (R. Buettner). — V : le Stanley-Pool (Buett. 517).

Gladiolus corneus *Oliv.* in Trans. Linn. Soc. XXIX (1875) 155, t. 100; *Bak.* Handb. of Irid. 222; *Th. Dur.* et *Schinz* Consp. fl. Afr. V, 215; *De Wild.* et *Th. Dur.* Contr. fl. Cgo, II (1900) 60; *Bak.* in *Dyer* Fl. trop. Afr. VII, 368

1895 (Gust. Debeerst). — II : Malela (Ém. Laur.). — XVI : Pala (Deb.).

Gladiolus Quartinianus *A. Rich.* Tent. fl. Abyss. II (1851) 306 ; *Bak.* in Bot. Mag. (1884) t. 673, Handb. of Irid. 213 et in *Dyer* Fl. trop. Afr. VII, 371 ; *De Wild.* et *Th. Dur.* Pl. Gilletianae, I (1900) 52 [B. Herb. Boiss. Sér. 2. I, 52].

> G. angolensis *Welw.* ex *Bak.* in Trans. Linn. Soc. Ser. 2, I (1887) 269; *Th. Dur.* et *Schinz* Consp. fl. Afr. V, 213; *De Wild.* et *Th. Dur.* Contr. fl. Cgo, II (1900) 60; *Rendle* Cat. Welw. Pl. II, 29; *De Wild.* Miss. Laurent (1906) 217 et Étud. fl. Bas- et Moy.-Cgo, II (1907) 22.

1885 (C. Callewaert). — II a : Bingila (Dup.).-- IV : Mont Bangu (Dem.) ; entre Tumba et Luvituku (Luja). — V : le Stanley-Pool (Callew.) ; Kisantu (Gill.); env. de Sabuka (M. Laur.).

Gladiolus Verdickii *De Wild.* et *Th. Dur.* in *Th. Dur.* et *De Wild.* Mat. fl. Cgo, X (1901) 23 [B. S. B. B. XL, 29].

1900 (Edg. Verdick). — XVI : Lukafu (Verd. 612).

ANTHOLYZA L.

Antholyza Cabrae *De Wild.* Étud. fl. Kat. (1902) 15.

1902 (Alph. Cabra). — VI : vallée de la Sanga à l'E. du plateau de Kimbele [Kwango] (Cabra).

Antholyza Descampsii *De Wild.* Étud. fl. Kat. (1902) 18.

1891 (G. Descamps). — XVI : le Katanga (Desc.); le Lofoi (Verd.).

Une espèce d'**Eleutherine** [l'**E. plicata** Herbert] de l'Amérique trop., est cultivée à Eala [VIII] (M. Laur. 934). — [Conf. *De Wild.* Étud. fl. Bas- et Moy.-Cgo, II (1907) 22].

Antholyza Gilletii *De Wild.* Étud. fl. Kat. (1902) 19 et Étud. fl. Bas- et Moy.-Cgo, II (1907) 22.

1901 (J. Gillet). — V : Kimuenza (Gill. 1950); env. de Sanda (Odd. in Gill. 3622).

Antholyza labiata *Pax* in Engl. Jahrb. XV (1892) 156, t. 7, fig. 1-4; *De Wild.* et *Th. Dur.* Contr. fl. Cgo, I (1899) 56; II (1900) 60 et Reliq. Dewevr. (1901) 234; *Bak.* in *Dyer* Fl. trop. Afr. VII, 374; *De Wild.* Étud. fl. Bas- et Moy.-Cgo, I (1904) 106 et Miss. Laurent (1906) 217.

1891 (F. Demeuse). — Bas-Congo (But.). — II a : brousse de la Lemba (Dew.). — IV : distr. des Cataractes (Ém. Laur.); Kitobola (Ém. et M. Laur.). — V : distr. du Stanley-Pool (Ém. Laur.); env. du Stanley-Pool (Ém. et M. Laur.); env. de Léopoldville (Luja); Sabuka (Ém. et M. Laur.); Kisantu (Gill.); Tumba (Ém. et M. Laur.). — VI : Kimbunga [entre la Wamba et le Kwango] (Gent.). — VIII : entre Ikori et Kinanga-Sanga (Dew.). — XVI : Albertville [Toa] (Desc.). — Ind. non cl. : Sogo (Dem.).

AMARYLLIDACEAE

HYPOXIS L.

Hypoxis angustifolia *Lam.* Encycl. méth. Bot. III (1789) 182 ; *Bak.* in Journ. Linn. Soc. XVII (1878) 111; *Th. Dur.* et *Schinz* Consp. fl. Afr. V, 231 et Étud. fl. Cgo (1896) 260; *Bak.* in *Dyer* Fl. trop. Afr. VII, 378; *Rendle* Cat. Welw. Pl. II, 31; *De Wild.* et *Th. Dur.* Contr. fl. Cgo, II (1900) 61 et Pl. Gilletianae, I (1900) 52 [B. Herb. Boiss. Sér. 2, I, 52].

1888 (Fr. Hens). — II a : Bingila (Dup.). — IV : Lutete (Hens, A. 221). — V : Kisantu (Gill. 181).

CURCULIGO Gaertn.

Curculigo gallabatensis *Schweinf.* ex *Bak.* in Trans. Linn. Soc. Ser. 2, I (1878) 266; *Th. Dur.* et *Schinz* Consp. fl. Afr. V, 236 et Étud. fl. Cgo (1896) 260; *Bak.* in *Dyer* Fl. trop. Afr. VII, 383; *Rendle* Cat. Welw. Pl. II, 31 ; *De Wild.* et *Th. Dur.* Contr. fl. Cgo, II (1900) 61 et Reliq. Dewevr. (1901) 235.

1888 (Fr. Hens). — II env. de Boma (Dew.). — II a : Kibinga (Dup. 352). — IV : Lutete (Hens).

CRINUM L.

Crinum congolense *De Wild.* Miss. Laurent (1907) 370, t. 109-111 et fig. c.

1903? (Ém. et Marc. Laurent). — Congo (Ém. et M. Laur.).

Crinum giganteum *Andrcws* Bot. Repos. (1804) t. 169; *Hook.* in Bot. Mag. (1869) t. 5205; *Bak.* in *Dyer* Fl. trop. Afr. VII, 404; *Rendle* Cat. Welw. Pl. II, 35; *De Wild.* Étud. fl. Bas- et Moy.-Cgo, I (1903) 18; II (1907) 21 et Miss. Laurent (1906) 215, t. 49-50 et fig. 24.

1870 (G. Schweinfurth). — Congo (Aug. Linden). — VI : Sulu [vallée de la Djuma] (Gent.); Kongo [Kwilu] (Lescr.). — XII d : Munza (Schw.).

Crinum Laurentii *Th.Dur.* et *De Wild.* in Rev. hort. belg. et étrang. XXIII (1897) 97, cum ic.; *Th. Dur.* et *De Wild.* Mat. fl. Cgo, I (1897) 40 [B. S. B. B. XXXVI², 80]; *De Wild.* et *Th. Dur.* Reliq. Dewevr. (1901) 230; *De Wild.* Miss. Laurent (1906) 216, t. 47-48 et Étud. fl. Bas- et Moy.-Cgo, II (1907) 21, t. 33; *Bak.* in *Dyer* Fl. trop. Afr. VII, 403.

1893 (Ém. Laurent). — Bas-Congo (Ém. Laur.). — II a : Shinganga (Dew.); C. sur les bords de la Lukula et du Lubusi (Ém. Laur.).

Crinum majakallense *Bak.* in *Dyer* Fl. trop. Afr. VII (1898) 399.

1880 (von Mechow.). — VI : pays des Majakalla près de la rivière Kwango (Mech.).

Crinum Massaianum [*L. Linden* et *Rodig.*] *N. E. Br.* in Kew Bull. (1888) 100; *Bak.* in *Dyer* Fl. trop. Afr. VII, 398.

Brunsvigia? — *L. Linden* et *Rodig.* in Illustr. hort. (1887) 55, t. 19.

1886 (Aug. Linden). — Congo (Lind.).

Crinum natans *Bak.* in *Dyer* Fl. trop. Afr. VII (1898) 396; *De Wild.* et *Th. Dur.* Reliq. Dewevr. (1901) 235.

1896 (A. Dewèvre). — VIII : CC. dans la Lulanga (Dew.). — Ind. non cl. : le Lomami (Dew.).

Crinum purpurascens *Herb.* Amaryll. (1837) 250; *Bak.* in Bot. Mag. (1880) t. 6525 et in *Dyer* Fl. trop. Afr. VII, 396. pr. p.; *De Wild.* Étud. fl. Bas- et Moy.-Cgo, II (1907) 21.

1904 (Éd. Lescrauwaert). — VI : Kongo [Kwilu] (Lescr. 141).

— — var. **angustifolium** *De Wild.* Étud. fl. Bas- et Moy.-Cgo, I (1903) 18; II (1907) 120, t. 67-68.

1902 (Alph. Cabra). — II a : Boma-Vonde [Mayumbe] (Cabra). — Cette plante serait très répandue dans le Mayumbe, d'après M. Cabra.

Crinum scabrum *Sims* in Bot. Mag. (1820) t. 2180; *Bury* Hexandr. Pl. t. 32; *Th. Dur.* et *Schinz* Consp. fl. Afr. V, 251 et Étud. fl. Cgo (1896) 261; *Bak.* in *Dyer* Fl. trop. Afr. VII, 401; *De Wild.* et

Th. Dur. Reliq. Dewevr. (1901) 238; *De Wild.* Étud. fl. Kat. (1902) 13 et Étud. fl. Bas- et Moy.-Cgo, II (1907) 21.

1893 (Ém. Laurent). — Bas-Congo (Ém. Laur.). — V : Kisantu (Gill.). — VI : Bena-Kasadi (Lescr.). — XII c : Gombari (Delp.). — XIII d : Kasongo ; Piani-Lombe (Dew.). — XVI : Lukafu (Verd.).

Crinum zeylanicum [*L.*] *L.* Syst. nat. ed. 12 (1766) 236; *Th. Dur.* et *Schinz* Étud. fl. Cgo (1896) 261; *Bak.* in *Dyer* Fl. trop. Afr. VII, 401.

Amaryllis — *L.* Sp. pl. ed. 1 (1753) 293.
A. ornata *Ker* (non *Ait.*) in Bot. Mag. (1809) t. 1171.
C. Herbertianum *Wall.* Pl. Asiat. rarior. II (1831) t. 145.

1883 (H. Johnston). - Congo (Johnst. in *The River Congo*, cum xyl.).

HAEMANTHUS L.

Haemanthus angolensis *Welw.* ex *Bak.* in *Britt.* Journ. of Bot. XVI (1878) 194 et in *Dyer* Fl. trop. Afr. VII, 390; *Rendle* Cat. Welw. Pl. II, 34 ; *De Wild.* Esp. genr. Haemanthus (1903) 34 et Miss. Laurent (1906) 214.

1903 (Ém. et Marc. Laurent). — XV : Munungu (Ém. et M. Laur.).

Haemanthus Arnoldianus *De Wild.* et *Th. Dur.* in *Th. Dur.* et *De Wild.* Mat. fl. Cgo, X (1901) 24 [B. S. B. B. XL, 30]; *De Wild.* et *Th. Dur.* Reliq. Dewevr. (1901) 237.

1896 (A. Dewèvre). — XIII d : env. de Nyangwe (Dew. 909). — Noms vern. : Kiape (Kasongo); Luvungi-Vungi (Tanganika) ; Ilanga (Ikwangula) (Dew.). — XVI : Lukafu (Verd.).

Haemanthus Cabrae *De Wild.* et *Th. Dur.* Contr. fl. Cgo, I (1899) 56.

1896 (Alph. Cabra). — II a : au S. de Boma-Vonde (Cabra).

Haemanthus cinnabarinus *Decne* in *Van Houtte* Fl. des Serres, II (1857) 27, t. 1195; *Hook. f.* in Bot. Mag. (1862) t. 5314; *Bak.* Handl. Amaryll. 64 et in *Dyer* Fl. trop. Afr. VII, 390; *De Wild.* Étud. fl. Bas- et Moy.-Cgo, I (1904) 104.

1902 (L. Gentil et J. Gillet). — VI : Monshuni; Inzia [Djuma] (Gent.; Gill., 2927).

Haemanthus diadema *L. Linden* Cat. ill. pl. nouv. Cgo, pour 1901, 27; *De Wild.* Esp. genr. Haemanthus (1903) 35, fig. 3 et Miss. Laurent (1906) 214, t. 79.

1903 (Ém. et Marc. Laurent). — V : Sabuka (M. Laur.). — XV : Batempa [Sankuru]; Ibaka [Sankuru] (Ém. et M. Laur.).

Haemanthus Eetveldeanus *De Wild.* et *Th. Dur.* Contr. fl. Cgo, I (1899) 56 et Reliq. Dewevr. (1901) 235

1896 (Ach. Durieux). — VIII : à 4 heures de Bokakata (Ach. Dur.). — XIII : Elungu (Dew.).

Haemanthus Lescrauwaetii *De Wild.* in Belg. colon. IX (1904) 91, cum xyl. et ex Gard. Chron. (1904) I, 274; *De Wild.* Étud. fl. Bas- et Moy.-Cgo, I (1904) 104, t. 35, fig. 2 et Miss. Laurent (1906) 215.

1902 (Aug. Hendrickx). — V : rég. de Lula-Lumene (Hendr.). — VII : rochers bordant la partie orient. du Lac Léopold II (Lescr. ; M. Laur. 205). — XV : Olombo (Ém. et M. Laur.).

Haemanthus Lindeni *N. E. Br.* in Gard. Chron. (1890) II, 436, fig. 85 et in Ill. hort. (1890) 89, t. 114; *Th. Dur.* et *Schinz* Étud. fl. Cgo (1896) 261; *Bak.* in *Dyer* Fl. trop. Afr. VII, 391.

1885 (Aug. Linden). — Congo (Lind.).

Haemanthus multiflorus *Martyn* Monogr. (ann ?) cum icone ex *Willd.* Sp. pl. 11 (1800) 25; *Bot. Mag.* (1806) t. 961; *Redouté* Liliac. IV, t. 204; *Th. Dur.* et *Schinz* Consp. fl. Afr. V, 265 et Étud. fl. Cgo (1896) 261; *Bak.* in *Dyer* Fl. trop. Afr. V, 388.

' H. Kalbreyeri *Bak.* in Gard. Chron. (1878) II, 202; Illustr. hort. XXVI (1879) 120, t. 354; *Planch.* in Fl. des Serres, XXII (1880) 17, t. 2377.

1891 (F. Demeuse). — Congo (Dem.).

DEMEUSEA De Wild. et Th. Dur.

Demeusea longifolia *De Wild.* et *Th. Dur.* in *Th. Dur.* et *De Wild.* Mat. fl. Cgo, VIII (1900) 26 [B. S. B. B. XXXIX' 78]; *Dalla-Torre* et *Harms* Genera Siphonog. (1906) 595.

1891 (F. Demeuse). — Congo (Dem.).

BUPHANE Herb.

Buphane disticha *[L. f.] Herb.* in Bot. Mag. (1825) sub t. 2578; *Th. Dur.* et *Schinz* Consp. fl. Afr. V, 268; *Bak.* in *Dyer* Fl. trop. Afr. VII, 392; *De Wild.* Étud. fl. Kat. (1902) 13 et Étud. fl. Bas- et Moy.-Cgo, I (1904) 105.

Amaryllis — *L. f.* Suppl. pl. (1781) 195.
Haemanthus toxicarius *Thunb.* Prodr. pl. Capens. (1794) 59; *Ker* in Bot. Mag. (1809) t. 1217.
Brunsvigia — *Ker* in Bot. Reg. (1821) t. 567.
Boophane — *Herb.* App. to Bot. Mag. (1821) 18; *Rendle* Cat. Welw. Pl. II, 35.

1899 (Edg. Verdick). — VI : village de Kiwembo [entre Kapanga et Wanga] [Haute-Wamba] (Gent.). — XVI : Lukafu (Verd.).

HYMENOCALLIS Salisb.

Hymenocallis senegambica *Kunth* et *Bouché* Ind. sem. Hort. Berol. (1848) 12; *Bak.* in *Dyer* Fl. trop. Afr. VII, 408; *De Wild.* Miss. Laurent (1906) 216.

H. littoralis *Salisb.* in Trans. Linn. Soc. I (1812) 358; *Rendle* Cat. Welw. Pl. II, 35.

1905 (Marc. Laurent). — II : Boma (M. Laur.).

OBS. — Cult. à Eala [VIII] d'échantillons provenant de Boma (M. Laur.).

VELLOZIA Vand.

Vellozia aequatorialis *Rendle* in Journ. Linn. Soc. XXX (1895) 409; *Bak.* in *Dyer* Fl. trop. Afr. VII, 412; *De Wild.* Étud. fl. Kat. (1902) 13.

Barbacenia — *Harms* in *Engl.* Pfl. Ost-Afr. (1895) 146.

1899 (Edg. Verdick). — XVI : Lukafu, env. de la station et sur le plateau (Verd.).

TACCACEAE

TACCA Forst.

Tacca pinnatifida *Forst.* Char. gen. (1776) 70, t. 35; *Lodd.* Bot. Cab. (1822) t. 692; *Schinzl.* Icon. fam. nat. I, t. 58; *Rendle* Cat. Welw. Pl. II, 36; *De Wild.* Étud. fl. Bas- et Moy.-Cgo, I (1903) 18, (1904) 105, (1906) 229 ; Miss. Laurent (1905) 48 et Not. pl. util. ou intér. du Cgo, II (1906) 148-151; *Bak.* in *Dyer* Fl. trop. Afr. VII, 413.

1870 (G. Schweinfurth). — V : Kisautu (Gill.). — VI : chutes de Kingunshi (Gent.). — XII d : le Kibali (Schw.). — XV : le Bas-Kasai (Ém. Laur.); rég. de Dianama [route de Luluabourg à Kanda-Kanda] (Gent.).

DIOSCOREACEAE

DIOSCOREA L.

Dioscorea acarophyta *De Wild.* in Compt.-Rend. Acad. sci. Paris, CXXXIX (1904) 552; Miss. Laurent (1905) 49 et Étud. fl. Bas- et Moy.-Cgo, II (1907) 121.

1904 (Ém. et Marc. Laurent). — XII c : route de Amadis à Surango (Ser. 380). — XIII a : Yakusu (Ém. et M. Laur.).

Dioscorea alata *Willd*. Sp. pl. IV (1805) 792 ; *Pers*. Syn. pl. II, 621 ; *Hook. f.* Fl. Brit. Ind. VI, 296 ; *Th. Dur.* et *Schinz* Consp. fl. Afr. V, 273 et Étud. fl. Cgo (1896) 262 ; *Bak.* in *Dyer* Fl. trop. Afr. VII, 417.

1893 (Ém. Laurent). — Bas-Congo (Ém. Laur.).

OBs. — Cette espèce, que l'on dit spontanée dans la Guinée, est cultivée au Congo et ne s'y rencontre peut-être que subspontanée.

Dioscorea apiculata *De Wild*. Étud. fl. Kat. (1902) 14.

1899 (Edg. Verdick). — XVI : Lukafu. — Nom vern. : **Kanseke** (Verd. 269).

Dioscorea Beccariana *Martelli* Fl. Bogos. (1886) 83 ; *Bak.* in *Dyer* Fl. trop. Afr. VII, 420 ; *De Wild*. Étud. fl. Bas- et Moy.-Cgo, I (1906) 229.

D. pentaphylla *A. Rich.* [non *L.*] Tent. fl. Abyss. II (1851) 317.

1903 (J. Gillet). — V : Kisantu (Gill. 3678).

Dioscorea Costermansiana *De Wild*. in *De Wild*. et *Th. Dur.* Pl. Gilletianae, I (1900) 52 [B. Herb. Boiss. Sér. 2, I, 52].

1900 (J. Gillet). — V : Kisantu (Gill.).

Dioscorea Demeusei *De Wild*. et *Th. Dur.* Reliq. Dewevr. (1901) 238.

1891 (F. Demeuse). — II a : Shinganga (Dew.); Ma-Vungu-Singa (Dup.). — IX : pays des Bangala (Dem.). — Nom vern. : **Balatadi** (Dew. 329).

Dioscorea dumetorum [*Kunth*] *Pax* in *Engl.* et *Prantl* Nat. Pflanzenfam. II, 5 (1887) 134 ; *Th. Dur.* et *Schinz* Consp. fl. Afr. V, 274 ; *Bak.* in *Dyer* Fl. trop. Afr. VII, 419 ; *Th. Dur.* et *De Wild*. Reliq. Dewevr. (1901) 237 ; *De Wild*. Étud. fl. Kat. (1902) 15 ; Miss. Laurent (1903) 48 et Étud. fl. Bas- et Moy.-Cgo, II (1907) 121.

Helmia — *Kunth* Enum. pl. V (1850) 436.
D. triphylla *A. Rich.* [non *L.*] Tent. fl. Abyss. II (1851) 316, t. 96 B.
D. Quartiniana *A. Rich.* l. c. 316, t. 96 A ; *Rendle* Cat. Welw. Pl. II, 40.

1896 (A. Dewèvre). — Congo (Dew.). — IV : entre Tumba et Kimpesse (Gill.). — V : Yumbi et env. (Ém. et M. Laur.); Kisantu (Gill.). — VII : Kutu (Elsk.); Ikongo (Ém. et M. Laur.). — VIII : Eala (M. Laur.); Nipoko [Ikelemba] (M. Laur.).— XII a et b : entre Bima et Bambili (Ser.).— XVI : Lukafu (Verd.).— Noms vern. : **Ilela, Illuie** (Elsk.); **Tsana** (Tumba); **Kolongo** (Verd.).

Dioscorea Liebrechtsiana *De Wild*. in *De Wild*. et *Th. Dur.* Pl. Gilletianae, I (1900) 53 [B. Herb. Boiss. Sér. 2, I, 53] et Miss. Laurent (1905) 49.

1900 (J. Gillet). — V : Kisantu (Gill. 384); Yumbi (Ém. et M. Laur.).

Dioscorea macroura *Harms* in Notizbl. bot. Gart. Berlin, I (1897) 266; *Bak.* in *Dyer* Fl. trop. Afr. VII, 416; *Th. Dur.* et *De Wild.* Mat. fl. Cgo, IX (1900) 12 [B. S. B. B. XXXIX², 104]; *De Wild.* Miss. Laurent (1905) 50 et Étud. fl. Bas- et Moy.-Cgo, II (1907) 22, t. 28, 121.

1893 (Ém. Laurent). — Bas-Congo (Cabra). — Congo (Dem.). — V : près de Yumbi (Ém. Laur.). — XVI : Pweto (Desc.).

Dioscorea minutiflora *Engl.* in Engl. Jahrb. VII (1886) 332; *Pax* in Engl. Jahrb. XV (1893) 146, t. 8 [*err. cal.* multiflora]; *Rendle* Cat. Welw. Pl. II, 39; *De Wild.* Étud. fl. Bas- et Moy.-Cgo, I (1904) 105 et Miss. Laurent (1905) 51.

D. praehensilis *Benth.* var. — *Bak.* in *Dyer* Fl. trop. Afr. VII (1898) 418.

1903 (Aug. Hendrickx). — V : rég. de Lula-Lumene (Hendr. in Gill. 3072). — X : Imese (Em. et M. Laur.).

Dioscorea odoratissima *Pax* in Engl. Jahrb. XV (1893) 146; *Th. Dur.* et *Schinz* Consp. fl. Afr. V, 274 et Étud. fl. Cgo (1896) 262.

1880 (P. Pogge). — XV : Mukenge (Pg. 1043).

Obs. — M. Baker [in *Dyer* Fl. trop. Afr. VII, 418] réunit cette espèce au *D. praehensilis* Benth.

Dioscorea praehensilis *Benth.* in *Hook.* Niger Fl. (1849) 536; *Th. Dur.* et *Schinz* Consp. fl. Afr. V, 275 et Étud. fl. Cgo (1896) 262; *Bak.* in *Dyer* Fl. trop. Afr. VII, 418, pr. p.

1816 (Chr. Smith). — Bas-Congo (Sm.). — Congo (Buett.). — IX : pays des Bangala (Hens).

Dioscorea Preussii *Pax* in Engl. Jahrb. XV (1892) 147; *Th. Dur.* et *Schinz* Consp. fl. Afr. V, 275; *Bak.* in *Dyer* Fl. trop. Afr. VII, 417; *De Wild.* et *Th. Dur.* Reliq. Dewevr. (1901) 238.

1896? (A. Dewèvre). — Congo (Dew.).

Dioscorea pterocaulon *De Wild.* et *Th. Dur.* Contr. fl. Cgo, I (1899) 58 et Reliq. Dewevr. (1901) 238; *De Wild.* Étud. fl. Bas- et Moy.-Cgo, II (1907) 121.

1896 (A. Dewèvre). — V : Lukolela (Dew. 825 a). — VIII : Eala (M. Laur. 1488).

Dioscorea sativa *L.* Sp. pl. ed. 1 (1753) 1033; *Th. Dur.* et *Schinz* Étud. fl. Cgo (1896) 263, in obs.; *Th. Dur.* et *De Wild.* Mat. fl. Cgo, II (1898) 82 [B. S. B. B. XXXVII, 127]; *Bak.* in *Dyer* Fl. trop. Afr. VII, 415; *De Wild.* Étud. fl. Kat. (1902) 15 et Miss. Laurent (1905) 51.

1895 (Ém. Laurent). — II a : Bingila (Dup.). — IV : Sona-Gongo (Ém. et M. Laur.). — V : Berghe-Ste-Marie (Ém. Laur.). — IX : Umangi (Ém. et M. Laur.). — XV : le Kasai (Ém. Laur.). — XVI : Lukafu. — Nom vern. : Matjitji (Verd.). — Ind. non cl. : Nelle (Ém. Laur.).

OBS. — Fréquemment cultivé pour ses tubercules aériens (Ém. Laur.).

Dioscorea Schimperiana *Hochst.* ex *A. Rich.* Tent. fl. Abyss. II (1851) 317; *Th. Dur.* et *Schinz* Consp. fl. Afr. V, 273.

Le type est indiqué en Abyssinie et dans l'Angola.

— — var. **vestita** *Pax* in Engl. Jahrb. XV (1892) 148; *Th. Dur.* et *Schinz* l. c. V, 274 et Étud. fl. Cgo (1896) 263; *Bak.* in *Dyer* Fl. trop. Afr. VII, 419.

1893 (Ém. Laurent). — Bas-Congo (Ém. Laur.). — V : Kisantu (Gill. 1149).

Dioscorea Schlechteri *Harms* in *Schlechter* Westafr. Kautsch.-Exped. (1900) 273 [nom. tant.].

1899 (R. Schlechter). — V : Léopoldville (Schlt. 12548).

Dioscorea smilacifolia *De Wild.* et *Th. Dur.* Contr. fl. Cgo, I (1899) 58 et Reliq. Dewevr. (1901) 239.

1896 (A. Dewèvre). — XIII a : env. des Stanley-Falls (Dew.).

Dioscorea Thonneri *De Wild.* et *Th. Dur.* Pl. Thonnerianae (1900) 7, t. 21 et Pl. Gilletianae, 1 (1900) 54 [B. Herb. Boiss. Sér. 2, 1, 54]; *De Wild.* Étud. fl. Bas- et Moy.-Cgo, I (1904) 106, (1906) 230; II (1907) 121 et Miss. Laurent (1905) 51.

1896 (Fr. Thonner). — V : Yumbi (Ém. et M. Laur.); Sanda (Odd. in Gill. 3700); Kisantu (Gill.); rég. de Lula-Lumene (Hendr. in Gill. 3072). — VII : Nioki (Ém. et M. Laur.; Gill. 591, 757]. — VIII : env. d'Eala (M. Laur. 125, 1271). — IX : Upoto (Thonn. 9). — XII a et b : route de Bima à Bambili (Ser. 172).

Dioscorea Verdickii *De Wild.* Étud. fl. Kat. (1902) 15.

1900 (Edg. Verdick). — XVI : Lukafu (Verd. 426).

LILIACEAE

SMILAX L.

Smilax Kraussiana *Meisn.* in Flora, XXVIII (1845) 312; *Oliv.* in Trans. Linn. Soc. XXIV (1875) 162, t. 106; *A. DC.* Monog. Phan. I, 171; *Th. Dur.* et *Schinz* Consp. fl. Afr. V, 279 et Étud. fl. Cgo

(1896) 263; *Bak.* in *Dyer* Fl. trop. Afr. VII, 424; *De Wild.* et *Th. Dur.* Reliq. Dewevr. (1901) 240; *De Wild.* Étud. fl. Kat. (1902) 12; Étud. fl. Bas- et Moy.-Cgo, I (1904) 104; II (1907) 21 et Miss. Laurent (1905) 95.

Smilax Morsaniana *Kunth* Enum. pl. V (1850) 241.

S. Kraussiana *Meisn.* var. — *A. DC.* Monog. Phan. I (1878) 172; *Th. Dur.* et *Schinz* Étud. fl. Cgo (1896) 263.

1885 (R. Buettner). — IV : Lukungu. — Nom vern. : Nzilla (Dew.). — IV : Tumba (Luja); entre Tumba et Kimpesse (Gill.). — V : le Stanley-Pool (Buett.); env. de Kwamouth (Biel.); Kisantu (Gill.). — VIII : Eala ; Irebu (Ém. Laur.). — IX : Bolombo; en aval de Bolombo (Ém. Laur.). — XIII a : chutes de la Tshopo (Ém. Laur.). — XIII c : Wabundu (Dew.). — XVI : plateau aux env. de Lukafu. — Nom vern. : Mukosobola (Verd.).

ASPARAGUS L.

Asparagus abyssinicus *Hochst.* ex *A. Rich.* Tent. fl. Abyss. II (1851) 319; *Bak.* in Journ. Linn. Soc. XIV (1875) 620; *Th. Dur.* et *Schinz* Consp. fl. Afr. V, 280 et Étud. fl. Cgo (1896) 264.

A. retrofractus *Forsk.* [non *L.*] Fl. Aegypt.-Arab. (1775) 93.

1893 (Ém. Laurent). — Bas-Congo (Ém. Laur.).

OBS. — M. Baker [in *Dyer* Fl. trop. Afr. VII, 433] réunit cette espèce à l'*A. africanus* Lam.

Asparagus africanus *Lam.* Encycl. méth. Bot. I (1783) 295; *Bak.* in Journ. Linn. Soc. XIV (1875) 619; *Th. Dur.* et *Schinz* Consp. fl. Afr. V, 281 et Étud. fl. Cgo (1896) 264; *Rendle* Cat. Welw. Pl. II, 42; *Bak.* in *Dyer* Fl. trop. Afr. VII, 433; *Th. Dur.* et *De Wild.* Mat. fl. Cgo, I (1897) 40 [B. S. B. B. XXXVI², 86]; *De Wild.* et *Th. Dur.* Reliq. Dewevr. (1901) 248; *De Wild.* Étud. fl. Bas- et Moy.-Cgo, I (1904) 104 et Miss. Laurent (1905) 44.

1816 (Chr. Smith). — Bas-Congo (Sm.). — II a : le Mayumbe (Ém. et M. Laur.); Bingila (Dup.); entre Lemba et Bidi (Cabra). — IV : Lukungu (Dew.). — V : le Stanley-Pool (Dem.); Léopoldville (Camp); entre Léopoldville et Mombasi (Gill.); Kwamouth (Gent.); Chenal (Ém. et M. Laur.); Kisantu (Gill.). — XVI : Toa (Desc.).

— — var. **biarticulatus** *De Wild.* et *Th. Dur.* in *Th. Dur.* et *De Wild.* Mat. fl. Cgo, X (1901) 31 [B. S. B. B. XL, 25].

1899 (H. Tilmau). — Savanes du Bas-Congo (Tilm.).

Asparagus drepanophyllus *Welw.* ex *Bak.* in Trans. Linn. Soc. Ser. 2, I (1877) 254 ; *Th. Dur.* et *Schinz* Consp. fl. Afr. V, 284 et Étud. fl. Cgo (1896) 264; *Bak.* in *Dyer* Fl. trop. Afr. VII, 435; *Rendle* Cat. Welw. Pl. II, 43; *De Wild.* et *Th. Dur.* Contr. fl. Cgo, I (1899) 59; II (1900) 61; *De Wild.* Étud. fl. Bas- et Moy.-Cgo, [1] (1906) 229.

1882? (P. Pogge). — Bas-Congo occ. (Ém. Laur.). — IV : Banza-Puta (Dem.) ; Sona-Gongo (Luja). — V : entre Dembo et le Kwango (But.). — VI : Kitamba (Buch.). — XIII c : Lokandu [Riba-Riba] (Ém. Laur.). — XIII d : env. de Nyang-we (Dew). — XV : le Sankuru (Ém. Laur.) ; Kavango [la Lulua] (Pg.).

Asparagus Duchesnei *L. Lind.* Cat. illust. pl. nouv. Cgo (1901) 7 ; *De Wild.* Miss. Laurent (1900) 44, t. 18.

1903 (Ém. et Marc. Laurent). — IV : Kitobola (Ém. et M. Laur.). — XV : Lomkala (Ém. et M Laur.).

Asparagus falcatus *L.* Sp. pl. ed. 1 (1753) 313 ; *Th. Dur.* et *Schinz* Consp. fl. Afr. V, 284 et Étud. fl. Cgo (1896) 264 ; *Bak.* in *Dyer* Fl. trop. Afr. VII, 435.

A. aethiopicus *L.* var. ternifolius *Bak.* in *Saund.* Refug. bot. IV (1871) t. 261 et in Gard. Chron. (1872) 1537, cum ic.

1816 (Chr. Smith). — Bas-Congo (Sm.).

Asparagus katangensis *De Wild.* et *Th. Dur.* in *Th. Dur.* et *De Wild.* Mat. fl. Cgo, X (1901) 26 [B. S. B. B. XL, 42].

1899 (Edg. Verdick). — XVI : Lukafu (Verd. 201).

Asparagus laricinus *Burch.* Trav. inter. S. Afr. I (1862) 537 ; *Bak.* in Journ. Linn. Soc XIV (1875) 620 et in *Dyer* Fl. trop. Afr. VII, 433.

Le type croît dans la région du Mozambique et dans l'Afrique austr.

— — var. **katangensis** *De Wild.* et *Th. Dur.* in *Th Dur* et *De Wild.* Mat. fl. Cgo, X (1901) 27 [B. S. B. B. XL, 33].

1899 (Edg. Verdick). — XVI : Lukafu (Verd. 642).

Asparagus Pauli-Gulielmi *Solms* in *Schweinf.* Beitr. Fl. Aethiop. (1867) 203 ; *Grant* et *Bak.* in Trans. Linn. Soc. XXIX (1873) 161, t. 105 ; *Th. Dur.* et *Schinz* Consp. fl. Afr. V, 287 ; *Bak.* in *Dyer* Fl. trop. Afr. VII, 428.

Le type, largement disséminé dans l'Afrique trop., n'a pas été trouvé au Congo.

— — var. **katangensis** *De Wild.* et *Th. Dur.* in *Th. Dur.* et *De Wild.* Mat. fl. Cgo, X (1901) 27 [B. S. B. B. XL, 33].

1900 (Edg. Verdick). — XVI : le Katanga (Verd.).

Asparagus plumosus *Bak.* in Journ. Linn. Soc. XIV (1875) 613 ; Fl. des Serres, XXIII, 117. t. 2413 ; Ill. Hort. XXVII, t. 314 ; *Th. Dur.* et *Schinz* Consp. fl. Afr. V, 287 ; *Th. Dur.* et *De Wild.* Mat. fl. Cgo, I (1897) 40 [B. S. B. B. XXXVI^2, 86] ; *Bak.* in *Dyer* Fl. trop. Afr. VII, 430.

1895 (P. Dupuis). — Bas-Congo (Dup.).

KNIPHOFIA Salisb.

Kniphofia dubia *De Wild.* Étud. fl. Kat. (1902) 10.

1900 (Edg. Verdick). — XVI : le Katanga (Verd.).

ALOE L.

Aloe congolensis *De Wild.* et *Th. Dur.* Contr. fl. Cgo, I (1899) 61; Pl. Gilletianae, II (1901) 103 [B. Herb. Boiss. Sér. 2, I, 843] et Reliq. Dewevr. (1901) 240; *De Wild.* Étud. fl. Bas- et Moy.-Cgo, I (1904) 102 et Miss. Laurent (1905) 39.

1895 (A. Dewèvre). — IV : Kitobola (Ém. et M. Laur.). — V : Kisantu (Gill.); Léopoldville; env. de Kimuenza (Dew.). — XV : la Loanje, rive gauche; route de Lusambo à Kanda-Kanda (Gent.).

Aloe venenosa *Engl.* in Engl. Jahrb. XV (1893) 471; *Th. Dur.* et *Schinz* Consp. fl. Afr. V, 313 et Étud. fl. Cgo (1896) 165; *Bak.* in *Dyer* Fl. trop. Afr. VII, 460.

1882 (P. Pogge). — XIII ? : entre Nyangwe et Kimbundo (Pg. 1460).

DRACAENA L.

Dracaena arborea *Link* Enum. pl. Hort. Berol. I (1821) 341; *Regel* Revis. Drac. 36; *Bak.* in Journ. Linn. Ser. XIV (1875) 528 et in *Dyer* Fl. trop. Afr. VII, 439; *Rendle* Cat. Welw. Pl. II, 47; *De Wild.* Miss. Laurent (1905) 41.

1908 (Ém. et Marc. Laurent). — IV : Kitobola (Ém. et M. Laur.). — XV : Inkongo; Batempa; Mukundji (Ém. et M. Laur.).

Dracaena Buettneri *Engl.* in Engl. Jahrb. XV (1892) 478; *De Wild.* et *Th. Dur.* Contr. fl. Cgo, I (1899) 59; *Bak.* in *Dyer* Fl. trop. Afr. VII, 447.

1896 (Ém. Laurent). — V : Lukolela (Ém. Laur.).

Dracaena Burkeana *Planch.* in Annal. sci. nat. Sér. 3, IX (1848) 192; *Bak.* in *Dyer* Fl. trop. Afr. VII, 402; *De Wild.* Miss. Laurent (1905) 88.

1903 (Ém. et Marc. Laurent). — V : Kisantu (Ém. et M. Laur.).

Dracaena Butayei *De Wild.* Étud. fl. Bas- et Moy.-Cgo, I (1903) 16.

1901 (R. Butaye). — VI : Tumba-Mani (But. in Gill. 2324).

Dracaena capitulifera *De Wild.* et *Th. Dur.* Contr. fl. Cgo, I (1899) 59 et Reliq. Dewevr. (1901) 241 ; *De Wild.* Miss. Laurent (1905) 41 et Étud. fl. Bas- et Moy.-Cgo, I (1906) 226.

1896 (A. Dewèvre). — V : env. de Bolobo (Dew. 701). — VI : vallée de la Djuma (Gill. 2919; Gent.). — X : l'Ubangi (Ém. et M. Laur.).

Dracaena congensis *Engl.* ex *De Wild.* Miss. Laurent (1905) 42.

1903 (Ém et Marc. Laurent). — V : Lukolela (Ém. et M. Laur.). — VII : Kutu (Ém. et M. Laur.) — XIII a : chutes de la Tshopo (Ém. et M. Laur.).

Dracaena fragrans [*L.*] *Ker-Gawl.* in Bot. Mag. (1808) t. 1081 ; *Th. Dur.* et *Schinz* Consp. fl. Afr. V, 337 ; *Bak.* in *Dyer* Fl. trop. Afr. VII, 440 ; *Rendle* Cat. Welw. Pl. II, 17 ; *De Wild.* Miss. Laurent (1905) 42.

Aletris — *L.* Sp. pl. ed. 2 (1762) 456; *Andrews* Bot. Repos. V, t. 306; *Redouté* Liliac. II, t. 117.

Sansevieria — *Jacq.* Fragm. bot. (1800) t. 2, fig. 6 et t. 33, fig. 1.

1903 (Ém. et Marc. Laurent). — XV : Dibele (Ém. et M. Laur.).

OBS. — Le *D. Lindeni* [Ill. Hort. XXVII (1880) t. 384] est, d'après M. Baker, [l. c.] une forme de cette espèce, à feuilles panachées de blanc.

Dracaena Gentilii *De Wild.* Étud. fl. Bas- et Moy.-Cgo, I (1906) 228.

1902 (L. Gentil). — XV : route de Luebo à Luluabourg (Gent. 51).

Dracaena Kindtiana *De Wild.* Étud. fl. Bas- et Moy.-Cgo, II (1907) 119, fig. 2, t. 65-66.

Ann. ? (Coll. ?). — Congo (Coll. ?).

OBS. — Espèce introduite dans les serres du Jardin colonial de Laeken.

Dracaena Laurentii *De Wild.* Miss. Laurent (1902) 42, t. 22 et Étud. fl. Bas- et Moy.-Cgo, II (1907) 20.

1903 (Ém. et Marc. Laurent). — V : Kisantu (Gill. 1654). — VII : Kutu (Ém. et M. Laur.). — XV : Kondue (Em. et M. Laur.).

Dracaena laxissima *Engl.* in Engl. Jahrb. XV (1892) 478 ; *Th. Dur.* et *Schinz* Étud. fl. Cgo (1896) 265 ; *Bak.* in *Dyer* Fl. trop. Afr. VII, 446.

1882 (P. Pogge). — XV : Mukenge (Pg. 1462).

Dracaena Oddonii *De Wild.* Étud. fl. Bas- et Moy.-Cgo, I (1906) 227, t. 57.

1903 (Ad. Oddon). — V : env. de Sanda (Odd. in Gill. 3333).

Dracaena Poggei *Engl.* in Engl. Jahrb. XV (1892) 478; *De Wild. et Th. Dur.* Contr· fl. Cgo, I (1899) 59; *Bak.* in *Dyer* Fl. trop. Afr. VII, 455; *De Wild.* Étud. fl. Bas- et Moy.-Cgo, I (1906) 229 et Miss. Laurent (1905) 42, (1906) 214.

1875 (P. Pogge). — IV : bord de la Pioka (Ém. Laur.). — VI : Dima (Ém. et M. Laur.); vallée de la Djuma (Gill. 2770). — IX : Bolombo (Ém. et M. Laur.); en amont de Yanguli (Em. et M. Laur.).—XV : le Kasai (Luja); le Sankuru (Ém. et M. Laur.); Olombo; Lie (Ém. et M. Laur.); la Lulua (Pg.); pays de Muata-Jamvo (Pg. 275). — Ind. non cl. : le Lomami (Pg.).

— — var. **elongata** *De Wild.* Miss. Laurent (1905) 43, t. 23.

1904 (Ém. et Marc. Laurent). — IX : Ukaturaka (Ém. et M. Laur.).

Dracaena reflexa *Lam.* Encycl. méth. Bot. II (1786) 324; *Redouté* Liliac. II, t. 92; *Bak.* in Journ. Linn. Soc. XV (1875) 530; *Th. Dur.* et *Schinz* Consp. fl. Afr. V, 329.

Le type, largement dispersé dans toutes les régions trop., serait originaire de l'Ile Maurice.

— — var. **Buchneri** *Engl.* in Engl. Jahrb. XXXII (1902) 96.

1880 (Max Buchner).— VI : Dinga (Buett. 531).— XV? : Kehungula sur la Lovo ; Mukinsh [Congo?] (Buch. 684).

— — var. **nitens** [*Welw.*] *Bak.* in *Dyer* Fl. trop. Afr. VII (1898) 441; *De Wild.* et *Th. Dur.* Contr. fl. Cgo, I (1899) 59 et Reliq. De-wevr. (1901) 242; *De Wild.* Miss. Laurent (1905) 44, t. 17.

D. nitens *Welw.* ex *Bak.* in Trans. Linn. Soc. Ser. 2, I (1877) 252; *Rendle* Cat. Welw. Pl. II, 17.

D. Lacourtii *Hort.* ex *De Wild.* l. c. (1905) 44.

1891 (Hyac. Vanderyst). — I: Moanda (Vanderyst). — II a : la Lemba (Dew.); Luki (Ém. et M. Laur.). — III-IV : la Lufu (Dew.). — IV : Kitobola (Ém. et M. Laur.). — V : Léopoldville; Kimuenza (Gill. 1670). — VI : rég. de Luanu (Lescr. 35). — VIII : Lulauga; Eala (Ém. et M. Laur.). — XIII a : Yauongo (Ém. et M. Laur.). —؛XV : Mauge (Ém. et M. Laur.). — XVI : Toa (Desc.). -- Nom vern. : **Ndala** [rég. des Cataractes] (Dew.).

Dracaena rubro-aurantiaca *De Wild.* Étud. fl. Bas- et Moy.-Cgo, I (1906) 228, t. 58.

1895 (A. Dewèvre). — II : île du Congo dans les env. de Malela (Dew.).

Dracaena surculosa *Lindl.* in Bot. Reg. (1828) t. 1169; Bot. Mag. (1867) t. 5662; *Th. Dur.* et *Schinz* Consp. fl. Afr. V, 330.et Étud. fl. Cgo (1896) 266; *Bak.* in *Dyer* Fl. trop. Afr. VII, 440.

D. Godsefflana *Hort.* ex Rev. Hort. (1890) 201.

Ann.? (Coll.?). — Congo (Coll.?).

OBS. — M. Baker qui, en 1875, indiquait, d'après des échantillons de

Christian Smith, le D. spicata Roxb. et sa var. aurantiaca Bak. dans le Bas-Congo, n'en parle plus dans la *Flora of tropical Africa*. — [Conf. *Bak.* in Journ. Linn. Soc. XIV (1875) 532].

Dracaena thalioides *Ch. Morr.* in Belg. Hort. (1860) 348, cum ic.; *Bak.* in Journ. Linn. Soc. XIV (1875) 534 et in *Dyer* Fl. trop. Afr. VII, 445; *De Wild.* et *Th. Dur.* Contr. fl. Cgo, I (1899) 59 et Reliq. Dewevr. (1901) 242; *De Wild.* Étud. fl. Bas- et Moy.-Cgo. I (1906) 229 et Miss. Laurent (1905) 44.

D. Aubryana *Ad. Brongn.* in Fl. des Serres , XV (1862) 47, t. 1522-1523.

1893 (Ém. Laurent). — II : île voisine de Malela (Dew. 169). — II a : Zenze. — Nom vern. : **Gungowa** (Ém. Laur.).—V : Kisantu (Gill. 1166). — VI : rives du Kwango entre Popokabaka et les chutes François-Joseph (Gent.). — VIII : Coquilhatville (M. Laur. 200 b).

Dracaena ueleensis *De Wild.* Étud. fl. Bas- et Moy.-Cgo, II (1907) 20, t. 8, 9.

1905 (F. Seret). — XII c : bord de l'Uelé à Surango (Ser. 397).

Dracaena usambarensis *Engl.* Pfl. Ost-Afr. (1895) 144.

Le type croît dans l'Afrique or. allem.

— — var. **longifolia** *De Wild.* Miss. Laurent (1905) 43.

1898 (Alph. Cabra). — Bas-Congo (Cabra). — VII : Ganda (Ém. et M. Laur.). — VIII : Ikenge (Ém. et M. Laur.). — IX : Lisala (Ém. et M. Laur.). — XV : Bukila (Ém. et M. Laur.).

BULBINE L.

Bulbine asphodeloides [L.] *Spreng.* Syst. veget. II (1825) 85; *Th. Dur.* et *Schinz* Consp. fl. Afr. V, 336; *De Wild.* et *Th. Dur.* Contr. fl. Cgo, II (1900) 62; *Bak.* in *Dyer* Fl. trop. Afr. VII, 475.

Anthericum — *L.* Sp. pl. ed. 1 (1753) 311; *Jacq.* Hort. Vindob. II, t. 181. B. abyssinica *A. Rich.* Tent. fl. Abyss. II (1851) 334, t. 97.

1895 (Gust. Debeerst). — XVI : Haut-Marungu (Deb.). — Ind. non cl. : Kamisamba [Congo belge ?] (Buch.).

— — var. **filifolioides** *De Wild.* Étud. fl. Kat. (1902) 8.

1899 (Edg. Verdick). — XVI : Lukafu (Verd. 230, 264).

ACROSPIRA Welw.

Acrospira asphodeloides *Welw.* ex *Bak.* in Trans. Linn. Soc. Sér. 2, I (1878) 255, t. 34; *Rendle* Cat. Welw. Pl. II, 50; *Bak.* in *Dyer* Fl. trop. Afr. VII, 447; *De Wild.* Miss. Laurent (1903) 38 et Étud. fl. Bas- et Moy.-Cgo, I (1906) 224.

1891 (F. Demeuse). — IV : Kikando-Luvituku (Dem.). — V : voie ferrée entre
Léopoldville et Tumba (Ém. et M. Laur.); rég. de Lula-Lumene (Hendr. in Gill.
3044, 3287); Kisantu (Gill. 649, 1325, 3136). — VIII : Eala [cult.] (M. Laur. 132).
— XV : Kanda-Kanda (Gent.).

Acrospira Laurentii *De Wild.* Miss. Laurent (1906) 211.

1905 (Marc. Laurent). — XV : Gumbumi (M. Laur.).

— — var. **variegata** *De Wild.* l. c. (1906) 211.

1905 (Marc. Laurent). — VIII : Eala (M. Laur.).

ANTHERICUM L.

Anthericum congolense *De Wild.* et *Th. Dur.* Contr. fl. Cgo, I (1899)
60 et Reliq. Dewevr. (1901) 242.

1896 (A. Dewèvre). — XIII d : Lubunda (Dew. 1029).

Anthericum Laurentii *De Wild.* Miss. Laurent (1905) 39.

1903 (Ém. et Marc. Laurent). — XV : le Bas-Kasai (Ém. et M. Laur.).

Anthericum sphacelatum *Bak.* in Journ. Linn. Soc. XV (1876) 303
et in *Dyer* Fl. trop. Afr. VII, 489; *De Wild.* et *Th. Dur.* Contr. fl.
Cgo, I (1899) 61 et Reliq. Dewevr. (1901) 243; *De Wild.* Miss. Laurent (1903) 39.

1883 (H. Johnston). — II a : route de Tshoa à Tshia (Dew.); plateau de la
Lemba (Cabra). — V : env. de Bolobo (Johnst.): env. de Suata (Ém. et M. Laur.).

CHLOROPHYTUM Ker.

Chlorophytum Fuchsianum *De Wild.* Étud. fl. Bas- et Moy.-Cgo, I
(1904) 102 et Miss. Laurent (1905) 38, 211, t. 16.

1896 (Ém. Laurent). — IV : route des caravanes (Ém. Laur.). — V : Kisantu
(Gill. 1902). — VIII : Irebu (Ém. et M. Laur.); Eala (M. Laur. 183). — IX : Bo-
lombo; Umangi (Ém. et M. Laur.). — X : Imese (Ém. Laur.). — XV : Kondue
(Ém. et M. Laur.).

Chlorophytum macrophyllum [*A. Rich.*] *Aschers.* et *Schweinf.*
Beitr. Fl. Aethiop. (1867) 294; *Rendle* Cat. Welw. Pl. II, 53: *Bak.*
in *Dyer* Fl. trop. Afr. VII, 498; *De Wild.* Miss. Laurent (1904) 211.

Anthericum — *A. Rich.* Tent. fl. Abyss. II (1851) 498.

1882? (P. Pogge). — XV : Munungu (Ém. et M. Laur.). — XVI : à l'O. du
Lualaba (Pg. 1479).

VERDICKIA De Wild.

Verdickia katangensis *De Wild.* Étud. fl. Kat. (1902) 7.

1899 (Edg. Verdick). — XVI : env. de Lukafu (Verd. 329).

DASYSTACHYS Bak.

Dasystachys africana [*Bak.*] *Th.* et *Hél. Dur.*

Caesia — *Bak.* in Trans. Linn. Soc. XXIX (1875) 160, t. 103 A.
Chlorophytum — *Engl.* in Engl. Jahrb. XV (1892) 470.
Dasystachys Grantii *Benth.* in *Benth.* et *Hook. f.* Gen. pl. III (1883) 789;
  Bak. in *Dyer* Fl. trop. Afr. VII, 513; *De Wild.* Étud. fl. Kat. (1902) 9.

1899 (Edg. Verdick). — XVI : Lukafu (Verd. 259, 296).

Dasystachys Verdickii *De Wild.* Étud. fl. Kat. (1902) 10.

1899 (Edg. Verdick). — XVI : Lofoi (Verd.).

ALLIUM L.

Allium angolense *Bak.* in Trans. Linn. Soc. Ser. 2, I (1878) 262 et in *Dyer* Fl. trop. Afr. VII, 517; *Rendle* Cat. Welw. Pl. II, 56; *De Wild.* Étud. fl. Bas- et Moy.-Cgo, I (1903) 16.

1902 (J. Gillet). — V : Kisantu (Gill.).

DIPCADI Medic.

Dipcadi Mechowii *Engl.* in Engl. Jahrb. XXXII (1902) 94.

1880 (Alex. von Mechow). — Congo [vraisemblablement du Kwango] (Mech. fide Engl.).

Dipcadi Thollonianum *Hua* Contr. fl. Congo franc. [Liliac.] (1898) 23; *Bak.* in *Dyer* Fl. trop. Afr. VII, 523; *De Wild.* Étud. fl. Bas- et Moy.-Cgo, I (1904) 106.

1901 (R. Butaye). — V : Lemfu (But. in Gill. 2263).

ALBUCA L.

Albuca angolensis *Welw.* Apont. phyto-geogr. (1859) 591; *Bak.* in *Saund.* Refug. bot. t. 336 et in *Dyer* Fl. trop. Afr. VII, 534; *De Wild.* Miss. Laurent (1905) 40 et Étud. fl. Bas- et Moy.-Cgo, I (1906) 225.

1902 (L. Gentil). — XV : Kanda-Kanda (Gent.). — XVI : Musumba, 8 $\frac{1}{2}$° (Pg.). Cult. à Eala [VIII] (Ém. et M. Laur.).

A. angolensis var. grandiflora *De Wild.* Miss. Laurent (1905) 40.

1903? (Ém. et Marc. Laurent). — Congo (Ém. et M. Laur.).

Albuca Gentilii *De Wild.* Étud. fl. Bas- et Moy.-Cgo, I (1906) 225.

1902 (L. Gentil). — XV : Kanda-Kanda (Gent.).

Albuca Gilletii *De Wild.* in La Belg.-colon. (1904) 42, cum ic. et Étud. fl. Bas- et Moy.-Cgo, I (1904) 103, (1906) 236, t. 35, fig. 1.

1903 (J. Gillet). — V : Kisantu (Gill.); Lula-Lumene (Hendr. in Gill. 3105).

Albuca katangensis *De Wild.* Étud. fl. Kat. (1902) 12, (1903) 226 et Étud. fl. Bas- et Moy.-Cgo, I (1906) 226.

1891 (G. Descamps). — XV : le Lubi [affl. du Sankuru] (Desc.). — XVI : Lukafu (Verd. 479).

Albuca Laurentii *De Wild.* Miss. Laurent (1905) 92.

1903 (Ém. et Marc. Laurent). — VIII : Lac Tumba (Ém. et M. Laur.).

Albuca variegata *De Wild.* Étud. fl. Bas- et Moy.-Cgo, I (1906) 226.

1903 (J. Gillet). — I : Moanda (Gill.).

URGINEA Steinh.

Urginea altissima [*L.*] *Bak.* in Journ. Linn. Soc. XIII (1873) 221 ; *Th. Dur.* et *Schinz* Consp. fl. Afr. V, 380; *De Wild.* et *Th. Dur.* Contr. fl. Cgo, II (1900) 62 et Reliq. Dewevr. (1901) 243; *Bak.* in *Dyer* Fl. trop. Afr. VII, 538; *De Wild.* Miss. Laurent (1906) 211, t. 85 et Étud. fl. Bas- et Moy.-Cgo, I (1906) 224.

Ornithogalum — *L.* Sp. pl. ed. 2 (1762) 199.
Drimia — *Ker* in Bot. Mag. (1808) t. 1074.
O. giganteum *Jacq.* Hort. Schoenbr. I (1797) t. 87.

1893 (Ém. Laurent). — II : env. de Boma (Schimp.). — II a : Zenze (Ém. Laur.); Lemba (Dew.). — III : entre Matadi et Tumba (Ém. Laur.). — IV : vallée de la Gongo [env. de Tumba] (Ém. Laur.). — V : Léopoldville (Ém. Duch.); Kisantu (Gill.). — VI : Tumba-Mani (Cabra et Michel).

Urginea micrantha [*A. Rich.*] *Solms* in *Schweinf.* Beitr. Fl. Aethiop. (1867) 294 ; *Bak.* in Journ. Linn. Soc. XIII (1872) 217 ; *Engl.* in Engl. Jahrb. VIII (1887) 59; *Th. Dur.* et *Schinz* Consp. Fl. Afr. V, 385 et Étud. fl. Cgo (1896) 266; *Bak.* in *Dyer* Fl. trop. Afr. VII, 537.

Scilla — *A. Rich.* Tent. fl. Abyss. II (1851) 328.

1874 (Fr. Naumann). — II : Boma (Naum.). — II a : Zenze (Ém. Laur.).

Urginea viridula *Bak.* in *Dyer* Fl. trop. Afr. VII (1898) 538.

1885 (Coll.?). — Congo (Hort. Bull. fide cl. Bak.).

DRIMIOPSIS Lindl.

Drimiopsis Barteri *Bak.* in *Saund.* Refug. bot. III, App. (1870) 18; in Journ. Linn. Soc. XIII (1872) 228 et in *Dyer* Fl. trop. Afr. VII, 543; *De Wild.* Miss. Laurent (1906) 213, t. 51.

1903? (Ém. et Marc. Laurent). — Congo (Ém. et M. Laur.).

SCILLA L.

Scilla camerooniana *Bak.* in *Saund.* Refug. bot. III App. (1870) 9 et in *Dyer* Fl. trop. Afr. VII, 554; *Th. Dur.* et *Schinz* Consp. fl. Afr. V, 391; *De Wild.* et *Th. Dur.* Pl. Gilletianae, II (1901) 103 [B. Herb. Boiss. Sér. 2, I, 843] et Reliq. Dewevr. (1901) 243; *De Wild.* Étud. fl. Bas- et Moy.-Cgo, I (1904) 101.

1895 (A. Dewèvre). — Bas-Congo (But.) — IV : Lukungu. — Nom vern. : **Malonga** (Dew.).

Scilla Ledieni *Engl.* in Gartenfl. XXXVIII (1889) 153, 305, t. 1294; *Th. Dur.* et *Schinz* Consp. fl. Afr. V, 394 et Étud. fl. Cgo (1896) 267; *Bak.* in *Dyer* Fl. trop. Afr. VII, 557.

1887 (F. Ledien). — IV : Musumbi [entre Lukungu et Palabala] (Ledien).

— — var. **Laurentii** *De Wild.* Miss. Laurent (1905) 41.

1903 (Ém. et Marc. Laurent). — V : Chenal (Ém. et M. Laur.).

— — var. **zebrina** *De Wild.* l. c. (1905) 213, t. 52.

1903? (Ém. et Marc. Laurent). — Congo (Ém. et M. Laur.).

ORNITHOGALUM L.

Ornithogalum caudatum *Ait.* Hort. Kew. I (1789) 442; *Jacq.* Icon. pl. rar. II (1793) t. 423; Bot. Mag. (1805) t. 805; *Th. Dur.* et *Schinz* Consp. fl. Afr. V, 400 et Étud. fl. Cgo (1896) 267; *Bak.* in *Dyer* Fl. trop. Afr. VIII, 545.

Urophyllon — *Bak.* in *Saund.* Refug. bot. IV (1871) t. 202.

1893 (Ém. Laurent). — Bas-Congo (Ém. Laur.).

WALLERIA Kirk.

Walleria Mackenii *T. Kirk* in Trans. Linn. Soc. XXIV (1864) 597,
t. 52, fig. **2**; *Bak.* in Journ. Linn. Soc. XVII, 459 et in *Dyer* Fl.
trop. Afr. VII, 507; *De Wild.* Étud. fl. Kat. (1906) 6.

> W. angolensis *Bak.* in Trans. Linn. Soc. Ser. 2, I (1878) 263; *Th. Dur.* et
> *Schinz* Consp. fl. Afr. V, 418.

1899 (Edg. Verdick). — XVI : Lukafu (Verd. 310).

GLORIOSA L.

Gloriosa simplex *L.* Mant. pl. (1767) 62; *Rendle* Cat. Welw. Pl. II,
65; *De Wild.* Étud. fl. Bas- et Moy.-Cgo, I (1906) 224.

> G. virescens *Lindl.* in Bot. Mag. (1825) t. 2539; *Th. Dur.* et *Schinz* Consp. fl.
> Afr. V, 417 et Étud. fl. Cgo (1896) 267; *De Wild.* et *Th. Dur.* Contr. fl. Cgo, I
> (1899) 61; II (1900) 62; Pl. Thonnerianae (1900) 7 et Reliq. Dewevr. (1901)
> 243; *De Wild.* Miss. Laurent (1905) 38 et Étud. fl. Bas- et Moy.-Cgo, I (1906)
> 224; II (1907) 20; *Bak.* in *Dyer* Fl. trop. Afr. VII, 563.
> Methonica — *Kunth* Enum. pl. IV (1843) 277; *Hook.* in Bot. Mag. (1856) t.
> 4938.

1885 (R. Buettner). — Bas-Congo, A C. — Nom vern. : **Uegna** (Cabra). — V : le
Stanley-Pool (Buett.); entre le Stanley-Pool et Léopoldville (Ém. et M. Laur.);
env. de Léopoldville (Luja; Dybowsky); env. de Kwamouth (Biel.); entre Dembo
et Kisantu (Gill.); entre Tumba et le Kwango (Cabra et Michel). — VI : Lusubi
(Lescr.). — IX : Upoto (Thonn.). — XII a : Nala (Van Ryss.). — XVI : le Katanga
(Briart)   Lofoi (Verd.); Pala (Deb.); Pweto (Chargeois); la Lufira (Hecq).—Ind.
non cl. : Mutembele (Dew.). — Noms vern. : **Katongulu** [Kasongo] ; **Lokama-Kama**
[Tanganika] (Dew.).

Gloriosa superba *L.* Sp. pl. ed. 1 (1753) 305; *Andrews* Bot. Repos.
II (1801) t. 129; Bot. Reg. (1816) t. 77; *Th. Dur.* et *Schinz* Consp.
fl. Afr. V, 417; *Bak.* in *Dyer* Fl. trop. Afr. VII, 563; *Th. Dur.* et
De Wild. Mat. fl. Cgo, I (1897) 40 [B. S. B. B. XXXVI², 80] et
Contr. fl. Cgo, I (1899) 61; *De Wild.* Not. pl. util. ou intér. du Cgo,
II (1906) 127-128 et Étud. fl. Bas- et Moy.-Cgo, I (1904) 101, (1906)
224.

> Methonica — *Crantz* Inst. rei herb. I (1766) 474; *Redouté* Liliac. I, t. 26.

1892 (F. Demeuse). — Bas-Congo (Cabra). — II a : le Mayumbe (Kest.). — VI :
village Gulu [Djuma] (Gent.). — VIII : env. d'Eala (M. Laur.). — IX : Upoto
(Wilw.). — XV : entre Lusambo et le Lomami; le Kasai (Ém. Laur.). — Ind. non
cl. : Lumpundi (Dew.); le Lualaba-Kasai (V. Dur.).

LITTONIA Hook.

Littonia grandiflora *De Wild.* et *Th. Dur.* Mat. fl. Cgo, X (1901)
34 [B. S. B. B. XL, 34]; *De Wild.* Étud. fl. Kat. (1902) 7.

1899 (Edg. Verdick). — XVI : Lukafu. — Nom vern. **Sjimbadala** (Verd. 1288).

Littonia Lindeni *Bah.* in *Dyer* Fl. trop. Afr. VII (1898) 566.

1893 (G. Descamps). — XVI : Pweto [Lac Moero] (Desc.),

PONTEDERIACEAE

EICHORNIA Kunth.

Eichornia natans [*P. Bcauv.*] *Solms* in Brem. Abhandl. VII (1882) 254 et in *DC.* Monog. Phan. IV, 526; *Th. Dur.* et *Schinz* Consp. fl. Afr. V, 418; *De Wild.* et *Th. Dur.* Pl. Gilletianae, I (1900) 55 [B. Herb. Boiss. Sér. 2, I, 55]; *N. E. Br.* in *Dyer* Fl. trop. Afr. VIII, 4].

Pontederia — *P. Beauv.* Fl. d'Oware, II (1807) 18, t. 68, fig. 2.

1899 (J. Gillet). — V : Kisantu (Gill. 260, 1008).

CYANASTRUM Oliv.

Cyanastrum Verdickii *De Wild.* Étud. fl. Kat. (1902) 5.

1899 (Edg. Verdick). — XVI : Lukafu (Verd. 275).

XYRIDACEAE

XYRIS L.

Xyris angustifolia *De Wild.* et *Th. Dur.* in *Th. Dur.* et *De Wild.* Mat. fl. Cgo, V (1899) 30 [B. S. B. B. XXXVIII², 149] et Reliq. Dewevr. (1901) 243; *N. E. Br.* in *Dyer* Fl. trop. Afr. VIII, 20.

1896 (A. Dewèvre). — VIII : entre Mokanga et Ikari (Dew. 1069).

Xyris capensis *Thunb.* Prodr. pl. Capens. (1794) 12; *Engl.* Pfl. Ost-Afr. 133; *Nilss.* [Stud. ueber Xyrid.] in Svensk Vet. Akad. Handl. XXIV, n. 14 (1892) 40; *Th. Dur.* et *Schinz* Consp. fl. Afr. V, 13; *N. E. Br.* in *Dyer* Fl. trop. Afr. VIII, 13; *Rendlc* Cat. Welw. Pl. II, 68; *De Wild.* Étud. fl. Kat. (1903) 172.

1900 (Edg. Verdick). — XVI : bords du Lac Moero (Verd.).

Xyris congensis *Buett.* in Verh. Bot. Ver. Brandenb. XXXI (1889) 71; *Nilss.* [Stud. ueber Xyrid.] in Svensk Vet. Akad. Handl. XXIV, n. 14 (1892) 29; *Th. Dur.* et *Schinz* Consp. fl. Afr. V, 420 et Étud. fl. Cgo

(1896) 268; *De Wild.* et *Th. Dur.* Reliq. Dewevr. (1901) 214; *De Wild.* Étud. fl. Bas- et Moy.-Cgo, I (1904) 99; *N. E. Br.* in *Dyer* Fl. trop. Afr. VIII, 23.

1885 (R. Buettner). — Bas-Congo (But.). — VIII : entre Équateurville et Lukolela (Buett. 585). — XIII : env. de Matshatsha (Dew. 1091).

COMMELINACEAE

POLLIA Thunb.

Pollia condensata *Clarke* in *DC.* Monog. Phan. III (1881) 125; *K. Schum.* in *Engl.* Pfl. Ost-Afr. 131; *Rendle* Cat. Welw. Pl. II, 74; *Clarke* in *Dyer* Fl. trop. Afr. VIII, 27; *De Wild.* Miss. Laurent (1905) 35.

1903 (Ém. et Marc. Laurent). — VII : — Inongo (Ém. et M. Laur.)

— — var. **variegata** *Hort.* ex *Th. Dur.* in Rev. Hortic. Belg. **XXXIV** (1908) 407, cum ic.

1907 (A. Sapin). — Congo (Sap.).

PALISOTA Rchb. (1)

Palisota ambigua [*P. Beauv.*] *Clarke* in *DC.* Monog. Phan. III (1881) 131, t. 5, fig. 3; *Th. Dur.* et *Schinz* Consp. fl. Afr. V, 421 et Étud. fl. Cgo (1896) 268; *De Wild.* et *Th. Dur.* Mat. fl. Cgo, I (1897) 41; II (1898) 82 [B. S. B. B. XXXVI', 81; XXXVII, 127] et , Reliq. Dewevr. (1901) 244; *Clarke* in *Dyer* Fl. trop. Afr. VIII, 31; *De Wild.* Miss. Laurent (1905) 36, (1906) 209.

Commelina — *P. Beauv.* Fl. d'Oware, I (1804) 26, t. 15.

1816 (Chr. Smith). — Bas-Congo (Sm.). — II a : Bingila (Dup.). — V : Kisantu (Gill.). — VII : Ibali (Ém. et M. Laur.). — VIII : Coquilhatville. — Nom vern. : . **Katandi** (Dew.); Eala (M. Laur.). — XIII a : Stanleyville (Ém. et M. Laur.). — XV : Lubue (Luja); Mukenge. — Nom vern. : **Vuuma** (Ém. Laur.).

Palisota Barteri *Hook. f.* in Bot. Mag. (1862) t. 5318; *Schoenl.* in *Engl.* et *Prantl* Nat. Pflanzenfam. II, 4 (1888) 62, fig. 31, A-E; *Clarke* in *DC.* Monog. Phan. III, 132 et in *Dyer* Fl. trop. Afr. VIII,

---

(1) M. Schlechter [Westafr. Kautsch.-Exped. (1900) 273] a indiqué le n° 12613, récolté par lui à Coquilhatville [VIII], comme étant le **Pal.** acuminata Clarke. Ce nom est introuvable.

29; *Th. Dur.* et *Schinz* Consp. fl. Afr. V, 422; *De Wild.* et *Th. Dur.* Contr. fl. Cgo, II (1900) 62; *Hua* in B. S. B. Fr. XLI (1900) p. LIV.

1891 (F. Demeuse). — XIII a : Stanley-Falls (Dem.).

Palisota hirsuta [*Thunb.*] *K. Schum.* ex *De Wild.* Miss. Laurent (1906) 210, in syn.

Dracaena — *Thunb.* Diss. de Dracaena (1808) 16.
P. thyrsiflora *Benth.* in *Hook.* Niger Fl. (1849) 544 (syn. excl.); *Clarke* in *DC.* Monog. Phan. III, 133 : *Th. Dur.* et *Schinz* Consp. fl. Afr. V, 422 et Étud. fl. Cgo (1896) 268; *Hua* in B. S. B. Fr. XLI (1900) p. LV; *Clarke* in *Dyer* Fl. trop. Afr. VIII, 31 : *De Wild.* et *Th. Dur.* Contr. fl. Cgo, I (1899) 62 et Pl. Thonnerianae (1901) 5; *De Wild.* Étud. fl. Bas- et Moy.-Cgo, I (1904) 100, (1906) 222 et Miss. Laurent (1905) 35, (1906) 210.

1816 (Chr. Smith). — Bas-Congo (Sm.: Ém. Laur.). — III : Vivi (Johnst.). — IV : entre Tumba et Kimpesse (Gill.).— V : entre Dembo et le Kwango (But.); Kisantu; Sabuka (Ém. et M. Laur.); rég. de Sanda (Odd.). — VIII : Ikaw (Lamb.). — IX a : Gali (Thonn.). — XV : Bukila (Ém. et M. Laur.); le Kasai, le Sankuru et la Lulua (Ém. Laur.). — Ind. non cl. : le Lomami (Pg.).

Palisota Laurentii *De Wild.* Miss. Laurent (1906) 210, t. 3.

1903 (Ém. et Marc. Laurent). — XV : Dibele (Ém. et M. Laur.).

Palisota Mannii *Clarke* in *DC.* Monog. Phan. III (1881) 132 et in *Dyer* Fl. trop. Afr. VIII, 29; *Th. Dur.* et *Schinz* Consp. fl. Afr. V, 422; *De Wild.* et *Th. Dur.* Contr. fl. Cgo, II (1900) 62 et Reliq. Dewevr. (1901) 244; *Hua* in B. S. B. Fr. XLI, p. IV.

1896 (A. Dewèvre). — V : Kisantu (Gill.). — XIII c : Lokandu. — Nom vern. : **Teti-Teti** (Dew.). — XIII d : Vieux-Kasongo (Dew.).

Palisota Preussiana *K. Schum.* ex *Clarke* in *Dyer* Fl. trop. Afr. VIII (1901) 30; *De Wild.* Miss. Laurent (1905) 36.

1903 (Ém. et Marc. Laurent). — VII : Kutu (Ém. et M. Laur.).

Palisota prionostachys *Clarke* in *DC.* Monog. Phan. III (1881) 134; *Th. Dur.* et *Schinz* Consp. fl. Afr. V, 422 et Étud. fl. Cgo (1896) 268; *De Wild.* et *Th. Dur.* Contr. fl. Cgo, I (1899) 62; II (1900) 63; *De Wild.* Miss. Laurent (1905) 35 et Étud. fl. Bas- et Moy.-Cgo, II (1907) 18; *Clarke* in *Dyer* Fl. trop. Afr. VIII, 32.

P. congolana *Hua* in B. S. B. Fr. XLI (1900) p. LIII.

1870 (G. Schweinfurth).— V : Kisantu (Ém. Laur.).— XII d : pays des Mangbettu (Schw. 3622). — XV : forêts entre le Lomami et Lusambo ; Dibele ; Butala ; Bukila (Ém. Laur.); Munungu (Lescr.). — Ind. non cl. : le Luatschim [Congo?] (Buch.).

Palisota Pynaertii *De Wild.* Étud. fl. Bas- et Moy.-Cgo, I (1904) 100.

1902 (L. Pynaert). — VIII : env. d'Eala (Pyn.).

Palisota Schweinfurthii *Clarke* in *DC.* Monog. Phan. III (1881)
132 pr. p. et in *Dyer* Fl. trop. Afr. VIII, 29; *Th. Dur.* et *Schinz*
Consp. fl. Afr. V, 422; *Th. Dur.* et *De Wild.* Mat. fl. Cgo, II (1898)
83 [B. S. B. B. XXXVII, 128]; *Hua* in B. S. B. Fr. XLI (1900)
p. 55; *Rendle* Cat. Welw. Pl. II, 74.

1816 (Chr. Smith). — Bas-Congo (Sm.). — II : Bingila (Dup.). — XII d : pays
des Mangbettu (Schw. 3279, 3281). — XV : forêts de la Lulua, du Sankuru et du
Kasai (Ém. Laur.).

COMMELINA L.

Commelina aethiopica *Clarke* in *DC.* Monog. Phan. III (1881) 189 ;
Th. Dur. et *Schinz* Consp. fl. Afr. V, 422 ; *De Wild.* et *Th. Dur.*
Pl. Gilletianae, II (1901) 103 [B. Herb. Boiss. Sér. 2, I, 843]; *Clarke*
in *Dyer* Pl. trop. Afr. VIII, 50; *De Wild.* Étud. fl. Bas- et Moy.-Cgo,
I (1904) 101.

1900 (J. Gillet). — V : Kisantu (Gill. 1078).

Commelina africana *L.* Sp. pl. ed. 1 (1753) 41 ; *Redouté* Liliac. IV
(1808) t. 207 ; Bot. Mag. (1811) t. 1431 ; *Clarke* in *DC.* Monog. Phan.
III, 164; *Th. Dur.* et *Schinz* Consp. fl. Afr. V, 422 et Étud. fl.
Cgo (1896) 269 ; *Clarke* in *Dyer* Fl. trop. Afr. VIII, 45.

1891 (G. Descamps). — V : Kisantu (Gill. 106, 997). — Ind. non cl. : Luala
(Desc. 55).

Commelina aspera *G. Don* ex *Benth.* in *Hook.* Niger Fl. (1849)
542; *Clarke* in *DC.* Monog. Phan. VIII, 180; *Rendle* Cat. Welw. Pl.
II, 78; *De Wild.* et *Th. Dur.* Pl. Gilletianae, I (1900) 55 [B. Herb.
Boiss. Sér. 2, I, 55] et Pl. Thonnerianae (1901) 6 ; *Clarke* in *Dyer*
Fl. trop. Afr. VIII, 56; *De Wild.* Étud. fl. Bas- et Moy.-Cgo, I
(1903) 14.

1896 (Fr. Thonner). — V : Kisantu (Gill.). — IX : Yabosumba près Dobo
(Thonn.). — XV : route de Luebo-Luluabourg (Gent.).

Commelina benghalenis *L.* Sp. pl. ed. 1 (1753) 41 ; *Th. Dur.* et
Schinz Consp. fl. Afr. V, 424; *Wight* Icon. pl. Ind. or. VI, t. 2065;
Th. Dur. et *De Wild.* Mat. fl. Cgo, I (1897) 41 ; II (1898) 83 [B. S.
B. B. XXXVI², 87; XXXVII, 128] ; *Rendle* Cat. Welw. Pl. II, 76 ;
Clarke in *DC.* Monog. Phan. III, 159 et in *Dyer* Fl. trop. Afr. VIII,
41; *De Wild.* et *Th. Dur.* Reliq. Dewevr. (1901) 245 ; *De Wild.*
Not. pl. util. ou intér. du Cgo, II (1906) 117 et Étud. fl. Bas- et Moy.-
Cgo, II (1907) 18.

1893 (P. Dupuis). — II a : Bingila (Dup.). — V : env. de Kwamouth (Biel.) — XII c : Nianagra (Delp.). — XIII d : env. de Kabanga (Dew.). — XV : Mokole [Lubi] (Lescr.). — XVI : Albertville [Toa] (Hecq; Desc.). — Noms vern. : **Popivilla** [Ikwangula]; **Mitesa** [Tanganika]; **Ignia** (Kasongo) (Dew.).

Commelina capitata *Benth.* in *Hook.* Niger Fl. (1849) 541; *Clarke* in *DC.* Monog. Phan. III (1881) 176; *Th. Dur. et Schinz* Consp. fl. Afr. V, 424 et Étud. fl. Cgo (1896) 269; *Rendle* Cat. Welw. Pl. II, 78; *Clarke* in *Dyer* Fl. trop. Afr. VIII, 54; *Th. Dur. et De Wild.* Mat. fl. Cgo, I (1897) 41 [B. S. B. B. XXXVI², 87]; *De Wild.* et *Th. Dur.* Reliq. Dewevr. (1901) 245; *De Wild.* Miss. Laurent (1905) 36 et Étud. fl. Bas- et Moy.·Cgo, I (1906) 222; II (1907) 18.

1891 (F. Demeuse). — II a : Bingila (Dup.). — V : Kisantu et env. (Gill.); Sanda (Odd.); Kimuenza (Gill.). — VIII : Eala. — Nom vern. : **Bolovo**: Irebu (Ém. et M. Laur.); Équateur [Wangata] (Dew.; Pyn.). — IX : pays de Bangala (Dew.). — XI : Isangi; Basoko (Ém. et M. Laur.). — XIII a : Yakusu (Ém. et M. Laur.); env. de Stanleyville (Ém. Laur.). — XV : Bombaie (Ém. et M. Laur.).

Commelina Clarkeana *De Wild.* et *Th. Dur.* Reliq. Dewevr. (1901) 245; *De Wild.* Étud. fl. Bas- et Moy.-Cgo, I (1906) 222.

1895 (A. Dewèvre). — II : Boma (Gill. 3253). — II a : Katala (Dew. 183).

Commelina condensata *Clarke* in *DC.* Monog. Phan. III (1881) 190 et in *Dyer* Fl. trop. Afr. VIII, 436; *Th. Dur.* et *Schinz* Consp. fl. Afr. V, 424; *De Wild.* et *Th. Dur.* Pl. Gilletianae, I (1900) 55 [B. Herb. Boiss. Sér. 2, I, 55] et Pl. Thonnerianae (1900) 6.

1900 (J. Gillet). -- V : Kisantu (Gill. 932). — IX : Bobi (Thonn.). —IX a : Gali (Thonn. 22, 52).

Commelina Dammeriana *K. Schum.* in Engl. Jahrb. XXIV (1897) 343, t. 6.

1876 (P. Pogge). — XV : la Lulua, vers le 9 ½° (Pyn. 454).

Commelina Forskalaei *Vahl* Enum. pl. II (1806) 172; *Th. Dur.* et *Schinz* Consp. fl. Afr. V, 425; *Clarke* in *DC.* Monog. Phan. III, 168 et in *Dyer* Fl. trop. Afr. VIII, 44; *De Wild.* Étud. fl. Bas- et Moy.-Cgo, I (1906) 222.

1901 (J. Gillet). — V : env. de Kimuenza (Gill.).

Commelina latifolia *Hochst.* ex *A. Rich.* Tent. fl. Abyss. II (1851) 340; *Clarke* in *DC.* Monog. Phan. III, 173, pr. p. et in *Dyer* Fl. trop. Afr. VII, 50; *Th. Dur.* et *Schinz* Consp. fl. Afr. V, 426; *Th. Dur.* et *De Wild.* Mat. fl. Cgo, II (1898) 83 [B. S. B. B. XXXVII, 128].

1893 (P. Dupuis). — II : Sisia (Dup.).

36

Commelina nudiflora *L.* Sp. pl. ed. 1 (1753) 41; *Clarke* in *DC*. Monog. Phan. III, 144; *Th. Dur.* et *Schinz* Consp. fl. Afr. V, 427 et
Étud. fl. Cgo (1896) 269; *Rendle* Cat. Welw. Pl. II, 74; *Clarke* in
Dyer Fl. trop. Afr. VIII, 36; *Th. Dur.* et *De Wild.* Mat. fl. Cgo, I
(1897) 41 [B. S. B. B. XXXVI², 87]; *De Wild.* et *Th. Dur.* Pl.
Thonnerianae (1900) 6 et Reliq. Dewevr. (1901) 245; *De Wild.* Étud.
fl. Bas- et Moy.-Cgo, I (1906) 222.

1816 (Chr. Smith). — Bas-Congo (Sm.). — II : Boma (Monteiro); Sisia (Dup.).
— II a : Katala. — Nom vern. : **Singa-Singa** (Dew.); Bingila (Dup.). — IV : Lukungu (Hens); Kimpesse (Dem.). — V : Kisantu; env. de Dembo (Gill.). — VI :
entre Tumba-Mani et Popokabaka (Cabra et Michel). — XV : env. de Lusambo.—
Nom vern. : **Bafwamfwa**. — XVI : Pala (Deb.).

— — form. **agraria** [*Kunth*] *De Wild.* et *Th. Dur.* Contr. fl. Cgo,
II (1900) 63, in obs.

C. agraria *Kunth* Enum. pl. IV (1843) 38; *Webb* et *Berth.* Hist. nat. Canar.
III⁴, 356, t. 238.

1891 (F. Demeuse). — IX : pays des Bangala (Dem.).

Commelina scaposa *Clarke* in *Th. Dur.* et *De Wild.* Mat. fl. Cgo,
VII (1900) 50 [B. S. B. B. XXXVIII², 220] et in *Dyer* Fl. trop. Afr.
VIII, 38.

1895 (Gust. Debeerst). — XVI : Haut-Marungu (Deb.).

Commelina Schweinfurthii *Clarke* in *DC*. Monog. Phan. III (1881)
158; *Th. Dur.* et *Schinz* Consp. fl. Afr. V, 428; *Clarke* in *Dyer*
Fl. trop. Afr. VIII, 41; *De Wild.* et *Th. Dur.* Étud. fl. Bas- et Moy.-
Cgo, I (1906) 223.

1899 (Edg. Verdick). — XVI : Lofoi (Verd.).

Commelina umbellata *Schumach.* et *Thonn.* Beskr. Guin. Pl. (1827)
21; *Clarke* in *DC*. Monog. Phan. III, 179; *Th. Dur.* et *Schinz*
Consp. fl. Afr. V, 428; *De Wild.* et *Th. Dur.* Pl. Gilletianae, II (1901)
103 [B. Herb. Boiss. Sér. 2, I, 843]; *Clarke* in *Dyer* Fl. trop. Afr.
VIII, 55; *De Wild.* Étud. fl. Bas- et Moy.-Cgo, I (1904) 101, (1906)
223; II (1907) 15.

1900 (J. Gillet). — V : Kisantu; entre Dembo et Kisantu; Kimuenza (Gill.). —
VIII : le Haut-Lopori (Biel.).

Commelina Vogelii *Clarke* in *DC*. Monog. Phan. III (1881) 189 et in
Dyer Fl. trop. Afr. VIII, 56; *De Wild.* et *Th. Dur.* Pl. Gilletianae,
I (1900) 55 [B. Herb. Boiss. Sér. 2, I, 55].

1900 (J. Gillet). — V : Kimuenza (Gill.).

POLYSPATHA Benth.

Polyspatha paniculata *Benth.* in *Hook.* Niger Fl. (1849) 543, t. 3;
Clarke in *DC.* Monog. Phan. III, 194 et in *Dyer* Fl. trop. Afr. VIII,
61; *Th. Dur.* et *Schinz* Consp. fl. Afr. V, 429; *De Wild.* et *Th.
Dur.* Reliq. Dewevr. (1901) 244; *De Wild.* Étud. fl. Bas- et Moy.-
Cgo, I (1903) 15 et Miss. Laurent (1905) 36.

1896 (A. Dewèvre). — V : env. de Léopoldville (Gill.). — XI : Basoko (Ém. et M.
Laur.); env. de Bena-Kamba (Dew.). — XV : Munungu; Kondue (Ém. et M.
Laur.).

ANEILEMA R. Br.

Aneilema aequinoctiale [*P. Beauv.*] *Kunth* Enum. pl. IV (1843) 72;
Clarke in *DC.* Monog. Phan. III, 221; *Th. Dur.* et *Schinz* Consp.
fl. Afr. V, 429 et Étud. fl. Cgo (1896) 271; *Clarke* in *Dyer* Fl. trop.
Afr. VIII, 60; *Rendle* Cat. Welw. Pl. II, 79; *De Wild.* et *Th. Dur.*
Contr. fl. Cgo, I (1899) 62; II (1900) 63 et Reliq. Dewevr. (1901) 246;
De Wild. Étud. fl. Bas- et Moy.-Cgo, I (1901) 104, (1906) 223 et Miss.
Laurent (1905) 36, (1906) 211.

Commelina — *P. Beauv.* Fl. d'Oware, I (1804) 65, t. 38.

1816 (Chr. Smith). — Bas-Congo (Sm.). — II a : Bingila; le Mayumbe (Dup.);
Zobe (Dew.); Lemba. — Nom vern. : **Matata** (Cabra). — IV : Lukungu (Hens); Lu-
vituku (Ém. Laur.). — V : Kimpoko (M. Laur.); env. de Kwamouth (Biel.); Sanda
(De Brouw.). — VI : env. de Dima (Lescr.). — XII d : Bangwa [Mangbettu] (Schw.).
— XIII a : chutes de la Tshopo (Ém. et M. Laur.). — XV : Mange (Em. et M.
Laur.); Olombo (Ém. Laur.).

Aneilema beniniense [*P. Beauv.*] *Kunth* Enum. pl. IV (1843) 73;
Clarke in *DC.* Monog. Phan. III, 224; *Th. Dur.* et *Schinz* Consp.
fl. Afr. V, 430 et Étud. fl. Cgo (1896) 41; *Rendle* Cat. Welw. Pl. II,
79; *Clarke* in *Dyer* Fl. trop. Afr. VIII, 68; *De Wild.* et *Th. Dur.*
Contr. fl. Cgo, I (1899) 62; II (1900) 67; Pl. Thonnerianae (1901) 6 et
Reliq. Dewevr. (1901) 246; *De Wild.* Étud. fl. Bas- et Moy.-Cgo, I
(1906) 223 et Miss. Laurent (1905) 37; *Thonn.* Blütenpfl. Afrik. (1908)
128, t. 16.

Commelina — *P. Beauv.* Fl. d'Oware, II (1807) 49, t. 87.

1816 (Chr. Smith). — Bas-Congo (Sm.). — II a : Bingila (Dup.); Zobe (Dew.);
Temvo (Ém. Laur.). — IV : Bangu (Dem.). — V : le Stanley-Pool (Ém. Duch.);
Lukolela (Ém. Laur.); Kisantu (Gill.). — IX : Bumba (Ém. Laur.). — IX a : Gali
(Thonn.). — XV : bords du Sankuru; env. de Lusambo (Ém. Laur.). — Ind. non
cl. : Blakasi [Congo ?] (Burt.).

Aneilema Lujaei *De Wild.* et *Th. Dur.* Contr. fl. Cgo, II (1900) 63
et Pl. Gilletianae, I (1900) 55 [B. Herb. Boiss. Sér. 2, I, 55]; *De
Wild.* Étud. fl. Bas- et Moy.-Cgo, II (1907) 19.

1898 (Éd. Luja). — V : marais entre Sabuka et Léopoldville [Stanley-Pool] (Luja); env. de Kwamouth (Biel.); Lemfu (But.); Sanda (Odd.); Kisantu (Gill.).

Aneilema ovato-oblongum *P. Beauv.* Fl. d'Oware, II (1807) 71, t. 104; *Th. Dur.* et *Schinz* Consp. fl. Afr. V, 431 et Étud. fl. Cgo (1896) 270; *Clarke* in *Dyer* Fl. trop. Afr. VIII, 69; *Th. Dur.* et *De Wild.* Mat. fl. Cgo, I (1897) 41 [B. S. B. B. XXXVI², 87]; *De Wild.* Étud. fl. Bas- et Moy.-Cgo, I (1906) 223; II (1907) 19 et Miss. Laurent (1905) 37.

Commelina — *Roem.* et *Schult.* ex *Schult.* Mant. pl. I, Add. 1 (1822) 376.

1885 (R. Buettner). — Bas-Congo (Cabra). — II a : Bingila (Dup.). — IV : Lutete (Hens). — V : Léopoldville (Schlt.; Luja); env. de Kwamouth (Biel.); Sanda (De Brouw.); Lukolela (Ém. Laur.); Kisantu (Gill.). — XIII a : Yakusu (Ém. Laur.). — Ind. non cl. : Kibaka [Angola?] (Buett.).

Aneilema pedunculosum *Clarke* in *DC.* Monog. Phan. III (1881) 228; *K. Schum.* in *Engl.* Pfl. Ost-Afr. 136; *Th. Dur.* et *Schinz* Consp. fl. Afr. V, 431 ; *De Wild.* et *Th. Dur.* Contr. fl. Cgo, II (1900) 64 ; *Clarke* in *Dyer* Fl. trop. Afr. V, 73.

1895 (Gust. Debeerst). — XVI : bords du Tanganika (Deb.).

Aneilema Schweinfurthii *Clarke* in *DC.* Monog. Phan. III (1881) 227; *K. Schum.* in *Engl.* Pfl. Ost-Afr. 136; *Th. Dur.* et *Schinz* Consp. fl. Afr. V, 432; *Th. Dur.* et *De Wild.* Mat. fl. Cgo, II (1898) 83 [B. S. B. B. XXXVII, 128]; *Clarke* in *Dyer* Fl. trop. Afr. VII, 71.

Lamprodithyros gracilis *Kotschy* et *Peyr.* Pl. Tinneanae (1867) 47, t. 23, fig. A.

1895 (Gust. Debeerst). — XVI : C. sur tous les bords du Tanganika (Deb.).

Aneilema sinicum [*Roem.* et *Schult.*] *Lindl.* in Bot. Reg. (1823) t. 695; *Clarke* in *DC.* Monog. Phan. III, 212 ; *Th. Dur.* et *Schinz* Consp. fl. Afr. V, 432 et Étud. fl. Cgo (1896) 271; *De Wild.* Étud. fl. Kat. (1902) 5; *Rendle* Cat. Welw. Pl. II, 79; *Clarke* in *Dyer* Fl. trop. Afr. VIII, 63; *Th. Dur.* et *De Wild.* Mat. fl. Cgo, I (1897) 41 ; II (1898) 38 [B. S. B. B. XXXVI², 87; XXXVII, 128]; *De Wild.* Étud. fl. Bas- et Moy.-Cgo, I (1903) 15, (1906) 223; II (1907) 19 et Miss. Laurent (1905) 37.

Commelina — *Roem.* et *Schult.* ex *Schult.* Mant. pl. I, Add. I (1822) 376.
A. secundum *Wight* Icon. pl. Ind. or. VI (1853) t. 2075.

1883 (H. Johnston). — II a : Kwangila [plateau entre la Lukula et le Lubuzi] (Cabra); Bingila (Dup.). — IV : Lukungu (Hens). — V : Bolobo (Johnst.); le Stanley-Pool (Dem.); Sanda (De Brouw.). — VI : Eiolo (Ém. et M. Laur.); vallée de la Djüma (Gill.). — VII : Nioki (Ém. et M. Laur.). — IX : Yambinga (Pyn.). — IX a : Bokumba (Thonn.). — XV : Bas-Sankuru (Ém. et M. Laur.). — XVI : le Katanga; Massima; le Lualaba (Briart); Lukafu. — Nom vern. : **Pingelema** (Verd.); Haut-Marungu (Deb.).

BUFORRESTIA Clarke.

Buforrestia imperforata *Clarke* in *DC*. Monog. Phan. III (1881) 234;
Th. Dur. et *Schinz* Consp. fl. Afr. V, 433; *Th. Dur.* et *De Wild.*
Mat. fl. Cgo, I (1897) 41 [B. S. B. B. XXXVI', 87]; *Rendle* Cat.
Welw. Pl. II, 80; *Clarke* in *Dyer* Fl. trop. Afr. VII, 76; *De Wild.*
et *Th. Dur.* Contr. fl. Cgo, I (1899) 62; II (1900) 64 et Pl. Thonne-
rianae (1900) 7; *De Wild.* Étud. fl. Bas- et Moy.-Cgo, II (1907) 19.

1895 (P. Dupuis). — II a : Bingila (Dup.). — V : Sabuka (Luja et Ém. Duch.);
Kisantu (Gill.). — VIII : Équateurville (Pyn.). — IX a : Gali (Thonn.). — Ind.
non cl. : la Luaua (Cabra).

COLEOTRYPE Clarke.

Coleotrype Laurentii *K. Schum.* in Engl. Jahrb. XXXIII (1903) 377;
De Wild. Miss. Laurent (1905) 37.

1903 (Ém. et Marc. Laurent). — XV : Munungu (Ém. et M. Laur.); bords de la
Lulua, du Kasai et du Sankuru (Ém. Laur. fide K. Schum.).

CYANOTIS Don.

Cyanotis angusta *Clarke* in *DC*. Monog. Phan. III (1881) 260 et in
Dyer Fl. trop. Afr. VIII, 70; *De Wild.* et *Th. Dur.* Pl. Gilletianae,
II (1901) [B. Herb. Boiss. Sér. 2, I, 840]; *De Wild.* Étud. fl. Bas- et
Moy.- Cgo, I (1904) 101.

1900 (J. Gillet). — V : Kisantu (Gill.).

Cyanotis caespitosa *Kotschy* et *Peyr.* Pl. Tinneanae (1867) 48;
Clarke in *Dyer* Fl. trop. Afr. VIII, 82; *De Wild.* et *Th. Dur.* Pl.
Gilletianae, II (1901) 104 [B. Herb. Boiss. Sér. 2, I, 844]; *De Wild.*
Étud. fl. Bas- et Moy.-Cgo, I (1904) 101; II (1907) 19.

1900 (R. Butaye). — V : env. de Dembo (But. in Gill. 1473). — Ind. non cl. :
Kamomme [XII?] (Lescr. 162).

Cyanotis Dybowskyi *Hua* in B. Mus. Hist. nat. Paris, I (1895) 122;
Clarke in *Dyer* Fl. trop. Afr. VIII, 84; *De Wild.* Miss. Laurent
(1905) 37 et Étud. fl. Bas- et Moy.-Cgo, I (1906) 223; II (1907) 19.

1903 (Ém. Laurent). — IV : Tumba (Ém. et M. Laur.) — V : env. de Kwamouth (Biel.); Bokala (M. Laur. 609); Kisantu et env. (Ém. et M. Laur.); rég.
de Lumene (Hendr.); env. de Sanda (Odd. in Gill. 3322, 3560); env. de Lemfu
(But.). — VI : entre Lusubi et Luanu (Lescr. 69).

Cyanotis lanata *Benth.* in *Hook.* Niger Fl. (1849) 542; *Clarke* in
DC. Monog. Phan. III, 258; *Th. Dur.* et *Schinz* Consp. fl. Afr. V,

434; *De Wild.* et *Th. Dur.* Contr. fl. Cgo, I (1899) 63; *Rendle* Cat.
Welw. Pl. II, 80; *Clarke* in *Dyer* Fl. trop. Afr. VIII, 80.

1898 (J. Gillet). — V : env. de Dembo (Gill.).

Cyanotis longifolia *Benth.* (non *Wight*) in *Hook.* Niger Fl. (1849)
543; *Clarke* in *DC.* Monog. Phan. III, 259; *Th. Dur.* et *Schinz*
Consp. fl. Afr. V, 434 et Étud. fl. Cgo (1896) 271; *Rendle* Cat.
Welw. Pl. II, 80; *Clarke* in *Dyer* Fl. trop. Afr. VII, 81.

Ann.? (Curror) — Congo (Curr.).

— — var. **Bakeriana** *Clarke* l. c. III (1881) 259; *Th. Dur.* et
Schinz l. c. 271.

C. longifolia *Bak.* (non *Wight*) in Trans. Linn. Soc. XXIX (1875) 163.

1888 (Fr. Hens). — IV : Lutete (Hens, C. 168).

Cyanotis somaliensis *Clarke* in Kew Bull. (1895) 229 et in *Dyer*
Fl. trop. Afr. VIII, 83; *De Wild.* Étud. fl. Bas- et Moy.-Cgo, II
(1907) 19.

1904 (J. Gillet). — V : env. de Kisantu (Gill. 3198); Sabuka (M. Laur. 524).

— — var. **uda** *Clarke* in *De Wild.* Miss. Laurent (1905) 37 et Étud.
fl. Bas- et Moy.-Cgo, I (1906) 223.

1901 (J. Gillet). — V : Kimuenza (Gill. 214). — VI : Dima (Ém. et M. Laur.). —
XV : Olombo (Ém. et M. Laur.).

FLOSCOPA Lour.

Floscopa africana [*P. Beauv.*] *Clarke* in *DC.* Monog. Phan. III (1881)
267; *Th. Dur.* et *Schinz* Consp. fl. Afr. V, 435 et Étud. fl. Cgo
(1896) 271; *Hua* in B. Mus. Hist. nat. Paris, I, 122; *Clarke* in *Dyer*
Fl. trop. Afr. VIII, 85; *Th. Dur.* et *De Wild.* Mat. fl. Cgo, I (1897)
41 [B. S. B. B. XXXVI², 47]; *De Wild.* et *Th. Dur.* Pl. Gilletianae,
II (1901) 104 [B. Herb. Boiss. Sér. 2, I, 844]; *De Wild.* Étud. fl. Bas-
et Moy.-Cgo, I (1903) 15; II (1907) 19.

Aneilema — *P. Beauv.* Fl. d'Oware, II (1807) 57, t. 93.

1885 (R. Buettner). — Congo (Buett.). — II a : Bingila (Dup.). — V : Kisantu
(Gill.); env. de Yumbi (M. Laur.); Lisha (Hens). — VI : vallée de la Djuma (Gent.).

Floscopa glomerata *Hassk.* Commel. Ind. (1870) 166; *Rendle* Cat.

Le Fr. Gillet a envoyé de Kisantu, le **Rhœo discolor** Hance, espèce de l'Amérique
centrale, certainement cultivée [Conf. *Th. Dur.* et *De Wild.* Pl. Gilletianae, I (1900)
55 [B. Herb. Boiss. Sér. 2, I, 55].

Welw. Pl. II, 80; *Clarke* in *Dyer* Fl. trop. Afr. VIII, 86; *De Wild.*
Étud. fl Bas- et Moy.-Cgo, I (1906) 224.

1902 (J. Gillet). — V : env. de Léopoldville (Gill.).

Floscopa rivularis [*A. Rich.*] *Clarke* in *DC.* Monog. Phan. III (1881)
267 et in *Dyer* Fl. trop. Afr. VIII, 86 ; *Th. Dur.* et *Schinz* Consp.
fl. Afr. V, 436 ; *Hua* in B. Mus. Hist. nat. Paris, I, 122; *De Wild.*
Étud. fl. Bas- et Moy.-Cgo, II (1907) 20.

Aneilema — *A. Rich.* Tent. fl. Abyss. II (1851) 342.
Lamprodithyros — *Hassk.* in *Schwosinf.* Beitr. Fl. Aethiop. (1867) 211, 295.

1905 (Marc. Laurent). — V : Dolo (M. Laur.).

— — var. **minor** *Clarke* in *De Wild.* Étud. fl. Bas- et Moy.-Cgo, I
(1906) 224.

1902 (J. Gillet). — V : env. de Léopoldville (Gill. 2628).

Floscopa Schweinfurthii *Clarke* in *DC.* Monog. Phan. III (1881) 269
et in *Dyer* Fl. trop. Afr. VIII, 87 ; *De Wild.* Étud. fl. Kat. (1902) 5.

1900 (Edg. Verdick). — XVI : Lukafu (Verd. 463).

PALMACEAE

PHOENIX L. (1)

Phoenix reclinata *Jacq.* Fragm. bot. I (1800) 27, t. 24; *Mart.* Hist.
Palm. III, 272, t. 164; *Rendle* Cat. Welw. Pl. II, 82; *C. H. Wright*
in *Dyer* Fl. trop. Afr. VIII, 103 ; *De Wild.* Étud. fl. Bas- et Moy.-
Cgo, I (1903) 12, (1904) 95, (1906) 221 et Miss. Laurent (1905) 23.

P. spinosa *Thonn.* in *Hornem.* Obs. de indole pl. Guin. (1819) 11 ; *Mart.* l. c.
III, 273 ; *Th. Dur.* et *Schinz* Consp. fl. Afr. V, 455 et Étud. fl. Cgo (1896)
272 ; *De Wild.* Contr. fl. Cgo, I (1899) 63.

1816 (Chr. Smith). — I : Moanda (Gill.). — I-II : estuaire du Congo jusqu'à
l'île Mateba (Dupont; Roger) ; Bas-Congo (Sm.). — II : ravin de la Kalamu (Ém.
et M. Laur.). — II a : le Shiloango (Ém. Laur.). — IV : distr. des Cataractes
(Ém. Laur.). — VI : chutes François-Joseph. — Nom vern. : **Madibo** (Gent.). —
XV : env. de Luluabourg : Lubue (Verd.); Tetu. — Noms vern. : **Mansongo**
(Hendr.); **Massongolo** (But.); **Lunda**; **Mushi-Brook** (Buchn.).

---

(1) Le **Phoenix dactylifera** *L.* a été indiqué vaguement au Congo par Martius.

CALAMUS L.

Calamus Laurentii *De Wild.* Étud. fl. Bas- et Moy.-Cgo, I (1904) 97,
t. 27, 28 et Miss. Laurent (1905) 24.

> 1903 (Marc. Laurent) — VIII : env. d'Eala (M. Laur.126). — IX : Umangi (Ém.
> et M. Laur.) — XV : le Sankuru (Ém. et M. Laur.).

Calamus secundiflorus *P. Beauv.* Fl. d'Oware, I (1804) 15, t. 9, 10;
Mart. Hist. Palm. III, 241, t. 116, fig. 12; *Mann* et *H. Wendl.*
in Trans. Linn. Soc. XXIV (1864) 432, t. 38 g, 41 d et 43 c; *Th. Dur.*
et *Schinz* Consp. fl. Afr. V, 456 et Étud. fl. Cgo (1896) 272; *De Wild.*
et *Th. Dur.* Contr. fl. Cgo, I (1899) 63 et Reliq. Dewevr. (1901) 246.

> Ancistrophyllum — *Mann* et *H. Wendl.* ex *Drude* in *de'Kerch.* Les Palmiers
> (1878) 230; *Hook. f.* in Kew Bull. Rep. (1882) 69; *Drude* in Engl. Jahrb.
> XXI (1895) 111; *C.H. Wright* in *Dyer* Fl. trop. Afr. VIII, 115.

> 1816 (Chr. Smith). — Bas-Congo (Sm.). — II a : le Mayumbe (Ém. Laur.). —
> VIII : Coquilhatville (Dew.) — XV : Lunda (Buchn.); le Sankuru (Ém. Laur.). -
> XVI : le Lualaba (Ém. Laur.).

RAPHIA P. Beauv. [2]

Raphia Gentiliana *De Wild.* Miss. Laurent (1905) 29, t. 13, 14 et
Not. pl. util. ou intér. du Cgo, II (1906) t. 12, 13.

> 1903 (Ém. et M. Laurent). — VIII : env. d'Eala (Ém. et M. Laur.).

— — var. **Gilletii** *De Wild* ll. cc. (1905) 30, t. 15 et (1906) 43,
t. 14.

> 1900 (J. Gillet). — Bas-Congo (Gill. 1851).

Raphia Laurentii *De Wild.* Miss. Laurent (1905) 26, t. 7-10, fig. 6 et
Not. pl. util. ou intér. du Cgo, II (1906) 42-43, 49-56, t. 5-8.

> 1903 (Ém. et Marc. Laurent). — VIII : Palmier vigoureux, répandu, semble-t-il,
> sur certains points des env. d'Eala (Ém. et M. Laur.).

Raphia monbuttorum *Drude* in Engl. Jahrb. XXI (1895) 111, 130;
Engl. Pfl. Ost.-Afr. 131; *C. H. Wright* in *Dyer* Fl. trop. Afr. VIII,
105.

> 1870 (G. Schweinfurth). — XII d : Munza (Schw. 3357).

Raphia Sese *De Wild.* Miss. Laurent (1905) 28, tt. 11, 12 et Not. pl.
util. ou intér. du Cgo, II (1906) 43, t. 9-11.

> 1903 (Ém. et Marc. Laurent). — VIII : Irebu (Ém. et M. Laur.).

---

(2) *De Wildeman* Tuiles végétales [Raphia] in Not. pl. util. ou intér. du Congo,
II (1906) 37-56.

Raphia vinifera *P. Beauv*. Fl. d'Oware, I (1804) 76, t. 44 fig. 1, 45 et 46, fig. 1; *Mart*. Hist. Palm. III, 216, t. 42 c; *Mann* et *H. Wendl.* in Trans. Linn. Soc. XXIV (1864) 437, t. 42; *Th. Dur.* et *Schinz* Consp. fl. Afr. V, 457, et Étud. fl. Cgo (1896) 273; *C. H. Wright* in *Dyer*. Fl. trop. Afr. VIII, 106; *De Wild.* et *Th. Dur.* Contr. fl. Cgo, I (1899) 63.

Sagus — *Poir*. Encycl. méth. Bot. XIII (1817) 13 et Pl. bot. Encycl. IV, t. 771, fig. 1.

1816 (Chr. Smith.) — Bas-Congo (Sm.; Hens; Demeuse, etc.). — XV : le Lomami, le Kasai et le Sankuru (Em. Laur.). — XVI : le Lualaba (Em. Laur.).

ONCOCALAMUS Mann. et H. Wendl.

Oncocalamus acanthocnemis *Drude* in Engl. Jahrb. XXI (1895) 111, 133; *C. H. Wright* in *Dyer* Fl. trop. Afr. VIII, 111.

1888 (Fr. Hens). — V : Bolobo (Hens, C. 170).

EREMOSPATHA Wendl. et Mann.

Eremospatha Cabrae [*De Wild.* et *Th. Dur.*] *De Wild.* Étud. fl. Bas- et Moy.- Cgo, I (1904) 96, t. 32.

Calamus — *De Wild.* et *Th. Dur.* in *Th. Dur.* et *De Wild.* Mat. fl. Cgo, V (1899) 32 [B. S. B. B. XXXVII², 151]; *C.H. Wright* in *Dyer* Fl. trop. Afr. VIII, 110.

1897 (Alph. Cabra). — Bas-Congo (Cabra). — V : Kimuenza (Gill. 2060).

Eremospatha cuspidata [*Mann* et *H. Wendl.*] *H. Wendl.* in *de Kerch.* Les Palmiers (1878) 244; *C. H. Wright* in *Dyer* Fl. trop. Afr. VIII, 113; *De Wild.* Miss. Laurent (1905) 23.

Calamus — *Mann* et *H. Wendl.* in Trans. Linn. Soc. XXIV (1864) 434, t. 41, fig. A.

1903 (Ém. et Marc. Laurent). — VI : Eiolo (Ém. et M. Laur.) — VII : Kiri (Ém. et M. Laur.).

Eremospatha Haullevilleana *De Wild.* Étud. fl. Bas- et Moy.-Cgo, I (1904) 96, t. 33-34, (1906) 231 et Miss. Laurent (1905) 24.

1900 (J. Gillet). — Bas-Congo (Gill. 3505). — V : Kisantu (Gill. 1385). — VIII : Isaka (Ém. et M. Laur.). — XIII a : Stanleyville (Ém. et M. Laur.). — XV : Bosongo (Ém. et M. Laur.). — Ind. non cl. : Lubamba (Gill. 2026)

Eremospatha Hookeri [*Mann* et *H. Wendl.*] *H. Wendl.* in *de Kerch.* Les Palmiers (1878) 244; *Drude* in Engl. Jahrb. XXI (1895) 111; *C. H. Wright* in *Dyer* Fl. trop. Afr. VIII, 112.

Calamus Hookeri *Mann* et *H. Wendl.* in Trans. Linn. Soc. XXIV (1864) 434, t. 41, fig. c.

1870 (G. Schweinfurth). — XII d : le Kambele [pays des Mangbettu] (Schw. 3671).

BORASSUS L. (1)

Borassus flabellifer *L.* Sp. pl. ed. 1 (1753) 1187 et ed. 2 (1763) 1657; *Th. Dur.* et *Schinz* Consp. fl. Afr. V, 459 et Étud. fl. Cgo (1896) 273.

.B. flabelliformis *L.* Musa Cliffort. (1736) 13; *Mart.* Hist. Palm. III. 219, t. 108, 121 et 162; Fl. des Serres, VII (1851) 154, cum icone; *De Wild.* et *Th. Dur.* Contr. fl. Cgo, I (1899) 63 et Pl. Gilletianae, II (1901) 104 [B. Herb. Boiss. Ser. 2, I, 844].

1874 (Fr. Naumann). — Bas-Congo (Naum.). — V : le Stanley-Pool (Ém. Laur.); Kisantu (Gill.). — XIII d : Nyangwe (Ém. Laur.) ; Maniema (Ém. Laur.). — XVI : le Lualuba (Ém. Laur.).

— — var. **aethiopum** [*Mart.*] *Warb.* in *Engl.* Pfl. Ost-Afr. B (1895) 20, 21, cum xyl ; C (1895) 130, *C. H. Wright* in *Dyer* Fl. trop. Afr. VIII, 117; *De Wild.* Miss. Laurent (1905) 24, t. 5 et fig. 5.

B. aethiopium *Mart.* l. c. III (1836-1850) 221 ; *Mann* et *H. Wendl.* in Trans. Linn. Soc. XXIV (1864) 439.

1903 (Ém. et Marc. Laurent). — V : entre Léopoldville et Kwamouth (Ém. et M. Laur.). — VIII : Irebu (Ém. et M. Laur.).

ELAEIS Jacq.

Elaeis guineensis *L.* Mant. pl. I (1767) 137; *R. Br.* in *Tuckey* River Congo (1818) 455; *Mart.* Hist. Palm. I, 62, t. 54, 56 et III, 288; Fl. des Serres, XIV (1865) 265, t. 1492-1493; *Rendle* Cat. Welw. Pl. II, 84 ; *Th. Dur.* et *Schinz* Consp. fl. Afr. V, 462 et Étud. fl. Cgo (1896) 274; *C. H. Wright* in *Dyer* Fl. trop. Afr. VIII, 125; *De Wild.* et *Th. Dur.* Contr. fl. Cgo, I (1899) 63; *De Wild.* Miss. Laurent (1905) 31, fig. 7, 8.

1816 (Chr. Smith). — Bas-Congo (Sm.; Dup.; Ém. Laur.). — XI : l'Aruwimi

---

(1) Deux espèces d'un genre voisin [**Hyphaene**] les **H. guineensis** Schumach. et Thonn. et **H. ventricosa** Kirk ont été indiquées : la première dans l'île Mateba [II] par M. Éd. Dupont, la seconde au « Congo » par M. H. Johnston; mais ces indications demandent confirmation.

Le **Cocos nucifera** *L.*, répandu dans la zone maritime tropicale du monde entier, est cultivé ou naturalisé à Boma [II] (Dup.) et sur d'autres points du Bas-Congo (Ém. Laur.). [Conf. *Th. Dur.* et *Schinz* Étud. fl. Cgo (1896) 274; *C. H. Wright* in *Dyer* Fl. trop. Afr. VIII, 126].

(Lothaire). — XII : bassin de l'Uele (Schw.). — XII d : Munza [cult.]; pays des Mangbettu (Schw.) — XV : le Kasai; le Sankuru (Ém. Laur.).

> M. Ed. Dupont [Lettres sur le Congo] indique cette espèce de Mousouk à Kinshasa. — M. Em. De Wildemann [l. c. p. 36] dit que cette espèce est « largement répandue dans tout le bassin du Congo » mais que « sa dispersion est loin d'être bien connue ».

PANDANACEAE

PANDANUS L. f.

Pandanus Butayei *De Wild.* in Rev. cult. colon. (1902) 15 et Not. pl. util. ou intér. du Cgo, I (1903) 22-27.

> 1902 (P. Butaye). — V : Lemfu (But.).

Pandanus Candelabrum *P. Beauv.* Fl. d'Oware, I (1804) 37, t. 21, 22; *Balf. f.* in Journ. Linn. Soc. XVII (1878) 43; *Solms* in Linnaea, XLII (1878) 27; *Th. Dur.* et *Schinz* Consp. fl. Afr. V, 463 et Étud. fl. Cgo (1896) 275; *Warb.* in *Engl.* Pflanzenreich [Pandan.] (1900) 67; *C. H. Wright* in *Dyer* Fl. trop. Afr. VIII, 132; *Thonn.* Blütenpfl. Afrik. (1908) 79, t. 3.

> Tuckeya — *Gaudich.* Atlas Voy. Bonite (1846) t. 26, fig. 10-20.
>
> 1816 (Chr. Smith). — Bas-Congo (Sm.). — II a : le Mayumbe; bord du Shiloango (Ém. Laur.). — Ind. non cl. : le Lomami (Ém. Laur.).

ARACEAE

CULCASIA P. Beauv.

Culcasia angolensis *Welw.* ex *Schott* in *Seem.* Journ. of Bot. III (1865) 35; *Engl.* in *DC.* Monog. Phan. II, 102; *Th. Dur.* et *Schinz* Consp. fl Afr. V, 471; *Th. Dur.* et *De Wild.* Mat. fl. Cgo, I (1897) 42 [B. S. B. B. XXXVI², 88]; *Rendle* Cat. Welw. Pl. II, 90; *N. E. Br.* in *Dyer* Fl. trop. Afr. VIII, 178; *Engl.* Pflanzenreich [Arac.-Pothoid.] (1905) 300; *De Wild.* Étud. fl. Bas- et Moy.-Cgo, I (1904) 98; II (1907) 16 et Miss. Laurent (1905) 32.

> 1882? (P. Pogge). — Bas-Congo (Ém. Laur.). — II a : le Mayumbe (Dup.). — V : Lukolela (Ém. et M. Laur.); Kisantu (Gill.). — XII a : entre Bima et Bambili (Ser.). — XII c : entre Amadis et Surango (Ser.). — XV : le Kasai; le Sankuru (Ém. Laur.); Kanda-Kanda (Gent.); la Lulua (Pg.).

Culcasia parviflora *N. E. Br.* in *Dyer* Fl. trop. Afr. VIII (1901) 176; *Engl.* Pflauzenreich [Arac.-Pothoid.] 299.

1899 (R. Schlechter). — V : le Stanley-Pool (Schlt.).

Culcasia scandens *P. Beauv.* Fl. d'Oware, I (1804) 4, t. 3; *Schott* Gen. Aroid. t. 50; *Engl.* in *DC.* Monog. Phan. II, 102 et 637; *Th. Dur.* et *Schinz* Consp. fl. Afr. V, 471 et Étud. fl. Cgo (1896) 275; *De Wild.* et *Th. Dur.* Reliq. Dewevr. (1901) 247; *Rendle* Cat. Welw. Pl. II, 90; *N. E. Br.* in *Dyer* Fl. trop. Afr. VIII, 174; *Engl.* Pflanzenreich [Arac.-Porthoid.] 302; *De Wild.* Étud. fl. Bas- et Moy.-Cgo, I (1904) 98 et Miss. Laurent (1905) 33.

Caladium — *Willd.* Sp. pl. IV (1805) 489.

1816 (Chr. Smith). — II : île des Princes (Ém. Laur.). — II a : Shinganga (Dew.). — IV : Gombi. — Nom vern. : **Washense loshoto** (Dew.); Kitobola (Ém. Laur.); Luvituku (Luja). — V : le Stanley-Pool (Dem.); Léopoldville et env. (Schlt. Gill.); Sanda (De Brouw.). — VII : Kiri (Ém. Laur.). — VIII : Bolombo (Ém. Laur.) — XV : le Sankuru (Ém. Laur.).

Culcasia striolata *Engl.* in Engl. Jahrb. XXVI (1899) 417, in Notizbl. Bot. Gart. Berlin (1899) 281, in *Engl.* et *Prantl* Nat. Planzenfam. Nachtr. zum II-IV (1897) 58 et in *Schlechter* Westafr. Kautsch.-Exped. (1900) 271; *N. E. Br.* in *Dyer* Fl. trop. Afr. VIII, 179; *Engl.* Pflanzenreich, IV, 23 B (1905) 297, fig. 83 A-H.

1899 (R. Schlechter). — V : Léopoldville (Schlt.).

Culcasia tenuifolia *Engl.* in *Schlechter* Westafr. Kautschuk-Exped. (1900) 271 et in Pflanzenreich [Arac.-Pothoid.] (1905) 299.

1899 (R. Schlechter). — V : Léopoldville (Schlt.).

GONATOPUS Hook. f.

Gonatopus Bowini [*Decne*] *Hook.* f. in Bot. Mag. (1873) sub t. 6026; Engl. in *DC.* Monog. Phan. II, 209 et Pflanzenreich [Arac.-Pothoid.] (1905) 306, fig. 86; *N. E. Br.* in *Dyer* Fl. trop. Afr. VIII, 196.

Zamioculcas — *Decne* in B. S. B. Fr. XVII (1870) 321.

Le type croît dans l'Afrique trop. or.

— — var. **angustifoliolatus** [*De Wild.*] *Th.* et *Hél. Dur.*

Zamioculcas Boivini *Decne* var. — *De Wild.* in *Th. Dur.* et *De Wild.* Mat. fl. Cgo, XI (1901) 66 et Étud. fl. Bas- et Moy.-Cgo, I (1903) 12.

1896 (A. Dewèvre). — XIII : Lubunda (Dew. 1023).

CYRTOSPERMA Schott.

Cyrtosperma Afzelii [*Schott*] *Engl.* in *DC.* Monog. Phan. II (1879) 269; *De Wild.* et *Th. Dur.* Contr. fl. Cgo, II (1900) 64.

Lasiomorpha Afzelii *Schott* Gen. Aroid. (1858) t. 85, fig. 11-20 et Prodr. Aroid. 405.

1888 (F. Demeuse). — V : le Stanley-Pool (Hens, B. 1500). — VII : riv. Ikata [Lukenie] (Dem.).

Obs. — M. *N. E. Brown* [in *Dyer* Fl. trop. Afr. VIII, 198] réunit cette espèce à la suivante.

Cyrtosperma senegalense [*Schott*] *Engl.* in *DC.* Monog. Phan. II (1879) 270; *Hook. f.* in Bot. Mag. (1898) t. 7617 ; *Th. Dur. et Schinz* Consp. fl. Afr. V, 472; *De Wild. et Th. Dur.* Pl. Gilletianae, I (1900 56 [B. Herb. Boiss. Sér. 2, I, 56] et Reliq. Dewevr. (1901) 247 ; *N. E. Br.* in *Dyer* Fl. trop. Afr. VIII, 198; *De Wild.* Étud. fl. Bas-et Moy.-Cgo, I (1906) 222.

Lasiomorpha — *Schott* in Bonplandia, V (1857) 127 et Gen. Aroid. t. 86, fig. 1-10.

1896 (A. Dewèvre). — II a : la Lemba (Dew. 1373).— V : Coquilhatville. — Nom vern. : **Ottolo** (Dew. 1609). — Kisantu (Gill. 647).

HYDROSME Schott.

Hydrosme Eichleri *Engl.* in Jahrb. bot. Gart. Berlin, II (1883) 285, t. 10 et in Engl. Jarhb. XV (1892) 458 ; *Th. Dur. et Schinz* Consp. fl. Afr. V, 474 et Étud. fl. Cgo (1896) 276.

Amorphophallus — *Hook. f.* in Bot. Mag. (1889) t. 7071; *N. E. Br.* in *Dyer* Fl. trop. Afr. VIII, 154.

1880 (E. Teusz). — VI : lle Bismarck [Kwango] (Teusz).

Hydrosme Léopoldiana *Mast.* in Gard. Chron. (1887) I, 642, 644, 645, fig. 122-123; Ill. Hort. XXXIV (1887) 65, t. 23; XLII (1895) 380, fig. 49 ; *Th. Dur.* et *Schinz* Étud. fl. Cgo (1896) 276.

Amorphophallus — *N. E. Br.* in Dyer Fl. trop. Afr. VIII (1901) 157.

Ann.! (Coll.?). — Congo (fide Mast.).

Hydrosme Teuszii *Engl.* in Gartenfl. XXIII (1884) 2, t. 1142 et in Bot. Jahrb. XV (1892) 458; *Th. Dur.* et *Schinz* Consp. fl. Afr. V, 495 et Étud. fl. Cgo (1896) 276; *De Wild.* et *Th. Dur.* Reliq. Dewevr. (1901) 247.

Amorphophallus — *N. E. Br.* in *Dyer* Fl. trop. Afr. VIII (1901) 149.

1880 (E. Teusz). — VI : lle Bismarck, 7° 35 (Teusz v. Mechow, 404). — XIII d : env. de Kabango (Dew. 994).

ANCHOMANES Schott.

Anchomanes giganteus *Engl.* in Engl. Jahrb. XXVI (1899) 419; *De Wild.* et *Th. Dur.* Contr. fl. Cgo, II (1900) 64; Pl. Gilletianae,

II (1901)]105 [B. H. Boiss. Sér. 2, I, 845] et Reliq. Dewevr. (1901) 247; *N. E. Br.* in *Dyer* Fl. trop. Afr. VIII, 142.

1895 (A. Dewèvre). — II a : Shinganga (Dem. 266). — V : Kisantu (Gill. 1267). — IX : Umangi (Ém. Laur.).

CERCESTIS Schott.

Cercestis congensis *Engl.* in Engl. Jahrb. XV (1893) 448; *N. E. Br.* in *Dyer* Fl. trop. Afr. VIII, 181, *De Wild. et Th. Dur.* Contr. fl. Cgo, II (1900) 65 et Rcliq. Dewevr. (1901) 247; *De Wild.* Étud. fl. Bas- et Moy.-Cgo, I (1904) 99, (1905) 222; II (1907) 16 et Miss. Laurent (1905) 33.

C. congoensis [err. cal.] *Th. Dur.* et *Schinz* Consp. fl. Afr. V (1895) 475 et Étud. fl. Cgo (1896) 276.

1816 (Chr. Smith). — Bas-Congo (Sm., Dem. 65). — II : 1le des Princes (Ém. Laur.) ; Zambi (Dew. 205). — V : le Stanley-Pool (Dem.); env. de Léopoldville (Gill. 2570); rég. de Lula-Lumene (Hendr.). — VI : vallée de la Djuma (Gill. 2898); vallée du Kwilu (Gent.; Gill. 2739); Madibi; Luano (Lescr.) — VII : Kutu (Ém. et M. Laur.). — 'VIII : env. d'Eala (Pyn. 18, 335). — XV : Bena-Dibele (Em. et M. Laur.).

RHEKTOPHYLLUM N. E. Br.

Rhektophyllum congense *De Wild.* et *Th. Dur.* Pl. Gilletianae, II (1901) 104 [B. Herb. Boiss. Ser. 2, I, 844]; *De Wild.* Étud. fl. Bas- et Moy.-Cgo, I (1904) 98 et Miss. Laurent (1905) 33.

1900 (J. Gillet). — V : entre Kisantu et et Dembo (Gill. 1529). — VI : vallée de la Djuma (Gent. 184). — XV : Munungu ; Butala (Ém. et M. Laur.).

Rhektophyllum mirabile *N. E. Br.* in *Britt.* Journ. of Bot. XX (1882) 194, t. 230; *Engl.* in Engl. Jahrb. XV, 450; *Th. Dur.* et *Schinz* Consp. fl. Afr. V, 475 et Étud. fl. Cgo (1896) 276; *De Wild.* et *Th. Dur.* Contr. fl. Cgo, II (1900) 65; *N. E. Br.* in *Dyer* Fl. trop. Afr. VIII, 172.

Nephthytis picturata *N. E. Br.* in Gard. Chron. (1887) I, 476; *Th. Dur.* et *Schinz*, l. c. 276.

1870 (G. Schweinfurth). — Congo (Coll.?). — XII d : Mbala au N. du Kibali (Schw.). — XIII a : Bamanga (Ém. Laur.).

NEPHTHYTIS Schott.

Nephthytis Afzelii *Schott* in Oesterr. bot. Wochenbl. (1857) 406 et Gen. Aroid. t. 51; *Engl.* in *DC.* Monog. Phan. II, 502; *Th. Dur.* et *Schinz* Consp. fl. Afr. V, 475; *N. E. Br.* in *Dyer* Fl. trop. Afr. VIII, 171; *De Wild.* Étud. fl. Bas- et Moy.-Cgo, I (1903) 13.

Nephthytis liberica *N. E. Br.* in Gard. Chron. XV (1881) 790.
Oligogynium — *Engl.* in Engl. Jahrb. XV (1892) 453.

1895 (A. Cabra). — Bas-Congo (Cabra, 48).

COLOCASIA Schott.

*Colocasia antiquorum *Schott* Meletem. bot. (1832) 18 et Gen. Aroid.
t. 37; *Th. Dur.* et *Schinz* Consp. fl. Afr. V, 478; *Engl.* in *DC.*
Monog. Phan. II, 491; Bot. Mag. (1894) t. 7364; *Rendle* Cat. Welw.
Pl. II, 88; *N. E. Br.* in *Dyer* Fl. trop. Afr. VIII, 165; *De Wild.*
Étud. fl. Bas- et Moy.-Cgo, I (1904) 99 et Miss. Laurent (1905) 34.

1903 (Marc. Laurent). — VIII : env. d'Eala. — Nom vern. : **Koto** (M. Laur.). —
XV : Mange (Ém. et M. Laur.). — Ind. non cl. : Yamanga (Ém. et M. Laur.).

CALADIUM Vent.

*Caladium bicolor *[Ait.] Vent.* Descr. pl. nouv. Jard. Cels (1800) t. 30;
Rendle Cat. Welw. Pl. II, 89; *N. E. Br.* in *Dyer* Fl. trop. Afr.
VIII, 166; *De Wild.* Miss. Laurent (1905) 34.

Arum — *Ait.* Hort. Kew. ed. 1, III (1789) 316.

1904 (Ém. et Marc. Laurent). — XI : Barumbu (Ém. et M. Laur.).

ANUBIAS Schott.

Anubias affinis *De Wild.* Étud. fl. Bas- et Moy.-Cgo, II (1907) 16, t. 21.

? (Coll. ?). — Congo (Coll.?).

Anubias congensis *N. E. Br.* in *Dyer* Fl. trop. Afr. VIII (1901) 184;
De Wild. Étud. fl. Bas- et Moy.-Cgo, II (1907) 17, t. 20.

A. heterophylla *N. E. Br.* (non *Engl.*) in Gard. Chron. (1889) 67.

? (Coll. ?) — II : Boma [Introd. par M. Bull.].

Anubias Engleri *De Wild.* Étud. fl. Bas- et Moy.-Cgo, II (1907)
17, t. 15.

A. Afzelii *De Wild.* et *Th. Dur.* [non *Schott*] Contr. fl. Cgo, II (1900) 65.

1895 (Ém. Laurent). — IV : Pioka (Ém. Laur.).

Anubias Gilletii *De Wild.* et *Th. Dur.* Pl. Gilletianae II (1901) 105
[B. Herb. Boiss. Sér. 2, I, 845].

1900 (J. Gillet). — V : Kimuenza (Gill., 1606).

Anubias hastaefolia *Engl.* in Engl. Jahrb. XV (1892) 462; *Th. Dur.*
et *Schinz* Consp. fl. Afr. V, 476; *De Wild.* et *Th. Dur.* Contr. fl.
Cgo, II (1900) 65; *N. E. Br.* in *Dyer* Fl. trop. Afr. VIII, 185.

1891 (F. Demeuse). — XV : confl. du Kasai et du Sankuru (Ém. Laur.). — Ind.
non cl. : Coca (Dem.).

Anubias Haullevilleana *De Wild.* Étud. fl. Bas- et Moy.-Cgo. I (1903) 13.

1900 (J. Gillet). — V : Kisantu (Gill. 1993).

PISTIA L.

Pistia Stratiotes *L.* Sp. pl. ed. 1 (1753) 963; *Roxb.* Pl. Corom. III, 63, t. 269; *Bak.* in Trans. Linn. Soc. XXIX (1878) 159; *Engl.* in *DC.* Monog. Phan. II, 634; *Th. Dur.* et *Schinz* Consp. fl. Afr. V, 483 et Étud. fl. Cgo (1896) 277; *Th. Dur.* et *De Wild.* Mat. fl. Cgo, I (1897) 42 [B. S. B. B. XXXVI², 88]; *De Wild.* et *Th. Dur.* Contr. fl. Cgo, II (1900) 65; *Rendle* Cat. Welw. Pl. II, 85; *N. E. Br.* in *Dyer* Fl. trop. Afr. VIII, 140 ; *De Wild.* Miss. Laurent (1905) 34.

1888 (Fr. Hens.) — Bas-Congo (Hens. et M. Dem.). — V : le Stanley-Pool (Lu-ja); Bolobo (Ém. Laur.). — VI : embouch. du Kwango (Desc.). — XV : le Kasai (Luja).

LEMNACEAE

SPIRODELA Schleid.

Spirodela polyrrhiza [*L.*] *Schleid.* in Linnaea, XIII (1839) 392; *Hegelm.* Monog. Lemn. 151, t. 13 ; *Th. Dur.* et *Schinz*. Consp. fl. Afr. V, 201 ; *De Wild.* et *Th. Dur.* Pl. Gilletianae, II (1901) 106 [B. Herb. Boiss. Sér. 2, I, 846]; *De Wild.* Étud. fl. Bas- et Moy.-Cgo, I (1904) 99.

Lemna — L. Sp. pl. ed. I (1753) 970; English Bot. ed. 3, IX, t. 1897 ; *Rchb.* Icon. fl. Germ. VII, t. 15; *N. E. Br.* in *Dyer* Fl. trop. Afr. VIII, 201.

1900 (J. Gillet). — V : entre Kisantu et Dembo (Gill.).

LEMNA L.

Lemna aequinoctialis *Welw.* Apont. phyto-geogr. (1859) 578; *He-gelm.* Monog. Lemn. 142; *Rendle* Cat. Welw. Pl. II, 91; *N. E. Br.* in *Dyer* Fl. trop. Afr. VIII, 203.

L. angolensis *Welw.* ex *Hegelm.* in *Seem.* Journ. of Bot. III (1865) 112 ; *Hegelm.* 141, t. 7, fig. 9-17; *Th. Dur.* et *Schinz* Consp. fl. Afr. V, 484.

1904 (Ém. et Marc. Laurent). — V : env. de Lukolela (M. Laur.). — IX : Yam-binga (Ém. et M. Laur.).

ALISMACEAE

LIMNOPHYTON Miq.

Limnophyton obtusifolium [*L.*] *Miq.* Fl. Ind. Bot. III (1855) 242;
Th. Dur. et *Schinz* Consp. fl. Afr. V, 487; *De Wild.* Étud. fl. Kat.
(1902) 5; *C. H. Wright* in *Dyer* Fl. trop. Afr. VIII, 209; *Buchen*
in *Engl.* Pflanzenreich [Alism.] (1903) 22. fig. 10; *Thonn.* Blütenpfl.
Afrik. (1908) 80, t. 6.

Sagittaria — *L.* Sp. pl. ed. 1 (1753) 993; *Oliv.* in Trans. Linn. Soc. XXIX
(1875) 157, t. 102.

1899 (Edg. Verdick). — XVI : Lukafu. — Nom veru. : **Mudjian-Bubu** (Verd. 205).

ECHINODORUS L. C. Rich.

Echinodorus humilis [*Kunth*] *Buchen.* in Pringsh. Jahrb. VII
(1875) 28; *Th. Dur.* et *Schinz* Consp. fl. Afr. V, 488; *C. H. Wright*
in *Dyer* Fl. trop. Afr. VIII, 211; *Buchen.* in *Engl.* Pflanzenreich
[Alism.] (1903) 26; *De Wild.* Miss. Laurent (1906) 197 et Étud. fl.
Bas- et Moy.-Cgo. II (1907) 9.

Alisma — *Kunth* Enum. pl. III (1841) 151.

1902 (L. Gentil et J. Gillet). — VI : vallée de la Djuma (Gill. 2836 et Gent.). —
VIII : Eala (M. Laur. 832).

ERIOCAULONACEAE

SYNGONANTHUS Ruhland.

Syngonanthus Schlechteri *Ruhland* in *Schlechter* Westafr.
Kautsch.-Exped. (1900) 272 [nom. tant.]; *Ruhland* in *Engl.* Pflanzenreich [Eriocaul.] (1903) 247.

1899 (R. Schlechter). — V : Dolo (Schlt. 12453).

MESANTHEMUM Koern.

Mesanthemum radicans [*Benth.*] *Koern.* in Linnaea XXXVII
(1856) 573; *Th. Dur.* et *Schinz* Consp. fl. Afr. V, 504 et Étud. fl.
Cgo (1896) 277; *N. E. Br.* in *Dyer* Fl. trop. Afr. VIII, 260; *De
Wild.* et *Th. Dur.* Pl. Gilletianae, II (1901) 196 [B. Herb. Boiss.

Sér. 2, I, 846] et Reliq. Dewevr. (1901) 291; *De Wild.* Étud. fl. Bas-
et Moy.-Cgo (1904) 99 et Miss. Laurent (1905) 35; *Thonn.* Blütenpfl.
Afrik. (1908) 129, t. 15.

> Eriocaulon radicans *Benth.* in *Hook.* Niger Fl. (1849) 547; *Steud.* Syn. pl.
> glum. II, 273.

> 1816 (Chr. Smith). — Bas-Congo (Sm.). — V : Lukolela (Buett.); Kisantu (Gill.).
> — VII : Inongo (Ém. et M. Laur.). — XIII d : près de Nyangwe (Dew.).

CYPERACEAE

RYNCHOSPORA Vahl.

Rynchospora aurea *Vahl* Enum. pl. II (1806) 229; *P. Beauv.* Fl.
d'Oware, II, 39, t. 81 fig. 2; *Clarke* in *Th. Dur.* et *Schinz* Consp. fl.
Afr. V, 653 et Étud. fl. Cgo (1896) 309; *Rendle* Cat. Welw. Pl. II,
131; *Clarke* in *Dyer* Fl. trop. Afr. VIII, 580; *De Wild.* Miss.
Laurent (1905) 22 et Étud. fl. Bas- et Moy.-Cgo, II (1907) 119.

> Rhynchospora — *R. Br.* Prodr. fl. N. Holl. (1810) 230.

> 1816 (Chr. Smith). — Bas-Congo (Sm.). — V : le Stanley-Pool (Hens); Kisantu
> (Gill.). — VI : Kongo [Kwilu] (Sap.). — VIII : env. d'Eala (M. Laur.); Haut-
> Lopori (Biel.). — XII d : Munza (Schw.). — XV : Lie (Ém. et M. Laur.).

Rynchospora candida [*Boeck.*] *Clarke* in *Th. Dur.* et *Schinz*
Consp. fl. Afr. V (1895) 653; *Rendle* Cat. Welw. Pl. II, 132; *Clarke*
in *Dyer* Fl. trop. Afr. VIII, 48.

> Rhynchospora — *Boeck.* in Linnaea, XXXVII (1873) 605; *De Wild.* et *Th.*
> *Dur.* Contr. fl. Cgo, II (1900) 70; *De Wild.* Miss. Laurent (1905) 22 et Étud.
> fl. Bas- et Moy.-Cgo, II (1907) 119.

> 1899 (Éd. Luja). — V : rive N. du Kasai [distr. du Stanley-Pool] (Dew.); env. de
> Léopoldville (Gill.); entre Léopoldville et Sabuka (M. Laur.); env. de Kimuenza;
> Bulebu (Ém. et M. Laur.); Kisantu (Gill.). — VIII : Irebu (Pyn.).

SCLERIA Berg.

Scleria Acriulus *Clarke* in *Dyer* Fl. trop. Afr. VIII (1902) 509.

> Acriulus madagascariensis *Ridl.* in Journ. Linn. Soc. XX (1883) 336 et in
> Trans. Linn. Soc. Ser. 2, II, 266, t. 22, fig. 6-7; *Clarke* in *Th. Dur.* et
> *Schinz* Consp. fl. Afr. V, 676.

> Le type n'est connu que dans l'Uganda et à Madagascar.

— — form. **Leopoldiana** *Clarke* in *De Wild.* Étud. fl. Bas- et
Moy.-Cgo, I (1906) 221.

> Acriulus Leopoldianus *Clarke*, l. c., in obs.

> 1902 (J. Gillet). — VI : vallée de la Djuma (Gill.).

Scleria Barteri *Boech.* in Linnaea, XXXVIII (1874) 504 ; *Clarke* in *Th. Dur.* et *Schinz* Consp. fl. Afr. V, 669 ; Étud. fl. Cgo (1896) 309 et in *Dyer* Fl. trop. Afr. VIII, 515 ; *De Wild.* et *Th. Dur.* Contr. fl. Cgo, II (1900, 71 ; *De Wild.* Miss. Laurent (1905) 22 et Étud. fl. Bas- et Moy.-Cgo, I (1906) 220.

1891 (F. Demeuse). — Congo (Dem.). — II a : Bingila (Dup.). — V : Léopold-ville (Ém. Duch.): Kisantu : Kimuenza (Gill.); env. de Sanda (Odd.). — VII : Ibali (Ém. et M. Laur.). — VIII : Ikenge (Ém. et M. Laur.). — XI : Isangi (Ém. et M. Laur.).

Scleria Buchanani *Boech.* in Linnaea, XXXVII (1874) 504 ; *Th. Dur.* et *Schinz* Consp. fl. Afr. V, 669 ; *De Wild.* et *Th. Dur.* Contr. fl. Cgo, II (1900) 71.

1890 (Paul Briart). — XVI : plaine de Tenke (Briart).

Scleria canaliculato-triquetra *Boech.* in Flora, LXII (1879) 573 ; *Clarke* in *Th. Dur.* et *Schinz* Consp. fl. Afr. V, 670 ; *De Wild.* et *Th. Dur.* Pl. Gilletianae, I (1900) 59 [B. Herb. Boiss. Sér. 2, I, 59] ; *Rendle* Cat. Welw. Pl. II, 135 ; *Clarke* in *Dyer* Fl. trop. Afr. VIII, 505.

1900 (J. Gillet). — V : Kisantu (Gill.).

Scleria hirtella *Sw.* Prodr. fl. Ind. occ. (1788) 19 ; *Clarke* in *Th. Dur.* et *Schinz* Consp. fl. Afr. V, 671 et in *Dyer* Fl. trop. Afr. VIII, 497 ; *De Wild.* et *Th. Dur.* Pl. Gilletianae, II (1901) 107 [B. Herb. Boiss. Sér. 2, I, 847] et Reliq. Dewevr. (1901) 252 ; *De Wild.* Miss. Laurent (1905) 22 et Étud. fl. Bas- et Moy.-Cgo, I (1905) 221, II (1907) 118.

1888 (Fr. Hens). — V : le Stanley-Pool (Hens); Dolo (M. Laur.); Kisantu : env. de Kimuenza (Gill.); entre Dembo et le Kwango (But.). — VII : Kutu (Ém. et M. Laur.). — VIII : entre Ikori et Mokoange [X ?] (Dew.)

Scleria melanomphala *Kunth* Enum. pl. II (1837) 345 ; *Clarke* in *Th. Dur.* et *Schinz* Consp. fl. Afr. V, 672 et Étud. fl. Cgo (1896) 310 ; *De Wild.* et *Th. Dur.* Contr. fl. Cgo, II (1900) 71 ; *Rendle* Cat. Welw. Pl. II, 134 ; *Clarke* in *Dyer* Fl. trop. Afr. VII, 506.

1888 (Fr. Hens). — V : le Stanley-Pool (Hens); Kisantu (Gill.).

— — var. **macrantha** [*Boech.*] *Clarke* in *Th. Dur.* et *Schinz* Consp. fl. Afr. V (1894) 672 et Étud. fl. Cgo (1896) 310 ; *Engl.* Pfl. Ost-Afr. 129 ; *De Wild.* et *Th. Dur.* Reliq. Dewevr. (1901) 252.

S. macrantha *Boech.* in Flora, LXII (1879) 572 (neque in Flora, XLII [1859] 647).

1888 (Fr. Hens). — V : le Stanley-Pool (Hens, 67).

Obs. — A. Dewèvre a récolté cette variété sur la rive N. du Stanley-Pool [Congo franç.] (Dew.).

S. melanomphala form. **oculo-albo** *Clarke* in *De Wild.* et *Th. Dur.* Pl. Gilletianae, I (1901) 59 [B. Herb. Boiss. Sér. 2, I, 59].

1899 (J. Gillet). — V : Kisantu (Gill.)

Scleria ovuligera *Nees* in Linnaea, IX (1834) 303; *Boeck.* in Linnaea, XXXVIII (1874) 497; *Clarke* in *Th. Dur.* et *Schinz* Consp. fl. Afr. V, 673 et Étud. fl. Cgo (1896) 310; *Rendle* Cat. Welw. Pl. II, 135; *Clarke* in *Dyer* Fl. trop. Afr. VIII, 507; *De Wild.* et *Th. Dur.* Contr. fl. Cgo, II (1900) 71 et Reliq. Dewevr. (1901) 252; *De Wild.* Miss. Laurent (1903) 23.

S. Naumanniana *Boeck.* in Engl. Jahrb. V (1883) 94.

1874 (Fr. Naumann). — Bas-Congo. — Nom vern. : **Kimbanza** (Cabra). — II : Sisia (Dup.). — IV : Tombe (Hens). — V : env. de Léopoldville (Dew.); Kimuenza (Gill.). — VII : env. de Bolombo (Ém. et M. Laur.). — IX : pays des Bangala (Hens).

Scleria racemosa *Poir.* Encycl. méth. Bot. VII (1806) 6; *Oliv.* in Trans. Linn. Soc. XXIX (1875) 160, t. 3; *Th. Dur.* et *Schinz* Consp. fl. Afr. V, 674 et Étud. fl. Cgo (1896) 310; *Rendle* Cat. Welw. Pl. II, 135; *Clarke* in *Dyer* Fl. trop. Afr. VIII, 588; *Th. Dur.* et *De Wild.* Mat. fl. Cgo, I (1897) 44 [B. S. B. B. XXXVI², 90]; *De Wild.* et *Th. Dur.* Reliq. Dewevr. (1901) 252; *De Wild.* Miss. Laurent (1905) 23.

1862 (R. Burton). — Congo (Burt.). — II a : le Mayumbe (Ém. Laur.); Bingila (Dup.). — V : Lemfu (But.); Kisantu (Gill.). — IX : Ukaturaka (Ém. et M. Laur.). — XIII d : env. de Kasongo (Dew.). — Noms vern. : **Kambete** [Kasongo]; **Kwonne** [Tanganika].

Scleria verrucosa *Willd.* Sp. pl. IV (1805) 313; *Clarke* in *Th. Dur.* et *Schinz* Consp. fl. Afr. V, 675, Étud. fl. Cgo (1896) 311 et in *Dyer* Fl. trop. Afr. VIII, 509; *De Wild.* et *Th. Dur.* Reliq. Dewevr. (1901) 253; *De Wild.* Miss. Laurent (1905) 23 et Étud. fl. Bas- et Moy.-Cgo, I (1906) 221; II (1907) 22.

1816 (Chr. Smith). — Bas-Congo (Sm.). — II a : Katala. — Nom vern. : **Mambele-Bela** (Dew.). — V : le Stanley-Pool (Johnst.); Kimuenza (Gill.). — VII : Chenal [la Fini]; Kutu (Ém. et M. Laur.).

JUNCELLUS Clarke.

Juncellus laevigatus [*L.*] *Clarke* in *Hook. f.* Fl. Brit. Ind. VI (1893) 596 et in *Th. Dur.* et *Schinz* Consp. fl. Afr. V (1895) 544; *Th. Dur.* et *De Wild.* Mat. fl. Cgo, I (1897) 42 [B. S. B. B. XXXVI², 28]; *Rendle* Cat. Welw. Pl. II, 109; *Clarke* in *Dyer* Fl. trop. Afr. VIII, 308.

Cyperus — *L.* Mant. pl. II (1771) 179; *Rottb.* Descr. et icon. pl. 19, t. 16, fig. 1; *Clarke* in Journ. Linn. Soc. XX (1883) 282; XXI (1884) 77, t. 3, fig. 20-21.

1891 (G. Descamps). — XVI : rive droite du Lualaba (Desc.).

Juncellus pustulatus [*Vahl*] *Clarke* in *Th. Dur.* et *Schinz* Consp.
fl. Afr. V (1895) 546; *De Wild.* et *Th. Dur.* Contr. fl. Cgo,
II (1900) 66; *Rendle* Cat. Welw. Pl. II, 109; *Clarke* in *Dyer* Fl.
trop. Afr. VIII, 307.

Cyperus — *Vahl* Enum. pl. II (1806) 341.

1899 (Éd. Luja). — XV : rive droite du Kasai (Luja); le Kasai (Jos. Duch.);
la Lulua (Pg.).

MARISCUS Vahl.

Mariscus Dregeanus *Kunth* Enum. pl. II (1837) 586 ; *Clarke* in
Th. Dur. et *Schinz* Consp. fl. Afr. V, 586 et Étud. fl. Cgo (1896)
295; *Rendle* Cat. Welw. Pl. II, 120; *Clarke* in *Dyer* Fl. trop. Afr.
VIII, 380.

Cyperus dubius *Rottler* (non *Roth*) in N. Schrift Ges. Nat. Freunde Berlin,
IV (1803) 193; *Clarke* in Journ. Linn. Soc. XX (1883) 285 : XXI (1884) 197.

1888 (Fr. Hens). — III : Matadi (Hens, A. 218).

Mariscus flabelliformis *H. B. et K.* Nov. gen. et sp. pl. I (1815)
215; *Clarke* in *Th. Dur.* et *Schinz* Consp. fl. Afr. V, 588 et Étud.
fl. Cgo (1896) 295; *Clarke* in *Dyer* Fl. trop. Afr. VIII, 397; *De
Wild.* et *Th. Dur.* Contr. fl. Cgo, II (1900) 65; *De Wild.* Miss.
Laurent (1905) 20.

1888 (Fr. Hens). — V : entre Kinshasa et Kwamouth (Luja); Lukolela (Hens).
— VIII : Eala (M. Laur.). — IX a : Mobeka (Hens).

Mariscus flavus *Vahl* Enum. pl. II (1806) 374; *Clarke* in *Th. Dur.*
et *Schinz* Consp. fl. Afr. V, 588.

Cyperus — *Boeck.* in Linnaea, XXXVI (1869-1870) 384.
Didymia cyperomorpha *Philippi* in Engl. Jahrb. VIII (1887) 57, t. 1.

Le type croît dans l'Amérique trop. et temp.

— — var. **humilis** *Clarke* in *Th. Dur.* et *Schinz* Consp. fl. Afr.
V (1895) 588 et in *Dyer* Fl. trop. Afr. VIII, 393; *De Wild.* et *Th.
Dur.* Pl. Gilletianae, I (1900) 56 [B. Herb. Boiss. Sér. 2, I, 56].

C. flavus *Clarke* in Journ. Linn. Soc. XXI (1884) 196.
C. redolens *Maury* in Mém. Soc. phys. Genève, XXXI (1890) 126, t. 36A.

1888 (Fr. Hens). — IV : Lutete (Hens, A. 189). — V : Kisantu (Gill.).

Mariscus ligularis [*L.*] *Th.* et *Hél. Dur.*

Cyperus — *L.* Amoen. acad. V (1760) 391; *Rottb.* Descr. et icon. pl. 35, t. 11,
fig. 2.
M. rufus *H. B. et K.* Nov. gen. et sp. pl. I (1815) 216, t. 67; *Clarke* in Th.
Dur. et *Schinz* Consp. fl. Afr. V, 592, Étud. fl. Cgo (1896) 297 et in
Dyer Fl. trop. Afr. VIII, 396.

1816 (Chr. Smith). — Bas-Congo (Sm.).

Mariscus luridus *Clarke* in *Th. Dur.* et *Schinz* Consp. fl. Afr. V (1895) 296 [nom. tant.] et Étud. fl. Cgo (1896) 296; *Th. Dur.* et *De Wild.* Mat. fl. Cgo, 1 (1897) 43 [B. S. B. B. XXXVI², 89]; *Clarke* in *Dyer* Fl. trop. Afr. VIII, 399.

1888 (Fr. Hens). — VIII : Lulanga (Hens, C. 155).

Mariscus nossibeensis *Steud.* Syn. pl. glum. II (1855) 63; *Clarke* in *Th. Dur.* et *Schinz* Consp. fl. Afr. V, 590 et Étud. fl. Cgo (1896) 297; *Clarke* in *Dyer* Fl. trop. Afr. VIII, 391.

Cyperus — *K. Schum.* in *Engl.* Pfl. Ost-Afr. (1895) 122.

1888 (Fr. Hens). — V : le Stanley-Pool (Hens).

Mariscus pseudo-pilosus *Clarke* in *Th. Dur.* et *De Wild.* Mat. fl. Cgo, I (1897) 43 [B. S. B. B. XXXVI², 89] et in *Dyer* Fl. trop. Afr. VIII, 402; *De Wild.* Étud. fl. Bas- et Moy.-Cgo, II (1907) 118.

1895 (P. Dupuis). — II a : Bingila (Dup.).

— — var. **tenuior** *Clarke* in *De Wild.* et *Th. Dur.* Contr. fl. Cgo (1900) 68.

1895 (Ém. Laurent). — IV : route des Caravanes [distr. des Cataractes] (Ém. Laur.).

Mariscus Sieberianus *Nees* in Linnaea, IX (1834) 286; *Clarke* in *Th. Dur.* et *Schinz* Consp. fl. Afr. V, 593 et Étud. fl. Cgo (1896) 297; *Clarke* in *Dyer* Fl. trop. Afr. VIII, 388; *Th. Dur.* et *De Wild.* Mat. fl. Cgo, I (1897) 43 [B. S. B. B. XXXVI², 81]; *De Wild.* Miss. Laurent (1905) 120 et Étud. fl. Bas- et Moy.-Cgo, I (1906) 220, II (1907) 118.

Cyperus — *K. Schum.* in *Engl.* Pfl. Ost-Afr. (1895) 122.

1883 (H. Johnston). — II : Zambi (Dup.). — II a : Bingila (Dup.). — IV : entre Tumba et Kimpesse (Gill.). — V : le Stanley-Pool (Johnst.). — VI : Madibi (Sap.). — VII : Kutu (Ém. Laur.). — IX : pays des Bangala (Hens). — XIV : Kalemba-Lemba. — Nom vern. : **Kilengu-longue** (Coll.?). — XVI : Lukonzolwa. — Noms vern. : **Kalimbu** (Coll.?); Kiambi [Tanganika-Moero]. — Nom vern. : **Kilao-Lao.**

— — var. **subcompositus** *Clarke* in *Hook. f.* Fl. Brit. Ind. VI (1893) 622, in *De Wild.* et *Th. Dur.* Contr. fl. Cgo, II (1900) 69 et in *Dyer* Fl. trop. Afr. VIII, 389.

1895 (G. Descamps). — XVI : Kibanga (Desc.).

Mariscus trinervis *Clarke* in *Th. Dur.* et *Schinz* Consp. fl. Afr. V (1895) 505 et in *Dyer* Fl. trop. Afr. VIII, 399.

1882 (P. Pogge). — XV : Mukenge (Pg. 1582).

Mariscus umbellatus [*Rottb.*] *Vahl* Enum. pl. II (1806) 376 pr. p.;
Clarke in *Th. Dur.* et *Schinz* Consp. fl. Afr. V, 595 et Étud. fl. Cgo
(1896) 298; *Rendle* Cat. Welw. Pl. II, 121; *Clarke* in *Dyer* Fl.
trop. Afr. VIII, 390; *De Wild.* et *Th. Dur.* Contr. fl. Cgo, I (1899)
65; II (1900) 68 et Reliq. Dewevr. (1901) 248; *De Wild.* Étud. fl. Bas-
et Moy.-Cgo, I (1906) 210.

Kyllinga — *Rottb.* Descr. et icon. pl. (1773) 15, t. 2, fig. 2.
Cyperus — *Clarke* in Journ. Linn. Soc. XX (1883) 293 (var. excl.); XXI
(1884) 200, var. α pr. p.

1888 (Fr. Hens). — Congo (Dem.). — Bas-Congo (Cabra). — II a : le Mayumbe
(Coll. ?); Zenze (Ém. Laur.); Shinganga (Dew.). — IV : Lutete (Hens). — V : le
Stanley-Pool (Hens); Léopoldville (Luja); Kisantu : env. de Dembo (Gill.) : Luko-
lela (Hens). — IX : pays des Bangala (Hens). — XV : Lusambo (Jos. Duch).

CYPERUS L.

Cyperus amabilis *Vahl* Enum. pl. II (1806) 318; *Ridl.* in Trans.
Linn. Soc. Ser. 2, II (1884) 130; *Clarke* in *Th. Dur.* et *Schinz*
Consp. fl. Afr. V, 547 et Étud. fl. Cgo (1896) 283; *Rendle* Cat. Welw.
Pl. II, 109; *Clarke* in *Dyer* Fl. trop. Afr. VIII, 328.

1874 (Fr. Naumann). — Bas-Congo (Naum.). -- IV : Batanga (Luja). — V :
le Stanley-Pool (Hens); Léopoldville (Schlt.). — IX : pays des Bangala (Hens). —
XV : la Lulua (Pg.).

— —   var. **macra** *Clarke* in *Dyer* Fl. trop. Afr. VIII (1901) 328.

C. amabilis *Vahl* var. macer [err. cal.] *Clarke* in *Th. Dur.* et *Schinz* ll. cc. V
(1895) 547; (1896) 283.

1816 (Chr. Smith). — Bas-Congo (Sm. 26).

Cyperus angolensis *Boeck.* in Flora (1880) 435; *Clarke* in *Th. Dur.*
et *Schinz* Consp. Fl. Afr. V, 548, Étud. fl. Cgo (1896) 283 et in
Dyer Fl. trop. Afr. VIII, 321; *De Wild.* et *Th. Dur.* Contr. fl. Cgo,
II (1900) 67 et Reliq. Dewevr. (1901) 243; *De Wild.* Étud. fl. Bas- et
Moy.-Cgo, I (1906) 217.

1882 (P. Pogge). — Bas-Congo (Cabra). — II a : Shinganga (Dew.); Zenze;
Wakionde (Dup. 841). — V : Kisantu; Kimuenza (Gill.). — XV : Mukenge (Pg.).
— XVI : Pala (Desc.).

Cyperus articulatus *L.* Sp. pl. ed. 1 (1753) 66; *Clarke* in *Th. Dur.*
et *Schinz* Consp. fl. Afr. V, 548 et Étud fl. Cgo (1896) 283; *Th. Dur.*
et *De Wild.* Mat. fl. Cgo, II (1898) 83 [B. S. B. B. XXXVII, 1287]; *De
Wild.* et *Th. Dur.* Reliq. Dewevr. (1901) 248; *Rendle* Cat. Welw.
Pl. II, 117; *Clarke* in *Dyer* Fl. trop. Afr. VIII, 356; *De Wild.* Étud.
fl. Kat. (1902) 4, Étud. fl. Bas- et Moy.-Cgo, I (1906) 217, II (1907)
117 et Miss. Laurent (1905) 18.

C. niloticus *Forsk.* Fl. Aegypt.-Arab. (1775) 13; *P. Beauv.* Fl. d'Oware, II, 63, *t.* 97, fig. 2.

1816 (Chr. Smith). — Bas-Congo (Sm.). — IV : Ganda (Ém. et M. Laur.). — V : entre Léopoldville et Mombasi (Gill.); Kimuenza (Gill.); entre Kwamouth et Bokala (M. Laur.) — VI : Eiolo (M. Laur.); entre Tumba-Mani et Popokabaka (Cabra et Michel). — VII : la Fini (Em. et M. Laur.). — VIII : Équateur (Dem.); Eala (M. Laur.); Inkongo (Ém. et M. Laur.). — XII c : env. d'Amadis (Ser.). — XII d : Munza (Schw.). — XIII c : Lokandu (Dew.). — XV : le Saukuru (Dem.); env. de Lusambo (Ém. Laur.). — XVI : le Lualaba; le Lubeshi (Desc.); Lukafu (Verd.); Toa (Desc.).

Cyperus auricomus *Sieb.* mss. ex *Spreng.* Syst. veget. I (1825) 230; *Clarke* in *Th. Dur.* et *Schinz* Consp. fl. Afr. V, 519 et Étud. fl. Cgo (1896) 284; *Rendle* Cat. Welw. Pl. II, 118; *Clarke* in *Dyer* Fl. trop. Afr. VIII, 373.

1888 (Fr. Hens). — IX : pays des Bangala (Hens).

Cyperus bulbosus *Vahl* Enum. pl. II (1806) 342; *Th. Dur.* et *Schinz* Consp. fl. Afr. V, 550; *Rendle* Cat. Welw. Pl. II, 118; *Clarke* in *Dyer* Fl. trop. Afr. VIII, 352; *De Wild.* Étud. fl. Bas- et Moy.-Cgo, I, (1906) 217.

C. javanicus *Retz.* [non *Rottb.*] Obs. bot. IV (1786) 11; *Clarke* in Journ. Linn. Soc. XXI (1884) 175, t. 2, fig. 17-18 [excl. var. β].

1900 (J. Gillet). — V : Kimuenza (Gill.).

Cyperus compactus *Lam.* Illustr. genr. Encycl. I (1791) 144; *Clarke* in *Th. Dur.* et *Schinz* Consp. fl. Afr. V, 552 et Étud. fl. Cgo (1896) 284; *Rendle* Cat. Welw. Pl. II, 112; *Clarke* in *Dyer* Fl. Capens. VII, 168 et Fl. trop. Afr. VIII; 319; *De Wild.* Étud. fl. Bas- et Moy.-Cgo, I (1903) 21.

1816 (Chr. Smith). — Congo (Sm.). — V : Sanda (Odd.). — XVI : Lac Moero (Verd.).

Cyperus congensis *Clarke* in *Th. Dur.* et *Schinz* Étud. fl. Cgo (1896) 285 et in *Dyer* Fl. trop. Afr. VIII (1901) 364.

1888 (Fr. Hens). — Bas-Congo (Hens, 391).

Cyperus dichromenaeformis *Kunth* Enum. pl. II (1837) 26; *Boeck.* in Linnaea, XXXV (1867-1868) 525.

Le type croît au Brésil.

— — var. **major** *Boeck.* in Flora, LXII (1879) 549; *Clarke* in *Th. Dur.* et *Schinz* Consp. fl. Afr. V, 556 et Étud. fl. Cgo (1896) 285; *Rendle* Cat. Welw. Pl. II, 111; *Clarke* in *Dyer* Fl. trop. Afr. VIII, 340; *De Wild.* et *Th. Dur.* Pl. Gilletianae, I (1900) 56 [B. Herb. Boiss. Sér. 2, I, 56].

1870 (G. Schweinfurth). — V : le Stanley-Pool (Hens, B. 7, 69); Kisantu (Gill. 295). — XII d : Munza (Schw. 3401).

Cyperus difformis *L.* Amoen. acad. IV (1759) 302; *Rottb.* Descr. et icon. pl. 21. t. 9. fig. 2: *Clarke* in *Th. Dur.* et *Schinz* Consp. fl. Afr. V. 556 et Étud. fl. Cgo (1896) 285: *Th. Dur.* et *De Wild.* Pl. Gilletianae, I (1900) 56 [B. Herb. Boiss. Sér. 2. I, 56 et Reliq. Dewevr. (1901) 249; *De Wild.* Miss. Laurent (1905) 18; *Rendle* Cat. Welw. Pl. II, 115; *Clarke* in *Dyer* Fl. trop. Afr. VIII, 330.

1816 (Chr. Smith). — V : le Stanley-Pool: Tamo (Hens): Kisantu (Gill.). — XIII d : Kisongo (Dew.). — XV : Batempa (Ém. et M. Laur.).

Cyperus diffusus *Vahl* Enum. pl. II (1806) 321; *Kunth* Enum. pl. II, 30; *Clarke* in *Th. Dur.* et *Schinz* Consp. fl. Afr. V, 557 et Étud. fl. Cgo (1896) 286; *Rendle* Cat. Welw. Pl. II, 113; *Clarke* in *Dyer* Fl. trop. Afr. VIII, 343; *De Wild.* Miss Laurent (1905) 18.

1899 (R. Schlechter). — VIII : Coquilhatville (Schlt.). — XI : en aval de Basoko (Ém. et M. Laur.).

— — var. **angustifolius** *Clarke* in *De Wild.* Étud. fl. Bas- et Moy.-Cgo, I (1906) 218.

C. Buettneri *Boeck.* Cyper. nov. I (1888) 3.

1888 (Fr. Hens). — IX : Bangala (Hens, C. 356).

Cyperus distans *L.* ex *L. f.* Suppl. pl. (1781) 103; *Jacq.* Icon. pl. rar. II, t. 102; *P. Beauv.* Fl. d'Oware, I, 35, t. 20; *Boeck.* in Linnaea, XXXV (1867-1868) 612; *Clarke* in *Th. Dur.* et *Schinz* Consp. fl. Afr. V, 558 et Étud. fl. Cgo (1896) 286; *De Wild.* et *Th. Dur.* Reliq. Dewevr. (1901) 249; *Rendle* Cat. Welw. Pl. II, 116; *Clarke* in *Dyer* Fl. trop. Afr. VIII, 349; *De Wild.* Miss. Laurent. (1905) 18 et Étud. fl. Bas- et Moy.·Cgo, II (1908) 117.

1870 (G. Schweinfurth).— IV : Lukungu; Tombe [Lutete] (Hens). — V : Dolo.— Nom vern. : **Lekambe** (Coll.?); Kisautu (Gill.). — VII : la Fini (Ém. et M. Laur.). — VIII : env. d'Eala (M. Laur.); Ikenge (Ém. et M. Laur.). — IX : pays des Bangala (Dem.). — XII d : pays des Maugbettu (Schw.). — XIII d : Nyangwe (Pg.); Elungu. — Nom vern. : **Kibenbele** (Dew.). — XVI : Albertville [Toa] (Hecq). — Ind. non cl. : riv. Lukasi (Pg.).

Cyperus elatior *Boeck.* in Flora, LXII (1879) 553; *Clarke* in *Th. Dur.* et *Schinz* Consp. fl. Afr. V, 559 et in *Dyer* Fl. trop. Afr. VIII, 361 ; *De Wild.* et *Th. Dur.* Pl. Gilletianae, II (1901) 106 [B. Herb. Boiss. Sér. 2, I, 846]; *De Wild.* Miss. Laurent (1905) 18.

1900 (R. Butaye). — V : env. de Lemfu (But.). — XV : Munungu (Ém. et M. Laur.).

Cyperus esculentus *L.* Sp. pl. ed. 1 (1753) 67; *Host* Gramin. Austr. III, 50, t. 75; *Clarke* in *Th. Dur.* et *Schinz* Consp. fl. Afr. V, 559 et Étud. fl. Cgo (1896) 287; *Rendle* Cat. Welw. Pl. II, 117; *Clarke*

in *Dyer* Fl. trop. Afr. VIII, 355; *De Wild.* et *Th. Dur.* Reliq. Dewevr. (1901) 249; *De Wild.* Étud. fl. Bas- et Moy.-Cgo, I (1906) 218.

1888 (Fr. Hens). — Bas-Congo (Hens). — II : Boma (Hens). — II a : Bingila
(Dup.). — V : C. dans le Stanley-Pool (Dem. 58); env. de Léopoldville (Dew. 474);
Kinshassa (Hens); Kisantu (Gill.). — Ind. non cl. : Busindi (Hens).

C. esculendus var. **acaulis** *Clarke* in *Th. Dur.* et *Schinz* Consp.
fl. Afr. V (1895) 560 et Étud. fl. Cgo (1896) 287.

1888 (Fr. Hens). — Bas-Congo (Hens, 14).

— — var. **Buchanani** [*Boeck.*] *Clarke* ex *De Wild.* et *Th. Dur.*
Pl. Gilletianae, I (1900) 56 [B. Herb. Boiss. Sér. 2, I, 56].

C. Buchanani *Boeck.* Cyp. nov. I (1888) 4.

1899 (J. Gillet). — V : Kisantu (Gill. 177).

Cyperus exaltatus *Retz.* Observ. bot. V (1791) 11; *Clarke* in *Hook.*
Fl. Brit. Ind. VI, 617 et in *Th. Dur.* et *Schinz* Consp. fl. Afr. V,
560.

Le type, largement répandu, existe en Asie, en Afrique et en Australie.

— — var. **dives** [*Delile*] *Clarke* in Journ. Linn. Soc. XXI (1884)
187 et in *Th. Dur.* et *Schinz* Consp. fl. Afr. V, 561; *De Wild.* et
Th. Dur. Reliq. Dewevr. (1901) 249.

C. dives *Delile* Fl. d'Égypte (1812) 5, t. 4, fig. 3; *A. Rich.* Tent. fl. Abyss.
II, 480.

1896 (A. Dewèvre). — XIII d : Piani-Lombi (Dew. 1039).

Cyperus Fenzlianus *Steud.* Syn. pl. glum. II (1855) 33; *Clarke* in
Th. Dur. et *Schinz* Consp. fl. Afr. V, 562 et in *Dyer* Fl. trop. Afr.
VIII, 368; *De Wild.* Miss. Laurent (1905) 18.

1904 (Ém. et M. Laurent). — XI : Barumbu (Ém. et M. Laur.).

Cyperus fertilis *Boeck.* in Engl. Jahrb. V (1883) 90; *Clarke* in *Th.*
Dur. et *Schinz* Consp. fl. Afr. V, 562 et Étud. fl. Cgo (1896) 287;
Rendle Cat. Welw. Pl. II, 113; *Clarke* in *Dyer* Fl. trop. Afr. VIII,
341; *De Wild.* et *Th. Dur.* Contr. fl. Cgo, II (1900) 67; *De Wild.*
Miss. Laurent (1905) 18 et Étud. fl. Bas- et Moy.-Cgo, I (1906) 218; II
(1907) 117.

1888 (Fr. Hens). — V : le Stanley-Pool (Jos. Duch.); env. de Léopoldville (Gill.);
Kinshasa (Luja); rive droite du Kasai [distr. du Stanley-Pool] (Luja). — VI :
vallée de la Djuma (Gill.). — VII : la Fini (Ém. et M. Laur.); en aval de Bolombo
(Krek.). — VIII : env. d'Eala (M. Laur.). — IX : Umangi (Ém. Duch.). — IX a :
Gali (Ém. Duch.). — XII : Goo (Ser.). — Ind. non cl. : Busindi (Hens).

Cyperus flabelliformis *Rottb.* Descr. et icon. pl. (1773) 42, t. 12, fig. 2; *Clarke* in *Th. Dur.* et *Schinz* Consp. fl. Afr. V, 562 et Étud. fl. Cgo (1896) 287; *Rendle* Cat. Welw. Pl. II, 114; *Clarke* in *Dyer* Fl. trop. Afr. VIII, 336; *Th. Dur.* et *De Wild.* Mat. fl. Cgo, I (1897) 42 [B. S. B. B. XXXVI², 88]; *De Wild.* Miss. Laurent (1905) 19 et Étud. fl. Bas- et Moy.-Cgo, I (1906) 218.

1816 (Chr. Smith). — II a : le Mayumbe (Ém. Laur.); Bingila (Dup.). — III : Matadi (Ém. Laur.). — V : Kisantu (Gill.); env. de Kimuenza ? (But.). — XI : Malema (Ém. Laur.). — XVI : près de Kazembe (Coll. ?); le Lualaba (Desc.).

Cyperus flavidus *Retz.* Observ. bot. V (1789) 13; *Clarke* in *Th. Dur.* et *Schinz* Consp. fl. Afr. V, 563 et Étud. fl. Cgo (1896) 288; *Rendle* Cat. Welw. Pl. II, 114; *Clarke* in *Dyer* Fl. trop. Afr. VIII, 333.

C. Haspan *Rottb.* (non *L.*) Descr. et icon. pl. (1773) 36, t. 6, fig. 2.

1888 (Fr. Hens). — IV : Lutete (Hens, A. 360).

Cyperus flexifolius *Boeck.* in Flora, LXII (1879) 540 et in Engl. Jahrb. V (1884) 90; *Th. Dur.* et *Schinz* Étud. fl. Cgo (1896) 288; *Clarke* in *Dyer* Fl. trop. Afr. VIII, 375.

1874 (Fr. Naumann). — II : île près de Ponta da Lenha (Naum. 143, 150).

Cyperus gracilinux *Clarke* in Journ. Linn. Soc. XXI (1884) 162; in *Th. Dur.* et *Schinz* Consp. fl. Afr. V, 564 et Étud. fl. Cgo (1896) 288; *Clarke* in *Dyer* Fl. trop. Afr. VIII, 362.

C. tenuiculmis *Boeck.* in Flora, LXII (1879) 554.

1888 (Fr. Hens). — V : le Stanley-Pool (Hens, B. 21). — VIII : Équateurville (Hens, C. 178).

Cyperus Haspan *L.* Sp. pl. ed. 1 (1753) 45 pr. p.; *Clarke* in Journ. Linn. Soc. XX (1883) 287; XXI (1884) 119, in *Th. Dur.* et *Schinz* Consp. fl. Afr. V, 564 et Étud. fl. Cgo (1896) 289; *Rendle* Cat. Welw. Pl. II, 114; *Clarke* in *Dyer* Fl. trop. Afr. VIII, 332; *Th. Dur.* et *De Wild.* Mat. fl. Cgo, I (1897) 43 [B. S. B. B. XXXVI², 89]; *De Wild.* Miss. Laurent (1905) 119.

1816 (Chr. Smith). — Bas-Congo (Sm.). — II a : Bingila (Dup.). — IV : Lutete (Hens). — V : Léopoldville; entre Sabuka et Léopoldville (Luja); Kisantu (Gill.). — VII : la Fini (Ém. et M. Laur.). — IX : Bobangi (Ém. et M. Laur.). — Ind. non cl. : Busindi (Hens).

— — var. **laevinux** *Clarke* in *Th. Dur.* et *Schinz* Consp. fl. Afr. V (1895) 605 et in *Th. Dur.* et *De Wild.* Mat. fl. Cgo, I (1897) 43.

1888 (Fr. Hens). — IV : Lukungu (Hens, A. 239).

Cyperus Hensii *Clarke* in *Th. Dur.* et *Schinz* Étud. fl. Cgo (1896)
289 et in *Dyer* Fl. trop. Afr. VIII, 335; *De Wild.* et *Th. Dur.* Ill.
fl. Cgo (1898) 15, t. 8; *De Wild.* Miss. Laurent (1905) 19.

1888 (Fr. Hens). — IX : Lisha (Hens, C. 364). — XV : îlot du Bas-Sankuru
(Ém. et M. Laur.).

Cyperus immensus *Clarke* in Journ. Linn. Soc. XX (1883) 294, in
Th. Dur. et *Schinz* Consp. fl. Afr. V, 565, in *Dyer* Fl. Capens.
VII, 184 et Fl. trop. Afr. VIII, 371; *De Wild.* Étud. fl. Kat. (1902) 4.

1900 (Edg. Verdick). — XVI : Lukafu. — Nom vern. : **Malamboi** (Verd. 369).

Cyperus maculatus *Boeck.* in *Peters* Reise n. Mossamb. II (1864)
539; *Clarke* in *Th. Dur.* et *Schinz* Consp. fl. Afr. V, 567 et Étud.
fl. Cgo (1896) 289; *De Wild.* et *Th. Dur.* Contr. fl. Cgo, II (1900)
67; *Clarke* in *Dyer* Fl. trop. Afr. VIII, 363.

C. Naumannianus *Boeck.* in Flora, LXII (1879) 552 et in Linnaea, XXXV
(1869-1870) 228.

1816 (Chr. Smith). — Bas-Congo (Sm.). — V : le Stanley-Pool; Lukolela (Hens).
— IX : Lisha (Hens). — XVI : Toa (Desc.). — Ind. non cl. : Busindi (Hens).

Cyperus mapanioides *Clarke* in *Th. Dur.* et *Schinz* Consp. fl. Afr.
V (1895) 568 et Étud. fl. Cgo (1896) 290; *De Wild.* et *Th. Dur.*
Contr. fl. Cgo, I (1899) 64 et Ill. fl. Cgo (1899) 47, t. 25; *Clarke* in
Dyer Fl. trop. Afr. VIII, 340; *De Wild.* Miss. Laurent (1905) 19 et
Étud. fl. Bas- et Moy.-Cgo, II (1907) 117.

1887 (Fr. Hens). — II : Boma (Hens, A. 389); le Stanley-Pool (Hens, B. 7, 69).
— VI : Madibi (Sap.). — VII : Kutu (Ém. et M. Laur.).

Cyperus margaritaceus *Vahl* Enum. pl. II (1806) 307; *Clarke* in
Journ. Linn. Soc. XXI (1884) 110 et in *Th. Dur.* et *Schinz* Consp. fl.
Afr. V, 568 et Étud. fl. Cgo (1896) 290; *Rendle* Cat. Welw. Pl. II,
112; *Clarke* in *Dyer* Fl. trop. Afr. VIII, 321; *De Wild.* et *Th. Dur.*
Contr. fl. Cgo, I (1899) 65; II (1900) 67; *De Wild.* Miss. Laurent
(1905) 19.

1885 (R. Buettner). — Bas-Congo (Cabra). — III : Matadi (Hens). — IV : route
des Caravanes (Ém. Laur.). — V : entre Bolobo et Lukolela (Buett.). — XV : le
Kasai (Ém. et M. Laur.); Lusambo (Jos. Duch.).

Cyperus maritimus *Poir.* in *Lam.* Encycl. méth. Bot. VII (1806)
240; *Clarke* in *Th. Dur.* et *Schinz* Consp. fl. Afr. V, 569 et Étud.
fl. Cgo (1896) 290; *Rendle* Cat. Welw. Pl. II, 113; *Clarke* in *Dyer*
Fl. trop. Afr. VIII, 326.

1816 (Chr. Smith). — Bas-Congo (Sm.).

C. maritimus var. **crassipes** [*Vahl*] *Clarke* in *Th. Dur.* et *Schinz* Consp. fl. Afr. V (1895) 569 et Étud. fl. Cgo (1896) 291; *Rendle* Cat. Welw. Pl. II, 114; *Clarke* in *Dyer* l. c. VIII, 326.

C. crassipes *Vahl* Enum. pl. II (1806) 299; *P. Beauv.* Fl. d'Oware, II, 63, t. 97, fig. 1.

1816 (Chr. Smith). — Bas-Congo (Sm.).

Cyperus nudicaulis *Poir.* in *Lam.* Encycl. méth. Bot. VII (1806) 240; *Th. Dur.* et *Schinz* Consp. fl. Afr. V, 570; *Rendle* Cat. Welw. Pl. II, 112; *Clarke* in *Dyer* Fl. trop. Afr. VIII, 310; *De Wild.* et *Th. Dur.* Pl. Gilletianae, II (1901) 106 [B. Herb. Boiss. Sér. 2, I, 846] et Reliq. Dewevr. (1901) 250; *De Wild.* Miss. Laurent (1905) 17.

1895 (A. Dewèvre). — II a : Zobe (Dew.). — V : Kisantu; entre Kisantu et Dembo (Gill.). — VII : la Fini (Ém. et M. Laur.).

Cyperus ochrocephalus [*Boeck.*] *Clarke* in *Th. Dur.* et *Schinz* Consp. fl. Afr. V (1895) 571 et Étud. fl. Cgo (1896) 291; *Clarke* in *Dyer* Fl. trop. Afr. VIII, 322.

Rhynchospora — *Boeck.* in Flora, LXII (1879) 568.

1888 (Fr. Hens). — IV : Lutete (Hens, B. 42).

Cyperus Papyrus *L.* Sp. pl. ed. 1 (1753) 47, pr. p.; *Parlat.* Mém. Papyrus (1853) 32, t. 2; *Clarke* in *Th. Dur.* et *Schinz* Consp. fl. Afr. V, 571 et Étud. fl. Cgo (1896) 291; *De Wild.* Reliq. Dewevr. (1901) 250; *Rendle* Cat. Welw. Pl. II, 118; *Clarke* in *Dyer* Fl. trop. Afr. VIII, 374; *De Wild.* Miss. Laurent (1905) 19.

1816 (Chr. Smith). — Bas-Congo (Sm.). — II : Boma (Dew.). — V : Kisantu (Gill.). — VIII : Irebu (Ém. et M. Laur.). — XV : la Lulua (Pg.). — Ind. non cl. : le Lomami (Pg.).

Cyperus pratensis *Boeck.* in Linnaea, XXXVIII (1874) 354; *Clarke* in *Th. Dur.* et *Schinz* Consp. fl. Afr. V, 572 et in *Dyer* Fl. trop. Afr. VIII, 352.

Le type croît en Abyssinie.

— — var. **laxus** *Clarke* in *De Wild.* et *Th. Dur.* Pl. Gilletianae, II (1901) 106 [B. Herb. Boiss. Sér. 2, I, 846] et in *Dyer* l. c. VIII, 352; *De Wild.* Étud. fl. Bas- et Moy.-Cgo, I (1906) 218.

1900 (J. Gillet). — V : Kimuenza (Gill. 1744).

Cyperus radiatus *Vahl* Enum. pl. II (1806) 369; *Clarke* in *Th. Dur.* et *Schinz* Consp. fl. Afr. V, 573 et Étud. fl. Cgo (1896) 292; *Rendle* Cat. Welw. Pl. II, 119; *De Wild.* et *Th. Dur.* Contr. fl. Cgo, II

(1901) 67 et Pl. Gilletianae, I (1900) 56 [B. Herb. Boiss. Sér. 2, I, 56];
Clarke in *Dyer* Fl. trop. Afr. VIII, 369.

1816 (Chr. Smith). — Bas-Congo (Sm.). — V : Léopoldville (Luja, Schlt.);
chutes de Tamo (Hens); Kwamouth (Hens); Kisantu (Gill.). — XII d : pays des
Mangbettu (Schw.). — XV : Lusambo (Jos. Duch.). — Ind. non cl. : Noki (Schlt.).

Cyperus Reinschii *Boeck.* in Flora, LIV (1862) 11; *Clarke* in *Th.
Dur.* et *Schinz* Consp. fl. Afr. V, 573; *De Wild.* et *Th. Dur.* Pl.
Gilletianae, I (1900) 57 [B. Herb. Boiss. Sér. 2, I, 57]; *Rendle* Cat.
Welw. Pl. II, 113; *Clarke* in *Dyer* Fl. trop. Afr. VIII, 345.

C. hylaeus *Ridl.* in Trans. Linn. Soc. Ser. 2, II (1884) 134 et in Bolet. Soc.
Brot. V, 208, t. F, fig. A.

1881 ? (P. Pogge). — V : Kisantu (Gill.). – XV : Mukenge (Pg.). — XVI : le
Lualaba (Pg.).

Cyperus rotundus *L.* Sp. pl. ed. 1 (1753) 67; *Clarke* in *Th. Dur.* et
Schinz Consp. fl. Afr. V, 574 et Étud. fl. Cgo (1896) 292; *Rendle*
Cat. Welw. Pl. II, 116; *Th. Dur.* et *De Wild.* Mat. fl. Cgo, I (1897)
43 [B. S. B. B. XXXVI², 89]; *De Wild.* et *Th. Dur.* Contr. fl. Cgo,
II (1900) 69; *Clarke* in *Dyer* Fl. trop. Afr. VIII, 364.

C. hexastachyus *Rottb.* Descr. et icon. pl. (1773) 28, t. 14, fig. 2.
C. tetrastachyus *Desf.* Fl. Atlant. I (1798) 45, t. 8.

1891 (F. Demeuse). — Congo (Dem.). — II : Zambi (Dup). — IV : Lukungu
(Hens). — V : Léopolville (Schlt.); Kisantu (Gill.).

Cyperus Schweinfurthianus *Boeck.* in Flora, LXII (1879) 533; *Th.
Dur.* et *Schinz* Consp. fl. Afr. V, 576; *De Wild.* et *Th. Dur.* Pl.
Gilletianae, I (1900) 57 [B. Herb. Boiss. Sér. 2, I, 57]; *Rendle* Cat.
Welw. Pl. II, 117; *Clarke* in *Dyer* Fl. trop. Afr. VIII, 361.

1900 (J. Gillet). — V : Kisantu (Gill. 585).

Cyperus sphacelatus *Rottb.* Descr. et icon. pl. II (1773) 25; *Clarke*
in Journ. Linn. Soc. XXI (1884) 183, in *Th. Dur.* et *Schinz* Consp.
fl. Afr. V, 577 et Étud. fl. Cgo (1896) 293; *Th. Dur.* et *De Wild.*
Mat. fl. Cgo, I (1897) 43 [B. S. B. B. XXXVI², 89]; *Rendle* Cat.
Welw. Pl. II, 117; *De Wild.* et *Th. Dur.* Reliq. Dewevr. (1901)
250; *Clarke* in *Dyer* Fl. trop. Afr. VIII, 346; *De Wild.* Miss.
Laurent (1905) 20.

1888 (Fr. Hens). — II : Boma (Hens). — IV : Lutete (Hens). — V : le Stanley-
Pool (Hens); Léopoldville (Ém. Duch. et Éd Luja). — VII : Kutu (Ém. et M.
Laur.).

Cyperus tenax *Boeck.* in Linnaea, XXXV (1867-1868) 504; *Clarke* in
Th. Dur. et *Schinz* Consp. fl. Afr. V, 578 et Étud. fl. Cgo (1896) 293;
Rendle Cat. Welw. Pl. II, 111; *Clarke* in *Dyer* Fl. trop. Afr. VIII,

334; *De Wild.* et *Th. Dur.* Pl. Gilletianae, II (1901) 106 [B. Herb. Boiss. Sér. 2, I, 846]; *De Wild.* Étud. fl. Bas- et Moy.-Cgo, I (1906) 219.

1888 (Fr. Hens). — IV : Lutete (Hens, A. 360, pr. p.). — V : Kimuenza: Kisantu; entre Kisantu et Dembo (Gill. 1584, 1739).

Cyperus tuberosus *Rottb.* Descr. et icon. pl. (1773) 28, t. 7, fig. 1; *Boeck.* in Linnaea, XXXV (1867-1868) 502; *Clarke* in *Hook. f.* Fl. Brit. Ind. VI, 616 et in *Th. Dur.* et *Schinz* Consp. fl. Afr. V, 580 et Étud. fl. Cgo (1896) 294; *De Wild.* et *Th. Dur.* Contr. fl. Cgo, I (1899) 68; *Clarke* in *Dyer* Fl. trop. Afr. VIII, 368.

1885 (R. Buettner). — Bas-Congo (Buett. 12 pr. p.). — V : le Stanley-Pool (Hens, B. 21). — Ind non cl. : Mfoi (Desc.).

Cyperus uncinatus *Poir.* Encycl. méth. Bot. VII (1806) 247; *Boeck.* in Linnaea, XXXV (1867-1868) 502; *Clarke* in Journ. Linn. Soc. XX (1883) 284; XXI (1884) 90 et in *Th. Dur.* et *Schinz* Consp. fl. Afr. V, 580 et Étud. fl. Cgo (1896) 294; *Th. Dur.* et *De Wild.* Mat. fl. Cgo, I (1897) 63 [B. S. B. B. XXXVI², 89]; *Rendle* Cat. Welw. Pl. II, 110; *Clarke* in *Dyer* Fl. trop. Afr. VIII, 328; *De Wild.* Miss. Laurent (1905) 20.

C. cuspidatus *H. B.* et *K.* Nov. gen. et sp. pl. I (1815) 204; *Boeck.* in Linnaea, XXXV (1867-1868) 496; *Clarke* l. c. XX (1883) 284, XXI (1884) 68.

1885 (R. Buettner). — II a : Bingila (Dup.). — III-IV : la Lufu (Hens). — IV : Lutete (Hens). — V : le Stanley-Pool (Hens, B. 68); Bulebu (Ém. et M. Laur.); Léopoldville(Schlt.); Kinshasa (Luja); Kisantu (Gill. 502); Suata (Buett. 12 pr. p.).

Cyperus Zollingeri *Steud.* in *Zoll.* Vers. Ind. Archip. II (1854) 62; *Boeck.* in Linnaea, XXXVI (1869-1870) 332; *Clarke* in *Th. Dur.* et *Schinz* Consp. fl. Afr. V, 581 et Étud. fl. Cgo (1896) 294; *Th. Dur.* et *De Wild.* Mat. fl Cgo, I (1897) 43 [B. S. B. B. XXXVI², 89]; *Rendle* Cat. Welw. Pl. II, 117; *Clarke* in *Dyer* Fl. trop. Afr. VIII, 360; *De Wild.* Étud. fl. Bas- et Moy.-Cgo, I (1906) 219.

C. tenuiculmis *Boeck.* in Linnaea, XXXVI (1869-1870) 285 et in *Engl.* Gazelle Reise, 15.

1882 (P. Pogge) — II a : Bingila (Dup.). — IV : Lutete (Hens).— V : le Stanley-Pool (Hens); Kimuenza; Kisantu (Hens). — XV : Lusambo (Jos. Duch.); Mukenge (Pg.).

— — form. **gracilis** *Clarke* ex *De Wild.* et *Th. Dur.* Pl. Gilletianae, I (1900) 57 [B. Herb. Boiss. Sér. 2, I, 57].

1899 (J. Gillet). — V : Kisantu (Gill. 257).

— — var. **parvus** *Clarke* in *Dyer* l. c. VIII (1901) 361.

1888 (Fr. Hens). — IV : Lutete (Hens, A, 220).

PYCRÉUS P. Beauv.

Pycreus albo-marginatus *Nees* in *Mart.* Fl. Brasil, II', (1842) 9; *Clarke* in *Th. Dur.* et *Schinz* Consp. fl. Afr. V, 534 et Étud. fl. Cgo (1896) 280; *Rendle* Cat. Welw. Pl. II, 107; *Clarke* in *Dyer* Fl. trop. Afr. VIII, 305.

Cyperus — *Steud.* Syn. pl. glum. II (1855) 10.

1887 (Fr. Hens). — II : Boma (Hens, C. 35). — IX : pays des Bangala (Hens, A. 392).

Pycreus flavescens [*L.*] *Rchb.* Fl. Germ. excurs. (1830-1832) 72; *Th. Nees* Gen. pl. fl. Germ. II, t. 22, fig. 14-16; *Clarke* in *Th. Dur.* et *Schinz* Consp. fl. Afr. V, 537 et Étud. fl. Cgo (1896) 281; *Clarke* in *Dyer* Fl. trop. Afr. VIII, 290.

Cyperus — *L.* Sp. pl. ed. 1 (1753) 68; *Host* Gramin. Austr. III, 48, t. 72; *Boech.* in Linnaea, XXXV (1867-1868) 438.

1816 (Chr. Smith). — Bas-Congo (Sm.). — V : Kwamouth (Hens, C. 117).

Pycreus globosus [*All.*] *Rchb.* Fl. Germ. excurs. Add. (1830-1832) 140; *Th. Dur.* et *Schinz* Consp. fl Afr. V, 537.

Cyperus — *All.* Auctuar. fl. Pedem. (1789) 49.

Le type croît dans toutes les régions chau les et trop. de l'Ancien Monde.

— — var. **nilagiricus** [*Hochst.*] *Clarke* in Journ. Linn. Soc. XXI (1884) 49 et in *Th. Dur.* et *Schinz* Consp. fl. Afr. V (1895) 299; *De Wild.* et *Th. Dur.* Contr. fl. Cgo, 1 (1899) 66; *Clarke* in *Dyer* Fl. trop. Afr. VIII, 299.

Cyperus nilagiricus *Hochst.* ex *Steud.* Syn. pl. glum. II (1855) 2; *Boech.* in Linnaea, XXXV (1867-1868) 457.

1890 (Paul Briart). — XVI : plaine de Tenke (Briart).

Pycreus Mundtii *Nees* in Linnaea, IX (1834) 283; *Clarke* in *Th. Dur.* et *Schinz* Consp. fl. Afr. V, 539 et in *Dyer* Fl. Capens. VII, 157; *Rendle* Cat. Welw. Pl. II, 106; *Clarke* in *Dyer* Fl. trop. Afr. VIII, 291; *De Wild.* Étud. fl. Bas- et Moy.-Cgo, I (1904) 219.

Cyperus — *Kunth* Enum. pl. II (1837) 17; *K. Schum.* in *Engl.* Pfl. Ost-Afr. 117.

1882 (P. Pogge). — V : env. de Kisantu (Gill.). — XV : Mukenge (Pg.).

Pycreus oakfortensis *Clarke* ex *De Wild.* Miss. Laurent (1905) 20 [nom. taut.].

1893 (Ém. et Marc. Laurent). — VII : la Fini (Ém. et M. Laur.).

Pycreus polystachyus *P. Beauv.* Fl. d'Oware, II (1807) 48, t. 86, fig. 2; *Nees* in *Mart.* Fl. Brasil. II¹, 10; *Clarke* in *Th. Dur.* et *Schinz* Consp. fl. Afr. V, 540 et Ètud. fl. Cgo (1896) 281; *Clarke* in *Dyer* Fl. trop. Afr. VIII, 296; *De Wild.* et *Th. Dur.* Reliq. Dewevr. (1901) 241.

> Cyperus — *R. Br.* Prodr. fl. N. Holl. (1810) 214; *Boiss.* Fl. Orient. V. 365; *Rendle* Cat. Welw. Pl. II, 108.

> 1816 (Chr. Smith). — Bas-Congo (Sm.). — I : Banana (Dew.).

Pycreus propinquus [*Kunth*] *Nees* in *Mart.* Fl. Brasil. II¹ (1842) 7; *Clarke* in *Th. Dur.* et *Schinz* Consp. fl. Afr. V, 541 et Ètud. fl. Cgo (1891) 281; *Clarke* in *Dyer* Fl. trop. Afr. VIII, 300.

> Cyperus Olfersianus *Kunth* Enum. pl. II (1837) 10; *Boeck.* in Linnaea, XXXV (1867-1868) 439.
> C. pycnocephalus *Steud.* Syn. pl. glum. II (1855) 5.

> 1816 (Chr. Smith). — Bas-Congo (Sm.). — Congo (But.). — IV : Tamo [Lutete] (Hens, A. 250). — V : Kisantu (Gill.). — IX : pays des Bangala (Hens, C. 400).

Pycreus Smithianus [*Ridl.*] *Clarke* in *Th. Dur.* et *Schinz* Consp. fl. Afr. V (1895) 542 et Ètud. fl. Cgo (1896) 282; *Th. Dur.* et *De Wild.* Mat. fl. Cgo, I (1897) 42 [B. S. B. B. XXXVI², 88); *De Wild.* et *Th. Dur.* Reliq. Dewevr. (1900) 248; *Clarke* in *Dyer* Fl. trop. Afr. VIII, 301.

> Cyperus — *Ridl.* in *Britt.* Journ. of Bot. XXII (1884) 15; *Schlecht.* Westafr. Kautsch.-Exped. (1900) 270.

> 1888 (Fr. Hens).— V : Léopoldville (Luja); entre Kwamouth et Kinshasa (Luja); Kinshasa (Dew.). — VIII : Coquilhatville (Schlt.). — IX : pays des Bangala ; Lisha (Hens).

Pycreus subtrigonus *Clarke* in *Th. Dur.* et *Schinz* Consp. fl. Afr. V (1895) 542 et Ètud. fl. Cgo (1896) 282; *De Wild.* et *Th. Dur.* Contr. fl. Cgo, I (1899) 64 et Ill. fl. Cgo (1899) 37, t. 19; *Clarke* in *Dyer* Fl. trop. Afr. VIII, 293.

> 1888 (Fr. Hens). — IV : Tombi [Lutete] (Hens, A. 251). — VIII : Équateurville (Hens, C. 182).

Pycreus tremulus [*Poir.*] *Clarke* in *Th. Dur.* et *Schinz* Consp. fl. Afr. V (1895) 542 et Ètud. fl. Cgo (1896) 282; *Clarke* in *Dyer* Fl. trop. Afr. VIII, 306.

> Cyperus — *Poir.* in *Lam.* Encycl. méth. Bot. VII (1806) 264; *Boeck.* in Linnaea, XXXV (1867-1868) 469.

> 1888 (Fr. Hens). — VIII : Équateurville (Hens, C. 358).

35

KYLLINGIA Rottb.

Kyllingia albiceps [*Ridl.*] *Rendle* Cat. Welw. Pl. II (1899) 106; *Clarke* in *De Wild.* et *Th. Dur.* Contr. fl. Cgo. II (1900) 65; Pl. Gilletianae, I (1900) 57 [B. Herb. Boiss. Sér. 2, I, 57] et Reliq. Dewevr. (1901) 259; *Clarke* in *Dyer* Fl. trop. Afr. VIII, 286.

Cyperus — *Ridl.* in *Britten* Journ. of Bot. XXII (1884) 16.
K. macrocephala *A. Rich.* var. angustior *Clarke* in *Th. Dur.* et *Schinz* Consp. fl. Afr. V (1895) 529 et Étud. fl. Cgo (1896) 279.

1816 (Chr. Smith). — Bas-Congo (Sm.). — V : le Stanley-Pool (Hens, B. 14); Kisantu (Gill. 1442). — IX : env. de Bangala (Dew. 860). — XVI : Albertville [Toa] (Hecq; Desc.).

Kyllingia brevifolia *Rottb.* Descr. et icon. pl. (1773) 13, t. 4, fig. 3; *Kunth* Enum. pl. II, 130; *Boeck.* in Linnaea, XXXV (1867-1868) 424; *Clarke* in *Th. Dur.* et *Schinz* Consp. fl. Afr. V, 527 et Étud. fl. Cgo (1896) 277; *Clarke* in *Dyer* Fl. trop. Afr. VIII, 273; *De Wild.* et *Th. Dur.* Contr. fl. Cgo, II (1900) 65; *De Wild.* Étud. fl. Bas- et Moy.-Cgo, II (1907) 117.

1885 (R. Buettner). — II a : marais de Sisia (Dup. 21). — V : le Stanley-Pool (Buett.); entre Sabuka et Léopoldville (M. Laur.).

Kyllingia elatior *Kunth* Enum. pl. II (1837) 135; *Boeck.* in Linnaea, XXXV (1867-1868) 426; *Clarke* in *Th. Dur.* et *Schinz* Consp. fl. Afr. V, 528 et Étud. fl. Cgo (1896) 278; *Clarke* in *Dyer* Fl. trop. Afr. VIII, 275.

K. aromatica *Ridl.* in Trans. Linn. Soc. Ser. 2, II (1884) 146.

1888 (Fr. Hens). — III : Matadi (Hens).

Kyllingia erecta *Schumach.* in *Schumach.* et *Thonn.* Beskr. Guin. Pl. (1827) 42; *Clarke* in *Th. Dur.* et *Schinz* Consp. fl. Afr. V, 528 et Étud. fl. Cgo (1896) 278; *Rendle* Cat. Welw. Pl. II, 105; *Clarke* in *Dyer* Fl. trop. Afr. VIII, 274; *De Wild.* et *Th. Dur.* Contr. fl. Cgo, II (1900) 66.

K. aurata *Nees* in Linnaea, X (1835-1836) 139; *Ridl.* in Trans. Linn. Soc. Ser. 2, II (1884) 146.

1870 (G. Schweinfurth). — V : le Stanley-Pool (Dem.); entre Kinshassa et Kwamouth (Luja). — IX : pays des Bangala (Hens). — XII d : près de la Kibali (Schw.).

— — var. **Soyauxii** *Clarke* in *Th. Dur.* et *Schinz* Étud. fl. Cgo (1896) 279.

K. Soyauxii *Boeck.* in Flora, LXII (1879) 515.

1888 (Fr. Hens). — IV : Lutete (Hens, A. 305, pr. p.).

Kyllingia Filicula *Clarke* in *Dyer* Fl. trop. Afr. VIII (1902) 526.

K. pumila *Mchx* var. — *Clarke* in *De Wild.* et *Th. Dur.* Pl. Gilletianae, I (1900) 57 [B. Herb. Boiss. Sér. 2, I, 57].

1899 (J. Gillet). — V : Kisantu (Gill. 489).

Kyllingia melanosperma *Nees* in Linnaea, IX (1834) 286 et in *Wight* Contrib. Ind. Bot. (1834) 91; *K. Schum.* in *Engl.* Pfl. Ost-Afr. 123; *De Wild.* et *Th. Dur.* Contr. fl. Cgo, I (1899) 64, II (1900) 66; *Clarke* in *Dyer* Fl. trop. Afr. VIII, 277.

1892 (Ém. Duchesne). — II a : Bingila (Dup.). — XV : Lusambo (Ém. Duch. 11, 23).

Kyllingia nigritana *Clarke* in *Dyer* Fl. trop. Afr. VIII (1901) 272; *De Wild.* Étud. fl. Bas- et Moy.-Cgo, I (1904) 219.

1900 (J. Gillet). — V : Kimuenza (Gill. 1624).

Kyllingia peruviana *Lam.* Encycl. méth. Bot. III (1789) 366; *Clarke* in *Th. Dur.* et *Schinz* Consp. fl. Afr. V, 530; *De Wild.* et *Th. Dur.* Reliq. Dewevr. (1901) 250; *Clarke* in *Dyer* Fl. trop. Afr. VIII, 278; *De Wild.* Étud. fl. Bas- et Moy.-Cgo, II (1907) 117.

K. capitata *P. Beauv.* Fl. d'Oware, I (1804) t. 31.

1895 (A. Dewèvre). — II : Zambi (Dew. 211). — V : entre Kimpoko et Dolo (M. Laur.).

Kyllingia polyphylla *Willd.* ex *Kunth* Enum. pl. II (1837) 134; *K. Schum.* in *Engl.* Pfl. Ost-Afr. 123; *Th. Dur.* et *Schinz* Consp. fl. Afr. V, 531; *Clarke* in *Dyer* Fl. trop. Afr. VIII, 276.

K. planiceps *Clarke* in *Th. Dur.* et *Schinz* l. c. V (1895) 531 et Étud. fl. Cgo (1896) 279.

1816 (Chr. Smith). — V : Bas-Congo (Sm.).

Kyllingia pumila *Mchx* Fl. Bor.-Amer. I (1803) 28; *Clarke* in *Th. Dur.* et *Schinz* Consp. fl. Afr. V, 531 et Étud. fl. Cgo (1896) 279; *Th. Dur.* et *De Wild.* Mat. fl. Cgo, I (1897) 42 [B. S. B. B. XXXVI¹, 88]; *Rendle* Cat. Welw. Pl. II, 103; *Clarke* in *Dyer* Fl. trop. Afr. VIII, 282; *De Wild.* Miss. Laurent (1905) 43.

1870 (G. Schweinfurth). — Bas-Congo (Naum.). — II a : Bingila (Dup.). — IV : Lutete (Hens). — V : Coquilhatville (Schlt.); Kimuenza (Gill.). — XII d : Munza (Schw.).

— — var. **rigidula** *Clarke* in *De Wild.* et *Th. Dur.* Pl. Gilletianae, I (1900) 57 [B. Herb. Boiss. Sér. 2, I, 57].

K. rigidula *Steud.* Syn. pl. glum. II (1855) 74; *De Wild.* et *Th. Dur.* Contr. fl. Cgo, I (1899) 64; II (1900) 66.

K. Naumanniana *Boeck.* in Flora, LXII (1879) 516.

1895 (P. Dupuis). — II : Boma (Naum.). — II a : Bingila (Dup.). — V : (Gill.).

Kyllingia pungens *Link* Enum. pl. Hort. Berol. I (1821) 326; *Th. Dur.* et *Schinz* Consp. fl. Afr. V, 532; *Rendle* Cat. Welw. Pl. II, 104; *De Wild.* et *Th. Dur.* Pl. Gilletianae, I (1900) 57 [B. Herb. Boiss. Sér. 2, I. 57]; *Clarke* in *Dyer* Fl. trop. Afr. VIII, 277; *De Wild.* Miss. Laurent (1905) 20.

1900 (J. Gillet). — V : Kisantu (Gill.). — IX : Yambinga; en aval de Mobeka (Ém. et M. Laur.).

Kyllingia sphaerocephala *Boeck.* in Flora (1875) 258 et in Trans. Linn. Soc. XXIX (1875) 166; *Th. Dur.* et *Schinz* Consp. fl. Afr. V, 532; *De Wild.* et *Th. Dur.* Contr. fl. Cgo, I (1900) 66; *Clarke* in *Dyer* Fl. trop. Afr. VIII, 274.

1895 (Gust. Debeerst). — XVI : bords du Tanganika (Deb.),

Kyllingia squamulata *Thonn.* ex *Vahl* Enum. pl. II (1806) 381; *Ridl.* in Trans. Linn. Soc. Ser. 2, II (1884) 147; *Clarke* in *Th. Dur.* et *Schinz* Consp. fl. Afr. V, 532 et Étud. fl. Cgo (1896) 280; *Clarke* in *Dyer* Fl. trop. Afr. VIII, 270.

1888 (Fr. Hens). — IV : Lutete (Hens, A. 305, pr. p. et 292 pr. p.).

Kyllingia teres *Clarke* in *Th. Dur.* et *Schinz* Consp. fl. Afr. V (1895) 533 et Étud. fl. Cgo (1896) 280; *De Wild.* et *Th. Dur.* Contr. fl. Cgo, II (1900) 66; *Clarke* in *Dyer* Fl. trop. Afr. VIII, 276; *Th. Dur.* et *De Wild.* Mat. fl. Cgo, I (1897) 43 [B. S. B. B. XXXVI², 88].

1891 (F. Demeuse). — IX : pays des Bangala (Dem. 336). — XIII a : Mbaja [près de Stanleyville, rive gauche] (Ém. Duch.); Romée (Ém. Laur.).

Kyllingia triceps *Rottb.* Descr. et icon. pl. (1773) 14, t. 4, fig. 6; *Boeck.* in Linnaea XXXV (1867-1868) 413; *Th. Dur.* et *Schinz* Consp. fl. Afr. V, 533; *Schlechter* Westafr. Kautsch.-Exped. (1900) 270; *Clarke* in *Dyer* Fl. trop. Afr. VIII, 280.

K. bulbosa *P. Beauv.* Fl. d'Oware, I (1804) 11, t. 8.

1899 (R. Schlechter). — VIII : Équateur (Schlt.).

ELEOCHARIS R. Br.

Eleocharis atropurpurea [*Retz.*] *Kunth* Enum. pl. II (1837) 151; *Clarke* in *Th. Dur.* et *Schinz* Consp. fl. Afr. V, 596 ; Étud. fl. Cgo (1896) 298 et in *Dyer* Fl. trop. Afr. VIII, 407.

Scirpus — *Retz.* Observ. bot. V (1789) 114.

Heleocharis — *Koch* Syn. fl. Germ. ed. 2 (1845) 853; *Boeck.* in Linnaea, XXXVI (1869-1870) 458 (var. γ excl.).

1816 (Chr. Smith). — Bas-Congo (Sm.).

Eleocharis capitata [*L.*] *R. Br.* Prodr. fl. N. Holl. (1810) 225; *Clarke* in *Th. Dur. et Schinz* Consp. fl. Afr. V, 597; Étud. fl. Cgo (1896) 299 et in *Dyer* Fl. trop. Afr. VIII, 407; *De Wild.* Étud. fl. Bas- et Moy.-Cgo, I (1906) 220.

> Scirpus — *L.* Sp. pl. ed. 1 (1753) 48.
> Heleocharis — *Boech.* in Vidensk. Meddel. Kjob. (1858-1869) 159 et in Linnaea, XXXVI (1869-1870) 461; *Boiss.* Fl. Orient. V, 387.
> S. caribaeus *Rottb.* Descr. et icon. pl. (1773) 46, t. 15, fig. 3.

> 1816 (Chr. Smith). — Bas-Congo (Sm.). — I : Moanda (Gill.).

Eleocharis Chaetaria *Roem. et Schult.* Syst. veget. II (1817) 154; *Kunth* Enum. pl. II, 140; *Clarke* in *Th. Dur. et Schinz* Consp. fl. Afr. V, 597 et in *Dyer* Fl. trop. Afr. VIII, 408; *De Wild. et Th. Dur.* Pl. Gilletianae II (1900) 106 [B. Herb. Boiss. Sér. 2, I, 846].

> Heleocharis — *Boech.* in Linnaea, XXXVI (1869-1870) 428.

> 1900 (J. Gillet). — V : Kisantu (Gill.).

Eleocharis fistulosa *Schult.* Mant. pl. II (1824) 89; *Clarke* in *Th. Dur. et Schinz* Consp. fl. Afr. V, 598 et in *Dyer* Fl. trop. Afr. VIII, 406; *De Wild. et Th. Dur.* Pl. Gilletianae, II (1901) 106; [B. Herb. Boiss. Sér. 2, I, 846]; *De Wild.* Étud. fl. Bas- et Moy.-Cgo, II (1907) 118.

> Heleocharis — *Boech.* in Linnaea, XXXVI (1869-1870) 472.

> 1900 (J. Gillet). — V : Dolo (M. Laur.); Kisantu (Gill.).

BULBOSTYLIS L.

Bulbostylis abortiva [*Steud.*] *Clarke* in *Th. Dur. et Schinz* Consp. fl. Afr. V (1895) 619 et Étud. fl. Cgo (1896) 304; *Rendle* Cat. Welw. Pl. II, 124; *Clarke* in *Dyer* Fl. trop. Afr. VIII, 441.

> Fimbristylis — *Steud.* Syn. pl. glum. II (1855) 111; *K. Schum.* in *Engl.* Pfl. Ost-Afr. (1895) 125.

> 1888 (Fr. Hens). — V : rochers de Tamo [Stanley-Pool] (Hens. B. 9).

Bulbostylis audongensis [*Ridl.*] *Clarke* in *Th. Dur. et Schinz* Consp. fl. Afr. V (1895) 443 et in *Dyer* Fl. trop. Afr. VIII, 443.

> Fimbristylis — *Ridl.* in Trans. Linn. Soc. Ser. 2, II (1884) 153.

> 1883 (Fr. Hens). — IV : Lutete (Hens. B. 75).

Bulbostylis barbata [*Rottb.*] *Kunth* Enum. pl. II (1837) 208 [conf. 205]; *Clarke* in *Th. Dur. et Schinz* Consp. fl. Afr. V (1894) 611 et Étud. fl. Cgo (1896) 304; *De Wild. et Th. Dur.* Contr. fl. Cgo, II (1900) 70 et Reliq. Dewevr. (1901) 250; *Clarke* in *Dyer* Fl. trop. Afr. VIII, 431.

Scirpus barbatus *Rottb.* Descr. et icon. pl. (1773) 52, t. 17, fig. 4; *K. Schum.* in *Schlecht.* Westafr. Kautsch.-Expéd. (1900) 270.

Fimbristylis — *Benth.* Fl. Austral. VII (1878) 321; *K. Schum.* in *Engl.* Pfl. Ost-Afr. 125.

1816 (Chr. Smith). — Bas-Congo (Sm.). — I : Banana (Dew.). — II : Boma (Dew.); Zambi (Dup.). — IV : Lutete (Hens). — V : le Stanley-Pool (Schlt.); Kisantu (Gill.). — XVI : Albertville [Toa] (Hecq).

Bulbostylis capillaris [*L.*] *Nees* in *Mart.* Fl. Brasil. II¹ (1842) 81, in obs.; *Clarke* in *Th. Dur.* et *Schinz* Consp. fl. Afr. V, 612 et Étud. fl. Cgo (1896) 305; *Th. Dur.* et *De Wild.* Mat. fl. Cgo, I (1897) 43 [B. S. B. B. XXXVI², 89]; *De Wild.* et *Th. Dur.* Pl. Gilletianae, I (1900) 57 [B. Herb. Boiss. Sér. 2, I, 57].

Scirpus — *L.* Sp. pl. ed. 1 (1753) 49, pr. p.

Isolepis — *Roem.* et *Schult.* Syst. veget. II (1817) 118; *Kunth* Enum. pl. II, 211 (conf. etiam 205).

1893 (P. Dupuis). — II a : Bingila (Dup.). — V : Kisantu (Gill. 820),

— — var. trifida [*Kunth*] *Clarke* in *Hook. f.* Fl. Brit. Ind. VI (1894) 652; *Th. Dur.* et *Schinz* Consp. fl. Afr. V (1895) 612 et Étud. fl. Cgo (1896) 305; *Rendle* Cat. Welw. Pl. II, 125; *Clarke* in *Dyer* Fl. trop. Afr. VIII, 438; *De Wild.* et *Th. Dur.* Pl. Gilletianae, I (1900) 58 [B. Herb. Boiss. Sér. 2, I, 58]; *De Wild.* Miss. Laurent (1905) 21.

Isolepis trifida *Kunth* Enum. pl. II (1837) 213 (conf. etiam 205).

1888 (Fr. Hens). — IV : Gombi-Lutete (Hens, A, 293). — V : Kisantu (Gill.). — VIII : Lulanga (Ém. et M. Laur.). — IX : pays des Bangala (Hens, C. 154). — Ind. non cl. : poste de bois n° 6 (Ém. et M. Laur.).

Bulbostylis cardiocarpa [*Ridl.*] *Clarke* in *Th. Dur.* et *Schinz* Consp. fl. Afr. V (1895) 612 et Étud. fl. Cgo (1896) 306; *Rendle* Cat. Welw. Pl. II, 124; *Clarke* in *Dyer* Fl. trop. Afr. VIII, 434; *De Wild.* et *Th. Dur.* Pl. Gilletianae, I (1900) 58; *De Wild.* Miss. Laurent (1905) 21 et Étud. fl. Bas. et Moy.-Cgo, II (1907) 117.

Fimbristylis — *Ridl.* in Trans. Linn. Soc. Ser. 2, II (1884) 154.

1885 (C. Callewaert). — III : Matadi (Ém. et M. Laur.). — V : le Stanley-Pool (Callew.); Kimuenza; Kisantu (Gill. 622, 791). — VI : Eiolo (Ém. et M. Laur.).

Bulbostylis filamentosa [*Vahl*] *Kunth* Enum. pl. II (1837) 210 [conf. 205]; *Clarke* in *Th. Dur.* et *Schinz* Consp. fl. Afr. V (1895) 613 et Étud. fl. Cgo (1896) 306; *Rendle* Cat. Welw. Pl. II, 124; *Clarke* in *Dyer* Fl. trop. Afr. VIII, 433; *Th. Dur.* et *De Wild.* Mat. fl. Cgo, I (1897) 43 [B. S. B. B. XXXVI² 89]; *De Wild.* Étud. fl. Bas- et Moy.-Cgo, I (1904) 202.

Scirpus — *Vahl* Enum. pl. II (1806) 262.

1816 (Chr. Smith). — Bas-Congo (Sm.). — IV : Lutete (Hens). — V : Kimuenza (Gill.); Lemfu (But.). — XII d : riv. Welle [Uele] (Schw.).

Bulbostylis laniceps *Clarke* in *Th. Dur.* et *Schinz* Consp. fl. Afr. V (1895) 614 et Étud. fl. Cgo (1896) 306; *De Wild.* et *Th. Dur.* Ill. fl. Cgo (1898) 21, t. 11; Pl. Gilletianae, II (1901) 107 [B. Herb. Boiss. Sér. 2, I, 847] et Reliq. Dewevr. (1901) 251; *Clarke* in *Dyer* Fl. trop. Afr. VIII, 433; *De Wild.* Étud. fl. Bas- et Moy.-Cgo, I (1904) 220 et Miss. Laurent (1905) 21.

Fimbristylis — *K. Schum.* in *Engl.* Pfl. Ost-Afr. (1895) 125, in obs.

1888 (Fr. Hens). — Il a : route de l'Owali à Shinganga (Dew. 288). — V : le Stanley-Pool (Hens, B. 347); le Chenal (Ém. et M. Laur.); rive N. du Kasai [distr. du Stanley-Pool] (Luja); Kimuenza (Gill. 1780); entre Dembo et Kisantu : Kisantu (Gill. 159, 165); Lukolela (Hens, C. 163). — VII : bords de la Fini; Inongo (Ém. et M. Laur.).

Bulbostylis lanifera *K. Schum.* in Engl. Pfl. Ost-Afr. (1895) 125; *De Wild.* Miss. Laurent (1905) 22.

1903 (Ém. et Marc. Laurent). — VI : Dima (Ém. et M. Laur.). — XV : Butala; Muuungu (Ém. et M. Laur.).

Bulbostylis puberula [*Poir.*] *Kunth* Enum. pl. II (1837) 213 [conf. 205]; *Clarke* in *Th. Dur.* et *Schinz* Consp. fl. Afr. V (1895) 615; Étud. fl. Cgo (1896) 307 et in *Dyer* Fl. trop. Afr. VIII, 307; *De Wild.* Miss. Laurent (1905) 22.

Scirpus — *Poir.* Encycl. méth. Bot. VI (1804) 767; *Boeck.* in Linnaea, XXXVI (1869-1870) 767.
Isolepis — *Steud.* Syn. pl. glum. II (1855) 103.

1816 (Chr. Smith). — Bas-Congo (Sm.). — IV : Lutete (Hens). — IX : Yambinga (Ém. et M. Laur.). — XV : Olombo (Ém. et M. Laur.).

Bulbostylis pusilla [*Hochst.*] *Clarke* in *Th. Dur.* et *Schinz* Consp. fl. Afr. V (1895) 615; *De Wild.* et *Th. Dur.* Pl. Gilletianae, I (1900) 58 [B. Herb. Boiss. Sér. 2, I, 58]; *Clarke* in *Dyer* Fl. trop. Afr. VIII, 440.

Fimbristylis — *Hochst.* ex *A. Rich.* Tent. fl. Abyss. II (1851) 506.
Scirpus gracillimus *Boeck.* in Linnaea. XXXVI (1869-1870) 761 [conf. XXXVIII, 408].

1899 (J. Gillet). — V : Kisantu (Gill.).

Bulbostylis trichobasis [*Bak.*] *Clarke* in *Th. Dur.* et *Schinz* Consp. fl. Afr. V, (1895) 616 et in *Dyer* Fl. trop. Afr. VII, 445; *De Wild.* Étud. fl. Bas- et Moy.-Cgo, I (1906) 220.

Scirpus — *Bak.* in Journ. Linn. Soc. XX (1883) 298.

1890 (F. Demeuse). — V : ravin du Diable (Dem. 30).

— — var. **leptocaulis** *Clarke* in *De Wild.* et *Th. Dur.* Pl. Gilletianae, I (1900) 58 [B. Herb. Boiss. Sér. 2, I, 58].

Bulbostylis trichobasis *Clarke* var. uniseriata *Clarke* in *Th. Dur.* et *De Wild.* Mat. fl. Cgo, VII (1900) 14 [B. S. B. B. XXXIX², 37].

1899 (J. Gillet). — V : Kisantu (Gill. 179, 333).

FIMBRISTYLIS Vahl.

Fimbristylis Cioniana *P. Savi* in Mem. Valdarnese, III (1842) 98, cum icone; *Parlat.* Fl. Ital. II, 74; *Clarke* in *Th. Dur.* et *Schinz* Consp. fl. Afr. V, 602, Étud. fl. Cgo (1896) 299 et in *Dyer* Fl. trop. Afr. VIII, 420.

F. hispidula *Kunth* var. — *Boeck.* in Linnaea, XXXVII (1871) 28.
F. Cioniana *Steud.* Syn. pl. glum. II (1855) 112.

1888 (Fr. Hens). — IV : Lukungu; Lutete (Hens). — V : le Stanley-Pool (Dem.; Luja); Léopoldville (Luja). — XV : Lusambo (Jos. Duch.).

Fimbristylis complanata [*Retz.*] *Link* Hort. Berol. I (1827) 292; *Kunth* Enum. pl. II, 228; *A. Rich.* Tent. fl. Abyss. II, 505; *K. Schum.* in *Engl.* Pfl. Ost-Afr. 124; *Clarke* in *Th. Dur.* et *Schinz* Consp. fl. Afr. V, 602 et Étud. fl. Cgo (1896) 300; *Rendle* Cat. Welw. Pl. II, 123; *Clarke* in *Dyer* Fl. trop. Afr. VIII, 422.

Scirpus — *Retz.* Observ. bot. V (1789) 14.
Trichelostylis — *Nees* in Linnaea, IX (1834) 290 et X (1835-1836) 146.
F. autumnalis *Boeck.* in Linnaea, XXXVII (1871) 38.

1891 (F. Demeuse). — V : le Stanley-Pool (Dem.); env. de Lemfu (But.).

Fimbristylis dichotoma [*L.*] *Vahl* Enum. pl. II (1806) 287; *Rchb.* Icon. fl. Germ. XIII, 44, t. 315, fig. 733; *Clarke* in *Th. Dur.* et *Schinz* Consp. fl. Afr. V, 602, Étud. fl. Cgo (1896) 300 et in *Dyer* Fl. trop. Afr. VIII, 413.

Scirpus — *L.* Sp. pl. ed. 1 (1753) 40; *Rottb.* Descr. et icon. pl. 57, t. 13, fig. 1.

1891 (F. Demeuse). — V : le Stanley-Pool (Dem.); entre Léopoldville et Mombasi; env. de Kimuenza (Gill.).

Fimbristylis diphylla [*Retz.*] *Vahl* Enum. pl. II (1806) 289; *K. Schum.* in *Engl.* Pfl. Ost-Afr. 124; *Rendle* Cat. Welw. pl. II, 122; *Clarke* in *Th. Dur.* et *Schinz* Consp. fl. Afr. V, 603; Étud. fl. Cgo, I (1896) 301 et in *Dyer* Fl. trop. Afr. VIII, 415.

Scirpus — *Retz.* Observ. bot. VI (1791) 15.

1816 (Chr. Smith). — II : Boma (Dup.). — II a : Bingila (Dup.). - IV : Lukungu (Hens). — V : le Stanley-Pool; Léopoldville; entre Kinshasa et Kwamouth (Luja); Kisantu (Gill.). — VIII : Équateurville (Hens; Pyn.). — XIII d : Nyangwe (Dew.). — XV : Lusambo (Jos. Duch.). — XVI : le Katanga (Verd.).

Fimbristylis dipsacea [*Rottb.*] *Benth.* in *Benth.* et *Hook. f.* Gen. pl. III (1883) 1049; *Clarke* in *Th. Dur.* et *Schinz* Consp. fl. Afr. V, 604, Étud. fl. Cgo (1896) 301 et in *Dyer* Fl. trop. Afr. VIII, 413.

Scirpus dipsaceus *Rottb.* Descr. et icon. pl. (1773) 56, t. 12, fig. 1; *Boeck.* **in** Linnaea, XXXVI (1869-1870) 735.

Echinolytrum — *Desv.* Journ. de Bot. I (1808) 21, t. 1.

1888 (Fr. Hens). — V : env. de Léopoldville (Gill.); Kinshassa (Luja); Kwamouth (Hens).

Fimbristylis ferruginea [*L.*] *Vahl* Enum. pl. II (1806) 291; *Delile* Fl. d'Égypte, 10, t. 6, fig. 3; *K. Schum.* in *Engl.* Pfl. Ost-Afr. 124; *Clarke* in *Th. Dur.* et *Schinz* Consp. fl. Afr. V, 606, Étud. fl. Cgo (1896) 302 et in *Dyer* Fl. trop. Afr. VIII, 417; *Rendle* Cat. Welw. Pl. II, 122.

Scirpus — *L.* Sp. pl. ed. 1 (1753) 50.

1816 (Chr. Smith). — Bas-Congo (Sm.). — I : Banana (Dup.); Moanda (Gill.). — V : entre Dembo et Kisantu (Gill.).

Fimbristylis Hensii *Clarke* in *De Wild.* et *Th. Dur.* Contr. fl. Cgo, II (1900) 69 et in *Dyer* Fl. trop. Afr. VIII (1902) 419.

F. exilis *Roem.* et *Schult.* var. levinux *Clarke* in *Th. Dur.* et *Schinz* Consp. fl. Afr. V (1895) 605 et Étud. fl. Cgo (1896) 302.

1891 (F. Demeuse). — Congo (Dem.). — IV : Batanga [err. cal. Bolongo] [distr. des Cataractes] (Luja, 134); Lutete (Hens, 62, 67, 74, 239). — V : le Stanley-Pool (Hens).

Fimbristylis hispida [*Vahl*] *Kunth* Enum. pl. II (1837) 227; *Boeck.* in *Peters* Reise n. Mossamb. II, 545 et in Linnaea, XXXVII (1871) 27; *Ridl.* in Trans. Linn. Soc. Ser. 2, II (1884) 152.

Scirpus — *Vahl* Enum. pl. II (1806) 276.
Fimbristylis exilis *Roem.* et *Schult.* Syst. veget. II (1817) 98; *Clarke* in *Th. Dur.* et *Schinz* Consp. fl. Afr. V, 604, Étud. fl. Cgo (1896) 301 et in *Dyer* Fl. trop. Afr. VIII, 412; *Rendle* Cat. Welw. Pl. II, 123.

1816 (Chr. Smith). — Bas-Congo (Sm.). — V : le Stanley-Pool (Buett.); Kinshasa (Luja); Kisantu (Gill.). — VII : Inongo (Em. Laur.). — XV : îlots du Sankuru (Em. Laur.); env. de Lusambo. — Noms vern. : **Bisloka ; Tambwe** (Coll.?).

Fimbristylis monostachya [*L.*] *Hassk.* Pl. Javan. rarior. (1848) 61; *Clarke* in *Th. Dur.* et *Schinz* Consp. fl. Afr. V, 607 et Étud. fl. Cgo (1896) 302; *Rendle* Cat. Welw. Pl. II, 122; *Clarke* in *Dyer* Fl. trop. Afr. VIII, 424.

Cyperus — *L.* Mant. pl. II (1771) 180; *Rottb.* Descr. et icon. pl. 18, t. 13, fig. 3. Abildgaardia monostachya *Vahl* Enum. pl. II [1806] 296; *Oliv.* in Trans. Linn. Soc. XXIX (1875) 169, t. 109, fig. *a.*

1893 (P. Dupuis). — II a : Bingila; Kibinga (Dup.).

Fimbristylis obtusifolia [*Lam.*] *Kunth* Enum. pl. II (1837) 240; *Clarke* in *Th. Dur.* et *Schinz* Consp. fl. Afr. V, 608 et Étud. fl.

Cgo (1896) 303; *Rendle* Cat. Welw. Pl. II, 123; *Clarke* in *Dyer* Fl. trop. Afr. VIII, 423.

Scirpus obtusifolius *Lam.* Ill. genr. Encycl. I (1791) 141.
Isolepis — *P. Beauv.* Fl. d'Oware, II (1807) 38, t. 81, fig. 1.

1816 (Chr. Smith). — Bas-Congo (Sm.).

Fimbristylis quinquangularis [*Vahl*] *Kunth* Enum. pl. II (1837) 229; *Boeck.* in Linnaea, XXXVII (1871) 42; *Clarke* in *Hook. f.* Fl. Brit. Ind. VI, 644, in *Th. Dur.* et *Schinz* Consp. fl. Afr. V, 609 et in *Dyer* Fl. trop. Afr. VIII, 421; *De Wild.* et *Th. Dur.* Pl. Gilletianae, II (1901) 107 [B. Herb. Boiss. Sér. 2, I, 847].

Scirpus — *Vahl* Enum. pl. II (1806) 279.

1900 (J. Gillet). — V : Kisantu (Gill.).

Fimbristylis scabrida *Schumach.* in *Schumach.* et *Thonn.* Beskr. Guin. Pl. (1827) 32 ; *Clarke* in *Th. Dur.* et *Schinz* Consp. fl. Afr. V, 609, Étud. fl. Cgo (1896) 303 et in *Dyer* Fl. trop. Afr. VIII, 422.

1870 (G. Schweinfurth). — V : env. de Léopoldville (Gill); bassin de la Sele (But.); Kinshasa (Luja) ; Kisantu (Gill.). — XII d : riv. Welle [Uele] (Schw. 3517).

Fimbristylis splendida *Clarke* in *Dyer* Fl. trop. Afr. VIII (1902) 527.

F. complanata *Retz.* var. — *Clarke* in *De Wild.* et *Th. Dur.* Pl. Gilletianae, I (1900) 58 [B. Herb. Boiss. Sér. 2, I, 58].

1900 (J. Gillet). — V : Kisantu (Gill. 818).

Fimbristylis squarrosa *Vahl* Enum. pl. II (1806) 289 ; *Clarke* in *Th. Dur.* et *Schinz* Consp. fl. Afr. V, 609, Étud. fl. Cgo, (1896) 305 et in *Dyer* Fl. trop. Afr. VIII, 413; *Rendle* Cat. Welw. Pl. II, 122.

Scirpus — *Poir.* [non *L.*] Encycl. méth. Bot. V [Suppl.] (1817) 100.

1816 (Chr. Smith). — Bas-Congo (Sm.). — IV : Lukungu (Hens). — V : Kinshasa (Luja); Kisantu (Gill.).

SCIRPUS L.

Scirpus Buettnerianus *Boeck.* Cyper. nov. I (1888) 20 et in Verh. Bot. Ver. Brandenb. XXXI, 71 ; *Clarke* in *Th. Dur.* et *Schinz* Consp. fl. Afr. V, 618 et Étud. fl. Cgo (1896) 307.

1885 (R. Buettner). — III : Tondoa (Buett.).

Obs. — Clarke [in *Dyer* Fl. trop. Afr. VIII, 446] range cette plante, comme imparfaitement connue, à la suite du genre *Bulbostylis*.

Scirpus fluitans *L.* Sp. pl. cd. 1 (1753) 71; *K. Schum.* in *Engl.* Pfl. Ost-Afr. 125; *Clarke* in *Th. Dur.* et *Schinz* Consp. fl. Afr. V, 621; *De Wild.* ct *Th. Dur.* Contr. fl. Cgo, II (1900) 70; *Clarke* in *Dyer* Fl. trop. Afr. VIII, 449.

1891 (G. Descamps). — I : vallée du Lueshi (Desc.). — V : Kisantu (Gill.). — XI : env. de Mogandjo (M. Laur.).

FUIRENA Rottb.

Fuirena chlorocarpa *Ridl.* in Trans. Linn. Soc. Ser. 2, II (1884) 159; *Clarke* in *Th. Dur.* ct *Schinz* Consp. fl. Afr. V, 645, Étud. fl. Cgo, I (1896) 307 ct in *Dyer* Fl. trop. Afr. VIII, 465.

1888 (Fr. Hens). — V : le Stanley-Pool (Hens, 373).

Fuirena umbellata *Rottb.* Descr. et icon. pl. (1773) 19 (i. e. t. **18** altera) fig. 3; *Boeck.* in Linnaea, XXXVII (1871) 110 : *K. Schum.* in *Engl.* Pfl. Ost-Afr. 126; *Clarke* in *Th. Dur.* et *Schinz* Consp. fl. Afr. V, 648, Étud. fl. Cgo (1896) 308 ct in *Dyer* Fl. trop. Afr. VIII, 467.

1816 (Chr. Smith). — Bas-Congo (Sm.). — II a : Bingila (Dup.). — V : Dolo (M. Laur.); Tombi-Lutete (Hens); Kisantu (Gill.); rive N. du Kasai [distr. du Stanley-Pool] (Luja). —¡VI : Dima (Sap.). — VII : la Fini (Ém. et M. Laur.).

LIPOCARPHA R. Br.

Lipocarpha pulcherrima *Ridl.* in Trans. Linn. Soc. Ser. 2, II (1884) 162; *Th. Dur.* et *Schinz* Consp. fl. Afr. V, 650; *De Wild.* et *Th. Dur.* Contr. fl. Cgo, II (1900) 70; *Rendle* Cat. Welw. Pl. II, 129; *Clarke* in *Dyer* Fl. trop. Afr. VIII, 473.

Hypaelyptum — *K. Schum.* in *Engl.* Pfl. Ost.-Afr. (1895) 127.

1889 (Éd. Luja). — V : prairies marécag. de la rive N. du Kasai [distr. du Stanley-Pool] (Luja).

Lipocarpha senegalensis [*Lam.*] *Th.* et *Hél. Dur.*

Scirpus — *Lam.* Ill. genr. Encycl. I (1791) 140.
L. argentea *R. Br.* in *Tuckey* Congo Exped. Append. (1818) 459; *Ridl.* in Trans. Linn. Soc. Ser. 2, II (1884) 163; *Clarke* in *Th. Dur.* et *Schinz* Consp. fl. Afr. V, 649 et Étud. fl. Cgo (1896) 308; *Th. Dur.* et *De Wild.* Mat. fl. Cgo, I (1897) 44 [B. S. B. B. XXXVI*, 90]; *Rendle* Cat. Welw. Pl. II, 129; *Clarke* in *Dyer* Fl. trop. Afr. VIII, 470; *De Wild.* Étud. fl. Bas- et Moy.-Cgo, II (1907) 116.

Hypaelyptum — *Vahl* Enum. pl. II (1806) 283.

1816 (Chr. Smith). — Bas-Congo (Sm.). — II a : Bingila (Dup.). — IV : riv. Tombi-Lutete (Hens). — V : Kisantu (Gill.).

Lipocarpha triceps [*Lam.*] *Nees* in *Wight* Contr. Ind. Bot. (1834) 92; *Clarke* in *Dyer* Fl. trop. Afr.[VIII, 470; *De Wild.* Miss. Laurent (1905) 17.

> Kyllingia — *Lam.* Ill. genr. Encycl. I (1791) 148, t. 38, fig. 2.
> L. sphacelata *Kunth* Enum. pl. II (1837) 267; *Th. Dur.* et *Schinz* Consp. fl. Afr. V, 650; *Rendle* Cat. Welw. Pl. II, 129; *De Wild.* et *Th. Dur.* Contr. fl. Cgo, II (1900) 70.

1899 (Éd. Luja). — V : le Stanley-Pool (Luja). — XV : en aval d'Ifuta (Ém. et M. Laur.); le Kasai (Luja).

ASCOLEPIS Nees.

Ascolepis pinguis *Clarke* in *De Wild.* et *Th. Dur.* Contr. fl. Cgo, II (1900) 69.

1894 (G. Descamps). — XVI : Albertville [Toa]; Kitope (Desc.).

Ascolepis protea *Welw.* in Trans. Linn. Soc. XXVII (1869) 75; *Rendle* Cat. Welw. Pl. II, 130; *Clarke* in *Dyer* Fl. trop. Afr. VIII, 474; *De Wild.* Étud. fl. Bas- et Moy.-Cgo, I (1906) 217.

1902 (J. Gillet). — V : entre Léopoldville et Mombasi (Gill. 2593); entre Kisantu et Popokabaka (But. in Gill. 2303).

HYPOLYTRUM Rich.

Hypolytrum africanum *Nees* in Linnaea, IX (1834) 288; *K. Schum.* in *Engl.* Pfl. Ost-Afr. 127; *Clarke* in *Th. Dur.* et *Schinz* Consp. fl. Afr. V, 666, Étud. fl. Cgo (1896) 309 et in *Dyer* Fl. trop. Afr. VIII, 488.

1816 (Chr. Smith). — Bas-Csngo (Sm.; Dem. 412). — V : Kisantu (Gill. 1075). — IX : en aval de Bolombo (Ém. et M. Laur.).

Hypolytrum congense *Clarke* in *Th. Dur.* et *De Wild.* Mat. fl. Cgo, IV (1899) 38 [B. S. B. B. XXXVIII², 115], in *De Wild.* et *Th. Dur.* Reliq. Dewevr. (1901) 251 et in *Dyer* Fl. trop. Afr. VIII (1902) 487.

1896 (A. Dewèvre). — VIII : env. de Bokakata (Dem. 106 b, 746); près de la Kasuku (Dem. 1061 b).

Hypolytrum nemorum *P. Beauv.* Fl. d'Oware, II (1807) 13, t. 67; *Th. Dur.* et *Schinz* Consp. fl. Afr. V, 666; *Th. Dur.* et *De Wild.* Contr. fl. Cgo, I (1899) 65 et Reliq. Dewevr. (1901) 252; *Clarke* in *Dyer* Fl. trop. Afr. VIII, 487; *De Wild.* Étud. fl. Bas- et Moy.-Cgo, I (1904) 219; II (1907) 116 et Miss. Laurent (1905) 17.

1895 (A. Dewèvre). — Il a : Shinganga (Dew.). — IV : bord de la Pioka (Ém. Laur.). — V : le Stanley-Pool (Luja); Léopoldville (Schlt.); Sabuka (Ém. Duch.; Luja); Kisantu (Gill.); Lemfu (But.); rég. de Lumene (Hendr.). — VI : vallée de la Djuma (Gill.). — XV : Olombo; Batempa (Ém. et M. Laur.).

GRAMINACEAE (1)

IMPERATA Cyrillo

Imperata cylindrica [*L.*] *P. Beauv.* Agrostogr. (1812) 5, t. 5, fig. 1; *Th. Dur.* et *Schinz* Consp. fl. Afr. V, 693 et Étud. fl. Cgo (1896) 311; *De Wild.* et *Th. Dur.* Pl. Gilletianae, I (1900) 59 [B. Herb. Boiss. Sér. 2, I, 59].

Lagurus — *L.* Syst. nat. ed. 10, II (1759) 878.
I. arundinacea *Cyrillo* Pl. rar. Neap. fasc. II (1792) 27, t. 11; *Hack.* in *DC.* Monog. Phan. VI, 92; *Rendle* Cat. Welw. Pl. II, 135; *De Wild.* Miss. Laur. (1906) 198.

1899 (J. Gillet). — II a : Kalamu (Ém. et M. Laur.). — V : Kisantu. — Nom vern. : **Nianga** (Gill.).— VI : route de Kikwit à Boala (Lescr.).— VII : la Fini (Ém. et M. Laur.). — IX : Bumba (Ém. et M. Laur.). — XIV : Kalemba-Lemba. — Nom vern. : **Niazi** (Coll. ?).

— — var. **Thunbergii** [*Retz.*] *Hack.* in *DC.* Monog. Phan. VI (1889) 94; *Th. Dur.* et *Schinz* Consp. fl. Afr. V, 693 et Étud. fl. Cgo (1896) 312; *De Wild.* et *Th. Dur.* Reliq. Dewevr. (1901) 253; *De Wild.* Étud. fl. Kat. (1902) 1.

Saccharum — *Retz.* Obs. bot. V (1789) 17.
Imperata — *P. Beauv.* in *Roem.* et *Schult.* Syst. veget. II (1817) 289.
I. arundinacea *Cyrillo* var. — *Rendle* Cat. Welw. II (1899) 135.

1888 (Fr. Hens). — Congo (Dem.). — Il a : poste de la Lubusi (Dew.). — IV : Lutete (Hens). - XIII : Bena-Mulengere (Dew.). — XVI : brousse du Katanga (Verd.). — Nom vern. : **Kalemba-Kaluma** [Tanganika] (Dew.).

ROTTBOELLIA L. f.

Rottboellia exaltata *L. f.* Suppl. pl. (1781) 114; *K. Schum.* in *Engl.* Pfl. Ost-Afr. 96; *Rendle* Cat. Welw. Pl. II, 139; *De Wild.* et *Th. Dur.* Pl. Gilletianae, I (1900) 59 [B. Herb. Boiss. Sér. 2, I, 59]; *De Wild.* Miss. Laurent (1906) 198 et Étud. fl. Bas- et Moy.-Cgo, II (1907) 11.

1900 (J. Gillet). — V : Kisantu (Gill.). — VII : la Fini (Ém. et M. Laur.); Mushie (Ém. Laur.). — VII : Lulanga (Ém. et M. Laur.).— X : Mokoangi (Boucken.). — XIV : Ruzizi-Kivu (Coll.?).

---

(1) Le **Zea Mays** L. est cultivé partout au Congo belge.

MANISURIS L.

Manisuris granularis [*L.*] *L. f.* Nov. Gram. gen. (1779) 37, fig. 4-7; *Th. Dur.* et *Schinz* Consp. fl. Afr. V, 700 et Étud. fl. Cgo (1896) 312; *Rendle* Cat. Welw. Pl. II, 141; *De Wild.* Contr. fl. Cgo, II (1900) 71; *De Wild.* Miss. Laurent (1906) 199 et Étud. fl. Bas- et Moy.-Cgo, II (1907) 11.

Cenchrus — *L.* Mant. pl. II (1771) 575.

M. polystachya *P. Beauv.* Fl. d'Oware, I (1804) 24, t. 14.

1893 (P. Dupuis). — II a : Bingila (Dup.). — IV : Lukungu (Hens). — V : Dolo (M. Laur.); Kisantu (Gill.).

TRACHYPOGON Nees

Trachypogon polymorphus *Hack.* in *Mart.* Fl. Brasil. II³ (1883) 263 et in *DC.* Monog. Phan. VI, 323; *Th. Dur.* et *Schinz* Consp. fl. Afr. V, 701.

Espèce collective habitant presque toute l'Amérique bor. et austr. trop. et subtrop.

— — var. **Montufari** *Hack.* l. c. VI (1889) 325.

— — — subvar. **capensis** *Hack.* l. c. VI (1889) 326; *Th. Dur.* et *Schinz* Étud. fl. Cgo (1896) 314.

Stipa capensis *Thunb.* Prodr. pl. Cap. (1794) 19 et Fl. Capens. ed. 1, I, 401; [ed. *Schult.*] 106.

Trachypogon — *Trin.* in Mém. Acad. Pétersb. Sér. 6, II (1833) 257; *Nees* Fl. Afr. austr. 100.

1888 (Fr. Hens). — IV : Lutete (Hens, A. 222).

URELYTRUM Hack.

Urelytrum giganteum *Pilger* in Engl. Jahrb. XXXIV (1904) 125.

1876 (P. Pogge). — XV : Mukenge (Pg.). — XVI : Musumba (Pg. 471).

VOSSIA Wall.

Vossia procera *Wall.* et *Griff.* in Journ. Asiat. Soc. Beng. V (1836) 573, t. 23; *Oliv.* ex *Grant.* in Trans. Linn. Soc. XXIX (1875) t. 116, fig. 1; *Hack.* in *DC.* Monog. Phan. VI, 270; *Th. Dur.* et *Schinz* Consp. fl. Afr. V, 701; *De Wild.* et *Th. Dur.* Contr. fl. Cgo, II (1900) 71 et Reliq. Dewevr. (1901) 252; *De Wild.* Étud. fl. Bas- et Moy.-Cgo, I (1904) 94.

1892 (G. Descamps). — V : env. de Bolobo (Dew.); Kimuenza (Gill.). — XV : le Bas-Kasai (Desc.).

ELIONURUS Humb. et Bonpl.

Elionurus argenteus *Nees* Fl. Afr. austr. (1841) 95; *Hack.* in *DC.* Monog. Phan. VI, 330; *Th. Dur.* et *Schinz* Consp. fl. Afr. V, 702; *K. Schum.* in *Engl.* Pfl. Ost-Afr. 97; *De Wild.* Miss. Laurent (1906) 199 et Étud. fl. Bas- et Moy.-Cgo, II (1907) 10.

1888 (Fr. Hens). — V : Kisantu (Gill. 3671); env. de Lemfu (But. in Gill. 3473). — XV : Bukila; Butala (Ém. et M. Laur.).

Elionurus Hensii *K. Schum.* in Engl. Jahrb. XXIV (1897) 326.

E. argenteus *Th. Dur.* et *Schinz* [non *Nees*] Étud. fl. Cgo (1896) 313.

1888 (Fr. Hens). — IV : Kiengi-Lutete (Hens, 285).

RHYTACHNE Desv.

Rhytachne congoensis *Hack.* in *DC.* Monog. Phan. VI (1889) 277; *Th. Dur.* et *De Wild.* Consp. fl. Afr. V, 700 et Étud. fl. Cgo (1896) 313; *De Wild.* et *Th. Dur.* Contr. fl. Cgo, II (1900) 71 et Miss. Laurent (1904) 198.

1891 (F. Demeuse). — Congo (Dem.). — V : entre Kinshasa et Kwamouth (Luja). — VII : la Fini (Ém. et M. Laur.).

— — var incompleta *Hack.* ex *De Wild.* et *Th. Dur.* Contr. fl. Cgo, I (1899) 65.

1891 (F. Demeuse). — Congo (Dem. 114).

— — var. polystachya *Hack.* ex *Th. Dur.* et *Schinz* Étud. fl. Cgo (1896) 313; *De Wild.* et *Th. Dur.* l. c. I (1899) 65.

1888 (Fr. Hens). — II : Boma (Hens, A. 323).

— — form. submutica *Hack.* ex *De Wild.* et *Th. Dur.* l. c. I (1899) 65.

1891 (F. Demeuse). — Congo (Dem. 158).

Rhytachne gabonensis [*Steud.*] *Hack.* in *DC.* Monog. Phan. VI (1889) 276; *Th. Dur.* et *Schinz* Étud. fl. Cgo (1896) 313; *De Wild.* Étud. fl. Bas- et Moy.-Cgo, I (1903) 11; II (1907) 10.

Jardinea — *Steud.* in Flora (1850) 229 et Syn. pl. glum. I, 360, pr. p.

1888 (Fr. Hens). — IV : Tombi-Lutete (Hens, A. 310). — V : env. de Kisantu (Gill. 3508); Lemfu (But. in Gill. 2256).

ANDROPOGON L.

Andropogon Afzelianus *Rendle* in *Britten* Journ. of Bot. XXXI
(1893) 357; *De Wild.* et *Th. Dur.* Contr. fl. Cgo, II (1900) 75.

  1888 (Fr. Hens). — V : le Stanley-Pool (Hens, B. 76).

Andropogon appendiculatus *Nees* Fl. Afr. austr. (1841) 105; *Hack.*
in *DC.* Monog. Phan. VII, 436; *Th. Dur.* et *Schinz* Consp. fl. Afr.
V, 706 et Étud. fl. Cgo (1896) 314.

  1888 (Fr. Hens). — V : le Stanley-Pool (Hens).

  OBS. — La plante du Congo appartient à la variété *genuinus* Hack.

Andropogon apricus *Trin.* in Mém. Acad. Pétersb. Sér. 6, IV (1836)
83 (sens. ampl.); *Hack.* in *DC.* Monog. Phan. VI, 356; *Th. Dur.* et
Schinz Consp. fl. Afr. V, 706 et Étud. fl. Cgo (1896) 314.

  1888 (Fr. Hens). — IV : Lutete (Hens). — V : le Stanley-Pool (Hens).

  OBS. — La plante du Congo appartient à la var. *africanus* Hack. l. c. 357.

Andropogon bipennatus *Hack.* in Flora (1885) 142 et in *DC.* Monog. Phan. VI (1889) 537; *De Wild.* Étud. fl. Bas- et Moy.-Cgo, II
(1907) 10.

  1904 (Aug. Van Houtte). — V : Kisantu (Van Houtte in Gill. 3738).

Andropogon bracteatus *Willd.* Sp. pl. IV (1805) 914; *Hack.* in
Mart. Fl. Brasil. II², 279, t. 64 et in *DC.* Monog. Phan. VI, 643;
Th. Dur. et *Schinz* Étud. fl. Cgo (1896) 315.

  Cymbopogon Humboldtii *Spreng.* Pugill. pl. nov. II (1815) 15; *Rendle* Cat.
  Welw. Pl. II, 159.

  1888 (Fr. Hens). — IV : Lukungu (Hens).

Andropogon Brazzae *Franch.* in B. Soc. hist. nat. Autun. VIII
(1895) 326.

  1888 (Fr. Hens). — IV : Lutete (Hens, 319).

Andropogon brevifolius *Sw.* Prodr. veget. Ind. occ. (1788) 26 et
Fl. Ind. occ. I, 209; *Kunth.* Révis. Gramin. II, t. 196; *Hack.* in
DC. Monog. Phan. VI, 363; *Th. Dur.* et *Schinz* Consp. fl. Afr. V,
707 et Étud. fl. Cgo (1896) 415; *De Wild.* et *Th. Dur.* Pl. Gilletianae, I (1900) 60 [B. Herb. Boiss. Sér. 2, I, 60].

  1888 (Fr. Hens). — V : Kisantu (Gill). — IX : Lisha (Hens).

Andropogon contortus *L.* Sp. pl. ed. 1 (1753) 1045; *Hack.* in *DC.*
Monog. Phan. VI, 585; *Th. Dur.* et *Schinz* Consp. fl. Afr. V, 709;

De Wild. et *Th. Dur.* Reliq. Dewevr. (1901) 54; *De Wild.* Étud.
fl. Bas- et Moy.-Cgo, II (1907) 9.

1895 (A. Dewèvre). — I : Moanda (Gill.). — II : Boma (Dew.). — V : le Stanley-
Pool (Schlt.). — VIII : Équateur (Pyn.).

OBS. — La plante de Boma appartient à la var. *genuinus* subvar. *typicus*
Hack. l. c.

Andropogon diplandrus *Hack.* in Flora (1885) 123 et in *DC.* Monog. Phan. VI, 627; *Th. Dur.* et *Schinz* Consp. fl. Afr. V, 710 et
Étud. fl. Cgo (1896) 315; *De Wild.* et *Th. Dur.* Contr. fl. Cgo, II
(1900) 75.

1891 (Fr. Demeuse). — Congo (Dem.). — V : Kisantu (Gill.); rive N. du Kasai
(Luja). — IX : Yambinga (Dem.).

Andropogon distachyus *L.* Sp. pl. ed. 1 (1753) 1040; *Desf.* Fl.
Atlant. II, 377; *Batt.* et *Trab.* Fl. de l'Algér. [Monoc.] 33; *Th. Dur.*
et *Schinz* Consp. fl. Afr. V, 710; *Th. Dur.* et *De Wild.* Mat. fl.
Cgo, I (1897) 44 [B. S. B. B. XXXVI², 90]; *De Wild.* et *Th. Dur.*
Contr. fl. Cgo, II (1900) 75 et Reliq. Dewevr. (1901) 254.

1895 (P. Dupuis). — II : Boma (Dew.). — II a : Bingila (Dup.). — V : Kisantu
(Gill.).

Andropogon familiaris *Steud.* Syn. pl. glum. I (1855) 385; *Hack.*
in *DC.* Monog. Phan. VI, 636; *Th. Dur.* et *Schinz* Consp. fl. Afr.
V, 711 et Étud. fl. Cgo (1896) 316; *De Wild.* et *Th. Dur.* Pl. Thonnerianae (1900) 3.

1888 (Fr. Hens). — IV : Lutete (Hens). — IX : Molanga près Dobo (Thonn.).

Andropogon finitimus *Hochst.* ex *A. Rich.* Tent. fl. Abyss. II
(1851) 465; *Hack.* in *DC.* Monog. Phan. VI, 637; *Th. Dur.* et
Schinz Consp. fl. Afr. V, 712 et Étud. fl. Cgo (1896) 316.

Cymbopogon — *Rendle* Cat. Welw. Pl. II (1899) 157.

1891 (Fr. Demeuse). — Congo (Dem.).

Andropogon intermedius *R. Br.* Prodr. fl. N. Holl. (1810) 202;
Benth. Fl. Austral. VII, 531; *Hack.* in *DC.* Monog. Phan. VI, 485;
Th. Dur. et *Schinz* Consp. fl. Afr. V, 715 et Étud. fl. Cgo (1896) 316.

1884 (R. Buettner). — III : Tondoa (Buett.).

OBS. — La plante de Tondoa appartient à la var. *punctatus* subvar. *glaber*
Hack. l. c. 487 (= *A. glaber* Roxb. Hort. Bengal. [1814] 7).

Andropogon Lecomtei *Franch.* in B. S. hist. nat. Autun, VIII
(1895) 329.

1888 (F. Hens). — IV : Lukungu (Hens, 186).

Andropogon Schimperi *Hochst.* ex *A. Rich.* Tent. fl. Abyss. II (1851) 466; *Hack.* in *DC.* Monog. Phan. VI, 623; *Th. Dur.* et *Schinz* Consp. fl. Afr. V, 721; *De Wild.* Miss. Laurent (1906) 198 et Étud. fl. Bas- et Moy.-Cgo, II (1907) 10.

Cymbopogon — *Rendle* Cat. Welw. Pl. II (1899) 155.

1893 (Ém. Laurent). — Bas-Congo (Ém. Laur.). — V : Chenal entre Léopoldville et Kwamouth (Ém. Laur.); Kisantu-Makela (Van Houtte). — VI : Lusubi (Lescr.). — IX : Bumba; Yambinga (Ém. Laur.).

Andropogon Schoenanthus *L.* Sp. pl. ed. 1 (1753) 1046 (sens. ampl.); *Hack.* in *DC.* Monog. Phan. VI, 609; *Th. Dur.* et *Schinz* Consp. fl. Afr. V, 722 et Étud. fl. Cgo (1896) 317.

Cymbopogon — *Rendle* Cat. Welw. Pl. II (1899) 154.

Le type, non indiqué au Congo, croît dans l'Asie, l'Afrique et l'Australie trop.

— — subsp. **densiflorus** [*Steud.*] *Hack.* l. c. VI (1889) 611; *Th. Dur.* et *Schinz* l. c.; *De Wild.* et *Th. Dur.* Contr. fl. Cgo, II (1900) 76 et Reliq. Dewevr. (1901) 254; *De Wild.* Étud. fl. Bas- et Moy.-Cgo, II (1907) 9.

A. densiflorus *Steud.* Syn. pl. glum. I (1855) 386.
Cymbopogon Schoenanthus *Rendle* var. — *Rendle* l. c. II (1899) 154.

1888 (Fr. Hens). — Bas-Congo (Cabra). — II : Malela (Ém. Laur.). — IV : Lutete (Hens). — V : le Stanley-Pool (Dem.; Dew.); Kisantu (Gill.). — XIII d : Stanleyville (Pyn.).

Andropogon Sorghum *Brot.* Fl. Lusit. I (1804) 86 (sens. ampl.); *A. Rich.* Tent. fl. Abyss. II, 470; *Koern.* et *Wern.* Handb. d. Getreideb. I, 294; *Hack.* in *DC.* Monog. Phan. VI, 500; *Th. Dur.* et *Schinz* Étud. fl. Cgo (1896) 318; *De Wild.* Not. pl. util. ou intér. du Cgo, I (1906) 531-536.

Obs. — Espèce présentant une multitude de sous-espèces et de variétés, largement cultivée dans tous les pays chauds.

— — var. **effusus** *Hack.* l. c. VI (1889) 503; *Th. Dur.* et *Schinz* Consp. fl. Afr. V, 724 et Étud. fl. Cgo (1896) 318.

Sorghum halepense *Nees* Fl. Afr. austr. (1841) 88.

1891 (F. Demeuse). — Congo (Dem.). — Cette variété est aussi indiquée dans le bassin du Tanganika [XVI] (Boehm.).

— — var. **halepensis** [*L.*] *Hack.* l. c. VI (1889) 502; *Th. Dur.* et *Schinz* l. c. V, 724; *De Wild.* et *Th. Dur.* Pl. Gilletianae, I (1900) 60 [B. Herb. Boiss. Sér. 2, I, 60] et Reliq. Dewevr. (1901) 254; *De*

Wild. Étud. fl. Kat. (1902) 1 et Étud. fl. Bas- et Moy.-Cgo, I (1904) 94.

Holcus halepensis *L.* Sp. pl. ed. 1 (1753) 1047.
Andropogon — *Brot.* Fl. Lusit. I (1804) 109 (sens. strict.).
Sorghum — *Pers.* Syn. pl. I (1805) 101.

1888 (Fr. Hens). — V : Kisantu (Gill.); Bolobo (Dew.). — VII : Kutu (Coll. ?).
— IX : pays des Bangala (Hens). — XVI : Lukafu (Verd.).

Andropogon squarrosus *L. f.* Suppl. pl. (1781) 433 (sens. ampl.); *Hack.* in *DC.* Monog. Phan. VI, 542; *Th. Dur.* et *Schinz* Consp. fl. Afr. V, 726.

Type largement répandu dans la région tropicale.

— — var. **genuinus** *Hack.* l. c. VI (1889) 544.

A. squarrosus *L. f.* l. c. (sens. str.).
A. muricatus *Retz.* Obs. bot. II (1781) 43.
Anatherum — *P. Beauv.* Essai Agrost. (1812) 150, t. 22, fig. 10; *Rendle* Cat. Welw. Pl. II, 153.

1898 (J. Gillet et Eug. Wilwerth). — II : Boma (Gill.; Wilw.). — V : entre Léopoldville et Mombasi (Gill.).

— — var. **nigritanus** [*Benth.*] *Hack.* l. c. VI (1889) 544; *Th. Dur.* et *Schinz* l. c. V, 727 et Étud. fl. Cgo (1896) 319; *De Wild.* et *Th. Dur.* Reliq. Dewevr. (1901) 255.

Andropogon nigritanus *Benth.* in *Hook.* Niger Fl. (1849) 573.

1888 (Fr. Hens). — V : Lukolela (Hens); Bolobo (Dew.).

THEMEDA Forsk.

Themeda ciliata [*L. f.*] *Hack.* in *DC.* Monog. Phan. VI (1889) 664; *Th. Dur.* et *Schinz* Consp. fl. Afr. V, 730; *De Wild.* et *Th. Dur.* Reliq. Dewevr. (1901) 255.

Anthistiria — *L. f.* Suppl. pl. (1781) 113; *P. Beauv.* Agrost. 134, t. 23, fig. 7.
A. barbata *Desf.* in Journ. Phys. XL, 294, t. 2.

1895 (A. Dewèvre). — II a : Shinganga (Dew.).

Themeda Forskalii *Hack.* in *DC.* Monog. Phan. VI (1889) 659; *Th. Dur.* et *Schinz* Consp. fl. Afr. V, 730.

Le type est largement disséminé dans la rég. trop. de l'Ancien Monde et dans l'Afrique austr.

— — var. **glauca** *Hack.* l. c. VI (1889) 663; *De Wild.* Étud. fl. Bas- et Moy.-Cgo, II (1907) 16.

1904 (Coll. ?). — XIV : Ruzizi-Kivu. — Nom vern. : **Mangue** (Coll. ?). — XVI Lukafu. — Nom vern. : **Kapumpu** (Coll. ?).

ANTHEPHORA Schreb.

Anthephora cristata [*Doell.*] *Hack.* ex *De Wild.* et *Th. Dur.* Pl. Gilletianae, I (1900) 60 [B. Herb. Boiss. Sér. 2, I, 60] et Reliq. Dewevr. (1901) 255; *De Wild.* Miss. Laurent (1906) 199 et Étud. fl. Bas- et Moy.-Cgo, II (1907) 10.

> A. elegans *Schreb.* var. — *Doell* in *Mart.* Fl. Brasil. II² (1877) 314; *Rendle* Cat. Welw. Pl. II, 193.
> A. elegans *Schreb.* var. africana *Pilger* in Engl. Jahrb. XXX (1901) 119.
> A. elegans *Th. Dur.* et *Schinz* [non *Schreb.*] Etud. fl. Cgo (1896) 319.

1887 (Fr. Hens). — Bas-Congo (Ém. Laur.). — II : Boma (Hens). — III : Matadi (Ém. Laur.). — V : Kisantu ; Kimuenza (Gill.).

Anthephora elegans *Schreb.* Beschreib. d. Gräser, III (1810) t. 44; *Doell* in *Mart.* Fl. Brasil. II², 313; *Th. Dur.* et *Schinz* Consp. fl. Afr. V, 732; *De Wild.* et *Th. Dur.* Contr. fl. Cgo, II (1900) 76.

1890 (Paul Briart). — XVI : Zilo (Briart).

Anthephora elongata *De Wild.* Étud. fl. Kat. (1902) 2.

1900 (Edg. Verdick). — XVI : Lukafu (Verd. 413).

PEROTIS Ait.

Perotis spicata [*L.*] *Th.* et *Hél. Dur.*

> Saccharum — *L.* Sp. pl. ed. 1 (1753) 54.
> P. latifolia *Ait.* Hort. Kew. ed. 1, I (1789) 85 ; *Kunth* Révis. Gramin. I, 357, t. 92; *Oliv.* in Trans. Linn. Soc. XXIX (1875) 176; *Th. Dur.* et *Schinz* Consp. fl. Afr. V, 734 et Étud. fl. Cgo (1896) 319; *Rendle* Cat. Welw. Pl. II, 210; *De Wild.* et *Th. Dur.* Contr. fl. Cgo, II (1900) 76; *De Wild.* Miss. Laurent (1906) 199.

1891 (F. Demeuse). — Congo (Dem.). — Bas-Congo (Cabra). — V : Dolo (M. Laur.); Kimuenza (Gill.).

THYSANOLAENA Nees.

Thysanolaena acarifera *Nees* in Nov. Act. Acad. nat. Cur. XVII, Suppl. I (1843) 180; *Th. Dur.* et *Schinz* Consp. fl. Afr. V, 738; *Franch.* in B. S. hist. nat. Autun, VIII (1895) 338.

1888 (Fr. Hens). — IV : Lutete (Hens, 258).

PASPALUM L.

Paspalum conjugatum *Berg.* in Act. Helv. VII (1772) 129, t. 8; *Trin.* Gram. icon. et descr. II, t. 102; *Th. Dur.* et *Schinz* Consp.

fl. Afr. V, 736 et Étud. fl. Cgo (1896) 320; *De Wild. et Th. Dur.*
Contr. fl. Cgo, II (1900) 71 et Reliq. Dewevr. (1901) 256; *De Wild.*
Miss. Laurent (1906) 199; Not. pl. util. ou intér. du Cgo, I (1905) 514
et Étud. fl. Bas- et Moy.-Cgo, II (1907) 10.

> P. ciliatum *Lam.* Illustr. genr. Encycl. I (1791) 175; *P. Beauv.* Fl. d'Oware,
> II, 56, t. 92, fig. 2.

> 1888 (Fr. Hens). — II : Sisia (Dup.). — II a : Shinganga (Dew.). — IV : Kiengi-
> Lutete (Hens). — V : Kisantu (Gill.). — VI : Eiolo (Ém. Laur.). — VIII : Eala
> (M. Laur.). — X : Mokoauge (Boucken.). — XIII a : Romée (Van Goits.). —
> XV : le Kasai (Lescr.). — Noms vern. : **Nia-Ngombe** [Romée] : **Dili** [Songo]; **Nzamingo**
> [Bwaka] (Van Goitsenh).

Paspalum longiflorum *Retz.* [non *Trin.*] Observ. bot. IV (1786) 15;
Bak. Fl. of Maurit. I, 431; *Th. Dur.* et *Schinz* Consp. fl. Afr. V,
737 et Étud. fl. Cgo (1896) 320; *Th. Dur.* et *De Wild.* Mat. fl. Cgo,
I (1897) 44 [B. S. B. B. XXXVI², 90].

> 1888 (Fr. Heus). — Congo (Hens, 209, 273). — II : Sisia (Dup.).

Paspalum scrobiculatum *L.* Mant. pl. I (1767) 29; *Trin.* Gram.
icon. et descr. II, t. 143; *K. Schum.* in *Engl.* Pfl. Ost-Afr. 100; *Th.
Dur.* et *Schinz* Consp. fl. Afr. V, 738 et Étud. fl. Cgo (1896) 320;
Th. Dur. et *De Wild.* Mat. fl. Cgo, I (1897) 44 [B. S. B. B. XXXVI²,
90]; *Rendle* Cat. Welw. Pl. II, 162; *De Wild.* Not. pl. util. ou intér.
du Cgo, I (1905) 518-519; Miss. Laurent (1896) 205 et Étud. fl. Bas-
et Moy.-Cgo, II (1907) 10.

> P. Kora *Willd.* Sp. pl. I (1798) 332; *P. Beauv.* Fl. d'Oware, II, t. 85.

> 1885 (R. Buettner). — IV : Banza-Manteka (Hens). — V : Chenal Leo-Kwam
> (Ém. et M. Laur.); Suata (Buett.); Kinshasa (Ém. Laur.); Kisantu (Gill.). — VII :
> Kutu (Ém. et M. Laur.). — VIII : Eala (M. Laur.); Lulanga (Ém. et M. Laur.).
> — IX : pays des Bangala (Dem.). — XVI : Haut-Marungu (Deb.). — Ind. non
> cl. : env. de Sende (Coll. ?).

ISACHNE R. Br.

Isachne albens *Trin.* Gram. icon. et descr. (1823) 8, t. 83; *K. Schum.*
in *Engl.* Pfl. Ost-Afr. 100; *De Wild.* Miss. Laurent (1906) 200.

> 1903 (Ém. et Marc. Laurent). — V : Dolo (M. Laur.). — VII : Kutu (Ém. et M.
> Laur.). — VIII : Eala (M. Laur.). — IX : Yambinga (Ém. et M. Laur.).

Isachne australis *R. Br.* Prodr. fl. N. Holl. (1810) 196; *De Wild.*
Miss. Laurent (1906) 200.

> 1903 (Ém. et Marc. Laurent). — V : Kisantu (Ém. et M. Laur.).

Isachne Buettneri *Hack.* in Verh. bot. Ver. Prov. Brandenb. XXXI
(1890) 69; *Th. Dur.* et *Schinz* Consp. fl. Afr. V, 739 et Étud. fl.
Cgo (1896) 321.

> 1891 (F. Demeuse). — Congo (Dem.).

PANICUM L.

Panicum arborescens *L.* Sp. pl. ed. 1 (1753) 59; *Rendle* Cat. Welw.
Pl. II, 176.

P. ovalifolium *Poir.* Encycl. méth. Bot. XII (1816) 279 ; *P. Beauv.* Fl.
d'Oware, II, 79, t. 110, fig. 1; *Th. Dur. et Schinz* Consp. fl. Afr. V, 758 et
Étud. fl. Cgo (1896) 323; *De Wild.* Contr. fl. Cgo, II (1900) 79 et Reliq.
Dewevr. (1901) 256; *De Wild.* Miss. Laurent (1906) 201.

1885 (R. Buettner). — Bas-Congo (Cabra). — II a : Shinganga (Dew.). — IV :
Tombe [Lutete] (Hens); Kitobola (Ém. et M. Laur.). — V : Dolo (Schlt.); Suata
(Buett.); Kisantu (Gill.). — VIII : Eala. — Nom vern. : **Elulungu** (M. Laur.). —
XV : le Kasai (Luja).

Panicum argyrotrichum *Anderss.* in *Peters* Reise n. Mossamb. II
(1864) 548; *Th. Dur. et Schinz* Consp. fl. Afr. V, 741 et Étud. fl.
Cgo (1896) 321; *De Wild. et Th. Dur.* Contr. fl. Cgo, II (1900) 72.

1888 (Fr. Hens). — IV : Lukungu; Lutete (Hens).

Panicum brizanthum *Hochst.* in Flora (1841) I, Intell. 19; *A. Rich.*
Tent. fl. Abyss. II, 363; *Oliv.* in Trans. Linn. Soc. XXIX (1885) 170,
t. 112a, fig. 1 (var. *latifolium* Oliv.); *Th. Dur. et Schinz* Consp. fl.
Afr. V, 742 et Étud. fl. Cgo (1896) 321; *Rendle* Cat. Welw. Pl. II,
168; *De Wild. et Th. Dur.* Contr. fl. Cgo, II (1900) 72; *De Wild.*
Étud. fl. Bas- et Moy.-Cgo, II (1907) 11.

1888 (Fr. Hens). — IV : Lutete (Hens). — XIV : Ruzizi-Kivu. — Nom vern. :
Mutechia (Coll. ?).

— — var. **polystachyum** *De Wild. et Th. Dur.* Pl. Thonnerianae
(1900) 3, Pl. Gilletianae, I (1900) 60 [B. Herb. Boiss. Sér. 2, I, 60] et
Contr. fl. Cgo, I (1900) 72; *De Wild.* Étud. fl. Kat. (1903) 171 et Miss.
Laurent (1906) 200.

1896 (Fr. Thonner). — V : Kisantu (Gill.). — IX : Yabasumba (Thonn. 78);
Bumba (Ém. et M. Laur.). — XVI : Lukafu (Verd. 359).

Panicum colonum *L.* Syst. veget. ed. 10 (1759) 870; *Trin.* Gram.
descr. et icon II, t. 160; *Steud.* Syn. pl. glum I, 46; *Th. Dur.* et
Schinz Consp.fl. Afr. V (1895) 742; *Rendle* Cat. Welw. Pl. II, 73;
De Wild. et Th. Dur. Contr. fl. Cgo, II (1900) 72.

1891 (G. Descamps). — XV : Lusambo (Desc.).

Panicum coloratum *L.* Mant. pl. I (1767) 30; *Jacq.* Icon. pl. rar. I,
t. 12; *Steud.* Syn. pl. glum. I, 73; *Th. Dur. et Schinz* Consp. fl.
Afr. V, 743; *Th. Dur. et De Wild.* Mat. fl. Cgo, I (1897) 44 [B. S.
B. B. XXXVI², 90]; *Rendle* Cat. Welw. Pl. II, 178; *De Wild.* et

Th. Dur. Reliq. Dewevr. (1901) 256; *De Wild.* Étud. fl. Bas- et Moy.-Cgo, I (1904) 94 et Miss. Laurent (1905) 201.

1888 (Fr. Hens). — II : Boma (Dew.). — IV : Lutete (Hens). — V : entre Léopoldville et Sabuka (M. Laur.); Kisantu (Gill.). — XV : îlot du Sankuru (Ém. et M. Laur.)·

Panicum Crus-galli *L.* Sp. pl. ed. 1 (1753) 56; *Nees* Fl. Afr. austr. 58; *Steud.* Syn. pl. glum. I, 47; *Th. Dur. et Schinz* Consp. fl. Afr. V, 744 et Étud. fl. Cgo (1896) 321; *Rendle* Cat. Welw. Pl. II, 173; *De Wild.* Miss. Laurent (1906) 200 et Étud. fl. Bas- et Moy.- Cgo, II (1907) 11.

Echinochloa — *P. Beauv.* Essai Agrostogr. (1812) 53.
Oplismenus — *Dmrt.* Agrostogr. Belg. (1823) 128.

1888 (Fr. Hens). — Bas-Congo (Dem.). — I : Banana (Ém. Laur.). — II : Sisia (Dup.). — II a : Temvo (Ém. Laur.). -- V : Dolo. — Nom vern. : **Wasulu** (Lescr.): Galiema (Ém. Laur.); Kisantu (Gill.); rég. de Lemfu; entre Kisantu et le Kwango (But.). — VI : Bandundu (Ém. Laur.) — VII : la Fini (Ém. Laur.). — IX : pays des Bangala (Hens); Itimbiri (Ém. Laur.). — X : Yakoma. — Nom vern. : **Bowo** (Lescr.). — XIII d : Piani-Lombi (Dew.). — XV : Lac Foa (Lescr.). — XVI : Lukafu. — Nom vern : **Yam-Yamve** (Verd.); Albertville (Desc.).

— — var. **Petiveri** [*Trin.*] *Hack.* ex *De Wild.* et *Th. Dur.* Contr. fl. Cgo, II (1900) 72.

P. Petiveri *Trin.* Gram. icon. et descr. II (1829) t. 176; *De Wild.* et *Th. Dur.* Pl. Gilletianae, I (1900) 60 [B. Herb. Boiss. Sér. 2, I, 60]; *Th. Dur. et Schinz* Consp. fl. Afr. V, 759.

1887 (Fr. Hens). — II : Boma (Hens); Sisia (Dup.). — II a : Bingila (Dup.). — V : Kisantu (Gill.). — XV : Pweto (Desc.).

— — var. **polystachyum** *Munro* ex *Aschers.* et *Schweinf.* Ill. fl. Égypte (1867) 159; *Th. Dur.* et *Schinz* Consp. fl. Afr. V, 745 et Étud. fl. Cgo, I (1896) 322.

1870 (G. Schweinfurth). — XII d : pays des Mangbettu (Schw. 3497, 3790).

— — var. **submuticum** *Franch.* in B. S. hist. nat. Autun, VIII (1895) 347.

1888 (Fr. Hens). — V : Kwamouth (Hens, 176).

Panicum diagonale *Nees* Fl. Afr. austr. (1841) 23; *Steud.* Syn. pl. glum. I, 40; *Th. Dur.* et *Schinz* Consp. fl. Afr. V, 746; *De Wild.* Miss. Laurent (1906) 322.

Digitaria — *Stapf* in *Dyer* Fl. Capens. VII (1898) 381; *Rendle* Cat. Welw. Pl. II, 163.

1905 (Marc. Laurent). — V : Dolo (M. Laur.).

P. diagonale var. **hirsutior** *De Wild.* et *Th. Dur.* Pl. Thonnerianae (1900) 4.

1896 (Fr. Thonner). — IX : Yabasumba (Thonn. 82).

— — var. **uniglume** [*Hochst*]*Hack.* in *Engl.* Hochgeb. trop. Afr. (1892) 117 ; *Th. Dur.* et *Schinz* Consp. fl. Afr. V, 747 et Étud. fl. Cgo (1896) 322 ; *De Wild.* Contr. fl. Cgo, II (1900) 72 et Pl. Gilletianae I (1900) 61 [B. Herb. Boiss. Sér. 2, I, 61].

P. uniglume *Hochst.* ex A. *Rich.* Tent. fl. Abyss. II (1851) 372.

1891 (F. Demeuse). — V : le Stanley-Pool (Dem.) ; Kisantu (Gill.).

Panicum distichophyllum *Trin.* De gramin. Panic. (1826) 147 et Gram. icon. et descr. II, t. 182 ; *Th. Dur.* et *Schinz* Consp. fl. Afr. V, 747 et É.ud. fl. Cgo (1896) 323 ; *Th. Dur.* et *De Wild.* Mat. fl. Cgo, I (1897) 44 [B. S. B. B. XXXVI², 90].

1888 (Fr. Hens). — IV : Lukungu (Hens). — V : Kutadi (Dup.),

Panicum elongatum *Mez* in Engl. Jahrb. XXXIV (1904) 132.

1891 (F. Demeuse). — Congo (Dem. 102).

Panicum Griffonii *Franch.* in B. S. hist. nat. Autun, VIII (1895) 342.

1888 (Fr. Hens). — IV : Lutete (Hens, 284).

Panicum Hensii *K. Schum.* in Engl. Jahrb. XXIV (1897) 332.

1888 (Fr. Hens). — VIII : Lulanga (Hens, 101).

Panicum indutum *Steud.* Syn. pl. glum. I (1855) 64 ; *Th. Dur.* et *Schinz* Consp. fl. Afr. V, 751 et Étud. fl. Cgo (1896) 323 ; *De Wild.* et *Th. Dur.* Pl. Thonnerianae (1900) 5 et Reliq. Dewevr. (1901) 256 ; *De Wild.* Miss. Laurent (1906) 201 et Étud. fl. Bas- et Moy.-Cgo, I (1903) 11 ; II (1907) 12.

1891 (F. Demeuse). — Bas-Congo (Cabra). — II a : Zobe (Dew.). — III : Matadi (Ém. et M. Laur.). — IV : Nord Manyanga (Cabra et Michel). — V : le Stanley-Pool. — Nom vern. : **Sambabala** (Dew.); Kisantu; Kimuenza (Gill.); Sabuka (M. Laur.); Sanda (De Brouw.). — VI : route de Lusubi à Luanu (Lescr.) — VII : la Fini (Ém. et M. Laur.). — IX : Bumba (Ém. et M. Laur.); Yabasumba (Thonn.). — X : Yakoma (Coll. ?). — XII d : l'Uele (Delp.). — XIII a : Romée (Van Goitsenh.). — XIV : Ruzizi-Kivu (Coll. ?). — XV : Munuungu; Olombo (Ém. et M. Laur.); env. de Lusambo. — Nom vern. : **Kolumbwa** (Gent.). — XVI : Lukonzolwa (Coll. !).

Obs. — Autres noms vern. : **Tonsopola** [Lusambo]; **Sungu-Sungu** [Romée]; **Luseke** [Ruzizi-Kivu]; **Ngomo** [Lukonzolwa] (Coll. ?).

Panicum interruptum *Willd.* Sp. pl. I (1797) 341; *Steud.* Syn. pl. glum. I, 66; *Th. Dur.* et *Schinz* Consp. fl. Afr. V, 751; *Rendle* Cat. Welw. Pl. II, 174; *De Wild.* Miss. Laurent (1906) 201.

1903 (Ém. et Marc. Laurent). — VII : marais de la Fini (Ém. et M. Laur.).

Panicum lutetense *K. Schum.* in Engl. Jahrb. XXIV (1897) 332.

1888 (Fr. Hens). — IV : Lutete (Hens, 194).

Panicum maximum *Jacq.* Icon. pl. rar. I (1781) t. 13; *Steud.* Syn. pl. glum. I, 72; *Th. Dur.* et *Schinz* Consp. fl. Afr. V, 753 et Étud. fl. Cgo (1896) 323; *Th. Dur.* et *De Wild.* Mat. fl. Cgo, I (1897) 44 [B. S. B. B. XXXVI², 90]; *Rendle* Cat. Welw. Pl. II, 181; *De Wild.* Not. pl. util. ou intér. du Cgo I (1903) 63-68, (1905) 504-506 et Miss Laurent (1906) 201.

1888 (Fr. Hens). — Bas-Congo. — Nom vern. : **Sola** (Cabra). — I : Moanda (Vanderyst). — II : env. de Boma (Van Houtte). — II a : Bingila (Dup.). — III : Matadi (Ém. Laur.). — IV : distr. des Cataractes (Ém. Laur.); Luvituku (Dem.). — V : Dembo: Kisantu (Gill.); Kutadi (Dup.). — VI : Eiolo (Ém. Laur.). — VII : la Fini (Ém. Laur.). — VIII : Eala (M. Laur.); Wangata [Équateur] (Ém. Laur.). — IX : pays des Bangala (Dem.); Upoto (Wilw.); Lisha (Hens). — XI : Basoko. — Nom vern. : **Guzu** (S. Dob.). — XV : Leki (Ém. Laur.); route de Luluabourg (Gent.).

Panicum mayombense *Franch.* in B. S. hist. nat. Autun, VIII (1895) 343.

1888 (Fr. Hens). — VIII : Lulanga (Hens, 101).

Panicum nigritanum *Hack.* ex *Th. Dur.* et *Schinz* Consp. fl. Afr. V (1895) 756 et Étud. fl. Cgo (1896) 323.

1886 (R. Buettner). — V : le Stanley-Pool (Buett. 559).

Panicum nudiglume *Hochst.* in Flora, XXVII (1844) 253; *Th. Dur.* et *Schinz* Consp. fl. Afr. V (1895) 756; *Rendle* Cat. Welw. Pl. II, 170; *De Wild.* Miss. Laurent (1906) 201.

P. Ruprechtii *Fourn.* ex *Steud.* Syn. pl. glum. I (1855) 60.

1903 (Ém. et Marc. Laurent). — V : env. de Yumbi (Ém. et M. Laur.).

Obs. — Le **P. molle** Sw., de l'Amérique trop. a été introduit à Kisantu (Gill.) et s'y développe à merveille [*De Wild.* Étud. fl. Kat. (1902) 11 et Not. pl. util. ou intér. du Cgo, I (1905) 506-509].

Le **P. muticum** Forsk.?, indiqué à Bingila (Dup.) [Mat. fl. Cgo, I (1897) 159] est probablement une plante introduite [Conf. etiam *De Wild.* Not. pl. util. ou intér. du Cgo, I (1905) 109-111].

Panicum ogowense *Franch.* in B. S. hist. nat. Autun, VIII (1895) 344; *De Wild.* et *Th. Dur.* Pl. Gilletianae, I (1900) 61 [B. Herb. Boiss. Sér. 2, I, 61].

1888 (Fr. Hens). — IV : Lutete (Hens, 194). — V : Kisantu (Gill.).

Panicum plicatum *Lam.* Illustr. genr. Encycl. I (1791) 171; *Trin.* Gram. icon. et descr. II, t. 233; *Schrank* Pl. rar. Hort. Monac. t. 19; *Steud.* Syn. pl. glum. I, 64; *Th. Dur.* et *Schinz* Consp. fl. Afr. V, 759; *Th. Dur.* et *De Wild.* Mat. fl. Cgo, I (1897) 45 [B. S. B. B. XXXVI², 91]; *De Wild.* Miss. Laurent (1906) 201 et Étud. fl. Bas- et Moy.-Cgo, II (1907) 12.

Setaria mauritiana *Spreng.* Syst. veget. I (1825) 305; *Rendle* Cat. Welw. Pl. II, 167.

1896 (Ern. Dewèvre). — Congo (Ern. Dew.). — Bas-Congo (Cabra). — II a : le Mayumbe, C. (Ém. et M. Laur.). — V : distr. du Stanley-Pool, C. (Ém. et M. Laur.); env. de Kisantu (Gill.). — VII : la Fini (Ém. et M. Laur.). — VIII : Eala (M. Laur.). — XV : la Lulua (Luja).

— — var. **costatum** [*Roxb.*] *Bak.* Fl. of Maurit. (1877) 436; *Th. Dur.* et *Schinz* Étud. fl. Cgo (1896) 324.

P. costatum *Roxb.* Fl. Ind. I (1830) 415; *Kunth* Enum. pl. I, 93.

1891 (F. Demeuse). — Congo (Dem.).

Panicum polystachyum [*H. B.* et *K.*] *K. Schum.* in *Engl.* Pfl. Ost-Afr. (1895) 103; *De Wild.* Miss. Laurent (1900) 202.

Echinolaena — *H. B.* et *K.* Nov. gen. et sp. I (1815) 119.

1903 (Ém. et Marc. Laurent). — X : Imese (Ém. et M. Laur.).

Panicum sanguinale *L.* Sp. pl. ed. 1 (1753) 57; Fl. Dan. (1768) t. 388; English Bot. (1801) t. 849; *Steud.* Syn. pl. glum. I, 39; *Th. Dur.* et *Schinz* Consp. fl. Afr. V, 761 et Étud. fl. Cgo (1896) 324; *Th. Dur.* et *De Wild.* Mat. fl. Cgo, I (1897) 45 [B. S. B. B. XXXVI², 94]; *De Wild.* et *Th. Dur.* Reliq. Dewevr. (1901) 256; *De Wild.* Miss. Laurent (1906) 202 et Étud. fl. Bas- et Moy.-Cgo, II (1908) 14.

Digitaria — *Scop.* Fl. Carniol. ed. 2, I (1772) 52; *Rendle* Cat. Welw. Pl. II, 163.

1888 (Fr. Hens). — II : Sisia (Dup.); Boma. — Nom vern. : **Singala-Vunxia** (Van Houtte).—IV : Kitobola (Ém. Laur.).—V : Léopoldville (Dew.); Chenal Leo-Kwam; Mopolenge (Ém. et M. Laur.); Suata (Buett.); Kisantu (Van Houtte). — VIII : Lac Tumba (Ém. et M. Laur.). — IX : pays des Bangala (Dem.). — XII c : Nala (Delp.). — XV : Iles du Sankuru en aval d'Ifuta (Ém. et M. Laur.). — XVI : Lukonzolwa. — Nom vern. : **Kachukutu** (Van Houtte).

— — var. **cognatum** *Hack.* in B. Herb. Boiss. II, append. 2 (1894) 18; *Th. Dur.* et *Schinz* Consp. fl. Afr. V, 763 et Étud. fl. Cgo (1897) 325.

P. horizontale *Nees* [non *G. F. W. Mey.*] Fl. Afr. austr. (1841) 26.

1885 (R. Buettner). — V : Suata (Buett. 538).

P. sanguinale var. **horizontale** [*G. F. W. Mey.*] *E. Mey.* ex *A. Rich.* Tent. fl. Abyss. II (1851) 361 ; *Th. Dur.* et *Schinz* Consp. fl. Afr. V, 763 ; *De Wild.* et *Th. Dur.* Contr. fl. Cgo, II (1900) 73.

P. horizontale *G. F. W. Mey.* Prim. fl. Esseq. (1818) 54.

1891 (G. Descamps). — XV : le Kasai (Desc.).

Panicum scabrum *Lam.* Ill. genr. Encycl. I (1791) 171 ; *Th. Dur.* et *Schinz* Consp. fl. Afr. V, 704 ; *De Wild.* et *Th. Dur.* Contr. fl. Cgo, II (1900) 73.

1891 (F. Demeuse). — V : le Stanley-Pool (Dem.).

Panicum sulcatum *Aubl.* Pl. Guian. I (1775) 70 ; *De Wild.* et *Th. Dur.* Pl. Thonnerianae (1900) 5.

1896 (Fr. Thonner). — IX : Mondumba (Thonn. 84).

Panicum Tholloni *Franch.* in B. S. hist. nat. Autun, VIII (1895) 351.

1888 (Fr. Hens). — V : le Stanley-Pool (Hens, 62).

Panicum Zenkeri *K. Schum.* in Engl. Jahrb. XXIV (1897) 330.

1888 (Fr. Hens). — IV : Lutete (Hens, 284).

Panicum zizanioides *H. B.* et *K.* Nov. gen. et sp. pl. I (1815) 100 ; *De Wild.* Miss. Laurent (1906) 202.

1905 (Marc. Laurent). — VIII : Eala (M. Laur.).

TRICHOLAENA Schrad.

Tricholaena rosea *Nees* Fl. Afr. austr. (1841) 16 ; *Th. Dur.* et *Schinz* Consp. fl. Afr. V, 770 et Étud. fl. Cgo (1896) 325 ; *Rendle* Cat. Welw. Pl. II, 194 ; *De Wild.* et *Th. Dur.* Pl. Gilletianae, II (1901) 108 [B. S. B. B. Sér. 2, I, 848] et Reliq. Dewevr. (1901) 257 ; *De Wild.* Étud. fl. Bas- et Moy.-Cgo, I (1903) 11, (1904) 94 ; II (1907) 12.

Panicum — *Steud.* Syn. pl. glum. I (1855) 92.

1891 (F. Demeuse). — Congo (Dem.). — I : Moanda (Vanderyst). — V : Léopold-ville (Dew.); Mopolenge ; Sabuka (Ém. et M. Laur.); entre Dembo et le Kwango (But.). — VI : Kinwanda (Cabra et Michel); Lusubi (Ém. et M. Laur.). — VII : Ikongo (Ém. et M. Laur.). — XV : Luluabourg (Gent.).

Tricholaena sphacelata *Benth.* in *Hook.* Niger Fl. (1849) 559 ; *Th. Dur.* et *Schinz* Consp. fl. Afr. V, 770 et Étud. fl. Cgo (1896) 325.

Panicum — *Steud.* Syn. pl. glum. I (1855) 92.

1891 (F. Demeuse). — Congo (Dem.).

SETARIA P. Beauv.

Setaria aurea [*A. Rich.*] *Hochst.* ex *Walp.* Annal. bot. III (1852) 721 ; *Th. Dur.* et *Schinz* Consp. fl. Afr. V, 772 et Étud. fl. Cgo (1896) 326 ; *De Wild.* et *Th. Dur.* Contr. fl. Cgo, II (1900) 74 ; *De Wild.* Miss. Laurent (1906) 202 et Étud. fl. Bas- et Moy.-Cgo, II (1907) 12.

Pennisetum — *A. Rich.* Tent. fl. Abyss. II (1851) 378.

1888 (Fr. Hens). — II a : Bingila (Dup.). — V : env. de Kisantu (Gill.) ; Kutadi (Dup.). — VII : Kutu (Ém. Laur.). — XV : entre Kubuluku et Kanda-Kanda, au S. du 7° (Lescr.). -- XVI : Lukafu. — Nom vern. : **Kansoki** (Verd.) ; Mondoko. — Nom vern. : **Lweo** (Lescr.).

Setaria glauca [*L.*] *P. Beauv.* Agrostogr. (1812) 51 ; *Kunth* Enum. pl. I, 149, Suppl. 106 ; *Th. Dur.* et *Schinz* Consp. fl. Afr. V, 773 et Étud. fl. Cgo (1896) 326.

Panicum — *L.* Sp. pl. ed. 1 (1753) 56 ; *Host* Gramin. Austr. II, t. 16 ; *Trin.* Gram. icon. et descr. II, t. 195.

1887 (Fr. Hens). — II : Boma (Hens; Ém. Laur.). — XVI : le Katanga (Desc.).

Setaria verticillata [*L.*] *P. Beauv.* Agrostogr. (1812) 51 ; *Th. Dur.* et *Schinz* Consp. fl. Afr. V, 774 ; *De Wild.* et *Th. Dur.* Reliq. Dewevr. (1901) 257.

Panicum — *L.* Sp. pl. ed. 2 (1763) 82 ; English Bot. (1801) t. 874.

1895 ? (A. Dewèvre). — Congo (Dew.).

OPLISMENUS P. Beauv. (1)

Oplismenus africanus *P. Beauv.* Fl. d'Oware, II (1807) 15, t. 67, fig. 1 ; *Th. Dur.* et *Schinz* Consp. fl. Afr. V, 771 et Étud. fl. Cgo (1896) 325 ; *Rendle* Cat. Welw. Pl. II, 184 ; *De Wild.* et *Th. Dur.* Contr. fl. Cgo, II (1900) 73 ; *De Wild.* Étud. fl. Bas- et Moy.-Cgo, I (1903) 21 ; II (1907) 14 et Miss. Laurent (1905) 203.

Panicum — *Poir.* Encycl. méth. Bot. Suppl. IV (1816) 275.

1888 (Fr. Hens). — V : Kimuenza; Kisantu (Gill.) ; Tshumbiri (M. Laur.). — IX : Lisha (Hens). — Ind. non cl. : Gombi (Dem.).

CENCHRUS L.

Cenchrus barbatus *Schumach.* in *Schumach.* et *Thonn.* Beskr. Guin. Pl. (1827) 43 ; *Th. Dur.* et *Schinz* Consp fl. Afr. V, 777 ; *De Wild.*

---

(1) M. Hackel (in sched.) rapporte avec doute à l'*O. compositus* P. Beauv. le n° 157 de la collection Hens.

et *Th. Dur.* Contr. fl. Cgo, II (1900) 73 et Reliq. Dewevr. (1901) 257;
De Wild. Miss. Laurent (1905) 202 et Étud. fl. Bas- et Moy.-Cgo, II
(1907) 13.

1887 (Fr. Hens).— I : Banana (Dew.).— III : Matadi (Hens).— V : Dolo.— Nom
vern. : **Bankusale** (Coll.?); Kimuenza (Gill.). — XV : Isaka (Ém. et M. Laur.); Lu-
sambo. — Nom vern. : **Bafwamfwabadili** (Coll.?).

ᴀ PENNISETUM L.

Pennisetum Benthami *Steud.* Syn. pl. glum. I (1855) 105; *Th. Dur.*
et *Schinz* Consp. fl. Afr. V, 777 et Étud. fl. Cgo (1896) 327; *De Wild.*
et *Th. Dur.* Contr. fl. Cgo, I (1899) 65 et Reliq. Dewevr. (1901) 257;
De Wild. Étud. fl. Kat. (1902) 3, Miss. Laurent (1906) 203 et Étud.
fl. Bas- et Moy.-Cgo, II (1907) 13.

> P. purpureum *Schumach.* in Danske Vidensk. Selsk. Kjoeb. III (1828) 64;
> *Rendle* Cat. Welw. Pl. II, 189.
> P. macrostachyum *Benth.* [non *Trin.*] in *Hook.* Niger Fl. (1849) 563; *De
> Wild.* et *Th. Dur.* Contr. fl. Cgo, I (1899) 65.

1891 (F. Demeuse). — Bas-Congo (Ém. Laur.). — II : Boma (Dew.). — V :
Chenal [Leo-Kwam.] (Ém. et M. Laur.); Kisantu (Gill.). — VII : la Fini (Ém. et
M. Laur.). — VIII : Ikoko (Leser.). — IX : pays des Bangala (Dem.); Nouvelle-
Anvers (Ém. et M. Laur.). — X : Mokoango. — Nom vern. : **Songo-Songo**
(Bouck.); Yakoma. — Nom vern. : **Aworo** (Coll. ?). — XII c : Nala (Delp.). — XIV :
Ruzizi-Kivu. — Nom vern. : **Matete** (Coll.?); Kalemba-Lemba (Coll.?); Baraka. —
Nom vern. : **Mabingobingo** (Doh.). — XV : le Sankuru (Ém. et M. Laur.).

Pennisetum dichotomum [*Forsk.*] *Delile* Fl. d'Égypte (1813) 15, t. 8,
fig. 1; *Th. Dur.* et *Schinz* Consp. fl. Afr. V, 778; *Th. Dur.* et *De
Wild.* Mat. fl. Cgo, I (1897) 45 [B. S. B. B. XXXVI², 91]; *De Wild.*
Miss. Laurent (1905) 203.

> Panicum — *Forsk.* Fl. Aegypt.-Arab. (1775) 20.

1888 (Fr. Hens). — V : le Stanley-Pool (Hens); Léopoldville (M. Laur.).

Pennisetum dioicum [*Hochst.*] *A. Rich.* Tent. fl. Abyss. II (1851)
380; *Th. Dur.* et *Schinz* Consp. fl. Afr. V, 778; *Th. Dur.* et *De
Wild.* Mat. fl. Cgo, I (1897) 45 [B. S. B. B. XXXVI², 91].

> Beckera petiolaris *Hochst.* in Flora, XXVII (1844) 512; *De Wild.* et *Th. Dur.*
> Pl. Gilletianae, I (1900) 60 [B. Herb. Boiss. Sér. 2, I, 60].

1893 (P. Dupuis). — II a : Bingila (Dup.). — V : env. de Lemfu (But.).

Pennisetum hordeiforme [*L.*] *Spreng.* Syst. veget. I (1825) 302; *Th.
Dur.* et *Schinz* Consp. fl. Afr. V, 779; *Th. Dur.* et *De Wild.* Mat. fl.
Cgo, I (1897) 91 [B. S. B. B. XXXVI¹, 91]; *De Wild.* et *Th. Dur.*
Contr. fl. Cgo, II (1900) 74 et Reliq. Dewevr. (1901) 257.

1888 (Fr. Hens). — II : Zenze (Ém. Laur.). — II a : brousse entre l'Owali et
Shingauga (Dew.); Bingila (Dup.). — V : le Stanley-Pool (Hens). — XIII c :
Bamanga (Ém. Laur.). — XV : Lusambo; Leki (Ém. Laur.).

Pennisetum nodiflorum *Franch.* in B. S. hist. nat. Autun, VIII (1895) 363.

1888 (Fr. Hens). — V : le Stanley-Pool (Hens, 32).

Pennisetum parviflorum *Trin.* De Gramin. Panic. (1826) 64 et Gram. icon. et descr. III, t. 288; *Th. Dur.* et *Schinz* Consp. fl. Afr. V, 782; *De Wild.* et *Th. Dur.* Contr. fl. Cgo, II (1900) 74; *De Wild.* Miss. Laurent (1906) 203 et Étud. fl. Bas- et Moy.-Cgo, II (1907) 13.

1888 (Fr. Hens). — IV : Lutete (Hens). — VI : la Sanga. — Nom vern. : **Kot-Koti** (Cabra). — VIII : Eala. — Nom vern. : **Lolelengi** (M. Laur.). — Ind. non cl. : Haut-Luapula. — Nom vern. : **Mutemtia** (M. Laur.).

Pennisetum Prieurii *Kunth* Revis. Gram. II (1829) 411, t. 119 et Enum. pl. I, 162; *Th. Dur.* et *Schinz* Consp. fl. Afr. V, 783; *De Wild.* et *Th. Dur.* Contr. fl. Cgo, II (1900) 74; *De Wild.* Miss. Laurent. (1906) 203 et Étud. fl. Bas- et Moy.-Cgo, II (1907) 13.

1891 (F. Demeuse). — Bas-Congo. — Nom vern. : **Matulu** (Cabra). — V : Dolo (Lescr.); Kisantu (Gill.). — IX a : en aval de Mobeka (Ém. Laur.). — XIII : Lambi (Lescr.). — Ind. non cl. : Bana (Dem.).

Pennisetum reversum *Hack.* ex *Buett.* in Verh. bot. Ver. Brandenb. XXXI (1889) 68; *Th. Dur.* et *Schinz* Étud. fl. Cgo (1896) 327.

1885 (R. Buettner). — VI : Muene-Putu-Kasongo (Buett.).

Pennisetum setosum [*Sw.*] *L. C. Rich.* in *Pers.* Syn. pl. I (1805) 72; *Th. Dur.* et *Schinz* Consp. fl. Afr. V, 784 et Étud. fl. Cgo (1896) 327; *Rendle* Cat. Welw. Pl. II, 190; *De Wild.* et *Th. Dur.* Reliq. Dewevr. (1901) 258.

Cenchrus — *Sw.* Fl. Ind. occ. I (1797) 211.
P. purpurascens *H. B.* et *K.* Nov. gen. et sp. pl. l (1815) 113; *Kunth* Enum. pl. I, 160 et Suppl. 114; *De Wild.* Miss. Laurent (1906) 203 et Étud. fl. Bas- et Moy.-Cgo, II (1907) 13.
P. polystachyum *Schult.* Mant. pl. II (1824) 456; *Th. Dur.* et *Schinz* Consp. fl. Afr. V, 783; *De Wild.* et *Th. Dur.* Contr. fl. Cgo, II (1900) 74 et Reliq. Dewevr. (1901) 258.

1888 (Fr. Hens). — I : Moanda (Vanderyst). — II : Boma (Hens; Dup.). — V : env. de Kisantu (Van Houtte); Sabuka (M. Laur.). — XI : Isangi (Ém. et M. Laur.). — XIII a : env. de Nyangwe (Dew.). — XV : Lubue (Luja).

Pennisetum spicatum [*L.*] *Koern.* in *Koern.* et *Wern.* Handb. d. Getreideb. I (1885) 284; *Th. Dur.* et *Schinz* Consp. fl. Afr. V, 784 et Étud. fl. Cgo (1896) 328; *Th. Dur.* et *De Wild.* Mat. fl. Cgo, I (1897) 45 [B. S. B. B. XXXVI², 91].

Holcus — *L.* Syst. nat. ed. 10 (1759) 1305.
Penicillaria — *Willd.* Enum. pl. hort. Berol. (1809) 1031; *P. Beauv.* Essai Agrostogr. t. 13, fig. 3.

P. typhoideum *L.C. Rich.* in Pers. Syn. pl. I (1805) 72 ; *Delile* Fl. d'Égypte, 17, t. 8, fig. 3 ; *Rendle* Cat. Welw. Pl. II, 198 ; *De Wild.* et *Th. Dur.* Reliq. Dewevr. (1901) 202 ; *De Wild.* Not. pl. util. ou intér. du Cgo, I (1905) 320–322 et Miss. Laurent (1906) 204.

1893 (P. Dupuis). — II : Zambi (Dup.).

Obs. — Espèce cultivée à Lusambo (XV) [type et form. *viviparum*] à Eiolo (VI), dans la tribu des Plani-Gongo (?) et près de Wabundu (Dew.).

P. spicatum var. typicum *K. Schum.* in *Engl.* Pfl. Ost-Afr. (1895) 55.

1900 (Edg. Verdick). — XVI : Lukafu (Verd.).

Pennisetum unisetum |*Nees*] *Benth.* in Journ. Linn. Soc. XIX (1881) 47 ; *Th. Dur.* et *Schinz* Consp. fl. Afr. V, 786.

Gymnotrix — *Nees* Fl. Afr. austr. (1841) 66.
Beckera — *Steud.* Syn. pl. glum. I (1855) 118.

1888 (Fr. Hens). — IV : Lutete (Hens, A. 291).

OLYRA L.

Olyra latifolia *L.* Syst. nat. ed. 10 (1759) 126 ; *Rendle* Cat. Welw. Pl. II, 255 ; *De Wild.* Miss. Laurent (1906) 204.

O. brevifolia *Schumach.* in *Schumach.* et *Thonn.* Beskr. Guin. Pl. (1827) 402 ; *Th. Dur.* et *Schinz* Étud. fl. Cgo (1896) 328 ; *De Wild.* et *Th. Dur.* Contr. fl. Cgo, I (1899) 66.

1888 (Fr. Hens). — Congo (Dem.). — II a : forêts du Mayumbe (Ém. Laur.). — IV : Kitobola (Ém. et M. Laur.). — V : entre Léopoldville et Sabuka (M. Laur.); Lukolela (Ém. et M. Laur.); Kisantu; env. de Dembo (Gill.). — IX : Lisha (Hens); en aval de Bolombo (Ém. et M. Laur.). — X : Imese (Ém. et M. Laur.). — XI : Malema (Ém. et M. Laur.). — XIII c : Bamanga (Ém. Laur.). — XV : Kondue (Ém. et M. Laur.).

Obs. — L'habitation « au N. du Stanley-Pool » (Dew.) est dans le Congo français [Reliq. Dewevr. (1901) 258].

LEPTASPIS R. Br.

Leptaspis cochleata *Shw.* Enum. pl. Zeyl. (1864) 357 ; *Rendle* Cat. Welw. II, 256.

L. conchifera *Hack.* in Bolet. Soc. Brot. I (1887) 211, t. G, fig. A ; *K. Schum.* in *Engl.* Pfl. Ost-Afr. 106 ; *Th. Dur.* et *Schinz* Consp. fl. Afr. V, 788 ; *Th. Dur.* et *De Wild.* Mat. fl. Cgo, II (1898) 83 [B. S. B. B. XXXVII, 128] ; *De Wild.* et *Th. Dur.* Contr. fl. Cgo, II (1900) 74 ; *De Wild.* Étud. fl. Bas-et Moy.-Cgo, I (1904) 95 et Miss. Laurent (1906) 204.

1891 (F. Demeuse). — II a : entre Shindamba et la Lemba (Cabra). — V : bassin de la Sele (But.). — VII : Ibali (Ém. et M. Laur.). — VIII : Bamania (M. Laur.). — XIII a : les Stanley-Falls (Dem.). — XV : Kamba (Ém. et M. Laur.).

ORYZA L.

*Oryza sativa *L.* Sp. pl. ed. 1 (1753) 336; *Kunth* Enum. pl. I, 7; *Benth.* et *Trim.* Medic. Pl. IV, t. 291; *K. Schum.* in *Engl.* Pfl. Ost-Afr. 106; *Th. Dur.* et *Schinz* Consp. fl. Afr. V, 788; *Rendle* Cat. Welw. Pl. II, 231; *De Wild.* Étud. fl. Bas- et Moy.-Cgo, I (1903) 11.

1902 (J. Gillet). — V : env. de Léopoldville (Gill.).

— — var. **aristata** *De Wild.* Miss. Laurent (1906) 205.

1902 (J. Gillet). — V : introd. à Kisantu (Gill.); Casier-Saint-Jean [Wumbali] (Gill.). — IX : Bobangi (Ém. et M. Laur.).

— — var. **mutica** *De Wild.* Miss. Laurent (1906) 205.

1903 (Ém. et M. Laur.). — IV : Kitobola (Ém. et M. Laur.). — V : Galiema [Léopoldville] (M. Laur.). — VII : Kutu (Ém. et M. Laur.). — VIII : Bamania (Ém. et M. Laur.). — XIII a : entre Stanleyville et Tshopo (Ém. et M. Laur.).

LEERSIA Sw.

Leersia hexandra *Sw.* Prodr. veget. Ind. Occid. (1788) 21; *Batt.* et *Trab.* Fl. de l'Algér. (Monoc.) 39; *Th. Dur.* et *Schinz* Consp. fl. Afr. V, 789 et Étud. fl. Cgo (1896) 329; *De Wild.* et *Th. Dur.* Pl. Gilletianae, I (1900) 61 [B. Herb. Boiss. Sér. 2, I, 61]; *De Wild.* Étud. fl. Bas- et Moy.-Cgo, II (1907) 12.

1888 (Fr. Hens). — IV : Tombe-Lutete (Hens). — V : Kisantu-Makela (Van Houtte); Kisantu (Gill.).

ARISTIDA L.

Aristida amplissima *Trin.* et *Rupr.* in Mém. Acad. Pétersb. Sér. 6, V (1842) 155; *Th. Dur.* et *Schinz* Consp. fl. Afr. V, 800; *Th. Dur.* et *De Wild.* Mat. fl. Cgo, I (1897) 45 [B. S. B. B. XXXVI², 91]; *De Wild.* et *Th. Dur.* Contr. fl. Cgo, II (1900) 74, Pl. Gilletianae, I (1900) 62 [B. Herb. Boiss. Sér. 2, I, 62] et Reliq. Dewevr. (1901) 258.

1888 (Fr. Hens). — Congo (Dem.). — IV : Lutete (Hens). — V : Kisantu (Gill.).

Aristida vestita *Thunb.* Prodr. fl. Cap. (1794) 19; *Th. Dur.* et *Schinz* Consp. fl. Afr. V, 810; *Th. Dur.* et *De Wild.* Mat. fl. Cgo, I (1897) 45 [B. S. B. B. XXXVI², 91]; *De Wild.* et *Th. Dur.* Pl. Gilletianae, I (1900) 62 [B. H. Boiss. Sér. 2, I, 62] et Contr. fl. Cgo, II (1900) 71.

1888 (Fr. Hens). — IV : Lutete (Hens). — V : Kisantu (Gill.).

SPOROBOLUS R. Br.

Sporobolus barbigerus *Franch.* in B. S. hist. nat. Autun, VIII (1895) 371; *De Wild.* et *Th. Dur.* Pl. Gilletianae, II (1901) 108 [B. Herb. Boiss. Sér. 2, I, 848] et Reliq. Dewevr. (1901) 258; *De Wild.* Étud. fl. Bas- et Moy.-Cgo, I (1904) 94.

1895 (A. Dewèvre). — II a : env. de Tshia (Dew.). — V : entre Dembo et Kisantu (Gill.).

Sporobolus breviglumis *Hack.* ex *De Wild.* Miss. Laurent (1906) 205.

1890 (F. Demeuse). — Congo (Dem. 50).

Sporobolus capensis [*Willd.*] *Kunth* Enum. pl. I (1833) 212; *Th. Dur.* et *Schinz* Consp. fl. Afr. V, 819; *Th. Dur.* et *De Wild.* Mat. fl. Cgo, I (1897) 45 [B. S. B. B. XXXVI¹, 91].

Vilfa — *P. Beauv.* Essai Agrostogr. (1812) 16.

1888 (Fr. Hens). — Congo (Dem.). – Ind. non cl. : Suengi ; Goma (Hens).

Sporobolus indicus [*L.*] *R. Br.* Prodr. fl. N. Holl. (1810) 170; *Th. Dur.* et *Schinz* Consp. fl. Afr. V, 820; *De Wild.* Miss. Laurent (1906) 205 et Étud. fl. Bas- et Moy.-Cgo, II (1907) 14.

Agrostis — *L.* Sp. pl. ed. 1 (1753) 63.

1903 (Ém. Laurent). — II a : le Mayumbe (Ém. Laur.). — III : Matadi (Ém. Laur.). — IX a : env. de Mobeka (Ém. Laur.). — X : l'Ubangi (Ém. Laur.). — XVI : Kiambi. — Nom vern. : **Kokotwa** (Coll.?).

Sporobolus mayumbensis *Franch.* in B. S. hist. nat. Autun, VIII (1895) 367.

1888 (Fr. Hens). — IV : Lukungu (Hens, 212).

Sporobolus Molleri *Hack.* in Bolet. Soc. Brot. V (1887) 213; *Th. Dur.* et *Schinz* Consp. fl. Afr. V, 822 et Étud. fl. Cgo (1896) 329; *Rendle* Cat. Welw. Pl. II, 209; *De Wild.* et *Th. Dur.* Contr. fl. Cgo, II (1900) 75 et Reliq. Dewevr. (1901) 259; *De Wild.* Miss. Laurent (1901) 205 et Étud. fl. Bas- et Moy.-Cgo, II (1907) 14.

1888 (Fr. Hens). — IV : Batanga (Luja); Lukungu (Hens). — V : le Stanley-Pool (Schlt.); Kisantu (Gill.). — VII : Isaka (Ém. Laur.). — VIII : Ikenge (Ém. Laur.). — XV : env. de Lusambo. — Nom vern. : **Kabwebwa** (Coll. ?). — XIII d : Elungu. — Nom vern. : **Kibembele** (Dew.).

Sporobolus robustus *Kunth* Revis. Gram. II (1829) 425, t. 126 et Enum. pl. I, 213; *De Wild.* Étud. fl. Bas- et Moy.-Cgo, II (1907) 14.

1903 (J. Gillet). — I : Moanda (Gill.).

40

Sporobolus strictus *Franch.* ex *Schlechter* Westafr. Kautsch. Exped. (1900) 268.

1899 (R. Schlechter). — V : Dolo (Schlecht. 12448).

VILFA R. Br.

Vilfa capensis [*Willd.*] *P. Beauv.* Essai Agrostogr. (1812) 16; *Nees* in Linnaea, VII (1832) 293; *Steud.* Syn. pl. glum. I, 160; *De Wild.* et *Th. Dur.* Pl. Gilletianae, I (1900) 62 [B. Herb. Boiss. Sér. 2, I, 62] ; *De Wild.* Étud. fl. Bas- et Moy.-Cgo, II (1907) 14.

Agrostis — *Willd.* Sp. pl. ed. 1 (1798) 372.
Sporobolus — *Kunth* Enum. pl. 1 (1833) 212 ; *Th. Dur.* et *Schinz* Consp. fl. Afr. V, 819.

1900 (J. Gillet). — V : Kisantu (Gill.). — XVI : rég. du Tanganika-Moero (Coll. ?).

TRICHOPTĒRYX Nees.

Trichopteryx arundinacea *Hack.* ex *Engl.* Hochgeb. trop. Afr. (1891) 129 ; *Th. Dur.* et *Schinz* Consp. fl. Afr. V, 846; *Franch.* in B. S. hist. nat. Autun, VII (1895) 372.

1888 (Fr. Hens). — IV : Lutete (Hens, 281 pr. p.).

Trichopterix flammida *Benth.* in Journ. Linn. Soc. XIX (1881) 98; *Th. Dur.* et *Schinz* Consp. fl. Afr. V, 846; *De Wild.* et *Th. Dur.* Pl. Gilletianae, I (1900) 65 [B. Herb. Boiss. Sér. 2, I, 62]; *De Wild.* Miss. Laurent (1906) 205 et Étud. fl. Bas- et Moy.-Cgo, II (1907) 14.

1888 (Fr. Hens). — IV : Kimbando-Lutete (Hens). — V : Kisantu (Gill.). — VI : Lusubi (Lescr.). — VIII : Eala (M. Laur.). — IX : Bobangi (Ém. et M. Laur.).

MICROCHLOA R. Br.

Microchloa setacea *R. Br.* Prodr. fl. Nov. Holl. (1810) 208 ; *K. Schum.* in *Engl.* Pfl. Ost-Afr. 110; *Th. Dur.* et *Schinz* Consp. fl. Afr. V, 856; *Schlechter* Westafr. Kautsch.-Exped. (1900) 268.

1899 (R. Schlechter). — V : Léopoldville (Schlt. 12585).

CYNODON Pers.

Cynodon Dactylon [*L.*] *Pers.* Syn. pl. I (1805) 85; *Steud.* Syn. pl. glum. I, 212; *Th. Dur.* et *Schinz* Consp. fl. Afr. V, 856 et Étud. fl. Cgo (1896) 329; *Rendle* Cat. Welw. Pl. II, 220; *De Wild.* et *Th.*

Dur. Contr. fl. Cgo, II (1900) 75; *De Wild.* Not. pl. util. ou intér. du Cgo, I (1905) 526-529 et Miss. Laurent (1906) 206.

Panicum Dactylon *L.* Sp. pl. ed. 1 (1753) 58.

1891 (Hyac. Vanderyst). — I : Moanda (Vanderyst). — II : Boma (Ém. Laur. . — V : Kisantu (Gill.; M. Laur.).

CTENIUM Panz.

Ctenium concinnum *Nees* Fl. Afr. austr. (1841) 237; *Th. Dur.* et *Schinz* Consp. fl. Afr. V, 859; *Th. Dur.* et *De Wild.* Mat. fl. Cgo, I (1897) 45 [B. S. B. B. XXXVI², 91]; *De Wild.* et *Th. Dur.* Reliq. Dewevr. (1901) 259; *De Wild.* Étud. fl. Bas- et Moy.-Cgo, I (1903) 12 et Miss. Laurent (1906) 206.

1888 (Fr. Hens). — Congo (Dem.). — IV : Lutete (Hens). — V : le Stanley-Pool (Dew.); env. de Kimuenza (Gill.); Sabuka (M. Laur.). — VII : la Fini (Ém. et M. Laur.). — XV : Olombo; Bukila (Ém. et M. Laur.).

Ctenium elegans *Kunth* Révis. Gramin. I (1829) 03; II, 295, t. 59 ; *Th. Dur.* et *Schinz* Consp. fl. Afr. V, 859; *Franch.* in B. S. hist. nat. Autun, VIII (1895) 375.

1888 (Fr. Hens), — IV : Lutete (Hens, 201).

CHLORIS Sw.

Chloris Gayana *Kunth* Révis. Gramin. 1 (1829) 89; II, 293, t. 58; *Steud.* Syn. pl. glum. I, 207; *Th. Dur.* et *Schinz* Consp. fl. Afr. V, 801 et Étud. fl. Cgo (1896) 330; *De Wild.* et *Th. Dur.* Contr. fl. Cgo, I (1899) 66.

1891 (F. Demeuse). — Congo (Dem.). — II : Boma (Ém. Laur.).

Chloris polydactyla *Sw.* Prodr. veget. Ind. occ. (1788) 26; *De Wild.* et *Th. Dur.* Reliq. Dewevr. (1901) 259; *De Wild.* Miss. Laurent (1900) 206 et Étud. fl. Bas- et Moy.-Cgo, II (1907) 14.

1895 (A. Dewèvre). — II : Boma (Dew.). — III : Matadi (Ém. Laur.). — V : Kisantu (Gill.). — VIII : Lulanga (Ém. Laur.). — XIII a : Yakusu. — Nom vern. : Ceka (Coll ?). — XIV : Ruzizi-Kivu. — Nom vern. : Lembause (Coll. ?). — XV : env de Lusambo. — Nom vern. : Dishinda-ja-Mulume (Coll.?). — XVI : rég. du Tanganika-Moero. — Noms vern. : Kalolo; Kayioba (Coll.?).

Chloris punctulata *Hochst.* ex *Steud.* Syn. pl. glum. I (1855) 205; *Th. Dur.* et *Schinz* Consp. fl. Afr. V, 862; *Th. Dur.* et *De Wild.* Mat. fl. Cgo, I (1897) 46 [B. S. B. B. XXXVI², 92]; *De Wild.* et *Th. Dur.* Contr. fl. Cgo, I (1899) 66.

1888 (Fr. Hens). — Congo (Eru. Dew.). — V : le Stanley-Pool (Hens). — XV : Leki [Lomami] (Ém. Laur.).

ELEUSINE Gaertn.

*Eleusine Coracana [L.] *Gaertn.* De fruct. et semin. I (1788) 8, t. 1,
fig. 11; *Trin.* Gram. icon. et descr. I, t. 70; *Th. Dur.* et *Schinz*
Consp. fl. Afr. V, 866; *Rendle* Cat. Welw. Pl. II, 224; *De Wild.* et
Th. Dur. Pl. Gilletianae, 1 (1900) 62 [B. Herb. Boiss. Sér. 2, I, 62];
De Wild. Étud. fl. Kat. (1902) 3 et Miss. Laurent (1906) 207.

> Cynosurus — *L.* Sp. pl. ed. 2 (1762) 107; *Schreb.* Beschr. d. Graeser. II, t. 35.
> E. Luco *Welw.* Apont. phyto-geogr. (1859) 591.

> 1900 (J. Gillet). — IV : Kitobola (Ém. et M. Laur.). — V : Kisantu (Gill.). —
> XVI : Lukafu (Verd.).

Eleusine indica [L.] *Gaertn.* De fruct. et semin. I (1788) 8; *Trin.*
Gram. icon. et descr. I, t. 71; *Steud.* Syn. pl. glum. I, 211; *Th. Dur.*
et *Schinz* Consp. fl. Afr. V, 866 et Étud. fl. Cgo (1896) 350; *Th. Dur.*
et *De Wild.* Mat. fl. Cgo, I (1897) 46 [B. S. B. B. XXXVI², 92];
Rendle Cat. Welw. Pl. II, 224; *De Wild.* et *Th. Dur.* Reliq. Dewevr. (1901) 259; *De Wild.* Étud. fl. Kat. (1902) 3; Miss. Laurent
(1906) 207 et Étud. fl. Bas- et Moy.-Cgo, II (1907) 15.

> Cynosurus — *L.* Sp. pl. ed. 1 (1753) 72.
> E. textilis *Welw.* in Murr. Journ. Trav. et Nat. Hist. I (1868) 31.

> 1887 (Fr. Hens. — I : Banana (Dew.). — II : Boma (Hens). — IV : Kitobola
> (Ém. et M. Laur.) — V : Kinshasa (Coll. ?); Kisantu (Gill.); Kisantu-Makela
> (Van Houtte). — VIII : Eala (Ém. et M. Laur.). — XII : l'Uele (Delp.). — XIII a :
> Romée (Coll. ?). — XIV : Ruzizi-Kivu (Coll. ?); env. de Baraka (S. Doh.). —
> XV : env. de Lusambo. — Nom vern. : **Dishinda-par-Makaela.** — XVI : Lukafu. —
> Nom vern. : **Lunsekwe** (Coll. ?); camp de Lukonzolwa (Coll. ?); rég. du Tanganika-
> Moero (Coll.?); Pweto (S. Doh.). — Noms vern. : **Moto-Moto; Kasukutu** [Baraka];
> **Kimbandji** [Kinshasa]; **Sinda** [Romée]; **Lingia-Rabacha** [Pweto].

DACTYLOCTENIUM Willd.

Dactyloctenium aegyptium [L.] *Willd.* Enum. pl. Hort. Berol. (1809)
1029; *Steud.* Syn. pl. glum. I, 212; *Boiss.* Fl. Orient. V, 171; *Th. Dur.*
et *Schinz* Consp. fl. Afr. V, 868; *Th. Dur.* et *De Wild.* Mat. fl.
Cgo, I (1897) 46]B. S. B. B. XXXVI², 92]; *De Wild.* et *Th. Dur.*
Reliq. Dewevr. (1901) 259.

> Cynosurus — *L.* Sp. pl. ed. 1 (1753) 72.
> Eleusine cruciata *Lam.* Pl. bot. Encycl. I (1791) t. 48, fig. 2.

> 1888 (Fr. Hens).— I : Moanda (Vanderyst); Banana (Dew.). — II : Boma (Wilw.).
> — IV : Lutete (Hens). — V : Kisantu (Gill.). — XVI : Kiambi [Tanganika-Moero]
> (Coll.?). — Ind. non cl. : Kutadi (Dup.).

Dactyloctenium mpuetense *De Wild.* Miss. Laurent (1906) 206.

> Ann. ? (Coll. ?). — XVI : Pweto. — Nom vern. — **Kaloja** (Coll.?).

LEPTOCHLOA P. Beauv.

Leptochloa coerulescens *Steud.* Syn. pl. glum. I (1855) 209; *Th. Dur.* et *Schinz* Consp. fl. Afr. V, 869; *De Wild.* et *Th. Dur.* Contr. fl. Cgo, II (1900) 75 et Reliq. Dewevr. (1901) 260; *De Wild.* Étud. fl. Bas- et Moy.-Cgo, I (1903) 12 et Miss. Laurent (1906) 207.

1888 (Fr. Hens). — II : Boma (Dew.); Sisia (Dup.). — V : le Stanley-Pool (Luja); env. de Léopoldville; Kisantu (Gill.). — XV : banc de sable en amont de Butala (Ém. et M. Laur.). — Ind. non cl. : Gandon (Dem.); Goma (Hens).

Leptochloa Laurentii *De Wild.* Miss. Laurent (1906) 207.

1903 (Ém. et Marc. Laurent). — VII : Kiri (Ém. et M. Laur.).

ELYTROPHORUS P. Beauv.

Elytrophorus articulatus *P. Beauv.* Essai Agrostogr. (1812) 67, t. 14, fig. 2; *Kunth* Révis. Gramin. II, 481, t. 154; *Benth.* Fl. Austral. VII, 638; *Th. Dur.* et *Schinz* Consp. fl. Afr. V, 873 et Étud. fl. Cgo, (1896) 331.

1883 (H. Johnston). — Congo (Johnst.).

PHRAGMITES Trin.

Phragmites vulgaris [*Lam.*] *Crép.* Man. fl. Belg. éd. 2 (1866) 345 ; *Th. Dur.* et *Schinz* Consp. fl. Afr. V, 876; *De Wild.* et *Th. Dur.* Contr. fl. Cgo, I (1900) 76; *De Wild.* Étud. fl. Bas- et Moy.-Cgo, I (1903) 12; II (1907) 15.

Arundo — *Lam.* Fl. Franç. III (1778) 615.
A. Phragmites *L.* Sp. pl. ed. 1 (1753) 81.
Trichodon — *Rendle* Cat. Welw. Pl. II (1899) 218.
P. communis *Trin.* Fund. Agrost. (1820) 134; *K. Schum.* in *Engl.* Pfl. Ost-Afr. 113; *De Wild.* Étud. fl. Bas- et Moy.-Cgo, I (1903) 12; II (1907) 15 et Miss. Laurent (1906) 208.

1888 (Fr. Hens). — Congo (Dew.). — V : le Stanley-Pool (Hens); Bokala (M. Laur.). — VI : Dima (Ém. et M. Laur.). — XIV : Baraka. — Nom vern. : **Metetele** (S. Doh.). — XV : le Kasai (Gent.; Ém. et M. Laur.); le Bas-Kasai (Desc.).

ERAGROSTIS P. Beauv.

Eragrostis atrovirens *Nees* Fl. Afr. austr. (1841) 400; *De Wild.* et *Th. Dur.* Pl. Gilletianae, I (1900) 63 [B. Herb. Boiss. Sér. 2, I, 63]; *De Wild.* Miss. Laurent (1906) 208.

1900 (J. Gillet). — V : Kimuenza (Gill.). — IX : Yambinga (Ém. et M. Laur.).

Eragrostis Brownei [*P. Beauv.*] *Nees* ex *Steud.* Nomencl. bot. ed.
2, I (1840) 562; *Steud.* Syn. pl. glum. 1, 279; *Th. Dur.* et *Schinz*
Consp. fl. Afr. V, 881; *De Wild.* et *Th. Dur.* Contr. fl. Cgo, II
(1900) 76 et Reliq. Dewevr. (1901) 260.

Megastachya — *P. Beauv.* Essai Agrostogr. (1812) 74.

1888 (Fr. Hens). — IV : Gombi-Lutete (Hens, A. 306). — V : Suata (Hens, C. 161).
— IX : Bumba (Dew. 891).

Eragrostis Chapellieri [*Kunth*] *Nees* Fl. Afr. austr. (1841) 392;
Steud. Syn. pl. glum. I, 271; *Th. Dur.* et *Schinz* Consp. fl. Afr. V.
881 et Étud. fl. Cgo (1896) 331; *De Wild.* et *Th. Dur.* Pl. Gilletianae, I (1900) 63.

Poa — *Kunth* Révis. Gramin. II (1829 ?) 543, t. 186.
E. patens *Oliv.* in Trans. Linn. Soc. XXIX (1875) 175, t. 113.

1888 (Fr. Hens). — IV : Lutete (Hens, A. 223). — V : Kimuenza (Gill. 778).

Eragrostis ciliaris [*L.*] *Link* Hort. bot. Berol. I (1827) 192; *Nees* Fl.
Afr. austr. 413; *Steud.* Syn. pl. glum. I, 265; *Th. Dur.* et *Schinz*
Consp. fl. Afr. V, 884 et Étud. fl. Cgo (1896) 332; *Boiss.* Fl. Orient.
V, 582; *De Wild.* et *Th. Dur.* Contr. fl. Cgo, II (1900) 179 et Reliq.
Dewevr. (1901) 260; *De Wild.* Miss. Laurent (1906) 208 et Étud. fl.
Bas- et Moy.-Cgo, II (1907) 15; *Rendle* Cat. Welw. Pl. II, 232.

Poa — *L.* Sp. pl. ed. 1 (1753) 102; *Jacq.* Icon. pl. rar. I (1781) t. 18.

1888 (Fr. Hens). — Bas-Congo. — Nom vern. : **Kimbanza** (Cabra). — I : Moanda
(Gill.). — II : Boma (Dew.). — IV : Lukungu (Hens). — V : Léopoldville (Schlt.);
Sabuka (M. Laur.); Kisantu et env. (Gill.). — IX : Yambinga (Ém. et M. Laur.).
— XV : env. de Lusambo. — Noms vern. : **Zelo; Samba** (Coll.?).

Eragrostis fascicularis *Trin.* in Mém. Acad. Pétersb. Sér. 6, I (1831)
405; *Steud.* Syn. pl. glum. I, 269; *Th. Dur.* et *Schinz* Consp. fl.
Afr. V, 883 et Étud. fl. Cgo (1896) 332.

Poa — *Kunth* Enum. pl. I (1833) 389.

Ann. ? (Coll. ?). — Congo (Coll. ? fide Kunth).

Eragrostis multiflora [*Forsk.*] *Aschers.* et *Schweinf.* Beitr. Fl.
Aethiop. (1867) 297, 310; *Richt.* Pl. Europ. I, 73; *Th. Dur.* et
Schinz Consp. fl. Afr. V, 885 et Étud. fl. Cgo (1896) 332.

Poa — *Forsk.* Fl. Aegypt.-Arab. (1775) 21.
Briza Eragrostis *L.* Sp. pl. ed. 1 (1753) 70.
E. major *Host* Gramin. Austr. IV (1809) 24; *Rendle* Cat. Welw. Pl. II, 237;
De Wild. et Th. Dur. Reliq. Dewevr. (1901) 260.
Poa megastachya *Koel.* Descr. Gramin. (1802) 181; *Kunth* Enum. pl. I, 333;
Bak. Fl. of Maurit. 380.
Eragrostis — *Link* Hort. bot. Berol. I (1827) 185; *Boiss.* Fl. Orient. V, 580.

1893 (P. Dupuis). — Bas-Congo (Cabra). — II : Boma (Dup.). — XIII d :
Kasongo (Dew.).

Eragrostis namaquensis *Nees* ex *Schrad.* in Linnaea, XII (1838) 452; *De Wild.* Miss. Laurent (1906) 208.

> E. interrupta *P. Beauv.* var. — *Th. Dur.* et *Schinz* Consp. fl. Afr. V (1895) 884; *Rendle* Cat. Welw. Pl. II, 233.

> 1903 (Ém. et Marc. Laurent). — XV : banc de sable en aval d'Ifuta (Ém. et M. Laur.).

Eragrostis nutans [*Retz.*] *Roxb.* Fl. Ind. (1820) 337; *Steud.* Syn. pl. glum. I, 264; *Boiss.* Fl. Orient. V, 583; *Th. Dur.* et *Schinz* Consp. fl. Afr. V, 886.

> Poa — *Retz.* Observ. bot. IV (1786) 19; *Kunth* Enum. pl. I, 332.

> 1883 (H. Johnston). — Congo (Johnst.).

Eragrostis patens *Oliv.* in Trans. Linn. Soc. XXIX (1875) 175, t. 113.

> Le type croît dans l'Afrique trop. or.

— — var. **congoensis** *Franch.* in B. S. hist. nat. Autun, VIII (1895) 354; *De Wild.* et *Th. Dur.* Pl. Gilletianae, I (1900) 63 [B. Herb. Boiss, Sér. 2, I, 63].

> 1888 (Fr. Hens). — IV : Lutete (Hens, 328). — V : Kisantu (Gill. 589, 720); env. de Lemfu (But. in Gill. 1172).

Eragrostis sabulicola *Pilger* ex *De Wild.* Étud. fl. Bas- et Moy.-Cgo, II (1907) 15.

> 1895 (A. Dewèvre). — I : Moanda (Gill. 3162); Banana (Dew. 61).

Eragrostis tremula [*Lam.*] *Hochst.* in Flora (1842) I, Beibl. 134; *Steud.* Syn. pl. glum. I, 269; *Boiss.* Fl. Orient. V, 58; *Schlechter* Westafr. Kautsch.-Exped. (1900) 269; *De Wild.* Étud. fl. Bas- et Moy.-Cgo, II (1907) 15.

> Poa — *Lam.* Ill. genr. Encycl. I (1791) 185; *Kunth* Enum. pl. I, 332.

> 1899 (R. Schlechter). — I : Moanda (Gill.). — V : Léopoldville (Schlt.).

Eragrostis tubiformis *Hack.* ex *De Wild.* Miss. Laurent (1906) 208 et Étud. fl. Bas- et Moy.-Cgo, II (1907) 15.

> 1903 (Ém. et Marc. Laurent). — II : Boma (Pyn.). — V : env. de Léopoldville et de Bokala (M. Laur.). — VI : Dima (Ém. et M. Laur.). — XIII a : chutes de la Tshopo (Ém. et M. Laur.). — XV : le Kasai; îlot du Bas-Sankuru (Ém. et M. Laur.).

Eragrostis verticillata *Roxb.* Fl. Ind. I (1820) 346; *Schweinf.* in B. Herb. Boiss. II, append. II, 35; *Th. Dur.* et *Schinz* Consp. fl. Afr. V, 867 et Étud. fl. Cgo (1896) 331.

> Leptochloa ? — *Kunth* Révis. Gramin. I (1829) 91 et Enum. pl. I, 272.

> 1893 (P. Dupuis). — II : Zambi (Dup.).

CENTOTHECA Desv.

Centotheca lappacea *Desv.* in Nouv. Bull. Soc. Philom. II (1810) 189; *Benth.* in *Hook.* Niger Fl. 56; *Rendle* Cat. Welw. Pl. II, 228; *De Wild.* et *Th. Dur.* Reliq. Dewevr. (1901) 261; *De Wild.* Miss. Laurent (1906) 209.

1895 (A. Dewèvre). — II a : Shinganga (Cabra). — V : Dolo (Schlt.). — X : Imese (Ém. et M. Laur.).

Centotheca mucronata *[P. Beauv.]* *Benth.* in *Benth.* et *Hook. f.* Gen. pl. III (1883) 1190; *Th. Dur.* et *Schinz* Consp. fl. Afr. V, 898 et Étud. fl. Cgo (1896) 333.

Poa — *P. Beauv.* Fl. d'Oware, I (1804) 5, t. 4 ; *Kunth* Enum. pl. I, 334.
Megastachya — *P. Beauv.* Essai Agrostogr. (1812) 74 ; *Roem.* et *Schult.* Syst. veget. II, 593.

1891 (F. Demeuse). — Bas-Congo (Dem.).

Centotheca owariensis *[P. Beauv.]* *Hack.* ex *Th. Dur.* et *Schinz* Étud. fl. Cgo (1896) 333.

Megastachya — *P. Beauv.* ex *Steud.* Syn. pl. glum. I (1855) 269, in syn.
Eragrostis — *Steud.* l. c. I (1855) 269 ; *Th. Dur.* et *Schinz* Consp. fl. Afr. V, 887 ; *De Wild.* et *Th. Dur.* Contr. fl. Cgo, II (1900) 77 et Reliq. Dewevr. (1901) 260 ; *De Wild.* Étud. fl. Bas- et Moy.-Cgo, I (1904) 95 ; II (1907) 15 et Miss. Laurent (1906) 208.

1888 (Fr. Hens). — II a : Bingila (Dup.); le Mayumbe (Dup.). — V : Coquilhatville (Dew.); Sabuka (Luja); Kinshasa (Hens, B. 102); env. de Lemfu (Gill.); route des Caravanes (Ém. Laur.); Kimuenza (Gill.). — VII : Inongo (Ém. et M. Laur.). — VIII : Eala et env. (M. Laur.); Coquilhatville (Dew.). — XV : Olombo (Ém. et M. Laur.).

STREPTOGYNE P. Beauv.

Streptogyne crinita *P. Beauv.* Essai Agrostogr. (1812) 80, t. 16, fig. 1; *Doell* in *Mart.* Fl. Brasil. II[5], 171, t. 46; *Th. Dur.* et *Schinz* Consp. fl. Afr, V, 899 et Étud. fl. Cgo (1896) 333; *De Wild.* et *Th. Dur.* Contr. fl. Cgo, II (1900) 77 et Reliq. Dewevr. (1901) 261; *De Wild.* Miss. Laurent (1906) 209.

1888 (Fr. Hens). — II a : Bingila (Dup.). — V : Lisha (Hens); Lukolela (Dew.); Kisantu (Gill.). — VI : Eiolo (Ém. et M. Laur.). — XIII a : Stanleyville (Ém. et M. Laur.). — XV : Lomkala (Ém. et M. Laur.).

ARUNDINARIA Michx.

Arundinaria alpina *K. Schum.* in *Engl.* Pfl. Ost-Afr. A. (1895) 129 et C, 116; *De Wild.* Étud. fl. Bas- et Moy.-Cgo, II (1908) 223, t. 81-83.

Ann. ? (Coll. ?). — XIV : env. de Mja-Kibuti [secteur de Luvungi] (Coll. ?).

PUELIA Franch.

Puelia Dewevrei *De Wild.* et *Th. Dur.* Contr. fl. Cgo, I (1899) 77 et Reliq. Dewevr. (1901) **261**; *De Wild.* Étud. fl. Bas- et Moy.-Cgo, I (1903) 12; II (1907) 16 et Miss. Laurent (1906) 209.

1896 (A. Dewèvre). — V : entre Léopoldville et Sabuka (M. Laur. 544); Sabuka (Ém. et M. Laur.); Kimuenza (Gill. 1947); env. de Lemfu (But. in Gill. 3488). — XI : Lokandu (Dew. 1121). — XV : Lomkala; Ibaka (Ém. et M. Laur.).

EUCLASTE Franch.

Euclaste graminea *Franch.* in B. Soc. hist. nat. Autun, VII (1895. 335.

1895 (G. Descamps). — IX : Upoto (Wilw.). — XVI : Albertville [Toa] (Desc.).

GYMNOSPERMEAE

GNETACEAE

GNETUM L.

Gnetum africanum *Welw.* in Trans. Linn. Soc. XXVII (1869) 73; *Th. Dur.* et *Schinz* Consp. fl. Afr. V, 948; *Rendle* Cat. Welw. Pl. II, 257; *Th. Dur.* et *De Wild.* Mat. fl. Cgo, I (1897) 40 [B. S. B. B. XXXVI², 92]; *De Wild.* et *Th. Dur.* Reliq. Dewevr. (1901) 262; *De Wild.* Étud. fl. Bas- et Moy.-Cgo, I (1903) 10 et Miss. Laurent (1906) 197.

1891 (F. Demeuse). — II a : Bingila (Dup.). — VI : vallée de la Djuma (Gill. 2871). — VII : Coquilhatville (Dew. 592). — VIII : Eala (M. Laur. 903). — IX : Bangala (Dem.).

CYCADACEAE

ENCEPHALARTOS Lehm. (1)

Encephalartos Laurentianus *De Wild.* Étud. fl. Bas- et ¦Moy.-Cgo, I (1903) 10, t. 25; *L. Gentil* in Rev. Horticult. belg. (1904) 7 et

---

(1) De Wildeman, *Les Encephalartos congolais* in Not. pl. util. ou intér. du Congo, I (1904) 386-396.

in Gard. Chron. (1904) I, 370, fig. 163 ; *De Wild.* Not. pl. util. ou intér. du Cgo, I (1904) 392, t. 27 et 28, fig. 1-6 et Miss. Laurent (1907) 367, fig. 58, 60.

1902 (L. Gentil). — VI : en aval de Kasongo (Gent. 98).

« Cette espèce paraît confinée sur les deux rives du Kwango » [riv. congol. et portug.] (Gent.).

Encephalartos Lemarinelianus *De Wild.* et *Th. Dur.* in *Th. Dur.* et *De Wild.* Mat. fl. Cgo, VIII (1900) 28 [B. S. B. B. XXXIX², 80]; *De Wild.* Étud. fl. Bas- et Moy.-Cgo, I (1903) 9, t. 23 et 24; Not. pl. util. ou intér. du Cgo, I (1904) 386, t. 25-28 ; *L. Gentil* in Gard. Chron. (1904) I, 370, fig. 164 ; *Él. André* in Rev. Hortic. (1904) 58, fig. 23 ; *De Wild.* Miss. Laurent (1907) 364, fig. 56, 57, 59.

1881 (P. Pogge) : 1886 (G. Le Marinel). — XV : Bena-Kanza (Pg.); rive droite du Lubi, à quelques jours de Luluabourg (Le Marinel); entre Kanda-Kanda et Luluabourg (Gent.).

OBS. — Espèce introduite à Lusambo (Le Marinel).

ADDITIONS ET CORRECTIONS (1)

à FAIRE AUX PAGES INDIQUÉES.

16 **Tetracera alnifolia** *Willd.* Sp. pl. II (1799) 1243; *Oliv.* Fl. trop.
Afr. I, 12; *Hiern* Cat. Welw. Pl. I, 5; Bot. Centralbl. LXII
(1895) 339; *Engl.* in Sitz. Preuss. Akad. Wiss. XXXVIII (1908)
829.

> 1883? (P. Pogge). — XV : la Lulua (Pg. 632).

18 Uvaria latifolia ... XV : Mukenge (Pg.).
20 Monanthotaxis Poggei ... XV : Mukenge (Pg.).
„   Hexalobus grandiflorus ... XV : *ajouter* : Kondue (Lederm.).
31 Capparis Poggei ... XV : Mukenge (Pg.).

34 **Alsodeia ilicifolia** *Welw.* ex *Oliv.* Fl. trop. Afr. I (1868) 108.

> Rinorea — *O. Kuntze* Rev. Gener. (1891) 42; *Hiern* Cat. Welw. Pl. I,
> 35; *Engl.* in Sitz. Preuss. Akad. XXXVIII (1908) 827.

> 1906 (S. Ledermann). — XV : Kondue (Lederm.).

35 Alsodeia [Rinorea] Poggei ... XV : *ajouter* : Mukenge (Pg.).
36 Poggea alata ... XV : *ajouter* : Kondue (Lederm.).

„   **Oncoba spinosa** *Forsk.* var. **angolensis** *Oliv.* Fl. trop. Afr. I
(1868) 116; *Hiern* Cat. Welw. Pl. I, 38; *Engl.* in Sitz. Preuss.
Akad. Wiss. XXXVIII (1908) 829.

> 1883? (P. Pogge). — XV : Mukenge (Pg.).

„   Caloncoba [Oncoba] glauca ... XV : *ajouter* : Mukenge (Pg.).
37 — Welwitschii ... XV : Mukenge (Pg.).
„   Lindackeria dentata ... XV : *ajouter* : Kondue (Lederm.); Mukenge (Pg.).
38 — Poggei ... XV : *ajouter* : Mukenge (Pg.).
„   Buchnerodendron speciosum ... XV : *ajouter* : Mukenge (Pg.).
40 Securidaca longepedunculata ... XV : Mukenge (Pg.).
45 Harunga paniculata ... XV : *ajouter* : Mukenge (Pg.).
46 Garcinia longeacuminata ... XV : *ajouter* : Kondue (Lederm).
„   — lualabensis ... XV : *ajouter* : Kondue (Lederm.).

---

(1) Nous avions cru que la localité de Munza, où le célèbre voyageur G. Schweinfurth a récolté tant de plantes, était dans la zone Gurba-Dungu [XII d]. M. De
Hertogh, qui a parcouru toute cette région et visité l'emplacement de Munza, nous
dit que ce village était au S. du Kibali, c'est-à-dire dans la zone Bomokandi [XII c].
Dans le *Sylloge*, il faut donc lire partout XII c et non XII d, là où Munza est cité.

Page

49 Sida humilis ... *lire* : XII c : entre Vankerkovenville et Arebi.
 " — linifolia ... *supprimer* : Ind. non cl. : ... *et mettre dans* V : Bulebu.
50 Wissadula rostrata ... *au lieu de* Ind. non cl. *lire* : V : Yindu (Vanderyst).
60 Sterculia quinqueloba ... XV : Mukenge (Pg.).

63 **Cola Ledermannii** *Engl.* in Sitz. Preuss. Akad. Wiss. XXXVIII
    (1908) 827 [nom. tant.].

        1906 ? (S. Ledermann). — XV : Kondue (Lederm.).

67 Leptonychia multiflora ... *lire* : Bena-Lekula.
71 Triumfetta iomalla ... *lire* : XVII [et non XV] : Musumba.
75 Hugonia platysepala ... *lire* : IV : Kitobola (Em. Laur.). — V : Kisantu ...
76 Phyllocosmus senensis ... *lire* : XII c : Bangwa ...
78 Oxalis corniculata ... *lire* : XIII d : Lubundu (Dew.).
81 Fagara pilosiuscula ... *lire* : XVI [et non XV] : Musumba ...
 * — Poggei ... XV : *ajouter* : Mukenge (Pg.).
85 Ochna katangensis ... *au lieu de* I *lire* : XVI : ...

89 **Ouratea Ledermanniana** *Engl.* in Sitz. Preuss. Akad. Wiss.
    XXXVIII (1908) 827 [nom. tant.].

        1906 ? (S. Ledermann). — XV : Kondue (Lederm.).

 * — reticulata ... *lire* : V : bassin de la Sele ...
91 Turraea Vogelii ... XV : *ajouter* : Mukenge (Pg.).
93 Carapa procera ... XV : *ajouter* : Mukenge (Pg.).

95 [avant **COULA**]   **ONGOKEA** Pierre
    Ongokea Klaineana *Pierre* in B. S. Linn. Paris, I (1897) 1314;
        Engl. in *Engl.* et *Prantl* Nat. Pflanzenfam. Nachtr. zum II-IV,
        147 et in Sitz. Preuss. Akad. Wiss. XXXVIII (1908) 828.

        1883 ? (P. Pogge). — XV : rég. de Mukenge (Pg.).

 " Dichapetalum rufipile ... XV : Mukenge (Pg.).
97 Olax Poggei ... XV : *ajouter* : Mukenge (Pg.).
98 Leptaulus daphnoides .... *lire* : XII c : pays des Mangbettu ...
99 Alsodeiopsis Poggei ... XV : *ajouter* : Mukenge (Pg.).
104 Gouania longipetala ... XV : *ajouter* : Kondue (Lederm.).
105 Ampelocissus calophylla ... *lire* : IX [et non IV] Luozi ...
 * — Chantinii ... *lire* : XVI [et non XV] Musumba ...
 * Cissus adenocaulis ... *lire* : IV [et non V] entre Tumba et ...
 * — Bakeriana ... *lire* : XII c : pays des Mangbettu ...
106 — Gilletii ... *lire* : XV : Samba (Cabra).
107 — Guerkeana ... XV : Mukenge (Pg.).
 " — Livingstoniana *Welw.* [syn. *C. rubiginosa* Planch.]... XV : *ajouter* : Mu-
        kenge (Pg.).
109 Leea guineensis ... XV : Mukenge (Pg.).
 * Paullinia pinnata ... XV : Mukenge (Pg.).
110 Allophyllus africanus ... XV : Mukenge (Pg.).

111 — **Welwitschii** *Gilg* in Engl. Jahrb. XXIV (1897) 287; *Engl.* in
        Sitz. Preuss. Akad· Wiss. XXXVIII (1908) 827.

        1906 ? (S. Ledermann). — XV : Kondue (Lederm.).

 * Lychnodiscus cerospermus ... XV : Kondue (Lederm.) ; Mukenge (Pg.).

Page
112 **Eriocoelum paniculatum** *Bak.* in *Oliv.* Fl. trop. Afr. I (1868) 428; *Engl.* in Sitz. Preuss. Akad. Wiss. XXXVIII (1908) 829.

1883? (P. Pogge). — XV : rég. de Mukenge (Pg.).

113 Phialodiscus unijugatus ... XV : Kondue (Lederm.).
117 Agelaea obliqua ... XV : Mukenge (Pg.).
" — phaseolifolia ... *lire :* IV : entre Tumba et ...

118 **Byrsocarpus coccineus** *Schumach.* et *Thonn.* Beskr. Guin. Pl. (1827) 226; *Bak.* in *Oliv.* Fl. trop. Afr. I, 452; *Walp.* Annal. bot. II, 294.

Rourea — *Hook. f.* in *Hook.* Niger Fl. (1849) 290; *Engl.* in Sitz. Preuss. Akad. Wiss. XXXVIII (1908) 828.

1883? (P. Pogge). — XV : Mukenge (Pg.).

119 Connarus luluensis ... XV : *ajouter :* Mukenge (Pg.).
120 Manotes brevistyla ... *lire :* XVI [et non XV] Musumba ...
" Cnestis ferruginea ... XV : *ajouter :* Mukenge (Pg.).
121 — polyantha ... *lire :* XVI [et non XV] Musumba ...
134 Milletia drastica ... XV : Mukenge (Pg.).
" — versicolor Welw. ... XV : Mukenge (Pg.).
136 Platysepalum ferrugineum ... XV : Mukenge (Pg.). — XVI [et non XV] bords du Lualaba ...

" — **Ledermanni** *Engl.* in Sitz. Preuss. Akad. Wiss. XXXVIII (1908) 827 [nom. tant.].

1906? (S. Ledermann). — XV : Kondue (Lederm.).

140 **Smithia strigosa** *Benth.* in *Miq.* Pl. Jungh. (1851-55) 211; *Bak.* in *Oliv.* Fl. trop. Afr. II, 154; *Engl.* in Sitzb. Preuss. Akad. Wiss. XXXVIII (1908) 828.

1883? (P. Pogge). — XV : Mukenge (Pg.).

147 Erythrina abyssinica ... XV : *ajouter :* Mukenge (Pg.).

162 **Dalbergia pubescens** *Benth.* in *Hook.* Niger Fl. (1849) 315; *Bak.* in *Oliv.* Fl. trop. Afr. II, 234; *Engl.* in Sitzb. Preuss. Akad. Wiss. XXXVIII (1908) 828.

1883? (P. Pogge). — XV : Mukenge (Pg.).

164 **Ostryocarpus ? Welwitschii** *Bak.* in *Oliv.* Fl. trop. Afr. II (1871) 240; *Engl.* in Sitz. Preuss. Akad. Wiss. XXXVIII (1908) 828.

1883? (P. Pogge). — XV : Mukenge (Pg.).

165 Lonchocarpus Teuszii ... *supprimer cette espèce et la rapporter comme synonyme ainsi que les habitations au* Milletia Teuszii De Wild. [Conf. supra pg. 134).
166 Derris [Deguelia] brachyptera ... XV : Mukenge (Pg.).
" — [Deguelia] nobilis ... XV : Mukenge (Pg.).
174 Dialium guineense ... XV : Mukenge (Pg.).
177 Berlinia acuminata ... au lieu de Acuminata.

Page

177 **Berlinia auriculata** *Benth.* in Trans. Linn. Soc. XXV (1866)
309; *Oliv.* Fl. trop. Afr. II, 294; *Engl.* in Sitz. Preuss. Akad.
Wiss. XXXVIII (1908) 828.

1883? (P. Pogge). — XV : Mukenge (Pg.).

212 Dissotis segregata ... *lire :* I : Vista (Chaves) et *supprimer la note au bas de
la page.*

223 Paropsia reticulata ... *lire :* IX [et non V] Lisha (Dem.).

248 Mussaenda elegans ... XII c [et non XII a] pays des Mangbettu ...

255 Bertiera gracilis *De Wild.* var. latifolia ... *lire :* XIII a : Romée ...

263 Oxyanthus speciosus ... XV : *ajouter :* Kondue (Lederm.).

264 Feretia apodanthera ... XV : Mukenge (Pg.).

269 Plectronia Oddoni ... *au lieu de* Pletronia.

   "   venosa ... *lire :* XVI [et non VI] Lukafu.

272 Craterispermum brachynematum ... XII c : [et non XII] Gombari ...

274 Pavetta Baconia ... XIII d [non XII d] env. de Kasongo ...

278 Coffea Royauxii ... XII b [et non VII] Bili ...

281 Psychotria cristata ... *lire :* XII c : Munza ...

   "   — Gilletii ... *lire :* IV : entre Tumba et Kimpesse (Gill.). — V : Kisantu ...

284 Geophila involucrata ... IX [et non IV] Luozi ...

   "   Trichostachys microcarpa ... IV : Tumba (Dem.). — V : env. de Kimuenza ...

287 Mitracarpum scabrum ... XV : *ajouter :* Mukenge (Pg.).

320 Pachystele cinerea *Pierre* var. cuneata ... IX [et non IV] Luozi ...

324 **Mayepea** [Linociera] **luluensis** *Engl.* in Sitz. Preuss. Akad. Wiss.
XXXVIII (1908) 829 [nom. tant.].

1883? (P. Pogge). — XV : Mukenge (Pg.).

341 **Alstonia viscosa** *Engl.* in Sitz. Preuss. Akad. Wiss. XXXVIII
(1908) 829 [nom. tant.].

1883? (P. Pogge). — XV : Mukenge (Pg.).

345 **Voacanga Thouarsii** *Roem.* et *Schult.* Syst. veget. IV (1819)
439; *Stapf* in *Dyer* Fl. trop. Afr. IV¹, 154; *Engl.* in Sitz.
Preuss. Akad. Wiss. XXXVIII (1908) 829.

1883? (P. Pogge). — XV : Mukenge (Pg.).

346 Strophanthus Dewevrei ... XV : *ajouter :* Kondue (Lederm.).

352 **Baissea angolensis** *Stapf* in Kew Bull. (1894) 126 et in *Dyer*
Fl. trop. Afr. IV¹, 209, 611; *Engl.* in Sitz. Preuss. Akad. Wiss.
XXXVIII (1908) 827.

1906? (S. Lederm.). — XV : Kondue (Lederm.).

354 Oncinotis glandulosa ... *au lieu de* VII, *lire :* VIII : Eala ...

368 **Mostuea hirsuta** [*T. Anders*] *Bak.* in *Dyer* Fl. trop. Afr. IV¹,
(1902) 509.

Coinochlamys — *T. Andrs.* ex *Benth.* et *Hook. f.* Gen. pl. II (1876)
1091; *S. Moore* in *Trim.* Journ. of Bot. (1876) 321, t. 182, fig. 2;
Engl. in Sitz. Preuss. Akad. Wiss. XXXVIII (1908) 829.

1883? (P. Pogge). — XV : Mukenge (Pg.).

371 Strychnos congolana ... *et non* Stychnos.

Page

391 Solanum aethiopicum ... *lire* II a : Yema-Lianga ...

396 Capsicum conoides ... *lire* : 1870 (G. Schweinfurth) *et non* 1901 (J. Gillet).

406 Sopubia latifolia ... XV [et non XVI] Mukenge ...

409 Spathodea nilotica ... XV : Mukenge (Pg.).

410 Markhamia tomentosa .. XV : Mukenge (Pg.).

411 Stereospermum Kunthianum *Cham.* ... 1881 ? (P. Pogge). — XV : Mukenge
(Pg.). — XVI [et non I] : rég. du Lac Moero (Verd.).

„ — Verdickii ... *au lieu de* 1 *lire* : XVI : Lac Moero ...

427 Lepidagathis Laurentii ... *lire* : 1903 [et non 1894] ...

431 **Duvernoya extensa** [*T. Anders.*] *Lindau* in *Engl.* Pfl. Ost-Afr.
(1895) 372; *Engl.* in Sitz. Preuss. Akad. Wiss. XXXVIII (1908)
827.

> Justicia — *T. Anders.* in Journ. Linn. Soc. VII (1864) 44; *Clarke* in
> *Dyer* Fl. trop. Afr. V, 206.
>
> 1906? (S. Ledermann). — XV : Kondue (Lederm.).

436 **Vitex Buchneri** *Guerke* in Engl. Jahrb. XVIII (1894) 166; *Bak.*
in *Dyer* Fl. trop. Afr. V, 331; *Engl.* in Sitz. Preuss. Akad.
Wiss. XXXVIII (1908) 829.

> 1881 ? (P. Pogge). — XV : Mukenge (Pg.).

437 Vitex camporum ... [*err. cal.* congorum] *Buett.* ex *Engl.* in Sitz. Preuss. Akad.
Wiss. XXXVIII (1908) 829.

> 1883? (P. Pogge) ... XV : Mukenge (Pg.).

438 Clerodendron capitatum ... 1883? (P. Pogge). -- XV : Mukenge (Pg.).

439 — myricoides ... XV : Mukenge (Pg.).

440 — scandens ... XV : Mukenge (Pg.).

441 — [Kalaharia] spinescens ... XV : Mukenge (Pg.).

„ — volubile ... XV : Mukenge (Pg.).

447 Plectranthus miserabilis ... *lire* : XV [et non XVI] Mukenge (Pg.).

448 Aeolanthus adenotrichus ... *lire* : 1899 [et non 1891] ...

458 Cyathula prostrata ... *lire* : IV : Lukungu, Lutete (Hens). — V : env. de Léopoldville (Luja).

467 Aristolochia Schweinfurthii ... XV : Kondue (Lederm.).

„ Piper guineense ... XV : *ajouter* : Mukenge (Pg.).

468 — subpeltatum ... XV : *ajouter* : Mukenge (Pg.).

477 **Euphorbia Candelabrum** *Trémaut* ex *Kotschy* in Mitt. Geogr.
Gesells. Wien, I (1857) 169; *Boiss.* in *DC.* Prodr. XV², 84;
Berger Sukkul. Euphorb. (1907) 73; *Engl.* in Sitz. Preuss.
Akad. Wiss. XXXVIII (1908) 829.

> 1881 ? (P. Pogge). — XV : Mukenge (Pg.).

479 Bridelia micrantha var. ferruginea ... XV : Mukenge (Pg.).

484 Antidesma venosum form. glabrescens ... *lire* : XVI [et non XIII] : Lukafu ...

485 Uapaca Marquesii ... XV : *ajouter* : Mukenge (Pg.).

486 Hymenocardia acida ... XV : *ajouter* : Mukenge (Pg.).

487 — ulmoides ... XV : Kondue (Lederm.).

488 Microdesmis puberula ... XV : Kondue (Lederm.).

489 Manniophyton africanum ... XV : *ajouter* : Mukenge (Pg.).

Page

490 Poggeophyton aculeatum ... XV : ajouter : Mukenge (Pg.).

491 **Claoxylon columnare** *Muell.-Arg.* in Flora, XLVII (1864) 437
et in *DC.* Prodr. XV², 776; *Engl.* in Sitz. Preuss. Akad. Wiss.
XXXVIII (1905) 829.

1883 ? (P. Pogge). — XV : Mukenge (Pg.).

494 Alchornea cordifolia ... XV : *ajouter* : Mukenge (Pg.).
495 Argomuellera macrophylla ... XV : *ajouter* : Mukenge (Pg.).
499 Maprounea africana ... XV : Mukenge (Pg.).

500 **Sapium cornutum** var. **africanum** *Engl.* in Sitz. Preuss. Akad.
Wiss. XXXVIII (1908) 829 [nom. tant.].

1883 ? (P. Pogge). — XV : Mukenge (Pg.).

501 **Chaetacme aristata** var. **kamerunensis** *Engl.* in Sitz. Preuss.
Akad. Wiss. XXXVIII (1908) 828 [nom. tant.].

1883 ? (P. Pogge). — XV : Mukenge (Pg.).

502 Dorstenia mogandjoensis ... 1905 (Marc. Laurent) ... *et non* 1908.
503 — Verdickii ... *lire* : XVI [et non XV] Lukafu ...
  " Trymatococcus kamerunianus...XV : Kondue (Lederm.)...[T. kameruniensis].

505 **Ficus Dreypondtiana** *L. Gentil* in Rev. Hort. belge, XXXII
(1906) 85, cum ic.

1905 (Éd. Lescrauwaet).— C. dans la région du Lualaba-Kasai [XV-XVI]
(Lescr.). — XV : Kondue (Declercq, Gent.). — XVI : Haut-Lualaba (Rom.).

509 **BOSQUIEA** Thou. *C'est à tort, croyons-nous, que les auteurs ont modifié ce*
nom que Thouars a écrit BOSQUEIA.
  " Bosqueia angolensis ... [B. Welwitschii *Engl.*] ... XV : Kondue (Lederm.).
510 **BOSQUEIOPSIS** *De Wild.* et *Th. Dur.* [et non BOSQUIEOPSIS].
  " Myrianthus arborea ... XV : *ajouter* : Mukenge (Pg.).
514 Ottelia halogena ... *lire* XIII c : [et non XIII e].
528 Angraecum Pynaertii ... *lire* : 1906 [et non 1986].
542 Renealmia bracteata ... *lire* : 1889 [et non 1899].
550 Avant **MUSA L.** *intercaler* MUSACEAE.
573 Eichornia natans ... *ajouter* : *De Wild.* Étud. fl. Bas- et Moy.-Cgo, II (1908)
233.

... V : rég. de Kisantu (Gill. 3800).

HETERANTHERA R. et P.

573 **Heteranthera Kotschyana** *Fenzl* ex *Solms* in *Schweinf.* Beitr.
Fl. Aethiop. (1867) 205; *N. E. Br.* in *Dyer* Fl. trop. Afr. VII,
3; *De Wild.* Étud. fl. Bas- et Moy.-Cgo, II (1908) 232.

1902 (J. Gillet et L. Gentil). — IV : Kitobola; Tumba (Ém. et M. Laur.).
— VI : vallée de la Djuma (Gent.; Gill. 2902).

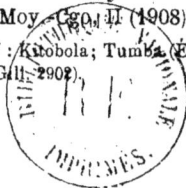

MONOCHORIA Presl.

Page
573 **Monochoria africana** [*Solms*] *N. E. Br.* in *Dyer* Fl. trop. Afr.
VII (1901) 5; *De Wild*. Étud. fl. Bas- et Moy.-Cgo, II (1908)
233.

> M. vaginalis *Presl* var. — *Solms* in A. et *C. DC*. Monog. Phan. IV
> (1883) 521.

> Ann. ? (V. Durant). — XV : rég. du Kasai (V. Dur.).

574 *Lire* **POLLIA** *au lieu de* **PCLLIA**.
589 Hydrosme Leopoldiana ...
> Amorphophallus — *N. E. Br.* ... *De Wild*. Étud. fl. Bas- et Moy.-Cgo,
> II (1908) 233.
> ... VI : rive droite du Kwango (Gent.).
611 Kyllingia pumila var. rigidula *Clarke* ... *au lieu de* : 1895 (P. Dupuis) ......
V :   (Gillet) ... *lire* : 1874 (Fr. Naumann) ... V : Kisantu (Gill.)
633 Panicum interruptum *et non* Pannicnm ...

TABLEAU MONTRANT, PAR FAMILLE,
LE NOMBRE D'ESPÈCES OBSERVÉES DANS CHAQUE DISTRICT.

Dicotyledoneae	I. — BANANA.	II. — BOMA.	III. — MATADI.	IV. — CATARACTES.	V. — STANLEY-POOL.	VI. — KWANGO.	VII. — LAC LÉOPOLD II.	VIII. — ÉQUATEUR.	IX. — BANGALA.	X. — UBANGI.	XI. — ARUWIMI.	XII. — UELE.	XIII. — PROV. ORIENTALE.	XIV. — RUZIZI-KIVU.	XV. — KASAI.	XVI. — KATANGA.
Ranunculaceae		2			3	1										6
Dilleniaceae				1	5			1	3		1	1	1		3	
Anonaceae	1	7		1	15	2	2	6	8		3	3	1		11	1
Menispermaceae		1		1	2		1	1	1						2	
Nymphaeaceae		2		1	2	1		1	1			2			2	2
Cruciferaceae		1			2			1	2				1		1	
Capparidaceae	3	3		1	6	5	7	4	3	1	6	2	2		6	6
Violaceae		6	2	1	4	1		2	1				3	1	2	
Bixaceae		3		2	9	6	2	5	4		6	4	2		10	2
Polygalaceae	1	1			6	4	2	2				2	1		4	5
Caryophyllaceae	1			1	4	2								1	2	1
Portulacaceae					4		1	2	3	1		2			1	1
Hypericaceae	2	3		1	3	1	1	3	1		1			1	1	3
Guttiferaceae	1	3			5	2	2	5	1		3	1	2		4	2
Dipterocarpaceae													1			2
Malvaceae	6	12	8	4	20	9	4	14	12	3	2	9	4	2	7	25
Sterculiaceae	1	6		2	13	3	3	6	4	1	6	10	5	1	14	6
Scytopetalaceae				1	1			2			1				2	
Tiliaceae	3	5	1	3	19	7	6	10	11	1	3	5	7	3	10	10
Linaceae				2	3			4	1		1				3	1
Malpighiaceae	1	1	1		4				1				1			1
Geraniaceae														1		
Oxalidaceae		2		2	2						1		2		1	4
Balsaminaceae		4		1	2	1		2	4		2	5		2	4	6
Rutaceae					6	2			2				1		4	2
Simarubaceae		2		1	2	1	2	3	1		1	1			2	1
Ochnaceae	1	2		2	17	7	1	2	4	1		1	4		8	3
Burseraceae		2		1	1			1	1				1		2	1
Meliaceae	1	2			6	4	1	11		1	3	1	2		4	3
Dichapetalaceae		3			2			2	2		1	1	1		4	
Olacaceae	1	2		1	15	7	2	9	5	1	2	1	1		9	2
Celastraceae					1								1			1
Hippocrateaceae	1				3			10	4		5		1		5	2
Rhamnaceae		1		1	1			2	1				1		1	1

Dicotyledoneae.	I. — BANANA.	II. — BOMA.	III. — MATADI.	IV. — CATARACTES.	V. — STANLEY-POOL.	VI. — KWANGO.	VII. — LAC LÉOPOLD II.	VIII. — ÉQUATEUR.	IX. — BANGALA.	X. — UBANGI.	XI. — ARUWIMI.	XII. — UELE.	XIII. — PROV. ORIENTALE.	XIV. — RUZIZI-KIVU.	XV. — KASAI.	XVI. — KATANGA.
Ampelidaceae	1	7		4	3	2	3	3	8	2	2	5	3		5	8
Sapindaceae		3		6	9	3	2	4	6	1	1	3	2		9	4
Anacardiaceae . . .		6	2		8		1	2	1			1	1		2	4
Moringaceae		1											1·			
Connaraceae		9		2	14	4	5	3	8	1		3	2		16	5
Leguminosaceae . . .	17	71	18	19	199	39	22	97	38	8	20	27	28	7	106	130
Rosaceae	1	2		1	6	3		1	1		1		1	2	1	2
Crassulaceae				1	1			1	1						1	2
Droseraceae					2											
Rhizophoraceae . . .	1	1		1	1		1									
Combretaceae	2	9	1	1	11	6	2	9	5		4		1		6	14
Myrtaceae	1	3		1	8	4	1	3	2		2	1	1		1	1
Melastomataceae . . .	1	11	1	4	29	10	5	15	9		4	17	5		19	6
Lythraceae.		2							1				1			
Onagrariaceae. . . .		3		2	5	3	2	2	3	1		1	1	1	2	
Samydaceae		1		4	4			4	2		1				3	1
Turneraceae	1	1	1	1	1											1
Passifloraceae. . . .		3		1	8	4	4	6	5			1	1		9	
Cucurbitaceae. . . .	1	15	1	3	16	1	2	9	8	1	3	6	5		11	5
Begoniaceae		2					2	5	1		4	7	4		2	2
Cactaceae		1			1	1		1		1	1	1	1		1	
Ficoïdaceae	2	1	1		5			1		1					1	1
Umbelliferaceae . . .			.	1	3									1	1	4
Araliaceae														1		1
Rubiaceae	3	55	3	26	130	49	38	86	50	12	34	42	40	1	82	44
Dipsaceae																2
Compositaceae . . .	5	33	4	16	66	19	12	17	11	1	6	30	24	4	41	40
Campanulaceae . . .		2		1	3	1		1					1			5
Ericaceae																1
Plumbaginaceae . . .	1	1			1											1
Myrsinaceae							1	1				1				1
Sapotaceae.		1			3	2	2	5	2	3	2				5	1
Ebenaceae								1				1				2
Oleaceae.	1					1				1	1		2		1	3
Apocynaceae	4	22	1	8	55	26	21	61	24	9	23	33	15		54	12
Asclepiadaceae . . .		5	2	5	36	11	3	4	3	1		3	7		12	21

Dicotyledoneae.	I. — BANANA.	II. — BOMA.	III. — MATADI.	IV. — CATARACTES.	V. — STANLEY-POOL.	VI. — KWANGO.	VII. — LAC LÉOPOLD II.	VIII. — ÉQUATEUR.	IX. — BANGALA.	X. — UBANGI.	XI. — ARU WIMI.	XII. — UELE.	XIII. — PROV. ORIENTALE.	XIV. — RUZIZI-KIVU.	XV. — KASAI.	XVI. — KATANGA.
Loganiaceae	1	4	1		14	5	2	2	5		2	5	3		9	3
Gentianaceae					10	3	1	3	2				2		3	7
Hydrophylleaceae . .				1												
Boraginaceae	1	3	2	1	4			1	2		1	2	1		1	6
Convolvulaceae . . .	6	19	1	7	25	4	2	8	10	3		8	3		9	25
Solanaceae	1	12	2	5	10		5	13	5	2	2	6	5		12	5
Scrophulariaceae. . .	3	9	3	3	22	8	1	3	5		1	4	2		11	11
Lentibulariaceae . . .		1			4	1		1							1	
Gesneraceae																1
Bignoniaceae		5	1	2	5	4		3	2	1	1	3	1		4	8
Pedaliaceae		1		1	2	2			3			3	2		4	2
Acanthaceae	2	18		10	42	11	2	12	15	3	4	9	11	4	15	52
Verbenaceae	2	9	2	3	20	7	3	6	3		1	5	3		16	15
Labiataceae	2	9	2	6	19	14	4	11	5	1	1	10	11	3	20	21
Nyctaginaceae. . . .	2	2		1	3	1		3								
Amarantaceae. . . .	6	8	1	8	3	3	2	6	7		1	3	5	3	7	8
Chenopodiaceae . . .				1	1	1		1		1			4			1
Phytolaccaceae . . .		1		1	3	1	2	2	3			1	1		1	1
Polygonaceae. . . .		3	1		6	2	2	6	1						2	2
Podostemaceae . . .					2								1		2	
Cytinaceae.																1
Aristolochiaceae . . .		1		1								1			2	
Piperaceae.		1			3	3	2	3	2		1	2	2		2	1
Myristicaceae. . . .		1		1				1			1					
Lauraceae	1		3		5											
Proteaceae.					1										2	3
Thymelaeaceae . . .					1	2		1					1		2	5
Loranthaceae	1	4		2	11	3	1	7	4	2	3	1			8	4
Santalaceae					1											
Balanophoraceae. . .					1		1	1	1						1	
Euphorbiaceae . . .	8	33	5	15	62	21	21	44	24	5	15	16	19	1	53	26
Urticaceae		17		5	36	4	10	17	8	2	8	11	11	1	23	10
Ceratophyllaceae. . .					1			1							1	
	102	508	71	209	1133	359	226	609	379	73	198	328	277	41	731	647

Monocotyledoneae	I. — BANANA	II. — BOMA	III. — MATADI	IV. — CATARACTES	V. — STANLEY-POOL	VI. — KWANGO	VII. — LAC LÉOPOLD II	VIII. — ÉQUATEUR	IX. — BANGALA	X. — UBANGI	XI. — ARUWIMI	XII. — UELE	XIII. — PROV. ORIENTALE	XIV. — RUZIZI-KIVU	XV. — KASAL	XVI. — KATANGA
Hydrocharitaceae					3								1	1		1
Burmanniaceae					2									1		
Orchidaceae	1	8		9	43	9	17	57	7	2	8	24	25	1	33	23
Flagellariaceae	1	1	1				1	1								
Zingiberaceae		8		1	10	1	1	5	2	1		2	3		5	4
Marantaceae		9			9	6	2	7	6	2	2	2			3	1
Cannaceae		1			1	1	1	1	1				1	1	1	1
Musaceae				1	2			1					1	1		
Haemodoraceae		1			1				1		1		2		1	
Iridaceae		3		2	4	3		1					3			10
Amaryllidaceae		6		1	4	6	1	1		2		2	3		3	4
Taccaceae				1	1								1		1	
Dioscoreaceae		2		2	11		2	3	4			3	3		2	5
Liliaceae	2	8	1	11	20	10	4	9	6	2		3	5		20	20
Pontederiaceae					1											1
Xyridaceae								2					1			1
Commelinaceae		13		7	30	6	4	6	8		4	3	7		16	8
Palmaceae	1	4			5	2	1	7			1	3	2		6	3
Pandanaceae		1			1											
Araceae		6		2	13	5	3	3	1		1	2	3		7	
Lemnaceae					2			1								
Alismaceae						1		1								
Eriocaulonaceae					2		1						1			
Cyperaceae	4	32	7	33	85	6	11	18	20		6	8	6	1	23	16
Graminaceae	13	40	7	41	80	10	22	19	22	8	2	4	15	9	32	19
	22	143	15	111	330	67	71	142	79	17	25	60	80	12	153	116
Gymnospermeae																
Gnetaceae	1				1		1	1	1							
Cycadaceae					1										1	
		1			2		1	1	1						1	
Dicotyledoneae	102	508	71	209	1133	359	226	609	379	73	198	328	277	41	731	647
Monocotyledoneae	22	143	15	111	330	67	71	142	79	17	25	60	80	12	153	116
Gymnospermeae	1				2		1	1	1						1	
	124	652	86	320	1463	428	298	752	459	90	223	388	357	53	885	765

RÉPERTOIRE DES NOMS VERNACULAIRES.

A

Abakussi 122
Abodo 331
Abutadjamba . . . 334
Acisa 308
Adjokosetamba . . 331
Adolimi 75
Afridi na hima . . 336
Aguka 343
Ahanguila 329
Akariabeti . . 329, 330
Akutshu-Aramba . 334
Alimne 135
Andjolia 45
Angbeni 53
Angwanga 329
Asangia. 329
Assuroli 122
Autontongo . . . 336
Averu 300
Aworo 637

B

Babetet 329
Badjambota . . . 492
Badongo 331
Bafu 90
Bafwamfwa . . . 578
Bafwamfwabadili . 637
Bagayenga 227
Bagui 335
Baisandeke . . . 75
Baka 180
Bakuta 52
Balatadi 559
Baloma . . . 329, 334
Bamandia 431
Banda-Banda . . . 182
Bangui 502
Bangwa 45

Bankause 173
Bankusale 637
Banzua 478
Bao 173
Bapenongwala . . 334
Barakota . . 326, 331
Bari 329
Basaka 149
Basasanga 544
Basesei 149
Batieke 500
Batshindjii . . . 335
Bavoapanda . . . 295
Bawamauri . . . 501
Bekenge 72
Bekonge 72
Beli 90
Belukonge 72
Bemba-Bemba . . . 417
Benene 344
Beti 395
Biabilondo 203
Bienga 258
Bietji 339
Bikule 329
Bikuri 329
Bimba 337
Binga 443
Bingauganan . . 68
Binsonculon . . . 67
Biombian 329
Biombio 328
Bionuda-Ipeba . . 457
Bioto 305
Bisloka 617
Biti 309, 393
Bitopa 331
Bitope 331
Bituba 329
Boala 183
Boandsu 258
Bobalabaneba . . . 250

Bobo . . . 325, 330
Bobole 350
Bocca 342
Bocouambo . . . 544
Bofeko 489
Bofumbo 68
Bofumbu 70
Bojudjuma 443
Boka 138
Boka-Napombo . . 268
Bokaie 53
Bokaie-Itende . . . 56
Bokaï-Limpata . . 54
Bokakate 279
Bokinku 135
Bokobele 523
Bokoli 20, 99
Bokongo-Bomponpono 167
Bokunge 45
Bolaka 45
Bolanga 479
Bole 329, 350
Bolengue-Moidi . . 417
Boli 351
Bolico-Bolico . . . 334
Bolinda 53
Bolivo 247
Bolle 350
Boloko . . 45, 468, 529
Bolombola . . 327, 328
Bolombolo 326
Bolongo 45
Bolovo 577
Bolundu 337
Bolundu-Kete . . . 329
Bolundu-Mabe . . 337
Bomanga 321
Bombali 176
Bombari 176
Bombo 314
Bombombolu . . . 163
Bombwoke 350

Bomet	329	Bulume	434	Djgua	326
Bomoke	329	Bumuke	327	Djicota	72
Bomonkolata	70	Bungu-Bungu	327, 335	Djokomaure	155
Bompoto	462	Busangulatati	340	Djumba-Djumba	442, 452
Bompuru	401	Buse	62	Djungu	174
Bondju	258	Busembo	135	Doandu	110
Bonengue	452	Businda	334	Dolo	338
Bongbwo	350	Busumba	350	Dolo-Konge	73
Bongi-Bongi	35	Buteke	395	Dolombo	468
Bongo	132, 188	Butshulu	540	Doma	326
Bongolo	243	Bwombwo	350	Dombu	53
Bongon	351			Dondecha	335
Bonguete	486			Dongetele	331
Bonkaie	54	**C**		Dopwa	174
Bonkaie-itendo	54	Caguisibisa	52	Ducambutu	312
Bontone	45	Caho	489	Dumbu-dumbu	83
Bonzo	46	Canga-Chicot	186	Dundu	329
Bopalabamba	250	Casera	54	Dzama	502
Bopamputi	467	Ceka	643		
Borinalolo	240	Cembe	412	**E**	
Boriri	102	Cingusapo	52		
Boro	62	Coco	393	Eaki	283
Bosasa	143, 496	Cucunia	114	Ebake	142
Bosele-Motani	337			Ebakomba	307
Bosenge	469, 485	**D**		Ebemba	495
Bosere	347			Ececi	443
Bosere-Motani	336	Dambola	329	Ejendje	491
Bosesere	389	Dembo	350, 351	Ekakoloka	486
Bosoi	198, 200	Dembo-Mabe	351	Ekalili	71
Bosoïe	200	Dembonagete	350	Ekele	84
Bosu	499	Dendere	74	Ekenienti	57
Boto	136	Dichila	140	Ekongoli	500
Botofi	331, 335	Difindo	38	Ekü	333
Botoko	164	Dijito	280	Eleci	185
Botoni	45	Dikanda	508	Elekeke-Adjico	311
Botope	329	Dikasa-ya-Tambu	239	Eletnetamba	363
Botota	493	Dili	629	Eloko	231
Botowe	329	Dilomba	394	Elolo	393
Botumbo	83	Dimadini	340	Elouneli	147
Bowana-Panzi	259	Dimanba	134	Elulungu	630
Bowo	631	Dinsona	335	Elumba	469
Bpompo	387	Dinsonia	335	Eoungere	410
Bu-Kukuta	296	Diongi	494	Ephidi	308
Buchiuda	67	Dipengo-Pungu	357	Eroke	370
Budemba	353	Dipumunu	326	Eseka	501
Buka	133	Dishinda-ja-Mulume	643	Esisi	435
Buki	395	Dishinda-par-Makaela	644	Esonanaka	184
Bukiret	45	Disjika-Bamuni	440	Etoko	376
Bulandaponda	475	Ditolo	330	Etumdulu	96
Bulekibauga Ngutu	495	Diuka	268	Eulu	208
Bulembilimbu	366	Djague-Djague	441	Euzambi	231
Bulubu	197	Djalasingi	491	Ezendja	334
Bulula	365	Djaurbakessem	250		

F

Filu 437
Filulolo. 268
Foutu 165
Fulu-M'Boa . . . 334
Fumgatata. . . . 155
Fumu 504
Fundiakima . . . 330

G

Gadi 46
Galagale 28
Galonga. 171
Gamenkuye . . . 332
Gangale. 171
Ganga-Tibie . . . 206
Genia 264
Geto 467
Giadidi . . - . . 46
Gluka 352
Goïo 371
Gomvonboza . . . 143
Gonfe 196
Guba-Gwela . . . 481
Gubia 441
Gudia-Muni . . . 501
Gula 163
Gula-Gwedi . . . 481
Gulumgu 551
Gulumu-Kumba . . 511
Gungova 567
Gungu-Bu-Dutu . . 326
Guzu. 633

I

Ibenge 391
Iboboro 328
Ibongo . . . 155, 297
Icasagne 203
Icota 62
Iendu 203
Ifambalankoce . . 498
Ifuafua 24
Ifuige 308
Iguia 577
Ikaie 62, 206
Ikatabao 308
Ikekeke. 329
Ikele 329
Ikobulé 54

Ikoko 488
Ikola 52
Ikonana. 456
Ikonga 293
Ikongolo 173
Ilanga 556
Ilela 559
Ilikiwagurta . . . 107
Illuie. 559
Ilombe 326
Ilombola 327
Ilotça 468
Ilumbe 20
Imbali 176
Inga 327
Inkoko . . , . . 488
Intfundu 31
Iutomba. 75
Intsimi 53
Ipea 457
Ireh 350
Isike 488
Isote 351
Itadje 509
Itali 504
Itatamba 109
Itedji 509
Iteka. 334
Ito 463
Itofi 333
Itombe 75
Itutangali 505

J

Jaba 288
Jada Samba . . . 537
Jakoi-Loko . . . 257

K

Kabala 133
Kabale-Bale . . . 324
Kabanga 31
Kabangui 502
Kabaye 503
Kabonga 314
Kabonguele . . . 461
Kabuko-Pakana . . 492
Kabulu 332
Kabutumpa . . . 357
Kabwebwa . . . 641
Kacegnengui . . . 186

Kachukutu . . . 634
Kadi-Kungu . . . 427
Kadjauga 329
Kaembe. . . 331, 333
Kafasukile 479
Kafita 134
Kafoi. 151
Kafoine, ... 300
Kafulo 156
Kafungando . . . 411
Kafungu-Kakoma . 174
Kafuta 49
Kaia 332
Kaido-Kom . . . 206
Kaie 492
Kaiembe? 330
Kaiobo 452
Kakabolo-Kampanga 378
Kakasalla 484
Kakindu Kindu . . 131
Kakissa-Kissa . . 199
Kakobwoi-Kobwoi . 472
Kakoloka 486
Kakungui 193
Kakunta-Puku . . 372
Kalamandu . . . 395
Kalamato 481
Kaleala 210
Kalemba-Kaluma . 621
Kalembele 394
Kalendu 140
Kalimbu 598
Kaloja 644
Kalolo 643
Kalombo-Lombo. . 337
Kalonga-Longa . . 46
Kaluangwe. . . . 306
Kaluma. 290
Kaluma-Kalenda. . 109
Kalumu-Kulu . . . 30
Kalundi-Kumi . . 14
Kalungu 343
Kamatutu 198
Kambalubala . . . 131
Kambete 596
Kambiru 35
Kame-Nene . . . 468
Kamima 122
Kamiombo. . . . 438
Kampaki 32
Kampanda-panda . 145
Kampululu . . . 241
Kampumboi . . . 285

Kamutofwa	389	Kausjapu	415	Kilonga	75
Kan	281	Kavenrou	49	Kilungu	45
Kananana	457	Kavungu-Vungu	15	Kimanabuka	486
Kandalupire	349	Kawsala	439	Kimbandji	644
Kanga-Nzo	493	Kayebule	411	Kimbanza	596, 646
Kanichi	439	Kayioba	643	Kimena	81
Kankomo	104	Kazan	155	Kimonga	301
Kanseke	559	Kazitanda	495	Kindana	143
Kansoki	636	Keaborina	279	Kindandu	331, 333
Kansolo-solo	118	Kekansu	237	Kindinga	331
Kantu-lintulu	402	Kekoko	501	Kingo (fruit)	196
Kanzanga	318	Kela	326	Kinkandja	124
Kapekille	268	Kelekese	198	Kinkolela	261
Kapulumba	261	Keleketon	467	Kinkumi	54
Kapumpo	124	Kelela	330	Kinkwite	329
Kapumpu	627	Kelobo	147	Kinokoto	33
Karibululu	300	Kembaki	345	Kinongo	298
Karici	299	Kenge	551	Ki Nsangia	45
Karikete	459	Kengwalala	151	Kinseka	182
Kasagola	323	Kenia	309	Kinselele	453
Kasai	299	Keongo	52, 72	Kiomeome	309
Kasakala	198	Kesekemeka	514	Kionga	173
Kasakalla	30	Ketendolo	104	Kipanga	238
Kasakola	495	Keurwe	35	Kipangu	84
Kasa-Sanga	264	Kiamvu	502	Kipanzua	478
Kasausa	30	Kiape	556	Kisamba-Kwe-Kwe	179
Kaseniengue	126	Kibaka	144	Kisangama	105
Kashongo	29	Kibala	431	Kisani	37
Kasikamba	227	Kibano-Bango	458	Kisania	37
Kasikesike	403	Kibembele	641	Kisi	412
Kasilu	274	Kibemlese	357	Kisiwegue	171
Kasjinkamballa	402	Kibenbele	601	Kisjima-wa-Gululu	156
Kasolo	48	Kibete-Kibete	265	Kisjinko	324
Kasonga-Kabasji	349	Kibimbia	165	Kisongwo	147
Kasonswe	135	Kiboga	56	Kisowa	380
Kasuku-Suku	298	Kibongi	551	Kitele	458
Kasukutu	644	Kibongo-Makungi	513	Kitete	86
Kasungana	109	Kibubia	272	Kitjangulula	318
Katafumba	513	Kibusjii	270	Kitjipi	148
Katali-tali	156	Kichilo-Kiabeto	394	Kitjipitjipi	148
Katanda	229	Kifanga-Fanga	301	Kitondo	535
Katandi	574	Kifula-Buta	201	Kitotolo	174
Katatumba	293	Kifulimitjii	411	Kitoya-Kamono	393
Katshilo	312	Kifumbi	174	Kitwangele	412
Katinga	452	Kikebe-Beteli	238	Kiungu	72
Katingoko	459	Kikiki	258	Kiupe	280
Katingwe	391	Kikoba-Koba	411	Kizango-Banza	391
Katisa	267	Kikungu	497	Kloro	320
Katolle-Tolle	484	Kilama	71	Kmoka	502
Katongulu	572	Kilanga	258	Kodolembe	332
Katshongo	29	Kilao-Lao	598	Kofu	311
Katundula	442, 452	Kilengu-Longue	598	Koito	296
Kausale	406	Kilimboi	344	Kokoko	194

Kokoloko	547	Lekambe	601	Luba-Langwo	498
Kokolola	317	Lemalema	310	Lubeso	175
Kokotwa	641	Lembause	643	Lubula-kutu	109
Kolania-Lania	423	Lembila	239	Lubulukutu	102
Kole	329	Lemboi-lo-Diango	158	Lufuka	437
Kolekole	514	Lendja	108	Lukata	331
Kolembe-Lembe	312	Libunji	494	Lukondu-N'Bo	199
Kolokasi	459	Ligo	61	Lukonga	72
Koloko	492	Likile	491	Lukosa	56, 489
Kolokoso	308	Limboso	176	Lukuio	508
Kolokote	496	Limoke	231	Lukunatchima	330
Kolongo	559	Limu	350	Lukunga-Moka	173
Kolumbwa	632	Lingia-Rabasha	644	Lukusa	489
Kombodi	366	Lisuki	329	Lumbalumba	32
Komboi	152	Lobombo	495	Lumpundu	341
Kommolobilo	130	Lobuma	353	Lunda	331, 583
Kondoku	210	Lobwe	464	Lundula	441
Kongo	545	Locombe-Combe	391	Lungue	461
Konko-koso	459	Locoso	171	Lunsekwe	644
Kopunga-Umba	186	Lofamdjola	482	Lupembe	325
Kosa	489	Lofandjii-Joku	220	Lupipi	162
Kot-Koti	638	Lognie	442	Lurakasa	307
Koto	591	Lokaka	118	Lusada	28
Koto-Koto	250	Lokalia	330	Lusaka	511
Krenda-Nameceka	462	Lokama-Kama	572	Lusamba-Samba	512
Kubilonga	384	Lokasa	298	Luseke	632
Kububa	242	Lokeke	63	Lusemgue	498
Kuia	508	Lokili	460	Lusepo	536
Kukuankuko	486	Lokonge	72	Lusole	62
Kukuma-Suza	495	Lokongo	546	Lusube	481
Kula-kula	193	Lokopo	434	Lusu-Lusulo	443
Kuli-kuli	193	Lokuku	468	Luvanki	133
Kulutu	552	Lokwanta	31	Luvungi-Vungi	556
Kumu	299	Loledja	352	Luzizi	387
Kundjialealeya	159	Lolelengi	638	Lwaga	149
Kusa-Kusa	409	Lolika-Ikolo	337	Lweo	636
Kusoi-Sanpuku	423	Loliki	334		
Kutumbulu	120	Lolimissa	305	**M**	
Kwakwa	37	Lolo	23, 94		
Kwanta	305	Lolokemdamba	174	Mababalo	338
Kwantala	173	Lololo	312	Mabaie	491
Kwisa	521	Londgendje	491	Mabingobingo	637
Kwonne	596	Lonengue	442	Maboki	335
		Longenge	36	Mabole	541
		Lopangui-panga	133	Mabolela	270
L		Lopundja	342	Mabunda	28
		Lopundu	340, 342	Machila-Ambacha	139
Lalo	84	Losele	210	Macumba	393
Lamata	501	Lotiti	72	Macumbu-Macumbu	300
Lebwa	280	Lotoloto	493	Madelemba	27
Leco	378	Lotombo	75	Madiaka	335
Lefide	312	Luangane	242	Madibo	583
Lebani	442	Luanzu	107		

Madimbi	334	Masisi	334	Moengue	339
Madungu	328	Masoha	491	Moganza	106
Mafumbo	39	Massongolo	583	Mohala	28
Maguieri	79	Matata	579	Moibanganga	44
Magwadabirada	241	Matete . . 546, 637		Moijaenka	227
Maicle	478	Matjitji	561	Moingele	21
Majampa	240	Matofe-Ampumba	326	Mojon	331
Makaie	56	Matofe-Mongo	329	Mokasi	223
Makalanga	331	Matoli . 328, 329, 331		Mokekeri	62
Makolle	64	Matopi	331	Mokengereke	487
Makolokosa	17	Matosa	312	Mokengue	467
Makongi	72	Matotolo	484	Mokindu	258
Makonkomo	223	Matudulu	228	Moko	60
Makotunkotu	27	Matulu	638	Mokoli	18
Makuba	26	Matwi-Kabula	116	Mokolokaka	483
Makuku	329	Maucundra	148	Mokoluko	501
Makuntju	342	Mautuntu	307	Mokongi	72
Malalenko	260	Maybole	412	Mokonki	72
Malamboi	604	M'Banza	135	Mokoyole	491
Malari	283	Mbara	340	Mokulo	203
Malebumuki	306	Mbatieke	500	Mokulu	203
Malebunukai	434	M'Bitti	333	Mokulumbi	203
Malemanso	328	M'Bole	351	Mokwa	327
Malola	329	Mbota	131	Mokwaa	331
Malole	383	Mboyo	90	Moleama	293
Malolela	270	M'Butu	136	Molenda . . 54, 412	
Malombo	325	Mcaca	128	Molobiola	75
Malonga	571	Mdungu	229	Moloko	136
Malucu	240	Mecece	105	Moloma	331
Malumba	443	Metete	645	Molonga	295
Malumbo	331	Mfufu	495	Molumba	419
Malumboi	154	Mfumfu	495	Molundo-polo	156
Mambele-Bela	596	Midiadi	544	Mombate	409
Mambulinkanka	71	Midilla-Kuha	30	Mombatieke	500
Mamonpete	227	Mioba	231	Mombina	231
Mampombo	190	Mitesa	577	Mombinxo	204
Mampoto	334	Mititi	495	Mombo-Koma	196
Manakasa	307	Mitoko	136	Momboka	293
Manduli-Duli	295	Mkando	23	Mombulu	83
Manenobe	249	Moala	242	Momfimi	53
Mangasa	155	Moba	389	Momomo	337
Mangue	627	Mobala . . 183, 274		Mompoco	204
Manicolo	248	Mobanga	29	Moinpompolo	258
Mansongo	583	Mobole	351	Momponpo	325
Mantiri	462	Moboli	351	Mompusu	257
Manzenga	334	Mobuli	350	Monabata	311
Mapalo-Mopala	60	Mochia	69	Monbatza	70
Mapeleko	333	Mochochia	69	Moncagui	393
Mapolo	395	Mocingate	258	Mondeka	491
Mapunda	191	Moçoçole	443	Mondembo	350
Mariguongo . 350, 351		Moçoçolo	443	Mondondono	243
Masindu	334	Mocombe	458	Mondonga	330
Masinja	334	Modi-Katala	57	Mondongo (?) . 326, 331	

Mondunga 350	Mpusa . . . 325, 328	Munkwasa 221
Mondungu . . . 541	Mputo 223	Muntangia 147
Monemena . . . 383	Msoko 149	Muntoni 45
Monganagana . . 91	Mtinku 250	Muntusu 510
Mougangila . . 24	Mubalakula . . 164	Mupakuma 158
Mongombe 343	Mubanga 169	Mupapa 178
Mongongome . . . 489	Mubinga-Kisvoo . . 31	Mupepe 350
Mongongongo . . 352	Mu-Bumbu . . ' . 114	Mupopo 397
Monie-cama . . . 83	Mubuta 346	Mupundu 191
Monkeka 344	Mudjian-Bubu . . 593	Musabela 338
Moukiso 488	Muemie 328	Musadi 480
Monkoso 248	Muesa 187	Musafoi 86
Monkukono . . 223	Mufiusa 203	Musaisa 30
Monkwe . . . 514	Mufishu 47	Musaka 28
Monondongo . . 330	Mufula 269	Musali 350
Monsingisa . . . 491	Mufutu 436	Musamba 177
Montende 497	Muilu 347	Musanga 27
Moutendo 497	Muisambague . . 462	Musauga-Saya . . 48
Montone 350	Mujikinsi 92	Musasa 423
Montoni 45	Mukasu 437	Musase 188
Montusu 510	Mukoko 58	Musemjesji 172
Montutu 462	Mukonki 71	Musenge 463
Monwe-Monwe . . 122	Mukonli 259	Museuse 491
Mooti 175	Mukosobola . . . 562	Mushe-Tjifufla . . 484
Mopolambamba . . 250	Muku 156	Mushi-Brook . . . 583
Mopukabuko . . . 266	Mukulia 242	Musokolobe . . . 485
Mosalasala 484	Mukutu . . . 165, 179	Musombele 315
Mosalata 301	Mukwa . . . . . 2'1	Musonga-Songa . . 453
Mosale 350	Mukwakasa . . . 268	Musongwa 264
Mosamba 489	Mulama 199	Musula-Kurri . . . 400
Mesampo 31	Mulanga 169	Musulidi 410
Mosangauda . . . 325	Mulembe 347	Musum 410
Mosapa 29	Mulembo 164	Musumbo 326
Mosasala 351	Mulemdu 412	Musunganene . . . 482
Mosasanga 543	Mulengroo 426	Mutabu 62
Mosatwa 29	Mulimba-Limba . . 339	Mutama 366
Mosele 337	Muliumbu 195	Mutanea-Gommo . . 203
Mosere 337	Mulolo 85	Mutechia 630
Moshinshieli . . . 477	Mulomba 361	Mutemtia 638
Mosia 334	Mulongwe 537	Mutesa 143
Mosusulu 353	Mulotte 417	Mutobi-Tubi . . . 552
Motalaci 231	Mululundja . . . 295	Mutondo 164
Motautum 206	Mulumbi-Lumba . . 484	Mutuma 201
Motepa 336	Mumbu 393	Mutumbu-Tumbu . 159
Motoaton 210	Mumbumu 331	Mutungwee . . . 553
Motola 338	Muudatu 64	Mututa 172
Moto-Moto 644	Muudembo . . . 17	Mutzianvo 313
Motukunkao 496	Munga-Gu 322	Mwaba 32
Mpana 92	Muninga-Sendive . 325	M'wanda'M'wanda . 70
Mpasa 149	Munkago 146	Mwandandone . . 143
Mpoi 473	Munkaman 373	Mwofi 164
M'Ponbu 387	Munkanakana . . 91	Mzinia 264
Mpoto 223	Munkollo-Kollo . . 373	

N

Nabo.	330
Nagomgami . . .	340
Nangwec . . .	61
Naondongo (?). . .	326
N'Bumbu . . .	114
Ncolie-Akondo .	428
Ncongo. . . .	544
Ndala	566
N'Dale	169
Ndanan	57
N'danana	57
Ndevre	327
Ndzimi	53
Né.	196
Nea	54
Ngando. . . .	349
Ngomo	632
Ngotto	195
N'Gula	163
N'Gulu-Maza . .	239
Nianga	621
Niazi.	621
Nicena . . .	183
Nikanda . . .	329
Nikonki. . . .	72
Nikuminka . .	419
Nimengu . . .	204
Ninga	208
Niniki	183
Niyaro	97
N'Kongo . . .	73
Nkosa . . .	489
Nkoza	489
N'Kula	163
Nkusu	542
Nkwakuku. . .	62
Nla Ngombe . .	629
Nomana-Mana .	456
Nomlo-Nomlo. .	468
Nsamba. . . .	329
Nscanuma . . .	254
N'Sombala. . .	387
Nsongia. . . .	45
Ntenteke . . .	491
Ntingu	279
Nyangwe . . .	135
Nzamingo . . .	629
Nzilla	562
Nzizi	387

O

Ochio	54
Okakumbu. . .	223
Okango. . . .	330
Okeba	337
Okonga. . . .	329
Olembo . . .	353
Olole.	330
Oloma	330
Olva	331
Omokembulo . .	335
Omongemonge .	330
Ompampolo . .	250
Onene	505
Onguikie . . .	183
Oshampongo . .	251
Osindja	334
Osuma . . . 350,	351
Otoankima. . .	325
Ottolo	589
Otungu	337
Otutu	229
Ouban-Banguee .	186
Ouku	263
Oyangasudi . .	336
Oyongasolo . .	336

P

Palenkima. . .	337
Panza	183
Panza-za-uenga .	73
Pata-Pata . . .	235
Pece	149
Pi.	75
Pingelema . . .	580
Pinkekokwa . .	293
Pobiru	327
Poces	148
Pomboro . . .	186
Pombura . . .	497
Pompo	190
Pongia	220
Pongolowe. . .	387
Ponguendole . .	326
Pongundeli . .	325
Ponluka . . .	458
Pophangue . .	133
Popivillo . . .	577
Puku-puku . .	104
Puluka	488
Punga	72

Pussa	53
Puta-Puta. . . .	193
Putu.	440

R

Rakaba.	460
Rongi	481
Ruisa	542

S

Sachi	242
Safoi.	365
Sagna	241
Saja	241
Sakagna . . .	510
Sakala	241
Sakela-Gombo . .	188
Sakonnida. . . .	323
Samba . . . 329,	646
Samba-Bulubu . .	319
Sambabala. . . .	632
Sanda . . . 505,	508
Sanga	344
Sangala. . . .	401
Sasa	45
Satu-satu . . .	67
Sekegna	510
Sekene	510
Sekenia. . . .	510
Selufo	24
Seseke	488
Sete	55
Setete	331
Shibolo	23
Shikoka. . . .	425
Shikololo . . .	537
Sibu	71
Siki	279
Sinda	644
Singala-Vunxia . .	634
Singa-Singa . .	578
Sjimbadala. . . .	572
Sjinko	266
Sjolongo . . .	330
Skaie	62
Smanebuko . . .	486
Sobulolo	92
Sokomini . . .	308
Sola	633
Solemosji . . .	133

Sonanaka	184	Tjikundu-Kundu	151	Vuda-Buadi	83

Sonanaka 184
Songa 326
Songania 534
Songo-Songo . 453, 637
Sonko . . . 331, 333
Sonkunu 509
Sounda 143
Soro 61
Sosoi-Sosoi . . . 432
Sungu-Sungu . . . 632
Susu 337
Suza 114

T

Taite 196
Takataka 53
Tambo 250
Tambwe 617
Tangana 457
Taulon 175
Tchungu 279
Tchungu-Tchungu . 173
Teka 387
Tenda-Kwari . . . 410
Tensi 146
Tentze 325
Tera-Elungu . . . 62
Tesi 471
Teti-Teti . . . 575
Teuze 122
Thibulu 337
Tidi-Tidi . . . 216
Tintamoi 524
Titchi 52
Tjabilonda . . 107, 162
Tjama-Zebele . . . 366
Tjikundi . . . 315

Tjikundu-Kundu . 151
Tjucja 161
Tobelengue . . . 308
Toki 306
Tokinda 333
Tomba-Tomba . . 288
Tondefere 350
Tondo-iwa-Niamba . 488
Tonsopola 632
Tori 463
Towagna 329
Tsana 559
Tsentse 337
Tshamtshakadi . . 443
Tshibobobo . . . 325
Tshikolokose . . . 477
Tshikwakwa . . . 37
Tshinchele . . . 335
Tainkoliba . . . 267
Tua-tua 266
Tumafumba . . . 80
Tumko 367
Tumu 45
Tunga 148
Tuyaie 288

U

Ude 489
Uegna 572
Ukambulu 70
Undulu 331

V

Vanda-Makolo . . 104
Vita-kabela . . . 477
Vombola 163

Vuda-Buadi . . . 83
Vuku 240
Vuma 461
Vunga 493
Vungui 305
Vuuma 574

W

Walaralapira . 325, 327
Wambala 32
Wandu 157
Wangate 281
Washense loshoto . 588
Wasulu 631
Weloafu 333
Wembe 351
Wenge 496
Wii 489
Wuwoko 240

Y

Yama-Yumbi . . . 481
Yambakulu . . . 495
Yambokulu . . . 493
Yambola 179
Yambonkolo . . . 143
Yam-Yamve . . . 631
Yumba 412

Z

Zaira 71
Zamba 331
Zelo 646
Zieni 412
Zoko 328

TABLE ALPHABÉTIQUE

DES FAMILLES, DES GENRES, DES ESPÈCES

ET DE LEURS SYNONYMES

[Les synonymes sont imprimés en italiques].

A

*Abildgaardia monosta-
  chya* Vahl. 617.
Abrus *L.* 145.
  canescens *Welw.* 145.
  precatorius *L.* 146.
  pulchellus *Wall.* 146.
  — v. latifoliolatus *D. W.*
  146.
Abutilon *Gaertn.* 50.
  angulatum *Mast.* 50.
  Cabrae *D. W.* et *T. D.* 51.
  Eetveldeanum *D. W.* et
    T. D. 51.
  indicum *Sweet*, 51.
  intermedium Hochst. 51.
* *laxiflorum* G. et P. 50.
  zanzibaricum *Boj.* 51.
Acacia *W.* 186.
  ataxacantha *DC.* 186.
  Buchanani *Harms*, 186.
  Dewevrei *D. W.* et *T. D.*
    186.
  Farnesiana *W.* 186.
  Lahai *St.* 186.
  Lebbek W. 188.
  Lujaei *D. W.* et *T. D.* 186.
  pennata *W.* 187.
  Seyal *Del.* 187.
  — v. Lescrauwaetii
    D. W. 187.
  — v. Sereti *D. W.* 187.
  Sieberiana *DC.* 187.
  tortilis *Hayne.* 187.
Acalypha *L.* 492.
  brachystachya *Hornem.*
    492.
  ciliata Vahl, 493.
  Dewevrei *Pax*, 492.
  gemina Spreng. 493.
  haplostyla *Pax*, 492.
  — v. longifolia *D. W.*
    492.
  indica *L.* 492.

Acalypha
  ornata *A. Rich.* 493.
  paniculata *Miq.* 493.
  polymorpha *M.-A.* 493.
  sessilis *Poir.* 493.
  Vahliana *M.-A.* 493.
ACANTHACEAE, 413.
Acanthopale *Cl.* 424.
  pubescens *Cl.* 424.
Acanthopsis *Nees*, 424.
  horrida *Nees*, 424.
Acanthus *L.* 423.
  arboreus *Forsk.* 423.
  — v. pubescens T.
    Thoms. 423.
  caudatus Lindau, 424
  mayaccanus *Buett.* 423.
  — v. augustifolius *D.*
    W. 423.
  montanus *T. And.* 424.
  Villaeanus *D. W.* 424.
Achimenes sesamoides
    Vahl, 399.
Achyranthes *L.* 459.
  angustifolia *Bth.* 459.
  aspera *L.* 459.
  corymbosa L. 42.
  Heudelotii Moq. 460.
  lanata L. 459.
  lappacea L. 458.
  prostrata L. 458.
  repens L. 460.
  rubro-lutea *Lopr.* 459.
Achyrocline *Less.* 303.
  batocana *O.* et *H.* 303.
Acioa *Willd.* 191.
  Buchneri *Engl.* 191.
  Dewevrei *D. W.* et *T. D.*
    191.
  Gilletii *D. W.* 191.
  Sereti *D. W.* 191.
  Vanhouttei *D. W.* 191.
Acridocarpus *G.* et *P.*
    77.
  corymbosus *H. f.* 77.

Acridocarpus
  guineensis Juss. 77.
  katangensis *D. W.* 77.
  Laurentii *D. W.* 77.
  longifolius H. f. 77.
  rudis *D. W.* et *T. D.* 77.
  Smeathmanni *G.* et *P.*
    77.
Acriulus Leopoldianus
    Cl. 594.
  madagascariensis Ridl.
    594.
Acrocephalus *Bth.* 444.
  campicola *Briq.* 444.
  coeruleus *Oliv.* 445.
  — v. genuinus *Briq.* 445.
  — v. trichosoma *Briq.*
    445.
  cylindraceus *Oliv.* 445.
  Debeerstii *Briq.* 445.
  Descampsii *Briq.* 445.
  Dewevrei *Briq.* 445.
  divaricatus *Briq.* 445.
  elongatus *Briq.* 445.
  Heusii *Briq.* 445.
  iododermis *Briq.* 446.
  Laurentii *Briq.* 446.
  Masuianus *Briq.* 446.
  paniculatus *Briq.* 446.
  Poggeanus *Briq.* 446.
Acrolobus parvifolius Kl.
    96.
  Schoenleinii Kl. 96.
Acrospira *Welw.* 567.
  asphodeloides *Welw.*
    567.
  — v. Laurentii *D. W.* 567.
  — v. variegata *D. W.*
    568.
Adansonia *L.* 59.
  digitata *L.* 59.
  — v. congolensis *A.*
    Chev. 59.
  digitata Auct. 59.
  sulcata *A. Chev.* 59.

42

Adenanthera *Royen*, 184.
Gilletii *D. W.* 184.
Adenia *Forsk.* 224.
lobata *Engl.* 224.
— v. elegans *Hiern*, 224.
panduriformis *Engl.* 224.
Schweinfurthii *Engl.* 224.
venenata *Forsk.* 224.
Adenolichos *Harms*, 154.
grandifoliolatus *D. W.* 154.
Harmsianus *D. W.* 154.
punctatus *Harms*, 154.
Adenopus *Bth.* 226.
breviflorus *Bth.* 226.
Adenostemma *Forst.* 297.
viscosum *Forst.* 297.
Adhatoda Anselliana Nees, 429.
Betonica Nees, 431.
Rostellaria Nees, 430.
Aeolanthus *Mart.* 448.
adenotrichus *Guerke*, 448, 655.
Buchnerianus *Briq.* 448.
petasatus *Briq.* 449.
Poggei *Guerke*, 449.
Prittzwitzianus*Guerke*, 449.
Aeranthus distichus R. f. 532.
erythropollinius R. f. 532.
xanthopollinius R. f. 532.
Aerua *Forsk.* 459.
lanata *Juss.* 459.
Aeschynomene *L.* 139.
aspera *L.* 139.
brachycarpa *Harms*, 139.
Butayei *D. W.* 139.
Dewevrei *D. W.* et *T.D.* 139.
Elaphroxylon Taub. 138.
Gilletii *D. W.* 139.
glandulosa *D. W.* 139.
indica *L.* 139.
katangensis *D. W.* 139.
lateritia *Harms*, 139.
Schimperi *Hochst.* 140.
Schlechteri *Harms*, 140.
sensitiva *Sw.* 140.
sensitiva P. B. 139.
uniflora *E. Mey.* 140.
Aetheilema imbricatum R. Br. 419.
Aframomum *K.Sch.* 540.
albo-violaceum *K. Sch.* 540.
colosseum *K. Sch.* 540.
Danielii *K.Sch.* 540.

Aframomum
granum - paradisi *K. Sch.* 540.
latifolium *K. Sch.* 541.
Laurentii *K. Sch.* 541.
luteo-album *K. Sch.*540.
Masuianum *K. Sch.* 541.
Melagueta *K. Sch.* 541.
polyanthum *K.Sch.*542.
sanguineum *K. Sch.*541.
sceptrum *K. Sch.* 542.
Afzelia *Sm.* 177.
africana *Sm.* 177.
cuanzensis *Welw.* 178.
Agathisanthemum Bojeri Kl. 244.
globosum Kl. 246.
Agelaea *Soland.* 117.
Demeusei D.W. et T.D. 117.
Dewevrei *D. W.* et *T.D.* 117.
Duchesnei *D.W.* et *T.D.* 117.
nitida Soland. 117.
obliqua *Bak.* 117, 653.
phaseolifolia *Gilg*, 117, 653.
Poggeana *Gilg*, 117.
rubiginosa *Gilg*, 117.
Schweinfurthii*Gilg*,117.
Ageratum *L.* 298.
conyzoides *L.* 298.
Agrostis prostrata W. 642.
Alafia *Thou.* 351.
Benthami *Stapf*, 351.
caudata *Stapf*, 351.
cuneata *Stapf*, 352.
gracilis *Stapf*, 351.
lucida *Stapf*, 351.
major Stapf, 352.
reticulata K.Sch. 352.
Albizzia *Durazz.* 187.
altissima H. f. 189.
Brownei *Oliv.* 187.
ealaensis *D. W.* 187.
fastigiata *Oliv.* 188.
intermedia*D. W.* et*T.D.* 188.
katangensis *D. W.* 188.
latifolia Boiv. 188.
Laurentii *D. W.* 188.
Lebbek *Bth.* 188.
versicolor*Welw.* 188.
Albuca *L.* 569.
angolensis *Welw.* 569.
— v. grandiflora *D. W.* 570.
Gentilii *D. W.* 570.
Gilletii *D. W.* 570.
katangensis *D. W.* 570.
Laurentii *D. W.* 570.
variegata *D. W.* 570.
Alchornea *Sw.* 494.
cordata Bth. 494.
cordifolia *M.-A.*494, 656.

Alchornea
floribunda *M.-A.* 494.
hirtella *Bth.* 494.
yambuyaensis*D. W.*494.
Alectra indica Bth. 401.
Aletris fragrans L. 565.
guineensis Jacq. 551.
Alibertia edulis A. Rich. 256.
Alisma humilis Kth, 593.
ALISMACEAE, 593.
Allamanda *L.* 340.
Aubletii Pohl, 341.
cathartica *L.* 340.
Schottii Hook. 341.
Allanblackia *Oliv.* 46.
floribunda *Oliv.* 46.
Allium *L.* 569.
angolense *Bak.* 569.
Allophylus *L.* 110.
africanus *P. B.* 110, 652.
congolanus *Gilg*, 111.
leptocaulos *Rdlk.* 111.
longipetiolatus *Gilg*, 111.
macrobotrys *Gilg*, 111.
Schweinfurthii *Gilg*, 111.
Welwitschii *Gilg*, 652.
Aloe *L.* 564.
congolensis *D. W.* et *T.D.* 564.
venenosa *Engl.* 564.
Alsine prostrata Forsk.41.
Alsodeia *Thou.* 34.
brachypetala *Turcz.*34.
congensis *Th.* et *Hél. Dur.* 34.
dentata *P. B.* 34.
Dewevrei *Th.* et *Hél. Dur.* 34.
Dupuisii *Th.* et *Hél. Dur.* 34.
Engleriana *D. W.* et *T. D.* 34.
ilicifolia *Welw.* 651.
Poggei *Th.* et *Hél. Dur.* 35, 651.
viscosa *Engl.* 654.
Welwitschii *Oliv.* 35.
Alsodeiopsis *Oliv.* 99.
Oddoni *D. W.* 99.
Poggei *Engl.* 99, 652.
Alstonia *R. Br.* 341.
congensis *Engl.* 341.
Gilletii *D. W.* 341.
— v. Laurentii *D. W.* 341.
scholaris A. Chev. 341.
viscosa *Engl.* 654.
Alternanthera *Forsk.* 460.
Achyrantha R. Br. 460.
echinata Sm. 460.
maritima St-Hil. 460.
repens *St.* 460.
sessilis *R. Br.* 460.

Alvesia Welw. 450.
bauhinioides Welw. 175.
rosmarinifolia Welw.
450.
Alysicarpus Neck. 145.
Harnieri Schw. 145.
rugosus DC. 145.
vaginalis DC. 145.
Amaralia Welw. 262.
bignoniaeflora Welw.
262.
calycina K. Sch. 262.
AMARANTACEAE, 456.
Amarantus L. 457.
caudatus L. 457.
paniculatus L. 457.
speciosus Sims, 457.
spinosus L. 457.
viridis L. 458.
AMARYLLIDACEAE,
554.
Amaryllis disticha L. f.
557.
ornata Ker. 556.
zeylanica L. 556.
Amerimnon Ecastaphyl-
lum Jacq. 163.
macrospermum O. K.
162.
Ammannia Houst. 217.
aegyptiaca W. 217.
auriculata W. 217.
multiflora Roxb. 217.
salicifolia Monti, 217.
senegalensis Lam. 217.
— v. auriculata Hiern,
217.
— v. multiflora Hiern,
217.
verticillata Lam. 217.
Amomum albo-violaceum
Ridl. 540.
angustifolium Auct.540.
Daniellii H. f. 540.
granum-paradisi L.541.
latifolium Afzel. 541.
Laurentii D.W. et T.D.
541.
luteo-album K. Sch. 540.
Masuianum D.W. et T.
D. 541.
Melaguela Rosc. 541.
polyanthum K.Sch. 542.
sanguineum K. Sch.
541.
sceptrum Oliv.[et Hanb.
542.
Zingiber L. 542.
Amorphophallus Eichleri
H. f. 589.
Leopoldianus N. E. Br.
589, 657.
Touszii N. E. Br. 589.
AMPELIDACEAE, 104.
Ampelocissus Pl. 104.
abyssinica Pl. 104.

Ampelocissus
angolensis Pl. 104.
— v. congoensis Pl.
105.
calophylla Gilg, 105,
652.
Chantinii Pl. 105, 652.
Amphiblemma Naud.
213.
acaule Cogn. 213.
ciliatum Cogn. 213.
setosum H. f. 213.
Wildemanianum Cogn.
213.
ANACARDIACEAE, 113.
Anacardium Rottb. 113.
occidentale L. 113.
Ananas Adans. 551.
sativus Schult. f. 551.
Anaphrenium abyssini-
cum Hochst. 116.
— v. lanceolatum Engl.
116.
— v. latifolium Engl.
116.
pulcherrimum Schw.
116
Anarthrosyne cordata Kl.
143.
Anatherum muricatum
P. B. 627.
Anchomanes Schott, 589.
giganteus Engl. 589.
Ancistrochilus Rolfe,
516.
Thomsonianus Rolfe,
516.
— v. Gentilii D. W. 517.
Ancistrophyllum secundi-
florum M. et W. 584.
Ancylanthus Desf. 271.
fulgidus Welw. 271.
Andropogon L. 624.
Afzelianus Rendle, 624.
appendiculatus Nees,
624.
— v. genuinus Hack.
624.
apricus Trin. 624.
— v. africanus Hack.
624.
bipennatus Hack. 624.
bracteatus W. 624.
Brazzae Franch. 624.
brevifolius Sw. 624.
contortus L. 624.
— v. genuinus Hack.
subv. typicus Hack.
625.
densiflorus St. 626.
diplandrus Hack. 625.
distachyus L. 625.
familiaris St. 625.
finitimus Hochst. 625.
halepensis Brot. 627.
intermedius R. Br. 625.

Andropogon
intermedius v. puncta-
tus Hack. 625.
— subv. glaber Hack.
625.
Lecomtei Franch. 625.
muricatus Retz. 627.
nigritanus Bth. 627.
Schimperi Hochst. 626.
Schoenanthus L. 626.
— subsp. densiflorus
Hach. 626.
Sorghum Brot. 626.
— v. effusus Hack. 626.
— v. halepensis Hack.
626.
squarrosus L. f. 627.
— v. genuinus Hack.
627.
— v. nigritanus Hack.
627.
squarrosus L. f. 627.
Aneilema R. Br. 579.
aequinoctiale Kth, 579.
africanum P. B. 582.
beniniense Kth, 579.
Lujaei D. W. et T.D.
579.
ovato-oblongum P. B.
580.
pedunculosum Cl. 580.
rivulare A. Rich. 583.
Schweinfurthii Cl. 580.
secundum Wight, 580.
sinicum Ldl. 580.
Angraecum Thou. 526.
Althoffii Krzl. 580.
apiculatum H. 527.
Arnoldianum D. W. 526.
ashantense Ldl. 529.
biloboides D. W. 526.
bilobum Ldl. 526.
capitatum Ldl. 529.
caudatum Ldl. 529.
Chailluanum H. f. 529.
crinale D. W. 527.
distichum Ldl. 532.
Gentilii D. W. 527.
ichneumoneum Ldl.530.
imbricatum Ldl. 527.
infundibulare Ldl. 532.
Kindtianum D. W. 527.
konduense D. W. 527.
Laurentii D. W. 527.
lepidotum Rchb. f. 527.
Lujaei D. W. 528.
ovalifolium D. W. 528.
pellucidum Ldl. 530.
Pynaertii D. W.528,656.
scandens Schltr, 528.
— v. longifolium D. W.
528.
stipulatum D. W. 528.
subulatum Ldl. 531.
Verdickii D. W. 528.
viridescens D. W. 528.

Angraecum
zigzag *D. W.* 528.
Angylocalyx *Taub.* 168.
ramiflorus *Taub.* 168.
Schumannianus *Harms*,
169.
Vermeuleni *D. W.* 169.
Anil capitata O. K. 127.
endecaphylla O. K. 128.
hirsuta O. K. 129.
procera O. K. 130.
Aniseia *Choisy.* 381.
martinicensis *Choisy*,
381.
uniflora Choisy, 381.
Anisochilus *Wall.* 450.
africanus *Bak.* 450.
Engleri Briq. 451.
Anisopappus *H.* et **A.**
305.
africanus *O.* et *H.* 305.
Anisophyllea *R. Br.* 194.
laurina *R. Br.* 194.
Poggei *Engl.* 194.
Anisophyllum laurinum
R. Br. 194.
Anona *L.* 23.
latifolia Scott-Elliot, 18.
Laurentii Engl et Diels,
19.
Mannii Oliv. 19.
Myristica Gaertn. 24.
senegalensis *Pers.* 23.
—. v. cuneata *Oliv.* 23.
ANONACEAE, 17.
Anonidium *Engl.* et *Diels*,
18.
Laurentii *Engl.* et *Diels*,
18.
Mannii *Engl.* et *Diels*, 19.
Ansellia *Ldl.* 523.
africana *Ldl.* 523.
congoensis *Rodig.* 523.
Anthephora *Schreb.* 628.
cristata *Hack.* 628.
elegans *Schreb.* 628.
—v. *africana* Pilger. 628.
— v. *cristata* Doell, 628.
elegans T. D. et Sch. 628.
elongata *D. W.* 628.
Anthericum *L.* 568.
asphodeloides L. 568.
congolense *D. W.* et *T. D.*
568.
Laurentii *D. W.* 568.
macrophyllum A. Rich.
568.
sphacelatum *Bak.* 568.
Antherotoma *H. f.* 208.
Naudini *H. f.* 208.
Anthistiria *barbata* Desf.
627.
ciliata L. f. 627.
Anthocleista *Afzel.* 369.
Baertsiana *D. W.* et *T. D.*
369.

Anthocleista
Buchneri *Gilg*, 369.
inermis *Engl.* 370.
innocua *Engl.* 370.
Laurentii *D. W.* 370.
Liebrechtsiana *D. W.* et
T. D. 370.
nobilis *G. Don*, 369.
Schweinfurthii *Gilg*,
370.
squamata *D. W.* et *T. D.*
370.
Vogelii *Pl.* 370.
Antholyza *L.* 553.
Cabrae *D. W.* 553.
Descampsii *D. W.* 553.
Gilletii *D. W.* 554.
labiata *Pax.* 554.
Antidesma *L.* 484.
laciniatum *M.-A.* 484.
membranaceum *M.-A.*
484.
nervosum D.W. 484.
Schweinfurthii *Pax*,
484.
venosum *E. Mey.* 484,
655.
— f. glabrescens *D. W.*
484.
Anubias *Schott.* 591.
affinis *D. W.* 591.
Afzelii D. W. et *T. D.*
591.
congensis *N. E. Br.* 591.
Engleri *D. W.* 591.
Gilletii *D. W.* 591.
hastaefolia *Engl.* 591.
Haullevilleana *D. W.*
591.
heterophylla N. E. Br.
591.
Aphanostylis exserrens
Pierre, 333.
laxiflora Pierre, 332.
mammosa Pierre, v. *crassifolia* Pierre, 330.
— v. *mucronata* Pierre,
330.
Mannii Pierre, 333.
robusta Pierre. 330.
APOCYNACEAE, 325.
Apodytes *E. Mey.* 98.
beninensis *H. f.* 98.
Aptandra *Miers.* 95.
Zenkeri *Engl.* 95.
— v. latifolia *Engl.* 96.
ARACEAE, 587.
Arachis *L.* 141.
hypogaea *L.* 141.
ARALIACEAE, 238.
Arduina edulis Spreng.
337.
Arenaria africana H. f.
41.
prostrata Ser. 41.

Argomuellera *Pax*, 495.
macrophylla *Pax*, 495,
656.
Argyreia beraviensis Bak.
391.
Aristida *L.* 640.
amplissima *Trin.* et
Rupr. 640.
vestita *Thunb.* 640.
Aristolochia *L.* 466.
Dewevrei *D. W.* et *T. D.*
466.
Schweinfurthii *Engl.*
467, 655.
triactina *H. f.* 467.
ARISTOLOCHIACEAE,
466.
Artabotrys *R. Br.* 22.
aurantiodorus *Engl.* 22.
congolensis *D. W.* et
T. D. 22.
Thomsoni *Oliv.* 22.
Artanema *D. Don*, 399.
Cabrae *D. W.* et *T. D.*
399.
longifolium *Vatke*, 399.
longifolium Bth. 399.
Artemisia maderaspatana Poir. 299.
Artocarpus *Forst.* 510.
incisa *L. f.* 510.
Arum bicolor Ait. 591.
Arundastrum Schweinfurthianum O. K. 548.
Arundinaria *Michx*, 648.
alpina *K. Sch.* 648.
Arundo Phragmites L.
645.
vulgaris Lam. 645.
ASCLEPIADACEAE,
355.
Asclepias *L.* 362.
affinis *D. W.* 362.
Buchwaldii *D. W.* 362.
— v. angustifolia *D. W.*
362.
Burchellii Schlt. 360.
Cabrae *D. W.* 362.
coccinea *N. E. Br.* 361.
congolensis *D. W.* 362.
dependens *N. E. Br.* 359.
Dewevrei *D. W.* 362.
dissoluta Schlt. 358.
erecta *D. W.* 362.
foliosa *N. E. Br.* 359.
fruticosa *L.* 360.
katangensis *D. W.* 362.
Laurentiana *N. E. Br.*
361.
lineolata Schlt. 360.
macrantha Hochst. 361.
palustris Schlt. 359, 360.
rubens *N. E. Br.* 360.
scandens *P. B.* 364.
Schumanniana *Hiern*,
359.

Asclepias
semiamplectens Hiern, 360.
Verdickii D.W. 361.
Ascolepis Nees. 620.
pinguis Cl. 620.
protea Welw. 620.
Asparagus L. 562.
abyssinicus Hochst. 562.
aethiopicus L. 562.
— v. ternifolius Bak. 563.
africanus Lam. 562.
— v. biarticulatus D. W. et T. D. 562.
drepanophyllus Welw. 562.
Duchesnei L. Lind. 563.
falcatus L. 563.
katangensis D. W. et T. D. 563.
laricinus Burch. 563.
— v. katangensis D. W. et T. D. 563.
Pauli-Gulielmi Solms, 563.
— v. katangensis D. W. et T. D. 563.
plumosus Bak. 563.
retrofractus Forsk. 562.
Aspilia Thou. 306.
Dewevrei O. Hoffm. 306
Kotschyi B. et H. f. 306.
latifolia O. et H. 306.
Smithiana O. et H. 306.
Asteracantha Lindaviana D. W. et T. D. 416.
Astrochlaena Hallier f. 383.
solanacea Hallier f. 383.
Asystasia Bl. 427.
congensis Cl. 427.
coromandeliana Nees, 428.
gangetica T. And. 428.
longituba Lindau, 428.
Aulacocalyx H. f. 267.
jasminiflora H. f. 267.
— v. latifolia D. W. et T. D. 267.
Avicennia L. 442.
africana P. B. 442.

B

Baccaurea Lour. 486.
Staudtii Pax, 486.
Baccharis Dioscoridis L. 302.
senegalensis Pers. 295.
Bacopa Aubl. 399.
alternifolia Engl. 399.
calycina Engl. 399.
Baikiaea Bth. 178.
anomala M. Mich. 178.
insignis Bth. 178.

Baikiaea
Lescrauwaetii D. W. 178.
minor Oliv. 179.
Baissea A. DC. 352.
angolensis Stapf. 654.
— v. major Stapf, 353.
axillaris Hua. 352.
gracillima Hua. 353.
Laurentii D. W. 353.
laxiflora Stapf, 353.
major Hiern. 353.
micrantha Hua, 353.
tenuiloba Stapf, 353.
Tholloni Hua. 354.
Bakerideroxylon Engl. 322.
revolutum Engl. 322.
Balanites Del. 84.
aegyptiaca Del. 84.
BALANOPHORACEAE, 476.
BALSAMINACEAE, 79.
Bamburantha Arnoldiana L. Linden, 546.
Bandeiraea Welw. 175
simplicifolia Bth. 175.
speciosa Welw. 175.
tenuiflora Bth. 175.
Ranisteria Leona Cav. 77.
Baphia Afz. 166.
acuminata D. W. 166.
angolensis Welw. 167.
aurivellera Taub. 166.
chrysophylla Taub. 167.
compacta D. W. 167.
congolensis Welw. 167.
crassifolia Harms, 167.
densiflora Harms, 167.
Haematoxylon H. f. 167.
Laurentii D. W. 167.
laurifolia Baill. 168.
Lescrauwaetii D. W. 167.
nitida Lodd. 167.
pubescens H. f. 168.
Pynaertii D. W. 168.
racemosa Hochst. 168.
Schweinfurthii Harms, 168.
spathacea H. f. 168.
— v. scandens D. W. 168.
Vermeuleni D. W. 168.
Barbacenia aequatorialis Harms, 558.
Barleria L. 425.
affinis D. W. 425.
Briartii D. W. et T. D. 425.
Descampsii Lindau, 425.
elegans S. Moore, 425.
lukafuensis D. W. 426.
opaca Nees, 426.
pungens L. v. macrophylla Nees, 425.
ventricosa Nees, 426.

Barleria
Verdickii D. W. 426.
villosa S. Moore, 426.
Barteria H. f 223.
Dewevrei D. W. et T. D. 223.
fistulosa Mast. 223.
— v. macrophylla D. W. et T. D. 223.
nigritana H. f. 223.
— v. uniflora D. W. et T. D. 224.
Basella L. 462.
alba L. 462.
rubra L. 462.
Bastardia angulata G. et P. 51.
Batatas edulis Choisy, 385.
pentaphylla Choisy, 383.
Bauhinia L. 174.
Petersiana Bolle, 174.
reticulata D. 174.
tomentosa L. 175.
Bechium bicolor Ldl. 442.
Becherapetiolaris Hochst. 637.
uncinata St. 639.
Begonia L. 233.
Bruneelii D. W. 233.
duruensis D. W. 233.
elaeagnifolia H. f. 233.
Gentilii D. W. 233.
gracilipetiolata D. W. 233.
Haullevilleana D. W. 233.
injoloensis D. W. 233.
Poggei Warb. 233.
— v. albiflora Th. et Hél. Dur. 233.
— v. flore albo C. DC. 234.
quadrialata Warb. 234.
romeensis D. W. 234.
rubronervata D. W. 234.
Sereti D. W. 234.
subfalcata D. W. 235.
subscutata D. W. 235.
Sutherlandi H. f. 235.
Verdickii D W. 235.
zobiaensis D. W. 235.
BEGONIACEAE, 233.
Belmontia chionantha Gilg, 373.
debilis Schinz, 374.
Gentilii D. W. 373.
oligantha Gilg, 374.
Teuszii Vatke. 374.
Berlinia Sol. 176.
acuminata Sol. 176, 653.
— v. Bruneelii D. W. 177.
— v. pubescens D. W. 177.
auriculata Bth. 654.
bracteosa Bth. 177,

Berlinia
Eminii *Taub.* 177.
Laurentii *D. W.* 177.
Sereti *D. W.* 177.
Bertiera *Aubl.* 255.
aethiopica *Hiern*, 255.
capitata *D. W.* 255.
coccinea G. Don, 248.
congolana *D. W.et T.D.*
255.
Dewevrei *D. W. et T.D.*
255.
gracilis *D. W.* 255. 654.
— v. latifolia *D. W.* 255.
Laurentii *D. W.* 255.
laxa *Bth.* 255.
macrocarpa *Bth.* 256.
Thonneri *D. W. et T.D.*
256.
Bidens *L.* 308.
leucantha W. 308.
pilosa *L.* 308.
urceolata *D. W.* 308.
Bignonia africana Lam.
412.
BIGNONIACEAE, 409.
Biophytum *DC.* 78.
sensitivum *DC.* 78.
Bisetaria febrifuga V.
Tgh. 88.
Bixa *L.* 35.
Orellana *L.* 35.
BIXACEAE, 35.
Blackwellia africana H.f.
219.
Blainvillea *Cass.* 306.
Prieureana *DC.* 306.
Blepharis *Juss.* 422.
boerhaaviaefolia *Pers.*
422.
— v. nigrovenulosa
D. W. et T.D. 423.
Buchneri *Lindau*, 423.
— v. major *D. W.* 423.
katangensis *D. W.* 423.
rubiaefolia Schum. 422.
trinervis *A. Dew.* 423.
Verdickii *D. W.* 423.
Blepharispermum
Wight, 303.
spinulosum *O. et H.* 303.
Blighea *Koen.* 112.
Wildemaniana*Gilg*,112.
Blumea *DC.* 301.
alata DC. 301.
aurita *DC.* 301.
lacera *DC.* 301.
pterodonta DC. 302.
Boehmeria *Jacq.* 513.
platyphylla *Don*, 513.
Boerhaavia *L.* 456.
ascendens *Willd.* 454.
dichotoma Vahl, 455.
diffusa L. 455.
paniculata *Rich.* 455.
plumbaginea *Cav.* 455.

Boerhaavia
repens *L.* 455.
Bombax *L.* 59.
aquaticum *K. Sch.* 59.
guineense S. et T. 60.
kimuenzae *D. W.et T.D.*
59.
lukayense *D. W. et T.D.*
59.
pentandrum L. 60.
Bonamia *Thou.* 380.
miuor *Hall. f.* 380.
Bonatea W. 536.
Verdickii *D. W.* 536.
*Boophane toxicarius*Herb.
557.
Boottia *Wall.* 515.
abyssinica *Ridl.* 515.
BORAGINACEAE, 377.
Borago zeylanica L. 379.
Borassus *L.* 586.
aethiopum Mart. 586.
flabellifer *L.* 586.
— v. aethiopum *Warb.*
586.
flabelliformis L. 586.
Borreria *G. F. W. Mey.*
286.
dibrachiata *K. Sch.* 286.
bebecarpa *A. Rich.* 286.
neglecta A. Rich. 286.
ocimoides *DC.* 286.
ramisperma DC. 286.
scabra *K. Sch.* 287.
senensis *K. Sch.* 287.
stricta *DC.* 287.
tetraodon *K. Sch.* 287.
Boscia *Lam.* 30.
salicifolia *Oliv.* 30.
Welwitschii *Gilg*, 30.
Bosquela *Thou.*509, 656.
angolensis *Ficalho*, 509,
656.
Welwitschii Engl. 509.
Bosqueiopsis *D. W. et*
T.D. 510, 656.
Gilletii *D. W. et T.D.*
510.
Bosquiea Thou. 509, 656.
Bosquieopsis D.W. et T.D.
510. 656.
Bothriocline *Oliv.* 290.
longipes *N. E. Br.* 290.
misera *O. Hoffm.* 290.
Schimperi O. et H. 290.
Botor palustris O. K. 155.
Bougainvillaea *Juss.*
455.
spectabilis *W.* 455.
Brachycorythis *Ldl.*
537.
Briartiana *Krzl.* 537.
Leopoldi Krzl. 537.
pleistophylla *Rchb. f.*
537.
pubescens *Haw.* 538.

Brachycorythis
rhomboglossa*Krzl.*538.
Schweinfurthii *Rchb. f.*
538.
Brachystegia *Bth.* 179.
*appendiculata*D.W.179.
katangensis *D. W.* 179.
mpalensis *M. Mich.* 179.
— v. latifoliolata *D. W.*
179.
stipulata *D. W.* 179.
Brachystelma *R. Br.*
367.
nauseosum *D. W.* 367.
Brasilettia africana O. K.
170.
Brassica *L.* 27.
juncea *Coss.* 27.
oleracea *L.* 27.
Breweria campanulata
Bak. 380.
Bridelia W. 479.
ferruginea Bth. 479.
micrantha *Baill.* 479.
— v. ferruginea *M.-A.*
479, 655.
scleroneura M.-A. 480.'
stenocarpa *M.-A.* 480.
tenuifolia *M.-A.* 480.
Zenkeri *Pax*, 480.
Brillantaisia *P. B.* 416.
alata T. And. 417.
Dewevrei *D. W. et T.D.*
416.
Kirungae *Lindau*, 417.
Lamium *Bth.* 417.
owariensis *P. B.* 417.
owariensis Hook. 417.
Palisotii Lindau, 417.
patula *T. And.* 417.
pubescens *T. And.* 417.
subcordata *D. W. et*
T.D. 418.
— v. macrophylla *D. W.*
et *T.D.* 418.
Briza Evagrostis L. 646.
Brunnichia *Banks*, 465.
africana *Welw.* 465.
— v. erecta Buett. 465.
— v. glabra *Damm.* 465.
cougoensis *Damm.* 465.
Brunsvigia Massaiana
L. Lind. 555.
toxicaria Ker, 557.
Bryonia capillacea S. et T.
232.
deltoidea S. et T. 232.
latebrosa Ait. 233.
scabrella L. f. 232.
Bryophyllum *Salisb.*193.
calycinum *Salisb.* 193.
Buchholzia *Engl.* 31.
coriacea *Engl.* 31.
Buchnera *L.* 401.
affinis *D. W.* 401.
Buettneri *Engl.* 402.
capitata *Burm.* 402.

Buchnera
gesnerioides W. 403.
hermonthica Delile,403.
inflata *Skan*, 402.
multicaulis *Engl.* 402.
pusilla D.W. 402.
quangensis *Engl.* 402.
Reissiana *Buett.* 402.
subcapitata *Engl.* 402.
Verdickii *Skan*, 402.
Buchnerodendron
Guerke, 38.
Laurentii *D. W.* 38.
speciosum *Guerke*, 38,
651.
Buddleia *L.* 369.
madagascariensis *Lam.*
369.
Buettneria *L.* 67.
africana *Mast.* 67.
Buforrestia *Cl.* 581.
imperforata *Cl.* 581.
Bulbine *L.* 567.
abyssinica A. Rich. 567.
asphodeloides *Schult. f.*
567.
— v. filifolioides *D. W.*
567.
Bulbophyllum *Thou*,
515.
andongense *R. f.* 515.
barbigerum *Ldl.* 516.
calamarium *Ldl.* 516.
congolanum Schlt. 517.
flavidum *Ldl.* 516.
— v. elongatum *D. W.*
516.
Kindtianum *D. W.* 516.
Laurentianum Krzl.
518.
nanum *D. W.* 516.
platyrachys *D. W.* 516.
pumilum Ldl. 517.
Schinzianum *Krzl.* 516.
Bulbostylis *L.* 613.
abortiva *Cl.* 613.
audongensis *Bl.* 613.
barbata *Cl.* 613.
capillaris *Nees*, 614.
— v. trifida *Cl.* 614.
cardiocarpa *Cl.* 614.
filamentosa *Cl.* 614.
lauiceps *Cl.* 615.
lanifera *K. Sch.* 615.
puberula *Cl.* 615.
pusilla *Cl.* 615.
trichobasis *Cl.* 615.
— v. leptocaulis *Cl.* 615.
— v. *uniseriata* Cl. 616.
Bumelia dulcifica S. et T.
321.
Buphane *Herb.* 557.
disticha *Herb.* 557.
Buphthalmum scandens
S. et T. 307.

Burmannia *L.* 515.
bicolor *Mart.* 515.
— v. africana *Ridl.* 515.
Braunii *Engl.* 515.
BURMANNIACEAE,515.
BURSERACEAE. 90.
Butayea *D. W.* 425.
congolana *D. W.* 425.
Byrsanthus *Guill.* 221.
Brownii *Guill.* 221.
epigynus Mast. 221.
Byrsocarpus, *S.* et *T.*
653.
coccineus *S.* et *T.* 653.

C

Cacalia sagittata Vahl,
311.
Cacoucia bracteata Laws.
197.
exannulata Engl. 197.
paniculata Laws. 198.
CACTACEAE, 235.
Cactus parsiticus L. 235.
Cadalvena *Fenzl*, 540.
spectabilis *Fenzl*, 540.
Caesalpinia *L.* 170.
Bonducella*Fleming*,170
Bonducella Roxb. 170.
pulcherrima *Sw.* 170.
CAESALPINIEAE, 170.
Caesia africana Bak. 569.
Cajan indorum Medic.
157.
Cajanus *DC.* 157.
indicus *Spreng.* 157.
Caladium *Vent.* 591.
bicolor *Vent.* 591.
scandens W. 588.
Calamus *L.* 584.
Cabrae D.W. et T. D.
585.
cuspidatus M. et W. 585.
Hookeri M. et W. 586.
Laurentii *D. W.* 584.
secundiflorus *P. B.* 584.
Calathea conferta Bth.547.
Calceolaria enneasperma
O. K. 33.
Calesium Welwitschii
Hiern, 114.
Callichilia *Stapf*, 342.
Barteri *Stapf*, 342.
Caloncoba *Gilg*, 36.
Crepiniana *Gilg*, 36.
glauca *Gilg*, 36, 651.
Schweinfurthii *Gilg*,37.
subtomentosa *Gilg*, 37.
Welwitschii *Gilg*, 37,
651.
Calonyction *Choisy*, 390.
bona-nox *Boj.* 390.
speciosum Choisy, 390.
Calophanes Perrottetii
Nees, 418.
verticillaris T.And.419.

Calvoa *H. f.* 213.
orientalis *Taub.* 213.
sessiliflora *Cogn.* 213.
Calyptrocarpus *Less.*
307.
africanus *O. Hoffm.* 307.
Camoensia *Welw.* 169.
Laurentii *D. W.* 169.
maxima *Welw.* 169.
Campuleia coccinea Hook.
403.
Campylochnella arenaria
V. Tgh. 84.
katangensis V. Tgh. 85.
Campylogyne exannulata
Hemsl. 197.
Campylospermum laxi-
florum V. Tgh. 88.
Campylostemon *Welw.*
100.
angolense *Welw.* 100.
Duchesnei *D. W.* et *T. D.*
101.
Laurentii *D. W.* 101.
Pynaertii *D. W.* 101.
Canarium *L.* 90.
edule Hook. 90.
Mubafo Ficalho, 90.
Safu D.W. 90.
Saphu Engl. 90.
Schweinfurthii *Engl.*90.
Canavalia *Adans.* 149.
emarginata G. Don, 149.
ensiformis DC. 149, 156.
incurva *Thou.* 149.
maritima Thou. 149.
obtusifolia *DC.* 149.
— f. macrophylla *D. W.*
et *T.D.* 150.
Candelaria micrantha
Hochst. 479.
Canna *L.* 549.
bidentata Bert. 549.
indica *L.* 549.
— subsp. orientalis *Bak.*
549.
orientalis Rosc. 549.
Cannabis *L.* 501.
sativa *L.* 501.
Canscora *Lam.* 375.
decussata *Schult.* 375.
Canthium Barteri Hiern,
267.
brevifolium Engl. 268.
congense Hiern, 268.
venosum Hiern. 269.
Caperonia *St-Hil.* 490.
senegalensis *M.-A.* 490.
CAPPARIDACEAE, 28.
Capparis *L.* 31.
acuminata *D. W.* 31.
Afzelii DC. 31.
cerasifera *Gilg*, 31.
Duchesnei *D. W.* 31.
erythrocarpa *Isert*, 31.

Capparis
Kirkii *Oliv.* 31.
Poggei *Pax*, 31, 651.
Verdickii *D. W.* 31.
Capsicum *L.* 396.
annuum *L.* 396.
cerasiferum *W.* 396.
conicum *Mey.* 396.
conoides *Mill.* 396,655.
frutescens *L.* 396.
Carapa *Aubl.* 93.
guianensis Oliv. 93.
procera *DC.* 93, 652.
— v. Gentilii *D. W.* 93.
Cardiospermum *L.* 110.
barbicaule Bak. 110.
glabrum S. et T. 110.
grandiflorum *Sw.* 110.
— f. hirsutum *Rd/k.* 110.
Halicacabum *L.* 110.
microcarpum Kth, 110.
Carica *L.* 225.
Papaya *L.* 225.
Carissa *L.* 337.
dulcis S. et T. 337.
edulis *Vahl*, 337.
Richardiana J. et S. 337.
Carpodinus *R. Br.* 334.
Bruneelii *D. W.* 334.
camptoloba K. Sch. 335.
cirrhosa K. Sch. 332.
congolensis *Stapf*, 334.
Eetveldeana *D. W.* 334.
friabilis Pierre, 336.
Gentilii *D. W.* 334.
gracilis *Stapf*, 334.
incerta K. Sch. 332.
Jespersenii *D. W.* 335.
lactea K. Sch. 336.
lanceolata *K. Sch.* 335.
laxiflora K. Sch. 333.
leptantha *Stapf*, 335.
ligustrifolia *Stapf*, 336.
— v. angusta *D. W.* 334.
myriantha K. Sch. 333.
parvifolia Pierre, 333.
rufescens *D. W.* 336.
— v. longeacuminata *D. W.* 326.
Schlechteri *K. Sch.* 336.
subrepanda *K. Sch.* 336.
turbinata *Stapf.* 336.
verticillata *D. W.* 337.
Carpolobia *G. Don*, 40.
alba *G. Don*, 40.
Carvalhoa *K. Sch.* 342.
Ledermanni *Gilg*, 342.
CARYOPHYLLACEAE, 41.
Casearia *Jacq.* 219.
congensis *Gilg*, 219.

Cassia *L.* 171.
Absus *L.* 171.
alata *L.* 172.
Droogmansiana *D. W.* 172.
geminata S. et T. 173.
gracillima Welw. 173.
Kethulleana *D. W.* 172.
Kirkii *Oliv.* 172.
— v. microphylla *A. Dew.* 172.
Mannii *Oliv.* 172.
— v. Van Houttei *D. W.* 172.
mimosoides *L.* 172.
occidentalis *L.* 173.
reticulata M. Mich. 172.
Thonningii DC. 171.
Tora *L.* 173.
Verdickii *D. W.* 173.
viscosa S. et T. 171.
Cassipourea africana Bth. 194.
Cassytha *L.* 469.
filiformis *L.* 469.
— v. guineensis *D. W.* 469.
guineensis S. et T. 469.
Cayaponia *Manso*, 233.
latebrosa *Cogn.* 233.
Ceiba *Gaertn.* 59.
pentandrum *Gaertn.* 59.
CELASTRACEAE, 100.
Celastrus diffusa G. Don, 103.
senegalensis Lam. 100.
— v. inermis A. Rich. 100.
Celosia *L.* 456.
argentea *L.* 456.
Dewevreana *Schinz*,456.
laxa S. et T. 456.
leptostachya *Bth.* 456.
loandensis Bak. 456.
trigyna *L.* 456.
Celtis *L.* 501.
guineensis S. et T. 501.
Prantlii *Priemer*, 501.
Cenchrus *L.* 636.
barbatus *Schum.* 636.
granularis L. 622.
setosus Sw. 638.
Centotheca *Desv.* 648.
lappacea *Desv.* 648.
mucronata *Bth.* 648.
owariensis *Hack.* 648.
Centratherum *Cass.* 289.
grande DC. 289.
Cephaelis *Sw.* 285.
congensis *Hiern*, 285.
esculentus S. et T. 240.
peduncularis Salisb. 285
Cephalaria *Schrad.* 288.
attenuata *R. et S.* 288.
— v. b. *R. et S.* 288.
—v.longifolia *D. W.*288.

Cephalonema *K.Sch.* 72.
polyandrum *K. Sch.* 72.
Cephalostigma *A. DC.* 318.
Perrottetii *A. DC.* 318.
Cerastium *L.* 41.
africanum *Oliv.* 41.
CERATOPHYLLACEAE, 513.
Ceratophyllum *L.* 513.
demersum *L.* 513.
vulgare Schlt. 514.
Cercestis *Schott*, 590.
congensis *Engl.* 590.
congoensis T.D. et Sch. 590.
Cercopetalum *Gilg*, 30.
dasyanthum *Gilg*, 30.
— v. longeacuminatum *D. W.* 30.
Ceropegia *L.* 366.
augustiloba *D. W.* 366.
Butayei *D. W.* 366.
Dewevrei *D. W.* 367.
Gilletii *D. W.* 367.
Verdickii *D. W.* 367.
Chaetacme *Pl.* 501.
aristata *Pl.* 501.
— v. kamerunensis *Engl.* 656.
—v. longifolia *Engl.*501.
Chaetocarpus *Thw.* 497.
africanus *Pax*, 497.
Chailletia rufipilis Turcz. 95.
Chasalia laxiflora Bth. 280.
Chasmanthera *Hochst.* 24.
strigosa *Baill.* 24.
Cheilopsis arborea Nees, 423.
montana Nees, 424.
CHENOPODIACEAE, 461.
Chenopodium *L.* 461.
ambrosioides *L.* 461.
caudatum Jacq. 458.
foetidum *Schrad.* 461.
graveolens Lag. et Rodr. 461.
opulifolium *Schrad.* 462.
Chironia *L.* 375.
transvaalensis *Gilg*, 375.
Verdickii *D W.* 375.
Chlamydocardia *Lindau*, 431.
Buettneri *Lindau*, 431.
Chloris *Sw.* 643.
Gayana *Kth.* 643.
polydactyla *Sw.* 643.
punctulata *Hochst.* 643.
Chlorocodon *H. f.* 357.
Whitei *H. f.* 357.
Chlorophora *Gaud.* 502.
excelsa *Bth.* 502.

Chlorophytum *Ker*, 568.
  africanum Engl. 569.
  Fuchsianum *D.* W. 568.
  macrophyllum *Aschers*. 568.
Chomelia *Jacq*. 266.
  apiculata *D.* W. 266.
  congensis O. K. 257.
  Gilletii *D. W.* et *T.D.* 266.
  Laurentii *D* W. 266.
  longifolia *D.* W. 266.
  nigrescens *D.* W. 266.
Christiania *DC.* 68.
  africana *DC.* 68.
Chrysanthellum *Rich.* 308.
  procumbens *Pers*. 308.
Chrysobalanus *L.* 189.
  ellipticus *Sol.* 189.
  Icaco *L.* 189.
  — v. *ellipticus* Hook. f. 189.
Chrysocoma amara S. et T. 295.
  violacea S. et T. 291.
Chrysophyllum *L.* 320.
  africanum *A. DC.* 320.
  cinereum Engl. 320.
  Lacourtianum *D. W.* 320.
  Laurentii *D.* W. 320.
  longepedicellatum *D.* W. 320.
  Stuhlmannii Engl. 320.
Chytranthus *H. f.* 111.
  Gerardi *D.* W. 111.
  Gilletii *D.* W. 111.
  Laurentii *D.* W. 111.
  stenophyllus *Gilg*, 111.
Cichorium *L.* 315.
  Intybus *L.* 315.
Cienkowskia aethiopica Solms, 539.
Cincinnobotrys *Gilg*, 214.
  Sereti *D.* W. 214.
Cissampelos *L.* 25.
  owariensis P. B. 25.
  Pareira *L.* 25.
  — subsp. *owariensis* Engl. 25.
  — v. owariensis *Oliv.* 25.
  — v. *transitoria* Engl. 26.
  — v. zairensis *T. D.* et *Sch.* 26.
  tenuipes *Engl.* 26.
  zairensis Miers, 26.
Cissus *L.* 105.
  adenocaulis *St.* 105. 652.
  aralioides *Pl.* 105.
  arguta H. f. v. *Oliveriana* Engl. 107.
  articulata *G.* et *P.* 105.
  Bakeriana *Pl.* 105, 652.

Cissus
  Barbeyana *D.* W. et *T.D.* 106.
  cornifolia *Pl.* 106.
  debilis *Pl.* 106.
  Dewevrei *D.* W. et *T.D.* 106.
  diffusiflora *Pl.* 106.
  farinosa *Pl.* 106.
  Gilletii *D.* W. et *T.D.* 106, 652.
  Guerkeana *T.D.* et *Sch.* 107, 652.
  Hautlevilleana *D.* W. et *T.D.* 107.
  ibuensis *H. f.* 107.
  Kakoma *D.* W. 107.
  Laurentii *D.* W. 107.
  Livingstoniana *Welw.* 107, 652.
  mayombensis *Gilg*, 107.
  Oliveriana *Gilg*, 107.
  polycynosa *D.* W. 108.
  producta Pl. 108.
  prostrata *D.* W. et *T.D.* 108.
  rubiginosa Pl. 107.
  Smithiana *Pl.* 108.
  suberosa *Pl.* 108.
  tenuicaulis *H. f.* 108.
  tiliaefolia *Pl.* 108.
  trinervis *D.* W. 108.
Cistanthera *K. Sch.* 74.
  Dewevrei *D.* W. et *T.D.* 74.
  kabingaensis *K. Sch.* 74.
Citrullus *Neck.* 230.
  vulgaris *Schrad.* 230.
Citrus *L.* 82.
  Aurantium *L.* 82.
  Limonum Risso, 83.
  medica *L.* 82.
  — subsp. Limonum *H. f.* 83.
Cladosicyos edulis H. f. 230.
Claoxylon *A. Juss.* 491.
  africanum *M.-A.* 491.
  atrovirens *Pax*, 491.
  columnare *M.-A.* 656.
  Dewevrei *Pax*, 491.
  flaccidum *Pax*, 491.
  Mercurialis Thw. 492.
Clausena *Burm.* 82.
  anisata *H. f.* 82.
  Bergeyeana *D.* W. et *T.D.* 82.
Cleistanthus *H. f.* 480.
  caudatus *Pax*, 480.
Cleistopholis *Pierre*, 18.
  grandiflora *D.* W. 18.
Clematis *L.* 13.
  chrysocarpa *Welw.* 13.
  — v. Poggei *T.D.* et *Sch.* 13.
  glaucescens *Fresen.* 13.

Clematis
  grandiflora *DC.* 14.
  Kirkii *Oliv.* 14.
  orientalis *L.* 14.
  — v. *glaucescens* Engl. 13.
  — v. *simensis* O. K. 14.
  — subsp. Wightiana *O. K.* 14.
  pseudograndiflora O. K. 14.
  scabiosaefolia *DC.* 14.
  simensis *Fresen.* 14.
  spathulaefolia *Prantl*, 15.
  Thunbergii *Steud.* 15.
  — v. angustisecta *Engl.* 15.
  villosa DC. subsp. *chrysocarpa* O. K. 13.
  — v. *Poggei* O. K. 13.
  — subsp. *scabiosaeifolia* O. K. 14.
  — subsp. *spathulaefolia* O. K. 15.
  Wightiana Wall. 14.
Cleome *L.* 28.
  acuta S. et T. 29.
  ciliata S. et T. 28.
  Gilletii *D.* W. 28.
  guineensis H. f. 28.
  hirta Oliv. 29.
  monophylla *L.* 28.
  pentaphylla L. 29.
  raphanoides DC. 222.
  spinosa *Jacq.* 28.
  thyrsiflora *D.* W. et *T.D.* 28.
Clerodendron *L.* 438.
  Bakeri *Guerke*, 438.
  Buchneri *Guerke*, 438.
  capitatum S. et T. 438, 655.
  — v. Butayei *D.* W. 438.
  — v. subcordatum *D.* W. 438.
  — v. subdentatum *D. W.* 438.
  congense *Engl.* 438.
  congense Bak. 438.
  formicarum *Guerke*, 438.
  fuscum *Guerke*, 438.
  Gilletii *D.* W. et *T.D.* 439.
  grandifolium *Guerke*, 439.
  Kanichi *D.* W. 439.
  katangense *D.* W. 439.
  longitubum *D.* W. et *T.D.* 439.
  Lujaei *D.* W. et *T.D.* 439.
  Melanocrater Guerke, 440.
  myricoides *R. Br.* 439, 655.

Clerodendron
myricoides v. campo-
rum *Guerke*, 439.
—v. laxum *Guerke*, 440.
Poggei *Guerke*, 440.
Rehmanni *Guerke*, 440.
scandens *P. B.* 440,655.
Schlechteri *Guerke*,440.
Schweinfurthii *Guerke*,
440.
spinescens *Guerke*, 440,
655.
—v. parviflorum*Schinz*,
441.
splendens *D. Don*, 441,
subreniforme *Guerke*,
441.
Thonneri *Guerke*, 441.
thyrsoideum *Guerke*,
441.
volubile *P. B.* 441, 655.
yaundense *Guerke*, 441.
Clinogyne *Salisb.* 547.
arillata *K. Sch.* 547.
congensis *K. Sch.* 547.
filipes *Bth.* 548.
Hensii *K. Sch.* 548.
Schweinfurthiana *K.
Sch.* 548.
Clitandra *Bth.* 331.
Arnoldiana *D. W.* 331.
— v. Sereti *D. W.* 331.
cirrhosa *Rdlk.* 332.
cymulosa Stapf, 332.
exserrens K. Sch. 332.
Gentilii *D. W.* 332.
Gilletii D.W. 331.
gracilis Hall. f. 335.
Kabulu *D. W.* 332.
Lacourtiana *D. W.* 332.
laxiflora *Hall. f.* 332.
Mannii *Stapf*, 332.
myriantha K. Sch. 333.
Nzunde *D. W.* 333.
orientalis *K. Sch.* 332.
parvifolia *Stapf*, 333.
robustior *K. Sch.* 333.
Sereti *D. W.* 333.
Clitoria *L.* 146.
Ternatea *L.* 146.
Cnestis *Juss.* 120.
corniculata *Lam.* 120.
emarginata D.W. et
T.D. 121.
ferruginea *DC.* 120,653.
— v. pilosa *A. Dew.* 121.
grandiflora *Gilg*, 121.
grandifoliolata *D. W.* et
T.D. 121.
iomalla *Gilg*, 121.
— v. grandifoliolata
D. W. 121.
Lescrauwaetii D. W.
121.
obliqua P. B. 117.
oblongifolia *Bak.* 121.

Cnestis
polyantha *Gilg*,121,653.
setosa *Gilg*, 121.
urens *Gilg*, 121.
Cocculus macranthus H. f.
24.
Cocos *L.* 586.
nucifera *L.* 586.
Codarium acutifolium
Afz. 174.
Coelocline oxypetala A.
DC. 21.
parviflora A. DC. 21.
Coffea *L.* 275.
arabica *L.* 275.
Arnoldiana *D. W.* 275.
aruwimiensis *D. W.*275.
canephora *Pierre*, 275.
— v. crassifolia *Em.
Laur.* 276.
— v. kouilouensis
Pierre, 276.
—v. sankuruensis*D. W.*
276.
— v. Wildemanii
Pierre, 276.
congensis*Froehner*,276.
— v. Chalottii *Pierre*,
276.
— v. Froehneri *Pierre*,
276.
— v. subsessilis *D. W.*
276.
Dewevrei *D. W.* et *T.D.*
277.
divaricata *K. Sch.* 277.
hirsuta G. Don, 267.
jasminoides *Welw.* 277.
— v. Trilesiana *Pierre*,
277.
Laurentii *D. W.* 277.
liberica *Bull.* 277.
robusta *L. Lind.* 277.
Royauxii *D. W.* 278,
654.
spathicalyx *K. Sch.* 278.
stenophylla *G.Don*,278.
subcordata *Hiern*, 278.
Cogniauxia *Baill.* 227.
cordifolia *Cogn.* 227.
podolaena *Baill.* 227.
trilobata *Cogn.* 227.
Coinochlamys *T. And.*
368.
angolana *S. Moore*,368.
— v. Laurentii *D. W.*
368.
congolana *Gilg*, 368.
hirsuta T. And. 654.
Poggeana *Gilg*, 369.
Cola *S.* et *E.* 60.
acuminata *S.* et *E.* 60.
acuminata Griffon du
Bell. 61,
— v. Ballayi *K. Sch.* 61.
— v. *Ballayi* Mast. 61.

Cola
Afzelii Mast. 61.
Ballayi Cornu. 61.
Bruneelii *D. W.* 61.
caricifolia *K. Sch.* 61.
congolana *D. W.* et
T.D. 61.
cordifolia *R. Br.* 62.
Dewevrei *D. W.* et *T.D.*
62.
digitata *Mast.* 62.
diversifolia *D. W.* et
T.D. 62.
Gilletii *D. W.* 62.
griseiflora *D. W.* 62.
heterophylla *S.* et *E.* 62.
Laurentii *D. W.* 62.
— form. integrifolia
D. W. 62.
— form. intermedia
D. W. 62.
Ledermannii *Engl.* 652.
longifolia *D. W.* 62.
mouponensis *D. W.* 62.
nalaensis *D. W.* 62.
pachycarpa *K. Sch.* 62.
Pynaertii *D. W.* 62.
quinqueloba Garcke, 60.
Sereti *D. W.* 63.
subverticillata*D. W.*63.
urceolata *K. Sch.* 63.
variantifolia *D. W.* 63.
yambuyaensis *D. W.*64.
Coleotrype *Cl.* 581.
Laurentii *K. Sch.* 581.
Coleus *Lour.* 449.
africanus Bth. 448.
bullulatus *Briq.* 449.
Dewevrei *Briq.* 449.
Dupuisii *Briq.* 449.
Eetveldeanus *Briq.* 449.
heterotrichus *Briq.* 449.
membranaceus *Briq.*
450.
mirabilis *Briq.* 450.
— v. Poggeanus *Briq.*
450.
nervosus *Briq.* 450.
Poggeanus *Briq.* 450.
viridis *Briq.* 450.
Colocasia *Schott*, 591.
antiquorum *Schott*, 591.
Colocynthis amarissima
Schrad. 230.
Columnea longifolia L.
399.
COMBRETACEAE, 195.
Combretum *L.* 195.
angustifolium D. W.
195.
Bosoi *D. W.* 196.
Butayei *D. W.* 196.
Cabrae*D. W.*et*T.D.*196.
camporum *Engl.* 196.
cinereopetalum *Engl.* et
Diels, 196.

Combretum
confertum *Laws.* 196.
constrictum *Laws.* 197.
cordifolium *Engl.* 197.
elaeagnoides T. D. et
Sch. 196.
exannulatum *Engl.* et
Diels, 197.
flammeum Welw. 200.
Gentilii *D. W.* 197.
Haullevilleanum *D. W.*
197.
Hensii *Engl.* et *Diels*,
197.
hispidum *Laws.* 197.
Kamatutu *D. W.* 198.
Klotzschii Welw. 198.
latialatum *Engl.* 198.
— v. multibracteatum
Engl. 198.
Laurentii *D. W.* 198.
Lawsonianum *Engl.* et
Diels, 198.
laxiflorum *Welw.* 198.
longepilosum *Engl.* et
Diels, 199.
lukafuense *D. W.* 199.
marginatum *Engl.* et
Diels, 199.
mucronatum *Sch.* et *Th.*
199.
mussaendiflorum *Engl.*
et *Diels*, 199.
nervosum *Engl.* et *Diels*,
199.
odontopetalum *Engl.* et
Diels, 199.
olivaceum *Engl.* 199.
paniculatum *Vent.* 199.
Poggei *Engl.* et *Diels*,
199.
polystictum Welw. 196.
porphyrobotrys *Engl.* et
Diels, 200.
puetense *Engl.* et *Diels*,
200.
pyriforme *D. W.* 200.
quangense Engl. et
Diels, 197.
racemosum *P. Beauv.*
200.
— v. flammeum *Welw.*
200.
racemosum Hiern, 196.
sericogyne *Engl.* et
Diels, 201.
sinuatipetalum *D. W.*
201.
Smeathmanni G. Don,
199.
splendens *Engl.* 201.
towaense *Engl.* et *Diels*,
201.
Commelina *L.* 576.
aequinoctialis P.B. 579.
aethiopica *Cl.* 576.

Commelina
africana *L.* 576.
agraria Kth, 578.
ambigua P.B. 574.
aspera *G. Don*, 576.
benghalensis *L.* 576.
beniniensis P.B. 579.
capitata *Bth.* 577.
Clarkeana *D. W.* et *T.
D.* 577.
condensata *Cl.* 577.
Dammneriana *K. Sch.*
577.
Forskalaei *Vahl*, 577.
latifolia *Hochst.* 577.
nudiflora *L.* 578.
— f. agraria *D. W.* et
T. D. 578.
ovato-oblonga R. et S.
580.
scaposa *Cl.* 578
Schweinfurthii *Cl.* 578.
sinica R. et S. 580.
umbellata *S.* et *T.* 578.
Vogelii *Cl.* 578.
COMMELINACEAE, 574.
CONNARACEAE, 117.
Connarus *L.* 119.
Englerianus *Gilg*, 119.
luluensis *Gilg*, 119,653.
Stuhlmanni *Pl.* 119.
Conocarpus *Gaertn.* 195.
erectus *L.* 195.
Conopharyngia *Stapf*,
343.
durissima *Stapf*, 343.
Gentilii *D. W.* 343.
pachysiphon *Stapf*, 343.
penduliflora *Stapf*, 344.
Smithii *Stapf*, 344.
— v. brevituba *D. W.*
344.
Thonuerii *Stapf*, 344.
— v. Demeusei *D. W.*
344.
— v. Lescrauwaetii *D.
W.* 344.
CONVOLVULACEAE,
379.
Convolvulus alsinoides L.
379.
Batatas L. 385.
bicolor Vahl, 381.
cairicus L. 385.
capitatus Desv. 381.
filicaulis Vahl, 382.
hispidus Vahl, 386.
littoralis L. 388.
Nil L. 388.
ochraceus Ldl. 388.
paniculatus L. 389.
pentaphyllus L. 383.
Pes-Caprae L. 389.
pinnatus Desr. 390.
reptans L. 389.
sublobatus L. f. 381.

Conyza *Less.* 300.
aegyptiaca *Dryand.* 300.
aurita L. f. 301.
cinerea L. 291.
echioides A. Rich. 300.
lacera Burm. 301.
volubilis Wall. 300.
Copaiba Arnoldiana D.W.
180.
Copaifera *L.* 180.
Arnoldiana *Th.* et *Hél.
Dur.* 180.
Demeusei *Harms*, 180.
Laurentii *D. W.* 180.
Coptosperma nigrescens
H. f. 266.
Corchorus *L.* 73.
acutangulus *Lam.* 73.
angustifolius S. et T. 74.
capsularis *L.* 73.
lobatus *D. W.* 73.
olitorius *L.* 73.
— f. grandifolius *D. W.*
74.
tridens L. 74.
trilocularis *Burm.* 74.
Cordia *L.* 377.
aurantiaca *Bak.* 377.
Dewevrei *D. W.* et *T.D.*
377.
Gilletii *D. W.* 377.
Liebrechtsiana *D. W.* et
T.D. 377.
Coreopsis *L.* 308.
Grantii *Oliv.* 308.
Sereti *D. W.* 308.
Coronocarpus Kotschyi
Bth. 306.
Corynanthe *Welw.* 241.
paniculata *Welw.* 241.
Costus *L.* 542.
afer *Ker*, 542.
Dewevrei *D. W.* et *T.D.*
542.
edulis *D. W.* et *T.D.* 542.
Lucanusianus *J. Br.* et
K. Sch. 543.
phyllocephalus *K. Sch.*
543.
spectabilis K. Sch. 540.
trachyphyllus *K. Sch.*
543.
Cotula Sphaeranthus Lk,
299.
Coula *Baill.* 96.
Cabrae *D. W.* et *T.D.* 96.
Crabbea *Harv.* 426.
nana Nees, 426.
ovalifolia Fic. et Hiern,
426.
Cracca bracteolata O.
K. 131.
elegans O. K. 131.
linearis O. K. 132.
lupinifolia O. K. 132.
villosa L. 133.

Cracca
Vogelii O. K. 133.
Crassocephalum cernuum
Moench, 310.
— v. *coeruleum* Hiern, 310.
Crassula L. 192.
abyssinica A. Rich. 192.
— v. vaginata Engl.192.
floripendula Sims, 193.
vaginata E. et Z. 192.
CRASSULACEAE, 192.
Crassuvia floripendia Comm. 193.
Crataeva L. 32.
religiosa Forst. 32.
— v. brevistipitata D. W. 32.
Craterispermum Bth. 272.
angustifolium D. W. et T.D. 272.
brachynematum Hiern, 272, 654.
— v. breviflorum D. W. 272.
congolanum D. W. et T.D. 272.
Dewevrei D. W. et T.D. 272.
laurinum Bth. 272.
reticulatum D. W. 272.
Craterostigma Hochst. 399.
latibracteatum Skan, 399.
Cremaspora Bth. 266.
africana Bth. 267.
triflora K. Sch. 266.
Crinum L. 554.
congolense D. W. 554.
giganteum Andr. 555.
Herbertianum Wall. 556.
Laurentii T.D. et D. W. 555.
majakallense Bak. 555.
Massaianum N. E. Br. 555.
natans Bak. 555.
purpurascens Herb.555.
— v. angustifolium D. W. 555.
scabrum Sims, 555.
zeylanicum L. 556.
Crossandra Salisb. 425.
guineensis Nees, 425.
nilotica Oliv. 425.
Crossopterix Fenzl,241.
africana Baill. 241.
febrifuga Bth. 241.
Kotschyana Fenzl, 241.
Crotalaria L. 122.
aculeata D. W. 122.
brevidens Bth. 122.
Brownei Berth. 126.

Crotalaria
calycina Schrank, 122.
capensis Jacq. 122.
comosa Bak. 122.
Cornetii Taub. et Dew. 123.
cylindrocarpa DC. 123.
Descarapsii M. Mich. 123.
dubia D. W. 123.
filifolia D. W. 123.
glauca W. 123.
globifera E. Mey. 123.
— v. stenophylla Taub. 123.
Hildebrandtii Vatke, 123.
intermedia Kotschy,124.
katangensis A. Dew. 124.
lanceolata E. Mey. 124.
linearifolia D W. 124.
longifoliolata D. W.124.
lukafuensis D. W. 124.
macilenta Delile, 125.
macrostachya Sond.123.
mesopontica Taub. 124.
oligostachya Bah. 124.
ononoides Bth. 125.
ononoviges Schlt. 125.
pisiformis G. et P. 126.
Poggei Taub. 125.
polyantha Taub. 125.
polygaloides Welw. 125.
quangensis Taub. 125.
Saltiana Andr. 126.
senegalensis Bacle, 125.
sertulifera Taub. 125.
sessilis D. W. 125.
spartea R. Br. 125.
spinosa Hochst. 126.
stenothyrsus Taub. 126.
striata DC. 126.
— f. latifoliolata D. W. 126.
subcapitata D. W. 126.
Croton L. 480.
angolensis M.-A. 480.
congensis D. W. 480.
Draconopsis M.-A. 481.
Mubango M.-A. 481.
oppositifolius Geis. 495.
oxypetalus M.-A. 481.
Poggei Pax, 481.
Tiglium L. 481.
Verdickii D. W. 481.
Welwitschianus M.-A. 481.
zambesiacus M.-A. 481.
Crotonogyne M.-A. 490.
Laurentii D. W. 490.
— v. ikelembense D. W. 490.
Poggei Pax, 490.
CRUCIFERACEAE, 27.
Crudia Schreb. 179.

Crudia
Laurentii D. W. 179.
Cryphiospermum fluctuans P. B. 305.
Cryptolepis R. Br. 355.
Debeerstii D. W. 355.
Hensii N. E. Br. 355.
scandens Schlt. 356.
Welwitschii Hiern.356.
Cryptosepalum Bth. 180.
Debeerstii D. W. 180.
exfoliatum D. W. 180.
maraviense Oliv. 180.
— v. minus A. Dew. 180.
Verdickii D. W. 180.
Crystallopollen angustifolium Steetz, 294.
Ctenium Panz. 643.
concinnum Nees. 643.
elegans Kth, 643.
Cubeba Clusii Miq. 467.
Cucumeropsis Naud. 230.
edulis Cogn. 230.
Cucumis L. 229.
hirsutus Sond. 229.
maderaspatanus L. 232.
metuliferus E.Mey. 230.
Cucurbita L. 231.
Lagenaria L. 227.
maxima Duchesne, 231.
moschata Duchesne,231.
Pepo L. 231.
CUCURBITACEAE, 225.
Culcasia P. B. 587.
angolensis Welw. 587.
parviflora N. E. Br.588.
scandens P. B. 588.
striolata Engl. 588.
tenuifolia Engl. 588.
Curandos edulis Hiern, 337.
Curculigo Gaertn. 554.
gallabatensis Schw.554.
Curcuma L. 539.
longa L. 539.
Cussonia Forst. 239.
angolensis Hiern, 239.
arborea Hochst. 239.
Cuviera DC. 271.
angolensis Welw. 271.
Cyanastrum Oliv. 573.
Verdickii D. W. 573.
Cyanospermum calycinum H. f. 157.
Cyanotis Don, 581.
angusta Cl. 581.
caespitosa Kotschy et Peyr. 581.
Dybowskyi Hua, 581.
lanata Bth. 581.
longifolia Bth. 582.
— v. Bakeriana Cl. 582.
longifolia Bak. 582.

Cyanotis
somaliensis *Cl*. 582.
— v. uda *Cl*. 582.
Cyathogyne *M.-A*. 488.
Dewevrei *Pax*, 488.
viridis *M.-A*. 488.
Cyathula *Lour*. 458.
prostrata *Bl*. 458, 655
CYCADACEAE, 619.
Cyclocarpa *Afz*. 138.
stellaris *Afz*. 138.
Cyclocotyla *Stapf*. 337.
congolensis *Stapf*. 337.
Cyclonema myricoides
Hochst. 439.
spinescens Oliv. 440.
Cycnium *E. Mey*. 404.
adouense *E. Mey*. 404.
adonense Hiern, 405.
Buchneri *Engl*. 404.
camporum *Engl*. 404.
Dewevrei *D. W*. et *T.D*.
405.
— v. minus *D. W*. et
T.D. 405.
Questieauxianum *D. W*.
405.
Verdickii *D. W*. 405.
Cylindropsis parvifolia
Pierre, 333.
Cymbopogon finitimus
Rendle, 625.
Humboldtii Spreng. 624.
Schimperi Rendle, 626.
Schoenanthus Rendle,
626.
— v. *densiflorus* Rendle,
626.
Cynanchum *L*. 363.
congolense *D. W*. 363.
Dewevrei *D. W*. et *T.D*.
363.
extensum Jacq. 364.
minutiflorum *K. Sch*.
363.
obscurum K. Sch. 364.
polyanthum *K. Sch*. 362.
schistoglossum *Schlt*.
363, 364.
subvolubile S. et T. 364.
Cynodon *Pers*. 642.
Dactylon *Pers*. 642.
Cynoglossum *L*. 379.
lanceolatum *Forsk*. 379.
micranthum Desf. 379.
Cynometra *L*. 181.
congensis *D. W*. 181.
djumaensis *D. W*. 181.
Gilletii *D. W*. 181.
Laurentii *D. W*. 181.
Lujae *D. W*. 181.
Mannii *Oliv*. 181.
Oddoni *D. W*. 181.
pedicellata *D. W*. 182.

Cynometra
Schlechteri *Harms*,182.
sessiliflora *Harms*, 182.
Vogelii *H. f*. 182.
Cynosurus aegyptius L.
644.
indicus L. 644.
Corocana L. 644.
CYPERACEAE, 594.
Cyperus *L*. 599.
albiceps Ridl. 610.
albo-marginatus Steud.
608.
amabilis *Vahl*, 599.
— v. macer *Cl*. 599.
— v. macra *Cl*. 599.
angolensis *Boeck*. 599.
articulatus *L*. 599.
auricomus *Sieb*. 600.
Buchanani Boeck. 602.
Buettneri Boeck. 601.
bulbosus *Vahl*, 600.
compactus *Lam*. 600.
congensis *Cl*. 600.
crassipes Vahl, 605.
cuspidatus H. B. et K.
607.
dichromenaeformis
Kth, 600.
— v. major *Boeck*. 600.
difformis *L*. 601.
diffusus *Vahl*. 601.
— v. angustifolius *Cl*.
601.
distans *L*. 601.
dives Del. 602.
dubius Rottb. 597.
elatior *Boeck*. 601.
esculentus *L*. 601.
— v. acaulis *Cl*. 602.
— v. Buchanani *Cl*. 602.
exaltatus *Retz*, 602.
— v. dives *Cl*. 602.
Fenzlianus *St*. 602.
fertilis *Boeck*. 602.
flabelliformis *Rottb*. 603.
flavescens L. 608.
flavidus *Retz*. 603.
flavus Boeck. 597.
flavus Cl. 597.
flexifolius *Boeck*. 603.
globosus All. 608.
gracilinux *Cl*. 603.
Haspan *L*. 603.
— v. laevinux *Cl*. 603.
Haspan Rottb. 603.
Heusii *Cl*. 604.
hexastachyus Rottb.
603.
hylaeus Ridl. 606.
immensus *Cl*. 604.
javanicus Retz. 600.
laevigatus L. 596.
ligularis L. 597.
maculatus *Boeck*. 604.
mapanioides *Cl*. 604.

Cyperus
margaritaceus *Vahl*,604.
maritimus *Poir*. 604.
— v. crassipes *Cl*. 605.
monostachyus L. 617.
Mundtii Kth. 608.
Naumannianus Boeck.
604.
nilagiricus Hochst. 608.
niloticus Forsk. 600.
nossibeensis K. Sch. 598.
nudicaulis *Poir*. 605.
ochrocephalus *Cl*. 605.
Olfersianus Kth, 609.
Papyrus *L*. 605.
polystachyus R. Br. 609.
pratensis *Boeck*. 605.
— v. laxus *Cl*. 605.
pustulatus Vahl, 597.
pycnocephalus Steud
609.
radiatus *Vahl*, 605.
redolens Maury, 597.
Reinschii *Boeck*. 606.
rotundus *L* 606.
Schweinfurthianus
Boeck 606.
Sieberianus K. Sch. 598.
Smithianus Ridl. 609.
sphacelatus *Rottb*. 606.
tenax *Boeck*. 606.
tenuiculmis Boeck. 603,
607.
tetrastachyus Desf. 606.
tremulus Poir. 609.
tuberosus *Rottb*. 607.
umbellatus *Cl*. 599.
uncinatus *Poir*. 607.
Zollingeri *St*. 607.
— f. gracilis *Cl*. 607.
— v. parvus *Cl*. 607.
Cyphia *Berg*. 318.
erecta *D. W*. 318.
scandens *D. W*. 318
Cyrtopera *Lindl*. 526.
flavo-purpurea *Rchb. f.*
526.
Walleri Rchb. f. 520.
Cyrtosperma *Schott*,588.
Afzelii *Engl*. 588.
senegalense *Engl*. 589.
CYTINACEAE. 466.
Cytisus bicolor DC. 157.
Cajan L. 157.
guineensis S. et T. 157.
pseudo-Cajan Jacq. 157.

D

Dactyloctenium *W*.644.
aegyptium *W*. 644.
mpuetense *D. W*. 644.
Daemia *R. Br*. 364.
extensa *R. Br*. 364.
Dalbergia *L*. 161.
ealaensis *D. W*. 161.
florifera *D. W*. 161.

686 TABLE ALPHABÉTIQUE DES FAMILLES,

Dalbergia
florifera v. obscura D.
W. 161.
Gentilii D. W. 161.
Gilletii D. W. 161.
glaucescens D. W. 161.
Harmsiana D. W. 161.
isangiensis D. W. 161.
kisantuensis D. W. et
T.D. 161.
Laurentii D. W. 162.
laxiflora M. Mich. 162.
luluensis Harms, 162.
macrosperma Welw.
162.
— v. longipedicellata
D. W. 162.
medicinalis D. W. 162.
Micheliana D. W. 162.
pubescens Bth. 653.
saxatilis H. f. 162.
Dalechampia L. 499.
ipomoeaefolia Bth. 499.
scandens L. 499.
—v.cordofana M.-A.499.
Dalhousiea Wall. 166.
africana S. Moore, 166.
bracteata Bak. 166.
Damapana strobilantha
O. K. 140.
Dasystachys Bak. 569.
africana Th. et Hél.
Dur. 569.
Grantii Bth. 569.
Verdickii D. W. 569.
Datura L. 396.
fastuosa L. 396.
Stramonium L. 397.
— v. Tatula Dunal, 397.
Tatula L. 397.
Decaneuron amygdalinum
DC. 290.
senegalense DC. 295.
Decastemon hirtum Kl. 29.
Deguelia brachyptera
Taub. 166.
nobilis Taub. 166.
Deinbollia S. et T. 111.
insignis H. f. 111.
Laurentii D. W. 111.
Delphinium L. 15.
dasycaulon Fresen. 15.
Demeusea D. W. et T.
D. 557.
longifolia D. W. et T.
D. 557.
Dendrobium pumilum Sw.
517.
Derris Lour. 166.
brachyptera Bak. 166,
653.
congolensis D. W. 166.
nobilis Welw. 166, 653.
Desmochaeta prostrata
DC. 458.
Desmodium Desv. 142.
adscendens DC. 142.

Desmodium
barbatum Bth. et
Oerst. 142.
dimorphum Welw. 142.
gangeticum DC. 142.
hirtum G. et P. 142.
lasiocarpum DC. 142.
lasiocarpum D.W. 144.
latifolium DC. 143.
mauritianum DC. 142.
megalanthum D.W.141.
oxybracteum DC. 143.
paleaceum G. et P. 143.
polygonoides Welw.
144.
setigerum E. Mey. 142.
Stuhlmannii D.W. 142.
tenuiflorum M. Mich.
144.
triflorum DC. 144.
Dewevrea M. Mich.137.
bilabiata M. Mich. 137.
Dewevrella D. W. 355.
cochliostema D. W. 355.
Dewildemania O. Hoffm.
296.
filifolia O. Hoffm. 296.
Dewindtia D. W. 180.
katangensis D. W. 180.
Dialium L. 174.
acuminatum D. W. 174.
angolense Welw. 174.
guineense W. 174, 653.
Laurentii D. W. 174.
Dianthera Anselliana B.
et H. f. 429.
bicalyculata Retz. 433.
Dicellandra H. f. 214.
Barteri H. f. 214.
—v.runcinata D.W.214.
Diceros longifolium Pers.
399.
DICHAPETALACEAE,
94.
Dichapetalum Thou. 94.
adnatiflorum Engl. 94.
congoense Engl. 94.
Dewevrei D. W. et T.D.
94.
floribundum Engl. 95.
olopetalum Ruhl. 94.
leucosepalum. Ruhl. 94.
Lolo D. W. et T.D. 94.
Lujaei D. W. et T.D.9 .
mombuttense Engl. 94.
mundense Engl. 95.
obliquifolium Engl. 95,
652.
patenti-hirsutum Ruhl.
95.
Poggei Engl. 95.
rufipile T.D. et Sch. 95,
652.
Dichrocephala DC. 299.
chrysanthemifolia DC.
299.

Dichrocephala
latifolia DC. 299.
macrocephala Sz-B. 299.
Dichrostachys W. et A.
185.
nutans Bth. 185.
platyptera Welw. 185.
Dicliptera Juss. 432.
Elliotii Cl. 432.
Hensii Lindau, 433.
katangensis D. W. 432.
umbellata Juss. 432.
verticillaris T. And. 432.
verticillaris A.Juss. 434.
Welwitschii S. Moore,
432.
Dicoma Cass. 313.
anomala Sond. 313.
— v. karaguensis O. et
H. 313.
karaguensis Oliv. 313.
Poggei O. Hoffm. 313.
Dicraea Thou. 466.
quangensis Engl. 466.
Warmingii Engl. 466.
Dicraeanthus Engl. 466.
africanus Engl. 466.
Dicranolepis Pl. 471.
Baertsiana D. W. et T.
D. 471
convalliodora Gilg, 471.
Thonneri D. W. et T.D.
471.
Dictyandra Welw. 256.
arborescens Welw. 256.
Dictyophlebia lucida
Pierre, 328.
Didymia cyperomorpha
Phil. 597.
Diesingia scandens Endl.
155.
Digera Forsk. 457.
arvensis Forsk. 457.
Digitaria diagonalis Stapf,
631.
sanguinalis Scop. 634.
DILLENIACEAE, 16.
Dimorphochlamys H. f.
230.
Cabraei Cogn. 230.
Crepiniana Cogn. 230.
Mannii H. f. 230.
Dinophora Bth. 207.
spenneroides Bth. 207.
Thonneri Cogn. 207.
Dioclea H. B. et K. 149.
reflexa H. f. 149.
Diodia L. 286.
breviseta Bth. 286.
foliosa W. et P. 286.
maritima Thonn. 286.
scabra S. et T. 287.
scandens Sw. 286.
senensis Kl. 287.
serrulata K. Sch. 286.

Dioscorea L. 558.
acarophyta D. W. 558.
alata Willd. 559.
apiculata D. W. 559.
Beccariana Martelli, 559.
Costermansiana D. W. 559.
Demeusei D. W. et T. D. 559.
dumetorum Pax, 559.
Liebrechtsiana D. W. 559.
macroura Harms, 560.
minutiflora Engl. 560.
odoratissima Pax. 560.
pentaphylla A. Rich. 559.
praehensilis Bth. 560.
— v. minutiflora Bak. 560.
Preussii Pax, 560.
pterocaulon D. W. et T.D. 560.
Quartiniana A. Rich. 559.
sativa L. 560.
Schimperiana Hochst. 561.
— v. vestita Pax, 561.
Schlechteri Harms, 561.
smilacifolia D. W. et T. D. 561.
Thonneri D. W. et T.D. 561.
triphylla A. Rich. 559.
Verdickii D. W 561.
DIOSCOREACEAE. 558.
Dioscoreophyllum Engl. 25.
strigosum Engl. 25.
Diospyros L. 323.
incarnata Guerke, 323.
Loureiriana G.Don, 323.
— v. heterotricha Welw. 323.
mespiliformis Hochst. 323.
mombuttensis Guerke, 323.
Dipcadi Medic. 569.
Mechowii Engl. 569.
Thollonianum Hua, 569.
Diphaca cochinchinensis Lour. 138.
Diplorhynchus Welw. 339.
angolensis Bth. 339.
angolensis Britten, 339.
mossambicensis Bth. 339.
Poggei K. Sch. 339.
Welwitschii Rolfe, 339.
Dipodium umbellatum O. K. 432.
Diporidium Schweinfurthianum V. Tgh. 86.

Diporochna membranacea V. Tgh. 86.
DIPSACEAE, 288.
Dipteracanthus patulus Nees, 419.
DIPTEROCARPACEAE, 47.
Dipterotheca Kotschyi Sz-Bip. 306.
Disa Berg. 536.
aurantiaca R. f. 536.
erubescens Rendle, 536.
katangensis D. W. 537.
Leopoldi Krzl. 536, 537.
ochrostachya Rchb. f. 536, 537.
Verdickii D. W. 537.
Walleri Rchb. f. 537.
Welwitschii R. f. 537.
Dischistocalyx pubescens Lindau, 424.
Disperis Sw. 538.
aphylla Krzl. 538.
Dissotis Bth. 208.
aquatica D. W. 208.
Autraniana Cogn. 208.
Brazzaei Cogn. 208.
capitata H. f. 208.
— v. Vogelii H. f. 208.
cordata Gilg, 209.
cornifolia H. f. 209.
debilis Triana, 209.
decumbens Triana, 209.
— v. minor Cogn. 209.
falcipila Gilg, 210.
Gilgiana D. W. 210.
Gilletii D. W. 210.
gracilis Cogn. 210.
Hensii Cogn. 210.
incana Triana, 211.
Irvingiana Hook. 211.
laevis H. f. 210.
lanceolata Cogn. 209.
macrocarpa Gilg, 211.
multiflora Triana, 211.
phaeotricha Triana, 211.
plumosa H. f. 212.
prostrata Triana, 212.
rotundifolia Triana, 211.
Schweinfurthii Gilg, 212.
segregata Bth. 212, 654.
Sereti D. W. 212.
Thollonii Cogn. 212.
Verdickii D. W. 213.
villosa Engl. 209.
villosa H. f. 211.
Dolichandrone Fenzl, 410.
lutea Bth. 410.
tomentosa Bth. 410, 716.
Dolicholus calycinus Hiern, 157.
caribaeus Hiern, 157.

Dolicholus Memnonia, Hiern, 158.
minimus Hiern, 159.
Dolichos L. 156.
biflorus L. 156.
bulbosus L. 155.
Catjang L. 153.
dubius D. W. 156.
esculentus D W. 156.
Gululu D. W. 156.
Hendrickxii D. W. 156.
Katali D. W. 156.
Lablab L. 156.
obovatus S. et T. 149.
obtusifolius Lam. 149.
ovalifolius S. et T. 149.
pseudopachyrhizus Harms, 156.
pteropus Bak. 142.
serpens D. W. 156.
sinensis L. 153.
splendens Welw. 156.
stenocarpa Hochst. 154.
trinervis D. W. 157.
Verdickii D. W. 157.
Dombeya Cav. 64.
Goetzenii K. Sch. 64.[1]
katangensis D. W. et T.D. 64.
Kindtiana D. W. et T. D. 64.
myriantha K. Sch. 64.
niangaraensis D. W. 64.
Sereti D. W. 64.
Donax arillata K. Sch. 547.
azurea K. Sch. 545.
congensis K.Sch. 548.
cuspidata Bak. 548.
filipes K. Sch. 548.
Schweinfurthiana K. Sch. 548.
Dorstenia L. 502.
Debeerstii D. W. et T.D. 502.
Gilletii D. W. 502.
kameruniana Engl. 503.
Klainei Pierre, 502.
Laurentii D. W. 502.
Lujae D. W. 502.
lukafuensis D. W. 502.
mogandjensis D. W. 502, 656.
Poggei Engl. 503.
Psilurus Welw. 503.
scabra Engl. 503.
scaphigera Bur. 503.
Verdickii D. W. et T.D. 503, 656.
yambuyaensis D. W. 503.
Dracaena L. 564.
arborea Lk, 564.
Aubryana Ad. Brongn. 567.
Buettneri Engl. 564.

Dracaena
Burkeana *Pl.* 564.
Butayei *D. W.* 564.
capitulifera *D. W. et T. D.* 565.
congensis *Engl.* 565.
fragrans *Ker*, 565.
Gentilii *D. W.* 565.
Godseffiana Hort. 566.
hirsuta Thunb. 575.
Lacourtii Hort. 566.
Kindtiana *D. W.* 565.
Laurentii *D. W.* 565.
laxissima *Engl.* 565.
Lindeni *Hort.* 565.
nitens Welw. 566.
Oddoni *D. W.* 565.
Poggei *Engl.* 566.
— *v.* elongata *D. W.* 566.
reflexa *Lam.* 566.
— *v.* Buchneri *Engl.* 566
— *v.* nitens *Bak.* 566.
rubro-aurantiaca *D. W.* 566.
spicata Roxb. 567.
— *v.* aurantiaca Bak. 567.
surculosa *Ldl.* 566.
thalioides *Ch. Morr.* 567.
ueleensis *D. W.* 567.
usambarensis *Engl.* 567.
— *v.* longifolia *D. W.* 567.
Dregea *E. Mey.* 366.
rubicunda *K. Sch.* 366.
Drepanocarpus *G. Mey.* 163.
lunatus *G. Mey.* 163.
Drimia altissima Ker. 570.
Drimiopsis *Ldl.* 571.
Barteri *Bak.* 571.
Droogmansia *D.* W. 141.
longipedicellata D.W. 141.
megalantha *D. W.* 141.
pteropus *D. W.* 142.
Stuhlmannii *D. W.* 142.
Drosera *L.* 193.
Burkeana *Pl.* 193.
indica *L.* 194.
DROSERACEAE, 193.
Drymaria *W.* 41.
cordata *W.* 41.
Dufourea alternifolia W. 465.
Dupuisia juglandifolia Rich. 115.
Duranta *L.* 436.
erecta *L.* 436.
Plumieri Jacq. 436.
Duvernoya *E. Mey.* 431.
Dewevrei *D. W. et T.D.* 431.

Duvernoya
extensa *Lindau*, 655.
haplostachya *Lindau*, 431.
Verdickii *D. W.* 431.
Dyschoriste *Nees*, 418.
Perrottetii *O. K.* 418.
Verdickii *D. W.* 419.
verticillaris *Cl.* 419.

E

EBENACEAE, 323.
Ecastaphyllum *P. Br.* 163.
Brownei *Pers.* 163.
Monetaria *Pers.* 163.
pachycarpum *D. W. et T.D.* 163.
Echinochloa Crus-galli P. B. 631.
Echinodorus *L. C. Rich.* 593.
humilis *Buchen.* 593.
Echinolaena polystachya H. B. et K. 634.
Echinolytrum dipsaceum Desv. 617.
Echinops *L.* 313.
Korobori *D. W.* 313.
Sereti *D. W.* 313.
Eclipta *L.* 305.
africana DC. 307.
alba *Hassk.* 305.
caulirhiza DC. 307.
erecta *L.* 305.
filicaulis S. et T. 307.
Ecliptica alba O. K. 305.
Ectadiopsis *Bth.* 356.
Buettneri *K. Sch.* 356.
scandens *K. Sch.* 356.
Ectinocladus Benthami Baill. 351.
Edwardia Afzelii O. K. 61.
lurida Raf. 61.
Egassea Laurentii D. W. 67.
laurifolia Pierre, 67.
Pierreana D.W. 68.
Ehretia *L.* 377.
abyssinica *R. Br.* 377.
Guerkeana *D. W.* 378.
longistyla *D. W. et T.D.* 378.
Eichornia *Kth*, 573.
natans *Solms*, 573, 656.
Elaeis *Jacq.* 586.
guineensis *L.* 586.
Eleocharis *R. Br.* 612.
atropurpurea *Kth*, 612.
capitata *R. Br.* 613.
Chartaeia *R.* et *S.* 613.
fistulosa *Schult.* 613.
Elephantopus *L.* 297.
multisetus *O. Hoffm.* 297.

Elephantopus
scaber *L* 297.
Eleusine *Gaertn.* 644.
Coracana *Gaertn.* 644.
cruciata Lam. 644.
indica *Gaertn.* 644.
Luco Welw. 644.
textilis Welw. 644.
Eleutherine *Herb.* 553.
plicata *Herb.* 553.
Elionurus *H. et B.* 623.
argenteus *Nees*, 623.
argenteus T.D. et Schinz, 623.
Hensii *K. Sch.* 623.
Elsholtzia *W.* 453.
Schimperi *Hochst.* 453.
Elytraria *Vahl*, 415.
crenata *Vahl*, 415.
marginata Vahl, 415.
Elytrophorus *P. B.* 645.
articulatus *P. B.* 645.
Embelia *Burm.* 319.
retusa Gilg. 319.
Emerus Sesban O. K. 137.
Emilia *Cass.* 311.
caespitosa *Oliv.* 311.
flammea Cass. 311.
graminea DC. 311.
integrifolia *Bak.* 311.
sagittata *DC.* 311.
sonchifolia *DC.* 311.
Emiliomarcelia *Th. et Hél. Dur.* 115.
Braunii *Th. et Hél. Dur.* 115.
congoensis *Th. et Hél. Dur.* 115.
Laurentii *Th. et Hél. Dur.* 115.
Oddoni *Th. et Hél. Dur.* 115.
Eminia *Taub.* 146.
Harmsiana *D. W.* 146.
Encephalartos *Lehm.* 649.
Laurentianus *D. W.* 649.
Leinarinelianus *D. W. et T.D.* 649.
Enhydra *Lour.* 305.
fluctuans *Lour.* 305.
Helon cha DC. 305.
longifolia DC. 305.
paludosa DC. 305.
Ensete edulis Horan. 550.
Entada *Adans.* 183.
abyssinica *St.* 183.
africana *G. et P.* 183.
scandens *Bth.* 184.
sudanica *Schw.* 184.
— *v.* pauciflora *D. W.* 184.
Entandrophragma *C. DC.* 93.
Candolleanum *D. W. et T.D.* 93.

Eragrostis *P. B.* 645.
atrovirens *Nees*, 645.
Brownei *P. B.* 646.
Chapellieri *Nees*, 646.
ciliaris *Lk*, 646.
fascicularis *Trin.* 646.
interrupta P. B. var.
   namaquensis T.D. et
   Schinz, 647.
major Host, 646.
megastachya Lk, 646.
multiflora *Aschers.* 646.
namaquensis *Nees*, 647.
nutans *Roxb.* 647.
owariensis St. 648
patens *Oliv.* 646, 647.
— v. congoensis *Franch.*
   647.
sabulicola *Pilg.* 647.
tremula *Hochst.* 647.
tubiformis *Hack.* 647.
verticillata *Roxb.* 647.
Eranthemum elegans R.
   et S. 421.
   Ludovicianum Buett.
   428.
   nigritanum T. And. 429.
Eremospatha *W.* et *M.*
   585.
   Cabrae *D. W.* 585.
   cuspidata *Wendl.* 585.
   Haullevilleana *D. W.*
   585.
   Hookeri *Wendl.* 585.
ERICACEAE, 319.
Ericinella *Kl.* 319.
   Mannii *H. f.* 319.
Erigeron aegyptiacum L.
   300.
   stipitatum Sch. et Th.
   301.
Eriobotrya japonica Ldl.
   192
Eriocaulon radicans Bth.
   594.
ERIOCAULONACEAE,
   593.
Eriocoelum *H. f.* 112.
   macrospermum *Gilg*,
   112.
   microspermum *Rdlk.*
   112.
   paniculatum *Bak.* 653.
Eriodendron anfractuo-
   sum DC. 60.
Eriosema DC. 159.
   affinis *D. W.* 159.
   cajanoides *H. f.* 159.
   elongatum Baill. 160.
   Gilletii *D. W.* et *T.D.*
   159.
   glomerata Baill. 159.
   glomeratum *H. f.* 159.
   — v. elongatum *Bak.*
   160.
   — f. microphyllum *D.
   W.* 160.

Eriosema
   griseum *Bak.* 160.
   hodlophylla Bak. 146.
   Laurentii *D. W.* 160.
   parviflorum *E. Mey.*
   160.
   psoraleoides G.Don,159.
   pulcherrimum *Taub.*
   160.
   sericeum *Bak.* 160.
   tuberosum *Hochst.* 161.
   Verdickii *D. W.* 161.
Erythrina *L.* 147.
   abyssinica *Lam.* 147,
   653.
   Droogmansiana *D. W.*
   et *T. D.* 147.
   Gilletii *D. W.* 147.
   huillensis *Welw.* 148.
   Sereti *D. W.* 148.
   suberifera *Welw.* 148.
   tomentosa R. Br. 147.
Erythrocephalum *Bth.*
   315.
   erectum *Klatt*, 315.
Erythrococca *Bth.* 491.
   aculeata *Bth.* 491.
Erythrophleum *Afz.*
   182.
   guineense *Don*, 182.
   ordale Bolle, 182.
Erythropyxis *Pierre.*67.
   Eetveldeana D. W. et *T.
   D.* 67.
Erythroxylon *L.* 76.
   Coca *Lam.* 76.
Ethulia *L.* 289.
   conyzoides *L.* 289.
   gracilis DC. 289.
Euadenia *Oliv.* 33.
   afimensis *Hua*, 33.
   trifoliata *B.* et *H. f.* 33.
Eucalyptus *L'Hér.* 206.
   globulus L'Hér. 204.
   robusta Sm. 204.
   viminalis Lab. 204.
Euclaste *Franch.* 649.
   graminea *Franch.* 649.
Euclea *L.* 323.
   divinorum *Hiern*, 323.
   katangensis *D. W.* 323.
Eugenia *L.* 202.
   calophylloides *D.C.*202.
   caryophylloides Bth.
   202.
   cordata Laws. 203.
   Demeusei *D. W.* 202.
   — f. lukolelaensis *D. W.*
   202.
   Dewevrei *D. W.* et *T.D.*
   202.
   guineensis Hiern, 203.
   Jambos *L.* 202.
   Jambosa Elliott, 202.
   Laurentii *Engl.* 202.
   Michelii Lam. 203.
   owariensis P. B. 203.

Eugenia
   uniflora *L.* 203.
Eulophia *R. Br.* 518.
   antennisepala Schlt.
   521.
   arenaria Bolus, 521.
   Bieleri *D. W.* 518.
   congoensis *Cogn.* 518.
   cyrtosioides *Schlt.* 518.
   dilecta Schltr, 521.
   flavo-purpurea Rolfe,
   526.
   gigantea N. E. Br. 521.
   gracilis *Ldl.* 518.
   gracilis D.W. 519.
   graciliscapa *Schltr*, 519.
   guineensis *Ldl.* 519.
   Laurentiana *Krzl.* 519.
   Ledieni Stein, 521.
   Leopoldi *Krzl.* 519.
   Lindleyana Schltr, 522.
   Lubbersiana *Ém. Laur.*
   519.
   Lujaeana *Krzl.* 519.
   lurida *Ldl.* 519.
   — v. latifolia D. W. 520.
   maculata Auct. 521.
   porphyroglossa Bolus,
   522.
   pyrophila Schltr, 523.
   Smithii *Rolfe*, 520.
   speciosa *Rolfe*, 520.
   Tanganyikae *Krzl.* 520.
   Walleri *Krzl.* 520.
   Welwitschii *Rolfe*, 520.
Eulophidium *Pfitz.* 520.
   Ledieni *D. W.* 520.
Eupatorium L. 298.
   africanum *O.* et *H.* 298.
   scandens L. 298.
Euphorbia *L.* 477.
   Candelabrum*Trém.* 655.
   cyparissioides *Pax*, 477.
   decumbens *Forsk.* 477.
   graminea *Jacq.* 477.
   Grantii *Oliv.* 477.
   Hermentiana *Ch Lem.*
   477.
   hypericifolia *L.* 477.
   indica Lam. 477.
   Laurentii *D. W.* 478.
   pilulifera *L.* 478.
   Poggei *Pax*, 478.
   prostrata *Ait.* 478.
   Quintasii *Pax*, 478.
   Sapini *D. W.* 478.
   Sereti *D. W.* 478.
   splendens *Boj.* 478.
   thymifolia *Burm.* 479.
   Tirucalli *L.* 479.
   tumbaensis *D. W.* 479.
   Verdickii *D. W.* 479.

EUPHORBIACEAE, 476.
Euxolus caudatus Moq.
   458.
   viridis Moq. 458.

Evolvulus L. 379.
alsinoides
— v. *erectus* Schw. 380.
— v. procumbens *Schw.* 379.
— v. *strictus* Kl. 380.
hederaceus Burm. 382.
heterophyllus Lab. 380.
linifolius L. 380.
Exacum L. 374.
quinquenervium *Griseb.* 374.
Excoecaria Manniana M.-A. 500.
oblongifolia M.-A. 500.
Exochaenium *Griseb.* 373.
chionanthum *Schinz,* 373.
debile Welw. 374.
Gentilii D. W. 373.
Teuszii *Schinz,* 374.
Wildemanianum *Gilg,* 374.
Exomicrum Cabrae V. Tgh. 87.
coriaceum V. Tgh. 87.
densiflorum V. Tgh. 87.
Dewevrei V. Tgh. 87.
pellucidum V. Tgh. 88.
Exostemma capitatum Spreng. 472.

F

Fabricia nummularifolia O. K. 145.
rugosa O. K. 145.
Fadogia *Schw.* 270.
ancylantha *Schw.* 270.
Butayei *D. W.* 270.
Cienkowskii *Schw.* 270.
fuchsioides *Welw.* 271.
lactiflora *Welw.* 271.
tomentosa *D. W.* 271.
Verdickii D. W. et *T.D.* 271.
Fagara L. 81.
Gilletii D. W. 81.
Laurentii D. W. 81.
macrophylla *Engl.* 81.
— v. Preussii *Engl.* 81.
pilosiuscula *Engl.* 81.
Poggei *Engl.* 81.
Welwitschii *Engl.* 81.
Faroa *Welw.* 375.
affinis *D. W.* 375.
paradoxa *Gilg,* 375
salutaris *Welw.* 375.
Faurea *Harv.* 470.
saligna *Harv.* 470.
Feretia *Del.* 264.
apodanthera *Del.* 264, 654.
Ferolia Mobola O. K. 191.
Ferreola guineensis S. et T. 323.

Feuillaea pedata Sm. 226.
Feuillaea Lebbek O. K 188.
Sassa O. K. 188.
versicolor O. K. 188
Zygia O. K. 187.
FICOIDACEAE, 236.
Ficus L. 504.
ardisioides *Warb.* 504.
artocarpoides *Warb.*504.
Bubu *Warb.* 504.
Cabrae *Warb.* 504.
capensis *Thunb.* 504.
— v. pubescens *Warb.* 505.
chlamydodora *Warb.* 504.
congensis *Engl.* 504.
corylifolia *Warb.* 504.
— v. glabrescens *Warb.* 505.
crassicosta *Warb.* 505.
cyathistipula *Warb.* 505.
Demeusei *Warb.* 505.
Dewevrei *Warb.* 505.
Dreypondtiana *Gent.* 656.
Dusenii *Warb.* 505.
erubescens *Warb.* 505.
exasperata *Vahl,* 505.
furcata *Warb.* 505.
Gilletii *Warb.* 505.
inkasuensis *Warb.* 506.
kimuenzensis *Warb.* 506.
kisantuensis *Warb.* 506.
Laurentii *Warb.* 506.
Lingua *Warb.* 506.
megalodisca *Warb.* 506.
megaphylla *Warb.* 506.
— v. glabra *Warb.* 506.
monbuttuensis *Warb.* 506.
Munsae *Warb.* 506.
Nekbudu *Warb.* 507.
niamniamensis *Warb.* 507.
octomelifolia *Warb.* 507.
pachypleura *Warb.* 507.
paludicola *Warb.* 507.
persicaefolia *Warb.* 507.
— v. angustifolia *Warb.* 507.
— v. glabripes *Warb.* 507.
platyphylla *Delile,* 507.
polybractea *Warb.* 507.
Preussii *Warb.* 508.
pubicosta *Warb.* 508.
punctifera *Warb.* 508.
Rokko *Warb.* et *Schw.* 508.
scolopophora *Warb.*508.
stellulata *Warb.* 508.

Ficus
stellulata v. glabrescens *Warb.* 508.
subcalcarata *Warb.* et *Schw.* 508.
syringaefolia *Warb.*508.
syringaefolia Warb. 507.
triangularis *Warb.* 509.
Vallis-Choudae *Delile,* 509.
variifolia *Warb.* 509.
villosipes *Warb.* 509.
Wildemaniana *Warb.* 509.
xiphophora *Warb.* 509.
Fillaea suaveolens G. et P. 182.
Fillaeopsis *Harms,* 184.
discophora *Harms,* 184.
Fimbristylis *Vahl,* 613.
abortiva Steud. 613.
andongense Cl. 613.
autumnalis Boeck. 616.
barbata Bth. 614.
cardiocarpa Ridl. 614.
Cioniana *P. Savi,* 616.
complanata *Lk,* 616.
complanata Retz. v. splendida Cl. 618.
dichotoma *Vahl,* 616.
diphylla *Vahl,* 616.
dipsacea *Bth.* 616.
exilis R. et S. 617.
— v. levinux Cl. 616.
ferruginea *Vahl,* 617.
Hensii *Cl.* 617.
hispida *Kth.* 617.
hispidula Kth, v. *Lioniana* Boeck. 616.
laniceps K. Sch. 615.
Lioniana Steud. 616.
monostachya *Hassk.*617.
obtusifolia *Kth,* 617.
pusilla A. Rich. 615.
quinquangularis *Kth,* 618.
scabrida *Schum.* 618.
splendida *Cl.* 618.
squarrosa *Vahl,* 618.
Flabellaria *Cav.* 77.
paniculata *Cav.* 77.
Flagellaria L. 538.
guineensis S. et T. 538.
indica Thoms. 538.
FLAGELLARIACEAE, 538.
Fleurya *Gaud.* 511.
aestuans *Gaud.* 511.
interrupta *Gaud.* 511.
podocarpa *Wedd.* 511.
Floscopa *Lour.* 582.
africana *Cl.* 582.
glomerata *Hassk.* 582.
rivularis *Cl.* 583.
— v. minor *Cl.* 583.

Floscopa
Schweinfurthii *Cl.* 583.
Flueggea *Willd.* 483.
microcarpa Blume, 484.
obovata *Wall.* 483.
Fockea *Endl.* 366.
multiflora *K. Sch.* 366.
Schinzii *N. E. Br.* 366.
Fuirena *Rottb.* 619.
chlorocarpa *Ridl.* 619.
umbellata *Rottb.* 619.
Funtumia *Stapf,* 349.
africana *Stapf,* 350.
elastica *Stapf,* 349.
Gilletii *D. W.* 350.
latifolia *Stapf,* 350.

G

Gabunia *K. Sch.* 343.
eglandulosa *Stapf,* 343.
Gentilii D.W. 343.
Gaertnera *Lam.* 373.
paniculata *Bth.* 373.
plagiocalyx *K. Sch.* 373.
Galium *L.* 288.
stenophyllum *Bak.* 288.
— v. longifolium *D. W.*
et *T.D.* 288.
Gambeya africana Pierre,
320.
Garcinia *L.* 46.
Giadidi *D. W.* 46.
Gilletii *D. W.* 46.
Livingstonei T. And. 47.
longeacuminata *Engl.*
46, 651.
lualabensis *Engl.* 46,
651.
Mannii *Oliv.* 46.
ovalifolia *Oliv.* 47.
Pierreana *D. W.* 47.
polyantha T.D. et Sch.
47.
punctata *Oliv.* 47.
Pynaertii *D. W.* 47.
Sereti *D. W.* 47.
Gardenia *L.* 261.
acuminata G. Don, 258.
bignoniiflora Welw.
262.
calycina G. Don, 262.
coccinea G. Don, 248.
crinita Afz. 254.
Jovis-tonantis ' *Hiern,*
261.
Leopoldiana *D. W.* et *T.
D.* 261.
pulchella G. Don, 254.
Sereti *D.* W. 261.
Sherbourniae Hook. 262.
speciosa A. Rich. 259.
Stanleyana Hook. 259.
Thunbergia *Auct.* 261.
Vogelii *H. f.* 261.

Geissaspis *W. et A.* 140.
bifoliolata *M. Mich.* 140.
Descampsii *D. W.* et *T.
D.* 141.
Geissorhiza *Ker,* 552.
Briartii *D. W.* et *T.D.*
552.
Geniosporum *Wall.* 443
congoense *Guerke,* 443.
scabridum *Briq.* 444.
GENTIANACEAE, 373.
Genyorchis *Schltr,* 517.
pumila *Schltr,* 517.
Geophila *D. Don,* 283.
Aschersoniana *Buett.*
283.
hirsuta *Bth.* 283.
—v. brevifolia *D. W.* 283.
— v. hirsutissima *D. W.*
283.
— v. stricta *D. W.* 284.
involucrata *Schw.* 284,
654.
obvallata *F. Didr.* 284.
renaris *D. W.* et *T.D.*
284.
reniformis *D. Don,* 284.
GERANIACEAE, 78.
Geranium *L.* 78.
aculeolatum *Oliv.* 78.
Gerardia Dregeana
Hochst. 405.
Gerbera *Gronov.* 315.
piloselloides *Cav.* 315.
GESNERACEAE, 408.
Giesekia *L.* 237.
Miltus *Fenzl,* 237.
pharnaceoides *L.* 237.
Gigalobium abyssinicum
Hiern, 183.
Giganthemum scandens
Welw. 169.
Gilletiella *D. W.* et *T.D.*
413.
congolana *D. W.* et *T.
D.* 413.
Girardinia *Gaud.* 512.
condensata *Wedd.* 512.
— v. adoensis *Engl.* 513.
Gladiolus *L.* 553.
angolensis Welw. 553.
Arnoldianus *D. W.* et *T.
D.* 553.
brevicaulis *Bak.* 553.
corneus *Oliv.* 553.
Quartinianus A. Rich.
553.
Verdickii *D. W.* et *T.
D.* 553.
Glinus lotoides Loefl. 236.
mozambicensis Spreng.
237.
Spergula Steud. 236.
Gloriosa *L.* 572.
simplex *L.* 572.
superba *L.* 572.

Gloriosa
virescens Ldl. 572.
Glycine *L.* 146.
Gilletii *D. W.* 146.
holophylla *Taub.* 146.
javanica *L.* 147.
— f. glabrescens *Buett.*
147.
kisantuensis *D. W.* 147.
memnonia Del. 158.
micrantha Hochst. 147.
moniliformis Hochst.
147.
rufa S. et T. 159.
Glyphaea *H. f.* 74.
grewioides *H. f.* 74.
Monteiroi H. f. 74.
Gnaphalium *L.* 303.
argyrosphaerum Sz-B.
303.
luteo-album *L.* 303.
nudifolium L. 304.
GNETACEAE, 649.
Gnetum *L.* 649.
africanum *Welw.* 649.
Gnidia *L.* 470.
apiculata *Gilg,* 470.
Butayei *D. W.* 470.
flava Ldl, 471.
involucrata St. v.*apiculata* Oliv. 470.
katangensis *Gilg,* 471.
Oliveriana *Engl.* et *Gilg,*
471.
Poggei *Gilg,* 471.
rubro-cincta *Gilg,* 471.
Gomphia *affinis* H. f. 86.
flava S. et T. 89.
reticulata P. B. 89.
Gomphocarpus *R. Br.*
359.
abyssinicus Decne, 360.
affinis D.W. 362.
amoenus *K. Sch.* 359.
bissacculatus Oliv. 360.
Buchwaldii Schltr, 362.
congolensis D.W. 362.
cristatus *Decne,* 359.
dependens *K. Sch.* 359.
Dewevrei D.W. 362.
erectus *D.W.* 362.
foliosus *K. Sch.* 359.
fruticosus *R. Br.* 359.
katangensis D.W. 362.
lineolatus *Decne,* 360.
paluster *K. Sch.* 359, 360.
roseus *K. Sch.* 360.
semiamplectens *K. Sch.*
360.
tomentosus *Burch.* 360.
Gomphrena *L.* 461.
globosa *L.* 461.
sessilis L. 460.
vermicularis L. 461.
Gonatopus *H. f.* 588.
Boivini *H. f.* 588.

Gonatopus
Boivini v. angustifolio latus *Th.* et *Hél. Dur.* 588.
Gongronema latifolium Bth. 365.
Gossypium *L.* 58.
arborescens L. 58.
arboreum *L.* 58.
barbadense *L.* 58.
hirsutum *L.* 58.
punctatum S. et T. 58.
Gouania *Jacq.* 104.
longipetala *Hemsl.* 104, 652.
Sereti *D. W.* 104.
GRAMINACEAE, 621.
Grangea *Adans.* 299.
maderaspatana *Poir.* 299.
Sphaeranthus C. Koch, 299.
Gratiola parviflora Roxb. 400.
Grewia *L.* 68.
africana *Mast.* 68.
barombiensis *K. Sch.* 68.
batangensis *C. H. Wright*, 68.
carpinifolia *Juss.* 68.
coriacea *Mast.* 68.
floribunda *Mast.* 69.
— v. latifolia *D. W.* 69.
Laurentii *D. W.* 69.
malacocarpoides *D. W.* 69.
mollis *Juss.* 69.
occidentalis *L.* 69.
pinnatifida *Mast.* 69.
Sereti *D. W.* 69.
tetragastris *R. Br.* 69.
venusta *Fresen.* 69.
— v. angustifolia *K. Sch.* 70.
Grewiella *O. K.* 70.
Dewevrei *Th.* et *Hél. Dur.* 70.
— v. subintegrifolia *Th.* et *Hél. Dur.* 70.
globosa *Th.* et *Hél. Dur.* 70.
Grewiopsis Dewevrei D. W. et T.D. 70.
— v. *subintegrifolia* D. W. et T.D. 70.
globosa D.W. et T.D. 70.
Griffonia speciosa Taub. 175.
Grumilea *Gaertn.* 280.
moninensis *Hiern*, 280.
psychotrioides *DC.* 280.
venosa *Hiern*, 280.
Guarea *L.* 92.
Laurentii *D. W.* 92.
Guerkea gracillima K. Sch. 353.

Guerkea laxiflora D.W. et T.D. 353.
Schumanniana D.W. et T.D. 353.
uropetala K. Sch. 353.
Guilandina Bonduc Ait. 170.
Moringa L. 116.
GUTTIFERACEAE, 45.
Guyonia *Naud.* 205.
intermedia *Cogn.* 205.
Gymnema *R. Br.* 364.
geminatum Hiern, 365.
rufescens Decne, 365.
subvolubile *Decne*, 364.
sylvestre *R. Br.* 364.
Gymnosporia *W.* et *A.* 100.
Gilletii *D. W.* et *T.D.* 100.
senegalensis *Loes.* 100.
— v. inermis *Loes.* 100.
Gymnotrix uniseta Nees, 639.
Gynandropsis pentaphylla DC. 29.
Gynura *Cass.* 310.
cernua *Bth.* 310.
— v. coerulea D. W. et T.D. 310.
coerulea O. Hoffm. 310.
crepidioides *Bth.* 310.
vitellina *Bth.* 310.

H

Habenaria *Willd.* 534.
Debeerstiana *Krzl.* 534.
Guingangae *R. f.* 534.
Haullevilleana *D. W.* 534.
ichneumonea *Ldl.* 534.
Kitondo *D. W.* 535.
Laurentii *D. W.* 535.
macrura *Krzl.* 535.
Poggeana *Krzl.* 535.
procera *Ldl.* 535.
zambesina *R. f.* 535.
Haemanthus *L.* 556.
angolensis *Welw.* 556.
Arnoldianus *D. W.* et *T. D.* 556.
Cabrae *D. W.* et *T.D.* 556.
cinnabarinus *Decne*, 556.
diadema *L. Linden*, 556.
Eetveldeanus *D. W.* et *T.D.* 557.
Kalbreyeri Bak. 557.
Lescrauwaetii *D. W.* 557.
Lindeni *N. E. Br.* 557.
multiflorus *Martyn*, 557.
toxicarius Thunb. 557.
HAEMODORACEAE, 551
Halimum mesembryanthemoides Hiern, 236.

Halleria *L.* 398.
lucida *L.* 398.
Halopegia *K. Sch.* 545.
azurea *K. Sch.* 545.
Hannoa *Pl.* 83.
gabonensis *Pierre*, 83.
Hardwickia *Roxb.* 181.
Mannii *Oliv.* 181.
Hariota *Adans.* 235.
parasitica *O. K.* 235.
Haronga *Thou.* 45.
madagascariensis Choisy, 45.
paniculata *Lodd.* 45, 651.
Harongana paniculata Pers. 45.
Harveya *Hook.* 401.
Thonneri *D. W.* et *T.D.* 401.
Hasskarlia *Baill.* 491.
didymostemon *Baill.* 491.
Hecastaphyllum Brownei Benth. 163.
Hedyotis Bojeri Vatke, 244.
caffra St. 244.
capensis Lam. 245.
corymbosa Vatke, 245.
decumbens Hochst. 246.
dichotoma A. Rich. 246.
herbacea L. 246.
lancifolia S. et T. 246.
macrophylla Leprieur et Perr. 244.
pentandra S. et T. 244 et 247.
sabulosa DC. 245.
setifera Sond. 244.
Hedysarum deltoideum S. et T. 143.
fruticulosum S. et T. 143.
granulatum S. et T. 144.
nummularifolium L. 145.
pictum Jacq. 145.
triflorum L. 144.
vaginale L. 145.
Heeria *Meissn.* 115.
abyssinica *O. K.* 115.
— v. lanceolata *Th.* et *Hél. Dur.* 116.
— v. latifolia *Engl.* 116.
pulcherrima *O. K.* 116.
Heinsia *DC.* 254.
densiflora *Hiern*, 254.
— v. occidentalis *D. W.* 254.
jasminiflora DC. 254.
pulchella *K. Sch.* 254.
— v. hispidissima *K. Sch.* 254.

Heinsia
pulchella v. phyllocalyx
K. Sch. 254.
Heisteria L. 96.
parvifolia Sm. 96.
Heleocharis atropurpurea
Koch, 612.
capitata Boeck. 613.
Chaetaria Boeck. 613.
fistulosa Boeck. 613.
Helianthus L. 306.
annuus L. 306.
Helichrysum Gaertn.
303.
argyrosphaerum DC.
303.
auriculatum Less. 303.
fulgidum W. 303.
geminatum Klatt, 303.
Mechowianum Klatt,
304.
nudifolium Less. 304.
pachyrhizum Harv. 304.
panduratum O. Hoffm.
304.
subglomeratum Less.
304.
undatum Less. 304.
Heliophytum indicum
DC. 378.
Heliotropium L. 378.
coromandelianum Retz.
378.
indicum L. 378.
katangense Guerke,
378.
ovalifolium Forsk. 378.
Helmia dumetorum Kth,
559.
Herderia Cass. 297.
lancifolia O. Hoffm. 297.
stellulifera Bth. 297.
Herminiera G. et P.138.
Elaphroxylon G. et P.
138.
Herpestis calycina Bth.
399.
Monnieria T.D. et Sch.
401.
Heteranthera R. et P.
656
Kotschyana Fenzl, 656.
Heteropteris Kth, 76.
africana A. Juss. 76.
Smeathmanni DC. 77.
Heterotis capitata Bth.
209.
cornifolia Bth. 209.
plumosa Bth. 212.
prostrata Bth. 212.
segregata Bth. 212.
Hevea brasiliensis M.-A.
488.
Hewittia W. et A. 381.
bicolor Walk.-Arn. 381.
sublobata O. K. 381.

Hexalobus A. DC. 20.
crispiflorus Auct. 20.
grandiflorus Bth. 20,
651.
Hibiscus L. 53.
Abelmoschus L. 53.
calycinus W. 53.
calycosus A. Rich. 53.
calyphyllus Cav. 53.
cannabinus L. 53.
clandestinus Cav. 55.
congener S. et T. 53.
Cornetii D.W. et T. D.
57.
crassinervis Mast. 54.
crassinervius Hochst.54.
Debeerstii D. W. et T.D.
54.
digitatus Cav. 56.
diversifolius Jacq. 54.
Eetveldeanus D. W. et
T. D. 54.
esculentus L. 54.
ferrugineus Cav. 55.
fuscus Garcke, 55.
Gilletii D. W. 55.
gossypinus Thunb. 55.
Grantii Mast. 52.
Guerkeanus Hochreut.
55.
hastatus Cav. 55.
lancibracteatus D. W. et
T. D. 55.
Liebrechtsianus D. W.
et T. D. 55.
Masuianus D. W. et T.
D. 55.
micranthus L. 55.
owariensis P. B. 53.
panduriformis Burm.56.
physaloides G. et P. 56.
populneus L. 58.
radiatus Cav. 53.
rhodanthus Guerke, 56.
rostellatus G. et P. 56.
Sabdariffa L. 56.
strigosus S. et T. 57.
submonospermus Hoch-
reut. 57.
surattensis L. 57.
— v. furcatus Hochreut.
54.
— v. rostellatus Hoch-
reut. 56.
tiliaceus L. 57.
triumfettifolius S. et T.
53.
verrucosus G. et P. 53.
versicolor S. et T. 55.
vitifolius L. 57.
Welwitschii Hiern, 57.
Hilleria elastica Vell. 462.
Hippocratea L. 101.
apiculata Welw. 101.
bipindensis Loes. 101.
Bruneelii D.W. 101.

Hippocratea
clematides Loes. 101.
cymosa D. W et T.D.101.
indica Willd. 101.
isangiensis D. W. 102.
myriantha Oliv. 102.
obtusifolia Roxb. 102.
— v. Richardiana Loes.
102.
obtusifolia Schw.v. ob-
tusifolia Loes. 101.
Poggei Loes. 102.
Pynaertii D. W. 102.
Richardiana Camb.102.
velutina Afz. 102.
Verdickii D.W. 103.
HIPPOCRATEACEAE,
100.
Hoehnelia Schw. 289.
vernonioides Schw. 289.
Holalafia Stapf, 352.
multiflora Stapf, 352.
Holarrhena R. Br. 345.
africana A. DC. 346.
africana Wulfsb. 346.
congolensis Stapf, 345.
febrifuga Kl. 345.
— f. grandiflora Stapf,
346.
floribunda T. D. et
Sch. 346.
Wulfsbergii Stapf, 346.
Holcus halepensis L. 627.
spicatus L. 638.
Holosteum cordatum L.
41.
Homalium Jacq. 219.
Abdessammadii D.W.
221.
Abdessammadii D.W.
et T.D. 220.
africanum Bth. 219.
bullatum Gilg, 220.
Dewevrei D. W. et T.D.
220.
ealaense D. W. 220.
Gentilii D. W. 220.
Gilletii D. W. 220.
— v. sessile D. W. 220.
Laurentii D. W. 220.
molle Stapf, 220.
setulosum Gilg, 220.
stipulaceum Welw. 221.
Wildemanianum Gilg,
221.
Honckenya W. 73.
ficifolia W. 73.
Hoslundia Vahl, 447.
opposita Vahl, v. verti-
cillata Bak. 447.
verticillata Vahl, 447.
Hua Pierre, 66.
Gabonii Pierre, 66.
Hugonia L. 75.
obtusifolia C. H. Wright,
75.

Hugonia
platysepala *Welw.* 75, 652.
reticulata *Engl.* 75.
— f. longifolia *Engl.* 75.
villosa *Engl.* 75.
Hunteria ambiens K. Sch. 338.
pycnantha Hall. f. 338.
Hybophrynium *K. Sch.* 546.
Braunianum *K. Sch.* 546.
— v. violaceum *D. W.* et *T.D.* 546.
Hydranthelium *H. B.* et *K.* 401.
egense *Poepp.* 401.
HYDROCHARITA-
CEAE, 514.
Hydrocotyle *L.* 237.
asiatica *L.* 237.
Hydrolea *L.* 377.
glabra S. et T. 377.
guineensis *Choisy*, 377.
HYDROPHYLLEA-
CEAE, 377.
Hydrosme *Schott*, 589.
Eichleri *Engl.* 589.
Leopoldiana *Mast.* 589, 657.
Teuszii *Engl.* 589.
Hydrostachys *Thou.* 466.
Bismarckii *Engl.* 466.
Hygrophila *R. Br.* 416.
ciliata *Burkill*, 416.
Gilletii *D. W.* 416.
glandulosa Lindau, 419.
katangensis *D. W.* 416.
Lindaviana *Burkill*,416.
longifolia Nees, 416.
spinosa *T. And.* 416.
Hymenocallis *Salisb.* 558.
littoralis Salisb. 558.
senegambica *Kth* et *Bouché*, 558.
Hymenocardia *Wall.* 486.
acida *Tul.* 486, 655.
Heudelotii *M.-A.* 487.
mollis *Pax*, 487.
— v. glabra *Pax*, 487.
Poggei *Pax*, 487.
ulmoides *Oliv.* 487, 655.
Hymenodyctyon *Wall.* 241.
fimbriolatum *K. Sch.* 241.
Hypaelyptum argenteum Vahl, 619.
pulcherrimum K. Sch. 619.
Hyperanthera Moringa Vahl, 116.
HYPERICACEAE, 43.

Hypericophyllum compo-sitarum Steetz, 309.
Hypericum *L.* 43.
lanceolatum *Lam.* 43.
Quartinianum *A. Rich.* 44.
Hyphaene *Gaertn.* 586.
guineensis *S.* et *T.* 586.
ventricosa *Kirk*, 586.
Hypoestes *R. Br.* 433.
callicoma S. Moore, 433.
cancellata *Nees*, 433.
latifolia *Hochst.* 433.
mollis T. And. 434.
verticillaris *R. Br.* 433.
Hypolytrum *Rich.* 620.
africanum *Nees*, 620.
congense *Cl.* 620.
nemorum *P. B.* 620.
Hypoxis *L.* 554.
angustifolia *Lam.* 554.
Hyptis *Jacq.* 451.
brevipes *Poit.* 451, 453.
— v. elongata *D. W.* et *T. D.* 451.
pectinata *Poit.* 452.
spicigera *Lam.* 452.

I

Icacina *A. Juss.* 99.
Guessfeldtii *Aschers.* 99.
Mannii *Oliv.* 99.
Ilysanthes *Raf.* 400.
parviflora *Bth.* 400.
Impatiens *L.* 79.
bicolor *H. f.* 79.
— v. brevifolia *Warb.* 79.
Briartii *D. W.* et *T.D* 79.
Declercqii *D. W.* 79.
Eminii *Warb.* 79.
— v. lanceolata *Warb.* 79.
hians *H. f.* 79.
— f. glabra *D. W.* 79.
Irvingii *H. f.* 79.
katangensis *D. W.* 80.
Kerckhoveana *D. W.* 80.
Kirkii *H. f.* 80.
mayombensis *D. W.* 80.
refracta *D. W.* 80.
Sereti *D. W.* 80.
— f. etentaculifera *D. W.* 80.
Thonneri *D. W.* et *T. D.* 80.
Verdickii *D. W.* 80.
Imperata *Cyr.* 621.
arundinacea Cyr. 621.
— v. *Thunbergii* Rendle, 621.
cylindrica *P. B.* 621.
— v. Thunbergii *Hack.* 621.
Thunbergii P. B. 621.

Indigofera *L.* 127.
astragalina *DC.* 127.
Binderi *Kotschy*, 127.
Butayei *D. W.* 127.
capitata *Kotschy*, 127.
congesta *Welw.* 127.
congolensis *D. W.* et *T. D.* 127.
Dewevrei *M. Mich.* 127.
Dupuisii *M. Mich.* 128.
endecaphylla *Jacq.* 128.
erythrogramma *Welw.* 128.
erythrogrammoides *D. W.* 128.
Garckeana *Vatke*, 128.
Gilletii *D. W.* et *T.D.* 129.
glutinosa S. et T. 130.
Heudelotii *Bth.* 129.
hirsuta *L.* 129.
kisantuensis *D. W.* et *T.D.* 129.
moeroensis *D. W.* 129.
oligosperma DC. 130.
paucifolia *DC.* 129.
Poggei Taub. 126.
polysperma *D. W.* et *T. D.* 129.
polysphaera Bak. 128.
procera *S.* et *T.* 129.
Schimperi *Jaub.* 130.
scopa *D. W.* et *T.D.* 130.
secundiflora *Poir.* 130.
tetraptera *Taub.* 130.
tetrasperma *S.* et *T.* 130.
trita *L.* 130.
variabilis *D. W.* 131.
Intsia africana O. K. 177.
cuanzensis Welw. 178.
Inula *L.* 304.
Engleriana *O. Hoffm.* 304.
Klingii *O. Hoffm.* 305.
Poggeana *O. Hoffm.* 304.
Iodes *Bl.* 100.
africana *Welw.* 100.
Laurentii *D. W.* 100.
Ionidium *Vent.* 33.
enneaspermum *Vent.* 33.
— v. thesiifolium *D. W.* et *T. D.* 33.
thesiifolium DC. 33.
Ipomoea *L.* 384.
amoena *Choisy*, 384.
angustifolia Jacq. 382.
aquatica Forsk. 389.
asclepiadea *Hallier f.* 384.
Barteri *Bak.* 384.
— v. subsericea *Hallier f.* 384.
Batatas *Poir.* 385.

Ipomoea
beraviensis Vatke, 391.
biloba Forsk. 389
bona-nox L. 390.
Brasseuriana *D. W.* 385.
cairica *Sweet*, 385
chryseides Ker, 382.
chrysochaetia *Hallier f.* 385.
Dammeriana *D. W.* 386.
Debeerstii *D. W.* 386.
digitata L. 389.
elythrocephala *Hallier f.* 386.
eriocarpa R. Br. 386.
fimbriosepala *Choisy*, 386.
fragilis Choisy, 390.
fulvicaulis *Boiss.* 386.
— v. depauperata *Hallier f.* 386.
Gilletii *D. W.* et *T. D.* 386.
hederacea Jacq. 388.
hispida *R. et S.* 386.
hypoxantha Hallier f. 386.
involucrata *P. B.* 387.
kentrocarpa Hochst. 388.
kentrocarpa *Hochst.* 387.
lasiophylla *Hallier f.* 387.
lilacina *Bl.* 387.
littoralis *Boiss.* 387.
lukafueusis *D. W.* 388.
martinicensis Jacq. 381.
micrantha *Hallier f.* 388.
— v. hispida *Hallier f.* 388.
Nil *Roth*, 388.
ochracea *G. Don*, 388.
ophthalmantha *Hallier f.* 388.
owariensis P. B. 384.
oxyphylla Bak. 387.
palmata Forsk. 385.
paniculata *R. Br.* 389.
— v. indivisa *Hallier f.* 389.
pentaphylla L. 383.
pes-caprae *Roth*, 389.
pes-draconis Choisy, 383.
polytricha Bak. 385.
Quamoclit L. 390.
recta *D. W.* 389.
reptans *Poir.* 389.
shirensis Oliv. 381.
Smithii Bak. 386.
stipulacea Jacq. 385.
stolonifera Gmel. 386.
Stuhlmannii Dammer, 387.
tenuis *E. Mey.* 390.
velatipes *Welw.* 390.

Ipomoea
Verdickii D.W. 390.
vesiculosa P. B. 385.
Iresine L. 461.
vermicularis *Moq.* 461.
IRIDACEAE, 552.
Irvingia *H. f.* 83.
Barteri *H. f.* 83.
Smithii *H. f.* 84.
Isachne *R. Br.* 629.
albens *Trin.* 629.
australis *R. Br.* 629.
Buettneri *Hack.* 629.
Isnardia prostrata O. K. 219.
Isolepis capillaris Roem. 614.
obtusifolia P. B. 618.
puberula St. 615.
trifida Kth. 614.
Isolona *Engl.* et *Diels*,23.
congolana *Engl.* et *Diels*, 23.
Dewevrei *Engl.* et *Diels*, 23.
pilosa *Diels.* 23.
Thonneri *Engl.* et *Diels*, 23.
Isonema *R. Br.* 349.
infundibuliflorum *Stapf*, 349.
Ixora L. 273.
coccinea L. 273.
enosmia *K. Sch.* 273.
Laurentii *D. W.* 273.
longipedunculata *D. W.* 273.
— v. Dewevrei *D. W.* 273.
nitida S. et T. 274.
odorata *H. f.* 273.
radiata *Hiern*, 273.
— v. latifolia *D. W.* 273.
Sereti *D. W.* 274.
Soyauxii *Hiern*, 274.

J

Jacquemontia *Choisy*, 381.
capitata *G. Don*, 381.
Jambosa owariensis DC. 203.
vulgaris DC. 202.
Jardinea gabonensis Steud. 623.
Jasminonerium dulce O. K. 337.
edule O. K. 337.
Jasminum L. 324.
dichotomum *Vahl*, 324.
guineense G. Don, 324.
noctiflorum Afz. 324.
Schweinfurthii *Gilg*, 324.
ternum Kth. 324.

Jasminum
Verdickii *D. W.* 324.
Jateorhiza strigosa Miers, 24.
Jatropha *L.* 488.
Curcas *L.* 488.
Manihot L. 490.
multifida *L.* 489.
Jaumea *Pers.* 309.
compositarum *B.* et *H. f.* 309.
congensis *O. Hoffm.* 309.
Josepha augusta Vell. 455.
Juncellus *Cl.* 596.
laevigatus *Cl.* 596.
pustulatus *Cl.* 597.
Jussieua *L.* 218.
acuminata Bth. 218.
diffusa Forsk. 219.
linifolia *Vahl*, 218.
pilosa *Kth.* 218.
repens *L.* 218.
suffruticosa *L.* 219.
villosa Lam. 219.
Justicia *L.* 429.
Anselliana *T. And.* 429.
Betonica L. 431.
bicalyculata Vahl, 433.
brunelloides Lam. 416.
calcarata Hochst. 430.
cancellata W. 433.
elegans P. B. 421.
Emini *Lindau*, 429.
extensa T. And. 431, 655.
gangetica L. 428.
Garckeana *Buett.* 429.
insularis *T. And.* 429.
Karschiana Buett. 429.
matammensis *Oliv.* 430.
opaca Vahl, 426.
palustris *T. And.* 430.
Paxiana *Lindau*, 430.
Poggei *Lindau*, 430.
Rostellaria *Lindau*, 430.
tenella *T. And.* 430.
umbellata Vahl, 432.
Verdickii D.W. 431.
verticillaris L. f. 434.

K

Kaempferia *L.* 539.
aethiopica *Bth.* 539.
Dewevrei *D. W.* et *T.D.* 539.
pallida *D. W.* 539.
pleiantha *K. Sch.* 539.
Kalaharia spinescens Guerke, 440.
spinipes Baill. 440.
Kalanchoe *Adans.* 193.
coccinea *Welw.* 193.
— v. subsessilis *Britten*, 193.
Cuisini *D. W.* et *T.D.* 193.

Kalanchoe
glandulosa *Hochst.* 193.
— v. benguelensis *Engl.*
193.
Kickxia africana Stapf,
350.
congolana D.W. 350.
elastica Preuss, 349.
Gilletii D.W. 350.
latifolia Stapf, 350.
Kigelia *DC.* 411.
aethiopica *Decne,* 411.
africana *Bth.* 412.
Kiggelaria paniculata
Sch. 189.
Kirkia *Oliv.* 84.
acuminata *Oliv.* 84.
— v. cordata *D. W.* 84.
Klainedoxa *Pierre,* 84.
gabonensis *Pierre,* 84.
— v. oblongifolia *Engl.*
84.
Kleinia *L.* 313.
fulgens *H. f.* 313.
Kniphofia *Salisb.* 564.
dubia *D. W.* 564.
Kohautia setifera DC.
244.
Kosteletzkya *Presl,* 52.
Buettneri *Guerke,* 52.
Grantii *Garcke,* 52.
Kyllinga umbellata Rottb.
599.
Kyllingia *Rottb.* 610.
albiceps *Cl,* 610.
aromatica Ridl. 610.
aurata Nees, 610.
brevifolia *Rottb,* 610.
bulbosa P. B. 612.
capitata *P. B.* 611.
elatior *Kth,* 610.
erecta *Schumach.* 610.
— v. Soyauxii *Cl.* 610.
Filicula *Cl.* 611.
macrocephala A. Rich.
610.
melanosperma*Nees,*611.
Naumanniana Boeck.
611.
nigritana *Cl.* 611.
peruviana *Lam.* 611.
planiceps Cl. 611.
polyphylla *W.* 611.
pumila *Mckx,* 611.
— v. *Filicula* Cl. 611.
— v. rigidula *Cl.* 611,
657.
pungens *Lk,* 612.
rigidula St. 611.
Soyauxii Boeck. 610.
sphaerocephala *Boeck.*
612.
squamulata *Thonn.* 612.
teres *Cl.* 612.
triceps *Rottb.* 612.
triceps Lam. 620,

L

LABIATACEAE, 442.
Lactuca *L.* 316.
Cabrae *D. W.* 316.
capensis *Thunb.* 316.
— v. duruensis *D. W.*
316.
Gilletii *D. W.* 316.
longispicata *D. W.* 316.
Sereti *D. W.* 316.
taraxacifolia *S.* et *T.* 316.
tricostata *D. W.* 316.
Verdickii *D. W.* 316.
Lagarosiphon *Harv.*
514.
Schweinfurthii *Casp.*
514.
Lagenaria *Ser.* 227.
angolensis Naud. 226.
sphaerica E. Mey. 229.
vulgaris *Ser.* 227.
Laggera *Sz-B.* 301.
alata *Sz-B.* 301.
brevipes *O.* et *H.* 301.
oblonga *O.* et *H.* 302
pterodonta *Sz-B.* 302.
purpurascens Sz-B. 302.
Lagurus cylindricus L.
621.
Lamprodithyros gracilis
K. et P. 580.
rivularis Hassk. 583.
Landolphia *P. B.* 325.
comorensis K. Sch. 327.
— var. *florida* K. Sch.
326.
Dewevrei *Stapf,* 325.
Droogmansiana *D. W.*
326.
Dubreucqiana *D. W.*
326.
florida Bth. 326.
florida H. f. 327.
— v. leiantha *Oliv.* 327.
Gentilii *D. W.* 327.
Heudelotii Schltr, 329.
humilis *K.* Sch. 327.
Kirkii Dyer v. *owariensis* D.W. et T.D. 331.
Klainei *Pierre,* 328.
Laurentii D.W. 325.
— v. *grandiflora*
D.W. 325.
Lecomtei *A. Dew.* 328.
lucida *K. Sch.* 328.
Mannii D.W. et T. D.
330.
ochracea *K. Sch.* 328.
— v. breviflora *D. W.*
328.
ochracea D.W. 329.
owariensis *P. B.* 327,
329.
owariensis A. Dew. 328.

Landolphia
owariensis v. *parvifolia*
Hallier f. 331.
Petersiana Dyer, 330.
Petersiana *Jumelle,* 330.
— v. *mucronata* A.
Dew. 330.
Preussii K. Sch. 333.
robusta *Stapf,* 330.
scandens *F. Didr.* 330.
— v. *coriacea* Hallier
f. 330.
— v. *genuina* Hallier
f. 330.
Thollonii *A. Dew.* 330.
Welwitschii *Dyer,* 330
Lankesteria *Ldl.* 420.
Barteri *H. f.* 420.
batangana Lindau, 422.
elegans *T. And.* 420.
Lannea *A. Rich.* 114.
velutina *A. Rich.* 114.
Welwitschii *Engl.* 114.
Lantana *L.* 434.
aculeata L. 434.
Camara *L.* 434.
salvifolia *Jacq.* 434.
scabrida Ait. 434.
Lapeyrousia*Pourr.*552.
erythrantha *Bak.* 552.
Lasianthus *Jack,* 285.
tortistilus *K. Sch.* 285.
Lasiomorpha Afzelii
Schott, 589.
senegalensis Engl. 589.
*Lasiosiphon Oliveri*Vatke,
471.
Launaea Cabrae D.W.
316.
LAURACEAE, 469.
Lavalleopsis *V. Tiegh.*
97.
longifolia *D. W.* et *T. D.*
97.
Lawsonia *L.* 218.
alba Lam. 218.
inermis *L.* 218.
Leea *L.* 109.
guineensis *G. Don,* 109,
652.
sambucina S. et T. 109.
Leersia *Sw.* 640.
hexandra *Sw.* 640.
Lefeburea benguelensis
Welw. 238.
Lefeburia *A. Rich.* 238.
benguelensis *Welw.* 238.
LEGUMINOSACEAE,
122.
Leiocarpodicraea
Engl. 466.
quangensis *Engl.* 466.
Leioptyx *Pierre,* 93.
congoensis *Pierre,* 93.
Leiphaimos *Ch.* et
Schltd. 375.

Leiphaimos
primuloides *Gilg*, 375.
Lemna *L.* 592.
aequinoctialis *Welw.*
592.
angolensis Welw. 592.
polyrrhiza L. 592.
LEMNACEAE, 592.
LENTIBULARIACEAE,
406.
Leonotis *R. Br.* 452.
africana *Th.* et *Hél.*
Dur. 452.
Leonurus *R. Br.* 453.
— v. vestita *Briq.* 453.
nepetaefolia *R. Br.* 453.
pallida Bth. 452.
Lepidagathis *Willd*
427.
Laurentii *D. W.* 427,
655.
Lindauiana *D. W.* 427.
Lepistemon *Bl.* 384.
africanum Oliv. 384.
owariense *Hall. f.* 384.
Leptactinia *H. f.* 256.
Arnoldiana *D. W.* 256.
formosa *K. Sch.* 256.
Laurentiana *A. Dew.*
256.
Leopoldi II *Buett.* 257.
Liebrechtsiana *D. W.* et
T.D. 257.
Pynaertii *D. W.* 257.
Sereti *D. W.* 257.
surongaensis *D. W.* 257.
Leptaspis *R. Br.* 639.
cochleata *Thw.* 639.
conchifera Hack. 639.
Leptaulus *Bth.* 98.
daphnoides *Bth.* 98, 652.
Leptochloa *P. B.* 645.
coerulescens *St.* 645.
Laurentii *D. W.* 645.
verticillata Kth, 647.
Leptonychia *Turcz.* 66.
chrysocarpa *K. Sch.* 66.
multiflora *K. Sch.* 66,
652.
Leucadendron angolensis
Hiern, 470.
Leucas *R. Br.* 453.
Descampsii *Briq.* 453.
Poggeana *Briq.* 453.
Leucorhaphis Lamium
Nees, 417.
Liebrechtsia esculenta
D.W. 151.
katangensis D.W. 151.
scabra D.W. 152.
Lightfootia *L'Hér.* 318.
napiformis *A. DC.* 318.
LILIACEAE, 561.
Limnanthemum *Gmel.*
376.
indicum *Griseb.* 376.

Limnophyton *Miq.* 593.
obtusifolium *Miq.* 593.
Limodorum luridum
Pers. 520.
Limonia *L.* 81.
Demeusei *D. W.* 81.
Lacouriana *D. W.* 82.
Poggei *Engl.* 82.
— v. latialata *D. W.* 82.
Schweinfurthii *Engl.*82.
LINACEAE, 75.
Lindackeria *Presl*, 37.
cuneato-acuminata
Gilg, 37.
dentata *Gilg*, 37, 651.
Poggei *Gilg*, 38, 651.
Schweinfurthii *Gilg*, 38.
Lindernia diffusa Wettst.
400.
latibracteata Engl. 399.
Linociera *Sw.* 324.
nilotica *Oliv.* 324.
Linum *L.* 76.
usitatissimum *L.* 76.
Liparis *L. C. Rich.* 515.
guineensis *Ldl.* 515.
Lipocarpha *R. Br.* 619.
argentea R. Br. 619.
pulcherrima *Ridl.* 619.
senegalensis *Th.* et *Hél.*
Dur. 619.
sphacelata Kth, 620.
triceps *Nees*, 620.
Lipotriche Brownei DC.
307.
Lippia *L.* 434.
adoensis *Hochst.* 434.
asperifolia *Rich.* 435.
Burtonii *Bak.* 435.
nodiflora *Mchx*, 435.
Lissochilus *R. Br.* 521.
antennisepalus *R. f.*
521.
arenarius *Ldl.* 521.
dilectus *R. f.* 521.
elatus *Rolfe*, 521.
giganteus *Welw.* 521.
Horsfallii *Bat.* 522.
katangensis *D. W.* 522.
Leopoldi *Krzl.* 522.
Lindleyanus *R. f.* 522.
longifolius D.W. 522.
porphyroglossus *R. f.*
522.
purpuratus *Ldl.* 522.
pyrophilus *Rchb.* 523.
roseus *Ldl.* 523.
seleensis *D. W.* 523.
stylites *R. f.* 523.
Listrostachys *Rchb. f.*
528
Althoffii *T. D.* et *Sch.*
528.
ashantensis *R. f.* 529.
biloba Krzl. 527.

Listrostachys
capitata *R. f.* 529.
caudata *R. f.* 529.
Chailluana *R. f.* 529.
Dewevrei *D. W.* 529.
Droogmansiana *D. W.*
529.
Durandiana *Krzl.* 530.
falcata *D. W.* 530.
Gentilii *D. W.* 530.
ichneumonea *Rchb. f.*
530.
Kindtiana D.W. 527.
linearifolia *D. W.* 530.
Margaritae *D. W.* 530.
Monteirae *R. f.* 530.
pellucida *R. f.* 530.
Pynaertii *D. W.* 531.
subulata *R. f.* 531.
Thonneriana *Krzl.* 531.
vesicata *R. f.* 531.
Littonia *Hook.* 572.
grandiflora *D. W.* et *T.*
D. 572.
Lindeni *Bak.* 573.
Lobelia *L.* 317.
fervens *Thunb.* 317.
Gilletii *D. W.* 318.
LOBELIACEAE, 317.
Lochnera *Rchb.* 341.
rosea *Rchb.* 341.
LOGANIACEAE, 367.
Lonchocarpus *H. B.* et
K. 164.
affinis *D. W.* 164.
Barteri *Bth.* 164.
comosus *M. Mich.* 165.
Dewevrei M. Mich. 136.
dubius *D. W.* 165.
Eetveldeanus *M. Mich.*
165.
Heudelotianus Baill.
165.
katangensis *D. W.* 165.
Laurentii *D. W.* 165.
sericeus *H. B.* et *K.* 165.
subulidentatus *Buett.*
165.
Teuszii Buett. 135, 165,
653.
Lophira *Banks*, 48.
alata *Banks*, 48.
LORANTHACEAE, 472.
Loranthus *L.* 472.
alatus *D. W.* 472.
Albizziae *D. W.* 472.
Buchneri *Engl.* 472.
Butayei *D. W.* 472.
capitatus *Engl.* 472.
— var. latifolius *Engl.*
472.
constrictiflorus *Engl.*
472.
Cornetii *A. Dew.* 473.
crassicaulis *Engl.* 473.
Demeusei *Engl.* 473.

Loranthus
Descampsii *Engl.* 473.
discolor *Engl.* 473.
Durandi *Engl.* 473.
elongatus *D. W.* 473.
irebuensis *D. W.* 474.
Kimuenzae *D. W.* 474.
kisantuensis *D. W.* et *T.D.* 474.
Laurentii *Engl.* 474.
Lujaei *D. W.* et *T.D.* 474. .
luluensis *Engl.* 474.
mangheensis *D. W.* 474.
mayombensis *D. W.* 474.
micrantherus *Engl.* 474.
nigrescens *D. W.* et *T. D.* 474.
ogowensis *Engl.* 475.
Poggei *Engl.* 475.
polygonifolius *Engl.* 475.
Pungu *D. W.* 475.
rubiginosus *D. W.* 475.
— v. grandiflorus *D. W.* 475.
Thonneri *Engl.* 475.
Lovoa *Harms,* 93.
Pynaertii *D. W.* 93.
trichilioides *Harms,* 94.
Ludwigia *L.* 219.
prostrata *Roxb.* 219.
Luffa *L.* 229.
aegyptiaca Mill. 229.
Batesii C. H. Wright, 227.
cylindrica *Roem.* 229.
pentandra Roxb. 229.
Lundia monacantha S. et T. 36.
Lychnodiscus *Radlk.* 111.
cerospermum *Radlk.* 111, 652.
Lycopersicum *Hill,* 395.
esculentum Mill. 395.
LYTHRACEAE, 217.

M

Maba *Forsk.* 323.
buxifolia *Pers.* 323.
guineensis A. DC. 323.
Macaranga *Thou.* 495.
angolensis *M.-A.* 495.
dibeleensis *D. W.* 495.
Gilletii *D. W.* 496.
Laurentii *D. W.* 496.
mollis *Pax,* 496.
monandra *M.-A.* 496.
Poggei *Pax,* 496.
Pynaertii *D. W.* 496.
rosea *Pax,* 496.
saccifera *Pax,* 496.
Schweinfurthii *Pax,* 496.

Macaranga
Zenkeri *Pax,* 497.
Maclura excelsa Bureau, 502.
Macrolobium *Schreb.* 175.
coeruleoides *D. W.* 175.
Dewevrei *D. W.* 175.
— f. fol. bijugis *D. W.* 176.
— f. fol. trijugis *D. W.* 176.
Gilletii *D. W.* 176.
Heudelotii *Pl.* 176.
Laurentii *D. W.* 176.
Palisoti *Bth.* 176.
Macrosiphon fistulosum Hochst. 404.
Maerua *Forsk.* 29.
angolensis *DC.* 29.
Aprevaliana *D. W.* et *T.D.* 30.
Descampsii *D. W.* 30.
Gilgiana *D. W.* 30.
Kassakalla *D. W.* 30.
Maesa *Forsk.* 319.
lanceolata *Forsk.* 319.
Maesobotrya *Bth.* 486.
Bertramiana *Buett.* 486.
hirtella *Pax,* 486.
Sapini *D. W.* 486.
— v. brevipetiolata *D. W.* 486.
Mafureira oleifera Bertol. 92.
Magnistipula *Engl.* 192.
Butayei *D. W.* 192.
Malabaila *Hoffm.* 238.
Kirungae *Engl.* 238.
Malachra *L.* 51.
capitata *L.* 51.
hispida G. et P. 51.
radiata *L.* 51.
Mallotus *Lour.* 495.
oppositifolius *M.-A.* 495.
subulatus *M.-A.* 495.
Malouetia *A. DC.* 351.
africana K. Sch. 351.
Heudelotii *A. DC.* 351.
MALPIGHIACEAE, 76.
MALVACEAE, 48.
Mamboga macrophylla Hiern, 240.
stipulosa O. K. 240.
Mangifera *L.* 113.
gabonensis A. Lec. 83.
indica *L.* 113.
Manihot *Adans.* 490.
Glaziovii *M.-A.* 490.
utilissima *Pohl,* 490.
Manisuris *L.* 622.
granularis *L. f.* 622.
polystachya P. B. 622.
Manniella *R. f.* 534.
Gustavi *R. f.* 534.
— v. picta *D. W.* 534.

Manniophyton *M.-A.* 489.
africanum *M.-A.* 489, 655.
fulvum *M.-A.* 489.
Manotes *Soland.* 119.
Aschersoniana *Gilg,* 119.
brevistyla *Gilg,* 120, 653.
Cabrae *D. W.* et *T.D.* 120.
Griffoniana *Baill.* 120.
Laurentii *D. W.* 120.
pruinosa *Pax,* 120.
sanguineo-arillata Gilg, 120.
Maprounea *Aubl.* 499.
africana *M-A.* 499, 656.
— v. obtusa *Pax,* 500.
Maranta *L.* 548.
arundinacea *L.* 548.
brachystachya Bth. 545.
Lujaeana L. Linden, 545.
MARANTACEAE, 544.
Mareya *Baill.* 494.
micrantha *M.-A.* 494.
Margaretta *Oliv.* 363.
Corneti *A. Dew.* 363.
— v. pallida *D. W.* 363.
Verdickii *D. W.* 363.
Mariscus *Vahl.* 597.
Dregeanus *Kth.* 597.
flabelliformis *H. B.* et *K.* 597.
flavus *Vahl,* 597.
— v. humilis *Cl.* 597.
ligularis *Th.* et *Hel. Dur.* 597.
luridus *Cl.* 598.
nossibeensis *St.* 598.
pseudo-pilosus *Cl.* 598.
— v. tenuior *Cl.* 598.
rufus H. B. et K. 597.
Sieberianus *Nees,* 598.
— v. subcompositus *Cl.* 598.
trinervis *Cl.* 598.
umbellatus *Vahl,* 598.
Markhamia *Seem.* 410.
lanata *K. Sch.* 410, 411.
lutea *K. Sch.* 410.
paucifoliolata *D. W.* 410.
tomentosa *K. Sch.* 410, 655, 716.
— v. acuminata *D. W.* 411.
tomentose *D. W.* et *T. D.* 411.
tomentose Hiern, 411.
sessilis *Sprague,* 411.
Verdickii *D. W.* 411.
Marsdenia *R. Br.* 365.
latifolia *Schlt.* 365.

Marsdenia
racemosa K. Sch. 365.
rubicunda N. E. Br. 366.
Marsea aegyptiaca Hiern, 300.
Mavia judicialis Bert. 182.
Mayepea *Aubl.* 324, 654.
luluensis *Engl.* 654.
nilotica Knobl. 324.
Mechowia *Schinz*, 459.
grandiflora *Schinz*, 459.
Medinilla *Gaud.* 215.
africana *Cogn.* 215.
Megabaria *Pierre*, 497.
Trillesii *Pierre*, 497.
Megaclinium *Ldl.* 517.
Arnoldianum *D. W.* 517.
congolanum Th. et Hél. Dur. 517.
congolense *D. W.* 517.
djumaense *D. W.* 517.
Gentili *D. W.* 517.
Gilletii *D. W.* 517.
Laurentianum *D. W.* 518.
maximum *Ldl.* 518.
minus *D.* W. 518.
purpureorachis *D. W.* 518.
Megastachya Brownei P. B. 646.
mucronata P. B. 648.
owariensis P. B. 648.
Meibomia adscendens O. K. 142.
gangetica O. K. 142.
lasiocarpa O. K. 143.
mauritiana O. K. 143.
megalantha Hiern, 141.
oxybractea O. K. 143.
paleacea O. K. 143.
polygonodes O. K. 144.
Stuhlmannii Hiern, 142.
Melanthera *Rohr*, 307.
Brownei *Sz.-B.* 307.
Melasma *Berg.* 401.
indicum *Weitst.* 401.
Melastoma capitatum Vahl, 209.
decumbens P. B. 210.
plumosum D. Don, 212.
prostratum S. et T. 212.
MÉLASTOMACÉAE, 204.
Melastomastrum erectum Naud. 209.
Melia *L.* 92.
angustifolia Sch. et Th. 92.
Azedarach *L.* 92.
MÉLIACÉAE, 91.
Mellera *S. Moore.* 418.
Briartii *D. W.* et *T.D.* 418.
lobulata *S. Moore*, 418.
submutica *Cl.* 418.

Mellera
submutica v. grandiflora *D. W.* 418.
Melochia *L.* 64.
corchorifolia *L.* 64.
melissifolia *Bth.* 65.
— v. bracteosa *K.Sch.*65.
— v. mollis *K. Sch.* 65.
Melothria *L.* 232.
capillacea *Cogn.* 232.
deltoidea *Bth.* 232.
maderaspatana *Cogn.* 232.
tridactyla *H. f.* 232.
triangularis Bth. 232.
Thwaitesii Schw. 232.
Memecylon *L.* 215.
Afzelii R. Br. 216.
Gilletii *D. W.* 215.
jasminoides *Gilg*, 215.
Laurentii *D. W.* 215.
leucocarpum *Gilg*, 215.
longicauda *Gilg*, 215.
Mannii *Hook. f.* 215.
membranifolium Hook. f. 215.
Mellenii Gilg, 216.
myrianthum *Gilg*, 216.
Poggei *Gilg*, 216.
polyanthemos *Hook. f.* 216.
— v. grandifolium *Cogn.* 216.
Pynaertii *D. W.* 216.
strychnoides *Bak.* 216.
tamifolium *Gilg*, 216.
Vogelii *Naud.* 216.
MÉNISPERMACÉAE, 24.
Mentha *L.* 452.
sylvestris *L.* 452.
Merremia *Dennst.* 382.
angustifolia *Hall.f.*382.
— v. ambigua *Hall. f.* 382.
convolvulacea Dennst. 382.
hastata Hall. f. 382.
hederacea *Hall. f.* 382.
pentaphylla *Hall. f.* 382.
pes-draconis *Hall. f.*383.
pterygocaulos *Hall. f.* 383.
— v. tomentosa *Hall. f.* 383.
Mesanthemum *Koern.* 593.
radicans *Koern.* 593.
*Methonica superba*Cr.572.
virescens Kth, 572.
Meyenia erecta Bth. 414.
Vogeliana Bth. 415.
Mezoneuron *Desf.* 170.
angolense *Welw.* 170.
Micranthus Hensii Lindau, 420.

Micranthus imbricatus O. K. 419.
longifolius Wendl. **419.**
obliquus O. K. 420.
Poggei Lindau, 420.
Microchloa *R. Br.* 642.
setacea *R. Br.* 642.
Micrococca *Bth.* 492.
Mercurialis *Bth.* 492.
Microdesmis *Pl.* 488.
puberula *H. f.* 488, 655.
Microglossa *DC.* 300.
angolensis *O. et H.* 300.
— f. fol. gr. dent. O. Hoffm. 300.
volubilis *DC.* 300.
Mikania *W.* 298.
chenopodiifolia W. 298.
scandens *W.* 298.
Milletia *W. et A.* 133.
Baptistarum *Buett.* 133.
breviflora *D. W.* 133.
brevistipellata *D. W.*133.
Cabrae *D. W.* 133.
congolensis *D. W. et T. D.* 133.
Demeusei *D. W.* 134.
drastica *Welw.* 134, 653.
dubia *D. W.* 134.
Duchesnei *D. W.* 134.
Gentilii *D. W.* 134.
Griffoniana Baill. 135.
Harmsiana *D. W.* 134.
— f. acuminata *D. W.* 134.
Laurentii *D. W.* 134.
macrophylla M. Mich. 134.
macroura *Harms*, 134.
Mannii *Bak.* 135.
Teuszii *D. W.* 135, 653.
Thonningii *Bak.* 135.
urophylloides *D. W.*135.
versicolor *Welw.* 135, 653.
Miltus africanus Lour. 237.
Mimosa *L.* 185.
asperata *L.* 185.
Farnesiana L. 186.
pudica *L.* 185.
MIMOSÉAE, 182.
Mimulus *L.* 398.
gracilis *R. Br.* 398.
Mimusops *L.* 322.
affinis *D. W.* 322.
congolensis *D. W.* 322.
cuneifolia *Bak.* 322.
ubangiensis *D. W.* 322.
Welwitschii *Engl.* 322.
— f. grandifolia *D. W.* 322.
Mirabilis *L.* 454.
Jalapa *L.* 454.
Mitracarpum *Zucc.* 287.
scabrum *Zucc.* 287, 654.

Mitracarpum
senegalense DC. 288.
verticillatum Vatke, 288.
Mitragyne Korth. 240.
africana Korth. 240.
macrophylla Hiern, 240.
Modecca abyssinica
　Hochst. 224.
cissampeloides Planch.
　225.
lobata Jacq. 224.
— v. elegans Mast. 224.
Mohlana Mart. 462.
latifolia Moq. 462.
Mollugo L. 236.
bellidifolia Ser. 236.
Glinus A. Rich. 236.
hirta Thunb. 236.
lotoides Cl. 236.
nudicaulis Lam. 236.
oppositifolia L. 236.
Spergula L. 236.
Momordica L. 228.
anthelmintica S. et T.
　228.
Charantia L. 228.
— v. abreviata Ser. 228.
cissoides Planch. 228.
cylindrica L. 229.
CogniauxianaD. W.228.
foetida S. et T. 228.
Gabonii Cogn. 229.
gracilis Cogn. 229.
guttata Pl. 228.
maculata Pl. 228.
Morkorra A. Rich. 228.
pterocarpa Hochst. 228.
Monadenium Pax, 476.
Descampsii Pax, 476.
Monanthotaxis Baill.
　20.
Poggei Engl. et Diels;
　20, 651.
— v. latifolia Engl. et
　Diels, 20.
Monelasmum densiflorum
　V. Tgh. 87.
Dewevrei V. Tgh. 87.
Dupuisii V. Tgh. 87.
laeve V. Tgh. 88.
laxiflorum V. Tgh. 88.
pellucidum V. Tgh. 88.
Poggei V. Tgh. 89.
Schweinfurthii V. Tgh.
　89.
Moniera calycina Hiern,
　399.
Monochoria Presl, 657.
africana N. E. Br. 657.
vaginalis Presl, v. afri-
　cana Solms, 657.
Monodora Dun. 24.
angolensis Welw. 24.
Cabrae D. W. et T.D.24.
congolana D.W. et T.
　D. 23.

Monodora
Dewevrei D.W. et T.D.
　23.
Durieuxii D. W. 24.
Myristica Dun. 24.
Thonneri D.W. et T.D.
　23.
Monotes africana A. DC.
　47.
— v. hypoleuca Hiern,
　48.
Moraea L. 552.
Arnoldiana D. W. 552.
kitambensis Bak. 552.
textilis Bak. 552.
Verdickii D. W. 552.
zambesiaca Bak. 552.
Morelia A. Rich. 261.
senegalensis A. Rich.
　261.
Morinda L. 279.
citrifolia L. 279.
— v. lucida Hiern, 279.
geminata DC. 282.
longiflora G. Don, 279.
lucida Bth. 279.
pterygosperma Gaertn.
　116.
quadrangularis G. Don,
　279.
Moringa Juss. 116.
oleifera Lam. 116.
MORINGACEAE, 116.
Morus excelsa Welw. 502.
Moschosma Rchb. 444.
polystachyum Bth. 444.
— v. stereocladum Briq.
　444.
Mostuea Fr. Didr. 367.
angolana Hiern, 368.
— v. Laurentii D.W.
　368.
Brunonis F. Didr. 367.
congolana Bak. 369.
densiflora Gilg. 367.
Duchesnei D. W. 367.
Gilletii D. W. 368.
hirsuta Bak. 654.
Lujaei D. W. et T.D.
　368.
penduliflora Gilg, 368.
Poggeana Bak. 369.
Schumanniana Gilg,
　368.
Taymansiana D. W. 368.
Motandra A. DC. 355.
guineensis A. DC. 355.
Lujaei D. W. et T.D.355.
Msuata O. Hoffm. 298.
Buettneri O. Hoffm. 298.
Mucuna Adans. 148.
flagellipes Vogel, 148.
Poggei Taub. 148.
pruriens DC. 148.
urens Medic. 149.
Muenteria lutea Seem.410.

Muenteria tomentosa
　Seem. 410, 411.
Mukia scabrella Arn.232.
Musa L. 550, 656.
Arnoldiana D. W. 550.
Ensete Gmel. 550.
Gilletii D. W. 550.
Laurentii D. W. 550.
paradisiaca L. subsp.
　sapientum O. K. 550.
sapientum L. 550.
— v. sanguinea Welw.
　550.
MUSACEAE, 550, 656.
Musanga R. Br. 511.
cecropioides R. Br. 511.
Smithii R. Br. 511.
Mussaenda L. 248.
arcuata Poir. 248.
deburu Stapf, 248.
discolor Thonn. 248.
elegans S. et T. 248, 654.
— v. minor. D. W. et
　T.D. 248.
erythrophylla Sch. et
　Th. 248.
heinsioides Hiern, 249.
hispida Engl. 249.
luteola Delile, 249.
phatyphylla Hiern, 249.
polita Hiern, 249.
splendida Welw. 249.
stenocarpa Hiern, 249.
— f. congensis Buett.
　250.
— v. latifolia D. W. et
　T.D. 250.
tenuiflora Bth. 250.
Myrianthus P. B. 510.
arborea P. B. 510, 656.
Myristica L. 469.
angolensis Welw. 469.
Kombo Baill. v. ango-
　lensis D.W. 469.
MYRISTICACEAE, 469.
MYRSINACEAE, 319.
Myrsiphyllum cristatum
　Hiern, 281.
nigropunctatum Hiern,
　282.
MYRTACEAE, 201.
Mystacidium Lindl.
　531.
congolense D. W. 531.
distichum Rth. 531.
— v. grandifolium D.
　W. 532.
erythropollinium T.D.
　et Schinz, 532.
infundibulare Rolfe,532.
— v. brevifolium D. W.
　532.
Laurentii D.W. 528.
xanthopollinium T.D. et
　Schinz, 533.

N

Napoleona angolensis P. B. 204.
  cuspidata Miers, 204.
  Heudelotii Juss. 204.
  imperialis P. B. 204.
  Mannii Miers, 204.
  Vogelii Pl. 204.
  Whitfieldii Decne, 204.
Napoleonaea *P. B.* 204.
  imperialis *P. B.* 204.
Nasturtium *R. Br.* 27.
  humifusum *G.* et *P.* 27.
Nathusia trichoclada O. K. 324.
Nauclea africana W. 240.
  africana Walp. 241.
  macrophylla Perr. et Lepr. 240.
  sambucina T. Wint. 240.
  stipulosa DC. 240.
Nelsonia *R. Br.* 416.
  brunelloides *O. K.* 416.
  campestris R. Br. 416.
  tomentosa Dietr. 416.
Nepeta pectinata L. 452.
Nephthytis *Schott*, 590.
  Afzelii *Schott*, 590.
  liberica N. E. Br. 591.
  picturata N. E. Br. 590.
Neurocarpaea purpurea Hiern, 242.
Neurotheca *Salisb.* 376.
  congolana *D. W.* et *T. D.* 376.
  densa *D. W.* 376.
  loeselioides *Bth.* 376.
  longidens *N. E. Br.* 376.
Newbouldia *Seem.* 409.
  laevis *Seem.* 409.
Nicoteba *Lindau*, 430.
  Betonica *Lindau*, 430.
Nicotiana *L.* 397.
  rustica *L.* 397.
  Tabacum *L.* 397.
  — v. brasiliensis *Comes*, 398.
  — v. *lancifolia* Comes, 398.
  — v. virginica *Anast.* 398.
  — v. *virginica* Comes, 398.
Nuxia *Lam.* 369.
  dentata *R. Br.* 369.
NYCTAGINACEAE, 454.
Nyctago Jalapa DC. 454.
Nymphaea *L.* 26.
  coerulea *Savign.* 26.
  — v. parviflora *H. f.* et *T.* 26.
  — v. versicolor. *H. f.* et *Thoms.* 26.
  guineensis S. et T. 26.
  Lotus *L.* 27.
  stellata W. 26.

Nymphaea
  versicolor Roxb. 26.
NYMPHAEACEAE, 26.

O

Ochna *Schreb.* 84.
  arenaria *D. W.* et *T.D.* 84.
  Buettneri *Engl.* 85.
  congoensis *Gilg.* 85.
  — v. microphylla *Gilg*, 85.
  Debeerstii *D. W.* 85.
  Gilletiana *Gilg*, 85.
  Hoffmanni-Ottonis *Engl.* 85.
  katangensis *D. W.* 85, 652.
  Laurentiana *Engl.* 85.
  membranacea *Oliv.* 86.
  membranacea T. D. et Sch. 85.
  pulchra *Hook.* 86.
  pulchra O. Hoffm. 85.
  quangensis *Buett.* 86.
  reticulata D.W. 89.
  Schweinfurthiana *Fr. Hoffm.* 86.
  Welwitschii *Rolfe*, 86.
  Wildemaniana Gilg, 85.
OCHNACEAE, 84.
Ochnella Debeerstii V. Tgh. 85.
  Schweinfurthiana V. Tgh. 86.
Ochrocarpus *Thou.* 47.
  africana *Oliv.* 47.
Ochthocosmus africanus D.W. et T.D. 76.
  congolensis D.W. et T. D. 76.
  Lemaireanus D.W. et T.D. 76.
Ocimum *L.* 442:
  canum *Sims*, 442.
  Descampsii *Briq.* 442.
  filamentosum *Forsk.* 443.
  glossophyllum *Briq.* 443.
  grandiflorum L'Hérit. 442.
  gratissimum *L.* 443.
  — v. macrophyllum *Briq.* 443.
  — v. mascarenarum *Briq.* 443.
  linearifolium *Briq.* 443.
  monostachyum *P. B.* 443.
  Poggeanum *Briq.* 443.
  polystachyum L. 444.
Octopleura loeselioides Spruce, 376.
Odina velutina Endl. 114.
OLACACEAE, 95.
Olax *L.* 97.
  Aschersoniana *Buett.* 97.
  Durandi *Engl.* 97.

Olax
  Gilletii *D. W.* 97.
  macrocalyx *Engl.* 97.
  obtusifolia *D. W.* 97.
  Poggei *Engl.* 97, 652.
  Pynaertii *D. W.* 97.
  viridis *Oliv.* 97.
Oldenlandia *L.* 244.
  angolensis *K. Sch.* 244.
  asperuliflora *K. Sch.* 244.
  Bojeri *Hiern*, 244.
  caffra *E.* et *Z.* 244.
  capensis *L. f.* 245.
  congensis *D. W.* et *T. D.* 245.
  corymbosa *L.* 245.
  Crepiniana *K. Sch.* 245.
  Debeerstii *D. W.* et *T. D.* 245.
  decumbens *Hiern*, 245.
  florifera *D. W.* 246.
  globosa *Hiern*, 246.
  herbacea *Roxb.* 246.
  herbacea DC. 245.
  Heynei Oliv. 246.
  kimuenzae *D. W.* 246.
  lancifolia *Schw.* 246.
  Laurentii *D. W.* 247.
  macrophylla DC. 244, 245, 716.
  microphylla *D. W.* et *T. D.* 247.
  moandensis *D. W.* 247.
  pictus *Bth.* 171.
OLEACEAE, 324.
Oligogynium libericum Engl. 591.
Oligostemon *Bth.* 171.
  pentandra DC. 247.
Olyra *L.* 639.
  brevifolia S. et T. 639.
  latifolia *L.* 639.
Omphacarpus africanus Hook. 68.
Omphalocarpum *P. B.* 321.
  bomanebense *D. W.* 321.
  Cabrae *D. W.* 321.
  Laurentii *D. W.* 321.
  saukuruense *D. W.* 321.
ONAGRARIACEAE, 218.
Oncinotis *Bth.* 354.
  glabrata *Stapf*, 354.
  glandulosa *Stapf*, 354, 654.
  hirta *Oliv.* 354.
  Jespersenii *D. W.* 354.
  tenuiloba *Stapf*, 354.
Oncoba *Forsk.* (s. str.) 36.
  Crepiniana D.W. et T. D. 36.
  Demeusei D.W. et T.D. 38.
  dentata Oliv. 37.
  — v. *cuneato-acuminata* D.W. 37.

Oncoba
glauca Pl. 37.
Laurentii D.W. et T.
D. 37.
Poggei Guerke, 38.
spinosa Forsk. 36.
— v. angolensis Oliv.
651.
Welwitschii Oliv. 37.
Oncocalamus M. et W.
585.
acanthocnemis Drude,
585.
Ongokea Pierre, 652.
Klaineana Pierre, 652.
Ophiocaulon H. f. 224.
apiculatum D. W. et T.
D. 224.
cissampeloides Mast.
225.
Dewevrei D. W. et T.D.
225.
lanceolatum Engl. 225.
Poggei Engl. 225.
reticulatum D. W. et T.
D. 225.
Oplismenus P. B. 636.
africanus P. B. 636.
compositus P. B. 636.
Crus-galli Dmrt. 631.
Opuntia L. 235.
vulgaris Mill. 235.
ORCHIDACEAE, 515.
Orchis ichneumonea Sw.
535.
procera Afz. 535.
Orelia grandiflora Aubl.
341.
Ormocarpum P. B. 138.
affine D. W. 138.
sennoides DC. 138.
sesamoides M.Mich.138.
Ormosia Jack. 169.
angolensis D.W. 169.
Brasseuriana D. W.169.
Ornithogalum L. 571.
altissimum L. 570.
caudatum Ait. 571.
giganteum Jacq. 570.
Orthosiphon Bth. 446.
adornatus Briq. 447.
— v. oblongifolius Briq.
447.
heterochrous Briq. 446.
iodocalyx Briq. 446.
Liebrechtsianus Briq.
446.
retinervis Briq. 447.
Welwitschii Rolfe, 447.
— v. oblongifolius Th.
et Hél. Dur. 447.
Oryza L. 640.
sativa L. 640.
— v. aristata D. W. 640.
— v. mutica D. W. 640.

Osbeckia L. 204.
albiflora Cogn. 204.
Antherotoma Naud.
208.
Brazzaei Cogn. 204.
congolensis Cogn. 205.
— v. robustior Cogn.
205.
Crepiniana Cogn. 205.
debilis Sond. 209.
drepanosepala Gilg, 205.
incana E. Mey. 211.
multiflora Sm. 211.
phaeotricha Hochst. 211.
rotundifolia Sm. 212.
zanzibarensis Naud.
212.
Osteospermum L. 313.
sonchifolium DC. 313.
— v. subpetiolatum
Harv. 313.
Ostryocarpus H. f. 164.
parvifolius M. Mich.164.
Welwitschii Bak. 653.
Otiophora Zucc. 285.
pulchella K. Sch. 285.
Otomeria Bth. 243.
dentata Hiern, 243.
dilatata Hiern, 243.
graciliflora K. Sch. 243.
guineensis Bth. 243.
lanceolata Hiern, 243.
madiensis Oliv. 243.
speciosa S. Elliot, 243.
Ottelia Pers. 514.
halogena D. W. et T.
D. 514, 656.
lancifolia A. Rich. 514.
— v. fluitans Ridl. 514.
Verdickii Guerke, 514.
Oubanguia Baill. 67.
laurifolia Pierre, 67.
Laurentii D. W. 67.
Pierreana D. W. 68.
Ouratea Aubl. 86.
affinis Engl. 86.
affinis D.W. et T.D. 87.
Arnoldiana D. W. et
T.D. 86.
bracteata Gilg, 87.
Cabrae Gilg, 87.
coriacea D. W. et T.D.
87.
densiflora D. W. et T.D.
87.
Dewevrei D. W. et T.D.
87.
Dupuisii Th. et Hél.
Dur. 87.
elongata Engl. 88.
febrifuga Engl. 88.
laevis D. W. et T.D. 88.
laxiflora D. W. et T.D.
88.
Ledermanniana Engl.
652.

Ouratea
leptoneura Gilg, 88.
longipes Th. et Hél.
Dur. 88.
myrioneura Gilg, 88.
pellucida D. W. et T.D.
88.
Poggei Gilg, 89.
pseudospicata Gilg, 89.
refracta D. W. et T.D 89.
reticulata Engl. 89. 652.
— v. andongensis Hiern,
89.
— v. Poggei Engl. 89.
— v. Schweinfurthii
Engl. 89.
subumbellata Gilg, 89.
Ourouparia africana
Baill. 241.
Ovieda erythrantha Kl.
552.
OXALIDACEAE, 78.
Oxalis L. 78.
Corneti A. Dew. 78.
corniculata L. 78, 652.
katagensis D. W. et
T.D. 78.
sensitiva L. 78.
Oxyanthus DC. 262.
dubius D. W. 262.
formosus H. f. 262.
formosus D.W. 262.
Laurentii D. W. 262.
sankuruensis D. W. 262.
Schumannianus D. W.
et T.D. 262.
Smithii Hiern, 263.
speciosus DC. 263, 654.
unilocularis Hiern, 263.
Ozoroa insignis Delile,
116.

P

Pachira aquatica Aubl.
59.
Pachylobus G. Don, 90.
edulis G. Don, 90.
— v. Mubafo Engl. 90.
edulis Hemsl. 90.
Saphu Engl. 90.
Pachyrhizus Rich. 155.
angulatus Rich. 155.
bulbosus Kurz, 155.
Pachystele Rdlk. 320.
cinerea Pierre, 320.
— v. cuneata Engl. 320,
654.
— v. undulata Engl. 321.
cuneata Rdlk. 320.
Pachystoma Thomsonia-
num Rchb. f. 517.
Pacouria crassifolia
Hiern, 330.
florida Hiern, 326.

Pacouria owariensis
Hiern, 329.
Paederia owariensis
Spreng, 329.
Palisota *Rchb.* 574.
acuminata *Cl.* 574.
ambigua *Cl.* 574.
Barteri *H. f.* 574.
congolana Hua, 575.
hirsuta *K. Sch.* 575.
Laurentii *D. W.* 575.
Mannii *Cl.* 575.
Preussiana *K. Sch.* 575.
prionostachys *Cl.* 575.
Pynaertii *D. W.* 576.
Schweinfurthii *Cl.* 576.
thyrsiflora Bth. 575.
PALMACEAE, 583.
Pancovia *W.* 112.
Harmsiana *Gilg*, 112.
PANDANACEAE, 587.
Pandanus *L. f.* 587.
Butayei *D. W.* 587.
Candelabrum *P. B.* 587.
Pandiaka *Moq.* 460.
Heudelotii *Bth.* 460.
Panicum *L.* 630.
africanum Poir. 636.
arborescens *L.* 630.
argyrotrichum *And.*630.
brizanthum *Hochst.* 630.
— v. polystachyum *D.
W.* et *T.D.* 630.
colonum *L.* 630.
coloratum *L.* 630.
costatum Roxb. 634.
Crus-galli *L.* 631.
— v. Petiveri *Hack.* 631.
— v. polystachyum
Munro, 631.
— v. submuticum
Franch. 631.
Dactylon L. 643.
diagonale *Nees*, 631.
— v. hirsutior *D. W.* et
T.D. 632.
— v. uniglume *Hack.*
632.
dichotomum Forsk.637.
distichophyllum *Trin.*
632.
elongatum *Mez*, 632.
glaucum L. 636.
Griffonii *Franch.* 632.
Hensii *K. Sch.* 632.
horizontale G. F. W.
Mey. 635.
horizontale Nees, 634.
indutum *St.* 632.
interruptum *W.* 633.
657.
lutotense *K. Sch.* 633.

Panicum
maximum *Jacq.* 633.
mayombense *Franch.*
633.
molle Sw. 633.
muticum *Forsk.* 633.
nigritanum *Hack.* 633.
nudiglume *Hochst.* 633.
ogowense *Franch.* 634.
ovalifolium Poir. 630.
Petiveri Trin. 631.
plicatum *Lam.* 634.
— v. costatum *Bak.* 634.
polystachyum *K. Sch.*
634.
roseum St. 635.
Ruprechtii Fourn. 633.
sanguinale *L.* 634.
— v. cognatum *Hack.*
634.
— v. horizontale *E. Mey.*
635.
scabrum *Lam.* 635.
sphacelatum St. 635.
sulcatum *Aubl.* 635.
Tholloni *Franch.* 635.
uniglume Hochst. 632.
verticillatum L. 636.
Zenkeri *K. Sch.* 635.
zizanioides *H. B.* et *K.*
635.
Papaya vulgaris DC. 225.
Parasia debilis Hiern,374,
191.
Parinari Mobola Hiern,
191.
Parinarium *Juss.* 189.
congense *F. Didr.* 189.
congoense Engl. 189.
congolanum *Th.* et *Hél.
Dur.* 189.
curatellifolium *Planch.*
190.
excelsum T. D. et D.W.
190.
gabonense *Engl.* 190.
— v. mayumbense *D.
W.* 190.
Gilletii *D. W.* 190.
glabrum *Oliv.* 190.
Holstii *Engl.* 190.
— v. longifolium *Engl.*
190.
Mobola *Oliv.* 190.
Poggei *Engl.* 191.
salicifolium Engl. 190.
subcordatum *Oliv.* 191.
Verdickii *D. W.* 191.
Parkia *R. Br.* 183.
biglobosa *Bth.* 183.
filicoidea *Welw.* 183.
Klainei *Pierre,* 183.

Parkinsonia *L.* 171.
aculeata *L.* 171.
Paropsia *Noronha,* 222.
Brazzeana *Baill.* 222.
Dewevrei D.W. et T.D.
222.
— v. condensata D.W.
222.
grewioides *Welw.* 222.
— v. condensata *Th.* et
Hél. Dur. 222.
reticulata *Engl.* 223,654.
— v. ovatifolia *Engl.* 223.
Pasacardoa *O. K.* 315.
Grantii *O. K.* 315.
— v. angustiligulata
D. W. 315.
— v. reducta *D. W.* 315.
Paspalum *L.* 628.
ciliatum Lam. 629.
conjugatum *Berg.* 628.
Kora W. 629.
longiflorum *Retz.* 629.
scrobiculatum *L.* 629.
Passiflora *L.* 222.
foetida *L.* 222.
quadrangularis *L.* 222.
PASSIFLORACEAE,222.
Paullinia *Schum.* 109.
africana *G. Don,* 109.
pinnata *L.* 109, 652.
senegalensis Juss. 109.
uvata S. et T. 109.
Pavetta *L.* 274.
Baconia *Hiern,* 274, 654.
— v. congolana *D. W.*
et *T.D.* 274.
— f. puberulosa *D. W.*
274.
canescens DC. 274.
crassipes *K. Sch.* 274.
flammea *K. Sch.* 274.
Laurentii *D. W.* 275.
Lescrauwaetii *D. W.*
275.
longituba *K. Sch.* 275.
tomentosa A. Rich. 274.
Warburgiana *D. W.* et
T.D. 275.
Pavonia *L.* 52.
kilimandscharica *Guer-
ke,* 52.
Paxia Dewevrei D.W. et
T. D. 117. (1).
PEDALINACEAE, 412.
Peddiea *Harv.* 472.
longepedicellata *Gilg,*
472.
— v. multiflora *D. W.* 472.
Pedicellaria *Schrk,* 29.
pentaphylla *Schrk,* 29.
— v. hirsutissima *D. W.*
29.

---

(1) *Paxia Dewevrei* est syn. de Rourea pseudobaccata *Gilg* [Conf. *De Wild.* Étud.
fl. Bas- et Moy.-Cgo, I, 245].

Peltophorum *Vog.* 170.
africanum *Sond.* 170.
Penicillaria spicata W. 638.
Pennisetum *Pers.* 637.
aureum A. Rich. 636.
Benthami *St.* 637.
dichotomum *Del.* 637.
dioicum A. *Rich.* 637.
hordeiforme *Spreng.* 637.
macrostachyum Bth. 637.
nodiflorum *Franch.* 638.
parviflorum *Trin.* 638.
polystachyum *Schult.* 638.
Prieurii *Kth*, 638.
purpurascens H. B. et K. 638.
purpureum Schum. 637.
reversum *Hack.* 638.
setosum A. *Rich.* 638.
spicatum *Koern.* 638.
— v. typicum *K. Sch.* 639.
— f. viviparum Auct. 639.
typhoideum A. Rich. 639.
unisetum *Bth.* 639.
Pentaclethra *Bth.* 182.
Eetveldeana *D. W.* et *T.D.* 182.
macrophylla *Bth.* 182.
Pentadesma *Sabine*, 46.
butyracea *Sabine*, 46.
Pentanisia *Harv.* 266.
Schweinfurthii Hiern, 266.
variabilis *Harv.* 266.
zanzibarica Kl. 242.
Pentarrhinum *E. Mey.* 362.
abyssinicum *Decne*, 362.
— v. angolense *N. E. Br.* 363.
Pentas *Bth.* 242.
cleisostoma *K. Sch.* 242.
— v. Poggeana *K. Sch.* 242.
Dewevrei *D. W.* et *T. D.* 242.
Liebrechtsiana *D. W.* 242.
longiflora *Oliv.* 242.
— v. occidentalis *K. Sch.* 242.
longituba *K. Sch.* 242.
purpurea Oliv. 242.
zanzibarica *Vatke*, 242.
Pentodon *Hochst.* 244.
pentander *Vatke*, 244.
Peperomia *R.* et *P.* 469.
fernandopoana *DC.* 469.
Peponia *Naud.* 226.

Peponia
bracteata *Cogn.* 226.
— v. hirsuta *Cogn.* 226.
Perdicium piloselloides Hiern, 315.
Pergularia *L.* 366.
africana *N. E. Br.* 366.
sanguinolenta Britten, 366.
Perichasma laetificata Miers, 25.
Periploca *L.* 357.
nigrescens *Afz.* 357.
nigricans Schlt, 357.
Preussii K. Sch. 357.
sylvestris Retz. 365.
Peristrophe *Nees*, 432.
bicalyculata *Nees*, 432.
Dewevrei *D. W.* et *T.D.* 433.
Hensii *Cl.* 433.
Perotis *Ait.* 628.
latifolia Ait. 628.
spicata *Th.* et *Hél. Dur.* 628.
Persea *Gaertn.* 469.
gratissima *Gaertn.* 469.
Petersia *Welw.* 203.
africana *Welw.* 203.
Petunia *Juss.* 397.
nyctaginiflora *Juss.* 397.
Peucedanum *L.* 238.
araliaceum *Bth.* 238.
— v. fraxinifolium Engl. 238.
fraxinifolium *Hiern*, 238.
muriculatum *Welw.* 238.
Phaeoneuron *Gilg*, 207.
dicellandroides *Gilg*, 207, 214.
Pharnaceum depressum L. 41.
Phaseolodes drastica O. K. 134.
Thonningii O. K. 134.
Phaseolus *L.* 150.
adenanthus G. F. W. Mey. 150.
lunatus *L.* 150.
Mungo *L.* 150.
vexillatus L. 153.
vulgaris *L.* 150.
Phaulopsis longifolia Lindau, 419.
obliqua Lindau, 420.
Poggei Lindau, 420.
Phaylopsis *W.* 419.
imbricata Cordem. 419, 420.
Lindaviana *D. W.* 419.
longifolia *Thoms.* 420.
longifolia Sims, 419.
obliqua *S. Moore*, 420.
oppositifolia Lindau, 419.

Phaylopsis
parviflora W. 419.
Poggei *Cl.* 420.
Phialodiscus *Rdlk.* 112.
Dewevrei *Gilg*, 112.
plurijugatus *Rdlk.* 112.
unijugatus *Rdlk.* 112, 653.
Philoxerus vermicularis R. Br. 461.
Phlomis africana P.B. 452.
Leonurus L. 453.
nepetaefolia L. 453.
Phoenix *L.* 583.
dactylifera L. 583.
reclinata *Jacq.* 583.
spinosa Thonn. 583.
Phragmites *Trin.* 645.
communis Trin. 645.
vulgaris *Crép.* 645.
Phrynium *W.* 547.
baccatum K. Sch. 544.
brachystachyum Koern. 545.
confertum *K. Sch.* 547.
Daniellii Bth. 545.
filipes Bth. 548.
Hensii Bak. 548.
leiogonium Bak. 545.
oxycarpum Bak. 545.
Phyllactinia Grantii Bth. 315.
— v. angustiligulata D.W. 315.
— v. reducta D.W. 315.
Phyllanthus *L.* 482.
capillaris S. et T. 482.
floribundus *M.-A.* 482.
Gilletii *D. W.* 482.
moeroensis D. W. 482.
Niruri *L.* 482.
niruroides *M.-A.* 482.
odontadenius *M.-A.* 483.
— v. micranthus *Pax*, 483.
pentandrus S. et T. 483.
polyanthus *Pax*, 483.
Pynaertii D. W. 483.
reticulatus *Poir.* 483.
Verdickii *D. W.* 483.
Phylloclinium *Baill.* 38.
paradoxum *Baill.* 38.
Phyllocosmus *Kl.* 76.
africanus D.W. 76.
congolensis *Th.* et *Hél. Dur.* 76.
Dewevrei *Engl.* 76.
Lemaireanus *Th.* et *Hél. Dur.* 76.
senensis *Kl.* 76, 652.
Phyllodes baccatum K. Sch. 544.
brachystachyum K.Sch. 545.
leiogonium K. Sch. 545.
oxycarpum K.Sch. 545.

Physacanthus *Bth.* 422.
  batanganus *Th. et Hél.
    Dur.* 422.
  inflatus Cl. 422.
Physalis *L.* 395.
  aequata *Jacq.* 395.
  barbadensis Jacq. 396.
  edulis Sims, 395.
  minima *L.* 395.
  peruviana *L.* 395.
  pubescens *L.* 396.
Physedra *H. f.* 231.
  Barteri *Cogn.* 231.
  heterophylla *H. f.* 231.
Physostigma *Balf.* 150.
  mesoponticum *Taub.*
    150.
  venenosum *Balf.* 150.
Phyteumoides hirsuta
    Smeathm. 247.
Phytolacca *L.* 462.
  abyssinica *Hoffm.* 462.
  — v. macrophylla *D.
    W. et T.D.* 463.
  dodecandra L'Hér. 463.
  stricta *Hoffm.* 463.
PHYTOLACCACEAE,
    462.
Picralima *Pierre,* 338.
  Klaineana Pierre, 338.
  nitida *Th. et Hél. Dur.*
    338.
Pilostyles *Guill.* 466.
  aethiopica *Welw.* 466.
Pimpinella *L.* 237.
  tomentosa *Engl.* 237.
Piper *L.* 467.
  Clusii C. DC. 467.
  glaucescens Jacq. 468.
  guineense *S. et T.* 467,
    655.
  — v. Gilletii *C.DC.*467.
  — v. Thomeanum *C.
    DC.* 467.
  — v. velutinum *D.W.*
    468.
  Laurentii *D. W.* 468.
  subpeltatum *W.* 468,
    655.
  — v. parvifolium *C.DC.*
    468.
  umbellatum *L.* 468.
  unguiculatum *R. et P.*
    468.
PIPERACEAE, 467.
Piptadenia *Bth.* 184.
  africana *H. f.* 184.
Pircunia abyssinica Moq.
    463.
  stricta Moq. 463.
Pistia *L.* 592.
  Stratiotes *L.* 592.
Pithecolobium *Mart.*
    189.
  altissimum *Oliv.* 189.
Pittosporum bicrurium
    Schinz et T.D. 94.

Placus lacera O. K. 301.
Pladera decussata Roxb.
    375.
Plagiostyles *Pierre,*487.
  Klaineana *Pierre,* 487.
*Platanocarpum africa-
    num* H. f. 240.
*Platanthera Brachycory-
    this* Schltr, 538.
  pleistophylla Schltr,537.
Platostoma *P. B.* 444.
  africanum *P. B.* 444.
  Buettnerianum *Briq.*
    444.
  flaccidum Briq. 444.
Platycoryne Poggeana
    Rolfe, 535.
Platylepis A. *Rich.* 534.
  glandulosa *R. f.* 534.
Platysepalum *Welw.*
    136.
  cuspidatum *Taub.* 136.
  ferrugineum *Taub.* 136,
    653.
  hypoleucum *Taub.* 136.
  Ledermanni *Engl.* 653.
  Poggei *Taub.* 136.
  Vanhouttei *D. W.* 136.
  violaceum *Welw.* 136.
Plectranthus *L'Hér.*
    447.
  intrusus *Briq.* 447.
  miserabilis *Briq.* 447,
    655.
  phryxotrichus *Briq.* 447.
  Schlechteri *Guerke,*448.
Plectronia *L.* 267.
  acarophyta *D. W.* 267.
  Arnoldiana *D. W. et T.
    D.* 267.
  Barteri *D. W. et T. D.*
    267.
  brevifolia *Engl.* 268.
  congensis *Th. et Hél.
    Dur.* 268.
  connata *D. W. et T.D.*
    268.
  cornelioides *D. W.* 268.
  Dewevrei *D. W.* 268.
  Gentilii *D. W.* 268.
  Gilletii *D. W.* 268.
  Laurentii *D. W.* 268.
  Lualabae *K. Sch.* 269.
  lucida D. W. et T.D. 269.
  Oddoni *D. W.* 269, 654.
  psychotrioides *K. Sch.*
    269.
  pulchra *K. Sch.* 269.
  Pynaertii *D. W.* 269.
  tomentosa *D. W.* 269.
  venosa *Oliv.* 269, 654.
Plectrotropis hirsuta S.
    et T. 153.
Pleiocarpa *Bth.* 338.
  bicarpellata *Stapf,* 338.
  tubicina *Stapf,* 338.

Pleiocarpa
  Welwitschii *Stapf,* 338.
Pleioceras *Baill.* 338.
  Gilletii *Stapf,* 338.
Pleiotaxis *Steetz,* 314.
  affinis *O. Hoffm.* 314.
  Dewevrei *O. Hoffm.* 314.
  eximia *O. Hoffm.* 314.
  pulcherrima *Steetz,* 314.
  pulcherrima Klatt, 314.
  — v. Poggeana *O.
    Hoffm.* 314.
  rugosa *O. Hoffm.* 314.
Pleodiporochna Buettneri
    V. Tgh. 85.
Plinia pedunculata L. f.
    203.
Pluchea *Cass.* 302.
  Dioscoridis *DC.* 302.
PLUMBAGINACEAE,
    319.
Plumbago *L.* 319.
  zeylanica *L.* 319.
Plumeria *L.* 341.
  alba *L.* 341.
  rubra *L.* 341.
Poa *Chapellieri* Kth, 646.
  ciliaris L. 646.
  fascicularis Kth, 646.
  megastachya Koel. 646.
  mucronata P. B. 648.
  multiflora Forsk. 646.
  nutans Retz. 647.
  tremula Lam. 647.
Podalyria Haematoxylon
    S. et T. 167.
PODOSTEMACEAE, 465.
Poggea *Guerke,* 36.
  alata *Guerke,* 36, 651.
Poggeophyton *Pax,* 490.
  aculeatum *Pax,*490,656.
Pogonia *Juss.* 534.
  umbrosa *R. f.* 534.
Poinciania *L.* 171.
  pulcherrima L. 170.
  regia *Boj.* 171.
Poivrea conferta Bth. 196.
  constricta Bth. 197.
  mossambicensis Kl. 197.
Polanisia *Raf.* 29.
  hirta *Pax,* 29.
  Sereti *D. W.* 29.
Pollia *Thunb.* 574, 657.
  condensata *Cl.* 574.
  — v. variegata *Hort.*
    574.
Polycarpaea *Lam.* 41.
  corymbosa *Lam.* 41.
  — v. eriantha *Pax,* 42.
  — v. genuina *Pax,* 42.
  eriantha Hochst. 42.
  glabrifolia *DC.* 42.
  Loefflingii B. et H. f. 41.
  prostrata Decne, 41.
Polycarpon *Loefl.* 41.
  depressum *Rohrb.* 41.

44

Polycarpon
prostratum *Pax*, 41:
pusillum Roxb. 41.
Polycephalium*Engl*.99.
integrum *D. W. et T.D.*
99.
Poggei *Engl*. 99.
Polygala *L*. 39.
acicularis *Oliv*. 39.
arenaria *W.* 39.
Cabrae *Chod*. 39.
congoensis *Guerke*, 39.
Gomesiana *Welw*. 39.
persicariaefolia *DC*. 39.
sparsiflora *Oliv.* 40.
— f. robustior *Chod*. 40.
ukerensis Guerke, 40.
Verdickii *Guerke*, 40.
POLYGALACEAE, 39.
POLYGONACEAE, 463.
Pólygonum *L*. 463.
acuminatum *Kth*, 463.
barbatum *L*. 463.
lanigerum *R. Br*. 463.
— v. africanum *Meisn.*
464.
lanigerum Meisn. 464.
senegalense *Meisn*. 464.
serrulatum *Lag*. 464.
tomentosum *W.* 464.
Polyochnella congoensis
V. Tgh. 85.
Gillettiana V. Tgh. 85.
Welwitschii V. Tgh. 86.
Polyspatha *Bth*. 579.
paniculata *Bth.* 579.
Polysphaeria *H. f*. 267.
pedunculata*K. Sch.*267.
Polystachya *Hook*. 524.
affinis *Ldl*. 524.
bracteosa Ldl. 524.
bulbophylloides Rolfe,
517.
epiphytica *D. W*. 524.
Gilletii *D. W.* 524.
golungensis *R. f.* 524.
gracilis *D. W.* 524.
Huyghei *D. W.* 524.
Kindtiana *D. W.* 524.
latifolia *D. W.* 524.
Laurentii *D. W.* 525.
mayombensis *D. W*.525.
mukandaensis *D. W.*
525.
mystacidioides *D. W.*
525.
odorata *Ldl*. 525.
polychaete *Krzl*. 525.
ramulosa *Ldl*. 525.
rhodoptera *R. f.* 525.
tessellata *Ldl*. 526.
Wahisiana *D. W.* 526.
Pontederia natans P. B.
573.
PONTEDERIACEAE,
573.

Popowia *Endl*. 19.
congensis *Engl. et Diels*,
19.
ferruginea *Engl.etDiels*,
19.
Gilletii *D. W.* 19.
Laurentii *D. W.* 19.
Schweinfurthii *Engl. et
Diels*, 20.
Porana *Burm*. 381.
subrotundifolia *D. W.*
381.
*Porochna Hoffmanni-Ot-
tonis* V. Tgh. 85.
quangensis V. Tgh. 86.
Portulaca *L*. 42.
crassifolia Jacq. 43.
grandiflora *Hook*. 42.
oleracea *L*. 42.
patens Jacq. 43.
quadrifida *L.* 43.
PORTULACACEAE, 42.
*Pothomorphe subpelta-
tum* Miq. 468.
Pouchetia *A. Rich*. 263.
africana *DC*. 263.
— v. cuneata *Hiern*, 263.
Baumanniana *Buett*.
263.
Pouzolzia *Gaud*. 513.
denudata *D. W. et T.D,*
513.
Dewevrei *D. W. et T.D.*
513.
guineensis *Bth*. 513.
Premna *L*. 436.
angolensis *Guerke*, 436.
quadrifolia *S. et T.* 436.
Prevostea *Choisy*, 380.
breviflora *D. W.* 380.
Cabrae *D. W. et T.D.*
380.
campanulata*K.Sch*.380.
Oddoni *D. W.* 380.
Poggei *Damm*. 380.
Protea *L*. 470.
angolensis *Welw.* 470.
ferruginea *Engl*. 470.
Lemairei *D. W.* 470.
Poggei *Engl.* 470.
PROTEACEAE, 470.
Pseudarthria *W. et A.*
144.
confertiflora *Bak.* 144.
Hookeri *W. et A.* 144.
Pseuderanthemum
Rdlk. 428.
Lindavianum *D. W. et
T.D.* 428.
Ludovicianum *Lindau*,
428.
nigritanum *Rdlk*. 429.
Pseudobarleria Lindaui
A. Dew. 418.
Pseudolachnostylis
Pxa, 480.

Pseudolachnostylis
Verdickii *D. W.* 480.
Pseudospondias *Engl.*
114.
microcarpa *Engl*. 114.
Psidium *L*. 201.
Guajava *L.* 201.
pomiferum L. 202.
pyriferum L. 202.
Psophocarpus *Neck*.
155.
longepedunculatus
Hassk. 155.
*palmettorum*G.etP.155.
palustris Desv. 155.
Psorospermum *Spach*,
44.
febrifugum *Spach*, 44.
— f. latifolium *D. W.* 44.
ferrugineum H. f. 44.
tenuifolium *H. f.* 44.
Psychotria *L*. 280.
acamptopoda *K. Sch.*
280.
Ansellii *Hiern*, 280.
Bieleri *D. W*. 280.
brachyantha *Hiern*, 280.
brunnea *Schw*. 281.
Butayei *D. W*. 281.
Cabrae *D. W*. 281.
cinerea *D. W*. 281.
cristata *Hiern*, 281, 654.
cyanopharynx *K. Sch.*
281.
Dewevrei *D. W*. 281.
djumaensis *D. W*. 281.
djumaensis D. W. 283.
ealaensis *D. W*. 281.
Gilletii *D. W.* 281, 654.
gracilescens *D. W.* 282.
hamata *D. W*. 282.
Kimuenzae *D. W.* 282.
kisantuensis *D. W.* 282.
Laurentii *D. W*. 282.
longevaginalis *Schw.*
282.
mogandjoensis *D. W.*
282.
nigropunctata *Hiern*,
282.
obovatifolia *D. W.* 282.
obvallata S. et T. 284.
Oddoni *D. W*. 282.
Poggei *K. Sch.* 283.
potamophila *K.Sch*.283.
pygmaeodendron *K.
Sch*. 283.
stigmatophylla *K. Sch.*
283.
triflora S. et T. 267.
Vogeliana *Bth*. 283.
Wildemaniana*T.D*.283.
Pterocarpus *L*. 163.
Cabrae *D. W.* 163.
Dekindtianus *Harms*,
164.

Pterocarpus
Ecastaphyllum L. 163.
erinaceus Auct. 164.
grandiflorus *M. Mich.* 164.
lunatus L. 163.
Mutondo *D. W.* 164.
odoratus *D. W.* 164.
tinctorius *Welw.* 164.
Pteropetalum Klingii Pax, 33.
Pterygota *Endl.* 64.
macrocarpa *K. Sch.* 64.
Ptychopetalum *Bth.* 96.
alliaceum *D. W.* 96.
Laurentii *D. W.* 96.
nigricans *D. W.* 96.
Puelia *Franch.* 648.
Dewevrei *D. W.* et *T.D.* 648.
Punica *L.* 218.
granatum *L.* 218.
Pupal lappacea Hiern, 453.
Pupalia *Juss.* 458.
lappacea *Moq.* 458.
Pycnanthus Kombo Warb.
v. *angolensis* Warb. 469.
Pycnobotrya *Bth.* 352.
nitida *Bth.* 352.
Pycnocoma *Bth.* 497.
Laurentii *D. W.* 497.
macrophylla *Bth.* 497.
Sapini *D. W.* 497.
Thonneri *Pax*, 498.
trilobata *D. W.* 498.
Pycnostachys *Hook.* 451.
congensis *Guerke*, 451.
Descampsii *Brig.* 451.
Goetzenii *Guerke*, 451.
Pycreus *P. B.* 608.
albo-marginatus *Nees*, 608.
flavescens *Rchb.* 608.
globosus *Rchb.* 608.
— v. nilagiricus *Cl.* 608.
Mundtii *Nees*, 608.
oakfortensis *Cl.* 608.
polystachyus *P. B.* 609.
propinquus *Nees*, 609.
Smithianus *Cl.* 609.
subtrigonus *Cl.* 609.
tremulus *Cl.* 609.
Pynaertia *D. W.* 91.
ealaensis *D. W.* 91.
Pyrenacantha *Hook.* 99.
Staudtii *Engl.* 99.

Q

Quamoclit *Moench*, 390.
pinnata *Roj.* 390.
vulgaris Choisy, 390.

Quassia *L.* 83.
africana *Baill.* 83.
Quisqualis *L.* 201.
ebracteata P. B. 201.
indica *L.* 201.

R

Radlkofera *Gilg*, 112.
calodendron *Gilg*, 112.
Randia *L.* 257.
acarophyta *D. W.* 257.
acuminata *Bth.* 258.
Bruneelii *D. W.* 258.
cladantha *K. Sch.* 258.
congolana *D. W.* et *T.D.* 258.
corymbosa DC. 274.
Cuvelierana *D. W.* 258.
Eetveldeana *D. W.* et *T. D.* 258.
— v. elongata *D. W.* 258.
Lemairei *D. W.* 259.
Liebrechtsiana *D. W.* et *T.D.* 259.
longiflora *T. D.* et *Sch.* 259.
Lujae *D. W.* 259.
maculata DC. 259.
malleifera *B.* et *H. f.* 259.
micrantha *K. Sch.* 259.
— v. Poggeana *K. Sch.* 259.
Munsae *Schw.* 260.
myrmecophyta *D. W.* 260.
— v. glabra *D. W.* 260.
— v. subglabra *D. W.* 260.
— v. typica *D. W.* 260.
nalaensis *D. W.* 260.
octomera *B.* et *H. f.* 260.
physophylla *K. Sch.* 260.
Pynaertii *D. W.* 260.
reticulata Bth. 265.
Screti D. W. 261.
RANUNCULACEAE, 13.
Ranunculus *L.* 15.
philonotis Ehrh. 15.
pinnatus *Poir.* 15.
sardous *Cr.* 15.
Raphanus pilosus W. 222.
Raphia *P. B.* 584.
Gentiliana *D. W.* 584.
— v. Gilletii *D. W.* 584.
Laurentii *D. W.* 584.
monbuttorum *Drude*, 584.
Sese *D. W.* 584.
vinifera *P. B.* 584.
Raphiacme macrostemon K. Sch. 356.
splendens K. Sch. 356.

Raphidiocystis *H. f.* 231.
Welwitschii *H. f.* 231.
Raphionacme *Harv.* 356.
Michelii *D. W.* 356.
splendens *Schlt.* 356.
Verdickii *D. W.* 357.
Raphiostylis beninensis Pl. 98.
Heudelotii Pl. 99.
Rauwolfia *L.* 339.
caffra *Sond.* 339.
cardiocarpa K. Sch. 340.
congolana D. W. et T.D. 340.
longeacuminata *D. W.* et *T.D.* 339.
Mannii *Stapf*, 340.
obscura *K. Sch.* 340.
senegambica A. DC. 340.
vomitoria *Afz.* 340.
Renealmia *L. f.* 543.
bracteata *D. W.* et *T.D.* 543, 656.
Cabrae *D. W.* et *T.D.* 543.
congolana *D. W.* et *T. D.* 543.
Dewevrei *D. W.* et *T.D.* 544.
Rhabdophyllum affine V. Tgh. 86.
Arnoldianum V. Tgh. 87.
longipes V. Tgh. 88.
refractum V. Tgh. 89.
RHAMNACEAE, 103.
Rhamphicarpa *Bth.* 404.
fistulosa Bth. 404.
longiflora *Bth.* 404.
Rhaphidophyllum ramosum Hochst. 406.
Rhaptopetalum Eetveldeanum D.W. et T.D. 67.
Rhektophyllum *N. E. Br.* 590.
congense *D. W.* et *T.D.* 590.
mirabile *N. E. Br.* 590.
Rhinacanthus *Nees*, 431.
communis *Nees*, 428,431.
Dewevrei *D. W.* et *T.D.* 431.
parviflorus *T. And.* 432.
Rhipsalis aethiopica Welw. 235.
Cassytha Gaertn. 235.
Rhizophora *L.* 194.
Mangle *L.* 194.
— v. racemosa Engl. 194.
racemosa *G.F.W. Mey.* 194.
RHIZOPHORACEAE, 194.

Rhoeo *Hance*, 582.
  discolor *Hance*, 582.
Rhoicissus *Pl.* 109.
  edulis *D. W.* 109.
  Verdickii *D. W.* 109.
Rhopalopilia *Oliv.* 98.
  patens *Pierre*, 98.
  — v. angustifolia *D. W.* 98.
  Poggei *Engl.* 98.
Rhus insignis Oliv. 116.
  pulcherrima Oliv. 116.
Rhynchosia *Lour.* 157.
  affinis *D. W.* 157.
  cajanoides *G.* et *P.* 159.
  calycina *G.* et *P.* 157.
  caribaea *DC.* 157.
  Cienkowskii Schw. 132.
  congensis *Bak.* 158.
  — v. Gilletii *D. W.* 158.
  cyanosperma *Bth.* 158.
  flavissima *Hochst.* 158.
  glomerata G. et P. 159.
  katangensis *D. W.* 158.
  Mannii *Bak.* 158.
  Memnonia *DC.* 158.
  minima *DC.* 158.
  Verdickii *D. W.* 159.
Rhynchospora aurea R. Br. 594.
  candida Boeck. 594.
  ochrocephala Boeck. 605.
Rhynchostigma Lujaei D.W. et T.D. 358.
Rhynchotropis *Harms*, 126.
  Poggei *Harms*, 126.
Rhytachne *Desv.* 623.
  congoensis *Hack.* 623.
  — v. incompleta *Hack.* 623.
  — v. polystachya *Hack.* 623.
  — f. submutica *Hack.* 623.
  gabonensis *Hack.* 623.
Ricinocarpus brachysta-chyus O. K. 492.
Ricinodendron *M.-A.* 489.
  africanum *M.-A.* 489.
Ricinus *L.* 499.
  communis L. 499.
Riedleya corchorifolia DC. 65.
Rinorea brachypetala O. K. 34.
  congensis Engl. 34.
  dentata O. K. 34.
  Dewevrei Engl. 34.
  Dupuisii Engl. 34.
  Engleriana D.W. et T.D. 34.
  ilicifolia O. K. ....
  Poggei Engl. 35.
  Welwitschii O. K. 35.

Ritchiea *R. Br.* 32.
  ageleaefolia *Gilg*, 32.
  ealaensis *D. W.* 32.
  erecta H. f. 32.
  fragrans *R. Br.* 32.
  immersa *D. W.* 32.
  Laurentii *D. W.* 32.
  polypetala H. f. 32.
  Pynaertii *D. W.* 32.
Rivina inaequalis Hook. 462.
  latifolia Lam. 462.
Robinia argentiflora S. et T. 165.
  sericea Poir. 165.
  Thonningii S. et T. 135.
  violacea P. B. 165.
Rondeletia febrifuga Afz. 241.
  floribunda G. Don, 346.
ROSACEAE, 189.
Rostellaria tenella Nees, 430.
Rotala *L.* 217.
  filiformis Hiern, 217.
  fontinalis *Hiern*, 217.
Rothmannia longiflora Salisb. 259.
  Stanleyana H. f. 259.
Rottboellia *L. f.* 621.
  exaltata *L. f.* 621.
Rourea *Aubl.* 118.
  adiantoides *Gilg*, 118.
  bamangaensis *D. W.* et *T.D.* 118.
  chiliantha *Gilg*, 118.
  coccinea Hook. f. 653.
  fasciculata *Gilg*, 118.
  Foenum-graecum *D. W.* et *T.D.* 118.
  inodora *D. W.* et *T.D.* 118.
  obliquifoliolata *Gilg*, 118.
  ovalifoliolata *Gilg*, 118.
  Poggeana *Gilg*, 119.
  pseudobaccata *Gilg*, 119.
  splendida *Gilg*, 119.
  unifoliolata *Gilg*, 119.
  viridis *Gilg*, 119.
RUBIACEAE, 239.
Rubus *L.* 192.
  Goetzenii *Engl.* 192.
  kirungensis *Engl.* 192.
  pinnatus W. 192.
Ruellia *L.* 419.
  batangana J. Br. et K. Sch. 422.
  elongata P. B. 421.
  imbricata Forsk. 419.
  patula *Jacq.* 419.
Rumex *L.* 465.
  abyssinicus *Jacq.* 465.
Rungia *Nees*, 432.
  Buettneri *Lindau*, 432.
  congoensis *Cl.* 432.

Rungia
  grandis T. And. 429.
  Paxiana Cl. 430.
RUTACEAE, 81.
Rutidea *DC.* 278.
  Dupuisii *D. W.* 278.
  hispida *Hiern*, 278.
  leucotricha *K. Sch.* 278.
  olenotricha *Hiern*, 278.
  rufipilis D.W. et T.D. 278.
  Schlechteri *K. Sch.* 279.
  Sereti *D. W.* 279.
  Smithii *Hiern*, 279.
Rynchospora *Vahl*, 594.
  aurea *Vahl*, 594.
  candida *Boeck.* 594.

S

Sabicea *Aubl.* 251.
  affinis *D. W.* 251.
  calycina *Bth.* 251.
  capitellata *Bth.* 251.
  Dewevrei *D. W.* et *T.D.* 252.
  — v. latifolia *D. W.* 252.
  Dinklagei *K. Sch.* 252.
  floribunda *K. Sch.* 252.
  Gilletii *D. W.* 252.
  Kolbeana *Bth.* 252.
  Laurentii *D. W.* 252.
  — v. Pynaertii *D. W.* 252.
  — v. velutina *D. W.* 252.
  longepetiolata *D. W.* 252.
  Schumanniana *Buett.* 252.
  venosa *Bth.* 253.
  — v. villosa *K. Sch.* 253.
  Vogelii *Bth.* 253.
Saccharum spicatum L. 628.
  Thunbergii Hack. 621.
Saccolabium *Bl.* 526.
  oeonioides *Krzl.* 526.
Sagittaria obtusifolia L. 593.
Sagus vinifera Poir. 585.
Sakersia *H. f.* 214.
  Laurentii *Cogn.* 214.
  — v. cuneata *D. W.* 214.
  strigosa *Cogn.* 214.
Salacia *L.* 103.
  alata *D. W.* 103.
  — f. gracilis *D. W.* 103.
  congolensis *D. W.* et *T.* *D.* 103.
  Demeusei *D. W.* et *T.D.* 103.
  Dewevrei *D. W.* et *T.D.* 103.
  Laurentii *D. W.* 103.
  Pynaertii *D. W.* 103.
  senegalensis *DC.* 103.

Salacia
unguiculata D.W. et T.
D. 102.
Sambucus *L.* 229.
nigra *L.* 239.
SAMYDACEAE, 219.
Sansevieria *Thunb.* 551.
angolensis Welw. 551.
bracteata *Bak.* 551.
cylindrica *Boj.* 551.
fragrans Jacq. 565.
guineensis *Willd.* 551.
Laurentii *D. W.* 551.
longiflora *Sims,* 551.
SANTALACEAE, 476.
SAPINDACEAE, 109.
Sapindus simplicifolia
Don, 115.
Sapium *P. Br.* 500.
cornutum *Pax.* 500.
—v.africanum *Engl.*656.
—v.coriaceum *Pax,*500.
Manniauum *Bth.* 500.
oblongifolium *Pax,*500.
Poggei *Pax,* 500.
xylocarpum *Pax,* 500.
SAPOTACEAE, 320.
Sarcocephalus *Afz.*239.
Diderrichii *D. W.* et *T.*
D. 239.
esculentus Afz. 240.
Gilletii *D. W.* 239.
Russeggeri*Kotschy,*239.
sambucinus *K.Sch.*239.
Sarcophrynium *K. Sch.*
544.
Arnoldianum *D. W.*544.
baccatum *K. Sch.* 544.
bisubulatum *K.Sch.*544.
brachystachyum *K.Sch.*
545.
leiogonium *K. Sch.* 545.
oxycarpum *K. Sch.* 545.
Satyrium *Sw.* 536.
brachypetalum Engl.
536.
Gilletii *D.W.* 536.
Goetzeniauum *Krzl.*
536.
riparium *R. f.* 536.
Sauvagesia *L.* 35.
congoensis *Engl.* 35.
erecta *L.* 35.
nutans Pers. 35.
Scabiosa *L.* 288.
attenuata L. f. 288.
Columbaria *L.* 288.
Scaevola *L.* 317.
Lobelia *Murr.* 317.
Scaphopetalum *Mast.*
66.
Dewevrei *D. W.* et *T.D.*
66.
monophysca K. Sch. 66.
Thonneri *D. W.* et *T.D.*
66.

Scaphopetalum
Thonneri D.W. et T.D.
66.
Schefflera *Forst.* 238.
Barteri *Harms,* 238.
Goetzenii *Harms,* 238.
Schistostephium *Less.*
309.
heptalobum *Bth.* 309.
Schizoglossum *E. Mey.*
358.
Cabrae *D. W.* 358.
Debeerstianum *K. Sch.*
359.
macroglossum *K. Sch.*
359.
spathulatum K. Sch.
358.
tricorniculatum K. Sch.
358.
Schmiedelia africana DC.
110.
Schoepfianthus *Engl.*
98.
Zenkeri *Engl.* 98.
Schotia *Jacq.* 179.
latifolia *Jacq.* 179.
Komii *D. W.* 179.
simplicifolia Vahl, 175.
Schrebera *Roxb.* 324.
trichoclada *Welw.* 324.
Schwenkia *L.* 398.
americana *L.* 398.
Scilla *L.* 571.
camerooniana *Bak.* 571.
Ledieni *Engl.* 571.
— v. Laurentii *D. W.*
571
— v. zebrina *D. W.* 571.
micrantha A. Rich. 570.
Scirpus *L.* 618.
atropurpureus Retz.612.
barbatus Rottb. 614.
Buettnerianus *Boeck.*
618.
capillaris L. 614.
capitatus L. 613.
complanatus Retz. 616.
dichotomus L. 616.
diphyllus Retz. 616.
dipsaceus Rottb. 617.
ferrugineus L. 617.
filamentosus Vahl, 614.
fluitans *L.* 619.
gracillimus Boeck. 615.
hispidus Vahl, 617.
obtusifolius Lam. 618.
puberulus Poir. 615.
quinquangularis Kth,
618
senegalensis Lam. 619.
squarrosus Poir. 618.
trichobasis Bak. 615.
Scleria *Berg.* 594.
Acriulus *Cl.* 594.
— f. Leopoldiana*Cl.* 594.

Scleria
Barteri *Boeck.* 595.
Buchanani *Boeck.* 595.
canaliculato-triquetra
Boeck. 595.
hirtella *Sw.* 595.
macrantha Boeck. 595.
melanomphala *Kth,*595.
— v. *macrantha* Cl. 595.
— f. oculo-albo *Cl.* 596.
Naumanniana Boeck.
596.
ovuligera *Nees,* 596.
racemosa *Poir.* 596.
verrucosa *Willd.* 596.
Sclerochiton *Harv.* 424.
Gilletii *D. W.* 424.
Scoparia *L.* 401.
dulcis *L.* 401.
SCROPHULARIACEAE,
398.
Scutellaria *L.* 454.
Debeerstii *Briq.* 454.
polyadena *Briq.* 454.
Scyphosyce *Baill.* 509.
Gilletii *D. W.* 509.
Scytanthus laurifolius T.
And. 427.
SCYTOPETALACEAE,
67.
Scytopetalum*Pierre,*67.
Duchesnei *Engl.* 67.
Sebaea *R. Br.* 374.
debilis *Schinz,* 374.
oligantha *Schinz,* 374.
Secamone *R. Br.* 357.
Dewevrei *D. W.* 357.
Securidaca *L.* 40.
longepedunculata *Fres.*
40, 651.
— v. *parvifolia* Oliv. 40.
Securinega obovata M.-A.
484.
Selago *L.* 434.
alopecuroides *Rolfe,*434
Johnstonii *Rolfe,* 434.
Senecio *L.* 312.
abyssinicus *Sz-B.* 312.
cernuus L. f. 310.
congolensis *D. W.* 312.
crepidioides Aschers.
310.
Dewevrei *O. Hoffm.* 312.
discifolius *Oliv.* 312.
diversifolius A. Rich.
310.
katangensis *O. Hoffm.*
312.
maritimus *L. f.* 312.
Quartinianus Aschers.
312.
vitellinus Aschers. 310.
Senna occidentalis Roxb.
173.
Tora Roxb. 173.
Sersalisia *R. Br.* 321

Sersalisia
Laurentii *D. W.* 321.
Sesamum *L.* 412.
angolense *Welw.* 412.
angustifolium *Engl.* 412.
calycinum *Welw.* 412.
indicum *L.* 413.
—v. *angustifolium* Oliv.
412.
—v.integerrimum *Engl.*
413.
macranthum Oliv. 412.
mombanzense *D. W.* et
T.D. 413.
occidentale Regel et
Heer, 413.
radiatum *S.* et *T.* 413.
Thonneri *D. W.* et *T.D.*
413.
Sesban aegyptiacus Poir.
137.
pubescens Hiern, 137.
punctatus Hiern, 137.
Sesbania *Pers.* 137.
aegyptiaca *Pers.* 137.
affinis *D. W.* 137.
pubescens *DC.* 137.
punctata *DC.* 137.
Sesuvium *L.* 236.
crystallinum *Welw.* 236.
mesembryanthemoides
Wawra et Peyr, 236.
Setaria *P. B.* 636.
aurea *Hochst.* 636.
glauca *P. B.* 636.
mauritiana Spreng. 634.
verticillata *P. B.* 636.
Sherbournia foliosa G.
Don, 262.
Shutereia bicolor Choisy,
382.
Sicyos *L.* 233.
angulatus H. f. 233.
australis *Endl.* 233.
Schimperi Naud. 233.
Sida *L.* 48.
acuta *Burm. f.* 48.
carpinifolia L. f. 48.
cordifolia *L.* 48.
hernandioides L'Hér. 50.
humilis *Cav.* 49, 652.
indica L. 51.
linearifolia S. et T. 49.
linifolia *Cav.* 49, 652.
paniculata *L.* 49.
rhombifolia *L.* 49.
rostrata S. et T. 50.
rotundifolia K. Sch. 50.
rugosa Thoms. 48.
scabra S. et T. 50.
spinosa *L.* 49.
stipulata *Cav.* 48.
unilocularis L'Hér. 49.
urens *L.* 50.
veronicifolia Lam. v.
humilis K. Sch. 49.

Sida
Vogelii H. f. 48.
Sideroxylon dulcificum
A. DC. 321.
revolutum Bak. 322.
SIMARUBACEAE, 83.
Sinapis juncea L. 27.
Siphonanthus formicarum
Hiern, 438.
myricoides Hiern. 439.
splendens Hiern, 441.
volubilis Hiern, 441.
Smilax *L.* 561.
Kraussiana *Meisn.* 561.
— v. *Morsoniana* A. DC.
562.
Morsoniana Kth, 562.
Smithia *Ait.* 140.
Harmsiana *D. W.* 140.
strigosa *Bth.* 653.
strobilantha *Welw.* 140.
uguenensis *Taub.* 140.
SOLANACEAE, 391.
Solanum *L.* 391.
acanthocalyx *Kl.* 391.
aculeastrum *Dun.* 391.
aethiopicum *L.* 391,655.
Anguivi Hook. 392.
antidotum *Damm.* 391.
cerasiforme Dun. 395.
congense *Lk.* 392
Dewevrei *Damm.* 392.
duplosinuatum *Kl.* 392.
Durandi *Damm.* 392.
edule *S.* et *T.* 392.
esculentum *Dun.* 393.
guineense Lam. 394.
inconstans *C.H. Wright*,
392.
indicum *L.* 392.
Laurentii *D. W.* 393.
Laurentii Damm. 394.
Lescrauwaetii *D. W.*
393.
Lujaei D.W. et T.D.
394.
Lycopersicum L. 395.
macrocarpon *L.* 393.
— v. hirsutum *Damm.*
393.
Melongena *L.* 393.
Monteiroi *C. H. Wright*,
393.
mors-elephantum
Damm. 393.
Naumannii *Engl.* 393.
nigrum *L.* 393.
nodiflorum *Jacq.* 394.
Preussii *Damm.* 394.
Pynaertii *D. W.* 394.
Sapini *D. W.* 394.
Seaforthianum An-
drews, 391.
Sereti *D. W.* 394.
subcoriaceum *Th.* et
Hél, Dur. 394.

Solanum
symphyostemon D.W.
et T.D. 392.
Welwitschii *C. H.*
Wright, 394.
— v. strictum *C. H.*
Wright, 394.
Wildemanii *Damm.*395.
Zuccagnianum *Damm.*
395.
Solenostemon *S.* et *T.*
448.
bullulatus Briq 449.
monostachyus *Briq.*
448.
— v. amplifrons *Briq.*
448.
ocimoides *S.* et *T.* 448.
—v. *monostachyus* Bak.
448.
ocimoides Briq. 448.
Sonchus *L.* 317.
asper *Hill*, 317.
Dregeanus *DC.* 317.
oleraceus *L.* 317.
— v. spinosus O. et H.
317.
Schweinfurthii *O.* et *H.*
317.
spinosus Lam. 317.
taraxacifolius S. et *T.*
316.
Sopubia *Ham.* 405.
angolensis *Engl.* 405.
— v. angustipetala
Engl. 405.
Buchneri *Engl.* 405.
cana Hiern, 405.
Dregeana *Bth.* 405.
karaguensis *Oliv.* 405.
latifolia *Engl.* 406, 655.
Monteiroi *Skan*, 405.
ramosa *Hochst.* 406.
trifida *Ham.* 406.
— v. *ramosa* Engl. 406.
Sorghum halepense Nees,
626.
halepense Pers. 627.
Sorindeia *Thou.* 114.
Gilletii *D. W.* 114.
juglandifolia *Pl.* 115.
Kimuenzae *D. W.* 115.
Poggei *Engl.* 115.
Sparganophorus
Gaertn. 289.
Vaillantii *Gaertn.* 289.
Sparmannia *L. f.* 72.
abyssinica *Hochst.* 72.
Spathandra memecyloides
Bth. 216.
Spathodea *P. B.* 409.
campanulata *P. B.* 409.
laevis P. B. 409.
lutea Bth. 410.
nilotica *Seem.* 409, 655.
tomentosa Bth. 410.

Spermacoce dibrachiata
 Oliv. 286.
 hebecarpa Oliv. 286.
 ocimoides Burm. 286.
 ramisperma Pohl, 286.
 Ruelliae DC. 287.
 senensis Hiern, 287.
 serrulata P. B. 286.
 stricta L. f. 287.
Sphaeranthus L. 302.
 flexuosus *O. Hoffm.* 302.
 polycephalus *O. et H.*
 302.
 suaveolens *DC.* 302.
Sphaerocodon *Bth.* 365.
 platypoda *K. Sch.* 365.
Sphaerodendron angolense
 Seem. 239.
Sphaerosicyos *H. f.* 229.
 Meyeri H. f. 229.
 sphaericus *Cogn.* 229.
Sphenoclea *Gaertn.* 318.
 zeylanica *Gaertn.* 318.
Sphenostylis *E. Mey.*
 153.
 angustifolia *Sond.* 153.
 katangensis *Harms,*
 153.
 stenocarpa *Harms,* 154.
 — v. latifoliolata *D. W.*
 154.
Spilanthes L. 307.
 Acmella *Murr.* 307.
 — v. oleracea *Cl.* 307.
 oleracea L. 307.
Spirodela *Schleid.* 592.
 polyrrhiza *Schleid.* 592.
Spondias L. 113.
 angolensis O.Hoffm.114.
 aurantiaca S. et T. 113.
 dubia A. Rich. 113.
 lutea *L.* 113.
 microcarpa A.Rich. 114.
 Mombin L. 113.
 Myrobalanus L. 113.
Sponia guineensis Planch.
 501.
Sporobolus *R. Br.* 641.
 barbigerus *Franch.* 641.
 breviglumis *Hack.* 641.
 capensis *Kth,* 642.
 indicus *R. Br.* 641.
 mayumbensis *Franch.*
 641.
 Molleri *Hack.* 641.
 robustus *Kth,* 641.
 strictus *Franch.* 642.
Stachytarpheta *Vahl,*
 435.
 angustifolia *Vahl,* 435.
 indica *Vahl.* 435.
 jamaicensis *Vahl,* 435.
Staphylosyce Barteri H. f.
 231.
Staphysora Sapini D.W.
 486.

Stathmostelma *K. Sch.*
 361.
 chironioides *K. Sch.* 361.
 incarnatum *K. Sch.* 361.
 Laurentianum *A. Dew.*
 361.
 pedunculatum *K. Sch.*
 361.
 Verdickii *D. W.* 361.
 Verdickii D.W. 361.
 Wildemanianum *Th.* et
 Hél. Dur. 361.
Staurospermum verticilla-
 tum S. et T. 288.
Steganotaenia araliacea
 Hochst. 238.
Stellularia inflata D.W.
 402.
Stenanthera *Engl.* et
 Diels, 22.
 pluriflora *D. W.* 22.
Stephania *Lour.* 25.
 laetificate *B.* et *H. f.* 25.
Stephegyne africana
 Walp. 240.
 stipulata B. et H. f. 240.
Sterculia L. 60.
 acuminata P. B. 61.
 caricifolia G. Don, 61.
 cordifolia Cav. 62.
 katangensis *D. W.* 60.
 pedunculata *D. W.* et
 T.D. 60.
 pubescens G. Don, 60.
 quinqueloba *K. Sch.* 60,
 652.
 Tragacantha *Ldl.* 60.
 verticillata S. et T. 61.
STERCULIACEAE, 60.
Stereospermum *Cham.*
 411.
 Arnoldianum *D. W.* 411.
 dentatum A. Rich. 411.
 Harmsianum *K. Sch.*
 411.
 katangense *D. W.* 411.
 Kunthianum *Cham.*
 411, 655.
 Verdickii *D. W.* 411,
 655.
Stictocardia *Hall. f.*
 391.
 beraviensis *Hall. f.* 391.
Stipa capensis Thunb. 622.
Stipularia P. B. 253.
 africana *P. B.* 253.
 — v. hirsuta *D. W.* 253.
 elliptica *Schw.* 253.
 — v. hisuta *D. W.* 253.
Stironeuron stipulatum
 Rdlk. 322.
Stizolobium pruriens Medic. 148.
 urens Pers. 149.

Streptocarpus *Ldl.* 408.
 katangensis *D. W.* et
 T.D. 408.
Streptogyne crinita P. B.
 648.
Striga *Lour.* 403.
 Dewevrei *D. W.* et *T.D.*
 403.
 Forbesii *Bth.* 403.
 gesnerioides *Vatke,* 403.
 hermonthica *Bth.* 403.
 hirsuta *Bth.* 403.
 lutea *Lour.* 403.
 macrantha Bth. 402.
 orobanchoides *Bth.* 403,
 404.
Stroemia trifoliata S. et
 T. 33.
Strombosiopsis *Engl.*
 98.
 congolensis *D. W.* et *T.*
 D. 98.
Strophanthus *DC.* 346.
 Arnoldianus *D. W.* et
 T.D. 346.
 bracteatus Franch. 348.
 Demeusei *A. Dew.* 346.
 Dewevrei *D. W.* 346,654.
 ecaudatus Rolfe, 349.
 gardeniiflorus *Gilg,* 347.
 Gilletii D.W. 349.
 hispidus *DC.* 347.
 — v. Bosere *D. W.* 347.
 holosericeus *K. Sch.* 347.
 intermedius *Pax,* 347.
 - v. Bieleri *D. W.* 347.
 Ledieni *Stein,* 347.
 Paroissei Franch. 348.
 parviflorus *Franch.* 346.
 parviflorus D.W. et *T.*
 D. 346.
 Preussii *Engl.* et *Pax,*
 348.
 — v. brevifolius *D. W.*
 348.
 sarmentosus *DC.* 348.
 Tholloni D.W. 347.
 Verdickii D.W. 349.
 Welwitschii *K. Sch.*
 349.
 Wildemanianus *Gilg,*
 349.
Struthium africanum P.
 B. 289.
Strychnos L. 371.
 congolana *Gilg,* 371,654.
 densiflora *Baill.* 371.
 Dewevrei *Gilg,* 371.
 floribunda *Gilg,* 371.
 Gilletii *D. W.* 371.
 gracillima *Gilg,* 372.
 —v. paucispinosa *D. W.*
 372.
 innocua *Del.* 372.
 Kipapa *Gilg,* 372.
 longecaudata *Gilg,* 372.

Strychnos
occidentalis Solered.372.
pungens *Solered*. 372.
scandens S. et T. 330.
Schweinfurthii *Gilg*,
372.
suaveolens Gilg, 371.
suberosa *D. W*. 372.
Unguacha *A. Rich*. 373.
— v. obovata *D. W*. 373.
variabilis *D. W*. 373.
Stylarthropus Laurentii
Lindau, 422.
Stuhlmannii Lindau,
422.
Stylosanthes *Sw*. 141.
erecta *P. B*. 141.
Swartzia *Schreb*. 169.
madagascariensis *Desv*.
169.
Symphonia *L. f*. 45.
gabonensis Pierre, 45.
globulifera *L. f*. 45.
— v. africana *Vesq*. 45.
— v. gabonensis *Vesq*.
45.
Synclisia *Bth*. 25.
scabrida *Miers*, 25.
Syngonanthus *Ruhl*.
593.
Schlechteri *Ruhl*. 593.
Synsepalum *Baill*. 321.
dulcificum *Daniell*, 321.
stipulatum *Engl*. 321.
Syzygium *Gaertn*. 203.
cordatum *Hochst*. 203.
cordifolium Kl. 203.
owariense *Bth*. 203.

T

Tabernaemontana Barteri
H. f. 342.
durinervis T.D. et
Schinz, 343.
durissima Stapf, 343.
eglandulosa Stapf, 343.
erythrophthalma K.
Sch. 352.
nitida Stapf, 338.
pachysiphon Stapf, 338.
penduliflora K. Sch.
344.
Smithii Stapf, 344.
Thonneri T.D. et D.W.
344.
Tabernanthe *Baill*. 342.
albiflora Stapf, 342.
Bocca *Stapf*, 342.
Iboga *Baill*. 342.
Iboga Oliv. 342.
tenuiflora *Stapf*, 342.
Tacazzea *Decne*. 356.
apiculata *Oliv*. 356.
pedicellata *K. Sch*. 356.

Tacca *Forst*, 558.
pinnatifida *Forst*, 558.
TACCACEAE, 558.
Tachiadenus continenta-
lis Bak. 374.
Taeniocarpum articula-
tum Desv. 155.
Tagetes *L*. 309.
Gilletii *D. W*. 309.
patula *L*. 309.
Talinum *Adans*. 43.
crassifolium *W*. 43.
cuneifolium *W*. 43.
patens *W*. 33.
Tamarindus *L*. 178.
indica *L*. 178.
Tanacetum heptalobum
DC. 309.
Tardavel dibrachiata
Hiern, 286.
scabra Hiern, 287.
stricta Hiern, 287.
Tarenna *Gaertn*. 257.
congensis *Hiern*, 257.
Gilletii D.W. et T.D.
266.
nigrescens Hiern, 266.
Teclea *Del*. 81.
Engleriana *D. W*. 81.
Telanthera *R. Br*. 460.
maritima *Moq*. 460.
Telfairea *Hook*. 225.
pedata *Hook*. 225.
Tephrosia *Pers*. 131.
bracteolata *G.* et *P*. 131.
Butayei *D. W*. et *T.D*.
131.
curvata *D. W*. 131.
digitata DC. 132.
elegans Sch. 131.
katangensis *D. W*. 131.
Kindu *D. W*. 131.
Laurentii *D. W*. 131.
linearis *Pers*. 132.
lupinifolia *DC*. 132.
— v. digitata *Bak*. 132.
megalantha *M. Mich*.
132.
nseleensis *D. W*. 132.
noctiflora *Boj*. 132.
Verdickii *D. W*. 133.
villosa *Pers*. 133.
Vogelii *H. f*. 133.
Terminalia *L*. 195.
Catappa *L*. 195.
Dewevrei *D. W*. et *T.D*.
195.
superba *Engl*. 195.
torulosa F. Hoffm. 195.
Tetracera *L*. 16.
alnifolia *W*. 16, 651.
alnifolia Auct. 16.
— v. Demeusei D.W.16.
Demeusei *D. W*. 16.
fragrans D.W.etT.D.17.
Gilletii *D. W*. 16.

Tetracera
Masuiana *D. W*. et *T.D*.
16.
obtusata D.W. et *T.D*.
17.
podotricha *Gilg*, 16.
— v. glabrescens *D. W*.
16.
Poggei *Gilg*, 17.
rosiflora *Gilg*, 17.
Stuhlmanniana *Gilg*, 17.
— v. occidentalis *D. W*.
17.
Tetrapleura *Bth*. 184.
Thonningii *Bth*. 184.
Thalia *L*. 548.
coerulea *Ridl*. 548.
geniculata *L*. 549.
Schumanniana *D. W*.
549.
Thalictrum *L*. 15.
rhynchocarpum *Del*. et
Rich. 15.
Thaumatococcus *Bth*.
545.
Daniellii *Bth*. 545.
Themeda *Forsk*. 627.
ciliata *Hack*. 627.
Forskahlii *Hack*. 627.
— v. glauca *Hack*. 627.
Theobroma *L*. 66.
Cacao *L*. 66.
Thesium *L*. 476.
doloense *Pilger*, 476.
Thespesia *Cav*. 58.
Debeerstii *D. W*. et *T.D*.
58.
populnea *Soland*. 58.
Thevetia *L*. 339.
neriifolia *Juss*. 339.
Thomandersia *Baill*.
426.
Butayei *D. W*. 426.
congolana *D. W*. et *T.
D*. 426.
— v. grandifolia *D. W*.
427.
Hensii D.W. et T.D.
427.
— v. latifolia D.W.427.
— v. longipetiolata D.
W. 427.
Laurentii *D. W*. 427.
laurifolia *Baill*. 427.
— v. latifolia *Th*. et
Hél. Dur. 427.
— v. longipetiolata *Th*.
et *Hél. Dur*. 427.
Thonningia *Vahl*, 476.
sanguinea *Vahl*, 576.
Thunbergia *L. f*. 414.
affinis *S. Moore*, 414.
alata *Boj*. 414.
erecta *T. And*. 414.
graminifolia *D. W*. 414.
kamerunensis Lindau,
415.

Thunbergia
katangensis *D. W*. 414.
lathyroides *Burkill*, 414.
Liebrechtsiana *D. W*. et
T. D. 414.
longepedunculata *D. W*.
414.
Michelana *D. W*. 414.
parvifolia *Lindau*, 414.
proxima *D. W*. 414.
Stuhlmanniana *Lindau*,
415.
Thonneri *D. W*. et *T. D*.
415.
Verdickii *D. W*. 415.
Vogeliana *Bth*. 415.
Vossiana *D. W*. 415.
THYMELACACEAE. 470.
Thyrsodium *Bth*. 114.
africanum *Engl*. 114.
Thysanolaena *Nees*,
628
acarifera *Nees*, 628.
Tiaridium indicum
Lehm. 378.
TILIACEAE, 68.
Tinnaea *K*. et *P*. 454.
platyphylla *Briq*. 454.
Torenia *L*. 400.
affinis *D. W*. 400.
parviflora *Ham*. 400.
— v. brevipedicellata
D. W. 400.
Tounatea madagascarien-sis Taub. 169.
Toxocarpus *W*. et *A*. 357.
Lujaei *D. W*. 357.
Trachyphrynium *Bth*.
546.
Braunianum Bak. 546.
Dauckelmannianum *J.
Br*. et *K. Sch*. 546.
Liebrechtsianum *D. W*.
et *T. D*. 546.
Poggeanum *K. Sch*. 547.
Preussianum K. Sch.
547.
violaceum *Ridl*. 547.
Trachypogon *Nees*, 622.
capensis Trin. 622.
polymorphus *Hack*. v.
Montufari *Hack*. 622.
— subv. capensis *Hack*.
622.
Tragia *L*. 498.
cordifolia *Bth*. 498.
Descampsii *D. W*. 498.
lukafuensis *D. W*. 498.
Mercurialis L. 492.
tenuifolia *Bth*. 498.
volubilis *L*. 498.
Zenkeri *Pax*, 498.
Treculia *Decne*, 510.
africana *Engl*. 510.
Dewevrei *D. W*. et *T. D*.
510.

Treculia
Engleriana *D. W*. et
T. D. 510.
Trema *Lour*. 501.
guineensis *Ficalho*, 501.
— f. strigosa *Buett*. 501.
Trewia africana Baill. 491.
Trianosperma africanum
H. f. 233.
Tricalysia *A. Rich*. 264.
aurantiodora *D. W*. 264.
coriacea *Hiern*. 264.
Crepiniana *D. W*. 264.
— v. elliptica *D. W*. 264.
Dewevrei *D. W*. et *T. D*.
264.
djumaensis *D. W*. 264.
griseiflora K. Sch. v.
longestipulata D. W. et
T. D. 265.
Hensii *D. W*. 264.
katangensis *D. W*. 264.
Laurentii *D. W*. 264.
longestipulata *D. W*. et
T. D 265.
petiola a *D. W*. 265
Pynaertii *D. W*. 265.
reticulata *Hiern*, 265.
roscoides *D. W*. et *T. D*.
265.
Sapini *D. W*. 265.
Sereti *D. W*. 265.
Welwitschii *K. Sch*. 265.
Trichelostylis complanata
Nees, 616.
Trichilia *L*. 92.
emetica *Vahl*, 92.
Gilletii *D. W*. 92.
Laurentii *D. W*. 92.
Pynaertii *D. W*. 92.
quadrivalvis *C. DC*. 93.
retusa *Oliv*. 93.
Trichodesma *R. Br*. 379.
Droogmansianum *D. W*.
et *T. D*. 379.
zeylanicum *R. Br*. 379.
Trichodon Phragmites
Rendle, 615.
Tricholaena *Schrad*.
635.
rosea *Nees*, 635.
sphacelata *Bth*. 635.
Trichopteryx *Nees*, 642.
arundinacea *Hack*. 642.
flammida *Bth*. 642.
Trichoscypha Braunii
Engl. 115.
congoensis Engl. 115.
Laurentii D.W. 115.
Oddoni D.W. 115.
Trichostachys *H. f*. 284.
Laurentii *D. W*. 284.
microcarpa *K. Sch*. 284,
654.
Trifolium *L*. 126.

Trifolium
Goetzenii *Taub*. 126.
Tristemma *Juss*. 205.
cornifolium Triana, 209.
Demeusei *D. W*. 205.
erectum G. et P. 209.
grandifolium *Gilg*, 206.
— v. congolanum *D. W*.
206.
hirtum *Vent*. 206.
incompletum *R. Br*. 206.
— v. *grandifolium*
Hiern, 206.
leiocalyx *Cogn*. 206.
littorale *Bth*. 207.
roseum *Gilg*, 207.
Schumacheri Auct. 206.
Schumacheri G. et P.
206.
— v. *grandifolium* Cogn.
206.
— v. *littorale* H. f. 207.
segregatum Triana, 212.
vincoides *Gilg*, 207.
Tristicha, *Thou*. 465.
alternifolia *Thou*. 465.
Triumfetta *L*. 70.
cordifolia A. Rich. 72.
Descampsii *D. W*. et
T. D. 70.
dubia *D. W*. 70.
Gilletii *D. W*. 70.
heliocarpa *K. Sch*. 71.
Hensii *D. W*. et *T. D*. 71.
intermedia *D. W*. 71.
iomalla *K. Sch*. 71, 651.
longiseta A. Rich. 72.
orthacantha *Welw*. 71.
pilosa *Roth*, 71.
rhomboidea *Jacq*. 71.
semitriloba *Jacq*. 71.
— v. africana *K. Sch*. 72.
setulosa *D. W*. et *T. D*.
70.
trachystoma *K. Sch*. 72.
trilocularis G. et P. 71.
velutina Vahl. 71.
Welwitschii *Mast*. 72.
Trochomeria *H. f*. 226.
macrocarpa *H. f*. 226.
— v. Welwitschii *Cogn*.
226.
Trymatococcus *Poepp*.
et *Endl*, 503.
Gilletii *D. W*. 503.
kameruianus *Engl*.
503, 656.
hamerunensis Engl. 656.
Tubiflora acaulis O. K.
415.
paucisquamosa, D. W. et
T. D. 415.
squamosa Lindau, 415.
Tuckeya Candelabrum
Gaud. 587.
TURNERACEAE, 221.

Turraea L. 91.
Cabrae D. W. et T.D. 91.
Laurentii D. W. 91.
Vogelii H. f. 91, 652.
Turraeanthus Baill. 91.
Klainei Pierre, 91.
Tyloglossa palustris Hochst. 430.
Tylophora R. Br. 365.
congoensis Schlt. 365.
Gilletii D. W. 365.
gracilis D. W. 365.
sylvatica Decne, 365.

U

Uapaca Baill 485
Bossenge D. W. 485.
ealaensis D. W. 485.
Heudelotii Baill. 485.
Laurentii D. W. 485.
Marquesii Pax, 485, 655.
microphylla Pax, 485.
— v. Hendrickxii D. W. 485.
Mole Pax, 485.
Pynaertii D. W. 485.
Sereti D. W. 485.
Van Houttei D. W. 436.
UMBELLIFERACEAE, 237
Uncaria Schreb. 241.
a'ricana G. Don, 241.
Unona L F. 19.
æthiopica Dunal, 20.
congensis Engl. et Diels, 19.
Eminii Engl. 19.
ferruginea Oliv. 19.
glauca Engl. et Diels, 19.
oxypetala DC. 21.
Uragoga L. 285.
ceratoloba K. Sch. 285.
peduncularis K.Sch.285.
Thonneri D. W. et T.D. 285.
Uraria Desv. 145.
picta Desv. 145.
Urceola Roxb. 355.
esculenta Bth. 355.
Urelytrum Hack. 622.
giganteum Pilger, 622.
Urena L. 51.
americana L. 52.
diversifolia S. et T. 52.
lobata L. 51.
— v. reticulata Guerke, 52.
obtusata G. et P. 52.
virgata G. et P. 52.
Urera Gaud. 512.
aestuans L. 511.
arborea D. W. et T.D. 512.

Urera
cameroonensis Wedd. 512.
congolensis D. W. et T.D. 512.
Dewevrei D. W. et T.D. 512.
Gilletii D. W. 512.
Laurentii D. W. 512.
oblongifolia Bth. 512.
Thonneri D. W. et T.D. 512.
Urginea Steinh. 570.
altissima Bak. 570.
micrantha Solms, 570.
viridula Bak. 571.
Urophyllum Wall. 250.
callicarpoides Hiern, 250
caudatum Bak. 571.
Dewevrei D. W. et T.D. 250.
Gilletii D. W. et T.D. 251.
Liebrechtsianum D. W. et T.D. 251.
verticillatum D. W. et T.D. 251.
viridiflorum Schw. 251.
Urtica condensata Hochst, 512.
interrupta L. 511.
URTICACEAE, 501.
Uruparia africana O. K. 241.
Usteria W. 370.
guineensis W. 370.
vulgaris Afz. 371.
Utricularia L. 406.
andongensis Welw. 406
Benjaminiana D. W. 407.
conferta Wight, 407.
exoleta R. Br. 407.
flexuosa Vahl. 407.
— v. flexuosa Kam. 407.
Gilletii D. W. 407.
inflexa Vahl, 408.
obtusa Sw. 407.
obtusata Sw. 407.
reflexa Oliv. 408.
stellaris L. f. v inflexa T.D. et Sch. 408.
subulata L. 408.
— v. minuta Kam. 408.
Thonningii Sch. 408.
tortilis Welw. 408.
— v. andongensis Kam. 407.
tricrenata Bak. 407.
Uvaria L. 17.
brevistipitata D. W. 17.
Cabrae D. W. 17.
glabrata Engl. et Diels, 17.

Uvaria
latifolia Engl. et Diels, 18, 651.
— v. luluensis Engl. et Diels, 18.
Mocoli D. W. et T.D. 18.
parviflora G. et P. 21.
Poggei Engl. et Diels,18.
scabrida Oliv. 18.
Smithii Engl. et Diels, 18.
verrucosa Engl. et Diels, 18.

V

Vahadenia Stapf, 325.
Laurentii Stapf, 325.
— v. grandiflora Stapf, 325.
— f. obtusifolia D. W. 325.
Vahea comorensis Boj. 327.
elastica Kl. 329.
florida F. Muell. 326.
owariensis F. Muell.329.
Vallisneria L. 514.
spiralis L. 514.
Vandellia L. 400.
diffusa L. 400.
Vangueria Juss. 269.
brachytricha K. Sch. 269.
canthioides Bth. 269.
Demeusei D. W. 270.
Dewevrei D. W. et T.D. 270.
infausta Burch. 270.
katangensis K.Sch. 270.
Laurentii D. W. 270.
rubiginosa K. Sch. 270.
tristis K. Sch. 270.
Verdickii K. Sch. 270.
Vanilla Sw. 532.
acuminata Rolfe, 532.
africana Ldl. 533.
cucullata Krzl. 533.
grandifolia Ldl. 533.
Laurentiana D. W. 533.
— v. Gilletii D. W. 533.
Lujae D. W. 533.
Vatica L. 47.
africana Welw. 47.
— v. hypoleuca Oliv. 48.
hypoleuca Welw. 48.
katangensis D. W. 48.
Vausagesia Baill. 90.
africana Baill. 90.
Vellozia Vand. 558.
aequatorialis Rendle, 558.
Ventenatia glauca P.B. 36.
Ventilago Gaertn. 103.
leiocarpa Bth. 103.
maderaspatana Bth.103.

Verbena indica L. 435.
VERBENACEAE, 434.
Verbesina Acmella L. 307.
  alba L. 305.
Verdickia *D. W.* 569.
  katangensis *D. W.* 569.
Vernonia *Schreb.* 290.
  acrocephala *Klatt*, 290.
  amygdalina *Delile*, 290.
  arborea Welw. 291.
  aristata Sch. et B. 294.
  armerioides *O. Hoffm.* 290.
  — v. tomentosa *O. Hoffm.* 290.
  auriculifera *Hiern*, 290.
  — v. auric. defic. *O. Hoffm.* 290.
  Burtoni *O.* et *H.* 291.
  Calvoana *H. f.* 291.
  cinerea *Less.* 291.
  conferta *Bth.* 291.
  — v. Sereti *D. W.* 291.
  clinopodioides *O.Hoffm.* 291.
  cruda *Klatt*, 291.
  cylindrica A. Rich. 294.
  Dekindtii O. Hoffm. 293.
  Dupuisii *Klatt*, 292.
  Fischeri *O. Hoffm.* 292.
  gerberiformis *O.* et *H.* 292.
  glaberrima *Welw.* 292.
  grandis *Boj.* 292.
  Grantii *Oliv.* 292.
  hamata *Klatt*, 292.
  Hensii *Klatt*, 292.
  infundibularis *O.* et *H.* 292.
  jugalis *O.* et *H.* 292.
  — v. Dekindtii *Hiern*, 293.
  katangensis *O. Hoffm.* 293.
  lasiolepis *O. Hoffm.* 293.
  Melleri *O.* et *H.* 293.
  misera O. et H. 290.
  Napus *O. Hoffm.* 293.
  — f. angustifolia *O. Hoffm.* 293.
  — f. latifolia *O. Hoffm.* 293.
  natalensis *Sz-B.* 293.
  pandurata *Link*, 294.
  podocoma *Sz-B.* 294.
  Poggeana *O. Hoffm.* 294.
  Poskeana *Vatke* et *Hildebr.* 294.
  — v. chlorolepis *O. Hoffm.* 294.
  potamophila *Klatt*, 294.
  quangensis *O. Hoffm.* 295.
  — v. tomentosa *O. Hoffm.* 295.

Vernonia
  senegalensis *Less.* 295.
  Sereti *D. W.* 295.
  sericolepis *O. Hoffm.* 295.
  Smithiana *Less.* 295.
  suprafastigiata *Klatt*, 295.
  Teuszii *Klatt*, 296.
  ulophylla *O. Hoffm.* 296.
  undulata *O.* et *H.* 296.
  Verdickii *O. Hoffm.* 296.
  vernicata *Klatt*, 296.
  violacea *Oliv.* 296.
Verulania corymbosa DC. 274.
Vigna *Savi*, 151.
  Afzelii *Bak.* 151.
  ambacensis *Welw.* 151.
  angustifolia H. f. 154.
  capensis Walp. 153.
  capitata *D. W.* 151.
  Catjang L. 153.
  esculenta *D. W.* 151.
  glabra Savi, 152.
  gracilis *H. f.* 151.
  hastifolia *Bak.* 151.
  katangensis *Th.* et *Hél. Dur.* 151.
  katangensis D.W. 154.
  Laurentii *D. W.* 151.
  luteola *Bth.* 152.
  —v. villosa *M. Mich.* 152.
  micrantha *Harms*, 152.
  ornata Welw. 154.
  — v. *latifoliolata* D.W. 154.
  pubigera *Bak.* 152.
  punctata M. Mich. 154.
  reticulata *H. f.* 152.
  scabra *D. W.* 152.
  sinensis *Endl.* 152.
  triloba *Walp.* 153.
  tuberosa A. Rich. 153.
  venulosa *Bah.* 153.
  vexillata *Bth.* 153.
  — v. angustifolia *Bak.* 154.
Vignaudia luteola Schw. 249.
Vignopsis *D. W.* 153.
  lukafuensis *D. W.* 153.
Vilfa capensis P.B.642,716
Vinca rosea L. 341.
Vincentia revoluta Pierre, 322.
Vincetoxicum polyanthum K. Sch. 364.
Viola *L.* 33.
  abyssinica *St.* 33.
  guineensis Schum. et Thonn. 33.
VIOLACEAE, 33.
Virecta *Sm.* 247.
  multiflora *Sm.* 247.
  procumbens *Sm.* 247.

Viscum *L.* 475.
  congolense *D. W.* 475.
  Gilletii *D. W.* 475.
  lenticellatum *D. W.* 476.
  obscurum *Thunb.* 476.
  —v. decurrens *Engl.* 476.
Vismia *Vell.* 44.
  affinis *Oliv.* 44.
  Laurentii *D. W.* 44.
  rubescens *Oliv.* 44.
Vitex *L.* 436.
  aesculifolia *Bak.* 436.
  Buchneri *Guerke*, 655.
  camporum *Buett.* 436, 655.
  Cienkowskii *K.* et *P.* 436.
  congolensis *D. W.* et *T. D.* 436.
  congorum Buett. 655.
  Dewevrei *D. W.* et *T.D.* 437.
  ferruginea *S.* et *T.* 437.
  Gilletii *Guerke*, 437.
  lukafuensis *D. W.* 437.
  lundensis *Guerke*, 437.
  madiensis Oliv. 436.
  Mombassae *Vatke*, 437.
  Poggei *Guerke*, 437.
  rufescens Guerke, 437.
Vitis abyssinica Hochst. 104.
  adenocaulis Miq. 105.
  aralioides Welw. 105.
  Chantinii Lecard, 105.
  constricta Bak. 105.
  cornifolia Bak. 106.
  debilis Bak. 106.
  diffusiflora Bak. 106.
  furinosa Welw. 106.
  Guerkeana Buett. 107.
  ibuensis Bak. 107.
  producta Afz. 108.
  rubiginosa Welw. 107.
  Smithiana Bak. 108.
  suberosa Welw. 108.
  tenuicaulis Bak. 108.
  Thonningii Bak. 105.
Voacanga *Thou,* 344.
  africana *Stapf*, 344.
  angolensis *Stapf*, 345.
  glabra K. Sch. 344.
  obtusa K. Sch. 345.
  obtusata K. Sch. 345.
  psilocalyx *Pierre*, 345.
  puberula *K. Sch.* 345.
  Schweinfurthii T.D. et D.W. 344.
  Schweinfurthii D.W. et T.D. 345.
  Thouarsii *R.* et *S.* 654.
Voandzeia *Thou.* 155.
  subterranea *Thou.* 155.
Vossia *Wall.* 622.
  procera *Wall.* et *Griff.* 622.

Vouapa coerulea D. W. 175.
  macrophylla Baill. 176.
  Palisotii Baill. 175.
Voyria primuloides Bak.
  375.

W

Walleria *Kirk*, 572.
  angolensis *Bak.* 572.
  Mackenii *T. Kirk*, 572.
Waltheria *L.* 65.
  africana S. et T. 65.
  americana *L.* 65.
  arborescens Cav. 65.
  guineensis S. et T. 65.
  indica L. 65.
  virgata G. Don, 263.
Webbia aristata DC. 294.
  Smithiana DC. 295.
Weihea *Spreng.* 194.
  africana *Bth.* 194.
Whitfieldia *Hook.* 421.
  Arnoldiana *D. W.* et
    T.D. 421.
  elongata *D. W.* et *T.D.*
    421.
  — v. Dewevrei *D. W.* et
    T.D. 421.
  Gilletii *D. W.* 421.
  lateritia *Hook.* 421.
  Laurentii *Cl.* 422.
  Liebrechtsiana *D. W.* et
    T.D. 422.
  longiflora TD. et Sch.
    241.
  longiflora S. Moore. 422.
  longifolia T. And. 421,
    422.
  Stuhlmannii *Cl.* 422.
  subviridis *Cl.* 422.
  sylvatica *D. W.* 422.
Willoughbeya scandens
  Hiern, 298.
Willughbeia cordata Kl.
  327.
Wissadula Medic. 50.
  hernandioides *Guerke*,
    50.
  rostrata *Planch.* 50, 652.

Wormskioldia *S.* et *T.*
  221.
  heterophylla S. et T. 222.
  lobata *Urban*, 221.
  pilosa *Schw.* 222.
Wrightia Stuhlmannii K.
  Sch. 352.

X

Xeranthemum fulgidum
  L. f. 303.
Xylophylla obovata W.
  484.
Xylopia *L.* 20.
  acutiflora Bth. 21.
  aethiopica *A. Rich.* 20.
  aurantiodora D. W. et
    T.D. 22.
  Bokoli *D. W.* et *T.D.* 20.
  Butayei *D. W.* 20.
  congolensis *D. W.* 21.
  De Keyzeriana *D. W.* 21.
  Dunaliana Vallot, 21.
  Gilletii *D. W.* 21.
  katangensis *D. W.* 21.
  longipetala D.W. et T.
    D. 21.
  odoratissima *Welw.* 21.
  oxypetala *Oliv.* 21.
  parviflora *Engl.* et *Diels*,
    21.
  Poggeana *Engl.* et *Diels*,
    22.
  undulata P. B. 20.
  Wilwerthii *D. W.* et *T.*
    D. 22.
  — v. cuneata *D. W.* 22.
Xylopicum aethiopicum
  O. K. 20.
  Dunalianum T.D. et
    Sch. 21.
  odoratissimum O. K. 21.
  parviflorum O. K. 21.
XYRIDACEAE, 573.
Xyris *L.* 573.
  angustifolia *D. W.* et *T.*
    D. 573.
  capensis *Thunb.* 573.
  congensis *Bth.* 573.

Xysmalobium *R. Br.*
  358.
  andongense Hiern, 358
  decipiens *N. E. Br.* 358.
  dissolutum K. Sch. 358.
  Holubii *S.-Elliott*, 358.
  Holubii S.-Elliott. 358.
  spathulatum *N. E. Br.*
    358.
  tricorniculatum *Th.* et
    Hél. Dur. 358.

Z

Zamioculcas Boivini
  Decne. 588.
  —v. *angustifoliolatus* D.
    W. et T.D. 588.
Zanthoxylum macrophyl-
  lum Oliv. 81.
Zapania nodiflora Lam.
  435.
Zea *L.* 621.
  Mays *L.* 621.
Zeuxine *Ldl.* 533.
  elongata *Rolfe*, 533.
Zingiber *Adans.* 542.
  officinale *Rosc.* 542.
ZINGIBERACEAE, 539.
Zinnia *L.* 305.
  elegans *Jacq.* 305.
Zizyphus *L.* 104.
  espinosus *Buett.* 104.
  insularis C. Sm. 104.
  Jujuba *Lam.* 104.
  — v. obliquifolia *Engl.*
    104.
Zornia *Gmel.* 141.
  angustifolia G. et P. 141.
  diphylla *Pers.* 141.
  glochidiata Rchb. 141.
  gracilis DC. 141.
Zygia Brownei Walp. 187.
  fastigiata E. Mey. 188.
Zygodia *Bth.* 354.
  axillaris *Bth.* 353.
  subsessilis *Bth.* 354.
Zygonerion Welwitschii
  Baill. 349.
Zygostigma guineense G. et
  P. 293.

CORRECTIONS

Page 245, **Oldenlandia macrophylla** DC., supprimer cette espèce et la rapporter
  avec les habitations au **Pentodon pentander** Vatke.

Page 410, **Dolichandrone tomentosa** Benth., même observation et la réunir au
  Markhamia tomentosa K. Schum.

Page 507, **Ficus Nekbudu**... et non **Nekbuku**.

Page 642, **Vilfa capensis** P. B., même observation et la réunir au **Sporobolus
  capensis** Kunth.

17. 50

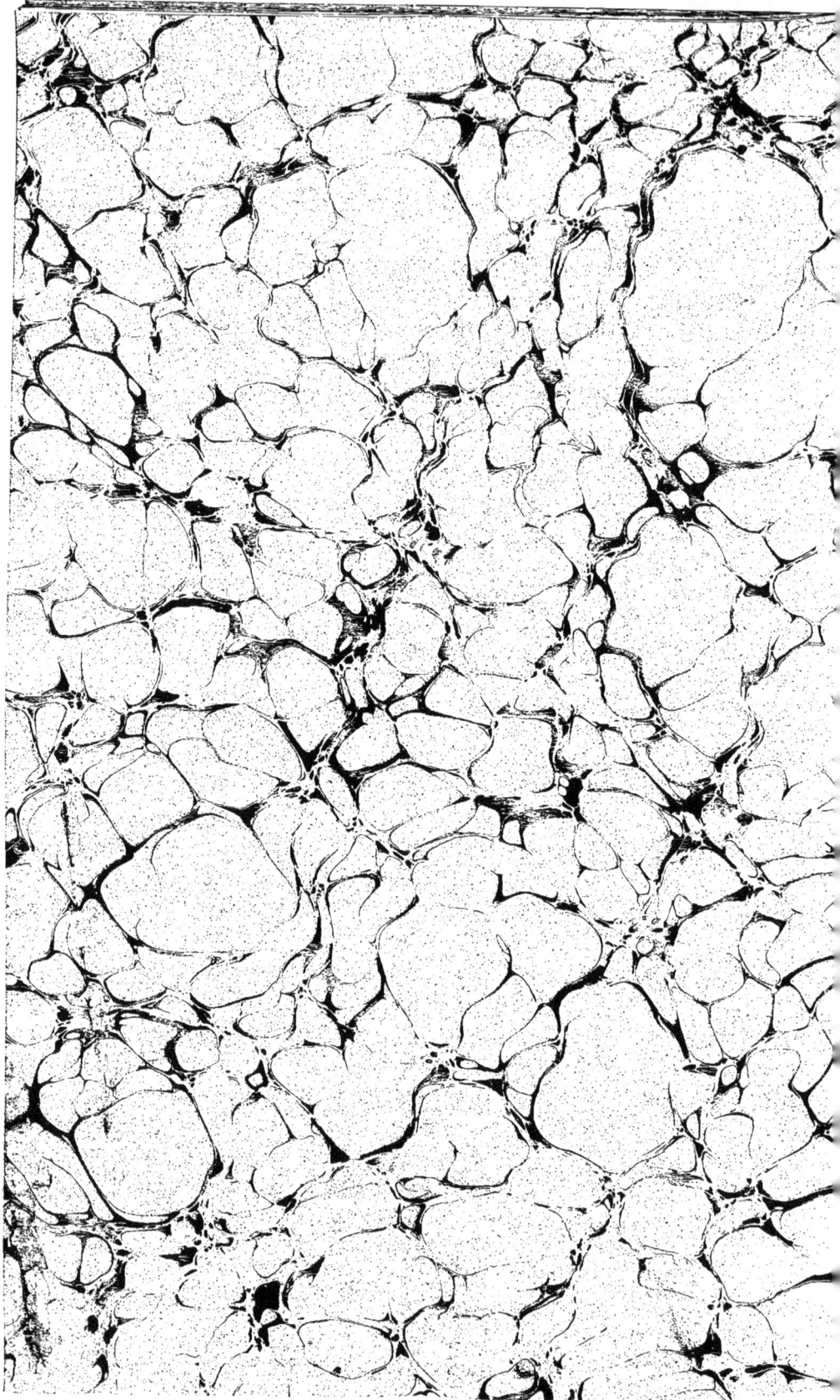

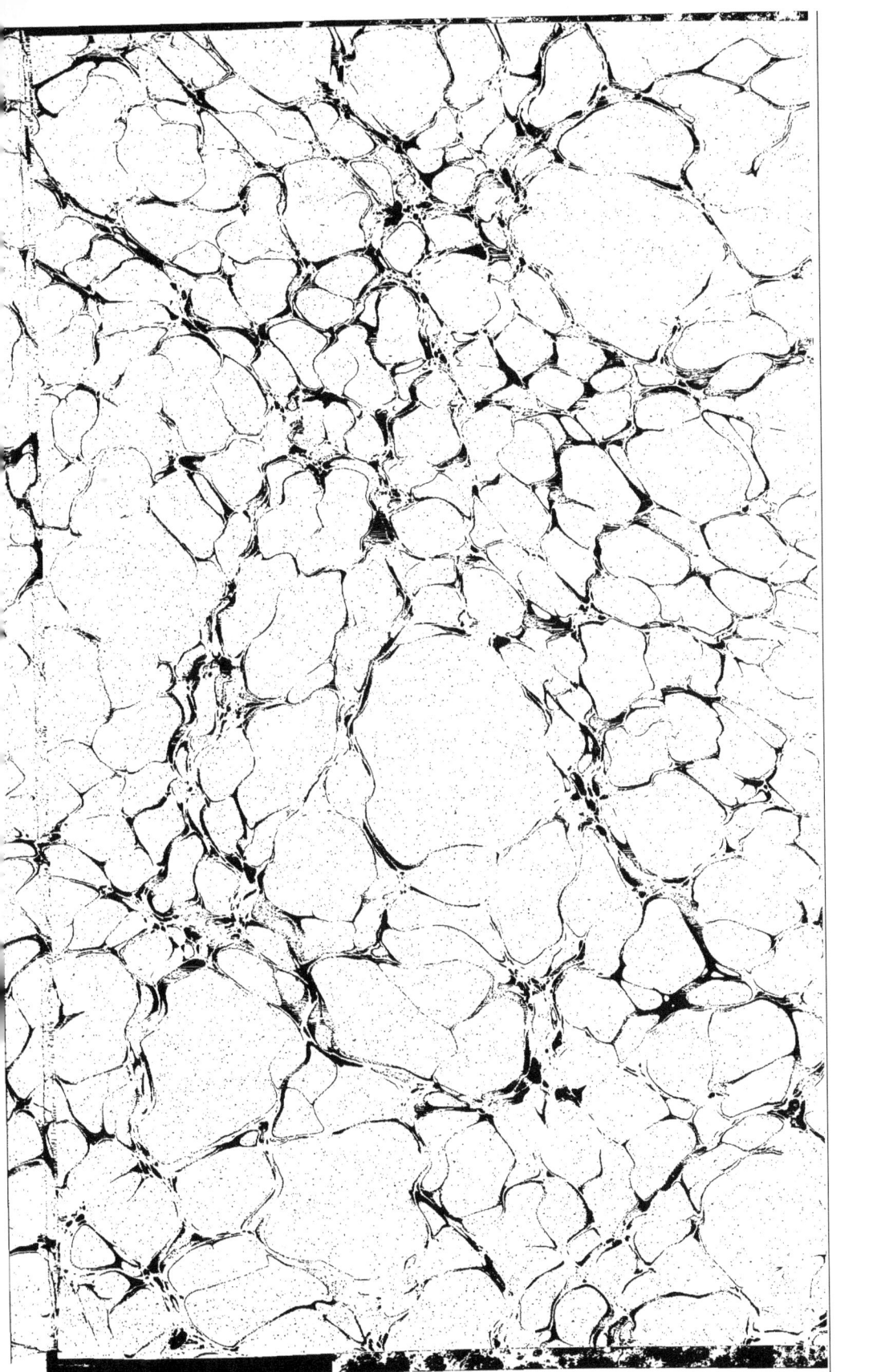